Klärung und Stabilisierung des Bieres

Grundlagen – Technologie – Anlagentechnik – Qualitätsmanagement

Prof. Dr. sc. techn. Gerolf Annemüller

Dr. sc. techn. Hans-J. Manger

Im Verlag der VLB Berlin

Bibliografische Information Der Deutschen Bibliothek
Die Deutsche Bibliothek verzeichnet diese Publikation in der Deutschen Nationalbibliografie; detaillierte bibliografische Daten sind im Internet über dnb.ddb.de abrufbar.

Kontaktadresse:
Dr. Hans-J. Manger
Pflaumenallee 14
15234 Frankfurt (Oder)
E-mail: hans.manger@t-online.de

1. Auflage 2011

ISBN-13: 978-3-921690-66-6

© VLB Berlin, Seestraße 13, D-13353 Berlin, www.vlb-berlin.org
Alle Rechte, insbesondere die Übersetzung in andere Sprachen, vorbehalten.
Kein Teil des Buches darf ohne schriftliche Genehmigung des Verlages in irgendeiner Form reproduziert werden.
Die Wiedergabe von Gebrauchsnamen, Handelsnamen, Warenbezeichnungen usw. in diesem Werk berechtigt auch ohne besondere Kennzeichnung nicht zu der Annahme, dass solche Namen in Sinne der Warenzeichen- und Markenschutz-Gesetzgebung als frei zu betrachten wären und daher von jedermann benutzt werden dürfen.

All rights reserved (including those of translation into other languages).
No part of this book may be reproduced in any form.

Herstellung: VLB Berlin, PR- und Verlagsabteilung
Druck: Advantage Printpool, Gilching

Inhaltsverzeichnis

1. Einführung und Begriffsdefinitionen	25
2. Zur Geschichte der Bierklärung, Bierstabilisierung und Haltbarmachung	40
3. Die Qualitätseigenschaften des Unfiltrates und dessen Einfluss auf die Filtrierbarkeit des Lagerbiers	77
4. Anforderungen an ein filtriertes, kolloidal stabiles und biologisch haltbares Bier ohne thermische Behandlung	123
5. Die Klärung des Bieres vor der Klärfiltration	132
6. Unfiltratbereitstellung für die Filtration	148
7. Die Klärfiltration von Bier unter Einsatz von Filterhilfsmitteln	150
8. Die Membranfiltration von Bier ohne Verwendung von FHM	276
9. Die Polier- und Entkeimungsfiltration	324
10. Bierpartikelfilter (Trap-Filter)	361
11. Verfahren und Anlagen mit regenerierbaren Filtermitteln	367
12. Drucktanks für filtriertes Bier	379
13. Die Filterhilfsmittel der Klärfiltration und die Filtermittel der Nachfiltration	386
14. Separation und Separatoren	502
15. Die kolloidale Bierstabilisierung, Stabilisierungsmittel, Technologie und Technik	528
16. Anlagen zur Stammwürzeinstellung und Carbonisierung	606
17. Die Mess- und Automatisierungstechnik im Prozess der Bierfiltration	634
18. Schwand bei der Bierfiltration	716
19. CIP-Anlagen für den Bereich Filtration und Drucktank	719
20. Planung einer Filteranlage, CIP-Anlagen, Betriebsabnahmen	721
21. Prozesskontrolle zur Überwachung der Bierfiltration und Bierstabilisierung, Maßnahmen zur Qualitätssicherung	742
22. Armaturen, Rohrleitungen, Pumpen, MSR-Stellen	747
23. Werkstoffe und Oberflächen	810
24. Arbeits- und Gesundheitsschutz, Gefahrenpunkte bei der Filtration und ihre Vermeidung	822

Inhaltsverzeichnis detailliert

Verwendete Abkürzungen	18
Vorwort	22

1. Einführung und Begriffsdefinitionen 25

1.1 Allgemeine Begriffsbestimmungen	25
1.2 Stellung der Bierklärung und -stabilisierung im Prozess der Bierherstellung und ihre Abgrenzung	25
1.3 Die Stufen der Bierklärung	26
1.4 Aufgaben und Ziele der Prozessstufe der künstlichen Bierklärung und Bierstabilisierung	27
1.4.1 Aufgaben	27
1.4.2 Ziele der Prozessstufe unter besonderer Beachtung der Bierstabilität	28
1.5 Verfahrenskombinationen zur Erzeugung eines blanken, kolloidal stabilen und keimfreien Bieres	29
1.6 Die wichtigsten Anforderungen an das filtrierte und stabilisierte Bier	30
1.7 Verfahrens- und apparatetechnische Begriffe zur Filtration	31
1.7.1 Allgemeine Hinweise	31
1.7.2 Einige Begriffe zur Filtration	32
1.8 Die Größenverhältnisse von Porenweiten der Filterschichten, Filterhilfsmittelschichten und Trubstoffen im Bier	36
1.9 Einteilung der Bierfilter und Filterkombinationen	38

2. Zur Geschichte der Bierklärung, Bierstabilisierung und Haltbarmachung 40

2.1 Überblick	40
2.2 Geschichtlicher Rückblick auf die natürliche Bierklärung (bis zum Ende des 19. Jahrhunderts)	44
2.2.1 Das 15. Jahrhundert	44
2.2.2 Das 16. Jahrhundert	45
2.2.3 Das 18. Jahrhundert	45
2.2.4 Das 19. Jahrhundert	46
2.2.5 Der Erkenntnisgewinn über die Voraussetzungen zur Erhöhung der biologischen Haltbarkeit ab 1885	57
2.3 Über die Anfänge der Bierfiltration am Ende des 19. Jahrhunderts	58
2.3.1 Trubsack	58
2.3.2 Zeitmeinungen zur Notwendigkeit einer mechanischen Bierfiltration	58
2.3.3 Das erste Bierfilter - Enzinger's Universal-Schnell-Filter	60
2.3.4 Bierfilter nach Stockheim (Mannheim)	65
2.3.5 Bierfilter-System nach Klein, Schanzlin und Becker	69
2.4 Erste Zentrifugen für die Würzeklärung bereits 1885 in Berlin	70

2.5 Keramikfilter	70
2.6 Die Filtration mit dem Massefilter	71
2.7 Ein kurzer Ausblick zur Weiterentwicklung der Bierfiltration	76

3. Die Qualitätseigenschaften des Unfiltrates und dessen Einfluss auf die Filtrierbarkeit des Lagerbiers — 77

3.1 Die Filtrierbarkeit des Unfiltrates - ein wirtschaftlicher Faktor	77
3.2 Die Verursacher von Filtrationsproblemen	78
3.2.1 Größenordnung der Trübstoffe	78
3.2.2 Einiges über das Kolloidsystem des Bieres	79
3.2.3 Die beteiligten chemischen Stoffgruppen	81
3.2.4 Trübungskomplexe	82
3.2.5 Beeinflussung der Trübungskomplexe durch Filtrationsenzyme	83
3.2.6 Der biologische Anteil der Biertrübung	84
3.2.7 Die unterschiedliche Bedeutung der Hefekonzentration für die Filtrierbarkeit	86
3.3 Die Haupttrübungskomponenten im Unfiltrat und ihr Einfluss auf die Filtrierbarkeit	87
3.3.1 Die hochmolekularen β-Glucane	87
3.3.2 Höher molekulare und nicht jodnormale α-Glucane	91
3.3.3 Hochmolekulare Eiweiß-Gerbstoffverbindungen, der Resttrub- und Feststoffgehalt und der Einfluss des pH-Wertes	92
3.4 Die Bewertung der Filtrierbarkeit eines Unfiltrates	97
3.4.1 Membranfiltermethode nach *Esser*	98
3.4.2 Test zur Bestimmung der Filtrationseigenschaften von Bier nach *Raible*	100
3.4.3 Großtechnische Filtrationsergebnisse als Maß für die Filtrierbarkeit	101
3.5 Ursachenforschung bei Filtrationsproblemen	101
3.6 Technologische Einflussfaktoren auf die Filtrierbarkeit	104
3.6.1 Positive Einflussfaktoren auf die Filtrierbarkeit und kolloidale Stabilität	104
3.6.2 Lösungsansätze zur Verbesserung der Filtrierbarkeit bei Filtrationsproblemen	106
3.6.3 Über die filtrierbarkeitsverbessernden Maßnahmen in der Brauerei	111
3.7 Beispiele für Filtrierbarkeitsbefunde von Betriebsbieren	112
3.7.1 Rohfruchtverarbeitung und die Verwendung diverser mikrobieller Enzyme sind noch keine Gewähr für gut filtrierbare Biere	112
3.7.2 Effektivität der Unfiltratvorklärung durch Separation	113
3.7.3 Ein Problembier mit β-Glucanausfällungen	114
3.7.4 Ein Bier ohne Filtrationsschwierigkeiten, aber mit Trübungen im Filtrat	115
3.7.5 Qualitätsschäden bei einer zu scharfen Filtration	116
3.7.6 Trübungsprobleme in einem obergärigen, ausländischen Bier	118
3.8 Würzecheck zur Erfassung eventueller Filtrationsprobleme	120
3.8.1 Ein Würzecheck zur Erfassung evtl. Filtrationsprobleme im unfiltrierten Fertigbier	120

  3.8.2 Beispiel: Würzecheck bei Brauversuchen mit 10…15 % Wintergerstenmalz in einer deutschen Großbrauerei   120

4. Anforderungen an ein filtriertes, kolloidal stabiles und biologisch haltbares Bier ohne thermische Behandlung   123

 4.1 Qualitätsanforderungen an die unterschiedlichen Biertypen   123
 4.2 Die wichtigsten Kontrollmethoden zur Bestimmung der Klarheit und voraussichtlichen kolloidalen Stabilität des fertigen Bieres   124
  4.2.1 Die Beurteilung der Glanzfeinheit des Bieres   124
  4.2.2 Messung der kolloidalen Stabilität im filtrierten Bier durch den Forciertest   125
  4.2.3 Richtwerte des Alkohol-Kälte-Tests nach *Chapon* zur schnellen Abschätzung der kolloidalen Stabilität von Filtraten   126
 4.3 Anforderungen an ein nur mit Kieselgur filtriertes Bier   127
 4.4 Die wichtigsten Anforderungen an die Polier- bzw. Endfiltration zur Herstellung eines biologisch stabilen Bieres auf kaltem Wege   128
  4.4.1 Trap-Filter   128
  4.4.2 Tiefenfiltration   128
  4.4.3 Anforderungen der Membranfiltration an ein vorfiltriertes Bier   129
  4.4.4 Membranfiltration   130
 4.5 Anforderungen an die kolloidale Stabilität   131

5. Die Klärung des Bieres vor der Klärfiltration   132

 5.1 Der Einfluss physikochemischer Faktoren auf die natürliche Klärung des Unfiltrates   132
 5.2 Einfluss der Dauer der Kaltlagerphase auf die Trübung und Filtrierbarkeit   132
 5.3 Die Temperatur des Unfiltrates in der Kaltlagerphase und der Einfluss auf die Klärung und kolloidale Stabilität   133
 5.4 Der negative Einfluss der Inhomogenität eines ZKT-Inhaltes auf die Trübung und kolloidale Stabilität des Bieres   134
 5.5 Die Konzentration der Kulturhefen in der Klärphase und ihre Bedeutung für die Filtrierbarkeit   135
 5.6 Zusammenfassung der Einflussfaktoren auf die natürliche Klärung untergäriger Biere   135
 5.7 Klärhilfen in der Kaltlagerphase   136
  5.7.1 Historische Verfahrensweisen zur Förderung der Bierklärung   136
  5.7.2 Der Einsatz von Kieselsol zur Unterstützung der natürlichen Klärung in der Neuzeit   136
 5.8 Die Klärseparation von Lagerbier   141
 5.9 Verbesserung der Filtrierbarkeit durch thermische Verfahren   143
  5.9.1 Temperatureinflüsse auf β-Glucangel   143
  5.9.2 Anlagen zur thermischen Behandlung   145
  5.9.3 Schlussfolgerungen   147

6. Unfiltratbereitstellung für die Filtration   148

7. Die Klärfiltration von Bier unter Einsatz von Filterhilfsmitteln 150

- 7.1 Allgemeine Hinweise und Begriffe 150
- 7.2 Verfahrensführung der Klärfiltration unter Verwendung von Filterhilfsmitteln 150
  - 7.2.1 Allgemeine Hinweise zur Ansatzbereitung der Filterhilfsmittel 150
  - 7.2.2 Die Voranschwemmung 151
  - 7.2.3 Der Einfluss der Kieselgurmischung für die 2. Voranschwemmung und die laufende Dosierung 154
  - 7.2.4 Die Gleichmäßigkeit des Filterkuchens und die Differenzdruckkontrolle 155
  - 7.2.5 Die laufende Dosierung und der normale Anstieg des Differenzdruckes 157
  - 7.2.6 Fließgeschwindigkeit, spezifischer Volumenstrom und spezifisches Filtratvolumen 159
  - 7.2.7 Auswirkungen und Ursachen von Druckstößen 160
  - 7.2.8 Fehlerhafte Differenzdruckverläufe und ihre Ursachen 161
  - 7.2.9 Technisch-technologische Filtrationsprobleme und weitere Hinweise für die Verfahrensführung der Anschwemmfiltration 163
- 7.3 Anlagen für die klassische Klärfiltration 171
  - 7.3.1 Allgemeine Hinweise 171
  - 7.3.2 Anschwemmfilteranlagen 174
  - 7.3.3 Anschwemmfilter 178
  - 7.3.4 Dosierung der FHM 216
  - 7.3.5 Sedimentation der FHM 222
  - 7.3.6 Ansatz der FHM 226
  - 7.3.7 Automation der Filteranlage, Mess- und Regelungstechnik 231
  - 7.3.8 Die Trübungsmessung als Kontroll- und Steuergröße bei der Klärfiltration 233
- 7.4 Arbeitsabläufe bei Anschwemmfilter-Anlagen 235
  - 7.4.2 Wichtige Teilschritte beim Betrieb von Anschwemmfilter-Anlagen 235
  - 7.4.3 Arbeitsabläufe bei A.-Schichtenfiltern 239
  - 7.4.4 Arbeitsabläufe bei A.-Kerzenfiltern 240
  - 7.4.5 Arbeitsabläufe beim TFS-Filtersystem 244
  - 7.4.6 Arbeitsabläufe beim A.-Zentrifugalscheibenfilter 250
  - 7.4.7 Spezifische Kennwerte 251
  - 7.4.8 Reduzierung der Sauerstoffaufnahme bei Anschwemmfiltern 254
  - 7.4.9 Reduzierung der Vor- und Nachlaufmengen bei Anschwemmfiltern 254
- 7.5 CIP und Filtersterilisation bei Anschwemmfilteranlagen 257
- 7.6 Zur Theorie der Anschwemmfiltration 259
  - 7.6.1 Allgemeine Hinweise 259
  - 7.6.2 Grundlagen der Filterströmung 260
- 7.7 Die Entsorgung der Abprodukte der Anschwemmfiltration 266
  - 7.7.1 Kalkulation des anfallenden Kieselgurschlammes und seine Feststoffkonzentrationen 266
  - 7.7.2 Anlagen für die Sammlung und Entfernung der Filterrückstände 266
  - 7.7.3 Kieselgurschlamm als Sondermüll 268

7.7.4 Entwässerung des Kieselgurschlammes	269
7.7.5 Varianten für die Kieselgurschlammentsorgung	269
7.7.6 Verwertung des Kieselgurschlamms in der Landwirtschaft	273
7.7.7 Verwertung des Kieselgurschlamms in der Bauindustrie	274
7.7.8 Entsorgung der Filterschichten der Bierfiltration	274

8. Die Membranfiltration von Bier ohne Verwendung von FHM — 276

8.1 Allgemeiner Überblick	276
8.2 Anlagen für die Membranfiltration	281
8.2.1 PROFI®-System	281
8.2.2 System Norit	287
8.2.3 System AlfaBright™ Beer Filtration	292
8.3 Membranen für Crossflow-Filteranlagen	294
8.4 Verfahrenstechnische Aspekte der Crossflow-Mikrofiltration von Bier	295
8.4.1 Druckverlust in einer Hohlfasermembran	296
8.4.2 Kinematische Viskosität des Bieres	299
8.4.3 Deckschichtbildung	302
8.4.4 Transmembrandruck	306
8.4.5 Pinch-Effekt	308
8.4.6 Allgemeine Wirkungen und Zusammenhänge bei der CMF	308
8.5 Verfahrensablauf der Crossflow-Filtration	309
8.6 Grundlagen der CMF	312
8.7 Membranreinigung	316
8.7.1 Rückspülungen	316
8.7.2 Membran-CIP-Reinigung	317
8.8 Die möglichen Varianten der Bierstabilisierung bei einer CMF	322
8.8.1 CMF-Verfahren mit Vorklärung	322
8.8.2 CMF-Verfahren ohne Vorklärung	323

9. Die Polier- und Entkeimungsfiltration — 324

9.1 Zur Stellung der Polier- und Entkeimungsfiltration	324
9.2 Anforderungen an die Polier- und Entkeimungsfiltration	324
9.2.1 Tiefenfiltration	325
9.2.2 Membranfiltration	325
9.3 Die Wahl des Filtersystems, seine Anordnung und die erforderlichen Zusatzfilter	326
9.4 Zur Beurteilung bzw. Validierung von Tiefenfiltern und Membranfiltern	327
9.4.1 Einführung und Definitionen	327
9.4.2 Die Entfernung der Mikroorganismen durch die Filtration	329
9.4.3 Angaben für die Partikelabscheidung in Filtern	337
9.4.4 Validierung von Membranen und Membranfiltersystemen	341
9.5 Schichtenfiltration	345
9.5.1 Zur Stellung des Schichtenfilters	345

9.5.2 Aufbau und Funktion des Schichtenfilters ... 346
9.5.3 Auswahl der Filterschichten ... 346
9.5.4 Die erforderliche Filterfläche und die Wahl des Filterschichtentyps ... 347
9.5.5 Der spezifische Filterdurchsatz, spezifisches Filtratvolumen, Standzeit des Filters und maximal zulässiger Differenzdruck ... 347
9.5.6 Vorbereitung des Schichtenfilters und Filtration ... 348
9.5.7 Regenerierung des Schichtenfilters ... 349
9.6 Filtration mit Kerzen- und Modulfiltern ... 351
9.6.1 Allgemeine Hinweise zur Filtration mittels Kerzen- und Modulfiltern ... 351
9.6.2 Reinigung und Sterilisation der Kerzen- und Modultiefenfiltersysteme ... 351
9.7 Membranfiltration ... 352
9.7.1 Zur Geschichte und den Besonderheiten der Membranfiltration ... 352
9.7.2 Membrankerzenfilter in Clusteranordnung ... 355
9.7.3 Reinigung und Sterilisation von Membranfilterkerzen, Anforderungen an die Spülwässer ... 356
9.7.4 Betriebliche Erfahrungen mit der Membranfiltration ... 358

10. Bierpartikelfilter (Trap-Filter) ... 361
10.1 Aufgabe der Trap-Filter ... 361
10.2 Gestaltung der Trap-Filter ... 361
10.3 Prüfung von Trap-Filtern ... 365

11. Verfahren und Anlagen mit regenerierbaren Filtermitteln ... 367
11.1 Filtrationsverfahren mit integrierter Kieselgurregeneration ... 367
11.2 Das System F&S-Filtration ... 372
11.3 Das System KOMETRONIC ... 373
11.3.1 Allgemeines zum System Innopro KOMETRONIC ... 373
11.3.2 Aufbau des Systems Innopro KOMETRONIC ... 374

12. Drucktanks für filtriertes Bier ... 379
12.1 Allgemeine Hinweise zu Drucktanks ... 379
12.2 Bauformen und Aufstellung von Drucktanks ... 379
12.3 Betriebsdruck der Drucktanks ... 380
12.4 Spanngas für Drucktanks ... 381
12.5 Drucktankzubehör ... 381
12.6 Rohrleitungen und Armaturen ... 384
12.7 Entleerung eines DT ... 385

13. Die Filterhilfsmittel der Klärfiltration und die Filtermittel der Nachfiltration ... 386
13.1 Definition der Filterhilfsmittel (FHM), Filtermittel und Stabilisierungsmittel ... 386
13.1.1 Filterhilfsmittel ... 386
13.1.2 Filtermittel ... 386
13.1.3 Mechanismus der Partikelabtrennung bei der Bierfiltration ... 386

13.1.4 Stabilisierungsmittel	387
13.2 Filtermasse	387
13.3 Kieselguren	387
13.3.1 Allgemeine Hinweise zu Kieselgur	387
13.3.2 Kurzcharakteristik der Kieselgur	388
13.3.3 Zur Entstehung und Gewinnung der Rohguren	389
13.3.4 Aufbereitungsprozesse der Rohguren	390
13.3.5 Der Cristobalitgehalt der aufbereiteten Kieselgur	392
13.3.6 Einfluss der Diatomeenformen und des Zerstörungsgrades auf die Eigenschaften des Filterhilfsmittels	393
13.3.7 Allgemeine Anforderungen an die Qualitätsparameter einer Kieselgur für die Bierfiltration	398
13.3.8 Die drei wichtigsten Kieselgurtypen für die Bierfiltration und ihre Qualitätskennwerte	407
13.3.9 Charakteristika verschiedener Handelsguren für die Bierfiltration	410
13.3.10 Vor- und Nachteile der Kieselguren als Filterhilfsmittel	412
13.3.11 Einige Hinweise zu den rechtlichen Vorschriften für den Umgang mit Kieselgur	413
13.4 Perlite	415
13.4.1 Gewinnung und Aufbereitung von Perliten	415
13.4.2 Eigenschaften und Anforderungen	416
13.4.3 Angaben zu einigen handelsüblichen Perliten	417
13.4.4 Vor- und Nachteile der Perlite	418
13.5 Asbest	418
13.6 Cellulose	419
13.6.1 Allgemeine Charakteristik von Cellulose	419
13.6.2 Herstellung	420
13.6.3 Grenzflächenkräfte bei der Fest-Flüssig-Trennung	423
13.6.4 Einige Eigenschaften der hochreinen Celluloseprodukte	427
13.6.5 Celluloseprodukte bei der Bierfiltration	428
13.6.6 Einige Hinweise zu den filtrationsspezifischen Eigenschaften cellulosehaltiger Filterhilfsmittel	429
13.6.7 Regeneration cellulosebasierter Filterhilfsmittel	430
13.6.8 Wirtschaftliche Bewertung der Bierfiltration nur mit reiner Cellulose	430
13.6.9 Vor- und Nachteile von Celluloseprodukte als Filterhilfsmittel	431
13.7 Alternative Filterhilfsmittel	432
13.7.1 Fällungskieselsäure	432
13.7.2 Aktivkohle	433
13.7.3 Polymere Kunststoffe als Filterhilfsmittel	435
13.7.4 Versuche mit ausgefallenen Filterhilfsmitteln	438
13.8 Filtermittel der Nachfiltersysteme bei der klassischen Dead-End-Filtration	441
13.8.1 Die verschiedenen Systeme im Vergleich	442
13.8.2 Cellulosehaltige Filterschichten und einige Weiterentwicklungen	447

13.8.3 Tiefenfilterkerzen	453
13.8.4 Tiefenfiltermodule	459
13.9 Membranen und Membranfilter für die Dead-End-Filtration	469
13.9.1 Allgemeine Bemerkungen	469
13.9.2 Werkstoffe der Polymermembranen	469
13.9.3 Herstellung der Membranen	472
13.9.4 Mögliche Varianten für den Aufbau von Vorfilterkerzen	474
13.9.5 Membranfilterkerzen	478
13.9.6 Prüfmöglichkeiten für Membranen	485
13.10 Membranen für die Crossflow-Filtration	486
13.10.1 Der Unterschied der Crossflow-Technik zur klassischen Dead-End-Filtration	486
13.10.2 Membranen für die Crossflow-Filtration von Bier	487
13.11 Lagerung von Filtermitteln, FHM und Stabilisierungsmitteln	498
13.11.1 Allgemeine Hinweise	498
13.11.2 Lagerung von Filtermitteln und Stabilisierungsmitteln	498
13.11.3 Lagerung von FHM	498
14. Separation und Separatoren	**502**
14.1 Allgemeiner Überblick	502
14.2 Grundlagen der Zentrifugation/Separation	503
14.2.1 Grundfälle der Zentrifugation/Separation	503
14.2.2 Gesetzmäßigkeiten der Separation	504
14.2.3 Volumenstrom der Separatorentrommel	507
14.3 Wichtige Baugruppen des Separators	509
14.3.1 Maschinengestell	509
14.3.2 Antriebsmotor	509
14. 3.3 Kupplung	510
14.3.4 Getriebe	510
14.3.5 Trommelwelle/Spindellagerung	513
14.3.6 Trommel	515
14.3.7 Flüssigkeits-Zu- und Ablauf	517
14.3.8 Separatorenhaube	518
14.3.9 Aufstellungsbedingungen und Zubehör	519
14.4 Feststoffaustrag	519
14.4.1 Trommeln mit beweglichem Schleuderraumboden	521
14.4.2 Trommeln mit Ringkolben	524
14.4.3 Trommeln mit Kolbenschieber	525
14.4.4 Messung des Feststoff-Füllungsgrades in der Trommel	525
14.5 CIP-Reinigung	527

15. Die kolloidale Bierstabilisierung, Stabilisierungsmittel, Technologie und Technik — 528

- 15.1 Einführung — 528
- 15.2 Abgrenzungen zum Begriff Bierstabilität — 529
- 15.3 Die Trübung als Maß für die erreichte Klärung und kolloidale Stabilität — 530
  - 15.3.1 Nichtbiologische Trübungskomponenten im Bier — 530
  - 15.3.2 Kolloidcharakter der Bierinhaltsstoffe als Ursache für das Auftreten von kolloidalen Trübungen — 535
  - 15.3.3 Nichtbiologische Trübungsarten im Bier — 538
  - 15.3.4 Über die Größenordnung der Kältetrübung — 540
  - 15.3.5 Über die erforderliche Zeit für die Ausbildung der Kältetrübung — 541
  - 15.3.6 Zur Trübungsmessung — 542
  - 15.3.7 Einschätzung der voraussichtlichen kolloidalen Haltbarkeit von Filtraten unter Verwendung von Trübungsmessungen — 544
- 15.4 Die eiweißseitige Stabilisierung — 544
  - 15.4.1 Geschichtliche Einordnung der eiweißseitigen Bierstabilisierung — 544
  - 15.4.2 Stabilisierung mit Kieselgelen — 545
  - 15.4.3 Der Einsatz von Bentoniten — 557
  - 15.4.4 Der Einsatz von Tannin — 560
  - 15.4.5 Der Einsatz proteolytischer Enzyme bei der Eiweißstabilisierung — 563
- 15.5 Die gerbstoffseitige Stabilisierung — 569
  - 15.5.1 Stabilisierung mit PVPP — 569
  - 15.5.2 Quasikontinuierliche, gerbstoffseitige Stabilisierung — 581
  - 15.5.3 Der Einsatz von Nylonpulver zur gerbstoffseitigen Stabilisierung — 587
  - 15.5.4 Der Einsatz von Methanal (Formaldehyd) zur gerbstoffseitigen Stabilisierung — 587
  - 15.5.5 Polyphenolfällende Wirkung der Gelatine — 588
  - 15.5.6 An Kieselgel fixiertes PVP — 588
- 15.6 Komplex wirkende Stabilisierungsverfahren — 589
  - 15.6.1 Das CSS-System — 589
  - 15.6.2 Kombiniertes Filterhilfs- und Stabilisierungsmittel Crosspure® — 594
  - 15.6.3 Einsatz einer stabilisierend wirkenden, modifizierten Kieselgur — 595
- 15.7 Zusammenfassung zu den Varianten der Bierstabilisierung — 595
- 15.8 Überblick über die wichtigsten technologischen Maßnahmen zur Vermeidung von kolloidalen Trübungen im Bier — 596
- 15.9 Vermeidung von Oxidation im Prozess der Bierherstellung — 598
  - 15.9.1 Technologische Bedeutung der Oxidationsprozesse — 598
  - 15.9.2 Technologische Maßnahmen zur Reduzierung des Sauerstoffeintrages — 600
  - 15.9.3 Verwendung von Antioxidantien zur Reduzierung der Oxidationsgefahr — 600
- 15.10 Prozesskontrolle zur Charakterisierung der kolloidalen Stabilität — 603

16. Anlagen zur Stammwürzeeinstellung und Carbonisierung   606

- 16.1 Allgemeine Hinweise   606
- 16.2 Rückverdünnung und Konditionierung   606
  - 16.2.1 Zeitpunkt der Rückverdünnung   606
  - 16.2.2 Allgemeine Anforderungen an das Verschnittwasser   606
  - 16.2.3 Zur Abschätzung der Gushing-Gefahr durch Calciumoxalat   607
  - 16.2.4 Varianten der Verschnittwasserentkeimung   608
- 16.3 Anlagen für die Rückverdünnung   609
  - 16.3.1 Hinweise zur überschlägigen Verdünnungsrechnung ohne Berücksichtigung der Bierdichte   611
  - 16.3.2 Anlagentechnik zum Mischen   612
- 16.4 Anlagen für die Wasserentgasung   614
  - 16.4.1 Allgemeine Hinweise   614
  - 16.4.2 Varianten der Entgasung   615
- 16.5 Nachcarbonisierung des Bieres   624
  - 16.5.1 Einflussfaktoren auf die Geschwindigkeit der CO_2-Lösung   625
  - 16.5.2 Kriterien für die Auslegung einer Carbonisieranlage   627
  - 16.5.3 Qualitätsanforderungen an die Kohlensäure   629
- 16.6 Minimierung des Sauerstoffeintrages im Prozess der Bierfiltration   633

17. Die Mess- und Automatisierungstechnik im Prozess der Bierfiltration   634

- 17.1 Allgemeine Hinweise   634
- 17.2 Allgemeine Messgrößen   634
- 17.3 Sauerstoffmessung   635
  - 17.3.1 Bedeutung des Sauerstoffgehaltes und der Sauerstoffmessung   635
  - 17.3.2 Messung des Sauerstoffs in Flüssigkeiten und Gasen   637
  - 17.3.3 Allgemeine Funktionsweise amperometrischer O_2-Sensoren   637
  - 17.3.4 Potenziostatische Sensoren   652
  - 17.3.5 Sensor mit Festelektrolyt   656
  - 17.3.6 Optische Sensoren   659
- 17.4 Messung des CO_2-Gehaltes   665
  - 17.4.1 Bestimmung des CO_2-Gehaltes durch Titration   666
  - 17.4.2 Bestimmung des CO_2-Gehaltes durch Messung des CO_2-Partialdruckes in der Gasphase   667
  - 17.4.3 Bestimmung des CO_2-Gehaltes durch Messung des CO_2-Partialdruckes in der flüssigen Phase   669
  - 17.4.4 Bestimmung des CO_2-Gehaltes mittels Membransensoren   676
  - 17.4.5 Berechnung des CO_2-Gehaltes aus den Parametern Druck und Temperatur   679
  - 17.4.6 Berechnungsgleichungen für verschiedene Getränke   682
  - 17.4.7 Kalibrierung   683
  - 17.4.8 Zusammenfassung   683

17.5 Optische Messverfahren	683
17.5.1 Überblick zu optischen Sensoren und Messverfahren	683
17.5.2 Einsatzorte für optische Sensoren und Anforderungen	684
17.5.3 Prinzipieller Aufbau eines optischen Sensors	686
17.5.4 Messprinzipien bei optischen Sensoren	688
17.6 Grundlagen der optischen Messtechnik	688
17.6.1 Lichtabsorption	688
17.6.2 Streulichtmessung	691
17.6.3 Messwellenlänge	692
17.6.4 Einheiten der optischen Strahlung	693
17.6.5 Werkstoffe für optische Sensoren	693
17.6.6 Vorteile optischer Sensoren	694
17.7 Anwendungsbeispiele für den Einsatz optischer Sensoren	695
17.7.1 Transmissionsmessung	695
17.7.2 Trübungsmessung	695
17.7.3 Farbmessung	702
17.7.4 Faseroptik	703
17.7.5 Fluoreszenzmessung	703
17.7.6 Trennung mischbarer Medien	704
17.7.7 Partikelzählgeräte	704
17.7.8 Staubgehaltsmessung/Streulicht	708
17.7.9 Lichtschranken	708
17.7.10 Reflexionsmessung	708
17.8 Stammwürze- und Ethanolmessung	710
17.8.1 Stammwürze-Messung	710
17.8.2 Ethanol-Messung	713
17.9 Grenzwertsonden	714
18. Schwand bei der Bierfiltration	**716**
18.1 Allgemeine Hinweise	716
18.2 Vor- und Nachlaufverwendung	717
18.3 Probleme bei vor- und nachlauffreier Arbeitsweise	718
18.4 Schwand bei der Crossflow-Membranfiltration	718
19. CIP-Anlagen für den Bereich Filtration und Drucktank	**719**
19.1 Allgemeiner Hinweis	719
19.2 Stapelreinigung oder verlorene Reinigung	719
19.3 Besonderheiten der Reinigung von Drucktanks	719
19.4 Reinigung der Unfiltratleitungen	720
19.5 Reinigung der Filtratleitungen	720
20. Planung einer Filteranlage, CIP-Anlagen, Betriebsabnahmen	**721**
20.1 Allgemeine Hinweise	721
20.2 Gestaltung der Gesamtanlage und räumliche Anordnung	722

20.2.1 Fragestellungen zum Einsatz der Anlagentechnik	722
20.2.2 Spezifische Kennwerte für die Auswahl eines Filter- und Stabilisierungssystems	724
20.2.3 Zur Kapazitätsauslegung einer Filteranlage	724
20.2.4 Betriebsweise der Anlage	725
20.2.5 Festlegungen zum Drucktankvolumen	726
20.2.6 Verknüpfung von Filteranlagenkomponenten	727
20.2.7 Arbeitskräftebedarf	727
20.2.8 Automation	727
20.3 Raumgestaltung der Filteranlage	728
20.3.1 Allgemeine Hinweise	728
20.3.2 Allgemeine Raumgestaltung	729
20.3.3 FHM-Lagerung und -Bereitstellung	730
20.3.4 CIP-Anlage der Filteranlage	730
20.4 Entsorgung von Filtermitteln	731
20.5 Abnahme von Filteranlagen	731
20.6 Hinweise zur Auswahl der Filteranlagen und ihrer Zusatzaggregate	733
20.6.1 Technologische Zielstellungen der Filtration und Nachfiltration	733
20.6.2 Ausrüstungsvorschläge für die Variante 1	733
20.6.3 Ausrüstungsvorschläge für die Variante 2	733
20.6.4 Ausrüstungsvorschläge für die Variante 3	733
20.6.5 Auswahl von Filtersystemen unter Beachtung der evtl. häufig im Betrieb vorkommenden Problemfälle	735
20.7 Einige Richtwerte zu den Kosten der Bierklärung, -stabilisierung und -haltbarmachung und zur Bewertung der Bierfiltration aus betriebswirtschaftlicher Sicht	736
20.7.1 Allgemeine Hinweise	736
20.7.2 Einige Hinweise zum Umfang der Kostenermittlung	737
20.7.3 Verbrauchswerte	739
20.7.4 Kosten für die biologische Haltbarmachung	740
20.7.5 Hinweise zur Abwasserbelastung durch die Bierfiltration	740
21. Prozesskontrolle zur Überwachung der Bierfiltration und Bierstabilisierung, Maßnahmen zur Qualitätssicherung	**742**
21.1 Visuelle Filterkontrollen	742
21.2 Technische Prozesskontrolle in der Filtration	742
21.3 Biologische Filtrationskontrolle	743
21.4 Kontrolle der Bierfiltrierbarkeit	744
21.5 Überprüfung der kolloidalen Bierstabilität	744
21.6 Ursachenforschung bei unbefriedigendem Filtrationsergebnis	744
22. Armaturen, Rohrleitungen, Pumpen, MSR-Stellen	**747**
22.1 Allgemeine Hinweise	747
22.2 Armaturen für Rohrleitungen und Anlagenelemente	747

22.3 Rohrleitungen — 749
    22.3.1 Rohrleitungsverbindungen — 749
    22.3.2 Verlegung von Rohrleitungen und die Gestaltung von Rohrleitungshalterungen, Wärmedehnungen — 752
    22.3.3 Die Fließgeschwindigkeit in Rohrleitungen, Druckverluste — 756
    22.3.4 Maßnahmen gegen Flüssigkeitsschläge und Schwingungen — 760
    22.3.5 Entlüftung der Rohrleitungen, Sauerstoffentfernung — 760
    22.3.6 Gestaltung von Wärmedämmungen bei Rohrleitungen — 761
    22.3.7 Gestaltung von Rohrausläufen — 762
    22.3.8 Sicherung der Rohrleitungen gegen Frost und Verstopfungen — 762
    22.3.9 Toträume in Rohrleitungen — 763
    22.3.10 Einbau von Sensoren zur Onlinemessung von Prozessgrößen — 764
    22.3.11 Hinweise zur Rohrleitungsverschaltung und zum Einsatz von Armaturen — 765
22.4 Rohrleitungszubehör — 772
22.5 Probeentnahmearmaturen — 773
22.6 Hinweise zum Einsatz und zur Gestaltung von MSR-Stellen und von automatischen Steuerungen — 785
    22.6.1 Allgemeine Hinweise — 785
    22.6.2 Anforderungen an die Messunsicherheit der verwendeten Messtechnik — 785
    22.6.3 Messwertauswertung — 786
    22.6.4 Anforderungen des Einbauortes und der Reinigung/Desinfektion — 787
    22.6.5 Anforderungen der Betriebssicherheit und Anlagensicherheit — 789
    22.6.6 Anforderungen der Wartung und Instandhaltung — 789
    22.6.7 Anforderungen an automatische Steuerungen — 790
22.7 Hinweise zum Einsatz von Pumpen — 794
    22.7.1 Allgemeine Hinweise — 794
    22.7.2 Verdrängerpumpen — 794
    22.7.3 Zentrifugalpumpen — 796
    22.7.5 Scherkräfte — 809

23. Werkstoffe und Oberflächen — 810

23.1 Metallische Werkstoffe — 810
23.2 Kunststoffe — 815
23.3 Oberflächenzustand — 816
23.4 Dichtungswerkstoffe — 817
    23.4.1 Unterscheidungsmöglichkeiten für Elastomere — 818
    23.4.2 Hinweise zur Beständigkeit der Dichtungswerkstoffe — 818
    23.4.3 Schmierstoffe für Dichtungen — 819
    23.4.4 Form der Dichtungen — 820
    23.4.4 Haltbarkeit von Dichtungen — 820

24. Arbeits- und Gesundheitsschutz, Gefahrenpunkte bei der Filtration und ihre Vermeidung — 822

24.1 Die Stellung der gewerblichen Berufsgenossenschaften — 822

24.2 Wichtige Informationsquellen zum Unfallschutz und der technischen Sicherheit — 823

24.3 Weitere gesetzliche Grundlagen zum Unfallschutz und zur technischen Sicherheit — 823

24.4 Wichtige Dokumente zur Anlagenplanung, zum Unfallschutz und zum Gesundheitsschutz — 823

24.4.1 Europäisches Recht — 823

24.4.2 Nationale gesetzliche Grundlagen — 824

24.4.3 Wichtige Regeln der BGN zum Umgang mit Kieselguren — 825

24.4.4 Sonstige Schriften — 825

Anlage Dissertationen — 827

Index — 829

Quellennachweis und Anmerkungen — 869

Verwendete Abkürzungen

A	Fläche
AG	Auftraggeber
AGW	Arbeitsplatzgrenzwert (ersetzt den MAK-Wert; s.a. GefStoffV vom 23.12.2004)
AN	Auftragnehmer
ASI	Arbeitssicherheits-Informationen
ASR	Arbeitsstätten-Richtlinie
AST	Aufgabenstellung
B	Bestimmtheitsmaß in statistischen Auswertungen
BDE	Betriebsdatenerfassung
BE	Bittereinheiten (EBC)
BG	Berufsgenossenschaft
BGN	BG Nahrungsmittel und Gastgewerbe
BGR	Regeln der BG
BGV	Unfallverhütungsvorschriften der BG
BHKW	Blockheizkraftwerk
BImSchG	BundesImmissionsSchutzGesetz
BMSR	Betriebsmess-, Steuer- und Regeltechnik
BP	befähigte Person (früher Sachkundiger)
c	Konzentration eines Inhaltsstoffes
c_A	Ethanolgehalt
CE	Conformité Européenne
c_H	Hefekonzentration
c_{H0}	Anstellhefekonzentration
CIP	Cleaning in place
CFM	Crossflow-Mikrofiltration
CO_2	Kohlendioxid
COP	Coeffizient of Performance (Leistungszahl)
c_p	spezifische Wärme bei konstantem Druck
CrNi-Stahl	Chrom-Nickel-Stahl (Edelstahl)
c_v	spezifische Wärme bei konstantem Volumen
d	Durchmesser
DIN	Deutsches Institut für Normung e.V.
DN	Nennweite
EBC	European Brewery Convention
EHEDG	European Hygienic Equipment Design Group
EMSR	Elektro-, Mess-, Steuerungs- und Regelungs-(Technik)
EP	Epoxidharz
EPDM	Ethylen-Propylen-Dien-Mischpolymerisat
f	Freiheitsgrad in statistischen Auswertungen
F	Kraft
FAN	Freier Alphaaminostickstoffgehalt (EBC)
Fbk	Filtrierbarkeitskennziffer
FCKW	Fluorchlorkohlenwasserstoff
FDA	Food and Drug Administration (USA)
FHM	Filterhilfsmittel
g	Fallbeschleunigung, $g = 9{,}81 \; m/s^2$

GEA	GEA Group AG (gegründet als Gesellschaft für Entstaubungsanlagen)
GLRD	Gleitringdichtung
h	Enthalpie in kJ/kg
H	Flüssigkeitshöhe, Flüssigkeitsdruck
h/d	Höhen-Durchmesser-Verhältnis
HG	Hauptgärung
HGB	High Gravity Brewing
HNBR	Hydrierter NBR-Kautschuk
HTS	Hefetrockensubstanz
i. N.	im Normzustand (0 °C, 1,013 bar)
K	Kelvin
k	k-Wert = Wärmedurchgangskoeffizient (bei Wärmedämmungen: auch Wärmedämmwert, U-Wert)
KP	Kalt- und Klärphase
KS	Konusstutzen
KWK	Kraft-Wärme-Kopplung
KbE	Kolonie bildende Einheit
KHS	Klöckner, Holstein, Seitz GmbH, früher AG
KZE	Kurzzeiterhitzung
LFGB	Lebensmittel-, Bedarfsgegenstände- und Futtermittelgesetzbuch
LRV	logarithmic reduction value (Logarithmus der Titerreduktion)
m WS	Meter Wassersäule
MAK	Maximale Arbeitsplatzkonzentration (s.a. AGW)
ME	Maßeinheit
MEBAK	Mitteleuropäische Brautechnische Analysenkommission
MID	Magnetisch-induktives Durchflussmessgerät
M_{max}	Filtrierbarkeitskennwert nach *Esser*
MSR	Mess-, Steuerungs- und Regelungs-(Technik)
n	Drehzahl
NBR	Acrylnitril-Butadien-Kautschuk
NPSH-Wert	Net positive suction head-Wert (Haltedruck der Anlage)
OKF	Oberkante Fundament
p	Druck
P	Leistung
PE	Pasteurisiereinheiten oder Polyethylen
PN	Nenndruck
PP	Polypropylen
PES	Polyethersulfon (auch PESU)
PS	Polystyrol
PSU	Polysulfon
PTFE	Polytetrafluorethylen
$p_ü$	Überdruck
PUR	Polyurethan
PVC	Polyvinylchlorid
PVDF	Polyvinylidenfluorid
PVPP	Polyvinylpolypyrrolidon
PW	Porenweite
PWÜ	Plattenwärmeübertrager
Q	Wärme

r	Radius oder Korrelationskoeffizient
R/D	Reinigung und Desinfektion
R^2	Bestimmtheitsmaß in statistischen Auswertungen
R_a	Rautiefe
Re	*Reynolds*-Kennzahl
RI-	Rohrleitungs- und Instrumenten-(Fließbild)
RL	Rücklauf
RWÜ	Rohrbündelwärmeübertrager
s	Entropie
s	Standardabweichung in statistischen Auswertungen
SIP	Sterilization in place
SPS	Speicherprogrammierbare Steuerung
SR	Steigrohr
St	Stammwürze des Bieres
T	Temperatur in K
t	Zeit
TCO	Total Cost of Ownership
TMD	Transmembrandruck
TWA	Technisch-Wissenschaftlicher Ausschuss der VLB
TS	Trockensubstanzgehalt
UVV	Unfallverhütungsvorschriften
V	Volumen
VB	Verkaufsbier,
VDI	Verein Deutscher Ingenieure
VDMA	Verband Deutscher Maschinen- und Anlagenbau e.V.
V_H	Volumen der Hefezelle
VL	Vorlauf
VLB	Versuchs- und Lehranstalt für Brauerei in Berlin (gegründet 1883)
VOB	Verdingungsordnung Bauwesen
Vs	scheinbarer Vergärungsgrad
WHG	Wasserhaushaltsgesetz
WIG	Wolfram-Inertgas-Schweißen
WÜ	Wärmeübertrager
ZKG	zylindrokonischer Gärtank
ZKL	zylindrokonischer Lagertank
ZKT	zylindrokonischer Tank (Tank in zylindrokonischer Bauform)
ZS	Ziehstutzen
ZÜS	zugelassene Überwachungsstelle (früher Sachverständiger)
Ø	Durchmesser
Δ	Differenz
$\Delta\vartheta$	Temperaturdifferenz
ε	Leistungszahl (-ziffer)
Σ	Summe
$\dot{m}$	Massenstrom
$\dot{V}$	Volumenstrom
$\bar{x}$	Mittelwert
$\dot{Q}$	Wärmestrom
λ	Liefergrad oder Leitfähigkeit oder Widerstandsbeiwert

ρ		Dichte
η		Wirkungsgrad oder dynamische Viskosität
φ		relative Luftfeuchte
ϑ		Temperatur in °C
ω		Winkelgeschwindigkeit
ϑ_B		Biertemperatur
ϑ_K		Kaltlagertemperatur
*		statistisches Ergebnis mit 95 % Sicherheit
**		statistisches Ergebnis mit 99 % Sicherheit
***		statistisches Ergebnis mit 99,9 % Sicherheit
–		keine statistische Sicherheit
[P]		Proteinkonzentration
[T]		Tannin- bzw. Gerbstoffkonzentration
°P		Grad *Plato*, % Extrakt
ν		kinematische Viskosität

Vorwort

Die letzten deutschsprachigen Buchveröffentlichung zur Thematik Filtration datieren aus den Jahren 1963 [1] und 1964 [2]. Die Stabilisierung des Bieres wurde nicht behandelt. Von der EBC wurde 1999 ein Manual zur Filtration, Stabilisierung und Sterilisation des Bieres herausgegeben [3]. Die technisch-technologische Prozessführung in dieser Prozessstufe der Bierherstellung wurde in dem vergangenen Jahrzehnt seit dieser Veröffentlichung deutlich weiterentwickelt.

Die Autoren haben es sich deshalb zum Ziel gesetzt, diese Lücke zu schließen und eine aktuelle Gesamtdarstellung der Verfahrens- und Apparatetechnik der Prozessstufen Klärung und Stabilisierung des Bieres vorzulegen, die auch im Rahmen der Berufs- und Hochschulausbildung genutzt werden kann.

Dabei sind sich die Autoren durchaus bewusst, dass es sich bei dem Kapitel Membranfiltration, insbesondere der Crossflow-Membranfiltration, um eine Thematik handelt, die sich noch in der Entwicklung befindet. Die Zahl der an der verfahrens- und apparatetechnischen Umsetzung dieser Anlagen beteiligten Unternehmen ist nicht groß und die Informationsbereitschaft dieser Betriebe hält sich in Grenzen. Das ist aus Unternehmenssicht sicher verständlich, die schreibende Zunft tut sich dafür aber relativ schwer, Sachkunde zu vermitteln.

Während die Anschwemmfiltration fast am Ende ihrer Entwicklung angekommen ist, haben die Membranfiltrationsanlagen bereits ein beachtliches Niveau erreicht. Neuinstallationen sind aber in der Regel auf „Greenfield"-Projekte und notwendige Ersatzinvestitionen beschränkt. Dazu trägt auch die sehr lange physische Lebensdauer der Anschwemmfilteranlagen, deren Robustheit, Modernisierungs- und Anpassungsfähigkeit bei. Die möglichen Entsorgungsprobleme bei Kieselgurschlämmen können in der Zukunft eine Rolle bei der Auswahl des Filtersystems spielen.

Zurzeit unterscheiden sich die Gesamtkosten der Filtersysteme nur wenig, so dass dieser Faktor nur bedingt bei der Auswahl eines Filtersystems eine Rolle spielt. In der Gegenwart werden auch noch Anschwemmfilteranlagen in Großbrauereien neu installiert.

Das Buch schließt an den Titel „Gärung und Reifung des Bieres" der Autoren an. Auf diese Veröffentlichung wird deshalb an verschiedenen Stellen Bezug genommen, um unnötige Doppelungen zu vermeiden und den Buchumfang zu reduzieren.

Aus dem gleichen Grund werden die Ausführungen Anlagen für die CO_2- und Druckluft-Bereitstellung sowie zur Online-Messtechnik kurz gehalten und es wird auf die einschlägige Literatur verwiesen, s.a. [4], [5] und [6].

Die zunehmenden Anforderungen an die Haltbarkeit der Biere in den vergangenen 50 Jahren führte dazu, dass die wissenschaftliche Durchdringung dieses Themenkomplexes sowohl aus der Sicht der Klärung als auch der Stabilisierung der Biere verstärkt bearbeitet wurde. Als Nachweis dazu sollen die als *Anlage* aufgeführten deutschsprachigen Dissertationen dienen, die sich mit dieser technologischen Prozessstufe der Bierherstellung sowohl aus der Sicht der Prozessführung als auch mit den dazu benötigten Hilfsstoffen oder den beeinflussenden Inhaltsstoffen des Bieres beschäftigt haben. Die in dieser Anlage aufgeführten Dissertationen sind den Autoren bekannt, die Aufzählung hat aber keinen Anspruch auf Vollständigkeit. Im Rahmen des vorliegenden Fachbuches konnten auch aus Gründen der einzugrenzenden Seitenzahl nicht alle diese Arbeiten in dem sie gebührenden Umfang zitiert und beschrieben werden. Wir empfehlen Interessenten von Spezialthemen das individuelle Studium dieser wissenschaftlichen Arbeiten.

Da immer noch einige kleinere Brauereien mit traditioneller Verfahrens- und Apparatetechnik arbeiten, wird auch der historische Bezug nicht ganz vernachlässigt. Auch auf einige Entwicklungen, die nicht die Serienreife erlangen konnten oder die nicht mehr benutzt werden, wird eingegangen, auch um spätere Fehlentwicklungen zu vermeiden.

Die wesentlichen Themen der vorliegenden Publikation sind:
- Stellung und Bedeutung der Klärung und Stabilisierung des Bieres im Prozess der Bierherstellung und Begriffsdefinitionen;
- Zur Geschichte der Bierklärung, Bierstabilisierung und Haltbarmachung;
- Die Qualitätseigenschaften des Unfiltrates und dessen Einfluss auf die Filtrierbarkeit des Lagerbiers;
- Anforderungen an ein filtriertes, kolloidal stabiles und biologisch haltbares Bier;
- Die Klärung des Bieres vor der Klärfiltration;
- Unfiltratbereitstellung für die Filtration
- Die Klärfiltration von Bier unter Einsatz von Filterhilfsmitteln;
- Die Membranfiltration von Bier ohne Verwendung von FHM;
- Die Polier- und Entkeimungsfiltration;
- Sicherheitsfilter (Trap-Filter);
- Verfahren und Anlagen mit regenerierbaren Filtermitteln;
- Drucktanks für filtriertes Bier;
- Die Filterhilfsmittel der Klärfiltration und die Filtermittel der Nachfiltration;
- Separation und Separatoren, Dekanter;
- Die kolloidale Bierstabilisierung: Technologie und Technik;
- Anlagen zur Stammwürzeeinstellung und Carbonisierung;
- Die Mess- und Automatisierungstechnik im Prozess der Bierfiltration;
- Schwand bei der Bierfiltration;
- CIP-Anlagen für den Bereich Filtration und Drucktank;
- Planung einer Filteranlage, CIP-Anlagen, Betriebsabnahmen;
- Prozesskontrolle zur Überwachung der Bierfiltration und -stabilisierung, Maßnahmen zu Qualitätssicherung;
- Armaturen, Rohrleitungen, Pumpen, MSR-Stellen;
- Werkstoffe und Oberflächen;
- Arbeits- und Gesundheitsschutz, Gefahrenpunkte bei der Filtration und ihre Vermeidung.

Die mikrobiologische Betriebskontrolle bei der Filtration des Bieres ist nicht Gegenstand dieser Abhandlung.

Über sachdienliche Hinweise zur Verbesserung des Inhaltes würden sich die Autoren sehr freuen.
Die Quellen von Abbildungen sind in den Bildunterschriften vermerkt. Die Autoren bedanken sich für die Bereitstellung bzw. Nutzung dieser Unterlagen. Die Produkt- und

Bildauswahl stellt keine Wertung der dargestellten Produkte dar. Sie erfolgte ausschließlich nach den verfügbaren Unterlagen.

Für die zweckdienlichen Informationen, die wir im Rahmen unserer Mitarbeit in den Arbeitsausschüssen des TWA der VLB Berlin erhalten haben, möchten wir uns bei den Fachkollegen bedanken.

Ebenso möchten wir den Firmen *Pall Food and Beverage* Deutschland (besonders Herrn *J. Ziehl, Dr. H. Born, Dr. R. Zettl* und allen Fachkollegen bei der Round-Table-Diskussion in der Fa. Pall sowie Herrn *B. Rübesam*), *Norit* NV (jetzt: *Pentair*), *KHS GmbH* (Herrn *U. Sander,* Leiter Filtration/Competence Center Prozesstechnik), *Sartorius Stedim Biotech* GmbH (Herrn *L. Warschofsky*), *E. Begerow* GmbH & Co., *GEA Westfalia, GEA Tuchenhagen, Gercid* GmbH (besonders Dipl.-Ing. *W. Fischer* und Dr.-Ing. *T. Schnick*), Fa. *Lehmann & Voss & Co., fermtec* GmbH (besonders Dr.-Ing. *J. Schöber* und Dipl.-Braumeister *P. Schauermann*), Herrn PD Dr.-Ing. *H. Evers* (*KHS* GmbH, Bad Kreuznach), Herrn Dipl.-Ing. *J. Richter* (Frankfurter Brauhaus GmbH), Frau Dr. *J. Kunte* (Berliner-Kindl-Schultheiss Brauerei GmbH), Herrn *G. Häntze* und den nicht genannten Fachkollegen für die Bereitstellung von Unterlagen oder Fachgespräche danken.

Der Versuchs- und Lehranstalt für Brauerei (VLB) in Berlin, insbesondere Herrn *O. Hendel*, gilt unser Dank ganz besonders für die Mühen, die mit der Herausgabe und dem Druck eines Buches verbunden sind, sowie für die konstruktiven Gespräche und fachlichen Informationen besonders mit Dr.-Ing. *J. Fontaine*, Dr.-Ing. *R. Folz*, Dr.-Ing. *R. Pahl* und Dipl.-Ing. *Chr. Nüter*.

Weiterhin bedanken wir uns sehr herzlich für die fachlichen Informationen und konstruktiven Gespräche besonders bei unserem alten Freund und Lehrmeister Dipl.-Ing. *Wolfgang Kunze* aus Dresden.

Berlin und	*Gerolf Annemüller*
Frankfurt (Oder) im Oktober 2011	*Hans-J. Manger*

1. Einführung und Begriffsdefinitionen

1.1 Allgemeine Begriffsbestimmungen

Nach Meyers Konversations-Lexikon [7] verstand man schon 1888 unter Filtrieren eine verfahrenstechnische Operation zur Trennung einer Flüssigkeit von darin enthaltenen festen, unlöslichen Substanzen. Diese Operation wird ausgeführt, indem die Flüssigkeit einen porösen Körper durchdringt, dessen Poren den festen Körpern den Durchgang nicht gestatten.

Das Wort Filtrieren wurde in der französischen Sprache von dem mittellateinischen Wort „filtrum", das soviel wie „Filz" bedeutet, abgeleitet und als Lehnwort in die deutsche Sprache übernommen. In dem o. g. Lexikon werden die porösen Körper als Filter, Filtrum, Kolatorium oder Seihetuch bezeichnet. Die durchgelaufene Flüssigkeit heißt Filtrat oder Kolatur (veralteter Begriff, lat.: durch ein Tuch durchgeseihte Flüssigkeit), die abgeschiedenen festen Körper waren der Filtrationsrückstand. Das Filtrieren wurde als ein rein mechanisches Trennverfahren angesehen, bei dem in der Flüssigkeit gelöste Bestandteile nicht entfernt werden konnten. Wenn dies dennoch geschieht, dann schloss man daraus, dass das „Filtrum" eine besonders anziehende Kraft auf die betreffende Substanz ausübt und mit derselben eine mehr oder weniger feste chemische Verbindung eingegangen ist oder diese Substanz durch „Flächenwirkung" zurückgehalten wurde. Als ein „Filtrum", das so wirken kann, wird u.a. auf die Kohle hingewiesen.

Diese Beschreibungen von 1888 charakterisieren schon sehr genau auch unser jetziges Verständnis von der verfahrenstechnischen Grundoperation des mechanischen Trennvorganges der Filtration.

Die Entfernung von gelösten Inhaltsstoffen oder Kolloiden aus unseren Unfiltraten erfolgt ebenfalls nur durch Adsorption und wird hauptsächlich in den Kapiteln, die sich mit der Bierstabilisierung beschäftigen, beschrieben.

1.2 Stellung der Bierklärung und -stabilisierung im Prozess der Bierherstellung und ihre Abgrenzung

Die Bierfiltration ist der letzte Abschnitt der Bierherstellung, in dem das Bier in seiner Zusammensetzung und in seinen qualitativen Eigenschaften positiv beeinflusst werden kann.

Obwohl die Filtration und die Verfahren zur kolloidalen Stabilisierung des Bieres oft parallel betrieben werden und die kolloidale Stabilität des Bieres durch das angewandte Filtrationsverfahren unmittelbar beeinflusst wird, sind sie sachlich zu trennen und werden nachfolgend getrennt behandelt.

Die Prozessstufe künstliche Klärung (Filtration) und kolloidale Stabilisierung beginnt mit dem fertig vergorenen, ausgereiften, natürlich geklärten und evtl. in der Lagerphase bereits vorstabilisierten kalten Unfiltrat im ZKT oder Lagertank und endet mit dem filtrierten, stabilisierten und fertig konditionierten Filtrat im Drucktank, bereit zur Abfüllung.

Ausnahmen von diesem Ablauf sind möglich. Beispielsweise werden in Haus- und Gasthausbrauereien die Biere direkt nach der Reifung ohne Klärung zum Ausschank gebracht. Auch in größeren Brauereien werden ungeklärte Biere als sogenannte Keller-

oder Zwickelbiere zur Abfüllung gebracht und vertrieben, zum Teil nur regional begrenzt im Brauereiausschank.

Die sensorischen Vorteile natürlich geklärter Biere werden von vielen Konsumenten geschätzt, so wie es unter Brauern immer üblich war (in einem „Kaps" wurde fast ausschließlich Unfiltrat für die „Schmierpause" temperiert). Auch die noch vorhandenen Eiweiße und Resthefemengen sind für gesunde Menschen physiologisch positiv einzuschätzen.

Obergärige Weizen- und andere Spezialbiere werden ebenfalls oft ungeklärt vertrieben. Damit werden nicht nur der Schwand gesenkt und die Filtrationsprobleme umgangen, auch der Geschmack eines „Hefeweizens" wird gegenüber einem filtrierten Bier von vielen Konsumenten bevorzugt.

Die künstliche Bierklärung wird etwa seit 1880 betrieben und wurde sehr schnell integraler Bestandteil der Bierherstellung.

1.3 Die Stufen der Bierklärung

Die Bierklärung erfolgt in mehreren Stufen. Unterschieden wird zwischen:
- der natürlichen Bierklärung. Sie beruht auf der Vergröberung der Trübstoffe in der Gär- und Lagerphase und ihrer Sedimentation im Lagertank vor der Filtration, zum Teil auch mit Unterstützung von zugesetzten Klärmitteln (eine ausführliche Darstellung erfolgt dazu in Kapitel 6 und u.a. in [8]),
- der künstlichen Klärung des Bieres durch die mechanischen Trennverfahren Filtration und Separation, der sog. Klärfiltration, durch die eine beschleunigte Klärung des Bieres erzielt wird (s.a. Kapitel 7 und 8), und
- der Polier- oder Entkeimungsfiltration des bereits künstlich geklärten Bieres zur Entfernung von feindispersen Trubstoffen, Filterhilfs- oder Stabilisierungsmittelresten und evtl. noch vorhandenen Hefezellen und bierschädliche Organismen (s.a. Kapitel 9).

In enger Verbindung mit der natürlichen und künstlichen Klärung des Bieres erfolgt auch eine wesentliche Einflussnahme auf die kolloidale Stabilität des Endproduktes, z. B. durch:
- die Kaltlagerung des Unfiltrates mit oder ohne adsorptiven Klärzusätzen (s.a. Kapitel 6),
- die parallel zur oder nach der Klärfiltration zugesetzten Adsorptionsmittel (s.a. Kapitel 15)
- oder durch einige Filterhilfsmittel, die selbst adsorptiv wirken (s.a. Kapitel 13).

Die mechanische Klärung des Bieres ist eng mit der durch die Anwendung von Adsorptionsmitteln erzielbaren Steigerung der kolloidalen Stabilität verbunden. Die Filtration und die kolloidale Stabilisierung des Bieres sind deshalb als eine gemeinsame Prozessstufe zu betrachten, obwohl hier unterschiedliche Wirkungen und Prozesse ablaufen.

1.4 Aufgaben und Ziele der Prozessstufe der künstlichen Bierklärung und Bierstabilisierung

1.4.1 Aufgaben

Die Aufgaben der künstlichen Klärung und Stabilisierung des Bieres bestehen allgemein darin, möglichst quantitativ eine Suspension (Trübe, Unfiltrat, „Bier") in eine klare Flüssigkeit (Filtrat) und in die Trübstoffe zu trennen sowie die potenziellen Trübungskomponenten soweit zu reduzieren, dass das filtrierte und kolloidal stabilisierte Bier das den Markterfordernissen entsprechende Aussehen und die erforderliche kolloidale Stabilität erhält.

Es sind folgende komplexe Aufgaben in dieser Prozessstufe zu erfüllen:

- Klärung des Bieres zur Sicherung der erforderlichen biologischen Haltbarkeit durch die Entfernung aller vegetativen Keime (Hefen, Bakterien) und aller kolloidalen, visuell und messtechnisch erfassbaren Trübstoffe,
- Erhöhung der chemisch-physikalischen (kolloidalen) Stabilität des Endproduktes in Abhängigkeit der zu garantierenden Haltbarkeit durch die Entfernung auch aller potenziellen Trübungsbildner,
- Einstellung einer möglichst konstanten Endproduktqualität bis zum Verbrauch des Bieres, z. B. durch einen möglichst geringen O_2-Eintrag,
- Erhaltung der Schaumhaltbarkeit des Bieres durch möglichst geringe CO_2-Verluste im Prozess und durch eine abgestimmte Filtrationsschärfe,
- Unter Umständen auch eine Verbesserung der sensorischen Qualität, z. B. bei der Entfernung eines hefigen Geschmackes bzw. durch Verschnitt mit einer anderen qualitativ besseren Biercharge,
- Einstellung des gewünschten Stammwürzegehaltes, z. B. durch Wasserzusatz bei einem Bier, das nach dem High-Gravity-Verfahren gebraut wurde,
- Einstellung des gewünschten CO_2-Gehaltes durch eine definierte Nachcarbonisierung, z. B. bei unterschiedlichen CO_2-Gehalten von Fass- und Flaschenbieren sowie bei der Rückverdünnung von High-Gravity-Bieren,
- Evtl. die Herstellung eines dunkleren Bieres durch den definierten Zusatz von Röstmalzbier.
- In internationalen Brauereien, die nicht nach dem Deutschen Reinheitsgebot brauen, können während oder nach der Filtration unter anderem auch folgende Zusatzstoffe dem Bier zudosiert werden: Isomerisierte Hopfenextrakte, Schaumstabilisatoren und Antioxidationsmittel (Ascorbinsäure, SO_2, sulfithaltige Salze).

Der erste Punkt wird durch die mechanische und eine geringe adsorptive Entfernung der nichtbiologischen, hochmolekularen stickstoff- und kohlenhydrathaltigen Trübstoffe und der im Bier noch befindlichen Mikroorganismen und der zweite Punkt vor allem durch die adsorptive Entfernung hochmolekularer Gerb- und Eiweißstoffe erreicht. Auch die Alterung des Bieres kann durch eine partielle Adsorption von höhermolekularen Fettsäuren verzögert werden.

Bei der Optimierung der künstlichen Bierklärung richten sich die jetzigen Bestrebungen vorwiegend:

- auf eine Erhöhung des Durchsatzes bei vergleichbarer Bezugsbasis,
- auf eine wirksame Senkung des Filterhilfsmaterialverbrauches,
- auf die Substitution des Filterhilfsmittels Kieselgur,
- auf Senkung der Filtrations- und Stabilisierungskosten,

Klärung und Stabilisierung des Bieres

- auf eine Steigerung der Nachhaltigkeit und zwar besonders durch eine Senkung des CO_2-Ausstoßes und des prozessbedingten Wasserverbrauches.
- die Sicherung der Produktqualität und
- auf eine Automatisierung des Gesamtprozesses.

1.4.2 Ziele der Prozessstufe unter besonderer Beachtung der Bierstabilität

Ziel der künstlichen Klärung und Stabilisierung eines Bieres ist die Herstellung eines trübungsfreien und stabilen Bieres für den auf der Endverpackung angegebenen Garantiezeitraum (siehe Angabe der Mindesthaltbarkeit bis „Datum"). Die Herstellung eines stabilen Bieres umfasst jedoch noch weitere Qualitätskriterien, die für den Endverbraucher im Garantiezeitraum wichtig sind, wie nachfolgende Aufzählung zeigen soll.

Das Fertigbier muss:
- stabil biologisch trübungsfrei, blank (biologische Stabilität), d.h., frei von sich vermehrenden Hefezellen und anderen mikrobiellen Kontaminationsorganismen sein. Diese Aufgabe der Prozessstufe Bierklärung setzt aber auch „kontaminationsfreies" Arbeiten in den vorhergehenden Prozessstufen voraus;
- kolloidal stabil sein (kolloidale Stabilität), d.h., es darf nicht durch normale Temperaturschwankungen trüb werden, eine Aufgabe vorwiegend für die Prozessstufe kolloidale Stabilisierung.
  Der erforderliche Aufwand ist jedoch sehr von den verwendeten Rohstoffqualitäten und der Technologie der vorhergehenden Prozessstufen abhängig;
- eine stabile Schaumhaltbarkeit besitzen (Schaumstabilität); die künstliche Klärung und kolloidale Stabilisierung des Bieres müssen dazu das Potenzial der schaumpositiven Substanzen des zu behandelnden Bieres weitgehend erhalten und dazu den erforderlichen CO_2-Gehalt für die Bildung der Schaummenge sicher einstellen können.
  Der Gehalt des Bieres an Substanzen, die die Schaumhaltbarkeit gewährleisten, wird jedoch wesentlich durch die Rohstoffqualitäten und die vorhergehenden Prozessstufen bestimmt;
- weitgehend geschmacksstabil sein (Geschmacksstabilität), eine Qualitätsforderung, die in der Prozessstufe künstliche Klärung und kolloidale Stabilisierung durch die Vermeidung von Sauerstoffeintrag, die Vermeidung des Eintrages von oxidationsfördernden Substanzen (z. B. Eisenionen) und die Herausnahme von hochmolekularen, oxidierten Polyphenolen unterstützt werden kann.
  Ein Zusatz von Antioxidantien im Prozess der kolloidalen Stabilisierung ist auf Grund des Deutschen Reinheitsgebotes nur im Ausland zulässig.

Ein umfassend stabiles Bier kann also nur durch die Einhaltung definierter Qualitätskriterien der verwendeten Rohstoffe und durch die angewendete Technologie des Gesamtprozess der Bierherstellung und Bierabfüllung bestimmt bzw. gewährleistet werden. In der Prozessstufe künstliche Klärung und kolloidale Stabilisierung sind nur in den ersten beiden Stabilitätsbegriffen entscheidende Veränderungen möglich.

1.5 Verfahrenskombinationen zur Erzeugung eines blanken, kolloidal stabilen und keimfreien Bieres

Die Herstellung eines glanzfeinen und lang haltbaren Bieres erfordert einen mehrstufigen Filtrationsprozess. Im großtechnischen Maßstab sind die in Tabelle 1 aufgeführten Verfahrenskombinationen und Teilprozessstufen des Filtrationsprozesses hauptsächlich in der Anwendung.

Man unterscheidet zwischen Tiefbettfiltersystemen (wie z. B. Schichtenfilter, Tiefbettkerzenfilter, Tiefbettmodulfilter) und Oberflächenfiltern (wie z. B. Membranfilter, Crossflow-Membranfilter).

Im großtechnischen Maßstab sind eine Vielzahl von Verfahren und betriebsspezifischen Kombinationsmöglichkeiten bekannt. Zur Zeit kann man die angewendeten Verfahren noch wie folgt quantifizieren:

- Bei der Klärfiltration dominiert noch weltweit die Anschwemmfiltration mit Kieselgur und Kieselgursubstituten (Perlite, Zellulose u. a.).
- Die Crossflow-Filtration von Bier mit und ohne Vorklärung mittels Separation ist erst in relativ wenigen Brauereien im großtechnischen Einsatz, nimmt aber zu.
- Die Herstellung kolloidal lange haltbarer Biere (> 9 Monate) erfordert mindestens eine zweistufige Stabilisierung mit Kieselgel und PVPP sowie eine nachgeschaltete Partikelfiltration zur Entfernung von PVPP- und evtl. Kieselgurpartikeln.
  Als Partikelfänger sind so genannte Trapfilter (Schichtenfilter, Kerzen- und Modulfilter mit Tiefenfilterelementen) im Einsatz.
- Zur Gewährleistung einer ausreichend langen biologischen Haltbarkeit wird das Bier weltweit zu über 80 % thermisch behandelt (Kurzzeit-Erhitzung oder Tunnelpasteurisation).
- In Abhängigkeit von der gewünschten Haltbarkeit und vorwiegend in deutschen kleineren Brauereien werden statt der thermischen Haltbarmachung einzelne oder mehrere Stufen der Polier- und Entkeimungsfiltration eingesetzt, um auf „kaltsterilem" Wege die erforderliche biologische Haltbarkeit zu erreichen.
  International werden auch in Großbrauereien mit einem anderen Rohstoffeinsatz (Rohfrucht Reis und Mais in Verbindung mit mikrobiellen Enzymen) Biere ausschließlich über Membranen filtriert (z. B. US-Draftbiere in einer Menge von rund 20 Mio. hL).
  Folgende Varianten sind u.a. bekannt: Entkeimungsschichtenfilter, Vorfilter mit Tiefenfilterkerzen oder -modulen und nachgeschaltetem Membranfilter. Weitere Ausführungen s.a. Kapitel 9, 10 und 13).

Klärung und Stabilisierung des Bieres

Tabelle 1 Verfahrenskombinationen und Teilprozessstufen zur Erzeugung eines blanken, kolloidal stabilen und biologisch haltbaren Bieres

Vorklärung	Klärfiltration	Kolloidale Stabilisierung	Biologische Haltbarmachung u. Polierfiltration
Nur Kaltlagerung im ZKT	Kuchen- bzw. Anschwemmfiltration mit Kieselgur und anderen Filterhilfsmitteln bzw. mittels	Kieselgel in Verbindung mit der Kieselgurfiltration oder in vorgeschalteter Klärstufe *und/oder*	EK-Schichtenfiltration
PVPP und/oder Kieselsol + Kaltlagerung im ZKT bzw. im separaten Klärtank			Vorfiltration mit Tiefenfilterkerze oder Tiefenfiltermodul und Membranfiltration
Kaltlagerung im ZKT + Separation	Separation und Crossflow-Filtration	PVPP-Filtration + Trapfiltration	Thermische Behandlung mit KZE oder Tunnelpasteur

1.6 Die wichtigsten Anforderungen an das filtrierte und stabilisierte Bier

Die Anforderungen an das filtrierte und stabilisierte Bier sind nach dem Durchlaufen der einzelnen Teilprozesse für die Zwischenprodukte differenziert zu stellen:

- Die Klärfiltration soll ein glanzfeines Bier und ein weitgehend hefe- und bakterienfreies Bier liefern (s.a. Kapitel 4.2 und 4.3).
- Die mit der Klärfiltration verbundene kolloidale Stabilisierung soll ein den Markterfordernissen entsprechendes kolloidal stabiles und auch weiterhin glanzfeines Bier liefern (siehe Kapitel 4 und 15).
- Die Trap- und Polierfiltration soll mittels Tiefenfilter ein weitgehend partikelfreies (Kieselgur, PVPP) und bakterienfreies Filtrat liefern (s.a. Kapitel 4.4 und 9), das auch nachfolgend für eine wirtschaftliche Membranfiltration geeignet ist (s.a. Anforderungen an die Membranfiltrierbarkeit im Kapitel 4.4.3).
- Die Membranfiltration soll unter definierten und reproduzierbaren Bedingungen ein so genanntes „kaltsteriles", biologisch stabiles Produkt ohne thermische Behandlung liefern.
Prüfmethoden hierfür siehe Kapitel 9.

1.7 Verfahrens- und apparatetechnische Begriffe zur Filtration
1.7.1 Allgemeine Hinweise
Bei der Klärung mittels Filtration wird das unfiltrierte Bier (Unfiltrat) durch Filtermittel in die flüssige Phase (Filtrat) und die feste Phase (Filterkuchen) getrennt.

Das Filtermittel trennt die feste Phase durch Siebwirkung und je nach Struktur des Filtermittels auch in dessen Poren durch Tiefenfiltration ab. Die Siebwirkung kann nur auf der Oberfläche des Filtermittels erfolgen. Der Filtrationseffekt kann durch Adsorption an das Filtermittel unterstützt werden.

Die abgeschiedenen Teilchen - der Filtrationskuchen - werden selbst zum Filtermittel.

Oberflächen- und Tiefenfiltration verlaufen meist parallel.

Triebkraft der Filtration ist immer eine Druckdifferenz zwischen Unfiltrat- und Filtratseite des Filtermittels.

Bei unfiltriertem Bier besteht die feste Phase aus:
- Teilchen mit einer Größe > 0,1 µm: Hefen, Mikroorganismen, koaguliertes Eiweiß. Diese Trübung ist makroskopisch erkennbar.
- Teilchen mit einer Größe von 0,001 bis 0,1 µm (Kolloide): Eiweiß-Gerbstoffverbindungen (Kühltrub), Hopfenharze, Gummistoffe. Diese Teilchen sind nur mittels des *Tyndall*-Effektes sichtbar (Streulicht).
- Teilchen mit einer Größe < 0,001 µm. Diese Teilchen sind molekulare Dispersionen und nicht sichtbar.

Das Filtermittel (s.a. Kapitel 13) soll so beschaffen sein, dass die Durchlässigkeit während der Filtration konstant bleibt. Dies setzt die weitestgehende Inkompressibilität des Filtermittels voraus, so dass die Permeabilität bei steigendem Differenzdruck nicht nachhaltig verringert wird. Dieser Idealzustand ist nicht erreichbar, aber man versucht - zum Teil durch laufende Dosierung eines Filterhilfsmittels (FHM) zum Unfiltrat - ihm nahe zu kommen. Angestrebt wird eine Filtration bei angenähert konstantem Volumenstrom. Das bedingt einen ständig steigenden Differenzdruck, bis der maximale Betriebsdruck oder das maximal fassbare Trubvolumen des Filters erreicht ist.

Wird die Durchlässigkeit des Filtermittels/Filterkuchens während der Filtration herabgesetzt, z. B. durch „Druckstöße", Hefestöße, zu geringe FHM-Dosierung oder auch gelbildende, filtrationsinhibitorische Bierinhaltsstoffe, so kann dieser Umstand auch nicht durch erhöhte FHM-Dosierung rückgängig gemacht werden, da die einmal aufgebaute Sperrschicht den Filterwiderstand bestimmt.

Zur Fixierung des Filtermittels dient der Filtermittelträger. Er sichert den Filtratablauf. Mögliche Filtermittel und die zugehörigen Filterbauarten zeigt Tabelle 2.

Als Filterhilfsmittel werden üblicherweise Kieselguren, Perlite und Celluloseprodukte benutzt, die nach beendeter Filtration entsorgt werden (klassische Filtration). Es ist jedoch alternativ auch möglich, das Filterhilfsmittel nach Abschluss des Filtrationszyklus zu regenerieren (s.a. Kapitel 11). Der FHM-Träger verbleibt dabei in der Regel im Filter. Dabei können vor allem unterschieden werden:
- Regeneration der FHM im Filter, danach Austrag und erneute Dosierung der FHM;
- Austrag des FHM-Kuchens und Regeneration außerhalb des Filters; anschließend erneute Dosierung.

Klärung und Stabilisierung des Bieres

Tabelle 2 Filtermittel und Filterbauarten

Filtermittel	Filterbauart
Stützschicht als Filtermittelträger und Filterhilfsmittel	Anschwemm-Schichtenfilter (Synonym: A.-Rahmenfilter)
Filterhilfsmittel auf einem metallischem Filtermittelträger	Anschwemm-Kesselfilter *)
Filterschicht	Schichtenfilter
Dead-End-Membran	Membrankerzenfilter (s.a. Kapitel 8)
Crossflow-Membran	Hohlfaser-Membranfilter (s.a. Kapitel 8)
Filtermasse	Massefilter (s.a. Kapitel 2.6)

*) A.-Kesselfilter werden in den Bauformen A.-Scheibenfilter und vor allem A.-Kerzen filter ausgeführt. Die A.-Scheibenfilter werden vor allem als A.-Zentrifugal-Scheiben filter gefertigt.

Bei den Crossflow-Membranfiltern wird versucht, an der Membranoberfläche den Aufbau einer sogenannten Deckschicht durch eine hohe Fließgeschwindigkeit zu begrenzen.

Die Bierfiltration wird einstufig oder zweistufig vorgenommen (Vorfilter und Nachfilter). Nachfilter werden zur Sicherung gegen Trüblauf des Vorfilters und/oder zur Verbesserung der Glanzfeinheit des Filtrates („Polierfilter") bzw. zum Teil auch für die Entkeimungsfiltration (EK-Filter) benutzt. Zur Vorklärung können Separatoren eingesetzt werden (s.a. Kapitel 14).

Da Schichtenfilter bei der Regeneration sehr arbeitsaufwendig und verbrauchsintensiv (Schichten, Wasser, Energie) sind, wird in wenigen Einzelfällen auch eine die doppelte Anschwemm-Filtration praktiziert.

Membranfiltersysteme für die Nachfiltration setzten eine sehr gute Vorklärung voraus.
  Neben der klassischen Massefiltration (Kapitel 2.6) wurde die Filtration auch mit Filtermitteln auf der Grundlage von modernen Faserkombinationen in klein- und großtechnischen Versuchen erprobt. Diese Filterkuchen wurden sowohl im Filter als auch außerhalb regeneriert und standen dann für die erneute Dosierung bereit (s.a. Kapitel 11). Bisher haben sich diese Entwicklung noch nicht großtechnisch bewähren können.

Einstufige Filteranlagen sollten nur in Verbindung mit einer Online-Trübungsmessung und automatischer Umschaltung auf Kreislaufbetrieb des Filters eingesetzt werden, um die Filtratqualität zu sichern.

1.7.2 Einige Begriffe zur Filtration

Bei einem unfiltrierten Bier handelt es sich um ein heterogenes Stoffsystem, bei dem partikuläre grobdisperse und kolloiddisperse Feststoffphasen im flüssigen Dispersionsmittel Bier dispergiert sind. Weiterhin enthält es ein gelöstes Gas, das bei Druckentlastungen bzw. Druckschwankungen eine Gas-Flüssigkeitsphase den Bierschaum bildet. Bier ist also ein heterogenes, mehrphasiges Stoffsystem.

Unterteilung der Filtration nach den Filtrationsarten und Abscheidemechanismen:

Tiefenfiltration
Die abzutrennenden Teilchen sind kleiner als die Porendurchmesser des Filtermittels, dringen in die Kapillaren ein und werden in diesen durch deren verzweigten Verlauf abgelagert. Dieser Vorgang kann durch Adsorption gefördert werden.

Dadurch und durch Brückenbildung (Reduzierung des Porendurchmessers) können auch kleine Teilchen abgetrennt werden. Das Filtrat ist zu Beginn der Filtration oft noch trüb und muss zurückgeführt werden.

Kuchenfiltration
Die Trübstoffe werden unter Dosage von Filterhilfsmitteln auf dem Filtermittelträger als Filterkuchen mit ansteigender Dicke zurückgehalten. Die Trennung erfolgt hier sowohl durch Sieb- als auch durch Tiefenfiltration. Durch Zusätze von Adsorptionsmitteln (früher Asbest, jetzt z. B. Aktivkohle und aufbereitete Cellulosefasern) kann die Adsorptionswirkung verstärkt werden.

Siebfiltration
Die abzutrennenden Partikel können, bedingt durch ihre Geometrie (sie sind größer als die Filterporen), die Poren nicht durchdringen oder in sie·eindringen und werden von dem Filtermittel zurückgehalten.

Membranfiltration
Membranfilter sind nicht den Siebfiltern zuzuordnen. Bei Membranfiltern werden die Trübungspartikel auch in der Membran zurückgehalten. Sie können trotz ihrer geringen Schichtdicke den Tiefenfiltern zugeordnet werden. Sie müssen zurückgespült oder gereinigt werden, wenn ihre Trübstoffaufnahmefähigkeit erreicht ist.
In vielen Fällen werden Sieb- und Tiefenfiltration kombiniert genutzt.

Trennfiltration und Klärfiltration
Nach dem Filtrationsergebnis bzw. -ziel wird unterschieden zwischen:
- *Trennfiltration* mit einer großen Konzentration des Unfiltrates an Trübstoffen und dem Ziel, den Filterkuchen bei geringen Filtrationsdrücken und niedriger Restfeuchte zu gewinnen (siehe Backhefegewinnung) und
- *Klärfiltration*, z. B. bei der Bierfiltration mit einer geringen Konzentration an Trübstoffen im Unfiltrat und dem Ziel, ein möglichst reines Filtrat zu gewinnen. Dazu sind große Filtrationsdruckdifferenzen erforderlich und es ergeben sich größere Restfeuchten im Filterkuchen.

Filterhilfsmittel
Filterhilfsmittel sind z. B. Kieselguren, Perlite, Cellulosen, Asbest (Einsatz jetzt verboten), Gips, Stärke (nur im Versuchsmaßstab großtechnisch erprobt) usw., die als

Anschwemmung auf einem Filtermittel bzw. Filtermittelträger (Siebe, Gewebe oder Filterschichten) vor der eigentlichen Filtration aufgebracht werden („Voranschwemmung") und/oder während der Filtration dem Unfiltrat zudosiert werden, um die Durchlässigkeit des Filterkuchens zu erhalten („laufende Dosierung").

Filtermittel
Das Filtermittel ist für ein Fluid durchlässig; die andere Phase (Feststoff, Solid) wird zurückgehalten und bildet den Filterkuchen. Meist wird dieser ab einer bestimmten Dicke selbst zum Filtermittel. Zu unterscheiden sind die Abscheidemechanismen gemäß Abbildung 1.

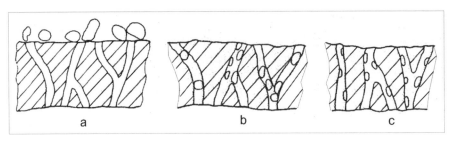

Abbildung 1 Abscheidemechanismus der Filtration
a Siebfiltration   **b** Tiefenfiltration   **c** Adsorptionswirkung

Filtermittel können sein (s.a. Kapitel 13):
- Filterschichten;
- lose Schüttungen (Filterhilfsmittel) auf einem Filtermittelträger, z. B. Anschwemmschichten aus Kieselguren, Perliten, Cellulosen, Sand und Kies;
- poröse Massen aus gesinterten Werkstoffen (keramische Membranen) und
- Membranen und Hohlfasern aus Polymeren.

Filtermittel können direkt für die Siebfiltration und/oder Tiefenfiltration, mit und ohne Adsorptionswirkung, benutzt werden, ebenso für die Nutzung von Filterhilfsmitteln.

Filtermittelträger können sein:
- Siebe, ausgeführt als Metallsiebe mit Rund- oder Langlöchern (d ≤ 0,01 mm), oder Spaltsiebe (Aufreihung von Lamellen oder Scheiben bzw. parallele Anordnung von Profilstäben oder Profildrähten jeweils mit definiertem Abstand);
- Metall- oder Textilgewebe (Filtergewebe), die meist in *Köper*-Bindung hergestellt werden;
- Filterschichten (so genannte Stützschichten).

Auf dem Filtermittelträger werden die Filterhilfsmittel fixiert.

Abbildung 2 gibt einen Überblick über die verschiedenen Stufen der Filtration, gestaffelt nach der Größe der zurückgehaltenen Teilchen. Bei der Bierfiltration handelt es sich real um eine Partikelfiltration, meist mit einer nachgeschalteten Mikrofiltration.
Eine schärfere Filtration führt zum Verlust an wertvollen kolloiden Inhaltsstoffen, die unter anderem wichtig sind für die Schaumhaltbarkeit und die Vollmundigkeit des Bieres.

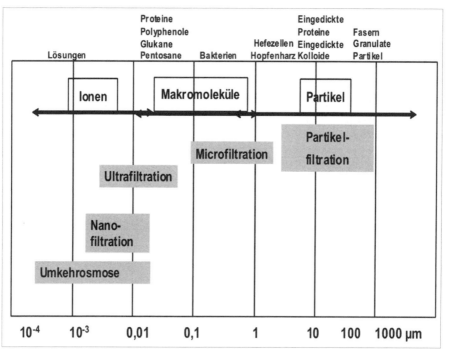

Abbildung 2 Die verschiedenen Stufen der Filtration, gestaffelt nach der Größe der zurückgehaltenen Teilchen

Bei der Filtration steht die Trennung der flüssigen Phase (Dispersionsmittel) von der festen Phase (Dispersum) im Vordergrund. Nach der Größe der dispergierten Teilchen unterscheidet man die folgenden drei Hauptgruppen bei den zu klärenden Suspensionen (Tabelle 3).

Tabelle 3 Die drei Hauptgruppen der Suspensionen bzw. Lösungen

Bezeichnung der Suspensionen	Teilchengröße	Mechanisch trennbar
Grobe Dispersion	> 100 nm	Ja
Kolloide Dispersion	1…≤ 100 nm	Ja
Lösung oder molekulare Dispersion im homogenen System	< 1 nm	Nein

1.8 Die Größenverhältnisse von Porenweiten der Filterschichten, Filterhilfsmittelschichten und Trubstoffen im Bier

In Tabelle 4 wird eine Zusammenstellung über die durchschnittlichen Größenverhältnisse einiger Trübungspartikel und Filterhilfsmittel sowie über die durchschnittlichen Porenweiten zu ihrer Entfernung ausgewiesen.

In Ergänzung dazu werden in Abbildung 3 die Größenbereiche der biologischen Trubstoffe im Bier im Verhältnis zu den technisch möglichen Spaltbreiten der Filterstützflächen bei der Anschwemmfiltration gezeigt. Die große Differenz zwischen beiden Größenordnungen weist schon auf die Bedeutung eines sorgfältigen Filterkuchenaufbaues bei der Anschwemmfiltration hin (siehe Kapitel 7.2).

Tabelle 4 Größenverhältnisse von Partikeln und Poren

Partikelgröße der Kieselguren		Trubgrößen	
Feingur	2…10 µm	Heißtrub	20…80/90 µm
Mittelgur	10…20 µm	Dauertrübung	3…10 µm
Grobgur	20…60 µm	Kältetrübung	0,08…5 µm
Ø Porenweiten der Filterschichten		Größe der β-Glucanmoleküle	
Kieselgurschicht	3…4 µm	M = 10.000 d	≈ 0,05 µm
Normale Filterschicht	10 µm	M = 100.000 d	≈ 0,5 µm
Sterilschicht	7…8 µm	M = 1.000.000 d	≈ 5 µm
Membranfilter	> 0,6 µm		
Steriler Membranfilter für Wasser	> 0,2 µm		
für Bier	0,45…0,6 µm		
Normale Unfiltratbestandteile		Partikelbereich	0,2…15 µm
		Anteil Feststoffe	2…10 g/100 ml

M = Molmasse in *Dalton*.
Dalton: Masseeinheit, die der Masse eines Wasserstoffatoms (exakt 1,0000 auf der Atomskala) sehr nahe kommt. Sie ist nach *John Dalton* (1766-1844) benannt, der die Atomtheorie der Materie entwickelte. Ein *Dalton* (d) ist eine physikalische Konstante für die atomare Masseneinheit und beträgt: $1\ d = 1{,}660 \cdot 10^{-24}\ g$.

In Abbildung 4 und Abbildung 37 sind die in Flüssigkeiten, wie auch im Bier vorkommenden Inhaltsstoffe im Zusammenhang mit ihren Erkennungsmöglichkeiten dargestellt. Man erkennt, dass eine direkte Erfassung der größeren Substanzen ein Mikroskop und ein geschultes Auge benötigen, um differenzieren zu können. Eine einfache Streulichttrübungsmessung erfasst sowohl die Zunahme der biologischen als auch der kolloidalen Trübungspartikel nur summarisch und ermöglicht keine Differenzierung hinsichtlich der Trübungsursachen.

Einführung und Begriffe

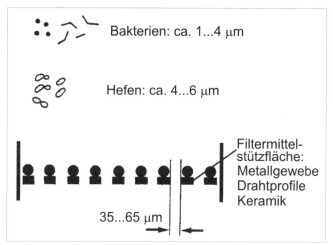

Abbildung 3 Größe der biologischen Trübungspartikel und der Bereich der Spaltgrößen der Filterstützflächen bei der Anschwemmfiltration

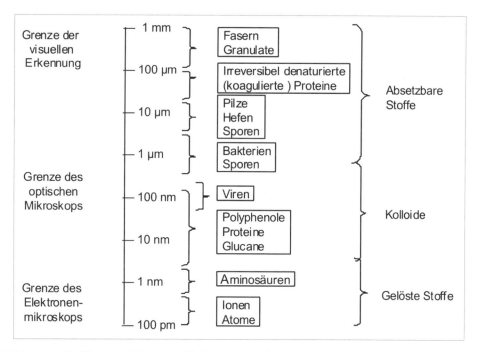

Abbildung 4 Größenvergleich von Trübungs- und Lösungsmittelbestandteilen mit ihren Erkennungsmöglichkeiten

1.9 Einteilung der Bierfilter und Filterkombinationen

Eine systematische Einteilung der Filter kann nach verschiedenen Ordnungsgesichtspunkten erfolgen, zum Beispiel nach der
- Art des Filtriervorganges;
- Druckhöhe und Erzeugung der Druckdifferenz;
- Stetigkeit der Filtration;
- Art des Filterhilfsmittels;
- Art des Filtermittelträgers.

Von den vielen möglichen Formen werden zur Klärfiltration von Bier nur Druckfilter mit diskontinuierlicher Filterkuchenentfernung genutzt. Eine Übersicht zu aktuellen Filtervarianten ist aus Abbildung 5 zu entnehmen.

Die meisten Filter im Prozess der Bierherstellung sind zurzeit noch *Anschwemmfilter* (s.a. Kapitel 7). Weiterhin werden *Schichtenfilter* eingesetzt. In der Vergangenheit wurden *Kammerfilter* (z. B. Schalenfilter bei der Massefiltration, s.a. Kapitel 2) und Filterpressen zur Gelägerfiltration genutzt.

Für eine sichere Keimentfernung werden als Endfilter *Membranfilter* benutzt. Sie werden großtechnisch bei der Bierfiltration vorwiegend als *Dead-End*-Filter verwendet. Es fließt das gesamte vorgeklärte Bier durch die polymere Membran definierter Porenweite bis zur ihrer Erschöpfung.

Seit den 1990er Jahren erfolgt die Bierfiltration zunehmend auch industriell erfolgreich mit Hilfe der *Crossflow*-Membranfiltertechnik. Der Filtrationsvorgang läuft hier quasikontinuierlich ab. (siehe Kapitel 8).

Zur kolloidalen Stabilisierung des Bieres können so genannte Stabilisierungsfilter eingesetzt werden. Diese sind in der Regel regenerierbar (s.a. Kapitel 15).

Anstelle von Schichtenfiltern werden als Nachfilter für die Polierfiltration *Tiefenfilter* als *Kerzen-* oder *Modulfilter* und als *Partikelfänger* so genannte „Trap-Filter" für die Entfernung evtl. Kieselgur- und PVPP-Partikel genutzt.

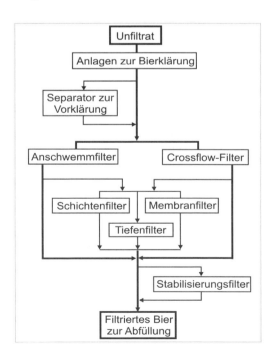

Abbildung 5 Filtervarianten für die Bierfiltration

Mögliche Filterkombinationen
Übliche Ausrüstungen der Filterkeller sind folgende Filterkombinationen (die aufgeführten Mindesthaltbarkeiten (MHD) sind nur Orientierungswerte ohne Berücksichtigung einer thermischen Behandlung):
- Anschwemm-Schichtenfilter: einstufige Filtration ohne Stabilisierungsmittel für Biere mit einem MHD < 3 Monate;
- Anschwemm-Kesselfilter: einstufige Filtration ohne Stabilisierungsmittel für Biere mit einem MHD < 3 Monate;
- Anschwemmfilter mit Kieselgeleinsatz und Schichtenfilter: zweistufige Filtration, für Biere mit einem MHD 3…6 Monate;
- Anschwemmfilter mit Kieselgeleinsatz und Polierfilter: zweistufige Filtration, für Biere mit einem MHD 3…6 Monate;
- Anschwemmfilter mit Kieselgeleinsatz, Stabilisierungsfilter (PVPP) und Trap-Filter: dreistufige Filtration, für Biere mit einem MHD > 9 Monate;
- Separator mit Anschwemmfilter mit und ohne Stabilisierungsmitteleinsatz (s.o.);
- Separator mit vorgeschalteter Stabilisierung und Crossflow-Membranfilter und nachgeschaltetem Entkeimungsfilter: dreistufige Klärung, für Biere mit einem MHD ≥ 9 Monate;
- Vorklär- und Stabilisierungstank und Crossflow-Membranfilter und nachgeschaltetem Entkeimungsfilter: zweistufige Filtration, für Biere mit einem MHD ≥ 9 Monate;

Anschwemmfilter werden zur Erhöhung der Filtratmenge je Anschwemmung und zur Vermeidung von „Hefestößen" häufig mit einem Separator zur Vorklärung eingesetzt.

Einstufige Filteranlagen sollten nur in Verbindung mit einer Trübungsmessung und automatischer Umschaltung auf Kreislaufbetrieb des Filters eingesetzt werden. Eine thermische Nachbehandlung zur Sicherung der biologischen Haltbarkeit sollte möglich sein.

Auch bei der Crossflow-Membranfiltration wird in der Regel zur Erhöhung der biologischen Sicherheit und Entfernung eventueller Trübungen infolge von Membrandefekten eine Dead-End-Membranfiltration nachgeschaltet.

2. Zur Geschichte der Bierklärung, Bierstabilisierung und Haltbarmachung

2.1 Überblick

Die beschleunigte mechanische Klärung des Bieres mit Hilfe von Filtern wurde erst in den Jahren nach 1878/79 eingeführt. Im Jahre 1887 wurden die ersten horizontalen Schichtenfilter und 1892 die ersten Massefilter mit herausnehmbaren Filterkuchen gefertigt (s.a. Kapitel 2.3 und Kapitel 2.6).

Bis dahin erfolgte ausschließlich die natürliche Klärung des Bieres, die nur durch Späne und andere Schönungs- und Klärmittel gefördert werden konnte und teilweise lange Klärzeiten bis zu mehreren Monaten in Anspruch nahm. Die bei diesem natürlichen Klärverfahren auftretenden Verluste waren erheblich. Die Bierfiltration setzte sich deshalb als ein integraler Bestandteil der Bierherstellung sehr schnell durch.

Gegenwärtig dominiert noch die Kieselgur-Anschwemmfiltration (s.a. Kapitel 7). Die Weiterentwicklung der Bierfiltration zu einer filterhilfsmittelfreien Bierklärung hat mit den ersten großtechnisch im Einsatz befindlichen Crossflow-Membranfilteranlagen Anfang des 21. Jahrhunderts gerade begonnen (s.a. Kapitel 9).

Betrachtet man die Geschichte der Bierklärung und -haltbarmachung, so sind diese Prozessstufen sehr eng mit der Entwicklung der Produktivkräfte der menschlichen Gesellschaft und den davon abhängigen Ernährungs- und Verbrauchergewohnheiten verbunden. Man kann grob folgende Etappen aus der Sicht der Bierherstellung und der Trinkkultur erkennen:

Tabelle 5 Die geschichtlichen Etappen der Bierklärung und Bierhaltbarmachung

Zeitraum	Bier und bierähnliche Produkte	Trinkkultur und Haltbarkeitsanforderung	Produktionsverfahren
2000 v.Chr. Pos. (1) *	Spontan angegorene oder vergorene milchsaure Getreidemaischen, z.T. aus Bierbroten, aromatisiert mit Früchten	Aus größeren Tongefäßen mit Strohhalmen zum Zurückhalten grober Maischeteile und Spelzen. Für den Sofortverbrauch bzw. im gärenden Zustand innerhalb ca. 14 Tagen	Individualherstellung in „Kneipen" und Versorgungsstellen. Manuelle Fabrikation mit einfachem häuslichen Handwerkszeug
1700 v.Chr. Pos. (2)*	Spontan vergorene milchsaure Getreidemaischen mit Tüchern nach der Fermentation im Presssack geklärt	Ausschank des feindispersen trüben, schwach moussierenden Fermentationsgetränkes aus Kannen in kleinere Trinkbecher; Für den Sofortverbrauch bzw. im gärenden Zustand innerhalb ca. 14 Tagen	Individualherstellung in „Kneipen" und Versorgungsstellen. Manuelle Fabrikation mit einfachem häuslichen Handwerkszeug

Geschichte der Bierklärung

Zeitraum	Bier und bierähnliche Produkte	Trinkkultur und Haltbarkeitsanforderung	Produktionsverfahren
1000 n.Chr.	Vergärung von aus Malz-Getreidemaischen durch Läuterung gewonnenen, aromatisierten, relativ feststofffreien Bierwürzen; z.T. Spontangärung bzw. Anstellen mit „Zeug" (= obergärige Hefen + Infektionen)	Ausschank eines schäumenden, meist schwach trüben Bieres in undurchsichtigen Stein- und Metallkrügen. Herstellung für den sofortigen Verbrauch, bzw. Lagerbeständigkeit in abgefüllten Fässern vermutlich bis zu 4 Wochen	Individualherstellung in Klöstern von Mönchen und in Haushalten von Frauen. Manuelle Fabrikation mit einfachem häuslichen Handwerkszeug; Brauen vorwiegend in der kühleren Jahreszeit, um die Lagerbeständigkeit der Fertigbiere zu erhöhen
Ab 1400			Erhöhung der Klarheit und Stabilität der Fertigbiere durch Verlängerung der natürlichen Klärung in mit Natureis gekühlten Gär- u. Lagerkellern. Entstehung von kleineren handwerklichen Brauereibetrieben mit einfachen mechanischen Antrieben (meist von Hand, auch mit Hilfe von Tieren, Wind- oder Wasserkraft)
Ab 1500			Unterstützung der natürlichen Klärung durch den Zusatz von Klärhilfen in das Lagerbier während der Kaltlagerphase
Ab 1800			Erkennung der Bedeutung der Reinheit der Hefe für den Geschmack und die Haltbarkeit der Biere
Ab 1850	Beginn der untergärigen Bierherstellung	Verstärkte Einführung von gläsernen, durchsichtigen Trinkgefäßen, die ein blankes Bier verlangen!	Einführung der Dampfmaschine in die Bierbrauereien und langsamer Übergang von der handwerklichen Manufakturbrauerei zur industriellen und mechanisierten Großproduktion

Klärung und Stabilisierung des Bieres

Zeit-raum	Bier und bierähnliche Produkte	Trinkkultur und Haltbarkeitsanforderung	Produktionsverfahren
Ab 1875 Pos. (3)*		Beginn der verstärkten Flaschenabfüllung und des Bierexportes mit Haltbarkeitsanforderungen an das blanke Bier von über 4 Wochen	Erste künstliche Kälteanlagen in Brauereien als Voraussetzung für eine lange, bis zu 3 Monate dauernde Kaltlagerphase zur Herstellung blanker Biere, z.T. mit Hilfe des Zusatzes von Klärhilfen. Einführung der Hefereinzucht und Entwicklung biologisch stabiler Biere. Entwicklung erster Bierfilterapparate zur künstlichen Bierklärung und Beginn der Bierpasteurisation
Ab 1900 Pos. (4)*	Untergärige, blanke Biere dominieren, daneben traditionelle obergärige blanke und hefetrübe Biere	Deutliche Zunahme des Flaschenbieranteils. Blanke, länger haltbare Fass- und Flaschenbiere dominieren	Zunehmende Einführung der Massefiltration und der Regenerierung der Filtermasse mittels Massewaschapparaten
Ab 1920			Erste Bierfiltrationen mittels Kieselgur in den USA. Einführung der kolloidalen Stabilisierung mittels proteolytischen Enzymen und Adsorbenzien
Ab 1960 Pos. (5)*		Steigende Haltbarkeitsgarantien für die biologische und kolloidale Stabilität der Fertigprodukte von 1 Monat auf 3...6...9...12 Monate	Zunehmende Umstellung der Massefiltration auf eine Kieselgur-Anschwemmfiltration in Deutschland. Beginn der eiweiß- und gerbstoffseitigen kolloidalen Stabilisierung der Biere durch Adsorbenzien (Kieselgel, PVPP)
Ab 1965		Erhöhung der Geschmacksstabilität durch eine immer konsequentere Ausschaltung des Sauerstoffeinflusses nach dem Anstellen und bei der Würzebereitung im Sudhaus	Ersatz des parabolischen Fasses durch das Keg. Einsatz von zylindrokonischen Gär- und Lagertanks für eine geschlossene Gärung und Reifung. Flaschenfüllanlagen mit CO_2-Vorspannung und doppelter Vorevakuierung

Geschichte der Bierklärung

Zeit-raum	Bier und bierähnliche Produkte	Trinkkultur und Haltbarkeitsanforderung	Produktionsverfahren
Ab 1990			Erste Versuche des Ersatzes der Kieselgur- und Schichten-Filtration bei der Bierklärung durch eine Membranfiltration (dead-end und crossflow)
2003 Pos. (6)*			Erste großtechnische Crossflow-Membran-filtration von Bier (mit und ohne Vorklärung mittels Zentrifuge) als alleinige Bierfiltration

*) Position (1) bis (6) entsprechen dem in Abbildung 6 charakterisierten Arbeitszeitaufwand.

Die ausgewiesenen Ergebnisse für die Positionen (5) und (6) entstammen den innerbetrieblichen Versuchsergebnissen von *Pott's* Brauerei Oelde [9]. Position (3) wurde nach der technischen Ausstattung in Abbildung 20 abgeschätzt.

Die Produktivität der Bierherstellung in der Prozessstufe Bierfiltration ist besonders in den letzten Jahrzehnten sehr stark durch technische Neuentwicklungen (s.a. Kapitel 9) gestiegen. Das Ergebnis eines Versuches, die Produktivitätsentwicklung zu bewerten, wurde in Abbildung 6 dargestellt.

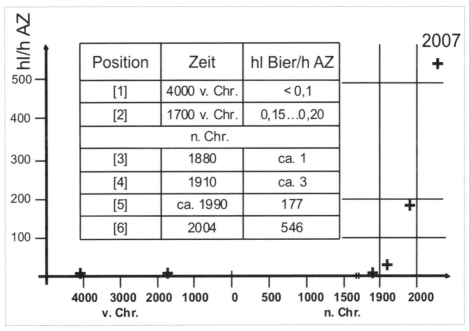

Abbildung 6 Geschätzter Arbeitszeitaufwand (AZ) bei der Bierklärung - Versuch einer Darstellung der Produktivitätsentwicklung (nach [10])

2.2 Geschichtlicher Rückblick auf die natürliche Bierklärung (bis zum Ende des 19. Jahrhunderts)

Bis in die Anfänge des 19. Jahrhunderts dominierte das Hausbrauen bzw. das Bierbrauen in Klöster für den Eigenbedarf bzw. für eine Schenke. Das Bierbrauen wurde empirisch betrieben, es beruhte auf den Erfahrungen der jeweiligen Brauer, die ihre Erfahrungen geheim hielten, so dass sich um das Bierbrauen auch viele Geheimnisse und Mythen rankten, die erst in den nachfolgenden Jahrhunderten aufgedeckt bzw. überwunden werden konnten.

Ganz besonders bei der Haltbarmachung bzw. der wieder „Genießbarmachung" von sauer gewordenem Bier zeigt die erste Fachliteratur auf diesem Gebiet den jeweiligen Wissensstand und den Erkenntnis- und Produktivitätszuwachs im Vergleich zu früheren bzw. späteren Publikationen, wie nachfolgender Überblick zeigen soll.

2.2.1 Das 15. Jahrhundert

Der Bierausschank erfolgte bis zum Anfang des 19. Jahrhunderts in Krügen und Kannen direkt vom Lager- oder Schenkfass in der jeweiligen Schenke, in der das Bier gerade „fertig war" oder besser der Ausschank von den „örtlichen Organen" zwecks Steuererhebung genehmigt war (s.a. Abbildung 7). Die Klärung des Bieres spielt dadurch nicht die entscheidende Rolle. Probleme bereitete nur die Gefahr, dass ein Fass schal oder sauer wurde, wenn es unsachgemäß behandelt oder zu lange am Anstich war.

Abbildung 7 Eine Magd aus Nürnberg auf dem Weg zum Wirt - mit den typischen Bierkannen, die zu dieser Zeit in ganz Deutschland gebräuchlich waren.
Holzschnitt von Jost Amman (nach [11])

Trotzdem gab es in Deutschland örtlich sehr genaue Regeln und Verordnungen, die die ansässigen Brauer und Wirte im Interesse der Steuereinnahmen vor fremder Konkurrenz schützten. Ein gutes Beispiel sind die Verordnungen der Landgrafenstadt Weißensee in Thüringen von 1434, die „Statuta thaberna" [11]. Sie regelte auch nachweislich 80 Jahre vor dem Bayerischen Reinheitsgebot von 1516 die Herstellung des Bieres. Es durfte nach § 12 zur Bierherstellung nur Hopfen, Malz und Wasser verwendet werden, der Zusatz von Harz und „Ungefercke" (= gefährliche Stoffe) war verboten. Dieses Verbot wurde, wie die Publikationen aus den folgenden Jahrhunderten beweisen, nicht mehr überall so streng eingehalten.

2.2.2 Das 16. Jahrhundert

Der Bayern-Herzog Wilhelm IV. erließ 1516 das „Bayerische Reinheitsgebot" für die Bierherstellung, dass im Landtag zu Ingolstadt am 23. April 1516 verabschiedet wurde. Es gebot den Brauern nur Gerste, Hopfen und Wasser für das Bierbrauen zu verwenden, wörtlich: „Wir woellen auch sonderlichen, das füran allenthalben in unsern Stetten, Märckten und auff dem Lannde zu kainem Pier merer stückh dann allain Gersten, Hopffen und Wasser genommen und gepraucht solle werden" [12].

2.2.3 Das 18. Jahrhundert

Ein anonymer Autor [13] beschreibt 1754 in seinem Kapiteln über das Bierbrauen, wie der „wohlerfahrne Braumeister ein gutes Bier brauen und erhalten" kann. Die Rezepte ähneln den 30 Jahre später veröffentlichten Vorschlägen zur Erhaltung der Bierqualität bzw. um ein sauer werdendes Bier zu retten: Damit sich „ein Bier nicht verkehre" nimmt man Lindenblätter, Nussblätter, Beifuß oder halb soviel Wermut und hängt es in das Bier! Wenn ein Bier sauer werden will, so „brennt man Aschen vom Beifuß", nimmt eine halbe Hand voll dieser Asche sowie genau soviel Buchenasche, vermischt sie mit Bier zu einem dünnen Mus oder Brei, gießt dieses in ein Fuder Bier anderthalb Quart, lässt es danach ruhen und wieder setzen, so ist es dann „gut und lustig zu trinken"!

Ein weiterer anonymer Bierbrauer [14] gibt 1784 einige Rezepte preis, wie „trübes, saures und verdorbenes Bier wieder lieblich, klar und schön lauter zu machen" ist bzw. wie man „saures, verdorbenes Bier wieder zu rechte zu bringen, und wieder gut und trinklich zu machen" kann. Unter anderem gibt er folgende Empfehlungen, die oft an die Arbeit eines Apotheker erinnern: Das Auflösen „von einem guten Theil" durchgesiebter Potasche im zu behandelnden Bier in einem kleinen Geschirr, das schrittweise mit diesem Bier aufgefüllt und nach weiterem Mischen dann in das betreffende Fass unter Umrühren zurück gegossen wird.

Für den gleichen Zweck soll auch ein Gemisch aus Asche von „gebrannten Wacholderbeeren" und Potasche, das in ein leinenes Säcklein zu füllen und in das betreffende Fass zu hängen ist, verwendbar sein.

Man nimmt ein Gemisch von „Alantwurzel, Veilwurzel, Süßholz, Calmus, Benedictenwurzel, Negelein. Lorbeer, Ingber, Coriander, Muscatennüsse, Enzian", alles in gleicher Menge, „gröblichst zerstoßen" und füllt es nach dem Durchmischen in ein Säcklein, welches in das zu behandelnde Fass zu hängen ist.

Nach dem Zusatz von „Salz und Hefen" zu dem betreffenden Bier rührt man um und füllt es in das Fass unter Umrühren. „So wird es schön, lauter, hell und klar".

Als Ursache, dass Bier oft sauer werden und verderben kann, gibt der Autor folgende Gründe an:
- Oft wird Bier im Brauhaus auf den Trebern „durch Verwahrlosung sauer"!
- Oft im Sommer, wenn kein guter, frischer Keller vorhanden ist!
- „Wenn man dem Bier zu wenig Hopfen gibt!"
- „Wenn man dasselbe nicht satt und genugsam kochen lässt!
- „Wenn es gar zu alt wird"!
- „Von Donner und Blitz"!

Klärung und Stabilisierung des Bieres

- Wenn es aus gebrauchten Regenwasser gebraut wurde!
- Wenn das Wasser „nicht recht gewartet" wurde!
- Bei Anwesenheit von Frauen im Brauhaus oder Keller, die ihre Tage haben („Foemina menstruata")!

2.2.4 Das 19. Jahrhundert
Hauptfehler eines Gerstenbieres

Als die drei Hauptfehler eines „Gerstenbieres" bezeichnete *Hahn* [15] 1804:
- Der Mangel an gehöriger Klarheit (Trübsein),
- ein schaler Geschmack und
- zu zeitiges Sauerwerden.

Er analysierte und definierte die Ursachen des Trübseins, die in unserer heutigen Zeit zwar selten aber auch noch vorkommen können, wie
- schlecht gelöste Malze,
- Fehler in der Schrotung,
- „zu heißes Einteigen" (= Inaktivierung der Enzyme),
- Kochen einer treberhaltigen Würze und
- eine unvollkommene Gärung.

Zur Behebung der ersten vier Würzemängel empfiehlt er den Einsatz von Hausenblase, die durch gelindes Aufkochen in „einer hinreichenden Menge Bier" gelöst wird und mit dem trüben Bier vermischt werden muss. Nach dem Klarwerden ist dieses Bier von dem Bodensatz auf ein sauberes Gefäß zu ziehen. Er spricht sich gegen eine Klärung des Bieres mit Kochsalz aus, „weil diese Bier dadurch trocken wird"!

Bei der 5. Ursache (unvollkommene Gärung) setzt man „es (das Bier) von neuem durch nöthige Hülfsmittel in Gährung, und lässt diese gehörig enden".

Um ein schales Bier zu verbessern, das „durch heftige Gärung seinen Weingeist und seine Luftsäure (gemeint ist das CO_2) verloren hat", empfiehlt er die auch jetzt noch gängige Maßnahme des Aufkräusens mit noch in Gärung befindlichem Bier.

Als Ursachen für ein zu frühes Sauerwerden zählt *Hahn* auf:
- eine fehlerhafte Malz- und Würzebereitung,
- unsaubere und „versäuerte Braugeräthschaften",
- Einsparung an Hopfen,
- „Gewitterluft und Zutritt der atmosphärischen Luft"
zu dem ausgegorenem Bier.

Er spricht hier nur von einer Essiggärung, die nicht ohne Qualitätsmängel am Bier (durch Zusätze von Potasche, Kreide oder Kalk) behoben werden kann. Deshalb sollte ein saueres Bier zu Essig weiter verarbeitet werden.

Da Essig nur unter obligat aeroben Bedingungen auf ethanolischen Lösungen gebildet wird, kann man sich vorstellen, wie fehlerhaft die Bierlagerung in den Holzgebinden oft war. Die auch jetzt noch wesentlich gefährlichere Bierinfektion mit Milchsäurebakterien wird überhaupt nicht erwähnt.

Nach *Kögels* „Anweisungen zum Bierbrauen" 1802 [16], die auch *Hahn* vertritt (cit. durch [15]), ist es leichter, ein fehlerfreies Bier zu brauen, als ein fehlerhaftes zu verbessern!"

Trübungen, Klärhilfen und Lagertemperaturen im Bier 1870 bis 1885

In Auswertung des Weihenstephaner Brauertages von 1872 wurde die Frage nach der Vermeidung von Trübungen im Bier von *Sedlmayr* und *Stein* (cit. durch [17]) so beantwortet, dass diese Trübungen manchmal durch vorhandenes Stärkemehl verursacht werden, aber weniger gefährlich sind als Trübungen von Hefe.

Die Hefetrübungen sollen von unvollkommen ausgebildeten Hefezellen stammen, die durch eine unregelmäßige Untergärung bei Temperaturen unter 3,5 °C (2...3 °R) verursacht wird. „Diese unvollkommen geborene Hefe bilde sich nie mehr normal aus, sondern bilde immer eine Quelle von Verdrießlichkeiten". Bei Jungbieren kann man sich mit Spänen helfen, „bei nicht ganz gesunden Bieren ist deren Dauerhaftigkeit trotz bester Rohstoffe gefährdet".

Pfauth [22] gab 1872 für das Trübwerden schon „fein gewordenen Bieres" neben der klassischen Hefetrübung auch folgende anderen Gründe an:

Bei einem plötzlichen Kälteeinbruch im Keller kann es zu Trübungen durch Eiweißstoffe kommen, die bei der Gärung im Bier noch gelöst sind und der „sich neubildenden Hefe als Nahrung" dienen, in der Kälte sich aber ausscheiden und Trübungen verursachen, aber bei „normaler Temperatur stellt sich wieder Klärung ein".
Tritt eine Trübung bei Wärme auf, so soll sie durch entartete Hefe verursacht sein, die oft auch eine Essiggärung mit „verbereitet". Man nimmt auch an, dass das Sauerwerden des Bieres „in einem völligen Verbrauch an Zucker und Dextrin seinen Grund habe, in den meisten Fällen ist es jedoch der Entartung der Hefe zuzuschreiben".

Während die Kältetrübung schon annähernd zu 50 % richtig beschrieben wurde, lassen die Ursachen des Sauerwerdens von Bieren doch noch große mikrobiologische und biochemische Wissenslücken erkennen, wie auch nachfolgender Bericht von *Linhart* [18] über die Würzekühlung aus einer der ersten in Deutschland wissenschaftlich arbeitenden, brautechnischen Forschungs- und Lehranstalt zeigt: Die Würzekühlung sollte maximal 5 Stunden betragen. Die Ansichten über die Temperatur, bei der Milchsäurebildung eintritt, sind noch verschieden, nach *Habich* liegt die Optimaltemperatur bei 25...30 °R (= ca. 31...38 °C), *Balling* gibt eine Temperatur von 15...40 °R (= ca. 19...50 °C) und *Mulder* schreibt sogar noch folgende Aussage, die vom Autor kommentarlos übernommen wird: „Eine höhere Temperatur begünstigt die Entstehung der Milchsäure, eine niedrigere Temperatur dagegen versetzt dieselbe Würze in geistige Gährung. Man hat keinen Grund dazu, zwei Eiweißstoffe anzunehmen. Derselbe Eiweißkörper kann bei diesen verschiedenen Temperaturen das eine Mal die Verwandlung des Zuckers in Milchsäure, das andere Mal in Alkohol und Kohlensäure bewirken".

Versuche mit Borsäure als Konservierungsmittel für Bier

Da in Schweden Borax (borsaures Natrium) unter dem Namen ‚Aseptin' mit Erfolg zur Konservierung von Milch und Fleisch eingesetzt wurde, wurden damit Konservierungsversuche bei Bier (1 g pro 0,7 L blankes Bier in einer „Weinflasche mit einem losen Verschluss") damit unternommen (cit. in [19]). Nach ca. 6 Wochen Aufbewahrung bei Temperaturen zwischen 1... ca. 18 °C waren „die Biere in ihrem Geschmack nicht mehr frisch, aber ein sog. Stich war nicht feststellbar". Eine Opalessenz verschwand bei 18 °C. Nach 8 Wochen waren die Biere in einem untrinkbaren Zustand.

Der Zusatz von kohlensaurem Kali zum Bier

Nach [20] „mag es nicht selten vorgekommen sein, dass man zur Neutralisation sauer gewordenen Bieres oder um schalem Bier durch ein künstliches Mousseux aufzuhelfen,

Potasche (= kohlensaures Kali) angewendet hat". Es wird mit Versuchen dargestellt, bei welchen Dosagemengen (zwischen 4…30 g/L) sich ein kristallinischer Niederschlag an den Gefäßwandungen niederschlägt!

Hausenblase
In der Zeitschrift „Der Bierbrauer" [21] wird ein Artikel der „Moniteur de la Brasserie" über Klärmittel zitiert, der als das beste Klärmittel die russische Hausenblase hervorhebt. Deutlich schlechter sollen die englischen Finings sein, sie sind „bloßer Fischleim in Paste". Offensichtlich gibt es auch Unterschiede zwischen den Hausenblasen verschiedener Störarten. Der Bericht schließt mit der Feststellung: „das Wesentliche ist, dass die Ware von der Schwimmblase des großen Störs der Wolga kommt und nicht von einem Haufen gallertartiger Rückstände, Kalbsfüßen und Fischabfällen, die man in Blätterform gebracht und mit Kalk gebleicht hat".

Dem heutigen Brauer läuft bei den letzt genannten Ingredienzien zum Bier doch ein leichter Schauer über den Rücken, die offensichtlich mit entsprechenden Rezepten auch offen angeboten wurden, wie die Werbung von *Jäger* [23] (s.a. Abbildung 8) zeigt.

Nach *Pfauth* [22] löst man 16…32 g Hausenblase in einem „Eimer" (z. B. 1 bayerischer Biereimer = ca. 64,1 L) in kaltem Wasser, erwärmt den Inhalt und lässt ihn zur Gallerte erstarren. Die Aufbewahrung erfolgt nach einem „geringen Alkoholzusatz".

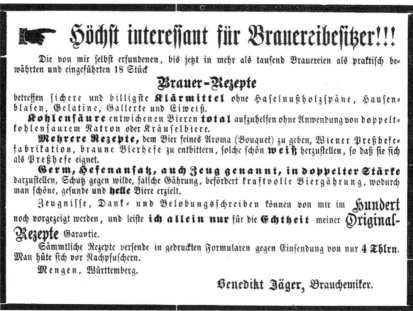

Abbildung 8 Werbung von B. Jäger in [23] u.a. über die Klärmittel Hausenblase, Gelatine, Gallerte und Eiweiß

Über die Verwendung des Tannins zum Klären des Bieres
E. Brescius [24] wird 1873 zitiert, der folgende Klärtechnologie des Bieres vorschlägt: Für 1000 L Bier sind ca. 140 g Tannin nötig, das in 1500 g Regenwasser in einem gläsernen oder irdenen Gefäß durch Umrühren zu lösen ist. Die Auflösung schüttet man in das Fass und „mischt sie auf passende Weise" mit dem Bier. Nach 3…4 Tagen setzt man 1 L „Schöne" von Hausenblase oder 2 L von Gelatine zu, wobei man rechnet,

dass 0,5 kg Hausenblase oder Gelatine 50 L ergeben. Pro 1000 L Bier werden also 10 g Hausenblase (= ca. „¾ Loth") oder 20 g Gelatine (= ca. „1½ Loth") benötigt. Die vollständige Klärung des Bieres kann durch das Absetzen der Schöne innerhalb von 8 Tagen erfolgt sein.

Amerikanische Fischblase („American Isinglass")
Seit 1869 wird immer mehr Amerikanische Fischblase als Schönungsmittel bei der Bierherstellung eingesetzt und auch immer mehr von Deutschland aus bestellt [25], wie die Werbeangebote in den Fachzeitschriften beweisen (Abbildung 9). Die zur Verwendung bestimmte Hausenblase wird in kaltem Wasser oder kalter Würze 10…12 Stunden vorgeweicht, mit etwas Weinsäure oder gutem Essig versetzt und häufig umgerührt. Danach wird mit 70 grädigem Wasser oder heißer Würze unter „fleißigem Umrühren" mit einem Reisig- oder Stahlbesen die „Schöne" vollkommen gelöst. Der Zusatz erfolgt normal 2…3 Tage nach dem Stoßen des Bieres im Lagerfass. Bei einem Bier mit wenig Hefe werden die Biere 24 Stunden nach dem Zusatz „glanzhell". Für rund 3526 L Bier (= 25 Barrels á 31 Gallonen, 1 Gallone = 4,55 L) rechnet man normal ½…¾ Pfund Isinglass.

Abbildung 9 Werbung für amerikanische Fischblase in der Brauereifachzeitschrift [26]

Über Klärspäne und Klärwolle im Brauwesen
Parallel zu den tierischen Klärmitteln für Bier wurden auch Holzspäne, u.a. aus Haselnussholz, wie Abbildung 10 zeigt, angewendet und mit entsprechend nur käuflich zu erwerbenden Rezepten angeboten.

In den meisten Fällen werde nur durch die Anwendung von Spänen die „nöthigen Klärung" erreicht. *Pfauth* [22] empfiehlt eine Zugabe in ein „20eimeriges Fass" (ca. 11…12 hl) 3…4 Brauhausscheffel mit eingeweichten und ausgekochten Spänen. Die Späne müssen durch das Spundloch des Fasses gestopft werden, nachdem eine diesem Volumen entsprechende Menge Bier aus dem Fass abgehebert wurde. Die Späne bleiben bis zum Pichen in diesem Fass (sog. „Spanfass").

Klärung und Stabilisierung des Bieres

Abbildung 10   Werbung von B. Jäger in [27] für Haselnussholz-Späne

Eine Anfrage 1885 an die Brauereifachzeitschrift und die nachfolgende Antwort zeigen die Vermutung, dass eine Einwirkung von Holzinhaltsstoffen auf das Bier sicher vorhandenen ist und die damit bestehenden Qualitätsprobleme noch nicht sicher beherrscht werden: „Sollte man statt Späne andere Klärhilfen, wie Hausenblase, Raja u. dgl. einsetzen, um viel umständliche Arbeit und das Risiko bei alten Spänen zu vermeiden? Altert durch den Spänezusatz das Bier? [28].

Antworten: „Durch den alleinigen Einsatz von Spänen als Klärhilfe konnte dem Publikum ein jüngeres Bier ausgegeben werden als früher.

Man sollte ruhig bei dem Spänen des Bieres bleiben, es ist ein rein mechanisches Klärmittel und dabei ein sehr reinliches. Späne wirken auf die Erhaltung der Kohlensäure sehr vorteilhaft, was doch sicher bei der Klärung mit Hausenblase nicht der Fall ist. Solche Biere werden „matt" sein.

Was die Arbeit des Klärens betrifft, ist diese Sache doch nicht so einfach, wie sie sich das vorstellen. Kurz und gut, wir raten zum Klären mit Hausenblase etc. nur im Notfall, namentlich bei untergärigen Bieren".

Die Zeitmeinung zum Einsatz von Klärspänen bei der Bierklärung 1885
Auch *Fasbender* hat in seinem Standardwerk ausführlich die Technologie der Herstellung und Anwendung von Spänen bei der Bierklärung beschrieben [29].

Nach *Fasbender* sind unter Fachleuten alle künstlichen Mittel zur Klärung der Biere „von Übel!" Sie sollten soweit wie möglich vermieden werden (siehe auch seine Meinung zur mechanischen Klärung des Bieres mittels Bierfilter). Dabei wird von *Fasbender* der negative Einfluss der Klärspäne auf die Bierqualität (Vollmundigkeit, „Schneide" u.a.) nicht so groß eingeschätzt wie bei einer Filtration, wo alle Stoffe, die nicht vollkommen „dünnflüssig" sind, entfernt werden. Späne fördern nur die Ausscheidung „suspendierter Hefeteilchen", die im Normalfall auch selbst bei entsprechender Lagerdauer zu Boden gehen.

Die Klärwirkung der Späne ist nur in einem gesunden, noch in der Nachgärung befindlichen Bier durch die Bewegung des Bieres im Fass wirksam. Findet keine Gärung im Lagerfass mehr statt, so ist es vor dem Spänen aufzukräusen.

Zum Einsatz kommen Klärspäne oder „Klärwolle" aus Holz, deren Herstellung selten von Brauereien selbst erfolgt. Größeren „Etablissements" wird aus wirtschaftlichen Gründen die Selbstherstellung empfohlen.

Die Herstellung von Klärspänen
Die Herstellung der Klärspäne kann u.a. mit der in Abbildung 11 dargestellten Späne-Schneidemaschine erfolgen. Am besten zum Einstopfen in die Lagerfass-Spundöffnung sind Späne mit den Abmessungen 3…6 cm breit, 1…3 mm stark und 20…30 cm lang geeignet.

Abbildung 11   Späneschneide-Maschine nach [29]

Über das zur Späneherstellung zu verwendende Holz gab es offensichtlich sehr unterschiedliche Fachmeinungen. Es wurden vor allem genommen:
- Weißes Haselnussholz, das nur einen „sehr geringen Tanningeschmack verursachen soll".
- Weiß- und Rotbuchenholz, das rauere Fasern und damit eine größere Oberfläche für eine raschere Hefeabscheidung besitzt, aber sich auch durch einen höheren „Tanningehalt" auszeichnet.

Nach *Fasbender* dürfte es gerade der Tanningehalt des Holzes sein, der die klärende Wirkung „nicht total veranlasst, aber doch begünstigt"! Der Tanningeschmack des Holzes wird aber nicht als angenehm angesehen. Die Gerbstoffe des Hopfens haben dagegen „auf das Bier die bekannt günstigste Wirkung"!

Klärwolle aus Holz
Holzwolle waren fein geschnittene Holzspäne (3 mm breite, ca. 30…40 cm lange Fäden). Sie bieten durch die größere Oberfläche eine größere Fläche zum Absetzen der Hefe und ermöglichen einen reduzierten Zusatz. Im Verhältnis zu den Klärspänen soll sich der Kläreffekt 4 : 1 zu Gunsten der Klärwolle verbessern.

Klärung und Stabilisierung des Bieres

Auf ein Lagerfass von 17 hL wurden 4 kg Klärwolle gegeben, innerhalb von 4 Tagen war das Bier „spiegelblank". Bei dem vergleichsweisen Zusatz von 4 kg Spänen war das Bier nach 5 Tagen erst „blank".

Die Holzfasern sind wie Späne vor dem ersten Gebrauch mehrfach abzukochen (Fasern 3...4-mal, Späne über 6-mal) bis das ablaufende Wasser farblos wird.

Um die Holzfasern beim Lagerfassanstich zurückzuhalten, muss am Anstichkörper vorn ein Sieb angebracht werden. Abbildung 12 zeigt eine Holzwolle-Maschine, die bis zu 500 kg Klärwolle pro Tag herstellen kann.

Abbildung 12   Holzwolle-Maschine der Fa. Anthon & Söhne (Flensburg) nach [29]

Zur Reinigung der Klärspäne und Klärwolle

Die Gefahren von schlecht gereinigten Klärspänen oder Klärwolle bei einem Wiedereinsatz waren bekannt. Deshalb sollten sie sofort nach der Entnahme aus dem Lagerfass gereinigt werden. Zur Reinigung kam u.a. die in Abbildung 13 gezeigte Späne-Waschmaschine zum Einsatz. Da wo keine Waschmaschine vorhanden war, musste jeder einzelne Span mit einer scharfen Bürste von Hand auf beiden Seiten vorsichtig unter mehrfachem Abspülen mit frischem Wasser bearbeitet werden.

Bei der Waschmaschine kann über den Absperrhahn D Kalt- oder Warmwasser oder auch Dampf über die Hohlwelle mit Bohrungen dem Trommelinneren zugeführt werden. Das Schmutzwasser floss durch die Bohrungen an den erhöhten Stellen in der Trommelwand ab.

Das Waschen der Späne sollte nicht „der Bequemlichkeit wegen" in den Kellern, sondern in separaten Waschstuben erfolgen, um eine „Degeneration" der Satzhefe durch Infektionen zu vermeiden, wie der „rühmlichst bekannte Hansen von Carlsberg uns das gezeigt hat". Am sichersten ist das Auskochen mit einer nachfolgenden Spülung der Späne. Vor der Verwendung sind gereinigte Späne zu wässern und nochmals abzuspülen.

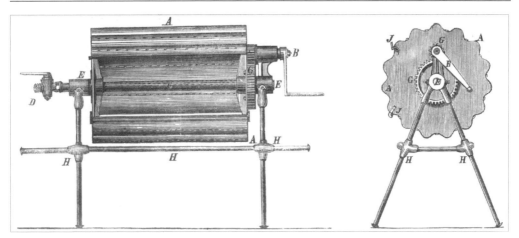

Abbildung 13   Späne-Waschmaschine System W. Stavenhagen (Halle/Saale) (nach [29])

Die Verwendung von Klärspänen war auch in der Zeit der Massefiltration noch üblich, wie nachfolgende Beispiele zeigen: Die Bitburger Brauerei Th. Simon GmbH investiert bei ihrer weiteren Modernisierung 1896 in eine neue Späne-Waschmaschine [30]. *Simon* von der Bitburger Brauerei Th. Simon GmbH erfindet und lässt sich im Patent DRP Nr. 539550 (Kl. 6d Gr. 3) 1928 den sog. „Simon-Späner" schützen [30]. Er ist ein Ersatz für die schlecht und aufwendig zu reinigenden Holzspäne. Der *Simon*-Späner ist ein Gerüst aus Reinaluminium, das aus mehreren waagerecht übereinander angeordneten und gelochten Blechen besteht. Es wurde in liegenden großen Lagertanks zur Vergrößerung der Klärfläche eingebaut und war wesentlich leichter und biologisch sicherer zu reinigen.

Das Spänen zur Klärung des Bieres war nach eigenen Erfahrungen der Autoren auch noch in ihrer Lehrzeit bis 1960 üblich, verbunden mit dem erheblichen manuellen Aufwand zur Regenerierung der Späne, insbesondere für uns Brauerlehrlinge.

Tabelle 6 gibt einen Überblick über einige vorgeschlagene und sicher auch eingesetzte Klär- und Schönungsmittel für das Bier, die nicht in jedem Fall dem Deutschen Reinheitsgebot entsprachen.

Schwarz stellt fest, dass „die Methoden zur Haltbarmachung des Bieres sehr vielfältig sind und als strenges Geheimnis des Brauers oft mit einem Beitrag zum Aberglauben in der Bierbrauerei gewahrt werden.

Die Errungenschaften der Wissenschaft lehren aber, dass es keine Geheimmittel zum Haltbarmachen der Biere bedarf. Die richtige Handhabung des Maischprozesses sowie eine rationelle Gärführung und Kellerwirtschaft sind das ganze Geheimnis, um mit einfachen Kunstgriffen ein haltbares Bier herzustellen.

Die Haltbarkeit eines Bieres kann so definiert werden: Es darf beim Konsum weder schlecht schmecken noch trübe sein!

Wodurch wird eine Geschmacksveränderung des Bieres bewirkt? In fast allen Fällen wird sie durch die Entwicklung von Organismen, wie Hefe und Spaltpilze (Bakterien) im Bier verursacht.

Tabelle 6 Zusammenstellung von vorgeschlagenen Klärzusätzen zum lagernden Bier aus alter Fachliteratur (zusammengestellt von [10])

Jahr	Autor	Titel	Klärzusätze
1759	anonym	Der wohlerfahrne Braumeister	Kochsalz, geröstet Buchenasche Hirschzungen Cardobenedictenkraut
1771	J. Chr. Simon	Die Kunst des Bierbrauens	Hausenblase Kochsalz, geröstet Kreide
1784	anonym	Der vollkomne Bierbrauer	Gemahlenes Malz (Beutel) Birkenasche Gequirltes Ei Stück frischer Rettich
1804	J. G. Hahn	Die Hausbrauerei	Hausenblase Tierischer Leim Gekochte Kälber- u. Schöpsfüße
1838	F. J. Otto	Lehrbuch der rationellen Praxis der landwirtschaftlichen Gewerbe	Hausenblase in Weinsäure
1838	C. H. Schmidt	Grundsätze der Bierbrauerei nach den neuesten technisch-chemischen Entdeckungen	Kochsalz, geröstet Hirschhorn, geraspelt Hausenblase Gallerte aus Kälberfüßen Eiweiß von 6 Eiern
1850	H. Merz	Enthülltes Geheimniß der Bierbrauerei – Ein Noth- u. Hilfs-Buch für Brauereibesitzer, Gast- u. Schenkwirthe etc.	Hausenblase Kochsalz Weinstein Aufguss von Eichenrinde Gallus + Pottasche
1877	J. E. Thausing	Die Theorie und Praxis der Malzbereitung u. Bierfabrikation	Späne von Weißbuchen- u. Haselnussholz Hausenblase

Geschmacksveränderungen, die durch Erwärmen (Pasteurisieren) sowie Aussetzen den direkten Sonnenstrahlen in Bier hervorgerufen werden, sollen hier nicht betrachtet werden. Gleichzeitig wird aber auch festgestellt, dass diese Entwicklungen immer Trübungen hervorrufen und nehmen wir darauf Rücksicht, dass die letzteren auch durch ausfallende Albuminate bedingt werden, so können wir kurz zusammenfassend sagen: Die Haltbarkeit eines Bieres wird durch alle jene Mittel erreicht, welche der Entwicklung von Organismen und dem Ausfallen von Albuminaten (Eiweißkörpern) vorbeugen.

Will man das erstere erreichen, so bedient man sich der sogenannten Konservierungsmittel, die zum Teil gute Resultate gewähren (es wird auf eine ausführliche Originalstudie darüber im „Amerikan. Bierbrauer" 1884, Nr. 1, 2 und 3 hingewiesen). Man will jedoch auch ohne diese Mittel die guten Eigenschaften der Biere erhalten. Dazu muss für die Vermehrung aller „Fermente" (Hefe, Bakterien u. Schimmelpilze) im Bier ein möglichst ungünstiger Nährboden geschaffen werden.

Die Bierwürze, wie sie beim Maischen gewonnen wird, enthält hauptsächlich drei Körper bzw. Körpergruppen: 1. Den Zucker (Maltose), 2. das Dextrin und 3. die stickstoffhaltigen Körper : Albuminate ((Eiweißkörper), Peptone und Amide.

Bei der Gärung geschieht folgende Verwandlung: Die Hefe vermehrt sich auf Kosten der stickstoffhaltigen Bestandteile und etwas Zucker unter Zersetzung der Hauptmasse der Zucker und lässt das Dextrin nahezu ganz unberührt. (Auf die sonstigen Bedürfnisse der Hefe, z. B. anorganische Salze u.a. wird hier nicht eingegangen, da für die Thematik nicht von Bedeutung!). Da nun jedes Bier nach dem Abfüllen noch Hefe enthält, die vermehrungsfähig ist, so müssen wir darauf bedacht sein, diesem Organismus möglichst wenig von dem zu bieten, was er zur Vermehrung benötigt, das sind Zucker und stickstoffhaltige Körper.

Auf gewaltsame Weise lassen sich letztere nicht aus dem Bier entfernen, sondern nur mit Hilfe der Hefe auf natürliche Weise: Die Hefe muss möglichst viel Zucker während der Gärung „zersetzen", um eine Bedingung für die Haltbarkeit zu erfüllen.

Bei den drei stickstoffhaltigen Körpern muss man ihren verschiedenen Eigenschaften Rechnung tragen: Eiweißkörper sind im Allgemeinen schlechte Nährmittel für die Hefe, weil sie nur schwer in die Hefezelle eindringen können. In aufsteigender Reihe eignen sich Peptone und Amide besser, sogar sehr gut für diese Zwecke. Wir müssen also darauf achten, vornehmlich die Peptone und Amide zu entfernen. Der beste Weg ist wohl der einer möglichst großen Hefevermehrung während der Gärung. Dadurch wird der Würze die möglichst größte Menge dieser Körper entzogen.

Die 2. Klasse von Organismen, welche Gefahr drohend ist für die Haltbarkeit des Bieres, sind die Bakterien. Diese „Fermente" sind in der Auswahl ihrer Nahrungsmittel nicht wählerisch. Zucker, Dextrin und stickstoffhaltige Körper werden von ihnen angegriffen und verzehrt unter gleichzeitiger Bildung von Millionen neuer Verderben bringender Schmarotzer derselben Klasse. Auf natürliche Weise kann die Vermehrung dieser Spaltpilze nicht ‚hinangehalten' werden. Wir können dem Biere nicht alle jene Bestandteile nehmen, die Bakterien zur Nahrung dienen, sonst bliebe nur das Wasser übrig. Es muss unser Bestreben sein, Bakterien von vornherein abzuhalten, und dies geschieht am Besten durch die peinlichste Befolgung der Reinlichkeitsgesetze.

Was nun endlich die stickstoffhaltigen Körper betrifft, so müssen wir bemerken, dass diese, wie oben erwähnt, in doppelter Beziehung der Nichthaltbarkeit des Bieres Vorschub leisten. Einmal bilden die im Bier noch verbleibenden Reste von Peptonen und Amiden einen guten Nährboden für die Hefe, dann sind die von der Hefe zum Teil unberührt gebliebenen Albuminate, welche durch bis jetzt noch unbekannte Ursachen nach einiger Zeit in die unlösliche Form übergehen und Bodensätze bilden.

Fassen wir die Bedingungen für die Haltbarkeit des Bieres kurz zusammen, dass dieselbe neben peinlichster Reinlichkeit am besten zu erreichen ist durch einen hohen Vergärungsgrad und möglichst große Hefevermehrung, da diese beiden Prozesse der Bierwürze am meisten von jenen Stoffen entziehen, welche den Bieren sonst die Unhaltbarkeit ermöglichen".

Über die Verwendung der Salicylsäure in der Brauerei
Hayduck berichtet über eine Denkschrift von Dr. *Eugen Prior* [31] (Verlag A. Stuber Würzburg), die sich mit der Verwendung von Salizylsäure in der bayrischen Bierbrauerei beschäftigt.

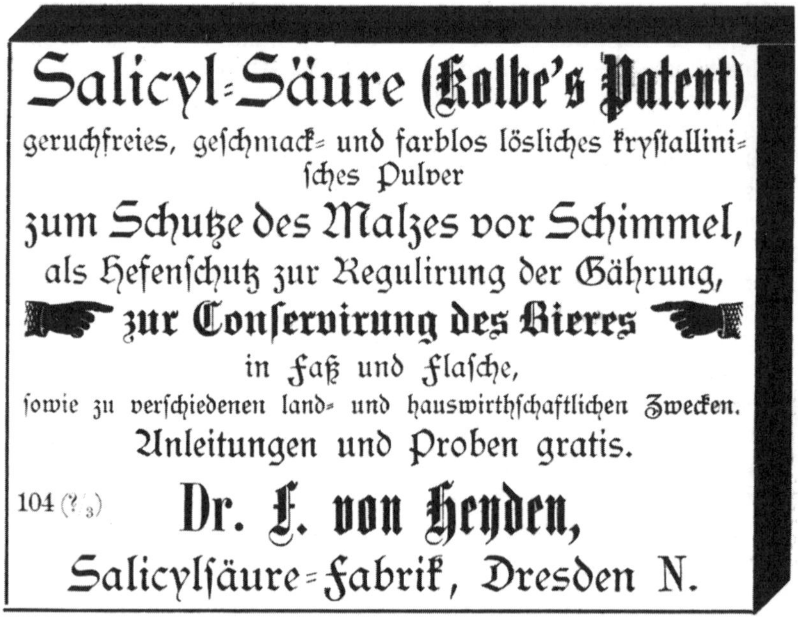

Klärung und Stabilisierung des Bieres

Salicyl=Säure (Kolbe's Patent)
geruchfreies, geschmack= und farblos lösliches krystallinisches Pulver
zum Schutze des Malzes vor Schimmel,
als Hefenschutz zur Regulirung der Gährung,
☞ **zur Conservirung des Bieres** ☜
in Faß und Flasche,
sowie zu verschiedenen land= und hauswirthschaftlichen Zwecken.
Anleitungen und Proben gratis.

104 (?₃) **Dr. F. von Heyden,**
Salicylsäure=Fabrik, Dresden N.

Abbildung 14   Werbung der Salicylsäure - Fabrik Dresden (später von Dr. E. v. Heyden Nachfolger aus Radebeul b. Dresden) 1885 [32]

Salicylsäure bietet als Antiseptikum gegenüber anderen Methoden der Konservierung von Nahrungsmitteln nach Prior folgende Vorteile:
- Sie besitzt weder Geruch und Geschmack und hat auch keinen nachteiligen Einfluss auf die zu konservierenden Stoffe.
- Sie ist in den zur Konservierung anzuwendenden Konzentrationen für den menschlichen Organismus ungefährlich.
- Sie kann in der Mälzerei, bei der Bereitung der Würze, zur Konservierung der Hefe und zur Regulierung der Gärung ein wirksames Hilfsmittel bieten - besonders für kleine Brauereien, die nicht über die erforderlichen technischen Einrichtungen (Eismaschine, Eisvorräte u.a.) verfügen.
- Sehr gut auch für große Brauereien zur Konservierung des Bieres für den Export einsetzbar.
- Der Verfasser zieht den Salicylsäurezusatz dem Pasteurisieren vor, da letztere Maßnahme einen nachteiligen Einfluss auf den Geschmack hat.
- Salicylsäure tötet ausschließlich die Spaltpilze (= Bakterien) und vermeidet den Bierverderb.
- Ein verdorbenes Bier kann durch Salicylsäure nicht wieder in einen trinkbaren Zustand versetzt werden. Sie verdeckt also keine Fälschung und verstößt nicht gegen das Nahrungsmittelgesetz.
- Die im Prozess zugesetzte Salicylsäure gehen nur zum geringsten Teil in das Bier über: Entfernung durch den Wasserdampf beim Darren, die der Hefe zugesetzte Salicylsäure wird beim Waschen der Hefe entfernt, bei einem Würzezusatz verschwindet der größte Teil beim Gärprozess.

Die Menge Salicylsäure zur Konservierung des fertigen Bieres ist abhängig vom Charakter des Bieres, der Jahreszeit, der Lagerdauer, Einsatz im Inland oder für den Export. Der Verfasser schlägt folgende maximalen Einsatzmengen vor:
- Im Inland getrunkene Biere   5 g Salicylsäure/hL;
- Für Exportbiere aus Deutschland heraus   10 g Salicylsäure/hL;
- Für Exportbiere, die die Linie zu passieren haben   20 g Salicylsäure/hL.

Die im laufenden Betrieb schon zugesetzten Mengen sind in diese Mengen mit einzubeziehen. Sie wird durch andere Nahrungsmittel in viel bedeutenderen Mengen aufgenommen, als ein mit 5 g Salicylsäure /hl versetztes Bier.

Die Bedeutung der Kaltlagertemperatur

Eine Anfrage an die Brauereifachzeitung 1885 und die nachfolgende Antwort zeigt den zunehmenden technologischen Erkenntnisgewinn:

„Sollte das Bier vor dem Fassen auf 1…2 °R (= 1,25…2,5 °C) abgekühlt werden, um die Widerstandsfähigkeit des Bieres gegen Kälte auf dem Transport zu erhöhen? Unser Keller hat eine Temperatur von 3,5…4 °R (4,4…5 °C) [33]".

Antwort: „Eine Abkühlung des zu schlauchenden Bieres auf 1…2 °R, um die Widerstandsfähigkeit gegen Kälte zu erhöhen, ist in Ihrem Fall vollständig zwecklos, da sie sich in Ihrem Keller sehr schnell wieder auf die Kellertemperatur von 3…4 °R (4,4…5 °C) erwärmen!" Das Wiederauflösen der Kältetrübung war also schon bekannt.

Die Konservierung von Bier durch Gefrieren

Es wurde auch nachfolgendes Verfahren zur Kaltkonservierung von Bier [34] vorgeschlagen, dass aber nicht anwendbar ist.

Das Pasteurisieren des Bieres ist für die Haltbarkeit förderlich, nicht erwünscht ist die beim Pasteurisieren entstehende Geschmacksveränderung. Um diese zu umgehen, erfand *Willam M. Hendersen* in Moeton das Verfahren, Bier durch Gefrieren zu konservieren (Ver. Staaten Patent Nr. 208 965). Allerdings beobachteten *Lintner, Aubry* et al., dass sehr bedeutende Temperaturverminderungen (24 Stunden bei -10 °F = -23,3 °C) nicht im Stande sind, die im Bier vorkommenden Mikroorganismen nach dem Auftauen zu töten.

2.2.5 Der Erkenntnisgewinn über die Voraussetzungen zur Erhöhung der biologischen Haltbarkeit ab 1885

Schwarz [35] hat als einer der Ersten versucht, das Phänomen der Bierhaltbarkeit wissenschaftlich zu analysieren. Er stellte fest, dass mit Fortschritten, die das Braugewerbe in den letzen Jahrzehnten gemacht hat, in direkten Verhältnissen auch die Ansprüche des Bier trinkendenden Publikums gewachsen sind! „Früher war man zufrieden, wenn das Bier mit hervortretendem Hopfenbitter, ohne sonderlichem Nebengeschmack, verzapft wurde, heute geht man in den Ansprüchen weiter".

Das Bier soll keinen Nebengeschmack haben, es muss klar sein, soll guten Trieb halten und diese Eigenschaften für längere Zeit behalten. Erfüllt ein Bier diese letztere Forderung so ist es „haltbar". Der Export nach südlichen und überseeischen Ländern und der aufblühende Flaschenhandel haben jeden Brauer die dringende Notwendigkeit aufgelegt, ein haltbares Bier zu produzieren.

2.3 Über die Anfänge der Bierfiltration am Ende des 19. Jahrhunderts

Als Bierfiltergerät wurde der nachfolgend beschriebene Metalltrubsack als Neuentwicklung angepriesen.

2.3.1 Trubsack

Die aus Drahtgewebe hergestellten „Bier Filtrirsäcke" (Abbildung 15) wurden als Trubsäcke [36] zur Restwürzegewinnung aus dem Trub eingesetzt und waren im Vergleich zu den Leinensäcken aus der Sicht der Reinigung sicher ein kleiner Fortschritt. Die ablaufende Würze dürfte je nach Zeitdauer und Temperaturen jedoch oft einen deutlichen Selleriegeruch (Infektion von Termobakterien) aufgewiesen haben. In kleineren Brauereien waren diese Brutherde für Infektionen noch in den Jahren bis 1960 anzutreffen.

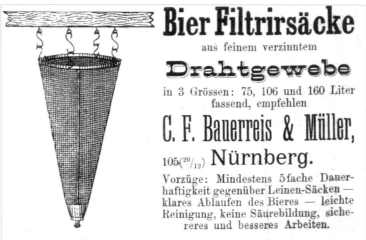

Abbildung 15   Reklame für einen Trubsack aus Drahtgewebe 1885 [36]
Es ist möglich, dass dieses Gerät auch zur Restbiergewinnung aus der Gelägerhefe eingesetzt wurde.

2.3.2 Zeitmeinungen zur Notwendigkeit einer mechanischen Bierfiltration

Die dominierende Meinung der Brauer zum Wert und Wichtigkeit der mechanischen Bierfiltration wird u.a. von *Fasbender* [37] in seinem Standardwerk noch 1885 wie folgt wiedergegeben: „Es ist eine selbstverständliche Sache, dass aus gutem Malz und Hopfen richtig erzeugte und mit entsprechender Sachkenntnis behandelte Biere einer Filtration nicht bedürfen. Die Filtration des Bieres an und für sich wird ein guter Brauer zu mindestens für überflüssig, wenn nicht direkt schädlich für die Qualität, den Gehalt und Geschmack des Bieres erachten. Jedes Bier, welches richtig erzeugt und behandelt wurde, muss von selbst klar, sogar glanz- oder blitzklar werden, so lehrt es die Erfahrung, seitdem das Brauwesen Anspruch auf fortschrittliche Entwicklung macht".

Der Einsatz von Bierfiltern wird von *Fasbender* nur bei folgenden Gegebenheiten für möglich und nützlich gehalten, auch wenn der Geschmack darunter leidet:
- Bei einem äußeren Zwang, wenn das Bier zu früh verkauft werden muss;
- Bei weiten Transporten über Land und Wasser und durch heiße Zonen;
- Wenn ein Brauer von seinem Vorgänger trübes Bier übernommen hat;
- Bei notgedrungener Verwendung von Kaufmalz unbekannter Provenienz;

- Bei verursachten Trübungen durch Leichtsinn oder Böswilligkeit der Arbeiter;
- Bei Mangel an guter Hefe, gutem Hopfen und Wasser.

Fasbender musste sich aus diesen Gründen „wohl oder übel entschließen", die Bierfilteranlagen in seinem Fachbuch mit zu beschreiben. Nach *Fasbender* hat man „schon seit vielen Jahren versucht, Bier auf mechanischem Wege mittels Filter zu ‚reinigen'. Man ist dann davon abgekommen, als man die Klärung durch Späne, Gelatine, Fischblase u.a. aufgenommen hat. Diese Klärmethode ist auch als mechanische Reinigung anzusehen und sie bewirkt auch bei größter Vorsicht, Reinlichkeit und Achtsamkeit eine mehr oder minder starke Veränderung des Geschmackes und Charakter des Bieres".

Abbildung 16 Werbung der Fa. L. A. Enzinger's Fabriken in der Wochenschrift für Brauerei vom 09.01.1885 [39]

2.3.3 Das erste Bierfilter - Enzinger's Universal-Schnell-Filter

Das erste im größeren Maßstab hergestellte Bierfilter, das sowohl für die Wein- als auch für die Bierfiltration eingesetzt wurde, war das von *Lorenz Adalbert Enzinger* (1849-1897) patentierte und gebaute „Universal-Schnell-Filter" [38], [39], [40]. Es ist ein Schichtenfilter, zu dem der Hersteller auch die Filterschichten (aus Papier/Cellulose, 0,5...1,0 mm dick) lieferte (siehe Werbung in Abbildung 16). Das erste Filter präsentierte er 1879 auf der Brauereiausstellung in München, im selben Jahr wurde auch das erste Exemplar in der Gienant'schen Brauerei in Worms in Betrieb genommen [41]. Von 1880 bis 1884 wurden lt. dieser Werbung über 555 Filter verkauft. Am Ende des Jahres 1885 waren es lt. späterer Werbung (s.a. Abbildung 21) schon über 800 Stück.

Diese Zahlen zeigen, dass die von *Fasbender* [37] geäußerte Meinung zur Notwendigkeit der Bierfiltration (siehe oben) sich vermutlich durch die veränderten höheren Verbrauchererwartungen an die Bierqualität und aus wirtschaftlichen Gründen wesentlich deutlicher änderte, als von ihm angenommen. Es ist der Beginn der Erkenntnis, dass ein schonendes Filtrationsverfahren doch zur Verbesserung der Bierqualität und zur deutlichen Verlängerung der Haltbarkeit beitragen kann.

Auch die Zunahme an Flaschenbier dürfte die Forderung nach filtriertem Bier unterstützt haben. Welche Effekte mit den Enzinger-Filtern erreicht werden sollten, zeigt die Enzinger-Werbeanzeige in Abbildung 21.

Aus der Literatur und aus Beständen einzelner Brauereimuseen sind im Wesentlichen zwei Bauformen bekannt: Die vertikale Bauform von 1878 ist die erste Bauform, (s.a. Abbildung 17). Im Jahr 1887 ging *Enzinger* zum Bau der horizontalen, liegenden Bauform über, bei der die rechteckigen Filterplatten über Eck im Filtergestell aufgehängt werden (siehe Abbildung 18), um eine bessere Entlüftung an der oberen Ecke und eine leichtere Entleerung zu gewährleisten.

Dieses Filter wurde mit horizontalem Filtergestell und Spindel, so wie die noch heute gebauten Schichtenfilter, ausgerüstet.

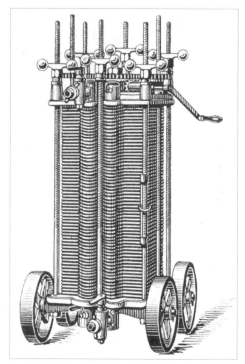

Abbildung 17 Stehender Enzinger Filter aus den Jahren 1880 - 1885 (nach [37], S. 613)
Einlauf unten rechts, Auslauf oben links

Geschichte der Bierklärung

Abbildung 18 Patent-Universal-Schnell-Filter von L. A. Enzinger von 1887 (nach [42]))

Fasbender [37] beschreibt die von *Enzinger* hergestellten Filterschichten, die vermutlich aus gebleichter Zellulose für die unterschiedlichen Anwendungsfälle hergestellt wurden. Eine Herausnahme von unlöslichen Trübstoffen mit einem Durchmesser von 5...10 µm erfolgt nach Enzinger mit einer seiner Schichten und das Bier läuft sofort blank.

Biere mit Trübstoffen mit einem Durchmesser von 0,5...5 µm laufen schon bei Beginn der Filtration durch den Papierfilter „klar" ab, wenn dieser aus 5...10 Lagen oder aber wenn dieses Filterpapier die vier- bis sechsfache Dicke und die Dichte der gewöhnlich guten Filterlagen besitzt.

Allerdings lassen die von *Fasbender* [37] und *Enzinger* [43] benutzten Qualitätsbegriffe für ein filtriertes Bier, wie „kristallblank", „klar", „glanzklar" oder „blitzklar", auf Grund noch fehlender Messgeräte und Analysenmethoden viel Raum für diese subjektive Qualitätsbewertung.

Sobald der Durchfluss durch die abgetrennten Trübstoffe deutlich abnimmt, müssen die Schichten durch neue ersetzt werden.

Der prinzipielle Aufbau der Filterpakete ist aus Abbildung 19 ersichtlich. Mit diesem Aufbau hat *Enzinger* schon 1880 den wissenschaftlich-technischen Grundstein gelegt für den jetzt noch gültigen grundsätzlichen Aufbau aller Schichten- und Anschwemmschichtenfilter.

In Abbildung 20 ist eine um 1885 moderne Filter- und Fassabfüllanlage im Gesamtaufbau dargestellt.

Um die CO_2-Verluste beim Filtrieren und Abfüllen zu reduzieren und die Kältestabilität zu erhöhen, soll bei wärmeren Kellern das Bier mit einem „Eiskühler" vor der Filtration auf 1...2 °C abgekühlt werden.

Weiterhin wird eine „isobarometrische" Filtration und Abfüllung empfohlen, die bei auf gleicher Höhe angeordneten Lagerfass, Filter und Fassfüllvorrichtung, das Lagerfass mittels handbetriebener Druckluftpumpe mit einem Überdruck von 0,3...0,4 bar und einer Lagertemperatur von 1...2 °C, einen CO_2-Gehalt von ca. 4 g CO_2/l gewährleisten. Bei der Filteranordnung nach Abbildung 20 muss der Überdruck im Lagerfass auf 0,7...0,8 bar zur Überwindung der Höhenunterschiede erhöht werden.

Diese „isobarometrische" Filtration und Abfüllung wurde von *Enzinger* bereits im Jahre 1880 auf der Münchener Brauertagung vorgestellt und ist der Anfang der in den späteren Jahrzehnten deutlich veränderten isobarometrischen Abfüllung. Hier wird das Lagerbier mittels Druckluft unter einem normalen Spundungsdruck zum Filter und Fassfüller gedrückt, ohne den sicher vorhandenen Druckverlust im Filter und den Leitungen zu berücksichtigen. Dann läuft das Bier ohne Gegendruck, also nicht mehr isobarometrisch, über einen „Darmschlauch" offen in die Fässer.

Der Begriff „isobarometrische" Abfüllung" hat also von 1880 bis in unsere Zeit eine deutlich inhaltliche und qualitative Wandlung erfahren, verbunden mit einer enormen technischen Weiterentwicklung aller Apparate vom Lagerfass bis zum abgefüllten Endprodukt.

In den Jahren 1880...1885 wurde der erste Innovationsschritt von der drucklosen, offenen Abfüllung von Bier zur aktuellen geschlossenen, isobarometrischen, sauerstofffreien und hygienischen Abfüllung von Bier gefunden und technisch umgesetzt.

Einige Jahre später brachte *Enzinger* 1892 seinen ersten Massefilter heraus, bei dem zum ersten Mal herausnehmbare und wieder verwendbare Filterkuchen eingesetzt wurden. Filtermassewäsche, Kuchenpressen und Druckregler sind ebenfalls in dieser Zeit zum ersten Mal im Fabrikationsprogramm der Firma *Enzinger* zu finden. Dieses Filtersystem bestimmte in den folgenden 70 Jahren weltweit die Bierfiltration.

Geschichte der Bierklärung

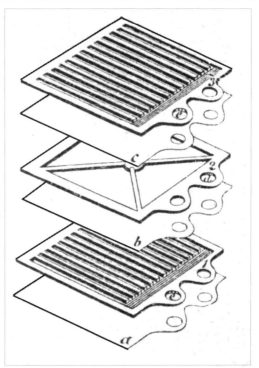

Abbildung 19   Prinzipieller Aufbau der Filterpakete (nach [37], S. 614)
Mit den Filterplatten (5 mm dick) **1** und **3**, dem Filterrahmen **2** und den Filterscheiben **a** bis **c**;
Filterplatten 1 und 3 mit der Abflussöffnung für das filtrierte Bier im linken Kanalauge **e**;
Filterrahmen 2 („Trubrahmen") mit der Zuflussöffnung für das unfiltrierte Bier im rechten Kanalauge **d**

Legende zu Abbildung 20 (folgende Seite)
A Lagerfass mit Luftpfeife F, Ansteckhahn a mit Verbindungsbierschlauch b zum Kühlapparat W an der Stelle r.
J Handbetriebene Druckluftpumpe mit Windkessel, Druckluftahn h, Manometer V, Verbindungsschlauch g zur Luftpfeife des Lagerfasses F.
W Kühlapparat, gefüllt mit klein geschlagenem Eis, ausgangsseitig (r2) mit Bierschlauch (b1) verbunden mit der Sicherheitsvorrichtung O.
O Sicherheitsvorrichtung zur Vermeidung des Lufteinzuges in den Filtrierapparat (Vorläufer eines modernen Verschneidbockes) mit Entlüftungshahn r und Griff w zum Anheben der im Innern befindlichen schwimmenden Gummikugel (Schnellverschluss bei Lufteinzug)
B Filtrierapparat mit Hahn d und Verbindungsschlauch b2 zur Sicherheitsvorrichtung sowie mit Hahn e (Auslauf des filtrierten Bieres) und Verbindungsschlauch f zum Abfüllbock R
R Abfüllbock mit Luftsammler O1 und Entlüftungshahn r1 sowie mit zwei Bierablaufschläuchen f1 mit den Absperrhähnen K1 und K2, den Darmschläuchen V1 und V2 und zwei wechselseitig befüllbaren Transportfässern.

Klärung und Stabilisierung des Bieres

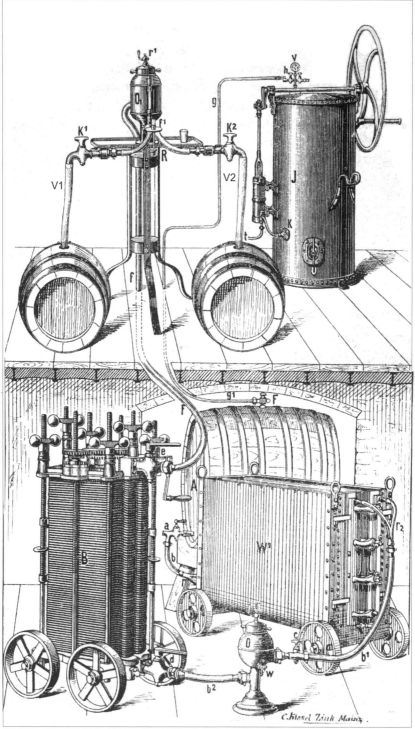

Abbildung 20 Aufbauvorschlag für die Kombination einer Enzinger Filteranlage mit einer 4…5 m höher gelegenen Fassabfüllvorrichtung (nach [37], S. 618)
Legende auf Seite 63

Enzinger's patentirter Filter,

isobarometrische Flaschenfüll-Apparate, Kühler, Pressionen, sowie absolut geschmackfreies Filtrirpapier!

Den Verkauf meiner Fabrikate habe ich für **Norddeutschland** (Provinzen links der Elbe und Schleswig-Holstein) dem Herrn **J. Schmittdiel** in **Dortmund**, für den **Osten von Deutschland** (Provinzen rechts der Elbe), den Herren **Klöpper & Franke** in **Berlin SW., Kochstraße 3** übertragen.

Genannte Herren haben stets Apparate vorräthig und wollen sich geehrte Reflektanten bezüglich näherer Auskunft ꝛc. gütigst an sie oder an mich wenden.

L. A. Enzinger, Worms a. Rh.

Wir Unterzeichneten haben den Verkauf der **Enzinger'schen Fabrikate** in der oben bezeichneten Weise übernommen und empfehlen dieselben zu geneigter Abnahme.

Von den **Patent-Filtern** sind schon über 800 im Betrieb und haben sich vorzüglich bewährt. Sie dienen dazu
1. um Biere vom Lagerfaß zum Versandfaß, oder von diesem zur Flasche zu filtriren und dadurch Biere, die nicht ganz fein sind, **krystallblank** zu machen;
2. um Bier durch Ausfiltriren aller Hefe **haltbarer** und junge Biere **reif** und **reinschmeckend** zu machen, und
3. um Restbiere zu filtriren, so daß sie ohne Verlust zu verwenden sind.

Beim Filtriren mit diesen Apparaten verliert das Bier nicht im Mindesten an Kohlensäuregehalt und büßt nicht allein nichts von seiner Güte ein, sondern wird durch Ausfiltriren aller Hefe, Bakterien und überschüssigem Glutin u. s. w. bei Weitem **wohlschmeckender** und **glanzvoller**.

Zu jeder weiteren Auskunft sind wir gern bereit, wie wir auch jede Garantie übernehmen und das Aufstellen u. s. w. besorgen und bitten geehrte Reflektanten sich an uns gefälligst wenden zu wollen.

J. Schmittdiel, Dortmund. 91 (24/1)
Klöpper & Franke, Berlin SW., Kochstraße 3.

Abbildung 21   Werbung der Fa. Enzinger mittels Vertretungen für Norddeutschland und den Osten Deutschlands in der Wochenschrift für Brauerei vom 02.10.1885 [43]

2.3.4 Bierfilter nach Stockheim (Mannheim)

Fasbender beschreibt erstmalig einen Massefilter mit zwei parallel filtrierenden Filtermasseschichten, das Bierfilter nach *Stockheim*, (siehe Schnittzeichnung in Abbildung 22).

Klärung und Stabilisierung des Bieres

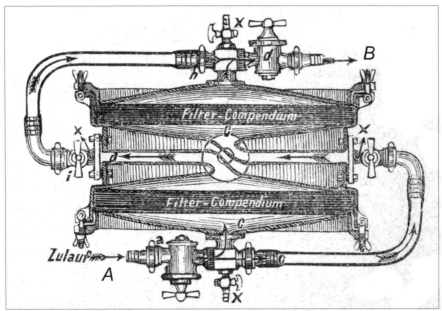

Abbildung 22 Bierfilter nach Stockheim (Mannheim) bestehend aus zwei parallel durchströmten Massefilterschichten (nach [37], S. 621) (Bierfließrichtung siehe Pfeile von A nach B)

Abbildung 23 Klär- und Abfüllanlage nach Stockheim (nach [37], S. 621)
A handbetriebene Druckluftpumpe **B** Lagerfass **C** sog. Luftabschluss (Vorläufer des Verschneidbockes) **D** eigentlicher Klärapparat (Detail siehe Abbildung 22)
E Schaumverhüter (= Schaumabscheider) **F** Gebinde für das geklärte Bier

Der Filterapparat sei so konstruiert, dass Ecken und Stufen in der Rohrleitung des Apparates nicht vorkommen, um das „lästige und nachteilige Bierschäumen" zu vermeiden. Auch hier wird das Arbeiten mit einer Druckluftpumpe, um eine „Pression" in dem Lagerfass zu erzeugen, jedem „natürlichen Luftdruck oder Kohlensäuredruck" vorgezogen. Dadurch sollten CO_2-Verluste vermieden werden. Das „blankfein" filtrierte Bier kommt vom Klärapparat zum Schaumverhüter E, um die Gebinde für das geklärte Bier „schwarz" (spundvoll) zu füllen (siehe Abbildung 23).

Die verwendete Filtermasse soll nach dem Erfinder neben der „intensiven Wirkung des Filtrierens keinen wie auch immer gearteten Geschmackseinfluss auf das Bier ausüben". Der Filterstoff besteht aus einem „besonders präparierten Holzstoff und in den weiteren Lagen aus einer feinen Masse kombinierter Pflanzenfasern". Die Masse kann durch einfaches Auswaschen oder besser durch die Anwendung von reinem Wasserdampf in entsprechenden Waschvorrichtungen regeneriert werden.

In einem von *Fasbender* ([37], S. 622) angefügten Praxisbericht über diesen Filterapparat werden folgende interessante Parameter offen gelegt:

- Das Filter liefert je nach Trübung, Alter, „Verschleimung" oder Spundung des Bieres 20…30 hl tadelloses Filtrat pro Stunde.
- Junge Biere und stark gespundete Biere können nicht so rasch geklärt werden wie ältere und wenig gespundete.
- Bei „starker Spundung stellt die Kohlensäure der Pression größeren Widerstand entgegen, es ist ein größerer Überdruck von Nöten, um das Freiwerden des Mousseux zu verhüten".
- Mit dem Schaumverhüter und Abfüllbock kann direkt vom Mutterfass ohne Filtration 50…60 hl/h schaumfrei Bier gezogen werden. Dies sind 60…70 % mehr als beim direkten Abziehen vom Fass mit dem veralteten Lederschlauch, der mehr Bierverluste verursacht und unbequemer ist.
- Die besondere Zusammensetzung des *Stockheim*'schen Klärstoffes gewährleistet eine längere Filtrationsdauer ohne Filterwechsel. Unter günstigen Umständen konnten bis zu 600 hl ohne Erneuerung der Filtermasse filtriert werden.

Da dieser Apparat in den größten Brauereien des Kontinents, bei vielen in mehrfacher Anzahl im Einsatz ist, kommt Fasbender zu dem Schluss, dass „diese Einrichtung zu empfehlen sein dürfte". Ihre zahlreiche Existenz wird auch in den Sammlungen der Brauereimuseen dokumentiert (siehe Abbildung 24, Abbildung 25 und Abbildung 26).

Abbildung 24   Trommelfilter im Brauereimuseum Bamberg (Foto G. Annemüller, 2005)

Klärung und Stabilisierung des Bieres

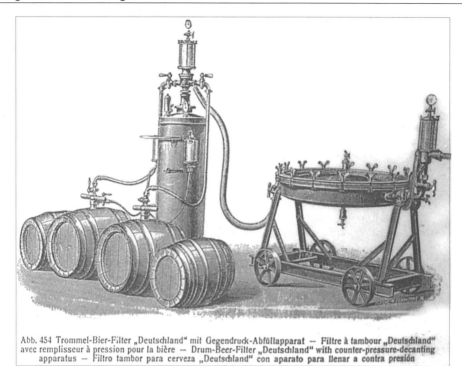

Abb. 454 Trommel-Bier-Filter „Deutschland" mit Gegendruck-Abfüllapparat — Filtre à tambour „Deutschland" avec remplisseur à pression pour la bière — Drum-Beer-Filter „Deutschland" with counter-pressure-decanting apparatus — Filtro tambor para cerveza „Deutschland" con aparato para llenar a contra presión

Abbildung 25   Fotografie des Trommelfilters „Deutschland" im Brauereimuseum Bamberg (Foto G. Annemüller, 2005)

Abbildung 26   Trommelfilter im Brauereimuseum Wiltz (L) (Foto G. Annemüller, 2003)

2.3.5 Bierfilter-System nach Klein, Schanzlin und Becker

Als eine weitere Variante der ersten Vorstufen der Massefilter des 20. Jahrhunderts beschreibt *Fasbender* dieses in Abbildung 27 dargestellte Bierfilter-System. Es besteht aus vier Filterelementen mit einem Durchsatz von 4…5 hl/h.

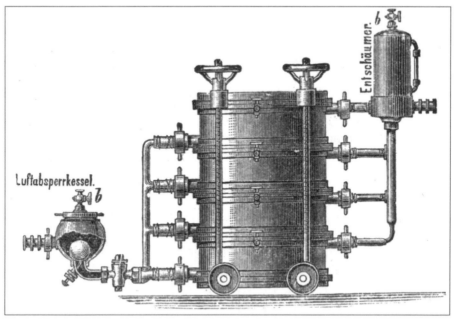

Abbildung 27   Bierfilter-System nach Klein, Schanzlin und Becker (Frankenthal), bestehend aus vier selbstständigen Filterelementen (ref. durch [37], S. 624)

Der Luftabsperrkessel soll den Lufteintritt beim Leerwerden eines Lagerfasses verhindern (Vorgänger des Verschneidbockes, schwimmende Gummikugel). Der Entschäumer dient zur Aufnahme des Schaums und der „falschen Luft". Eine schnelle und sichere Entlüftung der waagerechten Filterelemente war sicher ein Problem!

Die Filtermasse bestand aus chemisch reiner Holzfaser (Cellulose). Die Herstellung der Filterkuchen erfolgt in den Filtersystemen direkt wie folgt noch von Hand:
- Jedes Element hat einen Siebboden mit Abstandsfüßen, darauf wird soviel Cellulosebrei geschöpft bis die Höhe einer Schablone erreicht wurde.
- Nach dem Herausnehmen der Schablone wird die Filtermasse gleichmäßig von Hand verteilt.
- Danach sollten einige Liter reines Wasser vorsichtig über die Masse gegossen und die Masse nochmals gleichmäßig horizontal verteilt werden.
- Die Masseschicht ist dann mit einer Filzscheibe zu bedecken, um das Mitreißen von Fasern zu verhindern.
- Den Abschluss der Filterschicht bildet ein 2. Siebboden, aber ohne Füße.
- Nach dem Aufsetzen und Fertigstellen der drei anderen Filtersysteme wird das ganze mit vier Spannschrauben gleichmäßig zusammen geschraubt.

- Nach dem Erschöpfen der Filterschichten durch Hefe und „Glutinteilchen" werden die Filtersysteme in einen Zuber entleert und die Masse in das 1. Filterelement zurückgeschöpft (bis 5 cm unter dem Rand).
- Der Inhalt dieses Filterelementes wird im Filterelement unter Zufuhr von fließendem Wasser und unter ständigem Umrühren von Hand solange gewaschen, bis das Wasser unten „rein" abläuft.
- Nachdem die gesamte Masse so gewaschen wurde, wird der Filter für die nächste Filtration zusammengebaut.

Diese etwas detailliertere Beschreibung der Filterbedienung soll anregen zu einem Produktivitätsvergleich in der Entwicklung der Filtrationstechnologie.

Die oben beschriebenen Filterentwicklungen lassen schon die Entwicklung erkennen, die die Bierklärsysteme im 20. Jahrhundert dann genommen haben (Massefilter, Schichtenfilter). Aber auch für die Entwicklung der heutigen leistungsfähigen Zentrifugen und Keramikmodule wurden bereits vor rund 125 Jahren die ersten Erfahrungen gesammelt, wie nachfolgende Kurzberichte zeigen!

2.4 Erste Zentrifugen für die Würzeklärung bereits 1885 in Berlin

Im Böhmischen Brauhaus zu Berlin wurden 1885 [44] 4 Zentrifugen zum Kühlen und Klären des „Bieres", gemeint ist die Bierwürze, in Betrieb genommen worden. Die Herstellung der für den „riesigen Betrieb" geeigneten großen Trommeln der Zentrifugen bereitete offensichtlich große technische Probleme. Es wurden „4 mächtige Gußstahlblöcke von Krupp in Essen in der Fabrik der Herren *Lefeldt* und *Lentsch* in Schöningen zu den Trommeln abgedreht". Die Würze schäumte sehr stark (sicher ein großen Lufteintrag, da keine hermetisch verschlossenen Zentrifugen), im Vergleich zur Kühlschiffklärung waren die Kräusen „schöner" und die Erntehefen „weißer". Man hoffte durch die Zentrifugen die Kühlschiffe zu ersetzen. Man erreichte offensichtlich durch den starken Lufteintrag beim Separieren der Würze im nachfolgenden Gärprozess einen deutlichen Flotationseffekt.

2.5 Keramikfilter

Über eine neue „Filtermasse" berichtete *Hayduck* [45]: „Der Ingenieur *W. Oschewsky* stellt aus geschlämmtem Ton, der mit kohlensaurem Kalk versetzt, zu zylindrischen Filterkörpern geformt und dann gebrannt wird, Kerzenfilter her, die sich sehr gut zur Wasserfiltration eignen".

Die „Filterleistung" eines ca. 10 cm hohen Zylinders mit einem Durchmesser von ca. 3...5 cm betrug bei der Saugleistung einer Wasserstrahlpumpe im Labor bei den drei in unterschiedlichen Körnungsgraden angebotenen Qualitäten 12...50 L Wasser pro Stunde.

Nach *Hayduck* könnten diese Filter sehr gut zur Filtration von „glutintrübem" Bier geeignet sein, wobei sich nach *Hayduck* leistungsfähigere Anlagen durch die Kombination von mehreren Filterkörpern zu Batterien verhältnismäßig billig herstellen ließen.

Bereits *Pasteur* verwendete vorher schon Zylinder aus „Bisquit" (einmal gebranntes Porzellan), um Wasser durch Filtration von Mikroorganismen zu befreien. Der Durchsatz dieses Filters betrug nach *Chamberland* (1884) etwa 20 L Filtrat pro Tag. Es handelt sich um die ersten Vorstufen für Kerzenfilter bzw. die bekannten *Berkefeld-Filter*.

2.6 Die Filtration mit dem Massefilter

Außer zur Bierfiltration etwa ab 1880 wurden Vorläufer des Massefilters auch zur Würzefiltration eingesetzt. Als Beispiel wird auf *Horner* verwiesen (ref. d. Fasbender [37], S. 382).

Das Massefilter (Synonym: Schalenfilter, Abbildung 28 und Abbildung 29) dominierte als Bierfilter bis etwa 1950/1960. Seine wesentlichen Nachteile führten weltweit zu seiner Ablösung, bis auf wenige Ausnahmen:
- Großer Aufwand für die Regeneration der Filtermasse (Wasserbedarf 2 hl/kg Trockenmasse);
- Erforderliche Arbeitszeit für Waschen und Sterilisieren etwa 4 h/Charge und für das Pressen etwa 2 min je Kuchen;

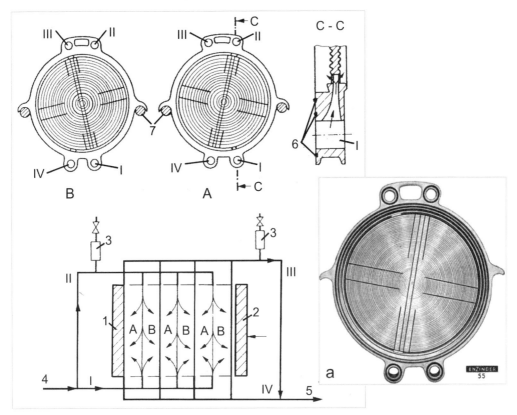

Abbildung 28   Massefilter, schematisch   a Filterschale nach Enzinger
1 Kopfplatte, fest oder lose   **2** Kopfplatte, lose   **3** Entlüftung   **4** Unfiltrat   **5** Filtrat
6 Dichtungen   **7** Tragholm   **I, II** Unfiltratkanäle   **III, IV** Filtratkanäle
A Filterschale Form A   **B** Filterschale Form B

- Geringe Anpassbarkeit an die schwankende Unfiltratzusammensetzung (z. B. schnelle Erschöpfung bei Hefestößen);
- Relativ große Vor- und Nachlaufmengen (etwa 10...15 l/Filterschale und Charge);
- Erforderlicher Asbesteinsatz zur Sicherung der Glanzfeinheit (0,5...2 % Filterasbestzusatz zur Filterkuchentrockenmasse). Einschränkung der Asbestanwendung aus gesundheitlichen Gründen ab etwa 1970.

Klärung und Stabilisierung des Bieres

Generelles Verbot der Gewinnung, Herstellung und Anwendung von Asbest ab 1993 in Deutschland (ausführliche Darstellung dieser Gesundheitsproblematik siehe unter [46])

Eine Massefilteranlage besteht gewöhnlich aus zwei Massefiltern, die wechselseitig als Vor- und Nachfilter eingesetzt werden. In größeren Brauereien wurden 3 Filter eingesetzt: 1 Vorfilter, 1 Nachfilter, 1 Filter wurde regeneriert, um möglichst geringe Stillstandszeiten zu erreichen. Die Filter wurden in der Regel in einem separaten, gekühlten Raum, dem „Filterkeller" aufgestellt. Die so genannte Massewäsche wurde separat installiert. In einigen Betrieben wurden die fahrbaren Filter zum Regenerieren („Auspacken", Spülen, „Einpacken") in einen separaten Raum gefahren.

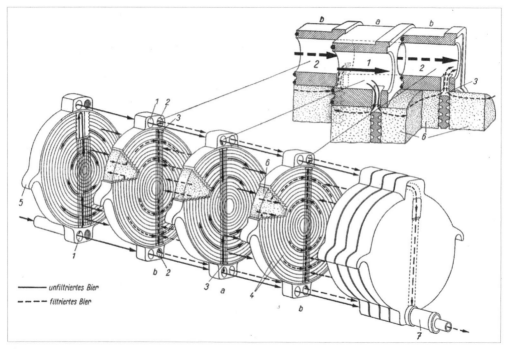

Abbildung 29   Massefilter, schematisch (nach Kunze [47], S. 333)
a Filterschale 1   **b** Filterschale 2
1 Kanal für unfiltriertes Bier   **2** Kanal für Filtrat   **3** Verteileröffnung   **4** Verteilerrillen   **5** Auflager   **6** Filtermassekuchen   **7** Massefängersieb

Die Filterschalen aus Bronze werden in einem Gestell angeordnet und mit einer oder zwei Spindel gespannt (Abbildung 30 und Abbildung 31). Das Spannen ist eine körperlich anstrengende Arbeit. Die Zahl der Filterschalen eines Filters kann bis zu etwa 50 Stück betragen. Sie haben einen Durchsatz von 1…1,5 hL/(h · Filterschale). Der Durchmesser einer Schale beträgt 525 mm (*Enzinger*), die Kuchendicke etwa 50 mm im gespannten Filter. Andere Hersteller benutzten Ø = 500, 520 und 550 mm.

Geschichte der Bierklärung

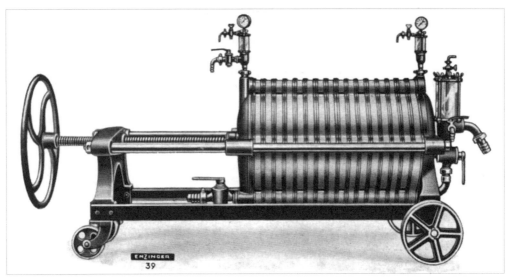

Abbildung 30 (Kleiner) Massefilter (nach Enzinger / D)

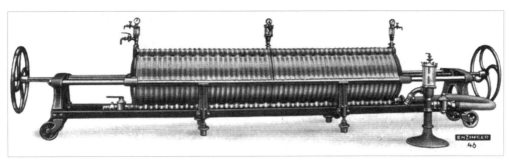

Abbildung 31 (Großer) Massefilter mit zwei Pressspindeln und beweglichem Zwischenstück für doppelte Filtration (nach Enzinger / D)

Bei einer maximalen Druckdifferenz von $\Delta p \approx 2$ bar und einem maximalen Betriebsdruck von $p_{ü} \leq 4$ bar beträgt der normale Druckdifferenzanstieg $\Delta p \approx 30...50$ kPa/h.

Bei einem Durchsatz von ≤ 1 hl/(h · Filterschale) lässt sich das Bier keimfrei filtrieren unter der Voraussetzung, dass die Massefilteranlage mit Heißwasser vor Filtrationsbeginn „sterilisiert" wurde. Einen diesbezüglichen Nachweis erbrachte beispielsweise F.-K. Mitsching [48].

Eine Anlage zur Filtersterilisation mit Heißwasser zeigt Abbildung 32. Das Filter wird mit Wasser gefüllt und im Kreislauf in einem Wärmeübertrager beispielsweise mit Dampf erhitzt. Nach einer Verweilzeit wird die Erhitzung beendet und das Kreislaufwasser in einem Wärmeübertrager gekühlt (Vorkühlung mit Wasser, danach mit einem Kälteträger).

Die Regenerierung der Filtermasse (Spülen bis zur Schaumfreiheit und Keimfreimachung durch Erhitzen auf 80...85 °C) erfolgt in dem beheizbaren Massewaschapparat (Abbildung 34) unter Umwälzen (tangentiales Einpumpen). Nach dem Abkühlen wird die regenerierte Filtermassesuspension von einem Verhältnis

Klärung und Stabilisierung des Bieres

Kuchenmasse zu Wasser = 1 zu 50...60 durch Umpumpen über das Eindickersieb auf 1 : 35 eingedickt und dann mit einer Filtermassepresse (Abbildung 35 und Abbildung 36) der neue, möglichst keimarme Massekuchen gepresst (weiterführende Literatur [49]).

Die Vorstufen von Filtermassepressen und Massewäschen sind als handbetriebene Geräte noch in Brauereimuseen zu bewundern (siehe Abbildung 33).

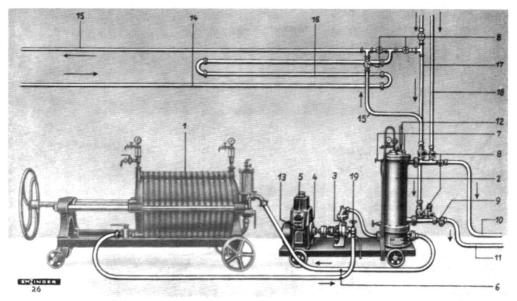

Abbildung 32   Anlage zur Heißwassersterilisation von Massefiltern
(nach Fa. Enzinger / D)
1 Filter   **2** Sterilisierapparat (RWÜ)   **3** Pumpe   **4** Motor   **5** Anlasser   **6** Umpumpleitung   **7** Entlüftungshähne   **8** Absperr-Ventile   **9** Kondensat-Ventil   **10** Kühlwasser-Ableitung   **11** Kondensat-Ableitung   **12** Thermometer   **13** Stecker   **14** Sole-Zuleitung   **15** Sole-Ableitung   **16** Kellerkühlung   **17** Kaltwasser   **18** Dampf   **19** Wasser-Einfüllstutzen

Abbildung 33   Handfilterkuchenpresse (links) und Handmassewäsche (rechts) (Foto G. Annemüller im Deutschen Technik-Museum Berlin, 2006)

Geschichte der Bierklärung

1 Dampf 2 Heizfläche
3 Auslauf zum Spülen
4 Auslauf zum Eindicken
5 Umwälzpumpe
6 tangentialer Einlauf mit Drosselklappe
7 Spülwasserablauf
8 zur Filterkuchenpresse
9 Eindickersieb
10 Spülsieb
11 Wasserzulauf

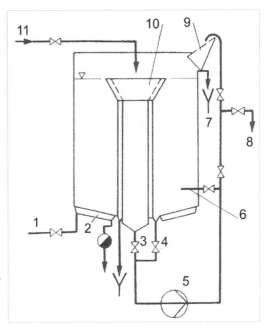

Abbildung 34   Filtermassewaschapparat, schematisch (nach Fa. Enzinger / D)

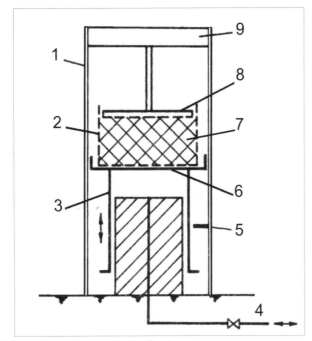

Abbildung 35   Filtermassepresse, schematisch
1 Gestell 2 Siebform 3 Presszylinder 4 Druckluft oder Wasser 5 Anschlag
6 Pressplatte, unten 7 Filtermassekuchen, ungepresst 8 Pressplatte, oben
9 Traverse

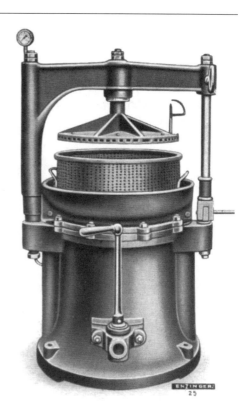

Abbildung 36 Filtermassepresse (nach Enzinger / D)

2.7 Ein kurzer Ausblick zur Weiterentwicklung der Bierfiltration

Da die Massefiltration sehr energie-, wasser- und arbeitsaufwendig war, kam es unabhängig von der Asbestproblematik zur Entwicklung von Alternativen, u.a. der Anschwemmfiltration mit Kieselgur.

Bereits 1930 entwickelte die Firma Metafiltration Co. Ltd. aus Hunslow (GB) den ersten Anschwemm-Rahmenfilter, der 1952 in der ersten deutschen Brauerei eingesetzt wurde. 1964 wurde auf der „Interbrau" in Dortmund von derselben Firma der erste Anschwemm-Kerzenfilter vorgestellt [50]. Die Anschwemmfiltration bestimmte in den folgenden Jahren bis in die Gegenwart die Bierfiltration.

Der gesteigerte Bedarf an Filterhilfsmitteln, deren Kosten und vor allem die Entsorgungsprobleme des Abproduktes bei der jetzt noch dominierenden Anschwemmfiltration führten zu Überlegungen, eine verbesserte „Massefiltration" zu entwickeln. Forschungsarbeiten dazu werden im Kapitel 11 vorgestellt.

Auch durch Verfahrensentwicklungen zur Regenerierung der gebrauchten Filterhilfsmittel konnte bereits erfolgreich der Kieselgurverbrauch gesenkt werden (s.a. Kapitel 11).

Die Anschwemmfiltration mit optimierten Filteranlagen wird sicher noch viele Jahre in der Brauindustrie anzutreffen sein, auch im Jahr 2011 werden noch Neuinstallationen vorgenommen.

Allerdings ist zu vermuten, dass die Crossflow-Membranfiltration in der Zukunft eine dominierende Rolle bei der Bierfiltration spielen wird.

3. Die Qualitätseigenschaften des Unfiltrates und dessen Einfluss auf die Filtrierbarkeit des Lagerbiers

Eine Definition für die Filtrierbarkeit des Bieres

Die Filtrierbarkeit charakterisiert den erforderlichen wirtschaftlichen Aufwand und das zu erwartende qualitative Ergebnis bei der künstlichen Klärung eines unfiltrierten Bieres.

Die entscheidenden Messwerte sind der maximal erreichbare spezifische Volumendurchsatz und die erreichte Klarheit des künstlich geklärten Bieres. Die Filtrierbarkeit wird hauptsächlich durch die Inhaltsstoffe des ungeklärten Bieres bestimmt und in seinen Werten auch von der angewandten Verfahrenstechnik beeinflusst.

3.1 Die Filtrierbarkeit des Unfiltrates - ein wirtschaftlicher Faktor

Die Gewährleistung eines gut filtrierbaren Bieres durch die Brauindustrie ist die wichtigste Voraussetzung für eine wirtschaftliche Filtration. In Betriebsvergleichen von gut und schlecht filtrierbaren Bieren wurde von *Kiefer* [51] der in Tabelle 7 ausgewiesene Mehraufwand für eine 200.000-hl-Brauerei ermittelt.

Tabelle 7 Vergleich des Mehraufwandes von gut und schlecht filtrierbaren Bieren bei der Kieselgurfiltration in einer 200.000-hL-Brauerei (nach Kiefer [51])

Kostenpunkt	Gut filtrierbares Bier	Schlecht filtrierbares Bier	Mehrbedarf
Kieselgurverbrauch	120 g/hL	300 g/hL	180 g/hL
Kieselgur Jahresbedarf	24 t/a	60 t/a	36 t/a
Entsorgung des Kieselgurschlammes	100 t/a	240 t/a	140 t/a
Überstunden	130 h/a	480 h/a	350 h/a
Zusätzlicher Wasserbedarf	0	+	550 m³/a
Zusätzlicher Bierverlust	0	+	825 hl/a

Diese Ergebnisse sind sicher nicht auf jeden Betrieb übertragbar, aber sie zeigen den großen Mehraufwand, den schlecht filtrierbare Biere verursachen können. Dieser Mehraufwand wird sich mit Sicherheit in einem fünfstelligen Eurobetrag als zusätzliche Kosten bei der Jahresabrechnung darstellen. Die schlaflosen Nächte des Braumeisters, nicht ausreichend genug gut filtriertes Bier zur Abfüllung bereitstellen zu können, sollte man nicht außer Acht lassen.

Klärung und Stabilisierung des Bieres

3.2 Die Verursacher von Filtrationsproblemen

Verursacher von Filtrationsproblemen sind vor allem die Konzentrationen an hochmolekularen Stoffgruppen im Bier, deren Löslichkeit durch den bei der Gärung ansteigenden Ethanolgehalt oder durch den fallenden pH-Wert und die tiefere Lagertemperatur deutlich abnimmt und sie als kolloidale Trubstoffe ausfallen lässt.

Die Filtrierbarkeit eines Bieres wird neben der chemischen Zusammensetzung auch durch die Struktur, die Größenverteilung und die Menge der in ihm enthaltenen Trübstoffe bestimmt. Diese Kriterien sind wiederum von der Qualität der verwendeten Rohstoffe, von den angewandten Verfahren der Würzeherstellung und -konditionierung sowie der Gärung und Reifung abhängig. Die Anstellwürze bildet dabei im Prozess der Bierherstellung ein entscheidendes Zwischenprodukt, das mit einigen definierten Qualitätskriterien bereits Voreinschätzungen zur Filtrierbarkeit der Biere erlaubt [52] (s.a. Kapitel 3.6.1).

3.2.1 Größenordnung der Trübstoffe

Die im unfiltrierten Bier enthaltenen Trübstoffbestandteile lassen sich nach ihrer Teilchengröße klassifizieren in:
- grob dispergierte Trübstoffe mit einer Teilchengröße von $\geq 0,1$ μm.
  Dazu gehören z. B. Hefen, andere Mikroorganismen, koaguliertes Eiweiß und andere Heißtrubbestandteile.
  Diese Trübstoffe sind mikroskopisch erkennbar.
- kolloid dispergierte Feststoffe mit einer Teilchengröße von 0,001…0,1 μm.
  Dazu gehören z. B. Eiweiß-Gerbstoff-Verbindungen in Form des Kühltrubes und der Kältetrübung, Hopfenharze, hochmolekulare α- und β-Glucanmoleküle. Diese Trübstoffe sind visuell vor allem durch die von ihnen verursachte Trübung erkennbar, die im Streulicht messbar ist (*Tyndall*-Effekt).
- molekular dispergierte Feststoffe mit Molekülgrößen von $\leq 0,001$ μm.
  Sie sind echt gelöst, nicht sichtbar und durch normale Filtrationen nicht entfernbar.
  Ihre chemische Struktur und die auf ein geklärtes Bier einwirkenden Umweltfaktoren (z. B. Sauerstoff, Wärme, Kälte und Bewegung) können zur Vergröberung dieser Moleküle und damit zur Wiedereintrübung führen. Dies zu verhindern, ist Aufgabe der kolloidalen Stabilisierung.

Eine Übersicht über die Größenordnung der verschiedenen Trübungspartikel sowie über die verschiedenen Systeme zu deren Wahrnehmung und Abtrennung gibt Abbildung 37. Daraus sind u. a. folgende Größenverhältnisse abzulesen:
- Ein sich gestreckt vorzustellendes β-Glucanmolekül hat bei einer Molmasse von 100.000 eine Länge von 0,4 μm,
- die Durchmesser der feinsten Poren sind bei
  - normalen Filterschichten etwa 1…10 μm,
  - Sterilschichten etwa < 1 μm,
  - Membranfiltern für die Dead-End-Filtration etwa 0,2…0,45 μm,
  - Membranfiltern der Crossflow-Filtersysteme etwa 0,4…0,6 μm,
  - der Kieselgurfiltration etwa 2 μm (abhängig von den kleinsten Gurpartikeln).

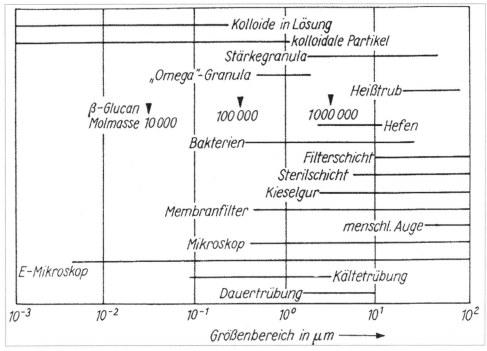

Abbildung 37   Größenordnung verschiedener Trübungspartikel sowie von Systemen zu deren Abtrennung und Wahrnehmung (nach [53])

Die grobdispersen Trübungspartikel lassen sich recht gut durch Sedimentation und mit funktionsfähigen Filteranlagen entfernen. Größere und oft überraschendere Filtrationsprobleme verursachen die kolloid dispersen Trübungspartikel des unfiltrierten Bieres.

Die Filtrierbarkeit eines Bieres wird dabei nicht nur durch den suspendierten Feststoffgehalt des unfiltrierten Bieres insgesamt, sondern auch durch die Mengenverteilung der einzelnen Partikelgrößenklassen in diesem Bier beeinflusst. Die die Filtrierbarkeit besonders störenden Partikelgrößen liegen vorwiegend in dem Bereich zwischen 0,2...8 µm, wobei bei gravimetrischen Bestimmungen der Hauptteil der Trübungsstoffe im unfiltrierten Bier größer als 2,5 µm ist.

3.2.2 Einiges über das Kolloidsystem des Bieres

Das Kolloidsystem des Bieres spielt nicht nur eine wesentliche Rolle im Zusammenhang mit der Filtrierbarkeit des Bieres, sondern hat einen wesentlichen Einfluss auf die kolloidale, nicht biologische Stabilität des filtrierten Bieres, auf seinen Geschmack und seine Vollmundigkeit sowie auf seine Schaumhaltbarkeit.

Folgende ausgewählte kolloidchemischen Erkenntnisse und Begriffe sind auch für die Trübungsbildung und Filtrierbarkeit des Bieres von Bedeutung:
- Kolloide sind Materieteilchen, die sich z. T. wie Moleküle verhalten und andererseits auch wie Partikel, die eigene Grenzflächen haben.
  So diffundieren Kolloide nicht oder sehr langsam durch Membranen

- und können deshalb mit Membranen bekannter Porenweite gravimetrisch erfasst werden.
- Kolloide können sowohl elektrisch geladen sein, z. B. die Eiweißstoffe, als auch elektrisch neutral sein wie die α- und β-Glucane und die Eiweißstoffe an ihrem isoelektrischen Punkt.
- Elektrisch neutrale Kolloide lagern sich durch Anziehungskräfte, wenn sie auf Grund der Wärmebewegung zusammenstoßen, zu immer grob dispersen Gebilden zusammen, wodurch ihr Ausscheiden gefördert wird. Beim Zusammenballen werden die dispergierten, energiereicheren, kleineren Kolloide in die energieärmere und stabilere grobdisperse Form überführt.
- Das Zusammenballen der Kolloide wird bei elektrisch geladenen Kolloiden behindert durch gleichsinnige elektrische Aufladungen aller Teilchen oder durch Solvatation (Anlagerung von Lösungsmittelmolekülen an die Kolloidteilchen; bei den Bierkolloiden wird Wasser angelagert, sog. „Hydratation") bzw. durch Schutzkolloide.
- Die Kolloide des Bieres können eine sphärische Struktur haben wie die Proteine oder auch eine lineare Form aufweisen wie die β-Glucane.
- Man unterscheidet zwischen hydrophilen (wasserfreundlichen, mit dem Lösungsmittel Wasser verwandten) Kolloiden, z. B. Proteine, α- und β-Glucane, und hydrophoben (Wasser abstoßenden) Kolloiden, z. B. polyphenolhaltige Komplexe des Bieres.
Die hydrophoben Kolloide des Bieres werden teilweise durch hydrophile Schutzkolloide in Lösung gehalten.
- Weiter unterscheidet man zwischen dem im Bier frei beweglichen, gelösten Kolloid, dem so genannten Sol, und einem nicht mehr frei beweglichen, formbeständigen, leicht deformierbaren, flüssigkeitsreichen, dispersen System, dem so genannten Gel.
Linearkolloide bilden wesentlich leichter Gele als Sphärokolloide.
Die eventuell im Bier enthaltenen hochmolekularen α- und β-Glucane können durch Löslichkeitserniedrigung, die z. B. durch eine Dehydratation der betreffenden Kolloide bei einem ansteigenden Ethanolgehalt verursacht werden kann, sehr schnell zur Gelbildung neigen. Die Abkühlung des Bieres unterstützt diese Gelbildung.
Eine thermische Behandlung von Bier führt dagegen zur Wiederauflösung von β-Glucangel.
- Als grob disperse Trübungspartikel wurden besonders bei der Verarbeitung schlecht gelöster Malze die so genannten Omega-Granula bei der Trübungs- und Bodensatzbildung festgestellt (siehe Abbildung 37). Es handelt sich hier um Stärkekörner in den Größen von 0,5...2 µm, die z. T. nicht restlos durch die Bierfiltration zurückgehalten werden können (ref. d. [53]).
- Jede intensive mechanische Beanspruchung des Bieres fördert die Zerteilung (Dispersion) bereits gebildeter grob disperser Kolloidsysteme bis zu fein dispersen Systemen, die erheblich die Klärung und Filtration erschweren können.

Im Hinblick auf die Filtrierbarkeit haben also Struktur und physikalische Eigenschaften der filtrationshemmenden Polymere eine große Bedeutung. Es gibt:
- amorphe, flockige Polymere (z. B. Proteine),
- gelartige Polymere (z. B. α- und β-Glucane) sowie
- kristalline Trübungsstoffe (z. B. Calciumoxalat).

Zu den physikalischen Eigenschaften gehören die Größe der Trübungspartikel, ihre Deformierbarkeit und Kompressibilität sowie ihr elektrischer Ladungszustand. Kompressible und leicht deformierbare Trübungspartikel, z. B. die gelartigen Partikel, die selbst größer sind als die Filterporen, bilden auf der Filteroberfläche schnell einen undurchlässigen Film, der einen starken Durchsatzrückgang der Filteranlage verursacht.

3.2.3 Die beteiligten chemischen Stoffgruppen

Filtrationsprobleme werden nach langjährigen Untersuchungen von Betriebsbieren, die unter Verwendung von Gerstenrohfrucht hergestellt wurden, zu
- ca. 60 % durch hochmolekulare β-Glucane,
- ca. 20 % durch Eiweiß-Gerbstoff-Verbindungen (ohne Berücksichtigung der Gerbstoffe als Trübstoff verbindendes Element),
- ca. 15 % durch hochmolekulare α-Glucane und zu
- ca. 5 % durch zu hohe Hefekonzentrationen und mikrobielle Infektionen verursacht.

Bei Bieren, die aus 100 % Malz nach dem Deutschen Reinheitsgebot gebraut wurden, verschieben sich die Ursachen für Filtrationsprobleme wie folgt:
- ca. 35 % durch hochmolekulare β-Glucane,
- ca. 30 % durch Eiweiß-Gerbstoff-Verbindungen (ohne Berücksichtigung der Gerbstoffe als Trübstoff verbindendes Element),
- ca. 30 % durch hochmolekulare α-Glucane und
- ca. 5 % durch zu hohe Hefekonzentrationen und mikrobielle Infektionen.

Die chemische Zusammensetzung der nichtbiologischen Biertrübungen kann in weiten Grenzen schwanken und deutet eindeutig daraufhin, dass die Ursachen für die Trübungsausbildung sehr unterschiedlicher Art sein können. Dies zeigen auch die in Tabelle 8 ausgewiesenen Werte über die Zusammensetzung von nichtbiologischen Biertrübungen filtrierter Biere.

Die im unfiltrierten Bier enthaltenen nichtbiologischen Trübungspartikel können aus hochmolekularen Kohlenhydraten (α- und β-Glucanmoleküle), Proteinen, nieder- bis hochmolekularen, nicht weiter spezifizierbaren Polyphenolen, Calciumoxalat, Melanoidinen, Hopfenharzen und Schwermetallen bestehen. Dabei können die drei bisher bestimmten Gruppen von Polymeren (Proteine, Kohlenhydrate [α- und β-Glucane] und Polyphenole) jede für sich bis zu 75 % der Trübungsbestandteile ausmachen.

Klärung und Stabilisierung des Bieres

Tabelle 8 Literaturwerte zur Zusammensetzung der nichtbiologischen Biertrübung (Angaben in Prozent)

Proteine	Polyphenole	Kohlenhydrate	Asche	Literaturstelle
40	45	2...4	1...3	[54]
58...77	17...55	2...12,4	2...14	[55]
40...76	17...55	3...13		[56,57]
25...75	20...50	2...10	1...3	[58]
45...65	30...45	2...4	1...3	[59]
15...45	1...3	50...80		[60]

3.2.4 Trübungskomplexe

Für die Filtrierbarkeit des Bieres ist die Ausbildung von unlöslichen Trübungskomplexen, die aus mehreren Polymeren bestehen, von besonderem Einfluss. Bei derartigen komplexen Trübungspartikeln scheinen niedere bis mittelmolekulare Polyphenole mit einem Polymerisationsgrad bis zu etwa 8 Catechin- oder Anthocyanogen-Einheiten (Molmasse etwa 3000) und mit einer geringen Gerbkraft eine Mittlerrolle zu spielen. Sie können sich über Wasserstoffbrücken sowohl mit den α- und β-Glucanen als auch mit den höhermolekularen Eiweißsubstanzen assoziieren. Für diese komplex zusammengesetzten Trübungen gibt es auch unterschiedliche theoretische Modelle über ihre Struktur, wie in Abbildung 38 ausgewiesen. Daraus ergibt sich für den Technologen die Aufgabe, bei Maßnahmen zur Verbesserung der Filtrierbarkeit diesen möglichen komplexen Charakter der Trübungspartikel unbedingt zu berücksichtigen. So können z. B. Versuche zur Verbesserung der Filtrierbarkeit durch Zusätze von Einzelenzymen ohne Berücksichtigung der jeweiligen Trübungszusammensetzung fehlschlagen.

Abbildung 39 zeigt Versuchsergebnisse über den differenzierten Einfluss der möglichen Trübungskomponenten auf die Filtrierbarkeit des Bieres und bestätigt die vorherigen Aussagen.

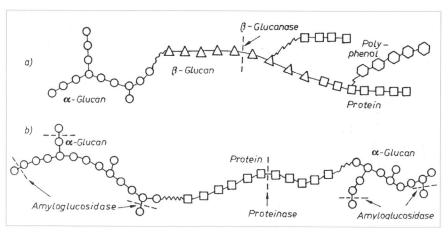

Abbildung 38 Theoretische Modelle von Trübungskomplexen im Bier (nach [61])
a) α- und β-Glucan-Protein-Polyphenol-Trübungskomplex
b) α-Glucan-Protein-Komplex

Qualitätseigenschaften Unfiltrat

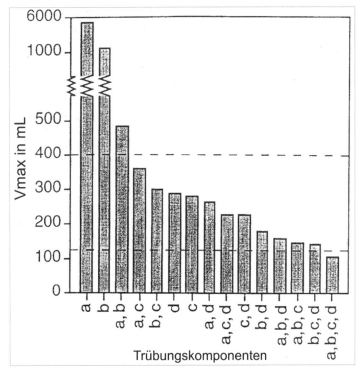

Abbildung 39   Einfluss der Trübungsbestandteile auf die Membranfiltrierbarkeit Vmax (0,45 µm Polyamidmembran, Ø 25 mm, bei 4 °C, unter 2,0 bar Überdruck), nach Versuchen von [62].
In 5 Vol.-% Ethanol und Acetatpuffer von pH = 4,1 wurden gelöst: **a** 1 mg/mL Protein **b** 50 mg/L Tanninsäure   **c** 50 mg/L β-Glucan   **d** 50 mg/L Arabinoxylan

3.2.5 Beeinflussung der Trübungskomplexe durch Filtrationsenzyme

In Tabelle 9 werden Ergebnisse eines Versuches gezeigt, in dem die Größe und die Anzahl der Trübungspartikel durch einzelne Enzyme beeinflusst werden sollten. Aus den Angaben wird eine Trübung vermutet, die vorwiegend aus den α-Glucan- und Proteinmolekülen (siehe Abbildung 38) besteht. Während die Amyloglucosidase die im Trübungskolloid vorhandenen α-Glucane vom Ende her abbaut und damit die Größe der Trübungspartikel und die Anzahl der Partikel in beiden Größenbereichen deutlich reduziert, verringert die Protease nur die Anzahl der größeren Trübungspartikel und erhöht den feindispersen Trübungsanteil. Ein alleiniger Proteasezusatz dürfte in diesem Fall sogar zur Verschlechterung der Filtrierbarkeit führen. Ein β-Glucanasezusatz erzielte bei diesem Bier keine Wirkung. Ähnliche Ergebnisse sind mehrfach bekannt.

Bei dem Versuch, die Filtrierbarkeit der Biere mit enzymatischen Mitteln (sog. Filtrationsenzyme) zu verbessern, sollten deshalb von vornherein komplex zusammengesetzte Enzympräparate angewendet werden (s. a. [63], [64]), die sowohl eine β-Glucanaseaktivität und vor allem eine deutliche α-Amylaseaktivität besitzen, die aber keine Veränderung des Vsend verursacht.

Auch von den Mengenanteilen der hochmolekularen Stoffgruppen (Molmasse > 12.000), die während der Gärung, Reifung und Filtration ausgeschieden bzw.

abgetrennt werden (Abnahme bei Proteinen etwa 1 g/L, β-Glucanen etwa 0,1 g/L und α-Glucanen 5 g/L, nach [65]) ist der α-Glucananteil der bedeutendste.

Weitere Hinweise zur Verbesserung der Bierfiltrierbarkeit durch den Einsatz von Malzenzymen und mikrobiellen Enzymen befinden sich im Kapitel 3.3.1.1 und Kapitel 3.3.1.2.

Tabelle 9 Veränderung der Größe und Anzahl der Trübungspartikel in Abhängigkeit vom Enzymzusatz (nach [61])

Enzymzusatz	Anzahl der Trübungspartikel [1]) in 1000 Partikeln/mL	
	Partikelgröße: 2 µm	Partikelgröße: 1 µm
Kein Zusatz	200	530
Amyloglucosidase	10	40
Protease	21	720
Cellulase mit β-Glucanaseaktivität	200	540

[1]) Bestimmt mittels Teilchenzählgerät

3.2.6 Der biologische Anteil der Biertrübung

Die Zusammensetzung des biologischen Anteils der Biertrübung eines normalen, infektionsarmen, unfiltrierten Bieres sollte im Wesentlichen nur durch die noch in Schwebe befindliche Hefekonzentration der verwendeten Betriebshefe bestimmt werden. Ein normal geklärtes Bier soll im Interesse einer guten Filtrierbarkeit eine Hefekonzentration von unter $2 \cdot 10^6$ Zellen/mL haben.

Auf den Filtrationsverlauf besonders störend wirken sich so genannte Hefestöße aus. Durch das Aufsteigen bereits sedimentierter Gelägerhefe im ZKT oder Lagertank kann kurzzeitig die Hefekonzentration im Filtereinlaufbier um ein Mehrfaches über das normale Niveau ansteigen. So kann sich durch eine Druckentlastung bei sinkendem Flüssigkeitsspiegel das im Sediment angereicherte CO_2 entbinden und führt zum Aufsteigen größerer Hefeflocken. Bei konstanter Filterhilfsmitteldosierung bauen diese Hefestöße dann im Filter eine Sperrschicht auf, die den Filterwiderstand bestimmt und auch durch eine nachträgliche größere Filterhilfsmitteldosierung nicht rückgängig gemacht werden kann (s.a. Kapitel 7.2.8).

Ein langsamer Anstieg der Hefekonzentration im Unfiltrat führt bei konstanter Filterhilfsmitteldosierung auch zu einem größeren Differenzdruckanstieg, wie die Ergebnisse mit einer Laborfilteranlage in Tabelle 10 zeigen.

Um z. B. die Steigerung des Differenzdruckanstieges bei der Zunahme der Hefekonzentration von $c_H = 2 \cdot 10^6$ auf $c_H = 5 \cdot 10^6$ Zellen/mL um ca. 140 % zu vermeiden, hätte es hier einer wesentlich größeren Kieselgurdosierung bedurft. Aus filtrationstechnischer Sicht ist es deshalb besonders wichtig, im Filtereinlaufbier eine möglichst konstante Hefekonzentration zu gewährleisten. Es ist von nicht so großem Einfluss, ob die Hefekonzentration bei $2 \cdot 10^6$ Zellen/mL oder bei $4 \cdot 10^6$ Zellen/mL liegt, da eine konstante, höhere Hefebelastung durch eine höhere Filterhilfsmitteldosierung von vornherein berücksichtigt und deren negativer Einfluss auf den Gesamtdurchsatz vermieden werden kann.

Tabelle 10   Einfluss der Hefekonzentration im Unfiltrat auf den Differenzdruckanstieg im Filter bei konstanter Kieselgurdosierung und konstantem Volumenstrom mit einer Laborfilteranlage

Hefekonzentration im Unfiltrat in 10^6 Zellen/mL	Durchschnittliche Differenzdruckzunahme Δp in kPa/10 min
0...3	3...5
5	12
10	31

Die Hefe selbst als ein Trubstoff von relativ grober Partikelgröße lässt sich mit entsprechend zusammengesetzter Filterhilfsmitteldosierung gut entfernen und wirkt selbst gegenüber den wesentlich feineren, nichtbiologischen Trübungspartikeln des Bieres bei der Filtration als eine Art Adsorptions- oder Klärmittel.

Tabelle 11   Einfluss der Trübungszusammensetzung (starke Hefetrübung und durch Tiefkühlung verursachte Kältetrübung) auf die Filtrierbarkeit des Bieres (nach [66])

Zusammensetzung der Trübung aus		Maximale Filtrierbarkeit nach *Esser* [67] Vmax in mL	
Hefe	Kältetrübung	Bier A	Bier B
ohne	ohne	301	335
mit	ohne	246	183
mit	mit	207	139
ohne	mit	120	28

Hefefreie und dafür kältetrübe Biere lassen sich wesentlich schlechter filtrieren als stark hefetrübe Biere. Ein geringfügiger Hefezusatz führt bei einem derartigen Bier sogar zu einer deutlichen Filtrierbarkeitsverbesserung (siehe Tabelle 11).

Die Filtrierbarkeit eines Bieres wird erschwert bzw. der Filtrationseffekt gemindert, wenn im Unfiltrat neben Kulturhefe ein deutlich feststellbarer Fremdkeimgehalt als biologische Trübungspartikel ermittelt werden.

Weiterhin ist nach [68] besonders bei geschädigter Satzhefe (hoher Totzellenanteil, zu warme Hefelagerung, zu frühe Hefebelüftung ohne Gärextrakt) mit einer für die Bierhaltbarkeit „harmlosen" Begleitflora zu rechnen, wie mit den Essigsäure bildenden *Gluconobacter frateurii* und *Enterobacter agglomerans*. Diese Bakterien können während der Hefelagerung im endvergorenen Bier den Alkohol als Energiequelle verstoffwechseln. Dabei können sie massive Schleimkapseln bilden, die aus Saevan, Dextran, Mannan und Acetan bestehen und ähnlich wie β-Glucangele die Filtrierbarkeit verschlechtern.

Des weiteren verschlechtert eine geschädigte Satzhefe oder eine Schädigung der Gärhefe im Prozess selbst durch ihre hochmolekularen Ausscheidungsprodukte die Filtrierbarkeit (siehe unten).

3.2.7 Die unterschiedliche Bedeutung der Hefekonzentration für die Filtrierbarkeit

Die Konzentration der Betriebshefe im fertigen, für die Filtration frei gegebenen Unfiltrat ist für die Bierfiltrierbarkeit differenziert zu bewerten:

- Am Kieselgurfiltereinlauf sind Hefekonzentrationen in dem Bereich von $c_H = 0,5...2 \cdot 10^6$ Zellen/mL anzustreben. Diese Hefekonzentration wirkt mit der Kieselgur als ein notwendiges und natürliches Filterhilfsmittel.
  Völlig hefefreie, aber trübe Biere lassen sich wesentlich schlechter filtrieren und werden auch nicht ausreichend blank. Die Hefezellen haben bei dem pH-Wert-Niveau des Bieres eine negativ geladene Zelloberfläche, die partiell auch feindisperse Eiweiß-Gerbstoff-α-Glucan-Komplexe adsorbiert und durch diese Vergröberung der Trübungspartikel damit die Klärfiltration unterstützt.
- Eine intensive Hefepropagation führt zu kleineren Hefezellvolumina und damit zur Verzögerung der Hefesedimentation in der Klärphase (s.a. Messwerte in [69]).
  Hefekonzentrationen im Unfiltrat von $c_H > 5 \cdot 10^6$ Zellen/mL sind dann vielfach möglich. Bei einer solch hohen Hefekonzentration ist eine Filtration durchführbar, vorausgesetzt, die Hefekonzentration ist weitgehend konstant. Sie erfordert aber ein Mehrfaches an Filterhilfsmitteln, um die Porosität des Filterkuchens zu erhalten. Wenn auf die steigende Hefekonzentration am Filtereinlauf nicht mit einer Erhöhung der Kieselgurdosierung reagiert wird, verursacht die höhere Hefekonzentration einen schnellen Anstieg des Differenzdruckes am Filter, wie Tabelle 10 zeigt.
  Aus diesem Grunde werden in großen Brauereien zunehmend Hefeseparatoren als Jungbierseparatoren oder als Klärseparatoren vor dem Bierfilter eingesetzt.
  Auch hier sollte bei der Separation für die Bierfiltration der o.g. Resthefegehalt eingestellt werden.
- Als eine weitere Notmaßnahme zur Beschleunigung der Hefeklärung in der Kaltlagerphase wird der gleichmäßig verteilte Zusatz von 30...50 mL Kieselsol/hL empfohlen. Bei BECOSOL 30 wurde eine Beschleunigung der Hefesedimentation von 0,5 m/d auf 4...7 m/d erreicht [70].
- Sehr problematisch ist ein plötzlicher Anstieg der Hefekonzentration am Filtereinlauf (sog. Hefestoß). Dies wird beim liegenden Lagertank durch das Aufsteigen der Gelägerhefe verursacht, das wiederum hervorgerufen wird durch die Reduzierung des Flüssigkeitsdruckes bei der Entleerung. Das im Geläger gelöste CO_2 wird durch den Druckabfall frei und reist einen Teil des Gelägers mit hoch. Beim ZKT kann es trotz ausreichender Hefeentfernung zum Nachrutschen der auf den Konusflächen klebenden Resthefe kommen.
  Diese Hefestöße können bei Anlagen ohne Klärseparatoren oder ohne Unfiltratpuffertanks mit Trübungssensoren als Warneinrichtungen für die Erhöhung der Kieselgurdosage zu Sperrschichten im Filterkuchen führen, die den Filterdifferenzdruck schlagartig ansteigen lassen.
- Problematisch ist auch eine geschädigte Resthefe im Lagertank oder ZKT, z. B. mit einem Totzellenanteil > 5 %. Dieser Totzellenanteil weist auf eine partielle Hefeautolyse hin, die verbunden ist mit einer Exkretion filtrationshemmender Makromoleküle, wie Nukleinsäuren, Glycogen, Proteine,

Polyglutaminsäure, Mannane sowie von hefeeigenen Proteasen. Diese Proteasen können die größeren Eiweißpartikel des Unfiltrates zu kleineren, schlechter zu entfernenden Feinpartikeln abbauen. Dies führt auch zu einer Verschlechterung der Schaumhaltbarkeit durch die hefeeigene Proteinase A (s.a. Erläuterungen in [69]).

3.3 Die Haupttrübungskomponenten im Unfiltrat und ihr Einfluss auf die Filtrierbarkeit

3.3.1 Die hochmolekularen β-Glucane

3.3.1.1 Herkunft und einige Eigenschaften der Gerstenmalz-β-Glucane

- Es sind lineare, lang gestreckte Moleküle;
- Sie ergeben wegen fehlender Helixstruktur mit Jod keine Färbung wie α-Glucane;
- Sie bestehen aus Glucosebausteinen, die zu 70...72 % mit einer β-1-4- und zu 28...30 % mit einer β-1-3-glykosidischen Bindung verknüpft sind;
- Sie gehören zu den wasserlöslichen Hemicellulosen des Malzes, auch noch mit einer Molmasse M > 300.000;
- Die Hemicellulosen des Gerstenmalzes bestehen zu ca. 80...90 % aus β-Glucanen und zu ca. 10...20 % aus Pentosanen;
- Die β-Glucane des Malzes sind wesentliche Bestandteile der Endospermzellwände, die durch die cytolytische Lösung im Mälzungsprozess in der ersten Stufe durch die ß-Glucansolubilase als hochmolekulare Substanzen aus den Zellwänden freigesetzt und in eine wasserlösliche Form überführt werden.
  In der 2. Stufe werden diese hochmolekularen Substanzen durch Endo-β-Glucanasen im Mälzungs- und Maischprozess in niedermolekulare β-Dextrine abgebaut;
- Je höher die Konzentration an hochmolekularen β-Glucanen ist, um so größer ist die Gefahr der Ausfällung und „Gelbildung";
- Ihre Wasserlöslichkeit nimmt mit steigendem Vergärungsgrad und steigendem Ethanolgehalt sowie mit fallender Temperatur des Bieres ab, besonders in der Bierkaltlagerphase können sich dann die sehr filtrationsbelastenden, gelartigen β-Glucansedimente bilden.
- Je größer ihre Molmassen und je größer die Konzentrationen an β-Glucanen in Würzen und Bieren sind, um so
  - höher ist die Viskosität der Lösungen,
  - schlechter ist die Läutergeschwindigkeit der Würze und die Filtrierbarkeit der Biere (siehe Abbildung 40, besonders ab Molmassen größer 80 kDa),
  - größer sind die Klärschwierigkeiten der Biere, da sie auch mit anderen Trübungskomplexen Verbindungen eingehen und auch als Schutzkolloide für Eiweiß-Gerbstoff-Verbindungen wirken können (siehe Abbildung 38), die dadurch viel schlechter agglomerieren und sedimentieren (besonders problematisch bei hohen zylindrokonischen Tanks),

○ besser ist die Schaumhaltbarkeit und Vollmundigkeit der Biere,
○ größer ist der Bierschwand!

Bei Betriebswürzen im Viskositätsbereich von 1,60...1,82 mPa·s (bezogen auf St = 10 %) war die Filtrierbarkeit der Unfiltrate zu über 50 % durch die Höhe der Viskosität mit folgender Regressionsfunktion erklärbar:

Fbk = 764,8 - 392,2·Vis$_{AW}$ B = 56,2 %**   Gleichung 1

Fbk = Filtrierbarkeit Mmax-Wert in g
Vis$_{AW}$ = Viskosität der Anstellwürze in mPa·s bezogen auf St = 10 %

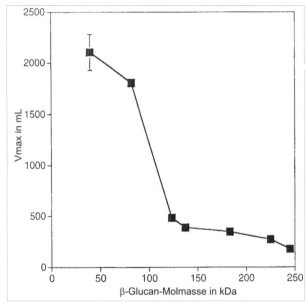

Abbildung 40   Einfluss der β-Glucan-Molmasse auf die Membranfiltrierbarkeit
              (nach [62])
(0,45 µm Polyamidmembran, Ø 25 mm, bei 4 °C, unter 2,0 bar Überdruck) unter Verwendung von β-Glucan mit den Molmassen von 40, 82, 123, 137, 183, 225 und 245 kDa (50 mg/L gelöst in 5 Vol.-% Ethanol und Acetatpuffer von pH-Wert = 4,1)

Ein steigender, noch gelöster β-Glucangehalt (bis etwa 600 mg/L) führt signifikant linear zur Verschlechterung der Filtrierbarkeit. In Betriebsbieren (n = 37 Proben) wurde folgende signifikante Beziehung ermittelt:

Fbk = 96,4 - 0,1196·c$_{β-G}$ B = 84,0 % ***   Gleichung 2

Fbk = Filtrierbarkeit Mmax-Wert in g
c$_{β-G}$ = β-Glucangehalt des Unfiltrates in mg/L

Dass es dieses in Abbildung 38 dargestellte Trübungsmodell nicht nur theoretisch gibt, ergaben die Untersuchungen eines mehrere Hektoliter umfassenden ZKT-Sedimentes oberhalb der abgesetzten Hefe, das visuell eine kleister- oder gelartige Struktur hatte. Mit modernen rheologischen Methoden konnte nachgewiesen werden, dass es sich bei diesem β-Glucansediment um eine Dispersion handelt mit deutlich partikulären

Qualitätseigenschaften Unfiltrat

Eigenschaften und nicht um ein reines β-Glucangel [71]. Diese Aussage ändert nichts daran, dass dieses Sediment jede Filterschicht vollkommen verblocken würde. Die Untersuchungen der chemischen Zusammensetzung dieses Sedimentes bestätigen das theoretische Trübungsmodell, dass es sich um ein partikulär und komplex zusammengesetztes Sediment mit einem β-Glucangehalt von 1200...1955 mg/L, verbunden mit einem höheren Gehalt an ethanolfällbaren α-Glucanen und instabilen Eiweiß-Gerbstoffverbindungen handelt [72] (s.a. Tabelle 12).

Mit einer bunten Reihe von Enzympräparaten wurde nur eine begrenzte enzymatische Angreifbarkeit dieses Trübungskomplexes, insbesondere mit reinen Malz-Endo-β-Glucanasen nachgewiesen und damit auch die komplexe Zusammensetzung bestätigt.

Ein 100%iger Abbau der in der Anstellwürze vorhandenen β-Glucane war mit reinen Malz-Endo-β-Glucanasen nur sicher möglich, wenn diese beim Anstellen schon zugesetzt wurden, ehe sich komplex zusammengesetzte Ausfällungen bilden konnten.

Tabelle 12   Zusammensetzung eines β-Glucansediments (nach [72])

Stoffklasse	Maßeinheit	β-Glucan-sediment	Bier-überstand	Differenz: Spalte 3 - 4
1	2	3	4	5
Gesamtstickstoff	mg/L	979	793	186
MgSO$_4$-fällbarer N	mg/L	319	162	157
FAN	mg/L	113	98	15
Gesamtpolyphenole	mg/L	199	62	137
Anthocyanogene	mg/L	101	43	58
α-Glucane D565	E·1000	314	0	314
α-Glucane D452	E·1000	400	58	342
β-Glucangehalt	mg/L	1200...1950	43	1157...1907
Scheinbarer Extrakt	%	3,00	2,44	0,56

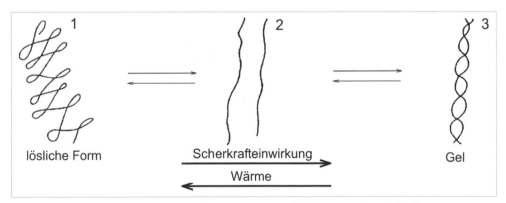

Abbildung 41   Mechanismus der Gelbildung von β-Glucanen (nach [73])
1 wahllos gefaltetes β-Glucanmolekül, wasserlöslich   **2** lineare Ketten von zwei β-Glucanmolekülen, Entfaltung von **1** durch Scherkräfte möglich   **3** β-Glucan-Helix durch Wasserstoffbrückenbindungen, gelförmiges Polymer durch Wassereinlagerungen in den Helices, Auflösung von **3** nach **1** durch Einwirkung von Wärme

Spätere gelartige β-Glucanausfällungen waren dann nur durch Wärmezufuhr sicher wieder auflösbar (erforderliche Heißhaltezeit im KZE (nach [74]): 20 s bei > 75...80 °C), so dass sie die Filterschicht nicht mehr verblocken und eine Filtration des betreffenden Bieres nicht mehr unmöglich machen. Dazu nimmt man die in Abbildung 41 dargestellten Strukturveränderungen an. Weitere Aussagen zum Cracken s.a. Kapitel 5.9.

3.3.1.2 Mögliche Korrektur eines zu hohen β-Glucangehaltes der Anstellwürze durch Malz-Endo-β-Glucanasen

Zur Korrektur des β-Glucangehaltes der Anstellwürzen unter Einhaltung des Deutschen Reinheitsgebotes wurde ein Verfahren entwickelt, das im Technikums- und im großtechnischen Maßstab einen Teil der Malz-Endo-β-Glucanasen aus der Malzmaische durch Crossflow-Filtration gewinnt und konzentriert, bevor diese Enzyme im klassischen Maischprozess inaktiviert werden [75], [76], [77]. In Applikationsversuchen bei Anstellwürzen mit β-Glucangehalten von 300...500 mg/L β-Glucan ergab ein Zusatz von 10...15 Endo-β-Glucanase-Einheiten/hL Anstellwürze

- einen 100%igen β-Glucanabbau,
- eine Filtrierbarkeitsverbesserung um > 30 %,
- keine Veränderung der Schaumhaltbarkeit und
- eine geringfügige Erhöhung des scheinbaren Endvergärungsgrades um < 1 %.

In Technikumsversuchen wurde für die erforderliche Endo-β-Glucanasedosage folgende Korrelation ermittelt [77]:

$$D_{erf} = -0{,}513 \left[\frac{\ln c_i / c_0}{t} \right] - 0{,}0273 \qquad B = 89{,}0\ \%^{***} \qquad \text{Gleichung 3}$$

D_{erf} = Erforderliche Malz-Endo-β-Glucanasedosage in E/L
c_i = Gewünschte β-Glucankonzentration zum Zeitpunkt i in mg/L
   normal: < 50 mg/L ≈ 0 mg/L
c_0 = β-Glucankonzentration der Anstellwürze in mg/L
t = Enzymeinwirkungszeit bis zum Zeitpunkt i in Tagen

Die Regressionsgleichung wurde mit einer Hauptgärung bei 7...10 °C in 6 Tagen und einer Warmreifung von 3...4 Tagen bei 16...18 °C ermittelt.

Berechnungsbeispiel:
β-Glucangehalt in Anstellwürze: c_0 = 400 mg/L
Gewünschter β-Glucangehalt: c_i = < 50 mg/L
ZKT-Inhalt: V = 3000 hL
Aktivität des vorhandenen Malzenzyms   A = 250 Endo-β-Glucanase-Einheiten/L
Zur Verfügung stehende Prozessdauer   t = 14 d
(z. B. 6 d Hauptgärung, 4 d Warmreifung, 4 Kaltlagerung)

$$D_{erf} = -0{,}513 \left[\frac{\ln 50 / 400}{14} \right] - 0{,}0273 = 0{,}049\ E/L$$

Für V = 3000 hL/ZKT: 3000 hL/ZKT · 4,9 E/hL = 14.700 E/ZKT
Erforderliche Enzymkonzentratmenge: 14.700 E/ZKT / 250 E/L = <u>58,8 L/ZKT</u>

3.3.1.3 Anzustrebende Richtwerte für gut filtrierbare Biere:
- Gelöste β-Glucangehalte in Würzen und Bieren < 200...300 mg/L (Bedingung kein β-Glucangel),
- Würzeviskositäten beim Einsatz von ZKT (St = 12 %) < 1,65 mPa·s bzw. (St = 10 %) < 1,60 mPa·s,
- Schonendes Rühren im Prozess der Würzeherstellung und Gärung zur Vermeidung von starken Scherkräften,
- Gelfraktion [1]) < 10 mg/L bzw. nicht nachweisbar.
  [1]) [β-Glucangehalt 1 (80 °C/20 min, 20 min zentrifugiert) - β-Glucangehalt 2 (20 min zentrifugiert) = Gelfraktion]

3.3.2 Höher molekulare und nicht jodnormale α-Glucane

3.3.2.1 Herkunft und einige Eigenschaften der Gerstenmalz-α-Glucane
- Es sind höhermolekulare Stärkeabbauprodukte der Amylose (Glucosebausteine linear mit α-1,4-glycosidischen Bindungen) und des Amylopektins mit zusätzlich α-1,6-glycosidischen Verzweigungen;
- Lineare Maltodextrine zeigen ab Kettenlängen von 12...18 Glucoseeinheiten eine deutliche Rotfärbung mit Jod (= achroische Grenze), ab Kettenlängen mit über 40 Glucoseeinheiten wird die Färbung des Dextrin-Jodkomplexes tief blau. Bei den verzweigten Stärkeabbauprodukten liegt die achroische Grenze auf Grund der kürzeren Seitenketten vielfach bei höheren Dextrinpolymerisationsgraden.
  Schur [78] konnte in jodnormalen Würzen verzweigte α-Glucane mit einer Molekülgröße von bis 70 Glucoseeinheiten (M > 12.000) nachweisen.
- Ihre Wasserlöslichkeit nimmt mit steigender Molmasse und steigendem Vergärungsgrad und damit steigendem Ethanolgehalt sowie mit fallender Temperatur des Bieres ab. Besonders in der Bierkaltlagerphase können dann die filtrationsbelastenden, höher molekularen α-Glucane feindisperse Trübungen bilden, die sich sehr schwer durch eine reine Kieselgurfiltration abfiltrieren lassen.
- Diese hochmolekularen α-Glucane reagieren sehr leicht über Wasserstoffbrückenbindungen mit Eiweiß-Gerbstoffkomplexen und verstärken die Kälteempfindlichkeit der Biere.
  Diese Trübungskomplexe sind teilweise sehr stabil, verzögern die Klärung und versetzen sehr schnell die Poren des Filterkuchens [64], [65].
- Da die qualitative Jodprobe nicht spezifisch genug die höher molekularen Stärkeabbauprodukte in Würzen und Bieren erfasst, ganz besonders in dunkler gefärbten Würzen und Bieren, hat bereits 1902 *Windisch* [79] eine Anreicherung der höher molekularen α-Glucane durch Ethanolfällung mit nachfolgender Jodfärbung als verschärfte Jodprobe empfohlen. Durch maßanalytisches Arbeiten wurden Methoden zur genaueren quantitativen Messung der mit Ethanol gefällten und mit Jod noch färbenden α-Glucane von *Schur* [80] und *Heidrich* [81] erarbeitet.
  Die Messung erfolgte bei dem von der MEBAK empfohlenen Jodwert bei

Wellenlänge λ = 578 nm und bei der 2. Variante (Methode s.a. [82]) differenziert bei λ = 452 nm (erfasst mehr die rot gefärbten Abkömmlinge des Amylopektins als D452) und bei λ = 565 nm (erfasst mehr die blau gefärbten linearen höheren α-Glucane als D565).

❐ Bei Membranfiltrationen mit unterschiedlichen Porenweiten stellte *Wange* [64] fest, dass 67 % der α-Glucanfraktion D452 kleiner als 0,17 μm und 26 % größer als 0,17 μm, aber kleiner als 0,30 μm waren. Dies bestätigt die Feindispersität dieser Trubstoffe. Trotzdem hatte in reproduzierbaren kleintechnischen Versuchen die Höhe dieser α-Glucanfraktion der Würzen einen sehr hohen, signifikant negativen Einfluss auf die Filtrierbarkeit der daraus hergestellten Biere. In den Versuchsreihen ohne Zusätze von Filtrationsenzymen wurde folgende Beziehung ermittelt:

Fbk_{JB} = 243,4 - 1,59·$D452_{AW}$ B = 92,3 %**   Gleichung 4

Fbk_{JB} = Filtrierbarkeit des Jungbieres, Mmax-Wert in Gramm
$D452_{AW}$ = α-Glucanfraktion D452 in der Anstellwürze (St = 12,0 %), [E_{452}·1000]

Daraus ist ersichtlich, dass gute Filtrierbarkeiten mit Fbk > 80 g nur bei einer Konzentration der α-Glucanfraktion D452 < 100 [E_{452}·1000] in der Anstellwürze erreichbar sind.

3.3.2.2 Anzustrebende Richtwerte für gut filtrierbare Biere
❐ α-Glucangehalt D452   < 100 Einheiten
❐ α-Glucangehalt D565   < 40 Einheiten
❐ Jodwert ΔE   < 0,2

3.3.3 Hochmolekulare Eiweiß-Gerbstoffverbindungen, der Resttrub- und Feststoffgehalt und der Einfluss des pH-Wertes

3.3.3.1 Herkunft, Bedeutung und Charakterisierung

Alle Aussagen aus der Literatur über die Rolle der Eiweiß-Gerbstoffverbindungen lassen darauf schließen, dass nicht der ursprüngliche Rohproteingehalt der verwendeten Gersten und Malze über die spätere Filtrierbarkeit der Biere entscheidet, sondern nur der Anteil, der nach der Gärung und Reifung als Trübung bzw. potenzieller Trübungsbildner noch im Bier vorhanden ist.

Nach *Körber* [83] sind im unfiltrierten Bier ca. 30 % des gesamtlöslichen Stickstoffs in Eiweiß-Gerbstoffkomplexen gebunden.

Bei eigenen Untersuchungen mit unterschiedlichen Schüttungen, unterschiedlichen Malzqualitäten und unterschiedlichen Malzsubstituten ließ das absolute Niveau an höhermolekularen Eiweißabbauprodukten und Gerbstoffverbindungen in der Anstellwürze keine Beziehungen zur Filtrierbarkeit erkennen, da sich immer ein Gleichgewicht zwischen beiden potenziellen Reaktionspartnern einstellt.

Ein normaler Gehalt an reaktionsfähigen Anthocyanogenen in der Anstellwürze von 40…80 mg/L fördert offensichtlich die schnelle Ausbildung instabiler Eiweiß-Gerbstoffverbindungen während Gärung und Reifung und damit eine schnellere Klärung in Verbindung mit der Hefesedimentation.

Eine Reduzierung der Gerbstoffkonzentrationen in der Anstellwürze, z. B. durch einen verstärkten negativen Sauerstoffeintrag bei der veralteten Nassschrotung oder beim Maischen in prismatischen Maischgefäßen durch Trombenbildung (Anthocyanogengehalte von unter 30 mg/L wurden gefunden) sowie durch einen steigenden Gerstenrohfruchteinsatz, führt damit in der Tendenz zur Verschlechterung der Filtrierbarkeit, da sich die Klärung durch höhere Gehalte an instabilen Eiweißverbindungen und deren verzögertes Ausscheiden vor der Filtration verschlechtert.

Entscheidend für die Filtrierbarkeit eines Bieres ist es, diese beiden potenziellen Trübungsbildner möglichst gleichzeitig zu reduzieren, z. B. durch den Einsatz von eiweiß- und gerbstoffarmen Rohstoffen (Mais, Reis, Zuckerprodukte), durch eine effektive Trubentfernung, durch den Einsatz wirkungsvoller Adsorbenzien und vor allem durch eine intensive Angärung mit einer deutlichen Erniedrigung des pH-Wertes bereits in der Angärphase sowie durch eine weitestgehende Vergärung.

In Technikumsversuchen [82] konnte der signifikante Zusammenhang zwischen der Abnahme dieser hochmolekularen Trübungskomponenten von der Anstellwürze bis zum fertigen Unfiltrat und der Filtrierbarkeit nachgewiesen werden, die Ergebnisse zeigen nachfolgende Regressions- und Korrelationsanalysen:

$$\text{Fbk} = 1{,}13 \cdot \text{MgSO}_4\text{-N'} + 95{,}3 \qquad B = 97\ \%^{***} \qquad \text{Gleichung 5}$$

Fbk = Filtrierbarkeit Mmax in Gramm
$\text{MgSO}_4\text{-N'}$ = Abnahme des MgSO_4-fällbaren Stickstoffs von der Anstellwürze
bis zum unfiltrierten Bier in mg/L
Wirkung nur deutlich erkennbar bei: $\text{MgSO}_4\text{-N'} \geq 50$ mg/L.

$$\text{Fbk} = 1{,}44 \cdot \text{PPG'} + 65{,}1 \qquad B = 55\ \%^{*} \qquad \text{Gleichung 6}$$

PPG' = Abnahme der Gesamtpolyphenolkonzentration von der
Anstellwürze bis zum unfiltrierten Bier in Prozent.
Wirkung nur deutlich erkennbar bei: PPG $\geq 30\ \%$.

$$\text{Fbk} = 1{,}40 \cdot \text{AC'} + 63{,}2 \qquad B = 84\ \%^{***} \qquad \text{Gleichung 7}$$

AC' = Abnahme der Anthocyanogenkonzentration von der Anstellwürze
bis zum unfiltrierten Bier in Prozent.
Wirkung nur deutlich erkennbar bei: AC' $\geq 30\ \%$.

Ersichtlich ist der deutlich höhere Einfluss der Anthocyanogenreduktion als bei der Stoffgruppe der Gesamtpolyphenole. Der Einsatz von Adsorbenzien hatte nur dann einen feststellbaren Einfluss auf die Filtrierbarkeit, wenn die ausgewiesenen Mindestveränderungen erzielt wurden.

3.3.3.2 Einfluss des Resttrubgehaltes der Anstellwürze

Die Abnahme der hochmolekularen Eiweiß- und Gerbstoffverbindungen wird vor allem durch die Trubentfernung bei der Würzeklärung beeinflusst, da der Grob- und auch der Feintrub zu 50...60 % aus Rohprotein und zu ca. 20...30 % aus Gerbstoffverbindungen besteht. Bei Betriebsversuchen mit einer 14-Tage-Technologie im ZKT ergab eine Kühltrubentfernung von 100 mg/L Anstellwürze eine Erhöhung der Filtrierbarkeit um Mmax = 40 g.

Auch bei einer klassischen Gär- und Lagertechnologie war bei parallelen kleintechnischen Versuchen auch noch bei einer langen kalten Lagerung der positive Einfluss der Würzeklärung auf die Filtrierbarkeit nachweisbar, wie Tabelle 13 zeigt.

Tabelle 13   Einfluss des Resttrubgehaltes der Anstellwürze auf die Filtrierbarkeit
Versuchsbedingungen: Kleintechnische Gär- und Reifungsversuche im klassischen
Gefäßsystem mit Vollbier Deutsches Pilsener
Variante A: Unfiltrierte Würze
Variante B: Über Perlit filtrierte Würze

Variante	ME	A	B	Δ(B-A)
Trubgehalt der Anstellwürze	mg/L	320	70	-250
Mmax nach 8 d Lagerung bei 2 °C				
Sofort nach Probennahme bei 0 °C gemessen	g	81,2	96,5	15,3
Gemessen nach 24 h bei 0 °C gelagert	g	67,8	78,5	10,7
Abnahme durch Kältetrübung	g	13,4	18,0	-
Mmax nach 21 d Lagerung bei 2 °C				
Sofort nach Probennahme bei 0 °C gemessen	g	109,9	142,8	32,9
Gemessen nach 24 h bei 0 °C gelagert	g	96,9	124,4	27,5
Abnahme durch Kältetrübung	g	13,0	18,4	-

3.3.3.3 Einfluss des Feststoffgehaltes und der Feststoffverteilung im Bier

Der Trubgehalt der Anstellwürze beeinflusste immer auch signifikant den Feststoffgehalt der hefefreien Biere in der Lagerphase. Die gravimetrische Bestimmung der Feststoffverteilung in der Lagerphase durch Membranfiltration mit 10 verschiedenen Porenweiten (PW zwischen 0,12...4,0 µm) ergab bei einer Darstellung des Feststoffgehaltes F (= y in mg/L) zum jeweiligen Quotienten 1/Porenweite (= x in 1/µm) immer eine hochsignifikante Gerade mit positivem Anstieg a_1 und dem Schnittpunkt mit der Ordinate a_0 (siehe Beispiel in Abbildung 42).

Diese Feststoffverteilungsgerade $y = a_0 + a_1 x$ gibt mit a_0 den theoretischen Ausgangsfeststoffgehalt einer Bierprobe in mg/L an, der bei unendlich großer Porenweite (praktisch PW > 4,0 µm) noch erfassbar wäre. Der Anstieg a_1 gibt für die Probe die Zunahme des Feststoffgehaltes in mg/L an, wenn der Quotient 1/PW in 1/µm um 1 zunimmt. Je größer a_1 ist, umso größer ist die Zunahme oder der Anteil der immer feindispersen Trübungsbestandteile in einer Bierprobe. Das Bestimmtheitsmaß dieser Feststoffverteilungsgeraden lag je nach Genauigkeit der Analysendurchführung und der Membranqualität zwischen 80...99 % und ermöglichte dadurch recht einfach bei Mehrfachbestimmungen abweichende Messwerte als Ausreißer zu eliminieren. Weiterhin erlaubte die hohe Linearität der Feststoffverteilung bei weiteren Versuchen die Anzahl der zu verwendenden Porenweiten auf die Membranen mit den wichtigsten 4 Porenweiten zu beschränken (0,17 µm, 0,3 µm, 0,85 µm und 2,5 µm), um die gesamte Feststoffverteilung zu erfassen.

Bei sich gut klärenden Bieren schwankte der a_1-Wert am Ende der Warmreifung zwischen 10...90 und am Ende der Kaltlagerphase zwischen 10...20. Während in der Warmreifungsphase der a_1-Wert den dominierenden Einfluss auf die Filtrierbarkeit hatte, war es in der Kaltlagerphase bei dem o.g. a_1-Niveau hauptsächlich der a_0-Wert. Der a_0-Wert repräsentierte zu diesem Probenahmezeitpunkt die noch in Schwebe befindlichen grobdispersen Trübstoffmengen. Der Trubgehalt der Anstellwürze beeinflusste hauptsächlich den a_0-Wert.

Als besonders filtrationshemmend wurden die Trubstoffe ermittelt, die im Größenbereich zwischen 0,30...1,5 µm lagen. Gut filtrierbare Biere hatten einen Feststoffgehalt bei einer PW > 0,30 µm von F < 200 mg/L.

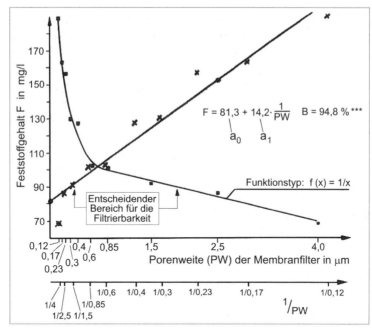

Abbildung 42   Feststoffgehalte F in mg/L eines unfiltrierten Bieres in Abhängigkeit von der Porenweite PW in µm der Membranfilter

3.3.3.4 Einfluss des pH-Wertes auf das Klärverhalten der Biere

Der pH-Wert hat von der Maische bis zum fertigen Bier einen großen Einfluss auf die Klärung und Filtrierbarkeit des Bieres. Er beeinflusst entscheidend den Dissoziations- und Quellzustand der polymeren Proteine bzw. Proteinabbauprodukte und damit ihre Fähigkeit zur Agglomeration, auch in Verbindungen mit Gerbstoffkomplexen, und damit ihre Ausscheidung und Sedimentation. Tiefere Bier-pH-Werte fördern bekanntlich vor allem die Ausscheidung von instabilen Eiweiß-Gerbstoffkomplexen. Folgende Teilprozesse der Bierherstellung beeinflussen durch den pH-Wert die Klärung und Filtrierbarkeit:

- Eine Erniedrigung des pH-Wertes der Maische auf Werte von 5,4...5,5 durch einen Zusatz von Säure oder durch eine Einstellung der Restalkalität des Brauwassers auf < 3 °dH führt zur Reduzierung der Wirkung der β-Glucansolubilase in der Maische und damit zur Verringerung der Freisetzung von hochmolekularen, die Klärung und Filtration belastenden β-Glucanen.
- Jede Maischesäuerung fördert im Temperaturbereich bis ca. 55 °C die Wirkung der Phosphatasen und erhöht damit die Pufferung der Würze, die wiederum die Erniedrigung des pH-Wertes im Prozess der Gärung und Reifung reduziert. Auch aus diesem Grunde sollte der Maische-pH-Wert nicht unter pH 5,5 abgesenkt werden.
Bei kleintechnischen Versuchen ergab eine Erhöhung der Gesamtpufferung der Würze um 1 mL (mL n/10 HCl + mL n/10 NaOH) eine signifikante Reduzierung des pH-Abfalls von der Anstellwürze bis zum Jungbier um rd. 0,28 pH-Einheiten.

Klärung und Stabilisierung des Bieres

- Eine Säuerung der Pfannevollwürze oder der kochenden Würze auf einen pH-Wert von 5,1...5,2 fördert die Ausscheidung instabiler Eiweiß-Gerbstoffverbindungen und damit die Klärung und erniedrigt den Anfangs-pH-Wert für den Gärprozess ohne die Pufferung zu erhöhen.
- Ein Zusatz von Ca^{++}-Ionen ($CaCl_2$ oder $CaSO_4$) zum Hauptguss reduziert die Würzepufferung und erhöht die pH-Absenkung in der Gärphase.
- Ein intensiver Hefestoffwechsel in der Angärphase der Würze beschleunigt eine schnelle Ausscheidung von instabilen Eiweiß-Gerbstoffverbindungen bereits in dieser Gärphase, wenn bei einem Vs ≈ 10 % schon ein pH-Abnahme von ΔpH ≈ 0,4 pH-Einheiten erreicht wird. Dadurch werden instabile Eiweiß-Gerbstoffverbindungen ausgefällt, ohne dass ihre Agglomeration durch Ethanol gefällte hochmolekulare Glucane behindert wird.
- Eine gute Bierklärung wird durch pH-Werte im Unfiltrat von unter pH 4,45, optimal zwischen 4,2...4,4, gefördert.

Welchen Einfluss die Veränderungen der pH-Werte in den Würzen und Bieren auf die Veränderung der Filtrierbarkeit in der Kaltlagerphase hat, zeigt Abbildung 43. Während die Biere der Brauerei K in ihrem Filtrierbarkeitsverhalten bei einem guten Ausgangsniveau weitgehend konstant blieben, verbessern sich die Filtrierbarkeiten der Biere der Brauerei N mit zunehmender Kaltlagerdauer von einem mäßigen Niveau fast linear (siehe Regressionsgleichung mit einem Bestimmtheitsmaß von B = 79,0 %*) in dem Untersuchungszeitraum auf sehr gute Werte. Als einzige Ursache konnten hier die unterschiedlichen Veränderungen der pH-Werte von der Würze zum Bier ermittelt werden. Die K-Würzen waren sehr gut gepuffert und reduzieren die pH-Wert-Abnahme im Gärprozess. Damit reduzieren sie auch die Ausscheidung instabiler Trübstoffe.

	pH-Werte	
	Würze	Bier
N1	5,24	4,45
N2	5,50	4,37
K1	5,36	4,55
K2	5,24	4,55

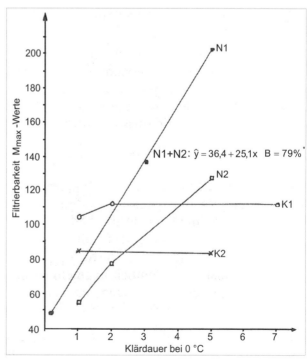

Abbildung 43   Klärverhalten verschiedener Betriebsbiere im ZKT

Die Ergebnisse kleintechnischer Versuche bestätigen die Bedeutung des Bier-pH-Wertes für die Filtrierbarkeit. Folgende signifikante Regressionsgleichung zwischen dem pH-Wert des Unfiltrates und der Membran-Filtrierbarkeit nach *Esser* wurde ermittelt (s.a. Abbildung 44 und den Zusammenhang zum theoretisch berechneten Filterhilfsmittelverbrauch bei der Kieselgurfiltration):

$Fbk = 678,3 - 135,1 \cdot pH_{Bier}$ B = 60,1 ***)   Gleichung 8

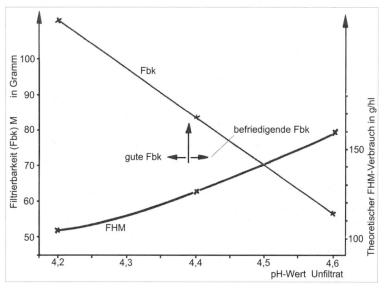

Abbildung 44   Einfluss des pH-Wertes im Unfiltrat auf die Filtrierbarkeit, ermittelt in Technikumsversuchen (nach [82])
  Fbk = Filtrierbarkeit nach *Esser* in g (siehe oben);
  FHM = Theoretischer Filterhilfsmittelverbrauch in g/hl, berechnet unter Verwendung in Betriebsversuchen ermittelter Korrelationen zu großtechnischen Filtrationsergebnissen

3.3.3.5 Anzustrebende Richtwerte für gut filtrierbare Biere
- Die geklärte Anstellwürze sollte grundsätzlich heißtrubfrei sein, d.h., der Resttrubgehalt sollte < 300 mg/L betragen.
  Optimalwerte mit Resttrubgehalten < 100 mg/L sind nur durch ein Kaltwürzeklärverfahren zu erreichen.
- Der Feststoffgehalt F eines Unfiltrates sollte vor der Kieselgurfiltration bei einer Porenweite von PW > 0,30 µm nur F < 200 mg/L betragen.

3.4 Die Bewertung der Filtrierbarkeit eines Unfiltrates
Die rechtzeitige Ermittlung der Filtrierbarkeit eines Unfiltrates vor der Bierfiltration vermeidet unangenehme Überraschungen und ermöglicht dem Technologen bei schwer filtrierbaren Bieren einige Gegenmaßnahmen bzw. Veränderungen in der Gesamttechnologie, um weitere Filtrierbarkeitsprobleme zu vermeiden. Letzteres setzt

allerdings voraus, dass nicht nur die Filtrierbarkeit eingeschätzt wird, sondern auch die unterschiedlichen Ursachen für Filtrationsprobleme ermittelt werden.

Weiterhin ist es bei der Ermittlung der Filtrierbarkeit und ihrer Ursachen wichtig, die ermittelten Ergebnisse kritisch unter Berücksichtigung der Art und Weise der Probenahme, des Probenahmeortes (Flüssigkeitshöhe und Schichtung der Trübstoffe im Lagertank) sowie der Probenvorbereitung zu bewerten.

Für die Vorherbestimmung der Filtrierbarkeit eines Unfiltrates bzw. über den voraussichtlichen Verlauf einer Bierfiltration sind u. a. nachfolgende Methoden bekannt.

3.4.1 Membranfiltermethode nach *Esser*

Zur summarischen Bestimmung der Filtrierbarkeit hat sich die Membranfiltermethode nach *Esser* [67] in zahlreichen Betriebsversuchen bewährt. Die Vorhersage zum Verlauf der großtechnischen Kieselgurfiltration ergab je nach Betrieb und Biersorte eine Vorhersagegenauigkeit mit einem signifikanten Bestimmtheitsmaß zwischen 40...90 % [82].

In Abbildung 45 wird der Versuchsaufbau zur Filtrierbarkeitsbestimmung dargestellt (CO_2-Druckflasche, Probenflasche mit doppelt durchbohrtem Bügelverschlussknopf im 0-°C-Wasserbad, Membrandruckfilter, Oberschalenwaage zur Erfassung der Filtratmenge). Nachfolgend werden die angewendeten Versuchsbedingungen, die Versuchsauswertung, die Berechnung des Filtrierbarkeitswertes und die Bewertung aufgeführt.

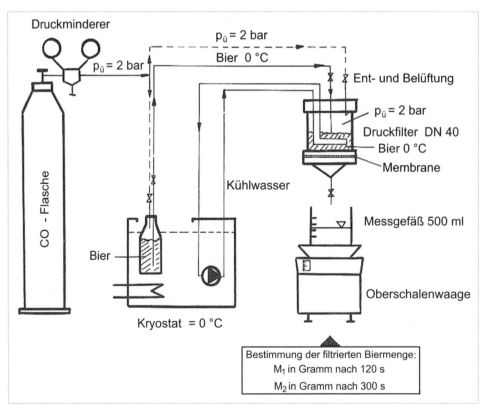

Abbildung 45   Versuchsaufbau zur Bestimmung der Filtrierbarkeit nach Esser [67]

1. Versuchsbedingungen
- Membranfiltration mit *Sartorius*-Filtermembran: Porenweite 0,2 µm, Ø 50 mm
- Druckfilter NW 40
- angewandter Differenzdruck: $\Delta p = 2{,}0$ bar
- wirksame Filterfläche: $A = 9{,}6$ cm^2 (Ø 35 mm)
- Filtrationstemperatur: $\vartheta_{Bier} = 0\ °C$; $\vartheta_{Filter} = 0\ldots2\ °C$
- Standzeit des Bieres vor der Testfiltration bei 0 °C: ≥ 20 h
- Probe wird vor dem Test homogenisiert

2. Auswertung
- 1. Messung der Filtratmenge M1 nach 120 Sekunden in Gramm, bei Volumenmessung in Milliliter.
- 2. Messung der gesamten Filtratmenge M2 nach 300 Sekunden in Gramm, bei Volumenmessung in Milliliter.

3. Berechnung der Filtrierbarkeit Mmax
Berechnung der maximal filtrierbaren Biermenge Mmax in Gramm und bei Volumenmessung in Vmax in mL (bei einer theoretischen Filtrationszeit von $t = \infty$; Erläuterungen zur Gleichung 9 siehe [67]):

$$M_{max} = \frac{180 \cdot M_1}{300 \cdot \frac{M_1}{M_2} - 120} \qquad \text{Gleichung 9}$$

Mmax in Gramm bzw. Vmax in Milliliter

Alternativ lässt sich die maximal filtrierbare Biermenge Mmax auch mit der Gleichung 10 (nach MEBAK) bestimmen:

$$M_{max} = \frac{t_2 - t_1}{\frac{t_2}{M_2} - \frac{t_1}{M_1}} \qquad \text{Gleichung 10}$$

Mmax = maximal filtrierbaren Biermenge in Gramm

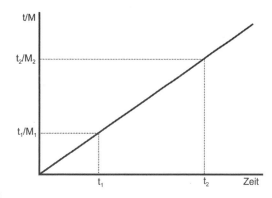

Abbildung 46 Bestimmung der maximal filtrierbare Biermenge (nach MEBAK)
M_1 = Filtratmasse zur Zeit t_1
M_2 = Filtratmasse zur Zeit t_2

4. Reproduzierbarkeit der Mmax-Werte
Bei einer Doppelbestimmung betrug der Variationskoeffizient bei
- schlecht filtrierbaren Bieren 1…2 g und bei
- gut filtrierbaren Bieren 5…12 g.

Bei 30 Doppelbestimmungen an vorhandenen Bieren mit Mmax-Werten zwischen 54...279 g ermittelte *Nüter* [84] einen Wiederholbarkeitswert von r = 5,6 g und einen Variationskoeffizienten von Vkr = ± 1,5 %.

5. Bewertung von Mmax
Hierzu siehe Tabelle 14).

Tabelle 14   Bewertungsmaßstab für die Filtrierbarkeit Mmax (nach [85])

Mmax in g oder Vmax in mL	Bewertungsmaßstab
< 15	sehr schlecht
20 - 30	schlecht
40 - 80	befriedigend, akzeptabel
90 - 120	gut
> 130	sehr gut

Bei schlechten Filtrierbarkeitswerten muss die summarische Filtrierbarkeitsbestimmung mit einer Ursachenforschung kombiniert werden, um wirkungsvolle Gegenmaßnahmen einleiten zu können.

3.4.2 Test zur Bestimmung der Filtrationseigenschaften von Bier nach *Raible*

Im Gegensatz zur vorher beschriebenen Methode wird nach der Methode von *Raible* et al. [86] eine Anschwemmfiltration simuliert, indem in einem kühlbaren Druckfilter (ähnliche Bauart wie beim Membranfiltertest, bei 0 °C, 1 bar Überdruck) 400 mL Unfiltrat (0 °C) mit der Feingur *Filtercel* (Dosage entsprechend 200 g/hL) vorher versetzt und über ein Edelstahlfiltergewebe (15 μm Maschenweite) filtriert werden. Die 400 mL Biermenge erlauben einen Vorlauf von 100...150 mL abzutrennen und 200...300 mL klares Filtrat separat in einer Probeflasche aufzufangen. Die Probeflasche kann für weitere Untersuchungen (Trübung, Forciertest in Verbindung mit einem Stabilisierungsmitteleinsatz) verwendet werden.

Die Volumina von Vorlauf und blankem Filtrat werden als spezifisches Filtratvolumen V in mL/cm² Filterfläche zusammengefasst und zu der erforderlichen Filtrationszeit t in Sekunden in Beziehung gesetzt und nach Gleichung 11 als Filterkuchenfaktor a ausgewiesen:

$$a = \frac{t}{V^2}$$ Gleichung 11

a = Filterkuchenfaktor
t = Filtrationsdauer in s
V = spezifisches Filtrationsvolumen in mL/cm² Filterfläche

Je nach verwendetem Filterhilfsmittel schwankt der Filterkuchenfaktor zwischen 0,1 (schnelle Filtration) und 5,0 (langsame Filtration). Da diese Werte nicht so aussagekräftig sind, wird folgende Umrechnung mit Gleichung 12 vorgeschlagen, um praxisnahe Werte zu erhalten:

$$V_{spez} = 0,1 \sqrt{\frac{3600}{a}}$$ Gleichung 12

V_{spez} = spezifisches Filtratvolumen in hL/(m²·h)
a = Filterkuchenfaktor

Bei Labortestversuchen lagen die ermittelten V_{spez}-Werte zwischen 5...10 hL/(m²·h) mit Trübungswerten im Filtrat von 0,9...1,1 EBC-Einheiten. Ein Zusatz von Kieselsol (Stabisol) von 3...6 mL/hL Bier reduzierte das spezifische Filtrationsvolumen und verbesserte die Filtrattrübung um 0,3...0,6 EBC-Einheiten.

Mit dieser Methode sind die Einflüsse von Filterhilfsmittelmischungen und der Zusatz von Stabilisierungsmitteln auf das spezifische Filtrationsvolumen und die Klarheit des Filtrates bei dem zu prüfenden Bier recht gut vorher abzuschätzen.

3.4.3 Großtechnische Filtrationsergebnisse als Maß für die Filtrierbarkeit

Vielfach wird die Filtrierbarkeit eines Bieres nur nach seinen Filtrationsergebnissen definiert. Folgende Filtrationsergebnisse werden bei der Kieselgurfiltration als Zeichen für ein „normal filtrierbares Bier" angesehen:

- Eine Standzeit des Kieselgurfilters von 6...8 h pro Filtrationscharge;
- Der Gesamtdurchsatz je Charge sollte mindestens 90 % der nominellen Durchsatzangabe entsprechen, mindestens 40 hl/m² Filterfläche;
- Der Anstieg des Differenzdruckes sollte zwischen 0,2...0,4 bar/h liegen.
- Für die laufende Dosierung soll der Kieselgurbedarf maximal 100 g/hL betragen bei einem Gemisch für die laufende Dosierung von ca. 20 % Mittelgur und 80 % Feingur (Gesamtwasserwert der laufenden Dosierung von < 25 nach Methode *Schenk*).
- Der Klärgrad des Filtrates soll < 0,5 EBC-Einheiten (90°-Messung) betragen.

3.5 Ursachenforschung bei Filtrationsproblemen

Die Ursachenforschung fängt mit den Untersuchungen der Rohstoffqualitäten und den Qualitäten der Anstellwürze an. Hier ist die Einhaltung der unter Kapitel 3.6 aufgeführten Richtwerte für ein gut filtrierbares Bier anzustreben.

Parallel zur betrieblichen Filteranlage betriebene „Minifilteranlagen" (bestückt mit unterschiedlichen Filterschichten oder Membranen) können bei der Ursachenforschung zu Filtrationsproblemen bei relativ geringem Aufwand sehr hilfreich sein, beispielsweise auch bei der Suche nach Filtermitteldefekten bei Anschwemmfiltern.

Als Filtrationscheck bei einem unfiltrierten Bier hat sich z. B. der in [87] beschriebene Vorschlag vielfach im Praxiseinsatz bei Filterabnahmen, Forschungsarbeiten zur Optimierung der Filtrationstechnologie, nachträglicher Beurteilung der Rohstoffqualitäten (z. B. Wintergerstenmalze) und bei allgemeinen Filtrationsproblemen in Betrieben bewährt.

Die drei Säulen des Filtrationschecks sind:
1. Bestimmung der Filtrierbarkeit (Fbk) und des pH-Wertes
- Bei einer Fbk < 80 g sind weitere Ursachenforschungen erforderlich.
- Bei einem pH-Wert des Bieres von > 4,45 ist im Interesse der Bierklärung eine Optimierung der pH-Wert-Verhältnisse erforderlich.

2. Bestimmung der Ausgangstrübung bei 20 °C und der Intensität der Kältetrübung mit dem Alkohol-Kälte-Test nach *Chapon* bei -8 °C

- Bei einer Trübung des Unfiltrates von >10 EBC-Einheiten bei 20 °C ist durch eine mikroskopische Kontrolle die Hefekonzentration zu ermitteln. Bei Werten von deutlich $c_H > 2 \cdot 10^6$ Z/mL ist eine Optimierung der Hefeklärung erforderlich.
- Entspricht die Hefeklärung dem optimalen Bereich $c_H < 2 \cdot 10^6$ Zellen/mL, so sind die Ursachen für die Trübung Trübungskomplexe, die unterschiedlich zusammengesetzt sein können.
- Mit einem Alkohol-Kälte-Test (AKT) bei -8 °C wird die Intensität der Kältetrübung bestimmt.
  Bei einer Trübungszunahme >70 EBC-Einheiten sind in jedem Fall instabile Eiweiß-Gerbstoffverbindungen allein oder in Verbindung mit polymeren Kohlenhydraten an den Trübungskomplexen beteiligt.

3. Schnellbestimmung von β-Glucanausscheidungen

Es erfolgt eine Schnellbestimmung von β-Glucanausscheidungen mit einem Filtrierbarkeitstest mit der Standardmembran von 0,2 µm Porenweite und mit einer Membran von 0,3 µm Porenweite. Weiterhin kann eine differenzierende α- und β-Glucanuntersuchungen im Unfiltrat und in den Membranfiltraten des Filtrierbarkeitstests durchgeführt werden. Sie ist evtl. durch die Bestimmung der „Gelfraktion" der β-Glucane im Unfiltrat zu ergänzen. Dadurch sind die vorhandenen Konzentrationen dieser Stoffgruppen sehr gut einzuschätzen.

Ergibt die 0,3-µm-Membran einen Filtrierbarkeitskennwert, der um über 20 % größer ist als der Kennwert der 0,2-µm-Membran, so liegt keine β-Glucanausscheidung vor. Jede Ausscheidung von hochmolekularen β-Glucan führt zur Verblockung der 0,2- und der 0,3-µm-Membran und damit bei beiden Membranen zu gleich schlechten Filtrierbarkeitskennwerten.

Eine Abnahme der α- und β-Glucankonzentration vom Unfiltrat zum Membranfiltrat des normalen Filtrierbarkeitstests (0,2-µm-Membran) von über 5 % weist auf instabile Trübungskomplexe hin, die die Filtrierbarkeit des Unfiltrates belasten.

Es wird eine auf der Grundlage der von *Windisch* [79] vorgeschlagenen verschärften Jodprobe modifizierte α-Glucanbestimmung (siehe Beschreibung in [82]) durchgeführt. Sie erfasst mit der Messung der mit Ethanol gefällten und Jod gefärbten Fraktion D452 bei der Wellenlänge λ = 452 nm die mit Jod eher rot gefärbten hochmolekularen verzweigten Abbauprodukte des Amylopektins und bei der Wellenlänge λ = 565 nm die mit Jod blau färbenden hochmolekularen linearen Stärkeabbauprodukte der Amylose als Fraktion D565. Diese Bestimmung erlaubt eine differenziertere und schärfere Bewertung der filtrationsbelastenden Stärkeabbauprodukte als der von der MEBAK beschriebene Jodwert [88].

Die β-Glucanbestimmung nach MEBAK [89] kann noch ergänzt werden durch die Bestimmung der gelbildenden Fraktion im Unfiltrat.

Zusammenfassung der Richtwerte aus dem Filtrationscheck und Schnelluntersuchungen

1. Klärungsgrad des Unfiltrats und Alkohol-Kälte-Test
- Die Ausgangstrübung eines gut vorgeklärten Unfiltrats soll am Filtereinlauf bei 20 °C < 10 EBC-Einheiten betragen. Höhere Werte erfordern eine Ursachenforschung.
- Eine Trübungszunahme beim Alkohol-Kälte-Test gegenüber der Ausgangstrübung bei 20 °C:
  - < 70 EBC-Einheiten: eiweiß-gerbstoffseitig gut vorgeklärtes Bier
  - \> 70 EBC-Einheiten: unzureichende Ausscheidung von instabilen Eiweiß-Gerbstoffverbindungen in der Gär- und Reifungsphase;
- Visuelle und messtechnische Trübungskontrollen am Filtereinlauf: Ziel sind keine Schwankungen im Trübungsgrad beim Filtereinlauf, keine „Hefewolken".

2. Membranfiltrierbarkeit und Bierinhaltsstoffe
- Filtrierbarkeit (0,2-µm-Membran):
  - M_{max} > 80 g → keine α- und β-Glucanprobleme
  - M_{max} < 80 g → weitere Ursachenforschungen sind erforderlich!
- Anzustreben ist eine Filtrierbarkeitsdifferenz:
  - Δ [M_{max} (0,3 µm) - M_{max} (0,2 µm)] > 20 %, bezogen auf M_{max} (0,2 µm);
  - keine sichtbaren β-Glucanausscheidungen bei einer Probenahme am Filtereinlauf (Prüfung des Sediments durch Zentrifugation einer Probe),

3. Gute Filtrierbarkeit bzw. keine Filtrationsprobleme durch β-Glucane bei
- β-Glucangehalten im Unfiltrat < 200 mg/L,
- Der Viskositätswert des Unfiltrates, dessen Aussagen für die zu erwartende Filtrierbarkeit eines Bieres jedoch nicht allein signifikant ist (Kontrolle der Würzeviskosität ist wichtiger):
  Viskosität (bei vorhandener St) ≤ 1,65 mPa·s

4. Anzustrebende α-Glucangehalte in Würze und Bier
- Fraktion D425 <100 Einheiten
- Fraktion D565 < 40 Einheiten
- absolute Jodnormalität des Bieres, auch bei verschärfter Jodprobe, z. B. nach [90], keine visuell feststellbare Reaktion (Rot- und Blaufärbung);

5. Hefekonzentration am Filtereinlauf ≤ $2\cdot10^6$ ...> $0,5\cdot10^6$ Zellen/mL

6. Filtrationstemperaturen
- Bei unstabilisierten Bieren aus Schüttungen mit hohen Gerstenrohfruchtanteilen sollten Biertemperaturen am Filtereinlauf von

$\vartheta \geq 2\ °C$ angestrebt werden, tiefere Temperaturen führen zur deutlichen Verschlechterung der Filtrierbarkeit.
- Bei Bieren aus 100 % Malz sind im Interesse einer guten Vorstabilisierung und Klärung Filtrationstemperaturen von $\vartheta = 0...-2\ °C$ anzustreben.

Einen weiteren Vorschlag zur Ursachenfindung bei Filtrationsproblemen unterbreiteten *Schütz* et al. [91].

3.6 Technologische Einflussfaktoren auf die Filtrierbarkeit

Nachfolgende Aufstellungen geben einen Überblick über die Faktoren, die die Filtrierbarkeit beeinflussen. Man erkennt daraus, dass die Qualität der Rohstoffe und alle technologischen Maßnahmen und Fakten aus allen Prozessstufen der Bierherstellung einen Einfluss auf die Bierfiltrierbarkeit haben.

3.6.1 Positive Einflussfaktoren auf die Filtrierbarkeit und kolloidale Stabilität

Folgende Faktoren haben einen positiven Einfluss auf die Filtrierbarkeit und kolloidale Stabilität des Bieres:

1. **Ein Malz mit folgenden Qualitätseigenschaften:**
   - EBC-Mehl-Schrotdifferenz   < 2 %
   - Mürbigkeit (Friabilimeter)   > 81 %
   - Ganzglasigkeit   < 2 %
   - VZ 45   > 36 %
   - Viskosität (8,6 %)   < 1,56 mPa·s
   - *Kolbach*-Zahl   38...44 %
   - Lagerdauer des Malzes   ≥ 2...3 Wochen
   - Hergestellt aus sortenreiner Gerste und ohne Malzverschnitt
   - Homogenität (gemäß EBC-Analytica IV 4.14) > 85 %
   - Modifikation (gemäß EBC-Analytica IV 4.14) > 75 %

2. **Eine Sudhaustechnologie mit folgenden Kennwerten**
   - Eine optimale Zerkleinerung des Malzes mit folgenden Fraktionsanteilen auf den Sieben des Pfungstädter Plansichters (Richtwerte für Läuterbottiche):
     - Sieb 1 Spelzenanteil   18...23 %
     - Sieb 2 Grobgrießanteil   < 8...10 %
     - Boden Pudermehlanteil   < 12...15 % sowie ein
     - Spelzenvolumen von   > 700 mL/100 g;
   - Ein optimaler Abbau von α- und β-Glucanen (siehe Richtwerte für die Anstellwürze);
   - Die Gewährleistung der Nachverzuckerung im Läuterprozess bei $\vartheta \leq 78\ °C$;
   - Eine feststoffarme Abläuterung mit Trübungswerten in der Läuterwürze von < 10 EBC-Tübungseinheiten;

- Ein Feststoffgehalt in der Pfannevollwürze (ohne Hopfenprodukte) von < 100 mg/L;
- Vermeidung einer zu starken Auslaugung der Treber.

3. Eine Anstellwürze mit folgenden Qualitätseigenschaften:
- Viskosität (St = 12 %) ≤ 1,65 mPa·s bzw.
  Viskosität (St = 10 %) ≤ 1,60 mPa·s
- Trub-/Feststoffgehalt ≤ 200 mg/L
- α-Glucangehalt D452 ≤ 100 Einh.
- β-Glucangehalt (gesamt) ≤ 200 mg/L
- Koagulierbarer N-Gehalt ≤ 25 mg/L
- pH-Wert 5,2…5,45

4. Ein Gär-, Reifungs- und Klärverfahren mit folgenden Richtwerten:
- Verwendung eines Hefesatzes mit guten Gär- und Kläreigenschaften (hoch vergärende Bruchhefe);
- Alle Maßnahmen, die eine gesunde Erntehefe mit einem Totzellenanteil < 3 % und einem ICP-Wert >6,2 pH-Einheiten gewährleisten.
- Vermeidung einer zu intensiven Hefepropagation und Verschnitt der geernteten Reinzuchthefe mit einem biologisch einwandfreien älteren Hefesatz beim Anstellen, um die Hefeklärung nicht zu verzögern;
- Die Intensität der Angärung und pH-Wert-Abnahme in den ersten 24 h sollte > 0,4 pH-Einheiten sein;
- Die Einhaltung einer Kaltlagertemperatur von 0…-2 °C;
- Die Einhaltung einer Kaltlagerphase von > 7 Tagen;
- Das Anstreben einer Hefekonzentration am Filtereinlauf von $< 2·10^6 … >0,5·10^6$ Zellen/mL;
- Bei der Temperaturführung im Gärtank sollten keine Temperaturschocks in der Angär- und Vermehrungsphase der Satzhefe stattfinden;
- Zusätze von Klär- u. Stabilisierungsmitteln können die Hefe- und kolloidale Klärung in der Lagerphase fördern;
- Ein Sauerstoffeintrag muss nach dem Anstellen unbedingt vermieden werden.

5. Eine Verfahrens- und Apparatetechnik mit folgenden Kriterien:
- Die zylindrokonische Gefäßform der Gär- und Lagergefäßform fördert die Intensität der Bewegung in der Gär- und Lagerphase und damit auch die Agglomeration der kolloidalen Trubstoffe und Hefezellen und ihre Ausscheidung;
- Zur Förderung der Klärprozesse sollte die Flüssigkeitsschichthöhe in der Phase Gärung, Lagerung und Reifung < 20 m sein;
- Eine Zentrifugation des Jungbieres oder des Lagerbieres fördert die Ausscheidung grobdisperser und gelartiger Trubstoffe und

ermöglicht die Einstellung einer definierten Hefekonzentration im Unfiltrat;
- Bei allen mechanischen Einwirkungen auf das Bier (z. B. Umpumpregime bei externer Kühlung, beim Schlauchen und Ziehen des Bieres) muss durch die Wahl der Pumpen, Rohrleitungen und Armaturen die Scherkraftbelastung so gering wie möglich gehalten werden (daneben ist auch zu bedenken, dass Scherkräfte immer gleichbedeutend sind mit Energieverlusten);
- Die Einhaltung eines Temperaturgradienten im ZKT von < 1 K.

3.6.2 Lösungsansätze zur Verbesserung der Filtrierbarkeit bei Filtrationsproblemen

- Schonendes Abdarren der Malze mit dem Ziel, ein enzymreiches Malz mit einem Endo-β-Glucanasegehalt von > 80 Einheiten/kg Malz-TS zu erhalten [92].
- Durch ein intensiveres Maischen bei $\vartheta = 45\ldots48$ °C ist in Abhängigkeit von der Malzqualität ein β-Glucangehalt in der Anstellwürze von < 200 mg/L einzustellen.
- Bei Viskositäten der Anstellwürzen von > 1,65 mPa·s (bez. auf St = 12 %) sollten durch ein ausreichendes Abschlämmen des Trubsedimentes oberhalb des Hefesedimentes im ZKT evtl. β-Glucanausfällungen sicher entfernt werden.
  Ziel dieser Aktion ist es, eine Filtrierbarkeit des Unfiltrates von Fbk (0,2 µm) > 80 g und Fbk (0,3 µm) > 90 g zu erreichen.
- Ein Umdrücken dieses Tanksedimentes von ZKT zu ZKT, bzw. vom ZKT in die Satzhefe ist unbedingt zu vermeiden.
  Diese β-Glucansedimente sind separat zu behandeln (z. B. durch thermisches Cracken, Zusatz von Malzauszug, Malzenzymkonzentraten oder mikrobiellen Enzymen, anschließend Pasteurisation, Aufkräusen und Verschnitt).
- Als generelle Notmaßnahme zur Auflösung von gelartigen β-Glucanstrukturen hat sich das thermische Cracken des gesamten Unfiltrates über einen KZE mit Heißhaltetemperaturen von > 75…80 °C und Heißhaltezeiten von ≥ 20 s unmittelbar vor der Klärfiltration bewährt (nach [74] optimal mit Heißhaltezeiten > 5 min).
- Durch die Gewährleistung eines sicheren Stärkeabbaues beim Maischen und durch die Vermeidung der Anreicherung von nachgelösten höhermolekularen Stärkeabbauprodukten durch zu heißes Überschwänzen und zu trübes Abläutern sind folgende α-Glucangehalte in der Anstellwürze anzustreben:
  - D452   < 100 Einheiten
  - D565   < 30 Einheiten und einen
  - Jodwert < 0,2.
- Die Tiefkühlung des ZKT-Inhaltes sollte noch bei Hefekonzentrationen von über $c_H = 5\ldots8 \cdot 10^6$ Zellen/mL erfolgen, da die Hefezellen einen Teil der sich ausbildenden Kältetrübung an ihrer Oberfläche binden.

Tabelle 15 Komplexität der filtrationsbelastenden Trübungen und die unterschiedlichen, möglichen technolog. Einwirkungen zur Reduzierung der Trübungskomponenten

Stoff-gruppe	Einwirkungen	Anwendung im Prozess	Wirkung a. d. Filtrierbarkeit
α-Glucane	Enzymatischer Abbau	(Mälzen) - Maischen - Läutern	+++
	Physikalische	Nachlösung beim Läutern ohne Nachverzuckerung (ϑ > 78 °C)	--
	Physikochemische	Ausfällungen bei steigendem Ethanolgehalt	---
	Chemische	Adsorption über H-Brücken an Hefezellen und Kieselsol	+
		Reaktion mit PP zur Komplexbildung mit anderen Trubstoffen	--
	Mechanische	Normale Sedimentation	?
		Sedimentation nach Adsorption	+
		Zentrifugation nach Adsorption	++
β-Glucane	Enzymatischer Abbau	Mälzen	+++
		Maischen bei ϑ < 52 °C	+
		Nachlösung bei ϑ > 50 °C durch β-Glucansolubilase	---
		Filtrationsenzym in der Angärphase	+++
	Physikalische	Cracken bei ϑ > 75...80 °C / 30 s	++
	Physikochemische	Ausfällung bei steigendem Ethanolgehalt („Gele")	---
	Chemische	Reaktion mit PP zur Komplexbildung mit anderen Trubstoffen	---
	Mechanische	Sedimentation der ausgefallenen β-Glucane als f(t)	+
		Zentrifugation der ausgefallenen β-Glucane + Hefezellen	++
Proteinische Substanzen	Enzymatischer Abbau	Mälzen als f(Rohprotein der Gerste)	++
		Proteasen in der Gärphase erhöhen Dispersitätsgrad	--
	Physikalische	Hitzekoagulation beim Kochen	++
		Kältetrübung bei ϑ < 2 °C als f(t)	-- / +
	Physikochemische	Ausfällung bei d. pH-Absenkung im Würzekochprozess	++
		Ausfällung bei der pH-Wert-Abnahme bei Hauptgärung als f(t)	+...++
		Adsorption an Hefe und Kieselsol	+...++
	Chemische	Reaktion mit PP zur Komplexbildung mit anderen Trubstoffen	---
	Mechanische	Sedimentation in Komplexen	---
		Sedimentation + Separation adsorbiert an Hefe + Kieselsol	++

+ positive   ++ gute   +++ sehr gute Wirkung auf die Filtrierbarkeit
- negative   -- schlechte   --- sehr schlechte Wirkung auf die Filtrierbarkeit
PP Polyphenole   f Funktion von   f(t) Funktion der Zeit

Klärung und Stabilisierung des Bieres

- Grundsätzlich sollten heißtrubfreie Anstellwürzen mit einem Feststoffgehalt von < 250 mg/L (bestimmt bei 0 °C) angestrebt werden.
- Zur Unterstützung der Eiweiß-Gerbstoffausscheidungen (= Kühl-, Kälte- bzw. Gärtrub) im Gärprozess sind die Anstellwürzen im Sudhaus auf einen pH-Wert von 5,0…5,25 einzustellen (weitere Aussagen zum großen Einfluss des pH-Wertregimes im gesamten Brauprozess auf die Filtrierbarkeit siehe Kapitel 3.3.3.4).
- Eine differenzierte Kieselsoldosage während oder nach dem Würzekochen kann die Ausscheidung instabiler Eiweiß-Gerbstoff-Komplexe schon vor der Filtration unterstützen (siehe Kapitel 5.7).
- Bei Filtrierbarkeitsproblemen ist weiterhin das Hefemanagement, die Eigenschaften des betrieblichen Hefestammes und die Vitalität des Hefesatzes während der Gärung und Reifung zu kontrollieren (s.a. Kapitel 3.2.6).

Tabelle 16   Behebung von Filtrationsproblemen durch Maßnahmen in der Brauerei

Prozessstufe	Mängel	Mögliche Gegenmaßnahmen in der Brauerei
1. Braugerste	Keine Sortenreinheit Wintergerstenverarbeitung Zu hoher Eiweißgehalt Zu geringer Vollkornanteil Zu geringe Keimfähigkeit Zu hoher Auswuchsanteil Lagerung bei H_2O-Gehalt > 14 % und Temperaturen ϑ > 15 °C (Lagerschäden)	- Verweigerung der Annahme der daraus hergestellten Malze; - Kein Malzverschnitt; - Separate Anlieferung und Lagerhaltung der geschädigten Malze bei genau definierten Qualitätsschäden, um eine differenzierte Verarbeitung zu ermöglichen;
2. Malzqualität (s.a. Anforderungen in Kapitel 3.6.1)	Malz aus geschädigter Braugerste mit einem Ausbleiberanteil > 5 %	Wie unter Punkt 1.
	Geforderte Auflösung des Malzes nicht erfüllt	- Einmaischen u. längere Rasten bei Temperaturen unter $\vartheta \leq 50$ °C (ϑ = 45…52 °C, 30…60 min); - Veränderung der Schrotung (feiner) nach einer Malzkonditionierung mit dem Ziel Grobgrießanteil (Sieb 2) < 10 %;
	Enzymschwache Malze	- Verschnitt mit enzymstarken Malz; Schonender Maischen im Temperaturbereich ϑ = 45…52 °C und ϑ = 60…64 °C durch stufenweise Erhöhung der Rasttemperatur; - Einstellung des Maische-pH-Wertes auf pH 5,5;
	Zu frisches Malz	Erhöhung der Mindestlagerdauer des Malzes vor der Verarbeitung auf > 2…3 Wochen;

Fortsetzung Tabelle 16 siehe folgende Seite.

Fortsetzung Tabelle 16:

Prozessstufe	Mängel	Mögliche Gegenmaßnahmen in der Brauerei
3. Qualität der Anstellwürze (s.a. Anforderungen in Kapitel 3.6.1)	Zu hoher α-Glucangehalt	- Überprüfung Schrotzusammensetzung (Ziel: Sieb 2 < 10 %); - Intensivierung des Maischverfahrens im Temperaturbereich von $\vartheta = 60...64$ °C und $\vartheta = 72...74$ °C, - evtl. Umstellung von einem Infusions- auf ein Dekoktionsverfahren; - Überprüfung Abmaisch- und Überschwänztemperaturen (Ziel $\vartheta \leq 78$ °C); - Überprüfung Feststoffgehalt der Läuterwürze und Optimierung Schrotung und Läuterverfahren (Ziel Feststoffgehalt der Pfannevollwürze < 100 mg/L); - Aufheizen der Pfannenwürze zum Kochen erst nach dem 2. Nachguss
	Zu hoher β-Glucangehalt	- Einmaischen u. längere Rasten bei Temperaturen unter $\vartheta \leq 50$ °C ($\vartheta = 45...52$ °C, 30...60 min); - Schüttung mit enzymstarken Malzen aufbessern; - Einstellung des Maische-pH-Wertes auf pH 5,5; - Evtl. Zusatz von Malz-Endo-β-Glucanasen in die kalte Anstellwürze (siehe Kapitel 3.3.1.2);
	Zu hoher Feststoffgehalt mit Gesamttrubgehalten von > 300 mg/L und noch koagulierbarem N-Gehalt von > 30 mg/L	- Optimierung der Würzekochung mit Ziel: noch koagulierbaren N-Gehalt 15...25 mg/L; - Optimierung der Heißtrubentfernung im Whirlpool mit dem Ziel: Feststoffgehalt bei $\vartheta < 10$ °C soll < 250 mg/L sein;
	Würze-pH-Wert ≥ 5,5	Optimierung der biologischen Säuerung mit dem Ziel: Würze-pH-Wert 5,20...5,45;

Fortsetzung Tabelle 16 siehe folgende Seite.

Klärung und Stabilisierung des Bieres

Fortsetzung Tabelle 16:

Prozessstufe	Mängel	Mögliche Gegenmaßnahmen in der Brauerei
4. Gärung und Reifung des Bieres (Untergärung)	Verzögerte Angärung mit Extraktabnahmen in den ersten 24 h nach dem Anstellen v. St - Es ≤ 1,5 %	Überprüfung Hefekonzentration im Gärtank und Korrektur Hefegabe mit dem Ziel $c_H \geq 15 \cdot 10^6$ Z/mL bezogen auf den gesamten Tankinhalt;
	Zu langsame Hauptgärung mit Es-Abnahmen von ≤ 1,5 %/24 h durch: - Ungenügende Hefegabe; - zu geringe Hefevermehrung durch Mängel in der Würze; - Fehler beim Anstellen; - Temperaturschocks in der Hefevermehrungsphase; - Qualitätsmängel der Anstellhefe;	- Erneuerung des Hefesatzes; - Überprüfung der Hefelagerung (Ziel $\vartheta < 4$ °C unter Bier und < 2 d); - Ausreichende Hefegabe, bezogen auf den gesamten Tankinhalt ($c_H \geq 15 \cdot 10^6$ Z/mL; - Überprüfung des Anstellverfahrens mit dem Ziel: Keine Anstellwürze ohne Satzhefe, auch nicht in der Würzeleitung während der Kühlpausen;
	Mangelhafte Hefevitalität mit Totzellengehalten > 2...5 % mit erhöhten Hefeexkretionsstoffen im Unfiltrat	- Vermeidung von Temperaturschocks in der Angär- und Vermehrungsphase (bis 24...36 h nach dem Anstellen);
	Hefekonzentrationen am Filtereinlauf > $2 \cdot 10^6$ Z/mL durch: - Zu intensive und zu warme Hefepropagation (Ursache kleinzellige Hefe); - Bildung von Hefesperrschichten im Filter durch plötzliche Hefestöße;	- Mischen der Propagationshefe mit älterer Erntehefe beim Anstellen; - Überprüfung der Intensität der Hefevermehrung; - Vermeidung von Sperrschichten durch Puffertanks am Filtereinlauf u. Trübungswächter, mehrmaliges Hefeziehen in der Kaltlagerphase des ZKT
	Tiefkühlung von zu warm gelagertem Unfiltrat unmittelbar vor der Filtration mit Trübungswerten >> 30 EBC-Einheiten bei $\vartheta = 0$ °C	Eine starke feindisperse Trübungs- und Viskositätszunahme des Unfiltrates unmittelbar vor der Klärstufe ist zu vermeiden durch eine mind. einwöchige Kaltlagerung bei $\vartheta = 0...-2$ °C
5. Unfiltratqualität	Filtrierbarkeitswerte des Unfiltrats Mmax < 60 g (siehe auch Kapitel 3.5)	Ursachenforschung mit einem Filtrationscheck (siehe z. B. Kapitel 3.5) u. Optimierung der Technologie (siehe auch Punkt 2 bis 4)

In Tabelle 15 wurden die möglichen Einwirkungen auf die drei wichtigsten, stofflich unterschiedlichen Trübungskomponenten und ihre Auswirkungen auf die Filtrierbarkeit als grobe Übersicht zusammengestellt.

Tabelle 16 listet die möglichen Mängel auf, die Filtrierbarkeitsprobleme verursachen können, und weist auf Gegenmaßnahmen hin, die in der Brauerei realisierbar sind.

3.6.3 Über die filtrierbarkeitsverbessernden Maßnahmen in der Brauerei

Es muss also festgestellt werden, dass es nicht eine genau bestimmbare Biertrübung gibt, die durch die Bierfiltration entfernt werden muss, sondern dass eine Vielzahl von Arten an Trübungspartikeln die Filtrierbarkeit des Bieres ausmachen.

Da die kolloid dispersen Trübungsbestandteile des unfiltrierten Bieres sowohl die Filtrierbarkeit eines Bieres wesentlich mitbestimmen als auch für die nichtbiologische Trübungsausbildung im filtrierten Bier mitverantwortlich sind, führt jede Verbesserung der Filtrierbarkeit eines Bieres und jede Maßnahme für einen schärferen Filtrationseffekt auch zur Erhöhung der kolloidalen Stabilität des Bieres.

Die wichtigsten technologischen Ansatzpunkte zur Erhöhung der Bierfiltrierbarkeit sind:
- Reduzierung der Trübstoffbestandteile im Bier durch eine gute Vorklärung der Anstellwürze;
- Reduzierung der hochmolekularen, nichtbiologischen Trübungsbestandteile durch die Verwendung enzymreicher Rohstoffe und durch einen ausreichenden, weitgehenden enzymatischen Abbau dieser Polymere bereits im Mälzungs- und Würzeherstellungsprozess mit dem Ziel niedriger Viskositäten und völliger Jodnormalität der Anstellwürzen;
- Eine schnelle Ausscheidung bereits in der Angärphase von im fertigen Bier und in der Kälte instabilen Trübungsstoffen;
- Vergröberung und beschleunigte Sedimentation dieser instabilen Trubstoffe durch geeignete Gär- und Reifungsverfahren;
- Förderung der Ausscheidung durch Zusätze von adsorbierend wirkenden Klärhilfen;
- Eine optimale Maische- und Würze-pH-Wert-Einstellung durch den Einsatz vom Gesetzgeber zugelassener Säuerungsmittel zur Förderung der Klärprozesse;
- Erhaltung der Vitalität der Satzhefe im gesamten Gär- und Reifungsprozess;
- Sicherung eines niedrigen Resthefe- und minimalen Fremdkeimgehaltes durch ein sicheres mikrobiologisches Betriebsregime.

Klärung und Stabilisierung des Bieres

3.7 Beispiele für Filtrierbarkeitsbefunde von Betriebsbieren

Unter Anwendung des Filtrationschecks (s.a. Kapitel 3.5) wurden im letzten Jahrzehnt eine große Anzahl von unfiltrierten Betriebsbieren mit Problemen, die mit der großtechnischen Filtration zusammenhingen, untersucht. Nachfolgend soll eine Auswahl von Ergebnissen und ihre Interpretation die Anwendung des Filtrationschecks beschreiben und auf die unterschiedlichen Ursachen von Qualitäts- und Filtrationsproblemen hinweisen.

3.7.1 Rohfruchtverarbeitung und die Verwendung diverser mikrobieller Enzyme sind noch keine Gewähr für gut filtrierbare Biere

Trotz bester Voraussetzungen für eine sehr gute Filtrierbarkeit (Maiseinsatz, Einsatz mikrobieller Enzyme beim Maischen und als Filtrationsenzym im ZKT) war dieses ausländische Bier in seiner Filtrierbarkeit mäßig. Die nachfolgende Tabelle 17 weist die Untersuchungsergebnisse aus.

Tabelle 17   Filtrierbarkeitsprobleme trotz Rohfruchteinsatz (Mais) und diverser mikrobieller Enzympräparate (nach [93])

Analyse	ME	Unfiltrat	Richtwerte [1])
pH-Wert	-	4,19	4,1...4,45
Filtrierbarkeit nach *Esser* Mmax	g	36	> 80
β-Glucangehalt	mg/L	0	< 200
α-Glucangehalt			
Originalprobe D 452	E452 nm x 1000	41,9	< 100
Membranfiltrat (0,2 µm)	E452 nm x 1000	0	
Abnahme	%	100	< 5
Originalprobe D 565	D565 nm x 1000	31,1	< 40
Membranfiltrat (0,2 µm)	E565 nm x 1000	4,3	
Abnahme	%	86	< 5
Trübung (20°C)	EBC-Trübungs-einheiten	33	<10
AKT nach *Chapon* (- 8 °C)		139	< 80
Trübungszunahme		+ 106	< + 70
Mikrobieller Besatz"			
Hefen	10^6 Zellen/mL	ca. 3	< 5
Stäbchen		ca. 5	0
Kokken		ca. 10	0

[1]) Richtwerte für gut filtrierbare und vorgeklärte Unfiltrate

Bewertung:
- In dem Unfiltrat waren auf Grund des Einsatzes von Mais und mikrobieller Enzyme keine hochmolekularen β-Glucane und nur ein niedriger Gehalt an α-Glucanen nachweisbar. Positiv für die Filtrierbarkeit erschien auch der als optimal anzusehende pH-Wert des Bieres. Trotzdem besaß das Unfiltrat nur eine mäßige Filtrierbarkeit.
- Als abnorm ist die hohe α-Glucanabnahme bei der Membranfiltration (0,2 µm-Filter) trotz sehr niedriger α-Glucangehalte anzusehen.

☐ Als Ursache wurde eine hohe Konzentration an instabilen Eiweiß-Gerbstoffverbindungen angesehen, die sich durch die starke Trübungszunahme im Alkohol-Kälte-Test nachweisen ließ.
Trotz eiweißarmer Rohfruchtverwendung muss es durch einen späten, langsamen pH-Wertabfall (vermutete Ursache mikrobiologische Probleme) in der Reifungsphase zur Ausbildung feindisperser instabiler Eiweiß-Gerbstoffverbindungen gekommen sein, die auch die höhermolekularen α-Glucane mit assoziierten.

☐ Die nachgeschalteten mikrobiologischen Untersuchungen wiesen als Hauptursache für die Filtrationsprobleme einen sehr hohen Infektionsgrad des Unfiltrates nach. Auch „mikrobiologische Verunreinigungen" können sowohl durch ihren Stoffwechsel als auch als partikuläre Trubstoffe Filtrationsprobleme verursachen.

☐ Um die feindisperse Kältetrübung schnell zu reduzieren wurde ein Klärversuch mit Kieselsol unternommen, der bereits in einer relativ kurzen Reaktionszeit einen positiven Beitrag zur Klärung im Schnelltest nachwies, wie Tabelle 18 zeigt.

☐ Eine Kieselsoldosage in der Lagerphase bei 0 °C fördert die Ausscheidung feindisperser Trübungen, auch von Trübungen, die durch mikrobielle pH-Wertabsenkungen im Bier verursacht wurden.
Auch die potenziellen Bestandteile der Kältetrübung werden durch Kieselsol reduziert, wie der Vergleich der Trübungswerte in Tabelle 17 und Tabelle 18 zeigt.

Tabelle 18   Trübungswerte des mit Kieselsol behandelten Unfiltrates aus Tabelle 17 bereits nach 5 Stunden Standzeit bei 0 °C (nach [93])

Ausgangstrübung des Unfiltrates bei 20 °C	EBC-Trübungseinheiten	33	
Natürliche Klärung mit Kieselsol ^{1}) Trübung bei 20 °C nach 5 h		24	< 10
AKT nach Chapon im mit Kieselsol behandelten Unfiltrat bei -8 °C nach 5 h		106	< 80
Trübungszunahme bei -8 °C im mit Kieselsol behandelten Unfiltrat nach 5 h		+ 82	< + 70

Dosage: 40 mL/hL anionisches Kieselsol mit 30%igem Feststoffgehalt

3.7.2 Effektivität der Unfiltratvorklärung durch Separation

Das Filtrationsproblem dieser Großbrauerei waren mäßig filtrierbare Biere durch einen hohen Hefegehalt im Unfiltrat. Durch einen Versuchseinsatz eines Separators sollte dieses Problem gelöst werden. Vor der Filtration erfolgte eine Verdünnung des Unfiltrates („High gravity brewing"). Folgende Ergebnisse wurden erzielt (siehe Tabelle 19):

☐ Die Einstellung des gewünschten Resthefegehaltes war problemlos. Die Separation vor dem Bierfilter ist sinnvoll bei hohen Hefegehalten wie in der untersuchten Brauerei.

☐ Durch die Separation wurde keine Reduzierung des erhöhten, aber löslichen β-Glucangehaltes erreicht. Auch die sehr geringen Abnahmen durch die Membranfiltration bestätigen diese Aussage, dass nur lösliche

β-Glucane vorliegen. Eine β-Glucanabnahme wäre ein eindeutiges Zeichen für das Vorhandensein von β-Glucangelen.
- Durch die Separation erfolgt nur eine geringe Herausnahme der instabilen, feindispersen, die Filtration und Stabilisierung belastenden Trübungssubstanzen, die sicher aus Eiweiß-Gerbstoff-α-Glucan-Komplexen bestehen (Abnahme AKT nur ca. 7 %, Abnahme D 452: nur ca. 12 %).
Ihre Abscheidung durch Separation wird vermutlich nur durch die Adsorption an die Hefeoberfläche begünstigt.
- Die Separation ersetzt nicht eine gute kalte Vorklärung (0...-2 °C, > 7 d Dauer), die eine höhere Ausscheidung an feindispersen Eiweiß-Gerbstoff-Komplexen gewährleistet. Es sind die ausgewiesenen AKT-Richtwerte anzustreben.
- Das filtrierte Bier ist, bedingt durch die unzureichende Vorklärung, nicht ausreichend kolloidal stabilisiert.
Es ist hier eine Optimierung der gesamten Klär- und Stabilisierungstechnologie erforderlich.

Tabelle 19 Effektivität der Unfiltratvorklärung durch Separation (nach [93])

Analyse	ME	Separator-einlauf	Separator-auslauf	Filtrat (Drucktank)	Richtwerte [1])
St	%	12,71	12,70	11,70 [2])	
Hefekonzentration	10^6 Z/mL	> 5,0	< 1,0	-	1...2
β-Glucangehalte Originalprobe	mg/L	323	319	294 [2])	< 200
Membranfiltrat [4])		322	318	293 [2])	
Abnahme	%	0,3	0,3	0,3	< 5
α-Glucangehalt D 452	E452 nm x 1000	78	69	63 [2])	< 100
D 565	E565 nm x 1000	19	19	17 [2])	< 40
AKT	EBC-Trübungseinheiten	150	139	112 [3])	< 80

[1]) Richtwerte für gut filtrierbare und vorgeklärte Unfiltrate
[2]) Abnahme durch Verdünnung bei der Filtration durch "High gravity brewing".
[3]) Richtwert für ein gut stabilisiertes Filtrat sind AKT-Werte < 40 EBC-Trübungseinheiten
[4]) Filtrat über 0,2-µm-Membran

3.7.3 Ein Problembier mit β-Glucanausfällungen

Dieses Betriebsbier hatte eine sehr schlechte Filtrierbarkeit, die sich auch in den Ergebnissen des Filtrationscheck (siehe Tabelle 20) wie folgt widerspiegelt:
- Das Filtrierbarkeitsproblem ist in erster Linie ein β-Glucanproblem. Das Bier besitzt einen relativ hohen Gesamt-β-Glucangehalt. Davon werden über 10 % des β-Glucangehaltes bei der Membranfiltration als unlösliches, vermutlich in Trübungskomplexen gebundenes β-Glucan ausgeschieden.

Qualitätseigenschaften Unfiltrat

- Trotz normaler α-Glucangehalte (D 452: mehr rot gefärbte verzweigte Abkömmlinge des Amylopektins; D 565: blau gefärbte lineare Stärkeabbauprodukte) ist ein sehr hoher Anteil von 30…40 % in Trübungskomplexen gebunden (siehe Verluste bei der Membranfiltration).
  Diese α-Glucane belasten die Filtration und bilden vermutlich in Verbindung mit β-Glucanausfällungen und Eiweiß-Gerbstoffkomponenten einen Trübungskomplex, der besonders auch in der Kälte instabil ist.
- Trotz guter Vorklärung (siehe Trübungswert bei 20 °C) besitzt das Bier ein hohes Potenzial an komplex zusammengesetzten Kältetrübungspartikeln (siehe sehr hohe AKT-Werte), die die Klärung verzögern und natürlich auch die kolloidale Stabilität verschlechtern.
- Als sofortige Gegenmaßnahmen bei diesem schlecht filtrierbaren Unfiltrat sind ein sofortiges Cracken bei 80 °C (KZ-Erhitzung des Unfiltrates), eine Korrektur des Maischverfahrens (Einmaischen bei ϑ < 50 °C) und zukünftig höhere Anforderungen an die Malzqualität zu empfehlen.

Tabelle 20 Ein Problembier mit β-Glucanausfällungen (nach [93])

Analyse	ME	Unfiltrat	Richtwerte [1]
Filtrierbarkeit nach *Esser*	g	18,2	> 80
β-Glucangehalt			
Originalprobe	mg/L	500	< 200
Membranfiltrat (0,2 µm)		446	
Abnahme	%	11	< 5
α-Glucangehalte			
Originalprobe D 452	E452 nm x 1000	79,6	< 100
Membranfiltrat (0,2 µm)	E452 nm x 1000	56,1	
Abnahme	%	30	< 5
Originalprobe D 565	E565 nm x 1000	24,0	< 40
Membranfiltrat (0,2 µm)	E565 nm x 1000	14,8	
Abnahme	%	38	< 5
Trübung (20 °C)	EBC-Trübungseinheiten	4,7	< 10
AKT nach Chapon		150	< 80
Trübungszunahme		145	< +70

[1]) Richtwerte für gut filtrierbare und vorgeklärte Unfiltrate

3.7.4 Ein Bier ohne Filtrationsschwierigkeiten, aber mit Trübungen im Filtrat

Die filtrierten Biere dieser Großbrauerei waren nicht befriedigend blank. Sie wiesen Trübungen um 1,0 EBC-Trübungseinheiten auf, obwohl sie keine technischen Filtrationsprobleme verursachten und bei der Durchführung der Filtration keine Fehler erkennbar waren. Die wesentlichsten Untersuchungsergebnisse von zwei Unfiltraten (aus zwei ZKT) werden in Tabelle 21 ausgewiesen. Die Ergebnisse lassen folgende Schlussfolgerungen zu:
- Trotz hoher β-Glucangehalte der Unfiltrate besteht kein vordergründiges β-Glucanproblem, da das membranfiltrierte Bier keinen oder nur einen sehr geringen β-Glucanverlust aufwies, d.h. es waren keine β-glucanhaltige, filtrationsbelastende Trübungskomplexe vorhanden.

- Auch die α-Glucankonzentrationen lagen im normalen Bereich.
- Aber der sehr hohe Anteil an löslichen β-Glucanen
    erhöht die Viskosität des Bieres,
    erschwert damit die Klärung und
    diese β-Glucane wirken als Schutzkolloide gegen die Ausscheidung instabiler Eiweiß-Gerbstoff-Verbindungen, insbesondere auch für die hochmolekularen, hydrophoben Polyphenole.
- Trotz der Verwendung eiweißärmerer Gerstenmalze im Untersuchungsbetrieb bestehen Probleme in der Vorklärung der Unfiltrate, sie war mäßig im ZKT 1 bis schlecht im ZKT 2.
- Die Ausscheidungen der Kältetrübungsbestandteile in der Lagerphase war unzureichend, wie die AKT-Werte zeigen.
- Diese Stoffgruppe belastet die Filtration und bei zu warmer (> 2 °C) und nicht zu scharfer Filtration besteht bei geringsten Belastungen nach der Filtration (KZE, geringe Sauerstoffeinträge) die Gefahr einer erneuten Trübungsausbildung.
- Es ist vermutlich ein hohes Potenzial an reaktiven polyphenolischen Verbindungen vorhanden, die durch eine zu warme und/oder zu kurze Kaltlagerung im ZKT (siehe Trübungszunahme von 20 °C → 0 °C) nicht ausgeschieden wurden.
- Als Gegenmaßnahmen wird eine kältere und längere Kaltlagerung empfohlen und zur weiteren Verstärkung der Ausscheidungsprozesse ein Kieselsoleinsatz.

Tabelle 21   Problembiere mit hohen β-Glucangehalten und unzureichender Filtrationsschärfe (nach [93])

Analyse	ME	ZKT 1	ZKT 2	Richtwerte [1])
α-Glucangehalte				
Originalprobe D452	E452 nm x 1000	80		< 100
Originalprobe D565	E565 nm x 1000	35		< 40
β-Glucangehalt				
Originalprobe	mg/L	541	536	< 200
Membranfiltrat (0,2 µm)		541	520	
Abnahme	%	0	3	< 5
Trübung bei 20 °C		13,0	11,1	< 10
Trübung bei 0 °C	EBC-Trübungs-einheiten	25,0	24,2	
AKT nach Chapon (-8 °C)		116	146	< 80
Trübungszunahme (-8 °C)		103	135	< + 70

[1]) Richtwerte für gut filtrierbare und vorgeklärte Unfiltrate

3.7.5 Qualitätsschäden bei einer zu scharfen Filtration

Eine mehrstufige Bierfiltration kann unter Umständen zu einer Qualitätsschädigung des Filtrates führen, wie die Messwerte in Tabelle 22 zeigen.

Qualitätseigenschaften Unfiltrat

Tabelle 22 Qualitätsveränderungen eines Bieres bei einer mehrstufigen Filtration (nach [93])

Probe Nr.	1	2	3	4
Bezeichnung	Unfiltrat	Kieselgurfilter-Auslauf + 60 g/hL Kieselgel	Kerzenfilter-Auslauf (0,5 µm)	Membranfilter (0,45 µm) (Verkaufsbier)
Schaumhaltbarkeit nach NIBEM für 3 cm in Sekunden	266 (s = 23,4) (n = 6)	285 (s = 2,8) (n = 2)	289 (s = 17,2) (n = 3)	212 (s = 3,3) (n = 4)
Beurteilung der Schaumhaltbarkeit	sehr gut	sehr gut	sehr gut	schlecht
Gehalt an hochmolekularem, mit $MgSO_4$ fällbarem Stickstoff in mg/L	172,2 (s = 4,3) (n= 3)	168,0 s = 3,7) (n = 3)	163,7 (s = 4,1) (n = 3)	154,0 (s = 7,5) (n = 3)
AKT nach *Chapon* EBC-Trübungseinheiten	130	48,3	39,5	35,6
β-Glucangehalt mg/L	180,6 (s = 0,3) (n= 3)	180,1 (s = 2,1) (n = 3)	177,9 (s = 1,4) (n = 3)	166,7 (s = 2,0) (n = 3)
pH-Wert (entkohlensäuertes Bier)	4,84	4,83	4,83	4,80

s Standardabweichung der Bestimmung aus der Anzahl n der Messwerte

Diese Messwerte aus einer mittelständigen, deutschen Brauerei lassen folgende Bewertung zu:
- Das Betriebsbier wies nach der Polierfiltration über den 0,45-µm-Membranfilter eine deutliche Verschlechterung der Schaumhaltbarkeit als Qualitätsabfall auf.
- In allen drei Stufen der immer schärfer werdenden Bierfiltration nahm der Gehalt des Bieres an hochmolekularen mit $MgSO_4$ fällbaren Stickstoff ab. Besonders deutlich war die Abnahme in der letzten Filtrationsstufe, der Membranfiltration.
- Diese deutliche Herausnahme an hochmolekularen Stickstoffverbindungen lässt auch auf eine Verblockung des 0,45 µm Membranfilters schließen. Diese Verblockung erklärt auch die deutliche Abnahme des löslichen β-Glucangehaltes, die vermutlich höhermolekulare, aber noch lösliche β-Glucanmoleküle mit erfasst hat.
- Der AKT-Wert des unfiltrierten Bieres weist daraufhin, dass die natürliche Bierklärung im ZKT nicht befriedigend ablief (Optimalwerte sind für den AKT-Wert im Unfiltrat < 80 EBC-Trübungseinheiten).
- Die Hauptursache für die unbefriedigende Klärung ist der viel zu hohe pH-Wert des Bieres (Optimalwerte 4,2…4,45). Die Klärung im ZKT wird durch den hohen pH-Wert des Bieres deutlich behindert. Das Unfiltrat enthält noch viel zu viele hochmolekulare Stickstoffsubstanzen, die die Filtration belasten und dann in der Filtration stufenweise ausgeschieden

werden (siehe Abnahme des AKT-Wertes).
Im empfindlichsten Filter, dem Membranfilter, führen diese Trübstoffe zur Verblockung und zur Ausscheidung auch normal noch löslicher, den Bierschaum stabilisierender Proteine.

- Die Hauptursache für die deutliche Verschlechterung der Schaumhaltbarkeit bei der Membranfiltrationsstufe liegt also in der unbefriedigenden Vorklärung des Bieres in der Lagerphase, die durch den zu hohen Bier-pH-Wert verursacht wird. Ein solches Bier verträgt keine scharfe Membranfiltration.
- Eine Optimierung der pH-Wertverhältnisse wurde der Brauerei dringend empfohlen.

3.7.6 Trübungsprobleme in einem obergärigen, ausländischen Bier

Ein filtriertes, obergäriges Bier erreichte nicht die gewünschte Klarheit. Die Untersuchungsergebnisse sind in Tabelle 23 ausgewiesen. Zur Bewertung der Analysenergebnisse:

- Die in dem Bier enthaltene Trübung ist sehr feindispers, da selbst das Filtrat nach einem 0,2-µm-Filter noch eine Trübung von 2,6 EBC-Einheiten besaß.
Eine Entfernung dieser Trübung ist mit einer normalen Kieselgurfiltration nicht möglich, erst eine Filtration über einen 0,05-µm-Filter ergab ein einigermaßen blankes Filtrat.
- Technisch kann diese schärfere Filtration bei der Kieselgurfiltration nur durch Zusätze von Kieselsol zur 2. Grundanschwemmung und zur laufenden Dosierung realisiert werden. In Abhängigkeit von der Filtrierbarkeit der Biere sind Dosagen zwischen 5…20 mL/hL zu erproben, es ist das Optimum zwischen Filtrationsschärfe und Durchsatz zu suchen.
Weiterhin ist eine Kieselsoldosage von 20…30 mL/hL Bier am Anfang der Kaltlagerphase zu empfehlen (Zusatz beim Schlauchen oder beim Abkühlen des ZKT; Gewährleistung der Durchmischung ist wichtig!).
- Durch die ausgewiesenen Differenzbestimmungen der Inhaltsstoffe vom Originalbier zu den Filtraten kann man davon ausgehen, dass die Trübung einen sehr hohen Anteil an reaktiven Gerbstoffen (siehe deutliche Abnahme an Anthocyanogenen) besitzt, die vermutlich über Wasserstoffbrückenbindungen mit feindispersen α-Glucanen (siehe Abnahme der α-Glucan-Fraktion D452) verbunden sind.
Die α-Glucan-Fraktion D452 erfasst vorwiegend die mehr rötlich gefärbten Stärkeabbauprodukte des Amylopektins, bei der Fraktion D565 werden hauptsächlich die mehr blau gefärbten α-Glucan-Abbauprodukte der Amylose erfasst.
- Der Alkoholkältetest bestätigt durch seine Höhe, dass hier viele, vorwiegend in der Kälte instabile reaktive polyphenolische Verbindungen vorliegen, die meist in Abhängigkeit mit ihren Reaktionspartnern (Eiweißabbauprodukte, α-Glucane) sehr feindisperse Trübungen ergeben. Normal filtrierte Biere weisen AKT-Werte < 30 EBC-Einheiten aus.
- Da der mit $MgSO_4$ fällbare Stickstoff sehr niedrig liegt und durch die Membranfiltration über 0,2 µm kaum abnimmt, dominiert hier nicht eine reine Eiweißgerbstofftrübung, sondern eine Gerbstoff-α-Glucan-Trübung.

Qualitätseigenschaften Unfiltrat

- Dies wird bestätigt durch einen recht hohen, aber noch in den normalen Grenzen liegenden Tannoidgehalt, der auch deutlich an der Trübungsbildung beteiligt ist (siehe Abnahme durch Filtration).
- β-Glucanausscheidungen (Differenz zwischen Originalbier und 0,2-μm-Filtrat < 2 mg/L) können ausgeschlossen werden.
- Um die durch reaktive phenolische Verbindungen verursachte Trübung zu vermeiden, ergeben sich folgende weitere Ansatzpunkte:
  - Vermeidung von höheren α-Glucankonzentrationen von D452 > 100 Einheiten durch einen intensiven Stärkeabbau, Vermeidung eines zu heißen Abmaischens und Überschwänzens (Ziel: Abmaischen und Überschwänzen bei ϑ < 76 °C durchführen) und eines nicht zu frühen Hochheizens der Pfannevollwürze.
  - Die Kontrolle des Stärkeabbaues sollte mit der verschärften Jodprobe bei der Verzuckerungsrast und in der Ausschlagwürze erfolgen.
  - Zusatz von PVPP als verlorene Dosage zur 2. Grundanschwemmung und laufenden Dosierung bei der Filtration (bis 20 g/hL), um die eventuelle phenolische Komponente zu adsorbieren. Hierzu sind sicher Versuche zur Optimierung erforderlich.
  - Überprüfung evtl. anderer obergäriger Hefestämme auf ihre Eignung hin unter dem Gesichtspunkt einer weniger problematischen Trübungsbildung.

Tabelle 23   Trübungsprobleme bei einem obergärigen Bier (nach [93])

Methode	ME	Originalbier	Filtrat über 0,2 μm	Differenz (1 - 2)	Filtrat über 0,05 μm	Differenz (1 - 4)
Spalten-Nr.		1	2	3	4	5
α-Glucane D452	Einheiten [3])	103,4	100,0	3,4	66,4	37,0
D565	Einheiten [3])	14,0	13,0	1,0	13,0	1,0
β-Glucane	mg/L	187,9	186,1	1,8	-	-
Polyphenole	mg/L	171	166	5	-	-
AC [2])	mg/L	77,8	73,2	4,6	57,4	20,4
MgSO$_4$-N	mg/L	115	114	1		
Trübung (20 °C)	EBC-Trübungseinheiten	3,95	2,60	1,35	0,6	3,35
AKT [1])	EBC-Trübungseinheiten	67,2	28,9	38,3	3,45	63,75
Tannoide	mg/L	50,5	41,6	8,9	37,7	12,8

[1]) AKT = Alkoholkältetest nach *Chapon* (Trübung bei -8 °C) in EBC-Trübungseinheiten;
[2]) Anthocyanogene;
[3]) Einheiten = E452 nm x 1000;

3.8 Würzecheck zur Erfassung eventueller Filtrationsprobleme

Bei Veränderungen in der Technologie und bei den eingesetzten Rohstoffen ist es oft sinnvoll, bereits die damit hergestellten Anstellwürzen hinsichtlich der zu erwartenden Filtrierbarkeit ihrer fertigen Lagerbiere zu überprüfen. Es besteht dann noch rechtzeitig bei unbefriedigenden Ergebnissen die Möglichkeit, in den Prozessstufen Gärung und Reifung und bei der Filtration geeignete Gegenmaßnahmen zu treffen. In Tabelle 24 wird ein Vorschlag für einen Würzecheck unterbreitet [93].

Tabelle 24   Würzecheck zur Erfassung evtl. Filtrationsprobleme im Bier (nach [93])

Anzuwendende Untersuchungsverfahren in der			Richtwerte für eine gute Filtrierbarkeit
(1) Normalen Anstellwürze	(2) Klarphase der zentrifugierten Würze (5000 U/min/20 min)	(3) Klarphase nach Ethanolzusatz [1]) u. Zentrifugation	
pH-Wert	-	-	(1) 5,2…5,45
α-Glucane D452	α-Glucane D452	-	(1) < 100 Einheiten (1) - (2) < 5 Einheiten
β-Glucane	β-Glucane	β-Glucane	(1) < 200 mg/L (1) - (2) < 5 mg/L (2) - (3) < 5 mg/L
Anthocyanogene	Anthocyanogene	-	(1) - (2) < 5 mg/L

[1]) Ethanolzusatz: 5 g Ethanol/100 ml Würze; 1 h Reaktionszeit; Zentrifugation 20 min bei 5000 U/min

Genereller Hinweis: Je größer die Differenzen sind zwischen den Werten der normalen Anstellwürze und den Werten der separierten Würze mit und ohne Ethanolzusatz, umso größer ist der Anfall an Gärungstrub und die Belastung für die natürliche und künstliche Klärung.

3.8.1 Ein Würzecheck zur Erfassung evtl. Filtrationsprobleme im unfiltrierten Fertigbier

Die Grundanforderungen an die Würze aus der Sicht der Filtrierbarkeit wurden im Kapitel 3.6.1 zusammengestellt. Ein Vorschlag für einen Schnelltest zur Erfassung von potenziellen Problemstoffen in der Würze aus der Sicht der Filtrierbarkeit ist in Tabelle 24 zusammengestellt.

3.8.2 Beispiel: Würzecheck bei Brauversuchen mit 10…15 % Wintergerstenmalz in einer deutschen Großbrauerei

Erste Versuchsreihe mit 10 % Wintergerstenmalz
unter Verwendung des folgenden Maischverfahrens (nach Angaben des Betriebes):
52 °C / 10 min → 62 °C / 60 min → 72 °C / 40 min → 76 °C

Bewertung des Maischverfahrens:
Das angewandte Infusionsmaischverfahren hat nur eine sehr kurze Rast zur Betonung des β-Glucanabbaues in der Einmaischphase.

Die Checkergebnisse sind in Tabelle 25 dargestellt. Sie zeigen, dass die Anstellwürzen einen hohen Gehalt an β-Glucanen und auch an mit Ethanol fällbaren höhermolekularen β-Glucanen enthalten. Diese Stoffgruppe wird in gleicher Menge bei der Biergärung ausfallen und große Filtrationsprobleme verursachen. Ein Teil davon wird sicher auch Gelstrukturen besitzen.

Tabelle 25   Brauversuche mit 10 % Wintergerstenmalz – Erste Versuchsreihe -
Alle Zahlenangaben: β-Glucankonzentrationen in mg/L (nach [93])

Sud-Nr.	A	B	C
1. Ungeklärte Anstellwürze	449 (s = 23,9)	456 (s = 13,5)	458 (s = 28,9)
2. Zentrifugierte Anstellwürze [1])	433 (s = 16,6)	451 (s = 15,6)	457 (s = 10,0)
3. Anstellwürze nach Ethanolzusatz u. Zentrifugation [2])	143 (s = 3,8)	154 (s = 6,9)	137 (s = 4,7)
4. Mit 5 % Ethanol fällbarer β-Glucangehalt (Δ = 2 - 3)	290	297	320

[1]) Zentrifugation 20 min bei 5000 U/min
[2]) 5 g Ethanol/100 ml Würze, 1 h Reaktionszeit, 20 min bei 5000 U/min zentrifugiert
s = Standardabweichung aus einer 5fachen Bestimmung.

Zweite Versuchsreihe mit 15 % Wintergerstenmalz
unter Verwendung des folgenden Maischverfahrens (nach Angaben des Betriebes):
42 °C / 10 min → 50 °C / 10 min → 62 °C / 60 °C → 72 °C / 25 min
→ 74 °C / 5 min → 76 °C

Bewertung des Maischverfahrens:
Das hier angewandte Infusionsmaischverfahren betont deutlicher den β-Glucanabbau als das Maischverfahren in der ersten Versuchsreihe. Dies bezieht sich sowohl auf die Einmaischphase bei 42 °C als auch auf die Rast bei 50 °C.

Tabelle 26   Brauversuche mit 15 % Wintergerstenmalz - Zweite Versuchsreihe -
Alle Zahlenangaben: β-Glucankonzentrationen in mg/L (nach [93])

Sud-Nr.	D	E	F
1. Ungeklärte Anstellwürze	276 (s = 5,1)	268 (s = 13,7)	270 (s = 11,9)
2. Zentrifugierte Anstellwürze [1])	272 (s = 9,7)	253 (s = 7,2)	257 (s = 4,7)
3. Anstellwürze nach Ethanolzusatz u. Zentrifugation [2])	252 (s = 4,9)	244 (s = 9,6)	237 (s = 9,3)
4. Mit 5 % Ethanol fällbarer β-Glucangehalt (Δ = 2 - 3)	20	9	20

[1]) Zentrifugation 20 min bei 5000 U/min
[2]) 5 g Ethanol/100 ml Würze, 1 h Reaktionszeit, 20 min bei 5000 U/min zentrifugiert
s = Standardabweichung aus einer 5fachen Bestimmung.

Die Checkergebnisse sind in Tabelle 26 dargestellt. Sie zeigen, dass die Anstellwürzen D bis F einen deutlich geringeren Gehalt an gesamt löslichen β-Glucanen enthalten, der den gewünschten Richtwerte schon recht nahe kommt. Auch der mit Ethanol fällbare höhermolekulare β-Glucangehalt wurde trotz gesteigertem Wintergerstenmalzanteil in der Schüttung auf einen Wert unter 10 % der ersten Versuchsreihe gesenkt. Bei einer weiteren Betonung des Temperaturbereiches 42...50 °C werden sicher die Richtwerte in Tabelle 24 erreicht.

4. Anforderungen an ein filtriertes, kolloidal stabiles und biologisch haltbares Bier ohne thermische Behandlung

4.1 Qualitätsanforderungen an die unterschiedlichen Biertypen

Die Anforderungen an ein filtriertes und kolloidal stabilisiertes Bier hängen von den bereits durchgeführten technologischen Teilprozessen und Varianten der Gesamtprozessstufe Filtration und Stabilisierung (siehe z. B. Tabelle 1 in Kapitel 1.5) ab.

Tabelle 27 Mögliche Haltbarkeitsstufen der Biere und ihre technologischen Verfahrensvarianten [1])

Biertyp	Erforderliche biologische Haltbarkeit und kolloidale Stabilität	Erforderliche Filtrationsverfahren [1])	Erforderliche Stabilisierungsverfahren
Unfiltrierte Kellerbiere	≤ 6 Wochen	Keine Filtration oder nur mit Grobgur	Kaltlagerung + evtl. Vorstabilisierung
Hefeweizen	≥ 3 Monate	Nur Filtration mit Grobgur oder Separation + KZE zur Trübungsstabilisierung	Kaltlagerung + evtl. Vorstabilisierung
Lokale Biere	1…2 Monate	KG-Filtration + Feinfiltration	Kaltlagerung + eiweißseitige Stabilisierung
Regionalbiere	≥ 3 Monate	KG-Filtration + evtl. PVPP-Filtration + Trap-Filter oder Tiefenfilter (0,7 µm)	Kaltlagerung + eiweißseitige oder gerbstoffseitige Stabilisierung
Überregionalbiere	≥ 6 Monate	KG-Filtration + PVPP-Filter + Trap-Filter + Tiefenfilter (0,5 µm)	Kaltlagerung + eiweißseitige + gerbstoffseitige Stabilisierung
Überregionalbiere	≥ 9 Monate	KG-Filtration + PVPP-Filter + Trap-Filter + Tiefenfilter (0,5 µm) + evtl. Membranfiltration	Kaltlagerung + eiweißseitige + gerbstoffseitige Stabilisierung
Exportbiere	≥ 12 Monate	KG-Filtration + PVPP-Filter + Trap-Filter + Tiefenfilter (0,5 µm) + evtl. Membranfiltration	Kaltlagerung + eiweißseitige + gerbstoffseitige Stabilisierung

[1]) ohne thermische Behandlung zur Sicherung der biologischen Haltbarkeit; Die angegebenen erforderlichen Filtrationsstufen werden nur benötigt, wenn keine biologische Haltbarmachung durch eine thermische Behandlung (KZE, Tunnelpasteurisation) des filtrierten Bieres erfolgt. Bei einer thermischen Haltbarmachung kann bis auf einen Trap-Filter in den meisten Fällen auf eine weitere nachgeschaltete Tiefenfiltration und evtl. Membranfiltration verzichtet werden.

Klärung und Stabilisierung des Bieres

Die Masse der Inlandbiere im Lebensmitteleinzelhandel hat eine erforderliche Mindesthaltbarkeit von 6 Monaten. Allerdings werden aus Gründen des Wettbewerbs oder Forderungen des Handels meist Haltbarkeiten von ≥ 6...12 Monaten angestrebt bzw. auch nur angegeben.

Diese Anforderungen an das behandelte Produkt können als Garantiewerte gegenüber Herstellern von Filteranlagen, Filtermitteln, Filterhilfs- und Stabilisierungsmitteln nur durchgesetzt werden, wenn das unbehandelte oder nur vorbehandelte Produkt auch bestimmte Anforderungen erfüllt. Die Anforderungen an das Ergebnis der Prozessstufe Filtration und Stabilisierung richten sich nach den Markterfordernissen und sind grob in die in Tabelle 27 aufgeführten Haltbarkeitsstufen einzuordnen.

4.2 Die wichtigsten Kontrollmethoden zur Bestimmung der Klarheit und voraussichtlichen kolloidalen Stabilität des fertigen Bieres

Die wichtigsten Aufgaben der Bierfiltration und -stabilisierung sind die Herstellung eines glanzfeinen Bieres, die weit gehende Entfernung der im Lagerbier enthaltenen Mikroorganismen und damit die Gewährleistung der biologischen Haltbarkeit sowie die Einstellung der erforderlichen kolloidalen Stabilität. Neben den mikrobiologischen Untersuchungsmethoden zur Erfassung des Kontaminationsgrades (hier siehe u.a. [94]) spielen die kontinuierliche Trübungsmessung und die Schnellbestimmung (Forciertest im Labor) der kolloidalen Stabilität in der abgefüllten Flasche eine zentrale Rolle zur Einschätzung der Gesamtqualität des Filtrates.

4.2.1 Die Beurteilung der Glanzfeinheit des Bieres

Die Trübungsmessung und die Beurteilung der Glanzfeinheit erfolgt meist mit Zweiwinkelmessgeräten (s.a. Kapitel 17):
- Die 90°-Trübungsmessung erfasst das Streulicht, das hauptsächlich von den feindispersen Trübungskolloiden verursacht wird.
- Die Vorwärtstrübungen, gemessen bei 11°, 25° oder auch bei anderen abweichenden Messwinkeln von der geraden Lichtachse, erfassen vor allem die durch partikuläre Substanzen verursachte Lichtabsorption als Trübungswert.

Tabelle 28   Richtwerte zur Beurteilung der Trübung des Bieres

Trübung des Bieres nach EBC [1])		Trübung des Bieres nach NTU	
EBC-Einheiten	Beurteilung	NTU-Einheiten [2])	Beurteilung
< 0,2	Blank	0...1	Blitzblank
≤ 0,3	Sollwert für ein sehr gut filtriertes Bier	1,1...2,0	Blank
0,2...1,0	Klar	2,1...2,5	Opalisierend
1,1...2,0	Leicht opalisierend	2,6...5	Leicht trüb
2,1...4,0	Opalisierend	5,1...10	Trüb
4,1...8,0	Trüb	10,1...20	Stark trüb
> 8,0	Stark trüb	> 20	Sehr stark trüb

[1]) 90°-Messung
[2]) 1 EBC-Einheit = 4 NTU-Einheiten

Anforderungen an filtriertes Bier

Die meisten Handelsbiere liegen beim Verkauf in ihren Trübungswerten im Bereich von 0,5…0,8 EBC-Einheiten (90°-Messung) (nach [95]).

Durchgeführte Partikelmessungen an großtechnischen Filteranlagen [96] zeigten, dass die 90°-Trübung keine oder nur eine schlechtere Korrelation zur gemessenen Partikelanzahl hatte. Die Vorwärtstrübung korreliert dagegen recht gut mit der erfassten Anzahl der Trübungspartikel der Größe ≥ 1 µm. Trübungsmesswerte müssen immer unter Beachtung des verwendeten Messgerätes und des Messwinkels beurteilt und verglichen werden.

Die Glanzfeinheit des Filtrates wird im Normalfall durch die optische Messung des im Winkel von 90° gestreuten Lichtes eines in eine Messküvette oder in eine Flasche unter definierten Versuchsbedingungen einfallenden Lichtstrahles bestimmt (s.a. Kapitel 17). Die Bestimmung der Glanzfeinheit des Bieres:
- dient der Bewertung seines Aussehens und zur Beurteilung der Filtrationsschärfe (Klarheitsgrad und Erfassung der Resttrübung),
- gibt einen Hinweis zur sensorischen Bierqualität (bei filtrierten Bieren bedeutet eine Trübung: nicht mehr verkehrsfähig!),
- ermöglicht eine Abschätzung der voraussichtlichen biologischen Haltbarkeit (eine innerhalb weniger Tage zunehmende Trübung ist ein Hinweis auf eine biologische Infektion) und
- ist in Verbindung mit einem Forciertest (Temperaturwechselprogramm, s.a. Kapitel 4.2.2) erforderlich zur Vorhersage der voraussichtlichen kolloidalen Stabilität. Dies ist wichtig, um die Einhaltung der zu garantierenden Mindesthaltbarkeitsdauer (MHD) entsprechend den Markterfordernissen (MHD = 1… 12 Monate) herstellerseitig schnell abschätzen zu können.

Die Beurteilungsskala für die Trübungswerte nach EBC und NTU (90°-Winkelstreulicht) sind in Tabelle 28 zusammengestellt.

Einige Hinweise zur Trübung filtrierter Biere
- Ein zum Verkauf vorgesehenes filtriertes Bier sollte einen Trübungswert von < 0,7 EBC-Einheiten (90°-Messung) aufweisen.
- Der Forciertest zur Bestimmung der Warmtage wird beim Erreichen eines Trübungswertes von 2 EBC-Einheiten abgebrochen.
- Bei der Einreichung eines filtrierten Bieres zur DLG-Qualitätsprüfung muss die Probe nach den DLG-Bestimmungen einen Trübungswert von unter 2 EBC-Einheiten haben.

4.2.2 Messung der kolloidalen Stabilität im filtrierten Bier durch den Forciertest

Diese Messung zur Vorausbestimmung der kolloidalen Stabilität beruht auf einer Forcierung der Trübungsbildung durch ein definiertes Temperaturwechselprogramm (kalt – warm – kalt) für die Aufbewahrung von abgefüllten Bierproben.

Es gibt die 1/1-, 1/5- (mit 5 Warmtagen) und 1/6-Tests (mit 6 Warmtagen). Die Tests können mit einer Warmphase bei 40 °C (0°/40°/0°) bzw. bei 60 °C (0°/60°/0°) durchgeführt werden.

Die Trübungsmessung erfolgt immer nach 24 h Kaltlagerung bei 0 °C. Das Auftreten einer deutlichen Kältetrübung bei dem Warm-Kalt-Forciertest wird als Maß für die voraussichtliche kolloidale Stabilität eines Bieres angesehen. Die genaue Korrelation zwischen dem Testergebnis und der tatsächlichen Haltbarkeit ist für einzelne Biersorten und für jeden Produktionsbetrieb separat zu ermitteln.

Klärung und Stabilisierung des Bieres

Berechnung der Warmtage:

$$WT = \frac{(a-b) \cdot (2{,}0 - T_1)}{T_2 - T_1} + a \qquad \text{Gleichung 13}$$

WT = Warmtage bis zum Auftreten einer Trübung > 2,0 EBC-Einheiten
(gemessen bei 0 °C)
a = WT bis zur vorletzten Messung
b = WT bis zur letzten Messung
T_1 = Trübung bis zur vorletzten Messung in EBC-Einheiten
(Trübung noch < 2,0 EBC)
T_2 = Trübung bis zur letzten Messung (Trübung > 2,0 EBC)

Die Ausgangstrübung muss natürlich << 2 EBC-Einheiten sein. Da dieser Labortest in der Regel mehrere Tage dauert, ermöglicht er keine schnellen Qualitätsbewertungen. Er ist auch nur durchführbar in sauerstoffarm abgefüllten Flaschen. Diese Methode besitzt erfahrungsgemäß die größte Korrelation zur tatsächlichen Haltbarkeit, deshalb wird sie auch nahezu immer im Gegensatz zu allen Schnelltests durchgeführt.

Eine Variante zur schnellen Überprüfung des kolloidalen Stabilitätsgrades auch schon von Drucktankproben bietet der im Kapitel 4.2.3 aufgeführte Schnelltest.

Tabelle 29 Vorläufiges Bewertungsschema für das Trübungspotenzial aus Eiweiß-Gerbstoffverbindungen (nach einem Vorschlag von [97])

Prozessstufe	Charakteristik des Bieres	Ausgangs-trübung 20 °C [1])	Trübung [1]) bei -8 °C + 8 % Ethanol	Trübungs-zunahme ΔTr [1])	Haltbarkeits-erwartung
fertiges Filtrat, Drucktank, Flasche	hoch stabilisiertes, lang haltbares, exportfähiges Bier	< 1	< 20	< + 20	> 9 Monate
	sehr gut stabilisiertes Bier	< 1	< 30	< + 30	> 6 Monate
	normal stabilisiertes Bier	< 1	< 40	< + 40	> 3 Monate

[1]) gemessen mit dem Tannometer in EBC-Trübungseinheiten

4.2.3 Richtwerte des Alkohol-Kälte-Tests nach *Chapon* zur schnellen Abschätzung der kolloidalen Stabilität von Filtraten

In umfangreichen Einzeluntersuchungen an unterschiedlichen Bieren wurden mit dem Tannometer der Fa. *Pfeuffer* Alkohol-Kälte-Tests (AKT) nach *Chapon* [98] durchgeführt. Die dabei ermittelten potenziellen Trübungsneigungen, gemessen an ihren Trübungs-zunahmen (ΔTr-Werte), der fertigen Filtrate wurden zu ihren Stabilitätstestwerten (60 °C/0 °C im 1/1-Test) in Beziehung gesetzt.

In Tabelle 29 wird ein Bewertungsschema für die zu erwartende Haltbarkeit aus den Kältetrübungswerten der Filtrate als Vorschlag vorgestellt. Das Bewertungsschema hat sich in Betriebsversuchen bisher gut bewährt. Problematisch ist allerdings die Vergleichbarkeit der einzelnen Messgeräte.

4.3 Anforderungen an ein nur mit Kieselgur filtriertes Bier

In Tabelle 30 sind die wesentlichen Anforderungen an ein nur mit Kieselgur filtriertes Bier (Filtrat der Klärfiltration) zusammengestellt. Daraus ist zu ersehen, dass die Kieselgurfiltration von Bier allein kein keimfreies und damit für längere Standzeiten biologisch sicheres Bier gewährleisten kann.

Weiterhin haben auch die Filterhersteller die Anforderungen an das Unfiltrat definiert (s.a. Kapitel 3.5).

Weitere mögliche Richtwerte
Neben den in Tabelle 30 aufgeführten analytischen Richtwerten können auch folgende Werte vereinbart werden:
Standzeit des Anschwemm-Schichtenfilters   7...9 h
Standzeit des Anschwemm-Kesselfilters   6...7 h
Anstieg des Differenzdruckes   0,2...0,4 bar/h
Kieselgurverbrauch für die laufende Dosierung:
   Bei Bier gebraut nach dem Deutschen Reinheitsgebot   ≤ 100 g/hL
   Bei im Ausland gebrauten Bieren   ≤ 50...60 g/hL
Gesamtdurchsatz des Anschwemmfilters mind. 90 % d. nominellen Durchsatzes.

Die Vereinbarung dieser Werte setzt voraus, dass die Brauerei bei der Abnahme eines Filters ein gut filtrierbares Bier zur Verfügung stellen kann (Anforderungen siehe auch Kapitel 3.5).
Spezifische Wasser- und Energieverbräuche (s. Kapitel 20).

Tabelle 30   Anforderungen an das Filtrat der Klärfiltration mit Kieselgur

Qualitätskriterium	Anforderungen an das Filtrat
Hefezellzahl [1])	1...5...(20) Zellen/100 mL
	90 % der Probe: 0 Zellen
Bakterienzellzahl [2])	1...≤ 10 Zellen/mL
Trübung dunkle Biere (90°-Messung)	< 1 EBC-Einheiten
Trübung helle Biere (90°-Messung)	≤ 0,3...0,7 EBC-Einheiten
Suspendierte Feststoffe	< 10 mg/L
Sauerstoffaufnahme bei der Filtration	< 0,02 ppm
Erwärmung des Bieres bei der Filtration [3])	< 0,5 K
CO_2-Verluste bei der Filtration	< 0,05 g CO_2/L

[1]) Forderung an das Unfiltrat: Hefekonzentration < $5 \cdot 10^6$ Zellen/mL
[2]) Forderung an das Unfiltrat: Bakterienkonzentration < 10.000 Zellen/mL
[3]) gemessen von Filtereinlauf bis Filterauslauf

4.4 Die wichtigsten Anforderungen an die Polier- bzw. Endfiltration zur Herstellung eines biologisch stabilen Bieres auf kaltem Wege

Um mit Hilfe der Filtration ein biologisch lang haltbares Bier ohne thermische Behandlung sicher herzustellen, ist wie Kapitel 1.6 und Tabelle 27 in Kapitel 4.1 zeigt, meist eine mehrstufige Polier- und Endfiltration nach der Klärfiltration erforderlich. An die einsetzbaren Filtersysteme werden nachfolgend aufgeführte Forderungen gestellt (allgemeine Forderungen siehe Kapitel 1.6).

4.4.1 Trap-Filter

Das Trap-Filter, ein Tiefenfilter, (s.a. Kapitel 10) dient hinter einem Kieselgurfilter und/oder einem PVPP-Filter als Partikelfänger und muss alle Kieselgur- und PVPP-Partikel sicher zurückhalten. Die nominelle Rückhalterate der Trap-Filter liegt im Bereich von 5...8 (20) µm.

Einige Hinweise zum Unterschied von absoluter und nomineller Rückhalterate

Die Rückhalterate ist ein wichtiges Unterscheidungsmerkmal von Tiefenfilterkerzen. Der Begriff nominelle Rückhalterate (oft auch als Abscheiderate definiert) weist schon darauf hin, dass das betreffende Filter weder alle Partikel noch jene einer bestimmte Größe vollständig entfernt. Ziel der Trap-Filtration ist es vielmehr, einen Großteil dieser Partikel zu entfernen, die sonst im Bier sichtbare Trübungen oder einen Bodensatz verursachen.

Wichtig ist es hier, zwischen nominaler and absoluter Abscheiderate von Filterkerzen wie folgt zu unterscheiden:

- Absolute Rückhalterate:
    - Sie basiert auf einer stabilen Filtermatrix, die keine Partikeldurchbrüche, Kanalbildung oder Partikeldiffusion zulässt.
    - Sie ist qualifiziert durch den modifizierten OSU-F2 Test (s. Kapitel 10).
    - Sie hat einen definierten ß-Ratio.

- Nominelle Rückhalterate:
    - Sie ist ein willkürlich vom Hersteller festgelegter Wert.
    - Sie basiert auf der prozentualen Reduzierung (meist 98 %) von Partikeln ab einer bestimmten Größe.
    - Sie wird nicht durch eine klar definierte und nicht einheitlich benutze Methode ermittelt.
    - Sie ist deshalb kaum vergleichbar und damit abhängig vom Hersteller.

4.4.2 Tiefenfiltration

Tiefenfiltersysteme (Filterschichten, Tiefenfilterkerzen und -module) scheiden Mikroorganismen hauptsächlich im Innern der Struktur ab, vorwiegend durch Siebwirkung und auch durch Adsorption. Sie sind in einem breiten Sortiment im Einsatz.

Tiefenfiltersysteme haben bei unterschiedlichen Strömungsverhältnissen kein konstantes Bakterienrückhaltevermögen (s.a. Kapitel 9.4.2.3). Ihre Wirksamkeit hängt sehr stark von der Qualität des einlaufenden Vorfiltrates, vom Aufbau des Tiefenfiltermediums (z. B. hat eine Wickelkerze nie die Abscheiderate wie eine plissierte Kerze) und den betrieblichen Verfahrensbedingungen ab (s.a. Kapitel 1.6).

Tiefenfilterschichten

Folgende technologischen Ergebnisse sind mit den als Feinfilter (nominelle Porenweiten 1,2...5 µm) eingesetzten Tiefenfilterschichten normal erreichbar:
- Eine leichte Reduzierung der kolloidalen (90°-Trübung) um 0,1...0,2 EBC-Einheiten;
- Eine Reduzierung bis zur vollkommnen Entfernung von Hefen und Bakterien;
- Eine leichte Reduzierung der Partikeltrübung (25°-Trübung);
- Eine Erhöhung der chemisch-physikalischen Stabilität um ca. 0,5 Warmtag beim 0/60 °C-1/1-Test.

Die laufenden Filtrationskosten (Hauptfaktor: Standzeit der Schichten) liegen nach Herstellerangaben [99] bei 0,10...0,20 €/hL.

Tiefenfilterkerzen und -module

Tiefenfilterkerzen und -module lassen sich für den Brauereibedarf in die in Tabelle 31 genannten relevanten Abscheideraten und Wirksamkeiten einteilen.

Beim Einsatz der Systeme mit den Abscheideraten von 0,5...0,7 µm wird auch eine geringe Reduzierung der Trübung von z. B. 0,4 EBC-Einheiten auf 0,36 EBC-Einheiten erreicht.

Tabelle 31   Wirksamkeit von Tiefenfilterkerzen und -modulen

Nominelle Abscheiderate	Wirksamkeit
3 µm	Hefe reduzierend, wirkt als Klärschicht
1 µm	100 % Hefe rückhaltend
0,7 µm	100 % Hefe rückhaltend + Keim reduzierend
0,5 µm	100 % Hefe rückhaltend + stark Keim reduzierend

Bei diesen Angaben muss man berücksichtigen, dass Tiefenfilterkerzen auch wenn diese nach Beta-5000 bewertet sind, keine 100 %ige Sicherheit geben. Ihre Wirksamkeit ist immer abhängig von der Beaufschlagung des Filters, d.h., sie steht immer im Verhältnis zur Menge der Partikel im Unfiltrat.

Tiefenfilterkerzen und -module dienen auch als Vorfilter für die teueren Membranfilter. Werden diese Filtersysteme als Vorfilter zum Schutz der Membranfilter eingesetzt, dann sollten sie neben einer weiteren Reduzierung der Trübung die Hefekonzentration auf 0 Zellen/mL und die Bakterienkonzentration von 10 Keimen/mL auf ≤ 1 Keim/mL reduzieren, sowie vor allem ungelöste Stoffe, die die Membranen verblocken können, abscheiden.

4.4.3 Anforderungen der Membranfiltration an ein vorfiltriertes Bier

Aus der Sicht einer nachfolgenden „Sterilfiltration" (Kaltentkeimung) bei einer sog. „kaltsterilen" biologischen Haltbarmachung des Bieres ist auch die Membranfiltrierbarkeit des Kieselgurfiltrates oder die eines mit einem Tiefenfilter erzeugten Vorfiltrates von großem Interesse. So soll das mit Kieselgur filtrierte Bier im Interesse einer wirtschaftlichen Membranfiltration (mit 0,45 µm Porenweite) noch folgende höhere Anforderungen erfüllen:

Nach einem Vorschlag von [100] soll ein bereits mit Kieselgur filtriertes Bier oder ein mit einem Tiefenfilter erzeugtes Vorfiltrat für eine gute Membranfiltrierbarkeit die in Tabelle 32 ausgewiesenen Membranfilter-Indexwerte erfüllen.

Tabelle 32   Forderung an die Membranfiltrierbarkeit des Kieselgurfiltrates (nach [100])

Membranfilter-Index 0,65 µm [1])	> 1500 mL
Membranfilter-Index 0,45 µm [1])	> 600 mL

[1]) Bestimmung des Membranfilter-Index nach der Methode *Filtrox*

Bestimmung des Membranfilter-Index
Methode *Filtrox*
Es wird die Filtratmenge durch zwei Celluloseacetatmembranen (Ø = 50 mm) mit den in Tabelle 32 angegebenen Porenweiten bei einem Überdruck von 1,5 bar und bei einer Filtrationstemperatur von 0...2 °C in 30 min gemessen [100].

Methode *Sartorius*
400 mL Probebier werden über eine 0,45 µm-Membran mit einem Durchmesser von 25 mm bei einem Differenzdruck von 2 bar filtriert. Es wird die Zeit gestoppt, die die Filtration von 200 mL (t_{200}) und von 400 mL (t_{400}) benötigt. Aus beiden Zeiten wird der Filterindex FI nach folgender Formel berechnet [101]:

$$FI = t_{400} - 2 \cdot t_{200}$$ Gleichung 14

Als Richtwert für eine gute Membranfiltrierbarkeit wurde ein FI-Wert von FI ≤ 10 s ermittelt.

Das mit Kieselgur filtrierte Bier soll weiterhin einen Trübungswert von < 0,7 EBC-Einheiten (90°-Messung) besitzen. Es darf keine PVPP-Partikel enthalten.
   Es sollte bei einem A.-Schichtenfilter möglichst auch „schonend" mit Kieselgur bei einem spezifischen Filtrationsdurchsatz von 3,5...4 hL/(m^2·h) filtriert werden. Da diese Forderungen von der Kieselgurfiltration nicht immer und überall gewährleistet werden können, müssen nach dem Trap-Filter Tiefenfiltersysteme als Vorfilter zum Schutz für einen nachfolgenden Membranfilter eingesetzt werden.
   Bei der Crossflow-Filtration, wie z. B. beim PROFI®-Verfahren, wird ohne Vorfilter direkt nach der Crossflow-Filtration über die kaltsterile Membran filtriert. Dies ist möglich, weil die Crossflow-Membranen ein partikulär weitaus besseres Filtrat liefern.

4.4.4 Membranfiltration

Die Anforderungen an die mikrobielle Produktsicherheit erfüllt aus den in Kapitel 1.6 aufgeführten Gründen nur ein Membranfilter (hier ist nur der Dead-End-Filter gemeint). Sein Bakterienrückhaltevermögen kann sehr gut mit den in Kapitel 9.4.4 aufgeführten Integritätstests überprüft werden.
   Deshalb ist es wichtig, dass der Membranfilter vor jedem Einsatz prüfbar ist, so dass immer mit einem intakten Filter filtriert und damit die Sicherheit bei jeder Filtration gewährleistet und dokumentiert werden kann.

Für eine sichere Entkeimungsfiltration werden normalerweise Membranfiltersysteme mit einem mittleren Porendurchmesser von 0,45...0,65 µm eingesetzt. Eine 100%ige Entfernung der Hefen und Bakterien wird erwartet.

Die Forderung nach einer 100%igen Entfernung der Hefen und Bakterien kann kein Hersteller erfüllen (bedingt durch die Abhängigkeit von der Keimzahl des Unfiltrates). Generell wird die Wirksamkeit eines Membranfilters nicht durch die Porenweite bestimmt, sondern allein durch die logarithmische Rückhalterate. Diese allein ist ein Maß für die Wirksamkeit bzw. die Sicherheit eines Membranfilters.

Eine Membran sollte gegenüber den wichtigsten bierschädlichen Bakterien einen LRV von 10^7 und gegenüber Hefen von mindestens 10^{10} aufweisen.

Eine Forderung an den Membranfilterhersteller ist die Gewährleistung, dass das ausgewählte Membranmaterial nur geringfügige Bierinhaltsstoffe adsorbiert, die für die Erhaltung der Bierqualität wichtig sind (z. B. für die Schaumhaltbarkeit und Farbe).

4.5 Anforderungen an die kolloidale Stabilität

Einige Richtwerte für die kolloidale Stabilität (Haltbarkeit) des filtrierten und stabilisierten Bieres werden in Tabelle 33 und Tabelle 34 aufgeführt.

Eine Reihe weiterer chemisch-analytischer Messwerte wird in den Kapiteln 15.10 und 21 in Verbindung mit den unterschiedlichen Stabilisierungsvarianten genannt.

Tabelle 33 Richtwerte für die kolloidale Stabilität (nach Meier [102])

1 Warmtag des 0 °C/40 °C/0 °C 1/1-Tests	≈ 20...30 Haltbarkeitstage
1 Warmtag des 0 °C/60 °C/0 °C 1/1-Tests	≈ 30...60 Haltbarkeitstage

Tabelle 34 Richtwerte für die kolloidale Stabilität (nach Narziß [103])

Biersorte	Erforderliche Haltbarkeit	Anzahl der Warmtage beim 0 °C/40 °C/0 °C 1/1-Test	Anzahl der Warmtage beim 0 °C/60 °C/0 °C 1/1-Test
Lokalbiere	1,5 Monate	2	
Regionalbiere	3 Monate	4	
Überregionalbiere	4,5 Monate	5...7	
Dosenbiere	6 Monate	8...9	4...5
Exportbiere	12 Monate	16...20	8...10

5. Die Klärung des Bieres vor der Klärfiltration

Die natürliche Klärung des Bieres im Prozess der Gärung und Reifung wird von allen technologischen Einflussfaktoren beeinflusst, die auch die Filtrierbarkeit des Unfiltrates beeinflussen (s.a. Kapitel 3.). Die natürlichen Klärprozesse, insbesondere in der Kaltlagerphase, beeinflussen selbst wiederum die Filtrierbarkeit und die durch die einfache Kieselgurfiltration erreichbare kolloidale Stabilität des Filtrats.

5.1 Der Einfluss physikochemischer Faktoren auf die natürliche Klärung des Unfiltrates

Die natürliche Klärung des Unfiltrates beginnt am Ende des Gärprozesses bei $\Delta Vs = Vsend - Vs \approx 0...5\,\%$. Die CO_2-Entwicklung lässt nach bzw. hört auf, die Turbulenzen im Lagergefäß lassen deutlich nach und die Hefezellen lagern sich zusammen und sedimentieren. Durch die intensive Hefevermehrung und Gärung und den damit verbundenen pH-Wert-Abfall ist es zur Ausscheidung und Vergröberung der Trübungspartikel gekommen. Instabile Eiweiß-Gerbstoffkomplexe werden zum Teil an der negativ geladenen Hefeoberfläche adsorbiert und sedimentieren mit der Hefe.

Die *Brown*'sche Molekularbewegung hört bei einem Partikelgrößendurchmesser von > 0,5 µm auf und im laminaren Strömungsbereich bei $Re < 0,2$ beginnt die Sedimentation, die nach dem Sedimentationsgesetz von *Stokes* zu mindestens für die Hefepartikel theoretisch berechenbar ist (siehe [69]). Die Ausscheidung der instabilen Eiweiß-Gerbstoff-Verbindungen nimmt mit fallender Biertemperatur und sinkendem pH-Wert zu, wobei die pH-Wert-Absenkung vom pH-Wert der Würze auf den pH-Wert des Bieres möglichst schon in der Angärphase erfolgen sollte. Dadurch wird die Anlagerung dieser Stoffgruppen durch die intensiven Bewegungen des Gärmediums in der Hauptgärphase an die Hefeoberfläche und aneinander, z. B. über Wasserstoffbrücken, gefördert und ihr Dispersitätsgrad vergröbert.

Ihre Dispersitätsgradvergröberung und damit ihre schnellere Sedimentation kann verzögert oder ganz unterbunden werden, wenn sich die Eiweiß-Gerbstoffkomplexe mit anderen Polymeren (α- und β-Glucanen) verbinden, die sie wie ein Schutzkolloid länger in Schwebe halten (s.a. Trübungsmodell in Kapitel 3.2.4).

5.2 Einfluss der Dauer der Kaltlagerphase auf die Trübung und Filtrierbarkeit

Abbildung 47 zeigt den normalen Trübungsverlauf und die davon abhängige Entwicklung der Bierfiltrierbarkeit. Man erkennt, dass eine gute Filtrierbarkeit bei diesem Bier mit Mmax > 100 g (Membranfiltertest nach *Esser* [104]) ab 6...8 Tagen Kaltlagerung mit Trübungswerten < 80 NTU (= < 20 EBC-Einheiten) erreicht ist. Diese Dauer der Kaltlagerphase wird für untergärige Vollbiere mit der jetzigen Filtrations- und Stabilisierungstechnologie auch als allgemeiner Orientierungswert angenommen.

5.3 Die Temperatur des Unfiltrates in der Kaltlagerphase und der Einfluss auf die Klärung und kolloidale Stabilität

Die Kaltlagerphase für Biere mit langen Mindesthaltbarkeiten von etwa > 90...180 d soll aus den praktischen Erfahrungen heraus im Bereich zwischen 0...-2 °C (kurz über dem Gefrierpunkt des Bieres) liegen.

Den Einfluss der Lager- und Filtrationstemperatur auf die nichtbiologische Stabilität (hier ausgedrückt als Anzahl der Warmtage beim 1/1-Test bei 60 °C bis zur Erreichung einer Trübungszunahme bei 0 °C auf 2 EBC-Einheiten) ohne zusätzliche Stabilisierungsmaßnahmen zeigt Tabelle 35.

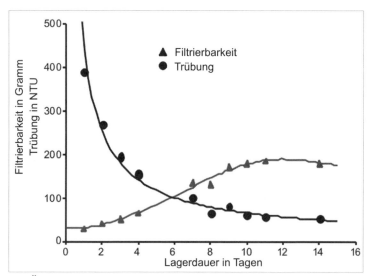

Abbildung 47   Änderung der Filtrierbarkeit und Trübung bei der Lagerung [105]
NTU = Nephelometric Turbidity Unit; 1 NTU = 0,25 EBC-Einheiten;
1 EBC-Einheit = 4 NTU

Tabelle 35   Einfluss der Lager- und Filtrationstemperatur auf die kolloidale Haltbarkeit nach 7 Tagen Lagerung

Lager- und Filtrationstemperatur	4 °C	2 °C	0 °C	-2 °C
Anzahl der Warmtage bei 0 °C/60 °C/0 °C 1/1-Test	1,0 Tage	1,6 Tage	1,8 Tage	4,0 Tage

Für eine gute Vorstabilisierung der Biere allein durch die Temperatur und Dauer der Kaltlagerung sind bei normalen untergärigen Vollbieren 7...8 Tage bei 0...-2 °C erforderlich, wie es z. B. Abbildung 48 zeigt.

Welchen Einfluss die Kaltlagertemperatur auf das Unfiltrat des gleichen ZKT hat, zeigen auch die nachfolgend aufgeführten großtechnischen Versuchsergebnisse bei der Überprüfung der Inhomogenitäten eines ZKT mit Mantelkühlung.

Klärung und Stabilisierung des Bieres

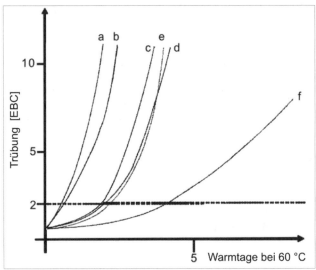

Abbildung 48 Einfluss von Lagerdauer und Temperatur auf die nichtbiologische Stabilität von unstabilisiertem Bier (nach [105])

5.4 Der negative Einfluss der Inhomogenität eines ZKT-Inhaltes auf die Trübung und kolloidale Stabilität des Bieres

Die Auswirkungen einer Überfüllung eines ZKT mit Mantelkühlung bzw. eine nicht korrekte Auslegung der Kühlflächen unter Berücksichtigung des Bruttoinhaltes des ZKT können zu deutlich inhomogenen Tankinhalten führen, wie die Ergebnisse einer Betriebsuntersuchung in Tabelle 36 zeigen:

- Die oberen ca. 300 hL Bier in der sog. „Warmzone" wurden, wie die Temperaturmessungen am Filtereinlauf zeigen, nur unbefriedigend abgekühlt.
- Das mit gleicher Schärfe filtrierte wärmere Bier hatte gegenüber dem kälteren Bier eine deutlich schlechtere Kältetrübungsstabilität (siehe Alkohol-Kälte-Test im Kieselgurfiltrat) und eine deutlich schlechtere kolloidale Langzeitstabilität (siehe Anzahl der Warmtage bei 60 °C im 1/1-Test).
- Die Ursachen dieser Unterschiede liegen an der unbefriedigenden Ausscheidung von instabilen Eiweiß-Gerbstoff-Trübungskomplexen bei wärmeren Lagertemperaturen (siehe Unterschiede in der Konzentration der Gesamtpolyphenole und Anthocyanogene im filtrierten Bier).
- Ach die Unterschiede in der Kältetrübungsstabilität der unfiltrierten Biercharges weisen auf die mangelhafte Ausscheidung in der Warmphase hin.

Um derartige Inhomogenitäten zu vermeiden, muss:
- Die Abkühlung des Tankinhaltes durch die Konuskühlung bis auf die Temperatur kurz über den Gefrierpunkt erfolgen, oder

Klärung des Bieres

- die Befüllung sollte oberhalb der obersten Mantelkühlfläche maximal 1 m nicht übersteigen.
- Bei der ZKT-Variante mit externem Kühlkreislauf unterstützt der Flüssigkeitsstrom der Rücklaufleitung den Temperaturausgleich oberhalb der Austrittsöffnung.

Tabelle 36 Einfluss der Temperaturschichtung in einem ZKT mit Mantelkühlung auf die Qualität des filtrierten Bieres (nach Betriebsmessergebnissen von [97])

Untersuchung	Maßeinheit	Warmzone [2]	Gekühlte Zone [2]
Biertemperatur am Filtereinlauf	°C	5,0	1,0
Filtrattrübung (25 °C)	EBC - Trübungseinheiten [1]	0,43	0,43
Alkohol-Kälte-Test der Filtrate [3]	EBC - Trübungseinheiten [1]	79,9	25,6
Gesamtpolyphenole	mg/L	131 (s = 0,6)	101 (s = 0,4)
Anthocyanogene	mg/L	36 (s = 2,3)	25 (s = 0,4)
Warmtage bei 60 °C 1/1-Test	Tage	4	> 15
Alkohol-Kälte-Test der Unfiltrate [3]	EBC - Trübungseinheiten [1]	140	102

[1]) gemessen mit dem Tannometer der Fa. *Pfeuffer*;
[2]) Tankinhalt 2000 hL, davon ca. 300 hL Bier in der Warmzone
[3]) Alkohol-Kälte-Test nach Ethanolzugabe bei -8 °C

5.5 Die Konzentration der Kulturhefen in der Klärphase und ihre Bedeutung für die Filtrierbarkeit

Die Konzentration der Betriebshefe im fertigen, für die Filtration frei gegebenen Unfiltrat ist differenziert zu bewerten. Eine ausführliche Übersicht gibt Kapitel 3.2.6.

Folgende Hefekonzentrationen c_H und Qualitätswerte sollten aus der Sicht der natürlichen Klärung und Filtrierbarkeit als Richtwerte besonders angestrebt werden:
- Bei Beginn der Tiefkühlung im Bereich von c_H = > $10 \cdot 10^6$ Zellen/mL
- Ein Totzellenanteil in der Erntehefe von < 2…4 %
- Am Kieselgurfiltereinlauf im Bereich von c_H = 0,5…$2 \cdot 10^6$ Zellen/mL
- Verschnitt von kleinzelligen Propagationshefen beim Anstellen mit bereits geführten, gesunden Erntehefen im Verhältnis 1 : 1.

5.6 Zusammenfassung der Einflussfaktoren auf die natürliche Klärung untergäriger Biere

Tabelle 37 gibt einen Überblick über einige technologische Einflussfaktoren, die die rechtzeitige Ausscheidung der Trübstoffe und damit die natürliche Klärung der Biere positiv (+) oder negativ (-) beeinflussen.

Tabelle 37 Positive und negative Einflussfaktoren auf die natürliche Klärung und Ausscheidung der Trübstoffe

Einflussfaktoren	Einfluss
Schnelle Angärung mit einer pH-Wert-Absenkung um ΔpH-Wert = 0,3…0,4 in den ersten 24 h der Hauptgärung	+
Zügige Vergärung bis Vs ≈ Vsend	+
pH-Werte im ausgereiften Unfiltrat von = 4,1… ≤ 4,45	+
Eine Hefekonzentration am Beginn der Abkühlung in der Klärphase bei ϑ < 10 °C von c_H > $10 \cdot 10^6$ Zellen/mL	+
Eine Hefekonzentration am Ende der Klär- und Kaltlagerphase von c_H = $0,5…2 \cdot 10^6$ Zellen/mL	+
Biertemperaturen in der Kaltlagerphase bis zum Bierfiltereinlauf von ϑ = 0…-2 °C	+
Eine Tiefkühlung erst unmittelbar vor dem Bierfilter	-/0
Flüssigkeitsschichthöhen im ZKT von > 10 m	-
Plötzliche Druckentlastungen am Ende der Kaltlagerphase	-
Staubhefen und intensiv propagierte Reinzuchthefen mit einem Zellvolumen von V_H < $150 \cdot 10^{-18}$ m³/Zelle	-

+ positiver Einfluss   0 kein Einfluss   - negativer Einfluss

5.7 Klärhilfen in der Kaltlagerphase

5.7.1 Historische Verfahrensweisen zur Förderung der Bierklärung

Die Bierklärung war in den vergangenen Jahrhunderten bis etwa zum Jahr 1880 ausschließlich auf die natürliche Klärung beschränkt. Einen Überblick über die historischen Klärmittel geben Kapitel 2.1 und Kapitel 2.2. Während in einzelnen Ländern noch mit Hausenblase und Spänen gearbeitet wird, werden in Deutschland zur Unterstützung der natürlichen Klärung Kieselsol und für die Stabilisierung im ZKT modifizierte Kieselgele und PVPP-Präparate eingesetzt. Letztere besitzen neben der stabilisierenden Wirkung auch eine Klärwirkung.

5.7.2 Der Einsatz von Kieselsol zur Unterstützung der natürlichen Klärung in der Neuzeit

Sehr feindisperse, das Bier trübende Eiweiß-Gerbstoffkomplexe können oft durch die nachfolgende Bierfiltration und -stabilisierung nicht ausreichend entfernt werden. Die Ursachen für die Ausbildung einer derartigen feindispersen Trübung, die sich in der Kaltlagerphase schlecht absetzt, sind u.a.:
- pH-Werte im Unfiltrat von > 4,5,
- eine zu langsame Angärung,
- eine weitere langsame pH-Absenkung in der Nachgär- und Reifungsphase durch mikrobielle Infektionen,
- eine Tiefkühlung des Bieres bei einem weitgehend hefefreien Unfiltrat mit c_H < $0,5 \cdot 10^6$ Zellen/mL und
- die Verwendung sehr eiweißreicher Malze.

Für derartige Problemfälle empfiehlt sich der Einsatz von Kieselsol. Am wirkungsvollsten und unproblematischsten ist der Einsatz in der Kaltlagerphase. Prinzipiell ist auch ein Zusatz zur Ausschlagwürze oder für besondere Problemfälle bei der Kieselgurfiltration möglich.

5.7.2.1 Die Unterschiede von Kieselsol und Kieselgel und ihre Wirkungsweisen

Kieselsol (= Kieselsäurehydrosol) und Kieselgel (Kieselsäurehydrogel) unterscheiden sich in ihren physikalischen Eigenschaften, obwohl beide aus Kieselsäure (SiO_2, Siliciumdioxid) bestehen.

Kieselgele bestehen aus vernetzten SiO_2-Molekülen, sie werden im Bier als unlösliche Pulver zur Eiweißstabilisierung eingesetzt.

Kieselsole sind kolloidale Lösungen, die nur unvernetzte, kugelförmige Partikel (Ø 5...150 nm) aus hochreiner, amorpher Kieselsäure mit meist ca. 30 % Feststoffanteil enthalten (siehe Abbildung 49).

Die Herstellung von Kieselsolen und Kieselgelen unterscheidet sich durch die Einstellung unterschiedlicher pH-Wertbereiche und durch den Zusatz oder die Abwesenheit von Salzen (siehe Abbildung 50).

Während Kieselgele eine innere Oberfläche von 100...800 m^2/g und einen durchschnittlichen Porendurchmesser von etwa 6 nm von vornherein besitzen, vernetzen sich die SiO_2-Partikel der Kieselsole erst unter den pH-Wertbedingungen der Würzen und Biere zu einem unlöslichen Kieselsäurehydrogel. Dabei adsorbieren sie Trübungsbestandteile und sedimentieren dann relativ schnell.

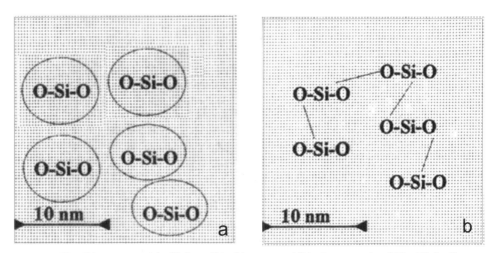

Abbildung 49 Die unterschiedlichen Strukturen und Bindungen der SiO_2-Einheiten
a Kieselsol b Kieselsäurehydrogel: Die kugelförmigen Siliciumdioxid-Einheiten vernetzen sich durch die Si – O – Si-Bindungen zu größeren Verbänden.

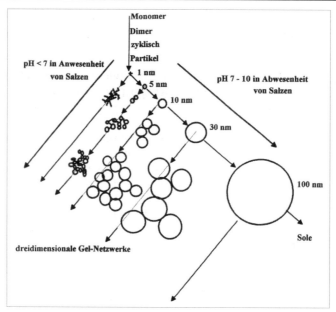

Abbildung 50   Modell zu den Unterschieden bei der Herstellung von Kieselgel und Kieselsol (nach Iler [106])

5.7.2.2 Kurzcharakteristik der Kieselsäuresole (Silica Sole)

Kieselsäuresole lassen sich wie folgt charakterisieren:
- Es sind Lösungen von kolloidaler Kieselsäure (zumeist) in Wasser;
- Stabile Kieselsole bestehen aus sphärischen, diskreten Partikeln von amorpher Kieselsäure;
- Handelsübliche Kieselsole sind im pH-Wertbereich > 2,0
    - in ihrer Oberflächenladung elektronegativ (anionisch) und an der Oberfläche hydrolysiert,
    - sie haben praktisch keine innere Porosität,
    - besitzen eine mittlere Partikelgröße von ca. 5...50 nm und eine spezifische Oberfläche von ca. 50...500 m^2/g;
- Konzentrierte Lösungen sind weitgehend lagerstabil (meist mit 30%igem Feststoffgehalt);
- Die Zugabe von Kieselsol zu einer stark elektrolythaltigen Flüssigkeit wie Bier führt nach *Raible* et al. [107], [108], [109] sehr schnell zu einer irreversiblen Gerinnung zu Kieselgel;
- Die Kieselsäurepartikel vernetzen sich unter Ausbildung von Si-O-Si-Verbindungen und lagern sich so zu Kieselsäurehydrogel zusammen;
- Kälteempfindliche Proteine werden in den Zwischenräumen des Hydrogels adsorbiert und festgehalten;
- Die so gebildeten Kieselsäurehydrogele sedimentieren etwa 5...7 m/Tag und beschleunigen damit die Klärung, da die normalen Trübstoffe nur ca. 0,5 m/Tag sedimentieren;
- Die bekanntesten Handelsprodukte in Deutschland sind Stabisol, Becosol und Köstrosol (= Kieselsol 1430).

5.7.2.3 Anwendungsempfehlungen für den Kieselsoleinsatz

Mengenmäßig kommen in der Würze oder im Unfiltrat 10...20 g SiO_2/hL in Form von 30...60 mL 30%igem anionischem Sol/hL zum Einsatz.

Nach *Raible* et al. [107], [108], [109] kann der Einsatz von Kieselsolen in der Brauerei bei folgenden Produktionsstufen erfolgen:
- Zur heißen Ausschlagwürze (Whirlpool 30...60 mL/hL Würze);
- Zur Kaltwürzebehandlung;
- Zur Anstellwürze;
- In das vergorene Bier beim Schlauchen oder während der Lagerung im Umdrückprozess;
- In das gelagerte Bier vor der Filtration (Dosage ca. 50 mL/hL); günstigster Einsatz aus der Sicht der Klärwirkung ohne die Filtrationsschärfe zu beeinflussen.

Ein Zusatz von 5...10 mL/hL Bier in das Dosiergefäß des Kieselgurfilters für die laufende Dosierung erhöht die Filtrationsschärfe. Es ist eine Reaktionszeit von etwa 10 Minuten vor der Filterschicht erforderlich.

5.7.2.4 Anwendungsergebnisse

Die Behandlung eines trübungsbelasteten Unfiltrates mit Kieselsol zeigt schon nach wenigen Stunden der Kieselsoleinwirkung in der Probeflasche eine deutliche Klärwirkung (siehe Tabelle 18 in Kapitel 3.7.1), während sich das Vergleichsbier nicht veränderte. Im ZKT ist nach dem Kieselsolzusatz jedoch eine mehrtägige Klärphase notwendig bis sich das Kieselsol-Trübungsgemisch gut im Konus abgesetzt hat.

Der Zeitpunkt des Kieselsolzusatzes entscheidet über die Wirksamkeit und die Geschwindigkeit der Klärung und der Filtrierbarkeitsverbesserung, wie Tabelle 38 zeigt. Je besser die Würze und das Bier vorgeklärt sind, umso wirkungsvoller ist der Zusatz des Kieselsols. Aus den Ergebnissen erkennt man, dass aus organisatorischen und technologischen Gründen der Zusatz von Kieselsol zum ausgereiften, weitgehend hefefreien Unfiltrat zum Zeitpunkt der Tiefkühlung am wirkungsvollsten sein wird.

Beim Kieselsoleinsatz werden, wie nachfolgende Versuchsergebnisse zeigen, Trübungspartikel erfasst, die hauptsächlich aus Eiweiß-Gerbstoff-Komponenten und assoziierten α-Glucanen bestehen. Die Wirksamkeit der Kieselsole ist also auch von der Zusammensetzung der Trübungsfracht abhängig.

Versuche [110], [111] mit unterschiedlich modifizierten Kieselsolen (groß- und kleinteilige, anionische, aluminatmodifizierte und kationische Kieselsole) ergaben folgende deutliche Abhängigkeit der Klärwirkung und Erhöhung der Kältestabilität (gemessen mit dem Alkohol-Kältetest) vom pH-Wertes des Unfiltrates:
- Kationische Kieselsole erzielten bei Bier-pH-Werten ≤ 4,2 die besten Klärergebnisse.
- Normale anionische Kieselsole hatten ihr optimales Wirkspektrum bei pH-Werten des Unfiltrates von pH > 4,2, vorzugsweise bei pH 4,4...4,6.
- Bei starken Schwankungen der Bier-pH-Werte wird den Anwendern eine kurze hintereinander durchgeführte Dosage von anionischen und kationischen Kieselsolen empfohlen.
- Kleinteilige Kieselsole sind den großteiligen Kieselsolen vorzuziehen.

Klärung und Stabilisierung des Bieres

Tabelle 38   Einfluss der Kieselsoldosage auf den Feststoffgehalt und die Filtrierbarkeitsverbesserung des Unfiltrates in Abhängigkeit vom Zeitpunkt des Zusatzes

Zeitpunkt der Kieselsoldosage KS 1430	Pfanne-Vollwürze	15 min vor dem Ausschlagen	Heiße, Grobtrub freie Ausschlagwürze	Beim Anstellen
g SiO$_2$/hL	20	20	20	25
Veränderungen in Prozent zum unbehandelten Vergleichssud - gemessen im Jungbier 24 h nach dem Schlauchen bei einer Lagerung bei 0 °C:				
Feststoffgehalt bei PW > 0,3 µm	-	+ 15	- 22	+ 15...- 23
Filtrierbarkeit Mmax-Wert	+ 3	+ 2	+ 19	- 1...+ 70

PW Porenweite

Auf welche Inhaltsstoffe des trüben Bieres das zugesetzte Kieselsol wirkt, zeigen die Versuchsergebnisse in Tabelle 39 [110]. Dazu wurde dem Unfiltrat handelsübliches Kieselsol in einer Menge von 40 mL/hL zugesetzt. In 1-Liter-Flaschen wurden die Inhaltsstoffe in drei Schichten sowie das Sediment und der nach dem Zentrifugieren erhaltene Überstand des Sedimentes untersucht.

Tabelle 39   Die durch Kieselsol entfernten Trübungsbestandteile des Unfiltrates [110] (Dosage 40 mL/hL handelsübliches Kieselsol, Standzeit der Proben bei 0 °C: 72 h)

Schicht	Trübung [EBC]	AKT-Wert [EBC]	Tannoide in mg/L	Ges.-N in mg/L	β-Gluc. in mg/L	α-Gluc. D452	α-Gluc. D565
Oben	0,6	50	14	896	182	64	8
Mitte	0,5	35	15	886	184	61	8
Unten	0,6	55	14	872	188	74	7
Sediment				920			
Klarphase des zentrifugierten Sediments	143	53		128	105	8	

AKT Alkohol-Kälte-Test nach *Chapon*; β-Gluc.: β-Glucane, gesamt;
α-Gluc.: α-Glucane (Erklärung der Fraktionen siehe Kapitel 3)

Die deutlich höheren Alkohol-Kälte-Test-Werte und Tannoidgehalte im Sediment sind ein Maß für die Reaktivität des Kieselsols und zeigen, mit welchen Stoffen und Stoffgruppen Kieselsole reagieren. Interessant sind auch die höheren Gehalte an α-Glucanen im Sediment. Sie sind ein Hinweis auf den komplexen Charakter der Trübungen im Bier. Die β-Glucane treten in der Klarphase nach dem Zentrifugieren prozentual geringer auf als in den drei oberen Schichten, da sie durch das Zentrifugieren mit dem Kieselsol-Trübungsgemisch in die feste Phase ausgeschieden werden. Dass sich die übrigen Trübungsbildner vom Sediment abzentrifugieren lassen macht deutlich, wie schwach die Bindung dieser Stoffgruppen an der Oberfläche der Kieselsole bzw. Kieselsolagglomerate ist. Es scheint sich neben dem einfachen

Einschluss der Trubstoffe in die dreidimensionalen Netzwerke der sich bildenden Kieselsolagglomerate größtenteils um Wasserstoffbrückenbindungen zu handeln, mit denen hauptsächlich Eiweiß-Gerbstoff-Komponenten und assoziierte α-Glucane erfasst werden. Eine Separation des Kieselsolsedimentes zur Wiedergewinnung des eingeschlossenen Bieres ist nach diesen Resultaten keine technologisch sinnvolle Maßnahme. Die durch das Kieselsol entfernten Trübstoffe würden so wieder in das Bier gelangen. Eine mögliche Lösung wäre das Vorschießen lassen des Sedimentes und dessen anschließende Zugabe vor dem Whirlpool in die heiße Ausschlagwürze.

5.8 Die Klärseparation von Lagerbier

In zunehmendem Maße werden Separatoren als Klärseparatoren vor der Endfiltration eingesetzt. Die Fortschritte des Separatorenbaues, insbesondere bei den verfügbaren Werkstoffen und der konstruktiven Gestaltung, ermöglichen heute relativ hohe Zentrifugalbeschleunigungen, so dass die Trennwirkung der Separatoren wesentlich verbessert werden konnte (s.a. Kapitel 14).
Sie werden verwendet zur:
- Abscheidung der noch in Schwebe befindlichen Resthefe aus dem Lagerbier in Abhängigkeit vom nachfolgenden Filtrationsverfahren (Bei einer nachfolgenden Kieselgurfiltration sollte im Interesse eines besseren Filtrationsergebnisses eine Resthefekonzentration von > $0,5 \cdot 10^6$ Zellen/mL (maximal $2 \cdot 10^6$ Zellen/mL) am Separator eingestellt werden).
  Ggf. kann die gewünschte Hefekonzentration auch durch die Dosierung von Hefe nach der Separation eingestellt werden;
- Vermeidung von Hefestößen bei der Filtration;
- Entfernung ausgeschiedener gröberer Gärtrubpartikel;
- Entfernung ausgeschiedener β-Glucangele bzw. β-glucanhaltiger, partikulärer Trübungskomplexe;
- Entfernung der in der Kaltlagerphase zugesetzten Reste an Klärzusätzen, wie Kieselsol;
- Entfernung von kolloidalen Stabilisierungsmitteln, die in der Kaltlagerphase des Lagerbieres zur Vorstabilisierung eingesetzt wurden (Kieselgele- und PVPP-Modifikationen, siehe Kapitel 15).

Eine Entfernung feindisperser Trübungspartikel der Kältetrübung, die die Filtration und Stabilisierung belasten (Eiweiß-Gerbstoff-α-Glucan-Komplexe), erfolgt nur geringfügig (siehe Betriebsversuche in Kapitel 3.7).
Folgende Kombinationen von Klärseparation und Nachfiltration sind u.a. im Einsatz:
- Klärseparator - Kieselgurfilter mit und ohne Schichtenfilter/Trap-Filter;
- Klärseparator - Kieselgurfilter - PVPP-Filter - Trap-Filter;
- Klärseparator - Crossflow-Membranfilter;
- Klärseparator - Spezialschichtenfilter;
- Klärseparator - Kerzenfilter - Membranfilter.

Falls eine thermische Behandlung des Unfiltrates zur Filtrierbarkeitsverbesserung erfolgt (Kapitel 5.9), sollte diese nach der Klärseparation vorgenommen werden.

Klärung und Stabilisierung des Bieres

Die Klärseparation bei ZKT

Bei ZKT mit einem externen Kühlkreislauf kann die Separation von der nachfolgenden Filtration entkoppelt werden. Dazu wird das Bier am ZKT-Auslauf entnommen und nach der Separation wieder in den Behälter zurückgeleitet (Abbildung 51). Die Einleitstelle kann das so genannte Steigrohr sein bzw. der Rücklauf in der Zarge. In jedem Fall wird das separierte Bier kurz unterhalb des Bierspiegels eingeleitet. Da sich das Bier in jedem Fall geringfügig erwärmt, bildet sich eine deutliche Temperaturgrenze im ZKT aus, das separierte Bier mischt sich nicht bzw. fast nicht.

Am Verlauf des Trübungswertes des dem Separator zulaufenden Bieres kann das Ende der erforderlichen Behandlung erkannt bzw. signalisiert werden.

Prinzipiell ist die Separation des Bieres vor der Filteranlage auch möglich, wenn ein zusätzlicher Behälter für das separierte Bier benutzt wird. Damit sind aber größere Aufwendungen verbunden als bei der Nutzung des Unfiltrat-ZKT gemäß Abbildung 51.

Der Vorteil der Trennung von Vorklärung mittels Separators und Filtration liegt vor allem darin, dass der Separator und die Filteranlage entkoppelt werden und eine direkte Synchronisation der Durchsätze entfallen kann. Der Separator kann also auch einen geringeren Durchsatz als die Filteranlage haben.

Ggf. kann die Zeitdauer der Separation auch als Verweildauer für die Stabilisierung des Bieres genutzt werden, falls Stabilisierungsmittel in den Rücklauf dosiert werden.

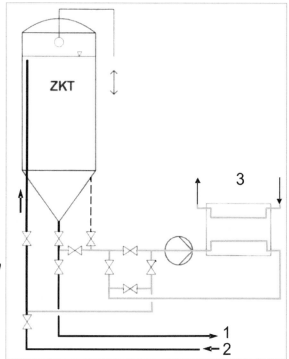

Abbildung 51 Schema zur Separation des Bieres vor der Filtration bei ZKT mit externem Kühlkreislauf.
1 Unfiltrat zur Separation
2 Unfiltrat Rücklauf vom Separator
3 Kälteträger

5.9 Verbesserung der Filtrierbarkeit durch thermische Verfahren
5.9.1 Temperatureinflüsse auf β-Glucangel

Im Kapitel 3.3.1 wurde bereits auf den negativen Einfluss hoher β-Glucankonzentrationen und insbesondere von β-Glucangelen oder gelartigen Trübungskomplexen auf die Filtrierbarkeit des Lagerbieres hingewiesen. Bereits 2...5 mg β-Glucangel/L Lagerbier verschlechtern deutlich die Filtrierbarkeit des Bieres. Um derartig schlecht oder gar nicht filtrierbare Unfiltrate filtrierbar zu machen, hat sich als Notmaßnahme eine thermische Behandlung des Unfiltrates, das sogenannte „Cracken" unmittelbar vor der Klärfiltration bewährt (siehe auch Strukturveränderungen des Gels bei Zufuhr von Wärme in Abbildung 41 in Kapitel 3.3.1.1). Abbildung 55 zeigt eine Anlage zur thermischen Behandlung.

Wagner [112] hat in umfangreichen Laborversuchen das Verhalten der β-Glucangele untersucht und dabei u.a. das Folgende ermittelt:

- Die Auflösung des β-Glucangels erfolgt schrittweise, beginnend bei Temperaturen über 30...40 °C und erfordert zur vollständigen Auflösung Temperaturen über 75 °C (siehe Abbildung 52).
- Es wurden auf unterschiedlichen Temperaturen erhitzte (Heißhaltezeit ca. 15 min) β-glucangelhaltige Proben bei 4 °C 14 Tage gelagert und die Rückbildung von β-Glucangel überprüft (Ergebnisse siehe Abbildung 53).
- Eine Rückbildung von β-Glucangel wird erst bei einer thermischen Behandlung mit Heißhaltetemperaturen von 75...80 °C vermieden.
  Die Rückbildung des β-Glucangels war umso stärker, je niedriger die angewendete Behandlungstemperatur war.
  Obwohl bei 60 °C alles aufgelöst war, war bei dieser Temperatur eine Rückbildung feststellbar.
- Eine pH-Wert-Abhängigkeit der thermischen Auflösung von β-Glucangel wurde nicht festgestellt.

Die rheologische Charakterisierung (s.a. Abbildung 54) ergab, dass das thermisch aufgelöste β-Glucangel wie Bier *Newton*'sches Fließverhalten (die Viskosität ist konstant und unabhängig vom Geschwindigkeitsgefälle) besitzt. Die Viskosität des unbehandelten β-Glucangels dagegen nimmt mit steigendem Geschwindigkeitsgefälle ab, was typisch ist für eine Strukturviskosität.

Dass die in Brauereien gefundenen β-Glucangele sehr unterschiedliche Molmassen und Vernetzungsgrade und damit auch unterschiedliche spezifische Viskositäten haben, zeigen auch Untersuchungsproben von [112]. β-Glucangele aus vier Brauereien hatten nach einem mehrmaligen Waschprozess als 0,1%ige wässrige β-Glucangel-Lösung eine dynamische Viskosität zwischen 1,67...1,96 mPa·s. Die thermisch behandelten β-Glucangele (80 °C/15 min) hatten bei der gleichen β-Glucankonzentration (1000 mg/L Wasser) eine sehr gleichmäßige, viel niedrigere Viskosität mit einem Mittelwert von 1,234 mPa·s und einer Standardabweichung von s = 0,019 mPa·s.

Klärung und Stabilisierung des Bieres

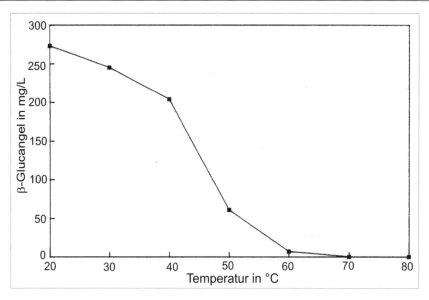

Abbildung 52 Die Auflösung eines β-Glucangels in Bier bei verschiedenen Temperaturen (nach [112])

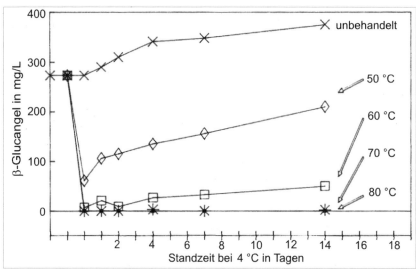

Abbildung 53 Auflösung des β-Glucangels im Bier bei verschiedenen Temperaturen und seine Rückbildung bei 4 °C in Abhängigkeit von der Lagerdauer (nach [112])

Klärung des Bieres

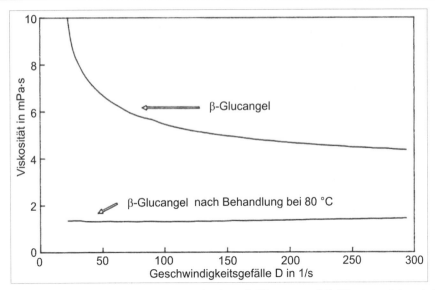

Abbildung 54   Viskositätskurven von gelöstem β-Glucan und β-Glucangel (nach [112])

5.9.2 Anlagen zur thermischen Behandlung

In Abbildung 55 ist eine Anlage zur thermischen Behandlung von Unfiltrat zur Auflösung von β-Glucangel dargestellt. Die Anlage ist ähnlich wie eine KZE-Anlage strukturiert. Zu weiteren Einzelheiten wird auf die Ausführungen in [113] verwiesen.

Der Plattenwärmeübertrager (PWÜ) der Rekuperationsabteilung sollte für eine Wärmerückgewinnung von 92...94 % ausgelegt sein.

Die Beheizung kann mittels eines Heißwasserkreislaufes ($\vartheta \approx 90...92$ °C) erfolgen, der mit Sattdampf beheizt wird. An die Temperaturregelung werden keine besonderen Anforderungen gestellt. Regelgröße ist die Unfiltrattemperatur. Prinzipiell kann auch mit Vakuumdampf geheizt werden, um die Wasserumwälzpumpe einzusparen.

Nach der thermischen Behandlung kann das Bier auf Temperaturen von etwa -1... 1 °C gekühlt werden. Die Kühlmöglichkeit sollte stets vorgesehen werden, auch wenn im normalen Betrieb eine Kühlung nicht unbedingt erforderlich ist. Bei einer Vorlauftemperatur des Unfiltrates von z. B. -1,5 °C und einer Heißhaltetemperatur von 80 °C verlässt das behandelte Unfiltrat den PWÜ bei ca. 94 % Wärmerückgewinnung mit beispielsweise 3,5 °C. In der Phase der Inbetriebnahme der Anlage oder bei eventuellen Unterbrechungen kann die Verfügbarkeit einer Kühlung sehr hilfreich sein.

PWÜ

Der Betriebsdruck des PWÜ richtet sich nach der Temperatur und dem CO_2-Gehalt des Unfiltrates. Er sollte etwa 1,5...2 bar über dem CO_2-Sättigungsdruck liegen.

Für den Havariefall (z. B. Elektroenergie-Unterbrechung) ist es günstig, wenn die Anlage über ein selbsttätiges Druckhaltesystem verfügt, um Schaumbildung zu verhindern.

Klärung und Stabilisierung des Bieres

Heißhalter: Die Heißhaltezeit sollte bei 30...60 s liegen, das Heißhaltervolumen ergibt sich aus dem geforderten Volumenstrom. Der Heißhalter kann als Rohrheißhalter oder auch als Behälter mit definierter Strömung realisiert werden.

Wärmedämmung: Alle heiß gehenden Anlagenteile müssen eine Wärmedämmung erhalten.

Voraussetzungen für den Betrieb einer thermischen Behandlungsanlage:
Grundvoraussetzung für den sachgerechten Betrieb einer thermischen Behandlungsanlage im Sinne der Qualitätserhaltung des Bieres ist der vollständige Ausschluss des Sauerstoffs. Alle Fließwege müssen vor der Anfüllung mit Unfiltrat/Bier mit Inertgas (CO_2, N_2) ausreichend gespült werden (s.a. [114]).

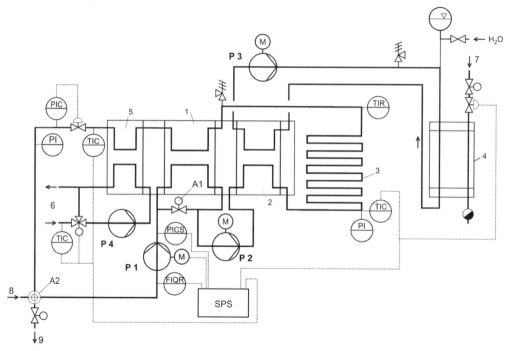

Abbildung 55   Anlage zur thermischen Behandlung von Unfiltrat, schematisch
1 Rekuperationsabteilung   **2** Erhitzerabteilung   **3** Heißhalter   **4** Heißwasser-PWÜ   **5** Kühlabteilung   **6** Kälteträger   **7** Dampf   **8** Unfiltratzulauf/CIP-Vorlauf   **9** thermisch behandeltes Unfiltrat/CIP-Rücklauf
P1 Unfiltratpumpe   **P2** Druckerhöhungspumpe   **P3** Heißwasserpumpe   **P4** Kälteträgerpumpe   **A1** Armatur für schnelles Aufheizen   **A2** Armatur für optimierten CIP-Kreislauf

Hinweis zur Inbetriebnahme des PWÜ
Bedingt durch die sehr gute Rekuperation der Wärme dauert die Aufheizung des PWÜ sehr lange. Deshalb wird durch die Installation der Armatur A1 in Abbildung 55 die Möglichkeit geschaffen, die Rekuperationsabteilung beim Aufheizen zu umgehen.

Hinweis für CIP
Um bei CIP den PWÜ und Heißhalter mit einem großen Volumenstrom reinigen zu können, kann durch Armatur A2 in Abbildung 55 der CIP-Vor- und -Rücklauf verbunden werden, so dass mit den Pumpen der Anlage ein größerer Volumenstrom im PWÜ-Kreislauf gesichert werden kann.

5.9.3 Schlussfolgerungen

Bei der thermischen Behandlung von Unfiltraten im großtechnischen Maßstab mit normalen Heißhaltezeiten von maximal 60 s sollten zur sicheren Auflösung von β-Glucangelen Temperaturen von 75...80 °C angewendet werden.

Die thermische Behandlung des Unfiltrates löst das vorhandene β-Glucangel auf, reduziert damit deutlich die Viskosität des Unfiltrates und vermeidet die Verblockung der Filterschichten durch gelartige Substanzen.

Aber es lösen sich auch die in der Kaltlagerphase des Bieres bereits ausgeschiedenen kälteinstabilen Trübstoffe durch die Erhitzung teilweise wieder auf. Sie werden in der Abkühlphase nach der Erhitzung nicht gleich schlagartig wiedergebildet (die Trübungsbildung ist eine Zeitreaktion), so dass sie bei der anschließenden Filtration nicht mit normalen Filterhilfsmitteln erfasst werden.

Deshalb ist eine Separation *vor* der thermischen Behandlung sehr zu empfehlen, um die ausgeschiedenen Trübstoffe zu entfernen, ehe sie sich wieder lösen können.

Um kolloidale Qualitätsschäden zu vermeiden, muss bei diesen Bieren ein erhöhter Stabilisierungsaufwand betrieben werden (s.a. Kapitel 15.3.5).

Das Cracken des Unfiltrates sollte deshalb nur als eine Notmaßnahme angesehen werden, setzt aber natürlich die Verfügbarkeit einer Behandlungsanlage voraus.

6. Unfiltratbereitstellung für die Filtration

Das ausgereifte Bier muss der Filteranlage zugeführt werden. Dazu wird der Lagerbehälter mit der Ziehleitung verbunden. Dabei sind aber folgende Punkte zu beachten:

- Der Lagerbehälter sollte vor dem Anschluss an die Unfiltratleitung noch einmal abgeschlämmt werden, um Hefesediment zu entfernen.
- Günstig sind Behälterausläufe oberhalb des Gelägers, die das Nachrutschen von Sediment zuverlässig verhindern.
  Alternativ wird vor der Filteranlage ein Puffertank installiert, der Hefestöße nicht verhindert, aber über einen gewissen Zeitraum auf ein größeres Biervolumen verteilt und damit die Sperrschicht bildende Wirkung eines Hefestoßes reduziert.
- Die Unfiltratleitung muss vollständig entlüftet werden, vorzugsweise durch eine CO_2-Spülung (die ebenfalls mögliche Spülung mit O_2-freiem Wasser setzt eine entsprechende, stetig steigende Leitungsführung voraus und ist aber kostenaufwendiger gegenüber der CO_2-Nutzung).
- Die Unfiltratleitung muss mit O_2-freiem Wasser gefüllt werden oder - vorzugsweise - mit CO_2 vorgespannt werden.
- Der Lagerbehälter muss an das Spanngassystem angeschlossen sein. Spanngasausfall muss als Störung signalisiert werden.

Bei stehenden Lagerbehältern, wie z. B. ZKT, wird der hydrostatische Druck während der Entleerung immer geringer. Deshalb muss die Entleerung mit einer Pumpe erfolgen, um CO_2-Partialdruckunterschreitungen/Schaumbildung zu vermeiden (hierzu s.a. Kapitel 7.3.2 und Kapitel 22.7).

Die Unfiltratpumpe wird zweckmäßigerweise frequenzgeregelt betrieben.

Leermeldung

Das genaue Füllvolumen eines Lagerbehälters ist nicht bekannt. Das Ende der Entleerung kann durch eine Leermeldesonde signalisiert werden. Auch eine Differenzdruckmessung Tankauslauf/Gasphase kann das nahe Ende bzw. das Ende signalisieren.

Bei automatisierten Anlagen muss in der Unfiltratleitung am Tankauslauf bzw. in Nähe des Tankauslaufes eine Leermeldesonde installiert sein, um einen Behälterwechsel oder das Ende der Filtration durch Wasserausschub vornehmen zu können.

Standschläuche am Behälterauslauf, verbunden mit der Gasphase, ergeben auch bei modernen Lagersystemen eine sehr aussagefähige Anzeige, allerdings nur vor Ort, zum Restfüllungsgrad.

Eine weitere Variante ist die Umstellung auf den nächsten Behälter, bevor der Lagerbehälter vollständig entleert wurde. Der Tankrest wird dann auf einen anderen Behälter umgedrückt. Bedingung ist natürlich eine O_2-freie Arbeitsweise.

Spanngas
Liegende und kleinere stehende Lagertanks müssen zur Vermeidung von O_2-Aufnahme mit CO_2 als Spanngas entleert werden, ggf. auch mit Stickstoff oder einem Mischgas aus CO_2 und N_2. Zu Fragen der CO_2-Qualität siehe Kapitel 16.5.3.

Bei ZKT mit dem normalen Leerraum/Steigraum (wie beim Eintankverfahren immer üblich; ebenso beim Zweitankverfahren mit gleicher Behältergröße bei Gärung und Lagerung) kann unter folgenden Bedingungen auch mit Sterilluft als Spanngas entleert werden:
- Der ZKT wird ohne Unterbrechung entleert;
- Die Entleerungszeit beträgt weniger als 18 Stunden.

Dabei wird ausgenutzt, dass sich das vorhandene CO_2-Polster langsam nach unten bewegt. Auf Grund des Dichteunterschiedes CO_2 und Luft und der niedrigen Temperatur bleibt das CO_2-Polster relativ lange erhalten. Die Vermischung der Gase entsprechend den Gasgesetzen verläuft relativ langsam.

Wird der ZKT nicht in einem Zug entleert, muss die erste Entleerungsstufe mit CO_2 erfolgen. Die Restentleerung kann dann mit Sterilluft erfolgen.

Vorteilhaft ist bei der Entleerung mit Sterilluft auch, dass der ZKT am Ende der Entleerung über den Tankauslauf entspannt werden kann. Dabei wird erst das CO_2 ausgeschoben und dann die Sterilluft. Der ZKT ist also nach der Druckentlastung über den Tankauslauf weitestgehend CO_2-frei und kann alkalisch gereinigt werden.

7. Die Klärfiltration von Bier unter Einsatz von Filterhilfsmitteln
7.1 Allgemeine Hinweise und Begriffe

Allgemeine Hinweise und Begriffe zur Klärfiltration werden im Kapitel 1.7.1 und 1.7.2 erläutert.
Übliche Ausrüstungen der Filterkeller sind folgende Filterkombinationen:
- Anschwemm-Schichtenfilter: einstufige Filtration;
- Anschwemm-Kesselfilter: einstufige Filtration;
- Anschwemm-Filter und Schichtenfilter/Membranfilter: zweistufige Filtration;
- Anschwemm-Filter und Anschwemm-Filter: zweistufige Filtration; aus Kostengründen wird diese Variante nicht mehr installiert;
- Anschwemm-Filter und Massefilter: zweistufige Filtration; diese Variante ist nicht mehr Stand der Technik;
- Massefilter und Massefilter: zweistufige Filtration (früher dominierend, heute nur noch vereinzelt für kleine Betriebe).

7.2 Verfahrensführung der Klärfiltration unter Verwendung von Filterhilfsmitteln

Die Verfahrensführung der Klärfiltration ist u.a. von den nachfolgend aufgeführten Variablen abhängig, beispielsweise von:
- der vorhandenen Bierqualität: gut, mäßig oder schlecht filtrierbare Unfiltrate, bzw. mechanisch oder mit Kieselsol vorgeklärte Lagerbiere (siehe Kapitel 3.1 und 5.7);
- der Struktur der vorhandenen Filteranlage, insbesondere vom Träger der Anschwemmschicht:
  - Horizontal-Scheibenfilter (mit Tressengewebe in Köperbindung oder mit Durafil®),
  - Kerzenfilter (klassisch oder Twin-Flow-System) oder
  - Anschwemm-Schichtenfilter mit Stützschicht (aus Zellulose oder sog. *Gore*-Schicht; letztere Stützschicht ist nicht mehr im Einsatz);
- den vorhandenen Kieselgurqualitäten, ihren Mischungsverhältnissen und der evtl. Verwendung von Zelluloseadditiven oder Perliten.
- Die Klärfiltration kann mit verlorenen FHM erfolgen oder die FHM werden nach Abschluss der Filtration regeneriert.
  Daraus ergibt sich die Verwertung des anfallenden Kieselgurschlammes:
  - als zu entsorgendes Abprodukt oder
  - als wieder zu verwendendes Regenerat.

7.2.1 Allgemeine Hinweise zur Ansatzbereitung der Filterhilfsmittel

Die Filterschicht bei der Anschwemmfiltration wird mit Hilfe der Filterhilfsmittel, in der Regel mit Kieselguren verschiedener Qualitäten (siehe Kapitel 13.3), in mehreren Teilchargen im Anschwemmfilter aufgebaut.
Die Ansatzbereitung der Filterhilfsmittel erfolgt in Großbetrieben über automatisierte Mischstationen oder in Klein- und Mittelbetrieben von Hand (siehe Kapitel 7.3.6). Hier

sind die Hinweise zur Einhaltung der Arbeitsschutzbedingungen für das Bedienpersonal unbedingt zu beachten.

Die Ansatzbereitung, d. h. die Herstellung einer dosierfähigen Kieselgur-Suspension sollte grundsätzlich mit entgastem Wasser erfolgen. Der Einsatz von filtriertem Bier anstelle von entgastem Wasser sollte nur als Notmaßnahme beim Fehlen einer Wasserentgasungsanlage angewendet werden (s.a. Kapitel 7.2.9.2).

Zur weitgehenden Vermeidung eines Sauerstoffeintrages durch den Mischvorgang im Kieselgurdosiergefäß sowie zum Austreiben der in den Kieselgurpartikeln enthaltenen Luft ist eine separate, kontinuierliche CO_2-Begasung des Mischgefäßes unbedingt erforderlich. Das Mischen und die CO_2-Begasung sollten deshalb 20... 30 min vor Beginn der Dosierung erfolgen, um eine weit gehende Sauerstoffentfernung zu gewährleisten.

Um die kontinuierliche Dosierung zu sichern, hat sich deshalb die Installation eines zusätzlichen Mischgefäßes neben dem normalen Dosiergefäß bewährt.

Erfahrungsgemäß liegt die Kieselgurkonzentration im fertigen Dosieransatz zwischen 10...18 kg Kieselgur/hL-Ansatz ($\hat{=}$ 100...180 g Kieselgur/L-Ansatz). Die niedrigere Kieselgurkonzentration kann bei der laufenden Dosierung für gut filtrierbare Biere und die höhere Konzentration sollte bei schlecht filtrierbaren Bieren eingesetzt werden.

Dabei ist zu beachten, dass die FHM-Suspension die Bierkonzentration senkt. Das durch den Dosieransatz eingebrachte Wasser sollte bei normal konzentrierten Bieren und bei hoher Kieselgurdosage die Stammwürze nur um ≤ 0,2 % absolut reduzieren.

Berechnungsbeispiel:
Dimensionierung des Dosiergefäßes und der Dosierung

Größe der Filterfläche	50 m^2
Durchschnittlicher spezifischer Durchsatz	6 hL/(m^2·h)
Durchsatz des Filters	300 hL/h
1. und 2. Voranschwemmung je 600 g/m^2	30 kg FHM/Charge
Laufende Dosierung	54 kg FHM/h
Der Ansatz soll reichen für eine Dauer von 2 h	108 kg FHM/Charge

Bei einer gewünschten Kieselgurkonzentration von 150 g/L-Dosageansatz ergibt sich ein Gesamtansatz von 7,2 hL FHM-Suspension für 2 h.

Für eine Anfangsdosage bei der laufenden Dosierung von 180 g Kieselgur/hL Bier muss die Dosierpumpe bei einem Durchsatz von 300 hL Bier/h auf eine Dosage eingestellt werden von 1,2 L Dosageansatz/hL Bier = 360 L/h = 6 L/min = 0,1 L/sec.

Bei dieser Dosage reduziert das Wasser der FHM-Suspension die Stammwürze von einer Anfangskonzentration von z. B. 12,5 g/100 mL auf ca. 12,35 g/100 mL.

7.2.2 Die Voranschwemmung

Die Voranschwemmung wird in der Regel mit doppeltem Filtrationsnenndurchsatz von ≥ 10 hL/(m^2·h) bei Scheibenfiltern und Kerzenfiltern auf den FHM-Träger aufgebracht. Bei Anschwemm-Schichtenfiltern werden 7 hL/(m^2·h) empfohlen.

Die Voranschwemmung wird in der Regel in zwei Teilchargen dosiert. Ausnahmen bilden die A.-Scheibenfilter, die mit Durafil® bespannt sind, und moderne A.-Kerzenfilter mit einem Spaltmaß von ca. 30 µm (z. B. *KHS* der Typ Getra ECO). In beiden Fällen kann nach Angaben der Hersteller auf die 2. Voranschwemmung verzichtet werden bzw. kann sie deutlich verringert werden.

Alle Filterbauformen sollten bei der Voranschwemmung mit 3...4 (2...2,5) bar vorgespannt werden.

Der Zeitaufwand für das Aufbringen einer Voranschwemmung sollte 10...15 Minuten betragen.

1. Voranschwemmung

Für die erste Teilcharge wird eine Grobgur oder grobe Mittelgur eingesetzt, die die Poren und Spalten des Filtermittelträgers überbrücken soll (s.a. Abbildung 3 in Kapitel 1.8). Sie hat weiterhin die Aufgabe, die kleineren Kieselgurpartikel der nächsten Teilschichten zurückzuhalten und einen stabilen Grundaufbau zu gewährleisten.

Bekannte Grobguren sind u.a. Hyflo Supercel und BECOGUR 3500 mit Permeabilitätswerten von 1000...1500 mDarcy. Als alleinige Filterschicht können Grobguren nur gröbere Trübungspartikel > 2 µm zurückhalten.

Abbildung 56   Aufbau der 1. Voranschwemmung, z. B. bei einer Grobgur mit einer Nass-dichte von 333 g/L, bzw. äquivalent mit einem Nassvolumen von 3 L/kg ergibt sich ein Bedarf von 500 g Kieselgur/m^2-Filterfläche.

Die Höhe der Dosage sollte in Abhängigkeit von der Nassdichte (s.a. Kapitel 13.3.7.4) der verwendeten Kieselgur erfolgen und, wie in Abbildung 56 dargestellt, eine Schichthöhe von mindestens 1,5 mm im Nasszustand gewährleisten. Erfahrungsgemäß liegen die erforderlichen Grobgurmengen für die 1. Voranschwemmung bei 500...700 g/m^2-Filterfläche.

Nach der Vorlage von ca. 50 % des erforderlichen entgasten Wassers in das Dosiergefäß wird die berechnete Menge Filterhilfsmittel ohne Staubentwicklung (s.a. Varianten in Kapitel 7.3.6) zu dosiert und nach gründlicher Homogenisierung der Inhalt auf das berechnete Endvolumen mit entgastem Wasser aufgefüllt.

Teure Kieselgur kann bei der 1. Voranschwemmung zu 10...15 % durch billigere Perlite, z. B. BECOLITE 3000 bzw. 4000 ersetzt werden. Ein Zusatz eines cellulosehaltigen Filteradditivs, z. B. BECOFLOC, in Höhe von 20 g/m^2 erhöht die Stabilität der Filterkuchens [115]. Der Perlite-Einsatz ist allerdings aus reinigungstechnischen Gründen nicht für jede Anschwemmunterlage zu empfehlen.

2. Voranschwemmung

Die 2. Voranschwemmung wird wie die 1. Voranschwemmung aufgebracht. Die 2. Voranschwemmung dient als Sicherheitsschicht dazu, dass bereits das erste Filtrat nach Beendigung der Voranschwemmung „blank" läuft. Sie hat also die Aufgabe, die Trübstoffe des einlaufenden ersten Unfiltrates zurückzuhalten. Sie muss mit einer gewissen Tiefenwirkung eine Sperrschicht für die Trubstoffe des Bieres ausbilden, aber auch den Durchfluss des blanken Bieres ohne großen Druckanstieg gewährleisten.

Die 2. Voranschwemmung ist deshalb eine Mischung aus Mittel- und Feinguren, die meist auch für die laufende Dosierung weiter verwendet wird. Eine erste sichere Ausgangsmischung ist ein Verhältnis von 30...40 % Feingur und 60...70 % Mittelgur, das evtl. auf die vorliegende Unfiltratqualität weiter abgestimmt werden muss. Auch hier wird wie bei der 1. Voranschwemmung eine Schichtdicke von 1,5 mm angestrebt (Abbildung 57). Die erforderliche Dosage schwankt in Abhängigkeit von der Nassdichte der FHM-Mischung zwischen 500...700 g/m^2.

Auch die 2. Voranschwemmung kann durch einen Zusatz eines cellulosehaltigen Additivs, z. B. von BECOFLOC, in Höhe von 20...30 g/m^2 stabilisiert werden [115].

Die Substitution von Kieselgur durch Perlite erhöht im Normalfall das Nassvolumen der Mischung. Perlite weisen auch eine höhere Schwankungsbreite im Nassvolumen auf (s.a. Abbildung 58), was besonders auch den zur Verfügung stehenden Trubraum des Filters für die eigentliche Bierfiltration reduziert.

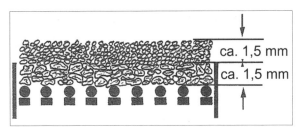

Abbildung 57   Aufbau der 2. Voranschwemmung, z. B. bei einem Gemisch von 30 % Feingur und 70 % Mittelgur mit einer Nassdichte des Gemisches von 333 g/L bzw. äquivalent mit einem Nassvolumen von 3 L/kg ergibt sich ein Bedarf von 500 g Kieselgur/m^2 Filterfläche.

Da bei kolloidal zu stabilisierenden Bieren bereits in die 2. Voranschwemmung meist eiweißseitige Adsorptionsmittel (Kieselgele) mit dosiert werden, ist auch ihr Nassvolumen (siehe Schwankungsbereich in Abbildung 58) und vor allem ihr Einfluss auf die Filtrationsschärfe zu beachten. Bekanntlich wirkt ein Xerogel im Aufbau der Filterschicht wie eine Feingur und ein Hydrogel wie eine Mittelgur (weitere Angaben s.a. Kapitel 15.4.2).

Klärung und Stabilisierung des Bieres

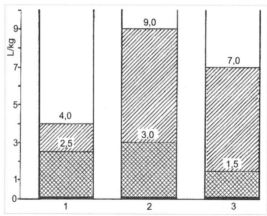

Abbildung 58   Normale Schwankungsbereiche der Nassvolumina unterschiedlicher Stabilisierungs- und Filterhilfsmittel (nach [116])
1 Kieselgur   **2** Perlite   **3** Stabilisierungsmittel

7.2.3 Der Einfluss der Kieselgurmischung für die 2. Voranschwemmung und die laufende Dosierung

Durch Mischen verschiedener nach Korngrößen klassifizierter Filterhilfsmittel kann man den Durchsatz und die Filtrationsschärfe bei der 2. Voranschwemmung und bei der laufenden Dosierung unter den gegebenen Einsatzbedingungen variieren.

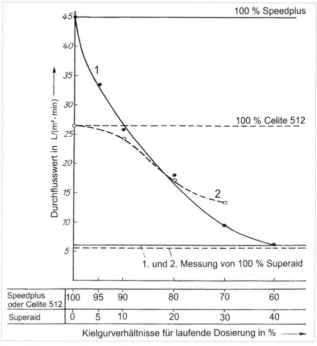

*Abbildung 59   Durchflusswerte von Kieselgurmischungen **1** Speedplus **2** Celite 512*
Speedplus = Grobgur   Celite 512 = Mittelgur   Superaid = Feingur

Abbildung 59 zeigt die Veränderungen des Durchflusswertes und damit auch der Filtrationsschärfe von Kieselgurmischungen (1. Messung: Grobgur-Feingur-Gemisch; 2. Messung: Mittelgur-Feingur-Gemisch) mit unterschiedlichen Feinguranteilen. Daraus ist zu ersehen, dass die Durchflusswerte ab einem Feinguranteil von über 40 % im Kieselgurgemisch in etwa dem der reinen Feingur entsprechen. Eine wirkungsvolle Regulierung von Porosität des Filterkuchens und Filtrationsschärfe ist eigentlich nur mit Feinguranteilen bis maximal 40 % erreichbar. In der Praxis werden bei der laufenden Dosierung Feinguranteile zwischen 0...50 % (vorwiegend zwischen 25...40 %) eingesetzt.

Bei der Verwendung von Kieselgurgemischen sollten die verwendeten Guren auch zueinander passen. So kann bei weit in der Porosität auseinander liegenden Kieselguren eine Entmischung in der angeschwemmten Schicht auftreten, indem die feine Kieselgur durch die grobe Gur hindurchtritt und so keine homogene Verteilung von feiner und grober Kieselgur in der angeschwemmten Filterhilfsmittelschicht mehr besteht.

7.2.4 Die Gleichmäßigkeit des Filterkuchens und die Differenzdruckkontrolle

Damit die Filtration ihre Kläraufgaben entsprechend den Anforderungen erfüllen kann, müssen die beiden Voranschwemmungen auf den vertikalen oder horizontalen Stützflächen völlig gleichmäßig aufgebracht sein (siehe Zielvorstellung in Abbildung 60).

Eine wichtige Kontrollmaßnahme während der Voranschwemmung und auch für die laufende Filtration ist die Kontrolle des Differenzdruckes zwischen dem Filtereinlaufdruck p_1 und dem Filterauslaufdruck p_2.

Eine gleichmäßige 1. und 2. Voranschwemmung ergibt einen Druckverlust durch die Voranschwemmschichten von $\Delta p = p_1 - p_2 \approx 0{,}2...0{,}3$ bar (bei Anschwemmgeschwindigkeit) (Abbildung 61).

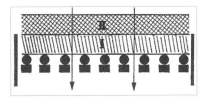

Abbildung 60   Aussehen einer idealen 1. und 2. Voranschwemmung sowohl bei horizontalen als auch bei vertikalen Filterflächen.

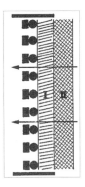

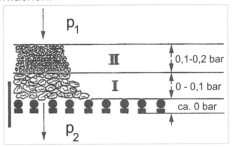

Abbildung 61   Der Druckverlust bei einer gleichmäßigen Voranschwemmung

Klärung und Stabilisierung des Bieres

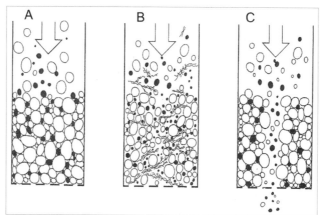

Abbildung 62   Schematischer Aufbau des Filterkuchens mit und ohne Filteradditiv [117]
A Filterkuchen aus ausschließlich körnigen Filterhilfsmitteln: wenige Hohlräume, vorzeitige Verfestigung;
B Filterkuchen aus körnigen Filterhilfsmitteln mit Zugabe des Filtrationsadditivs BECOFLOC;
C Störung im Filterkuchen aus körnigen Filterhilfsmitteln durch Riss-, Krater- oder Trichterbildung mit Schlupf von Trubstoffen und Kieselgur

Die Stabilität der Voranschwemmung wird auch durch Additive (Cellulosepulver) gefördert. Sie können auch bei Betriebsstörungen (z. B. Druckstöße) zur Erhaltung der Filterschicht beitragen, wie Abbildung 62 schematisch zeigt. Diese cellulosehaltigen Filtrationsadditive erhöhen weiterhin die Porosität des Filterkuchens, können zu Einsparungen an Kieselgur führen und erhöhen bei einem positiven Zetapotenzial die Adsorptionsfähigkeit der Filterschicht gegenüber feindispersen Eiweiß-Gerbstoffverbindungen des Bieres (siehe auch Kapitel 13.6).

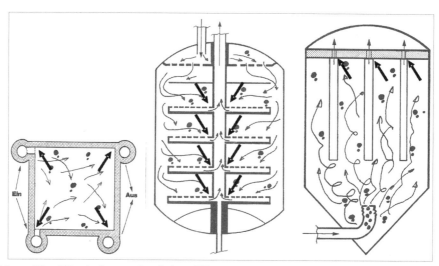

Abbildung 63   Die drei ursprünglichen Filtertypen mit markierten (schwarzer dicker Pfeil), bekannten Gefahrenpunkten für einen ungleichmäßigen Filterschichtaufbau

Die unterschiedlichen Filtersysteme haben auch unterschiedliche Schwachpunkte (Abbildung 63 und Kapitel 7.2.9), die sich auch bei der Voranschwemmung durch konstruktive Mängel am Filter, Mängel in der Verfahrensführung und Qualitätsmängel der Filterhilfsmittel in einer ungleichmäßigen Voranschwemmschicht äußern können (s.a. Kapitel 7.2.9.1). Sie führten zu einer wesentlichen konstruktiven Weiterentwicklung der Anschwemmfiltersysteme (siehe u. a. Kapitel 7.3.3.3).

7.2.5 Die laufende Dosierung und der normale Anstieg des Differenzdruckes

Die laufende Dosierung der verwendeten Filterhilfsmittel in den Unfiltratstrom dient vor allem dazu, die Porosität des Filterkuchens nach dem Umstellen von der Voranschwemmung auf die eigentliche Bierfiltration zu erhalten. Angestrebt wird eine Filtration bei annähernd konstantem Volumenstrom. Das bedingt, dass der Differenzdruck zwischen Filterein- und -auslauf ständig ansteigt. Die Filtration muss beendet werden, wenn der Filtereinlaufdruck den maximal zulässigen Betriebsdruck der Filteranlage erreicht hat oder das Trubraumvolumen des Filters ausgeschöpft ist. Oft wird beim Erreichen des maximalen Einlaufdrucks der Volumenstrom um bis zu 50 % gesenkt, um den Filter weiter ausfahren zu können, falls der Trubraum noch aufnahmefähig ist (s.a. Abbildung 64).

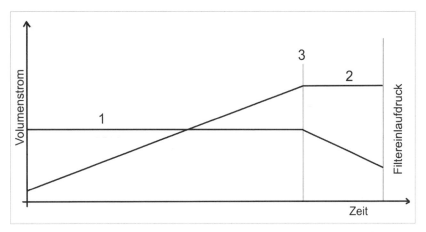

Abbildung 64   Filtrationsverlauf mit reduziertem Durchsatz bei nahem Filtrationsende
1 Filtratdurchsatz in hL/(m^2·h)   **2** Druckverlauf   **3** der max. Behälterdruck ist erreicht

Der zeitliche Anstieg der Druckdifferenz ist eine wichtige technologische Aussage über die Effektivität der laufenden Dosierung, über die Filtrierbarkeit des Bieres und allgemein über den Filtrationsverlauf bzw. über evtl. auftretende Störungen.

Die Druckdifferenz zwischen Filterein- und Filterauslauf soll während des ganzen Filtrationsvorganges möglichst konstant zunehmen (siehe Schema in Abbildung 64 und Abbildung 65). Bei A.-Schichtenfiltern wird ein Wert von 0,2…0,3 bar/h und bei Anschwemmkesselfiltern ein etwas höherer Wert von 0,3…0,5 bar/h (am Ende der Filtration etwas ansteigend) angestrebt.

Klärung und Stabilisierung des Bieres

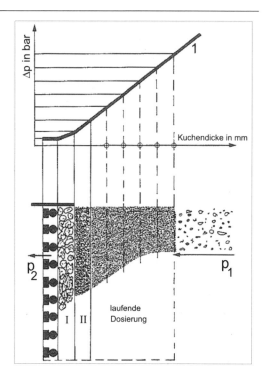

Abbildung 65 Schematischer Verlauf eines gleichmäßigen Differenzdruckanstieges
1 Stündlicher Differenzdruckanstieg:
  A.-Schichtenfilter: 0,2...0,3 bar/h;
  A.-Kesselfilter: 0,3...0,5 bar/h

Für die Zusammensetzung der laufenden Dosierung gibt es keine allgemeingültigen Regeln. Sie ist abhängig von der Zusammensetzung der Biertrübung. Bei sehr feindispersen Trübungen kann eine laufende Dosierung aus einer reinen Feingur (Durchflusswert ca. 30 L/(m²·min) bzw. 30...50 mDarcy) erforderlich sein. Bei normalen hefehaltigen Lagerbieren haben sich Mischungen aus etwa 2/3 Mittelgur (Durchflusswert 200...300 L/(m²·min) bzw. 50...100 mDarcy und etwa 1/3 Feingur bewährt. Die Einstellung des erforderlichen Filterhilfsmittelgemisches (analytisch charakterisierbar mit den Durchflusswerten) für die laufende Dosierung muss so erfolgen, dass sowohl die Porosität des Filterkuchens erhalten bleibt (konstante Druckdifferenzzunahme) als auch die geforderte Glanzfeinheit des Filtrates erreicht wird.

Kieselgurregenerat, sogenannte *Tremo-Gur®*, kann als feine bis mittelfeine Gur bis zu ca. 35...50 % bei der laufenden Dosierung eingesetzt werden.

Bei einem gleichzeitigen Einsatz von Kieselgur und Kieselgelen zur Stabilisierung des Bieres bereits während der Bierfiltration kann die Feingurmenge anteilig durch das verwendete Xerogel bzw. die Mittelgur anteilig durch das verwendete Hydrogel ersetzt werden.

Normal liegt der Filterhilfsmittelbedarf bei der laufenden Dosierung im Bereich von 50...100 g Kieselgur/hL-Bier, so dass der Gesamtverbrauch einschließlich Voranschwemmung normal bei 80...120 g/hL liegt. Bei einem höheren Verbrauch sollten unbedingt die Ursachen erforscht werden (s.a. Kapitel 3).

Der spezifische Filterhilfsmittelverbrauch bei der Filtration von Bier kann zwischen den einzelnen Brauereien erhebliche Unterschiede aufweisen und dadurch einen Anstieg der Kosten der Prozessstufe Filtration verursachen. Der Verbrauch an Kieselguren kann zwischen 60 g/hL und bei schlechten Betriebsbedingungen bis ≥ 220 g/hL liegen. Eine Optimierung der Filtration mit dem Ziel der Materialverbrauchssenkung ohne Beeinträchtigung der Filtratqualität bleibt eine ständige Aufgabe für den Technologen.

Klärfiltration mit FHM

Bei nicht nach dem Reinheitsgebot hergestellten Bieren kann der FHM-Verbrauch unter Verwendung von Rohfrucht und filtrationsfördernden Enzymen auch auf bis zu 30 g/hL reduziert werden.

Bei schwer filtrierbaren Bieren oder bei Bieren mit noch einer unbekannten Filtrierbarkeit wird die erste laufende Dosierung meist höher gewählt (z. B. ≥ 180 g Kieselgur/hL). Sollte der Differenzdruckanstieg niedriger ausfallen, kann die Dosierung schrittweise reduziert werden.

Bei der Filtration von kolloidal zu stabilisierenden Bieren und von nicht zu stabilisierenden Bieren über eine gemeinsame Voranschwemmung sind grundsätzlich die zu stabilisierenden Biere zu erst zu filtrieren. Dazu ist auch in der 2. Voranschwemmung die erforderliche Kieselgelmenge anteilig mit vorzulegen. Würde man das nicht zu stabilisierende Bier zu erst filtrieren, würde das stabilisierte Bier danach kolloidal instabile Bierbestandteile beim Durchlaufen der Trubstoffschicht des nicht stabilisierten Bieres wieder aufnehmen und seine Stabilität verschlechtern.

7.2.6 Fließgeschwindigkeit, spezifischer Volumenstrom und spezifisches Filtratvolumen

In Tabelle 41 (Kapitel 7.3.1) sind die Kennwerte für den spezifischen Filtratdurchsatz und das Filtratvolumen einzelner Filtersysteme aufgeführt.

Die Fließgeschwindigkeit im Filter hat einen entscheidenden Einfluss auf die Ausbildung eines gleichmäßigen Filterschichtaufbaus. Eine zu niedrige Fließgeschwindigkeit oder eine minderwertige Filterhilfsmittelqualität können dazu führen, dass es zu Entmischungen der Filterhilfsmittelmischungen an den Anschwemmschichten kommen kann, wie Abbildung 66 zeigt.

1 In der Mehrzahl feine Teilchen
2 In der Mehrzahl grobe Teilchen
3 Erste Voranschwemmung
4 Zweite Voranschwemmung
5 laufende Dosierung
6 Unfiltrat-Eintritt
7 Unfiltratraum
8 Anschwemmschicht
9 Stützfläche
10 Grobe Teilchen
11 Feine Teilchen

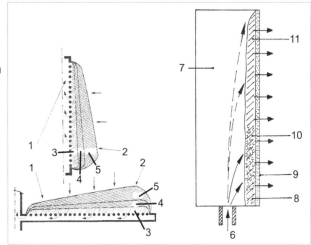

Abbildung 66   Inhomogener Filterschichtaufbau durch Entmischungen

Ein besonderes Problem haben die klassischen Kerzenfilter, bei denen die Fließgeschwindigkeit unterhalb des Kerzenbodens gegen Null geht, wie Abbildung 67 schematisch zeigt. Ein Kieselgurteilchen steigt nur so hoch, bis seine Sinkgeschwindigkeit v_s gleich der Aufwärtsströmungsgeschwindigkeit v ist (s.a. Kap. 7.3.5).

Dieses Problem kann jedoch durch den Einsatz modifizierter Einlaufverteiler im unteren und oberen Kesselbereich (z. B. beim KHS Getra ECO) kompensiert werden.

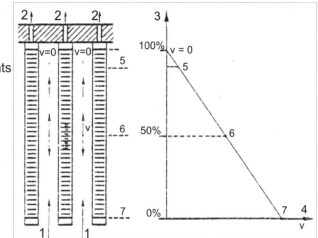

1 Aufwärtsströmung des Unfiltrats
2 Filtrat
3 Kerzenhöhe
4 Aufwärtsströmung zwischen den Kerzen
5 v feine Teichen
6 v grobes Teilchen
7 Anfangsgeschwindigkeit v_0

Abbildung 67 Strömungsverhältnisse im klassischen Kerzenfilter in Abhängigkeit von der Kerzenhöhe

Bei der Bierfiltration mit Anschwemmfiltern hat sich ein spezifischer Filtratdurchsatz von gemäß Tabelle 41 als günstig erwiesen. Höhere spezifische Durchsätze führen meist zu einer schlechteren Klärung und zur Reduzierung der biologischen·Stabilität des Filtrats. Durch die Vermeidung von überhöhten Durchsätzen werden ein geringerer Differenzdruckanstieg, eine längere Standzeit des Filters und eine deutlich höhere Filtratmenge erreicht.

Für den Bereich von 3...5 hL/(m²·h) errechnet sich eine Fließgeschwindigkeit durch die Filterschicht von 5,0...8,3 mm/min (= 0,083...0,138 mm/sec) entsprechend 5...8,3 L/(m²·min). Vermutlich liegt diese Fließgeschwindigkeit in einem Bereich, in dem die weichen, plastischen Trübstoffe noch nicht deformiert werden und dadurch nicht durch die Filterschicht hindurchgespült werden können.

7.2.7 Auswirkungen und Ursachen von Druckstößen

Eine plötzliche Änderung des Volumenstroms während der Bierfiltration hat sowohl bei einer Reduzierung als auch bei einer Erhöhung Auswirkungen auf die Bierqualität und den Differenzdruckverlauf wie Abbildung 68 zeigt.

Jede plötzliche Änderung der Fließgeschwindigkeit des in den Filter einlaufenden Unfiltrates verursacht einen Druckstoß, der:
- die Filterschicht wie einen Schwamm zusammendrückt,
- die Kieselgurbrücken der 1. Voranschwemmung stark belastet und ihr Durchbrechen verursachen kann,
- die Struktur der bereits angeschwemmten Filtrationsschichten verändern kann,
- die in den Filtrationsschichten eingelagerten feindispersen Trubstoffe lockert und bei einer höheren Fließgeschwindigkeit ins filtrierte Bier fördert,

☐ die Trübung des Bieres verschlechtert sich und bei einer Reduzierung der Fließgeschwindigkeit wird die gleichmäßige Anschwemmung der laufenden Dosierung gefährdet (siehe Kapitel 7.2.6).

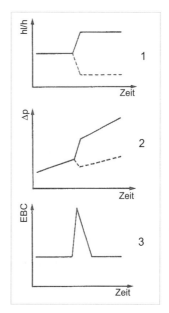

Abbildung 68   Auswirkungen einer Volumenstromänderung auf den Differenzdruckverlauf und einen Trübungsstoß
1 Volumenstromänderung
2 Änderung des Δp
3 Trübungsspitze

Ursachen für Druckstöße können unter anderem sein:
☐ Die in dem eingebundenen Rohrleitungssystem befindlichen Armaturen werden zu schnell betätigt;
☐ Der Pumpendurchsatz wurde plötzlich verändert;
☐ Es fand eine Umstellung von einem leeren ZKT auf einen vollen ZKT auf der Filtereinlaufseite statt;
☐ Es fand eine Umstellung von einem vollen Drucktank auf einen leeren Drucktank auf der Filterauslaufseite statt;
☐ Es wurde eine plötzliche Veränderung des Vorspanndruckes im Filter selbst vorgenommen.

Die Vermeidung von Druckstößen ist bei einer entsprechenden Anlagenplanung möglich (s.a. Kapitel 7.3.2).

7.2.8 Fehlerhafte Differenzdruckverläufe und ihre Ursachen

Abbildung 69 zeigt den Differenzdruckverlauf für einige mögliche Filtrationsfälle und ihre Ursachen.

Klärung und Stabilisierung des Bieres

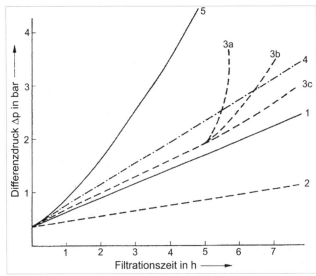

Abbildung 69 Differenzdruckverlauf bei der Anschwemmfiltration
1 idealer Filtrationsverlauf **2** erste Mischung zu grob, Überdosierung oder zu geringer Durchsatz **3a**, **3b** normaler Filtrationsverlauf mit Arbeitsfehler in der 5. Stunde **3c** realer guter Filtrationsverlauf **4** Mischung zu fein oder zu schnelle Filtration **5** Unterdosierung oder zu schnelle Filtration

Folgende weitere Problemfälle können auftreten:
Hoher β-Glucangelgehalt im Unfiltrat

Bereits geringe Mengen β-Glucangel im Unfiltrat verursachen einen exponentiellen Anstieg des Differenzdruckes bis zu einer schnellen Blockierung des Filtervorganges (s.a. Abbildung 70). Weitere Aussagen hierzu siehe Kapitel 3.3.1.

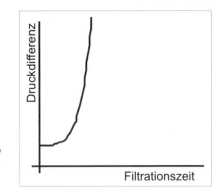

Abbildung 70 Schematischer Differenzdruckanstieg bei Bieren mit β-Glucangel

Sperrschichten und Differenzdruckverläufe

Eine Erhöhung der Durchlässigkeit des Filterkuchens nach dem Aufbringen der 2. Voranschwemmung oder nach einer längeren Laufzeit des Filters durch eine Reduzierung des Feinguranteils ist nicht ratsam. Die größere Porosität des dosierten

Gemisches kann dann feinere Trübungspartikel durchlassen, die dann an der schärfer filtrierenden 2. Voranschwemmung oder an dem bereits gebildeten feineren Trubkuchen im ersten Teil der laufenden Dosierung zurückgehalten werden und dort eine Sperrschicht aufbauen (s.a. die schematische Darstellung in Abbildung 71). Die Erhöhung der Porosität eines Filterkuchens kann am wirkungsvollsten durch eine höhere Kieselgurdosierung erreicht werden.

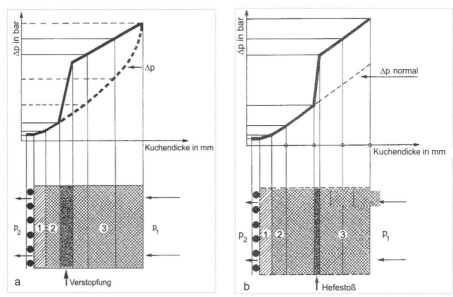

Abbildung 71   Differenzdruckverlauf bei der Entstehung von Sperrschichten durch:
a Zu grobe laufende Dosierung im Vergleich zur 2. Voranschwemmung
b Hefestoß im Verlauf der laufenden Dosierung
1 Erste Voranschwemmung   2 Zweite Voranschwemmung   3 laufende Dosierung

Sperrschichten entstehen auch durch einen plötzlichen, sehr stark erhöhten Trubstoffeintrag, dem nicht durch eine höhere Kieselgurdosage vor dem Einlauf der Trübe in den Filter entgegengewirkt wird. Ein typisches Beispiel ist der durch das Abrutschen des noch an der Konustankwand eines ZKT befindlichen Gelägers verursachte Hefestoß (apparative Gegenmaßnahmen siehe Kapitel 7.3.2).

Bei bereits ausgebildeten Sperrschichten im Filterkuchen, die durch einen verstärkten Trübstoffeintrag, wie z. B. Gelägerhefestöße verursacht wurden, ist eine nachfolgende Erhöhung der Kieselgurdosierung wirkungslos.

7.2.9 Technisch-technologische Filtrationsprobleme und weitere Hinweise für die Verfahrensführung der Anschwemmfiltration

Die Verfahrensführung hat wie die Bier- und Filterhilfsmittelqualität einen entscheidenden Einfluss auf die Effektivität der Bierfiltration. Damit die gestellten Forderungen an das Filtrat (siehe Kapitel 4) und die Effektivität der Anschwemmfiltration erreicht werden, sind die nachfolgend genannten Arbeitsprinzipien einzuhalten, Fehler zu vermeiden bzw. Ursachen für eine fehlerhafte Filtration zu erkennen.

Klärung und Stabilisierung des Bieres

7.2.9.1 Gleichmäßige Dicke des Filterkuchens
Ziel für alle Anschwemmfiltrationen ist die Ausbildung einer gleichmäßigen Anschwemmschicht, die allein für den Filtrationsvorgang verantwortlich ist. Ein optimaler Filtrationseffekt kann nur dann erreicht werden, wenn bei einem vorgegebenen Gemisch von Filterhilfsmitteln und Unfiltrat der Filterkuchen über der gesamten Filterfläche und über den gesamten Filtrationsablauf bei homogener Verteilung von feinen und groben Komponenten ständig gleichmäßig wächst (Bedeutung der gleichmäßigen Voranschwemmung siehe Kapitel 7.2.4). Das gleichmäßige Dickenwachstum eines Anschwemmfilterkuchens kann durch folgende Störfaktoren beeinträchtigt werden, die zum Teil auch konstruktiv bedingt sein können (s.a. z. B. Abbildung 63 und Abbildung 67):

Ursache des ungleichmäßigen Filterkuchens: Nicht optimale Strömungsverhältnisse
In der Nähe von Ein- und Ausläufen gelegene Filterflächen werden bevorzugt durchströmt, dadurch wird eine ungleichmäßige Durchströmung der gesamten Filterfläche verursacht. Dies führt besonders zur ungleichmäßigen Voranschwemmung und zum frühzeitigen Versetzen der Filtermittelträger bzw. zum Trüblaufen des Filtrats. Die Veränderungen können nur konstruktiv durch den Filterhersteller mit Hilfe einer geringfügigen Erhöhung des Strömungswiderstandes (z. B. durch Veränderung der Querschnitte der Einlaufkanäle bei A.-Schichtenfiltern oder durch eine geringere Maschenweite der Gewebe bei A.-Scheibenfiltern) erreicht werden. Beispiele eines ungleichmäßigen Filterschichtaufbaus zeigen Abbildung 66 und Abbildung 72.

Abbildung 72   Beispiel eines ungleichmäßigen Filterschichtaufbaues in einem Anschwemm-Scheibenfilter(Filterhilfsmittelschicht partiell entfernt, Schnittdarstellung)
1 Starke Ablagerung der Kieselguranschwemmschicht (weiß) mit dunkler Gärtrubschicht in der Mitte der Anschwemmscheibe   **2** Ungleichmäßige, zu niedrige Kieselguranschwemmschicht am Rand der Anschwemmscheibe   **3** Siebgewebe mit Kieselgurresten; welliges, schlecht gespanntes Stützgewebe.

Ursache des ungleichmäßigen Filterkuchens: Ungenügende Reinigung
Zu große Strömungswiderstände bei der Anschwemmung können auch durch eine ungenügende Reinigung der Stützgewebe entstehen. Dies kann zu einem Zusetzen des Filtermittelträgers und damit zu einem unbefriedigenden Filterkuchenaufbau führen (siehe Anfänge in Abbildung 73).

Klärfiltration mit FHM

Ein ungenügender Reinigungseffekt kann besonders bei den Kesselfiltern zu einem schwer kontrollierbaren Zusetzen des Filtermittelträgers und damit zu einem ungleichmäßigen Kuchenaufbau führen. Deshalb sollte bei diesen Filtertypen in regelmäßigen Abständen (mindestens vierteljährlich; nach einer meist recht aufwendigen Demontage) eine intensive mechanische Reinigung der Filterhilfsmittelträger vorgesehen werden.

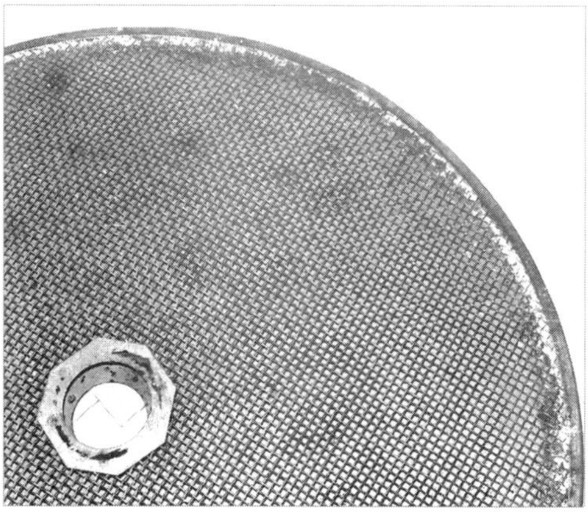

Abbildung 73 Beispiel für einen ungenügend gereinigten Siebboden (Ansicht von unten)

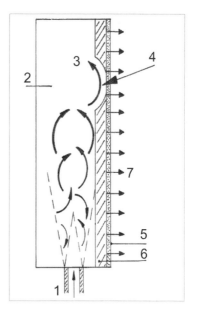

1 Unfiltrat Eintritt v = 1,5 m/s
2 Unfiltratraum
3 Wirbel
4 Turbulenz erzeugt Strömungen parallel zur Anschwemmschicht
5 FHM-Träger
6 Anschwemmschicht
7 Filtrationsgeschwindigkeit 0,15 mm/s

Abbildung 74 Durch Turbulenzen verursachte Abschwemmungen

Ursache des ungleichmäßigen Filterkuchens: Turbulenzen im Filter
Durch Turbulenzen im Unfiltratraum können Ausschwemmungen der Anschwemmschicht verursacht werden. Der Abbau der Bewegungsenergie des Unfiltrates (Eintrittsgeschwindigkeit etwa 1,5 m/s, Filtrationsgeschwindigkeit von 0,08...0,15 mm/s) ist immer mit Wirbelbildungen im Unfiltratraum verbunden (siehe schematische Darstellung in Abbildung 74).

An den Einlaufpartien werden deshalb Leiteinrichtungen (Prall- und Lochbleche) zur Turbulenzverminderung vorgesehen.

Ursache des ungleichmäßigen Filterkuchens: Zu hoher Schwereanteil der Gur

Ein ungleichmäßiger Kuchenaufbau kann auch durch eine verstärkte Sedimentationsneigung der Filterhilfsmittel verursacht werden (siehe Auswirkungen, dargestellt in Abbildung 66). Die richtige Strömung im Unfiltratraum verhindert eine vorzeitige Sedimentation.

Weiterhin muss das Filterhilfsmittel möglichst frei von nicht anschwemmbaren Schwereanteilen sein. Durch den Zusatz von sehr groben, aber gegenüber normalen Grobkieselguren wesentlich leichteren Perliten bei der Voranschwemmung kann man diesen negativen Einfluss oft deutlich mindern.

Die herstellerseitige Vorgabe des Mindestdurchsatzes absolut bzw. spezifisch ist hier zu beachten und nicht zu unterschreiten.

Ursache des ungleichmäßigen Filterkuchens: Unzureichende Filterentlüftung

Eine unzureichende Entlüftung des Filters kann besonders beim Aufbringen der Voranschwemmungen zu einem unbefriedigenden Kuchenaufbau führen (siehe Abbildung 75). Eine gründliche Entlüftung eines jeden Filters vor Beginn der Voranschwemmung ist sowohl zur Vermeidung des schädlichen Sauerstoffeintrages ins Bier als auch für einen gleichmäßigen Kuchenaufbau wichtig. Auch während der Bierfiltration ist für eine ständige Entlüftung bzw. Entgasung des Filters zu sorgen.

Durch ungünstige Strömungsverhältnisse vor dem Filter oder ungünstige Temperatur-Druck-Verhältnisse (z. B. durch Erwärmung des Bieres) kann es im Filter zu einer übermäßigen Entbindung von CO_2 und zum Teil zum Schäumen kommen. Die damit verbundenen unkontrollierbaren Strömungen im Unfiltratraum können einen ungleichmäßigen Kuchenaufbau verursachen (z. B. durch die verstärkte Flotation kleiner Filterhilfsmittelpartikel).

Eine häufige Ursache für eine übermäßige CO_2-Entbindung ist in einer zu langen und im Querschnitt unterdimensionierten Bierzuleitung zur Filterpumpe zu suchen. Die Rohrleitungsdimensionierung muss sichern, dass an keiner Stelle der CO_2-Partialdruck unterschritten wird.

Ursache des ungleichmäßigen Filterkuchens: Störungen im Bierfluss

Störungen und Unterbrechungen des Bierflusses durch die Filterschicht (z. B. durch Fehlschaltungen oder Elektroenergieausfälle) können bei Anschwemmfiltern mit vertikalen Filterflächen zu einem teilweisen Abgleiten der angeschwemmten Filterschicht führen. Auch bei nur geringfügigen Veränderungen der Filterschicht ist bei einem nachfolgenden Wiederanfahren kein befriedigender Filtrationsverlauf mehr zu erreichen (Verstopfen der Filterhilfsmittelträger, Trüblaufen). Der Filtrationsvorgang ist dann zu beenden, und nach einer Reinigung muss neu begonnen werden. Ein A.-Scheibenfilter mit horizontalen Filterscheiben verkraftet dagegen Unterbrechungen relativ gut.

Klärfiltration mit FHM

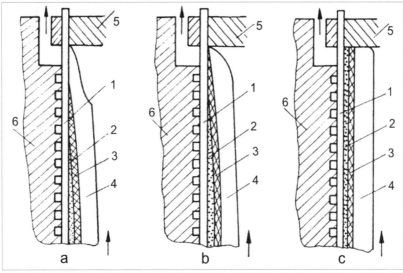

Beurteilung der Anschwemmschicht	a mangelhaft	b genügend	c sehr gut
Ursachen	Sehr schlechte Entlüftung	Entlüftung gut, aber nicht restlos	Restlose Entlüftung
	Ungenügende Anschwemmung	Anschwemmung zufrieden stellend	Anschwemmung vollständig
	Ungenügender Volumenstrom		
	Zu wenig Grobgur		
	Zu hohe Grobgur-konzentration in der Kieselgursuspension		
Biologischer Effekt	ungenügend	ausreichend	sehr gut

Abbildung 75 Abschwemmbilder bei einem Anschwemmschichtenfilter (nach [118])
1 Anschwemmstützschicht **2** Erste Voranschwemmung **3** Zweite Voranschwemmung
4 Laufende Dosierung **5** Filterrahmen **6** Filterplatte

7.2.9.2 Die Durchführung der Voranschwemmung mit filtriertem Bier
Hierzu siehe auch Kapitel 7.4.9.
Die Voranschwemmung sollte grundsätzlich mit entgastem, biologisch einwandfreiem Wasser erfolgen. Die Verwendung von filtriertem Bier sollte nur als Notmaßnahme angesehen werden. Sie senkt zwar den Schwand, hat aber folgende Risiken:
- Gefahr des Einlagerns von Keimen aus dem filtrierten Bier bereits in die 1. und 2. Voranschwemmung;
- Eine stärkere Belastung des zur Voranschwemmung verwendeten Bieres mit Sauerstoff;
- Beim Einsatz von Kieselgel und PVPP in der 2. Voranschwemmung kann eine Überstabilisierung dieser Biercharge erfolgen;

Klärung und Stabilisierung des Bieres

- Es besteht die Gefahr der durch die größere Kieselgurkonzentration verursachten geschmacklichen Veränderung des zur Anschwemmung verwendeten Bieres.
- Durch das Herauslösen von Eisenionen aus dem FHM (z. B ermittelte Erhöhung der Fe-Konzentration von 0,09 mg Fe/L-Bier auf 0,38 mg Fe/L-Bier nach der Voranschwemmung) kann der oxidationsfördernde Eisengehalt des Bieres erhöht werden.
- Es kommt zu einer deutlichen Erwärmung des für die Voranschwemmung verwendeten Bieres (z. B. > 5 K).

Deshalb erfordert die Voranschwemmung mit filtriertem Bier als Voraussetzung ein sehr gutes, keimfreies kaltes Filtrat, das Arbeiten mit CO_2 als Spanngas in einem Ansatzbehälter unter Überdruck, die Zwischenstapelung und den nachfolgenden Verschnitt dieses Bieres.

7.2.9.3 Die Durchführung der Voranschwemmung mit Heißwasser

Eine elegante und zeitsparende Arbeitsweise bei dem Aufbringen der Voranschwemmung ist die Kombination von Heißwassersterilisation und Voranschwemmung bei A.-Scheibenfiltern durch die Benutzung von Heißwasser (70°C, sauerstofffrei) für die Voranschwemmung. Bei horizontalen Filterflächen kann diese Kombination von Sterilisation und Voranschwemmung bereits am Ende der Filtration des Vortages erfolgen [119]. Eine Wiederverwendung des Heißwassers ist möglich. Wassereinsparungen bis zu 70 % sind möglich.

Allerdings kann es evtl. im Falle einer Heißanschwemmung am Vortag durch die Abkühlung der Anlage und des Kieselgurkuchens zu einer Rissbildung kommen.

7.2.9.4 Vor- und Nachlaufanfall und -verwertung

Hierzu siehe auch Kapitel 7.4.9.

Der in dieser Hinsicht günstige Filtertyp ist ein Anschwemmfilter mit horizontalen Filterflächen, der nach dem Aufbringen der Voranschwemmung mit Wasser eine Verdrängung dieses Wassers mit CO_2 ermöglicht, ohne dass die Anschwemmschicht beschädigt wird. Nach dem Auffüllen dieses Kesselfilters mit dem Unfiltrat von unten und nach kurzem Kreislauf bis zum Erreichen der gewünschten Klarheit kann die vorlauffreie Filtration beginnen. Bei den anderen Filtertypen muss das zum Aufbringen der Voranschwemmung verwendete Wasser durch Bier verdrängt werden. Hier fällt durch Vermischungen ein Bier-Wasserverschnitt an, der so genannte Vorlauf.

Bei Beendigung der Filtration sind die Filtersysteme zu entleeren. Dies kann durch Zurückdrängen des Unfiltrats mit CO_2 in den Lagertank oder einen Resttank bzw. den Unfiltrat-Puffertank unter Beachtung der mikrobiologischen Situation des Betriebes erfolgen. Auch die Restfiltration beim Anschwemmscheibenfilter bzw. die Verdrängung des Bieres mit Wasser (z. B. beim A.-Schichtenfilter und A.-Kerzenfilter) sind möglich. Der dabei anfallende Verschnitt ist der Nachlauf. Bei der Verwendung von völlig entgastem Wasser kann der Vor- und Nachlauf komplett aufgefangen und beim HGB dem zu filtrierenden Bier vor dem Filter entsprechen der gewünschten Stammwürze beigedrückt werden.

Das Berechnungsbeispiel in Tabelle 40 zeigt, dass es sich auch beim Horizontalscheibenfilter lohnt, das Bier mit sauerstofffreiem Wasser zu verdrängen und den gesamten Vor- und Nachlauf aufzufangen und dem Unfiltrat diese Mischphase geregelt beizudrücken.

Tabelle 40   Berechnungsbeispiel für den Bierverlust in hL/Charge in Abhängigkeit von der Arbeitsweise

Filteranlage: Horizontalscheibenfilter mit einer Filterfläche von A = 50 m²,
Durchsatz: 300 hL/h mit einer Filtratmenge von V = 2500 hL
Gesamtkieselgurverbrauch incl. Voranschwemmung: 145 g/hL = 362,5 kg/2500 hL

Teilposition	Verdrängen des Bieres mit O_2-freiem Wasser	Leerdrücken mit CO_2
Nicht verwertbarer VL [1])	1,2	0
Nicht verwertbarer NL [1])	1,2	0
Bier im Filterkuchen [2])	0	10
Bier im Filter	0	0,5
Gesamtbierverlust/Charge	2,4	10,5

[1]) Nicht verwertbarer Vor- (VL) und Nachlauf (NL) nur bei Brauereien ohne High-gravity-brewing

[2]) 1 kg Kieselgur hat als Schlamm ein Volumen von ca. 3,7 L, bei 362,5 kg ergibt sich ein Gesamtvolumen des Kieselgurschlammes von 13,4 hL mit einem Trockensubstanzgehalt von ca. 25 %. Daraus ergibt sich ein Biermenge in diesem Kieselgurschlamm von ca. 10 hL.

Eine Nichtverwertung von Vor- und Nachlauf würde einen nicht zu akzeptierenden Schwand verursachen. Allein beim Vorlauf werden bei der Verdrängung von Wasser durch Bier nach [120] je nach Filtertyp 5...15 min Filtrationszeit benötigt ehe die Originalstammwürzekonzentration annähernd zu 100 % erreicht ist (siehe Abbildung 76).

Zur Vermeidung von größeren Bierverlusten haben sich hier Kontrollsysteme, die den Konzentrationsverlauf bei der Filtration objektiv erfassen, bewährt (siehe Kapitel 17).

Die Vor- und Nachlaufbehandlung erfordert eine besondere Sorgfalt, um Qualitätsschäden zu vermeiden. Vor- und Nachlauf sind auch bei sorgfältiger Handhabung durch den Wasseranteil in ihrem Kolloidgefüge nicht normal (Erwärmung, pH-Wertverschiebung, Herauslösen von Inhaltsstoffen aus der Filterschicht beim Nachlauf).

Bei mit Sauerstoff belastetem Wasser ist ein einfaches Beidrücken des Vor- und Nachlaufes zum Unfiltrat der laufenden Filtration, ohne dieses Bier-Wasser-Gemisch vorher aufzukräusen und zu lagern, nicht qualitätsgerecht.

Eine vor- und nachlauffreie Filtration verringert in jedem Fall den Schwand um etwa 0,4 % und vermeidet zusätzliche Manipulationen des Bieres. Allerdings enthält ein mit CO_2 leer gedrücktes Filter in seinen Elementen und im Trubkuchen noch rund 70 % Bier. Ausschieben (Verdrängen) mit sauerstofffreiem Wasser erfasst diese Biermengen wesentlich besser.

Klärung und Stabilisierung des Bieres

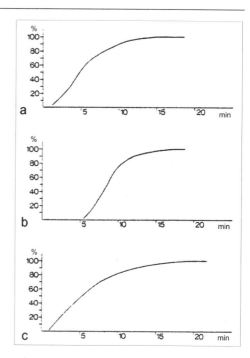

Abbildung 76 Typische Verschnittkurven des Biervorlaufes nach [120]
a A.-Schichtenfilter
b A.-Kerzenfilter
c A.-Scheibenfilter

7.2.9.5 Vermeidung der Sauerstoffaufnahme bei der Bierfiltration
Hierzu siehe auch die Kapitel 7.4.8 und 15.

Jeder Sauerstoffeintrag in das Bier während der Bierfiltration wirkt sich im Vergleich zu den vorhergehenden Prozessstufen noch wesentlich schädlicher auf die Bierqualität aus. Um bei der Filtration einen Sauerstoffeintrag von weniger als 0,01 mg O_2/L-Bier zu sichern, sind folgende Maßnahmen erforderlich:

- Vermeidung des Gaseinzuges beim Leerwerden der Lagergefäße (z. B. durch einen schnell schließenden, selbsttätigen Verschneidbock oder Ventilknoten mit Doppelsitzventiltechnik);
- Luft als Spanngas sollte in der Regel ausgeschlossen werden;
- Völlige Entlüftung aller Rohrleitungen und Behälter (Filter) vor dem Anfahren durch sauerstofffreies, entgastes Wasser oder Spülung mit CO_2;
- Grundsätzlicher Einsatz von sauerstofffreiem Wasser für die Ansatzbereitung und für das Ausschieben des Filters;
- Eine ständige Überwachung der Entlüftungsarmaturen während der Filtration;
- Beseitigung von Luftsäcken in Leitungssystemen;
- Sachgerechte Rohrleitungsinstallation mit Entlüftungsarmaturen;
- Vermeidung von Querschnittsverengungen;
- Ausreichend hoher Flüssigkeitsdruck vor der Filterpumpe zur Verhinderung von CO_2-Entbindungen und Vermeidung von Lufteinzug;
- Verwendung von Inertgas (CO_2, N_2) zum Vorspannen und Leerdrücken der Rohr- und Behältersysteme;
  Ausreichende Reinheit des inerten Spanngases
  CO_2 > 99,9985 % zur Be- und Entgasung.

❏ Entlüftung der Kieselgursuspension im Dosiergefäß durch ausreichende Begasung mit CO_2;
❏ Kein Beidrücken von sauerstoffreichem Vor- und Nachlauf;
❏ Verwendung von Auslaufscheiben und Prallblechen bei den Drucktanks zur Vermeidung der Fontänenbildung und von Auslaufwirbeln („Trombenbrecher").

Einschätzung
Wesentliche Beiträge zur Entwicklung und Darstellung der jetzt schon als klassische Filtrationstechnologie anzusehenden Kieselgur-Anschwemmfiltration leisteten unter anderem die ehemaligen deutschen Firmen *Enzinger* [121], [122], *Seitz* (jetzt *KHS*) und *Schenk* [119], [123], [124], [125] sowie die Firma *Filtrox* (CH) [116], [120], [126] und eine Reihe von Brauereiexperten (wie z. B. [118]).

7.3 Anlagen für die klassische Klärfiltration
7.3.1 Allgemeine Hinweise
Von den vielen möglichen Filterbauformen werden zur Bierfiltration nur Anschwemmfilter mit diskontinuierlicher Filterkuchenabnahme genutzt. Es sind Druckfilter.
Eine mögliche Einteilung der Anschwemmfilter-Bauformen zeigt Abbildung 77.

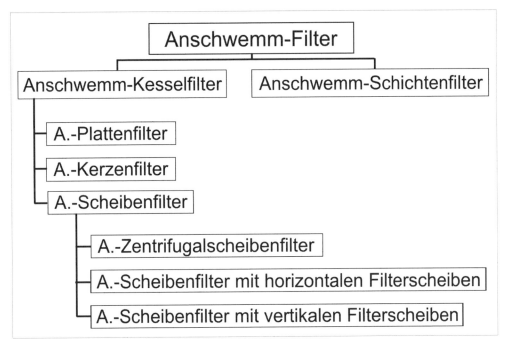

Abbildung 77 Anschwemmfilter-Bauformen
A.-Plattenfilter (mit rechteckigen Filterelementen) werden nur noch vereinzelt eingesetzt, ebenso A.-Scheibenfilter mit vertikal angeordneten Filterscheiben.

Klärung und Stabilisierung des Bieres

Abbildung 78 Anschwemmfilter mit vertikalen Filterscheiben aus der Anfangszeit der Anschwemmfiltration (Typ Herkules, Fa. Seitz-Werke / D)

Das Filter aus Abbildung 78 musste zum Austrag des Filterkuchens geöffnet werden. Die Vor- und Nachteile der einzelnen Bauformen sind in Tabelle 42 zusammengestellt.
Tabelle 41 zeigt die spezifischen Kennwerte der klassischen Anschwemm-Filterbauformen, neuere Entwicklungen siehe Kapitel 7.4.7.

Tabelle 41 Kennwerte verschiedener Anschwemm-Filterbauformen bei der Bierfiltration

Bauform	Spezifischer Filtratvolumenstrom in hL/($m^2 \cdot$ h) **)	Spezifischer Filtratdurchsatz in hL/m^2-Filterfläche
A.-Schichtenfilter	3...3,5	30...50 (60) *)
A.-Kerzenfilter (klassisch)	4...6	25...45 (60) *) ***)
A.-Zentrifugal-Scheibenfilter	4...6	25...45 (60) *)

*) bei gut filtrierbaren Bieren; bei mit einem Separator vorgeklärten Bieren kann dieser Wert noch übertroffen werden.
**) siehe auch Kapitel 7.4.7
***) der Kerzenfilter übertrifft i.d.R. den Horizontalfilter.

Natürlich ist der spezifische Filtratdurchsatz eine Auslegungsfrage. Filter für generell schwer filtrierbare Biere können mit einer größeren Filterfläche installiert werden, also für einen geringeren spezifischen Filtratvolumenstrom ausgelegt werden.

Tabelle 42   Vor- und Nachteile verschiedener Anschwemmfilterbauformen

Bauform	Vorteile	Nachteile
A.-Schichtenfilter	- relativ unempfindlich gegen Druckschwankungen, - große Filtratkapazität, - Filterkuchen relativ fest beim Austrag, - relativ großer Trubraum ist möglich - robuste Ausführung, nur geringer Wartungs- und Instanthaltungsaufwand - relativ unanfällig gegenüber Störungen	- erheblicher manueller Aufwand bei der Regenerierung (Austrag der FHM, Reinigung), - Sterilisation energetisch aufwendig; - bis auf die automatische CIP-Reinigung nur bedingt automatisierbar (Kap. 7.3.3.1), - relativ große Mischphase bei Sortenwechsel - hohe Betriebskosten - längere Rüstzeiten, ≤ 60 min sind erreichbar - erhöhter Platzbedarf
A.-Kerzenfilter	- Automatisierbar, - relativ großer spezifischer Filtratdurchsatz, - optimierte FHM-Ausnutzung, - pastöser Austrag der FHM ist möglich, - statisches System mit dem geringsten Wartungsaufwand - relativ störungsunanfällige Verfahrensweise und Konstruktion, - relativ geringe Investitionskosten (im Vergleich zum Horizontalfilter), - niedrige Rüstzeiten (im Vgl zum Horizontalfilter)	- Restfiltration nicht möglich (Bedarf in der Regel einer Vorlauf-/Nachlauf Wirtschaft)
A.-Zentrifugal-Scheibenfilter	- Automatisierbar, - Filtrationsunterbrechung ist unproblematisch, - schneller Austrag der FHM, - relativ einfache Restfiltration, - relativ geringe Mischphase bei Sortenwechsel	- erhöhter mechanischer Aufwand für den Antrieb des Filterpaketes, anspruchsvolle Konstruktion, - dynam. Kräfte treten auf, - erhöhter Wartungsbedarf; durch konstruktive Weiterentwicklung Aufwand überschaubar und wirtschaftlich nutzbar - höhere Investitionskosten, - Trubraumvolumen bis zu 11 kg/m^2
A.-Scheibenfilter mit horizontal angeordneten Filterscheiben		- FHM-Austrag erfordert relativ viel Spülwasser

7.3.2 Anschwemmfilteranlagen

In Abbildung 79 ist schematisch eine Filteranlage dargestellt. Der eigentliche Filter ist aus Gründen der Vereinfachung nur als „Black box" ausgewiesen (s.a. Kapitel 7.3.3).

Der Puffertank für Unfiltrat soll die Pumpen (Pos. 2 und 3) „entkoppeln", der Puffertank für Filtrat soll Rückwirkungen der Filtratpumpe auf die Filteranlage verhindern. Er ermöglicht es, das Druckniveau am Filterauslauf konstant zu halten (geringfügig über dem CO_2-Partialdruck im Filtrat).

Der Puffertank für Unfiltrat ist außerdem für die Vergleichmäßigung (Homogenisierung) des Unfiltrates sinnvoll, in dem mögliche „Hefestöße" kompensiert werden und eventuelle Gasblasen abgeschieden werden. Darüber hinaus kann durch die Vorratshaltung im Puffertank die Filtration bei Störungen im Lagerkeller für eine begrenzte Zeit (abhängig vom Puffertankvolumen) aufrechterhalten werden. Der Füllstand im Puffertank wird von einem Regelventil (veraltet) oder der frequenzgeregelten Pumpe konstant gehalten.

Die Filtratpumpe ist unter Umständen entbehrlich, falls das Druckniveau nach dem Filter zur Füllung eines Drucktanks ausreicht. Bei der Füllung stehender Drucktanks muss diese Pumpe aber den stetig steigenden statischen Druck kompensieren (es ist eine relativ steile Pumpenkennlinie erforderlich).

Die Unfiltratpumpe kann unter Umständen ebenfalls entfallen, wenn gesichert werden kann, dass das Unfiltrat mit nahezu konstantem Druck dem Puffertank zuläuft. Das ist bei ZKT in der Regel nicht der Fall! Bei einem gefüllten ZKT muss die Pumpe noch nicht fördern (s.a. Abbildung 80).

Die frequenzgeregelte Filterpumpe (Pos. 3) sichert einen relativ konstanten Volumenstrom auch bei steigendem Filtereinlaufdruck infolge des ansteigenden Filterwiderstandes.

Hinweis: In dem Schema (Abbildung 79) sind nicht mit dargestellt (s.a. Kapitel 7.4):
- Vor- und Nachlauftank;
- Eine eventuell benötigte Anlage für die Stabilisierung des Bieres;
- Eine eventuell erforderliche oder vorhandene Anlage für die Wasserentgasung;
- Die Anlage für die Bereitstellung der Filterhilfsmittel;
- Eine Anlage zur Nachcarbonisierung;
- Eine eventuell benötigte Verschnittanlage (High-gravity-brewing),
- Die Nebenanlagen, z. B. für die Filterrückstandsbeseitigung

Die Konstantdruckregelung des Unfiltrates

Ziel muss es sein, das Unfiltrat mit möglichst konstantem Druck am Einlauf des Unfiltratpuffertanks bereitzustellen, ohne dass es zur Unterschreitung des CO_2-Sättigungsdruckes kommen kann.

Aus Abbildung 80a ist ersichtlich, dass der Druck am Behälterauslauf bei der Entleerung stetig abnimmt. Bei einem leeren Behälter liegt nur noch der Spanngasdruck an. Dieser reicht, in Abhängigkeit vom Druckverlust der Rohrleitung, nur bedingt aus, um die Filterpumpe zu beschicken, ohne dass der CO_2-Sättigungsdruck unterschritten wird.

Klärfiltration mit FHM

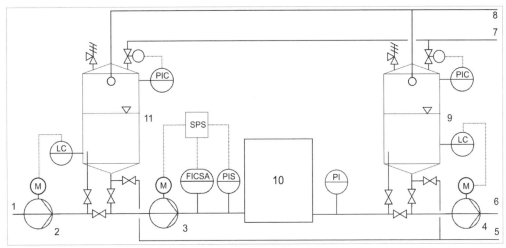

Abbildung 79 Anschwemmfilteranlage, schematisch
1 Unfiltrat **2** Unfiltratpumpe **3** Filterpumpe **4** Filtratpumpe **5** CIP-Rücklauf **6** Filtrat zum Drucktank **7** CO_2 **8** CIP-Vorlauf **9** Filtrat-Puffertank **10** Filteranlage mit Dosieranlage **11** Unfiltrat-Puffertank

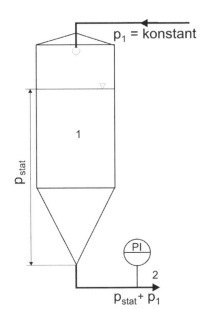

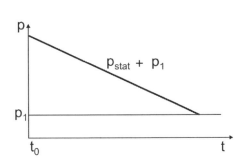

Abbildung 80 a Druckverlauf bei Entleerung eines stehenden Behälters (z. B. ZKT), schematisch
1 Behälter **2** Auslauf t = Zeit p_1 = Gasdruck p_{stat} = statischer Druck der Flüssigkeitssäule

Alternativ muss also eine Pumpe den Druckverlust kompensieren (Abbildung 80b). Ein Problem kann entstehen, wenn der statische Druck der Flüssigkeitssäule des vollen Behälters größer ist als der benötigte Druck am Einlauf des Unfiltratpuffertanks. Eine Erhöhung des Puffertankdruckes ergibt keine oder nur bedingt eine Lösung, da dann auch der Druck nach der Filterpumpe steigen würde. Die Pumpe darf dann erst mit der Förderung beginnen, wenn der Druck vor der Pumpe (3) den Sollwert des Unfiltratpuffertanks unterschritten hat.

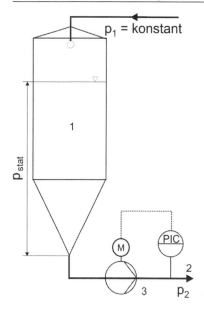

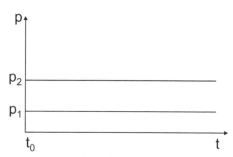

Abbildung 80 b Druckverlauf bei Entleerung eines stehenden Behälters mit Pumpe, schematisch
1 Behälter **2** Auslauf **3** Pumpe
p_1 = Gasdruck p_{stat} = statischer Druck der Flüssigkeitssäule $p_2 \geq p_1 + p_{stat}$

Abbildung 80 c Entleerung eines stehenden Behälters mit Pumpe, schematisch.
Variante mit zusätzlichem Stellventil
Der Solldruck p_2 wird durch das Drosselventil 4 auf einen Wert begrenzt, bis gilt $p_2 = p_1 + p_{stat}$ (die Pumpe läuft noch nicht). Erst danach wird der Solldruck durch die Pumpe gesichert.

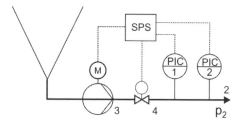

Abbildung 80 d Entleerung eines stehenden Behälters mit Pumpe, schematisch.
Variante mit zusätzlichem Stellventil mit Rückführung
Diese Variante war sinnvoll, als für die Pumpe noch kein Frequenzumrichter verfügbar war.

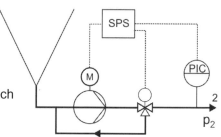

Der Fall des nicht „passenden" Druckes tritt bei sehr vielen ZKT-Entleerungsfällen auf, weil der Druck am ZKT-Auslauf beim Beginn der Entleerung fast immer zu hoch ist und am Ende im Allgemeinen zu niedrig.

Aus Abbildung 80c ist eine Lösung ersichtlich, bei der die Unfiltratpumpe (3) erst dann zu fördern beginnt, wenn der statische Druck durch Drosselung genügend weit gesunken ist. Die in Abbildung 80d dargestellte Lösung ist historisch zu sehen, als es noch keine Möglichkeiten der Frequenzregelung der Pumpe gab.

Zur Gestaltung der Puffertanks

Das Volumen des Unfiltratpuffertanks soll möglichst groß sein. In der Regel soll der Tank das Volumen für 20...30 min Filtrationsdauer bevorraten um zu verhindern, dass die Filteranlage als Folge von Betriebstörungen bei der Bereitstellung des Unfiltrats unverzüglich in den Kreislauf schalten muss. Bei einer vorgeschalteten Eiweißstabilisierungsdosage wird durch dieses entsprechende Volumen auch eine ausreichende Kontaktzeit des Stabilisierungsmittels sichergestellt.

Damit wird die ausgleichende Funktion bezüglich von Trübstoffspitzen verbessert. Diese Funktion kann beim Einsatz von Separatoren zur Vorklärung in der Regel vernachlässigt werden. Für eine reine Entkoppelungsfunktion reicht ein Volumen von etwa 1...1,5 hL vollständig aus, unter der Bedingung, dass der Durchmesser nur etwa 250... 300 mm beträgt.

Der Filtratpuffertank kann ebenfalls mit kleinem Volumen ausgelegt werden. Dabei ist natürlich zu beachten, dass dann eine Ausgleichsfunktion, z. B. gegenüber Stammwürzeschwankungen (z. B. resultierend aus Verdünnungen durch die FHM-Dosierung), nicht mehr gegeben ist. In solchen Fällen sollte also das Filtrat nicht direkt einer Füllmaschine zugeführt werden. In der Regel ist es ausreichend, die Ausgleichsfunktion dem nachgeschalteten Drucktank zuzuordnen.

Bei einer der Filteranlage nachgeschalteten Carbonisieranlage mit eventueller Stammwürzeeinstellung entkoppelt der Filtratpuffertank die Druckerhöhungspumpe vom Filterauslauf.

Die Ausführung mit getrenntem Ein- und Auslauf (Abbildung 79) besitzt Vorteile bei der Entkoppelung und möglichen Gasabscheidung und ist einer Ausführung mit einem gemeinsamen Ein- und Auslauf vorzuziehen.

Bezüglich der Anordnungsmöglichkeiten der Ein- und Auslaufstutzen eines Puffertanks gibt es folgende Optionen:
- seitlicher Einlauf auf 1/3 des Behältervolumens, zentraler Auslauf;
- zentraler Einlauf und seitlicher Auslauf auf 1/3 des Behältervolumens;
- zentraler Einlauf, zentraler Auslauf, im Tankinneren durch Prallblech oder Einlaufarmaturen zur Strömungsführung getrennt.

Der Behälter muss verfügen über:
- Spanngasarmaturen;
- Sicherheitsarmaturen für Über- und Unterdruck;
- Sensoranschlüsse für Druck und Füllstand;
- Füllstandsanzeige;
- Armatur für Gasablas;
- CIP-Armatur;
- Isolierung (optional);
- Probeentnahmestellen am Behälter oder dessen Auslauf.

Die Puffertanks müssen sich bei der Inbetriebnahme der Anlage vor der Füllung mit Unfiltrat bzw. Filtrat in sauerstofffreiem Zustand befinden. Im einfachsten Fall werden sie mit dem gesamten Rohrsystem vom ZKT-Auslauf bis zum Drucktankeinlauf mit CO_2 gespült.

Die Füllung mit entgastem Wasser ist möglich, aber mit wesentlich größerem Aufwand und Kosten verbunden.

Vor- und Nachlauftank

In dem vereinfachten Schema in Abbildung 79 ist ein Vor- und Nachlauftank aus Gründen der Übersichtlichkeit nicht mit dargestellt. Ein solcher Behälter sollte jedoch zur Filteranlage dazu gehören. In ihm können der Vor- und Nachlauf (Bier mit geringerer Stammwürze) zwischengestapelt werden und während der laufenden Filtration wieder dosiert werden. Die Dosierung erfolgt im einfachsten Fall als Funktion der Zeit (bzw. mengenproportional zum Unfiltratvolumenstrom) oder, bei vorhandener Ausrüstung, konzentrationsabhängig.

Der Vor- und Nachlauftank kommt im Allgemeinen mit einem gemeinsamen Ein- und Auslauf aus. Möglich ist aber auch die Variante mit getrennten Anschlüssen, wie im Beispiel der Puffertanks in Abbildung 79 dargestellt.

Der Behälter muss verfügen über:
- Spanngasarmaturen;
- Sicherheitsarmaturen für Über- und Unterdruck;
- Sensoranschlüsse für Druck und Füllstand;
- Füllstandsanzeige;
- CIP-Armatur;
- Probeentnahmestellen am Behälter oder dessen Auslauf.

Die Größe des Tanks ist abhängig von der zu erwartenden Verschnittmenge der installierten Filtrationstechnologie. Es ist in der Regel üblich, die Verschnittmengen im Bereich von 20 bis 90 % der Originalstammwürze im Vorlauf-/Nachlauftank aufzufangen.

Der Tank muss vor der Inbetriebnahme frei von Sauerstoff sein (s.o.).

Je nach Aufstellungsort kann eine Wärmedämmung sinnvoll sein, insbesondere wenn der Tank zwischen 2 Filtrationen stets mit Nachlauf befüllt ist (z. B. auch über das Wochenende). Ggf. sollte der Behälter gekühlt werden oder in einem gekühlten Raum aufgestellt werden.

7.3.3 Anschwemmfilter

Bei der Anschwemmfiltration werden als Filtermittel Anschwemmschichten aus Filterhilfsmitteln (FHM) eingesetzt, die auf einen Filtermittelträger aufgebracht werden. Die Filterhilfsmittel (s.a. Kapitel 13) werden als sogenannte Grundanschwemmung angeschwemmt und bilden das Filtermittel. Während der Filtration werden weitere FHM dosiert.

Nachfolgend werden einige Anschwemmfilter-Bauformen bzw. -Ausführungen vorgestellt. Bedingt durch die solide Apparategestaltung und die geringe mechanische Verschleißanfälligkeit besitzen die Filteranlagen eine relativ lange „Lebensdauer". Wesentliche Verschleißteile sind vor allem die elastischen Dichtungen, die sich relativ problemlos erneuern lassen. Filteranlagen unterliegen also nur einem geringen „moralischen" Verschleiß und lassen sich mit geringem Aufwand modernisieren.

Zu den Arbeitsabläufen mit Anschwemmfiltern wird auf Kapitel 7.2 bis 7.4 verwiesen.

Bei der laufenden Filtration soll die Porosität (Permeabilität) des sich bildenden Filterkuchens durch die laufende Dosierung der FHM gesichert werden.

Die Filtration muss beendet werden, wenn:
- der Trubraum des Filters erschöpft ist oder/und
- der zulässige Betriebsdruck der Anlage und die minimale nutzbare Ausbringmenge (hL/h) erreicht wurde.

Auf einen wesentlichen Zusammenhang muss an dieser Stelle hingewiesen werden:

> Sobald bei einer Anschwemmfiltration die Dosierung des FHM zu gering war bzw. der Gehalt an Trübstoffen („Hefepfropfen") sprunghaft gestiegen ist, bildet sich eine Schicht mit einem größeren Filterwiderstand aus.
> Eine nachträgliche Erhöhung der Dosierung kann dieses Ereignis nicht kompensieren oder rückgängig machen.
> Die Folge ist ein erhöhter Druckanstieg und damit ist das vorzeitige Ende des Filtrationszyklus vorbestimmt.

Eine optimale, wirtschaftliche Filtration ist dadurch gekennzeichnet, dass beide oben erwähnten Abbruchbedingungen zur gleichen Zeit erreicht werden (maximaler Betriebsdruck und maximales Trubvolumen).

Anschwemmfilter in der Brau- und Getränkeindustrie sind Anlagen für die diskontinuierliche Filtration. Die Filter werden immer unter Überdruck betrieben. Deshalb gehört zu *jedem* Filter auch eine Sicherheitsarmatur, die die Anlage vor einem unzulässigen Betriebsüberdruck absichert.

Die Filtration soll angenähert mit konstantem Volumenstrom erfolgen (s.a. Kapitel 7.4 und 7.6), der Filterkuchenrückstand wird diskontinuierlich entfernt.

Bei der Festlegung der Filtergröße muss die Rüstzeit beachtet werden. Es kann sinnvoll sein, statt eines großen Filters zwei kleinere zu installieren. Ein Filter ist dann in Produktion während der andere regeneriert wird. Damit ist dann eine quasikontinuierliche Filtration möglich (s.a. Kapitel 20).

7.3.3.1 Anschwemm-Schichtenfilter

Filtermittel ist eine Anschwemmschicht, die auf einen Filtermittelträger, die sogenannte Stützschicht, aufgebracht wird (s.a. Kapitel 13). Zuerst wird eine Grundanschwemmung aufgebracht. Während der laufenden Filtration wird zum Unfiltrat kontinuierlich ein FHM dosiert.

Die FHM werden als Suspension angesetzt und bevorratet (s.a. Kapitel 7.3.6). Aus Tabelle 43 sind Dosagemengen des FHM ersichtlich.

Tabelle 43   Dosagemenge bei Anschwemmfiltern

Filterbauform	Grundanschwemmung in g/m^2-Filterfläche	laufende Dosierung in g/hL	Trubraum in L/m^2-Filterfläche
A.-Schichtenfilter	800…1200	80…120 *)	≤ 20
A.-Kerzenfilter	800…1000		≤ 40
A.-Scheibenfilter	800…1200		≤ 40

*) die laufende Dosierung kann erheblich von den genannten Durchschnittswerten abweichen, je nach Trubstoffbelastung und -zusammensetzung („Filtrierbarkeit des Unfiltrats").

Klärung und Stabilisierung des Bieres

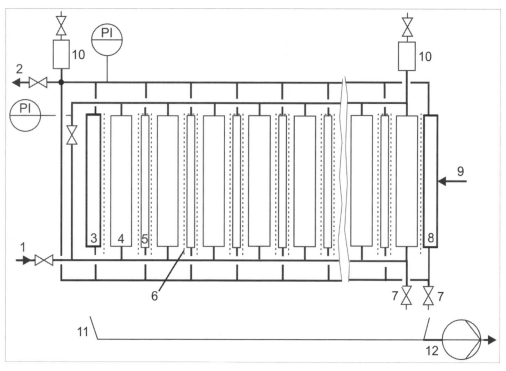

Abbildung 81   Anschwemm-Schichtenfilter, schematisch
1 Unfiltrat   **2** Filtrat   **3** Gestellplatte, fest   **4** Filterrahmen   **5** Filterplatte   **6** Filter-Stützschicht   **7** Restentleerung   **8** Druckplatte, beweglich   **9** Spannkraft   **10** Entlüftungslaterne   **11** Sammelmulde für Filterrückstand   **12** Dickstoffpumpe

Schematischer Aufbau und Funktion

A.-Schichtenfilter sind an sich Kammerfilter bzw. Filterpressen einer speziellen Bauart. In einem Gestell werden abwechselnd Rahmen und Platten eingehängt und gespannt. Rahmen und Platten werden durch Filterschichten gegeneinander abgedichtet. Die Filterschichten werden beidseitig über die Rahmen gelegt.

Filtermittel ist die Filterschicht (Faltschicht), die aber nur als Filtermittelträger einer Anschwemmschicht (Voranschwemmung) fungiert und das Filterhilfsmittel, das dem Unfiltrat laufend zudosiert wird. Abbildung 81 zeigt den schematischen Filteraufbau eines A.-Schichtenfilters, Abbildung 82 eine ausgeführte Anlage aus den 1980er Jahren. Die Abbildung 87 zeigt einen relativ modernen A.-Schichtenfilter, Abbildung 88 zeigt eine Filter mit Faltschichten als Stützschicht.

Der maximale Betriebsdruck der A.-Schichtenfilter beträgt $p_{ü} \leq 6$ bar, zum Teil auch $p_{ü} \leq 8$ bar. Ist dieser Druck erreicht, muss das Filter regeneriert werden.

Klärfiltration mit FHM

Abbildung 82   Anschwemm-Schichtenfilter (rechts) der Fa. Filtrox (CH) in klassischer Ausführung, links ein Schichtenfilter zur Nachfiltration

Wichtige Baugruppen, Werkstoffe
Gestell, Gestellplatte, Druckplatte: in der Regel eine Baustahlkonstruktion mit einer allseitigen CrNi-Stahl- bzw. CrNiMo-Stahl-Verkleidung. Teilweise wurden Gussplatten (Stahlguss, Leichtmetallguss) auch mit Epoxidharzen beschichtet.
In die feste Gestellplatte werden die Zu- und Ablaufkanäle integriert, sie werden durch Entlüftungslaternen abgeschlossen. Die lose Gestellplatte beinhaltet die Verbindungskanäle der Kanalaugen und ist ebenfalls mit Entlüftungslaternen ausgerüstet. An der losen Gestellplatte können bei Bedarf auch Zu- und Abläufe integriert werden (nachteilig: beim Öffnen des Filters müssen die Rohrleitungen getrennt werden).
Die feste Gestellplatte und die Spindeltraverse werden über einstellbare Kalottenfüße und Standplatten (mit Elastomeren belegt oder als Edelstahl-Fliese integrier bar) abgestützt.

Filterplatten: Es dominierte in der Vergangenheit Edelstahl Rostfrei®. Die Platten werden als Schweißkonstruktion gefertigt. Das Traggerüst wird mit Lochblechen abgedeckt. Teilweise wurden auch Füllkörper aus Kunststoff eingesetzt.
Seltener wurden massive Leichtmetalllegierungen mit Beschichtung benutzt. Moderne Filterplatten werden auch aus massivem Kunststoffen gefertigt, z. B. aus Polyphenylenoxid (PPO; Noryl®) oder Polypropylen (PP).
Die über die Platten gelegte Stützschicht übernimmt gleichzeitig die Abdichtung zwischen Rahmen und Platten (s. Abbildung 83, Abbildung 87 und Abbildung 88). Die moderne HFK-Platte zeigt Abbildung 84. Ihr geringes Volumen sichert geringere Restmengen und weniger Verluste und Verschnittmengen sowie kürzere Filterpakete.

Filterrahmen: Hierfür dominiert Edelstahl Rostfrei®. Es werden Schweißkonstruktionen mit entsprechenden Versteifungen benutzt; der Rahmen selbst kann auch gegossen sein.

Die Filterplatten und -rahmen (s.a. Abbildung 83) werden seitlich mit Auflagen oder Halteblechen ausgerüstet, mit denen sie auf den Tragholmen aufliegen. Zur Verminderung der Reibung beim Verschieben der Elemente im geöffneten Filter und beim Schließen werden die Auflager mit Kunststoffen belegt (z. B. PTFE, PP).

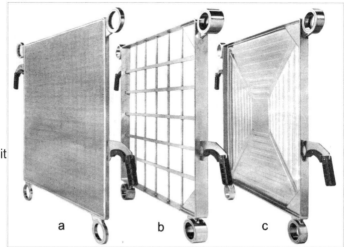

a Filterplatte, abgedeckt mit mit Lochblech
b Filterrahmen
c Endrahmen

Abbildung 83   Filterrahmen und Filterplatten, Beispiele Typ Orion, nach Fa. Seitz / D

Kanalaugen: Die Rahmen und Platten werden in der Regel mit 4 Kanalaugen ausgerüstet: Je 2 Stück für die Unfiltratzufuhr und die Filtratableitung. Die Augen werden seitlich oben und unten bzw. oben und unten platziert und bilden beim gespannten Filter jeweils einen Fließkanal.
Jeweils ein Augenpaar wird mit dem Rahmen oder der Platte durch einen Strömungskanal verbunden. Die Augen (jeweils das Auge, das keine Verbindung zum Rahmen oder der Platte besitzt) werden abwechselnd mit einer durchgesteckten Dichtung (Elastomer) bestückt. Diese Dichtungen müssen die Schwankungen der Dicke der Stützschichten ausgleichen (s.a. Abbildung 85).
Es gibt aber auch Ausführungen, bei denen die Filterschicht allein die Dichtung der Kanalaugen und der Rahmen- bzw. Plattenflächen übernimmt.
Die Kanäle lassen sich über die Endplatten entleeren und mittels der Entlüftungslaternen „entlüften". Vorteilhaft ist das Spülen des gespannten Filters mit CO_2, das ist effektiver als das Füllen mit entgastem Wasser.

Klärfiltration mit FHM

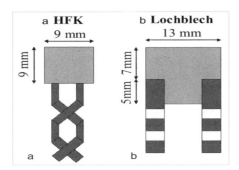

a HFK-Filterplatte, Dicke 9 mm
b Normale Filterplatte, belegt mit Lochblech: Dicke 13 mm

Abbildung 84   Eine moderne Filterplatte, Typ HFK *), Fa. SeitzSchenk / D)
*) Hochleistungsfilterkammer

Tragholme: Die massiven Stahlprofile (teilweise auch Hohlprofile) mit rundem Querschnitt werden mit einer Edelstahl-Plattierung geschützt. Die Holme werden in relativ geringen Abständen über Kalottenfüße abgestützt.
Die Tragholme werden entweder auf gleicher Höhe oder höhenversetzt angeordnet, um die Zugänglichkeit zu den Rahmen und Platten zu erleichtern.

Anpressvorrichtung: Kleine Filter werden mittels Gewindespindel gepresst. Die Spindel kann von Hand oder von einem Getriebemotor betätigt werden. Alternativ erfolgt das Spannen mittel eines Hydraulikzylinders, bei größeren Filtern werden auch Teleskopkolbenstangen benutzt oder es werden fixe Passstücke eingesetzt.
Der Druck wird entweder durch eine Handpumpe (Abbildung 86) oder eine Hydraulikpumpe erzeugt. Die Hydraulik wird durch ein Druckbegrenzungsventil, und die Spindel nach dem Spannen formschlüssig gesichert.
Bei thermischer Beanspruchung (heiße CIP-Reinigung, Dampfsterilisation) muss die Spannkraft des Filters definiert reduziert werden.
Filter werden grundsätzlich im drucklosen Zustand gespannt. Dabei muss nur die für die Abdichtung des Filters erforderliche Kraft aufgebracht werden.

1 Filterrahmen 2 Filterplatte
3 Filtratkanal   4 Unfiltratkanal
5 Stützschicht   6 Dichtung

Abbildung 85   Dichtung der Kanalaugen, schematisch

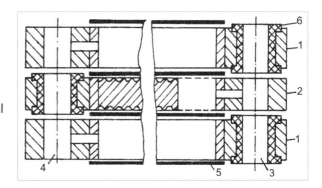

Abbildung 86 Hydraulik-Handpumpe für die Filterspannung

Abbildung 87 Moderner A.-Schichtenfilter Typ Niro 600, Fa. SeitzSchenk / D
Die Stützschichten (nicht als Klappschicht ausgeführt) übernehmen die gesamte Abdichtung im Filterpaket und sin im Bereich der Kanalaugen ausgespart

Filtergrößen

Übliche Größen zeigt Tabelle 44. Die Dicke der Rahmen beträgt etwa 40 mm, bei Gussrahmen werden auch ca. 50 mm gefertigt. Die Kuchendicke kann etwa 2 x ≤ 20 mm erreichen. Damit ist das Trubraumvolumen festgelegt. Die Filterplatten sind je nach Ausführungsart 13...20 mm dick.

Bei der Festlegung der Filtergröße müssen die Rüstzeiten bedacht werden!

Klärfiltration mit FHM

Abbildung 88
A.-Schichtenfilter
Es werden Klapp-
schichten benutzt.

Tabelle 44 Größe von Filterplatten und -rahmen

Abmessungen in mm^2	Filterfläche eines Elements in m^2	maximal mögliche Anzahl Rahmen und Platten	Filterfläche in m^2
400 x 400	2 x 0,16	je 40	≤ 12
600 x 600	2 x 0,36	je 80	≤ 60
800 x 800	2 x 0,64		≤ 100
1000 x 1000	2 x 1,00	je 90	≤ 180
800 x 1200	2 x 0,96		≤ 180
1200 x 1200	2 x 1,44		≤ 260
1400 x 1400	2 x 2,00		≤ 350

Zubehör für A.-Schichtenfilter
Filterkuchenaustrag:
Nach dem Öffnen des Filters wird der Filterkuchen mechanisch (von Hand mittels Luftrakel oder Spachtel) entfernt und in einer Mulde gesammelt. Aus dieser kann der Rückstand mittels Förderband oder Dickstoffpumpe relativ fest entfernt werden.
Alternativ kann mit Wasser ausgetragen werden. Dieser Rückstand erfordert aber die Trennung der Suspension in Klärgruben oder -behältern.
Das Austragen und Spülen der Stützschicht kann bei sehr großen Filtern mechanisiert bzw. automatisiert werden.

Stützschichten-Einlegevorrichtung
Zum Einlegen der Stützschichten (Faltschicht) auf die Filterplatten sind für sehr große Filter Vorrichtungen verfügbar, die oberhalb des Filters angeordnet werden.

Kombinierte Anschwemmfilter /Schichtenfilter für die Nachfiltration
Es ist möglich, in das Filter eine Trennplatte („Umlenkplatte") zu integrieren, so dass nach der Anschwemmfiltration das Bier in einem Schichtenfilter einer Nachfiltration unterzogen werden kann. Es ist also nur ein Gestell eforderlich.

Einschätzung der A.-Schichtenfilter
A.-Schichtenfilter sind sehr robuste Konstruktionen, die bis auf die Dichtungen nahezu verschleißfrei sind. Die Spannvorrichtung bedarf einer einfachen Pflege. Edelstahlausführungen der Filter sind fast „unkaputtbar".

Das ist die Ursache dafür, dass diese Filterbauform in Brauereien teilweise über mehrere Jahrzehnte genutzt wird. Vorteilhaft ist auch die einfache Möglichkeit der Anpassung der Filterfläche an unterschiedliche Ausstoßmengen.

Diese Filter ermöglichen relativ große Filtratmengen auch unter ungünstigen Bedingungen. Der erhöhte manuelle Aufwand für die Regenerierung („Rüstzeit") wird deshalb akzeptiert, zumal dies meistens nur 1-mal pro Tag erforderlich ist.

Ein Vorteil der A.-Schichtenfilter ist ihre relativ geringe Empfindlichkeit gegenüber Druckstößen. Die Stützschicht verhindert Durchbrüche der Filterschicht.

Das gleichmäßige Anschwemmen der FHM ist nicht unproblematisch, da es, bedingt durch die geringen Fließgeschwindigkeiten, zur Entmischung kommen kann.

Gebrauchte Filteranlagen sind deshalb in der Regel gesuchte Objekte und außerdem kostengünstige Modernisierungsobjekte.

7.3.3.2 Anschwemm-Kerzenfilter
Filtermittel ist eine Anschwemmschicht, die auf einen Filtermittelträger, die Filterkerze, aufgebracht wird. Die Filterkerzen werden in verschiedenen Ausführungen genutzt (s.u.).

Zuerst wird eine Grundanschwemmung aufgebracht. Während der laufenden Filtration wird zum Unfiltrat kontinuierlich ein FHM dosiert.

Die FHM werden als Suspension angesetzt und bevorratet (s.a. Kapitel 7.3.6). Aus Tabelle 43 sind Dosagemengen des FHM ersichtlich.

Schematischer Aufbau
Den schematischen Aufbau eines klassischen A.-Kerzenfilters zeigt Abbildung 89. In Abbildung 90 ist ein moderner A.-Kerzenfilter dargestellt.

A.-Kerzenfilter werden für einen maximalen Betriebsdruck von $p_{ü} \leq 6$ bar, zum Teil auch für $p_{ü} \leq 9$ bar ausgelegt. Nach dem Erreichen des maximalen Betriebsdruckes bzw. nach Erschöpfung des verfügbaren Trübstoffraumes muss das Filter regeneriert werden.

Klärfiltration mit FHM

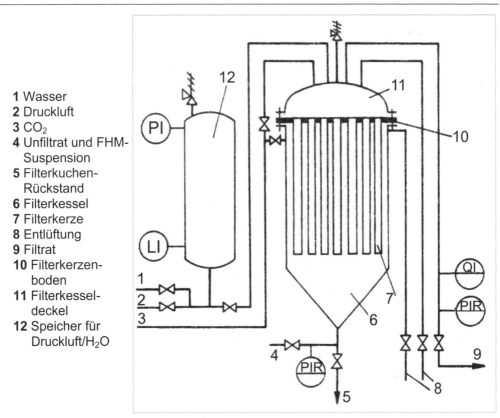

1 Wasser
2 Druckluft
3 CO$_2$
4 Unfiltrat und FHM-Suspension
5 Filterkuchen-Rückstand
6 Filterkessel
7 Filterkerze
8 Entlüftung
9 Filtrat
10 Filterkerzenboden
11 Filterkesseldeckel
12 Speicher für Druckluft/H$_2$O

Abbildung 89 Anschwemm-Kerzenfilter, schematisch

Wichtige Baugruppen, Werkstoffe
Filterkessel

Der Kessel ist in der Regel ein stehender zylindrischer Druckbehälter mit konischem Boden. Der Boden kann schwenkbar sein und wird durch eine Flanschverbindung und so genannte Klammerschrauben mit dem zylindrischen Teil verbunden. In diesem Fall sind die Filterkerzen von unten zugänglich (Montage, Reinigung). Moderne Filter verzichten auf diese Flanschverbindung, der Konus wird verschweißt.

Der Konus schließt unten mit dem Einlaufverteiler ab. Dieser soll die Einlaufgeschwindigkeit reduzieren und den Zulauf möglichst über die gesamte Querschnittsfläche verteilen. Andererseits soll er aber den Austrag des Filterrückstandes nicht behindern.

Der Durchmesser der Filterkessel kann im Bereich von 800...2500 mm liegen.

Der Kessel wird mittels Flanschverbindung und so genannten Klammerschrauben (unverlierbar befestigt) mit einem gewölbten Boden (z. B. Klöpperboden, Kegelboden o. ä. Gestaltung) verschlossen. Der Behälterdeckel wird aus Montagegründen vertikal hebbar (Gewindespindel oder Hydraulik) und schwenkbar ausgeführt. Um den Kessel kann ein Podest installiert werden, um die Zugänglichkeit zu den Filterkerzen zu erleichtern.

Die Raumhöhe über dem oberen Flansch muss so groß sein, dass die Filterkerzen montiert werden können.

Klärung und Stabilisierung des Bieres

Abbildung 90 Anschwemm-Kerzenfilter
Links: Typ Synox® PF, Fa. Filtrox / CH
Rechts: Typ Eco-flux, Fa. Schenk Filterbau / D

Längere Filterkerzen haben den Vorteil, dass bei gleicher Filterfläche der Kesseldurchmesser geringer gehalten werden kann. Das ist nicht nur ein Vorteil bezüglich der Fertigungskosten, auch die Abtrennung von Vor- und Nachlauf wird begünstigt.

Zwischen Deckel und Filterzarge wird beim klassischen Kerzenfilter der so genannte Filterkerzenboden installiert, in dem die Filterkerzen hängend montiert werden. Bei kleineren Filtern (Ø ca. 600 mm) werden die Kerzen auch stehend eingesetzt [127]. Die Entlüftung des Raumes unter dem Boden ist nicht unproblematisch. Ein Beispiel für eine ausgeführte Entlüftung zeigt Abbildung 91. Günstig ist grundsätzlich die Spülung des Filters mit CO_2 vor der Auffüllung mit entgastem Wasser.

Werkstoffe für den Filterkessel und das Zubehör sind austenitische CrNi- bzw. CrNiMo-Stähle.

Klärfiltration mit FHM

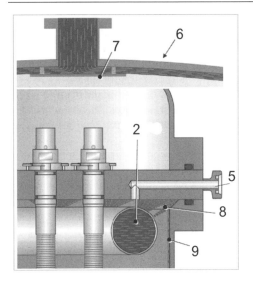
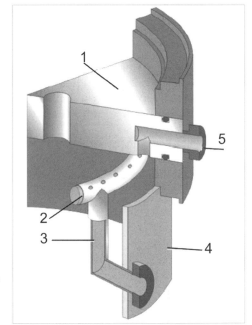

Abbildung 91 Entlüftung des Raumes unter dem Filterkerzenboden (Innopro GETRA ECO, nach KHS)
1 Filterkerzenboden **2** Entlüftungs- und Spülrohr **3** Zuleitung **4** Filterkessel **5** Entlüftung **6** Filterhaube **7** Prallteller **8** Spritzstahl **9** Rieselfilm für Kesselreinigung

Filterkesselzubehör
Hierzu zählen:
- Stützfüße (3 oder 4 Kalottenfüße mit Kalottenteller oder massive Stützfüße);
- Schaugläser in der Zarge (in Blockflansche eingesetzt);
- Sicherheitsarmaturen (Über- und Unterdruck); Unterdrucksicherheitsarmaturen sind in der Regel entbehrlich, weil die Filterkessel vakuumfest ausgelegt werden.
- Einlaufverteiler (s.o.);
- Spritzrohr/Spritzköpfe für Filterkesselspülung
- Armaturen im Zu- und Ablauf, für Entlüftungen im Unfiltrat- und Filtratraum, Spanngas, Druckluft/Wassergemisch für Filterkuchen-Absprengung und -Austrag.

Behälter für Wasser/Druckluft-Speicherung
Das Absprengen des Filterkuchens erfolgt beim klassischen Kerzenfilter mittels Druckluft und Wasser. Die benötigte Wassermenge wird vorgelegt und bei Bedarf mittels Druckluft und einer Rohrleitung größeren Durchmessers auf dem kürzest möglichen Weg auf den Filterkerzenboden geleitet. Damit ist ein großer Volumenstrom und somit die gleichmäßige Beaufschlagung mit Wasser gesichert, Fördermittel ist Druckluft.

Klärung und Stabilisierung des Bieres

Filterkerzen

Die Filterkerzen sind Träger der Anschwemmschicht. Bedingung ist, dass die Filterkerze auch bei Druckschwankungen formstabil und biegesteif ist. Sie muss so gestaltet werden, dass die Anschwemmschicht schnell aufgebracht werden kann, der Druckverlust der Kerze soll gering, die freie Durchgangsfläche soll möglichst groß sein.

Üblich sind Kerzendurchmesser von etwa 25 bis 40 mm, die Länge beträgt in Abhängigkeit der Filtergröße etwa 800 bis 2000 mm. Einige Hersteller bevorzugen eine Länge von 1400 bzw. 1800 mm (s.u.), neuere Filterkerzen werden mit bis zu 2400 mm gefertigt (s.o.).

Die Filterkerzen werden beim klassischen Filter im Filterkerzenboden eingesetzt und befestigt (neuere Bauformen weichen davon zum Teil ab, s.u.). Die Dichtung Kerze/Filterboden muss den Prinzipien des Hygienic Design entsprechen. Der Wechsel ist mit einem einfachen Werkzeug möglich. Ein Beispiel zeigt Abbildung 92. In diesem Beispiel wird die Kerze durch O-Ringe gedichtet und von einem Bajonettverschluss gehalten, s.a. Abbildung 93 (in der Frühzeit der Kerzenfilter wurden die Kerzen im Filterkerzenboden einfach eingeschraubt; das Gewinde war im Medium!).

Die Gestaltung der Kerzen ist bei den verschiedenen Herstellern unterschiedlich. Teilweise werden bzw. wurden die Kerzen am unteren Ende mit einer Öffnungsmöglichkeit ausgerüstet. Das ist beim Einsatz von HD-Spritzlanzen und bei modernen Filterkerzen nicht mehr erforderlich.

1 Spezialwerkzeug für die Filterkerzen-Montage und das Herausziehen
2 Filterkerzenboden
3 Filterkerze
4 Bajonettbolzenkopf
5 Ringfilmerzeuger für die Kerzenspülung

Abbildung 92 Blick auf den Filterkerzenboden mit eingesetzten Filterkerzen (Filter Eco-flux, Schenk Filterbau / D)

Klärfiltration mit FHM

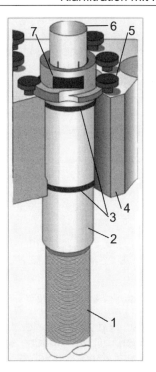

1 Filterkerze
2 Kopfstück der Filterkerze
3 O-Ringe zur Abdichtung Filterkerze/ Filterkerzenboden
4 Filterkerzenboden
5 Bajonettbolzenkopf
6 Ringfilmerzeuger für die Kerzenspülung
7 Bajonettkopf der Filterkerze

Abbildung 93   Filterkerzeneinbau, schematisch (GETRA Eco, KHS / D)

Ausführungsbeispiele für Filterkerzen:
In der Vergangenheit wurde auf ein aus Lochblech gefertigtes Rohr zum Beispiel ein Siebgewebe aus *Köper*-Tresse aufgespannt oder es wurden abgekantete Drähte oder auch Profildrähte aufgewickelt und durch Punktschweißung fixiert (dabei entstehen Spalten). Diese Varianten gehören der Vergangenheit an.

Wickeldrahtkerze
Auf kreisförmig angeordnete Trägerprofile im Abstand von ca. 8...10 mm wird ein Profildraht mit Trapez- bzw. Dreieck-Profil im definierten Abstand von etwa 80 µm aufgewickelt und jeweils punktgeschweißt. Es entsteht eine sehr stabile Kerze (Abbildung 94).
Bei modernen Filterkerzen wurde der Spalt auf 70 µm [128] bzw. 30 µm [129] reduziert.

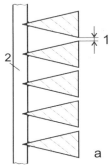

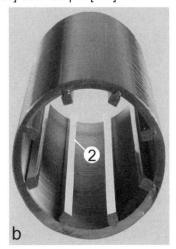

Abbildung 94   Ausschnitt aus einer gewickelten Profildrahtkerze (Stabox®-Kerze, Fa. Filtrox / CH)
a Querschnitt durch das Wickelprofil, schematisch
1 Spalt   2 Trägerprofile
b = Schnitt durch die Filterkerze

Eine weitere Variante war eine aus gewickelten Abschnitten zusammengesetzte Filterkerze. Die Abschnitte wurden auf einem Profilstab unter Verwendung von Zwischenringen aufgereiht und gespannt (Abbildung 95).

Diese Ausführung ermöglichte den Austausch beschädigter Abschnitte. Kerzen dieser Ausführung werden nicht mehr produziert.

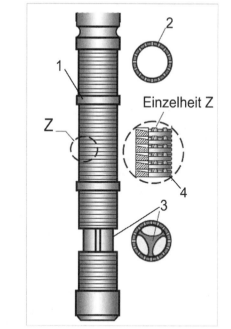

Abbildung 95 Drahtspiralkerze, aus Abschnitten zusammengesetzt (nach KHS)
1 Zwischenring **2** Profildraht mit Nocken
3 Trägerprofil und Spannelement **4** Profildraht mit Abstandsnocken schraubenförmig gewickelt, Spaltweite 50 µm

In der Vergangenheit waren die Filterkerzen am unteren Ende zu öffnen. Darauf wird bei modernen Filterkerzen verzichtet. Die Kerzen können mit HD-Spritzgeräten gespült werden. Zur Vermeidung von eventueller Sedimentbildung wird teilweise ein Konuskörper installiert (Abbildung 96).

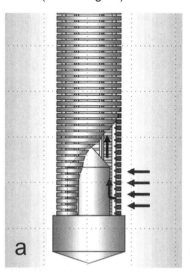
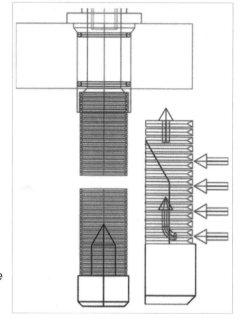

Abbildung 96 Konuskörper in einer Filterkerze (Innpro Getra Eco, Fa .KHS GmbH)
a Filterkerzenunterteil in aktueller Ausführung

Klärfiltration mit FHM

Spaltscheibenkerze
Auf ein Mehrkantprofil werden so genannte Spaltscheiben (runde oder polygonale Form) aufgereiht und gespannt. Es entstehen Spalten zwischen den einzelnen Scheiben von etwa 50...60 µm Dicke (s.a. Abbildung 97).
Diese Form der Filterkerze ist nur noch historisch zu sehen.

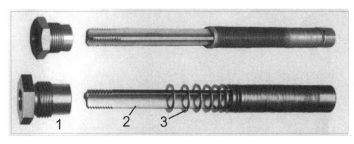
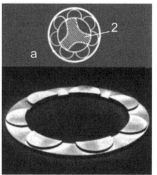

Abbildung 97 Filterkerze aus Spaltscheiben zusammengestellt, schematisch; rechts: Spaltscheibe vergrößert
a Filterkerzenquerschnitt
1 Kerzenverschlussmutter mit Innengewinde **2** Profilstab mit Gewinde am oberen Ende **3** Spaltscheibe

Kerzengrößen:
In Tabelle 45 sind einige Beispiele zusammengestellt.

Tabelle 45   Filterkerzengrößen

Durchmesser in mm	Länge in mm	Filterfläche *) in m²/Kerze
25	1500	0,118
30		0,132
35	1400	0,154
40		0,176
30		0,170
32,5	1800	0,184
34		0,192
40		0,226
34	2400	0,256

*) „metallische Filterfläche"

Beachtet werden muss, dass die angegebene Filterfläche einer Kerze für den Beginn der Filtration gilt. Sie wird deshalb auch als „metallische Filterfläche" oder verfügbare Anschwemmfläche bezeichnet. Durch die laufende Dosierung wird der Durchmesser der Filterschicht immer größer und damit steigt auch die reale Filterfläche an, s.a. Abbildung 98. Die Oberfläche des Filterkuchens wächst also proportional zur Durchmesservergrößerung der Anschwemmschicht.

Klärung und Stabilisierung des Bieres

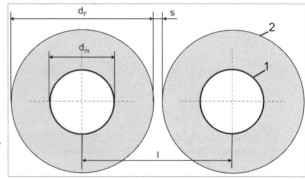

1 Filterkerze
2 Filterkuchenoberfläche
s Sicherheitsabstand zwischen der Filterkuchenoberfläche
l Abstand der Filterkerzen
d_m Durchmesser der Filterkerzenoberfläche („metallisch")
d_F Durchmesser der Filterkuchenoberfläche

Abbildung 98 Veränderung der Filterfläche während der Filtration durch den sich aufbauenden Filterkuchen

In der Regel wird mit einer maximalen Filterkuchendicke von ca. 20 mm gerechnet. Damit ergibt sich der Abstand l zwischen 2 Filterkerzen mit dem Durchmesser d_m zu:

$l = d_m + 2 \cdot 20$ mm $+ 2$ mm $= d + 42$ mm

Die angegebenen 2 mm sind ein Sicherheitsbetrag für mögliche Schwankungen bei der Dosierung bzw. Filterschichtausbildung und für die allseitige Umströmung der Kerze wichtig.

Beispiel:
Filterkerzendurchmesser $d_m = 34$ mm. Damit folgt für den Abstand zweier Filterkerzen:

$l = 34$ mm $+ 2 \cdot 20$ mm $+ 2$ mm $= \underline{76\text{ mm}}$

Für die Filterfläche/m²-Kesselquerschnittsfläche ist der Durchmesser der Filterkerzen nicht bestimmend. Entscheidend ist die angestrebte Filterkuchendicke und die Länge der Filterkerzen.

Im nachfolgenden Beispiel lassen sich bei einem Kerzen-Ø = 30 mm je 1 m Kerzenlänge etwa 184 Kerzen x 0,094 m²/Kerze = 17,3 m²-Filterfläche installieren.

Beispiel:
Bei einem Kerzendurchmesser von 30 mm und einer Länge von 1800 mm resultiert eine Filterfläche von 0,17 m²/Kerze. Bei einem Filter mit einer Filterfläche von 100 m² sind dann etwa 590 Filterkerzen zu installieren.

Der Durchmesser des Filterkessels wird von der Anzahl der Filterkerzen und dem geforderten Trubraumvolumen bestimmt (Richtwerte sind 1…2,4 m).

Der Abstand der Filterkerzen kann etwa 75…85 mm betragen, sie werden an den Spitzen gleichseitiger Dreiecke angeordnet. Bei 75 mm Abstand (Ø der Kerze 30 mm; die Filterschicht kann dann bis auf etwa 22 mm wachsen) können etwa 184 Kerzen/m² installiert werden. Der Filterkesseldurchmesser müsste dann etwa 2 m betragen (an der Peripherie können weniger Kerzen installiert werden).

Klärfiltration mit FHM

Abbildung 99   A.-Kerzenfilter für einen Durchsatz von 950 hL/h HGB, 15 °P
(nach KHS GmbH)

Filtergrößen:
A.-Kerzenfilter können für nahezu alle Bedarfsfälle ausgelegt werden. Üblich sind Filterflächen von 10 bis 150 m², zum Teil auch größer. Bei sehr großen Filtern müssen die Rüstzeiten bedacht werden (s.o.).
   A.-Kerzenfilter wurden bereits für Volumenströme von 950 hL/h (HGB mit 15 °P) gefertigt (Abbildung 99, Durchmesser des Kessels 2,6 m) [130].

Trubraumvolumen
Der Trubraum wird so bemessen, dass je Quadratmeter Filterfläche etwa 30...33 Liter Anschwemmschicht angeschwemmt werden können. Danach muss das Filter regeneriert werden.
   Dieses Volumen setzt sich zusammen aus etwa 1,2 kg/m² Voranschwemmung und der laufenden Dosierung von 50...160 g/hL. Das sind bei einer maximalen Filtratmenge von ≤ 45...50 hL/m² = 0,16 kg/hL · 50 hL/m² ≤ 8 kg/m². Gesamtdosierung etwa 9...9,2 kg/m²-Filterfläche.
Das Nassvolumen der üblichen FHM wird mit etwa 3,4 L/kg angegeben.

Klärung und Stabilisierung des Bieres

Die Auslegung des Verhältnisses Filterfläche zu Trubvolumen erfolgt in Abhängigkeit von der Filtrierbarkeit des Bieres:
- Gute Filtrierbarkeit bedingt reduzierte FHM Dosage, einen geringeren Kerzenabstand, einen kleineren Filterkessel, geringere Ausschubmengen, geringeren Platzbedarf und Investitionskosten.
- Mäßige/schlechte Filtrierbarkeit bedingt höhere FHM Dosage (z. B. bei HGB), einen größeren Kerzenabstand, ein erhöhtes Trubvolumen, eine kundenorientierte Lösung.

Die Anwendung von PVPP, Crosspure und diversen anderen regenerativen FHM erfordert u. U. auch eine Modifikation des Trubraumes.

Unterbrechungen der Filtration
A.-Kerzenfilter sind zum Erhalt der Anschwemmschicht stets auf das Aufrechterhalten einer gewissen Minimalströmung durch den Filterkuchen angewiesen, ansonsten besteht die Möglichkeit, dass die Anschwemmschicht auf Grund der Schwerkraft von den Filterkerzen abrutscht und die Filtration nach Wiederherstellen der Stromversorgung nicht weiter fortgeführt werden kann. In diesem Fall ist der Filtrationszyklus beendet und das Bier-FHM-Gemisch muss direkt ausgetragen werden. Daraus resultieren erhöhte Betriebskosten sowie Ausfallzeiten.

Das kann nur verhindert werden (soweit nicht die Filterkerzenoberfläche strukturiert wird, Kapitel 7.3.3.3), indem ein Mindestvolumenstrom aufrecht erhalten wird.

Hierzu kann kleine Umwälzpumpe installiert werden, die bei Spannungsausfall automatisch gestartet wird und das Filter im Kreislauf betreibt. Die Anlagensteuerung schaltet die Armaturen des Filters automatisch auf Kreislaufbetrieb. Die Armaturen werden dazu so gewählt, dass sie bei Spannungsausfall (es fehlt dann auch in der Regel die Steuerluft der Armaturen) Feder betätigt eine definiert Endstellung einnehmen. Der Volumenstrom dieser Umwälzpumpe sollte bei etwa 0,5...< 1 hL/(m^2·h) liegen.

Die Pumpe bezieht ihre Spannung beispielsweise von einer unterbrechungsfreien Stromversorgung (USV, Batterie gestützt) oder von einem Notstromaggregat, dass sich im Standby-Betrieb befindet.

Die Notwendigkeit solcher Notmaßnahmen richtet sich nach den örtlichen Verhältnissen der Versorgungssicherheit mit Elektroenergie.

Bei größeren A.-Kerzenfilteranlagen ist eine entsprechende Installation betriebswirtschaftlich begründbar.

Als „Notmaßnahme" kann auch bei Ausfall der Filterpumpe der Zu- und Ablauf des Filters geschlossen werden, beispielsweise mittels Rückschlagklappen bzw. -ventilen. Damit soll verhindert werden, dass der Filterkuchen abgeschwemmt wird.

Bei einer anderen Variante wird im Klarablauf des Filters eine federöffnende Absperrklappe als Gullyventil eingesetzt. Der Durchmesser der Ableitung ist durch eine Blende, je nach Filtergröße, auf ca. 2 mm reduziert. Der noch vorhandene Überdruck im Unfiltratpuffertank bzw. im ZKT sorgt für einen geringen Volumenstrom, der allerdings mit etwas Produktverlust verbunden ist. Diese Notvariante ist natürlich nur für kurze Spannungsausfälle nutzbar.

Abbildung 100 Beispiel für einen modernisierten A.-Kerzenfilter: Durch einen Zwischenflansch wurde der Filterkessel um 400 mm erhöht und es konnten längere Filterkerzen montiert werden (Beispiel von KHS GmbH)

Einschätzung der A.-Kerzenfilter

A.-Schwemmkerzenfilter sind sehr robust und weit verbreitet. Wichtig ist, dass die spezifische FHM-Menge nicht überfahren wird, um Probleme mit der möglichen Kerzendeformation zu vermeiden.

Diese Filter bieten sich auch für eine Modernisierung an. Insbesondere optimierte Filterkerzen können die Effizienz des Filters verbessern. Ggf. lassen sich der Filterkerzenboden austauschen und neue Filterkerzen einsetzen. Durch einen Zwischenflansch kann die Filterkesselhöhe vergrößert werden und damit lassen sich längere Filterkerzen (zurzeit bis zu 2400 mm) einsetzen und die Filterfläche vergrößern, s.a. [131] und Abbildung 100.

Klärung und Stabilisierung des Bieres

Tabelle 46   Prozesszeiten einer modernen, automatisierten A.-Kerzenfilteranlage (nach KHS GmbH)

Arbeitsschritt	Zeitaufwand in min
Ende der Filtration	
Nachlauf in Vorlauf Nachlauftank fahren (Bier wird bis 10 % der ursprünglichen Stammwürze ausgeschoben)	15
Kieselguraustrag	10
Filterkesselspülen	4
Rückspülen der Filterkerzen	6
Spülen der Leitungen und des Dosiergefäßes	10
Gesamt	45
Heißwassersterilisation	
Filterkessel mit Heisswasser auffüllen	10
Sterilisation Filterkessel und Rohrleitungen bei 86 °C	25
Auschieben Heissawsser mit entgastem Wasser	15
Gesamt	50
Anschwemmung und Filtrationsbeginn	
Kreislauf und Entlüften (Filter ist nach vorausgegangener Sterilisation bereits mit EGW gefüllt)	5
Kreislauf und 1. Anschwemmung	10
Zirkulation	5
Kreislauf und 2. Anschwemmung (optional)	10
Zirkulation	5
Einregeln der Filtrationsgeschwindigkeit	10
Vorlauf abtrennen auf Vorlauf-/Nachlauftank (EGW wird mit Bier bis 90 % der ursprünglichen Stammwürze ausgeschoben)	10
Gesamt	55
Gesamtzeit "Bier zu Bier" *)	150

*) Die Zeiten basieren auf einer Leitungslänge vom Lagerkeller und zum Drucktankkeller von maximal 25 m. Bei längeren Leitungswegen fallen Ausschubschritte entsprechend länger aus.

Klärfiltration mit FHM

Abbildung 101 Aufstellungsbeispiel einer A.-Kerzenfilter-Anlage (nach KHS GmbH)
1 Tank für entgastes Wasser und Entgasungsanlage (hinter dem Tank) **2** Trapfilter **3** Karbonisier- und ggf Blending Anlage **4** Puffertank Filtrat **5** Additivdosierstation Filtrat (z.B. Röstmalzbier, Antioxidant) **6** A.-Kerzenfilter Getra ECO **7** Doppelsitzventilknoten zur Unfiltratannahme aus dem Lagerkeller und Anbindung des VL-/NL-Tanks inkl. Dosage **8** FHM-Dosagestation in separatem Raum (hier 1 x grobe KG, 1 x mittelfeine KG, 1 x Einweg PVPP, 1 x Eiweißstabilisierungsmittel) **9** Puffertank Unfiltrat **10** Vor- und Nachlauftank **11** CIP Anlage mit 2 Vorlauf-Schienen (1 x heiß für Filter und Rohrleitungsreinigung, 1 x kalt für Tankreinigung)

Moderne A.-Kerzenfilter (s.a. Kapitel 7.3.3.3) sind sehr günstig einsetzbar. Ihre technisch-technologischen Parameter sind für nahezu alle Aufgaben optimal nutzbar. Das hat dazu geführt, dass die A.-Kerzenfilter auch als Stabilisierungsanlagen für PVPP eingesetzt werden (s.a. Kapitel 15).

Ein weiterer Vorteil wird für die A.-Kerzenfilter ausgewiesen: die Rüst- bzw. Zykluszeit für eine Filtrationscharge. Sie ist in der Regel kürzer als bei A.-Scheibenfiltern (s.a. Kapitel 7.4.7).

In Tabelle 46 sind beispielhaft die Prozesszeiten einer modernen, automatisierten Filteranlage dargestellt.

7.3.3.3 Anschwemm-Kerzenfilter in der Bauform Twin-Flow-System (TFS)

Das Twin-Flow-System (TFS) wurde von der Firma *Steinecker* etwa 2001/02 entwickelt mit der Absicht, den klassischen A.-Kerzenfilter weiter zu verbessern (s.a. Abbildung 102). Ziel ist die Vermeidung unkontrollierter Strömungen, vor allem im Unfiltratbereich.

Beim TFS wird das Filtrat über ein Rohrregister direkt aus dem Filter abgeleitet. Dazu sind die Filterkerzen mit Sammelrohren verbunden (s.u.), das Bauelement Filterkerzenboden (s.a. Kapitel 7.3.3.2) entfällt ersatzlos. Die Filterkerzen wurden strömungstechnisch überarbeitet und optimiert.

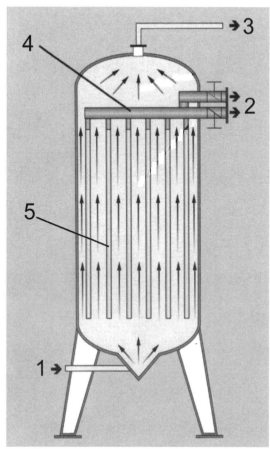

Abbildung 102 Twin-Flow-System-Filter, schematisch (nach Steinecker / D)
1 Unfiltratzulauf mit Einlaufverteiler
2 Filtratabläufe 3 Unfiltrat-Bypass
4 Sammelregister 5 Filterkerze

Das Unfiltrat wird dem Filter wie bekannt von unten zugeleitet. Eine Teilmenge wird jedoch aus dem Filter oben abgeleitet und als Bypass zurück in den Unfiltratkreislauf geführt. Damit wird eine stetige definierte Strömung im Unfiltratbereich gesichert, unabhängig vom jeweils aktuellen Durchsatz. Ziel ist dabei die gleichmäßige homogene Ausbildung der Anschwemmschicht auf den Filterkerzen (eine Entmischung der FHM-Suspension im Filterkessel soll ausgeschlossen werden).

Des weiteren verbessern sich die Bedingungen der Entlüftung der Unfiltrat- und Filtratseite, da die Problemzone Filterkerzenboden entfallen ist und der gesamte Kesselraum wird für die CIP-Reinigung zugänglich ist.

Die Rückspülung der Filterkerzen wird vereinfacht, da diese registerweise geschaltet werden können. Damit lässt sich der erforderliche Volumenstrom reduzieren bei definierter Beaufschlagung der Filterkerzen.

Zu den Arbeitsabläufen mit dem TFSystem wird auf Kapitel 7.4 verwiesen, allgemeine Hinweise siehe auch oben.

Schematischer Aufbau und Funktion

Aus Abbildung 102 ist der TFS-Filter schematisch ersichtlich. Der gesamte Filterkessel ist Unfiltratraum. Der Einlauf des Unfiltrates erfolgt von unten über einen Einlaufverteiler. Am Kopf zweigt ein Unfiltrat-Bypass ab, der zur Filterpumpen-Saugseite führt.

Das Unfiltrat durchströmt die Anschwemmschicht auf den Filterkerzen und wird als Filtrat in Rohren gesammelt und der Stabilisierungsanlage oder dem Drucktank zugeführt. Weitere Erläuterungen zur Betriebsweise folgen im Kapitel 7.4.

Das TFS eignet sich auch für den Umbau bzw. die Modernisierung vorhandener älterer A.-Kerzenfilter. Der Filterkerzenboden wird entfernt und ein neuer Zwischenflansch mit den neuen Filterkerzen und den Sammelrohren eingesetzt. Abbildung 103 zeigt einen Zwischenflansch mit den Sammelrohren, Abbildung 104 zeigt den Zwischenflansch mit eingesetzten Filterkerzen (verkürzte Ausführung für Ausstellung). Je nach Größe des Filters werden 1 bis 3 Ableitungen installiert. Abbildung 105 gibt einen Einblick in einen installierten Filter.

Abbildung 103 Zwischenflansch mit 2 Ableitungsrohren (1), die mit der Zarge/der Ableitung mittels Blockflanschen verbunden sind (nach Steinecker / D).

Klärung und Stabilisierung des Bieres

Abbildung 104 Zwischenflansch mit Sammelrohren und teilweise eingesetzten Filterkerzen (Foto: Annemüller) (nach Steinecker / D).
1 Register 2 Zwischenflanschring
3 Blockflansch für Anschluss der Filtratleitung an die Sammelrohre
4 Filterkerzen (verkürzte Ausführung)

Wichtige Baugruppen, Werkstoffe
Sehr viele Elemente sind mit denen der A.-Kerzenfilter identisch (s.a. Kapitel 7.3.3.2). Wichtigste Unterschiede sind außer dem Wegfall des Filterkerzenbodens und dem Einfügen des Bypassanschlusses die Installation der Filterkerzen an einem oder mehreren Sammelrohren und deren direkte Ableitung aus dem Filterkessel (s.a. Abbildung 102 bis Abbildung 107).

Abbildung 105 Einblick in einen TFS-Filter, es sind 2 Sammelrohre vorhanden, die außerhalb zu einer Leitung zusammengeführt werden (nach Steinecker)
1 Sammelrohr   2 Verbindung Sammelrohr/Blockflansch in der Kesselzarge   3 Filtratableitung

Filterkerzen

Die Filterkerzen sind ebenfalls modifiziert (Abbildung 106). Die Standardlängen betragen 1800, 2000, 2200 und 2400 mm, der Durchmesser 33 mm. Die Spaltweite beträgt 60 µm.

Der Innenraum der Kerze ist durch einen Verdrängungskörper (Rohr, Ø = 23 mm) ausgefüllt, so dass sich ein definierter Strömungsquerschnitt für die Filtration als auch für die Kerzenspülung ergibt.

Der Profildraht wird so gewickelt, dass die Oberfläche um den Winkel $\alpha \approx 3°$ zur Längsachse geneigt wird (Abbildung 107). Die dadurch entstehenden Stufen sollen die Haftung der Anschwemmschicht verbessern, z. B. bei Stromausfall.

Einschätzung des TFS-Filters

Bei ausgeführten Anlagen konnten höhere spezifische Filtratdurchsätze erreicht werden (ca. 6,3…7,5 hL/(m^2·h)). Die FHM werden sehr gleichmäßig als Filterschicht auf der gesamten Filterkerzenlänge angeschwemmt.

Die FHM-Menge für die Voranschwemmung konnte reduziert werden, ebenso die laufende Dosierung [132], [133]. Die Filtratmenge konnte auf ≥ 60 hL/m^2 gesteigert werden. Die Vor- und Nachlaufmengen konnten reduziert werden. Die Entfernung des Sauerstoffes aus dem System ist nahezu vollständig möglich. Eine ausführliche Darstellung der Versuchsarbeiten zur Optimierung des Filters und der Filterkerzen gibt *Kain* [134].

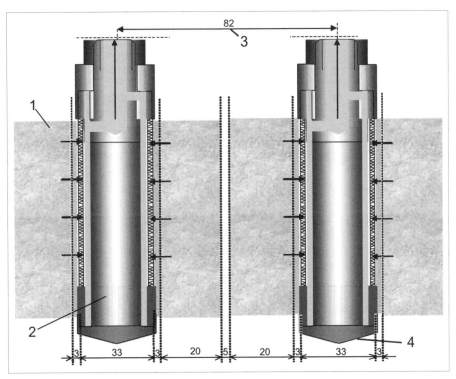

Abbildung 106 Filterkerzen für das TFSystem (nach Fa. Steinecker / D)
1 Anschwemmschicht   **2** Verdrängungskörper   **3** Standardabstand der Filterkerzen
4 Konischer Abschluss (verhindert das Festsetzen von Gasblasen)

Klärung und Stabilisierung des Bieres

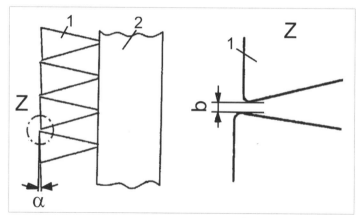

Abbildung 107 Einzelheit der Filterkerze nach Abbildung 106 (nach [135])
Winkel $\alpha \approx 3°$ **b** ca. 60 µm   **1** Profildraht   **2** Trägerprofil

7.3.3.4 Anschwemm-Scheibenfilter

A.-Scheibenfilter können in verschiedenen Bauformen gefertigt werden:
- ❏ A.-Scheibenfilter mit horizontal angeordneten Filterscheiben;
- ❏ A.-Scheibenfilter mit vertikal angeordneten Filterscheiben;
- ❏ A.-Scheibenfilter mit horizontal auf einer Welle angeordneten Filterscheiben, die zum Austrag des Filterkuchens in Rotation versetzt werden, so genannte Zentrifugal-A.-Scheibenfilter.

Filter mit vertikal angeordneten Filterscheiben werden in der Brauindustrie nicht mehr eingesetzt. Die A.-Scheibenfilter mit horizontalen Filterscheiben werden seit den 1980er Jahren nicht mehr gefertigt, da der Austrag des Filterkuchens nur mit relativ viel Wasser möglich ist. Das war der wesentliche Grund für die Einführung der Zentrifugal-A.-Scheibenfilter (s.a. Kapitel 7.3.3.5). Trotzdem befinden sich noch einige A.-Scheibenfilter im Einsatz.

Filtermittel ist eine Anschwemmschicht, die auf einen Filtermittelträger, die Filterscheibe, aufgebracht wird. Die Filterscheiben werden in verschiedenen Ausführungen genutzt (s.u.).

Zuerst wird eine Grundanschwemmung aufgebracht. Während der laufenden Filtration wird zum Unfiltrat kontinuierlich ein FHM dosiert.

Die FHM werden als Suspension angesetzt und bevorratet (s.a. Kapitel 7.3.6). Aus Tabelle 43 sind Dosagemengen des FHM ersichtlich.

Schematischer Aufbau

In Abbildung 108 ist ein A.-Scheibenfilter schematisch dargestellt.

A.-Scheibenfilter werden für einen maximalen Betriebsdruck von $p_{ü} \leq 6$ bar, zum Teil auch für $p_{ü} \leq 9$ bar ausgelegt. Nach dem Erreichen des maximalen Betriebsdruckes bzw. nach Erschöpfung des verfügbaren Trübstoffraumes muss das Filter regeneriert werden.

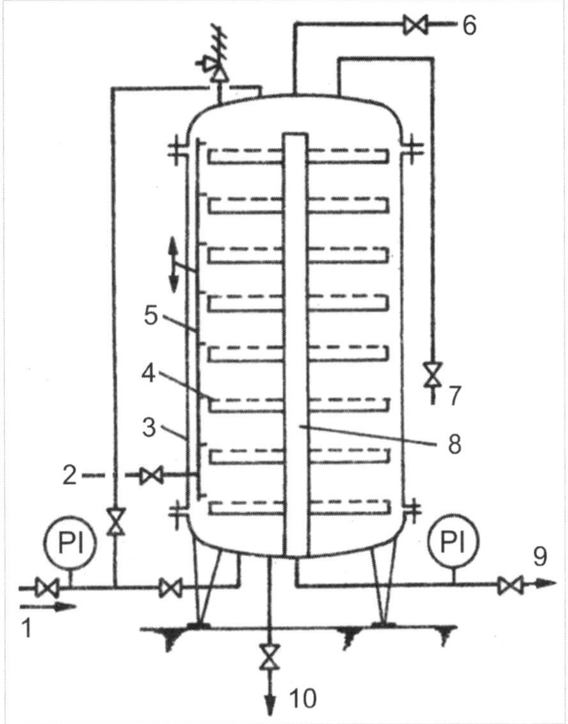

Klärfiltration mit FHM

1 Unfiltrat + FHM-Suspension
2 Wasser 3 Filterkessel
4 Filterscheibe 5 Düsenrohr für Filterkuchenabspritzung
6 Spanngas 7 Entlüftung
8 Halterung für Filterscheiben und Filtratablauf, zum Teil drehbar
9 Filtrat 10 Austrag Filterkuchen-Rückstand

Abbildung 108 A.-Scheibenfilter, schematisch

Wichtige Baugruppen, Werkstoffe
Filterkessel:
Der Kessel ist in der Regel ein stehender zylindrischer Druckbehälter mit gewölbten Böden (meist Klöpperböden). Der Deckel ist schwenkbar und wird durch eine Flanschverbindung und so genannte Klammerschrauben mit dem zylindrischen Teil (Zarge) verbunden. Die Filterscheiben lassen sich nach oben entnehmen (Montage, Reinigung), bei genügend großer Raumhöhe kann das gesamte Filterscheibenpaket mittels eines Krahnes entnommen werden.

Der Einlauf erfolgt von unten und oben über Einlaufverteiler. Diese sollen die Einlaufgeschwindigkeit reduzieren und den Zulauf möglichst über die gesamte Querschnittsfläche verteilen. Andererseits soll aber den Austrag des Filterrückstandes nicht behindert werden.

Der Durchmesser der Filterkessel kann im Bereich von 800...1200 mm liegen.

Der Kessel wird mittels Flanschverbindung und so genannten Klammerschrauben (unverlierbar befestigt) mit dem Deckel (z. B. Klöpperboden oder andere Gestaltung) verschlossen. Der Behälterdeckel wird aus Montagegründen vertikal hebbar (Gewindespindel oder Hydraulik) und schwenkbar ausgeführt. Um den Kessel kann ein Podest installiert werden, um die Zugänglichkeit zu den Filterscheiben zu erleichtern.

Die Raumhöhe über dem oberen Flansch muss so groß sein, dass die Filterscheiben ohne Behinderung montiert werden können.

Werkstoffe für den Filterkessel und das Zubehör sind austenitische CrNi- bzw. CrNiMo-Stähle.

Klärung und Stabilisierung des Bieres

Filterkesselzubehör

Hierzu zählen:
- Stützfüße (3 oder 4 Füße mit Fußplatten);
- Schaugläser in der Zarge (in Blockflansche eingesetzt);
- Sicherheitsarmaturen (Über- und Unterdruck);
- Einlaufverteiler (s.o.);
- Reinigungsvorrichtung;
- Armaturen im Zu- und Ablauf, für Entlüftungen im Unfiltrat- und Filtratraum, Spanngas, Druckluft/Wassergemisch für Filterkuchen-Absprengung und -Austrag.

Filterscheiben

Die Filterscheiben werden auf einer Hohlwelle unter Zwischenlage von Distanzhülsen aufgereiht, an der Peripherie werden Abstandshalter eingesetzt. Über die Hohlwelle wird das Filtrat abgeleitet. Die Filterscheiben sind aus einem Boden, dem Abstandshalter (30...50 mm) und dem Filtermittelträger zusammengesetzt. Es wird also nur die obere Seite der Filterscheibe genutzt. Der Boden kann flachkonisch sein, um den Ablauf und die Entlüftung zu erleichtern. Die Komponenten der Filterscheibe werden an der Peripherie zusammengefügt (z. B. durch Verschraubung, Schweißung, durch Spannring, durch Bördelung). Diese Fügestelle ist aus mikrobiologischer Sicht nicht unproblematisch. Oft ist nur die heiße Reinigung/Sterilisation die Lösung des Problems, da die Regeln des Hygienic Design nur schwer umsetzbar sind. Abbildung 109 zeigt die Einzelteile einer Filterscheibe. Der Durchmesser der Filterscheiben liegt im Bereich 800... 1000 mm.

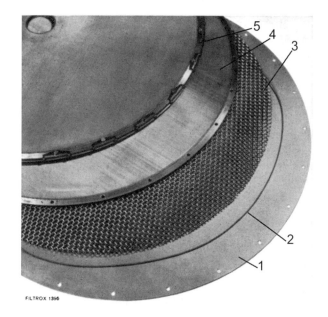

Abbildung 109 Einzelteile einer Filterscheibe (Filter-O-mat) Fa. Filtrox / CH
1 Bodenscheibe **2** Ringfeder
3 Sieb als Abstandshalter
4 Siebgewebe **5** Distanzhalter

Filtermittelträger

Der Filtermittelträger war über lange Zeiträume so genannte *Köper*-Tresse. Das ist ein Metallgewebe aus rostfreiem Edelstahl in so genannter *Köper*-Bindung. Die Gewebedicke liegt bei etwa 0,55 mm, die Drahtdicke bei 0,18 mm („Schuss") bzw. 0,23 mm („Kette"). Es entstehen Spalten von 60...80 μm.

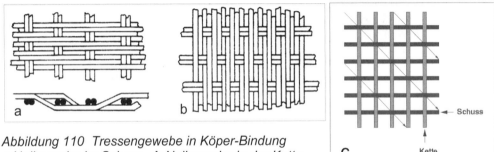

Abbildung 110 Tressengewebe in Köper-Bindung
a Nullmasche im Schuss b Nullmasche in der Kette
c nach Wikipedia

Restfiltration
Der A.-Scheibenfilter kann relativ leicht mit einer Restfiltration ausgestattet werden.
Das Filtrat der untersten 1 bis 5 Filterscheiben wird separat abgeleitet, nachdem die oberhalb befindlichen kein Filtrat mehr liefern, sobald Spanngas anliegt.

Filterkuchenaustrag und Reinigungsvorrichtung
An der Zarge wird ein Spritzrohr vorgesehen, dass heb- und senkbar gestaltet sein kann, zum Teil auch schwenkbar. Damit sollen die Filterkuchenrückstände abgespült werden.
Teilweise wird das gesamte Filterscheibenpaket drehbar gestaltet. Antrieb der Hohlwelle (sie dient dem Filtratablauf) über einen Getriebemotor ($n \approx 4...6$ U/min) oder Handkurbel. Damit kann das Spritzrohr stationär sein.
Der Austrag erfolgt vermischt mit Wasser. Die Trennung kann außerhalb des Filters durch Sedimentation erfolgen.

Einschätzung der A.-Scheibenfilter
A.-Scheibenfilter sind zuverlässige Filter, die in der Anfangszeit der Anschwemmfiltration neben den A.-Schichtenfiltern weit verbreitet waren. Vorteilhaft ist, dass die Filtration unterbrochen werden kann. Die Ausbildung der Filterschicht ist, bedingt durch die Strömungsverhältnisse, nicht optimal, der Austrag erfordert relativ viel Wasser.
Ihre Weiterentwicklung, der Zentrifugal-A.-Scheibenfilter, fand weite Verbreitung und wird auch aktuell noch zahlreich genutzt.

7.3.3.5 Anschwemm-Zentrifugalscheibenfilter
Diese Bauform stellt die logische Weiterentwicklung des vorstehend beschriebenen A.-Scheibenfilters dar. Deshalb gelten die o. g. Ausführungen sinngemäß. Sein wesentlicher Vorteil ist die Möglichkeit, das gesamte Filterscheibenpaket nach Abschluss der Filtration in Rotation zu versetzen und den Filterkuchen durch die Zentrifugalkraft abzuschleudern. Der Austrag der relativ dickbreiigen Rückstände über eine Austragsöffnung größerer Nennweite wird durch einen rotierenden Ausräumer auf dem Boden unterstützt.

Auch beim A.-Zentrifugalscheibenfilter (Abbildung 111) lassen sich Entwicklungsstufen erkennen, die vor allem die Filterscheibe und die Einlaufgestaltung und Einlaufverteilung betreffen.

Diese Filterbauform wird auch bei der PVPP-Bierstabilisierung eingesetzt, s.a. Kapitel 15.5, weil sich damit das im Filter regenerierte PVPP relativ einfach austragen lässt. Ein weitere Einsatzvariante siehe im Kapitel 11.1 (FHM-Regeneration im Filter).

A.-Zentrifugalscheibenfilter sind mit den modernen A.-Kerzenfiltern als der Abschluss der Anschwemmfilter-Entwicklung anzusehen.

Abbildung 111 Anschwemm-Zentrifugalscheibenfilter-Anlage
(Schenk Primus II, Schenk Filterbau / D)

Schematischer Aufbau und Funktion

Aus Abbildung 112 ist der schematische Aufbau eines A.-Zentrifugalscheibenfilters ersichtlich. Im Bespiel wird das Unfiltrat oben über einen Einlaufverteiler zugeführt. Andere Konstruktionen führen auch das Unfiltrat über koaxial angeordnete Kanäle zur zentralen Welle zu (s.u.).

Die Filterscheiben sind auf der Antriebswelle gespannt. Das Spannelement muss die Temperatur bedingten Längenänderungen ausgleichen.

Klärfiltration mit FHM

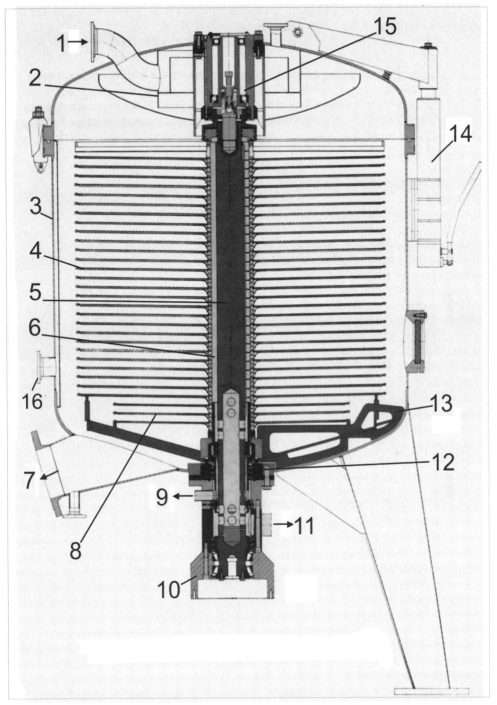

Abbildung 112 A.-Zentrifugal-Scheibenfilter, schematisch (Typ FS 130, Steinecker / D)
1 Unfiltrat **2** Einlaufverteiler **3** Filterkessel **4** Filterelement **5** Antriebswelle **6** Filtratkanal **7** Austrag Filterkuchen-Rückstand **8** Filterelemente für Restfiltration **9** Restfiltrationsbier **10** Antrieb Filterpaket **11** Filtrat **12** unteres Wellenlager **13** Ausräumer **14** Deckelhebevorrichtung **15** oberes Wellenlager **16** Spülwasser

Die Verbindung der Flüssigkeitszu- und -ableitungen muss über Gleitringdichtungen mit Leckagekammern mit dem Rotor erfolgen.

Der Antrieb des Filterscheibenpakets erfolgt entweder elektromechanisch oder durch einen Hydromotor (s.u.).

A.-Zentrifugalscheibenfilter werden für einen maximalen Betriebsdruck von $p_{ü} \leq 9$ bar ausgelegt. Nach dem Erreichen des maximalen Betriebsdruckes bzw. nach der Erschöpfung des verfügbaren Trübstoffraumes muss das Filter regeneriert werden. Der Trübstoffraum kann durch die Wahl des Abstandes zwischen den Filterscheiben beeinflusst werden.

Wichtige Baugruppen, Werkstoffe
Filterkessel
Übliche Durchmesser liegen im Bereich 1000 mm bis zu 1700 mm. Die Gestaltung ist ähnlich wie bei den o.g. Scheibenfiltern.

Der Kessel wird über kräftige Füße auf das Fundament gestellt. Es sind auch Ausführungen bekannt, bei denen der Kessel mittels eines Tragringes in eine Geschossdecke eingehängt wird.

In der Zarge wird eine Düsenreihe zur Filterscheiben-Reinigung integriert.

Der Deckel des Filters kann mittels einer Hydraulik angehoben und geschwenkt werden. Er wird mit Klammerschrauben mit der Zarge verbunden.

Im Kessel sind integriert: Schauglas, das untere und obere Lager für die Antriebswelle, ein oberer Verteiler für den Unfiltrat-Zulauf kann integriert sein. Die Ausläufe sind in einer Baugruppe zusammenfasst.

Filterscheiben
Filterscheiben-Abmessungen siehe Tabelle 47. Von der Gesamtfläche müssen die erforderlichen Flächen für den Randbereich und die Filtratableitung und die Unfiltratzufuhr abgezogen werden.

Tabelle 47   Filterscheiben (nach Schenk-Filtersysteme / D)

Filterscheiben-durchmesser in mm	wirksame Filterfläche in m^2	installierbare Filterfläche in m^2
805	0,47	12…18,5
985	0,71	25…32
1200	1,07	37…85
1500	1,60	105…150

Filtermittelträger
Ursprünglich wurden die Filterscheiben mit *Köper*-Tressengewebe bespannt (s.o.). Eine Verbesserung (glattere Oberfläche, frei Durchgangsfläche, geringe Spaltweite) wurde durch Verwendung anderer Gewebe erreicht. Beispiele sind *doppelfädige Tresse*, Gewebe *Solid Weave KPZ 55*, Faser Composite *Ymax*®. Diese Gewebe werden z. B. von der GKD-Gebr. Kufferath AG hergestellt, Einzelheiten sind unter [136] verfügbar.

Ein neuer Filtermittelträger ist Durafil® (Abbildung 113 und Abbildung 114). Diese Anschwemm-Unterlage aus Edelstahl ermöglicht eine noch wirtschaftlichere Filtration [137]. Die im ZHF PRIMUS II- und -III-System zum Einsatz kommende Edelstahlmembrane Durafil® garantiert durch eine exakte Schlitzbreite einen gleichmäßigen und stabilen Filterkuchenaufbau aus Kieselgur über das gesamte Element hinweg. Der daraus resultierende Verzicht auf die erste Voranschwemmung, kürzere Rüstzeiten und eine höhere Ausnutzung des zur Verfügung stehenden Trubraums für die Filtration reduzieren die Betriebskosten.

Zusätzlich unterstützt die glatte und darüber hinaus polierte Oberfläche von Durafil® den Reinigungsvorgang des Filters, da der Filterkuchen leichter vom Filterelement ohne Kieselgurrückstände abgleiten kann. Die Edelstahlmembran Durafil® (Abbildung 114) ist aus einem mechanisch sehr beständigem Werkstoff gefertigt und für alle Betriebsbedingungen, vorzugsweise in Brauereien, geeignet.

Durafil® besitzt eine konische Schlitz-Geometrie

Abbildung 113 Filterscheibe mit Durafil® belegt; ZHF Primus II (nach SeitzSchenk / D)

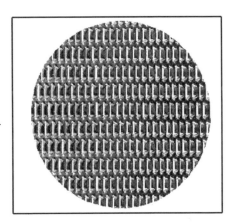

Abbildung 114 Durafil®-Element (nach [137])
Durafil® ist ein perforiertes Edelstahlblech mit eine Dicke von 0,4 mm und sehr guter mechanischer, chemischer und thermischer Beständigkeit.
Durafil® zeichnet sich durch folgende geometrischen Merkmale aus: Dicke 0,4 mm, Schlitzlänge 2 mm, Schlitzbreite 35 μm (z.T. auch 60 μm).

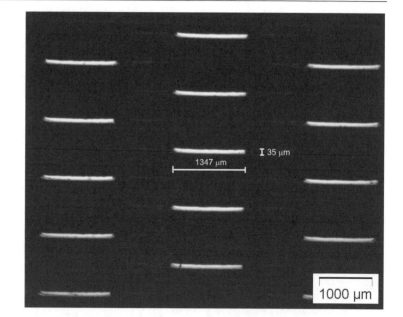

Abbildung 114a
Durafil®-Element
vergrößert
(Durchlicht;
Foto Dr. Kunte)

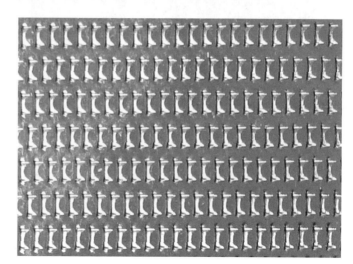

Abbildung 114b
Durafil®-Element, Ansicht vergrößert

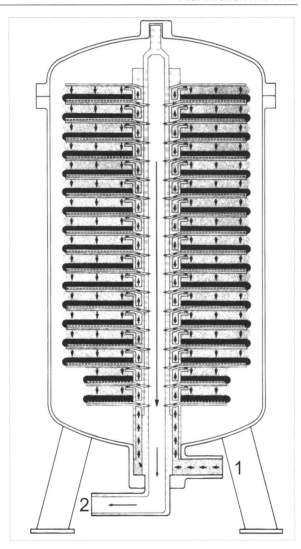

Abbildung 115 A.-Zentrifugal-Scheibenfilter mit individuellem Unfiltrateinlauf je Filterscheibe (Primus II, Schenk-Filterbau / D)
1 Unfiltrat **2** Filtrat

Klärung und Stabilisierung des Bieres

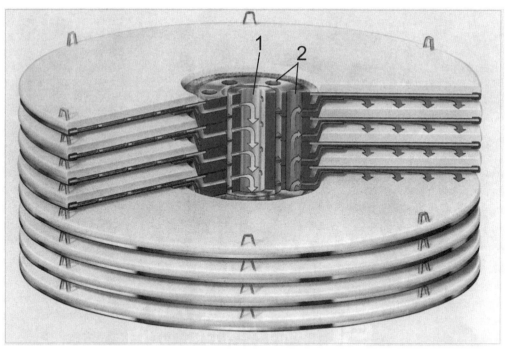

Abbildung 116 A.-Zentrifugal-Scheibenfilter mit individuellem Unfiltrateinlauf je Filterscheibe (Primus II, Schenk-Filterbau / D)
1 Filtratablaufkanal **2** Unfiltrat-Zufuhr

Einlaufgestaltung

Ursprünglich wurden die A.-Zentrifugalscheibenfilter mit einem oberen und unteren Einlaufverteiler ausgerüstet. Abbildung 117 zeigt einen oberen Verteiler.

Zur Verbesserung der Anschwemmschicht (Vergleichmäßigung der Schichtdicke und gleichmäßige Partikelgrößenverteilung) wurde der Einlauf beim Typ Primus II und III (SeitzSchenk Filtersystems / D) so gestaltet, dass jedes Filterelement eine eigene Einströmung besitzt. Der Zulauf erfolgt zentral unterhalb des jeweils nächsten oberen Filterscheibenbodens. Damit wird auch ein Überfahren der Schichtdicke erschwert (Abbildung 115 und Abbildung 116).

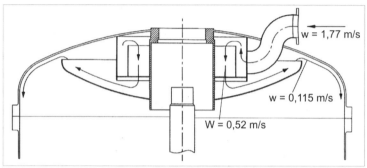

Abbildung 117 Einlaufverteiler (FS 130, nach Steinecker)

Antrieb des Filterpakets

Zum Austrag des Filterkuchens wird das Filterpaket in Rotation versetzt. Bedingt durch die große Masse bzw. deren großes Massenträgheitsmoment muss der Antrieb über ein großes Drehmoment verfügen.

Bei kleineren Filtern können Elektromotoren in Verbindung mit einer Strömungskupplung eingesetzt werden.

Bei größeren Anlagen werden Hydromotoren eingesetzt, die über ein sehr großes Anfahrmoment verfügen. Die hydraulische Antriebsenergie kann einem Speicher entnommen werden, der durch entsprechende Hydraulikpumpen aufgeladen wird. Der Speicher gleicht Bedarfsspitzen aus. Ein Hydraulikaggregat kann mehrere Filteranlagen bedienen. Hydraulische Antriebe lassen sich relativ einfach überlastsicher gestalten. Die installierte Antriebsleistung großer Filteranlagen erreicht Werte von etwa 55 kW.

Moderne frequenzgesteuerte Antriebssysteme treiben das Filterpaket auch direkt an (aktueller Stand der Technik).

Der Antrieb wird in der Regel für verschiedene Drehzahlen ausgelegt. Beispielsweise für 10 U/min (Abspritzen der Filterscheiben), 70 U/min und 140 U/min für langsames und schnelleres Austragen des Filterkuchens und 240 U/min für das Abschleudern der Filterkuchenreste.

Filtergrößen

Tabelle 48 gibt Hinweise auf die möglichen Filtergrößen von A.-Zentrifugalscheibenfiltern.

Tabelle 48   Kennwerte von A.-Zentrifugalscheibenfiltern

Hersteller	Filterfläche in m^2	spezifischer Durchsatz in $hL/(m^2 \cdot h)$	Filtratmenge in hL/m^2	max. Beladung mit FHM in kg/m^2
Steinecker	≤ 100	≤ 10	≤ 60	≤ 9
Schenk Primus II + III	≤ 150	5...7,5 (≤ 10)	55...60	≤ 11

Einschätzung der A.-Zentrifugalscheibenfilter

A.-Zentrifugalscheibenfilter sind zuverlässige Filter, die die Nachteile der A.-Scheibenfilter vermeiden. Insbesondere die Filter mit optimierten Filtermittelträgern und dem Unfiltrateinlauf an jeder Filterscheibe sind sehr flexibel und technologisch günstig einsetzbar. Vorteilhaft ist, dass der Filtrationsprozess unterbrochen werden kann. Die Rüstzeiten sind größer als bei A.-Kerzenfiltern (s.a. Kapitel 7.4.7).

Sie haben eine weite Verbreitung gefunden und werden aktuell noch zahlreich genutzt und sind auch weiterhin lieferbar (s.a. Kapitel 11.1).

7.3.3.6 Zubehör für Anschwemmfilter

Zubehör ist bei Bedarf ein Sedimentationsbehälter für die ausgetragenen Filterhilfsmittel. Der Behälter übernimmt sowohl die Funktion eines Zwischenspeichers als auch die Trennung der Suspension in wässrigen Überstand und in die Dickstoffphase, die sich mittels Verdrängerpumpen in einen Transportbehälter fördern lässt (s.a. Kapitel 7.7). Der Behälter kann drucklos sein, aber auch als Druckbehälter ausgelegt werden.

Der Behälter sollte über einen konischen Auslauf verfügen, günstig ist die Muldenform. Ggf. können Austraghilfen vorgesehen werden (z. B. Bandschnecken).

Der Behälter sollte an das CIP-System angeschlossen sein.

Klärung und Stabilisierung des Bieres

7.3.4 Dosierung der FHM

In Abbildung 118 ist eine Dosieranlage für Filterhilfsmittel schematisch dargestellt.

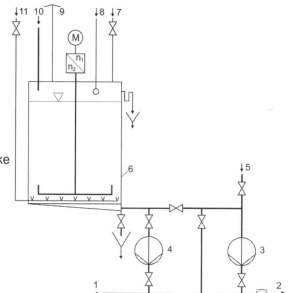

1 Unfiltrat
2 Zum Anschwemmfilter
3 Dosierpumpe für FHM
4 Pumpe für Schnellan-
  schwemmung des FHM
5 Entgastes Wasser für Spülzwecke
6 Ansatzgefäß mit Rührwerk
7 Entgastes Wasser für FHM-
  Ansatz
8 CIP-Vorlauf
9 Entlüftung
10 FHM
11 Inertgas (z. B. CO_2)

Abbildung 118 Dosieranlage für Filterhilfsmittel (FHM), schematisch

7.3.4.1 Dosierbehälter

Der Ansatzbehälter besitzt in der Regel ein langsam laufendes Rührwerk, es soll die Sedimentation der suspendierten FHM verhindern. Teilweise wird der Antrieb frequenzgesteuert: höhere Drehzahl zum Suspendieren, langsam Sedimentation verhindern. Das Rührwerk soll trombenfrei arbeiten (Vermeidung von Gaseinzug). Übliche Drehzahlen des Rührers (z. B. Schrägblattrührer, Ankerrührer) liegen bei etwa 50...60 U/min. Die installierte Antriebsleistung beträgt ca. 1...1,2 kW/m³ Behältervolumen. Teilweise werden die Antriebe mit zwei Geschwindigkeiten ausgerüstet oder intervallmäßig betrieben.

Die Behältergröße des Dosierbehälters wird entsprechend erforderlichen Voranschwemm-Menge sowie der stündlichen Filtrationsmenge festgelegt. Das Volumen sollte für mindestens 1,5...2 h Betriebszeit reichen, um den Personalaufwand zu begrenzen.

Für 100 kg FHM sind etwa 0,6...0,7 m³ Behältervolumen erforderlich. Das Massenverhältnis Wasser zu FHM soll bei etwa 5...6 : 1 liegen (s.a. Kapitel 7.3.6).

Die Ansatzbereitung sollte nur mit vollständig entgastem Wasser erfolgen. Eine frisch angesetzte Suspension muss *vor dem Einsatz* 20...30 min mit CO_2 begast werden, um den mit den FHM eingetragenen Sauerstoff zu entfernen.

Die ständige Begasung der Suspension wird vorgenommen, um den Eintrag von Sauerstoff auszuschließen. Dazu wird im Dosiergefäß ein geringer Überdruck gehalten. Der Behälterüberlauf erhält deshalb ebenfalls eine Gassperre (Siphon).

Für die Voranschwemmung wird ein großer Volumenstrom der FHM-Suspension benötigt („Schnellanschwemmung"). Dazu eignen sich beispielsweise Kreiselpumpen. Die laufende Dosierung des FHM wird mit einer Dosierpumpe vorgenommen.

Die erfolgreiche Dosierung und die Funktion der Dosierpumpe können mittels eines Schauglases geprüft werden. Die Fördertätigkeit der Dosierpumpe kann natürlich auch durch einen Durchfluss-Sensor überwacht werden.

Die Zuführung der FHM erfolgt in der Regel durch Schwerkraft. Der dabei entstehende Staub muss abgesaugt und durch einen Filter abgetrennt werden (Forderung des Arbeits- und Gesundheitsschutzes; s.a. Kapitel 24). Zum Teil wird auch nur mit einem „Wasservorhang" im Entlüftungsrohr gearbeitet. Beachtet werden muss, dass beim Eintritt der FHM aus dem Ansatzbehälter Gas mengenproportional abgeleitet werden muss. Die Rohrquerschnitte müssen entsprechend festgelegt werden. Das Entlüftungsrohr sollte verschließbar sein, um Sauerstoffzutritt zu vermeiden (s.o.).

Die beteiligten Arbeitskräfte müssen über persönliche Schutzausrüstungen (PSA; Staubfilter) verfügen und über den Umgang mit Kieselgur aktenkundig belehrt werden.

7.3.4.2 Ansatzbehälter
Bei größeren Anlagen werden separate Ansatzbehälter installiert, aus denen das Dosiergefäß der Filteranlage gefüllt wird (s.a. Kapitel 7.3.6). Damit wird auch gesichert, dass eine frisch bereitete FHM-Suspension zur Sauerstoffentfernung ausreichend lange mit CO_2 begast werden kann.

Der Abruf der Suspension kann automatisiert werden, z. B. gesteuert von der Füllstandssonde des Dosierbehälters.

Die gesamte Dosieranlage ist CIP-fähig.

7.3.4.3 Dosierpumpen
Die Dosierpumpe muss die FHM-Suspension in die Unfiltratleitung drücken. Dabei muss die Förderhöhe größer als der maximale Filterkesseldruck sein. Der Förderstrom der Pumpe soll vom Gegendruck möglichst unabhängig sein, und er muss sich einstellen lassen. Für weitere Informationen muss auf die Literatur der Pumpenhersteller verwiesen werden. Einen Überblick gibt [138].
Aus der großen Vielfalt möglicher Bauformen werden vor allem genutzt:
- Membrandosierpumpen und
- Schlauchpumpen.

Membrandosierpumpen
Membrandosierpumpen sind Verdrängerpumpen. Eine eingespannte Membrane wird ausgelenkt und saugt dabei das anliegende Fluid (Flüssigkeiten, Suspensionen oder Gase) an bzw. verdrängt es bei der Umkehr der Bewegungsrichtung. Die Funktion ist nur unter Einsatz eines Saug- und Druckventiles möglich. Abbildung 119 zeigt einen Membranpumpenkopf schematisch.

Der Volumenstrom ist bei Membranpumpen eine Funktion der Membranfläche, des Hubes und der Hubfrequenz. Deshalb lassen sich Membranpumpen sehr gut für Dosieraufgaben einsetzen, zum Beispiel auch für die Chemikaliendosierung in CIP-Anlagen oder Chlordioxid-Anlagen. Membranpumpen sind nur bedingt selbst ansaugend, die Saugleitung sollte deshalb stets angefüllt werden können.

Vorteilhaft ist bei Membranpumpen, dass die Membrane fest eingespannt ist. Die Einspannung kann nach den Regeln des Hygienic Designs gestaltet werden. Damit entfallen die Probleme, die dynamisch beanspruchte Dichtungen aus hygienischer Sicht bereiten, beispielsweise der Spalt zwischen Kolben und Zylinderlaufbahn.

Klärung und Stabilisierung des Bieres

In der Vergangenheit wurden als Dosierpumpen vorzugsweise Membranpumpen mit einstellbarem Hub eingesetzt. Die mechanische Hubverstellung war die Spezialität der Dosierpumpenhersteller. In einfachen Fällen wurde lediglich der Hub begrenzt, es wurden aber auch mehrgliedrige Koppelgetriebe genutzt (frequenzgesteuerte Antriebe waren noch nicht verfügbar). Das Prinzip einer Membrandosierpumpe ist aus Abbildung 120 ersichtlich. In der Regel wurde die Membran mit einem Druckmittlerfluid (Siliconöl) betätigt. Ein eventueller Membranriss kann detektiert werden.

Ein Kolben verdrängt eine Flüssigkeit (z. B. Siliconöl, Glycerin). Die Membrane folgt der Kolbenbewegung unter der Voraussetzung, dass die Übertragungsflüssigkeit den Raum zwischen Kolben und Membrane gasfrei („schwarz") ausfüllt. Die Hydraulik muss gegen Überdruck und das Einziehen von Luft durch Überströmarmaturen gesichert werden. Überdruck kann im Druckmittlerraum durch Blockade der Membranauslenkung und durch temperaturbedingte Ausdehnung des Fluides entstehen. Der Druckraum steht deshalb mit einem Ausgleichsbehälter über entsprechende Ventile in Verbindung.

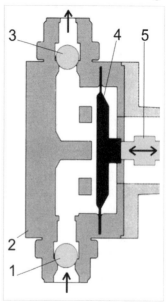

Abbildung 119 Membranpumpenkopf, schematisch
1 Saugventil **2** Pumpenkopfgehäuse **3** Druckventil
4 Membrane **5** Membranantrieb

Ein sehr wichtiges Bauelement der Dosierpumpen sind die Ventile. Da die FHM sehr abrasiv wirken, müssen die Ventilkörper, im Allgemeinen einfache oder doppelte Kugelventile, sehr verschleißfest sein. Hartmetalle haben sich nicht bewährt, gute Ergebnisse wurden mit dem Mineral Achat erzielt.

Membrandosierpumpen arbeiten nicht pulsationsfrei. Deshalb sollten sie mit einem Windkessel betrieben werden. Dieser wird aber in vielen Fällen nicht eingesetzt, um die damit verbundenen Probleme der CIP-Reinigung zu umgehen.

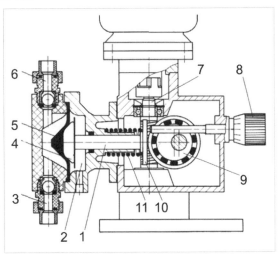

Abbildung 120 Hubbegrenzung durch einen einstellbaren mechanischen Anschlag (nach LEWA, Leonberg)
1 Schubstange der Membrane
2 Leckageraum **3** Saugventil
4 Membranunterstützung
5 Membrane **6** Druckventil
7 Antriebswelle **8** Einstellschraube für Hubbegrenzung **9** Exzenter
10 Anschlagplatte **11** Feder

Schlauchpumpen

Schlauchpumpen sind relativ einfach aufgebaute Verdrängerpumpen. Sie sind für die Förderung nahezu aller, auch feststoffhaltiger Medien geeignet. Einsatzgrenzen setzt nur die maximal zulässige Temperatur der benutzten Schläuche.

Der Volumenstrom ist proportional zur Drehzahl des Antriebes, die Schlauchpumpen sind damit für Dosieraufgaben geeignet. Beispiele für den Einsatz in der Gärungsindustrie sind außer der Dosierung von FHM-Suspensionen die Förderung von Filterschlamm von Anschwemmfiltern, die Maischeförderung, die Klärschlammförderung, die Förderung von Hefesuspensionen.

Das Einsatzspektrum reicht von $\dot{V}$ = 10 L/h bis ca. 80 m³/h bei $p_ü$ ≤ 16 bar. Der Zulaufdruck kann bei ≤ 4 bar (kleinere Pumpen)...≤ 1,5 bar (größere Pumpen) liegen. Der Feststoffgehalt kann bis zu 50 % betragen, die Viskosität ≤ 100 Pa·s (bezogen auf Wasser).

Für die Dosierung von FHM-Suspensionen werden Schlauchpumpen mit Durchsätzen von etwa ≤ 1000...1500 L/h bei einer Förderhöhe von $p_ü$ ≤ 10 bar benutzt. Die Pumpenparameter sind abhängig vom max. Betriebsdruck des Filterkessels und der installierten Filterfläche.

Für die Dosierung von FHM-Suspensionen muss mit einem Leistungsbedarf von etwa 1,2...1,3 kW für einen Volumenstrom von etwa 1000 L/h bei max. 10 bar gerechnet werden.

Die Pumpen sind *nicht* pulsationsfrei, sie sind für Trockenlauf geeignet und selbst ansaugend.

Arbeitsprinzip: Das Schema einer Schlauchpumpe zeigt Abbildung 121. Ein Schlauch wird auf einer Kreisbahn eingespannt. Der Rotor trägt zwei Nocken und quetscht damit den Schlauch zusammen und schiebt das eingeschlossene Volumen vor sich her. Nach einer halben Umdrehung setzt der folgende Nocken den Vorgang fort.

Der Nocken kann ein Gleitschuh sein oder zur Verminderung der Reibung eine Rolle oder ein exzentrisch umlaufender Rotor (Abbildung 121a bis c). Das Gehäuse der Pumpe wird zu 30...40 % mit einem Schmiermittel gefüllt, beispielsweise mit Silicon-Öl oder -Fett oder Propylenglycol/Glycerin. Das Schmiermittel dient gleichzeitig zur Ableitung der entstehenden Wärme durch Reibung und Walken des Schlauches. Der Schmiermittelfüllstand muss messtechnisch überwacht werden.

Der Rotor wird von einem Getriebemotor angetrieben, dessen Drehzahl mittels Frequenzumrichters eingestellt werden kann. Die Drehzahlen des Rotors liegen im Bereich n ≤ 100 U/min bei kleineren Pumpen und n ≤ 40 U/min bei größeren.

Der Pumpenschlauch ist ein Verschleißteil, das regelmäßig nach Herstellerangabe gewechselt werden muss. Werkstoffe sind gewebeverstärkte Kunststoffe (z. B. EPDM, Buna, Silicongummi/VMQ).

Die Schlauchpumpen werden mit einem Füllhöhensensor im Gehäuse ausgerüstet. Damit wird der Füllstand des Schmierstoffs im Gehäuse überwacht. Ist der Füllstand zu hoch, so deutet dies auf einen Schlauchbruch hin, da Produkt in den Schmierstoff eingebracht wurde. Das Signal wird von der Filtersteuerung ausgewertet.

Der Sensor muss drahtbruchsicher angeschlossen sein, d. h. ein Drahtbruch wird wie ein Schlauchdefekt ausgewertet.

Schlauchpumpen sind eine preiswerte Alternative zu Membrandosierpumpen bei der Dosierung von Filterhilfsmitteln und haben diese nahezu vollständig verdrängt. Sie arbeiten relativ verschleißarm ohne Ventile, nur der Förderschlauch ist ein Verschleißteil, aber kalkulierbar.

Andere Verdrängerpumpen konnten sich für die Dosierung von FHM nicht einführen.

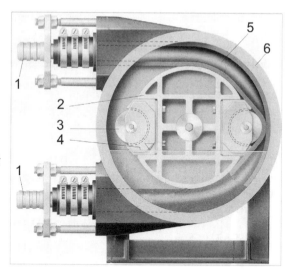

Abbildung 121a   Schlauchpumpe mit Rollennocken, schematisch (nach Allweiler AG)
1 Anschlussstücke **2** Rotor **3** Rolle
4 Schmiermittelniveau **5** Schlauch
6 Pumpengehäuse

Klärfiltration mit FHM

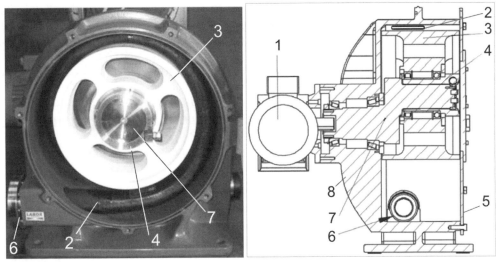

Abbildung 121b Schlauchpumpe mit einem auf einer Kurbelwelle umlaufenden Rotor, schematisch (nach Larox / Finnland)
1 Getriebemotor **2** Schlauch (rechts gequetscht) **3** Rotor **4** exzentrische Hülse zur Einstellung des Abstandes Rotor/Gehäuse **5** Abdeckung **6** Schlauchanschluss im Gehäuse **7** Kurbelwelle **8** Gehäuse

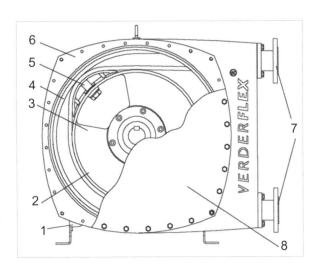

Abbildung 121c Schlauchpumpe mit Gleitschuh, schematisch (nach Verder / Haan)
1 Grundrahmen **2** Schmierstoff **3** Rotor **4** Schlauch **5** Nocken (Gleitschuh; Nockenhöhe mittels Beilagen einstellbar) **6** Gehäuse **7** Flansche **8** Gehäusedeckel

7.3.4.4 MSR-Ausrüstung der Dosieranlage
Üblich sind bei größeren Anlagen:
- Sonden für minimalen und maximalen Füllstand im Dosierbehälter;
  Bei Bedarf auch Inhaltsmessung (z. B. kapazitive Stabsonde);
- Sonde für die Erfassung der Funktion der Dosierpumpe;
  Bei Bedarf kann auch ein Durchflussmessgerät installiert werden;
- Sonde für die Überwachung der Inertgaszufuhr.

Klärung und Stabilisierung des Bieres

Die Dosierung der FHM kann mengenproportional zum Durchsatz der Filteranlage erfolgen. Dazu müssen die Signale der Unfiltrat-Durchflussmessung ausgewertet werden, um die Dosierpumpe in ihrem Durchsatz anzupassen. Bei Filteranlagen, die mit konstantem Volumenstrom betrieben werden, muss das jedoch nicht sein.

Eine weitere Möglichkeit der Anpassung der Dosierung besteht in der Auswertung des Druckanstieges des Anschwemmfilters als Funktion der Zeit.

Auch die Dosierung der FHM nach einem Zeitplan ist möglich. Das setzt aber die statistische Auswertung der Filtrationen einer längeren Periode voraus.
Weiter Hinweise siehe im Kapitel 7.3.7.

7.3.4.5 Dosierung der Filterhilfsmittel

Die Dosierung der FHM-Suspension muss so erfolgen, dass ein möglichst linearer Anstieg des Filterdifferenzdruckes erreicht wird. Der Anstieg darf nicht zu flach sein, weil dann unnötige FHM verbraucht werden und den Trubraum auslasten. Die Filtration muss abgebrochen werden, weil der verfügbare Trubraum erschöpft ist.

Wenn der Anstieg zu steil ist, wird der zulässige Betriebsdruck des Filters vor Erschöpfung des Trubraumes erreicht. Die Filteranlage muss abgefahren werden.

Kurzfristige Erhöhungen des Filterwiderstandes (beispielsweise durch Hefestöße oder durch fehlende bzw. unterbrochene Dosierung der FHM) führen ebenfalls zum vorzeitigen Erreichen des maximal zulässigen Betriebsdruckes.

Beide Anomalitäten müssen vermieden werden, weil damit die mögliche Filtratmenge der Anlage unterschritten wird und sich der spezifische FHM-Verbrauch unnötigerweise erhöht.

Idealerweise sollte die FHM-Dosierung so erfolgen, dass sich der Verlauf des realen Differenzdruckanstiegs dem idealen Anstieg asymptotisch annähert ohne ihn zu überschreiten (s.a. Kapitel 7.2 + 7.3.7 und 7.6).
Abbildung 122 zeigt einen optimalen Verlauf des Differenzdruckes.

Sobald das Ende der Filtrationscharge absehbar ist bzw. der maximal zulässige Betriebsdruck nahezu erreicht wird, kann die Dosierung der FHM beendet werden.

Die FHM-Suspension sollte nur in einer solchen Menge angesetzt werden, dass keine Reste übrig bleiben.

7.3.5 Sedimentation der FHM

Beim Voranschwemmen der FHM-Suspension und auch bei der laufenden Dosage besteht die Gefahr, dass sich bei zu geringer Strömungsgeschwindigkeit die FHM-Suspension entmischt. Die FHM-Partikel besitzen unterschiedliche Größe und Dichte. Sobald die Schwerkraftkomponente größer ist als die angreifenden Strömungskräfte, tritt Sedimentation auf, d.h., die FHM-Dosierung wird durch Entmischung verändert und damit die Zusammensetzung der Anschwemmschicht. Diese Erkenntnis hat mit zur Entwicklung des TFS-Filters geführt [134].

Klärfiltration mit FHM

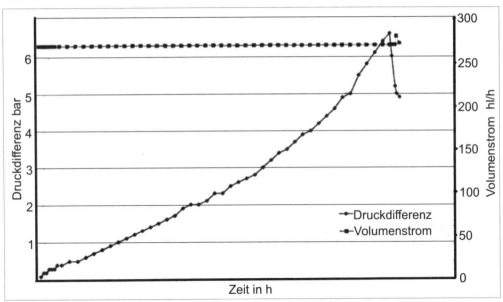

Abbildung 122 Realer Differenzdruckverlauf bei optimaler Dosierung der FHM (nach [139])

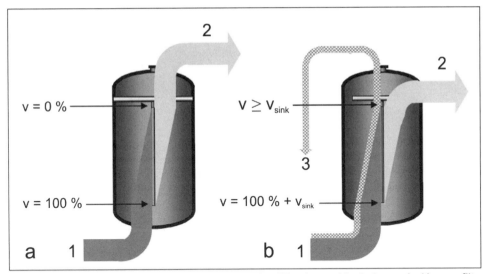

Abbildung 123 Strömungsgeschwindigkeiten im Filterkessel bei einem A.-Kerzenfilter (nach [134])
a Klassischer Kerzenfilter   b TFS-Filter
1 Unfiltrat   2 Filtrat   3 Bypassströmung

Es wurde gefunden, dass im Bereich des Filterkerzenbodens beim klassischen A.-Kerzenfilter die Filterkerzen ungleichmäßig angeschwemmt werden. Begründen lässt sich diese Erscheinung damit, dass die Fließgeschwindigkeit in diesem Bereich gegen Null geht und die FHM-Partikel deshalb partiell sedimentieren bzw. sich die Suspension entmischt (Abbildung 124 und Abbildung 125).

Klärung und Stabilisierung des Bieres

Mit modernen Einlaufverteilern erreichen auch klassische Kerzenfilter (mit Zwischenplatte) eine homogene FHM-Verteilung.

Aus Abbildung 126 sind die Sinkgeschwindigkeiten verschiedener FHM ersichtlich, s.a. Tabelle 49.

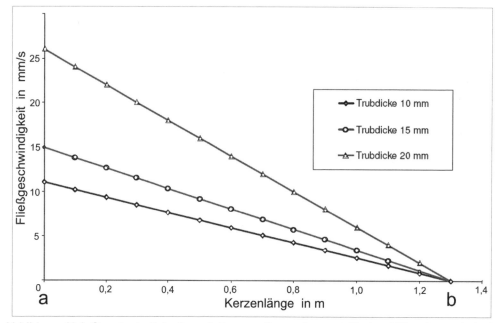

Abbildung 124 Geschwindigkeitsverteilung entlang eines vertikalen Filterelements bei einem klassischen Kerzenfilter; Kerzenlänge 1300 mm (nach [140])

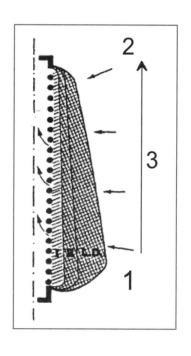

1 Mehrzahl grobe FHM-Partikel
2 Mehrzahl feine FHM-Partikel
3 Fließrichtung

Abbildung 125 Folge ungenügender Fließgeschwindigkeit bei vertikalem Filterelement mit Anschwemmung (nach [141])

Klärfiltration mit FHM

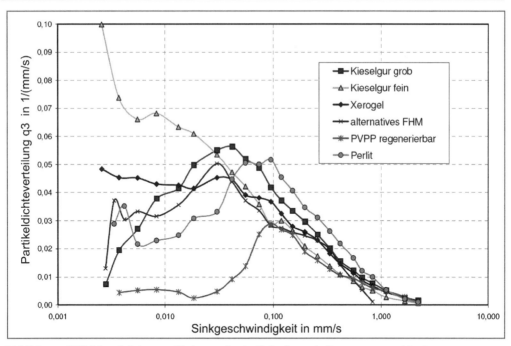

Abbildung 126 Vergleich von Sinkgeschwindigkeitsverteilungen verschiedener Filterhilfsmittel (nach [134])

Tabelle 49 Sinkgeschwindigkeiten und zugehörige Partikelgrößen von verschiedener FHM, abgelesen bei 95 % der Verteilung (nach [134])

FHM	Eigenschaft	Sinkgeschwindigkeit in mm/s	Partikelgröße in µm
Celite 512	Kieselgur mittel	1,11	40,0
Celite Standard	Kieselgur mittel	1,1	40,3
Celite Hyflo	Kieselgur grob	1,67	19,4
Celite Filtercell	Kieselgur fein	0,9	36,4
FP 1 SL	Kieselgur fein	0,73	33,5
FP 4	Kieselgur mittel	0,87	37,3
FW 14	Kieselgur grob	1,8	48,3
Hydrogel	Eiweißstabilisierungsmittel	1,0	71,1
Hydr. Xerogel	Eiweißstabilisierungsmittel	0,61	42,3
Xerogel	Eiweißstabilisierungsmittel	1,66	51,2
Harbolite 635	Perlit	1,8	49,3
PVPP verloren	Gerbstoffstabilisierungsmittel	0,17	32,2
PVPP regenerierbar	Gerbstoffstabilisierungsmittel	1,7	103,1
Luvocell	Cellulose	1,9	71,7
Arbocell	Cellulose	1,8	77,6
JRS Fein 2	Alternatives FHM	0,71	45,9

Es wurde weiterhin gefunden, dass sich die Voranschwemmung nur dann gleichmäßig auf der Filterkerze verteilt anschwemmen lässt, wenn die Fließgeschwindigkeit nicht zu groß ist. Es werden Voranschwemmzeiten von ≥ 10 min genannt [134]. Die Mindestdicke der Voranschwemmung sollte bei etwa 3 mm liegen. Damit ist die Drainagewirkung dieser Schicht gegeben, denn das Filtrat muss ja über dem Wickeldrahtprofil nach beiden Seiten in den Kerzenspalt geleitet werden.

7.3.6 Ansatz der FHM

7.3.6.1 Allgemeine Hinweise für die Handhabung der FHM

Die FHM müssen suspendiert werden. Das ist die Voraussetzung für die Dosierung. Je nach der Verpackungs- oder Liefervariante (s.a. Kapitel 13.11) müssen die FHM dem Suspendiergefäß in unterschiedlicher Form zugeführt werden. Unterschieden werden können:
- Lose gelieferte FHM;
- Abgepackte FHM.

Lose FHM

Bei größeren Bedarfsmengen können FHM „lose" geliefert werden. Der Transport erfolgt in Silofahrzeugen. Die Entnahme und die Einlagerung in die Siloanlage beim Verbraucher wird im Allgemeinen pneumatisch vorgenommen. Dazu wird das Fahrzeug mittels Schlauchverbindung mit dem Annahmepunkt verbunden. Die Förderluft wird natürlich gefiltert. Über einen Abscheider werden die FHM von der Förderluft getrennt und durch Schwerkraftförderung in das Silo eingelagert. Die Förderluft und die aus dem Silo verdrängte Luft werden über eine Filteranlage gereinigt, um den geforderten Arbeitsplatzgrenzwert (AGW-Wert) zu sichern (zurzeit ≤ 0,3 mg/m^3 A bzw. ≤ 4 mg/m^3 E; s.a. [142] und Kapitel 13.11).

Lose gelieferte FHM können aus Siloanlagen oder Großbehältern mechanisch oder pneumatisch gefördert werden. Für die mechanische Förderung sind beispielsweise Förderschnecken und Rohrkettenförderer gut geeignet. Die Dosierung sollte nach Masse erfolgen. Die Förderstrecken und das Suspendiergefäß müssen besaugt werden, um Staub zu entfernen.

Abgepackte FHM im Großbehälter

Es sind verschiedene Systeme bekannt, beispielsweise das System Big Bag, der LAB-Wechselcontainer, Schüttgut-Wechselcontainer allgemeiner Ausführung u.a.

Ein Beispiel für eine Anlage zur Entnahme der FHM aus Big Bags ist aus Abbildung 130 zu ersehen. Die Textilcontainer werden mittels Flaschenzug über den Annahmetrichtern platziert und entsprechend der eingestellten Mengenverhältnisse entnommen und in einem Sammelbehälter mit Wasser gemischt. Der Ausfluss der FHM aus den Containern wird durch Unwuchterreger an den Einfülltrichtern unterstützt.

Big Bags sind in den verschiedensten Varianten verfügbar, z. B. auch formstabil oder mit Inliner. Abmessungen sind beispielsweise 1 m x 1 m x 1,05 m bis zu 1 m x 1,2 m x 2,05 m. Die Big Bags sind ggf. mehrfach verwendbar. Weitere Informationen sind erhältlich unter [143].

Der LAB-Wechselcontainer aus PE (1200 mm x 1000 mm x 2000 mm) mit einem Volumen von 2 m^3 ist ein geschlossenes, stapelfähiges Mehrwege-System [144]. Es wird mit einem Saug-/Druckfördergerät („Andockstation") mechanisch/pneumatisch entleert, nach Masse und automatisch staubfrei in einen Anmischbehälter dosiert und suspendiert, bei Bedarf auch mit CO_2. Weitere Hinweise zum FHM-Handling s.a. [145].

Abgepackte FHM (in der Regel Papiersäcke auf Normpalette) müssen vor der Entnahme geöffnet werden. Das erfolgt entweder in kleineren Betrieben manuell mit einem Messer oder in größeren Betrieben unter Verwendung von Sacköffnungsvorrichtungen. Diese werden entweder halbautomatisch betrieben (manuelles Zuführen und Öffnen der Säcke): Entleerung maschinell und Pressen der leeren Säcke oder automatisch. Die Dosierung erfolgt nach Masse: Wägung bzw. nach der Nettomasse der Säcke.

Die FHM fallen entweder direkt in das Suspendiergefäß oder in einen Pufferbehälter, aus dem sie durch Schwerkraft dem Suspendierbehälter zugeleitet werden. Alternativ können die FHM mittels Dosierschnecken gefördert werden (Abbildung 130a). Beim Ansatz werden auch die FHM-Mischungen entsprechend der Anforderungen der Produktion zusammengestellt.

Alle Förderwege müssen besaugt werden. Die Abluft muss über Feinstaubfilter in die Atmosphäre geführt werden. In diesem Bereich müssen die Forderungen der BGN bzw. der Umweltämter bezüglich der zulässigen Emissionen beachtet werden.

Die FHM-Suspensionen sollten nur in solchen Menge angesetzt werden, dass keine Reste übrig bleiben.

Abgepackte FHM in Papiersäcken
Ein Großteil der FHM wird in 25-kg-Papiersäcke abgefüllt. Hierzu werden vorzugsweise Ventilsäcke benutzt, die vorgefertigt sind und über eine Füllöffnung verfügen, die sich selbsttätig nach der Füllung schließt. Die gefüllten Säcke werden palettiert und im Allgemeinen mit einer Folie gegen Staub und Feuchtigkeit gesichert.

Die Kleinpackung wird deshalb bevorzugt, weil auch kleinere Mengen verschiedener FHM-Qualitäten problemlos gehandhabt werden können. Auch die Dosierung wird vereinfacht.

Die Säcke können nahezu staubfrei entleert werden, wenn Entleerungshilfen verfügbar sind (Abbildung 127). Die Einschüttgosse wird besaugt. Die entleerten FHM werden mechanisch oder durch Schwerkraft gefördert (s.a. Abbildung 128). Günstig ist es, wenn sich das FHM-Lager oberhalb der Suspendierbehälter („Anrührstation") befindet.

Sehr zu empfehlen sind Entleerungsanlagen, die mit einer Presse kombiniert sind, die die leeren Säcke zu einer Transporteinheit verdichtet (Abbildung 129).

In Kleinbetrieben werden die FHM-Dosierungsmengen mittels Waage abgewogen und von Hand in das Mischgefäß geschüttet. Dabei entsteht Staub, der abgesaugt werden muss, beispielsweise mit einer Wasserstrahlpumpe. Problematisch ist auch das Entsorgen der leeren FHM-Säcke. Das Personal muss Atemschutzmasken tragen. Zu diesen Problemen muss auf die ASI 8.02/10 verwiesen werden [596].

Klärung und Stabilisierung des Bieres

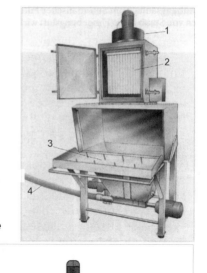

1 Gebläse **2** Staubfilter **3** Einschütttisch **4** Fördereinrichtung, z. B. Förderschraube („Schnecke")

Abbildung 127 Entleerungshilfe für FHM-Papiersäcke (nach [146])

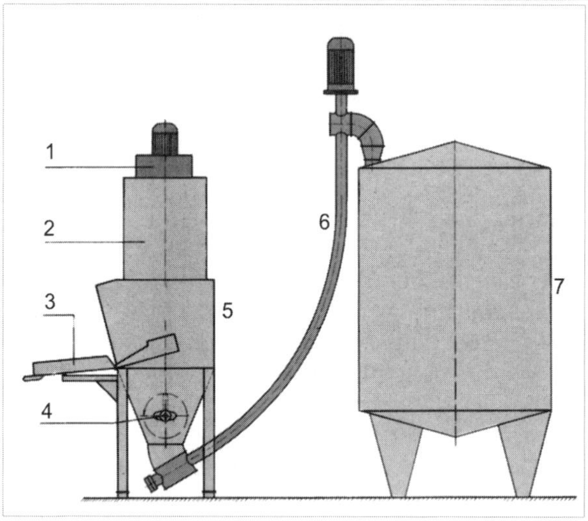

1 Ventilator **2** Staubfilter
3 Einschütttisch, klappbar
4 Homogenisiereinrichtung/ Rührer
5 Sackentleervorrichtung
6 Förderschraube („Schnecke")
7 Suspendierbehälter

Abbildung 128 Beispiel für staubfreies Entleeren der FHM-Säcke und Förderung in den Suspendierbehälter (nach [146])

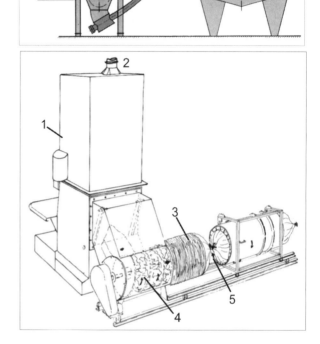

1 Staubfilter **2** Abluft
3 Endlosschlauchmaterial, z. B. aus PE oder PP
4 Verdichtungsstrecke (mit Pressschraube oder -Kolben)
5 Abbinde- und Trennstelle für Pressgut

Abbildung 129 Sackentleerung kombiniert mit einer Leersackverdichtung (nach [146])

Klärfiltration mit FHM

Abbildung 130 FHM-Entnahme aus
Big Bag-Containern (Foto: Annemüller)

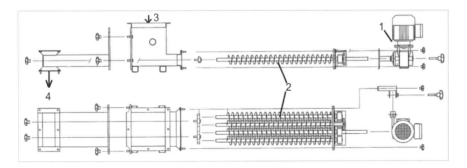

Abbildung 130a FHM-Dosierschnecken
1 Getriebemotor **2** Schnecken
3 FHM aus Big Bag-Container
4 FHM zum Ansatzbehälter

7.3.6.2 Ansatzbereitung

Die Suspendierbehälter enthalten ein Rührwerk, das radial und axial mischt. In der Regel wird es mit zwei Drehzahlen betrieben:
- höhere Drehzahl: Suspendieren und
- niedere Drehzahl: Sedimentation verhindern.

Die Behältergröße richtet sich nach der Filtergröße. Die Chargengröße sollte eine Tagesproduktion abdecken.

Sinnvoll ist die Installation der Ansatzbehälter in einer solchen Größenabstufung, dass in einem die benötigte Voranschwemmmenge und im anderen die Dosiermenge für eine Filtercharge bevorratet werden kann. Damit wird gesichert, dass für eine Filterregeneration jederzeit eine Voranschwemmung verfügbar ist.

Bei der Versorgung mehrerer Filteranlagen können auch weitere Stapelbehälter genutzt werden.

Als Suspendierwasser sollte grundsätzlich nur entgastes Wasser benutzt werden (s.a. Kapitel 16.4). Das gilt insbesondere dann, wenn sehr niedrige Gesamtsauerstoffwerte im Bier gefordert werden. Eine ausreichende CO_2-Begasungszeit der Suspension *vor der Dosierung* in das Unfiltrat muss gesichert sein (s.o.).

Verschiedentlich werden Systeme angeboten, bei denen die FHM zur Sauerstoffentfernung bereits vor der Suspendierung mit CO_2 begast werden, auch überhitzter Wasserdampf wird dafür vorgeschlagen.

Ein nicht unwesentlicher Punkt für die zögerlich Einführung der FHM-Großchargen-Nutzung sind die recht hohen Investitionskosten derartiger Anlagen. Bedacht werden muss natürlich auch, dass Siloanlagen nur sinnvoll sind, wenn auch größere FHM-Mengen bevorratet werden mit der Folge nicht unerheblicher Kapitalbindung.

7.3.6.3 Volumenverdrängung von Filterhilfsmitteln im Dosieransatz

Der Filterhilfsmittelansatz erfolgt beispielsweise nach dem Berechnungsbeispiel in Kapitel 7.2.1. Zur Dimensionierung der Suspendierbehälter s.a. Kapitel 7.3.4.1.

Die Wasserverdrängung der Kieselgur wurde in Kleinversuchen ermittelt, Tabelle 50.

Tabelle 50   Volumenzunahme einer FHM-Suspension durch das FHM

Bezeichnung des FHM	Art des FHM	Einsatz FHM in g	Wasserzusatz in ml	Endvolumen in ml	Zunahme in ml
Becogur 3500 [2]	Grobgur	50	250	275	25
Seitz Super 1200 [2]	Grobgur	50	250	275	25
Speedflow Dicalite [1]	Mittelgur	30	150	165	15
		50	250	275	25
Becogur 200 [2]	Feingur	50	250	280	30
Seitz Extra 70 [2]	Feingur	50	250	275	25
BK 2000M [2]	Kieselgel	50	250	285	35

[1] Die Messungen wurden von *Gerd Häntze* durchgeführt
[2] Die Messungen wurden von *Peik Schauermann* (Fa. fermtec GmbH) durchgeführt.

Schlussfolgerung aus den Messungen:
Bei den meisten Kieselguren erhöht sich das Volumen der Wasservorlage durch die zugesetzte Kieselgur in der Ansatzbereitung um:

> Kieselgurmenge in Kilogramm x 0,5 ≈ Volumenzunahme in Liter

2 kg Kieselgur erhöhen im Ansatz (1 kg : 5 L) das Volumen des zugesetzten Wassers um ca. 1 L. Bei der Feingur Becogur 200 wurde abweichend von den anderen Guren der Faktor 0,6 ermittelt. Kieselgel hat den Faktor 0,7.

Für das Suspendieren von 100 kg FHM in 5 hL Wasser sind etwa 6 hL Behältervolumen erforderlich, bei 6 hL Wasservorlage sind es etwa 7 hL (Einschließlich eines Zuschlages für eventuelle Trombenbildung).

7.3.7 Automation der Filteranlage, Mess- und Regelungstechnik

In Abbildung 79 werden die wichtigen Messstellen einer Filteranlage im Bereich der Puffertanks ausgewiesen. Die erforderlichen Messstellen im Bereich der FHM-Ansatzbereitung und -Dosierung werden im Kapitel 7.3.4 genannt.

Die Anschwemm-Filteranlage (in Abbildung 79 als „black box" bezeichnet) selbst sollte über folgende Messstellen verfügen:
- Durchflussmessung des Unfiltrates;
- Druckmessung auf der Unfiltrat- und Filtratseite des A.-Filters;
- Trübungsmessung des Filtrates;
- Sauerstoffmessung im Unfiltrat und Filtrat;
- Erfassung von Füllständen mit Voll-/Leermeldesonden bei automatisierten Anlagen.

Die Durchflussmessung wird vorzugsweise mit einem magnetisch induktiven Durchflussmessgerät (MID) vorgenommen. Der Messwert sollte von der Steuerung der Anlage mit der zugehörigen Zeitachse registriert werden, um eine Auswertung des Filtrationsverlaufes zu ermöglichen. Oft wird/wurde in einem beleuchteten Schauglas ein „Durchflussmesser" (auf der Basis Stauscheibe-Feder-System) zur orientierenden Erfassung des Volumenstromes integriert.

Dem gleichen Ziel dient auch die Registrierung der beiden Druckverläufe am Kessel. Aus dem Anstieg des Eingangsdruckes lassen sich wertvolle Schlussfolgerungen zum Filtrationsverlauf, insbesondere zum Verbrauch an FHM, ziehen.

Die Messung und Registrierung des Trübungsverlaufes im Filtrat (Messung des 90°-Trübungswertes und der Vorwärtsstreuung) ist im Prinzip die wichtigste Messung. Sie muss in einer entsprechend hohen Auflösung der Zeitachse erfolgen, um den Verlauf der Filtration auswerten und bewerten zu können (s.a. Kapitel 7.3.8).

Dabei werden voreinstellbare Grenzwerte der Trübung für die Beurteilung der Filtration benutzt, um bei Überschreitung dieser Werte die Filtration selbsttätig auf „Kreislauf" umzuschalten. Der Kreislauf wird so lange beibehalten, bis die Trübungswerte den normalen Bereich wieder erreicht haben. Dann wird wieder auf den Drucktank umgestellt und die Filtration fortgesetzt. Die Ansteuerung der Umschaltarmaturen muss natürlich so erfolgen, dass keine Druckstöße auftreten. Wichtig ist es auch, dass die Sensoren und Umschaltarmaturen entfernungsmäßig so angeordnet werden, dass die benötigten Betätigungszeiten für die Schaltvorgänge der Armaturen unter Beachtung der Fließgeschwindigkeiten gesichert werden.

Die Automation dieser Trübungsauswertung ermöglicht es sicherzustellen, dass nur Filtrat mit den gewünschten Parametern den Drucktank erreicht.

Die Sauerstoffmessung dient vor allem dem Erkennen von Unregelmäßigkeiten im technologischen Ablauf. Sie ist eine wichtige Messung für die Qualitätssicherung.
Hinweise zur eingesetzten Messtechnik sind im Kapitel 17 zu finden.

Automation der FHM-Dosierung
Der Wunsch nach Dosierung der FHM entsprechend den Anforderungen des Unfiltrates ist relativ alt. Das Prinzip „So viel wie nötig" ist das Leitmotiv, vor allem um Kosten zu sparen.

Beachtet werden muss aber, das eine Optimierung des FHM-Verbrauchs immer nur eine asymptotische Annäherung sein kann. Sobald etwas zu wenig dosiert wurde, erhöht sich der Filterwiderstand irreversibel. D. h., dass auch eine nachträgliche Erhöhung der Dosierung kann das Ereignis nicht rückgängig machen! Die Filtration kann nur auf einem erhöhten Druckniveau weitergeführt werden und muss in der Regel schneller beendet werden, weil der maximale Betriebsdruck des Filters eher erreicht wird.

Je genauer die Prognose des Druckanstieges je Zeiteinheit ist und je schneller dieses Ereignis bekannt wird, desto besser kann das Optimum angenähert oder erreicht werden.

Betriebsspezifisch ist es möglich, die Filtrationsergebnisse auszuwerten, vor allem Filtratvolumen, Filtratvolumenstrom und Druckanstieg je Zeiteinheit. Dabei wird die Einhaltung der Trübungssollwerte stillschweigend vorausgesetzt. Diese Auswertung sollte im Interesse des Kostenmanagements konsequent betrieben werden.

Unter der Voraussetzung, dass die Unfiltratzusammensetzung nur geringen rohstoff- und technologisch bedingten Schwankungen unterliegt, lassen sich Dosierungsvorgaben erarbeiten, die Grundlage der automatischen FHM-Dosierung sein können. Es ist auch möglich, betriebsspezifische Richtwerte für beispielsweise leicht, mittelschwer und schwer filtrierbare Biere zu ermitteln und damit die Filtration zu beginnen. Die laufende Auswertung des Druckanstieges ermöglicht es dann der Anlagensteuerung die Dosierung anzupassen (die Nutzung der *Fuzzi-Logic* ist möglich).
Wie bei jeder Automatik ist jederzeit der Handeingriff möglich.

Gegen Ende des Filtrationszykluses kann dann unter Beachtung des erreichten Druckniveaus und des Druckverlaufes die Dosierung zurückgefahren und ggf. beendet werden (s.a. Kapitel 7.2.5 und Abbildung 64). Ziel sollte es sein, dass die beiden Abbruchparameter: maximaler Druck und minimaler Fluss sowie maximales Trubaufnahmevermögen nahezu auf den gleichen zeitlichen Punkt fallen und somit die bestmögliche Filter- und FHM-Ausnutzung erreicht wird.

Eine wesentliche Erleichterung für eine automatische FHM-Dosierung nach der Führungsgröße Druckanstieg ist ein konstanter Volumenstrom durch die Filteranlage. Damit lässt sich die Dosierung nur als Funktion des Druckanstieges verändern.

Als Beispiele für Arbeiten zur Automation der Anschwemmfiltration werden genannt *Tittel* [147] und *Wegner* [148].

Über ein weiteres industriell angewendetes Modell zur teilautomatischen Steuerung der FHM-Dosage berichtete *Wagner* [149]: In der 1. Filtrationsstunde wurde mit einer hohen laufenden Kieselgurdosage von 150 g/hL filtriert. Es wurde in dieser 1. Stunde der Differenzdruckanstieg beobachtet und das zu filtrierende Bier danach in drei Qualitätskategorien eingeteilt (siehe Tabelle 51). Nach der 1. Stunde (500 hL sind filtriert) wurde die Filtration auf eine automatische Dosierung umgestellt und die Kieselgurdosage entsprechend der Qualitätseinstufung schrittweise (in Abständen von 30 min) auf die jeweiligen Richtwerte heruntergefahren. Dazu wurde die normale Dosierpumpe durch eine frequenzgesteuerte Pumpe ersetzt.

Bei Filtrationsunterbrechungen (Kreislaufschaltung der Anlage) wird die FHM-Dosierung unterbrochen oder auf einen sehr geringen Wert eingestellt.

Tabelle 51 Filtrierbarkeitsrichtwerte und endgültige Höhe der laufenden Dosierung (nach [149])

Differenzdruckanstieg bar/h	Qualitätskategorie in der Filtrierbarkeit	Endgültige Höhe der laufenden Dosierung
$\Delta p > 0{,}75$	Schwer filtrierbar	120 g/hL
$0{,}45 < \Delta p < 0{,}75$	Mittelmäßig filtrierbar	90 g/hL
$\Delta p < 0{,}45$	Leicht filtrierbar	80 g/hL

7.3.8 Die Trübungsmessung als Kontroll- und Steuergröße bei der Klärfiltration

Die differenzierende Trübungsmessung hat sich als Kontroll- und Steuergröße bei der Klärfiltration des Bieres allgemein bewährt.
Die differenzierende Trübungsmessung am Anschwemmfilterauslauf erfasst mit
- der 90°-Streulichtmessung kolloidale Verbindungen mit einer Größe < 1 μm und
- dem 25°- oder 11°- bzw. 12°-Vorwärtsstreulicht partikuläre Stoffe (FHM, PVPP, Hefen, Grobtrub) mit einer Größe > 1 μm.

Hinweise zur eingesetzten Messtechnik sind im Kapitel 17 zu finden.

Trübungsrichtwerte für eine normale Kieselgurfiltration sind nach *Begerow* [150]
- bei der 25°-Messung (11°- bzw. 12°-Messung):
  - nach der 1. Anschwemmung: < 0,3 EBC-Einheiten,
  - nach der 2. Anschwemmung: < 0,1 EBC-Einheiten,
  - bei der Filtration: 0,15...0,20 EBC-Einheiten,
- bei der 90°- Messung:
  - bei untergärigen Bieren: 0,3...0,6 EBC-Einheiten,
  - bei obergärigen Bieren: < 1,0 EBC-Einheiten.
- Normal liegt der 25°-Messwert ca. 50 % unter dem 90°-Messwert.
- Werden die 25°-Richtwerte bereits bei der Grundanschwemmung nicht erreicht, auch nicht nach dem Zusatz von Additiven (z. B. Celluloseprodukten), ist das ein Zeichen für einen technischen Defekt des Filtersystems.
  Mit der 25°-Trübungsmessung ist die Zuverlässigkeit des Filtersystems überprüfbar.

Klärung und Stabilisierung des Bieres

Eine Checkliste zur Reaktion auf die differenzierenden Trübungswerte zeigt Tabelle 52. Zu weiteren Hinweisen über Filtrationsprobleme durch die Unfiltratqualität siehe Kapitel 3.
Sinngemäß gelten die Trübungswerte auch für andere Klärsysteme.

Tabelle 52 Trübungsdifferenzierung und Gegenmaßnahmen (nach [150])

Trübungsgeschehen	Mögliche Ursachen	Mögliche Gegenmaßnahmen
Kurzfristiger Trübungsanstieg (< 5 min) bei den 25°-u. 90°-Messwerten	- Druckstöße durch Tankwechsel, - schnelles Öffnen oder Schließen von Armaturen	- Technische Lösungen, um Druckstöße zu vermeiden
Anhaltender Anstieg der 25°-Trübungswerte	- Defekte im Filterkuchen oder beim Filtersystem, - Leckagen im Stützgewebe - Evtl. α-Glucantrübung	- Kreislaufschaltung u. Zusatz von 10 % Cellulose, werden die Trübungswerte nicht besser, Abbruch der Filtration u. Kontrolle des Filtersystems; - α-Glucankonzentration überprüfen u. Optimierung der Würzeherstellung
- Anhaltender Anstieg der 90°-Trübungswerte oder - bereits zu hoher Anfangstrübungswert	- Meist feindisperse Eiweiß-Gerbstofftrübung	- Kreislaufschaltung der kompletten Filterstraße u. Erhöhung der Kieselgurdosage (bis ca. 30 %) u. evtl. des Anteils an Feingur (um 20…30 %) - es muss der Differenzdruck ansteigen! - Zusätzliche Maßnahmen: 5 g BECOFLOC/hL u./o. 10…15 mL/hL BECOSOL

7.4 Arbeitsabläufe bei Anschwemmfilter-Anlagen

7.4.1 Allgemeine Hinweise

In diesem Gliederungspunkt werden allgemeine Hinweise zur Handhabung der Anschwemmfilter-Anlagen gegeben. Spezielle Arbeitsanweisungen müssen den anlagenspezifischen Bedienungsanleitungen der Hersteller vorbehalten bleiben.

Zu allgemeinen Hinweisen zur Anschwemmfiltration wird auch auf *Kunze* [151] verwiesen.

7.4.2 Wichtige Teilschritte beim Betrieb von Anschwemmfilter-Anlagen

Wichtige Teilschritte beim Betrieb von Anschwemmfilter-Anlagen sind:
- Sauerstoffentfernung und Auffüllen mit entgastem Wasser;
- Einbringen der Voranschwemmung;
- Auffüllen mit Unfiltrat und Vorlaufabtrennung (s.a. Kapitel 7.4.9);
- Kreislauffahrt bis zum Erreichen der gewünschten Resttrübung;
- Filtration, möglichst bis zur Erschöpfung des Filters;
- Beendigung der Filtration: Verdrängung des Unfiltrates und Abtrennung des Nachlaufes;
- Austrag des Filterkuchens;
- Spülen bzw. CIP des Filters und Sterilisieren der Anlage.

Nach einer Standzeit muss die Filteranlage vor der Inbetriebnahme sterilisiert werden.

7.4.2.1 Sauerstoffentfernung
siehe Kapitel 7.4.8.

7.4.2.2 Voranschwemmung
Die Voranschwemmung kann in einer oder mehreren Stufen erfolgen. Die FHM-Suspension wird mit einer Pumpe (meistens ist es eine Kreiselpumpe) in den Wasserkreislauf Filterpumpe - Filteranlage - Filterpumpe eingetragen und solange im Kreislauf gefördert, bis die Flüssigkeit klar erscheint. Vorzuziehen für die Ermittlung der ausreichenden Umpumpzeit ist die Nutzung des Trübungsmessgerätes. Bei entsprechender betrieblicher Erfahrung kann das auch eine fest vorgegebene Zeit sein.

Bei größeren Spaltweiten des FHM-Trägers können gröbere FHM und faserhaltige FHM die erste Voranschwemmung erleichtern.

Ein großer Volumenstrom verkürzt die benötigte Voranschwemmzeit. Günstig ist ein Volumenstrom, der beim 1,2…1,5-fachen Nenndurchsatzes liegt.

7.4.2.3 Bereitstellung von entgastem bzw. sauerstofffreiem Wasser
siehe Kapitel 7.4.8 und 16.4.

7.4.2.4 Umschaltung Ausschub, Filtrat im Kreislauf / Filtrat zum Drucktank
In der Regel wird die Umschaltung auf Ausschub („Kanal") von der Konzentration („Stammwürze") des Filtrats gesteuert, die Schaltung auf Kreislauf von der Trübung (s.a. Abbildung 131).

Klärung und Stabilisierung des Bieres

Die Umschaltung von Kreislaufförderung auf Drucktank oder von Ausschub auf Filtration usw. muss so erfolgen, dass kein „Druckstoß" resultiert, d.h., dass die Umschaltarmatur relativ langsam öffnen bzw. schließen muss, um Störungen in der Filterschicht zu vermeiden. Es muss davon ausgegangen werden, dass jede Druckspitze eine Störung verursacht, die durch Veränderung des Trübungswertes nachweisbar ist. Diese Störung der Filterschicht „heilt" zwar in relativ kurzer Zeit, aber das Filtrat verändert seinen Trübungswert, und es können während dieser Zeit FHM-Teilchen, aber auch Mikroorganismen passieren.

Mögliche Druckspitzen können vermieden werden, wenn das Druckniveau auf beiden Seiten der Umschaltarmatur nahezu auf gleichem Niveau konstant gehalten werden kann. Zum Beispiel kann der Kanalablauf über ein Druckhalteventil (Überströmventil) erfolgen. Dazu sind pneumatisch gesteuerte Ventile geeignet, deren Öffnungsdruck variabel einstellbar ist (das Schließen übernimmt die pneumatische Feder, das Öffnen erfolgt durch das Medium).

Eine Druckstoß vermindernde Funktion übernehmen natürlich auch die Puffertanks der Anlage.

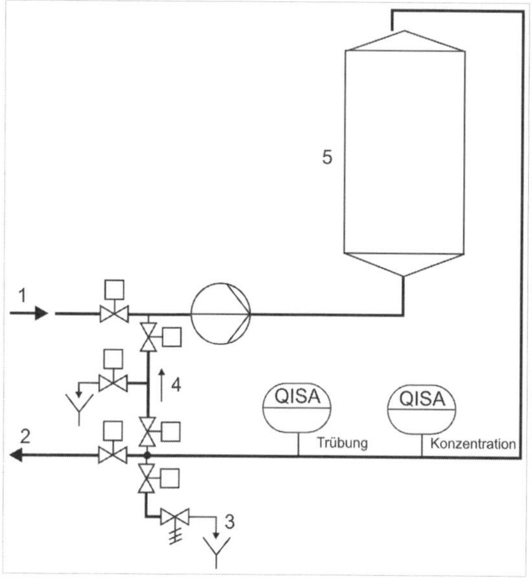

Abbildung 131 Umschalteinrichtung an einer Filteranlage
1 Unfiltrat **2** Filtrat **3** Ausschub Kanal mit Druckhaltung **4** Kreislauf
5 Filteranlage

Klärfiltration mit FHM

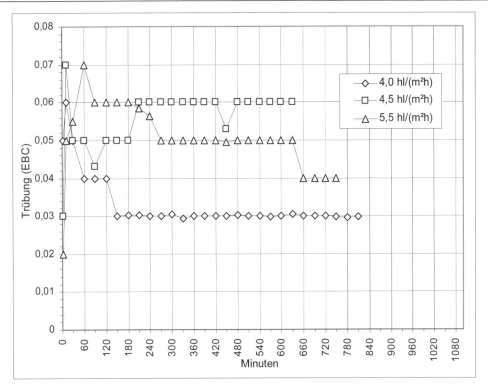

Abbildung 132 25°-Trübungswerte für spezifische Filtratdurchsätze (nach [152])

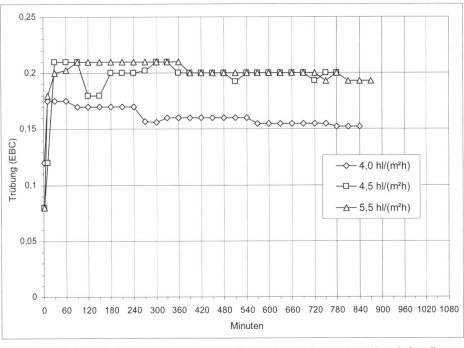

Abbildung 133 90°-Trübungswerte für spezifische Filtratdurchsätze (nach [152])

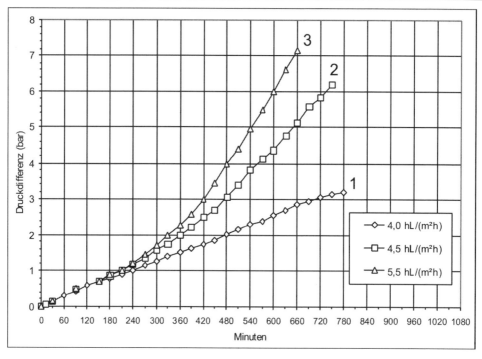

Abbildung 134 Druckdifferenz bei verschiedenen spezif. Filtratdurchsätzen (nach [152])
1 1440 hL (Dosage 28 g/hL)   **2** 1960 hL (Dosage 34 g/hL)   **3** 1225 hL (Dosage 33 g/hL)

7.4.2.5 Spezifischer Filtratdurchsatz

Die Festlegung des spezifischen Filtratdurchsatzes ist für das Ergebnis der Filtration durchaus von relativ großer Bedeutung:
- Je geringer der spezifische Filtratdurchsatz, desto geringer wird der Differenzdruckanstieg;
- Je geringer der spezifische Filtratdurchsatz, desto größer die zu erwartende Filtratmenge;
- Ein geringer spezifischer Filtratdurchsatz ergibt geringere Trübungswerte.

Diesbezügliche Versuchsarbeiten wurden beispielsweise von *Westner* durchgeführt [152], s.a. Abbildung 132 bis Abbildung 134.

Der optimale spezifische Filtratdurchsatz ist natürlich auch vom Filtertyp bzw. der Filterbauform abhängig. Moderne Filterkerzen ermöglichen zum Beispiel größere spezifische Durchsätze als ältere Ausführungen. Galten in der Vergangenheit 5 hL/(m^2·h) als günstig, sind moderne Kerzenfilter mit 6,5...7.5 hL/(m^2·h) zu betreiben [134].

Wichtig ist es in jedem Fall, durch eine betriebsspezifische Optimierung den günstigsten Wert zu finden unter Beachtung des spezifischen FHM-Einsatzes, der erzielbaren Filtratmenge und der erreichbaren Trübungswerte.

7.4.3 Arbeitsabläufe bei A.-Schichtenfiltern

Nach dem Einbringen der Voranschwemmschicht(en) wird das Anschwemmwasser mit Unfiltrat verdrängt. Die Vorlaufphase lässt sich ggf. reduzieren gemäß Abbildung 148.

Der Vorlauf wird abgetrennt und sobald die festgelegte Stammwürzekonzentration erreicht ist, kann auf den Drucktank umgestellt werden.

Sobald der maximale Betriebsdruck des Filters erreicht wird bzw. wenn die Filtration aus anderen Gründen beendet werden soll, muss die Anlage abgefahren werden. Dazu wird das Unfiltrat mit entgastem Wasser verdrängt. Wenn die festgelegte Stammwürzegrenze unterschritten wird, kann noch eine vorgestimmte Nachlaufmenge gewonnen werden.

Nach Abschluss der Filtration wird das Filter geöffnet und der Filterkuchen wird entfernt (Abbildung 135). Das kann manuell mit Kratzer oder Schaber, mit einer Druckluftlanze oder (ungünstig!) mit einem Wasserstrahl erfolgen.

Der Filterkuchen fällt in eine Wanne unterhalb des Filters und kann dann mit einer Förderschraube („Schnecke") und einer Dickstoffpumpe und geringem Wasserzusatz in einen Sammelbehälter gefördert werden. Der Austrag ist mit relativ fester Konsistenz möglich.

Die Stützschichten sind für mehrere Filtrationschargen nutzbar. Sie werden abgespült und das Filter kann wieder gespannt werden.

Nach dem Vorspannen wird mit Heißwasser „sterilisiert" (s.a. Kapitel 7.5). Das Spannen muss die thermisch bedingte Längenänderung berücksichtigen. Nach der Abkühlung muss nachgespannt werden.

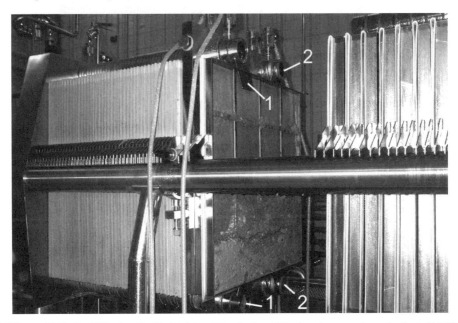

Abbildung 135   Geöffneter A.-Schichtenfilter beim Filterkuchenaustrag (ref. d. [134])

Hinweis für den Einsatz neuer Stützschichten
Nach der Bestückung des Filters mit neuen Stützschichten sollten diese angefeuchtet werden. Damit wird das Spannen des Filters erleichtert und die Abdichtung der Rahmen und Platten vereinfacht.

Neue Schichten können mit leicht angesäuertem Wasser (z. B. mit Zitronensäure) bis zur Geschmacksneutralität gewässert werden, um den Übergang dieser Geschmacksstoffe in das Ffiltrat zu vermeiden.

7.4.4 Arbeitsabläufe bei A.-Kerzenfiltern

Die wesentlichen Arbeitsschritte sind (s.a. Abbildung 136):
- Sterilisieren der Anlage.
- Sauerstoffentfernung und Auffüllen mit entgastem Wasser (Abbildung 136a).
- Einbringen der Voranschwemmung (Abbildung 136b).
  Beim klassischen A.-Kerzenfilter wird die Voranschwemmung in 2 Teilen eingebracht:
  1. Voranschwemmung: Es werden etwa 600…800 g Grobgur/m^2 auf die Kerzen angeschwemmt.
  2. Voranschwemmung: Es werden etwa 400 g Mittel- und Feingur/m^2 auf die Kerzen angeschwemmt.

  Bei modernen Filterkerzen mit geringen Spaltmaßen (etwa 30…35 µm, z. B. beim KHS Getra ECO) kann die 1. Voranschwemmung entfallen; es wird nur eine Voranschwemmung mit 500…600 g/m^2 aufgebracht.
  Nach jeder Anschwemmung wird im Kreislauf gefahren, bis die Trübungswerte die Anforderungen erfüllen. Günstig ist bereits hier die Nutzung der Trübungsmessung für die Festlegung des Voranschwemmendes.
  Je Voranschwemmung müssen ca. 10 min Kreislauf kalkuliert werden.
- Beginn der Filtration: Verdrängen des Wassers in den Kanal, Abtrennung des Vorlaufes in einen Stapelbehälter (hierzu s.a. Kapitel 7.4.9).
  FHM werden dosiert (Abbildung 136c).
- Filtration, FHM werden dosiert (Abbildung 136d).
- Ende der Filtration: Verdrängen des Bieres, Abtrennung des Nachlaufes in einen Stapelbehälter bzw. in den Kanal bei zu geringer Konzentration (Abbildung 136e; hierzu s.a. Kapitel 7.4.9).
- Absprengen und Austrag des Filterkuchens (Abbildung 136f).
- Spülung des Filters (Abbildung 136g).
- Sterilisation des Filters.
- Vor- und Nachläufe werden während der laufenden oder nachfolgenden Filtration zum Unfiltrat dosiert (s.a. Kapitel 7.4.9).
  Zu empfehlen ist dazu eine geregelte Dosierung nach der gemessenen Konzentration.

Klärfiltration mit FHM

1 Unfiltrat/Wasser/CIP-Vorlauf
2 Filtrat zum Drucktank/Vor- und Nachlauf/CIP-Rücklauf   3 Wasser
4 Filterpumpe   5 Pumpe für Voranschwemmung
6 FHM-Ansatzbehälter
7 FHM-Dosierpumpe
8 Spanngas/Druckluft
9 Abwasser   10 Filterkuchenaustrag   11 Entlüftung
12 A.-Kerzenfilter
13 Filterkerzenboden

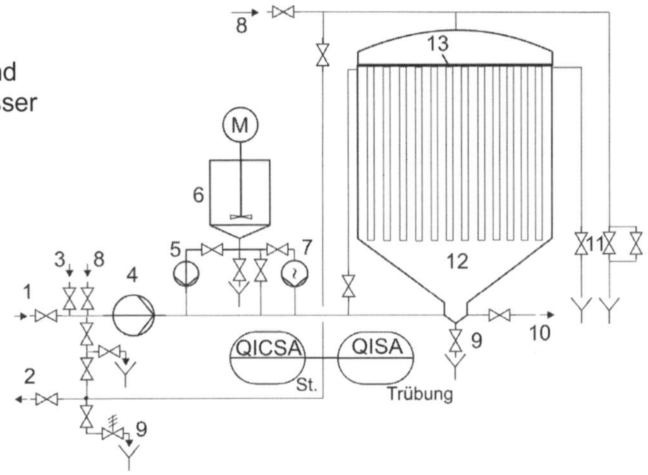

Abbildung 136 A.-Kerzenfilteranlage, schematisch

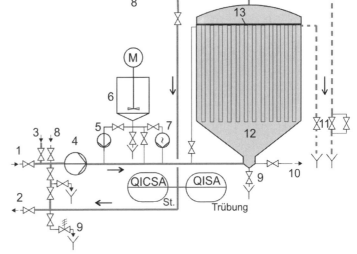

Abbildung 136a Sauerstoffentfernung und Auffüllen mit entgastem Wasser. Der Dichteunterschied Heißwasser/entgastes Wasser erleichtert die Trennung

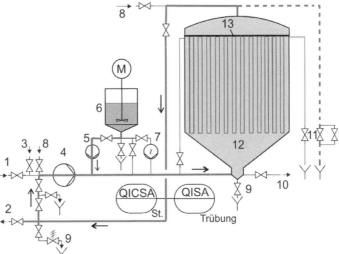

Abbildung 136b Einbringen der Voranschwemmungen

Klärung und Stabilisierung des Bieres

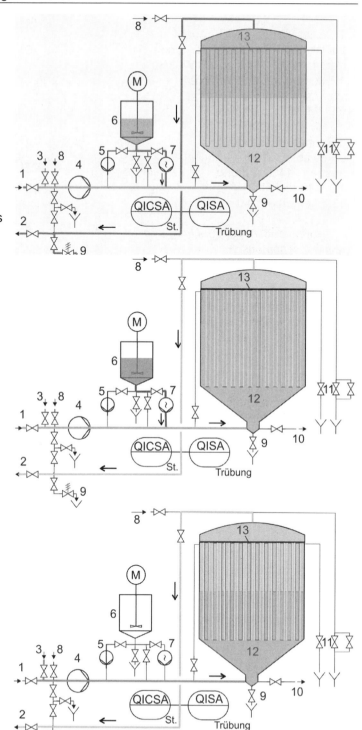

Abbildung 136c
Beginn der Filtration:
Verdrängen des Wassers mit Bier

Abbildung 136d
Filtration, FHM werden dosiert

Abbildung 136e
Ende der Filtration:
Verdrängen des Bieres mit Wasser, Abtrennung des Nachlaufes in einen Stapelbehälter

Klärfiltration mit FHM

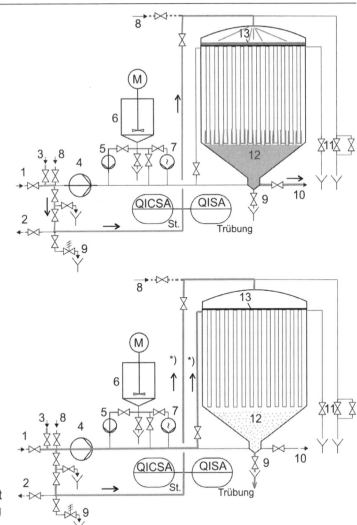

Abbildung 136f
Absprengen mit Wasser
und Druckluft;
Austrag des Filter-
kuchens

Abbildung 136g
Spülung des Filters
*) abwechselnd, auch mit
  Druckluftunterstützung

Absprengen und Austrag des Filterkuchens
Nach Filtrationsende wurde in der Vergangenheit mit Druckluft versucht, den Filterkuchen abzusprengen und möglichst dickbreiig auszutragen. An Stellen, an denen der Filterkuchen bereits abgesprengt wurde, ist der Druckverlust gering. Diesen Weg wählt dann die Druckluft und der Filterkuchen wird nur teilweise von Filterkerzen abgelöst.

Ursprünglich wurde deshalb nach Filtrationsende auf den Filterkerzenboden Wasser mit großem Volumenstrom aufgebracht und mit Druckluft das Wasser in die Filterkerzen gedrückt. In der Regel wurde dazu ein Behälter installiert, dessen Volumen so bemessen wurde, dass eine ausreichende Wasserschicht auf dem Filterkerzenboden erzeugt werden konnte. Dieses Wasser wurde mit Druckluft verdrängt und in die Kerzen gedrückt (s.a. Abbildung 89). Die Filterkerzen wurden zur besseren Verteilung des Wassers teilweise mit Verteilereinsätzen bestückt.

Bei neueren optimierten A.-Kerzenfiltern wird das Wasser auf dem Filterkerzenboden aufgebracht und durch ein Leitröhrchen („Ringfilmerzeuger") in dünner Schicht in die Filterkerze geleitet, so dass sich ein Wasserfilm innerhalb der Filterkerze ausbilden kann, der den Filterkuchen abschwemmt. Zusätzlich wird mittig Druckluft eingeleitet, die dann den Wasserfilm mit großer Geschwindigkeit durch die Kerzenspalten drückt und damit die Spaltreinigung verbessert (Abbildung 137).

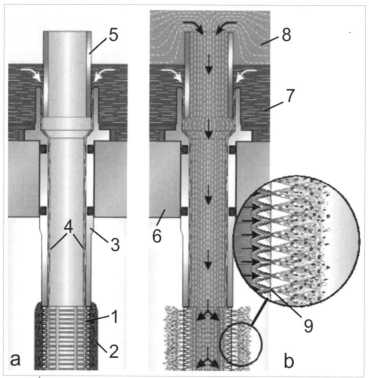

Abbildung 137 Ringfilmerzeugung bei der Filterkerze GETRA Eco (nach KHS GmbH)
a Spülung der Filterkerze mit Wasser   b Kombinierter Einsatz von Wasser u. Druckluft
1 Filterkerze   2 Filterkuchen   3 Filterkerzenkopf   4 Wasserfilm in der Filterkerze
5 Hülse für die Ausbildung des Ringfilms („Ringfilmerzeuger")   6 Filterkerzenboden
7 Wasser   8 Druckluft   9 Filterkerzenspalt bei der Reinigung durch Wasser und Druckluft

7.4.5 Arbeitsabläufe beim TFS-Filtersystem

Die wesentlichen Arbeitsschritte sind (zitiert nach [134]):
- Sterilisieren der Anlage, ggf. Sauerstoffentfernung und Auffüllen mit entgastem Wasser oder Bier.
  Der Dichteunterschied zwischen dem Heißwasser und dem kalten entgasten Wasser führt zu einer nur kleinen Mischzone, die für die Trennung genutzt werden kann.

Klärfiltration mit FHM

❏ Einbringen der Voranschwemmung (Abbildung 138):
Das Filtersystem ist mit entgastem Wasser, Kaltwasser oder filtriertem Bier gefüllt und im Kreislauf entlüftet. Die Einbringung der Voranschwemmung erfolgt mit ca. 150 % des Filterdurchsatzes und 10 % Bypassdurchsatz, um den Transport gerade der schwereren, größeren Partikel zu begünstigen. Im Kreislauf wird die Voranschwemmung in ca. 10 Minuten eingebracht.

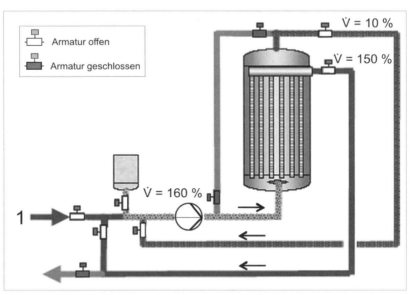

Abbildung 138 Einbringen der Voranschwemmung
1 Entgastes Wasser

❏ Vorlaufabtrennen Alternative 1: Vorlauf über Bypass (Abbildung 139):
Erfolgt die Einbringung der Voranschwemmung in Wasser, muss der Kesselinhalt mit Unfiltrat verdrängt werden. Für die Vorlaufabtrennung über den Bypass kehrt man die Volumenströme um; es werden am Bypass 100 % eingestellt, während über die Filterelemente nur ein kleiner Volumenstrom von 10 % ausreicht, um das Anschwemmwasser auch aus dem gebildeten Filterkuchen zu verdrängen. Die so erzeugte Kolbenströmung schiebt das Anschwemmwasser über den Bypass ohne große Vermischungszone aus. Begünstigt wird die Kolbenströmung durch eine geeignete Dichte- und Temperaturschichtung im Filterkessel; das „schwerere", kältere Unfiltrat schichtet sich von unten in den Kessel.
Der mengenmäßig sehr geringe Vorlauf über die Filterelemente kann ohne merkliche Absenkung der Stammwürze gleich in den Kreislauf zurückgedrückt werden. Der Vorlauf wird über den Bypass bei High-gravity-Verfahren zur kontinuierlichen Stammwürzeabsenkung in den Kreislauf oder ansonsten in den Puffertank Unfiltrat gedrückt.
Wird mit Kaltwasser angeschwemmt, kann der Vorlauf großzügig auf Kanal gefahren werden, bis ein gewünschter Sauerstoff- und Stammwürzewert erreicht ist. Durch die sehr geringe Vermischungszone ist der Vorlauf im Vergleich zum Inhalt des Filterkessels bei nur ca. 20 %.

Klärung und Stabilisierung des Bieres

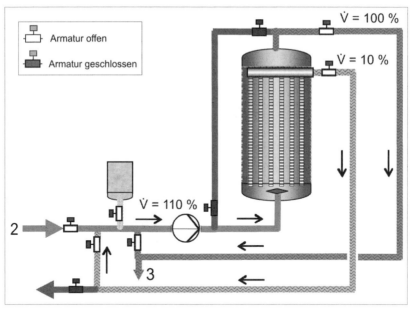

Abbildung 139 Vorlaufabtrennen Alternative 1: Vorlauf über Bypass
  2 Unfiltrat **3** Kanal oder Vorlauftank (s.a. Text)

❐ Vorlaufabtrennen Alternative 2: Vorlauf über die Filterelemente (Abbildung 140)
Wird der Vorlauf über die Filterelemente abgetrennt, ist der Bypass geschlossen. Das Unfiltrat wird von unten über den Einlaufverteiler und über eine Steigleitung von oben in den Kessel geschichtet. Das Wasser/Biergemisch wird über die Filterelemente gewonnen und in einem Vor-/Nachlauftank gesammelt oder bis zum Erreichen der gewünschten Stammwürze auf Kanal gefahren.
Durch die relativ große Vermischung ergibt sich so eine Vorlaufmenge von ca. 75 % des Kesselinhaltes.

❐ Filtration (Abbildung 141):
Während der Filtration ist die Größe des Bypasses abhängig vom eingesetzten FHM, insbesondere von der Sinkgeschwindigkeitsverteilung und demnach unabhängig vom eingestellten Filtrationsdurchsatz.
Der spezifische Durchsatz in $hL/(m^2 \cdot h)$ hängt von der Filtrierbarkeit des Unfiltrates ab und kann beliebig nach unten variiert werden. Durch die Überlagerung der Strömung durch die Filterelemente mit der Bypassströmung ist immer gewährleistet, dass der Stofftransport bis an das obere Kerzenende aufrechterhalten wird und so eine homogene Partikelverteilung am gesamten Filterelement erreicht wird.

Klärfiltration mit FHM

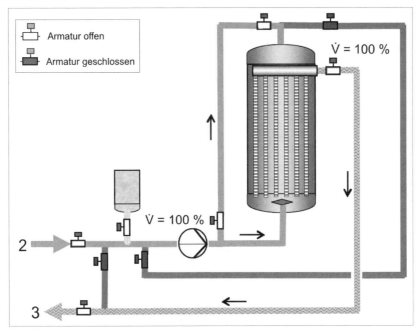

Abbildung 140 Vorlaufabtrennen Alternative 2: Vorlauf über die Filterelemente
2 Unfiltrat **3** Kanal oder Vorlauftank (s.a. Text)

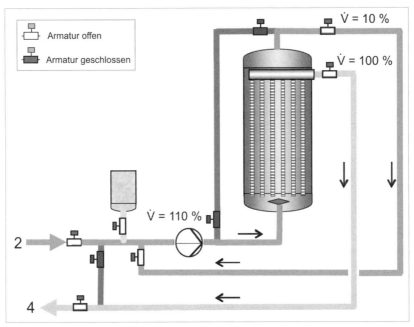

Abbildung 141 Filtration
2 Unfiltrat **4** Filtrat

Klärung und Stabilisierung des Bieres

❒ Nachlaufabtrennen über Filterelemente (Abbildung 142):
Das Wasser, bevorzugt entgastes Wasser, wird von unten und oben in den Filterkessel geschichtet und das Wasser/Biergemisch über die Filterelemente gewonnen, der Nachlauf in einem Vor-/Nachlauftank gesammelt und bei der nächsten Filtration wieder beigedrückt.
Durch die schlechtere Schichtung - leichteres, wärmeres Wasser wird in den Kessel von unten geschichtet - ist die Menge des Nachlaufes im Vergleich zum Vorlauf größer (ca. 120 % vom Kesselinhalt).
Alternativ kann der Filterkessel mit CO_2 leer gedrückt werden und das Unfiltrat zurück in den Lagerkeller oder den Puffertank Unfiltrat verdrängt werden, um eine Vermischung mit Wasser zu vermeiden.
Nachteilig wirken sich hier der CO_2-Bedarf und die längere Rüstzeit aus.

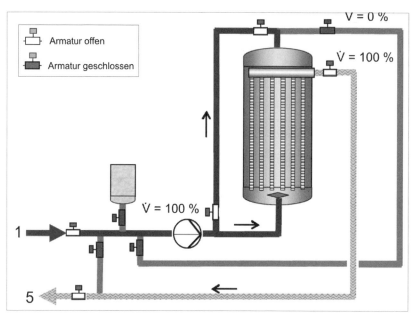

Abbildung 142 Nachlaufabtrennen über Filterelemente
   1 Entgastes Wasser   **5** Filtrat bzw. Nachlauftank

❒ Filterkuchenaustrag, Filterelemente rückspülen (Abbildung 143):
Nach Abtrennung des Nachlaufes erfolgt der Filterkuchenaustrag. Dazu wird rückwärts durch die Filterelemente Wasser gedrückt und die Filterkuchenaustragleitung geöffnet.
Durch den Druckabfall und das Rückwärtsspülen rutscht der Filterkuchen ab. Der Kesselinhalt mit dem Trub wird mit Druckluft in den Absetzbehälter gedrückt (Nassaustrag). Ist der Filterkessel leer, werden die Filterelemente rückwärts mit Wasser gespült.
Dabei werden die einzelnen Register intervallmäßig zugeschaltet, um eine höhere Rückspüleffizienz in den Filterelementen zu erreichen.

Klärfiltration mit FHM

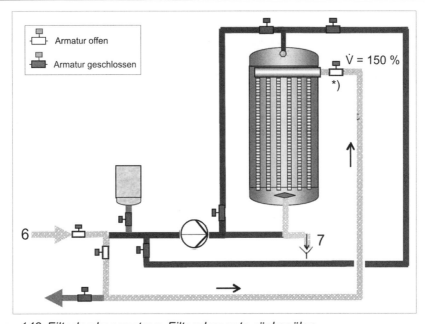

Abbildung 143 Filterkuchenaustrag, Filterelemente rückspülen
  6 Spülwasser **7** FHM-Sedimentationsbehälter/Kanal
  *) bei Einzelschaltung der Register $\dot{V} \approx 300$ %/Register

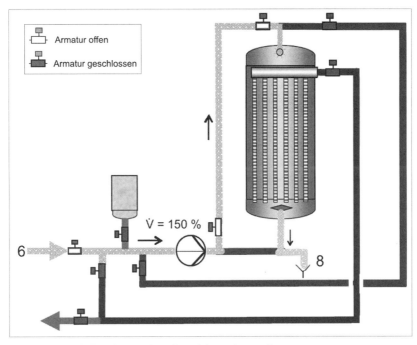

Abbildung 144 Kessel, Register über Sprühkugeln spülen
  6 Spülwasser **8** Kanal

Klärung und Stabilisierung des Bieres

- Kessel, Register über Sprühkugeln spülen (Abbildung 144):
  Die Reinigung des Filterkessels mit den Einbauten Register, Filterelemente und Einlaufverteiler erfolgt über die im Behälterdeckel installierten Sprühkugeln.
  Es schließt sich ein Leitungsspülen und Reinigen des Dosierbehälters an. Danach kann mit angesäuertem Heißwasser sterilisiert werden.

Über den erfolgreichen Einsatz von TFS-Filtersystemen wird u.a. in [132], [133] und [153] berichtet.

7.4.6 Arbeitsabläufe beim A.-Zentrifugalscheibenfilter

Die wesentlichen Arbeitsschritte sind:
- Sterilisieren der Anlage.
- Sauerstoffentfernung und Auffüllen mit entgastem Wasser.
- Einbringen der Voranschwemmung.
  Beim klassischen A.- Zentrifugalscheibenfilter wird die Voranschwemmung in 2 Teilen eingebracht:
  1. Voranschwemmung: Es werden etwa 600...800 g Grobgur/m^2 auf die Scheiben angeschwemmt.
  2. Voranschwemmung: Es werden etwa 400 g Mittel- und Feingur/m^2 auf die Scheiben angeschwemmt.
  Bei modernen Zentrifugalscheibenfiltern, z. B. mit Durafil bespannten Scheiben, genügt eine Voranschwemmung mit 600...800 g/m^2.
  Nach der Anschwemmung wird im Kreislauf gefahren, bis die Trübungswerte die Anforderungen erfüllen. Günstig ist die Nutzung der Trübungsmessung für die Festlegung des Voranschwemmendes.
  Für die Voranschwemmung müssen etwa 5 min für die Einbringung und ca. 10 min Kreislauf kalkuliert werden.
- Entleerung des Filters mittels CO_2;
- Beginn der Filtration: Auffüllen mit Unfiltrat, Kreislauf und FHM können dosiert werden.
- Filtration, FHM werden dosiert.
- Ende der Filtration:
  Entleerung des Filters mit CO_2 und Restfiltration über die entsprechende Filterfläche oder alternatives Arbeiten mit Nachlaufverwertung.
  Prinzipiell ist auch die Verdrängung des Unfiltrates mit CO_2 in den ZKT oder Unfiltratpuffertank möglich (s.a. Kapitel 7.2.9.4).
- Austrag des Filterkuchens durch Rotation des Filterscheibenpakets. Das Abschleudern wird durch Wasser unterstützt, das über die Filtratleitung eingetragen wird.
- Spülung des Filters.
- Sterilisation des Filters.
- Vor- und Nachläufe fallen in der Regel nicht an. Bei Bedarf können Vor- und Nachlauf abgetrennt und während der laufenden oder nachfolgenden Filtration zum Unfiltrat dosiert werden.
  Zu empfehlen ist dazu eine geregelte Dosierung nach der gemessenen Konzentration.

7.4.7 Spezifische Kennwerte

In Tabelle 53 sind spezifische Kennwerte zur Anschwemmfiltration ausgewiesen.

Tabelle 53   Spezifische Kennwerte zur Anschwemmfiltration

Benennung	Einheit	Größe
FHM - Beladung	kg/m^2-Filterfläche	9 ... ≤ 10
FHM - Nassvolumen	L/kg	≈ 3,4
Trubraum-Volumen	L/m^2-Filterfläche	30 ... 35

Voranschwemmung:
   klassisch
   klassisch Kerzenfilter
   optimiert Kerzenfilter
   klassischer Scheibenfilter
   optimierter Scheibenfilter
	kg/m^2-Filterfläche	≤ 1,5
		0,9 ... 1,2
		0,6 ... 0,9
		1 ... 1,2
		≤ 0,8

Laufende Dosierung:
   gut filtrierbare Biere
   normal filtrierbare Biere
   schlecht filtrierbare Biere
	g/hL	60 ... 80
		90 ... 120
		≥ 130

Anstieg des Differenzdruckes
   optimal
   normal
	bar/h	0,4 ... 0,5
		0,5 ... 0,6

Spezifischer Filtratdurchsatz bei Anschwemmfiltern

Der spezifische Filtratdurchsatz, angegeben in hL/(m^2·h), ist eine wichtige Filtergröße. Sie ist jedoch nicht nur eine apparative Kennzahl, sondern wird unter Praxisbedingungen vor allem von den Produktparametern beeinflusst, beispielsweise von der Viskosität, dem Feststoffgehalt, der Partikelgrößenverteilung, den β-Glucangehalten, den benutzten FHM u.a.

Die Festlegung des spezifischen Filtratdurchsatzes einer Filteranlage beeinflusst vor allem auch das Filtrationsergebnis. Weitere relevante Parameter sind natürlich die verfügbare Filterfläche, die dosierte FHM-Menge, die FHM-Eigenschaften, das Trubraumvolumen und die nutzbare Druckdifferenz.

Allgemein gilt die Erkenntnis bei einer gegebenen Filteranlage, dass in der Regel ein geringerer spezifischer Filtratdurchsatz eine größere Filtratmenge ermöglicht als ein größerer Durchsatz, s.a. die beiden Beispiele in Abbildung 145 und Abbildung 146. Die erzielbare Filtratmenge je Quadratmeter Filterfläche ist erheblich, zum Teil bis zu 30 %, größer, wenn mit geringeren spezifischen Durchsätzen gearbeitet wird.

Bei optimierten Anschwemmfiltern, die insbesondere den Aufbau eines homogenen Filterkuchens sichern, kann im Vergleich zu Tabelle 41 mit etwas höheren spezifischen Filtratdurchsätzen gerechnet werden, s.a. Tabelle 54.

Einen allgemein gültigen optimalen spezifischen Filtratdurchsatz kann es nicht geben, weil die Unfiltrateigenschaften nicht konstant gehalten werden können. Die betriebs- bzw. anlagenspezifische Optimierung der Filteranlage ist deshalb eine ständige Notwendigkeit. Die Auswertung der langjährig ermittelten Betriebsergebnisse ist eine wichtige Hilfe bei der Einschätzung der Resultate. Optimierung und Effizienz sind untrennbar verknüpft.

Klärung und Stabilisierung des Bieres

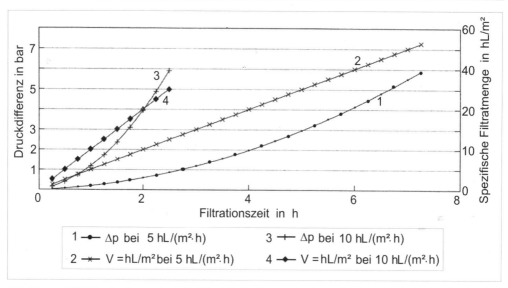

Abbildung 145 Verlauf von Druckdifferenz und Filtratmenge als Funktion des spezifischen Filtratdurchsatzes (nach Kiefer [140])

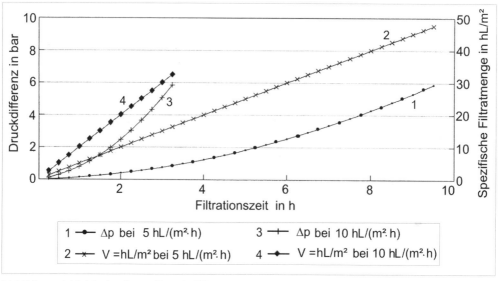

Abbildung 146 Verlauf von Druckdifferenz und Filtratmenge als Funktion des spezifischen Filtratdurchsatzes (nach Kiefer [140])

Die A.-Kerzenfilter haben einen prinzipiellen Vorteil: Ihre Filterfläche wächst während der Filtration durch den Aufbau des Filterkuchens stetig, damit verringert sich der spezifische Filtratdurchsatz (s.a. Abbildung 98). Das ist sicher, neben den Vorteilen bei den Rüstzeiten, einer der Hauptgründe dafür, dass die optimierten A.-Kerzenfilter eine Spitzenstellung bei den benutzten Bauformen bzw. der Anzahl der eingesetzten Filtersysteme einnehmen.

Tabelle 54   Spezifische Filtratdurchsätze optimierter Anschwemmfilter

Bauform	Spezifischer Filtratvolumenstrom in hL/(m² · h)	Spezifischer Filtratdurchsatz in hL/m²-Filterfläche
KHS-Eco-Filter	6,5...7,5	70...80
TFS-Filter	6...7,5	75...80 (140)
ZHF-Primus III	6...8	70...80

Rüstzeiten für Anschwemmfilter
In Tabelle 55 sind Rüstzeiten angegeben. Es zeigt sich, dass die Kerzenfiltersysteme Vorteile bei den Rüstzeiten besitzen, s.a. Abbildung 147.

Tabelle 55   Rüstzeiten bei Anschwemmfiltern

Vorgang	A.-Schichtenfilter	A.-Kerzenfilter	A.-Zentrifugal-Scheibenfilter
Eintrag der Voranschwemmung	6...8 min	6...8 min	6...8 min
Kreislauf für 1 Voranschwemmung	10 min	10 min	10 min
Vorlaufabtrennung oder Leerdrücken und Auffüllen	10...12 min -- --	10...12 min -- --	-- 15...20 min 10...15 min
Nachlaufabtrennung oder Restfiltration oder Leerdrücken	8...10 min -- --	8...10 min -- --	-- 25...40 min 15...20 min
Filterkuchenaustrag	ca. 2 min/Filterschicht	10...12 min	10...12 min
Filterspülung	manuell je nach Größe	10 min	10 min
Restfiltration	--	--	30...40 min [1])
Sterilisieren mit Heißwasserkreislauf	≥ 60 min	≥ 60 min	≥ 60 min

[1]) soweit nicht darauf verzichtet wird

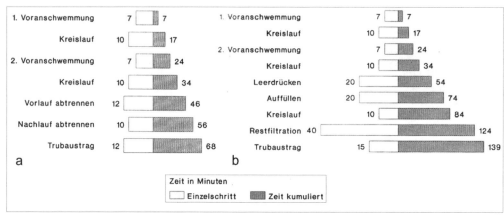

Abbildung 147 Vergleich der Rüstzeiten eines A.-Kerzenfilters und eines A.-Scheibenfilters (nach Kiefer [154])
a A.-Kerzenfilter b A.-Scheibenfilter

7.4.8 Reduzierung der Sauerstoffaufnahme bei Anschwemmfiltern

Ziel muss es sein, das im Prinzip sauerstofffreie Unfiltrat beim Auslauf aus dem Lagertank bzw. ZKT bis zum Drucktank zu erhalten (s.a. Kapitel 6). Das ist einmal möglich durch konsequentes Verdrängen von Luft aus dem Rohrsystem und der Filteranlage durch reines CO_2, das auch zur Vorspannung des Leitungssystems und der Anlage verwendet werden sollte. Dazu ist CO_2 oder Stickstoff der Voranfüllung des Systems mit entgastem Wasser vorzuziehen [155]. Der Druck des Spülgases muss etwa 0,4... 1,5 bar größer sein als der maximal mögliche statische Druck der Flüssigkeitssäule (bei geringerem Überdruck wird relativ viel Spülzeit benötigt).

Das Spülgas kann nur bedingt zum Ausschieben von Flüssigkeitsresten benutzt werden, da in horizontalen Leitungen die Flüssigkeitsreste „überspült" werden. In der Leitung befindliche Flüssigkeitsreste/Vorlauf müssen deshalb abgetrennt werden.

Weiterhin muss aus dem Wasser, dass zum Anfüllen der Filteranlage und zum Suspendieren der FHM sowie als Nachdrückwasser bei Beendigung der Filtration benutzt wird, konsequent Sauerstoff entfernt werden (s.a. Kapitel 16.4).

Das entgaste Wasser und die FHM-Suspension muss natürlich vor erneuter Sauerstoffaufnahme geschützt werden, indem CO_2 überlagert wird.

Die vollständige Sauerstoffentfernung aus der Filteranlage ist selbstverständlich. Diese Prozedur ist aber bei langen Kanälen (z. B. bei A.-Schichtenfiltern) oder bei A.-Kerzenfiltern (unter dem Kerzenboden) oder bei A.-Scheibenfiltern unter dem Siebgewebe der Filterscheiben nicht unproblematisch. Die CO_2-Spülung ist auch hier eine Hilfe.

Während der Filtration muss die Filteranlage regelmäßig „entlüftet" werden: entweder manuell betätigt oder von einer SPS gesteuert.

7.4.9 Reduzierung der Vor- und Nachlaufmengen bei Anschwemmfiltern

Vorlauf entsteht bei der Verdrängung des Wassers, das für die Voranschwemmung der Filteranlage benutzt wurde. Da der Trubraum nach der Voranschwemmung noch frei ist, ist diese Wassermenge relativ groß.

Der Nachlauf resultiert aus der durch Wasser aus der Filteranlage verdrängten Biermenge. Da der Trubraum mit der FHM-Schicht gefüllt ist, ist die zu verdrängende Flüssigkeitsmenge relativ gering.

Vor- und Nachläufe werden in der Regel in einem separaten Stapelbehälter gesammelt und während der laufenden bzw. der nachfolgenden Filtration dosiert beigedrückt. Die geregelt dosierte Beigabe soll Stammwürzeunterschreitungen zuverlässig vermeiden.

In Einzelfällen kann auf die getrennte Stapelung verzichtet werden, zum Bespiel bei genügend großem Drucktankvolumen und der Möglichkeit der Mischung.

Prinzipiell ist es bei allen Anschwemmfilterbauformen möglich, nach der Sauerstoffentfernung das Filter mit Filtrat zu füllen und die Voranschwemmung mit Filtrat vorzunehmen. Damit entfällt die Abtrennung von Vorlauf, wenn auf Unfiltrat umgestellt wird, und das entgaste Wasser wird eingespart. Von dieser Möglichkeit wird aber relativ selten (viel zu selten!) Gebrauch gemacht, weil die Bereitstellung von Filtrat aus der vorangegangenen Filtration organisatorisch und auch technologisch nicht unproblematisch ist.

Bei der Anschwemmung mit filtriertem Bier kann sich Eisen aus der Voranschwemmkieselgur im leicht sauren Bier-pH-Wert lösen. Wird mit carbonisiertem Wasser angeschwemmt, so löst sich der Großteil des Eisens im Anschwemmwasser und geht in den Kanal.

Verringerung oder Vermeidung von Vorlauf bei A.-Kerzenfiltern

Die Vorlaufmenge lässt sich verringern durch Nutzung des auch temperaturbedingten Dichteunterschiedes: Das Voranschwemmwasser im Filter wird mit dem kalten Unfiltrat unterschichtet und verlässt als erstes die Filterkerzen. Bedingung ist, dass der Zulauf nur so schnell erfolgt, dass sich die Trenngrenze Wasser/Bier im Kessel und in den Filterkerzen auf einem Niveau befindet. Die Konzentration des Filtrates oberhalb des Filterkerzenbodens steigt dann relativ schnell an. Der Vorlauf wird nach Zeit, Volumen oder Konzentration abgetrennt und im Vorlauftank gestapelt. Das Filtrat wird bis zum Erreichen des gewünschten Trübungswertes im Kreislauf gefahren.

Bei Kerzenfilteranlagen, die über einen Bypass verfügen wie der TFS-Filter, ist es möglich, den Filterkessel von unten aufzufüllen und über die Filterkerzen nur einen kleinen Volumenstrom zu filtrieren (ca. 10 %). Etwa 90 % des Unfiltrat-Volumenstromes werden über ein Überströmventil in den Kanal geleitet, bis der gewünschte Stammwürzewert erreicht ist. Danach werden etwa ≥ 90 % des Unfiltrat-Volumenstromes filtriert und etwa ≤ 10 % im Bypass gefördert. Mit dieser Arbeitsweise wird die Vorlaufverdünnung auf einen sehr geringen Wert reduziert und auf die gesonderte Stapelung kann u. U. verzichtet werden (s.a. Kapitel 7.2.9 + 7.4).

Verringerung oder Vermeidung von Vorlauf bei A.-Scheibenfiltern

Bei Scheibenfiltern besteht die Möglichkeit, nach dem Aufbringen der Voranschwemmung den Filterkessel mit CO_2 zu entleeren. Danach wird langsam mit Unfiltrat aufgefüllt und die Filtration kann mit dem Kreislauffahren beginnen. Damit kann die Verdünnung des ersten Filtrates vernachlässigt werden.

Die beim A.-Kerzenfilter gezeigte Variante der Nutzung eines Bypasses zur Verdrängung des Anschwemmwassers ist prinzipiell ebenfalls nutzbar, falls ein entsprechender Abgang für den Bypass geschaffen wurde.

Klärung und Stabilisierung des Bieres

Verringerung oder Vermeidung von Vorlauf bei A.-Schichtenfiltern

Soweit nicht mit Filtrat angeschwemmt wird, lässt sich die Vorlaufmenge durch Nutzung des temperaturbedingten Dichteunterschiedes verringern: Das Voranschwemmwasser im Filter wird mit dem kalten Unfiltrat unterschichtet und verlässt als erstes die Filterschichten. Bedingung ist, dass der Zulauf nur so schnell erfolgt, dass sich die Trenngrenze Wasser/Bier in den Filterkammern/Filterplatten auf einem Niveau befindet. Die Konzentration des Filtrates steigt nach der Wasserverdrängung dann relativ schnell an. Der Vorlauf wird nach Zeit, Volumen oder Konzentration abgetrennt und im Vorlauftank gestapelt. Das Filtrat wird bis zum Erreichen des gewünschten Trübungswertes im Kreislauf gefahren.

Die beim A.-Kerzenfilter des TFS-Typs gezeigte Variante der Anschwemmwasserentfernung über einen Bypass ist im Prinzip in ähnlicher Form auch beim A.-Schichtenfilter möglich, wenn der obere Einlaufkanal schaltbar ausgerüstet wird: eine kleine Teilmenge wird filtriert, um die Anschwemmschicht nicht abrutschen zulassen, während die größte Menge in den Kanal abgeleitet wird, bis die Konzentration hoch genug ist (s.a. Abbildung 148). Danach wird der obere Kanal auch auf Unfiltratzulauf geschaltet.

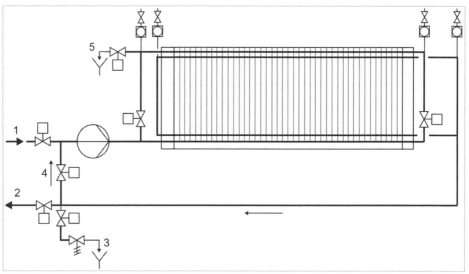

Abbildung 148 Verringerung der Vorlaufmenge bei einem A.-Schichtenfilter, schemat.
1 Unfiltrat **2** Filtrat **3** Ausschub Kanal **4** Kreislauf **5** Ableitung Anschwemmwasser

Verringerung oder Vermeidung von Nachlauf bei A.-Kerzenfiltern

Das freie Behältervolumen ist nach Abschluss der Filtration relativ gering, da der Filterkuchen den größten Teil des Raumes zwischen den Filterkerzen einnimmt. Wenn das Unfiltrat mit entgastem Wasser verdrängt wird, entsteht also nur eine relativ geringe Nachlaufmenge mit geringerer Konzentration, die gestapelt werden kann.

Das Leerdrücken des Filterkessels mit CO_2 ist in der Regel nicht möglich, weil die FHM-Schicht von den Kerzen durch das in den Kerzen vorhandene Filtrat zum großen Teil abgespült wird. Es geht aber, wenn auf die Unfiltratmenge verzichtet wird bzw. diese über einen zusätzlichen Stutzen abgezogen werden kann.

Bei A.-Kerzenfiltern der TFS-Variante ist die Verdrängung des Unfiltrates über den Bypass möglich (s.a. Abbildung 102). Das Verdrängungswasser wird oben eingeleitet und die Ableitung des Filtrates wird gedrosselt. Das Unfiltrat wird unten aus dem Filterkessel zurück in den ZKT oder Unfiltrat-Vorlauftank gedrückt. Das Trennen der beiden Medien wird wieder durch den auch temperaturbedingten Dichteunterschied gefördert.

Alternativ kann aber bei der TFS-Variante auch von oben und unten mit entgastem Wasser verdrängt werden, und der entstehende Nachlauf getrennt und gestapelt werden.

Verringerung oder Vermeidung von Nachlauf bei A.-Scheibenfiltern

Bei A.-Scheibenfiltern lässt sich das Unfiltrat aus dem Filterkessel mit CO_2 zurück in den ZKT/Lagertank bzw. in den Unfiltrat-Puffertank drücken (s.a. Kapitel 7.2.9.4).

Vorzugsweise werden aber die untersten Filterelemente für die Restfiltration genutzt. Diese sind getrennt vom übrigen Filtratablauf nutzbar. Bei A.-Scheibenfiltern fällt also im Prinzip kein Nachlauf an.

Verringerung oder Vermeidung von Nachlauf bei A.-Schichtenfiltern

Wenn das Filter erschöpft ist, kann mit relativ wenig Verdrängungswasser das restliche Filtrat verdrängt werden.

Alternativ bleibt die Möglichkeit, das Unfiltrat mit CO_2 zum Ursprung zurückzudrücken.

7.5 CIP und Filtersterilisation bei Anschwemmfilteranlagen

CIP bei Anschwemmfilteranlagen

Die Voraussetzungen für die Anwendung von CIP-Verfahren bei Anschwemmfilteranlagen sind unterschiedlich einzuschätzen.

Anschwemm-Schichtenfilter sind nur im „gepackten" Zustand mit Flüssigkeit beaufschlagbar, da die Stützschichten die Abdichtung der Filterrahmen und Filterplatten mit übernehmen. Insbesondere die Laugespülung kann die Rückstände auf den Oberflächen nur anlösen bzw. zum Teil auch lösen und abschwemmen.

Bedingt durch die nur sehr geringen Fließgeschwindigkeiten sind Schwallreinigungseffekte nicht erzielbar. Die Oberflächen müssen nach dem CIP-Kreislauf und der Entleerung des Filters von Hand mit Bürsten o.ä. bzw. Hochdruck-Reinigungsgeräten sorgfältig bearbeitet werden. Diese Arbeit kann mechanisiert/automatisiert werden (ähnlich wie die Reinigungsvorrichtungen bei neuzeitlichen Maischefiltern).

Die Desinfektion bzw. Sterilisation kann nur im „gepackten" Zustand erfolgen, beispielsweise mit angesäuertem Heißwasser oder durch Dämpfen. Die thermische Ausdehnung der Filterkomponenten muss natürlich kompensiert werden.

Anschwemm-Kerzenfilter oder -Scheibenfilter sind ebenfalls problematisch. Die großen Filterflächen gestatten nur geringe Fließgeschwindigkeiten. Bei Kerzenfiltern kann durch die Gestaltung der Kerzen und deren Zusammenfassung zu Komplexen (Clustern) die Problematik Fließgeschwindigkeit etwas gemildert werden. Die Fließgeschwindigkeit im Filter kann durch Nutzung des internen Kreislaufes mit der Filterpumpe bei maximalem Durchsatz verbessert werden.

Der Volumenstrom bei der CIP-Reinigung der Filter sollte mindestens das 1,5fache des Filtratvolumenstromes erreichen.

Die Apparatebehälter lassen sich mit Spritzköpfen und/oder Spritzrohren ausrüsten und damit die Schwallreinigung bedingt durchführen.

Selbstverständlich müssen alle Rohrleitungen, Armaturen, Pumpen, Sensoren, Abzweige usw. während des CIP-Programmes in den Kreislauf eingebunden werden.

Durch die heiße Reinigung bzw. die Heißwasseranwendung/Dampfsterilisation werden zumindest brauchbare mikrobiologische Befunde erzielt. Auf eine Anwendung von Desinfektionsmitteln kann verzichtet werden. Die vollständige Benetzung aller produktberührten Oberflächen ist nur mit sehr großem Aufwand zu sichern.

Filterkerzen und Filterscheiben müssen in regelmäßigen Intervallen mit geeigneten Hochdruckspritzgeräten von FHM-Ablagerungen befreit werden.

Mögliche Rückstände werden bei Kerzenfiltern durch die kombinierte Anwendung von Wasser und Druckluft bei der Filterregeneration mit entfernt. Hierfür sind die modernen Filterkerzen-Ausführungen (TFS-Kerze, Eco-Flux-Kerze) relativ gut geeignet.

Filtersterilisation

Nach dem Austrag des Filterkuchens und der Spülung der Filteranlage sollte diese „sterilisiert" werden. Dazu wird vorzugsweise angesäuertes Heißwasser eingesetzt (pH-Wert 2...3 zur Vermeidung der Ausscheidung von Wassersalzen bzw. Säurekonzentration 0,2 Vol.-%).

Die Filteranlage wird im Kreislauf mit Wasser gefüllt (falls Heißwasser im Überschuss verfügbar ist mit diesem) und mittels eines Wärmeübertragers (PWÜ, RWÜ) mit Dampf aufgeheizt. Die Temperatur von ≥ 85 °C wird für 30 min. gehalten. Danach wird das Heißwasser mit entgastem Wasser verdrängt.

Die schnelle Abkühlung ist im Interesse des Ausschlusses von eventuellem Mikroorganismenwachstum stets anzustreben. Die Abkühlung „über Nacht" sollte vermieden werden bzw. erfordert eine ständige mikrobiologische Kontrolle,

Nach längeren Standzeiten (≥ 1 Tag) wird erneut sterilisiert und dann mit entgastem Wasser verdrängt.

7.6 Zur Theorie der Anschwemmfiltration
7.6.1 Allgemeine Hinweise

Die Klärfiltration ist eine wichtige Grundoperation der chemischen Verfahrenstechnik. Das ist auch der Grund dafür, dass die Modellierung des Filtrationsprozesses relativ ausführlich erforscht wurde. Beispiele sind u.a. die Arbeiten von *Eßlinger* [156], *Tittel* [157] und *Blobel* [158] (ohne Anspruch auf Vollständigkeit). Dabei war es vorteilhaft, dass die die Filtration beeinflussenden Parameter in der Verfahrenstechnik relativ konstant sind oder konstant gehalten werden können. Daraus ergeben sich Gleichungen, die den Filtrationsprozess realistisch beschreiben und für die Prozesssteuerung verwendbar sind.

In der Brauindustrie können die Anlagenparameter der Filteranlage gut beschrieben werden. Weniger gut ist es mit der Beschreibung des Unfiltrates und vor allem der Trübungspartikel bestellt. Das Unfiltrat ist eine Suspension: die Partikel (z. B. Hefen u.a. Mikroorganismen, Eiweiße, Eiweiß-Gerbstoffverbindungen, Hopfenharze usw.) sind im Bier suspendiert. Hinzu können gelöste Inhaltsstoffe kommen, die unter bestimmten Bedingungen unlöslich werden bzw. als Gele ausgeschieden werden (z. B. Glucane). Das Bier beeinflusst vor allem über seine Viskosität und Dichte die Klärung. Beide Parameter sind natürlich eine Funktion der Temperatur.

Die Trübungspartikel sind als relativ wenig konstant anzusehen. Insbesondere die Partikelgröße und -form, die Größenverteilung, die Partikelzusammensetzung, die Anzahl der Partikel und deren Oberflächenladung sind wichtige beeinflussende Parameter.

Die Eigenschaften der Filtermittel bzw. FHM lassen sich in der Regel gut beschreiben (s.a. Kapitel 13). Der sich während der Anschwemmfiltration aufbauende Filterkuchen aus FHM und den Trübstoffen des Bieres ist dagegen schwieriger zu beschreiben. Die Abtrennung der Trübstoffe erfolgt sowohl an der Oberfläche des wachsenden Filterkuchens als auch in den Kapillaren des Kuchens (Tiefenfiltration) und durch Adsorptionseffekte (s.a. Abbildung 1 Kap. 1). Der Anteil der Tiefenfiltration in einer Anschwemmschicht ist vor allem von der Größe der Trübungspartikel und den beteiligten Mengen abhängig. Über Versuche zur Klärung dieser Zusammenhänge berichten *Hebmüller* [159] sowie *Husemann* et al. [160]. Sie konnten nachweisen, dass bei gegebenen Voraussetzungen auch die Voranschwemmschicht an der Klärung beteiligt sein kann.

Ein besonderes Problem aus der Sicht der Modellierung ist aber die Kompressibilität des Filterkuchens. Die Porosität des Filterkuchens verändert sich durch den ansteigenden Differenzdruck auf Grund der Kompressibilität.

Eine weitere wichtige Größe ist die treibende Kraft der Klärfiltration: die wirksame Druckdifferenz zwischen Unfiltratseite und Filtratseite der Filterschicht bzw. des Filterkuchens. Die Durchlässigkeit des Filterkuchens wird sowohl von den Eigenschaften der Filterhilfsmittel als auch von den Eigenschaften der abgeschiedenen Trübstoffe bestimmt, die die Porosität des Kuchens, bedingt auch durch dessen Kompressibilität, verändern.

Dem Bier wird im Allgemeinen ein *Newton*'sches Fließverhalten unterstellt. Nach Untersuchungen von *Drost* et al. [161] ist nicht auszuschließen, dass kolloidal gelöste Bierbestandteile beim Durchströmen von porösen Medien als Folge der Strömungsgeschwindigkeit ihre Form verändern und die so genannte Dehnviskosität neben der

Scherviskosität die Filtrierbarkeit des Bieres durch den resultierenden Druckanstieg beeinflusst.

Diese Situation der beteiligten Parameter führt dazu, dass zwar für relativ kurze Zeit befriedigende Filtrationsmodelle erstellbar sind. Deren Gültigkeit bzw. Reproduzierbarkeit ist aber im Allgemeinen auf die Parameterkonstanz der jeweiligen Biercharges begrenzt. Die nur begrenzt mögliche Konstanz der Rohstoffchargen wirkt also limitierend.

Die nachfolgend genannten modellmäßigen Zusammenhänge sind als Einführung in die Filterproblematik zu verstehen. Sie sollen die prinzipiellen Abhängigkeiten verdeutlichen.

7.6.2 Grundlagen der Filterströmung

Die ideale Kuchenfiltration (laminare Strömung, inkompressibler Filterkuchen) lässt sich mit der Gleichung nach *Darcy* beschreiben. Sie besagt, dass der Volumenstrom proportional zu der zwischen Ober- und Unterseite des Filters anliegenden Druckdifferenz Δp und umgekehrt proportional zur dynamischen Viskosität der filtrierten Flüssigkeit η ist. Weiter geht eine als Filtrationswiderstand R bezeichnete Größe in die Beziehung mit ein. Je größer dieser Widerstand ist, den der poröse Kuchen der durchströmenden Flüssigkeit entgegensetzt, desto weniger Filtrat fällt pro Zeit- und Flächeneinheit an. Die Gleichung nach *Darcy* lautet in modifizierter Form:

$$\frac{dV}{dt} = \frac{\Delta p \cdot A}{\eta \cdot R}$$ Gleichung 15

V = Filtratvolumen
t = Zeit
Δp = Druckdifferenz
A = Filterfläche
η = dynamische Viskosität der Flüssigkeit
R = Filtrationswiderstand

Der aus Gleichung 15 folgende Ausdruck

$$\frac{dV}{A \cdot dt} = v_L$$ Gleichung 16

wird auch als Leerrohrgeschwindigkeit v_L bezeichnet (Quotient aus Volumenstrom und Filterfläche/Querschnittsfläche).

Der Filtrationswiderstand R ergibt sich wie folgt:

R = $r_K + r_0$ Gleichung 17

r_K = Widerstand des Filterkuchens
r_0 = Widerstand des Filterkuchenträgers
$r_K = \alpha \cdot h_K$
α = spezifischer Kuchenwiderstand
h_K = Filterkuchendicke

Von *Hagen* und *Poisseuille* stammt die *Hagen-Poisseuille*'sche Filtergleichung, die auch nur für die idealisierte laminare Durchströmung paralleler, zylindrischer Kapillaren gilt:

$$\frac{dV}{dt} = \frac{\Delta p \cdot A \cdot \varepsilon \cdot d_0^2}{\eta \cdot 32 \cdot h_K}$$ Gleichung 18

V = Filtratvolumen
t = Zeit
Δp = Druckdifferenz
A = Filterfläche
η = dynamische Viskosität der Flüssigkeit

Der Filterwiderstand R aus Gleichung 15 ergibt sich aus Gleichung 18 zu:

$$R = \frac{32 \cdot h_K}{\varepsilon \cdot d_0^2}$$

h_K = Filterkuchendicke
d_0 = Kapillardurchmesser
ε = Porosität (Hohlraumvolumen/Gesamtvolumen)

Aus Gleichung 15 und Gleichung 18 wurde die *Carman-Kozeny*'sche Filtergleichung abgeleitet [162]:

$$\frac{dV}{dt} = \frac{\Delta p \cdot A \cdot \varepsilon^3}{\eta \cdot h_K \cdot K' \cdot O_s^2 \cdot (1-\varepsilon)^2}$$ Gleichung 19

K' = *Kozeny*-Konstante
Die *Kozeny*-Konstante kann Werte von 2 ≤ K' ≤ 5,5 annehmen [163].
O_s = spezifische Oberfläche der Filterkuchenteilchen pro Volumeneinheit

Aus Gleichung 19 lässt sich Gleichung 20 ableiten (*Carman*-Filtergleichung) nach [164] und [165]:

$$\frac{dV}{dt} = \frac{A \cdot \Delta p}{\eta \left[\frac{\overline{\alpha} \cdot W_{Tr} \cdot V}{A} + \beta \right]}$$ Gleichung 20

$\overline{\alpha}$ = mittlerer spezif. Durchflusswiderstand des Kuchens in m/kg, bezogen auf die Masse des trockenen Kuchens
W_{Tr} = Feststoffgehalt der Trübe in kg/m³ (Feststoffgehalt des Unfiltrates + Menge der FHM)
V = Filtratvolumen in m³ (es gilt: V = f(t))
β = Filtermittelwiderstand in 1/m

oder umgestellt:

$$\Delta p = \frac{\eta}{A} \left[\frac{\overline{\alpha} \cdot W_{Tr} \cdot V(t)}{A} + \beta \right] \frac{dV}{dt}$$ Gleichung 20a

bzw.

$$dt = \frac{1}{\Delta p} \left[\frac{\eta \cdot \overline{\alpha} \cdot W_{Tr}}{A^2} V(t) + \frac{\eta \cdot \beta}{A} \right] \cdot dV$$ Gleichung 20b

Klärung und Stabilisierung des Bieres

Die Gleichung 20b ist relativ einfach für Δp = konstant zu integrieren (t = 0 bis t und V = 0 bis V(t)):

$$t = \frac{\eta \cdot \overline{\alpha} \cdot W_{Tr}}{\Delta p \cdot 2 \cdot A^2} V^2(t) + \frac{\eta \cdot \beta}{\Delta p \cdot A} V(t) \qquad \text{Gleichung 21}$$

Für den Fall Δp = konstant (s.a. Abbildung 150) ergibt sich aus Gleichung 21 das Filtratvolumen V:

$$V = \frac{-\eta \cdot \beta \cdot A + \sqrt{\eta^2 \cdot \beta^2 \cdot A^2 + 2 \cdot \eta \cdot A^2 \cdot \overline{\alpha} \cdot W_{Tr} \cdot \Delta p \cdot t}}{\eta \cdot \overline{\alpha} \cdot W_{Tr}} \qquad \text{Gleichung 22}$$

und die Feststoffmenge m:

$$m = V \cdot W_{Tr} \qquad \text{Gleichung 23}$$

Die erforderliche Filtrationszeit t für die Filtration des Volumens V wird mit Gleichung 21 (in anderer Schreibweise) bestimmt zu:

$$t = \frac{\eta \left(\overline{\alpha} \cdot W_{Tr} \cdot V^2 + 2 \cdot A \cdot \beta \cdot V \right)}{2 \cdot A^2 \cdot \Delta p} \qquad \text{Gleichung 21a}$$

Wenn Gleichung 21 durch V(t) dividiert wird, folgt:

$$\frac{t}{V(t)} = \frac{\eta \cdot \overline{\alpha} \cdot W_{Tr}}{2 \cdot A^2 \cdot \Delta p} V(t) + \frac{\eta \cdot \beta}{A \cdot \Delta p} \qquad \text{Gleichung 24}$$

Gleichung 24 kann auch als Geradengleichung geschrieben werden:

$$t/V = a_1 \cdot V + a_0 \qquad \text{Gleichung 25}$$

Die Bestimmung der Konstanten a_1 und a_0 kann graphisch gemäß Abbildung 149 erfolgen.
Die Gleichung 25 bis Gleichung 27 werden auch beim *Esser*-Test benutzt (Kapitel 3.4)

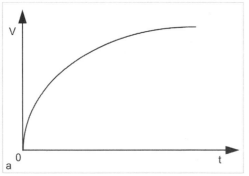 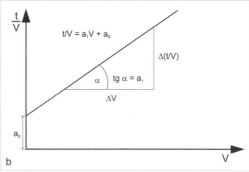

Abbildung 149 Zur graphischen Auswertung der Gleichung 25
a Filtrationskurve für die Betriebsweise Δp = konstant
b Graphische Bestimmung der Konstanten a_1 und a_0

Die Bestimmung der Konstanten kann nach [166] auch durch Rechnung bestimmt werden:

$$a_1 = \frac{\left(\frac{t}{V}\right)_2 - \left(\frac{t}{V}\right)_1}{V_2 - V_1}$$
Gleichung 26

$$a_0 = \frac{t_2}{V_2} - a_1 \cdot V_2$$
Gleichung 27

Für den Fall $dV/dt = \dot{V}$ = konstant errechnet sich das erzielbare Filtratvolumen V für $\Delta p = \Delta p_{max}$ zu (s.a. Abbildung 151):

$$V = \left[\frac{A \cdot \Delta p_{max}}{\eta \cdot \dot{V}} - \beta\right] \frac{2 \cdot A}{\overline{\alpha} \cdot W_{Tr}}$$
Gleichung 28

Δp_{max} = maximal zulässiger Differenzdruck des Filters
$\dot{V}$ = Volumenstrom in m³/s

Die erforderliche Filtrationszeit t für das Volumen V ergibt sich aus Gleichung 28 bei gegebenem Volumenstrom $\dot{V}$ und maximalem Δp:

$$t = \frac{V}{\dot{V}} = \left[\frac{A \cdot \Delta p_{max}}{\eta \cdot \dot{V}} - \beta\right] \frac{2 \cdot A}{\dot{V} \cdot \overline{\alpha} \cdot W_{Tr}}$$
Gleichung 29

Der Druckanstieg kann aus Gleichung 28 berechnet werden:

$$\Delta p = \frac{\overline{\alpha} \cdot \eta \cdot \dot{V} \cdot V \cdot W_{Tr}}{2 \cdot A^2} + \frac{\eta \cdot \beta \cdot \dot{V}}{A}$$
Gleichung 30

Abbildung 150 Filtration bei konstante Filterdruck
Index 1: diskontinuierliche Filterkucher abnahme
Index 2: Kontinuierliche Filterkuchen- abnahme. Diese Filtrationsvariante ist in der Brauerei nicht möglich

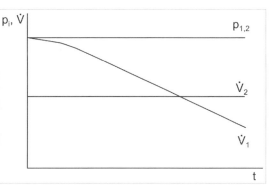

Klärung und Stabilisierung des Bieres

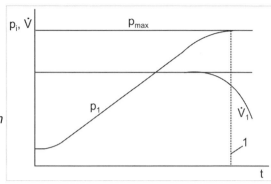

Abbildung 151 Filtration bei konstantem Volumenstrom
1 Filtrationsende

Bestimmung der Faktoren $\bar{\alpha}$ und β

Gleichung 20 wird zur Bestimmung der Faktoren $\bar{\alpha}$ und β umgestellt:

$$\eta \cdot \left[\frac{\bar{\alpha} \cdot W_{Tr} \cdot V}{A} + \beta \right] dV = A \cdot \Delta p \cdot dt \qquad \text{Gleichung 31}$$

und integriert:

$$\frac{\eta \cdot \bar{\alpha} \cdot W_{Tr} \cdot V^2}{2A} + \eta \cdot \beta \cdot V = A \cdot \Delta p \cdot t + C \qquad \text{Gleichung 32}$$

Unter den Bedingungen t = 0 und V = 0 wird C = 0.

$$\frac{1}{\dot{V}} = \frac{t}{V} = \frac{\eta \cdot \bar{\alpha} \cdot W_{Tr} \cdot V}{2 \cdot A^2 \cdot \Delta p} + \frac{\eta \cdot \beta}{A \cdot \Delta p} \qquad \text{Gleichung 33}$$

bzw.

$$\Delta p = \frac{\eta \cdot \bar{\alpha} \cdot W_{Tr} \cdot V \cdot \dot{V}}{2 \cdot A^2} + \frac{\eta \cdot \beta \cdot \dot{V}}{A} \qquad \text{Gleichung 34}$$

Gleichung 34 ist identisch mit Gleichung 30.

Aus Gleichung 33 folgt in Verbindung mit Abbildung 152:

$$\bar{\alpha} = \frac{2 \cdot A^2 \cdot \Delta p}{\eta \cdot W_{Tr}} \tan \varphi \qquad \tan \varphi = \frac{\Delta\left(\frac{t}{V}\right)}{\Delta V} \quad \text{und B = 0}$$

$$\beta = \frac{A \cdot \Delta p}{\eta} \cdot B \qquad \text{mit V = 0}$$

Klärfiltration mit FHM

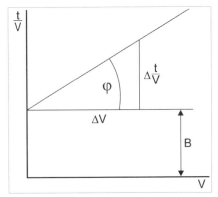

Abbildung 152 Ermittlung der Faktoren $\overline{\alpha}$ und β

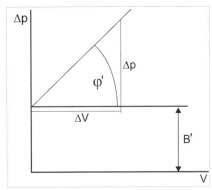

Abbildung 153 Ermittlung der Faktoren $\overline{\alpha}$ und β

Aus Gleichung 34 folgt in Verbindung mit Abbildung 153

$$\overline{\alpha} = \frac{2 \cdot A^2}{\eta \cdot W_{Tr} \cdot \dot{V}} \tan \varphi' \qquad \tan \varphi' = \frac{\Delta p}{\Delta V} \qquad \text{und } B' = 0$$

$$\beta = \frac{A}{\eta \cdot \dot{V}} \cdot B' \qquad \text{mit } V = 0$$

Optimale Filtrationsbedingungen

Nach *Orlicek* [164] gilt für die Modellrechnung:

bei Δp = konstant: $\qquad V_{optimal} = A \sqrt{\dfrac{2 \cdot t \cdot \Delta p}{\eta \cdot \overline{\alpha} \cdot W_{Tr}}} \qquad$ Gleichung 35

bei $\Delta \dot{V}$ = konstant: $\qquad V_{optimal} = A \sqrt{\dfrac{t \cdot \Delta p_{max}}{\eta \cdot \overline{\alpha} \cdot W_{Tr}}} \qquad$ Gleichung 36

Nach Gleichung 35 und Gleichung 36 müsste das erzielbare Filtratvolumen bei der Filtration mit Δp = konstant um den Faktor $\sqrt{2}$ größer sein als bei der Filtration mit $\Delta \dot{V}$ = konstant.

Dieser Zusammenhang dürfte prinzipiell auch für die Anschwemm-Bierfiltration gelten, auch unter Beachtung der modellmäßigen Betrachtung der Filtration.

Gleichung 20 bis Gleichung 34 gelten vorzugsweise für die Kuchenfiltration. Die Tiefen- und Siebfiltration erfordern andere Berechnungsgleichungen. Diese werden vor allem auf eine „Verstopfungsgeschwindigkeit" zurückgeführt [162].

Für die Vorausberechnung der Filtrationseigenschaften gemäß der Gleichung 20 bis Gleichung 34 können Labor-Filterarmaturen benutzt werden. Die Auswertung der Versuchsfiltrationen erfolgt oft graphisch, z. B.: $t/V = 1/\dot{V} = f(V)$ und $\Delta p = f(V)$.

Zu weiteren Einzelheiten der Anschwemmfiltration wird auf die Fachliteratur verwiesen, beispielsweise auf [165], [167], [168], [169].

7.7 Die Entsorgung der Abprodukte der Anschwemmfiltration

Die ausgetragenen Filterkuchen können durch Sedimentation oder den Einsatz von Filtersystemen oder der Zentrifugalkraft entfeuchtet werden. Während in der Vergangenheit die FHM-Rückstände im Allgemeinen auf einer Deponie entsorgt wurden, sind in der Gegenwart damit besondere Auflagen verbunden. In einigen Bundesländern sind die Rückstände Sondermüll und können nur mit erheblichem Aufwand entsorgt werden.

Das führte relativ zeitig zu Überlegungen für alternative Entsorgungsmöglichkeiten, insbesondere unter kostengünstigen Aspekten.

Mögliche Entsorgungswege sind beispielsweise gegeben:
- Recycling der FHM;
- Ausbringung in der Landwirtschaft;
- Einsatz als Zuschlagstoff.

7.7.1 Kalkulation des anfallenden Kieselgurschlammes und seine Feststoffkonzentrationen

Je 1000 hL Bier werden durchschnittlich in Deutschland
- ca. 170 kg Kieselgur für die Anschwemmfiltration benötigt und es fallen
- ca. 700 kg Kieselgurschlamm mit einem Wassergehalt von 50...90 %, durchschnittlich bei 70 %, als Abprodukt an.

In Abhängigkeit von der angewandten Kieselgurfilteranlage kann der Feststoffgehalt des Kieselgurschlammes in folgenden Grenzen schwanken:
- Normaler Kerzenfilter   20...25 %
- Filtrostar mit Druckluftaustrag   ca. 28 %
- Filtrostar mit nachgeschalteten
  Abtropftank   30...40 %
- TFS-Filter   < 35 %
- Anforderungen von Fa. Tremonis   20...25 %

Obwohl Kieselgurschlamm mit einem Trockensubstanzgehalt von ca. 25 % schon wie ein stichfester Feststoff erscheint, beginnt er als Sediment unter dem Einfluss von Druck zu fließen und verursacht als Bestandteil einer Deponie instabile Verhältnisse.

Die Pumpfähigkeit von Kieselgurschlamm mit Hilfe von Dickstoffpumpen erfordert noch einen Wassergehalt von > 75 %.

7.7.2 Anlagen für die Sammlung und Entfernung der Filterrückstände

Filterschlammentfernung bei Anschwemm-Kesselfiltern

Der Filterschlamm kann bei Anschwemm-Kesselfiltern mit relativ großer Konzentration in ein Kieselgurauffanggefäß ausgetragen werden und mittels einer Dickstoffpumpe entsorgt werden, z. B. in einen Transportbehälter (s.a. Abbildung 154).

Klärfiltration mit FHM

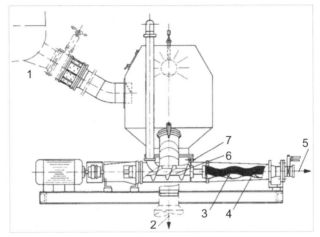

Abbildung 154 Kieselgurauffanggefäß mit Dickstoffpumpe (nach [119])
1 Austrag des Kieselgurrückstands aus dem Filter **2** Spülwasserablauf **3** Rotor der Dickstoffpumpe **4** Stator der Dickstoffpumpe **5** Filterrückstand **6** Förderschnecke **7** Sonde für den Trockenlaufschutz

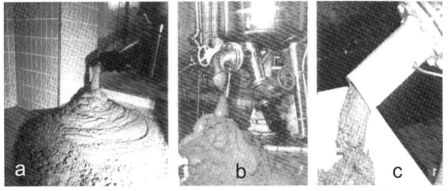

Abbildung 155 Unterschiedliche Konsistenzen des anfallenden Filterschlammes [119]
a breiig **b** pastös **c** stichfest

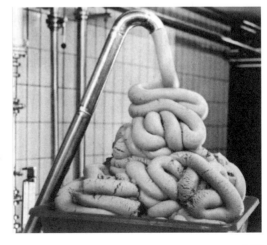

Abbildung 156 Werbefoto zum Kieselguraustrag. So schön, wie auf dem Foto gezeigt, dürfte es in der Praxis sicher nicht geklappt haben…

Je nach Höhe des Wasseranteils beim Absprengen des Filterkuchens von den Filterkerzen oder Horizontalfilterscheiben kann sich die Konsistenz des Kieselgurschlamms deutlich unterscheiden, wie z. B. Abbildung 155 zeigt. Die Abbildung 156 zeigt ein älteres Werbefoto. Für die meisten Entsorgungsfälle werden Restfeuchten von < 65 % gefordert.

Bei dem A.-Schichtenfilter wird die Filterhilfsmittelschicht nach dem Öffnen des Filters mittels Druckluftdüse oder mittels Holzspachtel von Hand von der Anschwemmstützschicht abgelöst. Sie fällt in eine darunter stehende Wanne, die mit einer Dickstoffpumpe verbunden ist (s.a. Kapitel 7.4.3).

Soweit nicht der Austrag bzw. die Gewinnung der Filtermittelrückstände pastös oder fest erfolgen kann (z. B. Anschwemm-Kerzenfilter, Anschwemm-Schichtenfilter, A.-Zentrifugal-Scheibenfilter), muss die Filtermittel-Rückständesuspension geklärt werden, vorzugsweise durch Sedimentation.

Dazu werden geeignete Sedimentierbehälter oder -gruben vorgesehen. Nach dem Abdekantieren (Abhebern, Ablauf über Anstichöffnungen in der Zarge, Abpumpen) kann das Sediment transportiert werden. Vorteilhaft sind zylindrokonische Sedimentierbehälter (Konusöffnungswinkel ≤ 90°), bei denen die Schwerkraftförderung nach der Suspendierung für die Verladung genutzt werden kann. In Behältern mit ebenem oder flach geneigtem Boden kann das Sediment in wenig Wasser durch Druckluft-Zufuhr mittels installierter perforierter Rohre suspendiert und dann mittels Dickstoffpumpen (Einspindelpumpen, Pulsatoren) gefördert werden.

Eine längere Zwischenlagerung von Kieselgurschlamm in der Brauerei verbietet sich allein schon durch die von den biologischen Zersetzungsprozessen (Faulprozesse) verursachten Geruchsemissionen.

Einen Überblick über die Entsorgungsprobleme und ihren Lösungsvarianten bei Kieselgurschlämmen gibt unter anderem *Blümelhuber* [170].

7.7.3 Kieselgurschlamm als Sondermüll

Nach der Verordnung über das Europäische Abfallverzeichnis [171] wird Kieselgurschlamm in der Gruppe 1502 „Aufsaug- und Filtermaterialien, Wischtücher und Schutzkleidung" eingeordnet. Sofern ein Anteil von mehr als 0,1 Prozent an Quarz oder Cristobalit im Kieselgurschlamm vorliegt, ist der Filterschlamm als gefährlicher Abfall einzustufen. Dies trifft für die bei der Bierfiltration anfallenden Kieselgurschlämme in der Regel zu. Hier sind die besonderen Regelungen bei der Lagerung, dem Transport und der Verbringung zu beachten.

Nach der seit 01.06.2005 gültigen Verordnung über die umweltverträgliche Ablagerung von Siedlungsabfällen (AbfAblV) [172] dürfen auf Deponien der Klasse I und Klasse II nur noch Abfälle deponiert werden, die den Anforderungen aus Anhang 2 der AbfAblV entsprechen. Hierzu zählt unter anderem ein Glühverlust ≤ 3 Prozent (Klasse I) bzw. ≤ 5 Prozent (Klasse II). Kieselgurschlamm erfüllt in keiner der beiden Klassen den geforderten Glühverlust ohne Vorbehandlung. Wenn eine Deponierung als einzige Alternative erforderlich ist, muss diese auf einer Deponie der Klasse III (umgangssprachlich: Sondermülldeponie) mit den damit verbundenen hohen Kosten erfolgen.

Der Entsorgungspreis übersteigt dann meist den Neupreis von Kieselgur und ist keine wirtschaftlich günstige Lösung. 2002 wurden Kieselgurentsorgungskosten zwischen 23,00...127,80 €/t ermittelt [173]. Nach [170] betrugen die Kosten für die

Deponierung 2007 zwischen 120…430 €/t. Geht man von einem Durchschnittswert für die Deponierungskosten von 200 €/t Kieselgurschlamm mit einem Wassergehalt von 80 % aus, so schlagen diese Kosten bei einem Kieselgurverbrauch von 100 g/hL Verkaufsbier mit 0,10 €/hL Verkaufsbier zu Buche.

Da sich Kieselgur in Abwasserkanälen absetzt, verbietet sich auch eine Entsorgung des Kieselgurschlammes über das Abwasser.

7.7.4 Entwässerung des Kieselgurschlammes

Um Kieselgurschlamm wirtschaftlich sinnvoll zu entsorgen bzw. zu verwerten ist eine schnelle Entwässerung des Schlamms über den Grenzwert der Thixotropie erforderlich (Ziel: Feststoffgehalt > 50 %). In Brauereien haben sich u.a. so genannte *Oberlin*-Pressen wirtschaftlich bewährt. Sie ist eine Art Platten-Kammerfilterpresse mit nur einer Platte und nur einer Kammer, die horizontal zueinander angeordnet sind. Zwischen beiden befindet sich ein Endlosfilterband. Die Kammer öffnet und schließt sich automatisch mit der Platte. Die relativ kleine Kammer ermöglicht einen schnellen Presszyklus und gewährleistet einen unbeaufsichtigten Betrieb und Ablauf von reinem Filtrat, eine minimale Wartung und Verschleißanfälligkeit.

Ein Presszyklus beinhaltet die Schritte Füllen - Filtrieren - Trocknen und Kuchenaustrag. Dieser Presszyklus wiederholt sich automatisch, so lange sich im Stapelbehälter Kieselgurschlamm befindet.

7.7.5 Varianten für die Kieselgurschlammentsorgung

Die nachfolgend genannten Varianten zur Entsorgung und/oder Regenerierung des Kieselgurschlammes sind im Interesse einer Wiedergewinnung von Wertstoffen bekannt, werden teilweise genutzt bzw. erprobt. Grundsätzlich darf bei der Verwendung von regenerierten Filterhilfsmitteln keine Gefahr für das Lebensmittel ausgehen.

7.7.5.1 Thermische Regeneration des Kieselgurschlammes zur Wiedergewinnung als Filterhilfsmittel

Seit 1988 wird im großtechnischen Maßstab von der Fa. *Tremonis* GmbH, Dortmund, Kieselgurschlamm zur wieder verwendbaren Filtrationsgur recycelt. Das Regenerationsverfahren besteht aus folgenden wesentlichen Stufen [174]:
- Die aus den mit der Fa. *Tremonis* verbundenen Brauereien abgeholten, nicht entwässerten Kieselgurfilterschlämme werden in einem Becken von ca. 150 m³ sorgfältig homogenisiert, um eine gleich bleibende Zusammensetzung zu gewährleisten.
  Es wird immer ein Füllstand von 75…100 % gehalten.
- In einem Pressfilterautomat wird der Schlamm von ca. 25 % auf 50 % Trockensubstanz mechanisch entwässert.
- Der gepresste Filterkuchen wird zunächst in einem 18 m hohen Stromtrockner auf eine Restfeuchte von < 2 % getrocknet und über einen Zyklon und Staubfilter abgeschieden. Das Trockengut besteht aus ca. 88 % Filterhilfsmitteln und ca. 12 % organischer Trockenmasse.
- Dieses Trockengut wird dann kontinuierlich einer Hochtemperaturmischkammer zu dosiert. Jedes Primärteilchen wird in Sekundenbruchteilen

der Reaktionstemperatur von 700...780 °C ausgesetzt. Die anhaftenden organischen Substanzen werden verglüht.
- Die thermisch behandelte, heiße Kieselgur wird im nachfolgenden Heißgaszyklon abgeschieden und sofort in nacheinander geschalteten Kühlvorrichtungen auf Temperaturen von < 50 °C abgekühlt.
- Nach der Abkühlung wird das Regenerat in ein Chargensilo gefördert und auf seine Wiederverwendbarkeit in der Brauerei nach einem umfangreichen Analysenprogramm geprüft und certifiziert.
- Das wiederverwendbare Regenerat TREMO-GUR® ist ein hochwertiges und kostengünstiges Substitut für feine bis mittelfeine Kieselgur, die bei der Bierfiltration ca. 35...50 % normale Handelskieselgur ersetzen kann.

Nach [175] wurden z. B. 1992 aus 18.000 t verbrauchter Nassgur 2.300 t Kieselgurregenerat hergestellt und davon 2000 t in Brauereien und 300 t in anderen Bereichen wieder eingesetzt.

Allgemein wird die TREMO-GUR® wie folgt beurteilt (nach [176]):
- Mögliche Vorteile:
    - geringe Metallbelastung, dadurch bessere oxidative Stabilität des Bieres;
    - theoretisch beliebig oft wieder verwendbar.
- Mögliche Nachteile:
    - Geringere Filtrationsschärfe als Frischgur und damit schlechtere Glanzfeinheit des Produktes;
    - TREMO-GUR® besitzt über verschiedene Chargen hinweg keine konstante Zusammensetzung, da die Basis ein Mischregenerat verschiedener Kieselgurschlämme darstellt, das wiederum aus einer Mischung unterschiedlicher Kieselgur-Varietäten zusammengesetzt ist;
    - keine homogene Partikelgrößenverteilung.

Die von *Folz, Nüter* und *Schmitt* [176] durchgeführten vergleichenden Untersuchungen einer Charge der TREMO-GUR® mit ausgewählten klassischen Filterhilfsmitteln zeigen, das die Partikelgrößenverteilung der Feingur und der Grobgur ähnlich sind, aber ihre Permeabilitäten sind sehr unterschiedlich. Die Permeabilitäten der Feingur und der TREMO-GUR® sind dagegen ähnlich, aber ihre Partikelgrößenverteilungen sind sehr unterschiedlich (siehe Tabelle 56 und Tabelle 57).

Bei vergleichenden Filtrationsversuchen im Betriebsmaßstab wurden die in Tabelle 58 aufgeführten Filterhilfsmittelmengen eingesetzt.

Tabelle 56   Partikelgrößenverteilung (nach [176])

Filterhilfsmittel	Peak bei µm	90 % < als µm	Permeabilität mDarcy
Grobgur	50	110	734
Feingur	40	106	83
Perlite	66	196	1112
TREMO-GUR®	22	68	97

Tabelle 57 Vergleichende Untersuchungen der TREMO-GUR® mit klassischen Filterhilfsmitteln durch Folz, Nüter und Schmitt [176]

Filterhilfsmittel	Trs Ma.-%	GV Ma.-%	P mDarcy	ND g/L	WW L/h	F Vol.-%	S Ma.-%
Grobgur	98,8	0,11	734	385	260	4,3	9
Feingur	98,5	0,91	83	367	28	1,0	4
Perlite	98,8	1,24	1112	213	224	9,7	5
TREMO-GUR®	99,1	0,47	97	494	46	2,3	4

Trs = Trockensubstanz; GV = Glühverlust; P = Permeabilität, ND = Nassdichte; WW = Wasserwert; F = Floter; S = Sinker

Tabelle 58 Filterhilfsmitteldosierungen bei den vergleichenden Betriebsversuchen mit TREMO-GUR® (nach [176])

Anschwemmung	Dosage	Standardfiltration (Vergleich)	Versuchsfiltration mit TREMO-GUR®
1. Voranschwemmung	515 g/m²	80 % GG + 20 % P	80 % GG + 20 % P
2. Voranschwemmung	809 g/m²	42 % GG + 58 % FG	42 % GG + 13 % FG + 45 % TRG
Laufende Dosierung	102,5 g/hL	55 % GG + 45 % FG	55 % GG + 45 % TRG

GG Grobgur   P Perlit   FG Feingur   TRG TREMO-GUR®

Die vergleichenden Versuchsfiltrationen ergaben bei gleichen Bieren vergleichbare Filtrationsverläufe mit vergleichbaren Druckanstiegen über die gesamte Filtrationsdauer. Die Filtrate, die mit TREMO-GUR® hergestellt wurden, wiesen im Vergleich zum Referenzverfahren 0,1...0,3 EBC höhere Trübungswerte auf. Eine Ursache dürfte die höhere Nassdichte der TREMO-GUR® sein, die bei gleicher Mengendosierung wie bei einer reinen Kieselgurschüttung pro Quadratmeter bzw. pro Hektoliter eine Reduzierung der Filterschichthöhe von rund 35 % ergeben haben müsste. TREMO-GUR® erfordert vermutlich eine entsprechend höhere Mengendosage, um vergleichbare Filterschichthöhen aufzubauen und damit vergleichbare Filtrationsschärfen zu erreichen.

Die klassischen Bieranalysen ergaben keine signifikanten Unterschiede bei den analysierten Parametern, auch nicht bei den analysierten Metallkonzentrationen.

Die Untersuchungen ergaben, dass die TREMO-GUR® eine Alternative zu einer feinen Frischgur darstellt. Interessant ist hier auch der ca. 30 % geringere Preis gegenüber der Kieselgur. Tabelle 59 zeigt eine Spezifikation der Fa. Tremonis.

Zwei weitere thermische Verfahren (WTU-Verfahren, FNE-Verfahren) sind über den Versuchsmaßstab nicht hinaus gekommen (s.a. [170], [177], [178]).

Tabelle 59   Beispiel zur Produktspezifikation der Fa. Tremonis (l. c. [176])

Wassergehalt	< 1,0	Ma.-%
Glühverlust	< 1,0	Ma.-%
Permeabilität	140 ± 50	mDarcy
lösliches Calcium	< 800	mg/kg
lösliches Eisen	< 100	mg/kg
Nassdichte	< 500	g/L
Schüttdichte	> 200	g/L
pH-Wert	6,0...7,5	
Geruch	neutral	
Farbe	hellbraun	

7.7.5.2 Chemische und enzymatische Regeneration des Kieselgurschlammes zur Wiedergewinnung als Filterhilfsmittel

Das erste chemische Regenerierungsverfahren für Kieselgur war das so genannte *Henninger*-Verfahren [179]. Der Kieselgurschlamm wurde bei 80 °C mit 3...4%iger NaOH im Rührgefäß behandelt. Mittels eines Druckbandfilters wurde anschließend die NaOH abgesaugt, mit Frischwasser nachgespült und mit Säure neutralisiert. Das in der ehemaligen Henninger Brauerei angewandte Verfahren wurde auf Grund seines hohen Abwasseranfalls und der damit verbundenen Kosten kritisch bewertet.

Eine Weiterentwicklung ist das von der Fa. PallSeitzSchenk im großtechnischen Maßstab mit Erfolg eingesetzte *BeFis*-Verfahren (Ergebnisse s.a. Kapitel 11.1) [180]. Hier erfolgt die Regenerierung der Kieselgur im Filter. Die Regenerierung kann rein chemisch in folgenden Stufen erfolgen:

- Heißwasserspülung,
- heiße NaOH mit 80...90 °C,
- Kaltwasserspülung,
- Neutralisation mit HNO_3 oder
- rein enzymatisch bzw. kombiniert mit beiden Verfahrensführungen.

Die rein enzymatische Regenerierungsvariante erfolgt in den Stufen:
- Heißwasserspülung,
- Einstellung des Filterinhaltes auf das pH-Wertoptimum des verwendeten Endo-β-Glucanasepräparates,
- 30 min Spülen mit diesem Enzym,
- Auswaschen der Endo-β-Glucanase mit Heißwasser,
- Einstellung des Filterinhaltes auf die Wirkoptima (Temperatur, pH-Wert) des verwendeten Proteasepräparates,
- Proteaselösung 60 min im Kreislauf pumpen,
- Spülung des Filters mit Heißwasser von 85 °C für ca. 30 min zur Inaktivierung der Enzyme,
- Austrag des Filterkuchens in ein Stapelgefäß.

Die regenerierte Kieselgur wird nur für die laufende Dosierung verwendet. Die Grundanschwemmung erfolgt mit frischer Kieselgur. Vorteilhaft ist dieses Verfahren für kleinere Betriebe, die bei der gerbstoffseitigen Stabilisierung nur mit verlorener PVPP-

Dosage im Kieselgurfilter arbeiten müssen. Das PVPP im Kieselgurschlamm wird bei der chemischen oder der kombinierten Variante mit regeneriert.

Ein weiteres chemisches Verfahren ist als *Meyer-Breloh*-Verfahren aus der Literatur bekannt [l. c. 170].

7.7.6 Verwertung des Kieselgurschlamms in der Landwirtschaft

Folgende Verwendungsmöglichkeiten des Kieselgurschlammes sind in der Landwirtschaft erprobt worden:

7.7.6.1 Einsatz zur direkten Düngung der Felder

Die Ausbringung auf landwirtschaftliche Flächen wird durch die Verordnung über die Verwertung von Bioabfällen auf landwirtschaftlich, forstwirtschaftlich und gärtnerisch genutzten Böden (BioAbfV) [181] sowie durch die Verordnung über die Anwendung von Düngemitteln, Bodenhilfsstoffen, Kultursubstraten und Pflanzenhilfsmitteln nach den Grundsätzen der guten fachlichen Praxis beim Düngen (Düngeverordnung, DüV) [182] geregelt. In Anhang 1 der BioAbfV ist in der „Liste der für eine Verwertung auf Flächen grundsätzlich geeigneten Bioabfälle sowie grundsätzlich geeigneter mineralischer Zuschlagstoffe" explizit Filtrationsschlamm aus der Getränkeindustrie, der Kieselgur enthält, als zur Ausbringung genehmigter Biobabfall aufgeführt (l. c. [170]).

Kieselgurschlamm wurde teilweise auf den Feldern verregnet (Transport z. B. mittels Güllefahrzeugen). Diese Entsorgung ist jedoch auf Grund agrotechnischer Termine zeitlich begrenzt und erfordert ein sofortiges Unterpflügen, um eine unangenehme Geruchs- und Kieselgurstaubentwicklung zu vermeiden.

Nun soll nach der neuesten Düngemittelverordnung das Ausbringen von Kieselgurschlamm auf Feldern ab 01.01.2014 ganz verboten werden. Damit der Kieselgurschlamm als Einnährstoffdünger anerkannt wird, muss er einen Stickstoffgehalt von mindestens 3 % besitzen. Das ist ohne Aufbereitung nicht erreichbar [183].

7.7.6.2 Variante zur Aufbereitung des Kieselgurschlammes zum veredelten Düngemittel

Nach dem Verfahren von *Krause* wird der Kieselgurschlamm in der Brauerei direkt zum veredelten Düngemittel aufbereitet [184]. Nach Beendigung der Filtration wird der Kieselgurschlamm mittels einer Einspindelpumpe in ein Trichtergefäß mit Rührwerk (n = 30 U/min) gepumpt und homogenisiert. In einem parallelen Vorratsbehälter befindet sich Branntkalk. Dieser Kalk hat einen Gehalt von 55 % CaO und 39 % MgO (Harzer Dolomitwerke). In einem Durchlaufmischer werden das Kieselgur-Hefegemisch und der Kalk mit einander gemischt. Der Wasseranteil des Kieselgurschlammes reagiert mit dem Branntkalk unter starker Wärmeentwicklung zu $Ca(OH)_2$ und $Mg(OH)_2$. Es werden Temperaturen von fast 100 °C erreicht und der Wassergehalt der Mischung sinkt auf etwa 20 %. Die Mikroorganismen werden durch die Hitze abgetötet. Das Endprodukt ist ein krümeliges, streufähiges, fast geruchsfreies Material, geeignet als wertvolles Düngemittel für den Obstbau, die Land- und Forstwirtschaft. Das Produkt hat eine analysierte Zusammensetzung von ca. 20…25 % CaO, 15…17 % MgO und 13…14 % SiO_2. Es ist bekannt, dass Silicium die Resistenz der Pflanzen fördern soll.

Klärung und Stabilisierung des Bieres

7.7.6.3 Der Einsatz von Kieselgur-Hefegemisch als Futtermittel

Obwohl die Landwirte seit langem Filtrationsrückstände als Futtermittel eingesetzt haben, ist nach der Positivliste für Einzelfuttermittel vom März 2003 der Zusatz von Kieselgurschlamm zu den Biertrebern oder zur Abfallhefe, die für die Verfütterung vorgesehen sind, nicht mehr erlaubt. Dies ist umso unverständlicher, als die Einzelprodukte Abfallhefe und Kieselgur als Futtermittel zugelassen sind. SiO_2 spielt eine positive physiologische Rolle bei Rindern und Pferden und wird in Mengen von 30...50 g Trockensubstanz dem Futter zugesetzt. Es wird als Kieselsäure aufgeschlossen und über die Verdauung im ganzen Körper verteilt (reguliert Stoffwechselungleichgewichte und Hautstörungen, macht Bindegewebe elastischer, heilt Sehnenscheideentzündungen u.a.).

7.7.7 Verwertung des Kieselgurschlamms in der Bauindustrie

Nach *Behmel* [185] wurden folgende Verwendungsmöglichkeiten des Kieselgurschlammes in der Bauindustrie geprüft:

- Als Zuschlagstoff bei der Zementherstellung verbessern die feinkörnigen Bestandteile der Kieselgur die physikalischen Eigenschaften des Zementes. Erforderlich ist dafür aber ein Zuschlagstoff mit > 60 % Feststoffgehalt.
- Bei der Silicatbetonherstellung begünstigt Kieselgurschlamm als feinkörniger Zuschlagstoff (1 % der Betonmasse) die Herstellung hohlraumarmer und gut verarbeitbarer Betone.
- Als Zuschlagstoff bei der Asphaltherstellung erhöht die Feinkörnigkeit der Kieselgur die Abriebfestigkeit, sowie die Kälte- und Hitzebeständigkeit der Asphaltdecken.
- Bei der Kalksandstein- und Gasbetonherstellung kann Kieselgurschlamm Teile von Sand und Branntkalk substituieren. Bei der Härtung von Kalksandsteinen (bei 8...16 bar und 170...200 °C) ist Kieselgur ein besserer Siliciumdioxidlieferant als Sand bei der Entstehung der Calcium-Silicat-Hydrat-Phasen, die maßgeblich für die physikalischen Eigenschaften des Kalksandsteins verantwortlich sind.
- Kieselgurschlamm verbessert die Verarbeitung von Tonen bei der Ziegelherstellung. Er kann die Funktion des Porosierungsmittels übernehmen und die Neigung von Salzausblühungen bei Tonziegeln verringern.

Die Probleme bei der Verwertung von Kieselgurschlamm in der Bauindustrie sind, dass der Bedarf der Bauindustrie an diesem Zuschlagstoff um ein Vielfaches größer ist als die Brauindustrie konzentriert liefern kann. Weiterhin ist eine Entwässerung des Schlammes erforderlich, die zusätzliche Kosten in der Brauindustrie verursacht.

7.7.8 Entsorgung der Filterschichten der Bierfiltration

Gebrauchte Filterschichten, auch Tiefenfilterschichten, können auf Grund der Stoffkomponenten und der anhaftenden Feststoffe des Unfiltrats sowie ihrer Verarbeitbarkeit als kompostierbarer Bioabfall bezeichnet werden.

Sie können in Spezialbetrieben mit anderen Bioabfällen (Laub, Äste u.a. Grünmaterial) in einem Anteil von ca. 15 Vol.-% zu Kompost verarbeitet werden. Dazu sind die Schichten zu zerkleinern (Schreddern) und über mehrere Stufen (Vorrotte - Sieben -

Ausreifen des Komposts in Mieten in ca. 3...6 Monaten) mit dem Grünanteil zu Kompost zu verarbeiten.

Eine wesentlich teurere Variante ist die Entsorgung der Schichten als hausmüllähnliche Gewerbeabfälle und deren Verbrennung in den städtischen Müllverbrennungsanlagen.

8. Die Membranfiltration von Bier ohne Verwendung von FHM
8.1 Allgemeiner Überblick

In diesem Kapitel wird die Bierklärung mittels Membranen ohne die Verwendung von FHM behandelt. Zum Einsatz von Membranen zur Entfernung von Mikroorganismen (Entkeimungsfiltration) und zur Verbesserung der Glanzfeinheit bei der Dead-End-Filtration wird auf Kapitel 9 verwiesen.

Die Entfernung von Trübstoffen und Mikroorganismen ohne die Verwendung von FHM ist bei nicht vorgeklärten Bieren nicht nach dem Prinzip der Dead-End-Filtration möglich, weil der sich aufbauende Filterkuchen mit dem damit verbundenen Druckanstieg relativ schnell zum Filtrationsende führt.

Alternativ lassen sich Membranen für die Klärfiltration ohne FHM-Einsatz nur nutzen, wenn die abgetrennten Feststoffe ständig von der Membranoberfläche entfernt werden. Das Mittel der Wahl ist die ständige tangentiale Überströmung der Membranoberfläche („Crossflow") mit dem Ziel, die sich bildende Deckschicht ständig abzuschwemmen bzw. dafür zu sorgen, dass sie sich nicht ausbilden kann. Das Verfahren wird als Crossflow-Mikrofiltration (CMF) bezeichnet.

Es wird also ständig ein relativ großer Volumenstrom parallel zur Membranoberfläche aufrecht erhalten (Retentat). Durch die Druckdifferenz an der Membran (Transmembrandruck) wird ein Teil des Unfiltrates durch die Membran hindurch treten und als Filtrat (Permeat) abgeführt (s.a. Abbildung 157).

Der Retentatvolumenstrom wird also im Kreis geführt, die nicht filtrierte Biermenge, das so genannte Retentat, wird dem Unfiltrat wieder zugesetzt. Ein Teil des Retentates mit den angereicherten Feststoffen kann kontinuierlich oder intervallmäßig aus dem Unfiltratpuffertank ausgeschleust werden.

Während des Betriebes kann in regelmäßigen Abständen eine Rückspülung der Membranen vorgenommen werden, um den Filtratfluss wieder zu verbessern.

Der relativ große Volumenstrom bedingt auf dem Fließweg einen Druckverlust. Die dafür aufzuwendende Pumpenleistung führt zur Erwärmung des Retentates, die eingetragene Wärmemenge muss durch einen Kühlkreislauf ständig abgeführt werden.

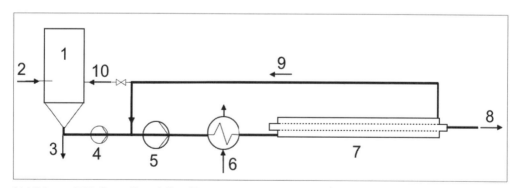

Abbildung 157 Crossflow-Mikrofiltration, schematisch
1 Unfiltrat-Puffertank **2** Unfiltratzulauf **3** Trübstoffkonzentrataustrag **4** Beschickungspumpe **5** Zirkulationspumpe **6** Kühler **7** Membranmodul **8** Filtrat (Permeat) **9** Retentat **10** Teilrückführung

Die aktuell ausgeführten Crossflow-Anlagen unterscheiden sich in einem nicht unwesentlichen Punkt:

> Muss eine Vorklärung des Unfiltrates mittels eines Separators erfolgen oder kann darauf verzichtet werden?

Das Lager der relativ wenigen Anbieter von Crossflow-Anlagen ist gespalten. Ein Teil fordert den Separatoreneinsatz, ein anderer nicht. Da die Separatoren ein nicht unerheblicher Kostenfaktor sind (Investitions- und Betriebskosten), bleibt die künftige Entwicklung abzuwarten. Andererseits zeigt der Einsatz der Separatoren bei der Anschwemmfiltration, dass nicht unwesentliche Verbesserungen beim erzielbaren Filtratvolumen und bei der Einsparung von FHM erreichbar sind. Die mögliche Entfernung von Trübstoffen mittels eines Separators zeigt beispielhaft Abbildung 158. Die Klärstufen staffeln sich in ihren Trübungswerten wie folgt:

- Unfiltrat vom ZKT   > 80 EBC-Einheiten;
- Separiertes Bier   < 15 EBC-Einheiten;
- Feststoffaustrag des Separators   > 18 % Feststoffe;
- Filtriertes Bier   < 0,5 EBC-Einheiten.

Ein ausschlaggebender Punkt für die Effektivität der Crossflow-Mikrofiltration ist die regelmäßige Reinigung der Membranen. Damit sollen die während der Filtration eingetretenen Verblockungen der Membrankanäle beseitigt werden. Die im Einsatz befindlichen Crossflow-Membranen weisen auch nach mehreren hundert Reinigungszyklen bei Filtrationsbeginn den gleichen Transmembrandruck auf. Da allerdings die Membranen nach Langzeiteinsätzen Ermüdungserscheinungen zeigen (Zunahme der Bruchgefahr), müssen sie je nach Hersteller nach ≤ 1000 Reinigungszyklen ersetzt werden.

Die Zahl der möglichen Zyklen ist für die Effektivität dieser Anlagen von entscheidender Bedeutung.

Auf folgende Nachteile muss beim Einsatz der CMF hingewiesen werden:
- Die CMF hat einen niedrigen spezifischen Flächendurchsatz, d.h. es ist für große Filterdurchsätze eine große Filterfläche erforderlich.
- Auf Grund des ständigen Umpumpens unterliegt das Produkt einer mechanischen Belastung (Scherkräfte).
- Je nach Membranqualität können bestimmte Bierinhaltsstoffe von der Membran adsorbiert werden.
- Die Regenerierung der Membran erfordert eine intensive chemische Reinigung.
- Je nach Vorklärung des Bieres kann eine zusätzliche Kühlung erforderlich sein.

Die Abbildung 158 zeigt eindruckvoll, welche Partikelfracht ein Separator und welche die Membrane entfernen muss. Als Folge hieraus muss beim Einsatz ohne Separator die Membrane zwangsläufig bei gleichem Klärgrad die komplette Schmutzfracht entfernen.

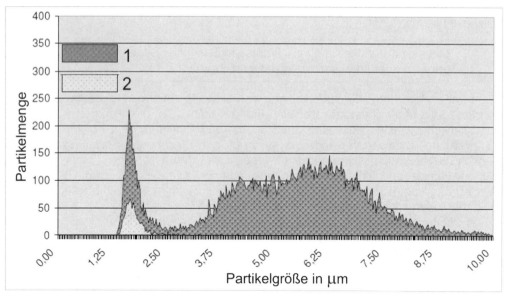

Abbildung 158 Kläreffekt eines Separators. Dargestellt ist die Partikelverteilung als Funktion der Partikelgröße (nach [196])
1 Partikelverteilung vor dem Separator **2** Partikelverteilung nach dem Separator

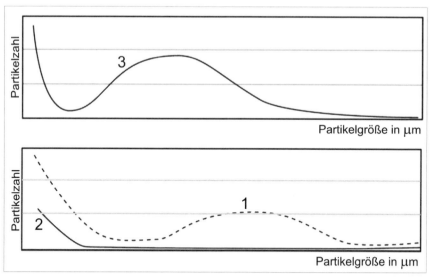

Abbildung 158a Partikelverteilung vor und nach einem Hochleistungsseparator (nach [186])
1 Partikelverteilung im Ablauf bei Standard-Separatoren
2 Partikelverteilung im Ablauf bei Hochleistungsseparatoren
3 Partikelverteilung im Zulauf vor der Separation

Bekannte Vorteile der Crossflow-Mikrofiltration (CMF) im Vergleich zur Kieselgurfiltration

Als Vorteile gegenüber der Kieselgurfiltration werden bei der CMF generell genannt (s.a. [187], [188]):

- Keinerlei Kieselgur Handling: Dies umschließt, Einkauf, Qualitätssicherung, Lagerung, Transport, Verluste etc.;
- Vermeidung des Einsatzes eines Gefahrgutes (Kieselgur) auch im Bezug auf die Vorgabe der MAK-Werte;
- Kein Anfall von umweltschädlichen FHM-Abprodukten;
- Das Verfahren der CMF ist, wie moderne Anschwemmfilteranlagen, vollständig automatisierbar.
- Es ist ein nahezu kontinuierlicher Bierfluss realisierbar.
- Es fällt ein sehr niedriger Bierschwand an (< 0,1 %).
- Es kommt im Vergleich zur Kieselgurfiltration zu keinen sensorischen Qualitätsveränderungen im Bier.
- Es kommt zu keinerlei Eintrag von Ionen aus einem Filterhilfsmittel (wie z. B. Ca^{+2}, Mg^{+2}, Al^{+3}, As^{+3}, Sb^{+3}) in das filtrierte Bier (damit kein Problem für Gushing und Oxalatausfällungen).
- Das Verfahren der CMF ist wie die Anschwemmfiltration für die Filtration von High-Gravity-Bieren geeignet.
- Die Sauerstoffaufnahme des Bieres liegt vom Start der CMF an bei < 0,02 ppm. Dieser Wert wird auch beim Einsatz einer Vorklärung mittels Zentrifuge über die gesamte Filtration gewährleistet.
- Durch die sehr niedrige Sauerstoffaufnahme und die Vermeidung eines Eintrages an Eisenionen aus den FHM wird die Oxidation von Bierinhaltsstoffen reduziert und die kolloidale und Geschmacksstabilität verbessert.
- Die Trübungswerte der Filtrate liegen im Vergleich zur Kieselgurfiltration signifikant tiefer:
    - bei der 90°-Trübung um 0,1…0,2 EBC-Einheiten und
    - bei der 25°-Trübung um 0,03…0,08 EBC-Einheiten.
- Mikrobiologische Prüfungen ergaben bei intakten Membranen (mittlere Porenweite 0,50…0,65 µm) immer hefefreie Filtrate und bei der Testung mit definierten Bakterienbeimpfungen des Unfiltrates die in Tabelle 60 (s.a. Kapitel 8.2.1) ausgewiesenen Titerreduktionen (Definition siehe Kapitel 9.4.1).
- Der kontinuierliche Bierfluss ermöglicht beim nachfolgenden Blending des Filtrates eine kontinuierliche und präzisere Dosage der Zusatzstoffe (Reduktionsmittel, isomerisierte Hopfenextrakte, Stabilisierungsmittel, Wasser, CO_2 u. a.).

Beim PROFI®-Verfahren (s.a. Kapitel 8.2.1) werden zusätzlich folgende positiven Effekte aufgeführt:

- Die Kontinuierliche Arbeitsweise ermöglicht höchstmögliche Produktionszuverlässigkeit und Planungssicherheit.
- Es fallen keine Vor- und Nachläufe an, ihre Verarbeitung entfällt. Das erforderliche Tankvolumen kann dadurch reduziert werden.
- Es ist ein schneller und einfacher Sortenwechsel unabhängig von der Bierfarbe, Stammwürze und dem Alkoholgehalt der Biere in ca. 20 Minuten durchführbar.

Klärung und Stabilisierung des Bieres

- Die Filtrationsplanung ist flexibel (filtrieren, was gerade gebraucht wird).
- Die PROFi-Bierqualität ist im Vergleich zur Kieselgurfiltration gleich oder besser.
- Es fallen über den Tag gleichmäßige Abwassermengen an.
- Es wird eine hochkonzentrierte Feststoffabscheidung (Trub, Hefe) durch den PROFi-Separator (> 18 % Trs.) erzielt.
- Die verlorene Stabilisierung kann nach deren Zugabe und Reaktion einfach mit dem Separator abgetrennt werden.
- Die kontinuierliche und definierte Abscheidung von Kolloiden und Hefen über 24 h und 7 Tage erfolgt zuverlässig bei konstantem Durchsatz je Stunde.
- Zur Nachhaltigkeit des Verfahrens tragen folgende Verbrauchswerte bei:
  - Geringer Frischwasserverbrauch   < 0,1 hL/hL Bier
  - Geringer Abwasseranfall   < 0,1 hL/hL Bier
  - Geringer Energieverbrauch: Dampf, Glycol, Strom   < 0,7 kWh/hL Bier.
- Das automatisierte Filtrationssystem erfolgt mit einfacher Bedienung, der Personalaufwand reduziert sich gegenüber der Anschwemmfiltration um ca. 80 %.
- Die laufende Kosten (OPEX) sind attraktiv und liegen im Bereich von 0,19…0,44 €/hL, inkl. Membran, Zentrifuge und Instandhaltung.
- Auf Grund der definierter Membranabscheidung ist vor dem Sterilfilter kein Nachfiltersystem notwendig (Schichten oder Trap-Filterkerzen). Sie gewährt die bestmögliche Vorklärung für die nachgeschaltete Membranfiltration vor der Abfüllung.
- Durch den modularen Anlagenaufbau ist eine einfache Anlagenerweiterung möglich.
- Es fällt kein Retentat im Membranblock an („Zero Retentate Crossflow Filtration"), damit ist auch kein Retentathandling erforderlich (Tank, Verschnittmanagement).
- Es wirken nahezu keine Scherkräfte auf Grund geringer Überströmungsgeschwindigkeiten bei der Membran (ca. 1 m/s) und des hydrohermetischen Einlaufes in dem Separator.
- Auf Grund der minimalen Energiezufuhr (0,5…0,7 kWh/hL Bier) ist keine Kühlung erforderlich.
- Die Filtrationszyklen sind nahezu unabhängig von der Hefe- und Partikelfracht stabil.
- Die Clustertechnologie und der Modultest gewährleisten höchstmögliche Produktionssicherheit.
- Es treten nahezu keine Bierverluste auf:
  - 0,1 L/hL Bier
  - 0,5 hL Restmenge nach Entleerung.
- Größenauslegung erfolgt auf der Grundlage von Pilotversuchen unter Produktionsbedingungen.
- Konstant hohe Reinigungswirkung mit chlorfreien Reinigern.
- Die Erwärmung des Bieres über die gesamte Filterlinie vom Separatoreinlauf bis zum Membranfilterauslauf liegt bei < 1,5 K, so dass keine zusätzliche Kühlung erforderlich ist.
- Das Profiverfahren ermöglicht ein problemloses Umstellen des Gärverfahrens vom Zweitank- auf das Eintankverfahren.

8.2 Anlagen für die Membranfiltration

Die technischen Detailinformationen zu ausgeführten Crossflow-Anlagen für die Bierfiltration sind in der Fachpresse relativ spärlich. Nachfolgend werden einige ausgeführte Anlagen vorgestellt.

8.2.1 PROFI®-System

PallSeitzSchenk installierte in der Pott's Brauerei in Oelde für einen Filtratdurchsatz von 50...60 hL/h eine Filterfläche von 2 mal 120 m². Die beiden Anlagen werden alternierend genutzt: 1 mal aktiv Filtration, 1 mal CIP/stand by.

Die Anlage wird mit einem Separator zur Vorklärung betrieben. Über die Anlage System PROFI® wurde ausführlich berichtet [189], s.a. Abbildung 160 und Abbildung 162.

Eine Produktionsanlage des gleichen Systems in der Brauerei Tuborg Fredericia wurde in [190] vorgestellt. Ende 2011 waren bereits mehr als 19 Betriebsanlagen in Produktion [191].

Das System arbeitet mit PES-Hohlfasermembranen (Porenweite 0,65 µm), Jedes Modul verfügt über 12 m²-Filterfläche (s.a. Kapitel 13.10). Mehrere Module (≤ 28) bilden einen Filterblock. Die Überströmgeschwindigkeit beträgt ca. 1 m/s in der Hohlfaser. Durch die geringe Überströmgeschwindigkeit beträgt der spezifische Energiebedarf nur 0,5...0,7 kWh/hL Bier und es ist keine Zusatzkühlung erforderlich.

Die Transmembrandruckdifferenz (siehe Kapitel 8.4.4) liegt bei Filtrationsbeginn bei etwa 300 mbar und am Ende des Zyklus bei 1,8...2 bar. Ein Zyklus kann bei gut filtrierbaren Bieren zwischen 5 bis 10 Stunden dauern (siehe Abbildung 159). Der spezifische Filtratdurchsatz liegt bei etwa 60 L/(m²·h), im Ausland durch Rohfrucht- und Enzymeinsatz verlängert sich der Filtrationszyklus zwischen zwei Reinigungen. Bei schlecht filtrierbaren Bieren sinkt die Filtrationszyklusdauer auf unter 4...5 h.

Das System wird nach Filtrationsende bzw. Erschöpfung der Module mit CO_2 in Filtrationsrichtung entleert (ca. 10 min/Modul; kein Vor- und Nachlauf). Es werden keine Rückspülungen während der Filtration durchgeführt, eine Retentatrückführung in den Puffertank findet nicht statt. Das Retentat wird nicht gekühlt.

Auf Grund der guten Vorklärung des Unfiltrates wird während der Filtration kein trubreiches Retentat ausgetragen. Der Bierschwand betrug in der Fredericia-Brauerei, bezogen auf den Extrakt, nur 0,02 %. Im Jahre 2006 betrugen die laufenden Kosten 0,10...0,13 €/hL. Gegenüber der Kieselgurfiltration wurden große Einsparungen an Energie, Wasser und CO_2 erreicht. [187].

Das PROFi®-Verfahren kann wie folgt zusammenfassend beschrieben werden:
- ES wird kein Retentat zurückgeführt. Somit ist es ein reines „Feed"-Verfahren im Gegensatz zu „Feed and Bleed" (= Zuführung von frischem Unfiltrat und Ausschleusung von Teilretentat) mit Retentatrückführung;
- Die Filtrationsblöcke werden in Filtrationsrichtung nahezu vollständig mit CO_2 leer gedrückt;
- Durch die geringe Umwälzgeschwindigkeit von ca. 1 m/s erfolgt nur ein geringer Energieeintrag in das Bier, daher ist auch kein Kühler im Kreislauf notwendig;
- Die eingesetzte Membran ist auf Separatorenvorklärung abgestimmt. Daher ist PROFi nicht einfach eine beliebige Crossflow-Klärfiltration mit vorgeschaltetem Separator, sondern ein spezielles Filtrationsverfahren

mit einer speziellen Membranstruktur, die durch die vorgeschaltete Zentrifuge wirkungsvoll unterstützt wird;
- Der Clusteraufbau und der automatische Modultest gewähren Produktsicherheit;
- Es wird eine extrem niedrige 25°-Trübungen erzielt und damit eine außerordentlich gute Vorklärung für die nachgeschaltete Entkeimungsfiltration bei der Abfüllung.
- Beim PROFI®-Verfahren ist eine automatische Clusterabschaltung installiert, die während der Crossflow-Filtration bei einem Membranbruch in Aktion tritt. Das System ist in der Lage, diesen Defekt zu erkennen, da am Permeatauslass standardmäßig die vorhandene Trübung gemessen wird.
Hier kann ein bier- und betriebsspezifischer Grenzwert, z. B. bei dunklen Bieren von 0,5...0,8 EBC (25°) und bei hellen Bieren von 0,1...0,2 EBC (25°) festgelegt werden. Dieser Grenzwert ist kundenspezifisch frei definierbar. Wird dieser Wert überschritten, wird während der Filtration automatisch jeweils ein Cluster von vier Clustern nacheinander für wenige Minuten abgeschaltet. Das Cluster mit dem Membrandefekt führt zu einem Rückgang der Permeattrübung, wenn dieses Cluster versuchsweise geschlossen wird.
Konnte die Anlage ein „defektes" Cluster identifizieren, bleibt dieses bis zum Ende der Filtration geschlossen. Die restlichen drei Cluster bleiben weiter im Filtrationsmodus und können die Filtration weiterführen.
Ein Filtrationsunterbrechung oder -beendigung ist nicht erforderlich.

Für das Profi-System werden folgende Prozessschritte empfohlen (nach [192]):
- Füllen des Systems;
- Filtration;
- Entleerung mit CO_2 durch die Membran zum Drucktank;
- Reinigung:
    1. Kaltwasser
    2. Warmwasser (40 °C)
    3. Lauge (75 °C)
    4. Membranreiniger (Ecolab CMF) + H_2O_2 (75 °C)
    5. Warmwasser- und Kaltwasserspülung;
- Clusterweiser Modultest (Inline) zum Erkennen von Defekten;
- Entleeren und Vorspannen mit CO_2.

Überprüfte mikrobiologische Wirksamkeit
Grundsätzliche Einschätzung
Eine CMF Anlage dient der Klärung des Bieres, also in gleicher Weise wie ein Anschwemmfilter. Die Aufgabe dieser Klärfilter besteht in der Abtrennung der Partikelfracht mit dem Ziel, ein glanzfeines Filtrat zu erhalten. Darüber hinaus soll der Großteil der Hefefracht entfernt werden, aber selbst dies erfolgt nicht vollständig. Normal liegen die Hefekonzentrationen in den Crossflow-Filtraten im Bereich von < 5 Hefezellen/100 mL.

Die Klärfiltration kann auf keinen Fall ein mikrobiologisch stabiles Bier sicher gewährleisten.

Es findet auch eine Reduzierung von Bakterien statt, aber die CMF und Anschwemmfiltration sind keine „Sterilfiltrationen", dafür gibt es eigene Systeme.

Membranfiltration

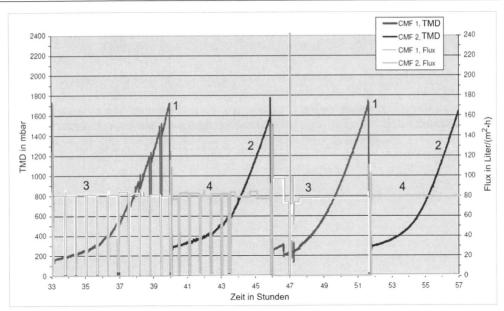

*Abbildung 159 Transmembrandruckverlauf in der Brauerei Tuborg-Fredericia
(nach [187])
(Der Flux war konstant auf einen Wert von 80 L/(m^2·h) eingestellt)*
1 Modul 1 TMD   **2** Modul 2 TMD   **3** Modul 1 Flux   **4** Modul 2 Flux

Ergebnis von Betriebsversuchen

Betriebsversuche mit einer definierten Bekeimung von einzelnen Unfiltratchargen in der Pott's Brauerei Oelde ergaben die in Tabelle 60 ermittelten Abscheideraten bei der untergärigen Brauereihefe und bei zwei unterschiedlichen Bakterienstämmen. Durch den Hochleistungsseparator wird bereits eine deutliche Reduzierung der Hefe- als auch der Bakterienkonzentrationen erreicht. Während die Brauereihefe durch die CMF-Anlage nahezu 100%ig abgetrennt wird, werden die bakteriellen Modellinfektionen durch die CMF nur partiell entfernt. Bei einem bakteriell infizierten Bier ist aus diesem Grund auch bei der CMF eine nachgeschaltete Dead-End-Membranfiltration erforderlich, optimal in Clusterbauweise (CFS, s.a. Kapitel 9.7.2 und Kapitel 9.7.4). Erst sie garantiert eine weit gehende Keimfreiheit.

*Tabelle 60 Titerreduktion bei den einzelnen Stufen des PROFI®-Verfahrens
(nach [193])*

Mikroorganismus	Bierhefe St. 34/70	Laktobazillus	Kokken
Gesamtbeaufschlagung: Keimzahl bez. auf filtrierte Hektoliter	$8{,}24 \cdot 10^{11}$	$3{,}44 \cdot 10^{12}$	$4{,}6 \cdot 10^{11}$
Titerreduktion TR (10er Potenzen)			
nach Zentrifuge	7	< 4	< 3
nach CMF	11…12	5	4
nach CFS	11…12; o.B.	12…13; o.B.	11…12; o.B.

Klärung und Stabilisierung des Bieres

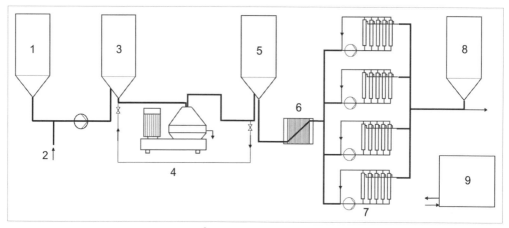

Abbildung 160 Fließbild einer Profi®-Anlage, schematisch
1 ZKT **2** Dosage für Einwegstabilisierungsmittel **3** Reaktionstank Stabilisierungsmittel
4 PROFi®-Separator mit Kreislaufschaltung **5** Puffertank **6** Kühler (bei Bedarf)
7 Crossflow-Filterblock **8** Drucktank Filtrat **9** CIP-Modul

Regenerierung des Filterblocks
Mehrere Filterblöcke (2 bis 4) werden alternierend mit einem Reinigungsmodul betrieben: Nach Erschöpfung der Module eines Filterblocks schließt sich ein Reinigungszyklus an. Mit den übrigen Modulen wird quasi kontinuierlich filtriert (Abbildung 161).

Die Modulgehäuse lassen sich separat reinigen und sterilisieren. Beispiele der quasi-kontinuierlichen Filtration mit 4 bzw. 3 Modulen zeigen Abbildung 162a und Abbildung 163.

Für die Vorbereitung und Planung einer Profi®-Crossflow-Filteranlage wird der Einsatz einer Pilotanlage ($\dot{V}$ etwa 20 hL/h) empfohlen.

PROFi®-Anlagen in der Praxis
Großtechnische Installationen von Profi®-Anlagen befinden sich u.a. bei:
- Lion Nathan in Brisbane, Sydney, Auckland mit 300 hL/h
- AB-Inbev Brasilien 500 hL/h
- Carlsberg, Finnland, 360 hL/h
- Suntory, Japan 400 hL/h
- Miller-Coors, USA 800 hL/h
- Namibia Brewery, Windhoeck

Als Separatoren werden beim PROFI®-Verfahren aktuell die Typen GSI 200, 300 und 400 mit integriertem Direktantrieb eingesetzt (s.a. Kapitel 14). Das System Westfalia Separator® directdrive PROFI® 400i mit dem Separator GSI 400 ist für einen Durchsatz von bis zu 450 hL/h ausgelegt [194].

In der Namibia Brewery, Windhoeck, wurde eine neue PROFi®-Anlage für 3,6 Mio. hL/a installiert. Die PROFI®-Anlage läuft mit bis zu 500 hL/h. Sie verfügt über 4 Membranblöcke mit je 28 Modulen, nachgeschaltet ist eine 6 Säulen CBS-Anlage [195].

Membranfiltration

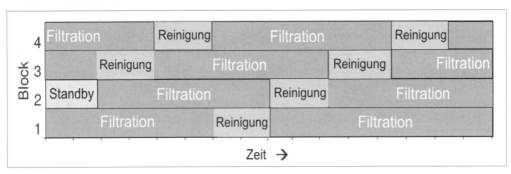

Abbildung 161 Betrieb einer Crossflow-Membranfilteranlage, bestehend aus 4 Modulen (nach Pall [196])

Abbildung 162 Großtechnische Crossflow-Filteranlagen (Foto: G. Annemüller)
Zwei parallel geschaltete Filterblöcke mit je 20 Modulen des „Profi®"-Systems der Fa. Pall in der Pott's Brauerei (Oelde) mit einem Durchsatz von ca. 50 hL/h (2005)

Klärung und Stabilisierung des Bieres

Abbildung 162a   Pall-Crossflow-Membranfilteranlage in der Brauerei Fredericia:
4 Membranblöcke MLB 20 im Vordergrund und 4 Membranblöcke MBL 20 im linken Hintergrund mit einem Durchsatz von 720 hL/h (nach Pall [196])

Abbildung 163   Pall-Crossflow-Membranfilteranlage mit 3 Membranblöcken á 20 Modulen á 12 m^2 Filterfläche für einen Filtratdurchsatz von 360 hl/h (nach Pall [196])

8.2.2 System Norit

In der Brauerei Oettingen wurden von Norit / NL Membranfiltereinheiten (BMF-120) installiert. Seit 2004 ist der Biermembranfilter BMF-200 im Einsatz (s.a. Abbildung 164). Eine Filtereinheit („Skid" genannt) besteht aus 16 Filtermodulen mit je 9,8 m^2 Membranfläche (gesamt 157 m^2). Die Membranen bestehen aus Polyethersulfon mit einer Porengröße von 0,45 µm. Der Volumenstrom durch die Module wird mit 640 m^3/h angegeben. Die Erwärmung je Umlauf beträgt 1,6 K, das Retentat wird vor dem erneuten Durchlauf gekühlt.

Mit diesem System wurde ein Volumenstrom von 123 hL/h (netto) erreicht, das ergibt einen spezifischen Netto-Filtratvolumenstrom von 78,3 L/(m^2·h). Bei einem beschriebenen Versuch über 76 h (brutto) wurden 7224 hL Bier filtriert (in netto 58,7 h). Der Stromverbrauch für die Filtration betrug 1930 kWh $\triangleq$ 0,267 kWh/hL. Einzelheiten siehe [197].

Nach dem Anstieg des Transmembrandifferenzdruckes von 0,3 bar zu Beginn auf etwa 1,2 bar wird eine Rückspülung vorgenommen, eine Rückspülung dauert etwa 15 min (s.a. Kapitel 8.7.1). Das Skid wird vorher entleert, die Rückspülung erfolgt mit schwach alkalischer Lösung. Danach wird mit CO_2 neutralisiert und der Sauerstoff entfernt. Nach 6…7 Rückspülungen erfolgt eine CIP-Reinigung. Ein Filtrierzyklus, bestehend aus mehreren Filtrationen/ Rückspülungen und einer CIP-Reinigung wird als „Run" bezeichnet.

Zwischenzeitlich wurden die älteren Anlagen durch 4 Skids á 18 Module BMF-200 erweitert [198].

Aktuell wird von *Norit* das Modul BMF-18 eingesetzt, siehe Abbildung 167 [199]. Als Vorteile der aktuellen Modul- bzw. Skidausführung werden vor allem das verringerte Volumen, der optimierte Ausschubvorgang (Senkung der Bierverluste), das verbesserte Skiddesign und das vereinfachte CIP-Modul (1-Tank-System) genannt [224].

Die Crossflow-Membranfilteranlage in der Brauerei der Radeberger Gruppe / „Haus Kölscher Brautradition", Köln besteht aus 3 Skids á 18 Modulen (je 9,6 m^2-Filterfläche). Der Durchsatz beträgt 80 hL/h und Skid.

Nach etwa 1,5…2 Stunden erfolgt eine Rückspülung (ca. 15 min), nach ≥ 10 Rückspülungen wird eine CIP-Reinigung vorgenommen (Dauer etwa 3 h). Der Druckverlust beim Durchströmen eines Moduls liegt bei etwa 0,8 bar, der Transmembrandruck steigt von ca. 0,2 bar auf 1,2 bar, dann erfolgt eine Rückspülung (s.a. Abbildung 186 in Kapitel 8.7.1).

Die Inbetriebsetzung der Skids wird mit einem Zeitversatz von etwa 15 min vorgenommen, so dass sich die Rückspülungen in den Rhythmus einpassen. Unter den Bedingungen der Biersorte Kölsch werden etwa 2400 hL/Zyklus erreicht.

Klärung und Stabilisierung des Bieres

Abbildung 164 Norit-Filtermodulblock BMF-200 auf der Messe Brau Beviale 2004

Der Filtrationsablauf könnte nach [192] zum Beispiel wie folgt durchgeführt werden (s.a. Abbildung 165a):
- Die Filtration erfolgt ohne Vorklärung mittels Separator, deshalb muss vor dem Anstecken eines neuen ZKT das Hefe-Trubsediment noch einmal abgeschlämmt werden.
  Das Filtereinlaufbier soll eine Trübung von < 40 NTU haben.
- Die Dosage der Stabilisierungsmittel und die Verdünnung erfolgen vor dem Unfiltratpuffertank, der mit dem geblendeten Unfiltrat (auf die gewünschte Stammwürze eingestellt) gefüllt wird.
- Das Bier wird durch den Kühler (Abkühlung auf -1 °C) zum Filter gepumpt, das Permeat geht direkt über den Trap-Filter in den Drucktank.
- Das Retentat wird im Kreislauf durch den Filter gepumpt, Teile gehen als Konzentrat zurück in den Unfiltratpuffertank, der mit frischem Bier vom ZKT gespeist wird.
- Steigt der Transmembrandruck auf 1,2 bar, wird der Zulauf vom ZKT gestoppt.
- Der Unfiltratpuffertank wird vollständig in den Filterkreislauf entleert, das Bier im Filter wird immer konzentrierter, es wird weiter im Kreislauf gepumpt bis der Unfiltratpuffertank leer ist.
- Wenn der Unfiltratpuffertank leer ist, werden 15 hL entgastes Wasser in das Filter gepumpt, um das Retentat zu verdünnen und möglichst viel Filtrat zu gewinnen. Die Verdünnung erfolgt bis 3 °P.
- Das verdünnte Bier wird im Filtratpuffertank gesammelt und beim nächsten Filter-Run dem gefilterten Bier zu dosiert.

□ Das Filter wird von der Permeat-Seite mit alkalisiertem Wasser gespült (sog. Rückspülung; „backflush",), danach mit CO_2 leer gedrückt.
□ Schlecht filtrierbare Biere erfordern zusätzliche Rückspülungen, d.h. zusätzliche Verdünnungen, so dass das Blending vor dem Filter nicht die vorgegebene Stammwürze einstellen kann.

Die Brauerei Warka betreibt (seit 2006) 5 Skids mit einer stündlichen Filtratmenge von je 135 hL 15%igem High-Gravity-Bier. Im Wochendurchschnitt liefert die Gesamtanlage 400 hL Filtrat pro Stunde [188]. Der Aufbau der Anlage ist aus Abbildung 165 ersichtlich. Die möglichen Varianten der kolloidalen Stabilisierung bei der CMF werden in Kapitel 8.8 beschrieben.

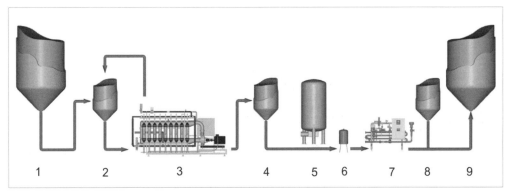

Abbildung 165 Schema des Filterkellers der Brauerei Heineken-Warka [188]
1 Lagerkeller **2** Puffertank Unfiltrat **3** CMF (5 Skids mit je max. 180 hL/h) **4** Puffertank Filtrat **5** PVPP-Filter **6** Trap-Filter **7** Carbonisierung/Blending **8** Vor- und Nachlauftank **9** Drucktankkeller

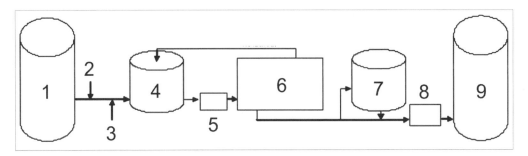

Abbildung 165a Filteranlage System Norit in einer möglichen Applikationsvariante (nach [192])
1 ZKT (High-gravity-Bier) **2** Dosage von Blendingwasser **3** Dosage PVPP + Silicagel **4** Unfiltratpuffertank zur Vorklärung und Abscheidung der Stabilisierungsmittel und Trübstoffe **5** Bierkühler für das Filtereinlaufbier **6** CMF **7** filtriertes und verdünntes Bier **8** Dead-End-Sicherheitsfilter **9** Drucktank

Klärung und Stabilisierung des Bieres

Ausgeführte Anlagen befinden sich u.a. in bzw. bei:
- Oettinger Brauerei, Oettingen;
- Polen, Brauerei Warka (Heineken);
- Madrid (Heineken);
- Ottakringer Brauerei, Wien;
- Kölner Verbund Brauereien (jetzt: Radeberger Gruppe: Haus Kölscher Brautradition) [200];
- Brauerei Martens, Bocholt / B.

Anfang 2010 befanden sich mehr als 22 Großanlagen in Betrieb (nach [201]).

Die Anlage in der Brauerei *Martens* in Bocholt / B wurde im Rahmen der Frühjahrstagung der VLB Berlin vorgestellt [202] (s.a. Abbildung 166).

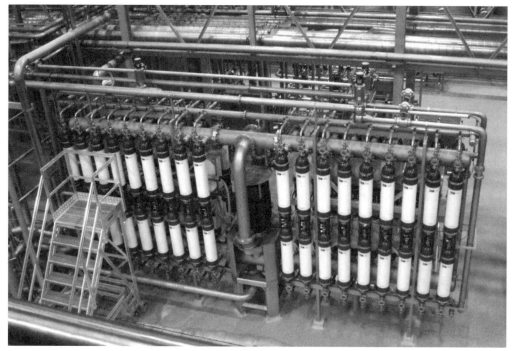

Abbildung 166 Zwei parallel geschaltete Norit-Filteranlagen in der Brauerei Martens/Bocholt (B) mit einem Durchsatz von ca. 200 hL/h (2010) (Foto: G. Annemüller)

Membranfiltration

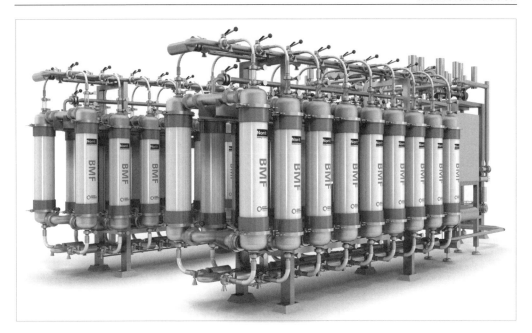

Abbildung 167 Norit-Crossflow-Filteranlage BMF 18 (Foto Norit / NL)
Durchsatz je Skid: $\dot{V}$ = etwa 150 hL/h.

Klärung und Stabilisierung des Bieres

8.2.3 System AlfaBright™ Beer Filtration

Dieses System benutzt die Crossflow-Module von Sartorius Sartocon® bzw. Sartocube®. Das sind Membran-Kassettenmodule mit einer Filterfläche von 0,7 m² bzw. 3,5 m² (s.a. Abbildung 296 bis Abbildung 298 in Kapitel 13.10.2.1). Die Anlagen werden mit einem Separator zur Vorklärung betrieben.

Ein Filterblock mit 48 Modulen zu je 5 Kassetten (etwa 168 m² Membranfläche) wird für einen Durchsatz von etwa 65…75 hL/h ausgelegt, das sind etwa 0,4… 0,45 hL/(m²·h). Das spezifische Filtratvolumen wird mit 2,5…3,5 hL/m² angegeben, danach muss eine Reinigung erfolgen. Im Ausland wurden bei der Verwendung von Reis und Enzymen spezifische Filtratvolumina von 2…6 hL/m² erreicht [203].

Der TMD kann während der Filtration im Bereich von 0,3 auf 2 bar steigen. Die Fließrichtung in den Modulen kann intervallmäßig umgekehrt werden, um die Deckschichtbildung auf der Membranoberfläche zu minimieren (s.a. Abbildung 168 und Abbildung 169). Eine weitere Steigerung des spezifischen Filtratvolumens kann durch eine intervallmäßige Filtratrückspülung erreicht werden (s.a. Abbildung 170). Die Aussagen der Abbildung 168 bis Abbildung 170 gelten sinngemäß für alle Crossflow-Membranen.

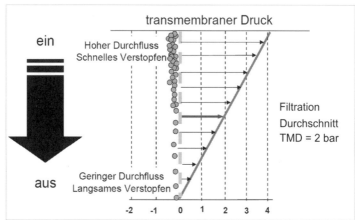

Abbildung 168 Ablauf der normalen Filtration System AlfaBright™ Beer Filtration (nach [203])

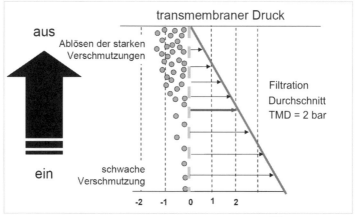

Abbildung 169 Umgekehrte Einspeisung System AlfaBright™ Beer Filtration (n. [203])

Membranfiltration

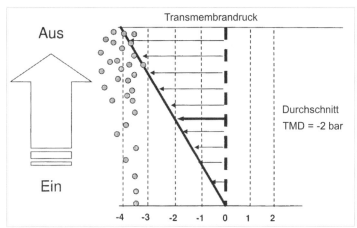

Abbildung 170 Effektive Entfernung der Verblockung beim System AlfaBright™ Beer Filtration durch eine Rückspülung mit Filtrat entgegen der Filtrationsrichtung mit einem negativen TMD (mittlerer TMD = -2 bar), (nach [204])

Abbildung 171 Filterblock System AlfaBright™ Beer Filtration (nach [204])

Eine ausgeführte Anlage ($\dot{V}$ = 200 hL/h mit 3 Filterblöcken) steht in der Tucher-Brauerei Nürnberg/Fürth (s.a. Abbildung 171) [204]. Eine weitere Anlage mit 4 Filterblöcken wird in der Zhujiang Brewery in Guangzhou /China betrieben [203].

Der Vertrieb der Anlagen ist derzeit eingestellt.

Klärung und Stabilisierung des Bieres

8.3 Membranen für Crossflow-Filteranlagen

Die aktuell eingesetzten Filtermodule für die Crossflow-Anlagen werden ständig verbessert. Entwicklungsschwerpunkte sind unter anderem:
- Senkung der Investitionskosten;
- Erhöhung der möglichen Standzeit bis zum Modulwechsel;
- Reduzierung der Druckverluste;
- Verbesserung der Membranreinigung.

Als Membranen für die Crossflow-Filtration von Bier werden überwiegend Hohlfasermembranen eingesetzt, zum Teil aber auch Flachmembranen. Die Membranen werden in so genannten Modulen gebündelt. Aus diesen Modulen wird dann die Filteranlage durch Parallel- und Reihenschaltung zusammengesetzt (s.o.).

Der Innendurchmesser der Hohlfasermembranen liegt zurzeit bei etwa 1,5 mm, die Membranlänge wird mit 800...1000 mm festgelegt.

Membranwerkstoff ist vor allem Polyethersulfon und Polysulfon, zum Teil auch Polyvinylidendifluorid (PVDF). Keramische Membranen werden gegenwärtig für die Bierfiltration aus Kostengründen nicht benutzt. Hauptsächlich werden sie zurzeit für die Bierrückgewinnung aus Überschusshefe eingesetzt.

Einzelheiten zu den verwendeten Membranen bzw. Filtermodulen s.a. Kapitel 13.10. Eine detaillierte Einführung in die Grundlagen der Crossflow-Filtration geben *Strathmann* [205], *Ripperger* [206], *Starbard* [207] und *Luckert* [208].

Die Verblockung der Membranen wird auch vom Membranmaterial und der Qualität des Unfiltrates beeinflusst (nach [192]):
- Je hydrophiler das Membranmaterial, desto geringer ist die Neigung zur Deckschichtbildung bzw. zum Fouling (Biofouling) der Membranen.
- Unfiltrate, gebraut nach dem Deutschen Reinheitsgebot, ergeben erfahrungsgemäß einen deutlich geringeren spezifischen Filterdurchsatz als Biere, die unter Verwendung von mikrobiellen Enzymen hergestellt wurden.
- Nach Informationen der Fa. Alfa Laval sollten die von ihnen angebotenen Anlagen unter Berücksichtigung der von der Bierfiltrierbarkeit abhängigen Leistungsdaten ausgelegt werden (s.a. Tabelle 61).

Tabelle 61   Betriebsdaten des Systems AlfaBright^{TM} Beer Filtration in Abhängigkeit von der Bierfiltrierbarkeit, bestimmt mit der Membranfiltrierbarkeitsmethode, Probenahme nach dem Separator (nach [192])

Filtrierbarkeit	Mäßig (Vmax = 97 mL)		Gut (Vmax = 275 mL)	
Filtrationsprozess	Ursprünglich	Optimiert	Ursprünglich	Optimiert
Spezifischer Filtratdurchsatz	20 L/(m²·h)	52 L/(m²·h)	51 L/(m²·h)	65 L/(m²·h)
Dauer des Filtrationszyklus	60 min	60 min	60 min	180 min

8.4 Verfahrenstechnische Aspekte der Crossflow-Mikrofiltration von Bier

Bei der Crossflow-Filtration kommen poröse Membranen zum Einsatz. Theoretisch ist das eine Oberflächenfiltration. Praktisch bildet sich aber auf der Membranoberfläche eine Schicht von Trübstoffen aus. Das Eindringen von Trübungspartikeln in die Porenstruktur der Membran kann nicht ausgeschlossen werden. An der Abscheidung in den Poren sind adsorptive Prozesse beteiligt.

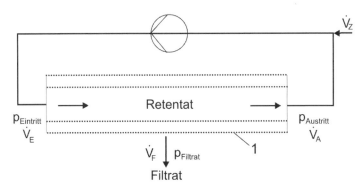

Abbildung 172 Crossflow-Mikrofiltration mit einer Hohlfasermembran (1), schematisch

In Abbildung 172 ist eine Hohlfasermembran schematisch dargestellt. Das Unfiltrat (Retentat) tritt in die Membran mit dem Druck $p_{Eintritt}$ ein, das Filtrat tritt durch die Membran hindurch und wird mit dem Druck $p_{Filtrat}$ abgeführt. Das Retentat verlässt die Hohlfasermembran mit dem Druck $p_{Austritt}$. Der abgeführte Filtratvolumenstrom wird durch neues Unfiltrat $\dot{V}_Z$ ergänzt. Es gelten folgende Beziehungen (s.a. Abbildung 172):

$$\dot{V}_E = \dot{V}_F + \dot{V}_A = \dot{V}_A + \dot{V}_Z \qquad \text{Gleichung 37}$$

$$\dot{V}_Z = \dot{V}_F \qquad \text{Gleichung 37a}$$

Der Druckverlust in der Hohlfasermembran ergibt sich zu:

$$\Delta p = p_{Eintritt} - p_{Austritt} \qquad \text{Gleichung 38}$$

Er resultiert aus den Strömungsverlusten in der Hohlfasermembran und wird sowohl von der Hohlfasergeometrie als auch von den Unfiltratparametern bestimmt:
- Innerer Durchmesser d_i der Hohlfasermembran;
- Länge l der Hohlfasermembran;
- Fließgeschwindigkeit w des Unfiltrates;
- Kinematische Viskosität des Unfiltrates (sie ist eine Funktion der Temperatur).

Die *Reynolds*-Zahl charakterisiert den Strömungszustand in der Kapillare. Dieser kann laminar oder turbulent sein und ist für den Druckverlust in der Hohlfasermembran ein wichtiges Kriterium. Der Übergang von laminarer zu turbulenter Strömung erfolgt bei einer Re-Zahl von etwa 2300.

Klärung und Stabilisierung des Bieres

Die Re-Zahl ergibt sich für eine Rohrströmung zu:

$$Re = \frac{d_i \cdot w}{\nu}$$ Gleichung 39

ν = Kinematische Viskosität in m^2/s

Der Filtratdruck $p_{Filtrat}$ muss größer als der CO_2-Partialdruck des Bieres sein (etwa ≥ 0,5 bar). Dieser ist vom CO_2-Gehalt des Bieres und seiner Temperatur abhängig.

Der Druck am Ende der Membran $p_{Austritt}$ muss größer oder gleich dem erforderlichen Filtratdruck sein. Diese Forderung begrenzt auch die mögliche Länge der verwendeten Membranen.

8.4.1 Druckverlust in einer Hohlfasermembran

Der Druckverlust wird von der Fließgeschwindigkeit, der Hohlfasermembranlänge, dem inneren Durchmesser und der Viskosität bestimmt. Gemäß Gleichung 39 sind Durchmesser, Fließgeschwindigkeit und Viskosität zur Re-Zahl verknüpft.

Der Druckverlust Δp im geraden Rohr, also auch in einer Hohlfasermembran, ergibt sich zu:

$$\Delta p = \lambda \cdot \frac{l \cdot \rho \cdot w^2}{d_i \cdot 2}$$ Gleichung 40

λ = Rohrreibungsbeiwert
l = Länge der Hohlfasermembran
ρ = Dichte des Mediums
d_i = innerer Durchmesser der Hohlfasermembran
w = Fließgeschwindigkeit in der Hohlfasermembran

Der Rohrreibungsbeiwert λ ist eine Funktion des Strömungszustandes, also der Re-Zahl. Die Hohlfasermembran kann als hydraulisch glatt angenommen werden.
Es gelten nachfolgende Beziehungen für:
- Laminare Strömung (Re < 2320):
  $\lambda = 64/Re$ Gleichung 41
- Turbulente Strömung (2320 < Re < 10^5):
  $\lambda = 0{,}3164 \cdot Re^{-0{,}25}$ Gleichung 42
- Turbulente Strömung (10^5 < Re < $5 \cdot 10^6$)
  $\lambda = 0{,}0032 + 0{,}221 \cdot Re^{-0{,}237}$ Gleichung 43

Beispielrechnungen für eine Hohlfasermembran

Eine Hohlfasermembran wird wie folgt angenommen:
  d_i = 1,5 mm = 0,0015 m
  Hohlfasermembranlänge l = 1 m
  w = 0,5...5 m/s
  Filterfläche einer Hohlfaser: $A = \pi \cdot d_i \cdot l = \pi \cdot 0{,}0015 \, m \cdot 1 \, m = 4{,}7 \cdot 10^{-3} \, m^2$
  Querschnittsfläche einer Hohlfaser: $A = \pi \cdot d_i^2 / 4 = 1{,}767 \cdot 10^{-6} \, m^2$
  Filtratvolumenstrom: 50 L/($m^2 \cdot h$)

  Filtratvolumenstrom/Hohlfaser: 50 L/($m^2 \cdot h$) $\cdot$ 4,7$\cdot 10^{-3}$ m^2 = 0,235 L/(h·Faser)
      6,53$\cdot 10^{-5}$ L/(s·Faser) = 6,53$\cdot 10^{-8}$ m^3/(s·Faser)

Retentatdurchsatz bei w = 0,5 m/s: 8,835·10⁻⁴ l/(s·Faser)
bei w = 5,0 m/s: 8,835·10⁻³ l/(s·Faser).

Für einen Filtratvolumenstrom von 50 L/(m²·h) resultieren also 6,53·10⁻⁸ m³/(s·Faser). Daraus folgt bei einer Querschnittsfläche von 1,767·10⁻⁶ m²/Faser eine durchschnittliche Filtratvolumengeschwindigkeit von 3,695·10⁻² m/s. Um diesen Betrag verringert sich die Fließgeschwindigkeit am Ende der Hohlfasermembran: Beträgt die Eintrittsgeschwindigkeit z. B. 2 m/s, verringert sich die Austrittsgeschwindigkeit auf 2 m/s - 3,695·10⁻² m/s = 1,963 m/s am Hohlfasermembranende.

Bei gleichmäßigem Filtratdurchsatz verringert sich die Geschwindigkeit linear über die Hohlfasermembranlänge.

Der Druckverlust über die Hohlfasermembranlänge verringert sich dadurch ebenfalls geringfügig. Mit Gleichung 40 ergeben sich für das Beispiel die Werte gemäß Tabelle 62.

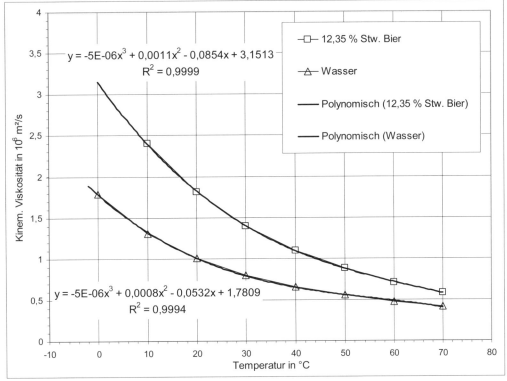

Abbildung 173 Kinematische Viskosität als Funktion der Temperatur (nach [209])

Klärung und Stabilisierung des Bieres

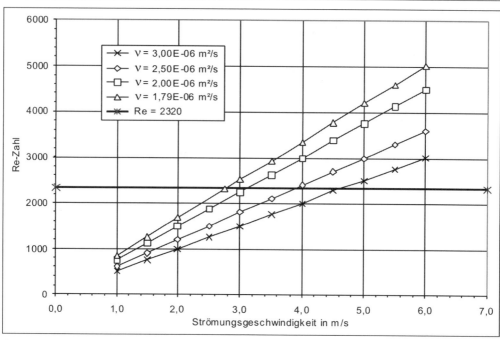

Abbildung 174 Re-Zahl als Funktion der Strömungsgeschwindigkeit in der Hohlfasermembran bei unterschiedlichen Viskositäten; Ø = 1,5 mm (ν = kinematische Viskosität)

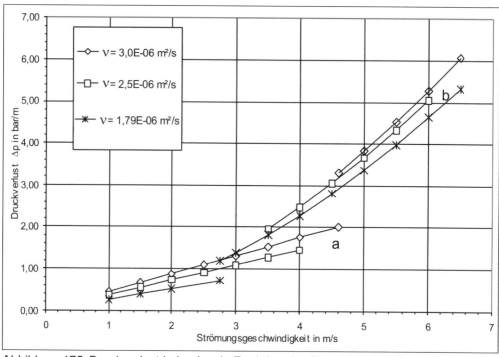

Abbildung 175 Druckverlust in bar/m als Funktion der Strömungsgeschwindigkeit, Hohlfasermembran Ø = 1,5 mm; (ν = kinematische Viskosität)
Werte für den laminaren Bereich **a** und turbulenten Bereich **b**

*Tabelle 62   Druckverlust in einer Hohlfasermembran unter Beachtung des
               Filtratvolumens im vorstehend genannten Beispiel*

Fließgeschwindig-keit am Anfang der Hohlfaser w in m/s	Fließgeschwindig-keit am Ende der Hohlfaser w in m/s	Druck am Anfang der Hohlfaser in bar	Druck am Ende der Hohlfaser in bar	Δp im Durchschnitt in bar
2,0	1,963	0,88	0,86	0,02
4,0	3,963	1,76	1,74	0,02
5,0	4,963	3,84	3,79	0,05

Die durch das Filtrat bedingte Änderung des Druckes vom Anfang zum Ende der Membran ist also gering und kann vernachlässigt werden.

8.4.2 Kinematische Viskosität des Bieres

Abbildung 173 zeigt die kinematische Viskosität eines Bieres, die aus Literaturwerten [209] für den Bereich 0 bis 10 °C interpoliert wurde (Trendlinie und zugehörige Gleichung), und von Wasser.

Die theoretisch mögliche Erhöhung der Filtrationstemperatur zur Reduzierung der kinematischen Viskosität scheidet aus Gründen der kolloidalen Stabilität aus.

Im technologisch interessanten Bereich um 0 °C steigt die kinematische Viskosität stark an (Abbildung 173). Daraus folgt, dass auch der Druckverlust beim Durchströmen der Hohlfasermembran ansteigt (Abbildung 175). Im Bereich des Umschlages von laminarer Strömung in den turbulenten Bereich ist ein starker Anstieg zu verzeichnen.

In Abbildung 176 ist die Re-Zahl für verschiedene Hohlfasermoduldurchmesser als Funktion der Fließgeschwindigkeit für Wasser dargestellt, in Abbildung 178 für Bier. Aus Abbildung 177 und Abbildung 179 ist der Druckverlust für Wasser bzw. Bier für eine Kapillarlänge von je 1 m für verschiedene Durchmesser der Kapillare ersichtlich. Dabei wurde jeweils der Druckverlust für den Ansatz bei laminarer und turbulenter Strömung berechnet (Gleichung 41 und Gleichung 42).

Es muss festgestellt werden, dass bei Bier bei einem Kapillardurchmessern von 1,5 mm eine turbulente Strömung erst bei etwa w ≥ 4,6 m/s erreicht wird und bei Ø 2 mm erst bei etwa w ≥ 3,5 m/s. Bei der 1,5-mm-Kapillare resultieren dann bereits Druckverluste von ca. Δp ≥ 2 bar/m (3,3 bar/m), bei der 2-mm-Kapillare sind es noch Δp ≥ 1,2 bar/m (2,4 bar/m); Klammerwerte für turbulente Strömung.

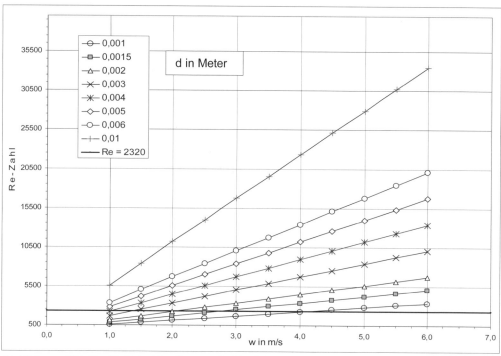

Abbildung 176 Re-Zahl in Kapillaren als Funktion vom Durchmesser (in Meter) bei Wasser und $\vartheta = 0\ °C$ ($v = 1{,}79 \cdot 10^{-6}\ m^2/s$)

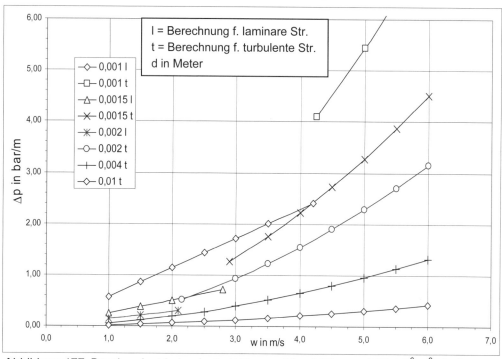

Abbildung 177 Druckverlust in bar/m bei Wasser ($\vartheta = 0\ °C$; $v = 1{,}79 \cdot 10^{-6}\ m^2/s$) als Funktion der Strömungsgeschwindigkeit, bei Hohlfasermembranen (Ø 1...10 mm)

Membranfiltration

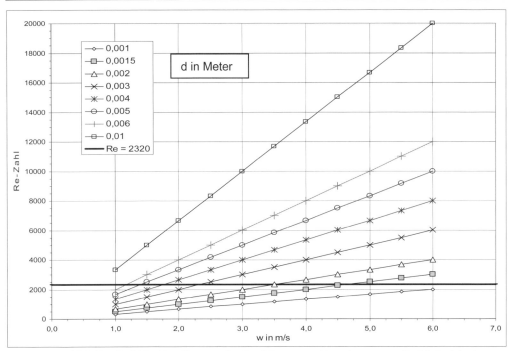

Abbildung 178 Re-Zahl in Kapillaren als Funktion vom Durchmesser (in Meter) bei Bier und $\vartheta = 0$ °C ($\nu = 3 \cdot 10^{-6}$ m²/s)

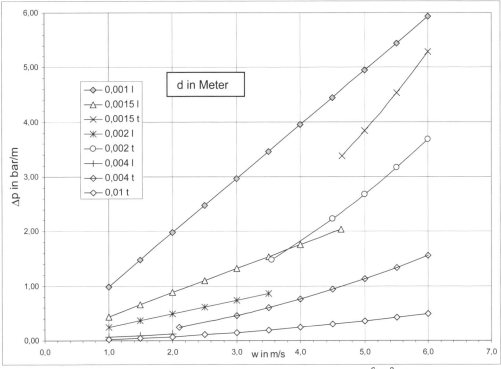

Abbildung 179 Druckverlust in bar/m bei Bier ($\vartheta = 0$ °C; $\nu = 3 \cdot 10^{-6}$ m²/s) als Funktion der Strömungsgeschwindigkeit, bei Hohlfasermembranen (Ø 1...10 mm)

8.4.3 Deckschichtbildung

Die Ausbildung von Deckschichten ist bei der CMF von Bier im Normalfall unvermeidlich. Die Dicke der Deckschicht entscheidet mit über die Geschwindigkeitsprofile in der Kapillare, bezogen auf den Kapillarendurchmesser, und über den spezifischen Permeatfluss bzw. Massenstrom durch die Membranwand sowie über den erforderlichen Anstieg des Transmembrandruckes bei konstantem Permeatfluss.

Abbildung 180 zeigt ein Modell, wie sich über Wasserstoffbrücken Bierinhaltsstoffe, in erster Linie phenolische Verbindungen, an die Polymermembran andocken können und so eine Deckschichtbildung verursachen. Über Wasserstoffbrückenbindungen können sich an diese Deckschicht weitere Biertrübstoffe, vor allem proteinische Substanzen und Kohlenhydratpolymere, anlagern und so den Foulingprozess der Crossflow-Membran beschleunigen (siehe auch Abbildung 181).

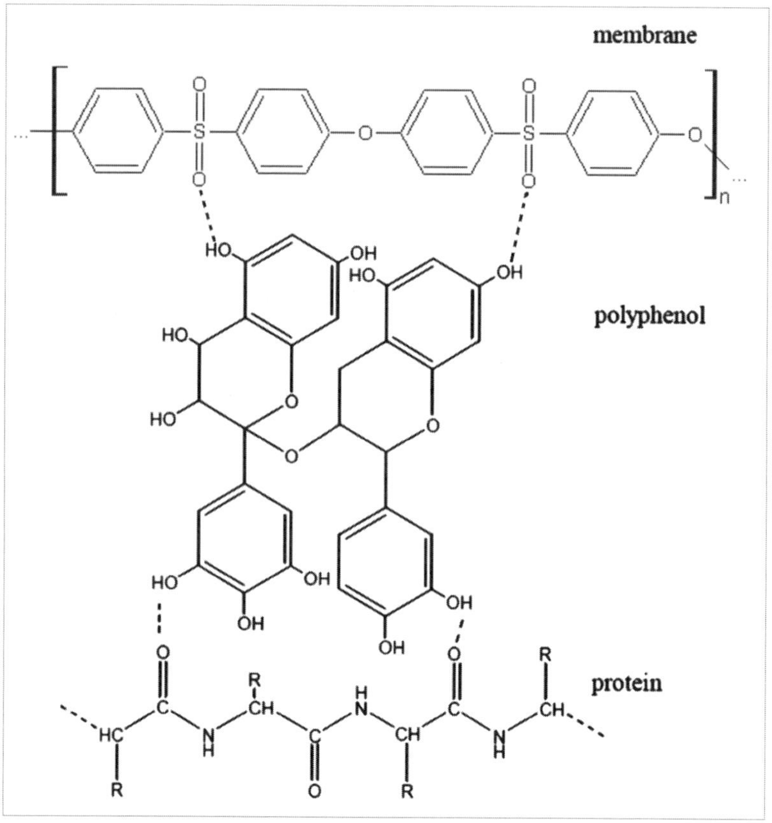

Abbildung 180 Mögliche chemische Anbindung von Bierinhaltsstoffen durch Wasserstoffbrücken an die Crossflow-Membran bei der Deckschichtausbildung (zum Teil nach [224])

Folgende Varianten sind bekannt, um die Deckschichtbildung bzw. deren Auswirkung zu reduzieren und damit das Verfahren der CMF von Bier zu optimieren:
- ❒ Die deutliche Reduzierung der Trubstoffmenge im Unfiltrat durch eine wirkungsvolle kontinuierliche Vorklärung mittels Separator. Das reduziert den Trubstoffeintrag in das Filtersystem (siehe Abbildung 158);

- Eine in definierten Zeitabständen wechselnde Fließrichtung des Retentatumpumpstromes über der Membran. Das reduziert die Deckschicht gleichmäßiger (s.a. Abbildung 168 und Abbildung 169);
- Im sog. „Backshock-Verfahren" wird in kurzen Zeitabständen auf der Filtratseite ein nur für wenige Sekunden dauernder Überdruck aufgebracht und dadurch der Deckschichtaufbau durch Rückspülung mit Filtrat beständig gestört (s.a. Abbildung 170).
  Normal wird mit einem geringen TMD von 0,1...0,2 bar und einer relativ konstanten Überströmgeschwindigkeit begonnen. Der TMD wird im Laufe der Filtration kontinuierlich angehoben und damit der Fluss über lange Zeit auf einem hohen Niveau gehalten.
- Zeitabhängige Steuerung des TMD und der Überströmgeschwindigkeit mit integrierter Rückspülung und integriertem Fließrichtungswechsel; hier sinkt durch den Druckverlust am Membranende der Druck über der Membran unter den Überdruck der Filtratflüssigkeit, so dass es zu einem definierten Rückspüleffekt an diesem Teil der Kapillarmembran kommt (s.a. Abbildung 185).
  Durch einen programmierten Fließrichtungswechsel kann jetzt der ehemalige Einlaufteil der Membran gespült werden.
- Membranrückspülung mit alkalischen, sauren, enzymatischen und/oder oxidativen Reinigungslösungen und Nachspülung im 2. Schritt mit heißem und kalten Wasser (siehe Kapitel 8.7);

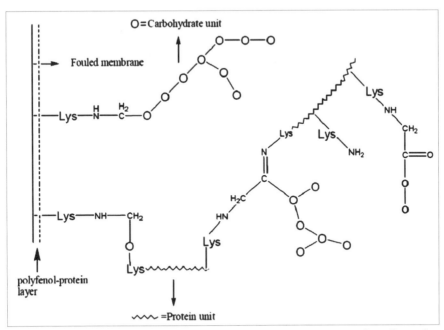

Abbildung 181 Modell eines fortschreitenden Foulingprozesses an einer Crossflow-Membran (nach [224])
Lys Aminosäure Lysin als Baustein einer proteinischen Substanz

Klärung und Stabilisierung des Bieres

8.4.3.1 Deckschichtbildung bei laminarer Strömung

Bei laminarer Strömung ist der Geschwindigkeitsverlauf parabolisch (s.a. Abbildung 182). An der Membranwand ist die Geschwindigkeit gleich Null. Die maximale Geschwindigkeit w_{max} in der Rohrachse beträgt das Doppelte der mittleren Geschwindigkeit $\overline{w}$, die sich aus dem Volumenstrom und der Querschnittsfläche ergibt. Für die Geschwindigkeit w in Wandnähe gilt:

$$\frac{w}{w_{max}} = 1 - \left(\frac{r}{R}\right)^2 \qquad \text{Gleichung 44}$$

w = Geschwindigkeit als Funktion von r/R
w_{max} = maximale Geschwindigkeit in der Hohlfaserachse
R = Radius der Hohlfasermembran
r = aktueller Radius (0 ≤ r ≤ R)

Mit Gleichung 44 folgen beispielsweise die Werte für w in Wandnähe gemäß Tabelle 63.

Tabelle 63   Geschwindigkeit bei laminarer Strömung in einer Hohlfasermembran. d = 1,5 mm → R = 0,75 mm gemäß Gleichung 44 in Abhängigkeit vom Abstand von der Hohlfasermembranwand

r	$\overline{w}$ = 4,6 m/s w_{max} = 9,2 m/s	$\overline{w}$ = 2 m/s w_{max} = 4 m/s
	w	w
0,7000	1,190	0,510
0,7200	0,720	0,314
0,7300	0,480	0,210
0,7400	0,244	0,106
0,7450	0,122	0,053
0,7470	0,073	0,032
0,7480	0,049	0,021
0,7490	0,024	0,011
0,7495	0,012	0,0053
0,7497	0,0074	0,0032
0,7498	0,0049	0,0021
0,7499	0,0024	0,0011
0,74995	0,00123	0,0005
0,7500	0,000	0,000

Der mechanische Effekt eines eventuellen Deckschichtabtrages ist also sehr gering. Gleiches gilt auch für die Schubspannungen.

Die Dicke der Deckschicht wird von *Gans* [217] mit 0,1 bis 0,5 μm angegeben.

Membranfiltration

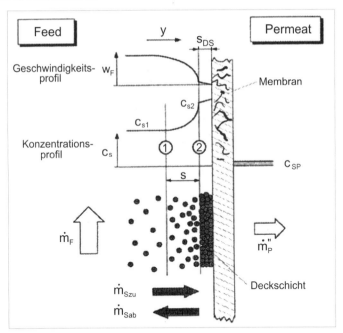

Abbildung 182 Schematische Darstellung der Geschwindigkeitsprofile (w_F) und der Konzentrationsprofile(c_S) sowie der Massenströme ($\dot{m}$) an den Grenzflächen der Membranen mit einer Deckschicht; s Bereich der Deckschichtbildung s_{DS} Dicke der DS (nach [210])

8.4.3.2 Deckschichtbildung bei turbulenter Strömung

Bei turbulenter Strömung bildet sich eine Grenzschicht aus, in der es zur Deckschicht kommt bzw. kommen kann. Innerhalb der relativ dünnen Grenzschicht ist die Geschwindigkeitsverteilung parabolisch wie bei der laminaren Strömung: auf der Membranoberfläche also wieder Null. Oberhalb dieser Grenzschicht ist eine Ablagerung ebenfalls möglich.

Die Grenzschichtdicke δ_i lässt sich nach verschiedenen Gleichungen abschätzen, zum Beispiel nach *Prandtl*:

$$\delta_i = \frac{62{,}7 \cdot d}{Re^{0{,}875}} \qquad \text{Gleichung 45}$$

d = Durchmesser der Hohlfasermembran in Meter
δ_i = Grenzschichtdicke in Meter

In Abbildung 183 ist die Grenzschichtdicke als Funktion der *Re*-Zahl und des Durchmessers einer Hohlfasermembran dargestellt. Der für die CMF wichtige Bereich liegt bei Re ≤ 4000 bei Hohlfaser-Innendurchmessern von $d_i \approx 1{,}5$ mm.

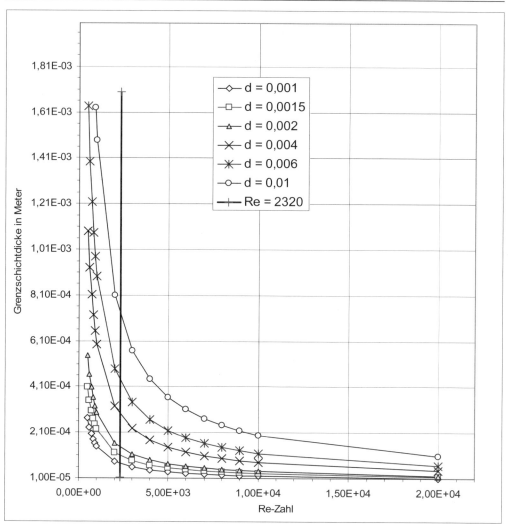

Abbildung 183 Grenzschichtdicke als Funktion der Re-Zahl gemäß Gleichung 45 ($d_{Membran}$ in Meter).

8.4.4 Transmembrandruck

Bei CO_2-haltigen Getränken muss der Auslaufdruck immer größer sein als der CO_2-Partialdruck, um Gasverlust zu vermeiden. Abbildung 184 zeigt den schematischen Membrandruckverlauf über die Modullänge: Die Einlaufdruckdifferenz Δp_1 = 1,1 bar wird auf Δp_2 = 0 bar am Membranende abgebaut.

Im Beispiel von Abbildung 185 ist der Membrandruckverlauf durch Belagbildung bis auf -0,2 bar gesunken. Das bedeutet, dass in diesem Bereich bereits eine Rückspülung stattfindet. Die Membran wird also für die Klärung nur noch zum Teil genutzt. Die für den Filtratdurchtritt durch die Membran benötigte Druckdifferenz, der *Transmembrandruck* (TMD), steigt durch die Belagbildung während einer Filtration stetig an. Der TMD steigt zu Beginn einer Filtration von etwa 0,3 bar bis auf etwa 1,2...1,4 bar an. Der maximal mögliche TMD ist auch von der Bauform der Membran abhängig. Er kann z. B. bei den Modulen von Alfa Laval bis auf 2 bar ansteigen [203].

Durch Rückspülung zur Entfernung der Belagschicht kann der TMD wieder erniedrigt werden. Allerdings wird der Ausgangswert nicht wieder erreicht. Nach mehreren Rückspülungen muss deshalb dann eine CIP-Reinigung stattfinden, um den Ausgangswert wieder zu erreichen.

Auch die intervallmäßige Umkehr der Fließrichtung des Retentates kann den Anstieg des TMD verlangsamen [203].

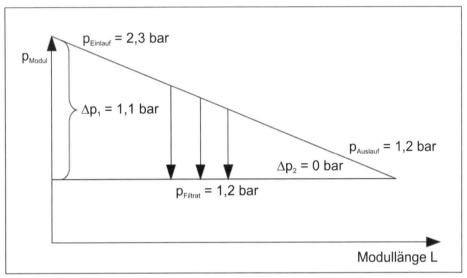

Abbildung 184 Verlauf des Membrandruckes als Funktion der Modullänge, schematisch (nach [211])

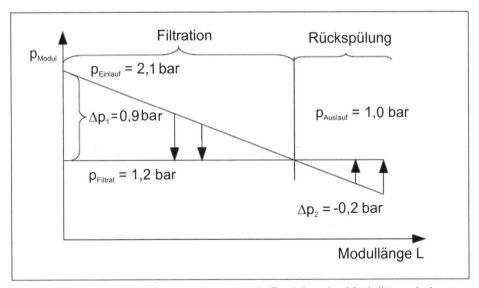

Abbildung 185 Verlauf des Membrandruckes als Funktion der Modullänge bei reduziertem Einlaufdruck (nach [211])

Vielfach wird zur Beschreibung der CMF der mittlere Transmembrandruck angegeben, der aus dem Einlauf- und dem Auslaufdruck des Retentates sowie aus dem Flüssigkeitsdruck des Permeates wie folgt berechnet wird:

$$TMD = \frac{(p_{Einlauf} - p_{Auslauf})}{2} - p_{Filtrat} \qquad \text{Gleichung 46}$$

TMD = mittlerer Transmembrandruck
$p_{Einlauf}$ = Druck am Filtereinlauf
$p_{Auslauf}$ = Druck am Filterauslauf
$p_{Filtrat}$ = Druck des Permeates auf der Filtratseite

Bei Membranwerkstoff bedingter Begrenzung des zulässigen TMD wird auch die mögliche Modullänge begrenzt.

8.4.5 Pinch-Effekt

Es wurde beobachtet, dass sich in einer Strömung umströmte Partikel wieder aus der Wandnähe/Deckschicht in Richtung der Strömungsmitte bewegen. Von *Segré* und *Silberberg* (ref. d. [206]) wurde für diese radiale Geschwindigkeitskomponente v_P eines suspendierten Partikels die folgende Beziehung gefunden:

$$v_P = 0,17 \cdot w \cdot Re \left(\frac{d_P}{d_T}\right)^{2,84} \cdot \frac{2r}{d_T} \cdot \left(1 - \frac{r}{r^*}\right) \qquad \text{Gleichung 47}$$

v_P = radiale Geschwindigkeitskomponente
w = mittlere axiale Strömungsgeschwindigkeit
Re = *Reynolds*-Zahl der Rohrströmung
d_P = Partikeldurchmesser
d_T = Rohr-/Kapillardurchmesser
r = Koordinate in radialer Richtung
r* = Gleichgewichtsradius, bei dem die radiale Geschwindigkeitskomponente v_P = 0 ist, und bei dem sich die Partikel bevorzugt ansammeln.
Für die Crossflow-Filtration ist die Geschwindigkeit an der Rohr-/Kapillarwand (r = d_T/2) entscheidend.

Es wurde gefunden, dass bei laminarer Strömung der Pinch-Effekt für Partikel ≥ 5 µm von Bedeutung ist. Partikel mit d_P < 5 µm werden nur teilweise in die Kernströmung zurückgeführt und lagern sich auf der Membranoberfläche ab, d.h., die Crossflow-Bierfiltration kann bei einem weitgehend hefefreien Unfiltrat vom Pinch-Effekt nicht profitieren, da die Hefezellen kaum Einfluss auf die Deckschichtbildung haben.

8.4.6 Allgemeine Wirkungen und Zusammenhänge bei der CMF

Eine Erhöhung des Transmembrandruckes bei gleicher Unfiltratqualität bewirkt:
 ❏ eine Erhöhung des Flusses, besonders in der Anfangsphase,
 ❏ aber eine schnellere und stärkere Verblockung der Membran und

- eine kürzere Filtrationszeit bis zur Regenerierung, d.h., ein höherer Regenerierungsaufwand kann erforderlich sein.
- Eine Erhöhung des spezifischen Filtratvolumens ist sehr stark von der Filtrierbarkeit des Bieres abhängig.

Eine Erhöhung der Fließgeschwindigkeit (von z. B. 1...1,5 m/s auf 2...4 m/s):
- bewirkt ein intensiveres Abspülen der Deckschicht auf der Membran,
- erhöht den Filtratfluss,
- benötigt im Normalfall weniger Filterfläche,
- beschleunigt aber den Anstieg des Transmembrandruckes.
- Die Reinigungsintervalle müssen in kürzeren Abständen erfolgen.
- Durch die stärkere Erwärmung des Bieres wird eine Kühlung des Retentatkreislaufes erforderlich.
- Der spezifische Elektroenergieaufwand steigt in Abhängigkeit von der mittleren Fließgeschwindigkeit mit der 3. Potenz.

Eine wirkungsvolle Vorklärung des Unfiltrates vor der CMF mit Hilfe von Hochleistungszentrifugen:
- Reduziert den Trubanfall in der CMF-Anlage, den Anstieg des TMD und die Dicke der Grenzschichtbildung pro Zeiteinheit;
- Erfordert keine Teilrückführung des Retentates in den Unfiltratpuffertank und bewirkt damit keine ständige Trubanreicherung im Unfiltrattank;
- Ermöglicht die Anreicherung des Gärtrubes nur in der CMF-Anlage selbst und kann am Ende des Filtrationszyklus über eine Restfiltration aus der Anlage entfernt werden;
- Ermöglicht längere Filtrationszyklen und niedrigere Bierverluste bei der Entsorgung des trubreichen Restretentates;
- Erfordert einen niedrigeren Umpumpvolumenstrom und benötigt im Normalfall keine Zusatzkühlung des Retentates.
- Die Dosage eines Stabilisierungsmittels vor der Crossflow-Filtration ist sehr einfach möglich, ebenfalls dessen Entfernung mittels Separators.

Weitere Auswirkungen ergeben sich aus der Dimensionierung der CMF-Anlage (s.u.).

8.5 Verfahrensablauf der Crossflow-Filtration

Das Filtersystem wird mit entgastem Wasser gefüllt und/oder mit CO_2 gespült. Anschließend wird mit Unfiltrat gefüllt und die Crossflow-Filtration begonnen. Das Unfiltrat/Retentat wird mit einer Umwälzpumpe im Kreislauf gefördert und kann vor dem erneuten Eintritt in die Module gekühlt werden.

Das durch die Membran hindurch getretene Bier, das Filtrat, wird in einem Drucktank gesammelt.

Bei Systemen ohne Separatoreinsatz wird ein Teil des Retentates in einem Puffertank gesammelt, bei Systemen mit Separatorvorklärung ist das nicht erforderlich.

Am Ende der Filtration werden die Filtermodule mit CO_2 leer gedrückt. Die vollständige Entleerung kann erleichtert werden, wenn - wie bei *Pall* - das letzte Modul tiefer gesetzt wird.

Transmembrandruck

Während der Filtration wird die freie Durchgangsfläche der Filtermembran durch Trübstoffe belegt. Die Folge davon ist, dass sich der Transmembrandruck (TMD) ständig erhöht. Sobald der Grenzwert des Transmembrandruckes erreicht ist, muss die Filtration entweder abgebrochen werden oder es wird eine Rückspülung („backflush") entgegen der Filtrationsrichtung versucht, um die Trübstoffbelegung der Membran zu entfernen.

Nach dem Abbruch der Filtration und Entleerung des Moduls wird eine Membranreinigung (s.a. Kapitel 8.7) durchgeführt. Danach ist die Membran für den folgenden Filtrationszyklus wieder einsetzbar.

Wird mit Rückspülungen gearbeitet, wird mit Filtrat entgegen der Filtrationsrichtung gespült, um die Membranbelegung zu entfernen. Im Allgemeinen werden die Trübstoffschicht bzw. die belegten Membranporen nicht vollständig frei gespült. Die Spülung folgt dem Weg des geringsten Widerstandes: sobald ein Teil wieder freigespült ist, sinkt der verfügbare Druck an der Membran, so dass ein Teil der Fläche nicht oder nur zum Teil rückgespült wird. Als Folge davon steigt die Transmembrandruckdifferenz trotz der Rückspülung während eines Filterzyklus ständig an. Ist der Grenzwert erreicht, muss ein CIP-Prozess folgen.

Prinzipiell kann die Rückspülung nach Entleerung des Produktes auch mit Wasser erfolgen. Dieses Prinzip wendet zurzeit Norit® an. Das Produkt aus einem Skid wird mit CO_2 verdrängt. Danach wird mit schwach alkalischem Wasser rückgespült. Nach einer Frischwasserspülung wird mit CO_2 leer gedrückt und die Filtration wird fortgesetzt. Ein Rückspülzyklus wird mit etwa 15 min kalkuliert. Bei mehreren Skids werden diese zeitversetzt rückgespült, so dass sich eine quasikontinuierliche Filtration ergibt. Nach etwa 10 Rückspülungen wird das Skid einer Reinigung unterworfen.

Beachtet werden muss, dass die Rückspülzeit Teil der Filtrationszeit ist, d.h., die Filtratmenge je Zeiteinheit wird geringer.

Zum möglichen TMD und seiner Beeinflussung s.a. Kapitel 8.4.

Membrankontrolle

Die Membranen werden nach jeder Reinigung auf eventuelle Defekte geprüft (s.a. Kapitel 9.4.4). Beim Profi®-Verfahren werden die Membranen automatisch geprüft. Die Prüfbarkeit wird durch Aufteilung der Membranmodule in sogenannte Cluster verbessert. Dadurch lässt sich auch die Verfügbarkeit der Module steigern, da eventuell defekte Module stillgelegt werden, während die verbleibenden intakten Module in einem Membranblock weiter filtrieren können.

Die laufende Kontrolle der Membranintegrität während der Filtration lässt sich durch Installation von Sensoren für die Onlinemessung erreichen (s.a. Kapitel 17.7.7).

Verfahrensdaten

In Tabelle 64 sind einige wichtige Verfahrensparameter für Crossflow-Filtrationsanlagen zusammengestellt.

Tabelle 64 Verfahrensparameter bei Crossflow-Anlagen (nach [187], [188], [190])

	Pall	Norit
Spezifischer Filtratdurchsatz	50...70 L/(m^2·h)	≤ 80 L/(m^2·h) [212]
Spezifische Filtratmenge je Filtercharge	3...≤ 16 hL/m^2	10...25 hL/m^2 *) [212]
Transmembrandruckdifferenz	≤ 1,8...2 bar	≤ 1,2 bar
Elektroenergie	0,2...0,7 kWh/hL	0,28...0,35 kWh/hL
Wärme	0,25 kWh/hL (0,9 MJ/hL)	0,28 kWh/hL (1,0 MJ/hL)
Prozesswasser	< 1 L/hL	0,31 hL/hL
Entgastes Wasser		0,12 hL/hL
Heißwasser		0,02 hL/hL
Abwasser	< 1 L/hL (weniger als bei einer Kieselgurfiltration)	0,44 hL/hL
CO_2	< 0,02 kg/hL	0,03 kg/hL
Bierverlust	0,02 % (Basis Extrakt)	1 %
Membrankosten	0,07...0,20 €/hL (2006)	0,2...0,35 €/hL Gesamtkosten einschließlich Kapitalkosten [212]
Gesamtkosten	0,19...0,44 €/hL (2006)	

s.a. Angaben in Tabelle 61
*) High-Gravity-Bier, in Abhängigkeit von der Rohfrucht und Enzymeinsatz

Stabilisierung des Bieres
Die Stabilisierung des Bieres kann - in Abhängigkeit vom gewählten Verfahren - vor und nach der Crossflow-Filtration erfolgen. Hierzu s.a. Kapitel 8.8 und 15.

High-gravity-Verfahren
Die Rückverdünnung und Carbonisierung des Bieres erfolgen in der Regel nach der Membranfiltration (s.a. Kapitel 16). Bei dem Norit-Verfahren wird die Verdünnung des Bieres vor dem Filter und im Filter beim Leerfahren realisiert.

Minimierung des Sauerstoffeintrages bei der Membranfiltration
Hierzu wird auf Kapitel 6 und 7.4.8 verwiesen. Die in diesem Kapitel gegebenen Hinweise gelten auch für die Membranfiltrationsverfahren.

8.6 Grundlagen der CMF

Während die Literatur zur Membranfiltration relativ umfangreich ist [206], [213], [214], [215], sind zur Crossflow-Membranfiltration in der Brauindustrie aber nur wenige Abhandlungen erschienen, beispielsweise [216], [217] sowie einige Aufsätze in den Fachzeitschriften.

Neben den im Kapitel 8.4 bereits behandelten Aspekten wird noch auf folgende Zusammenhänge verwiesen:

Wandschubspannung

Die Wandschubspannung τ_w errechnet sich wie folgt aus Gleichung 48 bis Gleichung 51 (nach [217] und [218]):

$$\Delta p = \lambda \frac{w^2 \cdot \rho \cdot L}{2 \cdot d_i} \qquad \text{Gleichung 48}$$

$$\tau = \left(\frac{\Delta p \cdot R}{2 \cdot L}\right) \qquad \text{Gleichung 49}$$

$$\lambda = 64/Re \qquad \text{Gleichung 50}$$

$$Re = \frac{w \cdot d_i \cdot \rho}{\eta} \qquad \text{Gleichung 51}$$

Δp = Druckverlust
w = Geschwindigkeit
d_i = Durchmesser des Rohrs/der Kapillare
L = tatsächliche Länge der Kapillare
ρ = Dichte
λ = Widerstandsbeiwert
η = Dynamische Viskosität

- bei laminarer Strömung in einem Rohr:

$$\tau_w = \frac{8 \cdot \eta \cdot w}{d} \qquad \text{Gleichung 52}$$

- bei turbulenter Strömung in einem Rohr:

$$\tau_w = 0{,}03955 \cdot \rho \cdot \left(\frac{v \cdot w^7}{d_i}\right)^{0{,}25} \qquad \text{Gleichung 53}$$

τ_w = Wandschubspannung in Pa
η = Dynamische Viskosität in Pa·s = $v \cdot \rho$
ρ = Dichte in kg/m^3
v = Kinematische Viskosität in m^2/s
w = Geschwindigkeit in m/s
d_i = Durchmesser des Rohrs/der Kapillare in m

Eine geringe Wandschubspannung ist gleichbedeutend mit geringen Kräften in Wandnähe zur Entfernung von Ablagerungen.

Einlauflänge der Strömung

Beim Einlauf einer Flüssigkeit in ein Rohr gibt es eine Einschnürung der Strömung mit Wirbelbildung, weil die Kapillare wie ein Verengung auf die Strömung wirkt. Daraus resultiert ein Druckabfall (Stoßverlust am Einlauf). Erst nach der sogenannten Einlauflänge bildet sich die Strömung im Rohr wieder „normal" aus.

Nach [218] ergeben sich für die Einlauflänge L folgende Beziehungen (innerhalb der Einlauflänge bildet sich das Strömungsprofil wieder aus):

- bei laminarer Strömung:
  $L/d_i = 0{,}0575 \cdot Re$ Gleichung 54

- bei turbulenter Strömung:
  $L/d_i = 50$
  d_i = Innendurchmesser der Kapillare

Für eine Hohlfasermembran (d_i = 1,5 mm) ergeben sich die Werte für Bier bei 0 °C (Tabelle 65, s.a. Abbildung 174).

Tabelle 65   Einlauflänge in Hohlfasermembranen als Funktion der Re-Zahl

Fließgeschwindigkeit in m/s	Re-Zahl	Einlauflänge L	Druckverlust in der Einlaufstrecke [1])
1	469	0,04 m	2 Pa
2	937	0,08 m	8 Pa
3	1406	0,12 m	18 Pa
4	1875	0,16 m	33 Pa
4,95	2320	0,20 m	50 Pa
5	2344	0,075 m	25 Pa
6	2812	0,075 m	42 Pa
7	3281	0,075 m	50 Pa

[1]) berechnet nach [218], S. 58/59 mit der Gleichung für den Druckverlust und den angegebenen Faktoren.

Bei den üblichen Fließgeschwindigkeiten in den Hohlfasermembranen kann die Einlauflänge und der daraus resultierende Druckverlust im Prinzip vernachlässigt werden. Die Hohlfasermembranen werden in diesem Bereich eingespannt und zum Modul vergossen (s.a. Abbildung 299 und Abbildung 300 im Kapitel 13.10), so dass dieser Bereich nur zum geringen Anteil an der Crossflow-Filtration beteiligt ist.

Stoßverluste am Ein- und Auslauf der Hohlfasermembrane

Die Stoßverluste am Einlauf ergeben sich zu:

$$\Delta p_V = \frac{\rho}{2} w_2^2 \left(\frac{1}{\mu} - 1\right)^2$$ Gleichung 55

w_2 die Geschwindigkeit in der Hohlfaser
$\mu = A_1/A_2$

Klärung und Stabilisierung des Bieres

A_1 = Fläche vor der Hohlfaser
A_2 = Fläche in der Hohlfaser

Der Stoßverlust am Auslauf errechnet sich allgemein zu:

$$\Delta p_V = \frac{\rho}{2}(w_2 - w_3)^2 \qquad \text{Gleichung 56}$$

w_2 = Geschwindigkeit in der Hohlfaser
w_3 = Geschwindigkeit nach dem Auslauf
ρ = Dichte des Bieres

Die Gleichung 56 lässt sich umformen zu:

$$\Delta p_V = \left(1 - \frac{w_3}{w_2}\right)^2 \frac{\rho}{2} w_2^2 = \left(1 - \frac{A_2}{A_3}\right)^2 \frac{\rho}{2} w_2^2 \qquad \text{Gleichung 57}$$

A_3 = Fläche nach der Hohlfaser

Die Fläche A_1 bzw. A_3 und A_2 unterscheiden sich bei der dichten Packung der Hohlfasern in einem Modul im Wesentlichen durch die Wanddicke der Hohlfasern. Im Beispiel sind das mit d_A = 2,5 mm und d_I = 1,5 mm für $A_1 = A_3$ = 4,91 mm² und A_2 = 1,77 mm².

Im Beispiel werden mit diesen Werten die Ausdrücke $\left(\frac{1}{\mu} - 1\right)^2 = \left(1 - \frac{A_2}{A_3}\right)^2 = 0{,}4$

Filtratvolumenstrom durch Crossflow-Membranen
Für die Abschätzung des Filtratstromes gibt es in der Literatur verschiedene Ansätze. Beispielsweise werden von *Ripperger* angegeben: Ein Diffusionsmodell, ein Pinch-Modell, Ablagerungsmodelle und Deckschichtmodelle [206]. Von Melin et al. [214] wird vor allem ein Porenmodell neben einem Lösungs-Diffusions-Modell für porenfreie Membranen angegeben. Das Porenmodell ist vor allem für die Ultra- und Mikrofiltration geeignet.

Die Membranstruktur wird durch die Porosität ε, die volumenbezogene spezifische Oberfläche $S_{(V)}$ und den Umwegfaktor τ gekennzeichnet (nach [214]):

$$\varepsilon = \frac{V_{Poren}}{V_{Gesamt}} \qquad \text{Gleichung 58}$$

$$S_{(V)} = \frac{A_{Poren}}{V_{Gesamt}(1-\varepsilon)} \qquad \text{Gleichung 59}$$

$$\tau = L/d \qquad \text{Gleichung 60}$$

ε = Porosität
V_{Gesamt} = Gesamtvolumen der Membrane in m³
V_{Poren} = Volumen der Poren in m³
A_{Poren} = Fläche der Poren in m²
$S_{(V)}$ = Volumenbezogene spezif. Oberfläche in m²/m³
L = tatsächliche Länge der Kapillaren in m
d = Dicke der Membrane in m
τ = Umwegfaktor (er hat häufig Werte von 2…2,5)

Eine laminare Strömung in einer Kapillare folgt dem *Hagen-Poiseuille*schen Gesetz:

$$w_{Kapillare} = \frac{d_h^2}{32 \cdot \eta} \cdot \frac{\Delta p}{L} = \frac{d_h^2 \cdot \Delta p}{32 \cdot \eta \cdot \tau \cdot d} \qquad \text{Gleichung 61}$$

$w_{Kapillare}$ = Geschwindigkeit in der Kapillare in m/s
Δp = Druckdifferenz in Pa
d_h = hydraulischer Durchmesser in m
η = dynamische Viskosität in Pa·s

Der hydraulische Durchmesser ergibt sich zu:

$$d_h = \frac{4\,\varepsilon}{S_{(V)}(1-\varepsilon)} \qquad \text{Gleichung 62}$$

Weiterhin gilt:

$$w_{Kapillare} = \frac{w_{Permeat}}{\varepsilon} = \frac{\dot{m}''_{Permeat}}{\rho_{Permeat} \cdot \varepsilon} \qquad \text{Gleichung 63}$$

$w_{Kapillare}$ = Geschwindigkeit in der Kapillare in m/s
$w_{Permeat}$ = Permeatgeschwindigkeit in m/s
$\rho_{Permeat}$ = Dichte des Permeats in kg/m^3
$\dot{m}''_{Permeat}$ = Flächenspezifischer Massenstrom des Permeats (Fluss) in kg/(m^2·s)

Durch Kombination von Gleichung 61 bis Gleichung 63 ergibt sich die Permeatgeschwindigkeit zu:

$$w_{Permeat} = \frac{\dot{m}''_{Permeat}}{\rho_{Permeat}} = K_{Carman-Kozeny} \cdot \Delta p \qquad \text{Gleichung 64}$$

Die *Carman-Kozeny*-Konstante wird bestimmt zu:

$$K_{Carman-Kozeny} = \frac{\varepsilon^3}{\eta \cdot (1-\varepsilon)^2 \cdot S_{(V)}^2 \cdot 2 \cdot \tau \cdot d} \qquad \text{Gleichung 65}$$

η = dynamische Viskosität in Pa·s

Der Permeatvolumenstrom ergibt sich damit zu:

$$\dot{V}_{Permeat} = w_{Permeat} \cdot A_{Membrane} \qquad \text{Gleichung 66}$$

bzw.

$$\dot{V}_{Permeat} = w_{Kapillare} \cdot A_{Poren}$$

A_{Poren} = Gesamtfläche der Poren
$A_{Membrane}$ = wirksame Filterfläche
$w_{Permeat}$ = Permeatgeschwindigkeit
$w_{Kapillare}$ = durchschnittliche Filtratgeschwindigkeit in den Poren

Statt des Permeatvolumenstromes der Anlage wird zu Vergleichszwecken oft auch mit dem spezifischen Volumenstrom gerechnet.

In der Fachliteratur zur Membranfiltration wird statt des spezifischen Volumenstromes (z. B. in $m^3/(m^2 \cdot h)$) oft mit dem spezifischen Massenstrom J gerechnet (z. B. in $kg/(m^2 \cdot h)$ oder in $mol/(cm^2 \cdot s)$).

8.7 Membranreinigung

In regelmäßigen Abständen müssen die Crossflow-Membranen gereinigt werden, um die Filterrückstände (Deckschicht) auf der Membranoberfläche zu entfernen und die Verblockungen in den Membrankanälen zu beseitigen. Der Zeitpunkt wird in der Regel nach der erreichten Transmembrandruckdifferenz festgelegt. Ziel ist die möglichst vollständige Entfernung aller Ablagerungen.

Eine vollständige Entfernung aller Ablagerungen und Verblockungen ist nicht möglich. Die Hersteller nennen zurzeit etwa 400...500 Reinigungszyklen der Membranen bis zu deren Erneuerung (Norit) und bis 1000 Zyklen (Pall).

8.7.1 Rückspülungen

Von einigen Herstellern vom CMF-Anlagen werden regelmäßige Rückspülungen („backflush") empfohlen bzw. praktiziert. Dazu wird die Filtration unterbrochen und das Produkt mit Inertgas (CO_2) verdrängt. Danach wird entgegen der Fließrichtung mit Wasser gespült (ca. 20 °C). Teilweise wird auch verdünnte Natronlauge (0,5...0,6 %ig) benutzt. Nach der Freispülung mit Wasser wird die Spülflüssigkeit mit CO_2 verdrängt und die CF-Filtration wird fortgesetzt. Ein Rückspülzyklus dauert etwa 15...20 min.

In der Vergangenheit musste nach etwa 6 Rückspülungen eine CIP-Reinigung erfolgen, bei neueren Hohlfasermodulen können ≥ 12...15 (20) Rückspülungen dank der Membran- und CIP-Verbesserungen erfolgen, ehe eine CIP-Reinigung erforderlich wird.

Hinweise auf die Effekte der Rückspülung und ihre Beeinflussung gibt die Fachliteratur, z. B. [219].

Membranfiltration

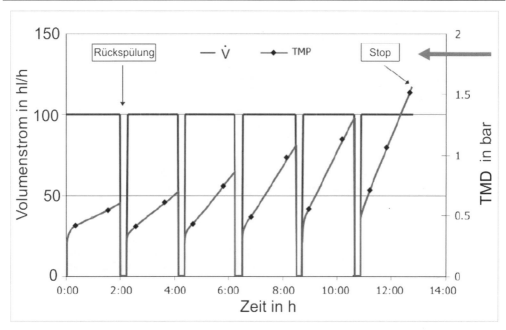

Abbildung 186 Filtrationsverlauf mit Hohlfasermembranen, schemat. (nach Norit / NL)

Durch Rückspülungen wird der Transmembrandruck (TMD) reduziert. Nach einer Rückspülung wird der Ausgangswert des TMD jedoch nicht wieder erreicht. Der Anstieg des TMD wird nach jeder Rückspülung immer steiler (s.a. Abbildung 186). Bei etwa 1,2 ($\leq$ 1,6) bar muss die Filtration dann abgebrochen und die Membran durch einen CIP-Prozess gereinigt werden.

8.7.2 Membran-CIP-Reinigung

Die CIP-Reinigung muss erfolgen, wenn sich durch Rückspülung der Membranen der TMD nicht mehr genügend reduzieren lässt (s.o.).
Für den CIP-Prozess werden verschiedene Varianten praktiziert, beispielsweise:
- Alkalisch/sauer;
- Enzymatisch/alkalisch, oxidativ/sauer;
- Alkalisch oxidativ/sauer;
- Alkalisch oxidativ/sauer/(chlorhaltig).

Die jeweilige „richtige" Reinigung ist sicherlich abhängig von der eingesetzten Membrane bzw. dem Membranwerkstoff sowie der Filtrierbarkeit des jeweiligen Bieres. Sie sollte entsprechend den Empfehlungen und Erfahrungen der Membranhersteller erfolgen.

Tabelle 66   CIP-Prozess für die Reinigung von Crossflow-Membranen (nach [221])

Schritt	Medium	Zeitdauer in Minuten
Vorspülen	Wasser ≤ 40 °C	5…10
Lauge	Natronlauge (ca. 75 °C, 2%ig)	20…30
Oxidative Spülung *)	H_2O_2 (75 °C, 1,5%ig)	20…30
Heißwasser	Spülung (75 °C)	5
Kaltwasser	Spülung	5
Gesamt		≤ 75
Integritätstest		

*) Eine oxidative Spülung mit Wasserstoffperoxid ist eine wirkungsvolle Maßnahme, setzt aber beständige Membranen voraus. Sie ist eine Alternative zur chloralkalischen Reinigung mit Natriumhypochlorit.

Tabelle 67   CIP-Prozess für die Reinigung von Crossflow-Membranen (nach [220])

Schritt	Medium	Zeitdauer in Minuten
Vorspülen	Wasser ca. 15 °C	15…20
Lauge	Natronlauge (40…75 °C, ≤ 1%ig) pH-Wert 12…13	30
Spülung	Wasser 50…60 °C	5…10
Saure Reinigung	HNO_3 / H_3PO_4 (40…60 °C, 0,3…0,5%ig; pH-Wert ≈ 2)	20
Heißwasser	Spülung (75 °C)	5
Kaltwasser	Spülung	5
Gesamt		≥ 80…90
Integritätstest		

Die Membranreinigung erfolgt als CIP-Prozess. Beispiele zeigen Tabelle 66 und Tabelle 67. Die Fließrichtung bei der CIP-Reinigung kann in Filtrationsrichtung erfolgen, aber auch entgegengesetzt (nach den Empfehlungen des Anlagenherstellers).

Die Zugabe des Membranreinigeradditivs (z. B. RIMACIP®-OXI [221]) erfolgt beim Laugekreislauf in den Vorlauf in die heiße Lauge. Damit wird erreicht, dass die Sauerstoffabspaltung im zu reinigenden Objekt erfolgt und nicht bereits im Laugetank.

Wichtig ist eine Temperatur, die ≥ 60 °C sein sollte (optimal etwa ≤ 75 °C). Die Konzentration der Lauge sollte im Bereich 1…1,5 % liegen. Der pH-Wert sollte ≤ 13 sein.

Da das Wasserstoffperoxid abgebaut wird, muss es bei jeder Reinigung neu dosiert werden.

Der Reinigungslauge werden außerdem Additive (z. B. Tenside, Ethylendiamintetraessigsäure) und spezielle Membranreiniger zugesetzt. Beispiele sind die Produkte:
- *Sopura* Synflux® (enthält als Oxidationsmittel ein Chlorprodukt);
- *Sopura* Real® (enthält als Oxidationsmittel ein Persulfat, Neuentwicklung der Fa. *Norit* [224]);
- JohnsonDiversey Divos EF;
- P3-ultrasil CMF der Fa. Ecolab (Zusammensetzung, Anwendungs- und Sicherheitsrichtlinien z. B. für das PROFI®-System siehe [222] und [223])

Membranfiltration

Der Ersatz von Chlorprodukten und auch H_2O_2 als Oxidationsmittel durch Persulfat fördert nach *Schuurman* [224] eine effektive Reinigung (Es ist gut abspülbar, zersetzt die Bierbestandteile, reduziert den Wasserverbrauch), steigert den Durchsatz der Crossflow-Membranen und senkt die Betriebskosten in Abhängigkeit von der Bierfiltrierbarkeit (siehe Abbildung 187 und Kapitel 8.4.3).

Die Beseitigung der Deckschicht auf der Membranoberfläche ist offensichtlich relativ problematisch, denn es handelt sich nicht um „einfache" Ablagerungen. Es ist zu beachten, dass Heißlauge zwar die Foulingprodukte von der Membran ablöst, aber diese Polymerkomplexe nicht zerstört. Die Bestandteile der Deckschicht (z. B. Polyphenole, Proteine u.a.) sind teilweise über H_2-Brücken mit der Membranoberfläche verbunden. Diese Wasserstoffbrücken lassen sich beispielsweise durch oxidativ wirkende Präparate auflösen. In jüngster Zeit werden dafür z. B. Persulfat-Verbindungen (Real[®]) in alkalischer Lösung (2,5…3 %ig, ≤ 75 °C; 20…30 min) erfolgreich eingesetzt [224].

Norit[®] gibt für seine Membranmodule zurzeit nur allgemeine Hinweise zur Zahl der möglichen Reinigungszyklen an [212]. Eine Online-Kontrolle der Module bzw. der Skids ist zu empfehlen, beispielsweise mit einem Partikelzähler oder einem Trübungssensor.

Norit bietet keinen Modulfunktionstest an, deshalb ist ein nachgeschalteter Feinfilter Teil der Systemlösung.

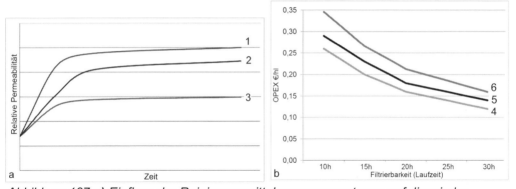

Abbildung 187 **a)** *Einfluss der Reinigungsmittelzusammensetzung auf die wieder erreichte Permeabilität der Crossflow-Membran und auf*
b) *die Gesamtbetriebskosten (OPEX: Reinigungsmedien, Membranen, Energie, Personalkosten der Reinigung und Filtration (nach [224])*
1 Reinigungsmittel REAL[®], persulfathaltig **2** Reinigungsmittel Synflux[®], chlorhaltig
3 Reinigungsmittel mit H_2O_2-Zusatz **4** Filtrationskosten mit dem Skidsystem BMF-18 und Reinigung mit dem persulfathaltigen Reinigungsmittel REAL[®] **5** Vergleichsfiltration mit dem Skidsystem BMF-18 und Reinigung mit Synflux **6** Filtrationskosten mit dem Vorläfer-Skidsystem und Synflux als Reinigungsmittel

Tabelle 68   Membranreinigung nach Pall (nach [196])

Schritt	Medium	Zeitdauer in Minuten
Vorspülen	Kaltwasser ca. 15 °C	10…15
Warmwasserspülung	40 °C	5…10
Lauge	Natronlauge (≤ 75 °C, ≤ 1%ig) pH-Wert 12…13	30
Reinigung	Membranreiniger + H_2O_2 ≤ 75 °C	20…30
Warmwasserspülung	50…60 °C	5…10
Kaltwasser	Spülung	5
Entleerung		
Gesamt		≥ 55…70
Modulfunktionstest *)		
Vorspannen mit CO_2		

*) Die Crossflow-Filtrations-Technik PROFI der Fa. Pall ermöglicht es, nach der Reinigung die Membranen und vor der eigentlichen Filtration diese auf ihre Funktionsfähigkeit hin zu überprüfen. Der Test hierzu läuft automatisch ab. Sollte eine Membrane den Test nicht bestehen, wird dieses Cluster automatisch abgeschaltet.
Der eigentliche Austausch der defekten Membrane erfolgt dann zu einem Zeitpunkt, an dem ein Mitarbeiter dafür Zeit hat. Der Test selbst wird mit steriler Luft durchgeführt und wird als *Membranfunktionstest* bezeichnet. Er ist jedoch von der Funktionweise her gesehen kein so genannter Integritätstest, welcher z. B. bei Membranen zur Kaltentkeimung zur Anwendungen kommt, deshalb trägt dieser auch den Namen Funktionsmodultest.

Fa. *Ecolab* GmbH gibt z. B. folgende Reinigungsempfehlung für das organische Membranmaterial des PROFI®-Systems bei der Bierfiltration (nach [225]):

Generelle Empfehlungen
- Die vorgeschlagenen Richtwerte müssen immer mit der technischen Beschreibung des Membranherstellers übereinstimmen;
- Die anzuwendenden pH-Werte sollten im Bereich von 2,0…13 liegen;
- Die anzuwendende Temperaturen sollten im Bereich von 0…75 °C liegen;
- Chlorhaltige Produkte sind für Bierfilter nicht zu empfehlen;
- Peressigsäurekonzentrationen sollten bis maximal 1000 ppm eingesetzt werden;
- Wasserstoffperoxidkonzentrationen sollten bis maximal 6000 ppm eingesetzt werden.
- In Tabelle 69 wird von der Fa. *Ecolab* ein Vorschlag für die Reinigungsschritte bei einem zu hohen Differenzdruckanstieg und Durchsatzabfall für das PROFI®-System unterbreitet.

Die Membranreinigung kann auch enzymatisch unterstützt werden, beispielsweise durch alkalische Proteasen, Glucanasen, u.a. Das Problem dabei ist, dass sich diese Enzymzusätze nach ihrer Einwirkung nur mit Schwierigkeiten durch intensive Spülungen quantitativ entfernen lassen. Enzymzusätze werden deshalb aktuell kaum genutzt, ggf. für Grundreinigungen. Vor einer Neufiltration müssen evtl. Enzymreste im Filter thermisch durch eine Heißwasserspülung inaktiviert werden.

Tabelle 69 Vorschlag der Fa. Ecolab für die Reinigungsschritte beim PROFI®-System [225]

Reinigungsstufe und Chemikalien	Konzentration in %	Temperatur in °C	Hinweise
Vorspülen mit Wasser oder Permeat	--	von kalt nach warm	Ziel: Bis das Konzentrat klar läuft, alle Spülstufen erfolgen so, dass die Anlage komplett gefüllt und danach komplett entleert wird, diese Prozedur wird 5...7mal wiederholt.
Alkalische Spülung mit NaOH	0,5...1,0	74	Der Leitfähigkeitswert sollte zwischen 30...40 mS/cm liegen.
Alkalische Spülung mit: Ultrasil CMF + Oxonia	6...8 1,5	74	Der Leitfähigkeitswert sollte zwischen 30...40 mS/cm liegen bevor das Peroxid zudosiert wird. 1,5 % Oxonia entspricht der empfohlenen Konzentration von 0.6 % H_2O_2 (100 %). Wenn das Bier leicht zu filtrieren ist, erreicht man mit einer Konzentration von 4 % auch ein gutes Reinigungsergebnis.
Endspülung mit Wasser oder Permeat	--	Von warm nach kalt	Spülen bis die Reste des Reinigungsmittel entfernt sind, Überprüfung mit dem Kampfertest oder durch Messung der Oberflächen-spannung in Ergänzung zur Leitfähigkeitsmessung

Klärung und Stabilisierung des Bieres

8.8 Die möglichen Varianten der Bierstabilisierung bei einer CMF

Bei den anwendbaren Bierstabilisierungsverfahren in Verbindung mit einer CMF ist zu beachten, dass möglichst keine klassischen Stabilisierungsmittel direkt in die CMF-Anlage kommen. Ganz besonders werden die bis jetzt verwendeten Membranen durch klassische Kieselgele, die zur eiweißseitigen Stabilisierung direkt bei der Kieselgurfiltration zugesetzt werden, verblockt. Aus diesem Grunde sind in Abhängigkeit vom Filtrationsverfahren nachfolgende Varianten im Einsatz.

8.8.1 CMF-Verfahren mit Vorklärung

Bei den CMF-Verfahren mit einer wirksamen Vorklärung mittels Hochleistungsseparator können folgende Stabilisierungsvarianten angewendet werden:

- Verlorene PVPP-Dosage im ZKT bzw. mit einer separaten Dosierung in Verbindung mit einem Reaktionspuffertank (erforderliche mittlere Kontaktzeit bei eiweißseitiger Stabilisierung mittels Kieselgel ca. 20 min und bei gerbstoffseitiger Stabilisierung mittels PVPP ca. 10 min mit anschließender Entfernung durch den Separator (siehe Abbildung 160 und Abbildung 188).
  In gleicher Form kann auch die klassische eiweißseitige Stabilisierung mit Kieselgel (normales Xerogel) vorgenommen werden (siehe auch Kapitel 15.4.2.7 und 15.5.2).
- Anstelle der verlorenen PVPP-Dosage kann auch ein klassischer PVPP-Filter mit regenerierbarem PVPP nach der CMF-Anlage eingesetzt werden (s.a. Kapitel 15.5.1 und Schema in Abbildung 165).
- PVPP Stabilisierung im Regenerierungsverfahren downstream der Membrane (Pall-CBS-Verfahren, s.a. Kapitel 15.5.2).

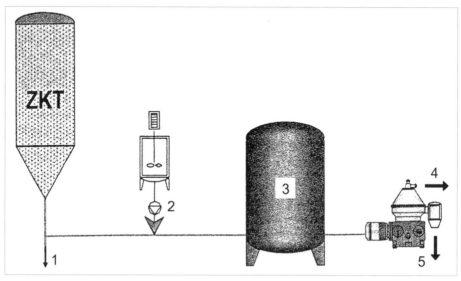

Abbildung 188 Klassische Variante der Stabilisierung beim PROFI-Verfahren (nach [196])
1 Hefe **2** Stabilisierungsmittel PVPP verloren/Kieselgel **3** Puffertank für Reaktion **4** Partikel reduziertes Bier **5** Hefe und Stabilisierungsmittel

8.8.2 CMF-Verfahren ohne Vorklärung

Bei den CMF-Verfahren **ohne** eine wirksame Vorklärung mittels Hochleistungsseparator sind folgende Stabilisierungsvarianten möglich:
- Verlorene Dosage von PVPP und/oder Kieselgel im ZKT, möglichst im Umdrückverfahren nach dem Hefeziehen.
  Die Entfernung der Stabilisierungsmittel aus dem ZKT erfolgt mit dem Resthefesediment und/oder bei entsprechender Verweilzeit im Unfiltratpuffertank (s.a. Abbildung 165a).
  Bentonithaltige Kieselgele fördern die Klärung im ZKT, erhöhen aber den Schwand.
- Anstelle der verlorenen PVPP-Dosage kann auch ein klassischer PVPP-Filter mit regenerierbarem PVPP nach der CMF-Anlage eingesetzt werden (s.a. Kapitel 15.5.1 und Schema in Abbildung 165).
  Um nicht nur Teilchargen gerbstoffseitig stabilisieren zu können, sind für den wechselseitigen Betrieb mindestens zwei PVPP-Filter oder eine quasikontinuierlich arbeitende Stabilisierungsanlage (s.a. Kapitel 15.5.2) erforderlich.
- Kann die eiweißseitige Stabilisierung mit Kieselgel nur unmittelbar vor dem CMF erfolgen, ist ein ausreichend dimensionierter Unfiltratpuffertank erforderlich, der gleichzeitig als Sedimentationstank für das Kieselgel fungiert. Die erforderliche Verweilzeit beträgt ca. > 5 min.
  Es sollte grundsätzlich nur ein Hydrogel (im Vergleich zum Xerogel normal doppelte Menge pro Hektoliter erforderlich) oder ein speziell aufbereitetes Xerogel verwendet werden.
  Bei dem speziell aufbereiteten Xerogel muss der feinkörnige Staubanteil < 5 µm vorher weitgehend entfernt werden, da dieser Anteil besonders die Membranen verblockt [226].

Bei beiden CMF-Varianten können weiterhin folgende Stabilisierungsverfahren eingesetzt werden:
- Die eiweißseitige Stabilisierung mit proteolytischen Enzymen im Filtratdrucktank (s..a. Kapitel 15.4.5);
- Die gerbstoffseitige Stabilisierung nach der CMF kann mit zwei wechselseitig arbeitenden PVPP-Filtern mit regenerierbarem PVPP im Kontaktverfahren (s.a. Kapitel 15.5.1) oder mit einer quasikontinuierlich arbeitenden Anlage (s.a. Kapitel 15.5.2) erfolgen.
- Eine kombinierte eiweißseitige und gerbstoffseitige Stabilisierung kann mit dem kombinierten Stabilisierungssystem CSS (s.a. Kapitel 15.6.1) unmittelbar nach der CMF quasikontinuierlich erfolgen.

Die technische Weiterentwicklung dieser Verfahren wird zeigen, welches der Verfahren bevorzugt wird.

9. Die Polier- und Entkeimungsfiltration

9.1 Zur Stellung der Polier- und Entkeimungsfiltration

Die Polier- und Entkeimungsfiltration ist der Klärfiltration und den kolloidalen Stabilisierungsstufen nachgeschaltet. Die Polierfiltration mit leistungsfähigen Tiefenfiltersystemen schließt sich unmittelbar diesen Behandlungsschritten an. Eine sichere Entkeimungsfiltration erfordert eine Membranfilteranlage, die eine effiziente Polierfiltration als Vorfiltration voraussetzt. Die Membranfilteranlage ist oft nach dem Drucktank direkt vor der Abfüllanlage installiert. Die mehrstufige Polier- und Entkeimungsfiltration wird vorwiegend zur biologischen Haltbarmachung des Bieres auf dem so genannten „kaltsterilen" Wege eingesetzt.

Als Polier- und Entkeimungsfilter kommen Schichten-, Kerzen- und Modulfilter zum Einsatz. Einen Überblick hierzu geben auch Kapitel 1.5 und Kapitel 13.8. Auf Grund der Leistungsfähigkeit der Kerzen- und Modulfilter dominieren diese Filteranlagen vorwiegend in kleineren Brauereien. Eine Ausnahme bilden Filter mit Tiefenfilterkerzen, die als Partikelfänger und so genannte Trap-Filter PVPP-Filtern nachgeschaltet sind (s.a. Kapitel 10).

9.2 Anforderungen an die Polier- und Entkeimungsfiltration

Die wichtigsten Anforderungen an die Polier- bzw. Entkeimungsfiltration ergeben sich aus der Zielstellung, ein biologisch stabiles Bier auf kaltem Wege ohne thermische Behandlung herzustellen.

Um mit Hilfe der Filtration ein biologisch haltbares Bier sicher herzustellen, müssen bei der Polier- bzw. Endfiltration Filtermittel eingesetzt werden, die auch unter wechselnden Betriebsbedingungen eine reproduzierbare, gleich hohe Bakterienrückhalterate gewährleisten.

Diese Filtermittel müssen weiterhin eine sichere und reproduzierbare Überprüfung zum Auffinden von defekten bzw. verbrauchten Filterelementen ermöglichen. Diese Anforderungen erfüllen nur Membranfilter.

Damit ein Membranfilter wirtschaftlich betrieben werden kann, ist eine weitgehende Vorklärung des Bieres erforderlich, die nicht nur allein durch die Kieselguranschwemmfiltration (s.a. Anforderungen an das Bier nach der Klärfiltration in Kapitel 4.3) erreicht wird, sondern auch eine effektive Vorklärung mittels nachgeschalteter Tiefenfiltration erfordert (siehe Kapitel 4.4.3).

Weiterhin werden an diese Filtermittel folgende Forderungen gestellt:
- Zur Anpassung an die Betriebsbedingungen und an die Markterfordernisse sollten verschiedene abgestufte Filtrationsschärfen verfügbar sein.
- Bei ihrer Anwendung darf kein Eingriff in die essenziellen Bestandteile des Bieres erfolgen. Sie dürfen auch keine Ionen an das Bier abgeben.
- Diese Filtersysteme sollen auch bei möglichen Druckschwankungen/Pulsationen Sicherheit gewähren.
- Sie sollen möglichst aus hydrophilem Material bestehen, das unter den Bedingungen der Bierfiltration und bei der Regenerierung keiner Hydrolyse unterliegt.
- Diese Filtermittel sollen eine geringe Sprödigkeit, einen geringen Verschleiß und eine hohe Wirtschaftlichkeit aufweisen.

Polier- und Entkeimungsfiltration

- Die Reinigung und Regenerierung dieser Filtermittel sollte möglichst ohne chemische und enzymatische Zusätze erfolgen, um Probleme bei der ausreichenden Freispülung zu vermeiden.
- Die Filtermittel sollten mehrfach mit Sattdampf oder Heißwasser sterilisierbar sein.
- Die verbrauchten Filtermittel sollen einfach entsorgbar sein.

9.2.1 Tiefenfiltration

Beim Einsatz von Tiefenfiltersystemen ist unter anderem das Folgende zu beachten:
- Tiefenfiltersysteme (Filterschichten, Tiefenfilterkerzen und -module sowie Kieselgurfilter) scheiden Mikroorganismen hauptsächlich im Innern der Struktur, vorwiegend auch durch Adsorption, ab.
- Tiefenfiltersysteme haben bei unterschiedlichen Strömungsverhältnissen kein konstantes Bakterienrückhaltevermögen (s.a. Abbildung 191 in Kapitel 9.4.3.2).
- Es kann bei Tiefenfiltersystemen kein Prüfverfahren angewendet werden, das mit dem Rückhaltevermögen korreliert, dadurch können defekte Filterelemente nicht sicher lokalisiert werden.
- Für die Polierfiltration eingesetzte Entkeimungsschichtenfilter (EK-Filter) sollten einen Wasserwert nach der Methode Schenk von etwa 700… 800 L/h besitzen.
- Bei der Verwendung von Tiefenfilterkerzen sollten diese ein Filtrationseffizienz bzw. einen β_x-Wert >5000 für eine Partikelgröße von x = 0,5 µm oder 1,5 µm, wenn die technologische Zielstellung nur „hefefrei" ist, aufweisen.

Folgende Faktoren beeinflussen den Filtrationseffekt bei Tiefenfiltersystemen:
- Die Form, die Konzentration und die Stoffeigenschaften der Kontaminanten;
- Der pH-Wert der zu klärenden Trübe;
- Die begleitende Salzkonzentration in der zu klärenden Trübe;
- Der Gehalt an oberflächenaktiven Substanzen und das Zetapotenzial des Filtermittels (siehe Kapitel 13.6.3);
- Die Temperatur und die Viskosität der Trübe;
- Die Intensität der Vorklärstufen;
- Die Strömungsgeschwindigkeit und der Betriebsdruck im Tiefenfiltersystem;
- Die eingesetzten Tiefenfiltersysteme und das angewandte Filtrationsverfahren.

9.2.2 Membranfiltration

Die Anforderungen an die Produktsicherheit ohne thermische Behandlung erfüllt aus folgenden Gründen nur eine Membranfiltration:
- Das Abscheiden der im Bier enthaltenen Mikroorganismen findet entsprechend der Porengrößen und Porenverteilung der Membran hauptsächlich mechanisch auf der Filtermitteloberfläche statt. Es werden aber auch kleinere Partikel als der mittlere Porendurch-

messer abgeschieden. Die Abscheideeffizienz ist abhängig von der Homogenität der Porenverteilung, der Porengrößenverteilung und der Dicke der Membran.
- Membranfilter weisen eine stabile Struktur auf, die sich auch durch Druckstöße nicht verändert.
- Die Gesamtporenzahl und die Porendurchmesser einer gegebenen Membran unterliegen einer konstanten statistischen Verteilung, so dass deren *Forward-Flow*-Wert (s.a. Integritätstest in Kapitel 9.4.4.1) sehr gut mit dem Bakterienrückhaltevermögen korreliert.
- Für die Entkeimungsfiltration werden vorzugsweise Membranfiltersysteme mit einem mittleren Porendurchmesser von 0,45...0,65 µm eingesetzt.

9.3 Die Wahl des Filtersystems, seine Anordnung und die erforderlichen Zusatzfilter

In vielen größeren Brauereien dominiert zur Klärung, Stabilisierung und Haltbarmachung des Bieres die folgende Gerätekombination:
- Kieselgur-Anschwemmfilter → PVPP-Stabilisierungsfilter → Trap-Filter (s.a. Kapitel 10) → Kurzzeiterhitzung oder Tunnelpasteurisation.

Unabhängig von dieser Aussage wird darauf hingewiesen, dass einige Brauereien (auch Großbrauereien) auf die ausschließlich kaltsterile Haltbarmachung setzen.

In kleineren und mittleren Brauereien ohne Anlagen zur thermischen Haltbarmachung kann das Bier mit folgender Gerätekombination auf „kaltem Wege" weitgehend kolloidal und biologisch haltbar gemacht werden:
- Vorstabilisierung in der Kaltlagerphase → Kieselgur-Anschwemmfiltration mit eiweißseitiger und evtl. verlorener gerbstoffseitiger Stabilisierung → Trap-Filter → Tiefenfilter als Polierfilter (meistens als Kerzenfilter ausgeführt, mit einer Abscheiderate von z. B. 0,5...1,5 µm) → Drucktank (oft verwendetes System für die Keg-Abfüllung, auch in Großbrauereien).

Wird ein „biersteriles" Filtrat gewünscht, so ist folgende zusätzliche Filtration und Filteranordnung zu empfehlen:
- Drucktank → Membranfilter (meist als Kerzenfilter mit Kerzen aus Polyvinylidenfluorid, Polyethersulfon oder Nylon mit einer Abscheiderate von 0,45...0,65 µm ausgeführt) → Abfüllanlage.

Zur Reinigung und Regenerierung der Filterkerzen sind völlig von partikulären Verunreinigungen freies Kalt- und Heißwasser erforderlich, dass zur Sicherheit selbst über einen Tiefenfilter mit einer Abscheiderate von 1...2 µm vor der Verwendung filtriert werden sollte.

Bei der „Sterilisation" mittels Dampf ist dieser auch vorher sicherheitshalber über Metallfilterkerzen mit einer absoluten Rückhalterate von mindestens 3 µm ($ß_x$ = 5000) zu filtrieren (Angaben gelten für trocknen Dampf). In Flüssigkeiten sind Rückhalteraten von 20 µm mit $β_x$ = 5000 anzustreben.

Zur Wahl der richtigen Gerätesysteme sind u. a. folgende betriebsspezifischen Produktionsbedingungen zu beachten:
- Die zu garantierende Haltbarkeit;
- Der Infektionsgrad der Unfiltrate;
- Der technische und biologische Zustand der Abfüllgeräte (Gefahr der Reinfektion);
- Die Vorklärung und die Vorstabilisierung der Unfiltrate;
- Die Sicherheit und Schärfe der Klärfiltration (A.-Schichtenfilter sind am besten geeignet, da sie die geringste partikuläre Belastung in ihren Filtraten besitzen und damit die Standzeit der Polierfilter verlängern);
- Die Abstimmung der erforderlichen stündlichen Durchsätze der einzelnen Filtrationsstufen (s.a. Richtwerte in Kapitel 13.8.1).

In Abbildung 189 sind die vorwiegend auf klassische Gerätesysteme orientierten Filtrationskonzepte der letzten 20 Jahre dargestellt. Sie bestimmen zurzeit noch hauptsächlich die in den deutschen Brauereien angewandten Verfahren zur Filtration und Haltbarmachung der Biere.

9.4 Zur Beurteilung bzw. Validierung von Tiefenfiltern und Membranfiltern
9.4.1 Einführung und Definitionen

Die erste Hauptaufgabe der Klärfiltration besteht darin, dass filtrierte Bier frei von vermehrungsfähigen, vegetativen Mikroorganismen der Abfüllung bereitzustellen (s.a. Anforderungen an ein kieselgurfiltriertes Bier in Kapitel 4.3). Die weitgehende Keimfreiheit kann nur mit einer nachfolgenden Prozessstufe Polier- und Entkeimungsfiltration bzw. mit einer thermischen Behandlung realisiert werden.

Die zweite Hauptaufgabe der Filtration besteht in der Entfernung aller als Trübung erkennbaren Partikel sowie der Entfernung aller potenziellen Trübungskomponenten in Verbindung mit den kolloidalen Stabilisierungsverfahren.

Bei der Beurteilung von Membranfiltern unterscheidet man zwischen einer herstellerseitigen und einer anwenderseitigen Validierung und Qualifizierung dieser Filter. *Brendel-Thimmel* [227] und *Heusslein* [228] geben einen guten Überblick dazu und informieren über die wichtigsten internationalen Regelwerke. Die Begriffe und Verfahren der Überprüfung stammen hauptsächlich aus der Herstellungspraxis der pharmazeutischen Industrie, herausgegeben z. B. von der US-amerikanischen Food and Drug Administration (FDA).

Validierung wird hier definiert, als „die Erstellung von dokumentierten Beweismitteln, die einen hohen Sicherheitsgrad dafür gewährleisten, dass in einem Prozess durchweg ein Erzeugnis hergestellt wird, das seinen vorgegebenen Spezifikationen und Qualitätsmerkmalen entspricht" [229]. Dafür sind die Spezifikationen und Qualitätsmerkmale herstellerseitig für die Herstellung von Filtern und anwenderseitig beim Einsatz dieser Filter z. B. bei der Bierfiltration differenziert zu definieren.

Unter *Qualifizierung* versteht man die Überprüfung von Produkten, Geräten oder Anlagen im Hinblick auf die geforderten Leistungsmerkmale, z. B. die Rückhaltung von getränketypischen Mikroorganismen in den entsprechenden Bieren durch das betreffende Membranfilter.

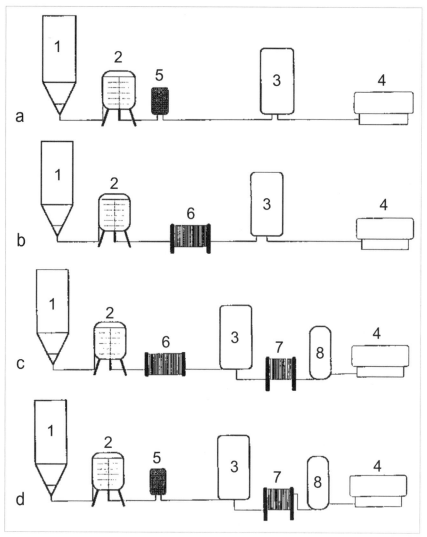

Abbildung 189 Unterschiedliche betriebliche Filtrationskonzepte (nach [230])
Konzept a: Stark produktorientiert mit kurzen Vertriebswegen,
Konzept b: Brauereien mit traditioneller Verfahrensweise,
Konzept c: Brauerei mit traditioneller Fahrweise, Sicherheitsdenken vorhanden,
Konzept d: Es dominiert das Ziel „Kostenminimierung".
1 Lagerbehälter **2** Anschwemmfilter **3** Drucktank **4** Füllanlage **5** Trap-Filter
6 Schichtenfilter **7** KZE-Anlage **8** Puffertank
Zur herstellerseitigen Validierung gehören (nach [227]):
◻ Technische Daten:
- Integritätsparameter;
- Angaben zum zulässigen Durchfluss und Differenzdruck;
- Angaben zur mechanischen Stabilität vor und nach einer
  mehrfachen Dampf- oder Heißwassersterilisation;
- Angaben zum maximalen Betriebsdruck bei hohen Filtrations-

temperaturen;
- Angaben zur Pulsationsfestigkeit.
- Mikrobiologische Rückhaltung;
- Der Zusammenhang zwischen den destruktiven Keimbelastungstests und den nicht-destruktiven Integritätstest;
- Die chemische Kompatibilität zwischen Filter und Produkt;
- Angaben zu evtl. aus dem Filter extrahierbare Substanzen;
- Die Gewährleistung der Einhaltung der gesetzlichen Bestimmungen hinsichtlich des Kontaktes zwischen dem Lebensmittel und dem Filter.

Bei der anwenderseitigen Validierung sind nach [227] folgende drei Fragestellungen zu beantworten:
- Wird das Produkt durch den Filter beeinflusst (Abgabe extrahierbarer Substanzen des Filters an das Bier und die unerwünschte Adsorption von Bierinhaltsstoffen an die Filtermembran)?
- Wird der Filter durch das Produkt beeinflusst?
- Wird der gewünschte Durchsatz und die geforderte Rückhaltung erreicht?

Auch das Filtergut kann die Beständigkeit einer Filterkerze entscheidend beeinflussen, bekannt sind u.a. folgende Zusammenhänge:
- Polysulfonmembranen werden durch Zitrusöle angegriffen, so dass mit diesem Membrantyp keine Biermischgetränke mit diesem Inhaltsstoff filtriert werden können.
- Polyamidmembranen sind anfällig gegenüber eine Hydrolyse durch freie Radikale, z. B. Sauerstoffradikale.
- PVDF-Membranen haben eine eingeschränkte Beständigkeit gegenüber NaOH.

9.4.2 Die Entfernung der Mikroorganismen durch die Filtration
9.4.2.1 Zur Bewertung der Mikroorganismenentfernung
Um die Wirksamkeit eines Filters gegenüber einem definierten Keim zahlenmäßig zu erfassen, wird die Keimreduktion durch Keimzahlbestimmungen im Unfiltrat und im Filtrat ermittelt, oft auch als Titerreduktion TR bezeichnet. Bei der Durchführung nach DIN 58355-3 [231] mit Membranflachfiltern (gilt für Porenweiten von 0,2 und 0,45 µm) ist das Folgende zu beachten:
- Zur Keimbelastung des Membranfilters werden die folgenden Testkeime verwendet, die durch die vorgeschriebene Vorkultivierung die angegebenen Zellgrößen ausweisen sollten:
  - *Brevundimonas diminuta* (DSM-Stamm Nr. 1635 *)), Kurzstäbchen
    (Ø 0,3...0,4 µm, Länge 0,6...1,0 µm),
    Prüfstamm für die Porenweite 0,2 µm;
  - *Serratia marcescens* (DSM-Stamm Nr. 1636 *)), Stäbchen
    (Ø 0,5...0,8 µm, Länge 0,9...2,0 µm),
    Prüfstamm für die Porenweite 0,45 µm.
  *) Stämme aus der Deutschen Sammlung von Mikroorganismen und Zellkulturen (DSMZ)

- Die Hauptkultur wird mit steriler NaCl-Lösung (0,9 g/100 mL) auf einen Titer von $2 \cdot 10^6$ KBE/mL eingestellt.
- Beim Filtrieren von 100 mL Testsuspension durch ca. 12 cm² effektive Filterfläche entsteht eine Keimbelastung von etwa $1,7 \cdot 10^7$ Keime/cm².
- Das Bakterienrückhaltevermögen eines Filters für die Testbakterien ist gegeben, wenn bei einer eingestellten Keimbelastung von mindestens $1 \cdot 10^7$ Testorganismen/cm² effektiver Filterfläche ein steriles Filtrat erhalten wird (entspricht Titerreduktion TR > 10^7, bei entsprechender Versuchsanordnung können auch höhere Titerreduktionen bestimmt werden, siehe Kapitel 9.4.3).

Die Prüfung des Bakterienrückhaltevermögens von Membranfilterelementen zur Filtration von Fluiden in flacher und plissierter Form sowie in Hohlfaserform mit nominaler Porenweite von 0,2 µm erfolgt nach DIN 58356-1 [232], äquivalent wie nach [231] beschrieben, sowie:
- Nur mit dem Bakterienstamm *Brevundimonas diminuta*;
- Alle Teile der Membranfilterprüfanlage, die mit der Prüfsuspension in Berührung kommen, sind vorher mit Sattdampf zu sterilisieren (mindestens 121 °C, 15 min);
- Nach der Abkühlung auf Raumtemperatur erfolgt die Filtration mit einem spezifischen Durchsatz von mindestens 800 L/(m²·h);
- Das gesamte Filtrat wird parallel über sterile Kontrollfilter filtriert und nach Abschluss des Belastungstests des zu prüfenden Elementes werden diese Kontrollfiltermembranen zur Restkeimzahlbestimmung auf Platten bei 30 °C 5 Tage bebrütet.

Die Keimreduktion wird folgt berechnet:

$$\text{Keimreduktion} = \frac{\text{Anzahl Keime im Unfiltrat pro Volumen}}{\text{Anzahl Keime im Filtrat pro Volumen}} \qquad \text{Gleichung 67}$$

In neuerer Zeit wird für die Angabe für das Bakterienrückhaltevermögen bei Membran- und Tiefenfilterschichten der LRV-Wert (log-reduction-value) berechnet, er stellt den dekadischen Logarithmus der Keimreduktion dar:

$$\text{LRV} = \log \frac{\text{Gesamt} - \text{KBE}^{\text{Unfiltrat}}}{\text{Gesamt} - \text{KBE}^{\text{Filtrat}}} \qquad \text{Gleichung 68}$$

LRV = log-reduction-value (Keimzahlreduktion als dekadischer Logarithmus), auch als Titerreduktion TR bezeichnet;
KBE = Kolonien bildende Einheiten pro Volumeneinheit, gemessen im Unfiltrat und Filtrat, oft als CFU bzw. cfu (colony forming units) bezeichnet;

Die Titerreduktion TR ist umgekehrt proportional der Keimpenetration. Bei der Bestimmung der Titerreduktion wird das Filtersystem bis zur Verblockung mit dem Testkeim beaufschlagt.

Beispiel:
Werden von 10^7 Keimen/L des Testkeims im Unfiltrat noch 1 Keim/L im Filtrat nachgewiesen, so spricht man von einem LRV = 7. Per Definition der EFT (Europäische Fachvereinigung Tiefenfiltration) entspricht dies den Anforderungen einer entkeimenden Tiefenfiltration (= „Sterilfiltration").

9.4.2.2 Weitere Testorganismen zur Bestimmung der Keimreduktion und des LRV-Wertes

Die in Kapitel 9.4.2.1 dargestellten DIN-Vorschriften spielen für die Charakterisierung des Leistungsvermögens von Membranen für die Bierfiltration eine untergeordnete Rolle. Ausgehend von der Qualifizierung mit *Serratia marcescens* ist für die Praxis die experimentell bestimmte tatsächliche Titerreduktion von relevanten Bierschädlingen entscheidend (siehe unten). Dies gibt die Leistungsfähigkeit der Membran an und erlaubt Vergleiche unterschiedlicher Filter (Materialien, Hersteller). In [233] wird der Versuchsaufbau für die brauereispezifische Titerbestimmung des Pall Kerzenfilters Ultipor® N66 mit einer nominellen Porenweite von 0,45 µm beschrieben und in Abbildung 190 schematisch dargestellt.

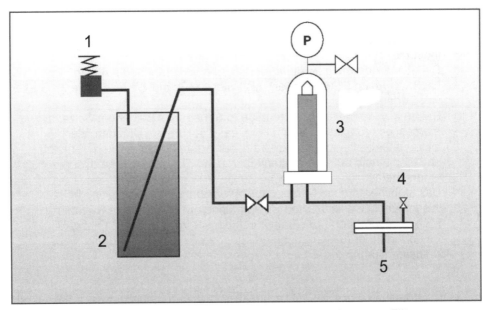

Abbildung 190 Versuchsaufbau für die mikrobiologische Prüfung von Filtern (nach Pall [233])
1 Regulierter Lufteinlass **2** Druckkessel mit definierter Bakteriensuspension
3 zu prüfender Filter **4** Flachmembran (0,2 µm) für die Zellzahlbestimmung in der gesamten Filtratmenge **5** Auslauf

Klärung und Stabilisierung des Bieres

Bei den ausgewiesenen Untersuchungsergebnissen in [233] werden für den geprüften 0,45-μm-Kerzenfilter in Abhängigkeit von den verwendeten Mikroorganismen z. B. folgende LRV-Werte ermittelt:

- *Serratia marcescens* in wässriger Lösung: Bei einer Belastung von $> 1 \cdot 10^7$ KBE/cm² Filterfläche hatten 95 % der getesteten Proben einen LRV-Wert von TR > 11.
- *Lactobacillus brevis* in Bier: Bei einer Belastung von $> 1 \cdot 10^5$ KBE/cm² Filterfläche hatten 95 % der getesteten Proben einen LRV-Wert von TR $> 8,2$.
- *Lactobacillus lindneri* in Bier: Bei einer Belastung von $> 1 \cdot 10^5$ KBE/cm² Filterfläche hatten 95 % der getesteten Proben einen LRV-Wert von TR > 9.
- *Pediococcus damnosus* in Bier: Bei einer Belastung von $> 1 \cdot 10^5$ KBE/cm² Filterfläche hatten 95 % der getesteten Proben einen LRV-Wert von TR $> 8,2$.
- *Saccharomyces cerevisiae* in Pufferlösung: Bei einer Belastung von $> 1 \cdot 10^8$ KBE/cm² Filterfläche und einem Differenzdruck von 1 bar ergaben sich sterile Filtrate.

Als Testorganismen zur Bestimmung des Durchbruchpunktes, der in Abhängigkeit von der Keimbelastung das Keimrückhaltevermögen einer Filterschicht charakterisiert, wurden von *Zeiler* et al. [234] folgende Mikroorganismen verwendet:

- Die relativ große Hefe *Saccharomyces cerevisiae* (ovale Gestalt, durchschnittlich 9 μm lang, ca. 5 μm breit), wichtig für die Brauindustrie;
- Die etwas kleinzelligere Hefe *Kloeckera apiculata* (ca. 8 μm lang, ca. 3...4 μm im Durchmesser), als Wildhefe für die Weinindustrie von Bedeutung;
- Das relativ kleine, stäbchenförmige gramnegative Bakterium *Serratia marcescens* (ca. 0,9...2,0 μm lang, ca. 0,5...0,8 μm Durchmesser), bildet unter bestimmten Wachstumsbedingungen einen roten Farbstoff und ist deshalb auf Agarplattenkulturen sehr leicht von Fremdkeimen zu unterscheiden;
- Das stäbchenförmige Bakterium *Brevundimonas diminuta*, das bei Wachstum in Caseinpepton-Sojamehlpepton-Bouillon eine Kümmerform bildet und dort nur einen Durchmesser von ca. 0,3 μm aufweist. Es gehört unter diesen Zuchtbedingungen zu den Bakterien mit den kleinsten Durchmessern.

Beide Bakterienarten werden als Standardkeime zur Validierung von Membranfiltern herangezogen (s.a. [231]).

Weiterhin werden als Testorganismen zur Validierung von Nachfiltern *Lactococcus lactis*, *Lactobacillus brevis* [(0,5...1 μm) · (2...4 μm)], *Pediococcus damnosus* (1... 1,5 μm) und *Lactobacillus lindneri* verwendet [235].

9.4.2.3 Einflussfaktoren auf die Keimreduktion und damit auf die Reproduzierbarkeit der Bestimmungsmethode

Nachfolgende Aussagen gelten für Schichten und schichtenbasierte Produkte wie Disk-Module. Tiefenfilterkerzen und Membranfilter unterscheiden sich dazu, diese haben eine zu vernachlässigende Adsorptionswirkung, dafür aber eine stabile Filtermatrix, so dass „Durchbruchspunkte" nicht beobachtet werden.

Der Versuchsaufbau wurde von *Zeiler* et al. in [234] beschrieben. Folgende Einflussfaktoren wurden u. a. ermittelt:

- Um reproduzierbare Ergebnisse zu erhalten, müssen die für die Testfiltrationen verwendeten Mikroorganismen immer unter den gleichen Wachstumsbedingungen gezüchtet werden. Damit waren der physiologische Zustand der Mikroorganismen, ihre Zellgrößen und evtl. auch ihre Ladungsverteilung immer vergleichbar.
- Da bei der Tiefenfiltration auch adsorptive Filtrationsmechanismen wirken, die erst durch eine pulsationsarme Filtration voll wirksam werden können, ist eine stoßfreie Filtrationsdurchführung Bedingung.
- Da sich das für die Adsorptionswirkung erforderliche Zetapotenzial (Erläuterungen siehe Kapitel 12.6.3) an der Grenzschicht zwischen Filter und Flüssigkeitsmedium erst bei einem strömenden Medium ausbildet, ist ein gleichmäßiger kontinuierlicher Flüssigkeitsstrom über die gesamte Messzeit zu gewährleisten.
- Die Keimreduktion stieg von der Grobklärschicht (GF) zur Feinklärschicht (FF) und bis zur entkeimenden bzw. zur keimreduzierenden Tiefenfilterschicht (SF) erwartungsgemäß an.
- Auch die Größe der mikrobiellen Testorganismen entscheidet erwartungsgemäß über die Höhe der Keimreduktion, z. B. betrug bei einer SF5-Schicht bei einer Keimbelastung von $1 \cdot 10^8$ Hefen/cm^2-Filterfläche die Keimreduktion bei der *Saccharomyces cerevisiae* ca. 100 % und bei der *Kloeckera apiculata* nur ca. 55…60 %.
- Bei den Versuchen mit den gramnegativen Bakterien ergab eine Keimbelastung von $10^8…10^9$ Keimen/cm^2-Filterfläche bei der keimreduzierenden Tiefenfilterschicht SF5 bei dem größeren Bakterium *Serratia marcescens* eine Keimreduktion von ca. 10^9 und bei dem kleineren Bakterium *Brevundimonas diminuta* (früher: *Pseudomonas diminatu*) nur eine Keimreduktion von ca. $10^5…10^6$.
- Da das Zetapotenzial sowohl vom pH-Wert als auch von der Ionenstärke des Filtermediums abhängig ist, beeinflussen beide Eigenschaften auch die Keimreduktion. So nimmt das Zetapotenzial mit steigendem pH-Wert und steigender Ionenstärke ab, dies lässt sich auch bei der Keimreduktion von Bakterien nachweisen.
- Die Keimreduktion von *Serratia marcescens* stieg bei der o. g. Keimbelastung bei der keimreduzierenden Tiefenfilterschicht SF2 von $4,1 \cdot 10^7$ bei einem pH-Wert von pH 9,5 auf über $1,9 \cdot 10^9$ beim pH-Wert 7 und auf $>1,8 \cdot 10^{10}$ beim pH-Wert 3,5.
- Bei dem gleichen Bakterium und der gleichen Filterschicht sank bei einer physiologischen Ionenlösung als Keimsubstrat die Keimreduktion bei Kochsalz von $1,9 \cdot 10^9$ auf $8 \cdot 10^5$ bei der Verwendung von Magnesiumsulfat (höhere Ionenstärke).
- Einen noch größeren Einfluss auf das Bakterienrückhaltevermögen der Filterschichten hatte die Verwendung von Bier als Filtrations-

medium. Während die Keimreduktion bei *Serratia marcescens* in physiologischer Kochsalzlösung bei der Filterschicht SF4 $1,5 \cdot 10^9$ betrug, sank im Bier die Keimreduktion dieses Bakteriums in der gleichen Filterschicht auf einen Wert von $1 \cdot 10^4$.

Es wird vermutet, dass andere organische Substanzen des Bieres einen Teil der adsorptiven Stellen der Filterschicht belegen und die Bakterien teilweise nur noch durch mechanische Filtrationseffekte zurückgehalten werden können.

❏ Bei entkeimenden Tiefenfilterschichten mit sehr geringer Durchlässigkeit eignet sich zur differenzierenden Prüfung der kleinere Bakterienstamm *Brevundimonas diminuta* deutlich besser, da *Serratia marcescens* bei diesen Schichten meist bis zu sehr hohen Keimdichten zurückgehalten werden.

❏ Filterschichten sind in der Lage, bis zum sog. Durchbruchpunkt die linear ansteigende Bakterienbelastung zurück zu halten. Der Durchbruchpunkt ist typisch für die Filterschicht und für den Testkeim. Nach Überschreiten des Durchbruchpunktes lässt das Rückhaltevermögen der Filterschicht deutlich nach, da die freien adsorptiven Stellen der Filterschicht mit Bakterien belegt sind. Jetzt können die Bakterien durch die freien Kanäle die Filterschicht passieren, eine exakte Bestimmung der Keimreduzierung ist ab diesem Durchbruchpunkt nicht mehr möglich, wie z. B. die streuenden Keimzahlen des Filtrates von Parallelversuchen in Abbildung 191 zeigen.

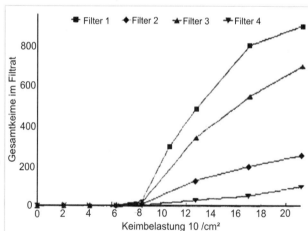

Abbildung 191 Verhalten von vier Schenk-Filterschichten SF2 bei Überlastung mit Serratia marcescens (nach [234])

9.4.2.4 Bakterienkeimzahl im Filtrat und biologische Haltbarkeit

Anhand statistischer Untersuchungen wird eine biologische Haltbarkeitsvorhersage auf der Grundlage einer Gesamtkeimzahlbestimmung abgelehnt, da die Virulenz der vorhandenen Keime unter den jeweiligen Propagationsbedingungen für die biologische Stabilität des Bieres verantwortlich ist [236]. Deshalb müssen auch Spurenkontaminationen mit bierschädlichen Mikroorganismen zur Erlangung biologisch stabiler Biere ausgeschlossen werden [237].

Die in Tabelle 70 und Tabelle 71 ausgewiesenen biologischen Haltbarkeiten, d. h. der Zeitraum bis zum Auftreten des ersten erkennbaren Bodensatzes oder einer visuell erkennbaren Trübung, sind für die bestimmten Keimzahlen nur für die ausgewiesenen Reinkulturen der Infektionsorganismen unter den definierten Versuchsbedingungen zutreffend.

Tabelle 70   Beeinflussung der Bierhaltbarkeit durch Laktobazillen (nach Bärwald cit. durch [237])

Laktobazillen/100 mL Bier	Trübung und/oder Bodensatz nach Tagen (Haltbarkeit)
ca. 300	3
ca. 180	5
ca. 100	8
ca. 50	12…14

Tabelle 71   Beeinflussung der Bierhaltbarkeit durch Pediokokken (nach Emeis cit. durch [237])

Pediokokken/100 mL Bier	Trübung und/oder Bodensatz nach Tagen (Haltbarkeit)
ca. 390	11
ca. 55	14
ca. 5	16

9.4.2.5 Richtwerte für die erforderliche durchschnittliche Porenweite (PW) eines Entkeimungsfilters zur Erzielung des erforderlichen Rückhaltevermögens für Mikroorganismen

Folgende Richtwerte ergeben sich aus der durchschnittlichen Porengröße der als Entkeimungsfilter eingesetzten Membranfilter und der Größenbereiche der zu entfernenden Mikroorganismen (s.a. Abbildung 192):

Geht man von einem Bier mit einer Bakterienkeimzahl von 10^7 Keimen/L aus, so ergibt die Membranfiltration mit einer ermittelten Titerreduktion von TR = 10^7 immer noch ein Filtrat mit 1 Bakterie/L. Das beweist, dass die in der Brauerei anwendbare Entkeimungsfiltration *keine* Sterilfiltration ist. Die bei der Bierfiltration eingesetzten Endfilter sind keimzahlreduzierende Filter, *keine* Sterilfilter (s.a. Begründung in Kapitel 9.4.2.6). Titerreduktionsangaben gelten grundsätzlich nur für den geprüften Mikroorganismus.

9.4.2.6 Zu den Begriffen: Sterilfiltration, Sterilfilter, steriles Bier

Oft werden die Entkeimungsfilter bei der Bierfiltration als Sterilfilter bezeichnet. In Anlehnung an DIN 58355-3 [231] ist ein Filter dann ein Sterilfilter, wenn bei vorgegebener Keimbelastung von $1 \cdot 10^7$ Testorganismen/cm² effektiver Filterfläche ein steriles Filtrat erhalten wird.

Geht man jedoch von der Definition für „Steril" in der inzwischen zurückgezogenen DIN 58900 [238] aus, in der „Steril" charakterisiert wurde als „Frei von allen vermehrungsfähigen Mikroorganismen und Viren", so erreicht die Entkeimungsfiltration bei der Bierherstellung diesen Zustand nicht.

Klärung und Stabilisierung des Bieres

Auch die Definition für den Vorgang „Sterilisieren" aus der gleichen DIN-Norm bestätigt diese Aussage. Sterilisieren war nach DIN 58900 „Das Abtöten von Mikroorganismen und Inaktivieren von Viren durch physikalische, thermische, mechanische und chemische Verfahren". Um Membranfiltergeräte sterilisieren zu können, wird nach [232] eine Behandlung mit Sattdampf und eine Einhaltung von mindestens 121 °C für 15 min gefordert.

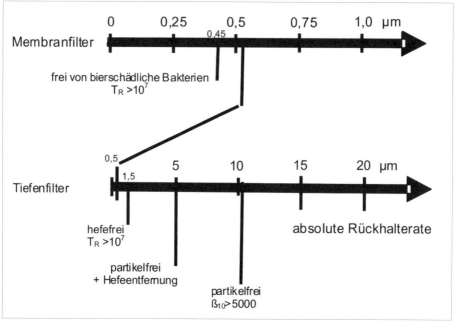

Abbildung 192 Größenordnungen für die erforderlichen Porenweiten der Membran- und Tiefenfilter zur Entfernen von Partikeln und Mikroorganismen bei der Nach- oder Entkeimungsfiltration

Für Hefezellen: Hefefreies Bier erhält man bei einer Ø-PW ≤ 1,5 µm mit einer T_R >10^7.
  Bei einer durchschnittlichen Porenweite von PW ≤ 0,45 µm sind T_R-Werte von T_R > 10^{12} erreichbar.

Für Bakterien: Ein Bier frei von bierschädlichen Bakterien (*Lactobacillus spez.*, *Pediococcus spez.*) erhält man bei einer Ø-PW ≤ 0,45 µm mit einer T_R >10^7.

T_R = Titerreduktion   PW = Porenweite

Um ein wirklich steriles Bier herzustellen, könnten u.a. folgende Verfahrensvarianten theoretisch angewendet werden:
- Filtration des Bieres durch zwei in Reihe geschaltete 0,1-µm-Membranen,
- Erhitzen des Bieres auf 130 °C mit 20 min Heißhaltezeit oder
- Zusatz keimtötender chemischer Substanzen.

Da diese drei möglichen Verfahrensvarianten für die Herstellung eines Qualitätsbieres nicht einsetzbar sind, kann bei der Entkeimungsfiltration von Bier nur die Entfernung aller vitalen, vermehrungsfähigen Mikroorganismen angestrebt werden.

Das ist auch aus der Sicht der erforderlichen biologischen Haltbarkeit des Bieres ausreichend, da Viren und Bakteriensporen in normalen Vollbieren nicht vermehrungsfähig sind.

Korrekt betrachtet gibt es also bei der Bierherstellung kein steriles Bier, keine Sterilfiltration, keine thermischen Sterilverfahren, keine biersterilen Systeme und keine teilsterilen Prozesse.

9.4.3 Angaben für die Partikelabscheidung in Filtern
9.4.3.1 Bestimmung der Partikelabgabe

Auch die 2. Hauptaufgabe der Filtration, die Entfernung aller als Trübung erkennbaren Partikel, ist zur messtechnischen Bewertung in DIN-Normen geregelt. In DIN 56355-4 [239] wird vorzugsweise für Flachfilter aus dem Bereich Mikrofiltration die Partikelabgabe an die filtrierten Flüssigkeiten bestimmt.

Unter Partikelabgabe definiert man die auf die Fläche des Filters bezogene Partikelanzahl, die im Filtrat je Volumeneinheit festgestellt wird. Es wird die Grenzkonzentration bestimmt, die mit zunehmenden Durchsätzen asymptotisch erreicht wird.

Zur Erläuterung einige Hinweise aus der genannten DIN-Vorschrift:
- Als Partikelzähler dürfen Geräte, die sowohl mit der Schattenmethode als auch mit der Lichtstreuung arbeiten, verwendet werden.
- Es ist die untere Partikelgröße, die Partikelkonzentration und die Prüfflüssigkeit zu definieren.
- Vor der Messung muss der Leerwert (asymptotische Gerade zur Abszisse, den Durchfluss charakterisierend) bestimmt werden, um zu gewährleisten, dass die Anlage partikelfrei ist.
- Anschließend wird die Prüfflüssigkeit mit mindestens drei unterschiedlichen Durchflussgeschwindigkeiten durch den Filter geleitet und die Partikelkonzentration in Abhängigkeit der Partikelgrößenverteilung bestimmt.
- Die Messwerte nähern sich mit zunehmendem Durchfluss asymptotisch dem Leerwert an, der sog. asymptotischen Grenzkonzentration.
- Alle Größen werden in Partikelanzahl je Volumen des Filtrats nach Erreichen der asymptotischen Grenzkonzentration, bezogen auf die Filterfläche angegeben in:

$$\frac{\text{Partikelanzahl}}{\text{Volumeneinheit} \cdot \text{Flächeneinheit}}.$$

- Zur Interpretation der Messwerte ist die Messtemperatur, der transmembrane Differenzdruck, der Volumenstrom sowie die Filterfläche anzugeben.

9.4.3.2 Ermittlung der Trenngrenze und der Rückhalteeffizienz

Die Norm DIN 58355-4 [240] legte in ihrer ursprünglichen Fassung die qualitativen und quantitativen Merkmale für die Partikelabscheidung von Filterelementen mit den Begriffen Trenngrenze und Rückhalteeffizienz fest. Da diese Begriffe noch oft verwendet werden, sollen sie nachfolgend kurz erläutert werden.

Klärung und Stabilisierung des Bieres

Die Trenngrenze wird charakterisiert durch den β_x-Wert, der wie folgt berechnet wird:

$$\beta_x = \frac{N_U}{N_D}$$ Gleichung 69

N_U = Anzahl der Partikel der Größe x in µm oder größer am Einlauf des Filters
N_D = Anzahl der Partikel der Größe x in µm oder größer am Auslauf des Filters

Mit dem β_x-Wert kann die Rückhalteeffizienz $R_{xµm}$ berechnet werden:

$$R_{xµm} = \left(1 - \frac{1}{\beta_x}\right) \cdot 100\%$$ Gleichung 70

oder

$$R_{xµm} = \frac{(\beta_x - 1)}{\beta_x} \cdot 100\%$$ Gleichung 71

β_x = Rückhalterate für die Partikelabscheidung der Größe x in µm, (β_x-Wert wird oft auch als β-Ratio bezeichnet)
$R_{xµm}$ = Rückhalteeffizienz in Prozent, bezogen auf die Partikelgröße x in µm

Bei Tiefenfilterkerzen wird eine Partikelrückhaltung für die gemessene Partikelgröße als „Absolut" bezeichnet, wenn eine Partikelrückhaltung von 99,98 % erreicht wird.

Rückhaltegrenze (auch absolute Rückhalterate)
Die Rückhaltegrenze ergibt sich aus den Partikelgrößenmessungen von Unfiltrat und Filtrat und dem Vergleich der Messwerte. Die größte im Filtrat gemessene sphärische, nicht verformbare Partikelgröße (z. B. 10 µm) stellt die Rückhaltegrenze des Filtermediums dar. Auch wenn die Porengrößen und die Porenverteilung in der verwendeten Membran nicht bekannt sind, kann die absolute Rückhalterate mit physikalischen Messverfahren bestimmt werden (s.a. Kapitel 9.4.2.3). Im Bierfiltrat sind normalerweise nur Partikel ≤ 10 µm vorhanden. Der Begriff „Absolute Rückhalterate" ergibt nur Sinn im Zusammenhang mit der Angabe der Messmethodik und des β_x-Wertes. Die Methode ist gültig (technisch durchführbar) für Partikel > 1 µm. Daher ist der Begriff für Membranen nicht zulässig.

9.4.3.3 Betriebsmessungen zum Abscheidegrad der Trubstoffe durch Filtermaterialien und Filterhilfsmittel

Im Rahmen von Betriebsuntersuchungen wurde während der Bierfiltration mit dem Partikelmesssystem PCS 2000 der Fa. SeitzSchenk die Partikelzahl sowie die Partikelverteilung online gemessen [241]. Eine ausführliche Beschreibung dieses Partikelmesssystems erfolgte von *Kolczyk* und *Oechsle* [242].

Das Partikelmesssystem
Das Partikelmesssystem PCS 2000 arbeitet nach dem Lichtblockadeprinzip. Die Lichtblockademessung ist ein optisches Einzelpartikelzählverfahren, das Partikel beim Durchtritt durch eine optische Detektionszone zählt und zweidimensional vermisst. Zur Vermeidung des Koinzidenzeffekts gilt die Annahme, dass im Volumen des optischen

Messbereichs immer nur ein zu bestimmendes Partikel anwesend ist. Das Sensorsignal wird von einem Partikelzähler ausgewertet.

Die Zählrate beträgt bis zu 250.000 Partikel/Sekunde. Das verwendete Messsystem erlaubt eine Partikelgrößenbestimmung von 1 bis 160 µm und eine maximale Konzentration von 150.000 Partikeln/mL mit einer durchschnittlichen Größe oder einem äquivalenten Durchmesser von >1 µm. Damit eignet sich das Messgerät insbesondere zur Partikelzählung in Filtraten.

Durch die Möglichkeit der Online-Messung an Praxisanlagen mit Messwerten der absoluten Partikelanzahl und der Verteilung der Partikelgrößen im Trennprozess können die Trenngrenze und Abscheidegrenze der Trennstufen ermittelt werden. Hierdurch können Anlagen, Filterhilfsmittel und Filtrate charakterisiert, verglichen und optimiert sowie Unregelmäßigkeiten erkannt werden. Wie bei der Trübungsmessung kann jedoch nicht zwischen der chemischen Zusammensetzung der Trübungsbildner unterschieden werden (Hefezelle, Kieselgurpartikel, Gasblase etc.).

Vergleich der Partikelmessung mit der Trübungsmessung
Der Größenbereich der Partikelmessung entspricht dem einer Trübungsmessung mit Vorwärtsstreulicht (z. B. 12°- oder 25°-Messung). Kolloidale Trübungsteilchen mit einer Partikelgröße von < 1 µm, die von der 90°-Streulichtmessung gut erfasst werden, können mit dem Partikelmessgerät nicht detektiert werden (Tabelle 72).

Tabelle 72   Korrelationskoeffizient zwischen der Partikelanzahl der ausgewiesenen Partikelgröße und den Trübungswerten eines Zweiwinkelmessgerätes der Fa. Monitek [241]

Partikelgröße	12°-Messung	90°-Messung
≥ 1 µm	0,85 ***	0,14⁻
≥ 2 µm	0,90 ***	- 0,08⁻
≥ 4 µm	0,82 ***	- 0,13⁻

Das überprüfte Partikelmesssystem PCS 2000 eignet sich sehr gut zur Überprüfung der Effektivität von Filterlinien auf der Filtratseite und zur Aufdeckung von Schwachstellen im gesamten Filtersystem, wie z. B. undichte Filterkerzen bzw. -scheiben und zu feines (verbrauchtes) PVPP.

Da die Messwerte nicht mit der normalen 90°-Trübungsmessung korrelieren, ist das Gerät eine sehr gute Ergänzung zu dieser praxisüblichen Trübungsmessung.

In Betriebsuntersuchungen ermittelte Richtwerte
Als Richtwerte für eine effektive Bierfiltration werden die in Tabelle 73 und Tabelle 74 aufgeführten Werte vorgeschlagen.

Tabelle 73   Partikelbelastung des Filtrats in einer guten Kieselgurfilterlinie für Bier (nach [241])

Filterstufe (Auslauf)	Gesamtzahl der Partikel ≥ 2 µm/100 mL
Kieselguranschwemmfilter	50.000...150.000
PVPP - Filter	5.000...15.000
Trap-Filter	< 2500
Schichtenfilter (Feinfiltration)	< 2500

Klärung und Stabilisierung des Bieres

Tabelle 74 Ermittelte $ß_x$-Werte, Rückhalteeffizienzen [1]) und Abscheidegrenzen

	Einlauf	Auslauf	$ß_{2µm}$	$R_{2µm}$	Abscheidegrenze
1. Kieselgurfilter	$1,5·10^8$	50.000	3.000	99,97 %	ca. 35 µm
2. PVPP-Filter	50.000	5.000	10	90 %	ca. 35 µm
3. Trap-Filter	5.000	2.500	2	50 %	ca. 10 µm

[1]) Die Berechnung erfolgte aus der Partikelanzahl mit der Partikelgröße ≥ 2 µm/100 mL und mit einem Unfiltrat mit einem Partikelgehalt von $1,5·10^8$ Partikeln ≥ 2 µm/100 mL.

Die ermittelten $β_x$- und R_x-Werte sind deutlich von der Qualität der Vorfiltration abhängig. Ist die Vorfiltrationsstufe „weniger effektiv", so erscheint die nachfolgende, „durchschnittlich" arbeitende Filtrationsstufe deutlich effektiver. Deshalb müssen bei der Bewertung dieser Kennwerte auch die Randbedingungen beachtet werden. Mögliche Schwankungsbreiten zeigen Beispielrechnungen in Tabelle 75, Tabelle 76 und Tabelle 77.

Tabelle 75 Schwankungsbereich der $ß_x$-Werte und Rückhalteeffizienzen im Normalbereich der Bierfiltration bei Partikeln ≥ 2 µm/100 mL am Kieselgurfilter

Partikelanzahl im Unfiltrat	ca $1,5 · 10^8$		
Partikelanzahl nach Kieselgurfilter	150.000	50.000	20.000
$β_{2µm}$	1.000	3.000	7.500
$R_{2µm}$	99,90 %	99,97 %	99,99 %

Bei diesen Werten ist zu beachten, dass bereits:
Trinkwasser (Leitungswasser Berlin) 20.000…500.000 Partikel ≥ 2 µm/100 mL und destilliertes Wasser 1000…10.000 Partikel ≥ 2 µm/100 mL enthalten kann!

Tabelle 76 Schwankungsbereich der $ß_x$-Werte und Rückhalteeffizienzen im Normalbereich der Bierfiltration bei Partikeln ≥ 2 µm/100 mL am PVPP-Filter

Partikelanzahl nach Kieselgurfilter	150.000	150.000	20.000	20.000
Partikelanzahl nach PVPP-Filter	15.000	5.000	15.000	5.000
$β_{2µm}$	10	30	1,34	4
$R_{2µm}$	90,0 %	96,7 %	25,0 %	75,0 %

Tabelle 77 Schwankungsbereich der $ß_x$-Werte und Rückhalteeffizienzen im Normalbereich der Bierfiltration bei Partikeln ≥ 2 µm/100 mL am Trap- oder Schichtenfilter

Partikelanzahl nach PVPP-Filter	15.000	5.000
Partikelanzahl nach Trap-/Schichtenfilter	2.500	
$β_{2µm}$	6	2
$R_{2µm}$	83,3 %	50,0 %

9.4.4 Validierung von Membranen und Membranfiltersystemen

Unter Validierung von Membranen und Membranfiltersystemen versteht man die reproduzierbare und für den Anwender nachvollziehbare Bewertung dieser Filtersysteme. Der Hersteller sollte im Interesse eines korrekten Leistungsvergleiches für das angebotene Filtersystem einige Angaben zur Titerreduktion (s.a. Kapitel 9.4.1.1) machen.

Weiterhin werden dem Anwender standardisierte Messmethoden zur Einsetzbarkeit eines Filters, die so genannten Integritätstests, angeboten. Mittels eines Integritätstests kann unter definierten Bedingungen vor der eigentlichen Filtration die Unversehrtheit der Membranen getestet werden.

9.4.4.1 Integritätstests

An den Integritätstest werden folgende Anforderungen gestellt:
- Er darf nicht destruktiv sein.
- Er muss exakte Aussagen über den Zustand des Filters vor und nach der Filtration liefern.
- Er muss einfach und schnell durchführbar sein.
- Das Testergebnis muss eine klare Aussage liefern und keine Fehlinterpretation ermöglichen.

Folgende Methoden werden angewendet:

Der Bubble-Point-Test:
Dieser Test (1961 von *David Pall* entwickelt und patentiert) nutzt die Kapillar- und Oberflächenkräfte aus, die in einer benetzten Membranpore eine Flüssigkeitssäule festhalten. Durch das Anlegen eines definiert steigenden Luftdruckes wird die Flüssigkeitssäule bei einem Druck aus der Pore verdrängt und es erfolgt eine deutlich höhere Gaspassage durch die Membran.

Der Luftdruck, bei dem der erste kontinuierliche Luftblasenstrom das Filtermittel verlässt, wird als Blasendruck oder *Bubble-Point* bezeichnet. Die Testdruckwerte für die unversehrte Membran werden herstellerseitig ermittelt und sollten dem Anwender für Vergleichszwecke bekannt sein.

Kritische Punkte sind u. a. die individuelle Auslegung, was ein kontinuierlicher Blasenstrom ist. Weiterhin wird der Bubble-Point-Test von der Reinseite des Filters ausgeführt und erhöht die Kontaminationsgefahr. Dieser Test ist deshalb kein eindeutiger Integritätstest. Er wird deshalb vorwiegend für den internen Gebrauch verwendet.

In DIN 58355-2 [243] wurde dieser Test zur Charakterisierung und Qualitätskontrolle von Membranfiltern mit einer nominalen Porenweite ≥ 0,1 µm, vorzugsweise für Flachfilter mit einer effektiven Filterfläche bis 700 cm^2, standardisiert.

Der Forward-Flow-Test:
Er ist auch unter den Termini „Diffusionstest" oder „Druckhaltetest" nach DIN 58356-2 [244] bekannt. Ähnlich dem Bubble-Point-Test wird ein definierter Testdruck, etwa 20 % unterhalb des Bubble-Point-Druckes, an eine benetzte Membran angelegt. Nach einer Stabilisierungszeit von 5 oder 10 min wird die Gaszufuhr unterbrochen. Bei der Testdurchführung wird die Gasdiffusion durch den Filter gemessen.

Dieser Test kann in folgenden zwei Varianten durchgeführt werden:
- Es werden bei einem festgelegten Testdruck in einem Druckhaltetest bei geschlossener Druckquelle die Druckabfallwerte während eines Zeitraumes von üblicherweise 5 oder 10 min auf der mit dem Druck beaufschlagten Seite des Filters gemessen, oder
- es wird das Volumen des diffundierenden Gases bei konstantem Testdruck gemessen.
- Die Messung kann auch automatisiert unter Verwendung eines Testdruckgerätes durchgeführt werden (s.a. Abbildung 193).

Der Forward-Flow-Test liefert genaue Ergebnisse über den Druckabfall oder die Gasdiffusion ohne die Möglichkeit einer subjektiven Fehlbeurteilung. Solange sich die Porengrößen während der Anwendung der Membran nicht verändern, bleiben die Messwerte konstant.

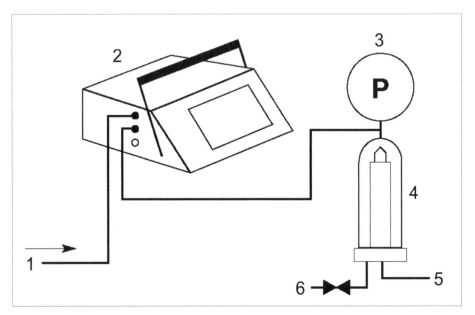

Abbildung 193 Automatisierter Forward-Flow-Integritätstest nach Pall [233]
1 Druckgas, konstanter Druck **2** Integritätstestvorrichtung Palltronic Flowstar **3** Kalibrierter Drucksensor am Filtereinlauf **4** Filtergehäuse mit befeuchteter Testkerze **5** Auslauf, zur Atmosphäre offen **6** Auslauf geschlossen

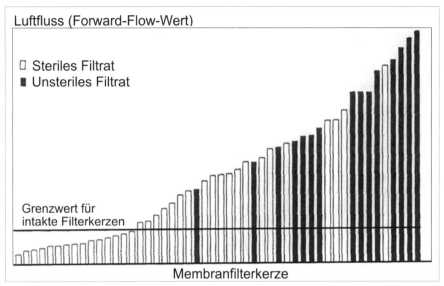

Abbildung 194 Experimentell ermittelter Zusammenhang zwischen dem Forward-Flow-Test bei konstantem Druckgefälle und dem Bakterienrückhaltevermögen von definierten Membranfilterkerzen nach Lotz und Weiser [245]

Zur weiteren genauen Charakterisierung der Filtermembran sind durch den Filterhersteller destruktive Leistungstests erforderlich. So kann der Forward-Flow-Test mit relevanten mikrobiellen Belastungstests unter Verwendung verschiedener Mikroorganismen in Beziehung gesetzt werden. Dieser Test kann dann in Abhängigkeit von der Druckbelastung unterschiedlichen mikrobiellen Rückhalteraten zugewiesen werden. Er charakterisiert einen hohen Sicherheitsfaktor für einen definierten Membrantyp und gibt einen Hinweis auf das garantierte Rückhaltevermögen. Ein Beispiel für die Ermittlung eines Grenzwertes für intakte Membranen zeigt Abbildung 194.

Da zwischen den Membranen aus unterschiedlichen Materialien und verschiedenen Herstellern Unterschiede bestehen, ist es nicht möglich, die Integritätsdaten einer Membran auf eine andere zu übertragen. Der Hersteller muss seine ermittelten Integritätsdaten für mikrobiell und partikulär validierte Filtermedien dem Anwender zur Verfügung stellen (Beispiele dazu s.a. im Kapitel 13).

Der Testdruck und die Druckabfallwerte bzw. die Diffusionswerte sind im Wesentlichen von folgenden Faktoren abhängig:
- Der Porenweite (µm) und der mittleren Porenverteilung;
- Der Temperatur des Benetzungsmittels und des Filters;
- Dem Testgas (Luft oder N_2);
- Dem Benetzungsmittel (auch Alkohol-Wasser-Mischungen werden verwendet);
- Dem Filtermedium und damit seiner Benetzbarkeit;
- Den Wassereigenschaften (optimale Benetzung und damit genauere Ergebnisse sind nur mit entgastem Wasser erreichbar);
- Der Gehäusegröße und der Anzahl der eingebauten Kerzen (also von der vorhandenen Membranfilterfläche), hier hat das Unfiltratvolumen des Gehäuses einen großen Einfluss;

Klärung und Stabilisierung des Bieres

▫ Die Vorbereitung des Filters vor dem Testbeginn, z. B. das Spülen des Filters bei ausreichendem Gegendruck (je nach Membranmaterial mit 0,5...3,5 bar) beeinflusst die optimale Benetzung.

Wenn Herstellerangaben für eine Membranfilteranlage fehlen, kann der zulässige Druckabfall nach [246] wie folgt berechnet werden:

$$p_A - p_E = \frac{V_D \cdot t \cdot p}{V_G} \qquad \text{Gleichung 72}$$

p_A = Druck am Anfang des Tests in mbar
p_E = Druck am Ende des Tests in mbar
V_D = Maximal zulässiges Diffusionsvolumen in mL/min
t = Testzeit in min
p = Atmosphärischer Druck in mbar
V_G = Unfiltratgehäusevolumen bis zum Eingangsventil in mL

Für eine Membran vom Typ *Pall* Ultipor® N66 mit der Porenweite 0,45 μm beträgt z. B. das maximal zulässige Diffusionsvolumen für ein 250 mm langes Kerzenelement V_D = 10 mL/min.

9.4.4.2 Spezifische Durchflussrate von Membranfilterelementen

Die spezifische Durchflussrate charakterisiert vorzugsweise Membranfilterelemente mit nominellen Porenweiten zwischen 0,02...3,0 μm. Sie gibt das durchgesetzte Flüssigkeitsvolumen bei vorgegebener Temperatur, bezogen auf die Filtrationszeit, Filtrationsfläche und anstehenden Differenzdruck für das untersuchte Filterelement an. Nach DIN 56356-3 [247] werden für hydrophile Membranfilter als Prüfflüssigkeit reinstes Wasser und für hydrophobe Membranfilter gut benetzende organische Lösungsmittel bzw. Lösungsmittelgemische verwendet. Die Prüftemperatur soll 22 ± 2 °C betragen.

Die spezifische Durchflussrate Q wird nach folgender Gleichung bestimmt:

$$Q = \frac{V}{t \cdot (\Delta p_a - \Delta p_b)} \qquad \text{Gleichung 73}$$

Q = spezifische Durchflussrate der Flüssigkeit in L/(min·bar), bezogen auf $\Delta p_a - \Delta p_b$
V = Volumen der Prüfflüssigkeit in L
t = Filtrationszeit in min
Δp_a = Druckdifferenz vor und nach dem Filtergehäuse mit eingebauter Membranfilterkerze
Δp_b = Druckdifferenz vor und nach dem Filtergehäuse ohne eingebaute Membranfilterkerze bei gleichem Volumenstrom wie bei Δp_a gemessen.

Für Flachfilter ist die Prüfvorschrift in DIN 58355-1 [248] standardisiert, hier wird die spezifische Durchflussrate noch auf die effektive Filtrationsfläche bezogen.

Die Q-Werte für Bier als kolloidhaltige Flüssigkeit sind leider nicht mit den Q-Werten der genannten Testflüssigkeiten vergleichbar. Deshalb sagen diese Q-Werte wenig über das Verhalten des Filters bei Bier aus. In der Praxis gelten für die tatsächliche Anströmung von Membranfiltern Erfahrungswerte, die nicht nur technisch, sondern auch betriebswirtschaftlich begründet sind. Z. B.gibt *Pall* eine Empfehlung für ein 10"-Modul des Ultipor® N66 0,45 μm von 0,8…1,0 hL Bier/h [233].

9.5 Schichtenfiltration
9.5.1 Zur Stellung des Schichtenfilters

Bei der Schichtenfiltration werden als Filtermittel industriell gefertigte Filterschichten unterschiedlicher Zusammensetzung und Porenweite verwendet (s.a. Kapitel 13.6 und Kapitel 13.8). Das Trubaufnahmevermögen der Filterschichten ist im Gegensatz zur Anschwemmschicht auf Grund des geringeren Hohlraumvolumens deutlich kleiner. Deshalb wird ein Schichtenfilter bei der Bierfiltration in der Regel nur als ein dem eigentlichen Bierfilter nachgeschaltetes Filter eingesetzt.

Die Nachfiltration dient zur wesentlichen Erhöhung der biologischen Haltbarkeit und Verbesserung der Klarheit des Bieres. Dieses Ziel kann nur bei einem guten Vorfiltrat, das selbst visuell schon blank ist, erreicht werden. Bei mit hohen Keimzahlen belasteten Vorfiltraten und besonders bei starken Keimzahlschwankungen am Schichtenfiltereinlauf ist der haltbarkeitserhöhende Effekt der Nachfiltration gering. Die Schichtenfiltration kann also nur die Aufgabe einer Polier- oder Sicherheitsfiltration haben.

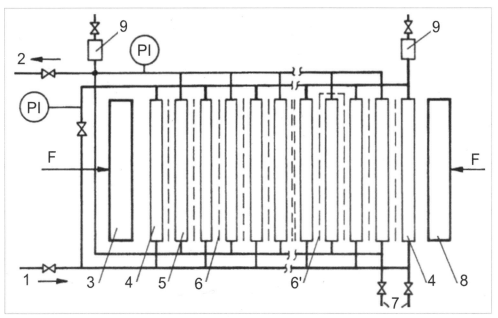

Abbildung 195 Schichtenfilter, schematisch
1 Unfiltrat **2** Filtrat **3** Gestellplatte, fest **4** Filterplatte, einseitig **5** Filterplatte **6** Filterschicht **6'** Filterschicht als Faltschicht ausgebildet **7** Restentleerung **8** Druckplatte, beweglich **9** Entlüftungslaterne **F** Spannkraft

Die Filtrierwirkung beruht sowohl auf Sieb- als auch auf Tiefen- und Adsorptionseffekten. Bei „steril filtrierenden" Schichten werden trotz eines mittleren Porendurchmessers von 5...20 µm Bakterien mit einem Durchmesser von unter 0,5 µm bei stark adsorptiv wirkenden Filterschichten zurückgehalten. Je stärker das Vorfiltrat mit Trübstoffen belastet ist, um so eher erschöpft sich das Trubstoffaufnahmevermögen der verwendeten Schichten. Der Differenzdruck zwischen Filterein- und -auslauf nimmt zu, und der Wirkungsgrad der Filtration fällt schnell ab.

Neben dem positiven Einfluss auf die Qualität des Endproduktes hat ein Schichtenfilter folgende wesentliche Nachteile, die seine generelle Anwendung einschränken:
- großer Flächenbedarf und Arbeitsaufwand,
- hohe Betriebskosten,
- geringe Standzeit,
- große Anfälligkeit gegen höhere Keimzahlen und Feststoffkonzentrationen im Vorfiltrat,
- keine Automatisierbarkeit,
- nur manuelle Reinigung,
- Probleme beim Entlüften (O_2-Eintrag) u. a.

Dies führte dazu, dass anstelle des Schichtenfilters auch ein 2. Anschwemmfilter als Nachfilter eingesetzt wurde [249].

9.5.2 Aufbau und Funktion des Schichtenfilters

Schichtenfilter sind den in Kapitel 7.3.3.1 dargestellten Anschwemm-Schichtenfiltern nahezu baugleich. Im Gegensatz zu diesen Filtern werden im Gestell jedoch nur Filterplatten gespannt. Die einzelnen Baugruppen sind identisch. Die Abdichtung der Platten erfolgt durch die dazwischen gelegten Filterschichten, die sowohl als Einzelschichten dazwischen gestellt oder als Faltschicht über jede zweite Filterplatte gehängt werden (Abbildung 195). Jede zweite Filterplatte wird um 180° gedreht eingesetzt. Unterhalb der Filterschichten kann eine Leckage-Sammelwanne angeordnet werden, um Produkt aufzufangen.

Die maximale Filterfläche eines Schichtenfilters ergibt sich aus der Zahl der Filterschichten und deren Größe. Die Zahl der Filterschichten bzw. Filterplatten je Filter kann ≤ 250 Stück betragen. Gegebenenfalls werden mehrere Filter parallel betrieben, um große Filterflächen zu realisieren.

Der maximale Betriebsdruck der Schichtenfilter beträgt in der Regel $p_ü$ ≤ 6 bar.

9.5.3 Auswahl der Filterschichten

Je nach Filtrationsaufgabe kann zwischen Klär- und Sterilschichten gewählt werden (s.a. Beschreibung im Kapitel 13.8.2.2).

Mit Klärschichten lassen sich Schwankungen in der Filtratqualität des Vorfilters teilweise ausgleichen, sie halten im Wesentlichen nur Hefen zurück. Als Klärschichten mit einer längeren Standzeit sind so genannte Hochleistungsschichten bekannt, die durch einen Kieselguranteil ein höheres Trubstoffaufnahmevermögen haben. Hochleistungsschichten haben gegenüber normalen Klärschichten den Nachteil einer höheren Empfindlichkeit gegenüber Druckstößen.

Die Entkeimungs- oder Sterilschichten halten bei entsprechender Arbeitsweise wirkungsvoll biologische Keime im Filtrat zurück. Sie werden besonders zur Erhöhung der biologischen Haltbarkeit des Bieres eingesetzt. Bei der Auswahl des Schichttyps sind auch betriebswirtschaftliche Zielstellungen zu beachten (Kosten, Filterdurchsatz, Standzeit der Filterschicht).

9.5.4 Die erforderliche Filterfläche und die Wahl des Filterschichtentyps

Das zur Nachfiltration vorgesehene Schichtenfilter muss in seinem Durchsatz unter Berücksichtigung des Filterschichtentyps auf den Maximaldurchsatz des Vorfilters abgestimmt sein. Bei der Festlegung der erforderlichen Filterfläche des Schichtenfilters ist unbedingt zu beachten, dass der spezifische Filterdurchsatz bei den einzelnen Schichttypen unterschiedlich ist und im Interesse eines biologisch einwandfreien Filtrates nicht überschritten werden darf. Höhere Fließgeschwindigkeiten können die nur durch Adsorptionskräfte festgehaltenen Trübstoffe oder Mikroorganismen durch das Filter hindurchspülen und z. B. die haltbarkeitserhöhende Wirkung einer Entkeimungsschicht völlig zunichte machen.

9.5.5 Der spezifische Filterdurchsatz, spezifisches Filtratvolumen, Standzeit des Filters und maximal zulässiger Differenzdruck

Spezifischer Filterdurchsatz
Der spezifische Filterdurchsatz kann die in Tabelle 78 genannten Werte erreichen.

Spezifisches Filtratvolumen:
Das spezifische Filtratvolumens bis zur Regenerierung schwankt bei der Klärfiltration zwischen 30...90 hL/m^2 und bei der EK-Filtration zwischen 10...20 hL/m^2.

Standzeit
Die Standzeit einer Filterschicht kann die in Tabelle 78 genannten Werte erreichen.

Tabelle 78   Spezifischer Filtratdurchsatz und Standzeiten von Filterschichten

Filteraufgabe	Spezifischer Filtratdurchsatz in hL/(m^2·h)	Standzeit in Stunden
Klärfiltration mit Normalschichten	1,2	50...60
Klärfiltration mit „Hochleistungsschichten"	≤ 1,5	ca. 100
EK- oder „Steril"-Filtration	0,9...1	20 40 *)

*) bei „Hochleistungsschichten"

Klärung und Stabilisierung des Bieres

Zulässige Druckdifferenz

Da ein zunehmender Differenzdruck zwischen Filterein- und Filterauslauf die nur adsorptiv gebundenen Mikroorganismen und Trübstoffe durch das Filter pressen kann, werden von den Filterschichtenherstellern für die unterschiedlichen Typen von Filterschichten die maximal zulässigen Differenzdrücke für eine Filterschichtencharge vorgegeben.

Allgemein kann man bei Hochleistungsklärschichten von einem maximal zulässigen Differenzdruck von ≤ 1,5 bar und bei Steril- oder Entkeimungsschichten von ≤ 1,0 bar ausgehen. Die Überprüfung des Differenzdruckes ist allein allerdings keine ausreichende Kontrolle über den Erschöpfungsgrad der Filterschichten. Hier sind zusätzliche mikrobiologische Stufenkontrollen zur Optimierung des Betriebsregimes erforderlich. Die Ergebnisse liegen dann aber in der Regel erst nach Abschluss der Filtration vor!

9.5.6 Vorbereitung des Schichtenfilters und Filtration

In das saubere Filter werden die Schichten mit der „glatten Seite" (mit Siebmarkierung) zur Filtratseite eingelegt. Der Filterschichtenwechsel erfolgt überwiegend manuell. Zur Erleichterung des Einlegens der Filterschichten werden Zentrierungen und Auflagen angebracht. Faltschichten benötigen keine untere Auflage. Die Funktion der seitlichen Zentrierung kann auch von den Tragholmen oder von den entsprechend angeordneten Kanalaugen wahrgenommen werden.

Vor dem Zusammendrehen/Spannen des Filters sind die Filterschichten an den Anpressstellen von außen zu benässen.

Zur Entfernung des papierartigen Geschmacks neuer Schichten werden sie mit Kaltwasser in Filtrationsrichtung gespült, bis das Wasser geschmacklos ist und keine losen Fasern im Wasser mehr erkennbar sind.

Das Filter ist dann einschließlich des Leitungssystems durch einen Heißwasserkreislauf über einen Wärmeübertrager zur Aufheizung und Abkühlung des Kreislaufwassers (oder mittels Dampf von $p_ü ≈ 50$ kPa) zu sterilisieren. Am Filterauslauf soll die Wassertemperatur für 20...30 min etwa 85 °C betragen.

Das Filter ist danach abzukühlen, mit sauerstofffreiem Wasser aufzufüllen und vollständig zu entlüften oder mit CO_2 zu spülen und vorzuspannen. Bei Verwendung von nicht entgastem Wasser weist das filtrierte Bier einen deutlich höheren Sauerstoffgehalt auf (z. B. beim Umschalten vom Vorlauf- auf den Drucktank > 0,6 mg O_2/L, erst nach 90 min wurde ein Wert von 0,2 mg O_2/L erreicht!).

Die Wasserkreisläufe des Kieselgurfilters und des nachgeschalteten Schichtenfilters sind bei der Filtrationsvorbereitung (Grundanschwemmungen des Kieselgurfilters, Spülen und Sterilisation des Schichtenfilters) grundsätzlich getrennt zu führen. Kieselgur- und Kieselgelteilchen sind nur schwer bei der Regenerierung der Schichten zu entfernen und führen zu einer frühzeitigen Verblockung des Schichtenfilters.

Beim Umstellen von Wasser auf Bier sind Druckstöße und Schaumbildung unbedingt zu vermeiden. Der Filtrationsvorgang sollte möglichst kontinuierlich ohne Unterbrechung erfolgen. Der anfallende Verschnitt ist als Vorlauf abzutrennen und als solcher zu behandeln (s. Kapitel 7.2.9.4).

Am Ende eines Filtrationstages ist das Filter mit O_2-freies Wasser oder CO_2 leer zudrücken und der Nachlauf wie der Vorlauf gesondert zu behandeln.

Eine vor- und nachlauffreie Schichtenfiltration erfordert erhöhte Sorgfalt. Dazu wird das mit sauerstofffreiem Wasser gefüllte und entlüftete Filter mit CO_2 leer gedrückt und ein Druck von $p_ü ≤ 2$ bar eingestellt. Dann ist das Filter mit Bier langsam und völlig schaumfrei zu füllen. Das erste Bier ist wie beim Vorlauf abzutrennen. Am Ende einer Charge ist das Filter mit CO_2 leer zu drücken und auch dieses Bier als Nachlauf zu betrachten. Der Vorteil liegt darin, dass kein verdünnter Vor- und Nachlauf anfällt.

9.5.7 Regenerierung des Schichtenfilters

Einfache bzw. ältere Typen von Filterschichten

Einfache bzw. ältere Typen von Filterschichten werden am Ende eines Filtrationstages mit kaltem Wasser in Filtrationsrichtung solange gespült, bis das austretende Wasser schaumfrei ist (bei normalem Filtervolumenstrom etwa 20 min, bei doppeltem Volumenstrom etwa 10 min).

Durch Warmspülung mit Wasser von 50...55 °C werden ein besserer Spüleffekt und eine Wassereinsparung von bis zu 30 % erreicht. Gleichzeitig wird das Filter für das nachfolgende Sterilisieren vorgewärmt. Der Regenerierungseffekt der Filterschichten wird nur auf das Herauslösen instabiler Trübungspartikel aus der Filterschicht auf Grund des höheren pH-Wertes des Wassers zurückgeführt. Bei der Wasserspülung sind die Entlüftungsarmaturen zu öffnen, und bei der Sterilisation ist die Filterpressung zur Vermeidung zu großer Spannungen zu lockern. Die Entlüftungsarmaturen bleiben, um Vakuum zu vermeiden, beim langsamen Abkühlen des Filters offen (ein steriler Watteverschluss oder Luftfilter ist erforderlich) oder das Filter wird mit CO_2 beaufschlagt.

Eine Reinigung und Desinfektion des Filters nach dem CIP-Verfahren ist nicht möglich (nur manuelle Reinigung). Bei CrNi-Stahl- und Kunststoffplatten kann unmittelbar vor dem Verwerfen der Filterschichten das Filter noch im gepackten Zustand mit 1,5...2%iger NaOH gefüllt und über einen Wärmeübertrager auf 80 °C aufgeheizt werden (Dauer 3...12 h). Nach dem Leerdrücken, Spülen und Auspacken wird die manuelle Reinigung durchgeführt. Dabei können HD-Spritzgeräte hilfreich sein.

Moderne Tiefen- und Hochleistungsfilterschichten

Moderne Tiefen- und Hochleistungsfilterschichten (z. B. mit einem Porenvolumen ca. 75...80 % können bei einer Stärke von 4 mm etwa 3,5 Liter Trubvolumen/m^2 Filterfläche zurückhalten) besitzen eine asymmetrische Porenstruktur (in Filtratrichtung enger werdend) und eine deutlich höhere Nassfestigkeit bzw. Nassstabilität als die älteren Schichtentypen. Hier wird von den Filterschichtenherstellern zur wirkungsvolleren Regenerierung eine Rückspülung des Filters (entgegengesetzt zur Filtratrichtung) in folgenden Schritten empfohlen (zusammengestellt nach Anwenderhinweisen der Fa. *Begerow* [250], [251]):

- Die Rückspülung des Filters erfolgt bei leicht entspanntem Filterpaket (damit keine Produktreste in die Randzonen kommen und einen Schimmelbefall begünstigen) unter einem Gegendruck von mindestens 0,5 bar bis ca. 1 bar (damit gleichmäßigere Durchströmung).
- Bei einer Fließgeschwindigkeit von 1,5...2,3 hL/(m^2·h), entsprechend einer 1,0...1,5-fachen Filtrationsgeschwindigkeit, ist zur Rückspülung grundsätzlich frisches, einwandfreies klares Wasser in Trinkwasserqualität zu verwenden (keine Kreislaufschaltung!).

Klärung und Stabilisierung des Bieres

- Die Spülwirkung ist am günstigsten, wenn das Filterpaket diagonal durchströmt wird (Spülwassereinlauf und Spülwasserauslauf sollen diagonal gegenüber liegen).
- Das Produkt wird am Filtrationsende mit Wasser in Filtrationsrichtung in einen Nachlauftank gedrückt.
- Das Filter wird danach entgegen der Filtrationsrichtung mit kaltem Wasser für ca. 5 min gespült.
- Danach wird das Wasser kontinuierlich auf ca. 80...85 °C (maximal 90 °C) aufgeheizt. Dadurch werden adsorptiv gebundene eiweiß- und kohlenhydrathaltige Polymere und Trübstoffe sehr gut gelöst und in Richtung der größer werdenden Poren heraus gespült.
- Erforderliche Heißspüldauer ca. 20 min, zur Verbesserung des für den Spüleffekt erforderlichen Gegendruckes sind die Entleerungs- und Entlüftungsarmaturen an der Spülwasseraustrittsseite zu drosseln und an der Spülwassereintrittsseite kurz nach dem Spülbeginn zu schließen.
- Die Spüldauer sollte mindestens solange erfolgen, bis das heiße Spülwasser an den Auslauflaternen und Auslaufarmaturen klar und schaumfrei austritt.
- Genauer lässt sich die erforderliche Spüldauer abschätzen, wenn
  - man die Abnahme des CSB-Wertes von definierten Spülwassermengen bestimmt oder
  - die Durchflusszeit gleicher Mengen des am Filter auslaufenden Spülwassers durch eine Labor-Testmembran (0,2...0,6 µm) bei 6...8 °C ermittelt oder
  - mittels Trübungsmessung am Filterauslauf.
- Nach beendeter Rückspülung hat das Filter jetzt eine Temperatur von ca. 80 °C und kann jetzt mit Heißwasser von ca. 85 °C in Filtrationsrichtung ca. 25 min „sterilisiert" werden. Das Heißwasser kann zur Energie- und Wassereinsparung im Kreislauf gefahren werden.
- Eine wirkungsvollere Entkeimung des Schichtenfilters ist durch Dämpfen mittels Sattdampf (maximal 134 °C) zu erreichen. Hierzu ist das Filter durch Öffnung aller Armaturen vollkommen zu entleeren.
- Der Dampf soll frei von allen Partikeln und Verunreinigungen sein (die Filtration des Sattdampfes über 10-µm-Metallfilterkerzen ist empfehlenswert). Während des Dämpfens müssen Dampfschläge durch offene Kondensatabläufe vermieden werden.
- Nach dem Austritt einer Dampffahne aus den Entlüftungs- und Ablaufarmaturen sind diese leicht zu schließen und das Filter weitere 20...30 min zu dämpfen.
- Nach der Heißbehandlung ist das Filter in Filtrationsrichtung durch keimfreies Kaltwasser abzukühlen. Optimal ist das anschließende Leerdrücken des Filters mittels CO_2 und das Stehenlassen unter einem Überdruck von $\geq 0{,}3$ bar.
- Vor Filtrationsbeginn ist das Filter erneut kurz zu spülen. Bei längeren Filtrationspausen (> 24 h) sollte das Filter vor der Wiederverwendung heiß „sterilisiert" und dann kalt gespült werden.

9.6 Filtration mit Kerzen- und Modulfiltern
9.6.1 Allgemeine Hinweise zur Filtration mittels Kerzen- und Modulfiltern

Folgende Besonderheiten sind bei der Filtration mit Tiefenfiltersystemen im Vergleich zum Schichtenfilter zu beachten (Hinweise siehe u.a. [252]):
- Der Vor- und Nachlauf des Kieselgurfilters ist grundsätzlich vor dem nachgeschalteten Trap- und evtl. Tiefenfilter abzutrennen.
- Die Tiefenfilter- und Membranfiltersysteme sind mit entgastem Wasser zu füllen und mit CO_2 leer zu drücken und unter einem Überdruck von ca. 2 bar zu halten, der beim vorsichtigen Auffüllen mit dem Kieselgurfiltrat eine CO_2-Entbindung vermeidet.
- Bei Filtrationsbeginn sind von den nachgeschalteten Tiefenfiltersytemen die Einlauf- und Auslaufdrücke zu notieren und der Anfangsdifferenzdruck zu berechnen.
- Ist bei der Filtration der doppelte Differenzdruck im Vergleich zum Anfangsdifferenzdruck erreicht, sind die Tiefenfilter zu regenerieren, um eine generelle Verblockung zu vermeiden, betriebliche Erfahrungswerte sind hierbei zu beachten.
- Nach Beendigung der Filtration sind die Filter mit CO_2 leer zu drücken, um den Filtrationsschwand zu minimieren.

Beispiel für eine Anlagenauslegung bei einer Polierfiltration (nach [253]):
- Erforderlicher durchschnittlicher Filtratdurchsatz: 80 hL/h;
- Durchsatz einer 0,7-µm-Polypropylentiefenfilterkerze (als Polierfilter, gewährleistet 100 % Herückhaltung und eine partielle Fremdkeimreduzierung) mit einer Bauhöhe von 30 Zoll ca. 3 hL/h;
- Empfohlen wird ein Standardfiltergehäuse für 24 Stück 30"-Kerzen;
- Je nach Trub- und Partikelbelastung wird bei hellen untergärigen Lagerbieren eine Standzeit von 500…1000 hL pro 30"-Kerze erwartet.
- Der zu erwartende Gesamtdurchsatz beträgt bei 24 Filterkerzen mit 30 Zoll Länge ca. bis zu 24.000 hL.

9.6.2 Reinigung und Sterilisation der Kerzen- und Modultiefenfiltersysteme

Die Reinigung und Desinfektion der Kerzen- und Modultiefenfiltersysteme wird ähnlich wie bei den modernen Tiefenfilterschichten (siehe Kapitel 9.5.7) durchgeführt. Sie ist jedoch sehr stark vom Hersteller, der Filterkonstruktion und vom Filterschichtaufbau abhängig. Die spezifischen Herstellerhinweise sind vom Anwender zu beachten:
- Ein Spülen entgegen der Filtrationsrichtung mit Kaltwasser (bis der Ablauf optisch blank ist; Dauer ca. 2 min), wird aber nur von einzelnen Filterherstellern und nur für spezielle Filtertypen empfohlen; *)
- Spülen mit Heißwasser (70…80 °C) entgegen der Filtrationsrichtung bis das auslaufende Spülwasser optisch blank ist (Dauer ca. 8 min), eine längere Standzeit des Filters mit Heißwasser (über Nacht) mit anschließender heißer Rückspülung fördert die Reinigung; *)
- Zur anschließenden Sterilisation sind alle Ausläufe zu öffnen und das Filtersystem ist in Filtrationsrichtung mit Heißwasser (mindestens 85 °C) ca. 20 min zu spülen, alternativ kann auch Sattdampf mit höchstens 125 °C verwendet werden;

Klärung und Stabilisierung des Bieres

- Anschließend ist das Filtersystem mit CO_2 leer zu drücken und ein Gegendruck von etwa 2 bar aufzubauen (alternativ kann auch mit kaltem, sterilen Wasser das Filtersystem für die nächste Filtration vorbereitet werden, allerdings kostenintensiv).

*) Praxiserfahrungen der *Fa. Pall* zum Problem Rückspülen [254]:
Rückspülen entgegen der Filtrationsrichtung ist sinnvoll bei Trap-Filtern (feste Partikel liegen oberflächennah). Bei Modulfiltern ist es lediglich bei *Pall* Supradisc II-Modulen erlaubt. Die Feinfilter (0,5...1,5 µm) verblocken durch lösliche Bierinhaltsstoffe, die man wieder in Lösung zu bringen versucht.
Ein Rückspülen bei diesen setzt eine Wasserqualität voraus, die der Filtratqualität des Feinfilters entspricht. Das ist nicht praxisgerecht. Deshalb ist das Rückspülen hier kritisch zu sehen.

Auf Grund der chemischen Stabilität dieser Tiefenfiltersysteme ist bei starken Verschmutzungen z. B. folgende Spezialreinigung noch zusätzlich möglich (nach [255]):
- Als getrennt anzusetzende und zu dosierende Lösungen werden benötigt: eine 1...2%ige NaOH, 0,5%iges H_2O_2 und 0,5...1%ige Zitronensäure;
- Nach der Kalt- und Warmwasserspülung (50 °C) schließt sich die Laugenspülung auch in entgegengesetzter Filtrationsrichtung an, nachdem die ersten Liter der Lauge verworfen werden (stark verschmutzt) wird bei einem Gegendruck von ca. 1 bar im Kreislauf gepumpt (5...10 min).
- Bei der Kreislaufreinigung mit Lauge wird dann H_2O_2 vorsichtig zudosiert und weitere 30 min (maximal 4 h) umgepumpt.
- Danach wird mit Kaltwasser bis zur pH-Wertneutralität gespült (genaue Kontrolle ist nötig).
- Zur weiteren Neutralisation kann das Filtersystem mit 0,5...1%iger Zitronensäure bei ca. 30 °C Wassertemperatur 5 min im Kreislauf gespült werden.
- Zum Abschluss erfolgt eine erneute Wasserspülung bis zur pH-Wertneutralität.

9.7 Membranfiltration

9.7.1 Zur Geschichte und den Besonderheiten der Membranfiltration

Die Membranfiltration wird hauptsächlich als sichere und überprüfbare Entkeimungsfiltration angewendet. Vor ca. 130 Jahren wurde eine Entkeimungsfiltration erstmalig mit einer dichten Porzellanfilterkerze realisiert. Eine großtechnische Entkeimungsfiltration war erst 1913/14 mit Hilfe der Erfindung der *Seitz*-Entkeimungsschichten, die aus Zellstoff-Asbest-Mischungen bestanden, möglich. Etwa zur gleichen Zeit entwickelte *Zysigmondy* eine feinporige Filtermembran, die 1929 von der Fa. *Sartorius* in Göttingen großtechnisch hergestellt wurde. Seitdem wurden die beiden Filtermedien und die dazu gehörigen Geräte entscheidend weiter entwickelt.

Der Begriff „Membran" stammt vom lateinischen Wort *membrana* ab und bedeutet sinngemäß „Häutchen". Nach dem heutigen Verständnis ist eine Membran eine sehr dünne Haut mit einer semipermeablen Durchlässigkeit. Eine gleichmäßige Porenverteilung gewährleistet eine definierte Abscheiderate.

Zu beachtende Besonderheiten und Probleme

- Üblicherweise werden für die Entkeimungsfiltration Membranen eingesetzt, deren Porenweiten zwischen 0,45...0,65 µm angegeben werden. Diese Angaben sagen noch wenig aus über die mikrobiologischen Rückhalteraten.
  Das erreichte mikrobiologische Ergebnis lässt sich nur durch die Bestimmung der Titerreduktion bzw. des LRV-Wertes ermitteln (s.a. Kapitel 9.4.1).
- Membranen sind Oberflächenfilter, die bei der Abtrennung von Feststoffen aus Flüssigkeiten nach dem Siebeffekt wirken.
  Alle Trübungspartikel, die größer sind als die vorhandenen Membranporen, werden auf oder nahe der Oberfläche abgeschieden und führen zu einer zunehmenden Verblockung. Besonders problematisch für die Erhaltung der Durchflussfähigkeit durch die Membran sind gelförmige Polymere.
  Die Aufnahmekapazität von Trubstoffen auf den Membranen ist im Vergleich zur Tiefenfiltration deshalb sehr gering. Eine wirtschaftliche Membranfiltration erfordert deshalb ein sehr gut vorgeklärtes Bier (s.a. Kapitel 4.4.3).
- Bei der Entkeimungsfiltration werden keine im Bier enthaltenen Enzyme (z. B. die Schaum schädigende Proteinase A aus der Hefe) entfernt oder inaktiviert wie bei einer thermischen Haltbarmachung.
  Um Qualitätsschäden im abgefüllten Bier zu vermeiden, ist hier sehr großer Wert auf eine gesunde Erntehefe zu legen.
- Auch bei großen Membranfiltern mit 40"-Filterkerzen ($\hat{=}$ 1016 mm nominaler Länge) werden bei fehlerfreier Montage Differenzdruckgefälle zwischen der oberen Teilkerze und der unteren Kerze vermieden, die bei der Reinigung eine ungleichmäßige Durchspülung der einzelnen Teilkerzen verursachen könnten.
- Membranfilterkerzen werden vorzugsweise hängend in sogenannten Inline-Gehäusen installiert (unten Einlauf, oben Auslauf). Nur so kann die Filterkerze sicher und komplett filtratseitig entlüftet werden (siehe Abbildung 196 und Abbildung 202).
  Werden einfache Gehäuse verwendet (stehende Kerzen; unten ein unten aus) beobachtet man eine Vorzugsströmung im unteren Bereich, resultierend in einer forcierten Verblockung der unteren Module.
  Außerdem ist die Gasblase im Inneren der Kerze eingeschlossen, da die nasse bzw. benetzte Membran unterhalb des Bubble-Point-Druckes gasdicht ist. Und falls das Gas sauerstoffhaltig ist, steigen entsprechend die O_2-Werte im Bier an.
  Sinngemäß gelten diese Aussagen auch für die Heißwassersterilisation: Der obere Teil der Kerze wird nicht oder ungenügend durchströmt, insbesondere dann, wenn der Volumenstrom begrenzt ist.
- Die Clusteranordnung der Filterkerzen (siehe Kapitel 9.7.2) ermöglicht dagegen eine intensivere Reinigung des einzelnen Cluster und überwindet bei der Reinigung dieses Problem.
- Bei den ersten 10...15 min des Filtrationslaufes können im filtrierten Bier etwas geringere Analysenwerte in der Bierfarbe, bei den Gesamtpolyphenolen und den Anthocyanogenen gefunden werden.
  Dies trifft insbesondere zu für Membranen aus Nylon. Allerdings ohne

sensorische Veränderungen. Für helle Biere, die empfindlicher sind gegen Farbaufhellung, werden deshalb Polyethersulfonmembranen angeboten [257].

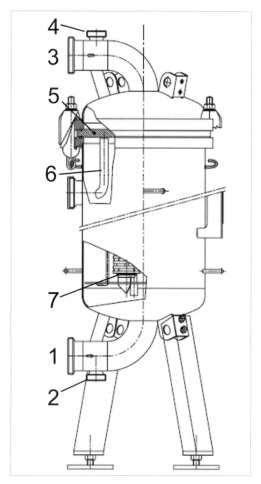

Abbildung 196   Membrankerzengehäuse für die hängende Anordnung der Filterkerzen Typ SFG 7 (nach Pall)

Das Gehäuse ist für 8, 12, 19, 31 und 44 Filterkerzen (Länge 30" oder 40") verfügbar [598]. Die Anschlussnennweiten für Zu- und Ablauf liegen im Bereich DN 50 ... DN 100, der max. Betriebsdruck bei ≤ 10 bar.
1 Einlauf   **2** Restentleerung   **3** Auslauf   **4** Entlüftung   **5** Filterboden für Filterkerzen   **6** Entlüftung Zulaufraum, Austritt seitlich   **7** Filterkerze

9.7.2 Membrankerzenfilter in Clusteranordnung

Bei Membrankerzenfiltern mit einem Durchsatz bis ca. 80 hL/h werden einfache, manuell bedienbare Filtersysteme verwendet. Höhere Durchsätze, z. B. bis 500 hL/h, erfordern den Einsatz automatisierter Filtersysteme. Günstig ist es bei diesen Systemen, die Filterkerzen zu Clustern zusammenzufassen. Diese können ggf. getrennt manipuliert werden, bei Bedarf auch abgeschaltet werden.

Abbildung 197 und Abbildung 198 zeigen einen Membrankerzenfilter, dessen Kerzen zu Clustern zusammengefasst wurden.

Abbildung 197 Membrankerzenfilter CFS 14 plus der Fa. Pall in Clusterausführung

Abbildung 198 Membrankerzenfilter CFS 10 der Fa. Pall in Clusterausführung (nach [256]); Links: Filterdeckel mit Ventilen; Vorn: Drei Cluster mit je 7 Filterkerzen herausgestellt; Rechts: Vormontierter Filterdeckel mit 10 Clustern zu je 7 Filterkerzen

Die Filterkerzen sind in Filtergruppen mit individuellen Auslassventilen zu Clustern zusammengefasst und hängend an dem Filterdeckel montiert. Zur Anlage gehören ein Filterkessel, Rohrleitungen und Verbindungen, eine Messeinrichtung zur Bestimmung der Integritätswerte und eine Kontrolleinheit. Die gesamte Anlage ist auf einem Rahmen montiert und inklusive des Integritätstests automatisiert. Die Kerzen lassen sich gut entlüften.

Das zu filtrierende Bier strömt von unten in den Filterbehälter ein, durchströmt die Membranen und wird über die oben liegenden Clusterventile abgeführt.

Vorteile der Clusterbauweise sind u. a.:
- Eine hohe spezifische Fließgeschwindigkeit beim individuellen Reinigen, Spülen und Desinfizieren der einzelnen Cluster und damit eine kurze Spülzeit, einen geringeren Wasserverbrauch, eine sichere Reinigung der Kerzen und eine längere Lebensdauer.
- Eine individuelle Integritätsdiagnose für jeden Cluster im eingebauten Zustand liefert eine protokollierte biologische Sicherheit und Rückmeldung.
- Ein schneller Wechsel nicht sicherer Filterkerzen.
- Gewährleistet eine hohe biologische Sicherheit und geringe Bierverluste.
- Da ein defekter Cluster abgestellt werden kann ohne die Filtration zu unterbrechen, ist eine permanente Verfügbarkeit der Anlage gewährleistet.
- Es ist zwischen diesem Filter und dem Abfüllgerät kein Puffertank erforderlich.
- Er arbeitet druckstoßunempfindlich.
- Die Sauerstoffaufnahme liegt bei < 0,02 mg O_2/L (s.o.).
- Nach [257] können bei automatisierten CFS-Anlagen laufende Kosten, inklusive aller Medien, von 0,20 €/hL erreicht werden.
- Alle verwendeten Materialien sind aus lebensmittelrechtlicher Sicht auf ihre Eignung für den Kontakt mit Bier gemäß der Rahmenrichtlinie der EU (EU-VO 1935/2004) geprüft.

9.7.3 Reinigung und Sterilisation von Membranfilterkerzen, Anforderungen an die Spülwässer

Nach dem Entleeren des Filtergehäuses erfolgt das Spülen, Reinigen und Sterilisieren der Membranfilterkerzen grundsätzlich in Filtrationsrichtung in folgenden Etappen (z. B. nach [258]):
- Mindestens 2 min mit Kaltwasser spülen (≥ 1,5facher Durchfluss des vorangegangenen Filterdurchsatzes unter Gegendruck von 0,5 bar);
- Mindestens 5 min mit Heißwasser (80 °C; Gegendruck 0,5 bar) spülen;
- Dann 15...30 min Heißwasser (80 °C; Gegendruck 0,5 bar) im Kreislauf spülen;
- Heißwasser über Nacht im Gehäuse zu belassen und erst morgens nochmals für 2 min mit Heißwasser zu spülen ist aus mikrobiologischer Sicht nicht zu empfehlen.
  Lange Standzeiten des Filters mit Heiß- bzw. Warmwasser und eine

langsame Abkühlung über Stunden führt zum langsamen Durchlaufen des optimalen Temperaturbereiches für sporenbildende Bakterien. Diese Verfahrensweise ist sowohl aus biologischer Sicht als auch aus der Sicht der thermischen Belastung der verwendeten Kunststoffe zu vermeiden.
- Die Sterilisation kann auch mit filtriertem Sattdampf erfolgen.

Bei den Filtergehäusen muss gesichert sein, dass das gesamte Gehäusevolumen und die Filterkerzen die vorgesehene Sterilisationstemperatur erreichen.
Entlüftungsarmaturen müssen entweder „mitlaufen" oder stetig getaktet geöffnet werden.

Wenn die Heißwasserreinigung nicht mehr ausreicht, kann im Notfall folgende Spezialreinigung (nicht ohne Risiko) durchgeführt werden:
- Pumpe, Rohrleitungen/Schläuche und Dosierbehälter sind mit dem Membranfilter so zu schalten, dass im Kreislauf gefahren werden kann.
- Filterkerzen werden zu erst mit Kalt- und Warmwasser (50 °C) wie beim normalen Freispülen gespült.
- Danach mit schwacher Lauge (< 0,5%ige NaOH; pH-Wert < 12!; 50 °C) 5…10 min im Kreislauf bei 1 bar Gegendruck spülen.
- Der Kreislaufreinigung wird dann 0,5%iges H_2O_2 vorsichtig zudosiert und weitere 30 min umgepumpt.
- Danach ist das Filter laugenfrei zu spülen (pH-Wertkontrolle erforderlich!).
- Zur weiteren Neutralisierung wird mit einer 0,5…1%igen Zitronensäurelösung bei 30 °C etwa 5 min im Kreislauf gepumpt.
- Abschließend erfolgt eine weitere Wasserspülung bis zur pH-Wert-Neutralität.
- Bei 0,45-µm-Membranen aus Nylon wurde in längeren Abständen auch eine 24stündige kombinierte alkalische und enzymatische Langzeitreinigung mit einem Enzymcocktail aus Cellulasen und Proteasen erfolgreich angewendet.

Anforderungen an die Spülwässer für Membranfiltern
An die zur Spülung verwendeten Wässer werden bei Membranfiltern erhöhte Anforderungen gestellt, da bereits geringe Verschmutzungen dieser Wässer zu einer beschleunigten Verblockung der für die Sterilfiltration verwendeten Membranen führt. Von den Membranherstellern wird zur Prüfung der Effektivität der Vorklärung der Membran-Spülwässer die Durchführung des sogenannten SDI-Tests (**S**ilt **D**ensity **I**ndex Test, Test zur Bestimmung des Verschmutzungsgrades der Wässer) empfohlen. Der Test beruht auf den zwei Standards der American Society for Testing and Materials (ASTM) D4189-95 (wieder genehmigt 2002) und D4189-07 (loc. cit. [259]).

Auf folgende Wasserverschmutzungen wird z. B. hingewiesen, die sich auch unterschiedlich farblich auf dem Membranmaterial darstellen: kolloides Silizium, kolloide Eisenpartikel, Eisen- und Manganoxide, feine Kohlenstoffpartikel und auch aktivierte Kohlenstoffpartikel. Hier ist ein Vorfiltration des Wassers erforderlich und die Wasserfilter in der Wasseraufbereitung selbst sind zu überprüfen.

Klärung und Stabilisierung des Bieres

Kurzdarstellung des SDI-Tests (nach [259]):
- Es werden die Zeiten t_i und t_f mit einer Prüfarmatur gemessen, die für die Filtration einer definierten Wassermenge über eine definierte Membran, bei konstanter Temperatur und definiertem Druck, benötigt wird, z. B. t_i für die ersten 500 mL und t_f für 500 mL, nach dem das Wasser in einer Gesamttestzeit von t = 15 min (= t_{15}) abgelaufen war.
- Die Membran sollte weiß und hydrophil sein, aus einem Gemisch von Cellulosenitrat (50...76 %) und Celluloseacetat bestehen, einen Durchmesser von 47 mm und eine mittlere Porenweite von (0,45 ± 0,02) µm besitzen.
- Als Standardprüfdruck werden (207 ± 7) kPa (30 psi) vorgeschrieben. Bei einem t = 15 (t_{15}) und einem Verhältnis von t_i/t_{15} > 0,2 kann der ermittelte SDI-Wert bei folgenden Drücken mit folgenden Korrekturfaktoren multipliziert werden:
    140 kPa   1,4
    100 kPa   1,85
    70 kPa   2,7
- Die Messtemperatur muss konstant gehalten werden (Schwankungen ± 1 K). Eine Veränderung von 1 K ergibt eine Veränderung des Messwertes um 3 %.

Der SDI-Wert (SDI_T) wird folgt berechnet:

$$SDI_T = \frac{[1-(t_i/t_f)] \cdot 100}{t}$$ Gleichung 74

t Gesamtausflusszeit in min (z.B. 15 min für SDI_{15})
t_i Erforderliche Anfangsausflusszeit für 500 mL Probe in min
t_f Erforderliche Zeit für 500 mL Probe nach einer Testzeit von t (15 min bei SDI_{15})

Die SDI-Werte können wie in Tabelle 79 ausgewiesen bewertet werden.

Tabelle 79   Bewertung des SDI-Wertes nach [259]

SDI-Wert	Bewertung
< 1	Wasser kann für eine 0,2-µm-Membran in der Endfiltration direkt benutzt werden.
1...3	Geringer Verschmutzungsgrad, es wird ein feiner Vorfilter benötigt, um die Membranfilterkerzen in der Endfiltration zu schützen.
3...5	Leicht verschmutztes Wasser, ein grober Vorfilter ist für das Wasser vor der Verwendung erforderlich.
>5	Stark verschmutztes Wasser, zusätzliche Vorbehandlungen des Wassers sind erforderlich.

9.7.4 Betriebliche Erfahrungen mit der Membranfiltration

Beispiele z. B. nach [260] und [261].

Beispiel 1
In einer obergärigen Brauerei wurden die Dead-End-Membranfilter unmittelbar vor den Abfüllanlagen installiert [261]. Die Vorklärung des obergärigen Bieres erfolgte durch

eine Separation ($\dot{V}$ = 350 hL/h), Anschwemm-Schichtenfilter mit einem spezifischen Durchsatz von 3 hL/(m²·h), Gesamtkieselgurverbrauch 137 g/hL, Stützschicht Seitz Permadur) und eine Schichtenfiltration (Filterschicht EKB Plus und Weiterentwicklungen, spezifischer Durchsatz 1,2 hL/(m²·h).

Bei den größeren 0,45-µm-Membranfilteranlagen (z. B. für 210 hL/h mit 49 Nylon-Membranfilterkerzen vom Typ CFS07 der Fa. *Pall* oder für 420 hL/h mit 98 Nylon-Membranfilterkerzen vom Typ CFS14 der Fa. *Pall*) wurden zur Gewährleistung des erforderlichen Durchsatzes bei der Vorwärtsspülung immer 7 Membranfilterkerzen zu einem Cluster zusammengefasst. Diese Cluster wurden dann automatisch nacheinander angesteuert und mit Wasser (150…170 hL/h, 65…70 °C) gespült und auf ihre Integrität geprüft. Die „Sterilisation" erfolgte dann durch eine Heißwasserspülung mit allen Clustern parallel (85 °C, 30 min).

Die Clusterbauweise führte in diesem Betrieb im Vergleich zur parallelen Anordnung aller Membranfilterkerzen in älteren Filteranlagen zu einer längeren Standzeit der Membranfilterkerzen und zu einer Reduzierung der Betriebskosten um fast 50 %.

Beispiel 2

Der Verfahrensablauf bei einem Membranfilter in Clusterbauweise ist in 10 Teilschritte unterteilt, die größtenteils programmgesteuert starten und wie folgt ablaufen (nach [261]):

- Der mit CO_2 vorgespannte Behälter wird mit Bier vom Drucktank befüllt.
- Durchführung der Bierfiltration.
- Verdrängen des Bieres wahlweise mit Wasser oder CO_2.
- Spülen mit Heißwasser (70 °C) in Fließrichtung.
- Nach einem Durchsatz von 5000…6000 hL (Filter CFS14 der Fa. *Pall*; 14 Cluster mit je 7 Kerzen; 40 Zoll Baulänge; mit 321,5 m² Membranfilterfläche, Behältervolumen 15 hL; 0,45-µm-Nylonmembran) wird eine alkalische Zusatzreinigung (mit „P3" der Fa. *Ecolab*) der Membranen durchgeführt. Die Freispülung des Filters wird mittels Leitwertmessgeräten überwacht.
  In neuerer Zeit wird erfolgreich die kombinierte alkalische und enzymatische Reinigung angewendet.
- „Sterilisation" der Gesamtanlage mit Heißwasser (86 °C) im Kreislauf (30 min), auch nicht benötigte Ventile werden getaktet gespült.
- Abkühlen der Anlage mit Kaltwasser auf 20 °C.
- Entleeren des Kaltwassers mit steril filtrierter Luft.
- Integritätstest der einzelnen Cluster nacheinander nach dem *Forward-Flow*-Prinzip. Nicht befriedigende Cluster werden automatisch durch Schließen des betreffenden Clusterventils von der nächsten Filtration ausgeschlossen, das Ergebnis wird auf dem Bildschirm dokumentiert;
- Spülen der Anlage mit CO_2 und Vorspannen auf einen CO_2-Druck von 2,5 bar, die Anlage steht für die nächste Filtration bereit.

Es wurden folgende Ergebnisse erzielt:
- Mit einem Filterkerzensatz wurden wechselnde Filtratmengen zwischen 43.000…700.000 hL erreicht.
- Bei Testversuchen in der mikrobiologischen Belastung mit zwei Lactobazillenstämmen und einer laufenden Belastung von

1000 Keimen/mL wurde unter Betriebsbedingungen eine Rückhalterate von 99,9999 bzw. 99,99999 % erzielt.
- Der Wasserverbrauch pro Filtrationszyklus lag ohne den o.g. Schritt „Zusatzreinigung" bei 23,5 m^3, mit Zusatzreinigung bei 43,5 m^3 und 19,5 kg Reinigungsmittel.
- Die Haltbarkeitskosten mit dieser „Sterilfiltration" liegen über den Kosten, die bei einer Kurzzeiterhitzung angefallen wären, aber tiefer als bei einer Tunnelpasteurisation.

10. Bierpartikelfilter (Trap-Filter)
10.1 Aufgabe der Trap-Filter
Nach der Kieselgur-Anschwemmfiltration und PVPP-Stabilisierung ist es erforderlich, vorhandene Kieselgur- und PVPP-Partikel im Filtrat zuverlässig zurückzuhalten.
Trap-Filter (Englisch: trap = Falle) müssen folgenden Anforderungen entsprechen:
- Rückhaltung aller Partikel ≥ 8...10 µm;
- Beständigkeit gegen Druckschwankungen;
- Beständigkeit gegenüber Reinigungs- und Desinfektionsmitteln;
- Möglichst geringe Druckverluste;
- Lange Standzeiten;
- Keine Abgabe von Filterfasern oder -partikeln;
- Stabile Filtermatrix für eine sichere Partikelrückhaltung über einen weiten erlaubten Differenzdruckbereich;
- Die Filterelemente sollten eine gute Rückspüleffizienz aufweisen.

10.2 Gestaltung der Trap-Filter
Trap-Filter werden in der Regel als Filter mit auswechselbaren Filterelementen gestaltet. Die Filterelemente werden mit einem Adapter in den Filterboden eingesetzt, der mit einer Haube abgeschlossen wird. Die Verbindung wird oft mit so genannten Klammerschrauben vorgenommen. Die Adapter sind in der Regel Bajonett-Adapter, die mittels O-Ringdichtungen im Filterboden gedichtet werden. Zu- und Ablauf werden im Filterboden integriert. Vereinzelt sind auch Flachdichtungen in Gebrauch.
Die Anzahl und Größe der Filterelemente bestimmen den möglichen Filtratdurchsatz.

Filterelemente
Die Filterelemente mit Tiefenfiltercharakteristik werden von außen nach innen durchströmt und verfügen in der Regel über einen Stützkörper aus Polypropylen (PP). Filtermittel sind Kunststoffe, die als Vlies, als Gewebe oder Filterschicht ausgeführt werden. Die Filtermedien können in gefalteter/plissierter Form gestaltet werden, um eine möglichst große Filterfläche bei geringem Bauvolumen zu sichern. Bevorzugter Kunststoff der Filterschicht ist PP, aber es werden auch gewickelte Filterkerzen aus Baumwoll- oder Kunstfasergarnen (insbesondere PP) eingesetzt. Weitere Hinweise und Abbildungen hierzu s.a. Kapitel 13.8.
Die O-Ringe werden aus Silicongummi, NBR oder EPDM gefertigt.
Die Länge der Filterelemente wird im Allgemeinen mit 10", 20", 30" und 40" festgelegt, der äußere Durchmesser beträgt bei Filterkerzen ca. 70 mm. Aus Filterscheiben zusammengesetzte Module werden z. B. mit einem Ø ≈ 300 mm (284 mm $\hat{=}$ 12") bzw. ≈ 400 mm (410 mm $\hat{=}$ 16") gefertigt. Der Betriebsdifferenzdruck kann ≤ 5 bar je nach Hersteller und Werkstoff betragen. Bei einer Rückspülung darf der Differenzdruck nur etwa 0,5 bar betragen.
Der spezifische Bier-Durchsatz einer 40"-Trapfilterkerze wird mit ≥ 20 hL/h angegeben (Porenweite 5 µm; Filterfläche 1,8 m^2/Kerze).
Filterkerzen lassen sich mit Heißwasser (≤ 85 °C) rückspülen, sie sind mit Dampf bei 121 °C sterilisierbar. Sie sind in der Regel CIP-fähig.

Abbildung 199 zeigt beispielhaft das Rückhaltevermögen einer 5-µm-Filterkerze und Abbildung 200 den Durchsatz.

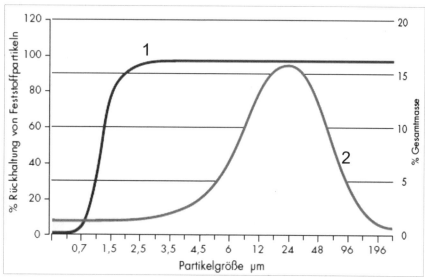

Abbildung 199 Rückhaltevermögen eines Trap-Filters als Funktion der Partikelgröße bei einem 5-µm-Trap-Filter (Filter Typ Polygard® von Millipore)[262]
1 Rückhaltekurve **2** Partikelgrößenverteilung

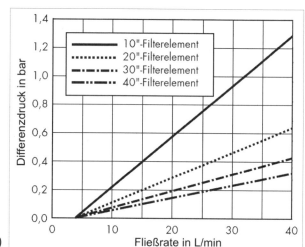

Abbildung 200 Differenzdruck als Funktion der Fließrate bei Bier (ϑ = 4 °C) (Filter Typ Polygard® von Millipore)

Filtergehäuse

Die Trap-Filtergehäuse werden aus Edelstahl Rostfrei® gefertigt. Es sind alle aus Korrosionsgründen benötigten Stahlmarken mit den relevanten Oberflächen-Rauigkeiten verfügbar.

Der Betriebsdruck kann in einem relativ großen Bereich festgelegt werden, üblich sind Drücke von $p_{ü} \leq 6$ bar, z.T. ≤ 10 bar.

Der Filterboden und die Haube werden entweder mit einem Spannringverschluss verbunden bzw. mit Klammerschrauben. Der Filterboden wird mittels 3 oder 4 Stützfüßen aufgestellt, er trägt auch die Ein- und Auslaufstutzen (s.a. Abbildung 201 und Abbildung 204).

Die Filterhaube wird mit Armaturen für die Entlüftung und Spanngas sowie mit einem Manometer ausgerüstet. Die Notwendigkeit einer Sicherheitsarmatur ergibt sich ggf. aus der Anlagenkonfiguration.

Die Trapfilterinstallation erfolgt teilweise so, dass das Filter sowohl in Filtrierrichtung als auch rückwärts gespült werden kann. Ein Beispiel zeigt Abbildung 204.

Die Vorhersage der Anfangsdifferenzdrücke in Abhängigkeit der Fließrate bei der Bierfiltration ist nicht allgemeingültig. Diese Beziehung ist von der Qualität des zu filtrierenden Bieres, vom Biertyp und die Leistungsfähigkeit der vorgeschalteten Filter- und Stabilisierungs-Systeme abhängig. Sie bestimmen sowohl den Anfangsdifferenzdruck als auch den Differenzdruckanstieg und damit die „Standzeit" und die Betriebskosten der Anlage.

Abbildung 201 Filtergehäuse für die Trap-Filtration mittels Scheibenmodulen (Typ SUPRAdisc® nach Pall Corporation)

Abbildung 202 Trap-Filtration mit Filterkerzen
(Typ Filtrox SECUROX® BF
für 30" CLAROX PL-Filterkerzen)

Abbildung 203 Trap-Filtration mit Filterkerzen
(Filter geöffnet), nach Filtrox / CH
Ältere Ausführung mit gewickelten Filterkerzen
aus PP; Kerzenlänge 750 mm ≙ 3".
a Beispiel: Wickelkerzen

Bierpartikelfilter

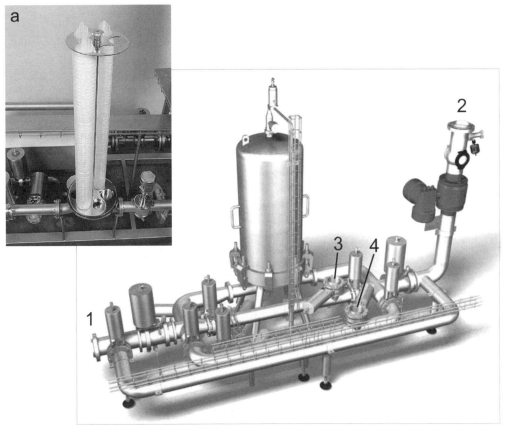

Abbildung 204 Trap-Filter (nach KHS)
1 Biereinlauf **2** Bierauslauf **3** CIP-Vorlauf/Spülwassereinlauf **4** CIP-Rücklauf/ Spülwasserrücklauf (Die Filterspülrichtung ist umkehrbar)
a Filtergehäuse geöffnet (es können 5 Filterkerzen eingesetzt werden)

10.3 Prüfung von Trap-Filtern

Die Prüfung von Partikelfiltern erfolgt z. B. durch die Beaufschlagung der Filterelemente mit einer definierten Partikelsuspension. In diesem zerstörerischen Test (geprüfter Filter kann nicht weiterverwendet werden) wird die Partikelabscheidung durch die Zählung der Partikel vor und nach dem Filter bestimmt.

Ein anerkannter Test in dieser Richtung ist der „Multipass OSU F2 Filter Performance Test" nach ISO 4572, in dem eine reproduzierbare Testsuspension im Kreislauf durch den Testfilter gefahren wird. Nach [263] ist der daraus abgeleitete „Single Pass Test" besser auf die realen Bedingungen des Filtereinsatzes abgestimmt, hier wird die wässrige Testsuspension nur im einmaligen Durchtritt durch die Membran verwendet (siehe DIN 58920 [264]). Diese Tests sind nur für Trenngrenzen > 0,65 µm einsetzbar.

Die Abscheideeffizienz β_x bezieht sich immer auf die Untergrenze der jeweilig ermittelten Teilchengrößenklasse der Testsuspension.

Klärung und Stabilisierung des Bieres

Sie wird wie folgt berechnet:

$$\beta_x = N_0(x)/N_F(x) \qquad \text{Gleichung 75}$$

β_x = Berechnete Verhältniszahl aus den ermittelten Partikelzahlen der Größe ≥ x µm vor und nach dem Filter
N_0 = Zahl der Partikel der Größe ≥ x µm in der Testsuspension
N_F = Zahl der Partikel einer Größe ≥ x µm im Filtrat.

Die Trenngrenze x sollte für das geprüfte Filtersystem immer in Verbindung mit dem gemessenen β-Wert für die entsprechende Partikelgröße angegeben werden.

Der Trenngrad (in Prozent) ergibt sich aus der Abscheideeffizienz β_x:

$$\text{Trenngrad} = 100 - \frac{100}{\beta_x} \qquad \text{Gleichung 76}$$

Die verwendete Testsuspension sollte für die Angaben ebenfalls benannt werden (z. B. wässrige Suspensionen von „Air Cleaner Fine Test Dust" - ACFTD oder Latex-Kügelchen).

Als Beispiel: $\beta_{8µm}$ = 5000 sagt aus, dass den Filter von 5000 Partikeln der Partikelgröße x ≥ 8 µm maximal 1 Partikel dieser Größe den Filter passiert hat. Das entspricht einem anzahlbezogenen Trenngrad von:

$$100 - (100/5000) = \underline{99{,}98\ \%}.$$

11. Verfahren und Anlagen mit regenerierbaren Filtermitteln

Um den spezifischen Filterhilfsmittelbedarf und damit auch die Entsorgungskosten zu senken, wurden nachfolgende unterschiedliche Varianten erprobt und einige auch erfolgreich in die Produktion eingeführt. Bespiele sind das Verfahren von:
- *Pall*, dass so genannte BeFiS-Verfahren, das in der Altenburger Brauerei GmbH eingesetzt wird. Das BeFiS-Verfahren kommt auch in verschiedenen größeren ausländischen Brauereien zur Anwendung, z. B. in Mytischi/Russland.
- *KHS* System Kometronik. Dieses Verfahren wurde nur im Technikumsmaßstab erprobt.

11.1 Filtrationsverfahren mit integrierter Kieselgurregeneration

Die Fa. *Pall* hat unter anderem in der Altenburger Brauerei GmbH eine Anschwemmfiltrationsanlage installiert, in der die verwendete Kieselgur und Einweg-PVPP nach Abschluss der Filtration mehrfach (5...10 mal) regeneriert und zur Bierfiltration wieder eingesetzt werden kann. Das verwendete Kieselgel wird bei der Regenerierung aufgelöst.

Bei diesem so genannten „BestFiltrationSystem" (BeFiS) wurde gegenüber der traditionellen Kieselgurfiltration bei Einhaltung aller Qualitätsparameter eine Einsparung an „Frischkieselgur" von 80 Prozent erreicht. Das System ist seit 2004 in mehreren Betrieben erfolgreich in Anwendung [265], [266], [267], [268].

Ziele des BeFiS-Verfahren:
- Die Kieselgur wird zur Klärung von Bier mehrmals verwendet.
- Es gibt nur eine Voranschwemmung.
- Cristobalithaltige sowie cristobalitfreie Filterhilfsmittelmischungen können eingesetzt werden.
- Die Filterhilfsmittel werden im Kesselfilter regeneriert.
- Eiweißseitige Stabilisierung erfolgt wie bisher mit Silicagelen.
- Einführung eines ökonomischen und ökologischen Filtrationsverfahrens im Brauereibereich.

Aufbau der Filteranlage
Die Filteranlage besteht aus folgenden Anlageteilen (s.a. Abbildung 205 und Abbildung 206):
- Puffertank für das Unfiltrat, V = 50 hL;
- Anrührstation für Kieselgur auf dem Kieselgurboden, V = 830 L;
- Kieselgurdosiergefäß, V = 830 L;
- Beheizbarer Stapeldosiertank mit Rührwerk, V = 42,50 hL;
- Zentrifugalanschwemmfilter ZHF Primus III mit einer Gesamtfilterfläche von 50,6 m^2 und einem Filterdurchsatz von 250 hL/h, mit einem Kesselvolumen von 36 hL und einer Gesamtfilterhilfsmittelmasse von 550 kg;
- Trap-Filter mit 19 Kerzen;
- CIP-Station mit drei Tanks, je einen für Kaltwasser, Heißwasser und Lauge;

Klärung und Stabilisierung des Bieres

- Dosagestation für Säure und Desinfektionsmittel. Die Dosage erfolgt direkt in die CIP-Leitung;
- Automatische Steuerung für die Filtration und Regenerierung (Siemens S7, Braumat 5.3).

In Abbildung 206 ist das BeFiS-Verfahren schematisch dargestellt und in Abbildung 207 der Filtrationsverlauf von fünf Filtrationen mit der gleichen regenerierten Gurmischung.

Abbildung 205 Ansicht der Filteranlage in der Altenburger Brauerei (Foto: Annemüller 2004)

Ablauf der Filtration
- Auffüllen des Filters mit Wasser zur Entlüftung;
- Nur eine Voranschwemmung, grundsätzlich mit neuer Kieselgur in einer Menge von 1,2 kg/m^2;
- 10 min im Kreislauf fahren;
- Wasser mit CO_2 verdrängen;
- Auffüllen des Filters mit unfiltriertem Bier und Start der Dosage des Regenerats bzw. bei der Erstfiltration einer neuen Serie mit neuer Kieselgur;
- Laufende Dosage Regenerat oder neue Gur: 100…150 g/hL und am Anfang der Versuche bis zu 75 g Kieselgel/hL, jetzt reduziert

auf 30 g Kieselgel/hL und Einweg-PVPP reduziert von 10 g/hL auf jetzt 2...3 g/hL;
- 10 min im Kreislauf fahren mit normaler Filtrationsgeschwindigkeit;
- Umstellen von Kreislauf auf Filtration;
- Am Ende der Filtration Start der Regeneration der Filterhilfsmittel im Filter.

Abbildung 207 zeigt den Verlauf einer Filtrationsserie mit 5 Regenerationen.

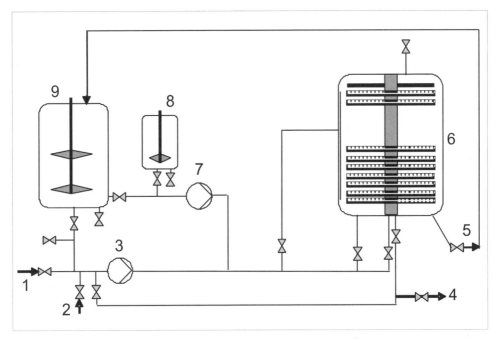

Abbildung 206 BeFiS-Verfahren, schematisch (nach Pall [266])
1 Unfitrat **2** CIP **3** Filterpumpe **4** Filtrat **5** Filtermittelaustrag **6** Anschwemmfilter ZHF Primus III **7** FHM-Dosierpumpe **8** FHM-Dosierbehälter **9** Stapeldosiertank für Regenerat

Regeneration der Filterhilfsmittel
Aufgaben bei der Regeneration sind:
- Die Auflösung der Hefezellwand,
- Das Lösen von Bierinhaltsstoffen,
- Das Auflösen des Silicagels,
- Keine Änderung der Kieselgurstruktur,
- Ausspülung der gelösten Stoffe.

Das Regenerationsverfahren ist nach einer Erprobungsphase mit einer reinen chemischen, einer enzymatischen und einer gemischten Regeneration auf eine rein chemische Regeneration umgestellt worden mit folgendem Ablauf:
- 10 min Spülen des Filterkuchens im Filter mit Heißwasser;

Klärung und Stabilisierung des Bieres

- 20 min Spülen des Filterkuchens mit ca. 1%iger Lauge;
- 10 min Heißwasserspülung;
- 20 min Spülen des Filterkuchens zur Neutralisation mit 1%iger HNO_3;
- Nach der Regeneration bleibt die Kieselgur bis zur nächsten Filtration im Filter, um unnötiges Rühren und Heißhalten zu vermeiden;
- Unmittelbar vor der nächsten Filtration wird die Kieselgur in den Stapeldosiertank ausgetragen.
- Alle Prozesse laufen prozessgesteuert ab.

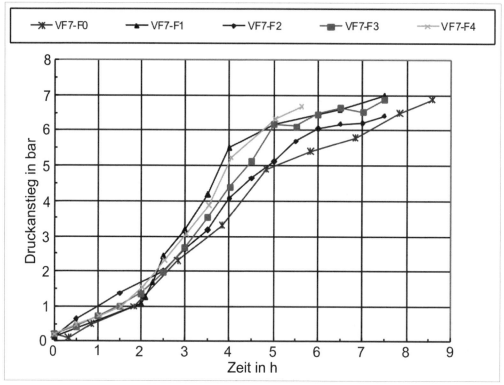

Abbildung 207 Beispiel für eine Filtrationsserie mit 5 Regenerationen (nach [265])

Wirtschaftliche Effekte

Der durchschnittliche Kieselgurverbrauch lag beim ausschließlichen Einsatz von neuer Gur bei ca. 130...150 g/hL und mit Regenerateinsatz bei ca. 30...50 g/hL.

Bezogen auf eine Jahresproduktion von 150.000 hL ergaben sich die in Tabelle 80 ausgewiesenen Einsparungen und auch Mehraufwendungen für die Regenerierung.

Unter den spezifischen Betriebsbedingungen ergab sich 2009 daraus eine Jahreseinsparung von über 42.000 €. Die Mehraufwendungen für die Regenerierung wurden durch die Einsparungen an Filterhilfsmitteln und durch die niedrigeren Kieselgurentsorgungskosten deutlich gedeckt. Abbildung 208 zeigt die Einspareffekte in Abhängigkeit von der Anzahl der wiederholten Kieselgurverwendungen.

Filtration mit regenerierbaren FHM

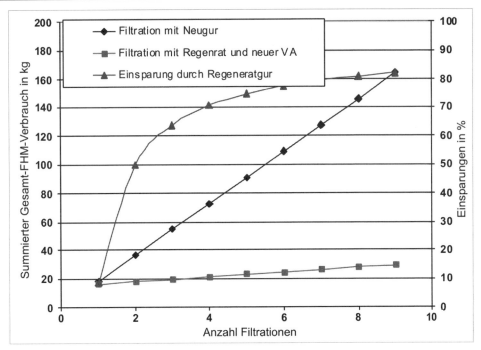

Abbildung 208 Effekte beim Einsatz von Regeneratgur (nach Pall [266])

Tabelle 80 Vergleich der Einsparungen und Mehraufwendungen bei der Bierfiltration mit und ohne Kieselgurregenerierung, bezogen auf 150.000 hL/a (n. [265])

Jahresverbrauch	ME	Mit Regeneration (a)	Ohne Regeneration (b)	Differenz (b – a)
Kieselgur	kg	10.324	21.103	10.779
PVPP	kg	438	2.298	1.860
Entsorgung Kieselgur	kg	19.500	39.900	20.400
Kaltwasser	hL	26.986	10.430	-16.556
Heißwasser	hL	27.856	3.780	-24.076
NaOH	L	18.000	9.000	-9.000
HNO_3	L	3.000	1.500	-1.500

Interessant ist, dass das Einweg-PVPP offensichtlich zu einem großen Teil im Filterhilfsmittelkuchen verbleibt, mit regeneriert wird und seine Wirkung nicht verliert. Es konnte von ca. 10 g/hL auf rund 2...3 g/hL bei gleicher Bierstabilität reduziert werden.

Die mikrobiologische und chemisch-analytische Qualität war gesichert (z. B. lag die Biertrübung immer zwischen 0,3...0,4 EBC).

Der Differenzdruckanstieg lag beim Einsatz von Regeneratgur im selben Bereich wie bei Neugur (siehe Abbildung 207), so dass die Auslastung der Filteranlage oft nur durch den begrenzten Drucktankraum eingeschränkt wurde.

Klärung und Stabilisierung des Bieres

Auf folgende Vorteile ist bei der Anwendung des BeFiS-Verfahrens noch hinzuweisen:
- Die Mehrfachverwendung von Filterhilfsmitteln.
- Es kann eine Zukunftstechnologie werden, wenn verstärkt alternative regenerierbare Filterhilfsmittel (z.B. auf der Grundlage von Polymeren, modifizierten Stärken und Celluloseprodukten) im Angebot sind.
- Simultane Filtration und Stabilisierung mit regenerierbaren Filterhilfsmitteln.
- Regeneration des Filterkuchens innerhalb des Filters, z.B. vom Typ A.-Zentrufugalscheibenfilter.
- Sichere Filtration durch die Verwendung von frischer Gur für die Grundanschwemmung und regenerierter Kieselgur für die laufende Dosierung.
- Bestehende Filter vom Typ A.-Zentrufugalscheibenfilter (z. B. ZHF-Primus) können für diesen Prozess mit Durafilgewebe umgerüstet werden sowie durch die Ergänzung einer vorhandene Filterlinie mit einem Aufbewahrungs- und Dosiertank für das Regenerat wird eine Umstellung dieser Filterlinie auf das BeFiS-Verfahren ermöglicht.
- Vergleichbare mikrobiologische Ergebnisse des Filtrates: < 5 Hefezellen/100mL.
- Keine Kontamination der regenerierten Filterhilfsmittelsuspension.
- Vergleichbare Trübungen bei 90°- und 25°-Messungen.
- Deutliche Reduzierung der benötigten Filterhilfsmittelmenge um ca. 80 %.
- Deutliche Reduzierung des Schlammanfalls (ca. 80 %).
- Ersparnisse bei den operativen Kosten bezogen nur auf die Kieselgurfiltration mit regenerierter Gur bis zu 20 %.
- Bei dem Verfahren BeFiS und der einmaligen Verwendung von PVPP sollen die Einsparungen für die operativen Kosten größer als 50 % sein.

11.2 Das System F&S-Filtration

Der Grundgedanke für die Kombination von Zentrifuge und Horizontalfilter sowie regenerierbaren Filterhilfsmitteln besteht darin, dass durch einen vorgeschalteten Separator ein großer Teil trübender Inhaltsstoffe des Bieres entfernt wird und danach die Klärfiltration mit Stabilisierung durch neues Filterhilfsmittel stattfinden kann [269].

Das Filterhilfsmittel ist eine Mischung aus verschiedenen Komponenten, die auf Stabilisierungsmitteln (PVPP) und Cellulose basieren. Bislang wurde Cellulose nur zur ersten Voranschwemmung verwendet, wobei diese Versuche von *Speckner* [270] mit einem ähnlichen Filtersystem positiv verliefen. Die Cellulosefraktion setzt sich nach Ausführungen von *Wackerbauer* und *Gaub* [271] aus Bestandteilen mit unterschiedlichen Eigenschaften zusammen. Hierbei sind Mahlgrad, Faserlänge und Fibrillierung die entscheidenden Kriterien. Der fibrillierten Zellulose gilt dabei besondere Beachtung. Ohne Fibrillen hat eine ähnliche Mischung wenig Erfolgsaussichten in der praktischen Anwendung. Diese Art der Bierfiltration steht und fällt mit den Filtrationseigenschaften der jeweils zur Verfügung stehenden Cellulose [271], [272].

Nach Untersuchungen von *Liu* [273] mit unterschiedlichen Filterhilfsmittelmischungen aus Cellulose (*Becocel*), unterschiedlich hoch fibrillierter Cellulose (Fibrillierung gemessen nach *Schopper-Riegler* [274] mit den Schopper-Riegler-Werten 45, 57 oder 65) und PVPP war die Filtergleichung auch für die Filtration mit Cellulose übertragbar:

$$t = a_1 \cdot V^2 + a_0 \cdot V \qquad \text{Gleichung 77}$$

t = Filtrationszeit in s
a_1 = Widerstandskonstante des Filterkuchens in s·cm^4/mL^2
a_0 = Widerstandskonstante der Primärschicht in s·cm²/mL
V = Filtratvolumen in mL/cm^2

Die Widerstandskonstante a_1 wurde bei diesen Versuchen von folgenden summarischen Faktoren beeinflusst:
- Mit steigendem Mahlgrad der fibrillierten Cellulose (= Zunahme des *Schopper-Riegler*-Wertes) und abnehmendem Verhältnis von Cellulose zu Fibrillen nahm der Kuchenwiderstand a_1 zu.
- Bei Cellulosemischungen ohne PVPP hatte eine Zunahme der Scherkräfte (Rühren, Ultraschallbehandlung) keinen deutlichen Einfluss auf den a_1-Wert, bei einem Gemisch mit PVPP wurde der Kuchenwiderstand a_1 erhöht.
- Eine Laugenbehandlung der Filtermischung führte in der Anfangsphase durch das Herauslösen von Lignin und Hemicellulosen zur Abnahme der Trockensubstanz des Filterkuchens sowie zur Abnahme des Wasserwertes und damit zur Zunahme von a_1.
- Bei einer Säurebehandlung bei niedrigen Temperaturen war die Cellulosemischung weitgehend konstant, sie wies sogar eine verbesserte Durchlässigkeit auf.
- Die Filterkuchen aus Cellulose waren bei höheren Drücken leicht kompressibel, der a_1-Wert erhöhte sich.

Nach der Vorklärung durch einen Hochleistungs-Klärseparator, der etwa 99,5 % der Hefe abtrennt, gelangt das Unfiltrat in das Filter. Die Klärung geschieht analog einer Kieselgurfiltration mit Voranschwemmung und laufender Dosage des Filterhilfsmittels. Die Regenerierung des Filterhilfsmittels erfolgt im Anschluss an den Filtrationsprozess mit 1…2%iger heißer Lauge von 85…90 °C. Dieser Vorgang kann gleichzeitig als Sterilisation angesehen werden. Anschließend erfolgen die üblichen Wasser-Säure-Wasser-Spülungen. Nach dem Austrag in das Stapelgefäß ist das Filterhilfsmittel erneut einsatzfähig [271], [275], [276].
Der Gesamtaufwand für das System F&S-Filtration wird gegenüber aktuellen Anschwemmfiltern oder Crossflow-Anlagen als nicht konkurrenzfähig eingeschätzt.

11.3 Das System KOMETRONIC
11.3.1 Allgemeines zum System Innopro KOMETRONIC

Mit dem KOMET-Filter von KHS wurde 1990 ein ähnliches System wie das beschriebene F&S-System präsentiert. Zur Filtration kam ein für damalige Verhältnisse völlig neuartiger Filter zum Einsatz [277]. Mit dem KOMET-Filter erfolgte die Voranschwemmung des Filterhilfsmittels aus Cellulose und eine anschließende Sterilisation im Filter. Die Filtration geschah analog zum bereits beschriebenen Verfahren.

In Anlehnung an den ehemaligen KOMET-Filter wurde die Neuentwicklung Innopro KOMETRONIC benannt. Von diesem Filtersystem existiert zurzeit ein Prototyp mit einer Filterfläche von 1 m². In der nächsten Ausbaustufe war ein System mit einer Filterfläche von 5 m² und einem spezifischen Durchsatz von 16 hL/(m²·h) geplant.

Der Verfahrensablauf des Innopro KOMETRONIC: Filtermasse wird angeschwemmt und dient als Filterschicht über die gesamte Filtrationsdauer hinweg ohne Einbringung

Klärung und Stabilisierung des Bieres

zusätzlicher Dosage. Nach Beendigung des Filtrationsvorgangs wird das Filtermittel im Filter regeneriert und in ein Stapeldosiergefäß ausgetragen. Hier verbleibt sie bis zur nächsten Filtration.

Durch unterschiedliche Mischungszusammensetzungen sind diverse Aufgabenstellungen lösbar: So ist der übliche Schichtenfilter zu ersetzen, mit einer anderen Mischung eine Stabilisierung von Bier oder Wein zu erreichen und wiederum mit einer anderen Zusammensetzung die Sterilfiltration machbar.

Das System wurde klein- und großtechnisch erprobt. Die technologisch erreichten Parameter wurden als günstig eingeschätzt. Der technische Aufwand und die spezifischen Filtrationskosten sind jedoch ungünstiger als bei aktuellen Anschwemmfiltern oder Crossflow-Anlagen. Die Weiterentwicklung wurde deshalb abgebrochen.

Nachfolgend wird das verfahrenstechnisch interessante System kurz vorgestellt.

11.3.2 Aufbau des Systems Innopro KOMETRONIC

Die Abbildung 209 bis Abbildung 212 zeigen das Filter Innopro KOMETRONIC. Abbildung 212 ist das Versuchsfilter mit einer Filterfläche von 1 m² (Ø = 1200 mm), Betriebsdruck $p_ü \leq 8$ bar.

Für den Filtermittelbehälter werden etwa 2 hL/m²-Filterfläche veranschlagt. Die Abbildung 213-1 bis Abbildung 213-7 zeigen die einzelnen Verfahrensschritte.

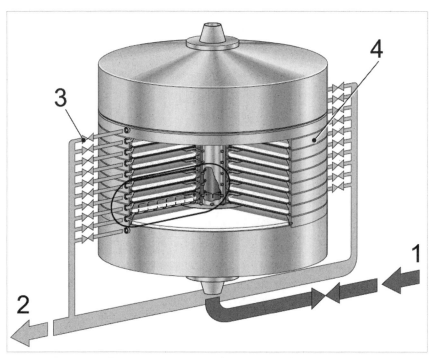

Abbildung 209 Systemaufbau des Innopro KOMETRONIC (nach [278])
1 Unfiltrat **2** Filtrat **3** getrennt ansteuerbare Armaturen **4** einzelne Filterelemente

Filtration mit regenerierbaren FHM

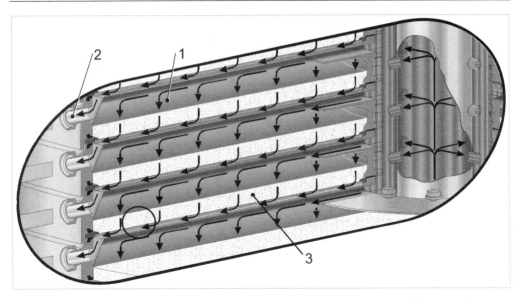

Abbildung 210 Kometronic Systemaufbau: Einzelheit aus Abbildung 209 (nach [278])
1 Unfiltrat **2** Filtrat **3** Filtermittelschicht auf dem Filtermittel-Träger

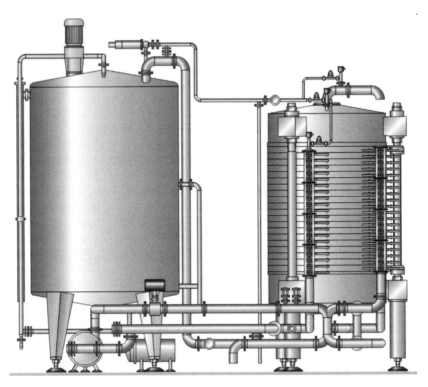

Abbildung 211 Aufstellungsskizze des Filtersystems Innopro KOMETRONIC von KHS. Links der Behälter für das Filtermittel

Klärung und Stabilisierung des Bieres

Abbildung 212 Versuchsfilteranlage: Filterfläche 1 m² (nach [278])

1 Wasser
2 Entlüftung

Schritt 1:
Filter mit Wasser
befüllen und entlüften

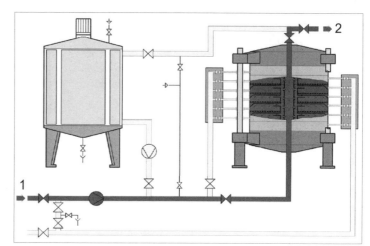

Abbildung 213-1 KOMETRONIC - Verfahrensschritte (nach [278])

Filtration mit regenerierbaren FHM

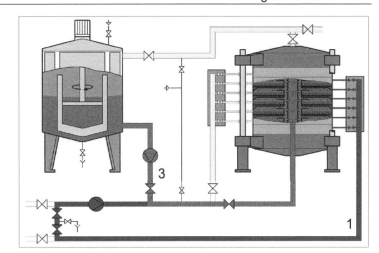

1 Wasser
3 Filtermittel

Schritt 2:
Anschwemmen

Abbildung 213-2 KOMETRONIC - Verfahrensschritte (nach [278])

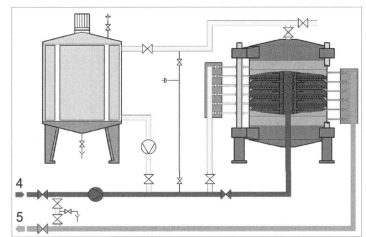

4 Unfiltrat
5 Filtrat

Schritt 3:
Filtrieren

Abbildung 213-3 KOMETRONIC - Verfahrensschritte (nach [278])

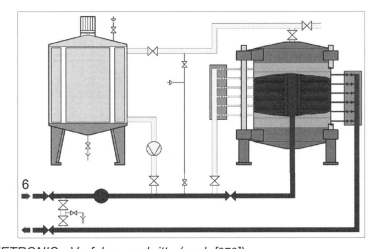

6 Heißwasser

Schritt 4:
Spülen / Sterilisieren

Abbildung 213-4 KOMETRONIC - Verfahrensschritte (nach [278])

Klärung und Stabilisierung des Bieres

7 Lauge

Schritt 5:
Laugenreinigung vor
Austragung

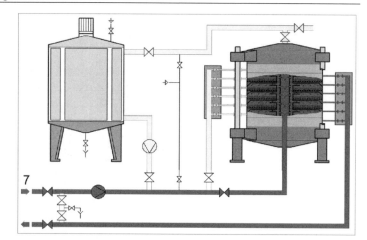

Abbildung 213-5 KOMETRONIC - Verfahrensschritte (nach [278])

1 Wasser
3a Filtermittel-Austrag

Schritt 6:
Filtermittel getaktet
austragen

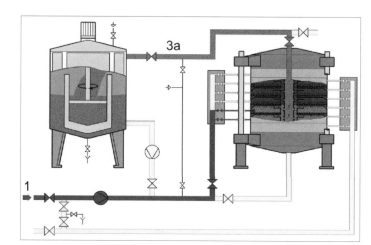

Abbildung 213-6 KOMETRONIC - Verfahrensschritte (nach [278])

1 Wasser
3a Filtermittel-Austrag

Schritt 7:
Restaustragung
Filtermittel

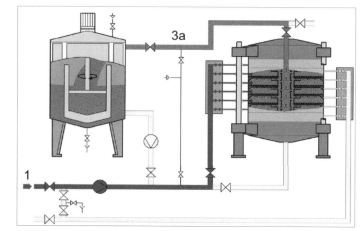

Abbildung 213-7 KOMETRONIC - Verfahrensschritte (nach [278])

12. Drucktanks für filtriertes Bier

12.1 Allgemeine Hinweise zu Drucktanks

Das filtrierte und stabilisierte Bier wird im Drucktank (DT) zwischengestapelt und dann den Füllanlagen zugeleitet. Es kann Bier sein, dass noch einer thermischen Behandlung oder Sterilfiltration unterworfen wird, es kann aber auch direkt „kaltsteril" abgefüllt werden. Daraus folgt, dass der DT und sein Umfeld höchsten mikrobiologischen Ansprüchen genügen muss.

Der DT kann sehr unterschiedlich gestaltet werden. Erheblichen Einfluss darauf haben die Betriebsgröße und die Bedingungen der Abfüllung. In Brauereien mit mehreren Füllanlagen hat der DT-Auslaufbereich die Aufgabe einer Schaltzentrale für das Filtrat.

Aus den Drucktanks kann in vielen Brauereien Filtrat an andere Abfüllbetriebe per Tankwagen abgegeben werden oder es kann fremdes Bier zur Lohnabfüllung angenommen und zwischengestapelt werden.

Während in kleinen Brauereien der DT-Bereich manuell verschaltet wird, z. B. mit Paneeltechnik, Passstück oder mittels Schlauchverbindungen, werden in größeren Betrieben die DT festverrohrt.
Die Verbindung des Drucktanks mit der jeweiligen Rohrleitung zum Füllen, Entleeren oder Reinigen erfolgt dann mittels Doppelsitzventilen, um eine unbeabsichtigte Medienvermischung zuverlässig auszuschalten. Bei besonders hohen Ansprüchen werden druckschlagfeste Armaturen eingesetzt. Die Ventilsitze sollten sich bei der CIP-Reinigung einzeln mittels eines Liftantriebes anlüften lassen.

12.2 Bauformen und Aufstellung von Drucktanks

Drucktanks sind immer Druckbehälter. Ihr Betriebsdruck beträgt im Allgemeinen $p_ü$ = 2 bar, zum Teil auch höher.
Wesentliche Unterscheidungsmerkmale für Drucktanks sind:
- Die Ausführung als liegender oder stehender Behälter;
- Die Bodenform, zum Beispiel: Kegelboden, Klöpperboden, Korbbogenboden, flacher Boden;
- Der Werkstoff: Edelstahl, Rostfrei®, Stahl mit Auskleidung, Emaillierter Behälter, Aluminium.

Bei großen DT-Volumina werden stehenden DT bevorzugt in ZKT-ähnlicher Bauform. Teilweise werden flachere Böden benutzt, um Bauhöhe zu sparen. In kleineren Betrieben finden sich liegende und stehende Tanks in vielen Größen. Die stehende Form bietet Vorteile bei der automatischen Reinigung.
Moderne DT werden fast ausnahmslos aus Edelstahl, Rostfrei® gefertigt. Die Werkstoffauswahl ist abhängig von den möglichen Korrosionsfaktoren, insbesondere von der Chlorionenkonzentration des Wassers.
In der Vergangenheit wurden viele emaillierte Behälter (V ≤ 630 hL) und Behälter aus Aluminium eingesetzt.

Unterscheidungsmerkmale bei der Aufstellung sind:
- Die Aufstellung frei gebaut oder in einer Umhausung;
- Aufstellung mit oder ohne Kühlmöglichkeit;
- Die Wärmedämmung der DT individuell oder in einer wärmegedämmten Hülle.

Frei gebaute DT besitzen Vorteile bei den Investitionskosten. Im Allgemeinen werden frei gebaute DT ohne Kühlmöglichkeit erstellt, da die Verweilzeit relativ kurz und die Erwärmung nur gering ist. Ggf. wird die Wärmedämmung etwas dicker als bei ZKT ausgeführt (≥ 120 mm). Bei Bedarf können die DT aber auch mit WÜ-Flächen ausgerüstet werden.

Wenn eine Wärmedämmung der DT gefordert wird, ist die Aufstellung der DT in einer Umhausung vorteilhaft (s.a. Kapitel 8.8 in [114]). Die DT können dann mit minimalen Abständen installiert werden. Oberhalb der DT muss die Zugänglichkeit zu den Armaturen und der Reinigungsvorrichtung gesichert werden. Die Wärmeeinstrahlung aus der Umgebung muss durch eine Kühlfläche abgeführt werden.

12.3 Betriebsdruck der Drucktanks

Das Bier muss unter einem Druck gelagert werden, der höher als der CO_2-Partialdruck des Bieres ist. Deshalb muss der DT als Druckbehälter ausgeführt werden. Es gelten für ihn besondere Vorschriften bezüglich:
- der geforderten Armaturen;
- der Berechnung und Bauausführung;
- der regelmäßigen Kontrolle bzw. Prüfung.

Druckbehälter werden nach dem Regelwerk AD 2000 gefertigt [279]. Druckbehälter werden nach der Druckgeräterichtlinie [280] in Kategorien eingeteilt und dürfen nur nach einer EG-Konformitätserklärung und einem CE-Zeichen in Verkehr gebracht werden.

Druckbehälter sind überwachungsbedürftig. Sie müssen einer Prüfung vor Inbetriebnahme und wiederkehrenden Prüfungen unterzogen werden (äußere, innere Prüfung, Festigkeitsprüfung).

Die Druckbeständigkeit wird in regelmäßigen Abständen geprüft und dokumentiert. Die Prüfung kann von einer „befähigten Person" oder einer „zugelassenen Überwachungsstelle" (ZÜS) vorgenommen werden, z. B. vom TÜV oder der DEKRA.

Wichtige gesetzliche Grundlagen sind beispielsweise (s.a. die Texte in [591]):
- Richtlinie 97/23/EG (Druckgeräterichtlinie) [280];
- 14. Verordnung zum Geräte- und Produktsicherheitsgesetz (Druckgeräteverordnung - 14. GPSGV) [280];
- Das Geräte- und Produktsicherheitsgesetz (GPSG);
- Die Betriebssicherheitsverordnung [281].

12.4 Spanngas für Drucktanks

Das Bier muss im DT unter einem Druck gelagert werden, der größer oder gleich dem CO_2-Partialdruck ist, um CO_2-Verluste auszuschließen. Bei der Nutzung von CO_2 als Spanngas ist dann der CO_2-Partialdruck gleich dem Spanngasdruck. Andererseits darf der CO_2-Partialdruck nicht größer sein, weil dann das Bier aufcarbonisiert wird (Ein geringfügig höherer CO_2-Druck ist möglich, wenn die Einwirkungszeit nur sehr kurz ist). Diese Bedingung wird in der Regel erfüllt, wenn der Behälter mittels Pumpe entleert wird, also eine Förderung durch CO_2-Druck nicht benötigt wird.

In kleineren Betrieben wird oft die Förderung des Bieres zur Füllmaschine mittels Spanngases vorgenommen. Entweder es wird dann die Aufcarbonisierung des Bieres in Kauf genommen (sie ist auch eine Funktion der Einwirkungszeit/Entleerungszeit), oder es muss ein Mischgas benutzt werden, beispielsweise ein CO_2-/Stickstoffgemisch. Der CO_2-Partialdruck in diesem Mischgas muss auf den CO_2-Gehalt des Bieres abgestimmt sein. Hinweise zur Mischgasbereitstellung siehe in der Fachliteratur, z. B. [282], [283].

Um die O_2-Aufnahme des Bieres im DT auszuschließen, muss mit einer absolut sauerstofffreien Atmosphäre gearbeitet werden. Die Tanks müssen bei der Inbetriebnahme bzw. nach einer alkalischen Reinigung wieder inertisiert werden.

Eine sichere Verfahrensweise ist das Füllen mit Wasser, das dann mit CO_2 verdrängt wird. Nachteilig ist der Wasserverbrauch und die damit verbundenen Kosten.

Alternativ kann ein Behälter auch von unten mit reinem CO_2 gespült werden, bis der Sauerstoff vollständig verdrängt ist. Wenn das CO_2 in den Behälter nur langsam einströmt, ist die Mischphase relativ klein. Die Abnahme des O_2 in der Abluft sollte messtechnisch kontrolliert werden. Dazu eignen sich transportable O_2-Handmessgeräte (ein Beispiel für ein Handmessgerät zeigt Abbildung 214).

CO_2-Einsparung

Um den CO_2-Verbrauch zu begrenzen, werden die DT untereinander mit einer Rohrleitung verbunden, der so genannten Gaspendelleitung. Das beim Füllen verdrängte CO_2 wird zum Auffüllen eines in Entleerung befindlichen DT genutzt. Bedingung ist natürlich, dass das Filtrat nur mit reiner Kohlensäure in Berührung kommt. Die Reinheit des CO_2 im Kopfraum der DT sollte deshalb messtechnisch überwacht werden. Ggf. muss ein Teil des CO_2 ersetzt werden.

Überschüssiges CO_2 aus dem DT-Bereich kann der Rückgewinnungsanlage wieder zugeführt werden. Mischgas (CO_2/N_2) als Spanngas sollte der CO_2-Rückgewinnung nicht zugeführt werden.

12.5 Drucktankzubehör

Wichtiges Zubehör eines aktuellen Drucktanks sind:
- Sicherheitsarmatur gegen unzulässigen Überdruck;
- Sicherheitsarmatur gegen Vakuum;
- Auslaufarmatur;
- Probeentnahmearmatur (s.a. Kapitel 22.5);
- Leermeldesonde;
- Maximumsonde (Überfüllsicherung);
- Füllstandsanzeige;

Klärung und Stabilisierung des Bieres

◻ Druckanzeige;
◻ Reinigungsvorrichtung (s.a. Kapitel 20 in [114]).

Frei gebaute DT werden begehbar ausgeführt (Podest, Steigleiter, ggf. Beleuchtung). Die Sicherheitsarmaturen werden mit der Reinigungsvorrichtung in der Regel auf dem Tankdom installiert und mit einem Wetterschutz ausgerüstet (s.a. Kapitel 8.5 und 8.6 in [114]).

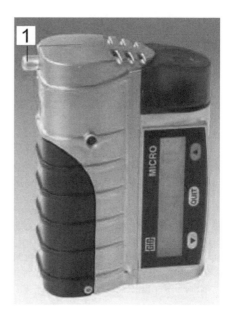

Abbildung 214 Handmessgerät für die Ermittlung der O_2-Freiheit von Rohrleitungen und Behältern (Modell: Eingas-Messgerät Micro IV mit Pumpe; GfG-Gesellschaft f. Gerätebau Dortmund; www.gasmessung.de)
Abmessungen (L x B x H) = 47 x 88 x 25) mm
Masse 85 g; Messbereich: 0 … 25 Vol.-% O_2
1 Schlauchanschluss zur integrierten Pumpe

Füllstand
Als Füllstandsanzeige kommt bei kleineren Behältern ein Standglas bzw. Standschlauch zum Einsatz. Bedingung ist aber, dass dieses Zubehör regelmäßig mit in den CIP-Kreislauf mit eingebunden wird. Alternativ muss manuell gereinigt und desinfiziert werden, wenn die DT-Reinigung in Kleinbetrieben manuell erfolgt.

Hinweise zu Füllstandsmesseinrichtungen finden sich in Kapitel 17.2 und beispielsweise in [6]. Empfohlen werden kann die Nutzung von magnetisch-induktiven Durchflussmessgeräten (MID) bzw. Massedurchflussmessgeräten, die das in den DT eingelaufene bzw. abgezogene Bier messen (Vor-/Rückwärtszählung). Diese Sensoren sind eichfähig.

Im Havariefall lässt sich der Inhalt durch eine Differenzdruckmessung am Auslauf und in der Gasphase unter Beachtung der Dichte bestimmen.

Um den Umschaltzeitpunkt bei der Entleerung „vor Ort" zu ermitteln, eignet sich auch ein „vor Ort" installierter Standschlauch am Auslauf, verbunden mit der Gasphase.

Für die automatische Umschaltung von einem DT zum nächsten kann das Signal der Leermeldesonde genutzt werden. Der sich bei der Umschaltung eines leeren auf einen vollen DT ändernde Vorlaufdruck muss natürlich beachtet bzw. kompensiert werden (s.u.).

Drucktanks

Probeentnahme
Bei frei gebauten Drucktanks ist die Probeentnahme unter Umständen problematisch, weil geeignete Armaturen am DT fehlen. Eine Notlösung ist die Entnahme aus dem Tankauslauf über eine entsprechende Reduzierung. Der Tankauslauf sollte grundsätzlich zugänglich sein, um auch Spülwasserproben entnehmen zu können.
Eine Probeentnahme, wie bei ZKT installiert, ist zu empfehlen (s.a. Kapitel 22.5).

Zubehör zur Vermeidung der Trombenbildung im Auslauf
Am Ende der Entleerung beginnt der DT-Inhalt zu rotieren, es bildet sich eine Trombe. Im Bereich der Trombe wird Gas eingezogen. Diese Gaseinmischung sollte vermieden werden, insbesondere wenn das Spanngas nicht vollständig O_2-frei ist. Bei CO_2 kann es zur Aufcarbonisierung kommen.
Die Rotation der Flüssigkeit bzw. die Trombenbildung kann durch Strombrecher vermieden werden. Diese können beispielsweise als asymmetrisches Gitter gestaltet werden (Abbildung 215).

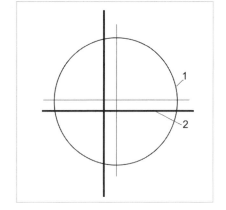

Abbildung 215 Strombrecher, schematisch
1 DT-Auslauf **2** asymmetrisches Gitter

Zubehör zur Verminderung des O_2-Einflusses
In der Vergangenheit, als die Nutzung von CO_2 als Spanngas noch nicht Stand der Technik war, wurde versucht, den O_2-Einfluss auf das Bier im DT durch „Abdeckung" der Bier-Oberfläche auszuschalten.
Zum Einsatz kamen beispielsweise Schwimmkörper und Kugeln [284], s.a. Abbildung 216.

Abbildung 216 Vorrichtungen zur Abschirmung der Bieroberfläche
1 Stützen **2** Schwimmende Scheibe
3 Schwimmende Kugeln **4** Pralleller

383

Um die O_2-Aufnahme bei der Füllung eines leeren DT zu vermeiden, wurden z. B. Prallteller im Einlauf benutzt (Abbildung 217).

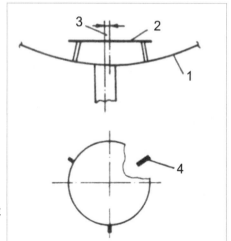

Abbildung 217 Prallteller am Ein-/Auslauf
1 DT-Boden **2** Prallteller **3** asymmetr. Versatz
4 Stützfuß

12.6 Rohrleitungen und Armaturen

Die Rohrleitungen zwischen Filteranlage und Drucktanks und zwischen den Drucktanks und den Füllanlagen müssen vor der Füllung mit Bier vollständig mit CO_2 gespült und vorgespannt werden, um alle Sauerstoffspuren zu entfernen und Schaumbildung zu verhindern.

Die Sauerstoffentfernung kann mit O_2-freiem Wasser erfolgen. Günstiger und vollständiger ist aber die Spülung mit reinem CO_2, weil dabei auch eventuelle Gasblasen, die vom Wasser unterwandert werden können, mit erfasst werden. Außerdem ist CO_2 wesentlich kostengünstiger als entgastes Wasser. Mit dem CO_2 kann außerdem die Leitung vorgespannt werden.

Die Füllung der Leitung erfolgt so, dass das Spanngas langsam aus der Leitung entfernt wird. Der Vorgang ist automatisierbar.

Bei der Auswahl der Armaturen für die Drucktankverrohrung sind zu beachten:
- Die Reinigungsfähigkeit;
- Die vollständige Entlüftbarkeit;
- Die zu erwartenden Druckverluste;
- Die Verhinderung von Produktvermischungen;
- Die Druckschlagfestigkeit;
- Die Montage- und Demontagefähigkeit.

Die Druckschlagfestigkeit erfordert nicht immer Ventile mit Balancer. Bei einigen Bauformen kann die Druckschlagfestigkeit durch die Einbaurichtung gesichert werden.

Die Leckagespülungen sollten durch Sammelrinnen abgeleitet werden. Die Abläufe sollten mittels Sensoren überwacht werden, um Undichtigkeiten zu detektieren und von der SPS als Störung anzeigen zu lassen. Undichtigkeiten sind vor allem bei umfangreichen Ventilknoten und Rohrleitungssystemen nur schwer erkennbar.

12.7 Entleerung eines DT

Bei der Entleerung eines Drucktanks muss die entnommene Biermenge durch Spanngas/CO_2 ersetzt werden.

Entweder wird das Bier durch den Spanngasdruck bis zur Füllanlage gefördert (vor allem bei kleineren Anlagen genutzt) oder es wird mit einer Pumpe gefördert. Bei der Pumpenförderung muss der hydrostatische Druck bei stehenden DT in ZKT-Form beachtet werden. Bei einem gefüllten DT reicht der statische Druck in der Regel aus, das Bier bis zur Füllanlage zu fördern. Mit zunehmender Entleerung muss der abnehmende statische Druck durch eine Pumpe kompensiert werden. Die Pumpe wird vorteilhaft als frequenzgeregelte Pumpe betrieben, so dass der Druck vor der Füllmaschine konstant gehalten werden kann (Konstantdruckregelung, s.a. Kapitel 7.3.2).

Bei der Umstellung von einem entleerten auf einen vollen DT muss die Änderung des hydrostatischen Druckes beachtet und kompensiert werden.

13. Die Filterhilfsmittel der Klärfiltration und die Filtermittel der Nachfiltration

13.1 Definition der Filterhilfsmittel (FHM), Filtermittel und Stabilisierungsmittel

13.1.1 Filterhilfsmittel

Als Filterhilfsmittel (FHM) werden solche Stoffe bezeichnet, die den verblockenden Effekt der Partikel, die aus den zu filtrierenden Bieren zu entfernen sind, im Filtrationsprozess vermindern oder verhindern sollen. FHM für die Lebensmittelproduktion sollen chemisch inaktiv, geschmacklich und geruchlich indifferent sein sowie dem Lebensmittelgesetz entsprechen. In der Regel sind es feinste, faserige oder körnige Stoffe, mit denen eine Filterschicht bzw. Filterkuchen mit großer Porosität aufgebaut werden kann.

Die bekanntesten Filterhilfsmittel für die Bierfiltration sind bzw. waren „Filtermasse" (Baumwolllinters: kurze, nicht verspinnbare Baumwollfasern), Cellulose und Celluloseaufbereitungsprodukte, Kieselguren, Perlite und für ausgewählte Problemfälle Aktivkohle und SiO_2- und PVPP-haltige Adsorbenzien.

An ein FHM zur Anschwemmfiltration sind folgende Anforderungen zu stellen:
- lebensmittelkonform,
- schwermetallarm
- suspendierbar,
- anschwemmbar und
- homogenisierbar.

13.1.2 Filtermittel

Filtermittel sind die filtrationswirksamen Teile einer Filteranlage, die auf Grund ihrer Struktur zur Abtrennung von Trübstoffen verwendet werden und nach ihrem Gebrauch als ganzes gereinigt, regeneriert oder ersetzt werden müssen (s.a. Kapitel 1.7).

13.1.3 Mechanismus der Partikelabtrennung bei der Bierfiltration

Die Partikelabtrennung bei der Bierfiltration kann unter Verwendung von Filterhilfsmitteln und Filtermitteln auf folgenden unterschiedlichen Mechanismen beruhen:
- Abhängig vom gewählten Filterhilfsmittel findet bei einer sich ständig erneuerten Oberfläche des Filterkuchens eine Oberflächenfiltration statt;
- Da ein Teil der Trübungspartikel in den Kuchen eindringen und dort zurückgehalten werden, handelt es sich auch um eine Tiefenfiltration.
- Die Zurückhaltung in der Tiefe des Filterkuchens beruht wiederum auf folgenden zwei verschiedenen Prinzipien.
  - Auf der Zurückhaltung durch den reinen Siebeffekt der größeren Trübungspartikel in den kleineren Filterkuchenporen, auch als Raumsiebwirkung bezeichnet, und
  - auf der unterschiedlich starken adsorptiven Wirkung der Filterhilfsstoffe. Sie hat in Bezug auf Filtrationseffizienz, Durchflussrate und Abtrennungskapazität oft einen größeren Einfluss als die Raum-

☐ siebwirkung. Besonders bei tiefenwirksamen Filterhilfsmitteln ist darauf zu achten, dass das Bier nicht durch Adsorption wertvoller Inhaltsstoffe negativ verändert wird.

13.1.4 Stabilisierungsmittel

Da die oben genannten Hilfsstoffe auch gegenüber noch nicht als Trübstoffen vorliegenden partikulären Substanzen adsorbierend wirken, sondern auch gegenüber potenziellen, noch im Bier gelösten Trübungskomponenten (zum Teil auch kolloid gelösten Substanzen), werden sie auch als Stabilisierungsmittel zur Erhöhung der kolloidalen Stabilität bezeichnet.

13.2 Filtermasse

Das bedeutendste Filtermittel von den Anfängen der Bierfiltration bis ca. 1960 war die Filtermasse, das Filterhilfsmittel der sogenannten Massefiltration (s.a. Kapitel 2). Die Filtermasse besteht aus gereinigten und entfetteten weißen Baumwollfasern verschiedener Länge, denen 0,5...1 % Asbest (so genannter *Filterasbest*) zur Einstellung der Filtrationsschärfe zugesetzt werden musste (s.a. Kapitel 7.2/13.5). Die Durchlässigkeit der Masse wird durch die Länge der Baumwollfasern bestimmt, während der Asbest das Adsorptionsvermögen erhöhte. Die Trockenmasse wird bei Ersteinsatz 2 h bei 80 °C gewaschen und dann zu Filterkuchen gepresst. Für einen Kuchen von 525 mm Durchmesser und 55 mm Dicke wurden etwa 2,9...3 kg Trockenmasse und 15...60 g Asbest benötigt. Da der Asbest als hoch krebserregender Stoff eingestuft und seine Herstellung und weitere Verwendung in Deutschland seit 1993, in der gesamten Europäischen Gemeinschaft seit 2005, verboten wurde, konnte die klassische Massefiltration wegen mangelnder Filtrationsschärfe auch aus diesem Grunde nicht mehr angewendet werden. Die klassische Filtermasse aus Baumwolllinters verlor damit ihre Bedeutung.

13.3 Kieselguren

13.3.1 Allgemeine Hinweise zu Kieselgur

Kieselguren sind zurzeit immer noch das verbreitetste Filterhilfsmittel in der Brauerei. Kieselguren sind ein Naturprodukt. Sie sind Überreste bzw. Fossilien winziger blütenloser Pflanzen, so genannter Kieselalgen. Mikroskopisch sind die versteinerten Pflanzenskelette in ihrer großen Vielfalt grob zu unterscheiden (siehe Abbildung 218), ihre Formen haben ein Einfluss auf ihre Filtrationsschärfe und ihre Porosität (siehe Kapitel 13.3.5 und 13.3.7). Diese Skelette bestehen hauptsächlich aus Kieselsäure, besser aus hydriertem SiO_2, also $SiO_2 \cdot n\ H_2O$. Sie sind nur in heißen Alkalien und Flusssäure löslich. Die Filterkuchen haben eine große Porosität und sind bei Verwendung von Grobgur kaum kompressibel.

Trotz ihrer guten Eignung als flexibel einsetzbares Filterhilfsmittel bei der Anschwemmfiltration sind sie in den letzten Jahrzehnten wegen ihres Cristobalitgehaltes (s.a. Kapitel 13.3.5) und der Probleme bei ihrer Abproduktentsorgung (s.a. Kapitel 13.3.10 und 13.3.11) verstärkt kritischer bewertet worden, was zur Suche von Alternativlösungen führte. Zur Fragen der Handhabung der Kieselguren und ihrer Transportverpackung s.a. Kapitel 7.3.6 und Kapitel 13.11.

Klärung und Stabilisierung des Bieres

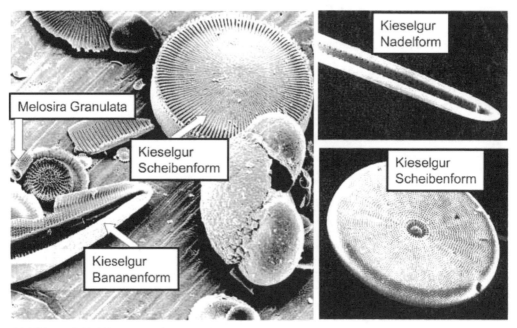

Abbildung 218 Diatomeenformen [285]

13.3.2 Kurzcharakteristik der Kieselgur

Nach [293] wird Kieselgur (Diatomit) wie folgt charakterisiert:
- Es ist ein SiO_2-reiches sedimentäres Gestein mit einem SiO_2-Gehalt von 86 bis über 94 %. Natürliche Kieselgur besteht fast ausschließlich aus reiner amorpher Kieselsäure (s.a. Abbildung 222).
- Verunreinigungen im Naturprodukt können sein: Sand (Quarze), Tone (Montmorillonite), vulkanische Asche, Kalk (Carbonate), weitere mineralische Bestandteile mit Spuren von Al, Fe, Ca, Mg und weiterer Metalle, vorwiegend durch lösliche Salze und auch organische Substanzen.
- Kieselgur wurde aus fossilen Diatomeenablagerungen (skelettale Überreste) gebildet, vorwiegend im tertiären und quartären Erdzeitalter.
- Als Filterhilfsmittel hat Kieselgur u. a. folgende physikalische Vorteile:
  - eine relativ geringe Dichte von 1,93…2,3 g/cm³,
  - eine erhebliche Absorptionsfähigkeit gegenüber Trübstoffen und Gasen,
  - eine große spezifische Oberfläche,
  - eine relativ große Härte und mechanischen Abnutzungswiderstand.
- Kieselgur wird verwendet als:
  - Filterhilfsmittel (> 50 % der Kieselgurproduktion),
  - Füllstoff in der chemischen-, Papier-, Bau-, Lacke- und Farben- und Kunststoffindustrie,
  - Träger für Katalysatoren, Düngemittel und pharmazeutische Produkte.
- Als Filterhilfsmittel wird Kieselgur charakterisiert nach ihren die Filtration bestimmenden Eigenschaften (siehe Kapitel 13.3.7).

◘ Die Struktur des Diatomeen-Skeletts ist das hauptsächliche Merkmal, aus dem alle sekundären Eigenschaften und Anwendungsmöglichkeiten abgeleitet werden können (siehe Kapitel 13.3.6).

13.3.3 Zur Entstehung und Gewinnung der Rohguren

Rohkieselgur ist ein weiches, bröckliges Material, das sich aus kieselsäurehaltigen Schalen mikroskopisch kleiner Wesen, den Diatomeen, zusammensetzt, die sich während des Miozäns vor 100 000 bis 15 Millionen Jahren auf dem Grund von Meeren und Seen absetzten. Man findet viereckige, kammförmige, elliptische und zylindrische Formen.

Kieselalgen (*Bacillariophyceae* / *Diatomeae* / *Diatomeen*) sind im Meer und im Süßwasser lebende einzellige Algen, die Kolonien bilden und ihre Energie durch Photosynthese gewinnen.

Sie bilden verkieselte Zellwände als starres Exoskelett, das als „leichtes Flächentragwerk" der Alge Stabilität verleiht und ihr Schwebeverhalten im Wasser optimiert. Sie sinken nach dem Absterben auf den Boden, teilweise durch Massensterben, und es bildeten sich nach dem Verwesen der organischen Bestandteile große Ablagerungen.

Diatomeen (Kieselalgen) synthetisieren noch aus chemisch stark untersättigtem Meerwasser Opal aus gelöstem Siliciumdioxid, dem Wasser werden so pro Jahr allein durch Diatomeen ca. 10^{10} t SiO_2 entzogen, die jedoch durch das Auflösen verwitternder SiO_2-haltiger Mineralien ständig nachgebildet werden. Die Ablagerungen erreichen Mächtigkeiten von bis zu 100 Metern und mehr.

Die nach dem Austrocknen der Seen bzw. Meeresteile entstandenen Schichten sind heute zum Teil wenige Zentimeter bis einige Meter unter der Erdoberfläche zu finden und können bergmännisch abgebaut werden.

Die größten erschlossenen Kieselgurlager gibt es in den USA (Kalifornien), in Kanada, Italien, Frankreich und Russland.

Ein Kubikzentimeter Kieselgur enthält etwa 4,6 Millionen Diatomeen-Schalen.

Abbildung 219 Kieselgurgewinnung im Tagebau (nach [285])

Die Angaben über die bekannten fossilen Arten schwanken zwischen 40 000...100 000 Arten von Kieselalgen. Die Angaben über die jetzt noch lebenden (rezenten), meist einzelligen Algenarten schwanken zwischen 6000...10.000. Der Abbau erfolgt im Tagebau (siehe Abbildung 219).

Fundstätten, die für die Gewinnung von Filtrationskieselguren verwendet werden sollen, müssen u. a. folgende Bedingungen erfüllen:
- Es müssen biologische und chemische Einflüsse der Filterhilfsmittel auf das zu filtrierende Bier ausgeschlossen werden können.
- Die Fundstätte muss eine homogene Kieselgurqualität mit möglichst wenigen Diatomeenspezies gewährleisten.
- Es müssen verschiedene in sich homogene Kieselgursorten herstellbar sein, die mindestens Durchflusswerte von 5...800 mDarcy abdecken können.

Jede Kieselgurlagerstätte ist durch das massenhafte Auftreten einer oder mehrerer charakteristischer Diatomeenformen geprägt. Sie sind als Indikator für die Rückverfolgbarkeit zu verwenden, um bei Bedarf den Ursprung einer Kieselgurlieferung zu bestimmen.

13.3.4 Aufbereitungsprozesse der Rohguren

Die Aufbereitung und Veredelung der gewonnenen Naturgur erfolgt in folgenden Prozessstufen: Zerkleinern, Trocknen, Reinigen, Glühen (Kalzinieren), teilweise Flusskalzination mit Flussmittel (Na_2CO_3 u.a.), Mahlen, Fraktionieren (Sichten) und Abfüllen zum Versand (siehe Abbildung 220).

Bei den wesentlichsten Aufbereitungsstufen laufen folgende Prozesse ab [286]:
- **Trocknen**: Erfolgt bei ca. 250...300 °C, die Naturfeuchte wird auf < 1% reduziert, die Kieselgur enthält noch alle organischen Stoffe. Die Atomgitterstruktur des Siliziumdioxids bleibt amorph (s.a. Abbildung 222), deshalb ist diese Gur noch weitgehend frei von Cristobalit. Alle löslichen mineralischen Bestandteile sind noch unverändert enthalten.
  Da es bei diesen Temperaturen zu keinem Agglomerieren der einzelnen Diatomeen kommt, sind diese Kieselguren in der Regel sehr feine Guren mit einer extremen Trennschärfe.
- **Kalzinierung**: Erfolgt bei 600...800 °C, die organische Substanz verglüht, Tonmineralien werden dehydroxyliert, lösliche Bestandteile der Kieselgur werden in unlösliche überführt (z. B.: die Oxidation von löslichen Eisenionen) oder verflüchtigt. Durch Veränderungen der Brenntemperatur können kleinere oder größere Diatomeenagglomerate gebildet werden, die dadurch die Herstellung unterschiedlicher Kieselgursorten ermöglichen.
  Die hohe Temperatur verändert die Atomgitterstruktur des Siliziumdioxids, es geht von der amorphen (ungefährlichen) Struktur in das energetisch günstigere Kristallgitter über. Es entsteht Cristobalit (siehe Kapitel 13.3.5), beim Drehrohrofenverfahren zwischen 5...70 % der Kieselgur.
- **Fluss- oder Fluxkalzinierung**: Erfolgt bei 900...1000 °C und es wird bei der Flusskalzinierung zusätzlich ein Flussmittel, meist Soda, in Anteilen von 2...5 Ma.-% zugesetzt, um die Schmelztemperatur des Siliziumdioxids zu erniedrigen. Dadurch können ohne extrem hohe Brenntemperaturen größere Agglomerate hergestellt werden, die als grobe Kieselguren für die erste Voranschwemmung benötigt werden. Die Diatomeenkörper werden mit einer dünnen Glasur, die die Mehrzahl der Poren verschließt, überzogen

(versintert, siehe Abbildung 221).
Da die Veränderungen der Atomgitterstrukturen durch das Flussmittel beim Drehrohrofenverfahren beschleunigt werden, haben diese Kieselguren den höchsten Anteil an kristalliner Kieselsäure und damit an Cristobalit.

❏ **Sichten**: Durch den weitern Aufbereitungsprozess, der das Vermahlen und Klassieren umfasst, werden die Verunreinigungen weitgehend beseitigt und eine gleichmäßige Korngrößenverteilung eingestellt.
Da kleine Teilchen den Durchfluss herabsetzen und grobe Teilchen eine schlechte Klärwirkung haben, zeichnet sich eine gute Kieselgur mit einem definierten Filtrationsdurchsatz durch einen engen Korngrößenbereich aus. Die Varianten der angewandten Kieselguraufbereitung entscheiden mit über den Kieselgurtyp.

Die gegenwärtige Aufbereitungspraxis der führenden Hersteller verändert die Eigenschaften der Kieselgur durch die erhöhte Bildung von Cristobalit und die Zerstörung von Diatomeen nachteilig.

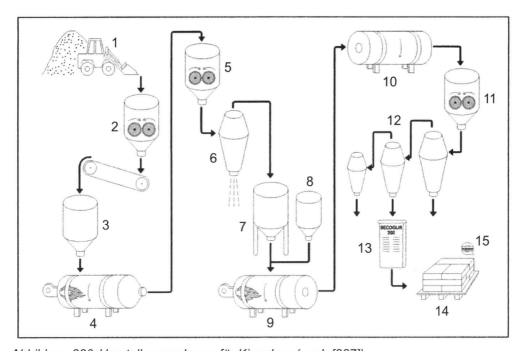

Abbildung 220 Herstellungsschema für Kieselgur (nach [287])
1 Gewinnung **2** Zerkleinerung **3** Dosierung **4** Trocknung **5** Vermahlung **6** Vorreinigung **7** Dosierung **8** Flussmittel **9** Kalzinierung **10** Abkühlung **11** Feinvermahlung **12** Korngrößensortierung **13** Verpackung **14** Palettierung **15** Qualitätssicherung

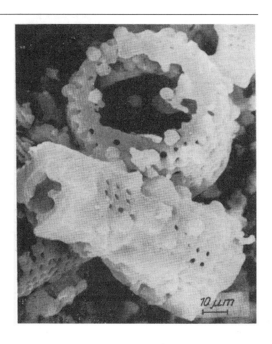

*Abbildung 221 Flusskalzinierte Kieselgur
(Foto nach [304])*

13.3.5 Der Cristobalitgehalt der aufbereiteten Kieselgur

Cristobalit (Name abgeleitet von dem Ort der Erstbeschreibung: San Cristobal / Mexiko) ist ein selten auftretendes Mineral und eine natürlich auftretende Modifikation des Siliciumdioxids (SiO_2) bei Hochtemperaturprozessen. Chemisch ist es ein Anhydrid der Kieselsäure. Es kommt in zwei kristallinen Modifikationen vor (tetragonaler α-Cristobalit und kubischer β-Cristobalit (siehe Abbildung 222; weitere Ausführungen dazu siehe [288]).

Die traditionelle Produktionsweise (s.a. Kapitel 13.3.4) zur Veredelung bergmännisch gewonnener Kieselgur im Drehrohrofen fördert die Cristobalitbildung. Diese kristallinen Bestandteile der Kieselgur, so hat es die WHO nachgewiesen, können krebserzeugend und damit in höchstem Maße gesundheitsschädlich sein.

Quarz und Cristobalit in lungengängiger Partikelgröße werden, wenn sie in die Lunge eindringen, von der International Agency for Research on Cancer (IARC) als krebserregend bei Menschen eingestuft (Krebsrisikoklasse 1) [289], [290]. Cristobalit ist nur eingeatmet in der Lunge gefährlich.

Bei Temperaturen um 800 °C und darüber vollzieht sich bei der Kalzination (Glühen und Verglühen organischer Substanz und der Dehydroxylierung von Tonmineralien) der Übergang von der amorphen (ungefährlichen) Form der Kieselsäure zu ihrer energetisch günstigeren Form, einem Kristallgitter, das als Cristobalit definiert ist (5…70 % beim Drehrohrofenverfahren).

Nach neueren Untersuchungen kann ein Zusatz von Kaliumionen bei der Flusskalzinierung den kristallinen Anteil reduzieren [291].

Nach *Fischer*, *Schnick* und *Beier* [292] liegt der Cristobalitgehalt von Rohkieselgur immer unter 1 Ma.-%, bei kalzinierten Guren mit einer rosa Farbe je nach Ausgangsmaterial und Kalzinationstemperatur zwischen 10…40 Ma.-% und bei flusskalzinierten, weißen Guren zwischen 40…90 Ma.-%.

Die GERCID GmbH [293] hat ein Verfahren zur Aufbereitung und Veredlung bergmännisch gewonnener Kieselgur zur Herstellung hochwertiger Filterhilfsmittel ohne

kristalline Bestandteile entwickelt und in einem Werk zur Kieselgurherstellung in Costa Rica zur Anwendung gebracht. Das Verfahren ist gekennzeichnet durch die Verfahrensschritte:
- Vorselektion zur Aussonderung von Fremdstoffen;
- Trocknung, Dispergieren und Abscheiden unerwünschter Mineralien im Wirbelpralltrockner;
- Kalzination nach dem Wirbelbettverfahren;
- Klassieren mit Windsichtern und keine Mahlstufen;
- Der ermittelte Cristobalitgehalt liegt bei < 0,5 %.

Der Cristobalitgehalt der bisherigen Kieselguren für die Filtration erfordert eine Reihe von arbeitsschutztechnischen Maßnahmen beim Transport, der Lagerung und der Kieselgurdosierung in der Bierfiltration, um die Gefährdung des Bedienpersonals zu vermeiden (s.a. Kapitel 7.3.6).

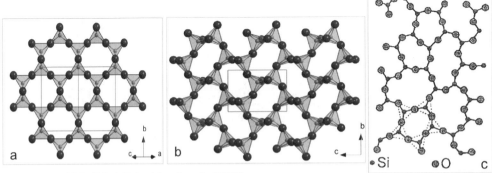

Abbildung 222 Kristallstruktur (nach [288])
a Kubischer β-Cristobalit **b** Tetragonaler α-Cristobalit **c** Amorphes SiO_2 (nach [293])

Die Einstufung der Kieselgur als krebserregend verursachte neben dem Einsatz in der Brauerei auch Probleme bei der Entsorgung und im öffentlichen Ansehen der Bierfiltration. Dies führte seit den 1980er Jahren zu großen Bemühungen, die Kieselgur bei der Bierfiltration zu ersetzen (s.a. [294], [295]).

Infolge der neuen gesetzlichen Bestimmungen zur Entsorgung der Kieselgurschlämme kommt es zu ständig steigenden Entsorgungskosten [296], [297], [298], [299].

13.3.6 Einfluss der Diatomeenformen und des Zerstörungsgrades auf die Eigenschaften des Filterhilfsmittels

Die Struktur bzw. die Form der Diatomeen und ihr Zerstörungsgrad sind die wesentlichen Merkmale, von denen alle sekundären Eigenschaften wie Permeabilität und Klärgrad abgeleitet werden können. *Fischer*, *Schnick* und Mitarbeiter [293], [300] haben dazu den Aufbau der Diatomeen und die wichtigsten Arten wie folgt beschrieben:
- Das auffallende Merkmal der Diatomeen ist eine silikathaltige, dauerhafte Schale (Frustel). Ihretwegen sind sie als Fossilien gut erhalten (Kieselgur).
- Die Systematik der Diatomeen beruht ausschließlich auf der Auswertung von Unterschieden in der Architektur der Schalen (Größe, Symmetrie, Skulptierung u.a.).

- Diatomeenschalen bestehen aus zwei unterschiedlich großen Teilen, die schachtelförmig ineinander oder wie Deckel und Boden einer Petrischale auf einander gesetzt erscheinen.
  Die größere, obere Hälfte wird als Epitheka, der Boden (die kleinere, untere Hälfte) als Hypotheka bezeichnet (siehe Abbildung 223).

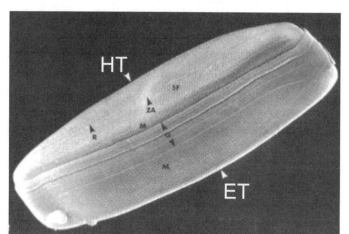

Abbildung 223 Diatomeen der Ordnung PENNALES. Deutlich zu erkennen sind Hypotheka (HT) und Epitheka (ET) sowie das Gürtelband (G) (zit. nach [300])

- Die in der Aufsicht erkennbaren Flächen nennt man Valven. In der Seitenansicht sieht man den Gürtel (das Gürtelband) und spricht daher auch von Gürtelansicht.
- Bei jeder Zellteilung wird die Hypotheka ersetzt. Bleiben nach der Teilung beide Hälften erhalten, entstehen in der einen Nachkommenschaftslinie ständig kleiner werdende Zellen. Die Reduktion der Größe kann je nach Art 30 bis 50 Prozent betragen.
- Viele Arten bilden unter ungünstigen Lebensbedingungen Dauerstadien (Zysten, Ruhestadien) mit verstärkter Wand aus.

Die *Bacillariophyceae* können in zwei klar voneinander getrennte Ordnungen untergliedert werden, die sich in der Symmetrie der Schale und in ihrem Fortpflanzungsverhalten voneinander unterscheiden in:
- PENNALES (länglich): Die Untergliederung in Unterordnungen erfolgt aufgrund der An- oder Abwesenheit und der Ausgestaltung der Raphe, eines Bewegungsorganells:
  - Biraphidinae: Raphe auf beiden Valven,
  - Monoraphidinae: Raphe nur auf einer Valve,
  - Raphidioidineae: Raphe nur rudimentär ausgebildet, z. B. nur
                     an den beiden Polen der Zelle.
  - Araphidinae: ohne Raphe.
- CENTRALES (rund): Die Einteilung in Unterordnungen beruht auf der Form der Zellen in der Aufsicht (Valvenansicht):
  - *Coscinodiscineae*: Valven rund (flach oder konvex), meist ohne auf-

	fallende Fortsätze. Der Durchmesser der Frusteln ist größer als die Höhe.
- Rhizosoleniineae:	Frusteln langgestreckt, zylindrisch.
- Biddulphiineae:	Valven bipolar oder multipolar gebaut, an den Ecken Fortsätze oder Verdickungen.

Hauptbaustoff der Zellwand ist Kieselsäure (Siliciumdioxid).

Abbildung 224 Links: Melosira-Ansammlung (nach [293])   Rechts: Einzeldiatomeen der Grobgur Schenk Spezial (nach [301])

Die Ordnung der PENNALES sind meist mit einem Bewegungsorganell (einer Raphe) ausgestattet, zur Ordnung der CENTRALES gehören die kleinsten Formen mit 2,5 µm Durchmesser. Die größten Arten erreichen Längen bis zu 2 mm.

Die auf dem deutschen Markt weit verbreiteten amerikanischen Kieselgurprodukte stammen aus Lagerstätten, in denen zentrische Diatomeenschalen überwiegen, die vor allem den Gattungen *Melosira* (siehe Abbildung 224), *Coscinodiscus* und begrenzt *Thallassiosira* (siehe Abbildung 225) aus der Familie *Coscinodiscaceae* zuzuordnen sind.

 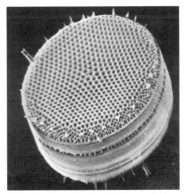

Abbildung 225 Coscinodiscus   Thallassiosira (zit. nach [300])

Die für hervorragenden Filtrationseigenschaften bekannten limnischen Formen *Melosira granulata*, *distans* und *islandica* treten in einigen Lagerstätten mit größerer Häufigkeit und geringem Zerstörungsgrad auf.

Die einzelnen Schalen sind zylinderförmig aufgebaut und bestehen aus zwei über Randstacheln miteinander verbundenen Hälften. Selbst unversehrte Kolonien in Form kettenförmiger Anordnungen treten auf. Typisch sind kräftig entwickelte Ringleisten und gerade oder teilweise schraubenförmig verlaufende Porenreihen auf den Mantelflächen (siehe Abbildung 226).

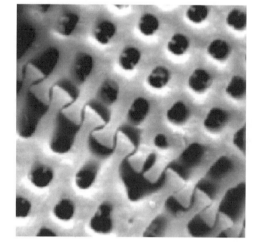

Abbildung 226 Poren von Melosira (zit. nach [300])

Diese Poren sind an frischen Diatomeen von porösen Membranen bedeckt, durch die der Stoffwechsel stattfindet. Reste dieser Membranen sind bei entsprechender Vergrößerung häufig zu erkennen (Abbildung 227).

Die Siebplatten zwischen den Schalenhälften sind entweder geschlossen bzw. im Randbereich schwach punktiert oder mit großen Poren besetzt. Die regulären, auch im REM sichtbaren Poren haben je nach Größe der Kieselalge *Melosira* Durchmesser zwischen 200 nm und 500 nm.

Die Gattung *Thalassiosira* (Abbildung 225) hat eine vergleichsweise ähnliche Morphologie, nur dass das Verhältnis Höhe zu Durchmesser umgekehrt ist wie bei der Gattung *Melosira*.

Häufig in den bekannten Lagerstätten anzutreffende brakkisch-marine Arten gehören zur Gattung *Coscinodiscus*. Im Vergleich zu *Melosira* (limnischer Typ) sind sie deutlich größer und liegen z.T. nur als Bruchstücke oder in Form perforierter Siebplatten vor (Abbildung 228).

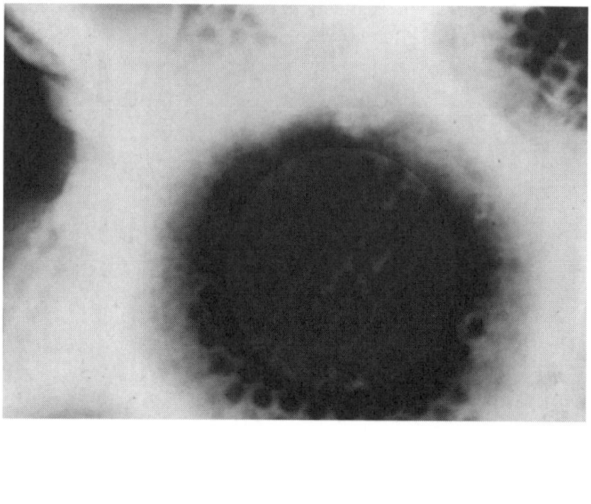

Abbildung 227 Porenmembran (zit. nach [300])

Vereinzelt wurden Arten nachgewiesen, deren Bruchstücke eine Größe von mehr als 100 µm aufwiesen, bei denen eine einzige Pore so groß ist, dass eine komplette Diatomeenschale der Gattung *Melosira* hindurch fallen würde.

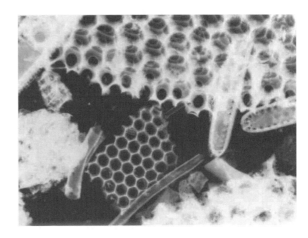

Abbildung 228 Wabenförmige Bruchstücke von Coscinodiscus (zit. nach [300])

Die limnischen Formen (d.h. Diatomeenformen, die in Süßwasserseen gelebt haben) *Melosira granulata, distans* und *islandica* treten in einigen Lagerstätten mit größerer Häufigkeit und geringem Zerstörungsgrad, teilweise in Form kettenförmiger Anordnungen auf.

Die homogene Verteilung der tonnenförmigen bzw. zylindrischen Diatomeen bedingt gute Durchflussraten und einen vergleichsweise geringeren Druckanstieg.

Gerade oder teilweise schraubenförmig verlaufende Porenreihen auf den Mantelflächen, teilweise noch von Resten poröser Membranen bedeckt, die früher dem Stoffwechsel dienten und Siebplatten zwischen den Schalenhälften die im Randbereich schwach punktiert oder mit großen Poren besetzt sind, filtern feine Trubpartikel heraus und bestimmen die Klärwirkung.

Die Gattung *Coscinodiscus* tritt meist in Verbindung mit vielen nadelförmigen Formen (siehe z. B. Abbildung 229) auf und bedingt eine scharfe Filtration durch den sich filzartig aufbauenden Filterkuchen (schnellerer Druckanstieg).

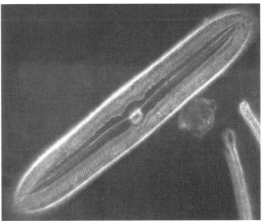

Abbildung 229 Mikroskopische Aufnahme der Diatomee Pinnularia dactylus (zit. nach [300])

Durch die Vielzahl unterschiedlich großer Poren in den Siebplatten der Gattung *Coscinodiscus* werden Trubstoffe unterschiedlichster Partikelgrößen zurückgehalten.

Nach [306] haben praktische Versuche gezeigt, dass Kieselgur-Filterhilfsmittel am besten klären, die überwiegend aus nadelförmigen Diatomeen bestehen. Kieselgurqualitäten mit hauptsächlich scheibenförmigen Anteilen klären nicht nur schlechter, sondern bilden auch keinen ausreichend porösen Filterkuchen. Die scheibenförmigen Diatomeen legen sich paketartig aufeinander, es fehlen Hohlräume, die auch für die Klärung benötigt werden.

Die mikroskopische Kontrolle der Struktur bzw. der Form der Diatomeen sowie ihr Zerstörungsgrad sollte bei Qualitätsproblemen mit einer angelieferten Charge einer Filtrationsgur unbedingt mit überprüft werden. Für den Volumenstrom und die Klärwirkung sind die Teilchengröße und die Teilchenform gleichermaßen von Bedeutung.

13.3.7 Allgemeine Anforderungen an die Qualitätsparameter einer Kieselgur für die Bierfiltration

Eine Filtrationsgur muss beurteilt werden aus:
- sensorischer,
- mikrobiologischer,
- physikalisch-chemischer und
- filtrationstechnischer Sicht.

Die Beurteilung und die durchzuführenden Analysen sind in den Vorschriften der MEBAK [302] und der EBC [303] zusammengefasst.

13.3.7.1 Sensorische Anforderungen
- Die Kieselgur muss sowohl in kaltem und warmem Wasser und im Bier sensorisch geschmacksneutral sein;
- Besonders ist mit einem Geruchstest zu prüfen, dass die Kieselgur keine Sulfide enthält, die bei Kontakt mit schwachen Säuren, wie im Bier, Schwefelwasserstoff bilden.

13.3.7.2 Mikrobiologische Anforderungen und äußeres Erscheinungsbild
- Bei der Bestimmung der Gesamtkeimzahl auf der Kieselgur sollen Hefen, Langstäbchen, Diplokokken und Tetraden nicht nachweisbar sein.
- Wichtig ist auch, dass die Kieselgur nicht durch schadhafte Verpackungen oder unsaubere Transportbehälter verschmutzt wurde.
  Eine visuelle Kontrolle jeder angelieferten Charge ist erforderlich.
- Bei einer mikroskopischen Prüfung dürfen keine Beimischungen erkennbar sein.

13.3.7.3 Physikalisch-chemische Anforderungen
Die wichtigsten chemisch-physikalischen Anforderungen an die Kieselgur für die Bierfiltration sind in Tabelle 81 zusammengestellt.

Sie haben die nachfolgend aufgeführten Ursachen und Auswirkungen:
- **Wassergehalt**: Die Naturgur kann einen Wassergehalt von bis 60 % besitzen, damit sie lagerfest ist und nicht durch eine hohe Feuchte dumpfige und muffige Gerüche anzieht, ist sie auf Werte < 5 % zu trocknen, kalzinierte Guren liegen in ihrem Wassergehalt meist < 1%. Die tatsächliche Restfeuchte einer Kieselgur beeinflusst weniger die Filtration selbst als vielmehr die Ökonomie der Filtration.

- **Calcium**- und **Eisenionengehalt**: Der gesamte wasserlösliche Anteil einer Filtrationsgur sollte ≤ 0,2 % betragen. Die Anteile an löslichen Fremdmineralien sollten nach Art und Menge unten genannte Höchstwerte nicht überschreiten.
  Eine Erhöhung des Gehaltes an Calciumionen erhöht die Gefahr des Ausfallens von Calciumoxalat im Drucktank (eine Calciumoxalattrübung bildet sich erst langsam aus: Zeitreaktion) und von Gushing in der abgefüllten Flasche.
  Eisenionen erhöhen als Katalysatoren die Oxidationsgeschwindigkeit im Bier und beschleunigen damit die Alterung. Weiterhin reagieren sie mit Gerbstoffkomponenten, können als Schwermetall auch Proteine fällen und eine Zufärbung verursachen.

- **pH-Wert** und pH-Wert-Verschiebung: Bei der Kalzinierung werden normalerweise die alkalisch wirkenden Hydrogenkarbonationen zerstört, so dass der pH-Wert dadurch nicht beeinflusst wird. Bei nur schwach kalzinierten oder nur getrockneten Guren besteht die Gefahr, dass durch diese Ionen der Bier-pH-Wert trotz Pufferung erhöht wird. Dies schädigt bei pH-Wert-Erhöhungen von > 0,1 pH-Wert-Einheit die Bierqualität negativ (z. B. Bittergeschmack, Farbe, kolloidale Stabilität).

- **Glühverlust**: Der Glühverlust wird durch das Verbrennen von noch vorhandener organischer Substanz und durch das Austreiben von Wasser und des CO_2 aus den noch vorhandenen Carbonaten verursacht. Höhere Glühverluste als oben angegeben sind ein Warnzeichen, dass diese Gur im Bier einen Fremdgeschmack verursachen kann und die Aufbereitung dieser Gur nicht ausreichend war.
  Rein weiße Gur gewährleistet normal einen Glühverlust von unter 1 % ihrer Einwaage.

- **Dichte** der Kieselgur: Die Dichtebestimmung ist nur bei grundsätzlichen Entscheidungen über die Verwendbarkeit einer Kieselgur zur Filtration notwendig. Die Dichten der gebräuchlichsten Kieselguren für die Bierfiltration liegen in dem unten genannten Bereich.
  Bei Produkten mit einer höheren Dichte muss mit Sedimentation in der Anschwemmsuspension und dadurch mit einer inhomogenen Anschwemmschicht gerechnet werden [304].

13.3.7.4 Filtrationstechnische Richtwerte und Anforderungen

Die Struktur bzw. Form der Diatomeen und ihr Zerstörungsgrad sind die wesentlichen Merkmale, von denen alle sekundären Eigenschaften (Permeabilität, Klärgrad) abgeleitet werden können.

Die dominierenden Diatomeenformen sollten für die Lagerstätte typisch und trotz durch den die Aufbereitung bedingten Zerstörungsgrad in ihrer Verteilung erkennbar sein. Die Partikelgrößenverteilung muss dem Kieselgurtyp entsprechen (siehe Kapitel. 13.3.8).

Die wichtigsten filtrationstechnischen Richtwerte und Anforderungen sind in Tabelle 83 zusammengefasst, sie haben die folgenden Auswirkungen und Einflüsse:

Schütt- und Rütteldichte: Die Schütt- und Rütteldichte gibt an, wie viel Gramm eines FHM beim losen Einschütten und wie viel Gramm beim Rütteln bis zur Massekonstanz benötigt werden, um das Volumen von 1 L einzunehmen.

Tabelle 81 Physikalisch-chemische Richtwerte (u.a. nach [305])

Kriterium		Kieselgursorte	Richtwert
Wassergehalt		Grob- u. Mittelgur	< 0,5 %
		Feingur	< 1 % (< 4 %)
Im Bier lösliche Kationen	Ca^{2+}	Alle Gursorten	< 1000 ppm
	$Fe^{2/3+}$		< 100 ppm
	Al^{3+}		< 400 ppm
pH-Wert		Grob- u. Mittelgur	6…7
		Feingur	8…10
pH-Wert-Verschiebung im Bier (pH-Werteinheiten)		Alle Gursorten	< 0,10
Glühverlust		Grob- u. Mittelgur	< 0,5 % (< 1 %)
		Feingur	< 1,5 % (< 4 %)
Arsen		alle Gursorten	< 0,4 ppm
Quecksilber			< 0,01 ppm
Blei			< 0,8 ppm
Cadmium			< 0,8 ppm
Dichte		Alle Gursorten	1,4…2,3 g/cm³

Permeabilität: Die Permeabilität, je nach Filterhilfsmittelhersteller auch als Durchflusswert, Wasserwert oder Wasserdurchlässigkeit bezeichnet, ist ein wesentliches Kennzeichen der Filterhilfsmittelqualität. Da jedoch die Methoden der Filterhilfsmittelhersteller zur Bestimmung dieses Wertes unterschiedlich sind, können die angegebenen Werte nicht ohne weiteres verglichen werden. Festgelegte Kriterien zur Bestimmung der Permeabilität sind die Filtrierfläche, die Schichtdicke, die Filtrierzeit, die Wassertemperatur, die Viskosität der Testflüssigkeit und die Filterschicht-Druckdifferenzen.

Bei der Angabe der Wasserdurchlässigkeit in *Darcy*-Einheiten hat z. B. das Material eine Durchlässigkeit von einer *Darcy*-Einheit, welches in einer Sekunde 1 ml einer Flüssigkeit mit einer Viskosität von 1 mPa·s durch einen Filterkuchen von 1 cm² Fläche und 1 cm Dicke bei einer Druckdifferenz von 0,1 MPa durchfließen lässt. Der Einfluss der Schichthöhe einer Filterhilfsmittelschicht auf die Permeabilität bzw. auf den Durchflusswert ist auch von der Filterhilfsmittelart abhängig. Bei Grobguren nehmen die

Durchflusswerte mit der Zunahme der Schichtdicke prozentual stärker ab als bei Feinguren (siehe Abbildung 230). Bei letzteren bewegen sich die Durchflusswerte auf einem sehr niedrigen Niveau, sie verlaufen ab ca. 25 mm asymptotisch zur x-Achse. Allgemein können die Kieselguren in Abhängigkeit von ihren Durchflusswerten, wie in Tabelle 82 ausgewiesen, eingeteilt werden.

Tabelle 82 Allgemeine Einteilung der Kieselguren nach ihren Durchflusswerten

Gurcharakteristik	Durchflusswert L/(m²·min)
Sehr fein	< 20
Fein	20...100
Mittelfein	100...350
Grob	350...1000
Sehr grob	> 1000

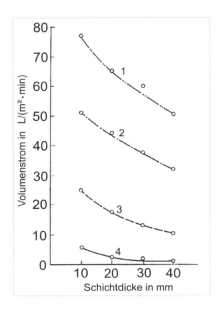

Abbildung 230 Einfluss der Schichtdicke einer Hilfsschicht auf den Durchflusswert [304]
1 Perlit „Perfil" **2** Grobgur „Hyflo-Supercel"
3 Mittelgur „Celite 512" **4** Feingur „Filtercel"

Tabelle 83 Filtrationstechnische Anforderungen für Kieselgur zur Bierfiltration

Schüttdichte		150...250 g/L
Permeabilität (Durchlässigkeit)		Muss dem angegebenen Kieselgurtyp entsprechen
Nassdichte	optimal	< 300 g/L
	normal	270...350 g/L
	maximal	≤ 500 g/L
Schweranteile („sinks")		< 5 %
Aufschwimmender Anteil ("floaters")		< 5 %

Nassdichte (oft auch als „Nassvolumen" bezeichnet): Die Brauchbarkeit eines guten Filterhilfsmittels wird neben einer gleich bleibenden einheitlichen Qualität und der richtigen Zusammensetzung von Teilchenform und Teilchengröße besonders durch eine möglichst geringe Nassdichte charakterisiert. Sie gibt die Masse eines Filterhilfsmittels an, die notwendig ist, um im nassen Zustand unter Druck ein Volumen von 1 L auszufüllen (Angaben in g/L).

Bedingt durch die unterschiedlichen Teilchengrößen und -formen und Aufbereitungsmethoden kann es sehr unterschiedliche Nassdichten geben.

Die Filterhersteller berechnen die maximal zulässige Menge an Kieselgurschlamm mit einer durchschnittlichen Nassdichte. Diese wird im Normalfall in der technischen Spezifikation der Anbieter erwähnt. Damit der Filter nicht durch Überfahren Schaden nimmt, sollten die Anwender nicht nur die zulässige, maximale Kieselgurmenge für eine Biercharge beachten, sondern auch die in Ansatz zu bringende Nassdichte der verwendeten FHM. Dies sollte auch unbedingt beim Kieselgureinkauf beachtet werden.

Tabelle 84 Vergleich zweier Kieselguren (A bzw. B) mit unterschiedlicher Nassdichte

Nassdichte	A = 350 g/L	B = 280 g/L
Vergleich	A = 25 % schwerer als B	B = 20 % leichter als A
Erforderliche Masseanteile pro 1 m² + 1 mm Dicke	100	80
100 Anteile von A oder B	100 % Kuchenvolumen	120 % Kuchenvolumen
Filterkuchenporosität bei 100 Gewichtsanteilen von A oder B	B >> A	

Da die Filterhilfsmittel im Wesentlichen nach Masse gekauft, aber nach dem im nassen Zustand unter Druck sich einstellenden Filterschichtvolumen eingesetzt werden, ist eine niedrige Nassdichte ein wichtiges, anzustrebendes Qualitätsmerkmal eines Filterhilfsmittels. Filterhilfsmittel mit einer Nassdichte von weniger als 300 g/L sichern eine entsprechend hohe Flächenbedeckung je Masseeinheit (niedriger spezifischer FHM-Verbrauch) und damit einen wirtschaftlichen Verbrauch an Filterhilfsmitteln (siehe Tabelle 84). Weiterhin ist eine niedrige Nassdichte auch die Voraussetzung für eine hohe Filterkuchenporosität bei gleichem Mengeneinsatz. So hat nach [306] eine Kieselgur mit einer Nassdichte von 290 g/L eine Porosität von 85 %.

Schwereanteil: Der Schwereanteil ist ein Hinweis auf die Gleichmäßigkeit und die Ergiebigkeit der Kieselgur im Filtrationsprozess. Schwereanteile sind meist Sand, zusammen gesinterte Kieselgur und ungenügend gemahlene Gur. Sie können erheblich die Filtration beeinflussen, da sie sich entweder in den Zulaufkanälen absetzen oder in den Filterkammern zu Boden sinken bzw. sich an den Anschwemmfilterkerzen nur im unteren Teil anschwemmen lassen. Dies führt bei höheren Gehalten immer zu ungleichmäßigen Anschwemmbildern und erfordert höhere Kieselgurdosagen, um ein blankes Filtrat zu erhalten. Eine Bewertung der Kieselgur nach dem Schwereanteil weist Tabelle 85 aus.

Tabelle 85 Bewertung der Filtrationseigenschaften der Kieselgur nach dem Schwereanteil (nach Ullmann [310])

Schwereanteil %	Bewertung der Filtrationseigenschaften
≤ 5	Gut
5…10	Befriedigend
10…15	Mangelhaft
> 15	Schlecht

Floater: Durch eingeschlossene Gasblasen in Filterhilfsmittelpartikeln können „aufschwimmende" Anteile entstehen, die sich trotz des Mischvorganges im Filterhilfsmitteldosiergefäß nicht homogenisieren und damit nicht anschwemmen lassen. Sie sind reiner Verlust für die Anschwemmfiltration. Besonders anfällig dafür sind, bedingt durch ihre Herstellungsweise, Perlite.

Tabelle 86 Adsorptionskraft und Klärwirkung von unterschiedlichen Feinguren; auszugsweise zusammengestellt nach Untersuchungen von Schnick et al. [307]

Feingur A ... D		Hauptsächliche Diatomeenformen der Feinguren und Farbe	Permeabilität in mDarcy	Kaltwertabnahme bei der Filtration bei 0 °C in %	Adsorptionskonstante	Ladungsmenge in μ_{eq}/g
A	K	schiffchen- u. nadelförmig, wenig Bruchstücke, hellbraune Farbe	53	7,5	0,023	11,06
B	K	tonnenförmig, kaum nadel- u. schiffchenförmig, wenig Bruchstücke, sandfarben	86	22	0,090	8,10
C	K	diskusförmig, viele Bruchstücke, anteilig nadelförmig, Farbe rosa bis bräunlich	66	13,2	0,067	10,04
D	RG	nahezu nur tonnenförmig, gelblich-weiße Farbe Ausgangsprodukt für B	43	27	0,175	14,10
Grobgur	FK		1503	-	0,001	0,41
Kieselgel	X		30	66,3	0,034	26,55

K = kalziniert   RG = Rohgur   FK = flusskalziniert   X = Xerogel

Folgende Merkmale einer Kieselgur sind zur Charakterisierung ihrer Filtrationseigenschaften noch wichtig:

Porosität und Porenvolumen: Die Porosität oder das Porenvolumen gibt den Prozentsatz eines Filterkuchens an, der von Hohlräumen eingenommen wird. Die Gesamtporosität einer Filterhilfsmittelschicht setzt sich aus der Porosität des Filterkuchens (Zwischengranularporen oder intergranulares System) und bei einigen Filterhilfsmitteln (Kieselgur, Asbest, Aktivkohle) noch zusätzlich aus der Porosität der Filterhilfsmittelteilchen selbst (inneres Porensystem) zusammen.

Das innere Porensystem wird durch den Filtrierdruck nicht beeinflusst. Das intergranulare System kann in Abhängigkeit von Form und Lage der Filterhilfsmittelteilchen Veränderungen in der Porosität verursachen. Ziel einer effektiven Filtration ist es, durch eine geeignete Filterhilfsmittelauswahl und durch eine laufende Zugabe zum Unfiltrat einen lockeren und weitgehend inkompressiblen Filterkuchenaufbau zu erreichen. Die Porosität und die Struktur der Filterhilfsmittel bestimmen gemeinsam den möglichen Durchsatz und die Filtrationsschärfe (Trennschärfe). So trennt bei etwa gleicher Durchflussrate eine 3 mm dicke Perlitschicht alle Partikel > 4 µm ab, die Grobgur Hyflo-Supercel erreicht bei gleicher Schichtdicke eine Trennschärfe von 2 µm. Die Kieselgur hat bei vergleichbarem Durchsatz einen besseren Kläreffekt, da durch das innere Porensystem größere spezifische Oberflächen vorhanden sind [304].

Adsorptionskraft: Die Adsorption wird durch die Adhäsion der Trübeteilchen an der Oberfläche der Filterhilfsmittel durch unterschiedliche elektrische Ladungen im Grenzschichtbereich hervorgerufen (s.a. Kapitel 13.6.3, Zetapotenzial). Bei stärkeren Adsorptionsmitteln können auch chemische Reaktionen (meist Wasserstoffbrückenbindungen) zur Adsorption von kolloid und auch molekular gelösten Inhaltsstoffen des Bieres führen, diese Mittel werden vorzugsweise als kolloidale Stabilisierungsmittel verwendet.

Das am stärksten adsorbierend wirkende Filterhilfsmittel war Asbest. Er wirkt durch seine positive Oberflächenladung auf feindisperse Kolloide. Die relative Adsorptionskraft wird für Filterhilfsmittel im Vergleich zu Asbest u. a. wie folgt angegeben [308]:
- Kieselguren   0,4…0,5
- Filtermasse   etwa 20
- Asbest   800…1000…(1200).

Die Wirkung der Kieselguren ist dagegen mehr siebartig als adsorptiv, wobei feine Guren stärker adsorptiv wirken als grobe Guren (siehe Ergebnisse in Tabelle 86). Feinguren enthalten oft noch Tonreste, die wie Bentonite adsorbierend wirken. Durch die Kalzinierung werden diese Verunreinigungen nahezu vollkommen inaktiviert. Je nach Vorbehandlung und ihren hauptsächlichen enthaltenen Diatomeenformen unterscheiden sich auch die Feinguren in ihrem Adsorptionsvermögen, wie dies auszugsweise in Tabelle 86 dargestellt wird.

Die Untersuchungen von *Schnick* et al. [307] ergaben: Die nach *Darcy* bestimmten Permeabilitätswerte für die kalzinierten Feinguren sind annähernd gleich, die Rohgur D hat durch den Tonanteil, der quillt, einen deutlich niedrigeren Wert. Dadurch filtriert die Feingur D auch wesentlich schärfer, wie die höhere Kaltwertabnahme zeigt (bestimmt mit dem Alkohol-Kältetest nach *Chapon* mit dem Tannometer, Angaben der Kältetrübungsabnahme gemessen bei -8 °C, in Prozent der Trübung des mit der betreffenden Gur filtrierten Bieres, bezogen auf die Trübung des Unfiltrates bei -8 °C).

Die Feingur D hat auch durch die noch nicht dehydroxilierten Tonanteile die höchste Adsorptionskonstante (bestimmt durch die Entfärbung mit Methylenblau), die flusskalzinierte Grobgur adsorbiert so gut wie kein Methylenblau. Die Feinguren B und D, die überwiegend tonnenförmige Diatomeen aufweisen, hatten die höchsten Adsorptionskonstanten für Methylenblau. Auch die Ladungsmenge (bestimmt mit dem Partikelladungsdetektor PCD 02) ist hier vergleichsweise höher als bei den anderen Guren.

Die hohe Partikelladung des Xerogels weist neben der großen spezifischen Oberfläche auch auf eine hohe Dichte oberflächenaktiver Gruppen (z. B. Silanolgruppen; siehe Kapitel 15.4.2) hin. Es zeigt auch die erwartungsgemäß höchste Adsorptionswirkung auf die vorhandenen Kältetrübungsbestandteile. Der Kläreffekt bei den Feinguren A und C wird vor allem durch die Siebwirkung der nadelförmigen Diatomeen der sich filzartig aufbauenden Anschwemmschicht erreicht.

Eine Korrelation der unterschiedlichen Untersuchungsmethoden nur bei den verwendeten Feinguren ergab eine signifikante Beziehung zwischen der Adsorptionskonstante und der Kaltwertabnahme bei der Filtration bei 0 °C.

Korngröße und Kornform:
Korngröße und Kornform beeinflussen die Porosität und spezifische Oberfläche einer Filterhilfsmittelschicht und damit auch die Trennschärfe und den Durchfluss. Qualität und Korngröße der zu verwendenden Filterhilfsmittel werden bestimmt durch die Partikelgröße der abzufiltrierenden Trübstoffe, durch die Viskosität und chemische Zusammensetzung des zu filtrierenden Bieres sowie durch den geforderten Durchsatz. So werden bei zu feinkörnigem Filterhilfsmittel der erforderliche Durchsatz und bei zu grobkörnigem die benötigte Glanzfeinheit des Bieres nicht erreicht.

Bei den Kieselguren ist neben der Größe auch die Form der einzelnen Diatomeen-Schalen für die Klärwirkung und den Durchsatz von großem Einfluss. So haben Kieselguren, die überwiegend aus nadel- und lanzettenförmigen Diatomeen bestehen, die beste Klärwirkung. Kieselgurqualitäten mit vorwiegend scheibenförmigen Diatomeen klären schlechter und bilden auch keinen ausreichend porösen Filterkuchen.

Für die Bierfiltration haben sich Mischungen aus runden und langen Formen von Diatomeen bewährt. Mit derartigen Mischungen können kolloidale Trübungspartikel bis zu weniger als 0,3 µm Durchmesser entfernt werden (bei Verwendung von reiner Feingur). Die Filtrierqualität einer Kieselgur sollte deswegen auch vorher durch eine mikroskopische Kontrolle eingeschätzt werden.

Mittlerer spezifischer Kuchenwiderstand:
Der mittlere spezifische Kuchenwiderstand (α-Wert) ist eine wichtige Größe, die zur Kennzeichnung von Filterhilfsmittelschichten geeignet ist. Die Größe des α-Wertes wird durch die Korngröße, Kornverteilung, Kornform und Kompressibilität der Filterhilfsmittel bestimmt.

Nach Untersuchungen von [304] korrespondieren die α-Werte mit den Durchflusswerten. Grobkörnige Filterhilfsmittel, wie Grobguren und Perlite, haben hohe Durchflussraten und einen niedrigen spezifischen Kuchenwiderstand, Feinguren, wie *Filtercel* und *Superaid*, haben weitaus geringere Durchflusswerte und einen hohen α-Wert. Die Bestimmung von α-Werten ist wichtig für verfahrenstechnische Berechnungen und auch zur Charakterisierung von Trüben.

Kompressibilitätskoeffizient α_T:
Für die Filtration mit Druckfiltern ist es wichtig, das Verhalten der Filterschicht bei steigenden Filterschichtdruckdifferenzen zu kennen. *Fütterer* [304] hat zur Bestimmung des Kompressibilitätsfaktors die α-Werte der Filterhilfsmittel bei verschiedenen Filterschichtdruckdifferenzen im Bereich von $0,5...6 \cdot 10^5$ N/m^2 bestimmt und daraus den α_T-Wert errechnet. Aus den berechneten Werten ist erkennbar, dass kalzinierte und flusskalzinierte Guren sowie PVC-Pulver praktisch inkompressibel sind. *Precosit* (= Calciumsulfatdihydrat), Aktivkohle, Perlit (*Perfil*), Fällungskieselsäure und Holzmehl sind gering kompressibel, unkalzinierte Guren und Cellulosepulver (FNA) sind dagegen stark kompressibel.

Die Ergebnisse sind in Abbildung 231 so dargestellt, dass PVC-Pulver mit $\alpha_T = 0$ und das Cellulosepulver FNA mit $\alpha_T = 100$ eingestuft wurden. Alle anderen Werte liegen entsprechend ihrer α_T-Werte dazwischen.

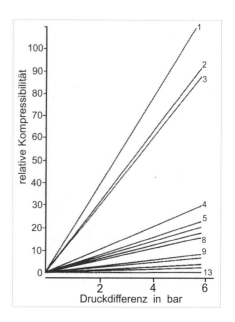

Abbildung 231 Darstellung der Kompressibilität verschiedener Filterhilfsmittel bei steigender Filterhilfsmittel-Druckdifferenz (nach [304])
1 Cellulosepulver FNA   **2** Feingur *Fina*
3 Feingur *Filtercel*   **4** Holzmehl   **5** *Precosit*
6 Aktivkohle   **7** Superaid   **8** Perlit *Perfil*
9 Grobgur *Klarfix W20*   **10** *Standardfix*
11 *Speedflow* und *Hyflo-Supercel*
12 *Celite 512*   **13** PVC-Pulver *PCV S60*

Trennschärfe:
Die Trennschärfe einer Filterhilfsmittelschicht ist eine Kenngröße die neben anderen Größen eine Vorauswahl des Filterhilfsmittels für die jeweilige Filteraufgabe gestattet. Die Trennschärfe einer Filterhilfsmittelschicht ist abhängig von der Größe der Zwischengranularporen, dem inneren Porensystem und der spezifischen Oberfläche des Filterhilfsmittels, der Adhäsion der Trübstoffe zur Oberfläche des Filterhilfsmittels und anderer physikalischer Faktoren der Trübe, sowie von der Schichtdicke und der Filterschichtdruckdifferenz.

Zur Bestimmung der Trennschärfe werden Modellsuspensionen mit einer definierten Korngröße verwendet. Die Angaben der Filterhilfsmittelhersteller sind nicht immer vergleichbar. Abbildung 232 zeigt die von *Fütterer* ermittelten, folgenden Zusammenhänge:

- Die Trennschärfe nimmt mit steigendem Feinguranteil linear zu, d.h., es werden immer kleinere Partikel abgetrennt.
- Die Durchflusswerte nähern sich asymptotisch ab einem Feinguranteil von 30...50 % der x-Achse, d.h., ab diesem Anteil an Feingur wird der Durchflusswert hauptsächlich von der verwendeten Feingur bestimmt.
- Trotz ähnlicher Durchflusswerte beider getesteter Kieselgurmischungen sind die erreichten Trennschärfen nicht vergleichbar.
  Gut auf einander abgestimmte Kieselgurqualitäten sollten möglichst einen steilen Anstieg der Trennschärfe ermöglichen.

FHM und Filtermittel

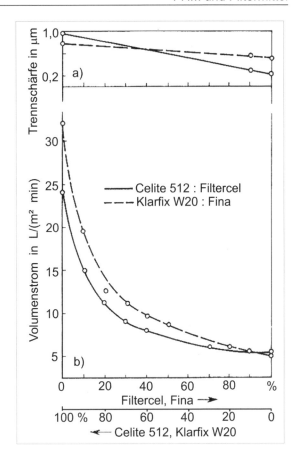

Abbildung 232 Trennschärfe (a) und Durchflusswert (b) in Abhängigkeit vom Mischungsverhältnis der Guren (nach [304])

13.3.8 Die drei wichtigsten Kieselgurtypen für die Bierfiltration und ihre Qualitätskennwerte

Es gibt in Abhängigkeit von den Aufbereitungsverfahren folgende drei unterschiedliche Kieselgurtypen und ihre wesentlichen Qualitätskriterien (siehe Tabelle 87):

Unkalzinierte Naturguren

Bei unkalzinierten Naturguren handelt es sich um getrocknete hochwertige Rohguren bzw. getrocknete Guren mit wenigen löslichen und unlöslichen mineralischen Beimengungen. Sie haben eine große spezifische Oberfläche von 12...40 m^2/g und einen hohen Feinkornanteil. Man kann mit ihnen Trübeteilchen bis ≥ 0,3 μm abfiltrieren.

Kalzinierte Guren

Die Herstellung der kalzinierten Guren erfolgt bei 600...800 °C im Drehrohrofen. Organische Bestandteile werden dabei zerstört, Eisen wird zu Fe_2O_3 oxidiert. Nach dem Mahlen und Sichten beträgt die spezifische Oberfläche 2...5 m^2/g, und es werden Trennschärfen von 0,8...1,0 μm erreicht. Zur Herstellung von Feinguren werden in Abhängigkeit der Rohgurqualität niedrige Kalzinationstemperaturen verwendet.

Klärung und Stabilisierung des Bieres

Flusskalzinierte Guren

Während die zuerst genannten Guren gefärbt sind (meist rötlich bis braun oder grau), sehen die flusskalzinierten Guren reinweiß aus. Durch Zugabe von Na_2CO_3, KOH oder NaOH als Flussmittel wird die Wirksamkeit der Kalzination erhöht und das Zusammensintern von Feinpartikeln erreicht. Die Teilchen werden vergrößert, das innere Porensystem der Partikel aber nicht vollkommen zerstört. Die spezifische Oberfläche beträgt 1...3 m^2/g.

Mit flusskalzinierten Guren sind schnelle bis mittlere, mit kalzinierten mittlere bis langsame und mit unkalzinierten Guren nur sehr langsame Durchflussgeschwindigkeiten zu erzielen. Für die Trennschärfe gilt die Einteilung in umgekehrter Reihenfolge.

Zwischen den drei Grundtypen gibt es weitere sehr gut definierte, abgestufte Kieselgurtypen, So werden nach [309] die Kieselguren auch durch die in Tabelle 88 ausgewiesenen Werte charakterisiert.

Tabelle 87   Kieselgurtypen: Eigenschaften

Typ	Kalzinierte oder nur getrocknete Naturgur	Kalzinierte Gur	Flusskalzinierte Gur
Aufbereitung im Glühofen	Kalzinierung oder nur Trocknung bei 250...300 °C	600...800 °C	700...1000 °C + KOH, Na_2CO_3 oder NaOH
Grobklassifikation	Feingur	Mittelgur	Grobgur
Spezifische Oberfläche	12...40 m^2/g	2...5 m^2/g	1...3 m^2/g
Abtrennung von Trübungspartikeln	0,3...0,6...0,8 μm Nach [327] 1 μm	0,8...1,0 μm Nach [327] 3 μm	> 2 μm (2...5 μm) Nach [327] 7 μm
Permeabilität	< 50 mDarcy	50...500 mDarcy	> 500 mDarcy (...1500 mDarcy)
Wassergehalt	Unkalziniert 3...5 % Kalziniert < 0,5 %	< 0,5 %	< 0,5 %
Normaler Bereich der Nassdichte	270...380 g/L	280...400 g/L	300...500 g/L
Geeignet für bzw. zur	Höchster Kläreffekt, Glanzfiltration von Bier u. für Flüssigkeiten mit niedriger Viskosität	Hohe Klärwirkung u. guter Filtratdurchsatz auch bei der Bierfiltration	Klärung stark trubstoffhaltiger Flüssigkeiten (Würze) u. ideal für 1. Grundanschwemmung

Tabelle 88   Darcy-Werte von Kieselguren

Kieselgursorte	Darcy-Wert
Fein	0,03...0,07
Mittel	0,05...0,10
Mittelgrob	0,75...1,50
Grob ... sehr grob	1,50...11,0

In Abbildung 233 sind von zwei unterschiedlichen Kieselguren die rasterelektronischen Aufnahmen dargestellt, bei der Betrachtung sind die unterschiedlichen Vergrößerungen zu beachten (Grobgur siehe auch Abbildung 224).

Eine Übersicht über die chemische Zusammensetzung der drei Kieselgurtypen und von Perlit ist in Tabelle 89 zusammengestellt. Die Rohgur unterscheidet sich von den kalzinierten Guren vor allem durch ihren höheren Wassergehalt und Glühverlust sowie durch eine deutlich dunklere Farbe.

Tabelle 89 Chemische Zusammensetzung der Kieselgursorten (nach [310])

Zusammensetzung	Maßeinheit	Kieselgur			Perlit
		roh	kalziniert	flusskalziniert	
H_2O	%	4,0	0,2	0,1	0,2
SiO_2	%	85,2	91,0	89,6	74,4
Al_2O_3	%	3,8	4,1	4,0	13,2
Fe_2O_3	%	1,5	1,6	1,5	0,6
CaO	%	0,5	0,6	0,5	0,8
MgO	%	0,6	0,6	0,6	0,1
Na_2O/K_2O	%	1,2	1,0	3,3	9,4
Glühverlust	%	3,0	0,4	0,2	1,0
H_2O-lösliches	%	0,1	0,1	0,1	0,1
pH-Wert	-	6…7	6…7	7…9	6…8
Farbe	-	grau	rosa	weiß	weiß

Abbildung 233 Rasterelektronische Aufnahmen von Kieselguren (Aufnahmen v. [322]):
Links: Diatomeen einer mittelfeinen Kieselgur, Vergrößerung ca. 1000fach
Rechts: Schüttung einer Feingur, Vergrößerung ca. 2000fach

Partikelgrößenverteilung
Die Partikelgrößenverteilung der drei Kieselgurtypen ist an je einem Beispiel aus Abbildung 234, Abbildung 235 und Abbildung 236 ersichtlich.

Klärung und Stabilisierung des Bieres

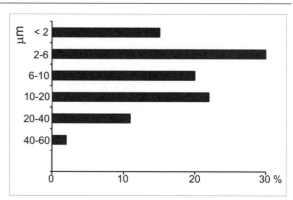

Abbildung 234 Partikelgrößen-
Verteilung einer feinen Kieselgur
(nach [311])
Fließrate: 25...50 L/(m² ·min)

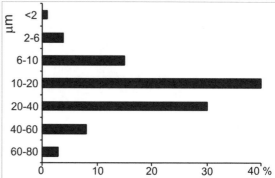

Abbildung 235 Partikelgrößen-
Verteilung einer mittleren Kieselgur
(nach [311])
Fließrate: 450...600 L/(m² ·min)

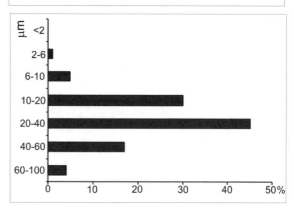

Abbildung 236 Partikelgrößen-
Verteilung einer groben Kieselgur
(nach [311])
Fließrate: 1000...1200 L/(m² ·min)

13.3.9 Charakteristika verschiedener Handelsguren für die Bierfiltration

Nachfolgend werden einige filtertechnische Messwerte der bekanntesten Filterhilfsmitteltypen, die für die Bierfiltration zum Einsatz kommen bzw. kamen aufgeführt.

Tabelle 90 weist z. B. die mögliche Schwankungsbreite der Durchflusswerte von im Handel befindlichen Filterhilfsmitteln aus.

Eine Zusammenstellung einiger Filterhilfsmittelkennwerte für ausgewählte Filterhilfsmittel gibt Tabelle 91.

Tabelle 90   Durchflusswerte von Filterhilfsmitteln; gemessen nach der Methode (l. c. [304])

Filtrations-schärfe	Filterhilfsmittel	Durchflusswert in L/(m²·min)	
		minimal	maximal
grob	Perfil (Bulgarien)	61	69
	Hyflo-Supercel (USA)	48	55,4
mittel	Celite 512 (USA)	24,3	26
	Speedflow (USA)	17	18,1
fein	Fina (BRD)	5,0	5,4

Tabelle 91   Filterhilfsmittelkennwerte nach Fütterer [312]

Bezeichnung des FHM	Durch-fluss-wert	Feuchte	Schütt-masse	spezif. FHM-Verbrauch	Trenn-schärfe	α_T	Teilchen-größe in %		Dichte
	L/(m²·min)	%	g/L	g/(m²·mm)	µm	s²·m²/kg²	< 10 µm	> 50 µm	g/cm³
Filtercel (USA)	5,2	3,5	180	259	0,6...0,8	$1,37 \cdot 10^5$	67	3,5	
Superaid (USA)	6,5	3,8	205	350	0,8...1,0	$0,31 \cdot 10^5$	71,3	3,1	
Clarcel (F)	11	0,3	144	245	-	-	48	9	2,25
Fällungs-kieselsäure (D)	17	0,65	194	265	1	$0,337 \cdot 10^5$	64,3	22,85	2,31
Speedflow (USA)	17	0,2	160	340	-	$0,055 \cdot 10^5$	73,8	11,2	2,1
Celite 512 (USA)	26	0,3	146	292	0,8...1,0	$0,05 \cdot 10^5$	66,6	13,8	2,15
Clarcel DICB (F)	52	0,3	254	325	-	-	19	13	2,3
Hyflo-Super-cel (USA)	58	0,1	186	294	2...3	$0,03 \cdot 10^4$	40,2	22,6	2,3
Perlit (BU)	71	6,8	89,1	188	4...5	$0,29 \cdot 10^4$	38,9	43,4	1,49

Am Beispiel der Filterhilfsmittel der Fa. *Johns-Manville* (USA), Tabelle 92, wird der Zusammenhang zwischen der Permeabilität bzw. der Durchflusswerte und der Klärwirkung des jeweiligen Filterhilfsmittels einer auf einander abgestimmten Produktpalette gezeigt. Bezugsbasis ist hier die als Standard geltende Feingur *Filtercel*. Für die Bierfiltration werden neben dieser Feingur vor allem die Mittelgur *Celite 512* und für die erste Grundanschwemmung die grobe Mittelgur *Hyflo Supercel*, oft auch als Grobgur bezeichnet, verwendet.

Die gröberen Filterhilfsmittel mit relativen Permeabilitätswerten > 600 werden bzw. wurden in der Brauerei für die Würzefiltration verwendet.

Tabelle 92   Der Zusammenhang zwischen Permeabilität und Klärwirkung am Beispiel der Celite-Guren der Fa. Johns-Manville (USA), bezogen auf die Feingur Filtercel

	Permeabilität	Klärfaktor		Permeabilität	Klärfaktor
Filtercel	100	100	Celite 503	910	42
Celite 577	115	98	Celite Perlite J 10	975	30
Celite Perlite J 208	200	70	Celite 535	1270	35
Standard Supercel	213	85	Celite Perlite J 100	1300	24
Celite 512	326	76	Celite 545	1830	32
Hyflo Supercel	534	58	Celite 560	2670	29
Celite Perlite J 2	560	45			

Tabelle 93   Verteilung der Partikelgröße von Celite-Kieselguren (Angaben in %)

Sorte	Partikelgröße in µm						
	1...2	2...6	6...10	10...20	20...40	40...60	> 60
Filtercel	19	37	19	14	8	3	-
Standard Supercel	8	33	24	20	10	5	-
Hyflo Supercel	1,5	2,5	22	33	16	6	-
Celite 503	0,5	13,5	20	29	25	12	-
Celite 535	-	2,5	16	32	32	12,5	5
Celite 545	-	1,0	5	18	52	16	9

Tabelle 93 zeigt die Partikelgrößenverteilung ausgewählter *Celite*-Guren, je größer die Permeabilitätswerte, umso mehr verschieben sich die Anteile der einzelnen Partikelgrößen in den oberen Bereich.

13.3.10 Vor- und Nachteile der Kieselguren als Filterhilfsmittel

Kieselguren haben gegenüber anderen Filterhilfsmitteln folgende Vor- und Nachteile:

Vorteile dieses Filterhilfsmittels
- Kieselgur ist in sehr gut abgestuften Qualitäten hinsichtlich Filtrationsschärfe und Durchsatz erhältlich.
- Es ist ein preiswertes Filterhilfsmittel, das sich seit ca. 60 Jahren bei der Bierfiltration bewährt hat und es sind für dieses Filterhilfsmittel sehr gut abgestimmte Filteranlagen vorhanden.
- Es erzielt im Vergleich zu Cellulose und Perlite den höchstmöglichen Klärungsgrad.
- Es ist gegenüber Bier ein weitgehend geschmacksneutrales und bei Einhaltung der Richtwerte für den Ca- und Fe-Gehalt ein chemisch inertes Hilfsmittel.
- Die Arbeitsschutzprobleme bei der Staubentwicklung während der Entnahme sind im großtechnischen Betrieb durch eine ausgefeilte Transport-, Lager- und Dosiertechnik weitgehend behoben (siehe Kapitel 7.3.6).

Nachteile dieses Filterhilfsmittels

- Die Kieselguren enthalten je nach ihrer Art der Aufbereitung sehr unterschiedlich hohe Gehalte an gesundheitsschädlichen, insbesondere krebserregenden cristobalithaltigen Kieselgurstrukturen.
  Dies erfordert Sicherheitsmaßnahmen beim Handling, Transport, Lagerung und der Dosage von Kieselguren, um das Bedienpersonal vor dem Einatmen cristobalithaltiger Stäube zu schützen (s.a. Kapitel 7.3.6, 13.3.5 und 13.3.11).
- Der als Sondermüll eingestufte Kieselgurschlamm erfordert immer höhere Kosten bei seiner Entsorgung. Die Preisvorteile eines billigen Filterhilfsmittels werden dadurch oft wieder zu Nichte gemacht.
- Kieselgur ist ein sehr abrasives Material, das Armaturen, Oberflächen und Pumpen stark abnützt.
- Kieselgur sedimentiert in Kanalsystemen und Abwasseranlagen und muss als Abprodukt deshalb vorher schon in der Brauerei weitgehend aus dem Abwasser durch Sedimentation entfernt und separat entsorgt werden (s.a. Kapitel 7.7).

13.3.11 Einige Hinweise zu den rechtlichen Vorschriften für den Umgang mit Kieselgur

Kieselgur ist nach Lebensmittel-, Bedarfsgegenstände- und Futtermittelgesetzbuch (LFGB) ein Bedarfsgegenstand. Es ist zu unterscheiden zwischen natürlicher Diatomeenerde, normal mit weniger als 1 % kristalliner Kieselsäure (CAS-Nr. 61790-53-2), kalzinierter Kieselgur (CAS-Nr. 91053-39-3) und fluxkalzinierter Kieselgur (CAS-Nr. 68855-54-9). Bei beiden letzten Kieselgurmodifikationen wird durch die Glühprozesse die amorphe Kieselsäure bis zu über 70 % in kristalline Kieselsäure, hauptsächlich Cristobalit, umgewandelt (siehe Kapitel 13.3.5).

Das Gefährdungspotenzial der drei Kieselgurmodifikationen besteht darin, dass sie beim offenem Handling Staubentwicklung verursachen und dass das Einatmen dieser alveolen-(lungen-)gängigen Stäube beim Bedienpersonal zur Staublunge (Silikosekrankheit) führen kann. Eine weit höhere Gefahr geht noch von den kristallinen Bestandteilen aus.

1998 wurden von der International Agency for Research on Cancer (IARC), ein Organ der Weltgesundheitsorganisation (WHO), kristalline kieselsäurehaltige Stäube neu bewertet. Sie wurden in die Stoffgruppe 1: „krebserregend bei Menschen" eingestuft. Die natürliche Diatomeenerde wurde von der IARC der Stoffgruppe 3 zugeordnet und als „nicht als kanzerogen einstufbar" bewertet.

Diese Bewertung wurde von der Senatskommission der Deutschen Forschungsgemeinschaft (DFG) zur Prüfung gesundheitsschädlicher Arbeitsstoffe in ihre BAT und MAK-Wertelisten für kristallines Silicium (Quarz, Cristobalit, Tridymit) übernommen. Damit wurde in Deutschland vom Ausschuss für Gefahrstoffe (AGS) eine nationale Vorschrift erarbeitet und vom Bundesarbeitsministerium verbindlich erklärt.

In der aktuellen Gefahrstoffliste des Hauptverbandes der gewerblichen Berufsgenossenschaften sind die in Tabelle 94 ausgewiesenen MAK-Werte verbindlich.

Im suspendierten Zustand geht von der Kieselgur nach den bisherigen Erkenntnissen keine Gefahr aus. Allerdings muss auch bei der Kieselgurschlammentsorgung eine Freisetzung von Staub weitgehend vermieden werden, dies ist ein wesentlich größeres Problem, als das staubfreie Arbeiten mit Kieselgur bei der Bierfiltration (s.a. Kapitel 7.3.6). Weitere Informationen zur Thematik sind u.a. in [318], [313], [314], [315], [316] und [317] zu finden und in der ASI 8.02/10 [377].

Tabelle 94 MAK-Werte (maximale Arbeitsplatzkonzentration) für Kieselgurstäube nach der BIA-Report Gefahrstoffliste 1999 (ISBN 3-88383-526-9)

Kieselgurbestandteile	MAK-Wert	Bemerkungen/Hinweise
Kieselgur, ungebrannt	4 mg/m³	Einatembarer Staubanteil
Kieselgur, gebrannt	0,3 mg/m³	Alveolengängiger Staubanteil
Quarz, Tridymit *)	0,15 mg/m³ *)	Alveolengängiger Staubanteil
Cristobalit *)	0,15 mg/m³ *)	Alveolengängiger Staubanteil

*) Nach neuesten Informationen von *Rossmann* [318] von der Berufsgenossenschaft Nahrungsmittel und Gaststätten Mannheim wurden diese MAK-Werte für Quarz und andere kristalline Bestandteile der Kieselgur zurückgezogen, neue Arbeitsplatzgrenzwerte für die kristallinen Modifikationen Quarz und Cristobalit wurden bislang noch nicht aufgestellt.

13.4 Perlite
13.4.1 Gewinnung und Aufbereitung von Perliten

Rohperlit ist ein dichtes glasiges Gestein vulkanischen Ursprungs mit der Struktur kleiner Kugeln, in denen 2…8 % Wasser und Gase eingeschlossen sind.

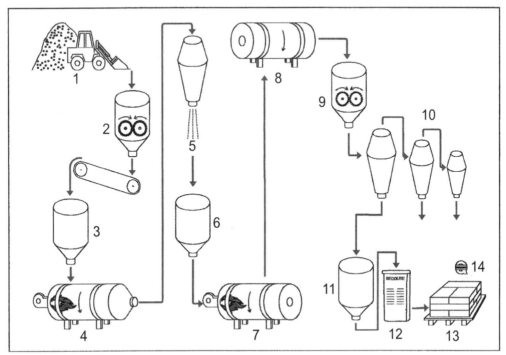

Abbildung 237 Herstellungsschema für ein Perlit (nach [319])
1 Gewinnung **2** Zerkleinerung **3** Dosierung **4** Trocknung **5** Vorreinigung
6 Dosierung **7** Blähofen **8** Kühlung **9** Feinzerkleinerung **10** Korngrößensortierung
11 Stapelung **12** Verpackung **13** Palettierung **14** Qualitätssicherung

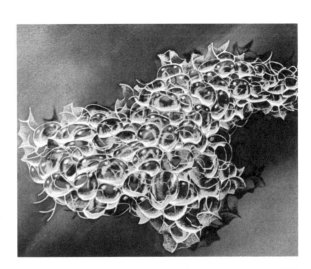

Abbildung 238 Expandierte Perlite-Partikel

Es ist ein Aluminiumsilicat mit geringen Beimengungen aus Natrium, Kalium, Calcium und Eisen. Typisches Perlit enthält 13 % Aluminiumsalze Die Aufbereitung des Rohperlits (s.a. Abbildung 237) erfolgt in Expansionsöfen bei 700...1000 °C. Das schon vorklassierte Gestein erfährt dabei nach dem Puffreiseffekt, durch die Umwandlung des gebundenen Wassers in Wasserdampf und den gestiegenen Dampfdruck der Gase eine Volumenvergrößerung um das ca. 20fache (s.a. Abbildung 238). Durch Ventilatoren wird das Perlit dann aus dem Ofen abgesaugt, in Zyklonen abgeschieden und durch Mahlen sowie Klassieren in die entsprechenden Korngrößenfraktionen getrennt.

13.4.2 Eigenschaften und Anforderungen

Abbildung 238 zeigt, dass die expandierten Perlite-Partikel eine glastypische Zellstruktur besitzen. Beim Aufbrechen ihrer Struktur im Mahlprozess entsteht ein gut geeignetes Filterhilfsmittel, weil jedes Teilchen eine gerundete Oberfläche besitzt, was zur Ausbildung eines inkompressiblen Filterkuchens beiträgt (siehe Abbildung 239). Perlite enthalten kein inneres Porensystem wie die Kieselgur.

Abbildung 239 Perlit nach dem Mahlprozess

Die unregelmäßig ausgebildeten Teilchen greifen ineinander und bilden einen nicht komprimierbaren Filterkuchen, der zu 80...90 % aus Hohlräumen besteht, die durch Kanäle miteinander verbunden sind. Perlite haben deshalb eine hohe Permeabilität, eine relativ geringere Klärwirkung und sie filtrieren nur grobdisperse Substanzen heraus (s.a. Tabelle 90, Tabelle 91 und Tabelle 92). Sie eignen sich deshalb als Filterhilfsmittel besonders für die Klärung von Trüben mit grobdispersen Trubstoffen, wie z. B. zur Filtration der Bierwürze.

Perlite sind nur in konzentrierter Säure und Lauge löslich. Sie sind indifferent gegen Würze und Bier, frei von organischen Bestandteilen und beeinträchtigen Geruch und Geschmack der Würze oder des Bieres nicht. Im Vergleich zu Kieselgur sind sie um 30...50 % leichter. Ihre Schüttmasse liegt zwischen 70...90 g/L.

Einige Anforderungen an Perlite als Filterhilfsmittel bei der Bierproduktion sind in Tabelle 95 zusammengefasst (Untersuchungsmethoden siehe MEBAK [302] und EBC [303]).

Besonders zu beachten ist der Gehalt an Floater, z. B. durch nicht zerkleinerte Blähblasen, die aufschwimmen und sich damit nicht anschwemmen lassen, siehe z. B. Abbildung 240.

Tabelle 95   Einige Anforderungen an Perlite als Filterhilfsmittel bei der Bierherstellung

Kennwert	Richtwerte
Wassergehalt	≤ 2 %
Spezifisches Nassvolumen (Nassdichte)	≤ 200 g/L
Glühverlust	≤ 2,5 %
Nicht anschwemmbare Partikel (Floater)	≤ 2,5 %
pH-Wert-Verschiebung im Bier	< 0,1 pH-Wert-Einheit
Farbverschiebung im Bier	≤ 0,1 EBC-Einheit

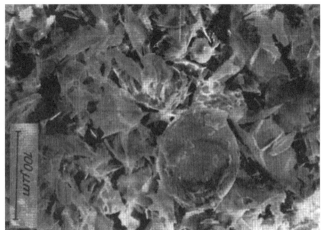

Abbildung 240 Perlit mit expandierter, nicht zermahlener Blase (Foto nach [304])

13.4.3 Angaben zu einigen handelsüblichen Perliten

Nach [306], [319] werden unter anderem die in Tabelle 96 und Tabelle 97 aufgeführten Perlite angeboten.

Tabelle 96   Perlite der Fa. Johns-Manville [306]

Perlit	rel. Durchsatz [1])	Klärfaktor	Nassvolumen g/L
Celite J-208	66	100	195
Celite J-2	175	50	175
Celite J-10	200	40	155
Celite J-100	320	25	155

[1])Hyflo-Supercel = 100 %

Tabelle 97 Perlite der Fa. Begerow [319]

Perlit	Relative Klärschärfe	Relativer Durchsatz	Geeignet für
BECOLITE 3000	Fein	Niedrig	Bier
BECOLITE 4000	Mittel	Mittel	Würze
BECOLITE 5000	Grob	Hoch	Würze

13.4.4 Vor- und Nachteile der Perlite

Perlite haben gegenüber anderen Filterhilfsmitteln folgende Vor- und Nachteile:

Vorteile der Perlite als Filterhilfsmittel
- Preiswertes Filterhilfsmittel, auch durch die niedrige Schüttmasse;
- Der Perlitestaub enthält keine gesundheitsschädlichen, cristobalithaltigen Substanzen.
- Besitzt im aufbereiteten Zustand eine geringere Streubreite als Kieselgur.
- Ist gegenüber Bier geschmacksneutral und weitgehend chemisch innert.
- Gewährleistet hohe Durchflussmengen und lange Filterstandzeiten.

Nachteile der Perlite als Filterhilfsmittel
- Perlite sind sehr abrasiv und führen zu Verschleiß bei Pumpen, Ventilen und Filtereinrichtungen.
- Perlite sind sehr druckstoßempfindlich, bei der Anschwemmfiltration ist die Zumischung von Cellulosefasern erforderlich.
- Perlite haben gegenüber Kieselgur einen schlechteren Klärungsgrad.
- Bei der Entnahme und Dosage von Perliten sind Arbeitsschutzmaßnahmen gegen die Staubentwicklung erforderlich.

13.5 Asbest

Asbest (altgriechisch: asbestos, „unvergänglich") ist eine Sammelbezeichnung für verschiedene, natürlich vorkommende, faserförmige Silicat-Minerale. Die Hauptvorkommen liegen in Nordamerika, Russland, Südafrika und Brasilien. Das Mineral wird bergbaulich Untertage oder im Tagebau abgebaut. In Asbestwerken wird dann durch Abspaltung des nichtfasrigen Materials der Asbest gewonnen.

In der Hauptsache wurde der weiße Chrysotil-Asbest der Serpentingruppe mit der Summenformel $(Mg,Fe,Ni)_3Si_2O_5(OH)_4$ industriell als Baumaterial und Isolierstoff verwendet (nicht brennbar, hohe chemische Resistenz).

Asbest zeichnet sich auch durch ein außerordentlich hohes Adsorptionsvermögen gegenüber Biertrübstoffen aus. Deshalb verwendete man Asbest im Gemisch mit Baumwolllinters, Kieselgur, Perlit und anderen Celluloseprodukten zur Erhöhung der Filtrationsschärfe.

Der so genannte Bierasbest bestand aus reinen, weißen Asbestfasern unterschiedlicher Länge (s.a. Abbildung 241) und wurde vor allem in der ersten Hälfte des 20. Jahrhunderts für die Massefiltration des Bieres benötigt. Für die Einstellung der erforderlichen Filtrationsschärfe bei der Massefiltration mussten der Filtermasse 0,5… 1 % Asbest zugesetzt werden.

Der Umgang mit Asbest hat eine gesundheitsschädigende, cancerogene Wirkung. Mit einer Länge von maximal 100 µm und einem Durchmesser von maximal 3 µm können die Asbestfasern in die Alveolen der Lunge kommen und schon bei geringer Konzentration die so genannte Asbestose verursachen. Besonders gefährlich sollen Asbestfasern sein mit einem Durchmesser von < 5 µm und einer Länge < 15 µm, hauptsächlich wenn das Verhältnis von Durchmesser : Länge = 1 : 3 beträgt [310]. Das feinfasrige Material kann sich in das Lungengewebe spießen und auch Lungenkrebs verursachen. Aus diesem Grunde wurde die Herstellung und Anwendung von Asbest 1993 in Deutschland und 2005 in der gesamten Europäischen Gemeinschaft verboten (ausführliche Darstellung dieser Gesundheitsproblematik siehe unter [320]).

Zur erforderlichen Erhöhung der adsorptiven Wirkung der vorher aufgeführten Filterhilfsmittel für die Bierfiltration wurden in zunehmendem Maße andere Zusatzstoffe gefunden bzw. der Asbest durch eine spezielle Aufbereitung der Cellulosefasern ersetzt.

Abbildung 241 Bierasbest (cit. nach [304])

13.6 Cellulose

13.6.1 Allgemeine Charakteristik von Cellulose

Cellulose besteht als pflanzliches Polysaccharid mit der Summenformel $(C_6H_{10}O_5)_n$ aus hochmolekularen, weitgehend linearen, unverzweigten Ketten, in denen D-Glucopyranosidreste β-1,4-glycosidisch miteinander verknüpft sind. Das der Cellulose zu Grunde liegende Disaccharid ist Cellobiose. Die Molmasse der Cellulose liegt zwischen 300 000...500 000, das entspricht ca. 3000...5000 Glucoseeinheiten. Cellulose ist der Hauptbestandteil der pflanzlichen Zellwände. Einige Pflanzenfasern, wie Baumwolle, Hanf, Flachs und Jute, bestehen aus fast reiner Cellulose. Holz dagegen enthält nur ca. 40...60 % Cellulose. Die Holzcellulose ist sehr stark mit Lignin und Hemicellulosen vergesellschaftet.

In den pflanzlichen Zellwänden sind etwa 30 Cellulosemoleküle durch Wasserstoffbrückenbindungen und *van-der-Waals*'sche-Kräfte antiparallel zu Elementarfibrillen zusammengelagert und weitgehend kristallin geordnet (siehe Abbildung 242).

Klärung und Stabilisierung des Bieres

Diese Elementarfibrillen lagern sich zu Mizellarsträngen aus 50...100 Cellulosemolekülen zusammen und bilden die so genannten Mizellen mit einer Länge von etwa 600 nm und einem Durchmesser von etwa 200 nm. Diese Mizellarstruktur ist für die chemische Resistenz und für die mechanische Festigkeit der Cellulose verantwortlich. So ist reine Cellulose gegen Lösungsmittel, schwache Laugen und Säuren beständig.

Durch die mechanische Bearbeitung dieser Mizellen werden in Abhängigkeit von der Intensität des „Aufreißens" dieser Mizellen auch die Elementarfibrillen partiell aufgetrennt und dadurch reaktive OH-Gruppen an dem Cellulosemolekül freigelegt. Diese fibrillierten Cellulosefasern stehen jetzt für adsorptive Reaktionen zur Verfügung und können partiell auch Asbest ersetzen.

Weitere Merkmale der natürlichen Cellulosefasern:
- Cellulosefasern sind natürlich vorkommende Produkte aus unterschiedlichen Pflanzen.
- Sie sind kein homogenes Material.
- Sie sind charakterisierbar durch
  - unterschiedliche Faserlängen,
  - unterschiedliche Faserdurchmesser,
  - unterschiedliche Zellwanddicken,
  - Narben in der Faser und
  - Gefäße in der Faser.

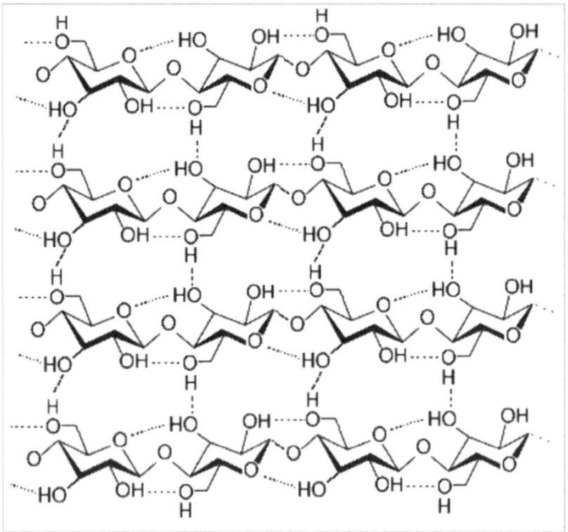

Abbildung 242 Ausschnitt einer Cellulose-Elementarfibrille mit vier Cellulosemolekülen, die über Wasserstoffbrücken mit einander verbunden sind

13.6.2 Herstellung

In Abhängigkeit von den verschiedenen Cellulosefasern ergaben sich die unterschiedlichen Herstellungsverfahren und Eigenschaften der Celluloseprodukte. Cellulose wird durch einen mehrstufigen Prozess hergestellt. Dabei müssen für die Anwendung in der Getränkeindustrie alle sensorisch wirksamen und löslichen Stoffe aus dem Rohstoff entfernt werden.

Die hochreinen α-Cellulosen werden in Mitteleuropa aus Nadel- und Laubhölzern hergestellt. In der Getränkeindustrie sollten ausschließlich Celluloseprodukte aus Buchenholz zur Anwendung kommen, da sie als Endprodukt in hochreiner Form praktisch geschmacksneutral sind [321]. Man unterscheidet Zellmehle und fibrillierte Fasern. Diese haben an der Oberfläche zahlreiche Teilabspaltungen oder Splisse.

Bei harzarmen Hölzern, wie der Buche, wird in Deutschland als Aufschlussverfahren das sogenannte Sulfitverfahren mit folgenden Prozessschritten angewendet (l. c. durch [321]):

- Zerkleinerung der gelagerten Hölzer in 1...4 cm große Schnitzel und Überführung der Schnitzel in stehende Druckkocher;
- Als Aufschlussmaterialien werden Calciumhydrogensulfit und überschüssiges SO_2 in saurer Lösung eingesetzt;
- Der Aufschluss erfolgt in 7...35 h bei 3...7 bar und 115...150 °C;
- In den zwei Phasen, der Sulfonierungsphase und der Hydrolisierungsphase, wird das Lignin in lösliche Form überführt und auch ein Teil der Hemicellulosen wird abgebaut;
- Anschließend werden die 3...4 mm langen Zellstofffasern zerkleinert, gewaschen und gereinigt;
- Dann erfolgen mehrere Bleichstufen, z. B. mit Chlordioxid, Natriumhypochlorit, Chlor und O_2;
- Die so gewonnenen Cellulosefasern werden getrocknet, aufgefasert und mit Spezialmaschinen weiter zerkleinert und nach Faserlängen klassifiziert.

Abbildung 243 zeigt die Cellulosefasern als Ausgangsprodukt vor der weiteren Aufbereitung.

Abbildung 243 Cellulosefasern

Cellulosemehl (Zellmehl)

Abbildung 244 (Links) zeigt ein normales Cellulosemehl, das speziell für den Getränkebereich aus hochreinen Cellulosen als Filterhilfsmittel hergestellt wurde, z. B für die erste Grundanschwemmung oder als Zusatz für die laufende Dosierung. Cellulosemehl erhöht die mechanische Stabilität des Filterkuchens, erniedrigt die Sedimentationsgeschwindigkeit der Filterhilfsmittelmischung, sorgt für eine homogene Anschwemmung und erleichtert den Austrag des Filterkuchens am Ende der Filtration.

Cellulosemehle (Zellmehle) sind z. B. trocken gemahlene Laubholzcellulosen. Sie besitzen keine fibrillenartigen Faserstrukturen und leisten auch deshalb keinen Beitrag zur Filtrationsschärfe einer Anschwemmung [301].

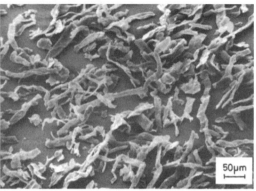 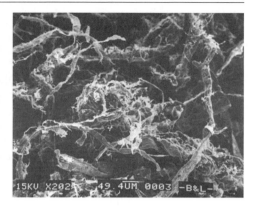

Abbildung 244 Celluloseprodukte
Links: Zellmehl (Typ Schenk FH1500), ca. 200-fache Vergrößerung;
Rechts: Asbestfreie, feinst fibrillierte Filterflocken vom Typ Schenk Fibroklar mit modifizierter Oberflächenladung, ca. 200-fache Vergrößerung (nach [301], [322])

Fein fibrillierte, filtrationsaktive Cellulosefasern
In Abbildung 244 (Rechts) wird ein weiter aufbereitetes Celluloseprodukt gezeigt, das aus feinst fibrillierten Filterflocken besteht, deren Oberflächenladung durch Additive elektrostatisch zu einem positiven Zetapotenzial umgeladen wurde. Es wird kationisiert durch die Anlagerung von positiv geladenen Kationen (z. B. kationische Harze, Aluminiumionen). Diese Filterflocken weisen eine wesentlich feinere Struktur auf. An der Oberfläche der Fibrillen werden filtrationsaktive Diatomeen fixiert. Durch diese drei Maßnahmen wird die Adsorptionskraft der Fasern erhöht und sie erhöhen dadurch auch die Filtrationsschärfe. Durch die neuen Eigenschaften dieser Cellulosefasern können sie Asbest bei der Bierfiltration ersetzen. Bei dem Einsatz dieser Filterflocken wird die Sedimentationsgeschwindigkeit der gesamten Filterhilfsmittelmischung erniedrigt und dadurch eine gleichmäßigere Anschwemmung auf der gesamten Filterfläche erreicht.

Diese Cellulosefasern wirken als Brückenbildner, schützen den Filterkuchen gegen Rissbildung und erleichtern die Ablösung des Filterkuchens von der Anschwemmunterlage. Um ähnliche Effekte wie Filtrationsasbest zu erreichen, empfehlen *Brenner* und *Oechsle* [301] eine Dosage von diesen Filterflocken von 60...200 g/m^2 in der Voranschwemmung und bei sehr hohen kolloidalen Trübungen im Unfiltrat eine zusätzliche Dosage von ca. 10 g/hL in der laufenden Dosierung.

Bei der Getränkefiltration können nur völlig sensorisch unbedenkliche Cellulosen eingesetzt werden. Beispiele für cellulosische Filterhilfsmittel sind:
- extraktfreie Cellulose (EFC),
- feine Pulvercellulose,
- feine fibrillierte Cellulose,
- kationisierte Pulvercellulose und
- feine mikrokristalline Cellulose (MCC).

Hochreine Cellulose für die Bierfiltration, sogenannte α-Cellulose, enthält aber neben den β-1,4-Glucopyranose-Ketten auch einzelne Nichtglucoseverbindungen, wie Xylose und Mannose (Bestandteil der Hemicellulosen).

13.6.3 Grenzflächenkräfte bei der Fest-Flüssig-Trennung

Die feindispersen Bestandteile des vorgeklärten Bieres beeinflussen in der Polierfiltration des Bieres entscheidend die Qualität des Filtrates.

Mit zunehmender Feinheit eines Partikels nimmt die Partikeloberfläche im Vergleich zum Substanzvolumen extrem zu und die Oberflächenparameter bzw. die Grenzflächenkräfte bestimmen verstärkt die Produkteigenschaften.

Nachfolgend werden einige technologisch wirksame Phänomene nur kurz beschrieben. Vertiefende Literatur und Methoden zur Bestimmung s.a. in [323], [324], [325], [326], [327].

13.6.3.1 Das Zetapotenzial

Feinstverteilte Kolloide in Lösungen sind auf Grund ihrer ionischen Eigenschaften oder Dipolarität elektrisch geladen. Diese elektrische Ladung führt zur Aufkonzentrierung an entgegengesetzt geladenen Ionen in unmittelbarer Nähe der Oberfläche des kolloidalen Partikels.

Dadurch bildet sich eine elektrische Doppelschicht in der Partikel-Flüssigkeitsgrenzschicht. Diese Doppelschicht wird aus einer inneren Region, in der die Ionen relativ stark an die Partikeloberfläche gebunden sind (sog. Sternschicht), und einer äußeren diffusen Region gebildet, in der das Spannungspotenzial mit zunehmender Entfernung von der Partikeloberfläche asymptotisch gegen Null läuft. In dieser äußeren Region wird die Ionenverteilung durch elektrostatische Kräfte und durch thermische und mechanische Bewegung beeinflusst.

Das Zetapotenzial (ζ) ist das elektrische Potenzial (gemessen in Volt), das auf der Scherebene eines Partikels wirkt. Die Scherebene befindet sich in geringer Entfernung von der Oberfläche des Partikels, oberhalb der inneren Region der elektrisch geladenen Doppelschicht. Bewegt sich eine Partikel, wird durch Reibung ein Teil der äußeren, diffusen Schicht abgeschert und das Partikel erscheint elektrisch nicht mehr neutral, sondern besitzt wieder ein Potenzial, das Zetapotenzial s.a. Abbildung 245.

Das Zetapotenzial ist also das elektrische Potenzial (auch als *Coulumb*-Potenzial bezeichnet) an der Abscherschicht eines bewegten Partikels in einer Suspension.

Das elektrische Potenzial beschreibt die Fähigkeit eines elektrischen Feldes, eine Kraft auf andere elektrische Ladungen auszuüben:
- Bei unterschiedlichen Ladungen, die Partikel anzuziehen, zu agglomerieren oder an Feststoffe zu adsorbieren. Wichtig für die Modifikation von Filtermitteln bzw. Filterhilfsmitteln mit einer deutlichen positiven Ladung (Kationen), die im Bier die meist negativ geladenen Trübungspartikel adsorbieren sollen.
- Bei gleichen Ladungen, die Partikel abzustoßen und z. B. die Trübung einer Suspension zu stabilisieren (wichtig für trübungsstabile Getränke).

Die Reichweite des Potenzialfeldes wird auch als *Debye*-Länge (Reichweite der Abstoßung) bezeichnet (siehe Abbildung 245). Sie ist definiert als Strecke, nach der das Potenzial um den Faktor 1/e abgenommen hat. In reinem Wasser mit sehr niedriger Ionenkonzentration ist sie mit 0,1 µm relativ groß. In unseren Getränken mit relativ hohen Ionenkonzentrationen ist sie << 0,1 µm.

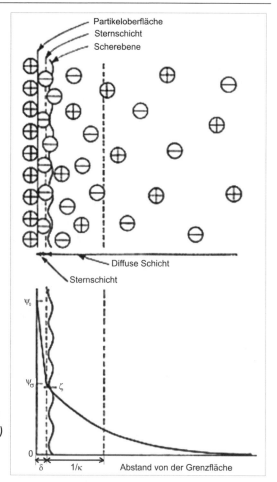

Abbildung 245 Grenzflächen fest-flüssig im elektrolythaltigem System (nach [328])
1/κ Debye-Länge

Einen großen Einfluss auf das Zetapotenzial der suspendierten Teilchen haben der pH-Wert (siehe Abnahme des Zetapotenzials mit steigendem pH-Wert in Abbildung 246) und die Ionenkonzentration einer Suspension (mit steigender Ionenkonzentration nimmt das Zetapotenzial steiler mit der Entfernung von der Partikeloberfläche ab (s.a. Abbildung 247).

FHM und Filtermittel

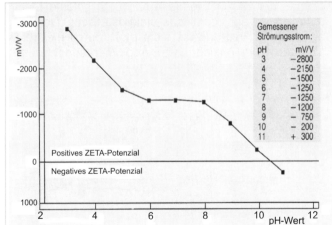

Abbildung 246 Abhängigkeit des Zetapotenzials vom pH-Wert der Suspension (nach [329])

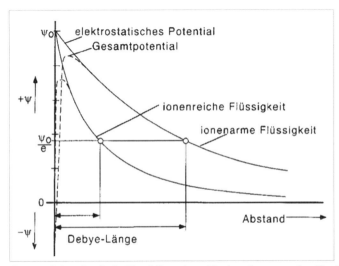

Abbildung 247 Potenzialverlauf als Funktion des Abstandes von der Partikeloberfläche für zwei unterschiedliche Ionenkonzentrationen (nach [324])

13.6.3.2 Kräfte zwischen zwei suspendierten Partikel nach der DLVO-Theorie
Die Kräfte zwischen suspendierten Teilchen werden nach der allgemein akzeptierten DLVO-Theorie (benannt nach den Erfindern: *Derjaguin*, *Landau*, *Verwey* und *Overbeck*) auch als Wechselspiel zwischen *Van-der-Waals*-Anziehung und elektrostatischer Abstoßung gedeutet (s.a. Abbildung 248):
- Die *Van-der-Waals*-Anziehung beruht auf Wechselwirkungskräften zwischen Atomen und Molekülen. Sie wirken nicht nur im Innern der Partikel, sondern auch eine geringe Strecke über die Partikeloberfläche hinaus.
- Elektrostatische Abstoßung ergibt sich aus der Tatsache, dass Feststoffteilchen mehr oder weniger stark elektrisch geladen sind und sich bei gleicher elektrischer Ladung abstoßen.

Klärung und Stabilisierung des Bieres

Gemäß der DLVO-Theorie kann durch gelöste Elektrolyte die *Debye*-Länge so stark reduziert werden, dass das elektrostatische Oberflächenpotenzial auf kurzer Distanz abgeschirmt wird und die nicht mehr durch elektrostatische Abstoßung kompensierte *Van-der-Waals*-Anziehung zur Agglomeration führt.

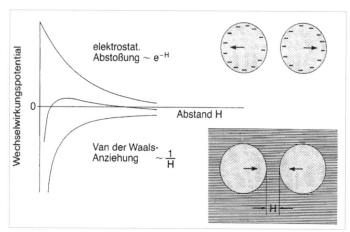

Abbildung 248 Die Kräfte zwischen zwei suspendierten Partikeln, interpretiert als Summe von elektrostatischer Abstoßung und Van-der Waals-Anziehung nach der DLVO-Theorie (nach [324])

13.6.3.3 Der isoelektrische Punkt der suspendierten Partikel

Für die Klärung und Filtrationsgeschwindigkeit spielt auch der isoelektrische Punkt der in der Suspension befindlichen Partikel eine entscheidende Rolle. Hier ist das resultierende elektrische Potenzial gleich Null. Es gibt dann sowohl positiv als auch negativ geladene Partikel, die dadurch schneller mit einander agglomerieren können.

Bei Teilchen kleiner 50...100 µm sind erfahrungsgemäß die Grenzflächenkräfte für die Filtrierbarkeit wichtiger als die Partikelgrößen. So führt gegenseitige Anziehung der Partikel an ihrem isoelektrischen Punkt zu poröseren, durchlässigeren Filterkuchen mit geringeren Filterwiderständen.

Das Zetapotenzial verschwindet am isoelektrischen Punkt und damit die elektrostatische Abstoßung, die Teilchen können agglomerieren. Die Trübungspartikel können leichter sedimentieren und abfiltriert werden.

Umgekehrt bewirkt eine Verschiebung des pH-Wertes in Richtung höheres Zetapotenzial die Stabilisierung einer Suspension (wichtig für Getränke mit gewünschter Trübungsstabilität).

13.6.3.4 Oberflächeneffekte bei der Regenerierung und Spülen von Filterschichten

Auch das Spülen von gebrauchten Filterschichten im Verlauf der Regeneration wird von den oben genannten Oberflächeneffekten wie folgt beeinflusst:
- Durch die Spülung mit normalerweise reinem Wasser (möglichst weitgehend enthärtet) wird das ionenreichere Bier verdrängt, der pH-Wert steigt an. Es kommt auch zur Veränderung des Zetapotenzials.

◻ Es kommt zur Verarmung an Ionen und damit zu einem kleineren Gradienten der Potenzialkurve (s.a. Abbildung 247).
◻ Es kommt zu einer größeren *Debye*-Länge, dadurch zu evtl. Verdeckung von Rauigkeiten an der Feststoffoberfläche, so dass sich verhakte Teilchen besser lösen können.
◻ Die pH-Wert-Erhöhung führt auch zu einer besseren Löslichkeit von ausgefällten Eiweiß-Gerbstoff-Partikeln.

13.6.3.5 Die Oberflächenladung und das Zetapotenzial von Filterschichten

Bei hohen elektrostatischen Ladungen bei gleichartigen Partikeln bedeutet dies immer, dass sie sich abstoßen. Will man jedoch Trübstoffe auf Fasern im Tiefenfilter abscheiden, muss man gewährleisten, dass die Trübstoffe und die in den Tiefenfilterschichten verwendeten Fasern entgegen gesetzte Potenziale tragen, damit die Trübungspartikel festgehalten werden.

Die Trübstoffe in den ungeklärten Bieren haben weitgehend ein negatives Zetapotenzial. Der früher verwendete Filtermittelzusatz Asbest hatte dagegen ein hohes positives Zetapotenzial und war sehr gut zur Einstellung der Filtrationsschärfe geeignet.

Zur Herstellung wirkungsvoller asbestfreier Filterschichten mussten die verwendeten Zellulosefasern deshalb zur Vergrößerung der Oberfläche fibrilliert und dann mit kationischen Harzen imprägniert werden. Damit konnte das erforderliche Zetapotenzial für die unterschiedlich gewünschten Filtrationsschärfen recht sicher eingestellt werden. Wichtig war es dabei die Adsorptionskräfte so einzustellen, dass keine für die Bierqualität wichtigen Inhaltsstoffe (z. B. Schaumkolloide, Farbstoffe) entfernt werden.

13.6.4 Einige Eigenschaften der hochreinen Celluloseprodukte

Die chemische Zusammensetzung dieser Celluloseprodukte ist nach [321] wie folgt charakterisiert:
◻ Ca. 92 % α-Cellulose;
◻ Ca. 7 % Hemicellulosen (sog. β- und γ-Cellulosen), die als inert zu charakterisieren sind, da sie trotz intensiver Aufschlussbedingungen nicht abgebaut werden konnten;
◻ Ca. 0,05 % Lignin;
◻ Ca. 0,2 % ätherlösliche Bestandteile (Fette, Wachse, ätherische Öle);
◻ Ca. 0,5 % wasserlösliche Bestandteile (Mineralsalze, vor allem Calciumsalze);
◻ Ca. 10 ppm Schwermetalle als Blei.

Die Faserlänge der Buchenholzcellulosen beträgt maximal 1,5 mm, bei Filtrationsversuchen wurden Cellulosen mit 120 µm bzw. 200...250 µm Länge und einem Durchmesser von 15...25 µm (durchschnittlich 18 µm) und mit folgenden Filtrationskennwerten mit Erfolg eingesetzt:
◻ Wasserwert (Durchflusswert): 500
◻ Nasse Filterkuchendichte: 250 g/L
◻ Schüttmasse: 230 g/L

Faserlänge und Filterhilfsmittelqualität (u.a. nach [330], [331], [332], [333])
Ein zunehmender Mahlgrad und ein zunehmender Fibrillierungsgrad verursacht eine Zunahme des Kuchenwiderstandes. Dabei stehen die drei wesentlichen Fasertypen in Wechselwirkung:
- Lange Fasern bilden ein Stützgeflecht und lockern den Kuchen auf, sie erhöhen seine Kompressibilität und vermindern in hohen Anteilen und bei großen Trübungen den Durchsatz;
- Kurze Fasern bilden ein feines Netz, verringern dadurch die Kompressibilität und vermindern ihrerseits in hohen Anteilen und bei großen Trübungen den Durchsatz;
- Fibrillierte Fasern reduzieren bei entsprechendem Anteil die Trübung und erhöhen dann auch die Kompressibilität.
- Ein Anteil fibrillierter Cellulose ist unabdingbar. Nicht die Feinheit der Cellulose, sondern der Grad des mechanischen Aufschlusses der Fibrillen ist für die Trübungsreduzierung und für die Glanzfeinheit ausschlaggebend.

13.6.5 Celluloseprodukte bei der Bierfiltration

Cellulose wird selten allein als Filterhilfsmittel bei der Anschwemmfiltration eingesetzt, sondern gemeinsam mit Kieselgur oder Perlit. Als alleiniges Filterhilfsmittel oder Filtermittel konnte ihre erforderliche Filtrationsschärfe und Klärwirkung nur durch den Zusatz von Asbest gewährleistet werden, z. B. als wesentlicher Bestandteil bei der Massefiltration und in Filterschichten. Obwohl der Asbesteinsatz nicht mehr zur Einstellung der Filtrationsschärfe bei einer regenerierbaren Cellulosefiltration erlaubt ist, gab es im letzten Jahrzehnt wieder großtechnische Versuche zu ihrer Wiedereinführung (s.a. [332], [333]).

Cellulosepulver bilden auf Grund ihrer faserigen Struktur sehr rissfeste Filterkuchen, die bei hohen Filterschichtdruckdifferenzen kompressibel sind. Die Trennschärfe von handelsüblichen Cellulosepulvern allein liegt zwischen 4...5 μm bei sehr guten Durchflussraten. Bei der Bierfiltration wurden Cellulosepulver eingesetzt zur ersten Grundanschwemmung, um bei der früher üblichen großen Maschenweiten der Filtermittelträger Kieselgur aufbringen zu können. Weiterhin ergab ein Zusatz zur laufenden Dosierung einen gegen Druckstöße stabileren Filterkuchen. Es wurden dadurch Risse und Krater im Filterkuchen, die die Gefahr der Durchbrüche von Kieselgur und Trübungsbestandteilen erhöhten, vermieden.

Die Cellulosepulver festigen, stabilisieren und armieren den Filterkuchen, überbrücken kleine Schadstellen. Sie bilden durch das Verhaken der Fibrillenenden einen stabilen und auch flexiblen, filzartigen Belag. Weiterhin erleichtern und verkürzen sie als Grundanschwemmung die anschließende Reinigungszeit des Filters. Nachteilig war bzw. ist der 2...8fach höhere Preis der Cellulose gegenüber Kieselguren und Perlite (Untersuchungsmethoden siehe MEBAK [302] und EBC [303]).

Tabelle 98 Handelsprodukte von Cellulosepulver und ihre Filtereigenschaften

Anbieter	Fa. *Begerow*	Fa. *Erbslöh*	Fa. *Pall*
Grobfiltration	Becocel 2000	Trub-ex	FH1500
Mittelfeine Filtration		DrenopurS	Fibroklar L
	Becocel 400	CelluFluxx P50	
	Becocel 250		
	Becocel 150		Fibroklar K
Feine Filtration	Becocel 100	CelluFluxx P30	
		CelluFluxx F75	
Sehr feine Filtration		CelluFluxx F45	
Extra feine Filtration		CelluFluxx F25	

Moderne Cellulosepulver sind jetzt in einer besser definierten Reinheit, mit abgestuften Durchsatzmengen und mit einer sehr gleichmäßigen Korngrößenverteilung im Angebot (siehe Tabelle 98). Die Faserlängen sind beliebig zwischen 20...2000 µm herstellbar, die Faserdicke liegt immer zwischen 20...30 µm.

Zur Grundanschwemmung wird eine Schichtdicke von 1 mm und für die laufende Dosierung bei Gemischen mit Kieselgur und Perliten wird ein Celluloseanteil von ca. 5...10 % empfohlen. Die Schüttmasse liegt bei Celluloseprodukten zwischen 40... 300 g/L [334].

13.6.6 Einige Hinweise zu den filtrationsspezifischen Eigenschaften cellulosehaltiger Filterhilfsmittel

Die Hinweise wurden zusammengestellt nach [330], [332], [335] und [336].

Celluloseprodukte zur Voranschwemmung bei der Kieselguranschwemmfiltration
- Als vorteilhaft hat sich zur ersten Grundanschwemmung ein Zusatz einer Cellulosemenge von 40...50 g/m^2 Filterfläche und als alleiniger Bestandteil der ersten Grundanschwemmung eine Menge von 200... 250 g/m² Filterfläche erwiesen [321].
- Bei der Verwendung von Cellulose zur Voranschwemmung in Horizontalfiltern ist im Interesse einer gleichmäßigen Verteilung auf den Sieben die Cellulose von oben und von unten sowie mit doppelter Filtrationsgeschwindigkeit anzuschwemmen.

Filtrationsversuche allein mit Celluloseprodukten
- Bei der Voranschwemmung erwies sich eine Flächenbelastung von 1,75 bis 2,0 kg/m^2 als optimal. Eine knappere Voranschwemmung führt zum vorzeitigen Verblocken, eine stärkere zum vorzeitigen Erschöpfen des Trubraums.
- Als laufende Dosage sind mehr als 150 g/hL nötig. Auf Filtern mit 25 mm Siebabstand führt der begrenzte Trubraum zum frühzeitigen Abbruch der Filtration.
- Filterkuchen aus Cellulosefasern sind inhomogen und kompressibel. Dadurch nimmt der Durchflusswiderstand bei steigendem Differenzdruck überproportional zu. Der Druckanstieg verläuft anfangs nahezu linear.

- Bei Filtrationen ohne Separator führen insbesondere schlecht filtrierbare Biere zu vorzeitigen Filtrationsabbrüchen.
- Versuche mit einer anfänglich höheren und nach zwei Stunden verringerten Dosage bringen keine Verbesserung der Trübungswerte, verringern aber die Standzeit des Filters.
- Eine stärkere Voranschwemmung reduziert ebenfalls die Standzeit.
- Bei einer Filtration mit einer PVPP-haltigen Mischung kann ein geringfügig niedrigerer Trübungswert des Filtrates erzielt werden.
- Ein statischer Mischer, der vor dem Filter angeordnet wird, verbessert die Verteilung und die Wirkung der adsorptiven Bestandteile dieses tiefenwirksamen Filterhilfsmittels. Cellulosesuspensionen zeigen ein nicht-newtonsches Fließverhalten, eine leichte Thixotropie, d.h., die Suspension wird umso dünnflüssiger, je länger sie gerührt wird.
  Für die Anlagenauslegung ist zu beachten, dass am Anfang des Rührprozesses und beim Aufrühren nach einer Standzeit mehr Rührenergie benötigt wird.
- Hochreine α-Cellulosen enthalten noch drei bis zehn Prozent mit Natronlauge auswaschbare Anteile. Deshalb werden sie vor der ersten Filtration mit Natronlauge „aktiviert". Die Masseverluste betragen dabei fünf bis sieben Prozent. Danach bleiben die Teilchengrößen auch über 20 Filtrationen nahezu unverändert.
- Suspendierte Cellulose-Filterhilfsmittelmischungen können unter Lauge ohne Qualitätsverlust über ein Jahr gelagert werden. Bei kurzer Lagerung (bis zu 5 Tagen) kann auf diese Konservierung verzichtet werden.
- Die Trubraumkapazität eines für Kieselgur ausgelegten Filters muss für die Anschwemmfiltration mit Cellulosefasern vergrößert werden.

13.6.7 Regeneration cellulosebasierter Filterhilfsmittel

Cellulose kann mit verdünnter Natronlauge wie bei der PVPP-Filtration regeneriert werden. Die besten Ergebnisse erzielte *Evers* mit 2%iger Lauge bei Temperaturen zwischen 40…50 °C und bei einer halbstündigen Regeneration [332]. Die Regeneration kann direkt im Filter oder nach dem Austragen durchgeführt werden.

Kalt sind die Filterkuchen für ein Abschleudern von Horizontalfiltern teilweise zu stark verfestigt. In der Wärme geht die Regeneration schneller vonstatten.

13.6.8 Wirtschaftliche Bewertung der Bierfiltration nur mit reiner Cellulose

Die wirtschaftliche Zielstellung der modernen Anschwemmfiltration mit einem normal filtrierbarem untergärigen Vollbier ist wie folgt definiert: Bei einem spezifischen Durchsatz von ca. 5 hL/(m$^2 \cdot$h) muss eine Filtrattrübung von weniger als 1,0 EBC-Einheiten im 90°- und 0,2 EBC-Einheiten beim 25°-Winkel und eine normale Standzeit des Filters von mindestens zehn Stunden erreicht werden.

Diese Kriterien werden von den untersuchten Systemen bei kalt gelagertem Unfiltrat mit einer Trübung von ca. 40 EBC-Einheiten ohne Vorklärung nicht erfüllt. Deshalb ist die Bierfiltration nur mit reiner Cellulose ohne Separator nur eingeschränkt einsetzbar. Während der Filtration ist ein teilweise erheblicher Durchsatzrückgang zu beobachten.

Der Preis hochreiner α-Cellulose beträgt ungefähr das Vierfache dessen von Kieselgur. Da die eigentliche Filtration vergleichbar abläuft, kann der Vergleich der Cellulosefiltration mit der Kieselgurfiltration anhand der Gesamtkosten für Filterhilfsmittelbeschaffung, -entsorgung, -regeneration und der Arbeitskosten erfolgen. Nach Untersuchungen von *Baur* [337] sind je nach Verfahren und Kostensituation 8…16 Regenerationszyklen nötig, um wirtschaftlich vergleichbar arbeiten zu können.

Da der erforderliche Klärgrad des filtrierten Bieres entweder eine gute Vorklärung oder eine zweistufigen Cellulosefiltration erfordern, sind die bisher bekannten Verfahren der reinen Cellulosefiltration nur im Versuchsstadium realisiert worden, als Alternative kommen sie somit für die Mehrheit der Brauereien nicht infrage.

13.6.9 Vor- und Nachteile von Celluloseprodukte als Filterhilfsmittel

Folgende Vor- und Nachteile haben Cellulosepulver bei der Anschwemmfiltration (nach [334]):

Vorteile beim Einsatz von Cellulose als Filterhilfsmittel:
- Cellulose eignet sich vorzüglich für eine gleichmäßige erste Grundanschwemmung. Sie bildet auf dem Stützgewebe ein feinfasriges, gitterartiges, filzartiges Verbindungsvlies. Diese papierartige Schicht schützt die Öffnungen des Stützgewebes vor dem Verstopfen mit Kieselgur und Trübstoffen.
  Sie bewirkt ein gutes Haften und verfilzen des Filterkuchens.
- Die fein fibrillierte Struktur der Fasern hat ein hohes Schleim- und Feststoffrückhaltevermögen.
- Erhält die Klarheit des Filtrats bei plötzlichen Druckschwankungen und Fließgeschwindigkeitsveränderungen, Cellulose wirkt wie ein „Schockabsorber".
- Cellulose hat im Vergleich zu Kieselgur eine größere Adsorptionskraft, abhängig vom Anteil der fibrillierten Cellulosefasern.
- Cellulose wirkt nicht abrasiv wie Kieselgur, damit sinkt der Verschleiß an Pumpen, Filtersieben und Stützgeweben.
- Bildung eines stabileren Filterkuchens, auch im Gemisch mit Kieselguren und Perliten.
- Schadstellen im Filtergewebe und fehlerhafte Dichtungen können durch eine Grundanschwemmung mit Cellulosepulvern überdeckt werden.
- Cellulosereste im Abwasser sind unbedenklich, sie setzen sich im Kanalsystem nicht wie Kieselgur ab, da ihre Dichte nahe der von Wasser liegt (siehe Unterschiede in Abbildung 249), s.a. [338].
- Cellulose ist biologisch abbaubar und reine Celluloseschichten können zur Entsorgung verfüttert, kompostiert oder verbrannt werden.
- Die Entfernung des Filterkuchens bei der Reinigung wird bei Verwendung von Cellulosepulvern erleichtert, die Reinigungszeit kann verkürzt werden. Der Filterkuchen löst sich sauber vom Stützgewebe.
- Cellulose, auch Cellulosestaub, enthält keine gesundheitsschädlichen Substanzen (s.a. [338]).
- Im Vergleich zu Kieselgur werden bei einem Einsatz von Cellulose allein als Grundanschwemmung (1 mm Schichtdicke) nur ca. 30…50 % der üblicherweise erforderlichen Kieselgurmenge benötigt.

Nachteile beim Einsatz von Cellulose als Filterhilfsmittel:

- Bei der Entnahme von Hand aus einem Transportbehälter kann eine hohe Staubentwicklung entstehen, die besondere Arbeitsschutzmaßnahmen erfordern, um eine Gesundheitsschädigung des Bedienungspersonals zu vermeiden.
- Bei sehr geschmacksneutralen Getränken (z. B. Weißwein) kann ein überhöhter Aufwand von z. B. 2 g/L zum Auftreten eines Papiertons führen.
- Das Preis-Leistungsverhältnis ist im Vergleich zur Kieselgur zu prüfen (höherer Preis, aber reduzierter Einsatz je 1 m² Filterfläche!).
- Die Trubkapazität üblicher für Kieselgur ausgelegter Filter muss für die Anschwemmfiltration mit Cellulosefasern vergrößert werden.

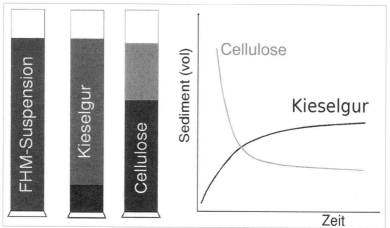

Abbildung 249 Vergleich des Sedimentationsverhaltens von Kieselgur und Cellulose nach Evers (cit. durch [335])

13.7 Alternative Filterhilfsmittel

Neben den bisher aufgeführten Filterhilfsmitteln, die als zurzeit noch als die hauptsächlich angewendeten Filterhilfsmittel anzusehen sind, gab und gibt es auch jetzt noch Neuentwicklungen, die nachfolgend beschrieben werden.

13.7.1 Fällungskieselsäure

In der ehemaligen DDR wurde 1975 die Produktion von Fällungskieselsäure im begrenzten Umfang aufgenommen. Bei der Herstellung von Superphosphaten fallen $Si(OH)_4$-haltige Lösungen an, aus denen nach einem patentierten Verfahren Fällungskieselsäure hergestellt wurde. Die Qualität der Fällungskieselsäure ist verfahrenstechnisch beeinflussbar, so dass verschiedene Qualitäten herstellbar waren.

Abbildung 250 Fällungskieselsäure (Abbildungen nach [304])
  Links: Vergrößerung 1000fach; Rechts: Vergrößerung 10.000fach

Eigenschaften der Fällungskieselsäure (nach [304]):
- Sie ist in Laugen und heißen Säuren löslich.
- Durchflusswert und Trennschärfe entsprechen einer feinen Mittelgur bei niedrigem Filterhilfsmittelverbauch und geringer Kompressibilität.
- Sie besitzt kein inneres Porensystem und wirkt nur in geringem Umfang adsorptiv.
- Ihre Partikel haben eine kugelähnliche Form, deren Oberfläche schwammig wirkt (siehe Abbildung 250).
- Anschwemmungen mit reiner Fällungskieselsäure neigen zur Thixothropie und Rissbildung, sie bildet Schichten aus mit hohem Schichtwiderstand.
- Bei der Bierfiltration konnte durch den kombinierten Einsatz von Fällungskieselsäure mit Cellulosepulver und Perliten die Kieselgur partiell ersetzt und gute Filtrationsergebnisse erreicht werden.
- Fällungskieselsäure hat einen Wassergehalt von 3…10 %.

13.7.2 Aktivkohle

Aktivkohle wird als alleiniges Filterhilfsmittel bei der Bierfiltration nicht eingesetzt, da sie sehr adsorptiv wirkt und undifferenziert Stoffe aus dem Bier herausnimmt, die einem Qualitätsbier dann fehlen, z. B. kann ein Bier damit entfärbt werden.

Klärung und Stabilisierung des Bieres

Abbildung 251 Aktivkohle (nach [304])

 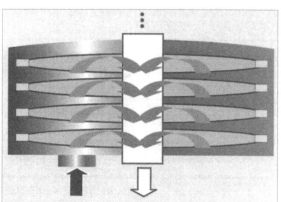

Abbildung 252 Carbofil®-Module mit Aktivkohle der Fa. Filtrox, St. Gallen (CH) [339]

Aktivkohle als Filterhilfsmittel wird in der Brauindustrie vorwiegen eingesetzt, um unangenehme Geruchs- und Geschmacksstoffe aus dem Brauwasser (z. B. Chlor, Chlorphenole) und aus der Gärungskohlensäure (z. B. H_2S) zu entfernen. Auch bei fehlerhaften Bieren, insbesondere bei Geläger-, Hefepress- und Rückbieren sowie bei der Wiederverwendung von Glattwasser und zur Entfärbung von Zuckerlösungen kann der Einsatz von Aktivkohle sinnvoll sein. Vorwiegend wird bei diesen Problemprodukten die Aktivkohle in Pulverform (siehe Abbildung 251) direkt dem Produkt zugesetzt. Für Einzelfälle werden auch Filterschichten eingesetzt, in denen Aktivkohle eingearbeitet wurde (siehe Abbildung 252).

Die Fa. Filtrox [339] liefert dazu u.a. folgende Angaben:
- Der Kohlenstoffgehalt der Module beträgt 450 g/m^2.
- Die innere Oberfläche beträgt 650 m^2/g.
- Die Methylenblau-Adsorption beträgt 12 g/100 g.
- Der Gehalt an wasserlöslichen Substanzen liegt bei 1 Ma.-%.

- Maximale Arbeitstemperatur: 82 °C.
- Maximaler Differenzdruck: 2,4 bar.
- Die Module sind mit Aktivkohle, gereinigter und gebleichter Cellulose, natürlicher Diatomeenerde (Cristobalitgehalt < 1 %) und mit Polyamidamin (< 3 %) hergestellt.

Eigenschaften von Aktivkohle
- Aktivkohlen sind hochporöse Stoffe mit einem Kohlenstoffgehalt von 80…95 %.
- Sie besitzen eine sehr große innere Oberfläche von 600…1200 m^2/g [340].
- Im Gemisch mit Kieselgur und Perlit erhöht Aktivkohle die spezifische Oberfläche des Filterhilfsmittelgemisches sehr deutlich und verbessert die Trennschärfe.
- Um den Schichtwiderstand bei einer Aktivkohleverwendung in Grenzen zu halten, sollten die Korngrößen der Aktivkohle und der anderen Filterhilfsmittel aufeinander abgestimmt sein.
- Reiner Kohlenstoff ist in Laugen und Säuren stabil, so dass Aktivkohle in sauren und basischen Trüben eingesetzt werden kann.

(Untersuchungsmethoden für Aktivkohle siehe MEBAK [302])

13.7.3 Polymere Kunststoffe als Filterhilfsmittel

Für Filtrationen mit lösungsmittelhaltigen Trüben, bzw. die hohe Beständigkeiten gegen Laugen und Säuren erforderten, wurden schon vor rund 40 Jahren als Filterhilfsmittel PVC-Pulver eingesetzt. Der Einsatz von PVC-Pulver war aus wirtschaftlichen Gründen nur für besondere Filtrationen sinnvoll.

13.7.3.1 PVC-Pulver

Beim Einsatz von PVC-Pulver waren folgende Eigenschaften zu beachten [304]:
- Es war für stark alkalische Trüben bis max. 75 °C verwendbar.
- In wässrigen Medien ist PVC-Pulver schlecht benetzbar, es war deshalb sinnvoll, eine kleine Menge von Substanzen zuzugeben, die die Oberflächenspannung senken.
- Die Struktur ist überwiegend kugelförmig (siehe Abbildung 253).
- Bei guten Durchflusswerten konnten Trennschärfen von 4 μm erreicht werden.
- Filterhilfsschichten aus PVC besaßen nur eine geringe Adsorptionsfähigkeit.
- Sie sind auch bei Filterschichtdruckdifferenzen von $> 6 \cdot 10^5$ N/m² inkompressibel.

Aus diesen Angaben ist ersichtlich, dass PVC-Pulver nicht nur aus wirtschaftlichen Gründen, sondern auch auf Grund seiner schlechten Benetzbarkeit im sauren, wässrigen Milieu für die Bierfiltration nicht geeignet war.

Die Fa. BASF brachte durch eine Neuentwicklung um das Jahr 2006 ein neues Filterhilfsmittel auf Kunststoffbasis heraus, direkt geeignet für die Bierfiltration unter dem Namen Crosspure® [342] (siehe Kapitel 13.7.3.2).

Klärung und Stabilisierung des Bieres

Auch andere Forschungsgruppen untersuchen jetzt wieder den möglichen Ersatz der Kieselgur durch synthetische Filterhilfsmittel, die nach einer Regeneration wiederholt als FHM im Anschwemmverfahren eingesetzt werden können. So wurde 2011 ein FHM aus oxidiertem Polyethylen unter dem Namen Peox (Dichte: 0,945...0,965 g/cm^3; gute chemische und thermische Resistenz; regenerierbar; durchschnittliche Partikelgröße: 37 µm; durchschnittliche Porengröße des Filterkuchens: 0,6 µm) vorgestellt [341]. Bei einer Grundanschwemmung von 1000 g/m^2 und einem Gesamtfilterhilfsmittelverbrauch von rund 200 g/hL wurden eine Filtrationsrate von 6 hL/(h·m²) und Trübungswerte von unter 0,5 EBC-Einheiten im Filtrat erreicht. Die Fähigkeit dieses Polymers zur Entfernung von Kältetrübungsbestandteilen ist allerdings gering und erfordert offensichtlich einen zusätzlichen Einsatz von Stabilisierungsmittel.

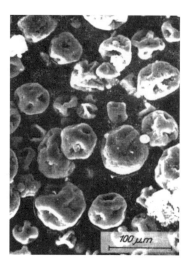

Abbildung 253 PVC-Pulver für Anschwemmfiltrationen (nach [304])

13.7.3.2 Crosspure®

Dieses Filterhilfsmittel zeichnet sich nach [342] durch folgende Eigenschaften aus:
- Crosspure® wird durch eine Kompoundierung aus Polystyrol und quervernetztem PVP hergestellt, dadurch entstehen mechanisch und chemisch besonders stabile Partikel (siehe Abbildung 254).

Abbildung 254 Röntgenmikroskopische Aufnahme von Crosspure F [342], Vergrößerung ca. 500fach

FHM und Filtermittel

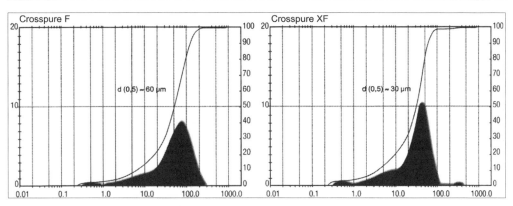

Abbildung 255 Partikelgrößenverteilung der beiden Crosspure-Typen F (gröber) und XF (feiner) [342]

- Es gibt zwei Typen von Crosspure®, die die gleiche chemische Zusammensetzung, aber unterschiedliche Partikelgrößen aufweisen (siehe Abbildung 255).
- Crosspure® wird wie Kieselgur in einem Anschwemmfilter angeschwemmt und filtriert durch Siebwirkung die partikulären Substanzen (wie z. B. Hefezellen, Bakterien, Hopfenharze, Eiweiß-Gerbstoff-Komplexe, Oxalatkristalle) aus dem Bier heraus. Zusätzlich werden durch das quervernetzte PVP auch gelöste Gerbstoffe und Flavonoide adsorbiert.
  Crosspure® ist eine „2 in 1 Lösung", es wird parallel zur Filtration auch eine kolloidale Stabilisierung erreicht.
- Crosspure® ist durch seine nahezu unbegrenzte Regenerierbarkeit sehr wirtschaftlich und umweltfreundlich. Die Verluste betragen maximal 2 % pro Regenerierung.
- Crosspure® kann in vorhandenen Anschwemmfilteranlagen mit vorhandenen PVPP-Regenerierungs- und CIP-Anlagen problemlos eingesetzt werden.
  Die Regenerierung erfolgt ähnlich wie beim PVPP (s.a. Kapitel 15) in folgenden Teilschritten:
  - Spülen direkt im Filter mit heißem Wasser (85 °C);
  - Spülen mit heißer NaOH (2 %, 85 °C);
  - Spülen mit Wasser;
  - Überführung des Crosspure-Filterkuchen in das Dosiergefäß,
  - Einstellen des pH-Wertes auf 4...5, danach Enzymbehandlung mit einer Endo-β-1,3-Glucanase bei 40...50 °C unter Rühren (2 h);
  - Zusatz eines Tensids und Erhitzen auf 85 °C zur Inaktivierung der Enzyme;
  - Anschwemmen des Crosspure im Filter, um es mit NaOH, heißem und dann kaltem Wasser zu waschen und mit anschließender pH-Wertanpassung;
  - Der Filterkuchen wird dann wieder in das Dosiergefäß für die nächste Anschwemmung nach dem Ausgleich von evtl. Verlusten

überführt. Der Prozess dauert ca. 4...5 h, eine weitere Optimierung ist möglich.
☐ Der Filterkuchen ist von den Filterkerzen bzw. Filterelementen leicht zu entfernen.
☐ Crosspure ist ein unlösliches Polymer und hat keine abrasive Wirkung.
☐ Für die optimale Klarheit und kolloidale Stabilität werden in Abhängigkeit von der Bierqualität und vom Biertyp 50...200 g Crosspure pro 1 hL Bier eingesetzt.
☐ Bei Technikumsversuchen wurden u. a. folgende Ergebnisse erreicht:
  - Es wurde erfolgreich ein Gemisch von 55 % Crosspure XF und 45 % Crosspure F eingesetzt;
  - Die Grundanschwemmung betrug 2000 g/m^2;
  - Die laufende Dosierung betrug 120 g/hL ($\hat{=}$ 36 g PVPP/hL);
  - Der durchschnittliche Differenzdruckanstieg betrug 0,23 bar/h bei einer Filtrationsdauer von ca. 6 h;
  - Die Biertrübung des Filtrates lag bei 0,5 EBC-Trübungseinheiten;
  - Bei einer Erhöhung der laufenden Dosierung auf 130 g/hL ($\hat{=}$ ≈ 39 g PVPP/hL) reduzierte sich die Trübung des Filtrats auf 0,4 EBC-Einheiten und der durchschnittliche Druckanstieg betrug 0,2 bar/h bei einer Filtrationszeit von 6 h;
  - Die bierspezifischen Analysendaten entsprachen einem mit Kieselgur filtriertem und PVPP stabilisiertem Bier.

Einige filtrationstechnische Kennwerte sind in Tabelle 99 aufgeführt.

Tabelle 99   Einige filtertechnische Kennwerte für Crosspure® (nach [342])

Parameter	Maßeinheit	Crosspure F	Crosspure XF
Nassdichte	g/cm³	0,47	0,57
Quellvolumen	L/kg	< 3,5	< 3,5
Permeabilität	mDarcy	> 170	> 100
Catechinadsorption	%	> 20	> 20

13.7.4 Versuche mit ausgefallenen Filterhilfsmitteln

Es gibt eine Reihe von weiteren Versuchen zur Substitution von Kieselgur bei der Bierfiltration, davon wurden nachfolgende Materialien im Technikumsmaßstab schon getestet:

13.7.4.1 Kartoffelstärke
Kartoffelstärke besitzt eine kugelförmige, nichtporöse Struktur (siehe Abbildung 256). Durch diese Struktur besitzt eine Anschwemmung aus Stärkekörnern dieser Modifikation noch nicht annähernd die gleiche Filtrationswirkung wie eine vergleichbare Kieselguranschwemmschicht.

Dies behinderte die großtechnische Einführung von Kartoffelstärke als Filterhilfsmittel bei der Bierfiltration, obwohl folgende positiven Effekte zu erwarten sind:
- Es bestehen keine Umweltprobleme bei der Entsorgung des Abproduktes, das mit den Trubstoffen des Bieres belastete Abprodukt ist ein vollwertiger Wertstoff.
- Die weitere wirtschaftliche Verwendung des Abproduktes für unterschiedliche Anwendungen ist möglich und aus wirtschaftlichen Gründen auch zwingend (z. B. nach einer Verkleisterung und Hydrolyse der Stärke als Nährlösung für weitere biotechnologische Prozesse, zur Ethanolgewinnung, als Futtermittel u.a.).
- Dadurch ist dieses Filterhilfsmittel ein preiswertes, im eigenen Land hergestelltes Hilfsmittel und das Abprodukt gleichzeitig ein wertvoller Rohstoff für die weitere Verarbeitung.

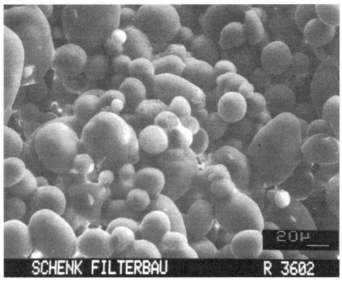

Abbildung 256 Kartoffelstärke (nach [301]), Vergrößerung ca. 500fach

Wenn weitere Modifikationen der Stärke (Stärkeart, Partikelgröße, Partikelverteilung) auf ihre Anwendbarkeit bei der Bierfiltration geprüft werden sollen, müssen folgende Forderungen aus technologischer Sicht beachtet werden:
- Das Stärkeprodukt darf unter den Bedingungen der Bierfiltration (pH-Wert ≥ 4,0, Temperaturen ϑ = 0...25 °C, evtl. bis 55 °C) keine säurehydrolysierbaren und wasserlöslichen Stärkeabbauprodukte enthalten, um den α-Glucangehalt des Bieres nicht zu erhöhen.
- Im Temperaturbereich bis ϑ = 25 (55) °C darf die verwendete Stärkemodifikation kein Wasser aufnehmen und quellen oder sogar verkleistern.
- Da die verwendete Stärkemodifikation in wässrigen Lösungen mit Sicherheit nicht mit Temperaturen über 55 °C (Beginn der Stärkeverkleisterung) in Verbindung kommen darf, muss das

Klärung und Stabilisierung des Bieres

Produkt bei der Herstellung keimfrei gewonnen und verpackt werden.

❏ Die Filteranlagen sind vor Beginn der Filtration auf $\vartheta < 55\ °C$ abzukühlen.

13.7.4.2 Quarzsand

Auch Quarzsand wurde als Filterhilfsmittel zur Bierfiltration eingesetzt [343], [344]. Die kleintechnischen Versuchsergebnisse von *Reed* et al. [343] sind auszugsweise in Abbildung 257 und Abbildung 258 dargestellt.

Sicher abgeschieden werden Trübungspartikel von einer Größe von > 4 µm. Mit zunehmender Filtrationszeit nimmt die Abscheideeffizienz durch die Erschöpfung der Filterschicht ab.

Je feiner der Sand war, umso größer war seine Filtrationseffektivität. *Reed* et al. erreichten mit Sandkörnungen zwischen 75…106 µm die größte Effizienz. Bei entsprechender Partikelgröße waren auch Filtrattrübungen < 1 EBC erreichbar.

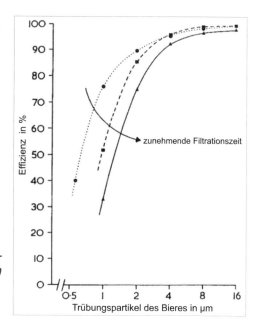

Abbildung 257 Veränderung der Abscheideeffizienz des Sandfilters in Abhängigkeit von der Filtrationszeit (nach Reed et al. [343])

Scheurell [344] erreichte in Technikumsversuchen bei einer optimalen Sandhöhe zwischen 1200…1400 mm und bei einer spezifischen Filtrationsgeschwindigkeit von 7…25 hL/(m²·h) sowie unter Verwendung des in Tabelle 100 charakterisierten Quarzsandes nur eine Filtratklarheit des Bieres von optimal 1…2 EBC.

Bei Versuchen zur Würzefiltration konnten mit diesem Sandfilter dagegen befriedigende Resttrubwerte von < 150 mg/L erzielt werden.

FHM und Filtermittel

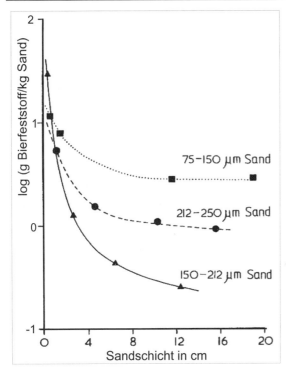

Abbildung 258 Speicherung der Feststoffe im Sandfilter in Abhängigkeit vom Korngrößenbereich des Sandes und der Sandschichtdicke (nach Reed et al. [343])

Tabelle 100 Korngrößenverteilung eines verwendbaren Sandes zur Filtration [344]

Korngröße	mm	> 0,5	0,4	0,315	0,25	0,2	0,16	0,1	0,063	0,01
Anteil	%	-	0,2	10,5	25,4	38,9	18,8	5,1	1,0	< 0,01

Scheurell schätzte ein, dass die von ihm durchgeführte Sandfiltration von Bier nicht die Anforderungen, die an ein filtriertes Bier gestellt werden, erfüllt. Problematisch war auch eine sichere Entlüftung des Filters sowie die Vermeidung von CO_2-Entbindungen. Der Aufwand für die Regenerierung und Reinigung überstiegen den Aufwand bei einem Kieselgurfilter deutlich, auch der Abwasseranfall.

Die Filtrationsversuche mit einem statischen Sandbett sind deshalb bis jetzt nur erfolgreich bei der Wasserfiltration im Einsatz.

13.8 Filtermittel der Nachfiltersysteme bei der klassischen Dead-End-Filtration

Mit den Nachfiltersystemen haben die Brauereien die Möglichkeit, eine mehrstufige Feinfiltration des bereits vorfiltrierten Bieres zu realisieren. Der Umfang der Feinfiltration ist von den Anforderungen an das Produkt abhängig. Die für die Feinfiltration verwendeten Systeme beruhen entweder auf Filterschichten (klassische Filterschichten, Module) oder Kerzen.

Klärung und Stabilisierung des Bieres

Folgende Aufgaben haben die einzelnen Stufen der Feinfiltration (nach [345]):
- Trap-Filter: Reduzierung von Trübungspartikeln (PVPP, Kieselgur);
- Feinfiltration: Reduzierung von bierschädlichen Organismen und Trübungspartikel im sichtbaren Bereich, Schutz des nachgeschalteten Membranfilters;
- Finale Filtration: Entfernung von bierschädlichen Organismen, um ein mikrobiologisch stabiles Produkt zu erreichen.

13.8.1 Die verschiedenen Systeme im Vergleich

Nach der Klärfiltration (in der Regel jetzt noch eine Kieselguranschwemmfiltration) sind verschiedene Varianten der Nachfiltration zur Entfernung von Partikeln und zur biologischen Haltbarmachung des Bieres auf „kaltsterilem" Wege großtechnisch im Einsatz. Dabei kann die Nachfiltration auch mehrstufig erforderlich sein, wie z. B. Abbildung 259 schematisch zeigt. Die Kombinationsmöglichkeiten mit thermischen Verfahren zur biologischen Haltbarmachung sind in Kapitel 1 zusammengestellt.

Für die aufgeführten Nachfiltersysteme sind die in Abbildung 260 aufgeführten Filtermittel im Einsatz, die ihre spezifischen Eigenschaften durch die unterschiedlichsten Werkstoffe und Bauweisen erhalten (Analysenmethoden siehe MEBAK [302] und EBC [303]).

TFS Tiefenfilterschicht
TFM Tiefenfiltermodul
MK Membranfilterkerze
FK Feinfilterkerze/Tiefenfilterkerze
TK Trapkerze
1 Zulauf Filtrat

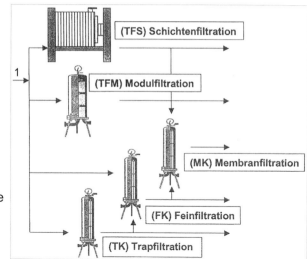

Abbildung 259 Bekannte Nachfiltersysteme bei der klassischen Dead-End-Filtration (zusammengestellt von Waiblinger [346]); vorgeschaltet ist hier ein Kieselguranschwemmfilter als Klärfilter und evtl. ein PVPP-Filter als Stabilisierungsfilter

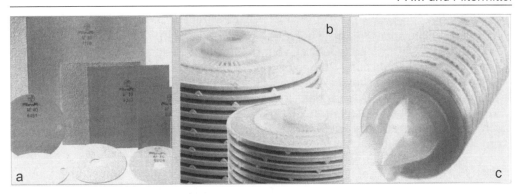

Abbildung 260 Die drei bekanntesten Filtermittel für die Nachfiltersysteme
a Filterschichten   b Filterscheiben, zusammengefügt als Modul   c Filterkerzen

Tabelle 101 Unterschiede zwischen den Tiefenfiltersystemen und reinen Membranfiltern

	Tiefenfiltermodul u. Tiefenfilterschicht	Tiefenfilterkerze	Membranfilterkerze
Filtersystem	Dreidimensionales Kanalsystem		Zweidimensionales Lochsieb definierter Größe (Idealfall)
Zetapotenzial	Elektrische Ladung über Harzschicht vorhanden	Bei neutralen Polypropylenfäden kein Zetapotenzial	
Filtrationsarten	Oberflächenfiltration + Tiefenfiltration + Adsorption	Oberflächenfiltration + Tiefenfiltration	Oberflächenfiltration + Tiefenfiltration
Wirksame Abscheidemechanismen	Mechanische + elektrokinetische Vorgänge	Rein mechanische Vorgänge	
Zurückhaltung von Partikeln u. Mikroorganismen	Relative Rückhaltung		Absolute Rückhaltung auf der angeströmten Membranoberfläche, hohe biologische Sicherheit
Partikelaufnahmefähigkeit	Höhere Partikelaufnahmefähigkeit		Gefahr der schnellen Verblockung
Druckstoßempfindlichkeit	vorhanden		Höhere Druckstoßfestigkeit
Rück- bzw. Freispülbarkeit	Bedingt durch fehlende Stützkörper bei Membranen, plissierten Tiefenfilterkerzen und Standardmodulen oft nicht möglich		

Bei den Filtermitteln unterscheiden sich grundsätzlich die Tiefenfiltersysteme von den Membranfiltern in ihrem Filtrationsverhalten, wie Tabelle 101 und Angaben von [346] und [347] zeigen.

Klärung und Stabilisierung des Bieres

Der Differenzdruckverlauf im Tiefenfiltersystem unterscheidet sich bei hohen Trubgehalten, insbesondere bei höheren Konzentrationen an gelartigen, weichen Polymeren im Unfiltrat, sehr deutlich vom Differenzdruckverlauf in einem Membranfilter, wie schematisch Abbildung 261 zeigt. Der nichtlineare Druckanstieg erfolgt nach der Sättigung der Tiefenfilterschicht. Mit dem Verlust der Tiefenwirkung erfolgt der Übergang zur reinen Oberflächenfiltration wie beim reinen Membranfilter. Durch die Verlegung der Oberflächenporen ist eine unakzeptable, hohe Druckdifferenz erforderlich, um eine akzeptable Fließrate zu gewährleisten bzw. bei konstantem Differenzdruck sinkt die Fließrate unakzeptabel tief ab.

Die Geschwindigkeit der Verblockung bei einem Membranfilter hängt auch von dem verwendeten Polymerwerkstoff der Membranen ab. Hier bestehen sehr deutliche Unterschiede im Adsorptionsverhalten der verwendbaren Werkstoffe (siehe (siehe Kapitel 13.9.2).

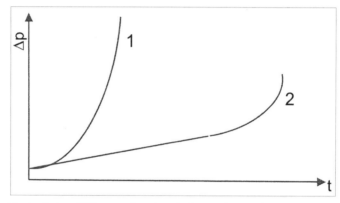

Abbildung 261 Verlauf des Differenzdruckes bei zunehmender Trubstoffentfernung, insbesondere bei vorhandenen gelartigen, weichen Polymeren im Unfiltrat (nach [346]):
1 Membranfiltration: *Nichtlinearer*, plötzlicher Differenzdruckanstieg durch Verblockung der Membranporen bei der Membranfiltration;
2 Kuchen- und Tiefenfiltration: *Linearer* Anstieg bis zur Sättigung: bei Kuchen- und Tiefenfiltration;

In Abhängigkeit von der begrenzten Rückspülbarkeit bei den Nachfiltersystemen ergeben sich auch unterschiedliche Richtwerte für die Standzeiten dieser Systeme (siehe Tabelle 102).
Die Standzeiten der Nachfiltersysteme sind entscheidend abhängig vor allem von:
- der Vorfiltratqualität,
- dem Gehalt des Bieres an deformierbaren Polymeren,
- der Einhaltung der vorgegebenen maximalen Differenzdrücke und Flächenströmungen,
- der Vermeidung von Druckstößen,
- der Gewährleistung eines stabilen und technisch sicheren Filtrationsverfahrens und
- von der Wirksamkeit und der Häufigkeit der chemischen Reinigung (Temperatur der heißen Medien, Laugenkonzentration).

Tabelle 102 Allgemeine Richtwerte für die nominellen Klärschärfen, die Standzeiten und die voraussichtlichen Filtrationskosten von Nachfiltersystemen (nach [346])

Nachfiltersystem	Nominelle Klärschärfe	Normale Standzeit	Kosten [2]) Euro/hL
Tiefenfilterschicht (60 cm x 60 cm)	0,1…2,0 µm	70 hL/m^2	ca. 0,17
Tiefenfilterschicht (1 m x 2 m)		110 hL/m^2	ca. 0,08 [3])
Tiefenfiltermodul		60 hL/m^2	ca. 0,76
Trapfilterkerze	5…20 µm	3500 hL/h u. 40''-Element	ca. 0,04
Tiefenfilterkerze/Feinfilterkerze	0,3…1,0 µm	900 hL/h u. 40''-Element	ca. 0,19
Membranfilterkerze	0,45 µm [1])	400 hL/h u. 30''-Element	ca. 0,81

[1]) Abscheidung absolut;
[2]) Schätzwerte 2004 unter Berücksichtigung der Kosten für die Filtermittel, den Wasserverbrauch, den Bierschwand und den Arbeitszeitaufwand;
[3]) gilt für einen Betrieb mit 150.000 hL/a.

Tabelle 103 Erforderliche Filterflächen der Nachfiltersysteme für zwei Betriebsgrößen und zwei entsprechenden Durchsätzen (nach [346])

Filtersystem	Spezifischer Filterdurchsatz	20.000 hL/a 50 hL/h	150.000 hL/a 200 hL/h
Tiefenfilterschicht	1,1…1,5 hL/(m^2·h)	100 Schichten 600 mm x 615 mm = 36 m^2	70 Schichten (1005 x 2020) mm = 140 m^2
Tiefenfiltermodul	1,1…1,5 hL/(m^2·h)	2 Gehäuse mit je 4 Modulen 16" = 32 m^2 [1])	3 Gehäuse mit je 12 Modulen 16" = 144 m^2 [1])
Tiefenfilterkerze	4 hL/h u. 40''- Element	12 x 40''-Element	48 x 40''-Element
Membrankerze	3 hL/h u. 30''- Element	16 x 30''-Element	2 x 36 30''-Element
Trapkerze	15 hL/h u. 40''-Element	3 x 40''-Element	12 x 40''-Element

[1]) Die Angaben für Tiefenfiltermodule sind auch abhängig vom Hersteller und Modultyp. Bei der Fa. Pall ergeben: 2 Gehäuse mit je 4 Standard-Modulen 16" á 3,6 m^2 = 28,8 m^2 Filterfläche, bei SUPRApak-Modulen ergeben 2 Gehäuse mit je 3 Modulen 16" á 5 m^2 = 30 m^2 Filterfläche.

Tabelle 104 Investitionskosten bei der Anschaffung des Nachfiltersystems und für die Erstbelegung mit den erforderlichen Filtermitteln (Stand 2004, nach [346])

Filtersystem	50 hL/h		200 hL/h	
	Filtersystem	Filtermittel	Filtersystem	Filtermittel
Schichtenfilter [1])	26.600 €	280 €	63.200 €	900 €
Modulfilter	8.100 €	1.400 €	40.500 €	6.300 €
Kerzenfilter	7.400 €	2.000 €	15.400 €	8.000 €
Membranfilter	7.700 €	5.100 €	20.100€	23.000 €
Trapfilter	2.100 €	250 €	7.400 €	1.000 €

[1]) gebrauchter Filter

Klärung und Stabilisierung des Bieres

Tabelle 105 Technische und technologische Unterschiede zwischen den Nachfiltersystemen (nach [346])

	Tiefenfilter-schicht (TFS)	Tiefenfilter-modul (TFM)	Tiefenfilter-kerze (TK, FK)	Membran-filterkerze (MK)
Druckverlauf u. Erschöpfung	Quasi linear	Quasi linear	Quasi linear	Nicht linear
Partikel- bzw. Keimrückhaltung	Relativ	Relativ	Relativ	Absolut
Trübungsreduzierung 90° 25°	(+) +	(+) +	0 +	0/(+) +
Verbesserung der kolloidalen Stabilität	+	+	0	0/(+)
Einfluss auf die Schaumhaltbarkeit	-	-	0	-/0
Erforderliche Vorfiltration	KG [1])	KG [1])	TK: KG [1]) FK: KG [1]) + TK	KG [1])+ TFS oder KG [1]) + FK
Maximal zulässiger Differenzdruck	1,5 bar	1,5 bar	1,5 bar	3,0 bar
Akzeptanz von Druckstößen	-	-	-	0
Rückspülung	+	-	Plissierte FK: - Gewickelte FK: +	- Bedarf Rückschlagventil
Schwandminderung durch Leerdrücken mit CO_2	0	+	Stehende FK: + Hängende FK: 0	Stehende MK: + Hängende MK: 0
Geschlossenes System	0	+	+	+
Automatisierung	(+)	(+)	+	+
Prüfbarkeit Integrität	0	0	0	+
Materialbeständigkeit Heißwasser Dampf Reinigungsmittel Desinfektionsmittel	+ + - 0,5 % Citr.-Sre	+ + - 0,5 % Citr.-Sre	Polypropylen + (≤ 90 °C) + (60 min) + +	Alles stark Material abhängig
Handling Filterwechsel	Aufwendig	Einfach	Einfach	Einfach
Flexibilität bei wechselnder Vorfiltratqualität	+	-	0/-	-

[1]) KG Kieselgurfiltration   Citr.-Sre: Zitronensäure;
+ positive Wirkung, gut anwendbar   (+) geringe Wirkung, bedingt anwendbar
- negative Wirkung, nicht anwendbar   0 keine Wirkung

Die richtige Wahl des Nachfiltersystems für den einzelnen Betrieb ist neben den wirtschaftlichen Gesichtspunkten (siehe einige Hinweise dazu in Tabelle 102, Tabelle 103 und Tabelle 104 sowie in Kapitel 20) auch abhängig von den jeweiligen technischen und technologischen Anforderungen sowie den betrieblichen Gewichtungsfaktoren, z. B. für die gewünschte Adsorptionskraft, das Handling, die Flexibilität, die Systemprüfbarkeit und die Automatisierbarkeit (siehe Unterschiede in Tabelle 105).

Die Filterkerzen sind in der Länge international standardisiert und in folgenden Längen erhältlich:

        10" (= 254 mm)   30" (= 762 mm)
        20" (= 508 mm)   40" (= 1016 mm).

13.8.2 Cellulosehaltige Filterschichten und einige Weiterentwicklungen

Unmittelbar mit der Erfindung des Bierfilters vor rund 130 Jahren war auch die Entwicklung der ersten Filterschichten auf Cellulosebasis verbunden (siehe Kapitel 2). Entsprechend der Weiterentwicklung der Anforderungen an die Bierqualität und Haltbarkeit wurden auch die Filterschichten weiterentwickelt. Es gibt sie für die unterschiedlichsten Anwendungsfälle. Hauptbestandteil ist unterschiedlich aufbereitete Cellulose (s.a. Kapitel 13.6), bei der durch unterschiedliche Zusätze eine differenzierte Filtrationsschärfe (Erhöhung des kationischen Zetapotenzials) eingestellt wird. Die in früheren Jahrzehnten recht einfache Staffelung der Filtrationsschärfe durch einen steigenden Asbestgehalt ist, wie bereits erläutert, nicht mehr erlaubt.

Mit dem Wegfall von Asbest nahm der Anteil unterschiedlicher, vorzugsweise nicht kalzinierter Feinguren, adsorptiv wirkenden organischen Polymeren (z. B. PVPP), Kieselgelen und speziell aufbereiteten Cellulosefasern zu. Das Filtrationsverhalten, d.h., das gegenläufige Verhalten von Filtrationsschärfe und Durchlässigkeit dieser Schichten wird durch den unterschiedlichen Gehalt an adsorptiv wirkenden Substanzen (mit kationischen Harzen behandelte Cellulose) bestimmt.

13.8.2.1 Herstellung

Bei der Herstellung der Filterschichten werden reine Cellulose, aufgespleiste Cellulose und die zugesetzten Adsorptionsmittel in viel Wasser suspendiert, gemischt und die Masse auf ein umlaufendes Siebband aufgebracht, unter Vakuum die Filterschicht auf < 70 % entwässert und dann im Heißluftstrom auf < 1 % Wassergehalt getrocknet.

Die Unterseite (Filtratseite) der so entstandenen Schichten besitzt eine dem Langsieb zugewandte, verdichtete Struktur. Zur Erhöhung ihrer Festigkeit und um ein Abfasern zu verhindern wird diese Seite in der Regel mit einem chemisch und thermisch indifferenten Kunstharz besprüht. Danach werden die Schichten zugeschnitten, gekennzeichnet und verpackt.

Die Schichten übernehmen in den Filtern zum Teil die Abdichtung zwischen den Rahmen und Platten bzw. zwischen den Platten. Falls sich Kanalaugen in diesem Bereich befinden, müssen die Schichten natürlich auch in diesem Bereich auch ausgespart werden. In diesem Fall müssen die Schichten also filterspezifisch gefertigt werden.

In beiden Bildern der Abbildung 262 ist sehr deutlich der hohe Anteil der mineralischen Komponente dieser asbestfreien Hochleistungsschichten zu erkennen.

Kurzcharakteristik einer Filterschicht/Flachschicht (nach [345]):
- Charakteristik: Tiefenfiltermedium;
- Aufbau: Matrix bestehend aus Cellulose, Perlite, Kieselgur, Fibride, Nassfestmittel (Harz);
- Eigenschaften: Verschiedene Formate und Größen erhältlich;
- Unterschiedliche Feinheitsgrade (von fein bis grob);
- Mit und ohne Ladungsträger;
- Mit und ohne Adsorber (z. B. Aktivkohle, PVPP);
- Charakteristische Qualitätsmerkmale: Rückhaltecharakteristik, Durchsatz, Medienverbräuche, Handling, Glanzfeinheit, Biologische Sicherheit.

Tabelle 106 Vor- und Nachteile der Filterschicht/Flachschicht (nach [345])

Vorteile	Nachteile
Tiefenfiltermedium mit hoher Aufnahmekapazität	Großer Platzbedarf für Hardware
Ddurchsatzbereich erweiterbar (bedingt)	Hohe Systeminvestition
Eine Vielzahl an Rezepten erhältlich	Hoher Personalaufwand (Ein- und Auslegen der Schichten)
Mit hohem Durchsatzbereich erhältlich (3...550 m^2 Filterfläche)	Hoher Energie- und Medienverbrauch
	Offenes Filtersystem (Mikrobiologie, Sicherheit)
	Große Anzahl an Dichtungen
	Lange Rüst-, Spül- und Sterilisationszeiten
	Tropfverluste
	Schwieriges Entlüften
	Hohes Totvolumen

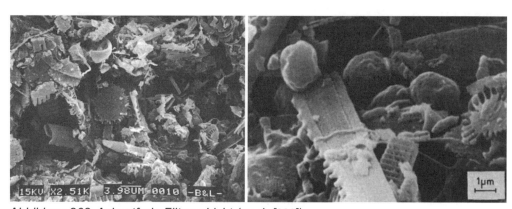

Abbildung 262 Asbestfreie Filterschicht (nach [322])
Links: Einlaufseite (Unfiltratseite) einer asbestfreien Filterschicht (Schenk AF-10), Vergrößerung ca. 2500fach
Rechts: Zurückgehaltene Hefen und Bakterien im Gefüge einer asbestfreien Filterschicht (Schenk AF-S 400), Vergrößerung ca. 10.000fach

13.8.2.2 Schichtentypen
Je nach Filtrationsschärfe unterscheidet man zwischen:

- **Anschwemmstützschichten**:
  Sie bestehen fast nur aus Cellulose, filtrieren selbst nicht, sondern dienen nur als Stützschicht für die Kieselgur in der Anschwemmfiltration. Sie zeichnen sich durch sehr hohe Filtrationsdurchsätze und große mechanische Festigkeit auch im durchfeuchteten Zustand aus.
  Sie sind abwaschbar und daher mehrmals zu verwenden.

- **Klärschichten**:
  Sie dienen als Sicherheitsfilter zur Zurückhaltung von partikulären Trubstoffen nach der Kieselgurfiltration und PVPP-Stabilisierung, wie Kieselgur, PVPP, einzelne Hefezellen und durchgeschlagene grobdisperse Trubstoffe.
  Meist werden sie von den Herstellern als K-Schichten (z. B. K 0…K 10) deklariert. Mit den steigenden Ziffern nimmt die Klärschärfe zu und der Durchsatz ab (abhängig vom Hersteller, es kann auch umgekehrt sein).

- **Hochleistungsschichten** (z. B.: HL-S):
  Durch einen erhöhten Gehalt an Kieselgur wird bei diesen Klärschichten das Trubspeichervermögen erhöht. Der mineralische Anteil dieser Schicht (bestimmt als Ascheanteil) liegt gewöhnlich bei > 50 % (siehe z. B. auch Angaben zum Glührückstand in Tabelle 109).

- **Steril- oder (besser) Entkeimungsschichten**:
  Der Anteil an adsorbierenden Substanzen ist höher als bei den Klärschichten. Sie müssen gewährleisten, dass Hefen und Bakterien deutlich reduziert werden.
  Von den Herstellern werden sie oft als SK-Schichten deklariert.

Die Klärschichten und Entkeimungsschichten werden parallel zu ihrem spezifischen Filtratdurchsatz mit steigenden Nummern gekennzeichnet, wobei mit zunehmendem Durchsatz der Käreffekt absinkt.

Die Beurteilung der Filterschichten erfolgt mittels filtriertechnischer und physikalisch-chemischer Kennwerte nach [302] bzw. [303], s.a. Tabelle 107 und Tabelle 109.

Tabelle 107 Beispielangaben für unterschiedliche Filterschichtqualitäten

	Anschwemmstützschicht	Klärschicht	Sterilschicht
Wasserdurchfluss bei 20 °C und bei $\Delta p = 0{,}2$ bar	ca. 1250 L/(m²·min)	ca 21 L/(m²·min)	5…7,5 L/(m²·min)

Als Orientierungswerte für die spezifischen Filtratdurchsätze bei der Bierfiltration im Betriebsmaßstab können die Angaben in Tabelle 108 angenommen werden.

Tabelle 108 Allgemeine Durchsatzangaben für die Bierfiltration (nach [348])

	Hochleistungsklärschicht	Steril- oder Entkeimungsschicht
Spezifischer Filtratdurchsatz für Bier	1,5 hL/(m²·h)	1,0...1,2 hL/(m²·h)
Maximal zulässige Druckdifferenz	≤ 1,5 bar	≤ 1 bar
Standzeit der Schichten	ca. 100 Filtrationsstunden	ca. 20...40 Filtrationsstunden *)

*) Höhere Standzeit gilt für Hochleistungsschichten

In Tabelle 109 werden die Qualitätsangaben für moderne Tiefenfilterschichten (= Hochleistungsschichten) eines Herstellers als Beispiel aufgeführt. Diese Schichten können eingesetzt werden zur:
- Klärfiltration (vermutlich mit den Wasserdurchflusswerten > 320 L/(m²·min)),
- Feinfiltration (z. B. mit den Wasserdurchflusswerten 128...180 L/(m²·min)) und
- keimreduzierende Filtration (z. B. mit den Wasserdurchflusswerten 90...128 L/(m²·min)).

Die genaue Auswahl muss in Praxisvorversuchen ermittelt werden. Durch diese Tiefenfilterschichten werden sowohl kolloidale Trübungen als auch Feinpartikel und Mikroorganismen abgetrennt. Die Tiefenfilterschicht besitzt einen asymmetrischen Schichtenaufbau mit einer stufenlos enger werdenden Porenstruktur in Richtung der Abströmseite. Die partikulären Substanzen werden in diesem asymmetrischen Hohlraumgefüge durch den mechanischen Trennprozess zurückgehalten. Durch das elektrokinetische Potenzial (Zetapotenzial) einzelner Filterschichtbestandteile werden auch feindisperse kolloidale Trübungen adsorbiert.

Bei schwer filtrierbaren Bieren kann bei Schichtenfiltern eine Reduzierung des spezifischen Filterdurchsatzes von 1,5 auf 1,0 L/(m²·h) das Filtrationsergebnis um ein Vielfaches verbessern.

Tabelle 109 Beispiele von Herstellerangaben für Tiefenfilterschichten (nach [349])

Filtertyp für die Bierfiltration	Dicke mm	Glührückstand %	Berstfestigkeit nass kPa	Wasserdurchfluss bei Δp = 1 bar L/(m²·min)
B 150	3,8	52,0	> 100	90
B 240	3,9	52,0	> 90	128
B 320	3,9	52,0	> 100	180
B 410	3,9	47,0	> 100	320
B 505	3,9	48,0	> 100	410

13.8.2.3 Die neue Generation Filterschichten „Becopad"

Die Filterschichtenentwicklung ist noch nicht abgeschlossen, wie die Neuentwicklung der Filterschichten vom Typ *Becopad* zeigt [350] [351]. Ein Höchstmaß an mikrobiologischer Sicherheit soll durch den Einsatz von hochwertigen und reinen Spezialcellulosen und einen nahezu automatischen Produktionsprozess gewährleistet werden. Bei der Herstellung von *Becopad* werden ausschließlich hochreine, zertifizierte

Cellulosen eingesetzt. Dieses Filtermedium basiert auf einer Cellulosematrix, ohne Beimischung von mineralischen Bestandteilen. Der Eintrag von bierlöslichen Ionen im Vergleich zu konventionellen Filterschichten wird nahezu Null. Dadurch ist *Becopad* zu 100 % biologisch abbaubar. Es werden fünf verschiedene Typen zur Durchführung der Grob- bis zur Sterilfiltration angeboten.

Die in Betriebsversuchen getesteten Schichten vom Typ *Becopad* 170 und *Becopad* 220 liegen beide oberhalb des Wertes LRV > 7. Sie erfüllen damit die Anforderungen der entkeimenden Tiefenfiltration, die ab einem LRV-Wert von 7 gilt. Die Schaumhaltbarkeit nahm in der Anfangsphase deutlich ab und glich sich dann im Laufe der Filtration dem Ausgangswert wieder an. Alle anderen Messwerte, wie z. B. Trübung, und Sensorik des Filtrates führten zur Erhaltung der vorhandenen Bierqualität.

Signifikant längere Filterstandzeiten, wesentlich verbesserte hygienische Eigenschaften, stark reduziertes Tropfverhalten, problemloses Ein- und Auslegen, uneingeschränkte Kompostierbarkeit (zertifiziert nach DIN EN 13432 and ISO 14855 durch Institut Fresenius) und erhebliche Zeit- und Kosteneinsparungen beim Regenerieren sind wichtige Einsparpotenziale.

Durch die hervorragende Verpressbarkeit und Abdichtung des Filterpakets werden die Vorteile eines nahezu geschlossenen Systems sichtbar. Aufgrund fehlenden Substrats (z. B. Bierreste auf den Filterplatten) wird ein Befall durch Rot- und/oder Schwarzschimmel verhindert. Zu den angenehmen Nebeneffekten zählen nur minimale Tropfverluste und praktisch keine Bierverluste. Besonders deutlich zeigen sich die hygienischen Vorteile im direkten Vergleich, wie Abbildung 263 zeigt.

Abbildung 263 Filterschichten in einem Schichtenfilter
Links: Filterbelegung mit konventioneller Filterschicht
Rechts: Filterbelegung mit Becopad (nach [350])

13.8.2.4 Kieselguranschwemmstützschichten der Fa. Gore aus Edelstahl und PTFE-Membranen

Die Fa. Gore fertigte Kieselguranschwemmstützschichten, die aus einem Edelstahlgewebe bestanden, das beidseitig mit einer PTFE-Membran belegt war. Die Fertigung wurde eingestellt.

Nach Versuchsergebnissen von [352] konnte damit die Voranschwemmung von rund 1000 g Kieselgur/m^2 auf ca. 200 g/m^2 reduziert werden. Weitere Vorteile wurden in einer Reduzierung der Kosten für die Anschwemmstützschichten gesehen, da die

Gore-Schichten für eine Lebensdauer von ca. 2 Jahren mit einem Gesamtdurchsatz von 5000...10.000 hL/m² geplant wurden.

Weiterhin sanken die Entsorgungskosten für die Kieselgur und für die Schichten sowie der Trubraum wurde vergrößert. Die Reinigung der Membranen erfolgt mit 2 %iger NaOH bei 85 °C und nach 4...6 Wochen mit einer 0,3%igen Wasserstoffperoxid-Lösung (H_2O_2) bei 85 °C.

13.8.2.5 Das MultiMicro-System (MMS) der Fa. A. Handtmann

Eine besondere Form der Schichtenfiltration wurde mit dem MultiMicro-System in die Betriebspraxis eingeführt.

Im MultiMicro-System besteht der Filterkörper aus einem Tiefenfilterkuchen, bei dem sieben unterschiedlich scharf filtrierende Filterschichten, auch unter Verwendung von Kieselgur, zusammengepresst werden. Die Filterschichten sind einlaufseitig stufenweise von sehr grob über mittlere Trennschärfen zu immer schärfer filtrierende Schichten abgestuft (s.a. Abbildung 264). Eine Filterkörperfläche beträgt 0,25 m². Filterdurchsatz und Filterstandzeit sind wie bei allen Nachfiltern sehr stark von der Vorklärung und Filtrierbarkeit des Bieres abhängig. Es wird ein durchschnittlicher spezifischer Volumenstrom von 12...15 hL/(m²·h) angegeben.

Beim MultiMicro-System kann die Polierfiltration und die Entkeimung in einem Verfahrensschritt realisiert werden. Die Aufstellung des Filters kann unmittelbar vor der Abfüllung erfolgen. Die Filtermittelkosten lagen 1993 nach *Gaub* [353] bei untergärigen Bieren im Bereich von 0,13...0,21 €/hL und bei einer Mischproduktion von unter- und obergärigen Bieren bei 0,21...0,36 €/hL (Preise umgerechnet).

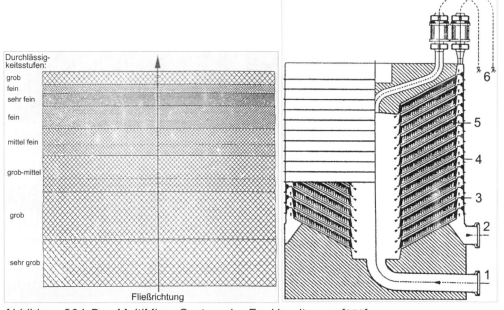

Abbildung 264 Das MultiMicro-System der Fa. Handtmann [353]
Links: Aufbau des Filterkuchens; Rechts: Filteraufbau
1 Einlauf Unfiltrat **2** Auslauf Filtrat **3** Dichtung **4** Filterelement **5** Filterkörper
6 Entlüftung

Abbildung 264a Blick auf ein Segment des MultiMikro-Systems (Foto: G. Annemüller, Drinktec-Interbrau 2005)

13.8.3 Tiefenfilterkerzen

Für Filterkerzen wird folgende Kurzcharakteristik gegeben (nach [345]):
- Charakteristik: Tiefenfiltermedium in den Varianten schmelzgeblasene Kerzen und Wickelkerzen, gefaltete und nicht gefaltete Kerzen, Standardfaltung (einfach plissierte Filterschicht oder Sternfaltung) oder besondere Faltung (Überlappende plissierte Faltung LOP, siehe auch Abbildung 266);
- Aufbau: Bestehend aus Kunststofffasern, PP (= stabile Matrix) Garn (Wickelkerze) z. B. Baumwolle, Nylon, PP (= unstabile Matrix);
- Die Oberflächen der Filterkerzen sind hydrophil ausgeführt;
- Eigenschaften: Verschiedene Größen sind erhältlich: 10" bis 40"; Unterschiedliche Rückhalteraten sind erhältlich (von fein bis grob); Nominale und absolute Qualifizierung;
- Qualitätsmerkmale: Rückhaltecharakteristik, Durchsatz, Regenerierbarkeit.

13.8.3.1 Die Tiefenfilterkerzenentwicklung

Da Schichtenfilter in ihrer Bedienung arbeitsaufwendig sind, wird verstärkt versucht, das System Schichtenfilter durch Filterkerzen zu ersetzen. Bei diesen Tiefenfilterkerzen handelt es sich um plissierte Polypropylen- bzw. Glasfaser-Vlieskerzen oder um Wickelkerzen aus Baumwoll- oder Kunstfasergarnen.

Tabelle 110 Vor- und Nachteile von Filterkerzen (nach [345])

Vorteile	Nachteile
Absolut Kerzen mit stabiler Matrix und definierter Abscheidecharakteristik	Tiefenfiltermedium mit geringerer Aufnahmenkapzität vs. Tiefenfilterschicht
Geschlossenes Filtersystem (mikrobiologische Sicherheit)	Geringe Trübwertreduzierung im Vergleich zur Flachschicht
Geringe Stellfläche vs. Schichtenfilter	Limitiert erweiterbar
Geringe Investitionssumme im Vergleich zum Schichtenfilter	
Wenig Personalaufwand, gut automatisierbar	
Geringe OPEX im Vergleich zum Schichtenfilter (Produkt, Personal, Medien)	

Tabelle 111 Tiefenfilterkerzen (nach [347])

Kriterien	Dickschichttiefenfilter für Grobpartikel u. hohe Schmutzfracht			Plissierte Tiefenfilter zum Schutz von nachgeschalteten Membranfilterkerzen	
	Garn-Wickel-Kerze	Vlies-Wickel-Kerze	Melt-blown-Kerze [1]		
Filtermedium	PP [2]	PP [2]	PP [2]	PP-Vlies [2]	Glasfaser-vlies
Materialstärke	≤ 18 mm	ca. 14 mm	≤ 18,5 mm	< 1 mm	< 1 mm
Rückspülbar	ja	ja	ja	ja	ja
Alkalische + saure Reinigung	ja	ja	ja	ja	ja
Heiß sterilisierbar	ja	ja	ja	ja	ja
Empfohlene Abscheideraten	1...3 µm	1...10 µm 20 µm	1...10 µm 20 µm	0,6...1,2 µm 5 µm, 8 µm, 10 µm, 20 µm	
Adsorptions-wirkung	nein	nein	nein	nein	ja
Differenzdruck-festigkeit bis ca.	3 bar	4 bar	1,7 bar	4 bar	4 bar

[1]) Melt-blown-Kerze: aus thermisch verbundenen, schmelzgeblasenen Polypropylenfasern hergestellt; [2]) PP Polypropylen

Bei Vergleichsfiltrationen 1987 mit Tiefenfilterkerzen und Filterschichten zeigte sich nach [301], dass die bis dahin eingesetzten Kerzen entweder in der Filtrationsschärfe oder im Trubaufnahmevermögen, d.h. in der Standzeit, nicht mit Filterschichten vergleichbar waren. Filterschichten waren ca. 10...20 mal dicker als plissierte Vliese. Bei gleicher Porosität besitzen Filterschichten deshalb auch 10...20 mal mehr Raum für die Trubstoffeinlagerung pro vergleichbarer Flächeneinheit. Tiefenfilterkerzen hatten deshalb nur einen beschränkten Marktanteil. Sie wurden als Sicherheitsfilter bzw. Partikelfilter (Trap-Filter) in den Brauereien eingesetzt.

Schmelzgeblasene Tiefenfilterkerzen

Den Aufbau von schmelzgeblasenen Tiefenfilterkerzen kann je nach Einsatz sehr vielfältig sein. Die computergesteuerte Faserdicke kann entsprechend ihrer Funktion unterschiedlich dick und die Faserdichte unterschiedlich dicht sein, wie Abbildung 265 zeigt.

Abbildung 266 zeigt, dass diese Filtergewebe sehr unterschiedlich zu Filterkerzen verarbeitet werden können.

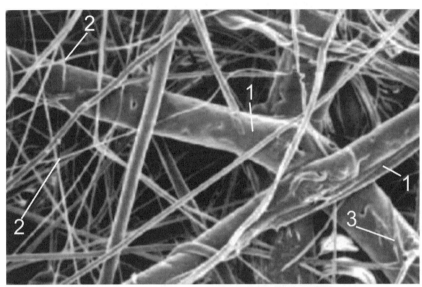

Abbildung 265 Schmelzgeblasenes Filtergewebe aus Polypropylen [354]
1 Stützfasern **2** Filtrationsfasern **3** Thermische Verbindung

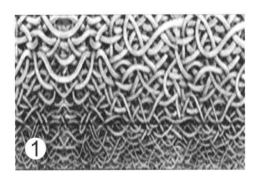

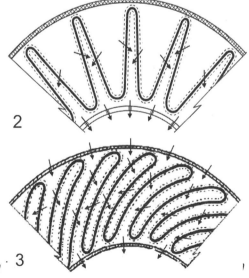

1 Tiefenfilter, nicht gefaltet
2 Einfach plissierte Filterschicht
3 Überlappte, plissierte Filterschicht

Abbildung 266 Verschiedene Systeme von Polymerfasern (nach [354])

Klärung und Stabilisierung des Bieres

Durch die ständige Weiterentwicklung der Materialien und eine neue konstruktive Gestaltung der Filterkerzen bekam ab ca. 2004 die Kerzenfiltration gegenüber dem Schichtenfilter u.a. folgende Systemvorteile (nach [347]):

- Geschlossenes Filtersystem;
- Geringste Sauerstoffaufnahme durch kleine Volumina;
- Deutlich verminderter Wasserverbrauch;
- Kurze Rüstzeiten;
- Wenig Personalbedarf;
- Deutlich geringerer Energiebedarf als bei vergleichbaren Schichtenfiltern;
- Geringste Verluste bei Vor- und Nachlauf;
- Lieferantenunabhängigkeit durch international gängige Bajonettverriegelung der Filterkerzen und durch die standardisierten Kerzenlängen;
- Breite Produktionspalette verfügbar;
- Geringster Platzbedarf;
- Rückspülbare Filterkerzen;
- FDA-gelistete Filtermaterialien.

Tiefenfilterkerzen werden auch als Vorfilter zur Sicherheit für die nachfolgende Membranfiltration sowie als Trap-Filter nach einem Kieselgur- und PVPP-Filter eingesetzt. Eine Zusammenstellung charakteristischer Merkmale dieser Tiefenfilterkerzen ist in Tabelle 111 ausgewiesen. Die Abbildung 267 zeigt zwei Kerzentypen.

Abbildung 267 Filterkerzen der Fa. Lehmann & Voss & Co.[355]
Links: Wickelkerze Ultrafine, aus 100 % reinen, gewaschenen Polypropylen-Garnen (Länge 743 mm; wirksame Filterfläche 0,15 m^2; nominelle Trenngrenze 1 µm; Durchflussmenge 22,5 L/min bei ca. 0,1 bar Differenzdruck für Wasser von 21 °C; Einsatz als Trap-Filter).
Rechts: Filterkerze AlphaTrap, hergestellt aus plissiertem einlagigen Polypropylenvlies (für Abscheideraten von 0,5…35 µm lieferbar; einsetzbar als Trap- und Polierfilter).

So werden nach [364] BECO PROTECT PG Tiefenfilterkerzen aus Polypropylen-Filtermaterial hergestellt, das um einen inneren Kern gewickelt wird. Die herausragende Funktion dieser Tiefenfilterkerzen ist eine stufenweise abnehmende Porosität von außen nach innen, was eine hohe Trubaufnahmekapazität garantiert mit folgenden weiteren Vorteilen:
- Die absoluten Abscheideraten liegen nach β-Ratio 5000 validiert für die Tiefenfilterkerzen im Bereich von 0,2 bis 75 µm.
- Die nominellen Abscheideraten liegen im Bereich von 0,5 bis 100 µm.
- Hergestellt aus 100 % Polypropylen besitzen sie eine breite chemische Beständigkeit mit den meisten Gasen und Flüssigkeiten.
- Die abgestufte Porosität durch die Tiefenfiltrationsstruktur garantiert eine steigende Trubaufnahmekapazität und für eine lange Lebensdauer.
- Die feste Porenstruktur arbeitet wie ein Siebfilter.
- Sie sind rückspülbar bis 2 bar bei 80 °C.
- Die Anströmung erfolgt hier von außen nach innen.
- Die Polypropylenvliese werden von grob nach fein abgestuft.
- Die inneren Feinvliese definieren den Bereich mit „absoluter" Rückhalterate. Durch diesen Aufbau ist diese Tiefenfilterkerze hervorragend rückspülbar.
- Verblockungen können entgegen der Filtrationsrichtung leichter ausgespült werden.
- Die Tiefenfilterkerzen werden aus thermisch verbundenen, schmelzgeblasenen Polypropylenfasern hergestellt und besitzen einen hohen Durchsatz, niedrigen Druckverlust und eine hohe Trubaufnahmekapazität.

Durch die Herstellung aus reinem Polypropylen besitzen sie eine hohe chemische Beständigkeit. Teile der Kerzen können zu Asche verbrannt werden, um Entsorgungskosten zu reduzieren.

Als typische Anwendungen werden diese Tiefenfilterkerzen für die Grobfiltrationen von Lebensmitteln und Getränken verwendet. Sie besitzen eine hohe mechanische Festigkeit, so dass keine Außen- und Innenstützkörper erforderlich sind.

13.8.3.2 Tiefenfilterkerzen als Trap-Filter

Trap-Filter sind in erster Linie Partikelfilter zur Abscheidung von Kieselgurteilchen und PVPP-Feinteilchen nach der Klärfiltration und nach der gerbstoffseitigen Stabilisierung. Ihre Abscheideraten liegen meist zwischen 5...20 µm. Dabei werden Teilchengrößen > 10 µm mit den in Tabelle 111 genannten Dickschichtkerzen abgeschieden.

Bei plissierten 20-µm-Kerzen kann die abgeschiedene Teilchengröße deutlich über 15 µm liegen. Mit den für Trap-Filter eingesetzten Filterkerzen-Abscheideraten ist also eine sichere Abscheidung von Feinpartikeln nicht gewährleistet. Deshalb wird für die Bierfiltration oft eine nachgeschaltete Feinfiltration empfohlen.

Für die Dimensionierung der Trap-Filter sind folgende Richtwerte für eine 30"-Kerze anzunehmen [347]:
- Bei Abscheideraten von 10...20 µm   bis 20 hL/h
- Bei Abscheideraten von   5 µm   bis 5 hL/h

Bei Abscheideraten von 5 μm mit β = 5000 (99,98 % Effektivität) werden die Filtermedien von außen schnell mit Grobpartikeln zugesetzt. Die Filterschichttiefe wird dadurch schlecht ausgenutzt, die Filterstandzeit sinkt überproportional schnell und die Kosten steigen.

Eine frühere empfohlene zweistufige Trap-Filtration ist nicht mehr Stand der Technik. Wenn Trap-Filter richtig ausgelegt sind und diese regelmäßig richtig gespült werden, sind Standzeiten pro Belegung von 3…7 Monaten keine Seltenheit.

13.8.3.3 Feinfiltration mit Tiefenfilterkerzen

Tiefenfilterkerzen zur Feinfiltration dienen als Schichtenfilterersatz zur Polierfiltration und zur Keimreduktion nach einem Trap-Filter. Es gibt eine breite Palette an Filterkerzen, die heute sowohl die Klärfiltration als auch die Keimreduktion mit kompakten Kerzenfiltersystemen abdecken.

Dickschichtfilterkerzen in „melt-blown spun bounded"-Bauweise (im Schmelzverfahren geblasene Polypropylenfasern in gesponnen verbundener Bauweise) sind so optimiert, dass sie als Absolutfilterkerzen (β = 5000) mit von außen nach innen feiner werdenden Abscheideraten arbeiten. Sie sind damit hinsichtlich Standzeit als auch Abscheidegrad in dieser Form wohl die vorteilhafteste Filterkerzenkonstruktion. Sie haben dadurch eine große Partikelaufnahmekapazität mit einem breiten Porenspektrum. So kann eine 5-μm-Absolutfilterkerze in der Praxis sowohl die Trennwirkung von Klärschichten erreichen und gleichzeitig keimreduzierend wirken, sowie bereits vorhandene kolloidale Feinstrukturen zuverlässig abscheiden.

Für die Dimensionierung von Feinfilterkerzen sind folgende Richtwerte für eine 30"-Kerze anzunehmen [347]:
- Bei Abscheideraten von 0,5 und 1 μm   ca. 3 hL/h
- Bei Abscheideraten von 3 und 5 μm   ca. 5 hL/h

Als laufende Kosten für die Trap-Filtration (10 μm) mit nachgeschalteter Feinfiltration (5 μm, β = 5000) wird ein Wert von ca. 0,05 Euro/hL genannt.

Vorteile des Kerzenfiltersystems sind gegenüber der Schichtenfiltration, dass es mit CO_2 vorgespannt praktisch sauerstofffrei und vor- und nachlauffrei arbeiten kann.

Je nach Kerzentyp sind zum Freispülen der Kerzen nach der Filtration Volumenströme von 10…15 hL/h pro 30"-Kerze erforderlich. Das Freispülen der Filterkerzen sollte vor der Heißsterilisation mit hoher Spülgeschwindigkeit erfolgen. Es ist sinnvoll, die Wasserspülung in einem Filtergehäuse immer nur auf 2…3 parallel geschaltete Kerzen zu verteilen, um alle Restextraktmengen sicher entfernen zu können. Positiv auf eine wirkungsvolle Rückspülung würde sich eine Anordnung der Kerzen in der so genannten Clusterbauweise auswirken, eine Technik, die in der Dead-End-Membranfiltration schon eingeführt ist (siehe Kapitel 9.7.2).

13.8.3.4 Tiefenfilterkerze BECO PROTECT „TWINStream"

Diese neuartige Tiefenfilterkerze aus Polypropylen [350] besteht aus zwei Filterkerzenelementen in einer Kerze. Sie bietet damit eine wesentlich größere Filterfläche pro Kerze mit einer geringeren Verblockungsneigung und doppelter Filterstandzeit. Eine 30"-Filterkerze mit einer Abscheiderate von 1 μm hatte mit einer Anströmung von 625 L/h eine Standzeit von ca. 2400 hL.

13.8.4 Tiefenfiltermodule
13.8.4.1 Aufbau und Größen

Die scheibenförmigen Modulfilter werden vorzugsweise als Tiefenfilter zur Partikelabscheidung und Keimfreimachung eingesetzt. Zur Herstellung werden Tiefenfilterschichten eingesetzt. Hier gibt es von den bekannten Filterherstellern eine große Typenvielfalt in ihrem Durchsatz und den Abscheideraten. Die Filterscheiben werden zu mehrschichtigen Modulen zusammengefasst. Die präzise Abdichtung der einzelnen Filterzellen erfolgt durch eine Randumspritzung aus Polypropylen. Durch eine doppelte O-Ring-Dichtung und gekoppelt mit einem Bajonettadapter sind diese Systeme auch für die „Sterilfiltration" zu empfehlen. Eine optimale Strömungsführung in der Filterzelle wird durch eine innen liegende Drainageplatte erreicht (siehe auch möglicher Aufbau in Abbildung 268).

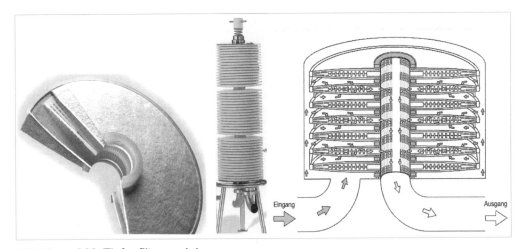

Abbildung 268 Tiefenfiltermodul
Links: Aufgeschnittene Einzelfilterzelle; Mitte: Tiefenfilter mit drei Modulen;
Rechts: Filtrationsfluss im Modulgehäuse (nach [356])

Die Größe der Tiefenfiltermodule kann in gewissen Grenzen variiert werden, wie es in Abbildung 269 an einem Beispiel dargestellt ist. Nach [357] beträgt das Trubaufnahmevermögen der Tiefenfilterschichten bis zu 4 kg/m^2-Filterfläche. Der Hersteller gibt bei einer Abscheiderate von 0,6 µm (Wasserwert bei 1 bar Differenzdruck: 100… 130 L/(m^2·min)) nur eine allgemeine Keimreduzierung an. Erst bei einer Filterschicht mit einer Abscheiderate von 0,5 µm (Wasserwert bei 1 bar Differenzdruck: 68… 80 L/(m^2·min) konnte bei einer Keimbelastung von 1,0·10^7 Bakterien/cm^2 (*Serratia marcescens*) ein LRV-Wert von > 6 ermittelt werden.

Da die Filterschichten nur in Strömungsrichtung gegen die Drainageplatten mechanisch abgestützt werden, ist der Einsatz nur in Filtrationsrichtung möglich. Eine Rückspülung dieser klassischen Module ist dadurch nicht möglich.

Abbildung 269 Variationen in der Baugröße der Modulfilter (nach [357], [358])
Links: linkes Modul mit einem standardisierten Durchmesser von 16" (Ø = 400 mm, bei 16 Filterzellen mit einer Filterfläche von 3,6 m^2), rechtes Modul mit einem Durchmesser von 12" (Ø = 300 mm, bei 16 Filterzellen mit einer Filterfläche von 1,8 m^2);
Rechts: Mögliche Baugrößen für Tiefenfiltermodulgehäuse für 1...4 Module (maximal mögliche Filterfläche bei 16"-Elementen: 14,4 m^2) in einem Gehäuse.

13.8.4.2 Modelle von Filtermodulen

Dass die Entwicklung auch bei den Tiefenfiltermodulen weitergeht, zeigen die folgenden, industriell schon erfolgreich eingesetzten Filtermodule der Fa. *Pall Corporation*.

SUPRAdisc II 12"- und 16"-Module im Blockdesign

Kurzcharakteristik von SupraDisc II (nach [345])
- Charakteristik: Tiefenfiltermedium;
- Aufbau: Die Matrix bestehend aus Cellulose, Perlite, Kieselgur, Fibriden, Nassfestmittel (Harz), die Flachschicht ist in Kunststoffmodule integriert;
- Eigenschaften: Verschiedene Modulgrößen sind erhältlich: 12", 16" (1,8...5,0 m^2 Filterfläche);
  Module mit 2 verschieden Schichten sind erhältlich (HP-Version);
  Unterschiedliche Filtrationsgrade (von fein bis grob);
- Qualitätsmerkmale: Rückhaltecharakteristik, Durchsatz, Medienverbräuche, Handling, Glanzfeinheit, Biologische Sicherheit, Rückspülbarkeit.

Bei dem SUPRAdisc II Modul wurde ein völlig neues Konstruktionsprinzip realisiert, dass sich in wesentlichen Punkten von den klassischen Filtermodulen unterscheidet [359].

Abbildung 270 zeigt die neue Designkonzeption der SUPRAdisc II Module im Vergleich zur klassischen Einzelzellenkonzeption.

SUPRAdisc II Module werden aus Innen- und Außenseparatoren zusammengesetzt, zwischen denen die Filterschichten mechanisch eingespannt werden. Die Abdichtung im Randbereich erfolgt hier nicht durch eine Randumspritzung, sondern wird durch mechanischen bzw. thermischen Formschluss der Randgeometrien der Separatoren realisiert. Die Separatoren dienen gleichzeitig als Anström- und Abströmdrainage.

Durch den Aufbau des Moduls entsteht ein definierter Einbauzustand der Filterschichten. Gleichzeitig wird eine optimale Anströmung der verfügbaren Filterfläche gewährleistet. Die Filterschichten sind sowohl in Fließrichtung als auch entgegen der Fließrichtung definiert an den Separatoren abgestützt.

Gleichzeitig wird durch die verwendeten Separatoren eine sehr hohe mechanische Stabilität des gesamten Moduls realisiert, die sich vor allem beim Einsatz hoher Temperaturen positiv auf Filtrationssicherheit und Handling der Module auswirkt. Abbildung 271 zeigt ein klassisches Filtermodul und ein SUPRAdisc II Modul nach 10 Dämpfzyklen bei 121 °C im Vergleich. Anders als bei Filtermodulen klassischer Bauart treten selbst bei Einsatz mehrerer Heißwasser- bzw. Dämpfzyklen keinerlei Verformungen am SUPRAdisc II-Modul auf.

Neben der hohen thermischen Stabilität können die SUPRAdisc II-Module aufgrund ihres Aufbaus unter Verwendung von Rückspülsets entgegen der Fließrichtung angeströmt werden. Dadurch werden eine effizientere Spülung der Module und damit höhere Standzeiten ermöglicht. In der Praxis können dadurch zwischen 20 und 50 % höhere Gesamtdurchsatzmengen im Vergleich zu den klassischen Filtermodulen erzielt werden.

Abbildung 272 zeigt verschiedene SUPRAdisc-Gehäuse mit Spannring bzw. Klammerschrauben.

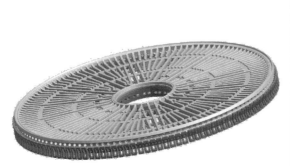

Abbildung 270 SUPRAdisc II Module (nach [359])
Oben: Innen- und Außenseparator des SUPRAdisc II Moduls   *Rechts*: SUPRAdisc II Module im neuen Design;

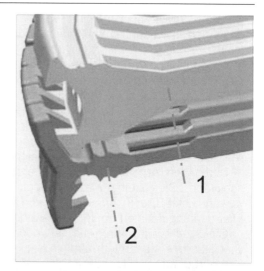

Abbildung 270a
Einzelheiten SUPRAdisc II Module
(nach [359])
1 Außenseparator **2** Innenseparator

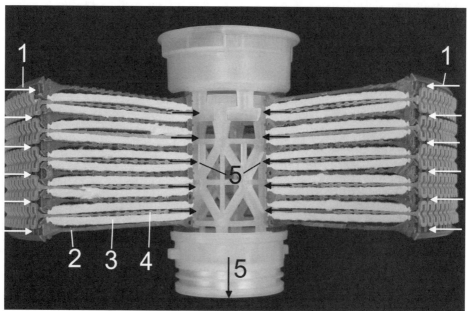

Abbildung 270b   Der Aufbau eines SUPRAdisc II Moduls im Schnitt (nach [359])
1 Unfiltrat **2** Innenseparator **3** Filterschicht **4** Außenseparator **5** Filtrat

Filtermodule mit zwei integrierten Filtrationsstufen
Bei den 16"-SUPRAdisc II-Modulen steht mit der SUPRAdisc II HP Version zusätzlich ein zweistufiges Filtermodul zur Verfügung. Bei der Fertigung der SUPRAdisc II HP Module werden zwei Filterschichten mit verschiedenen Klärschärfen zusammen im Modul eingebaut. Dadurch wird eine zweistufige Filtration in einem Gehäuse ermöglicht. Vorteil dieser Variante ist hauptsächlich die Einsparung eines zusätzlichen Gehäuses, die Reduzierung der vorhandenen Gehäuse- und Totvolumina und reduzierter Handlingaufwand. Die Auswahl der beiden Filterschärfen ist für den Praktiker frei wählbar.

FHM und Filtermittel

Abbildung 271 Module nach 10 Dämpfzyklen bei 121 °C (nach [359])
Links: Klassisches Modul   Rechts: SUPRAdisc II Modul

Abbildung 272   SUPRAdisc-Gehäuse in verschiedenen Ausführungen (nach Pall)

Klärung und Stabilisierung des Bieres

Gegenüber den klassischen Schichtenfiltern bieten sich bei Einsatz von SUPRAdisc II Modulen folgende wesentlichen Vorteile:

- Filtration im geschlossenen System, dadurch keine Tropfverluste oder Verkeimung von Außen.
- Wesentlich geringerer Platzbedarf gegenüber einem Schichtenfilter, daher hervorragende Eignung auch z. B. für mobile Füllanlagen.
- Deutlich geringere Investitionskosten bei Ersatz- bzw. Neuinvestition.
- Deutlich geringere Bestückungszeiten durch sehr einfaches Modulhandling.
- Filtrationsunterbrechungen sind auch über längere Zeiträume möglich ohne den Filter neu packen zu müssen, da die Gehäuse mit den Modulen nach Spülung und Sterilisation problemlos stehen bleiben können.
- Sichere Rückspülung der Module ergeben längere Standzeiten.
- Die Gehäuse haben deutlich geringere Totvolumen, d.h. Produktwechsel sind wesentlich schneller und einfacher möglich, gleichzeitig verringern sich die Aufheizzeiten bei der Sterilisation mit Heißwasser oder Dampf.
- Die Gehäuse können mit Inertgas nahezu vollständig leer gedrückt werden, dadurch können Kleinmengen wesentlich einfacher und unkritischer verarbeitet werden, Produktwechsel sind problemlos und ohne große Verschnittmengen möglich.
- Aufwendiger Dichtungswechsel, wie bei Plattenfiltern erforderlich, entfällt.

Tabelle 112 Vor- und Nachteile SupraDisc II Module (nach [345])

Vorteile	Nachteile
Tiefenfiltermedium mit hoher Aufnahmekapazität	Maximal 4 Module pro Gehäuse (entsprechend 20 m^2 Filterfläche)
Gestufte Filtration möglich (HP-Module)	Nicht in allen Schichtentypen erhältlich
Unfiltrat und Filtrat Separator-Technologie sorgt für: - Robusten mechanischen Support (Druck, Vakuum) - Optimierte Strömungsverteilung (100 % Nutzung) - Keine Beschädigung beim Transport und Einlegen	Bezogen auf die Filterfläche teurer als einfache Flachschicht
Geschlossenes System	Wirtschaftlich nur bei geringen Volumenströmen darstellbar < 80 hL/h
Hohe Standzeiten da rückspülbar	Entsorgung von 2 Materialien (Kunststoff, Schicht)
Einfaches Handling	
Einfaches Entlüften und Leerdrücken	
Geringer Personalaufwand (Ein- und Ausbau)	

SUPRApak™-Filtermodule

Die Filtereinheit ist ein extrem kompaktes, zylinderförmiges Filtermodul [360], in dem die Schicht quer zur Oberfläche durchströmt wird (so genannter „Edge-Flow", siehe schematische Darstellung in Abbildung 274). Es können bis zu 6 Moduleinheiten in ein Behältergehäuse (Ø des Gehäuses 450 mm) in Verbindung mit aufsetzbaren Behälterzwischenstücken fest verspannt werden, s.a. Abbildung 273. Ihr Auswechseln erfordert keinen großen Aufwand (Schnellspannverschluss; eine spezielle Ein- und Aushebevorrichtung ist verfügbar).

Das Filtermodul wurde als Polierfilter nach dem Kieselgurfilter anstelle eines Schichtenfilters erfolgreich getestet.

Dabei wurden unter anderem folgende Ergebnisse erzielt:
- Die größte Filtratmenge eines Filtermoduls wurde unter Berücksichtigung des Volumenstroms und der maximal möglichen Filtrationszeit bei einem Volumenstrom von 20 hL/h erzielt (siehe Abbildung 275).
- Daraus ergibt sich pro Filteranlage ein maximal möglicher Durchsatz von 120 hL/h.
- Der maximale Differenzdruck beträgt 1,5 bar bei bis zu 40 °C.
- Die maximale Sterilisationstemperatur liegt für 20 min bei 85 °C, die maximale Betriebstemperatur für 8 h bei 75 °C.
- Die maximale Zahl der möglichen Filtrations- und Sterilisationszyklen pro Modul beträgt 10.
- Das durchschnittliche Filtrationsvolumen betrug ca. 1760 hL pro Modul und Filterbelegung.
- Ein Modulkörper ersetzte einen Flachschichtfilter mit einer Filterfläche von 22,4 m^2.
- Bei gleicher Filtratqualität ergaben sich gegenüber dem klassischen Schichtenfilter eine Einsparung bei den laufenden Filtrationskosten von 32 %/hL und eine zusätzliche Platzersparnis.

Kurzcharakteristik der SupraPak-Module
- Charakteristik (nach [345]): Tiefenfiltermedium mit Edge-Flow Technolgy;
- Aufbau: Matrix bestehend aus Cellulose, Perlite, Kieselgur, Fibride, Nassfestmittel (Harz), Flachschicht als Ausgangsmaterial;
- Modulgröße: Ø = 415 mm, Höhe 250 mm, ca. 10 m^2 Filterfläche
- Unterschiedliche Filtrationsgrade (von fein bis grob);
- Die Filtratableitung in den Modulen lässt sich über die Spannvorrichtung entlüften;
- Qualitätsmerkmale: Rückhaltecharakteristik, Durchsatz, Medienverbräuche, Handling, Glanzfeinheit, Mikrobiologische Sicherheit.

Klärung und Stabilisierung des Bieres

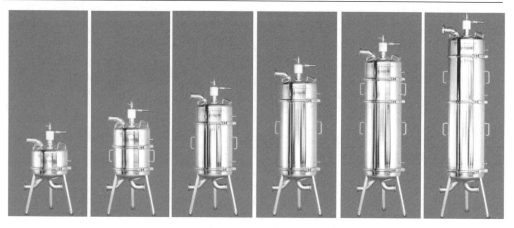

Abbildung 273 Filtergehäuse für 1 bis 6 SupraPak-Module in Baukastenform (nach Pall)

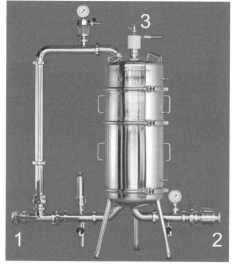

Abbildung 273a Filtergehäuse für SupraPak-Module (nach Pall)
1 zweifach Zulauf   **2** Filtratablauf
3 Spannvorrichtung für Module

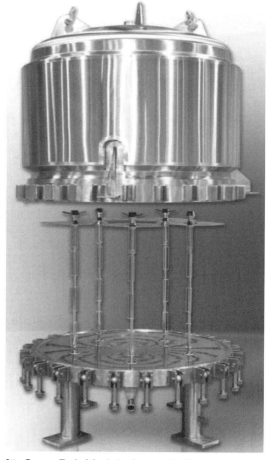

Abbildung 273b Mehrfachmodulgehäuse für SupraPak-Module (nach Pall)

FHM und Filtermittel

Tabelle 113 Vor- und Nachteile der SupraPak-Module (nach [345])

Vorteile	Nachteile
Tiefenfiltermedium mit hoher Aufnahmekapazität	Investition für Gehäuse
Große Flexibilität bei Durchflussraten: Gehäuse für 1…6 Module (20…120 hL/h); Mehrfachmodulgehäuse (120…480 hL/h); s.a. Abbildung 273	Nicht in allen Schichtentypen erhältlich
Geringe Medienverbräuche (< 80 % vs. Schichtenfilter)	Entsorgung von 2 Materialien (Kunststoff, Schicht)
Geschlossenes Filtersystem (mikrobiologische Sicherheit)	
Hohe Packungsdichte, dadurch reduzierter Platzbedarf: < 70 % vs. Schichtenfilter	
Geringe Investitionskosten (< 70 % vs. Schichtenfilter)	
Geringer Personalaufwand (Ein und Ausbau) < 75 % vs. Schichtenfilter	
Stark reduzierte Produktverluste (Totvolumen, Tropfverluste): < 80 % vs. Schichtenfilter	
Einfaches Entlüften und Leerdrücken	

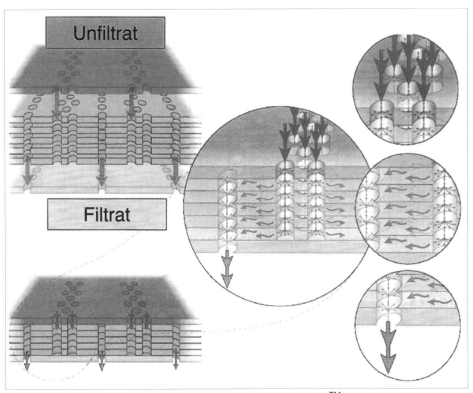

Abbildung 274 Schematische Darstellung eines SUPRApak^{TM}-Filtermoduls mit sog. Edge-Flow-Technologie (eine Art Querstromfiltration) nach [360]

Klärung und Stabilisierung des Bieres

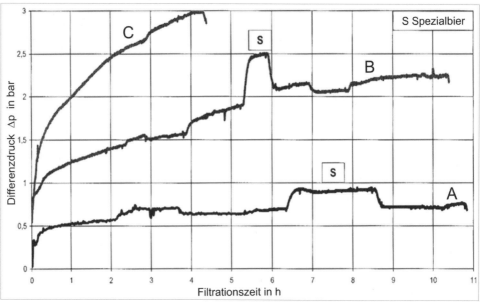

Abbildung 275 Der Einfluss der Fließgeschwindigkeit auf den Differenzdruckanstieg und damit auf die mögliche Filtrationszeit der SUPRApak-Filtermodule nach [360]; (S = Druckanstieg durch stärker hefebelastetes alkoholfreies Bier)
A *= 10 hL/h   **B** = 20 hL/h   **C** = 30 hL/h*

13.9 Membranen und Membranfilter für die Dead-End-Filtration
13.9.1 Allgemeine Bemerkungen
Membranen können zum Einsatz kommen als:
- Flachmembranen oder als
- Filterkerzen.

Diese Membranen werden hauptsächlich in Dead-End-Filter unmittelbar vor der Abfüllung zur Erzeugung eines „kalt sterilen" Bieres eingesetzt.

Mit den verschiedenen Bauformen wird versucht, eine möglichst große Filterfläche in einem möglichst kleinen Bauvolumen unterzubringen. Dabei muss der Zulauf des Unfiltrates und Ablauf des Filtrates bei geringem Druckverlust gesichert werden. Für die Rückspülung müssen günstige Bedingungen geschaffen werden. Die Werkstoffe müssen temperaturbeständig sein und dürfen von den benutzten Reinigungsmitteln nicht angegriffen werden.

Wichtiges Kriterium für das Trenn- bzw. Rückhaltevermögen ist die validierte Rückhalterate gegenüber Bakterien, gemessen als LRV-Wert.

Die mittlere Porenweite dieser Dead-End-Filter liegt überwiegend im Bereich von 0,45...0,65 μm.

13.9.2 Werkstoffe der Polymermembranen
Polymermembranen sind Filtermedien aus sehr dünnen, porösen Folien aus Kunststoffen wie Cellulosederivaten (Celluloseacetat), Polyethersulfon, Polysulfon (siehe Abbildung 276), Teflon, Polyvinylidenfluorid (PVDF), Polypropylen oder Nylon 66.

Sie werden charakterisiert nach ihrer validierten Rückhalterate, ausgedrückt als LRV oder Titerreduktion. Die Angabe der Porenweite ist zwar weit verbreitet, lässt aber keinen direkten Rückschluss auf die Rückhalterate zu, da die Messung der Porenweite herstellerabhängig ist und keinem einheitlichen Standard folgt. Dabei verändert sich die Porenstruktur von der Einlauf- zur Auslaufseite (siehe Abbildung 278 und Abbildung 279), so dass man auch bei der Membranfiltration von einer Tiefenfiltration sprechen kann, auch wenn die Schicht sehr dünn ist.

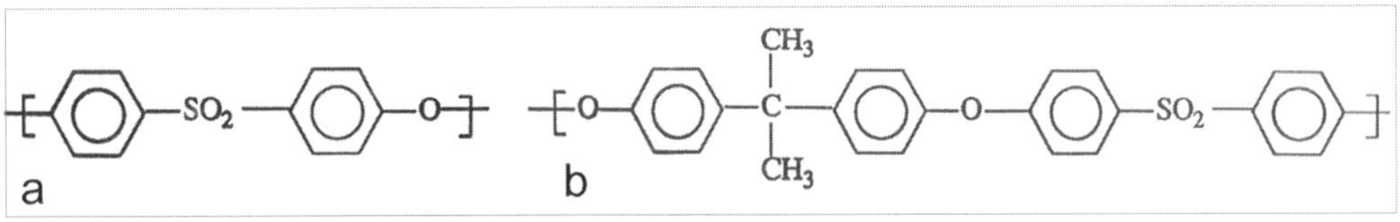

Abbildung 276 Polymere: **a** Polyethersulfon   **b** Polysulfon

Die für die Polymermembranen verwendeten Materialien haben unterschiedliche adsorptive Wirkungen auf die heraus zu filtrierenden Trubstoffe (siehe Abbildung 277). Von der Adsorptionsneigung der verschiedenen Membranpolymere gegenüber den Biertrübstoffen wird auch die Geschwindigkeit der Verblockung der Membranen beeinflusst. Einen allgemeinen Überblick über die Adsorptionsneigung der verschiedenen Werkstoffe gegenüber den Bierinhaltsstoffen zeigt Tabelle 114.

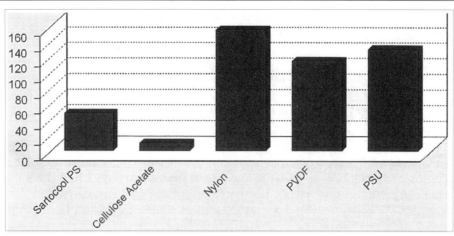

Abbildung 277 Proteinadsorption durch unterschiedliche Membranwerkstoffe (nach [361]) Angaben der Proteinadsorption in µg γ -Globulin/cm^2

Tabelle 114 Adsorptionsneigung verschiedener Membranpolymere gegenüber Bierinhaltsstoffen (nach [362])

Material	Adsorptionsneigung
Polyamid 66 (Nylon)	Bindung von Polyphenol-Protein-Komplexen [1])
Polyamid 6 (Perlon)	Bindung von Polyphenol-Protein-Komplexen [1])
Polysulfon (unbehandelt)	Mittel
PVDF	Mittel
PVDF (modifiziert, hydrophil)	Schwach
Polysulfon (modifiziert)	Schwach
Celluloseacetat	Schwach
Cellulosehydrat	Sehr schwach

[1]) Polyphenole und Proteine werden jedoch nur zu Filtrationsbeginn adsorbiert, es besteht nur eine niedrige Bindungskapazität.

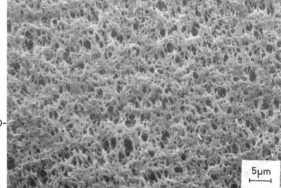

Abbildung 278 Einlaufseite einer mikroporösen 0,2-µm-Membran aus Polyvinylidenfluorid (PVDF), Vergrößerung ca. 2000fach (nach [322])

FHM und Filtermittel

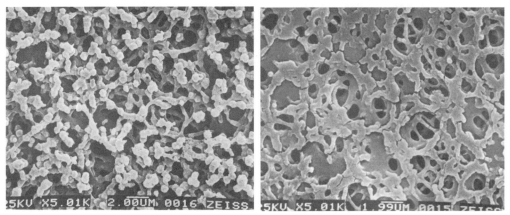

Abbildung 279 Mikroporöse 0,6-μm-Membran aus Celluloseester (nach [322]), Vergrößerung ca. 5000fach, Links: Einlaufseite, Rechts: Auslaufseite

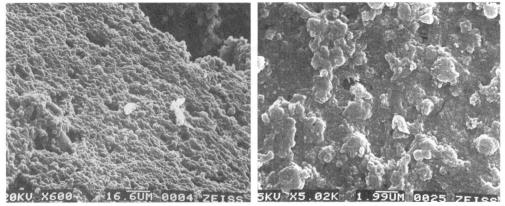

Abbildung 280 Links: Mit Hefen verlegtes Filtermedium, Vergrößerung ca. 600fach; Rechts: Mit Trubstoffen verlegte Oberfläche einer 0,6-μm-Membran, Vergrößerung ca. 5000fach, (Aufnahmen nach [322])

Normale einschichtige Membranen wirken fast ausschließlich als Oberflächenfilter. Sie besitzen nur eine sehr geringe Aufnahmekapazität für Trubstoffe bis sie verblocken. Beispiele für Verblockungen zeigt Abbildung 280.

Ihre Funktionstüchtigkeit bzw. ihre Integrität kann vor jeder Anwendung durch spezielle Druckproben, wie z. B. den so genannten Bubble-Point-Test oder den Forward-Flow-Test geprüft werden (s.a. Kap. 9.4.4).

Die Beschreibung der verwendeten Membran nur nach der Porenweite allein ist nicht aussagekräftig genug. Abbildung 281 zeigt schematisch am Beispiel von zwei unterschiedlichen Membranen gleicher mittlerer Porengröße die Abhängigkeit der sicheren Abscheidung von Mikroorganismen und Partikeln auch von der Streubreite der Porenverteilung der Membran. Eine wesentlich sichere Aussage über die Qualität der Abscheidung ist nur erreichbar durch die Bestimmung der LRV-Werte mit definierten Mikroorganismen und der β-Ratio-Werte für die definierte Partikelgröße (s.a. Kapitel 9.4.1 und 9.4.2).

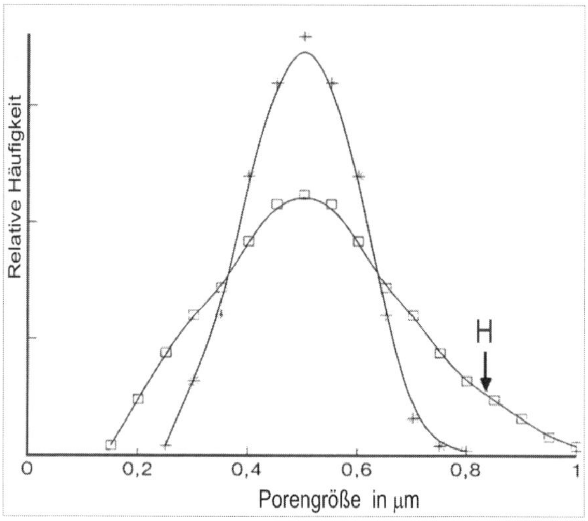

Klärung und Stabilisierung des Bieres

Abbildung 281 Porenverteilung von zwei unterschiedlichen Membranen mit der gleichen mittleren Porenweite; + Membran A; ▫ Membran B, Membran B besitzt eine wesentlich breitere Porenverteilung und ermöglicht bei den Poren > H ein Durchdringen von Bakterien.

Eignung der Membranen für den Lebensmittelkontakt
Die verwendeten Kunststoffe und anderen Werkstoffe müssen der Verordnung (EG) Nr. 1935/2004 über Materialien und Gegenstände, die dazu bestimmt sind, mit Lebensmitteln in Berührung zu kommen, entsprechen. In Konformitätserklärungen haben die Filterhersteller dies für ihre Produkte zu belegen.

Die EU-Regularien ersetzen komplett die FDA und andere außereuropäische Vorschriften. Für Kunststoffe gibt es spezielle Anforderungen, z. B. der Extraktionstest für das fertige Produkt. Es gilt aktuell die Verordnung (EU) Nr. 10/2011 über Materialien und Gegenstände aus Kunststoff, die dazu bestimmt sind, mit Lebensmitteln in Berührung zu kommen (bisher war die Richtlinie 2002/72/EG über Materialien und Gegenstände aus Kunststoff, die dazu bestimmt sind, mit Lebensmitteln in Berührung zu kommen, aktuell).

13.9.3 Herstellung der Membranen
Die Membranen werden in einem aufwendigen Prozess hergestellt. In einem geeigneten Lösungsmittel werden die ausgewählten Polymersubstanzen gelöst und nach dem Zusatz eines Fällungsmittels auf einem endlosen Band mit hoher Oberflächengüte ausgegossen. Das gegenüber dem Fällungsmittel leichter verdampfbare Lösungsmittel wird verflüchtigt, so dass ein Gel entsteht. Aus dem Gel wird das Fällungsmittel entfernt und es entsteht aus dem Polymer eine Membran. Je nach der Wahl des Polymermaterials, des Lösungs- und Fällungsmittels entstehen mehr oder weniger fein strukturierte Membranen für die unterschiedlichsten Einsatzbereiche [322].

Die Struktur der Membranen kann symmetrisch und asymmetrisch sein, siehe Abbildung 282.

Eine Besonderheit sind Membranen für die Ultrafiltration und Membranen aus Siliciumnitrid (siehe Kapitel 13.10.2.4).

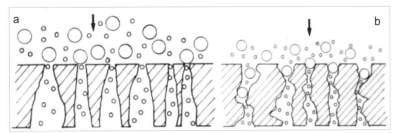

*Abbildung 282 Asymmetrische Membran **a** und symmetrische Membran **b** (schemat.)*

Ultrafiltrationssysteme
Ultrafiltrationssysteme sind dadurch gekennzeichnet, dass sie außer Partikeln wie bei der Mikrofiltration auch echt gelöste, höhermolekulare Substanzen aus der zu filtrierenden Flüssigkeit abtrennen. Ultrafiltrationsmembranen besitzen eine deutlich ausgeprägte asymmetrische Porenstruktur (siehe Abbildung 282, Abbildung 283 und Abbildung 284). Sie werden für Spezialfiltrationen eingesetzt, die nicht für die Bierfiltration zutreffen.

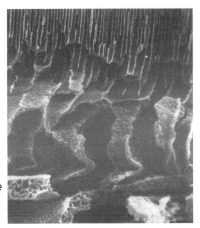

Abbildung 283 Querschnitt durch eine asymmetrische Ultrafiltrationsmembran, Vergrößerung ca. 5000fach, (Aufnahme nach [322])

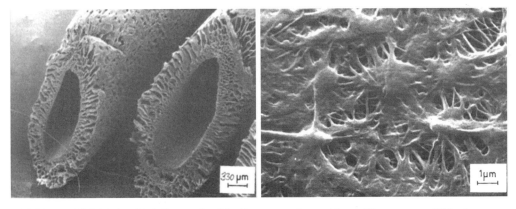

Abbildung 284 Links: Hohlfaserultrafiltrationsmembran, Vergrößerung ca. 30fach; Rechts: Oberfläche einer Ultrafiltrationsmembran aus Polysulfon, Vergrößerung ca. 10.000fach, (Aufnahmen nach [322])

13.9.4 Mögliche Varianten für den Aufbau von Vorfilterkerzen

Reine Membranfilter werden als Sicherheitsfilter eingesetzt. Damit sie wirtschaftlich verwendet werden können, muss vorher eine scharfe Klärfiltration (Kieselgurfilter und Schichtenfilter) durchgeführt werden [301]. Versuche, eine reine Membranfiltration direkt hinter dem Kieselgurfilter zu betreiben, sind meist fehlgeschlagen. Aus der Sicht der Filtratqualität ist die Filterkombination:

Kieselgur Anschwemmfilter → Schichtenfilter → Membranfilter

eine sehr sichere Kombination beim derzeitigen Stand der Technik, wenn man den neuen Trend zur Crossflow-Filtration außer Acht lässt. Beim PROFI-Verfahren kann der Membranfilter als Endfilter sehr gut direkt hinter dem Crossflow-Filter eingesetzt werden, da die Filtratqualität hier meist besser ist als bei einem Schichtenfilter.

Entwicklungsvarianten von Filterschichtsystemen

Um den Nachteil der schnellen Verblockung von Filtermembranen zu überwinden, wurden unterschiedliche Filterschichtsysteme unter Verwendung von Polymermembranen entwickelt, die nicht nur als Oberflächenfilter wirkten, sondern auch einen Tiefenfiltereffekt besaßen, wie nachfolgende Beispiele zeigen.

 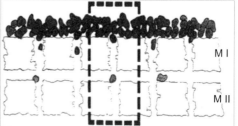

Abbildung 285 Links: Einzelschichtmembran in Monoschichttechnologie; Rechts: Homogene Doppelschichtmembran in Multischichttechnologie (nach [366])
M *Membrane I (0,45 µm) und II (0,45 µm)*

Die Einzelschichtmembran in Abbildung 285 ist sehr verblockungsanfällig und erfordert eine sehr gute Vorklärung. Mit der in der gleichen Abbildung dargestellten Doppelschichtmembran ist das Verblockungsproblem noch nicht behoben, sie bietet jedoch eine höhere Sicherheit. Eine weitere Membranvariante zeigt Abbildung 286.

Die in Abbildung 287 schematisch dargestellte Filterschicht wird von der Fa. *Pall* für die Tiefenfilterkerze SEITZ PREcart® PPII [363] verwendet. Das Filtermedium besteht aus verschiedenen auf einander folgenden, dichter werdenden, plissierten Polypropylenlagen. Die einzelnen Vliese bestehen aus durch Hitzewirkung zusammen gesinterten Endlosfäden, die ein so homogenes Gefüge bilden, dass diese Tiefenfilterschichten nach absoluten Rückhalteraten definiert werden können. Der mehrschichtige Aufbau ergibt eine hohe Gesamtfiltrationsfläche mit fraktionierter Rückhaltecharakteristik. Die feinsten Vliese können als sog. Bubble-Point-Vliese bezeichnet werden, d.h., sie haben eine membranähnliche Charakteristik. Es können absolute Rückhalteraten abgestuft von 1 bis 70 µm mit einem $\beta(x) = 5000$ eingestellt werden.

FHM und Filtermittel

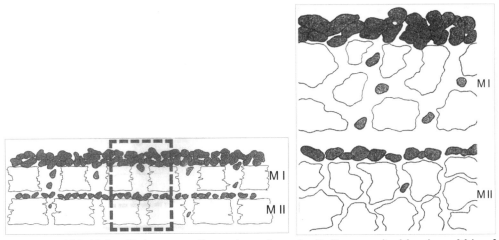

Abbildung 286 Links: Heterogene Doppelmembran (z. B. Porenweite Membran M I auf der Unfiltratseite 1,2 µm, Porenweite der Membran M II auf der Filtratseite 0,45 µm), hergestellt in der sog. Multischichttechnologie; Rechts: Ausschnitt des Bildes (n. [366])

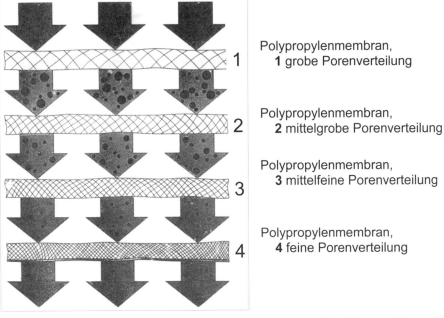

Abbildung 287 Schema einer mehrschichtig, mit abgestuften Porenweiten, aufgebauten Filtrationsschicht (nach [366])

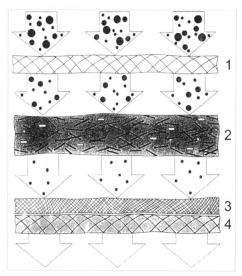

Abbildung 288 Schema einer mit unterschiedlichen Materialien aufgebauten Filtrationsmembran (nach [366])

Das Basisfilterelement in Form einer 250 mm langen Kerze hat eine Filterfläche von 0,5 m². Die empfohlene Anströmgeschwindigkeit für die Bierfiltration ist wie folgt von der Nennporenweite abhängig (Angaben pro Basisfilterelement):

      1 µm   250 L/h
  2...10 µm   300 L/h
 20...70 µm   350 L/h

Der zulässige Differenzdruck in Filtrationsrichtung beträgt bei 20 °C max. 5 bar, entgegen der Filtrationsrichtung bei 20 °C max. 2 bar.

Die Fa. Pall bietet die in Abbildung 288 dargestellte Filtermembran Oenoclear 0,8 µm mit einer empfohlenen Porenweite von 2 µm für die Brau- und Brauchwasserfiltration (Anströmung pro 750-mm-Kerze: 19 hL/h) und zur Bierpolierfiltration unmittelbar vor der Abfüllanlage zur Zurückhaltung von Feinstpartikeln (Anströmung pro 750-mm-Kerze: 9 hL/h) an.

In Abbildung 289 und Abbildung 290 werden zwei mehrschichtig aufgebaute Filterschichten dargestellt, die auch als Vorfilter einsetzbar sind, da die asymmetrisch aufgebaute Polymerschicht einen Tiefenfiltereffekt besitzt.

FHM und Filtermittel

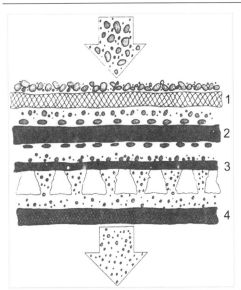

1 **1** Vorfilter-Vlies

2 **2** Glasfasermembran

3 **3** Verstärkte asymmetrische Membran

4 **4** Drainage-Vlies

Abbildung 289 Asymmetrisch verstärkte Polysulfonmembran kombiniert mit einer Glasfasermembran, verwendet als Vorfilterkerze mit einer hohen Abscheiderate zum Schutz der Membranendfilterkerze

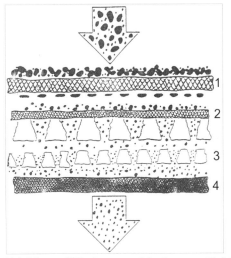

1 **1** Vorfilter-Vlies

2 **2** Verstärkte asymmetrische Membran

3 **3** Asymmetrische Membran

4 **4** Drainage-Vlies

Abbildung 290 Asymmetrische verstärkte Filtermembran
   (z. B. Pall: SEITZ PREcart PP II), verwendet als Vorfilterkerze

Eine in Hybridtechnologie hergestellte Filterschicht mit einer gröberen Vormembran mit einer Nennporenweite 1,2 µm und zwei nachgeschalteten Sicherheitsmembranen mit einer Nennporenweite 0,45 µm gewährleisten eine definierte Abscheidung von Mikroorganismen und Partikel (siehe Abbildung 291).

Abbildung 292 zeigt einen Vorschlag für einen optimalen Filterschichtaufbau für die Kombination Vorfilter mit nachgeschalteten Endfilter. Weitere Filterschichtvarianten sind möglich.

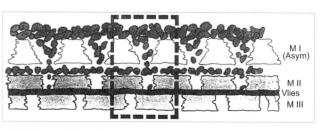
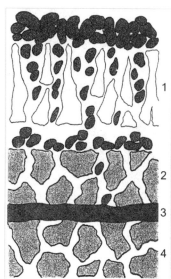

Abbildung 291 Filtermembranen
Links: Filtermembran, hergestellt in Hybridtechnologie, aufgebaut aus drei Membranschichten, mit zwei unterschiedlichen Porenweiten und einer Vlieseinlage (nach [366]);
Rechts: Vergrößerter Ausschnitt
1 Asymmetr. Membranschicht I (M I = 1,2 μm)   **2** Membranschicht II (M II = 0,45 μm)
3 Vlies   **4** Membranschicht III (M III = 0,45 μm)

13.9.5 Membranfilterkerzen

Der derzeit technisch höchste Entwicklungsstand beim Einsatz von Membranfilterkerzen wurde mit der von der Fa. *Pall* eingeführten Clustertechnologie erreicht (Einzelheiten siehe im Kapitel 9.7.2).

13.9.5.1 Einige herstellerspezifische Angaben zu Aufbau und Eigenschaften

Nach [364] und [365] werden BECO-Membranfilterkerzen u.a. aus hydrophilem Polyethersulfon (Typ PS) und plissiertem, hydrophilem Polyvinylidenfluorid (PVDF) und Polypropylen (Typ PF plus) hergestellt. Der innere und äußere Stützkörper sowie die Endkappen bestehen aus Polypropylen, die O-Ringe aus Silikon.
Sie haben u. a. folgende Vorteile und Eigenschaften:
- Sie besitzen eine hohe mikrobiologische Sicherheit aufgrund gleichmäßiger Porenweiten und sind in der Getränkeindustrie als Sicherheitsendfilter unmittelbar vor der Füllmaschine geeignet (Voraussetzung: über Tiefenfilterschichten oder Tiefenfilterkerzen gut geklärtes Bier).
  Sie garantieren für die betreffenden Porenweiten die mit dem LRV-Wert definierte Abtrennung von Hefen und Bakterien wie z. B. *Lactobacillus*, *Pediococcus*, *Leuconostoc oenos* oder *E. coli* etc.
- Sie haben hohe Durchflussraten bei gleichzeitig niedrigen Druckdifferenzen und damit hohe Filterstandzeiten.
- Sie besitzen eine breite chemische Beständigkeit für die herkömmlich verwendeten Desinfektions- und Reinigungsmittel (bis pH ≤ 12).

FHM und Filtermittel

- Das Hauptprinzip der Membranfiltration ist ein Siebeffekt, der auf einem Größenrückhaltemechanismus basiert.
- Membranfilter können als geometrisch regelmäßige, poröse Matrix betrachtet werden.
- Partikel werden auf der Oberfläche oder in einem Teil der Membran zurückgehalten, dabei werden alle Mikroorganismen oder Partikel, die größer als die Porengröße sind, zurückgehalten.
- Hohe Standzeiten durch mehr Filterfläche und ausgezeichnete mechanische Stabilität.
- Beständig bei Heißwasserspülung bis zu 95 °C sowie für Sterilisationszyklen mit Dampf oder Heißwasser.
- Elastisches und strapazierbares Membranmaterial.
- Benutzte Filterkerzen können trocken gelagert werden. Die Benetzbarkeit und Elastizität der Membran bleibt erhalten.

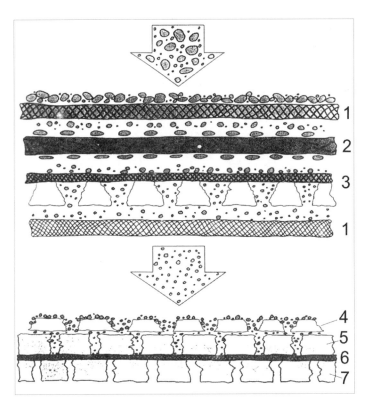

Abbildung 292 Die von [366] vorgeschlagene optimale Kombination des Filterschichtenaufbaues eines Vorfilters mit dem dazu geeigneten Endfilter; asymmetrisch aufgebaute Membran

1 Vlies **2** Glasfasermembran **3** Asymmetr. verstärkte Membran **4** Asymmetr. Membran I **5** Membran II **6** Vlies **7** Membran III

Klärung und Stabilisierung des Bieres

Für folgende Betriebsbedingungen sind sie einsetzbar:
- Max. Differenzdruck in Fließrichtung:
  5,50 bar bei 25 °C
  1,70 bar bei 80 °C
  0,35 bar bei 121 °C.
- Der maximal zulässige Differenzdruck gegen Fließrichtung beträgt 3,5 bar bei 25 °C (intermittierend).
- Die maximale Betriebstemperatur ist 80 °C.
- Die standardisierten Abmessungen betragen:
  Durchmesser außen: 69 mm.
  Länge: Standardisiert siehe Kapitel 13.8.1.
- Filterfläche: 0,78 m^2 pro Element von 250 mm bzw. 10".

Eine Zusammenstellung einiger charakterisierender Richtwerte für Membranfilterkerzen weist Tabelle 116 aus.

Weitere wichtige Hinweise für den Anwender über die spezifische Abscheiderate und zur Durchführung des erforderlichen Integritätstests sind z. B. in Tabelle 115 für eine definierte Membrankerzenqualität zusammengefasst.

Die Angaben der einzelnen Hersteller unterscheiden sich je nach Werkstoff, Aufbau und Verarbeitung der Filterkerzen. So gibt *Duchek* [366] für eine 250 mm lange Filterkerze aus Propylen eine Filterfläche von 0,5 m^2 an. Als absolute Rückhalteraten sind wählbar 0,5, 2, 5, 10, 30, 50 und 70 µm. Alle Membranen weisen für die angegebene Rückhalterate einen β-Ratio > 75 auf.

Zum Aufbau von Membranfilterkerzen zeigt Abbildung 293 zwei unterschiedlich aufgeschnittene Kerzen.

Tabelle 115 Beispiel für herstellerspezifische Angaben über Membranfilterkerzen mit ihren Porenweiten, den davon abhängigen Integritätstest und den Abscheideraten für definierte Testkeime (nach [365])

Porenweite	Testdruck	Diffusionsrate pro 25-cm-Element	Abscheiderate bei den ausgewiesenen Mikroorganismen LRV-Wert
0,22 µm	2,8 bar	15,2 mL/min	≥ 10^7 Pseudomonas aeruginosa, E. Coli
0,45 µm	1,5 bar	17,1 mL/min	≥ 10^7 Lactobacillus hilgardii, Oenococcus oeni
0,65 µm	0,6 bar	9,1 mL/min	≥ 10^7 Saccharomyces cerevisiae
1,00 µm	0,5 bar	6,3 mL/min	≥ 10^6 Saccharomyces cerevisiae

Tabelle 116 Einige allgemeine Richtwerte für Membranfilterkerzen für die Endfiltration (u.a. nach [347])

Membranmaterialien	Polyethersulfon, Nylon 66, Polysulfon, PVDF, Polypropylen, Celluloseacetat
Aufbau	Plissierte Membranvliese auf Trägervlies mit anströmseitigem Schutz- bzw. Stützvlies aus Polyester, höchst asymmetrische Polyethersulfon-Membranen sorgen für eine vollständige bakterielle Rückhaltung.
Filterfläche	ca. 1,8…2,2 m^2/30"-Element und einlagiger Membrane
Differenzdruckfestigkeit	ca. 4…5 bar, je nach Hersteller und Material
Rückspülbarkeit	nur bedingt
Chemische Beständigkeit und Lebensmittelkontakteignung	Filterkerzenmaterial ist normal chemisch und biologisch inert und gemäß Verordnung (EG) Nr. 1935/2004 und Verordnung (EU) Nr. 10/2011 zu prüfen (s.a. Kap. 24). Die Konformitätserklärung ist zwingend erforderlich. Celluloseacetat hat eine niedrigere Beständigkeit als die anderen Materialien.
Integrität	testbar
Forward-Flow-Test mit Druckhalte-, Druckanstiegs-, Druckabfall-Test bei eingebauten Filtern	Bei Filterkerzen für die Pharmaindustrie höher als bei den Filterkerzen für die Getränkeindustrie; Filterkerzen für die Pharmaindustrie sind voll validiert und bieten mehr Sicherheit. Der Forward-Flow-Testwert als physikalische. Ausgangsgröße für die abgeleiteten Drucktests wird durch den Filterhersteller auf Basis von mikrobiologischen Filtervalidierungen festgelegt.
Nominelle Porengrößen	Können für 0,2 µm, 0,45 µm, 0,65 µm, 0,8 µm oder 1,0 µm gewählt werden.
Rückhalteraten	Werden durch mikrobiologische Keimbelastungstest (Hefen, Bakterien) mit einer definierten Menge an Keimen pro 1 cm^2 ermittelt, und als charakteristischer Wert als Titerreduktion (dimensionslos!) angegeben.

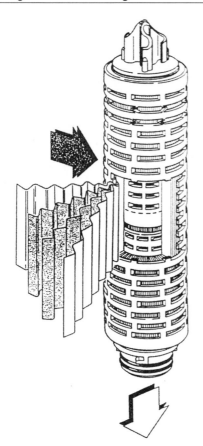 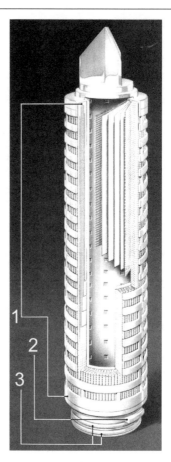

Abbildung 293 Aufbau von Membranfilterkerzen
Links: Aufgeschnittene Filterkerze der Fa. *Pall* (ref. durch [366]) mit folgender Charakteristik: Alle Filterkerzenbestandteile bestehen aus Polypropylen; die Membranfilterfläche eines Basiselementes beträgt 0,7 m²; die Höhe eines Basiselementes beträgt von Endkappe zu Endkappe (250 ± 1) mm; das An- und Abströmvlies ist aus Polypropylen; die zwei Membranen sind aus Polysulfon.

Rechts: Aufgeschnittene Filterkerze der Fa. *Pall* Filtrationstechnik GmbH (ref. durch [367]) mit folgender Charakteristik: **1** Die Endkappen der *Pall*-Filterelemente sind fest mit dem Filtermittel verschweißt. **2** *Pall*-Filterelemente sind mit einer Bajonett-Halterung versehen. **3** *Pall*-Filterelemente haben eine doppelte O-Ring-Abdichtung.
Weiterhin: Die Filterelemente entsprechen den Anforderungen an Lebensmittelkontaktmaterialien und sind spezifisch für den Kontakt mit Bier getestet, die Filterelemente können getrocknet werden, sie erfordern kein Feuchthalten oder eine chem. Konservierung bei Produktionsunterbrechungen, da sie nicht verspröden. Das Filtermittel ist auch ist auch in der Längsnaht verschweißt; es enthält mehrlagige Filtermedien mit Stütz- und Drainageschichten.

13.9.5.2 Hinweise zur Spülung und Sterilisation von Membranfilterkerzen

- Nach Filtrationsende ist die Filteranlage in Filtrationsrichtung laut Anwenderhinweis mit kaltem, dann mit heißem Wasser (80 °C) zu spülen.
- Je nach Kerzentyp ist ein Volumenstrom von 10...15 hL/h für eine 30"-Filterkerze erforderlich.
- Die Spüldauer soll mindestens 3...5 min betragen und das ablaufende Spülwasser muss dann klar sein.
- Die Sterilisation sollte mit Heißwasser von maximal 90 °C oder mittels Sattdampf von maximal 121 °C und mit einer Dauer von 20 Minuten nach Dampfaustritt aus allen Öffnungen durchgeführt werden.
- Das verwendete Wasser sollte enthärtet und über eine Membran mit einer Nennporenweite von 1 μm filtriert sein.
- Um bei höheren Filterdurchsätzen und entsprechend hohen Stückzahlen an Filterkerzen die erforderliche Spülgeschwindigkeit zu gewährleisten, sind die vorhandenen Filterkerzen auf mehrere Filtergehäuse zu verteilen, die dann einzeln angeströmt werden.
- Durch die intensive Spülung in kurzer Zeit werden Bierreste in den Kerzen vermieden, die sonst bei der Heißsterilisation die Filterporen belasten und die Standzeit verkürzen.

13.9.5.3 Einige Hinweise über Filtermedien für die Filtration von Verschnitt- und Prozesswasser

Zur Keimfreimachung von Verschnittwasser, Wasser für den Rinser, Wasser für die letzte Nachspülung in der Flaschenreinigungsmaschine, Wasser für die Kieselgurdosierung sowie für die Spülwässer beim Produktwechsel und für den CIP-Prozess werden als Filtermedien Filterkerzen eingesetzt. Diese Keimfreimachung mit Membranfilterkerzen wird meist als „Sterilfiltration" bezeichnet.

Validierte Membranfilterkerzen mit einer Abscheiderate von 0,2 μm gewährleisten einen LRV von 10^7 gegenüber von Bakterien und $> 10^{11}$ gegenüber Hefen. Lebende und tote Mikroorganismen werden damit sicher entfernt.

Die Differenzdruckfestigkeit von Membranfilterkerzen liegt bei $\Delta p > 4$ bar. Dadurch garantieren sie auch bei einem Druckstoßbetrieb (z. B. beim Öffnen und Schließen der Frischwasserarmaturen) eine sichere Mikroorganismenabscheidung. Besonders bei Keimwolken bietet dieses Verfahren der Keimfreimachung Vorteile gegenüber anderen Entkeimungsverfahren.

Um eine optimale Standzeit der Membranfilterkerze zu gewährleisten, wird immer der Einsatz eines geeigneten Vorfilters empfohlen. Nach [347] genügt in der Regel für die Entkeimung von Frischwasser ein einstufiger Vorfilter mit plissierten Tiefenfilterkerzen. Das Filtermedium sollte ein laminiertes Glasfaservlies mit einer Abscheiderate von 1 μm sein. Nur bei schwer filtrierbaren Wässern ist ein weiterer Vorfilter mit Abscheideraten von 3 μm bzw. 20 μm sinnvoll.

Sowohl die Membranfilterkerzen aus Polyethersulfon (PES) als auch die Vorfilterkerzen aus Glasfaservlies oder Polypropylen können wirksam mit 2%iger Citronensäure (50 °C, in Fließrichtung, jede Filterstufe getrennt) regeneriert werden. Besonders bei eisenbelasteten Wässern können dadurch die Filterstandzeiten verbessert werden.

Klärung und Stabilisierung des Bieres

Weitere Vorteile der Keimfreimachung von Wasser mittels Membranfilterkerzen sind:
- Ein geringer Platzbedarf (für eine zweistufige Anlage mit einem Durchsatz von 25 m³/h werden ca. (2 x 1,1) m² incl. Rückspülverrohrung benötigt);
- Systemsicherheit des Membranfilters testbar mittels Integritätstest;
- Lieferantenunabhängigkeit durch standardisierte Zwei-Nasen-Bajonettverriegelung der Filterkerzen;
- Bei richtiger Dimensionierung der Anlage ist sie unempfindlich gegenüber schwankenden Strömungsgeschwindigkeiten des zu filtrierenden Wassers.
- Dampfsterilisierbar mit Niederdruckdampf von 105 °C bzw. mit enthärtetem Heißwasser von 90 °C;
- Schneller Filterwechsel durch Klemmbügelverschlüsse des Gehäuses;
- Chemikalienfreie und umweltfreundliche Qualitätssicherung des Frischwassers;
- In der EU müssen die Filtermaterialien der Verordnung (EG) Nr. 1935/2004 entsprechen.

Die Anlagendimensionierung sollte sich auf die maximale Strömungsgeschwindigkeit ausrichten. Als Faustregel für die Dimensionierung gilt:
- Filterdurchsatz pro 30"-Filterelement: maximal 3 m³ Wasser/h

Die Erfahrungen für die Standzeit einer Membranfilterkerze liegen bei der Wasserentkeimung bei einem schwer filtrierbaren Wasser (mit vorgeschaltetem Vorfilter/Kiesfilter/Enteisenung):
- bei < 1000 m³/30"-Element,
- Spitzenwerten bei 3000 m³/30"-Element.

Spülwässer für Membranfilter
Von großer Bedeutung ist die Wasserfiltration für Spülwässer, die zur Regenerierung von Membranfiltern eingesetzt werden. Es wird beim Einsatz eines Membranfilters grundsätzlich die Verwendung eines Wasserspülfilters empfohlen. Er dient dazu, dass alle Spülwässer, die auf die Membran gelangen, vorher filtriert werden. Fehlt dieser Filter kann es passieren, dass bei schlechter Wasser- und Medienqualität die eigentliche Membran nicht durch das Bier, sondern durch Verunreinigungen des Wassers oder der Medien verblockt wird.

Es werden hier Kerzen mit einer absoluten Rückhalterate von $\beta_{5\,\mu m} > 5000$ eingesetzt.

13.9.5.4 Hinweise zur Druckgasfiltration mittels Membranfilterkerzen
Für die Druckgasfiltration, z. B. bei der Würzebelüftung, bei der Hefepropagation, beim Leerdrücken von Gefäßen und bei der Abfüllung, werden oft PTFE-Membranen verwendet. Da diese Membranen absolut hydrophob sind, können keine Keime durch die Filterschicht wachsen. Sie sind weiterhin thermisch belastbar, haben eine hohe Druckstoßfestigkeit durch die reine Oberflächenfiltration und ihre Unversehrtheit kann durch den Integritätstest (Diffusionstest) überprüft werden.

Die Filterelemente können außerhalb des Filtergehäuses sterilisiert werden (z. B. im Autoklaven) oder im eingebauten Zustand. Hierbei kommt die Dampfsterilisation zur Anwendung (z. B. bei 121 °C, 134 °C oder 142 °C, zum Teil wird auch nur Niederdruckdampf mit 105 °C benutzt).

Bei der Installation von hydrophoben Sterilgasfiltern muss beachtet werden, dass bei der Sterilisation mit Dampf anfallendes Kondensat nicht die Filterelemente benetzen kann (durch die Benetzung kann der für die Filterelemente zulässige Differenzdruck überschritten werden). Das Kondensat muss abgeleitet werden.

Beim Dämpfen einer Anlage muss diese an der tiefsten Stelle der Anlage vollständig entlüftet werden. Die Filterelemente sollten dazu stehend installiert sein.

13.9.6 Prüfmöglichkeiten für Membranen

Die Membranen sind nach den im Kapitel 9.4.4 beschriebenen Methoden auf ihre Integrität und Partikelabscheidung überprüfbar.

13.10 Membranen für die Crossflow-Filtration

13.10.1 Der Unterschied der Crossflow-Technik zur klassischen Dead-End-Filtration

Die Crossflow-Filtration unterscheidet sich von der klassischen Dead-End-Filtration sowohl in der Deckschichtausbildung auf der Membran als auch in der Veränderung des spezifischen Durchflusses (siehe Abbildung 294).

Bei der Crossflow-Filtration kann die hohe tangentiale Überströmung des Filtermediums eine Verblockung des Filtermediums für längere Zeit reduzieren (siehe Abbildung 294 und Abbildung 295).

Für die Crossflow-Technik werden unterschiedlich strukturierte Membranen eingesetzt.

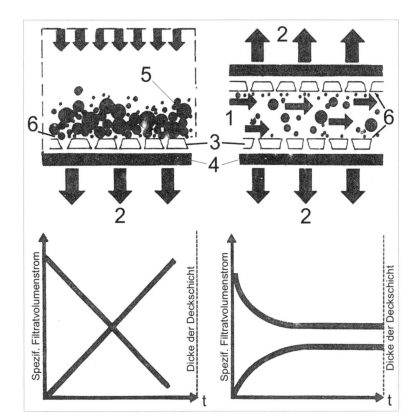

1 Konzentrat
2 Filtrat
3 Membran
4 Drainage
5 Filterkuchen
6 Deckschicht

Abbildung 294 Die Unterschiede zwischen einer „Dead-End-Filtration" (linkes Bild) und der Crossflow-Filtration (rechtes Bild) im Deckschichtaufbau und im spezifischen Filtrationsfluss

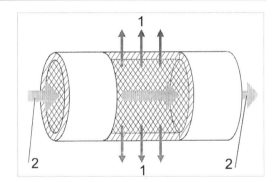

Abbildung 295 Produktfluss in Rohr- oder Kapillarschlauchsystemen bei der Crossflow-Filtration und Definitionen für die Flüssigkeitsteilströme
1 Permeat **2** Retentat

13.10.2 Membranen für die Crossflow-Filtration von Bier

Für die Crossflow-Filtration von Bier sind folgende Membrantypen im Einsatz:
- Membrankassetten;
- Kapillarmembranen;
- Keramikmembranen;
- Scheibenmembranen aus Siliciumnitrid.

Die tangentiale Überströmung der Membranen zur Reduzierung der Deckschichtbildung lässt sich bei Kapillarmembranen relativ einfach realisieren.

Zu weiteren technischen Varianten der Deckschichtminimierung und zur Crossflow-Filtration wird auf Kapitel 8 und die Fachliteratur verwiesen, z. B. [368], [369], [370].

13.10.2.1 Membrankassette der Fa. Sartorius

In einzelnen Brauereien Schwedens und Deutschlands wird bei einer Kombination von Separation des Lagerbieres (Alfa Laval) und Crossflow-Filtration zur Bierklärung ein Membrankassettensystem als Crossflow-Filter eingesetzt [371] (s.a. Abbildung 296 und Filteranlagen in Abbildung 298). Das System Alfa Laval/Sartorius wird in Deutschland und auch in China genutzt [203] (Der Vertrieb der Anlagen ist derzeit eingestellt).
Einige charakterisierende Richtwerte der Membrankassette:
- Hohe Fluxraten;
- Leichte Regeneration unter Verwendung von heißer alkalischer Lösung;
- Retention aller Mikroorganismen;
- Die Membranen sind hoch widerstandsfähig gegenüber chemischer, thermischer und mechanischer Belastung;
- Wenig adsorptiv wirkendes Material;
- Geringer Energieverbrauch während der Filtration;
- Einfaches CIP-Verfahren nur mit heißer Lauge;
- Filtersysteme mit Durchsätzen zwischen 100...500 hL/h sind möglich.
- Bei Bieren mit Stammwürzen zwischen 11 und 15 °P variierte der spezifische Filtratdurchsatz nach einer Vorklärung mittels Separators zwischen 150...200 L/m^2.
- Der spezifischen Filtratvolumenstrom liegt bei ≤ 0,67 hL/(m^2·h).
- Der Filtrationsfluss wird bei steigendem Transmembrandruck (TMP) konstant gehalten. Die Fließrichtung über der Membran kann umgeschaltet werden.

Klärung und Stabilisierung des Bieres

▫ Bei Beginn eines Filtrationszyklusses beträgt der TMP 0,3 bar, während der Filtration wird der Druck ansteigen, bis ein Niveau von 2,0 bar erreicht ist (= Ende des Filtrationszyklusses).

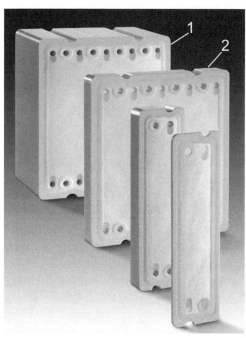

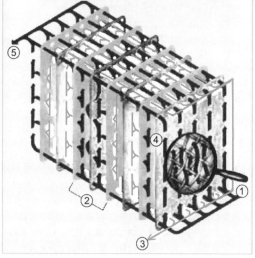

Abbildung 296 Die Membrankassetten der Fa. Sartorius (nach Sartorius / D)
Links: 1 Sartocube®-Kassette: Filterfläche 3,5 m²/Kassette
        2 Sartocon®-Kassette: Filterfläche 0,7 m²/Kassette
Rechts: Aufbau- und Fließschema der Membrankassette mit:
1 Zulauf des unfiltrierten Bieres   2 Filtrierende Membran   3 Filtriertes Bier (Permeat)
4 Feed-spacer *)   5 Retentat
*) Feed-spacer ist ein Abstandshalter, bei dem ein netzartiges Gewebe im Feedkanal (Zulaufkanal) als Abstandshalter zwischen gegenüberliegenden Membranen eingebracht ist, die durch Strömungsumlenkungen Durchwirbelungen verursachen und damit die Höhe der Grenzschichtdicke vermindern und den Stoffübergang verbessern. Sie erhöhen allerdings den Druckverlust.

Technische Daten der Membrankassetten:
▫ Der Filtertyp ist eine Platten- und Rahmenkassette;
▫ Die Filtrationsfläche beträgt 0,7 m²/Kassette (Sartocon® CFB Filtrationskassette) bzw. 3,5 m²/Kassette (Sartocube®), Membranwerkstoff: Polyethersulfon.

- Durchschnittliche Porengröße 0,6 µm.
- Die Mikrofiltrationsmembran besteht aus Polyethersulfon;
- Die Membran ist mit ihrer Porenstruktur optimiert für die Bierfiltration und speziell abgestimmt für die Entfernung von Hefe, anderen Mikroorganismen und Trübungssubstanzen.

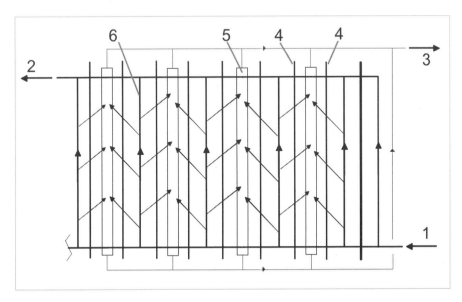

Abbildung 297 Membrankassette gemäß Abbildung 296 schematisch
1 Zulauf Unfiltrat **2** Ablauf Retentat **3** Filtriertes Bier (Permeat) **4** filtrierende Membran **5** Permeatableitung **6** Fließweg Retentat (Feedkanal); in den Fließwegen werden „Feed-spacer" angeordnet (s.a. Abbildung 296)

Abbildung 298 Filteranlage mit Membrankassetten, installiert in der Tucherbrauerei Nürnberg (Fotos: G. Annemüller 2008)
Links: Blick auf die Membranfilteranlage; *Rechts*: Einzelner Filterblock, bestehend aus 5 Kassetten.

Klärung und Stabilisierung des Bieres

13.10.2.2 Kapillarmodule für die Crossflow-Filtration

Kapillarmodule wurden ursprünglich für die medizinische Dialyse entwickelt. Aktuell werden Kapillarmodule für zahlreiche Anwendungsfälle genutzt. Diese reichen von der Wasseraufbereitung bis zur Klär- und Sterilfiltration von Getränken (z. B. AfG, Mineralwasser, Wein, Bier).

Kapillarmodule sind für die Dead-End-Filtration nicht geeignet. Bei der großtechnischen Umsetzung der Crossflow-Technik in der Bierfiltration dominiert auch bei großen Durchsätzen die Kapillarmodultechnik (siehe Kapitel 8).

Für die Crossflow-Filtration werden in der Regel Kapillarmembranen aus Polyethersulfon mit einer mittleren Porenweite von 0,45 bzw. 0,65 µm eingesetzt. Die Länge einer Kapillare beträgt ≤ 1 m, der Trend geht zu kürzeren Kapillaren (ca. 800 mm). Der lichte Durchmesser der Kapillaren liegt bei etwa 1,5 mm.

Die Kapillaren werden zu Modulen gebündelt, die Enden werden mit Kunstharzen vergossen. Durch die Kapillaren strömt das Unfiltrat/Retentat. Das Filtrat wird von der Kapillaraußenseite abgeleitet. In einem Modul werden 2400...2600 Kapillaren gebündelt, so dass sich Filterflächen von 9,5...9,6 m^2/Modul (Abbildung 299, Norit) bzw. 12 m^2/Modul (Abbildung 300; Pall) ergeben.

Für die Crossflow-Membranfiltration werden mehrere Module (z. B. 18...20 Stück) zu einem Filterblock zusammen gefasst, der anschlussfertig geliefert werden kann (s.a. Kapitel 8).

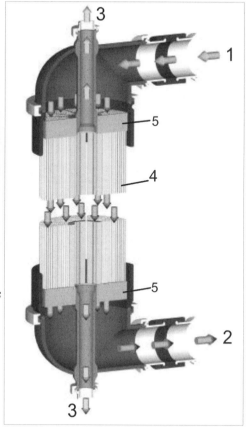

Abbildung 299 Beispiel eines Kapillarmoduls (BMF-200, nach Norit)

1 Einlauf Unfiltrat
2 Auslauf Unfiltrat (Retentat)
3 Filtrat
4 Kapillaren
5 Einspannbereich durch Vergussmasse

FHM und Filtermittel

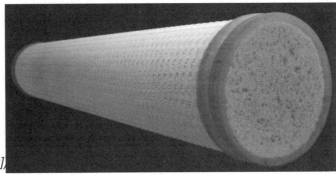

*Abbildung 300
Crossflow-Modul von Pall;
Filterfläche 12 m² (nach [372])*

Der spezifische Filtratvolumenstrom kann mit 60...70 L/(m²·h) angenommen werden. Der spezifische Feed- bzw. Retentatvolumenstrom liegt bei etwa 3,8...4 m³/(m²·h), jeweils auf die Filterfläche bezogen.

Der Transmembrandruck bewegt sich im Bereich 0,2...1,2 bar. Die Membranen sind bis zu 6 bar belastbar.

Die Temperaturbeständigkeit beträgt ≤ 74 °C.

13.10.2.3 Keramikmembranen

Keramikmembranen wurden bzw. werden aus Kostengründen bisher vorzugsweise für die Restbiergewinnung aus Überschusshefe und Geläger eingesetzt (s.a. [114]).

Etwa ab 1985 wurden neu entwickelte Keramikmembranen auch zur „kaltsterilen" Filtration von Bier eingesetzt, d.h. zur Herstellung eines keimfreien Filtrates. Keramikmembranen sind röhrenförmige Kerzen, die aus einem relativ groben, porösen Keramikstützkörper bestehen. Auf der Unfiltratseite ist auf den Stützkörper eine Keramikmembran mit einer definierten Porenweite aufgebracht (siehe Abbildung 301). Diese Keramikmodule können als Dead-End-Filter eingesetzt werden, dabei befindet sich die Membranschicht auf der Außenseite des Keramikkörpers, die von dem keimfrei zu filtrierenden Bier angeströmt wird. Zur Erhaltung der Porosität der Filterschicht kann dem Bier auch noch Kieselgur zugesetzt werden. Im Innern wird das Filtrat in einem Kanal abgeführt.

Klärung und Stabilisierung des Bieres

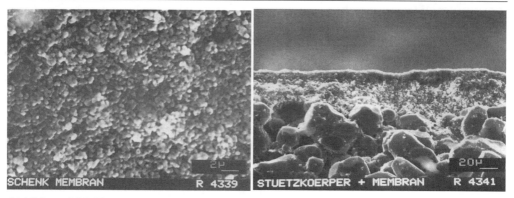

Abbildung 301 Keramische Membran (nach [322])
Links: Oberfläche einer 0,2 µm Keramikmembran (Vergrößerung ca. 5000fach);
Rechts: Schnitt durch eine mikroporöse keramische Membran auf porösem Keramikstützkörper (Vergrößerung ca. 500fach)

Keramikmembranen für die Crossflow-Filtration

In größerem Umfang haben sich Keramikmembranen in der Crossflow-Mikrofiltration (CMF), auch als Tangentialflussfiltration bzw. TFF bekannt, durchgesetzt. Hier ist der Aufbau der Filtermodule anders als bei der Dead-End-Filtration (Filtration des Unfiltrates durch die Membran bis zur Erschöpfung). Das Unfiltrat fließt innen durch die mit den Keramikmembranen beschichteten Kanäle und das Filtrat fließt durch den porösen Trägerkörper nach außen ab. Der Aufbau der Filterelemente ist aus der Abbildung 302 und die Funktionsweise aus Abbildung 303 ersichtlich.

Das keramische Multikanalelement besteht aus einem makroporösen keramischen Grundkörper mit hexagonalem oder runden Querschnitt. Dieser stabförmige Grundkörper enthält beispielsweise 19 in Längsrichtung parallel verlaufende Kanäle mit einem Durchmesser von 4 bzw. 6 mm. Die ebenfalls aus Keramik hergestellten Membranen bilden die Trennschicht zwischen dem betreffenden Kanälen und dem hochporösen Grundkörper. Mehrere Multikanalelemente werden in Modulen mit Filterflächen von 0,2...3,8 m^2 zusammengefasst.

In einer anderen Ausführung werden bei einem Durchmesser von 25 mm und einer Länge von 1178 mm die Filterflächen gemäß Tabelle 117 realisiert (s.a. Abbildung 304). Die Porenweite kann im Bereich 0,14 bis 1,4 µm ausgeführt werden.

Tabelle 117 Filterfläche bei keramischen Membranen von TAMI (nach [373])

Anzahl Kanäle	Hydraulischer Ø in mm	Filterfläche in m^2
8	6	0,20
23	3,5	0,35
39	2,5	0,50

Abbildung 302 Keramikmembranen
Links: Keramisches Multikanalelement für die Crossflow-Filtration   *Rechts*: Module für die Crossflow-Filtration mit keramischen Multikanalelementen (nach [301])

Bei der Crossflow-Filtration wird die zu filtrierende Flüssigkeit mit einer entsprechenden Fließgeschwindigkeit über die Membran gefördert. Entsprechend dem eingestellten Transmembrandruck fließt ein Teilstrom durch die Membran als Permeat (= Filtrat). Durch das wiederholte Überströmen der Membran mit dem Unfiltrat (= Retentat) werden die Trubstoffe im Kreislauf angereichert und auch gleichzeitig die Membran partiell von der Deckschicht befreit.

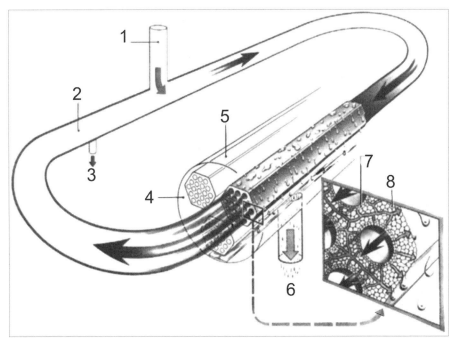

Abbildung 303   Verfahrensfluss der Crossflow-Filtration mit keramischen Membranen (nach [301]

Klärung und Stabilisierung des Bieres

Gegenüber Kunststoffmembranen haben Keramikmembranen nach [301] folgende Vorteile:
- Sie sind mit Dampf und Heißwasser sterilisierbar.
- Sie sind für Betriebstemperaturen von $\vartheta > 100\,°C$ geeignet.
- Sie sind beständig gegenüber fast allen Säuren und Laugen.
- Sie sind unempfindliche gegen Druckstöße.
- Sie besitzen eine hohe mechanische Festigkeit (Berstdruck größer 100 bar).
- Zur Reinigung sind sie rückspülbar.
- Sie besitzen eine hohe Lebensdauer.

Weiterhin:
- Sie sind sehr gut für Trennprozesse mit hohen Feststoffanteilen in den Trüben geeignet, z. B. für die Bierrückgewinnung aus der Überschusshefe oder für die keimfreie Gewinnung von Enzymlösungen aus Maischen oder anderen Fermentationslösungen.

Nachteile der Keramikmembranen:
- Die erforderlichen Investitionskosten liegen bezogen auf die wirksame Filterfläche deutlich über den Polymermembranen.
- Im Vergleich zu den Polymermembranen sind auf Grund des Aufbaues größere Behältervolumina und Massen, bezogen auf die Filterfläche, erforderlich.

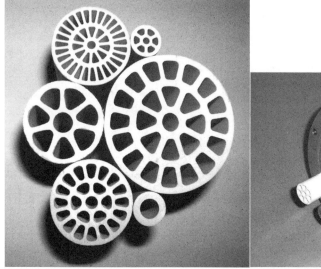

Abbildung 304 Keramische Membranen in der Ausführung von TAMI (nach [373])

Asymmetrische Keramikmembranen
Die Fa. TAMI (D) entwickelte eine keramische Rohrmembran, die über die gesamte Membranlänge gleiche Fluxbedingungen für das Permeat gewährleistet. Sie erreicht dies durch die Verringerung der Dicke der Membranschicht in Richtung Auslauf des

Membranrohres. Dadurch sinkt der Transportwiderstand für das Permeat im gleichen Maße wie der retentatseitige Flüssigkeitsdruck durch den normalen Druckverlust abfällt.

Damit wird ein gleichmäßiger Permeatdurchsatz über die gesamte Membranlänge erreicht (s.a. Abbildung 305). Der Filtratdurchsatz kann somit wesentlich gesteigert werden (in Abhängigkeit vom Medium bis auf das Dreifache), und auch die Standzeit der Membran zwischen den Reinigungszyklen wird verlängert.

Es werden Membranen in 5 verschiedenen Trenngrenzen (0,1…1,4 µm) für die Mikrofiltration angeboten.

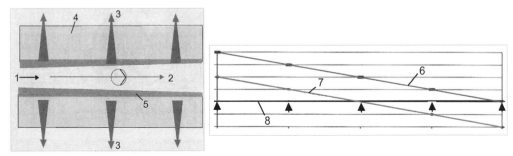

Abbildung 305 Keramikmembran Isoflux® der Fa. TAMI / D (nach [374])
Links: Keramische Membranschicht zum Auslauf hin dünner werdend;
Rechts: Zum Auslauf hin nimmt der Transmembrandruck ab und gleichzeitig auch die Dicke der Membranschicht (= Abnahme des Transportwiderstandes durch die Membran), so dass der Permeatfluss über die gesamte Kapillarlänge konstant ist.
1 Zulauf/Einspeisung **2** Retentat **3** Permeat **4** Keramikträger **5** Abnehmende Dicke der Membranschicht **6** Druck Retentat **7** Dicke der Membranschicht **8** Permeatvolumenstrom

13.10.2.4 Membranen aus Siliciumnitrid

Mit kombinierten optisch-chemischen Verfahren können Siliciumnitridmembranen wie die Speicherplatten für die Datenverarbeitung mit definierten Poren hergestellt und für die Crossflow-Filtration eingesetzt werden (siehe Abbildung 306).

Durch die aus der Computerchip-Herstellung entlehnten Membranmaterialien und Bearbeitungstechnologien haben die damit produzierten Mikrosiebe folgende Vorteile:
- Eine gleichmäßige Porengröße mit einer sehr engen Streubreite sowie eine gleichmäßige Porenverteilung auf der Membranscheibe (s.a. Abbildung 306 und Abbildung 307) gewährleisten z. B. bei einer Porengröße von 0,8 µm eine sichere Abscheidung aller Hefen und Bakterien;
- Die große Porosität und eine Membranstärke von ca. 1 µm gewährleisten geringe Filtrationswiderstände und damit hohe spezifische Fluxraten, erfordern niedrige Transmembrandrücke und einen geringeren Energieaufwand;
- Das verwendete Material ist sehr temperaturstabil, chemisch inert, kann wahlweise mit einer hydrophoben oder hydrophilen Oberfläche gestaltet werden, die in Abhängigkeit von dem Filtrationsmedium eine leichte Reinigung ermöglicht;

Klärung und Stabilisierung des Bieres

- Es können in sehr enger Staffelung Porengrößen hergestellt werden, die meist verwendeten Porengrößen liegen zwischen der 0,35 µm Rundpore und der 0,8 µm länglichen Pore.

Die grundsätzliche Verwendung dieser Mikrosiebe aus Siliciumnitrid ist zur Zeit noch durch die relativ kleinen Durchmesser der gezüchteten Siliciumkristalle begrenzt. Die verwendeten Module in einer großtechnischen Anlage haben z. B. einen Durchmesser von nur ca. 12 cm (siehe Abbildung 308).

Diese Siliciumnitrid-Membranfilter sind auch als wiederverwendungsfähige Dead-End-Laborfilter für mikrobiologische Schnelltests erfolgreich getestet worden [375].

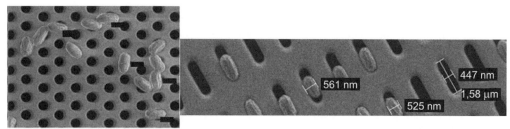

Abbildung 306 Siliciumnitridmembran links mit runden Poren und rechts mit länglich geschlitzten Poren (mit ausgewiesenen Abmessungen), hergestellt von der Fa. fluxxion b. v. (NL) [376]

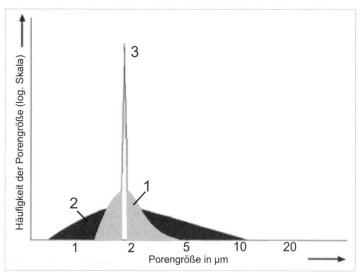

Abbildung 307 Porenverteilung der unterschiedlichen Membranmaterialien (nach [376])
1 Polymermembran **2** Anorganische Membran **3** Mikrosieb aus Siliciumnitrid

Abbildung 308 Kommerziell im Einsatz befindliche Crossflow-Anlage der Fa. fluxxion zur Entfernung von Mikroorganismen aus Salzlake (nach [376])

45 übereinander gestapelte Module (M); Filterfläche 0,5 m^2, Durchsatz $\dot{V}$ = 5 m^3/h, Durchmesser der einzelnen Module ca. 11,9 cm

13.11 Lagerung von Filtermitteln, FHM und Stabilisierungsmitteln

13.11.1 Allgemeine Hinweise

Filtermittel (Filterschichten, Filtermembranen, Filtermodule) werden in der Regel auf Paletten geliefert. Als Umverpackung werden Kartonagen oder Folien verwendet. Die Handhabung und der Transport erfolgen mittels Gabelstaplern oder Hubwagen.

FHM werden entweder lose mittels Silo- bzw. Tankwagen oder in Großpackungen angeliefert. In vielen Betrieben werden die FHM aber immer noch als Sackware, auf Paletten gestapelt, geliefert und gelagert.

Stabilisierungsmittel (s.a. Kapitel 15) werden in entsprechenden Packungen im Allgemeinen auf Paletten angeliefert und gelagert.

Beim Umgang mit FHM müssen die einschlägigen Vorschriften der BG Nahrungsmittel und Gaststätten zum Schutz vor Staub beachtet werden (s.a. Kapitel 24).

13.11.2 Lagerung von Filtermitteln und Stabilisierungsmitteln

Die Filtermittel und Stabilisierungsmitteln werden in der Regel in der Lieferpackung gelagert. Die Lagerung erfolgt auf speziellen Lagerflächen, die sich zweckmäßigerweise oberhalb der Filteranlage befinden (Nutzung der Schwerkraftförderung), bzw. auch in (Hoch-) Regallagern.
Anforderungen an die Lagerflächen:
- Gute Zugänglichkeit und Befahrbarkeit;
- Trockene, saubere, staub- und geruchsfreie Lagerbedingungen;
- Günstige Verkehrsverbindung zu den Filteranlagen.

13.11.3 Lagerung von FHM

Die FHM (in der Regel Kieselguren in verschiedenen Sorten, ggf. Perlite) werden im Allgemeinen in den Transportverpackungen auf Paletten oder in den Lieferbehältern gelagert.

Größere Packungseinheiten mit „losen FHM" (z. B. das System Big Bag, der LAB-Wechselcontainer, Schüttgut-Wechselcontainer allgemeiner Ausführung; s.a. Kapitel 7.3.6) werden mittels Gabelstaplern bewegt, soweit nicht fest installierte Kranbahnen genutzt werden.

Großpackungen senken in der Regel die Kosten und sind auch bei einem größeren FHM-Sortiment gut einsetzbar.

Lose transportierte FHM

Bei größeren Verbrauchsmengen kann der Silotransport der FHM eine wirtschaftlich sinnvolle Lösung sein. Die Silotransportfahrzeuge sind mit pneumatischen Fördereinrichtungen ausgerüstet. Ähnliche Transportsysteme werden beispielsweise auch für Zucker oder Mehl oder für Pellets (z. B. PET) genutzt.

Zur Lagerung werden Metallsilos in zylindrokonischer Ausführung eingesetzt. Die Aufstellung kann in Freibauweise erfolgen. Werkstoffe sind Aluminium oder Edelstahl. Der Siloauslauf besitzt eine Austrags- und Dosiervorrichtung.

Die Befüllung erfolgt über einen Zyklonabscheider von oben bzw. durch tangentiale Einleitung (Abbildung 309). Die Förderluft muss über eine Filteranlage abgeleitet werden. Die Filter müssen die FHM-Partikel zuverlässig abscheiden. Einzelheiten dazu s.a. die gesetzlich vorgeschriebenen Grenzwerte für Staubemissionen [377], [378], [379].

Prinzipiell ist es auch möglich, die Förderluft im Kreislauf zu fahren, um das Ansaugen von Umgebungsluft zu reduzieren, um die Luftfilterkosten zu senken.

Die FHM-Entnahme aus einem Silo wird in der Regel mit einer Austragsschnecke vorgenommen, die die FHM einem pneumatischen Saugluftfördersystem zuführt (ein Beispiel zeigt Abbildung 310). Die Austragschnecke ist so gestaltet, dass nur bei laufendem Antrieb der Siloinhalt ausgetragen wird.

Über Abscheider mit integrierten Luftfiltern werden die FHM den Ansatzbehältern durch Schwerkraft zugeleitet (s.a. Abbildung 311 und Abbildung 312). Die Abscheider können als Zentrifugalabscheider gestaltet sein (Abbildung 311, z. B. als Abscheider auf einem Silo) oder sie werden als Schwerkraftabscheider betrieben (Abbildung 312).

Vorteile beim Einsatz von Silobehältern für FHM:
- Geschlossenes Transportsystem;
- Staubentwicklung wird vermieden;
- Automatisierbar;
- Keine Entsorgung von Packmitteln.

Nachteile beim Einsatz von Silobehältern für FHM:
- Nur für größere Chargen einsetzbar;
- Flexibilität ist eingeschränkt;
- Relativ hohe Investitionskosten;
- Teilweise ist mit höheren FHM-Kosten zu rechnen, da die Kosten für die Wechselcontainer und die Kosten für den Leer-Container-Rücktransport berechnet werden.

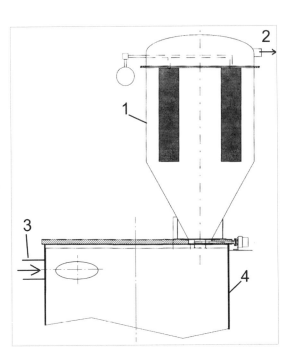

Abbildung 309 Zentrifugal-Siloeinlauf schematisch

1 Staubfilter mit Filtermodulen
2 Abluft
3 Siloeinlauf, tangential
  (FHM + Förderluft))
4 Silowand

Klärung und Stabilisierung des Bieres

Einzelheit Z

1 Antrieb für Austragschnecke
2 Austragschnecke
3 Siloverschluss-Schieber
4 Silo
5 Silokonus (Öffnungswinkel ≈ 60°)
6 FHM + Förderluft
7 Förderzuluft, gefiltert
8 FHM

Abbildung 310 Siloaustrag, schematisch (nach LAB Anlagenbau, Schwäbisch Hall)

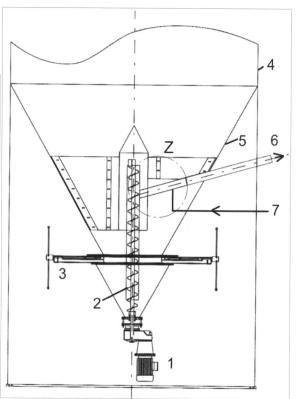

Abbildung 311 Zentrifugal-Abscheider mit Filter, schematisch
1 Filter mit Filtermodulen
2 Abluft bzw. zur Luftfördermaschine
3 Eintrag FHM + Förderluft
4 FHM, Schwerkraftförderung (z. B. in Ansatzbehälter)
5 Austragschnecke (Sobald die Schnecke abgeschaltet wird, wird der Austrag unterbrochen).

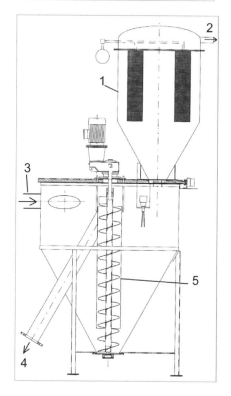

FHM und Filtermittel

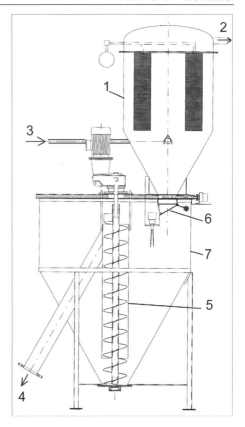

Abbildung 312 Abscheider mit Filter, schematisch
1 Staubfilter mit Filtermodulen
2 Zur Saugluftfördermaschine
3 Eintrag FHM + Förderluft
4 FHM, Schwerkraftförderung (z. B. in Ansatzbehälter)
5 Austragschnecke (Sobald die Schnecke abgeschaltet wird, wird der Austrag unterbrochen).
6 Austragklappe: Sobald das Vakuum im Abscheider **1** unterbrochen wird, kann sich die Klappe öffnen und die FHM werden in den Behälter **7** abgelassen.
7 **FHM-Behälter**

14. Separation und Separatoren
14.1 Allgemeiner Überblick

Separatoren können im Prozess der Bierbereitung in folgenden Prozessstufen eingesetzt werden:

1. Jungbierseparation

Die Separation des Jungbieres wird insbesondere bei optimierten Gär- und Reifungsverfahren vorgenommen, um:
- die Hefe zu beliebigen Zeitpunkten zu ernten,
- die Hefe ohne vorangegangene Kühlung (Kälteschock) zu ernten und
- definierte Hefegehalte für die Nachgärung einzustellen.

Die hierfür eingesetzten Separatoren werden deshalb auch als Jungbier-Separatoren bezeichnet.

Bei der Jungbierseparation kann bei Bedarf Resthefe bzw. Geläger dosiert werden. Dadurch ist es möglich, das Restbier ohne eine spezielle Prozessstufe mit zu gewinnen.

2. Klärseparation zur Biervorklärung

Eine weiteres Einsatzgebiet moderner Separatoren ist die Biervorklärung vor der Bierfiltration, um:
- nicht nur Hefezellen zu entfernen und
- sogenannte Hefestöße zu vermeiden,
- sondern auch ausgeschiedene Trübstoffe mit dem Ziel
  der Entlastung der Filteranlagen (s.a. Abbildung 158 im Kap 8.1).
- Günstig ist dabei, dass auch ausgeschiedene „β-Glucangele"
  bzw. β-glucanhaltige Trübungskomplexe vor der Filtration
  mit entfernt werden können.

Die Fortschritte des Separatorenbaues, insbesondere bei den verfügbaren Werkstoffen und der konstruktiven Gestaltung, ermöglichen heute relativ hohe Zentrifugalbeschleunigungen, so dass die Trennwirkung der Separatoren wesentlich verbessert werden konnte.

Die Trennwirkung der Separatoren wird beeinflusst von den Produkteigenschaften, beispielsweise:
- der Temperatur des Produktes bzw. der davon abhängigen Viskosität,
- der Trübstoffkonzentration,
- der Dichte der Trübstoffe bzw. der Dichtedifferenz zum Fluid,
- der Teilchengröße und
- den Maschinenparametern, insbesondere der erreichbaren Zentrifugalbeschleunigung und der installierten Klärfläche.

Die Zentrifugalbeschleunigung wird bestimmt vom:
- wirksamen Radius und
- der Drehzahl der Trenntrommel.

Die installierte Klärfläche wird von der Anzahl der vorhandenen Teller und deren Durchmesser bestimmt.
Die Trennwirkung wird außerdem von der Verweilzeit der Trübstoffe in der Trommel und dem Absetzweg bestimmt.
Als Separatoren werden Zentrifugalseparatoren eingesetzt. Diese müssen für hermetischen Betrieb geeignet sein, d.h., dass Zu- und Ablauf des Bieres unter Überdruck erfolgen müssen, um die CO_2-Entgasung und damit Schaumbildung zu verhindern und um eine Sauerstoffaufnahme auszuschließen.
Die Separatoren werden mit Tellereinsätzen bestückt, um die wirksame Klärfläche zu vergrößern.
Die abgetrennte Hefe bzw. die Trübstoffe werden in der Trommel angereichert und dann ausgetragen. Der Austrag kann prinzipiell erfolgen:
- kontinuierlich mit sogenannten Düsenseparatoren (eingesetzt z. B. in der Hefeindustrie und bei der Restbiergewinnung aus Überschusshefe) oder
- diskontinuierlich durch Austragsöffnungen, die bei Bedarf geöffnet werden. Diese Bauformen mit steuerbarem Feststoffaustrag erfüllen auch alle Ansprüche der Biervorklärung.
- Diskontinuierlich manuell bei Stillstand und nach Öffnung der Trommel (nicht für die Brauindustrie).

Moderne Separatoren sind für die CIP-Prozesse geeignet und können bei Bedarf auch sterilisiert werden.
Die Durchsätze moderner (Jungbier-)Separatoren können im Bereich $\dot{V}$ = 5 bis 1200 hL/h liegen.
Nachfolgend werden einige Grundlagen der Zentrifugation genannt sowie Hinweise zu Zentrifugalseparatoren gegeben. Weitergehende Ausführungen müssen der angegebenen Fachliteratur vorbehalten bleiben [380], [381], [382] sowie den Publikationen der Hersteller, die im Internet verfügbar sind (s.a. [383]).

14.2 Grundlagen der Zentrifugation/Separation
14.2.1 Grundfälle der Zentrifugation/Separation

Während die Sedimentation unter dem Einfluss der Fallbeschleunigung im Schwerefeld der Erde abläuft, läuft die Zentrifugation unter dem Einfluss der Zentrifugalkraft ab. Unterscheiden lassen sich:
- *Klarifikation (Synonym Klärer)*: Trennung einer Suspension in Klarphase und Feststoffe z. B. Trennung von Hefe und Bier;
- *Purifikation (Synonym Trenner)*: Trennung eines heterogenen Flüssigkeitsgemisches in die beiden Phasen (Beispiel Milch: Trennung in Fett und fettfreie Milch);
- *Konzentration*: Anreicherung und Austrag einer festen Phase mittels Trägerflüssigkeit (z. B. Abtrennung der Backhefe aus einer Nährlösung).

Die Klarifikation bzw. Klärseparation ist für die Brauindustrie von großer Bedeutung.

Klärung und Stabilisierung des Bieres

Weitere Begriffe:
Zentrifuge: der Begriff wird in der Regel für alle Einrichtungen verendet, die das Zentrifugalfeld einer rotierenden Trommel für die Trennung nutzen.

Zentrifugalseparator (Synonyme: Separator, Zentrifuge): Die Trennung erfolgt unter dem Einfluss der Zentrifugalkraft in einer Trommel, die über Kläreinsätze verfügt.

Selbstreinigender Tellerseparator: Diese Bauform des Separators ermöglicht bei Bedarf den definierten Austrag der abgetrennten Feststoffe, z. B. kontinuierlich mittels Düsen oder diskontinuierlich durch gesteuerte Öffnungen an der Trommelperipherie.

14.2.2 Gesetzmäßigkeiten der Separation

Die Trennung im Schwerefeld der Erde wird von den am Teilchen wirkenden Kräften verursacht (Abbildung 313). Für die resultierende Beschleunigungskraft F_a gilt:

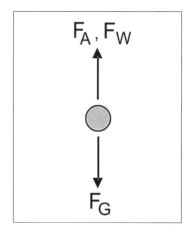

$F_a = F_G - F_A$ Gleichung 78

F_G = Massenkraft des Teilchens

$$F_G = \frac{\pi \cdot d_{gl}^3}{6} \cdot \rho_T \cdot a$$

F_A = Auftriebskraft des Teilchens

$$F_A = \frac{\pi \cdot d_{gl}^3}{6} \cdot \rho \cdot a$$

d_{gl} = gleichwertiger Durchmesser des Teilchens
ρ_T = Dichte des Teilchens
ρ = Dichte der flüssigen Phase
$a = g$ = Fallbeschleunigung

Abbildung 313 Kräfte im Schwerefeld der Erde

Die Widerstandskraft F_W, die der Bewegung der Teilchen entgegenwirkt, errechnet sich zu:

$$F_W = c_w \cdot A_T \cdot \frac{w^2}{2} \cdot \rho \qquad \text{Gleichung 79}$$

F_W = Widerstandskraft
c_w = Widerstandsbeiwert der Teilchen
A_T = projizierte Fläche des Teilchens

$$A_T = \frac{\pi \cdot d_{gl}^2}{4}$$

ρ = Dichte der flüssigen Phase
w = Geschwindigkeit des Teilchens.

Aus Gleichung 78 und Gleichung 79 folgt:

$$w^2 = \frac{4 \cdot d_{gl} \cdot (\rho_T - \rho) \cdot a}{3 \cdot c_w \cdot \rho} \qquad \text{Gleichung 80}$$

Mit der Beziehung für den Widerstandsbeiwert

$$c_w = \frac{24}{Re} \quad \text{(gültig für } Re < 0{,}5\text{)} \qquad \text{Gleichung 81}$$

und der *Reynolds*-Zahl

$$Re = \frac{w \cdot d_{gl}}{\nu} \qquad \text{Gleichung 82}$$

ergibt sich aus der Gleichung 80 für die Absetzgeschwindigkeit w:

$$w = \frac{d_{gl}^2 \cdot (\rho_T - \rho) \cdot a}{18 \cdot \nu \cdot \rho} \qquad \text{Gleichung 83}$$

Die kinematische Viskosität ν lässt sich in die dynamische Viskosität η umrechnen:

$$\eta = \nu \cdot \rho$$

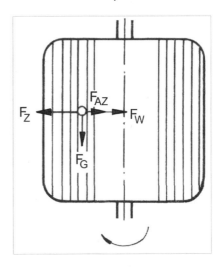

Abbildung 314 Kräfte im Zentrifugalfeld
F_G Massenkraft des Teilchens
F_{AZ} „Auftriebskraft" im Zentrifugalfeld
F_W Widerstandskraft
F_Z Zentrifugalkraft = $m \cdot a_r$ (s.a. Gleichung 84)

Bei reiner Sedimentation im Schwerefeld der Erde wird $a = g = 9{,}81 \text{ m/s}^2$.
Im Zentrifugalfeld wird mit der Zentrifugal- oder Radialbeschleunigung a_r gerechnet:

$$a_r = \omega^2 \cdot r = \frac{w_u^2}{r} \qquad \text{Gleichung 84}$$

a_r = Radialbeschleunigung
ω = Winkelgeschwindigkeit in 1/s

$$\omega = \frac{2\pi \cdot n}{60}$$

r = Radius
w_u = Umfangsgeschwindigkeit
n = Drehzahl (in U/min)

Dabei kann der Einfluss der Fallbeschleunigung und der Auftriebskraft F_a auf das rotierende Teilchen vernachlässigt werden. Aus Gleichung 83 und Gleichung 84 sind auch die Möglichkeiten zur Beeinflussung der Absetzgeschwindigkeit w_z im Zentrifugalfeld ersichtlich.

Klärung und Stabilisierung des Bieres

$$w_z = \frac{d_{gl}^2 \cdot (\rho_T - \rho) \cdot \omega^2 \cdot r}{18 \cdot v \cdot \rho} \qquad \text{Gleichung 85}$$

Das Verhältnis z aus Zentrifugalbeschleunigung a_r und Fallbeschleunigung g wird als Beschleunigungsvielfaches z bezeichnet (Synonyme: Beschleunigungsfaktor, Schleuderziffer, Trennfaktor).

$$z = \frac{a_r}{g} = \frac{w_u^2}{r \cdot g} = \frac{\pi^2 \cdot \overline{d} \cdot n^2}{g \cdot 1800} \approx \frac{\overline{d} \cdot n^2}{1800} \qquad \text{Gleichung 86}$$

Der Wert z gibt an, um wie viel mal die Absetzgeschwindigkeit im Zentrifugalfeld größer ist als bei Sedimentation im Schwerefeld der Erde. Bei aktuellen Separatoren für die Brauindustrie werden Werte von z = 12 000 erreicht [384].

Zum Absetzen eines Teilchens kann es jedoch in einem rotierenden Körper (der angenommenen zylindrischen Trommel) nur kommen, wenn die Absetzgeschwindigkeit w_z nach Gleichung 85 größer als die Durchströmgeschwindigkeit w_v ist:

$$w_z \geq w_v = \frac{\dot{V}}{A} \qquad \text{Gleichung 87}$$

$$A = \pi \cdot \overline{d} \cdot L \qquad \text{Gleichung 88}$$

$\dot{V}$ = Volumenstrom durch die Trommel
A = Trommelklärfläche
$\overline{d}$ = mittlerer Trommeldurchmesser
L = Höhe der Zentrifugentrommel

Das Gleiche gilt für die Verweilzeit t_{Tr}, die größer als die Absetzzeit t sein muss.

$$t_{Tr} = \frac{V_{Tr}}{\dot{V}} \geq t = \frac{s}{w_z} \qquad \text{Gleichung 89}$$

V_{Tr} = Trommelvolumen
$\dot{V}$ = Volumenstrom durch die Trommel
s = Absetzweg der Teilchen
w_z = Absetzgeschwindigkeit der Teilchen nach Gleichung 85

Aus Gleichung 89 folgt, dass die Absetzzeit t durch Verkleinerung des Absetzweges verringert werden kann, wenn sich die Absetzgeschwindigkeit w nicht mehr erhöhen lässt.

Aus den Gleichung 85 und Gleichung 87 ergibt sich der so genannte Trennkorndurchmesser d_{glT}, der gerade noch abgeschieden wird, zu:

$$d_{glT} \geq \sqrt{\frac{18 \cdot \dot{V} \cdot \rho \cdot v}{\pi \cdot \overline{d} \cdot a_r (\rho_T - \rho) \cdot L}} = \sqrt{\frac{18 \cdot \dot{V} \cdot \rho \cdot v}{\pi \cdot \overline{d} \cdot (\rho_T - \rho) \cdot g \cdot z \cdot L}} \qquad \text{Gleichung 90}$$

Bei aktuellen Tellerseparatoren werden Trennkorndurchmesser von etwa 0,5 μm erreicht [385].

Gestaltung der Tellereinsätze

Aus Abbildung 315 sind die an einem Teilchen, das an der Tellerunterseite nach außen gleiten soll, wirkenden Kräfte ersichtlich. Es sind das die:

Normalkraft F_N = $m \cdot \omega^2 \cdot r \cdot \sin\alpha$

Gleitkraft F_H = $m \cdot \omega^2 \cdot r \cdot \cos\alpha$

Zentrifugalkraft F_Z = $m \cdot \omega^2 \cdot r$

Ein Teilchen gleitet bei $F_H > F_N \cdot \mu$

$$m \cdot \omega^2 \cdot r \cdot \cos\alpha > \mu \cdot m \cdot \omega^2 \cdot r \cdot \sin\alpha$$

$\cot\alpha > \mu$ = $\tan\rho$

μ = Reibungskoeffizient

ρ = so genannter „Reibungswinkel"

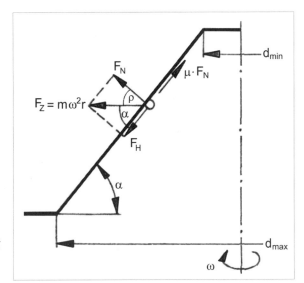

Abbildung 315 Kräfte am Feststoffteilchen, das an einem Teller gleitet (nach [386])

Der Cotangens des Tellerneigungswinkels α muss also größer sein als der Gleitreibungskoeffizient μ, um das Gleiten der abgeschiedenen Teilchen zu ermöglichen. Der Reibungskoeffizient wird u.a. vom Oberflächenzustand des Teller-Werkstoffs bestimmt.

Eine polierte und saubere Oberfläche bietet dafür gute Voraussetzungen!

Der Tellerneigungswinkel wird beispielsweise zu $\alpha = 50°...60°$ ausgeführt [386].

14.2.3 Volumenstrom der Separatorentrommel

Der Nennvolumenstrom gibt den maximalen Volumenstrom, bezogen auf Wasser, an. Er wird vor allem von den Abmessungen der Zu- und Ableitorgane bestimmt. Dafür wird auch der Begriff „Schluckvermögen" gebraucht.

Der Effektivvolumenstrom gibt den maximalen Volumenstrom an, bei dem gerade noch die Trennaufgabe realisiert wird. Er ist stets kleiner - teilweise beträchtlich - als der Nennvolumenstrom. Der Volumenstrom wird berechnet zu:

$\dot{V} \leq w_v \cdot A$ Gleichung 91

Klärung und Stabilisierung des Bieres

w_v = Durchströmgeschwindigkeit
A = „Klärfläche"

In der Regel wird mit dem Produkt A · z, der „äquivalenten Klärfläche" $A_{äq}$ eines Separators, gerechnet. In der Fachliteratur wird diese auch mit dem Buchstaben Σ bezeichnet [386].

$$\Sigma = A_{äq} = A \cdot z \qquad \text{Gleichung 92}$$

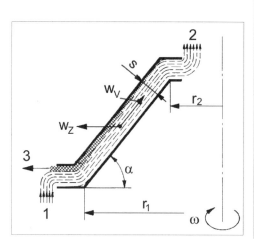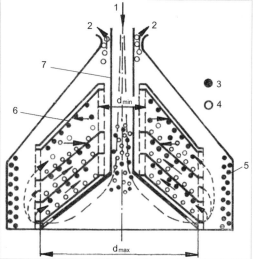

Abbildung 316 Bestimmung der Klärfläche bei verschiedenen Trommelformen
(nach [386])
1 Zulauf 2 Ablauf 3 schwere Teilchen 4 leichte Teilchen 5 Sediment aus schweren Teilchen 6 Tellereinsatz 7 Zulaufverteiler
$d_{max} = 2 \cdot r_1$ $d_{min} = 2 \cdot r_2$ α Neigungswinkel der Tellereinsätze w_z Zentrifugalgeschwindigkeit w_v Durchströmgeschwindigkeit   s Tellerabstand

Die äquivalente Klärfläche ist von der Trommelbauform und -geometrie abhängig. In Abbildung 316 werden die Zusammenhänge für die Berechnung der äquivalenten Klärfläche für eine Tellertrommel gezeigt. Diese wird bestimmt zu:

$$A_{äq} = \Sigma_T = \frac{2 \cdot \pi}{3 \cdot g} \cdot \omega^2 \cdot \tan \alpha \cdot i \cdot \left(r_1^3 - r_2^3\right) \qquad \text{Gleichung 93}$$

i = Anzahl der Tellereinsätze

Die äquivalente Klärfläche befindet sich stets orthogonal zum Kraftfeld, das die Trennung verursacht. Weitere Hinweise für die Berechnung der äquivalenten Klärfläche siehe z. B. [387]. Der Volumenstrom kann auch mittels Nomogramms ermittelt werden, z. B. nach [386], [388].

Der Volumenstrom wird durch die mögliche Drehzahl n und den Trommeldurchmesser $\overline{d}$ limitiert, da die zulässige Spannung des Trommelwerkstoffes begrenzend wirkt. Die Trommel wird durch die zu trennende Suspension und den Werkstoff selbst im Zentrifugalfeld beansprucht. Der mögliche Trennfaktor wird also vor allem von den verfügbaren Werkstoffen limitiert.

Der Durchmesser der Trommel kann bis zu 1 m betragen, der Tellerdurchmesser bis zu etwa 800 mm, die Drehzahlen erreichen bis zu 6800 U/min. Der Trennfaktor kann Werte von z ≤ 12.000 erreichen. Mit Gleichung 86 können die Parameter Trommel-Durchmesser und -Drehzahl bei bekanntem Trennfaktor abgeschätzt werden.

Mit modernen Tellerseparatoren werden die in Tabelle 118 genannten Durchsätze erreicht. Dabei ist natürlich zu beachten, dass die Zahlenangaben nur Richtwerte sein können, die von den betriebsspezifischen Gegebenheiten abhängig sind.

Tabelle 118 Durchsatz von modernen Klär-Separatoren mit selbstentleerender Trommel

Trennaufgabe	Zulauf-konzentration	Ablauf-konzentration	Effektiver Durchsatz in hL/h	Elektr. Anschlusswert *) in kW
Jungbier	< 20·10⁶ Z/mL	< 1·10⁶ Z/mL	≤ 1200	90…105
Vorklärung vor dem Filter	< 10·10⁶ Z/mL	< 0,5·10⁶ Z/mL	≤ 500	ca. 55
Restbier-gewinnung	< 30 Vol.-%	< 1 Vol.-%	≤ 45	ca. 55

*) nach Angaben von *GEA Westfalia Separator Group*

14.3 Wichtige Baugruppen des Separators

14.3.1 Maschinengestell

Das Maschinengestell wird vorzugsweise als Gusskonstruktion gefertigt. Das Gestell nimmt den Antrieb, die Spindel mit der Trommel, die Trommelverkleidung, die Zu- und Ablaufarmatur und das Steuergerät für die Trommelentleerung auf.

Das Gestell ruht mit Elastomer-Schwingungsdämpfern auf dem Fundament der Anlage, um Maschinenschwingungen von diesem fernzuhalten. Abbildung 317 zeigt schematisch einen modernen Klärseparator.

14.3.2 Antriebsmotor

Die Trenntrommel des Separators besitzt eine relativ sehr große Masse (Trommelwerkstoff + Flüssigkeitsinhalt) und demzufolge ein sehr großes Massenträgheitsmoment. Bei der Inbetriebnahme muss diese Masse auf die Nenndrehzahl beschleunigt werden. Die erforderliche Antriebsleistung wird von der Trommelmasse bzw. deren Massenträgheitsmoment, der Solldrehzahl (Winkelgeschwindigkeit) und der verfügbaren Anfahrzeit bestimmt. Bei der Anfahrzeit wird im Allgemeinen ein Kompromiss geschlossen: je nach Größe: 5…15 min. Beim Abschalten muss die kinetische Energie W_{kin} des Antriebs wieder abgeführt werden (Mechanische Bremse oder Nutzbremsung durch Generatorbetrieb, die Bremszeit bis zum Stillstand beträgt etwa 15…45 min).

$$W_{kin} = \frac{\omega^2}{2} \Theta \qquad \text{Gleichung 94}$$

Θ = Massenträgheitsmoment
ω = Winkelgeschwindigkeit

Klärung und Stabilisierung des Bieres

Da der Leistungsbedarf für die Beschleunigung der Trommel wesentlich größer ist als der Bedarf für den Betrieb bei Nenndrehzahl, werden verschiedene Varianten genutzt. In der Vergangenheit wurden die Motoren überdimensioniert (sogenannte Schweranlaufmotoren) oder es wurden Anfahrkupplungen genutzt.

Moderne Antriebskonzepte nutzen vor allem Frequenzumrichter für die Anlaufsteuerung und die Beeinflussung der Drehzahl der Trommel. Als Motoren werden Drehstrom-Asynchronmotoren eingesetzt, Schutzgrad IP 55 oder höher.

Ein modernes Antriebskonzept ist der Direktantrieb der Trommel, das verstärkt zur Anwendung kommt. Beim integrierten Direktantrieb sind Motor- und Trommelwelle ein Bauteil (Abbildung 319a). Diese Bauform wird beispielsweise beim Profi®-CMF-Verfahren genutzt (s.a. Kapitel 8.2.1).

Die Motordrehzahl wird im Allgemeinen mit n = 1500 U/min bei 50 Hz festgelegt, zum Teil auch mit 3000 U/min. Die Trommeldrehzahl wird dann durch das Übersetzungsverhältnis des mechanischen Getriebes bzw. des Riemengetriebes bestimmt.

Die Drehzahl der Trommelwelle kann messtechnisch erfasst und von der Separatorensteuerung überwacht werden.

Der Motor muss ausreichend gekühlt werden. Dazu muss die ungehinderte Kühlluftzufuhr gesichert werden. Für den Betrieb mit einem Frequenzumrichter kann es erforderlich werden, den Motor mit einem Zusatzlüfter zu kühlen.

Die Motoren des GEA Westfalia Systems „directdrive" werden mit Flüssigkeit gekühlt.

14. 3.3 Kupplung

Der Antriebsmotor wurde in der Vergangenheit über eine Anfahrkupplung mit dem Trommelantrieb verbunden. Verwendet wurden dafür: Fliehkraft-Reibungskupplungen bei kleineren Antrieben, Hydrodynamische Drehmomentwandler (Synonyme: Strömungskupplung, Flüssigkeitskupplung) oder Magnetkupplungen.

Die Zahl der Anfahrvorgänge wurde von der möglichen Wärmeabfuhr der Kupplungen begrenzt. Die Drehzahldifferenzen Motor/Trommelwelle führen zur Erwärmung!

Zusätzlich können nicht schaltbare Kupplungen zum radialen und axialen Ausgleich der Antriebswellen installiert werden.

Bei modernen Separatoren mit Ansteuerung des Motors über Frequenzumrichter kann auf Kupplungen als Anfahrhilfe verzichtet werden.

14.3.4 Getriebe

In der Vergangenheit wurden zur Anpassung der Motordrehzahl an die Trommelwellendrehzahl Getriebe eingesetzt. Bei kleineren und mittleren Antriebsleistungen wurden in der Regel Schraubenradgetriebe genutzt. Die Motorwelle dreht horizontal, die Trommelwelle vertikal (Abbildung 318).

Bei modernen Separatoren werden Motorwelle und Trommelwelle vertikal montiert und mittels eines Riemengetriebes verbunden. Auf der Motorwelle kann sich zusätzlich als Anfahrhilfe eine Strömungskupplung befinden.

Separation

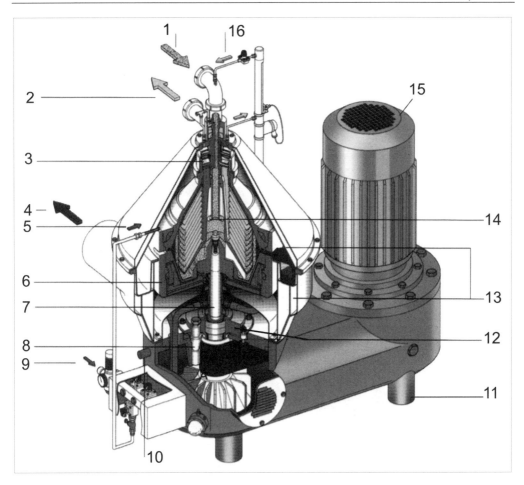

Abbildung 317 Klärseparator, schematisch, z.T. im Schnitt (Typ GSC, GEA Westfalia)
1 Produkt-Zulauf **2** Produktablauf, geklärt **3** Hydrohermetik **4** Feststoff-Austrag
5 Haubenspülung zur Reinigung des Raumes zwischen Trommel und Haube **6** Separatoren-Trommel **7** Trommelwelle (Spindel) **8** Dämpfung des Kurzspindelantriebes
9 Steuerwasserzulauf **10** Schwingungssensor **11** Maschinenfuß als Schwingungsdämpfer **12** Baugruppe-Kurzspindelantrieb **13** Doppelwandige Haube und Feststofffänger (kühlbar, Geräusch dämmend) **14** Hydrohermetischer Zulauf **15** Antriebsmotor **16** Zu- und Ablauf der Eigensteuerung

Klärung und Stabilisierung des Bieres

Abbildung 318 Antrieb eines Separators mittels Schraubenrad-Getriebe (Typ SB 80-06-076, nach Westfalia)

Abbildung 319 Klärseparator GSE 550 (nach GEA Westfalia) Antrieb mittels Flachriemen

Separation

Abbildung 319a Klärseparator Westfalia Separator® directdrive GSI 400 mit integriertem Direktantrieb (Foto GEA Westfalia)

Das Riemengetriebe sichert eine Übersetzungsstufe, dämpft Schwingungen und gleicht Achsabstände aus. Der Riemen ist spannbar, indem der Motor relativ zum Gehäuse verschoben werden kann (der Abstand Trommelwelle zur Motorwelle kann eingestellt werden). Als Antriebsriemen werden vorzugsweise Flach- oder Keilriemen benutzt. Die Riemen müssen in der Regel jährlich gewechselt werden, in Abhängigkeit vom Betriebsregime. In der Vergangenheit wurden auch Mehrfach-Keilriemen eingesetzt.

Bei verschiedenen Separator-Bauarten wird seit etwa 2009 auch bereits der Direktantrieb genutzt: Die Motorwelle wird direkt mit der senkrechten Trommelwelle verbunden bzw. ist ein Bauteil (s.a. Abbildung 319a). Vorteile sind: hoher Wirkungsgrad, weniger Verschleißteile, verbesserte Servicefreundlichkeit, geringerer Platzbedarf.

14.3.5 Trommelwelle/Spindellagerung

Die Trommelwelle (Synonym „Spindel") überträgt das Drehmoment des Antriebs auf die Trommel.

Trotz der statischen und dynamischen Auswuchtung der Trommel können Unwuchten auftreten, die ihre Ursachen zum Beispiel in Fertigungstoleranzen, Unwuchten des Schleudergutes und Antriebseinflüssen haben. Sie führen zu Schwingungen und damit zur Belastung der Trommelwelle. Die sogenannten

Klärung und Stabilisierung des Bieres

Resonanzfrequenzen der Welle dürfen im Betriebszustand nicht in der Nähe der Betriebsfrequenz liegen und müssen beim An- und Abfahren der Maschine möglichst schnell durchfahren werden.

Die praktisch unvermeidbare Unwucht der Separatorentrommel führt dazu, dass die Trommelachse (die Trommel wirkt - durch ihre große Masse bedingt - wie ein Kreisel) einen kleinen Kegel um die konstruktiv festgelegte Achse beschreibt. Diese Erscheinung wird als Präzession bezeichnet. Diese wird mit steigender Drehzahl kleiner.

Bei starrer Lagerung der Trommelwelle würden die o.g. Schwingungen auf das Fundament übertragen. Deshalb werden die Trommelwellen in einem sphärischen Fußlager und einem allseitig horizontal verschiebbar Halslager (oberes Lager) gelagert. Damit kann sich die Trommelwelle auf einer Kegelflächenbahn bewegen und wird im Wesentlichen von Querkräften entlastet.

Die Spindellagerung wird bei modernen Separatoren als Baugruppe ausgeführt, die auch den Schmierstoffkreislauf umfasst (Abbildung 320). Damit ist die einfache Austauschbarkeit gesichert.

Insbesondere der sogenannte Kurzspindelantrieb (s.a. Abbildung 321) als räumlich sehr kompakte Baugruppe steht für vibrationsarmen Lauf und Servicefreundlichkeit.

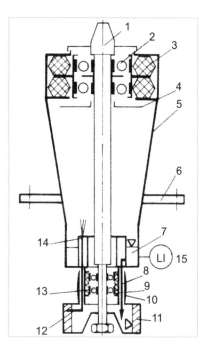

Abbildung 320 Einspindellagerung (nach Alfa-Laval)
1 Spindelwelle **2** Halslager (axial und radial)
3 Elastomer-Feder **4** Ölnebelscheibe **5** Spindellagergehäuse **6** Lagergehäuseflansch **7** Schmieröl
8 Ölrücklauf **9** Fußlager Elastomer **10** Riemenscheibe, kombiniert mit Schmierölvorrat **11** Ölvorrat
12 Ölschälrohr **13** Fußlager **14** Öldüse
15 Ölstandanzeige

Separation

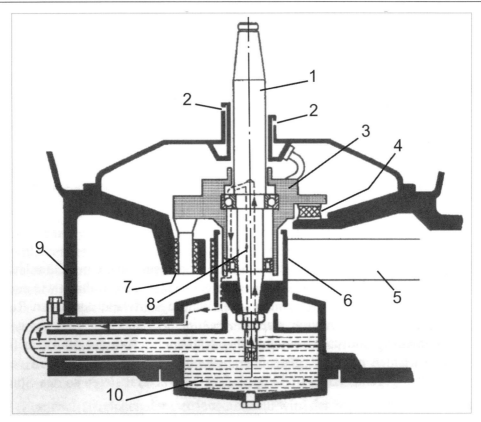

Abbildung 321 Kurzspindelantrieb, schematisch (nach GEA Westfalia; zit. durch [381])
1 Spindel **2** Steuerwasser **3** Spindellager-Gehäuse **4** Elastische Lagerung **5** Flachriemen **6** Riemenscheibe **7** Elastische Lagerung **8** Schmieröl-Kreislauf **9** Separator-Gehäuse **10** Schmierstoff-Vorrat

14.3.6 Trommel

Die Trommel kann je nach Aufgabe unterschiedlich ausgelegt werden. Prinzipiell werden unterschieden: Röhrentrommel, Kammertrommel und Tellertrommel.

Für die Belange der Jungbierseparation bzw. Trübstoffentfernung vor der Filtration werden Tellertrommeln mit diskontinuierlichem Feststoffaustrag eingesetzt. In der Backhefeindustrie werden dagegen Tellertrommeln mit kontinuierlichem Austrag benutzt (Austrag mittels Düsen).

Die Trommel (s.a. Abbildung 317) wird aus zwei Teilen zusammengesetzt und mit einer Mutter mit Außengewinde verschraubt. Das Unterteil wird auf den Konus der Spindel aufgesetzt und verschraubt. Der eigentliche Klärraum bildet einen Doppelkonus. In diesem werden die abgetrennten Feststoffe gesammelt. Zur Verbesserung des Feststoffaustrages und der CIP-Reinigung kann der Feststoffraum mit Kammern in Pyramidenform gestaltet werden (Abbildung 322).

Der Feststoffraum kann, in Abhängigkeit von der Trommelbauform, ein Volumen von 20…40 L aufweisen (Austrag mit Kolbenschieber) bzw. 16 L (Austrag mit Ringkolben). GEA Westfalia gibt je nach Typ für den Feststoffraum ein Volumen von 0,9…44 L an.

Klärung und Stabilisierung des Bieres

Im unteren Trommelteil werden die Elemente für den Feststoffaustrag (s. Kapitel 14.4) angeordnet. Die Kraft für das Öffnen und Schließen der Austragsöffnungen wird durch die auf das zugeführte Schließ- bzw. Öffnungswasser wirkende Zentrifugalkraft erzeugt. Die Zu- und Ableitung der zu klärenden Suspension erfolgt in der Regel von oben (s.u.).

Die Trommel mit ihren Einbauten muss statisch und dynamisch präzise ausgewuchtet werden. Um die exakte Auswuchtung der Trommel auch nach Demontage/Montage zu erhalten, werden alle Komponenten so gestaltet, dass sie nur formschlüssig unverwechselbar zusammengesetzt werden können.

Der Trommelwerkstoff wird durch die wirkende Zentrifugalkraft (verursacht vom Füllgut und der Trommelmasse selbst) erheblich beansprucht. Die zulässige Spannung des Trommelwerkstoffs wirkt limitierend und setzt der Durchmesservergrößerung bzw. Drehzahlerhöhung Grenzen. Die zulässigen Spannungen $R_{p0,2zul}$ (0,2 % Dehngrenze) liegen zurzeit in der Größenordnung von $R_{p0,2\,zul}$ bis zu 660 N/mm^2, die Zugfestigkeit R_m erreicht Werte von R_m = 640...≥ 840 N/mm^2. Verwendet werden korrosionsbeständige CrNiMo-Werkstoffe, z. B. die Werkstoff-Nummern 1.4401, 1.4418, 1.4462, und 1.4501. Diese Stähle haben ein austenitisches, austenitisch-ferritisches bzw. schwach martensitisches Gefüge.

Abbildung 322
Gestaltung der Trommelperipherie mit Austragskammern
(nach Alfa-Laval)

Tellereinsätze

Die Teller-Einsätze (s.a. Abbildung 316) werden mit einem Neigungswinkel $\alpha \approx 50...60°$ ausgeführt. Die Dicke der Teller beträgt 0,3...0,5 mm, der Abstand 0,3...1 mm. Die Telleroberfläche wird zur Verbesserung der Feststoffableitung fein geschliffen bzw. poliert. Die Teller (100 bis 350 Stück) werden zu einem Paket zusammen gespannt.

Die Teller können mit mehreren Steiglöchern versehen sein. Diese befinden sich auf einer Kreisbahn, deren Radius so gewählt wird, dass sie sich im Bereich der Trennzone befindet, also der Zone, in der sich die abgeschiedenen Teilchen nach dem Eintritt in die Trommel nach außen bewegen. Diese Steiglöcher bilden im Tellerpaket dann die sogenannten Steigekanäle.

14.3.7 Flüssigkeits-Zu- und Ablauf

Die Zu- und Ablauf-Armatur (Synonym: Ableiter) stellt die Verbindung der Rohrleitungen mit der rotierenden Trommel her. Im modernen Separatorenbau wird hierfür die sogenannte Hydrohermetik eingesetzt. Damit können die Medien unter Überdruck zur Vermeidung von CO_2-Verlusten zu- und abgeleitet werden, ohne Sauerstoff aufnehmen zu können.

Die Ableitung erfolgt in der Regel schaumfrei mit einem sogenannten Greifer. Dieser wird benutzt, um die kinetische Energie der rotierenden Flüssigkeit in potenzielle zur Förderung des Mediums umzuwandeln (Druckerhöhung). Den Greifer kann man sich als „umgekehrte" Kreiselpumpe vorstellen: der „Rotor" (der Greifer) steht und das Gehäuse dreht sich (Abbildung 323).

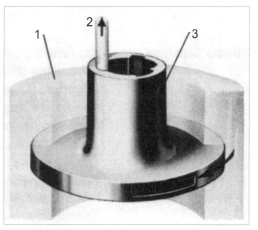

Abbildung 323 Greifer, schematisch und real (nach GEA Westfalia)
1 Rotierende Flüssigkeit **2** abgeleitete Flüssigkeit nach Druckerhöhung **3** Greifer, stillstehend

Hydrohermetische Abdichtung

Um eine Beeinflussung des Produktes mit der Umgebungsluft zu vermeiden, sind die hydrohermetischen Separatoren oberhalb der Produktgreiferkammer (10) (s.a. Abbildung 324) mit einer zusätzlichen Sperrkammer (11) versehen. Eine oberhalb des Greifers (5) angeordnete, stillstehende Scheibe (4) taucht in die mit Sperrflüssigkeit (O_2-freies Wasser) gefüllte Kammer ein. Hierdurch wird der innere Trommelteil ohne Verwendung verschleißender Abdichtung gegen die Außenluft abgedichtet. Die auftretende Flüssigkeitsreibung (Wärme) an der stillstehenden Scheibe erfordert eine taktweise Zugabe von Sperrflüssigkeit (3). Die überschüssige Flüssigkeit läuft über das Wehr (12) ab.

Der Separator kann auch mit einem hydrohermetischen Produktzulauf (7) ausgerüstet werden. Durch dieses Einlaufsystem werden Scherkräfte beim Produkteintritt verringert. Der Produktstrom wird, ähnlich wie bei einer vollhermetischen Ausführung, durch das Produkt selbst in der vollständig gefüllten Trommel beschleunigt. Somit ergeben sich eine schonende Behandlung und ein optimaler

Kläreffekt, insbesondere bei scherempfindlichen Schleudergütern, sowie ein geringerer Energiebedarf.

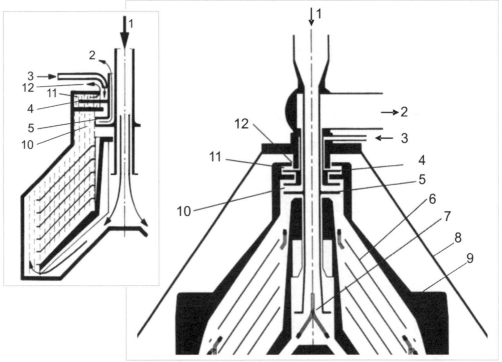

Abbildung 324 Hydrohermetische Abdichtung, schematisch (nach GEA Westfalia)
1 Zulauf **2** Ablauf, geklärt **3** Sperrflüssigkeit **4** Hydrohermetikscheibe **5** Greifer
6 Teller **7** Hydrohermetisches Zulaufsystem **8** Haube **9** Trommel **10** Greiferkammer **11** Hydrohermetikkammer **12** Überlaufwehr
(die Pos. **1** bis **5, 8** sind feststehend)

14.3.8 Separatorenhaube

Die Separatorenhaube kann doppelwandig ausgeführt werden. Damit wird zum einen die Lärmentwicklung gedämpft und zum anderen kann durch den Hohlraum ein Kälteträger (oder Kühlwasser) geleitet werden, der die Reibungswärme abführt. Die rotierende Trommel erwärmt die Umgebungsluft der Trommel.

In gleicher Weise kann der Feststofffänger doppelwandig gestaltet werden, um durch Kühlung das Anbacken der Feststoffe zu vermeiden. Durch die Kühlflüssigkeit bildet sich ein Kondensatfilm auf der inneren Haubenfläche bzw. im Schlammfänger.

Prinzipiell kann die Trommelwelle mittels einer Gleitringdichtung gegenüber dem Haubenraum gedichtet werden. Damit lassen sich die Voraussetzungen für das Dämpfen des Separators und den Sterilbetrieb schaffen.

Um die Ableitung der ausgetragenen Feststoffe zu erleichtern, wird vor dem Öffnen der Trommel in der Haube und dem Feststofffänger Wasser versprüht.

14.3.9 Aufstellungsbedingungen und Zubehör

Hebezeuge
Für die Montage bzw. Demontage der Trommel muss ein Hebezeug (Flaschenzug) installiert werden, vorzugsweise an einer Laufschiene. Die Raumhöhe muss entsprechend bemessen werden.

Bei direktem Antrieb befindet sich der Motor unterhalb des Aufstellungsniveaus des Separators. Für dessen Montage müssen entsprechende Voraussetzungen geschaffen werden. Beim integrierten Direktantrieb von GEA Westfalia entfallen diese.

Aufstellungsort
Bedingt durch die relativ große Masse eines Separators muss der Aufstellungsort eine entsprechende Tragfähigkeit besitzen. Insbesondere die möglichen Schwingungen des Separators müssen vom Fundament entkoppelt werden.

Günstig ist die Aufstellung von Separatoren in einem separaten Raum, der mit einer Schalldämmung ausgerüstet wird.

Die Aufstellung muss natürlich die Kühlluftzufuhr zum Antriebsmotor sichern, soweit keine Flüssigkeitskühlung eingesetzt wird.

Schwingungsüberwachung
Bei modernen Separatoren werden Schwingungsüberwachungssysteme integriert. Bei Überschreitung der einstellbaren Grenzwerte lässt sich die Maschine selbsttätig nach einem vorgegebenen Programm stillsetzen. Zusätzlich gibt es die Möglichkeit der Installation einer stetigen Zustandsanzeige zum Zwecke der vorbeugenden Instandhaltung (bei GEA Westfalia: Westfalia Separator® wewatch®-System), um ungewollte Stillstandszeiten zu vermeiden. Das System *WatchMaster* ist eine Offline Version, das System *WatchMaster plus* ist die Online Version

Fördersysteme für die abgetrennten Feststoffe
Die abgetrennten Feststoffe (Hefezellen, Eiweiß und andere Trübstoffe) werden entweder direkt oder nach Rückverdünnung mittels Verdrängerpumpen gefördert. Diese Förderstrecken müssen in die CIP-Systeme eingebunden sein.

14.4 Feststoffaustrag

Separatoren mit selbstentleerender Trommel können intervallmäßig teilentleert oder vollständig entleert werden. Diese Entleerungen können erfolgen:
- Nach einem programmierbaren Zeitplan;
  Diese Variante ist bei gleichbleibendem Feststoffgehalt des Klärgutes gut anwendbar.
- Nach Messung der Trübung des ablaufenden Mediums; Nach Überschreitung eines einstellbaren Grenzwertes für die Trübung kann die Entleerung angesteuert werden.
  Einzelheiten zur Trübungsmessung s.a. Kapitel 17.
- Durch Messung des Füllungsgrades des Feststoffraumes mittels einer Fühlerflüssigkeit (siehe Kapitel 14.4.4).

Bei einer Teilentleerung wird nur der Feststoff ausgetragen, das Fluid verbleibt in der Trommel, es tritt kein Produktverlust auf.

Bei der Totalentleerung kann ggf. das Produkt vor der Trommelöffnung mittels einer Flüssigkeit (z. B. mit entgastem Wasser) verdrängt werden.

Klärung und Stabilisierung des Bieres

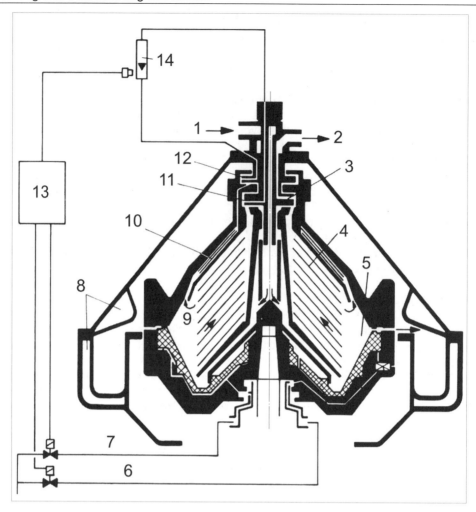

*Abbildung 325 Feststoffaustrag bei einer Trommel mit beweglichem Schleuderraumboden, schematisch (Separator HyDRY® GSC nach GEA Westfalia)
Links: Austrittsspalt geschlossen, Rechts: Austrittsspalt geöffnet*
1 Zulauf **2** Ablauf Klarphase **3** Greifer **4** Teller **5** Klärteller für Fühlerflüssigkeit **6** Feststoffraum **7** Feststoff-Austrittsspalt im Trommelmantel **8** Ringventil **9** Ablassdüse **10** Speicherkammer **11** Kanal für Vorfüllwasser **12** Schleuderraumboden (= Kolbenschieber) **13** Schließkammer **14** Ventil für Drosselung der Sensorflüssigkeit **15** Steuergreifer **16** Sensor für Durchfluss **17** Steuergerät **18** Ventil für Steuerwasser für das definierte Füllen der Speicherkammer und das Schließen des Kolbenschiebers **19** Ventil für Steuerwasser zur Betätigung des Ringventils bzw. zur Öffnung des Austrages

Für den Feststoffaustrag können verschiedene Systeme genutzt werden. In der Getränkeindustrie kommen spezifisch je nach Hersteller zum Einsatz:
- Trommeln, deren Schleuderraumboden beweglich ist (Abbildung 325 und Abbildung 326);
- Trommeln, die mit einem Ringkolben ausgerüstet sind (Abbildung 327);
- Trommeln, die über einen Kolbenschieber verfügen (Abbildung 328).

Auf Separatoren mit kontinuierlichem Feststoffaustrag, wie z. B. die in der Back- und Futterhefeindustrie eingesetzten Düsen-Tellerseparatoren, wird in dieser Schrift nicht eingegangen.

14.4.1 Trommeln mit beweglichem Schleuderraumboden

In Abbildung 325 ist eine Trommel mit beweglichem Schleuderraumboden schematisch dargestellt. Anhand des Beispiels eines Separators vom Typ HyDRY® GSC von GEA Westfalia soll der Feststoffaustrag erläutert werden:

Während der Produktfahrt werden ausschließlich Teilentleerungen vorgenommen. Die Trommelentleerung wird über das Steuergerät eingeleitet. Der Kolbenschieber (Schleuderraumboden) (12) wird für den Feststoffausstoß hydraulisch bewegt. Bei der Teilentleerungen muss dieser Vorgang möglichst schnell erfolgen, damit in kurzer Zeit ein großer Austragsspalt für den ungehinderten Feststoffaustritt frei wird.

Der Kolbenschieber ist in Schließstellung, wenn die Schließkammer (13) gefüllt ist. Durch hydraulisches Öffnen des Ringventils (8) läuft das Schließwasser aus der Schließkammer in die Speicherkammer (10). Ist die Speicherkammer gefüllt, stoppt der Ausfluss aus der Schließkammer, ohne dass das Ringventil in Schließstellung gehen muss (Westfalia Separator *HydroStop*-System). Die Trommel wird kurzzeitig geöffnet und der Feststoff schlagartig durch den Spalt (7) ausgetragen. Die ausgetragene Feststoffmenge hängt vom Flüssigkeits-Volumen in der Speicherkammer ab (kontrollierte Teilentleerung). Über eine Bohrung (11) lässt sich die Speicherkammer vor dem Einleiten der Entleerung teilfüllen, wodurch die Entleerungsmenge vorgewählt werden kann. Während des Entleerungsvorganges läuft Schließwasser zur Schließkammer, wodurch diese wieder aufgefüllt wird. Danach geht das Ringventil wieder in Schließstellung. Die Speicherkammer entleert sich über eine Ablassdüse (9). Durch dieses neue Westfalia Separator HydroStop-System konnte die eigentliche Entleerungszeit bis auf weniger als 1/10 Sekunde reduziert werden.

Nach mehreren Teilentleerungen kann eine „Reinigungsentleerung" vorgesehen werden, bei der eine größere Teilentleerung eingeschoben.

Totalentleerungen werden während der CIP-Prozedur nach jedem Medienwechsel praktiziert.

Die Variante des Austragsystems HyVOL® GSE für die Steuerung des Feststoffaustrages zeigt Abbildung 326.

Für eine Totalentleerung (z. B. bei CIP) werden die Öffnungswasserventile 8 und 11 kurzzeitig geöffnet. Dadurch wird das Kolbenventil Pos. 7 (Abbildung 326a) angesteuert und geöffnet, das Schließwasser unter dem Kolbenschieber Pos 6 verlässt die Trommel und der Trommelinhalt öffnet den Kolbenschieber, die Trommel wird entleert. Danach wird das Schließwasserventil Pos. 9 geöffnet, der Kolbenschieber verschließt die Trommel.

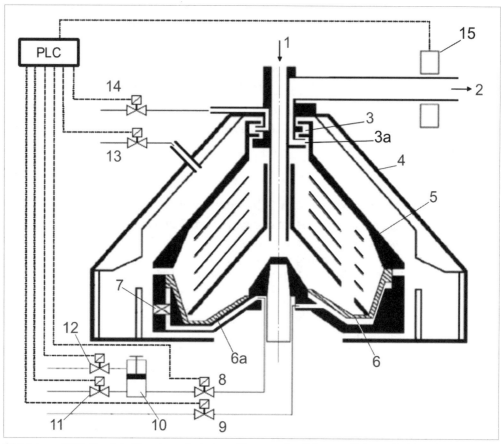

Abbildung 326 Feststoffaustrag bei einer Trommel mit beweglichem Schleuderraumboden, schematisch (Separator HyVOL® GSE nach GEA Westfalia)
Links: Austrittsspalt geöffnet, Rechts: Austrittsspalt geschlossen

1 Zulauf **2** Ablauf **3** Hydrohermetische Abdichtung **3a** Greifer **4** Haube **5** Trommel **6** Schleuderraumboden (= Kolbenschieber) geschlossen **6a** Schleuderraumboden (= Kolbenschieber) geöffnet **7** Kolbenventil **8** Ventil für Öffnungswasser **9** Ventil für Schließwasser **10** Dosierkolbenbehälter **11** Wasserventil **12** Ventil für Druckluft (10 bar) **13** Ventil für Haubenspülwasser **14** Ventil für Hydrohermetic-Wasser **15** Trübungssensor

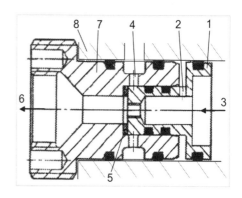

Abbildung 326a Kolbenventil zur Öffnungssteuerung des Kolbenschiebers (Pos. 6 in Abbildung 326)

1 Ventilkolben **2** Bohrung für Steuerwasser **3** Steuerwasser **4** Bohrung für Ablauf des Schließwassers **5** Dichtung **6** Ablauf Steuer- und Schließwasser **7** Kolbenventilgehäuse **8** Trommel

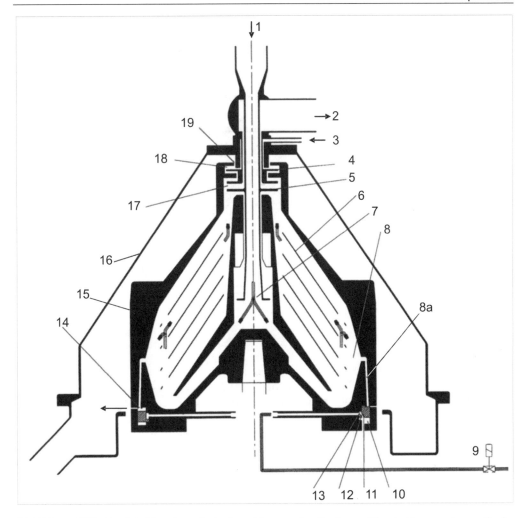

*Abbildung 327 Feststoffaustrag bei einer Trommel mit einem Ringkolben, schematisch
Links: Austrag geöffnet, Rechts: Austrag geschlossen
(Beispiel: Separator Typ CSA 500 nach GEA Westfalia)*

1 Zulauf **2** Ablauf, geklärt **3** Sperrflüssigkeit **4** Hydrohermetikscheibe **5** Greifer **6** Teller **7** Hydrohermetisches Zulaufsystem **8** Feststoffraum **8a** Feststoff-Austragskanal **9** Steuerwasserventil **10** Schließkammer **11** Ringkolben **12** Ablaufbohrung **13** Öffnungskammer **14** Feststoffaustritt **15** Trommel **16** Haube **14** Greiferkammer **18** Hydrohermetikkammer **19** Überlaufwehr **20** Überlaufbohrung **21** Steuerwasserzulauf

Klärung und Stabilisierung des Bieres

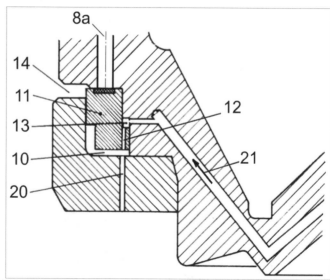

Legende siehe
Abbildung 327

Abbildung 327 a Einzelheit Ringkolben, sinngemäß nach Abbildung 327;
Geschlossener Zustand

Für die Teilentleerung wird der Dosierkolbenbehälter einstellbar definiert mit Wasser über Ventil Pos. 11 gefüllt. Zum vorbestimmten Zeitpunkt wird das Ventil Pos. 8 geöffnet und das Wasser des Dosierbehälters mit Druckluft (Ventil Pos. 12) ausgeschoben und öffnet für eine definierte Zeit das Kolbenventil Pos. 7: das Schließwasser kann ablaufen und die Trommel wird geöffnet. Das exakt bestimmbare Wasservolumen des Dosierkolbenbehälters bestimmt die Öffnungszeit. Mit dem Schließwasserventil Pos. 9 wird der Kolbenschieber wieder in die Schließstellung gebracht.

Vor und nach jeder Trommelvoll- oder -teilentleerung wird der Haubenraum und die Trommeloberfläche über Ventil Pos. 13 kurz gespült.

Das Schließwasser und das Wasser der hydrohermetischen Abdichtung können intervallmäßig ergänzt werden, die Zeit ist programmierbar.

Die Ansteuerungen des Öffnungs- und Schließwassers erfolgen nur für wenige Sekunden.

14.4.2 Trommeln mit Ringkolben

In Abbildung 327 ist eine Tellertrommel schematisch dargestellt, deren Feststoffraum (8) über die Austragskanäle (8a) entleert wird, wenn der Ringkolben (11) angesteuert ist. Der Ringkolben ist in Abbildung 327a als Einzelheit dargestellt.

Diese Austragsvariante kann eingesetzt werden, wenn der Feststoffgehalt der Suspension nicht zu groß ist, beispielsweise bei der Vorklärung zur Filtration.

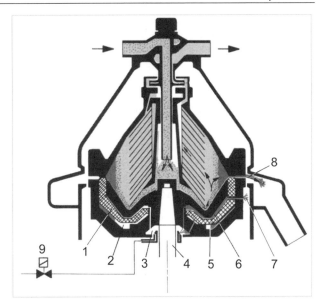

*Abbildung 328 Feststoffaustrag bei einer Trommel mit Kolbenschieber, schematisch (nach GEA Westfalia)
Links: Trommel geschlossen, Rechts: Trommel geöffnet*
1 Kolbenschieber 2 Schließkammer 3 Einspritzkammer für Steuerwasser 4 Spindel 5 Überlaufbohrung für Schließkammer 6 Öffnungskammer 7 Ablaufbohrung für Öffnungskammer 8 Austrittsspalt für Feststoff 9 Steuerwasserventil

14.4.3 Trommeln mit Kolbenschieber

In Abbildung 328 ist eine Trommel mit Kolbenschieber für den Feststoffaustrag schematisch dargestellt. Bei modernen Separatoren wird diese Variante des Feststoffaustrages nicht mehr benutzt, da die Öffnungszeiten nicht genügend reduziert werden können. Eine moderne Variante eines Kolbenschiebers ist der bewegliche Schleuderraumboden s.a. Abbildung 325 und Abbildung 326.

14.4.4 Messung des Feststoff-Füllungsgrades in der Trommel

In Abbildung 329 ist dieses Eigensteuerungssystem für den Feststoffaustrag einer selbstentleerenden Trommel schematisch dargestellt. Der Hauptstrom der geklärten Flüssigkeit wird von dem Greifer (3) ausgetragen. Ein kleiner Nebenstrom (Fühlerflüssigkeit) wird aus dem Feststoffraum (5) bei Pos. (9) abgezweigt und für die Signalgewinnung genutzt (s.a. Abbildung 317).

Bei Pos. 9 fließt die Fühlerflüssigkeit über einen Scheideteller durch die Tellerzwischenräume (10) zwecks Klärung zum Steuergreifer (12). Dieser drückt sie durch einen Durchflusssensor (14) und über den Steuergreifer (11) in die Greiferkammer (3) zurück. Von hier tritt sie mit dem geklärten Schleudergut aus dem Separator aus. Wenn bei Pos. (9) der Fühlerflüssigkeitseintritt durch Auffüllen des Trommelfeststoffraumes mit Sedimenten abbricht, wird der Zulauf zum Durchflusssensor (14) unterbrochen. Der Sensor gibt ein Signal zum Steuergerät (13), das den Entleerungsvorgang/die Teilentleerung einleitet.

Die Außendurchmesser der beiden Steuergreifer (11) und (12) sind so bemessen, dass auch bei schwankendem Flüssigkeitsspiegel in den Greiferkammern, hervorgerufen z. B. durch Durchsatzschwankungen, die notwendige Eintauchtiefe gewährleistet ist. Die Differenz der Steuergreiferdurchmesser ist gering, der erzeugte

Druckunterschied ebenfalls. Dadurch zirkuliert nur ein Mindestmaß an Fühlerflüssigkeit, und das Steuersystem reagiert auch bei schleimigen Feststoffen.

Der Durchflusssensor (14) ist ein handelsübliches Gerät, z. B. ein Schwebekörper-Messgerät (s.a. [6]). Der Sensorkreislauf ist in den CIP-Kreislauf eingebunden.

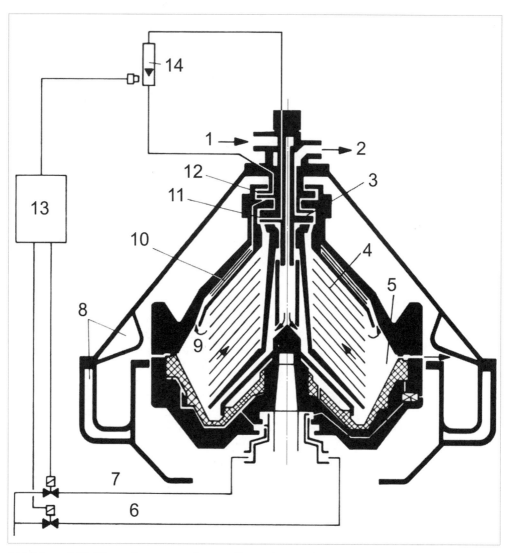

Abbildung 329 Eigensteuerung eines selbstentleerenden Separators mittels Fühlerflüssigkeit, schematisch (nach GEA Westfalia)
1 Zulauf **2** Ablauf **3** Greifer und Greiferkammer für den Ablauf **4** Teller **5** Feststoffsammelraum **6** Öffnungswasser **7** Schließwasser **8** Kühlkammer **9** Eintritt der Fühlerflüssigkeit in den Klärtellerbereich **10** Klärteller für Fühlerflüssigkeit („Scheideteller") **11** Steuergreifer 1 **12** Steuergreifer 2 **13** Steuergerät **14** Durchfluss-Sensor

14.5 CIP-Reinigung

Die Separatoren lassen sich nach dem CIP-Verfahren automatisch reinigen und desinfizieren. Dazu werden die Medien nach einem Programm durch den Separator gefördert. Nach jedem Medium bzw. Reinigungsschritt kann die vollständige oder teilweise Entleerung der Trommel durchgeführt werden.

15. Die kolloidale Bierstabilisierung, Stabilisierungsmittel, Technologie und Technik

15.1 Einführung

Die Trübungsfreiheit des Bieres ist ein wichtiges Qualitätsmerkmal. Nichtbiologische Trübungen bestehen meistens aus Eiweiß- und Gerbstoffverbindungen. Es gibt eine Reihe wichtiger technologischer Maßnahmen zur Erhöhung der kolloidalen Stabilität des Bieres. Durch gezielte Stabilisierungsmaßnahmen kann die kolloidale Haltbarkeit, d.h. die kolloidale Stabilität oder die nichtbiologische Stabilität, sicher zwischen 3...12 Monaten eingestellt werden.

Entscheidenden Einfluss auf die Ausbildung von Trübungen im filtrierten Bier haben:
- Die Lagertemperatur des filtrierten und abgefüllten Bieres;
- Der Gesamtsauerstoffgehalt des abgefüllten Bieres;
- Die Intensität der bereits im gesamten Bierherstellungsprozess erfolgten Oxidationsprozesse der Bierinhaltsstoffe;
- Der Gehalt an Schwermetallionen;
- Die Intensität der Bewegung, der das abgefüllte Bier unterworfen wird;
- Die Intensität der Lichteinwirkung auf das abgefüllte Bier;

Je höher die Temperaturen, je höher die Konzentrationen der aufgeführten Stoffe und je intensiver die aufgeführten Einwirkungen auf das abgefüllte Bier wirken, umso schneller kommt es zur Trübungsausbildung.

Mit der Stabilisierung kann durch Einzelmaßnahmen oder durch Kombination von Stabilisierungsmaßnahmen:
- eiweißseitig,
- gerbstoffseitig und durch
- Sauerstoffreduktion

die Dauer der kolloidalen Haltbarkeit differenziert festgelegt werden.

Obwohl die endgültige Festlegung der kolloidalen Stabilität eines Verkaufsbieres im Normalfall in den kombinierten Prozessstufen Filtration und Stabilisierung erfolgt, haben auch die vorhergehenden Prozessstufen der Bierherstellung einen entscheidenden Einfluss auf die kolloidale Stabilität des Endproduktes, wie z. B.:
- Die Zusammensetzung und die Qualität der Schüttung;
- Die gesamte Technologie der Würzeherstellung und im Prozess der Gärung und Reifung;
- Die Dauer und die Temperatur der Kaltlagerphase (s.a. Kapitel 5.2);
- Der Einsatz von Klärhilfen (s.a. Kapitel 5.7) und der Einsatz von weiteren Stabilisierungsmitteln, wie:
  - PVPP-Modifikationen zur Reduzierung der trübungsbildenden Gerbstoffkomponenten,
  - Bentoniten zur Reduzierung von Eiweiß-Gerbstoff-Komplexen,
  - Kieselgelen zur spezifischen Reduzierung von potenziellen Eiweißtrubstoffen,
  - Tanninprodukten zur Ausfällung von instabilen Eiweißkomplexen (entspricht nicht dem Deutschen Reinheitsgebot!).

Neben der kolloidalen Stabilität beeinflussen die biologische Haltbarkeit, die Geschmacksstabilität und die Schaumhaltbarkeit die Qualität des Endproduktes und damit die zu garantierende Produkthaltbarkeit.

Die wichtigsten Analysenmethoden für die Untersuchung der eingesetzten Stabilisierungsmittel sind von der MEBAK [389] und der EBC [390] zusammengestellt, die erforderlichen Kontrollen zur Vorausbestimmung der kolloidalen Stabilität des Bieres sind ebenfalls von der MEBAK [391] und der EBC [392] zusammengefasst.

15.2 Abgrenzungen zum Begriff Bierstabilität

Bierstabilität

Unter einem stabilen Bier versteht man ein trübungsfreies und geschmacksstabiles Bier. Man muss hier differenzieren zwischen biologisch und kolloidal verursachten Trübungen sowie dem Auftreten von negativen Geschmacksveränderungen im abgefüllten Fertigprodukt (s.a. Erläuterungen in Kapitel 1).

Während die möglichen Verursacher für eine biologische Trübung (Hefen, Bakterien) im Fertigprodukt durch die mehrstufige Klär- und Entkeimungsfiltration entfernt werden (s.a. Kapitel 7 und 9), wahlweise kombiniert mit einer thermischen Behandlung, erfordert die gewünschte kolloidale Stabilität eines Bieres spezifische kolloidale Stabilisierungsverfahren.

Geschmacksstabilität

Die Geschmacksstabilität kann auf Grund der natürlichen Alterungsprozesse im Fertigprodukt nur für eine begrenzte Haltbarkeitsdauer gewährleistet werden. Hier sind alle technologischen Maßnahmen zu treffen, um einen Sauerstoffeintrag ins Produkt und damit Oxidationsprozesse zu vermeiden sowie das natürliche Reduktionspotenzial eines Bieres möglichst lange aufrecht zu erhalten. Besonders schädlich sind Sauerstoffeinträge nachdem die Hefe entfernt wurde.

Haltbarkeitsdauer

Die Haltbarkeitsanforderungen an ein stabilisiertes Bier wurden in Kapitel 4 zusammengefasst. Die Haltbarkeitsdauer eines abgefüllten Verkaufsbieres wird aus der Sicht des Endverbrauchers definiert als die Standzeit des Produktes bei normalen Lagerbedingungen (in dunklen Räumen, bei 10…20 °C) bis zum Auftreten eines ersten Bodensatzes oder einer ersten visuell sichtbaren Trübung bzw. bis zum Auftreten einer abzulehnenden Geschmacksveränderung. Dabei unterscheidet der Verbraucher im Normalfall nicht, ob es sich um eine biologisch oder kolloidal verursachte Qualitätsveränderung handelt.

Für den Verbraucher ist der Ausweis eines „Mindesthaltbarkeitsdatums" (MHD) interessant, bis zu dem sich das Produkt im genussfähigen Zustand befinden soll. Die Angabe des gesetzlich vorgeschriebenen MHD wird von den einzelnen Brauereien unterschiedlich gehandhabt. Das MHD gibt jedoch keine Auskunft zu den Veränderungen der Sensorik bzw. der Alterung des Bieres nach der Abfüllung.

Nichtbiologischen Haltbarkeit und kolloidalen Stabilität

Die Zeitdauer vom Abfüllen bis zum Auftreten einer mess- und visuell sichtbaren kolloidalen Trübung (verursacht durch Oxidations- und Alterungsprozesse, nicht durch Mikroorganismen) im filtrierten und abgefüllten Bier wird unter Berücksichtigung der Intensität der Trübung als „Nichtbiologische Haltbarkeit", „Nichtbiologische Stabilität" oder „Kolloidale Stabilität" bezeichnet.

Stabilisierung

Die *Stabilisierung* ist eine technologische Prozessstufe, die die nichtbiologische Haltbarkeit des Bieres erhöhen soll. Die kolloidale Stabilität ist unabhängig von der biologischen Haltbarkeit zu bewerten. Allerdings kann eine pH-Wert-Absenkung durch eine bakterielle Infektion auch die Ausbildung einer kolloidalen Trübung forcieren.

Die Stabilisierung der Biere soll zurzeit weltweit mit folgenden Stabilisierungsmitteln erfolgen (nach [393], [394]):
- 18 % mit PVPP
- 15 % mit Enzymen
- 3 % mit Tanninsäure und
- 64 % mit Kieselgel.

Diese Angaben können nur eine grobe Abschätzung sein, da vielfach auch mehrere Stabilisierungsmittel parallel eingesetzt werden.

15.3 Die Trübung als Maß für die erreichte Klärung und kolloidale Stabilität

Die Trübung ist mit physikalischen Methoden eine gut messbare Größe. Sie ermöglicht über die Bestimmung des bei einer definierten Temperatur messbaren Trübungswertes und besonders der mit einer Tiefkühlung entstehenden stärkeren Biertrübung eine Vorschau auf die potenzielle Trübungsneigung einer filtrierten Bierprobe.

Im unfiltrierten Bier ermöglicht die Trübungsmessung auch in Verbindung mit einer Tiefkühlung eine Aussage über die Belastung des Unfiltrates mit potenziellen Trübungsbildnern und den erreichten Stand der Vorklärung und Vorstabilisierung im Prozess der Gärung, Reifung und insbesondere in der Kaltlagerphase.

15.3.1 Nichtbiologische Trübungskomponenten im Bier

In jedem Bier - auch in einem sterilisierten - bildet sich nach einer gewissen Zeit eine Trübung, bestehend aus höhermolekularem Eiweiß und Gerbstoffen, gelegentlich in Verbindung mit Kohlenhydraten und Metallionen.

Die chemische Zusammensetzung der nichtbiologischen Biertrübungen kann nach Literaturwerten in folgenden weiten Grenzen schwanken:
- Proteingehalt   15...77 %
- Polyphenolgehalt   1...55 %
- Kohlenhydratgehalt   2...80 %
- Aschegehalt   1...14 %

Diese reaktiven kolloidalen Bestandteile des Bieres stoßen, bedingt durch die *Brown*'sche Molekularbewegung, zusammen, verbinden sich mit einander und bewirken dadurch eine Vergröberung des Dispersitätsgrades der Kolloide.

Je höher die Konzentration an hochmolekularen Proteinen und Polyphenolen ist, umso größer ist die Trübungsneigung im Bier.

Die Vergröberung dieser Kolloide wird auch durch Alterungsprozesse gefördert, die durch höhere Lagertemperaturen, lange Lagerzeiten, Bewegung, Sauerstoffeintrag und Oxidationsprozesse beschleunigt bzw. verursacht werden.

Je größer die Molekularmasse der Proteine ist, umso leichter können diese durch Polyphenole gefällt werden, es steigt damit ihre Trübungsneigung (s.a. Tabelle 119).

Nach Untersuchungen von *Oppermann* [393] und *Earl* [394] liegen die Molmassen der Trübungsproteine vorwiegend im Bereich von 16.000...30.000 Dalton. Weniger als 5 % des Gesamtproteins der Biere sind trübungsaktiv.

Je höher der Kondensationsgrad der Polyphenole ist, umso stärker ist die Dehydratisierung des Proteins (Eiweiß fällende Wirkung bzw. gerbende Wirkung der Polyphenole). Die Molmasse der trübungsaktiven Catechin-Polyphenole liegt bei < 2000 Dalton. Ihre trübungsbildende Wirkung ist um so größer, je tiefer der Bier-pH-Wert unter 5,0 liegt. Da sich die freien Hydroxylgruppen der Polyphenole über Wasserstoffbrücken mit dem Prolin der Proteinkette verbinden, ergeben mehr freie Hydroxylgruppen bei polymeren Polyphenolen auch mehr Verbindungen zu den trübungsaktiven Proteinen.

Die Polyphenole haben einen mehrseitigen Einfluss auf die Bierqualität (s.a. Tabelle 120).

Tabelle 119 Proteinfraktionen im Bier und ihre Trübungsneigung (nach [395])

Molmasse der Bierproteine in *Dalton*	Durchschnittlicher Anteil der Proteinfraktion im Bier in Prozent	Trübungs-korrelationsfaktor
> 75.000	2	0,95
35.000...75.000	8	0,93
13.000...35.000	7,5	0,74
10.000...13.000	22,5	0,45
< 10.000	60	-

Zu den trübungsverursachenden Polyphenolen gehören hauptsächlich dimere Catechine (Procyanidin B3, Prodelphinidin B3) und das trimere Catechin Procyanidin C2 (macht ca. 80 % des Polyphenolgehaltes der Gerste aus) (l. c. [396]).

Auch hochmolekulare Kohlenhydrate, insbesondere ungenügend abgebaute Stärkepartikel, können von Eiweiß-Gerbstoff-Trübungskomplexen eingeschlossen (maskiert) werden und den Filter passieren und dann im Transportgefäß zu Trübungen und Bodensätzen führen.

Tabelle 120 Die Doppelseitigkeit der Polyphenolwirkungen im Bier in Abhängigkeit von der Molekularmasse

Qualitätsmerkmal	Niedermolekulare Polyphenole	Hochmolekulare Polyphenole
Eiweißfällung	Kein oder nur geringes Gerbvermögen	Wirkung beim Maische- und Würzekochen, verantwortlich für die Kälte- u. Dauertrübung
Aroma	Biertypisch, veredelnd, stabilisierend	Abwertende Qualität
Bittere	Veredelnd	Raue, nachhängende Gerbstoffbittere
Farbe	Aufhellend	Zu- und missfärbend (Rotstich)
Stabilität	Sauerstoff abpuffernd, deshalb stabilitätsfördernd	Trübungsbildend

Klärung und Stabilisierung des Bieres

Gelöster Sauerstoff kann sowohl die Eiweißkomponente (Oxidation der Sulfhydrylgruppen von Polypeptiden zu Dithiobrücken = Vergröberung der Moleküle) als auch die Polyphenolkomponente (Oxidation führt zur Erhöhung des Gerbvermögens) oxidieren. Sauerstoff fördert also direkt die Trübungsbildung!

Anwesende Schwermetallionen (Fe, Cu, Sn) haben oxidationskatalytische und auch direkt eine Eiweiß fällende Wirkung.

Einen Überblick über die Nomenklatur der polyphenolischen Verbindungen gibt Abbildung 330.

In Tabelle 121 sind die wichtigsten chemischen Bindungsarten, die von Bierinhaltsstoffen unter den pH-Wert-Bedingungen des Bieres ausgeführt werden können, aufgeführt. Diese chemischen Reaktionen, die zum Zusammenlagern der unterschiedlichsten Moleküle führen, sind immer mit einer Vergrößerung der Moleküle bis zur Ausbildung partikulärer Substanzen verbunden, die sich dann als Trübungen messen lassen.

Ionenbindungen zwischen den positiv geladenen Gruppen der Proteine und den negativ geladenen Hydroxylgruppen der Polyphenole sind dagegen auszuschließen, da im pH-Wert-Bereich des Bieres die Hydroxylgruppen der Polyphenole nicht geladen sind.

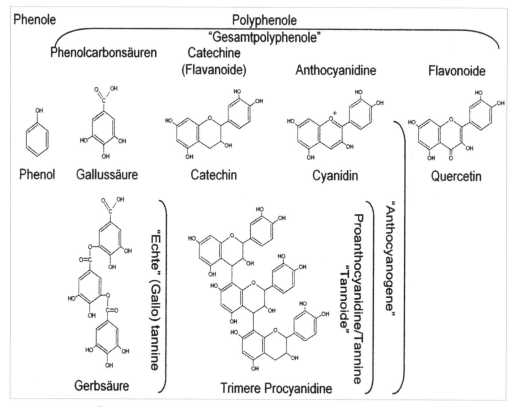

Abbildung 330 Überblick über die Nomenklatur der polyphenolischen Verbindungen

Asano et al. [397] sehen als Hauptursache für die Bildung von Protein-Polyphenolkomplexen die Wasserstoffbrückenbindungen zwischen dem Sauerstoffatom der

Kolloidale Bierstabilisierung

Peptidbindung und den Hydroxylgruppen der Polyphenole sowie die hydrophobe Bindung zwischen hydrophoben Aminosäuren, wie z. B. Prolin, und der hydrophoben Ringstruktur der Polyphenole.

Tabelle 121 Mögliche chemische Bindungen zwischen Trübungskomponenten zur Bildung und Vergröberung von Trübungspartikel

Mögliche chemische Bindungen (allgemein)	Wasserstoffbrückenbindungen	—CO·······HN— —CO·······HO—
	Peptidbindung	—OC·······NH—
	Disulfidbindung	—S·······S—
Ionenbindung	zwischen zwei Proteinketten	(Strukturformel)
Wasserstoffbrückenbindung	zwischen zwei Proteinketten	(Strukturformel)
Hydrophobe Bindung	zwischen dem Pyrrolidinring der Aminosäure Prolin und der hydrophoben Ringstruktur des Polyphenols	(Strukturformel)
Wasserstoffbrückenbindung bei	reduzierten Phenolen	(Strukturformel)
	oxidierten Phenolen	(Strukturformel)

Klärung und Stabilisierung des Bieres

Die Polyphenole können dabei als aktive Trübungsbildner über mehrere Wege im filtrierten Bier entstehen, wie Abbildung 331 zeigt.

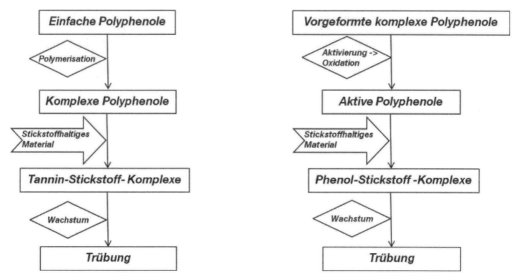

Abbildung 331 Entstehung der Trübungspartikel nach Gardner [398], l. c. [399]

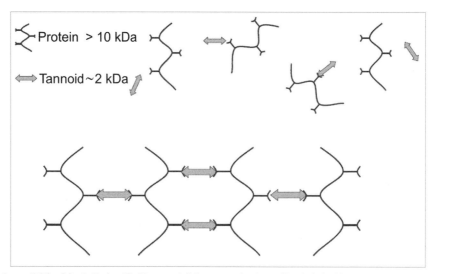

Abbildung 332 Modell der Trübungsbildung zwischen Proteinketten (Molmasse > 10 kDa) und Tannoiden (Molmasse ca. 2 kDa) nach Siebert (cit. durch [394]).

Die Aminosäure Prolin scheint in den reaktiven Proteinen eine besondere Rolle zu spielen. Sie verursacht durch ihren Pyrrolidinring eine ungefaltete molekulare und gedehnte Struktur in der Proteinkette und ermöglicht erst dadurch das Eindringen von Polyphenolen in diese. Da der Pyrrolidinring des Prolins keine inter- und intramolekularen Wasserstoffbrückenbindungen mit den Sauerstoffatomen der Peptidbindung bilden kann, sind diese freien Sauerstoffatome leicht in der Lage, Bindungen (Wasserstoffbrücken) mit den Hydroxylgruppen der Polyphenole einzugehen. Prolin ist sehr wesentlich an den hydrophoben Bindungen zwischen den trübungsaktiven Proteinen und Polyphenolen beteiligt. Prolin ist die hauptsächliche Bindungsstelle der Polyphenole an Proteinen.

Die trübungsverursachenden Proteine stammen in erster Linie aus der Hordeinfraktion des Malzes, die sich durch einen hohen Prolingehalt auszeichnet.
Ein Modell der stufenweisen Trübungsbildung ist in Abbildung 332 dargestellt.

15.3.2 Kolloidcharakter der Bierinhaltsstoffe als Ursache für das Auftreten von kolloidalen Trübungen

Von einem kolloiddispersen Verteilungssystem spricht man, wenn Teilchen (Kolloide) mit einer Größe zwischen 0,1 µm und 0,001 µm vorliegen. In der Regel enthalten diese Teilchen dann 10^3 bis 10^9 Atome. Das Verhalten der Teilchen wird von Oberflächenkräften beherrscht. Etwa ein Drittel der in der Gerste enthaltenen Eiweißstoffe gelangt in das fertige Bier. Das sind Eiweißstoffe und Eiweißabbauprodukte, die in Wasser löslich sind und beim Würzekochen nicht ausfallen. Sowohl die höhermolekularen Eiweißabbauprodukte als auch die niedermolekularen neigen zur Trübungsbildung, bevorzugt das β-Globulin bzw. seine hochmolekularen Abbauprodukte und das Hordein.

Die Eiweißbestandteile des Bieres haben eine Molmasse zwischen 10^4 und 10^5 und liegen als Kolloide vor.

Grabar et al. [400] fanden vier Bestandteile der Trübung in der Gerste, die das Brauen überstehen, zwei mit einer Molmasse von ca. 20.000 Dalton, die anderen beiden zwischen 30.000 bis 140.000 Dalton. *Bishop* [401] hebt den Molmassebereich von 5000 bis 70.000 Dalton hervor.

Die Polypeptidketten des Eiweißes bilden Wasserstoffbrücken zwischen den Imino- und Carbonylgruppen der Peptidbindung. Außerdem tritt noch wegen des amphoteren Charakters der Proteine als Querverbindung zwischen zwei Peptidketten eine elektrovalente Salzbindung auf. Diese beiden Bindungsarten bedingen den Zusammenhalt innerhalb einer Polypeptid-Mizelle.

Ein Proteinkolloid hat lyophilen Charakter, es solvatisiert durch das polare Lösungsmittel selbst und ist im dispergierten Zustand von einer Lösungsmittelhülle umgeben.

Der amphotere Charakter der Proteine, ausgedrückt durch das Gleichgewicht

$$H_2N\text{-}R\text{-}COOH \leftrightarrow {}^+H_3N\text{-}R\text{-}COO^-,$$

das im elektrisch neutralen Zustand vorliegt, bewirkt eine ionische Wanderung beim Anlegen eines elektrischen Feldes. Am isoelektrischen Punkt sind positive und negative Ladungen intramolekular ausgeglichen. An diesem Punkt ist die Reaktionsfähigkeit der Eiweiße am geringsten, andererseits besteht die Möglichkeit des Angriffes anderer Verbindungen zur Zerstörung der schützenden Solvathülle, und dadurch bedingt besteht die Gefahr der Ausflockung.

Claesson und *Sandegren* [402] zeigten, dass die Menge der entstehenden großen Trübungspartikel größer ist als die Menge der kleineren, d.h., die kleineren Teilchen koagulieren zu großen, und außerdem werden neue kleinere Teilchen gebildet.

Während die Teilchen der Kältetrübung in der Größenordnung von 0,1...1 µm liegen, sind die der Dauertrübung im Bereich von 1...10 µm. Außerdem sind die Dauertrübungspartikel nicht so gleichmäßig in ihrem Aufbau wie die Kältetrübungspartikel. *Hartong* [403] ging bei seiner Erklärung des Mechanismus der kolloidalen Trübung von der Koazervathypothese von *de Jung* [404] aus und kommt zu der Auffassung, dass die Polyphenole den schützenden und stabilisierenden Wassermantel und die ausgebildete elektrische Doppelschicht der Proteinkolloide zerstören und mit dem Protein eine festere Bindung eingehen, als es Wasser kann.

Folgende Gleichgewichtsbeziehung, die dem Adsorptionsgleichgewicht ähnelt, beschreibt die Verhältnisse bei der Bildung der kolloidalen Trübung [405]:

$$P + T \leftrightarrow PT$$
P Proteinfraktion
T Tanninfraktion (Polyphenole)

Die Affinität eines kondensierten Polyphenols zu Proteinen ist umso stärker, je mehr freie OH-Gruppen mit den CO-NH-Bindungen eine Beziehung eingehen können. Dabei spielen die Zahl und die Stellung der OH-Gruppen sowie die sterische Beschaffenheit des Polyphenols einerseits sowie die Größe der Eiweißmoleküle und die Zahl der zugänglichen Peptidbindungen andererseits eine wichtige Rolle.

Von den Polyphenolen haben die kondensierten für die Trübungsbildung die größere Bedeutung. Eine Einteilung nach dem Kondensationsgrad geben *Meilgard* [406] und *Dadic* [407] in Monophenole, monomere Polyphenole (Catechine, Anthocyanogene, Quercetine) und oligomere sowie polymere Polyphenole. Polyphenole kommen durch die Gerste, das Malz und den Hopfen ins Bier.

Für die Trübung sind die Anthocyanogene und die Catechine von großer Bedeutung. Besonders stark neigen die Polyphenole des Catechintyps zur Kondensation. Die trübungsaktiven polymeren Polyphenole, die im Bier vorhanden sind, sind durch säurekatalytische und oxidative Kondensation bzw. Polymerisation nach dem Abfüllen des Bieres entstanden [408]. Es wurde am Beispiel des Quercetins die Kinetik der Oxidation polyphenolischer Verbindungen untersucht. Durch die Bildung von Radikalen während der Reaktion mit Luft entstehen hochreaktive Verbindungen, die in weiteren Reaktionsschritten zu höhermolekularen Polyphenolen führen. Die Reaktionsgeschwindigkeit der Radikalbildung nimmt mit steigendem pH-Wert zu.

Bellmer [409] wies nach, dass durch den Einfluss von Sauerstoff der Anthocyanogen- und Catechingehalt von Bier innerhalb von 4 Tagen deutlich abnahm, während die Gesamtmenge der Polyphenole konstant blieb. Das wurde auf die Oxidation der Anthocyanogene und Catechine zu hochmolekularen Polyphenolen zurückgeführt. Auch durch enzymatische Oxidation erfolgt eine Verringerung der niedermolekularen Polyphenole und eine Zunahme des Polymerisationsindex [410]. Die Anwesenheit von Sauerstoff führt daher auf Grund der Oxidation niedrigmolekularer polyphenolischer Verbindungen zu einer größeren Kälteempfindlichkeit von Bieren. Die Anwesenheit von niedrigmolekularen Polyphenolen, insbesondere dimere oder trimere Catechine, und Anthocyanogenen im Bier bewirkt eine deutliche Zunahme der Geschwindigkeit der Bildung einer Kältetrübung. Dies kann auf die leichtere Polymerisation dieser Verbindungen zurückgeführt werden. Dimere können u.a. durch Oxidation entstehen, so dass ein direkter Zusammenhang zwischen Sauerstoffanwesenheit und Kältetrübung existiert.

Neben der Verschlechterung der kolloidalen Stabilität wird auch der Geschmack des Bieres durch höher polymerisierte Polyphenole negativ beeinträchtigt.

Während Catechin den Bieren einen frischen Geschmack verleiht, erhält das Bier bei Anwesenheit der oxidierten Produkte einen harten, bitteren und adstringierenden Geschmack. Die Anwesenheit von Sauerstoff wirkt sich auch auf das allgemeine Redoxverhalten des Bieres negativ aus.

Durch den unterschiedlichen Kondensationsgrad der Polyphenole und die damit verbundenen unterschiedlichen Affinitäten kommt es zur Ausbildung einer Reihe von Gleichgewichten. Der Prozess der Polymerisation von Phenolen ist dabei ein komplexer Prozess, der nicht nur die Reaktionen einfacher Polyphenole beinhaltet, sondern auch zwischen einfachen Polyphenolen und solchen, die bereits bis zu einem bestimmten Grad polymerisiert sind. Die entstehenden Stoffe können weiter polymerisieren oder bereits mit Proteinen reagieren.

Man kann für die Kälte- und die Dauertrübung zwei Grenzfälle formulieren:

$$P + T \quad \overset{\rightarrow 1}{\underset{\leftarrow 2}{}} \quad PT_{löslich} \quad \text{(Kältetrübung)}$$

$$P + T \quad \overset{\rightarrow 1}{\underset{\leftarrow 2}{}} \quad PT_{unlöslich} \quad \text{(Dauer- oder Oxidationstrübung)}$$

Dabei ist der $PT_{löslich}$-Komplex der bei der Kältetrübung entstehende reversible Niederschlag, und $PT_{unlöslich}$ ist die nicht wieder auflösbare Dauertrübung. Durch Temperaturerhöhung verschiebt sich das Gleichgewicht in Richtung 2.

Das Entfernen der Tanninkomponente oder der Proteinsubstanzen und der Abbau der Proteinfraktion verschieben das Gleichgewicht ebenfalls in Richtung 2. Zugabe von gut löslichen Komponenten der T-Fraktion (z. B. Tannin) oder der P-Fraktion (lösliches PVP) verschiebt das Gleichgewicht in Richtung 1, durch Entfernen der entstehenden Trübungspartikel wird die Stabilität des Bieres erhöht. Proteine gelangen auch als noch lösliche Proteinpolyphenolkomplexe ins Bier. Während für diese noch nicht gefällten Komplexe zuerst die Wasserstoffbrückenbindung charakteristisch ist (Kältetrübung), kann es nach einer gewissen Zeit unter verschiedenen Einflüssen (wie Sauerstoff, Metallionen) zur Ausbildung kovalenter Bindungen kommen, die durch das Vorhandensein von Amino-Imino-Sulfhydril-Gruppen begünstigt werden (Dauertrübung).

Die weiter oben erwähnte Vielfalt der Kondensationsstufen der Polyphenole führt zu verschiedenen Reaktionen mit Proteinen, die aber in folgende Reaktionstypen eingeteilt werden können [405]:
- Polyphenole mit vielen freien OH-Gruppen können mit vielen Eiweißmolekülen abgesättigt werden, das Verhältnis P : T ist hoch.
- Stark kondensierte Polyphenole mit im Verhältnis nur noch wenig freien OH-Gruppen benötigen nur eine geringe Menge an Eiweißstoffen zum Ausfällen, das Verhältnis P : T ist niedrig.
- Relativ unlösliches Protein kann durch eine geringe Menge der Tanninkomponente ausgefällt werden, das Verhältnis P : T ist ebenfalls niedrig.

Faktoren, die die Trübungsbildung beschleunigen und somit die kolloidale Stabilität negativ beeinflussen, sind zusammenfassend folgende:
- Sauerstoffgehalt und Gehalt an Schwermetallen, da sie die Oxidation der Polyphenole beschleunigen;
- Bewegung des Bieres, da dadurch eine Vergrößerung der Kolloide eintritt;
- Einen Einfluss auf die Trübungsbildung hat auch der pH-Wert, da in Abhängigkeit vom pH-Wert einerseits die elektrische Doppelschicht der

Kolloide angegriffen werden kann und andererseits - am isoelektrischen Punkt - die Dehydratation erleichtert vor sich geht;
- Schließlich beeinflussen Konzentration und Teilchengröße der im Bier vorliegenden Kolloide die Trübungsbildung.

15.3.3 Nichtbiologische Trübungsarten im Bier

Kolloidale Biertrübungen nach ihrem Erscheinungsbild

Man unterscheidet zwei Arten der kolloidalen Biertrübung:
- Die Kältetrübung und
- die Dauertrübung.

Zur Kurzcharakteristik dieser beiden Trübungsarten siehe Tabelle 122 und Abbildung 333.

Die Neigung zur Trübungsbildung im filtrierten Bier wird nach *Chapon* vor allem durch die Konzentration und die Reaktionen von mit einander fällbaren Tanninen und hochmolekularen Proteinen bestimmt. Um diese Biertrübungen für die garantierte Mindesthaltbarkeit zu vermeiden, sind die in Tabelle 123 dargestellten technologischen Maßnahmen möglich, die auch schon teilweise in den vor der Stabilisierung liegenden Prozessstufen angewendet werden müssen.

Die Adsorptionsverbindungen von Proteinen und Polyphenolen sind am Anfang noch stark hydratisiert. Sie verursachen bei der Abkühlung des filtrierten Bieres unter die Lager- und Filtrationstemperatur ($\vartheta < 0...2\ °C$) die so genannte reversible Kältetrübung, die sich beim Erwärmen wieder auflöst.

Ein mehrfaches Abkühlen und Wiedererwärmen sowie Alterungsprozesse führen beschleunigt durch Bewegung, Metallionen, warme Lagertemperaturen, Sauerstoff-eintrag und Oxidationsprozesse zum Entquellen und damit zur dauerhaften Denaturierung der Kolloide, der so genannten irreversiblen Dauertrübung.

Kolloidale Biertrübungen nach ihren Verursachern

Neben den hauptsächlich aus Eiweiß-Gerbstoffverbindungen bestehenden kolloidalen Trübungen (Dauer- oder Kältetrübung) gibt es auch folgende Verursacher:
- Stärke- oder Dextrintrübungen, verursacht durch unvollkommen verzuckerte Stärke; in einigen Fällen werden auch Glycogentrübungen vermutet, die jedoch nur durch stark geschädigte Hefen ins Bier kommen können;
- Metalltrübungen; Eisen, Kupfer, Zinn und Zink können die Kondensation von Gerbstoffen katalysieren, die dadurch Trübungen verursachen;
- Oxalattrübungen, verursacht durch ein instabiles Verhältnis zwischen Ca^{2+} und Oxalationen im Bier und bei einem Neueintrag von Ca^{2+} bei der Filtration (zu hartes Wasser, Kieselgur mit hohem löslichem Calciumanteil).

Kolloidale Bierstabilisierung

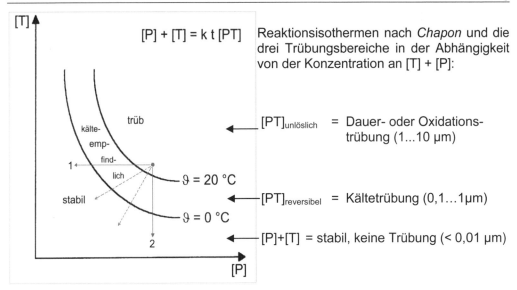

Abbildung 333 Der Einfluss der Konzentration an fällbaren Tanninen [T] und sensitiven Proteinen [P] auf die Kälteempfindlichkeit (nach Chapon et al. [411])
1 Erhöhung der Stabilität durch Entfernung des Proteins
2 Erhöhung der Stabilität durch Entfernung der Tannoide

Tabelle 122 Kurzcharakteristika für die nichtbiologischen Biertrübungsarten

Kältetrübung	Dauertrübung
Die Trübung ist reversibel.	Die Trübung ist irreversibel.
Die Trübung verschwindet bei höheren Temperaturen, nachdem sie sich bei etwa 0 °C gebildet hatte.	Die Trübung bildet sich im stabilisierten, abgefüllten Bier erst nach einer längeren Zeitdauer aus (= Maß der kolloidalen Stabilität).
Bei Temperaturen unter 0 °C ausgereifte und filtrierte Biere bilden zunächst keine Trübung aus.	
Nach längerer Aufbewahrungszeit bei höheren Temperaturen wird das Bier kälteempfindlicher.	Die Trübungsbildung wird durch häufige Bewegung des Bieres beschleunigt („Schütteltrübung").
Die Trübungsbildung wird durch Sauerstoff, Metallionen und durch Schütteln beschleunigt.	
Nach längerer Zeit ändert sich die Kältetrübung in eine Dauertrübung.	

Tabelle 123 Technologische Varianten zur Reduzierung der Trübungsneigung im Bier

Technologische Varianten	Erreichbar durch	Einsetzbare Mittel und Maßnahmen
Einsatz eiweißarmer Malze [P↓]	Rohproteingehalt der Braugerste 9...<11,5 % + *Kolbach*-Zahlen von 38...44 %	Dadurch Senkung des löslichen Stickstoffeintrages in die Würze [P↓]
Einsatz eiweißarmer Rohfrüchte [P↓]	Schüttung mit ca. 20...25 % Reis- oder 30...40 % Maisanteil	Dadurch Senkung des löslichen Stickstoffeintrages in die Würze [P↓]
Ausfällung von Proteinen [P]	Erhöhung der Gerbstoffkonzentration + c[T]	Tanninzusatz ins Unfiltrat Nicht in D erlaubt!
Ausfällung von Gerbstoffen [T]	Schönung durch Zusatz von nativen Eiweiß + c[P]	Bei der Bierklärung in D nicht mehr üblich (Zusatz von Eiereiweiß, Gelatine u.a.)
Adsorption von Trübungsproteinen	Reduzierung der Proteinkonzentration – c[P]	Adsorption an Kieselgel
Adsorption von Gerbstoffen [T]	Reduzierung der Gerbstoffkonzentration – c[T]	Adsorption an PVPP
Reduzierung der Molmasse der Proteine [P] → [p]	Enzymatische Spaltung der Trübungsproteine u. damit Reduzierung ihrer Trübungsneigung	Zusatz von Proteasen ins Bierfiltrat Nicht in D erlaubt!
Forcierung einer rechtzeitigen Trübungsbildung im Unfiltrat und Ausscheidung [P] + [T] → kt [PT] ↓	Tiefkühlung in der Kaltlagerphase + evtl. Zusatz von Klärhilfen	Kaltlagerphase bei ϑ = 0...-2 °C mindestens 5...7 Tage + evtl. Zusatz von Kieselsol
Vermeidung der Erhöhung der Gerbkraft der Tannine durch Oxidation [t] (→) [T]	Vermeidung des Sauerstoffeintrages im Gär- und Reifungsprozess und Erhaltung der Reduktionskraft des Bieres	Arbeiten mit Inertgas, Luftfreiheit der Rohrleitungen und Gefäße, Erhaltung eines hohen SO_2-Gehaltes; Zusatz von Reduktionsmittel - Nicht in D erlaubt!

kt = Faktor Reaktionsgeschwindigkeit, Abkürzungen s.a. Abbildung 333

15.3.4 Über die Größenordnung der Kältetrübung

Die Größe der Trübungspartikel ist abhängig vom Verhältnis der trübungsaktiven Proteine zu den trübungsaktiven Polyphenolen. *Siebert* und *Lynn* [412] haben in einer Modelllösung beim pH-Wert 4,0 mit Gliadin und Tanninsäure (Verhältnis 3,3 : 1) eine maximale Partikelgröße von 2 µm ermittelt. Wurde die Konzentration einer der Bindungspartner erhöht oder erniedrigt, wurden deutlich geringere Partikelgrößen (< 0,2 µm) gemessen.

Auch eigene Messungen von Membranfiltraten eines Unfiltrates mit dem Alkohol-Kältetest nach *Chapon* zeigten, dass der größte Anteil der Kältetrübungsbestandteile dieses Bieres im Bereich < 0,1 µm, aber > 0,05 µm lag (s.a. Tabelle 124).

Tabelle 124 Ergebnisse der fraktionierten Membranfiltration eines unfiltrierten Betriebsbieres (nach [413])

Membran-Porendurchmesser in µm	Unfiltrat	2,5	0,88	0,3	0,1	0,05
Kältetrübung des Filtrates (-8 °C) [EBC]	100	98	101	96	66	16

15.3.5 Über die erforderliche Zeit für die Ausbildung der Kältetrübung

Normalerweise hat sich eine Kaltlagerphase des ausgereiften Bieres von mindestens ca. 7 Tagen bei 0...-2 °C bewährt, um die erforderliche natürliche Ausscheidung von kälteinstabilen Trübungskomponenten und deren weitere Agglomeration und Sedimentation in Verbindung mit der Hefe zu erreichen. Durch diesen Ausscheidungs- und Klärprozess kommt es auch zu einer feststellbaren Verbesserung der Filtrierbarkeit des Bieres (siehe Kapitel 5.2 und 5.3). Im Interesse eines kolloidal stabilen Bieres sollten die ausgeschiedenen kälteinstabilen Trübstoffe auch bei der eingestellten Lagertemperatur durch den Filtrationsprozess aus dem Bier entfernt werden.

Auf dem Weg zwischen Kaltlagertank und Bierfilter kann es jedoch aus folgenden Gründen zur Erwärmung des Unfiltrates kommen:
- Durch fehlende Wärmedämmung der Bierleitungen in warmen Räumen und durch lange Leitungswege;
- Durch eine Vorklärung mittels Separator;
- Durch einen Bierfilter in warmen Räumen;
- Durch eine Erhitzung („Cracken") zur Auflösung von gelartigen β-Glucanstrukturen (siehe Kapitel 5.9).

Der Versuch, diese Erwärmung durch eine nachfolgende Tiefkühlung unmittelbar vor dem Bierfilter zu kompensieren, ist im Normalfall nicht effektiv, da die Ausbildung der Kältetrübung nicht schlagartig sondern nach einer Zeitreaktion erfolgt, wie nachfolgende Versuchsergebnisse von *Miedl* und *Bamforth* [414] zeigen (s.a. Abbildung 334 und Abbildung 335). Sie lassen folgende Schlussfolgerungen zu:
- Die Kältetrübung ist umso stärker, je tiefer abgekühlt wurde (s.a. Abbildung 334, Links). Die Trübungszunahme erfolgt umso schneller, je tiefer abgekühlt wurde.
- Die temperaturabhängige Trübung bei Temperaturen unter 0 °C ist erst nach ca. 6 h einigermaßen konstant.
  Bei Abkühltemperaturen über 0 °C steigt die Trübung auch nach 48 h Lagerdauer noch an. Die Korrelationgeraden auf der rechten Bildseite weisen bei einer sechsstündigen Messung auch das höchste Bestimmtheitsmaß aus.
  Die Autoren halten deshalb eine Kaltlagerphase unter 0 °C von 6 h als ausreichend für die Ausbildung der Kältetrübung. Der Einfluss auf die Filtrierbarkeit wurde aber nicht geprüft.
- Abbildung 335 zeigt, dass bereits geringe Erwärmungen um 2,5 K (egal zu welchem Zeitpunkt) sofort zu einer deutlichen Verringerung der Trübungen um ca. 10 % führen.
  Auch geringe Abkühlungen von 3,5 °C bzw. 2,5 °C auf 0 °C führen erst nach mehreren Stunden zu konstanten Trübungswerten.
- Generell führt jede kurzzeitige Erwärmung unmittelbar vor dem Filter zu einer Wiederauflösung der Kältetrübungspartikel, die auch bei einer nachgeschalteten Tiefkühlung nicht sofort wieder ausgebildet und damit

Klärung und Stabilisierung des Bieres

abgetrennt werden können. Eine derartige Verfahrensweise erfordert in jedem Fall einen erhöhten Stabilisierungsaufwand (weitere Aussagen hierzu s.a. Kapitel 5.2 und 5.3).

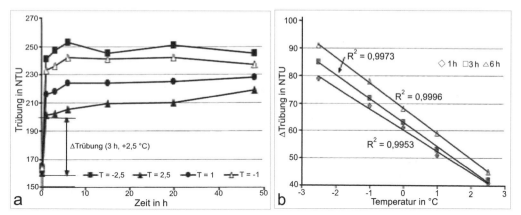

Abbildung 334 Entwicklung einer Biertrübung (nach Miedl und Bamforth [414])
a Entwicklung der Biertrübung über 48 h bei konstanten Biertemperaturen
b Korrelation zwischen der Trübungszunahme und der Kaltlagertemperatur in den ersten 6 Stunden der Kaltlagerung mit einem Lagerbier (St = 15 %, A = 6,8 Vol.-%; Ausgangstemperatur 8 °C; die Proben wurden unmittelbar vor der Abkühlung aus einem 1000-hL-Lagertank entnommen) 1 NTU = 0,245 EBC-Trübungseinheiten

Eine Unfiltratkühlung kann nur als Notmaßnahme sinnvoll sein, wenn die Leitungswege sehr lang sind und die Leitungen keine ausreichende Wärmedämmung besitzen. Die Kühlung muss dann aber unmittelbar am ZKT-Auslauf, also am Anfang der Unfiltratleitung, erfolgen. Gekühlt werden muss so, dass das Unfiltrat mit ZKT-Temperatur den Filtereinlauf erreicht. Die Wärmeverluste sollten jedoch durch eine zu installierende Wärmedämmung vermieden werden.

15.3.6 Zur Trübungsmessung

Die Trübungsmessung (s.a. Kapitel 17.5 bis 17.7) erfolgt meist mit Zweiwinkel-Messgeräten:
- Die 90°-Trübungsmessung erfasst das Streulicht, das hauptsächlich von den feindispersen Trübungskolloiden verursacht wird.
- Die Vorwärtstrübungen, gemessen bei 11° bzw. 12°, 25° oder auch bei anderen abweichenden Messwinkeln von der geraden Lichtachse erfassen vor allem die durch partikuläre Substanzen verursachte Lichtabsorption als Trübungswert.

In Tabelle 125 werden die Korrelationen der Trübungsmessungen von zwei bekannten Trübungsmessgeräten zu den ermittelten Partikelzahlen der Unfiltrate ausgewiesen. Die 90°-Trübung hat keine (Monitek) oder eine schlechtere Korrelation (Sigrist) zur gemessenen Partikelanzahl. Die Vorwärtstrübung korreliert recht gut mit der erfassten Anzahl der Trübungspartikel der Größe ≥ 1 μm.

Kolloidale Bierstabilisierung

Trübungsmesswerte müssen immer unter Beachtung des verwendeten Messgerätes und des Messwinkels beurteilt und verglichen werden. Weitere Aussagen zur Trübungsmessung siehe Kapitel 17.5 bis 17.7.

a nach 15 h

b nach 30 h

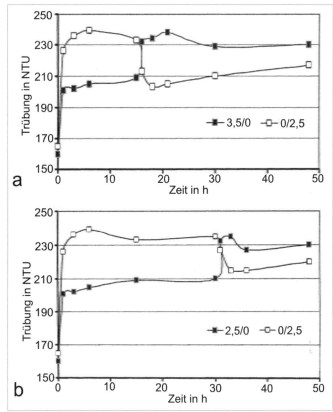

Abbildung 335 Trübungsverhalten bei einer Erhöhung bzw. Erniedrigung der Temperatur (nach [414])

Tabelle 125 Statistischer Zusammenhang zwischen der Partikelmessung und der betrieblichen Trübungsmessung mit Zweiwinkel-Messgeräten (nach [241])

Messgerätetyp	Partikelgröße	Korrelationskoeffizient mit einer	
Sigrist		25°-Messung	90°-Messung
„	≥ 1 µm	0,9363***	0,8764***
„	≥ 2 µm	0,8665***	0,7830***
„	≥ 4µm	0,7436***	0,6400***
Monitek		12°-Messung	90°-Messung
„	≥ 1 µm	0,8486***	0,1442 -
„	≥ 2µm	0,8961***	- 0,0829 -
„	≥ 4µm	0,8192***	- 0,1275 -

Die ausgewiesenen Signifikanzen mit einer Sicherheit von 99,9 % beziehen sich auf die kritischen Korrelationskoeffizienten von 0,424 für das *Sigrist*-Gerät und 0,519 für das *Monitek*-Gerät.

15.3.7 Einschätzung der voraussichtlichen kolloidalen Haltbarkeit von Filtraten unter Verwendung von Trübungsmessungen

Als Schnellbestimmung für die kolloidale Stabilität von filtrierten und stabilisierten, aber noch nicht abgefüllten Drucktankbieren ist u.a. der mit dem Tannometer der Fa. *Pfeuffer* durchgeführte Alkohol-Kälte-Tests (AKT) nach *Chapon* [415] geeignet. Die dabei ermittelten potenziellen Trübungsneigungen haben eine gute Beziehung zu den betreffenden kolloidalen Stabilitätswerten (60 °C / 0 °C im 1/1-Test). Erste Richtwerte s..a. Kapitel 4.2.3.

Die Messung der Trübungsstabilität im abgefüllten Bier erfolgt normal durch die so genannten Forciertests. Hier wird das Auftreten einer deutlichen Kältetrübung bei dem Warm-Kalt-Forciertest als Maß für die voraussichtliche kolloidale Stabilität eines Bieres angesehen (weitere Aussagen dazu s.a. Kapitel 4.2).

15.4 Die eiweißseitige Stabilisierung

15.4.1 Geschichtliche Einordnung der eiweißseitigen Bierstabilisierung

Die eiweißseitige *Schönung* (klassischer Begriff für die Erhöhung der kolloidalen Stabilität) des Bieres war in den Jahrhunderten vor der Bierfiltration die erste und ursprüngliche Maßnahme, um ein unfiltriertes Bier in seiner natürlichen Klärung zu verbessern. Damit wurde auch die kolloidale Stabilisierung verbessert, auch wenn man das damals noch nicht so gesehen hat. Einen kurzen geschichtlichen Überblick gibt Kapitel 2.2.

Im Jahre 1939 wurde in Deutschland ein erstes Patent erteilt, das die „Behandlung von Würze und Bier" beinhaltet und die Zugabe von Bentonit zur Stabilisierung des unfiltrierten Lagerbieres vorschlug und das auch jetzt noch vereinzelt angewendet wird (siehe Kapitel 15.4.3). Es ist auch unter dem Namen „Protex-Verfahren" [416] bekannt geworden. Hier wurde auch schon die Anwendung von Kieselgel für die Bierstabilisierung erwähnt.

Wichtig für die Anwendung von Stabilisierungsmittel in den deutschen Brauereien war die Einhaltung des Deutschen Reinheitsgebotes, das u.a. im Biersteuergesetz gesetzlich festgelegt wurde und folgendes beinhaltete: „Als Klärmittel für Würze und Bier dürfen nur solche Stoffe verwendet werden, die mechanisch und adsorbierend wirken und bis auf gesundheitlich, geruchlich und geschmacklich unbedenkliche, technisch unvermeidbare Anteile wieder ausgeschieden werden" [417].

Ein wichtiger Fortschritt für die Bierstabilisierung aus der Sicht der Einhaltung des Deutschen Reinheitsgebotes war die Einführung geeigneter Kieselgele zur Stabilisierung. Es handelt sich hierbei um Kieselsäure-Präparate, die wie das Bentonit Eiweißverbindungen adsorbieren, jedoch nicht quellen und auch den Schaum nicht schädigen. Einen wesentliche Beitrag für die deutsche Brauwirtschaft leistete dazu ab 1961 *Raible* [418], [419], [420].

Das Kieselgel ist seit der Mitte des 20. Jahrhunderts das weltweit am häufigsten angewendete, vorwiegend eiweißseitig wirkende, kolloidale Stabilisierungsmittel für die Bierstabilisierung.

International werden zur Eiweißstabilisierung auch proteolytische Enzyme und eiweißfällende Gerbstoffpräparate eingesetzt.

Kolloidale Bierstabilisierung

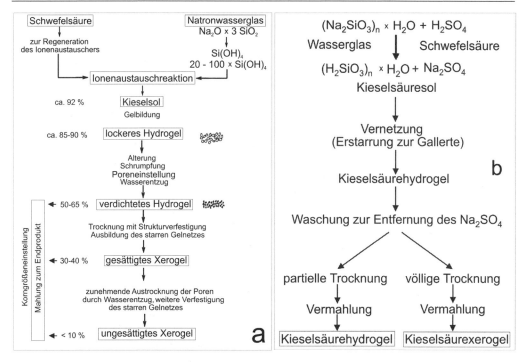

Abbildung 336 Herstellung von Kieselsäuregelen (nach [421])
a Die Produktqualitäten in Abhängigkeit von den Entwässerungsstufen
b Vereinfachtes Schemata der Herstellung

15.4.2 Stabilisierung mit Kieselgelen

15.4.2.1 Herstellung von Kieselgelen

Kieselgele sind vernetzte Kieselsäurepolymere, die ähnlich wie Kieselsole aus Silikaten unter Verwendung von Säure hergestellt werden (s.a. Abbildung 336 und Kapitel 5.7.2.1).

Kieselgel wird aus reinem Natronwasserglas und Schwefelsäure oder Salzsäure hergestellt. Durch Ionenaustausch, Temperatureinwirkung und unter definierten pH-Wert-Verhältnissen entsteht eine Dispersion aus SiO_2-Teilchen im Nanobereich. Es ist die 1. Stufe der Kieselgelherstellung, es ist ein Kieselsol.

Die einzelnen Kieselsolteilchen haben am Si-Atom vier tetragonal angebundene Silanolgruppen ($\equiv$Si-OH), die unter bestimmten pH-Wert-Bedingungen zu Polykieselsäure kondensieren (s.a. Abbildung 337 und Kieselsoleinsatz zur Bierklärung Kapitel 5.7.2.1).

Im Herstellungsprozess gelieren sie weiter zu einem Hydrogel, aus dem durch stufenweise Trocknung und Einstellung der Partikelgröße mittels Mahl- und Sichtprozessen die verschiedenen Kieselgelprodukte hergestellt werden (s.a. Abbildung 336).

Die Korngrößen liegen größtenteils im Bereich von 20...40 µm, das Porenvolumen etwa im Bereich von 0,5...1,0 mL/g, die Porendurchmesser betragen etwa 3...18 nm und die innere Oberfläche 200...800 m^2/g.

Klärung und Stabilisierung des Bieres

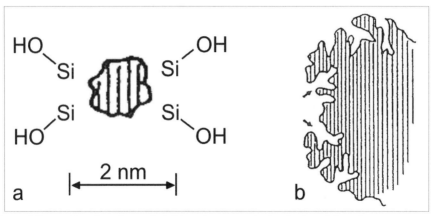

Abbildung 337 a Kondensierte Polykieselsäure mit vier freien Silanolgruppen
b Kieselgelpartikel mit 2 markierten Poren (Porenradius ca. 3 nm)

15.4.2.2 Kieselgeleigenschaften und Kieselgelmodifikationen

Grundsätzliche Eigenschaften von Kieselgelen (s.a. Tabelle 129).
- Die adsorptive Wirksamkeit eines Kieselgelpräparates ist abhängig von seinem absoluten Gehalt an SiO_2, von seiner Porosität (Porenvolumen, Porendurchmesser, spezifische innere Oberfläche) und von seinem Gehalt an freien, adsorptionsfähigen Silanolgruppen.
  Die modellhafte Anordnung der Silanolgruppen zeigt Abbildung 338. Die stärkste Proteinadsorption erfolgt in den Poren. Typisch sind nach [394] 4...5 OH-Gruppen/nm^2 innerer Oberfläche. Der wirksamste Porendurchmesser liegt zwischen 5...12 nm (siehe Abbildung 339).
- Kieselsäurepräparate quellen nicht und verursachen dadurch keinen Schwand.
- Sie adsorbieren selektiv potenzielle Trübungsbildner, Proteinsubstanzen mit einer Molmasse > 4600, insbesondere reichlich > 12.000, > 30.000 und > 60.000.
  Schaumrelevante Proteine werden geschont, so dass es zu keiner Schaumschädigung durch Kieselgele kommt.
- Der Einsatz erfolgt optimal im vorgeklärten Bier im Absetzverfahren (kein zusätzlicher Schwand) oder im Kontaktverfahren in Verbindung mit der Kieselgurfiltration (normalerweise reicht die Kontaktzeit von 5 min vom Kieselgurdosiergefäß bis zur Passage durch den Filterkuchen. Ihre Wirkung kann durch einen dem Filter vorgeschalteten Reaktionstank noch gesteigert werden).
- Durch Gemische von Xerogelen und Hydrogelen mit und ohne Kieselguren lässt sich die Porosität des Filterkuchens an die Bierfiltrierbarkeit anpassen.
  Sie können Kieselgur ersetzen, aber Kieselgele sind ca. 3...5-mal so teuer wie Kieselgur.
- Kieselgele sind chemisch inert und im Bier geruchs- und geschmacksneutral;
- Ihr Einsatz ist mit Kieselgur und anderen Stabilisierungsmittel, wie z. B. PVPP, gut kombinierbar.

☐ Die für die Getränkestabilisierung angebotenen Kieselgele erfüllen die Anforderungen des Deutschen Reinheitsgebotes, der deutschen und EG-Vorschriften zur Lebensmittelherstellung sowie der US-FDA (Food and Drug Administration) zur Getränkeherstellung.

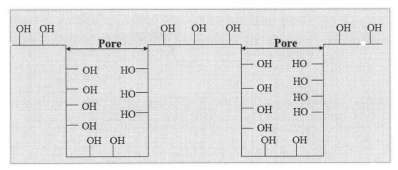

Abbildung 338 Modell der Kieselgel-Porenstruktur (nach [394])

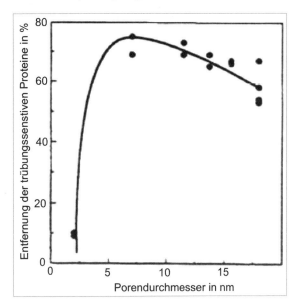

Abbildung 339 Einfluss des Porendurchmessers auf die Entfernung der trübungssensitiven Proteine (nach Nock [422], cit. durch [393])

Der Proteinadsorptionsmechanismus am Kieselgel erfolgt in mehreren Stufen:
☐ Der Transport des Proteins oder des Protein-Tannin-Komplexes an die Kieselgeloberfläche erfolgt schnell.
☐ Der anschließende Transport dieser Trübungskomplexe durch die Meso- oder Makroporen zu den Gelpartikeln erfolgt ebenfalls schnell. Die Höhe der Adsorption ist hier abhängig von der verfügbaren Oberfläche der Gelpartikel, also von der Partikelgröße.
☐ Die Diffusion der Trübungspartikel in die interne Porenstruktur ist langsam. Hier ist aber die Hauptwirkungsfläche und dies bestimmt die erforderliche Kontaktzeit, um die maximale Adsorptionskapazität auszunutzen. Die erforderliche Kontaktzeit ist abhängig von der Modifikation des Kieselgels (siehe Abbildung 340).

Klärung und Stabilisierung des Bieres

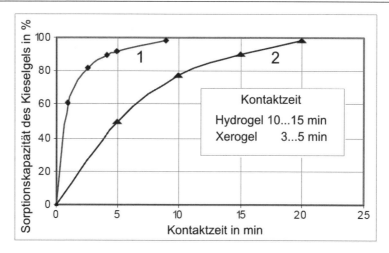

Abbildung 340 Geschwindigkeit der Ausnutzung der Adsorptionskapazität von Hydrogel und Xerogel in Abhängigkeit von der Kontaktzeit (nach [393])
1 Xerogel 2 Hydrogel

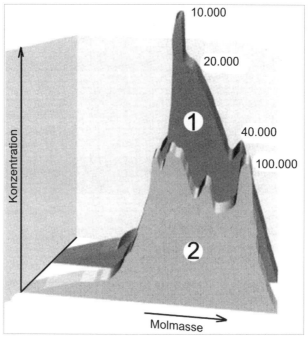

Abbildung 341 Die selektive Entfernung von trübungsaktiven Protein des Bieres durch die Behandlung mit Britesorb® nach Oppermann [423]
1 Unbehandeltes Bier 2 Mit Britesorb® behandeltes Bier; *Hinweis:* Die Zahlen in der Grafik weisen die ungefähre Proteinmolekulargewichtsverteilung aus (bestimmt mittels Gelchromatografie)

Es gibt die folgenden zwei hauptsächlichen Modifikationen von Kieselgelen:
- Xerogele (trockene Kieselgele) und
- Hydrogele (hydratisierte Kieselgele).
- Bekannte Xerogele sind: *Stabifix* Super, BECOSORB®1000, *Britesorb* D300, *Britesorb* BK390
- Bekannte Hydrogele sind: Stabifix W, BECOSORB®6000, Britesorb BK75, Britesorb BK85, Britesorb BK185.

Um die Staubentwicklung der Xerogele zu reduzieren, gibt es als weitere Anpassung
- Hydratisierte Xerogele, wie z. B. *Britesorb* BK200 und Stabifix Extra

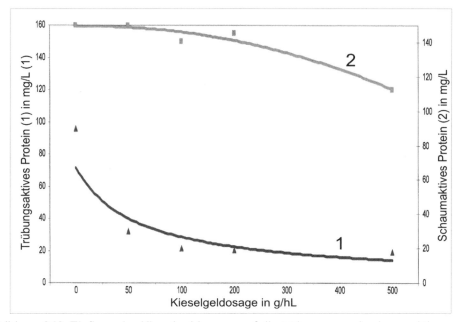

Abbildung 342 Einfluss der Kieselgeldosage auf die trübungs- und schaumaktiven Bestandteile des Bieres (nach K. Berg, cit durch [423]

Die selektive Wirkungsweise von Kieselgelen ist auch deutlich aus den Untersuchungen von PQ Corporation zu erkennen, dargestellt in Abbildung 341 und Abbildung 342. Es ist auch deutlich zu erkennen, dass bei den normal üblichen Kieselgeldosagen von 30...150 g/hL Bier schaumpositive Proteine nicht oder analytisch kaum feststellbar entfernt werden, dagegen werden die trübungsaktiven Proteine um ca. 75 % verringert.

Die Ursache liegt auch an der unterschiedlichen Aminosäurezusammensetzung der schaumpositiven Proteine und der trübungssensitiven Proteine des Bieres (siehe Abbildung 343). Bei den trübungssensitiven Proteinen dominiert erwartungsgemäß der Prolingehalt, obwohl die Molekulargewichte dieser spezifischen Protein sich nicht so deutlich unterscheiden (siehe Tabelle 126).

Klärung und Stabilisierung des Bieres

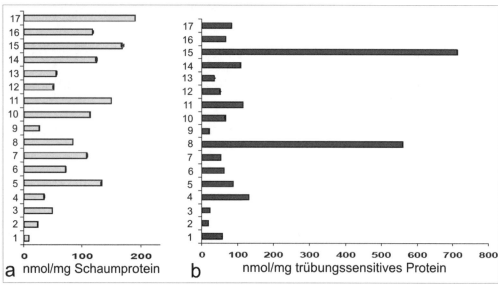

Abbildung 343 Aminosäurezusammensetzung (cit. durch [394])
a schaumpositiven Proteine   b trübungssensitive Proteine
1 Tyrosin **2** Histidin **3** Lysin **4** Phenylalanin **5** Leucin **6** Isoleucin **7** Valin **8** Prolin **9** Methioninsulfonsäure **10** Alanin **11** Glycin **12** Threonin **13** Arginin **14** Serin **15** Glutaminsäure **16** Asparaginsäure **17** Cystein

Tabelle 126 Molmassen der trübungssensitiven und der schaumpositiven Proteine (cit. durch [394])

	Trübungssensitive Proteine	Schaumpositive Proteine
Molmasse in kDa	16,6	10,8
	31,1	12,4
		66
Prolingehalt	hoch	niedrig

15.4.2.3 Spezifische Eigenschaften der Kieselsäurexerogele
- Kieselsäurexerogele (z. B. STABIFIX Super) sind fein vermahlen,
- haben einen Wassergehalt von Ø 5 % (1…11 %),
- eine innere Oberfläche von Ø ca. 400 m^2/g (320…700 m^2/g),
- ein Porenvolumen von 0,7…1,2 mL/g.
- Der Durchmesser der meisten Poren ist > 5 nm;
- Das Schüttgewicht beträgt 210…500 g/L.
- Xerogele haben eine Permeabilität ähnlich wie eine sehr feine Kieselgur;
- Ihre Nassdichte ist aber mit 350…460 g/L deutlich höher als die einer feinen Kieselgur (die Feingursorte FILTER-CEL hat zum Vergleich nur eine Nassdichte von 215 g/L). Sie sind damit ein teueres Filterhilfsmittel;
- Die erforderliche Kontaktzeit beträgt nach [394] mindestens 3… 5 Minuten, um das Adsorptionsvermögen voll auszuschöpfen.

In den letzten Jahren wurde die Vermahlung zugunsten folgender Parameter verändert:
- Eine viel kleinere Partikelgröße,
- mit einer sehr engen Partikelgrößen-Verteilung und
- einer verbesserten Filtrierbarkeit trotz kleinerer Partikel.

15.4.2.4 Spezifische Eigenschaften der Kieselsäurehydrogele

Die Herstellung der Kieselsäurehydrogele ist ähnlich der der Xerogele. Die einzige Abweichung ist nur eine partielle Trocknung am Ende des Prozesses.
- Der Wassergehalt ist < 65 % (46...67 %);
- Die innere Oberfläche beträgt 500...700 m^2/g;
- Das Schüttgewicht liegt zwischen 330...500 g/L;
- Das Porenvolumen beträgt 0,8...1,1 mL/g;
- Der einzige Vorteil der Hydrogele ist im Vergleich zum Xerogel die Vermeidung der Staubentwicklung bei der Arbeit;
- Damit verbunden ist aber eine geringere Wirksamkeit pro Gramm Hydrogel, da sie nur ca. 30...50 % SiO_2 enthalten;
- Die erforderliche Kontaktzeit soll mindestens 10...15 Minuten betragen, um das Adsorptionsvermögen voll auszuschöpfen
- Bei der Kieselgur-Anschwemmfiltration verhalten sie sich wie grobe Mittelguren. Ihre Permeabilität entspricht der einer groben Mittelgur wie *Hyflo Supercel*;
- Hydrogele sind evtl. mögliche Quellen einer biologischen Kontamination;
- Aktuell werden trotz des Staubproblems Kieselsäurexerogele genauso verwendet wie Hydrogele, da ihre Handhabung optimiert wurde.
- Geeignete Vakuumsysteme ermöglichen eine staubfreie Arbeitsweise.

Abbildung 344 zeigt den Einfluss des durchschnittlichen Porendurchmessers von drei Hydrogelen auf die erforderliche Kieselgeldosage, um eine definierte kolloidale Haltbarkeit zu erreichen (ausgedrückt in erreichte Warmtage bis zu einer Trübung >2 EBC-Einheiten). Der optimale Porendurchmesser scheint bei diesem Bier im Bereich >9 nm zu liegen. Die anderen Kennwerte scheinen hier nicht einen so dominanten Einfluss zuhaben.

Klärung und Stabilisierung des Bieres

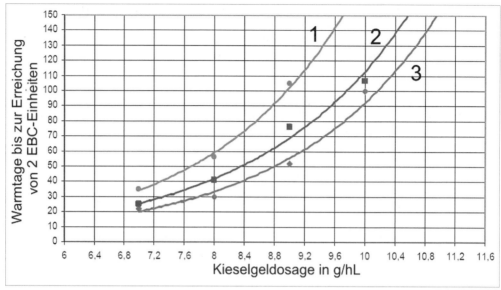

Abbildung 344 Einfluss der Eigenschaften der drei Hydrogele (siehe Tabelle 127) auf die erreichbare kolloidale Haltbarkeit (Anzahl der Warmtage bis zur Trübung >2 EBC-Einheiten) in Abhängigkeit von der Kieselgeldosage (nach [393])
1 Hydrogel A   2 Hydrogel Britesorb BK 185   3 Hydrogel Britesorb BK 85

Tabelle 127 Die Eigenschaften der in Abbildung 344 dargestellten drei Hydrogele und die ermittelten Regressionskurven und Bestimmtheitsmaße

Kurve		1	2	3
Hydrogel		A	Britesorb BK185	Britesorb BK85
Regressions-funktion		$y = 0{,}7289e^{0{,}5493\,x}$	$y = 0{,}7802e^{0{,}4979\,x}$	$y = 0{,}5676e^{0{,}5092\,x}$
R²		0,993	0,989	0,977
Wassergehalt	%	66	66	65
Porendurchmesser	nm	8,4	9,5	9,5
Porenvolumen	mL/g	1,9	1,9	1,9
Innere Oberfläche	m²/g	829	800	800
Partikelgröße D_{50}	µm	24	28	20

15.4.2.5 Vorteile von Xerogelen gegenüber Hydrogelen
Xerogele haben gegenüber Hydrogelen folgende Vorteile:
- Sie haben eine bessere Stabilisierungswirkung.
- Es werden geringere Mengen an Xerogel für den gleichen Effekt wie bei Hydrogel benötigt.
- Sie ermöglichen durch ein geringeres Filterkuchenvolumen verlängerte Filterstandzeiten.
- Das Transportvolumen und der Lagerplatzbedarf sind geringer.

- Die fein vermahlenen Xerogele dienen auch als Filterhilfsmittel (Feingur) und erhöhen die Filtrationsschärfe.
- Dadurch ermöglichen sie im Vergleich zu Hydrogelen auch eine höhere biologische Stabilität der Biere.
- Ihr Einsatz ist wirtschaftlicher.

Um die Vorteile beider Modifikationen zu nutzen und ihre Nachteile (Staubentwicklung der Xerogele und geringere Wirksamkeit der Hydrogele) zu überwinden, wurden die hydratisierten Xerogele entwickelt (siehe Vergleichsdaten in Tabelle 128).

Tabelle 128 Analytische Merkmale von Kieselgelen der Fa. Stabifix Brauereitechnik KG (nach [424])

Typ	ME	Stabifix Super Xerogel	Stabifix Extra Hydrat. Xerogel	Stabifix W Hydrogel
Wassergehalt	%	9	39	62
Innere Oberfläche	m^2/g	430	520	800
Porenvolumen	mL/g	1,2	1,6	1,8
Porendurchmesser	nm	10	10	10
Partikelgröße D50	µm	14	17	20
Permeabilität	mDarcy	10	30	800
pH-Wert	-	7	7	3

15.4.2.6 Anwendungsvarianten von Kieselgelen

Kieselgele können grundsätzlich in folgenden drei Varianten zur Bierstabilisierung eingesetzt werden:
- Im Absetzverfahren in der Kaltlagerphase des Bieres und
- im Durchlaufkontaktverfahren gemeinsam mit der Kieselgur bei der Anschwemmfiltration.
- im Durchlaufkontaktverfahren separat dosiert bei der Anschwemmfiltration, um die Kieselgurdosierung von der Kieselgeldosierung zu entkoppeln.

Man kann Kieselgele dem Bier beim Umdrücken in die Kaltlagerphase zugeben, doch noch einfacher und eleganter ist es, sie mit der Kieselgur bei der Filtration zu dosieren. Verbessert wird der Effekt der Kieselgele noch, wenn man dem Filter einen Puffertank vorschaltet, mit dem eine verlängerte Kontaktzeit des Stabilisierungsmittels gesichert werden kann.

15.4.2.7 Der Einsatz von Kieselgel in der Kaltlagerphase

Der Zusatz von Kieselgelen in der Kaltlagerphase ist nicht so wirkungsvoll wie deren kombinierter Einsatz bei der Kieselgurfiltration. Hefezellen und sowieso sedimentierende grobdisperse Eiweiß-Trübungskomplexe blockieren bei einem Zusatz in der Kaltlagerphase einen Teil der zugesetzten Kieselgele. Weiterhin ist die feindisperse Trübung noch nicht komplett ausgebildet und wird damit nicht erfasst.

Klärung und Stabilisierung des Bieres

Der Zusatz von Kieselgelen in der Kaltlagerphase ist nur eine Notmaßnahme für folgende zwei Anwendungsfälle:
- Es fehlt eine funktionierende Kieselgurfiltrationsanlage oder
- die Kieselgurfilteranlage ist durch eine Crossflow-Membranfilteranlage ersetzt worden.

Da die bisherigen Kieselgelmodifikationen die Membranfilterfläche der Crossflow-Filter verblocken, müssen sie vor dem Membranfilter durch folgende Varianten aus dem Unfiltrat weitgehend entfernt werden. Bisher sind dazu folgende Varianten bekannt:
- Der Einsatz eines Klärseparators unmittelbar vor dem Crossflow-Filter zur Abtrennung der grobdispersen Trubstoffe (Hefe, Kieselgele) und
- eine Zwischenlagerung für eine definierte Reaktionszeit in einem speziellen Sedimentationstank vor dem Crossflow-Filter oder wie beim Norit-Verfahren direkt in den Permeattank.

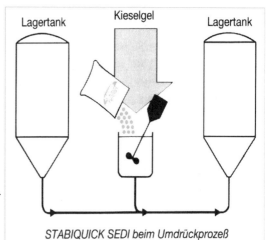

Abbildung 345 Einsatzempfehlungen der Fa. Stabifix Brauerei-Technik GmbH für die Bierstabilisierung mit Kieselgelen

Für diese Anwendungsfälle wurde das gut sedimentierende Kieselgel Stabiquick SEDI entwickelt, das im Umdrückverfahren dem Unfiltrat zur Vorstabilisierung oder Bieren mit niedrigen Haltbarkeitsanforderungen beigedrückt wird (s.a. Abbildung 345). Die Dosage bewegt sich auch hier im Bereich von 30...100 g/hL. Stabiquick SEDI besteht aus einem Kieselsäurexerogel und einem stark quellfähigen Natriumbentonit.

Es ist eine Nachstabilisierung erforderlich, da die in der Kaltlagerphase sich erst ausbildenden Trübungsteile nicht voll erfasst werden. Bei einem mehrstufigen Einsatz des Kieselgels werden ca. ⅓ des erforderlichen Kieselgels beim Schlauchen oder bei einem ZKT-Zweitankverfahren beim Umdrücken dosiert und ⅔ der erforderlichen Menge bei der abschließenden Kieselgurfiltration.

Vorteile des Absetzverfahrens sind:
- Eine längere Kontaktzeit;
- Eine geringere Belastung des Schlammraumes im Kieselgurfilter.

15.4.2.8 Der Einsatz von Kieselgelen im Durchlaufkontaktverfahren

Kieselgele werden hauptsächlich unmittelbar bei der Kieselgurfiltration gemeinsam mit der Kieselgur eingesetzt oder eben separat gegeben. Damit ist man von der Dosage der Kieselgur unabhängig. Ihr Einsatz sollte bereits bei der 2. Grundanschwemmung in einer Höhe von bis zu 50 g/m^2 erfolgen, um bereits das erste durchfließende Bier voll zu stabilisieren. Für die laufende Dosierung sind je nach erforderlicher kolloidaler Stabilität 30…120 g/hL erforderlich, in seltenen Fällen bis 150 g/hL (auch abhängig von der Vorstabilisierung und eventuellen weiteren Stabilisierungsmaßnahmen, Richtwerte siehe Tabelle 130).

Bei einer gemeinsamen Filtration von zu stabilisierendem Bier und von unstabilisiertem Bier über den gleichen Filter muss das zu stabilisierende Bier immer als erste Teilcharge filtriert werden. Es besteht sonst die große Gefahr, dass das zu stabilisierende Bier bereits in der Filterschicht ausgeschiedene Trübstoffe des unstabilisierten Bieres wieder aufnimmt und eine Verschlechterung der kolloidalen Stabilität erfährt.

Beim Durchlaufkontaktverfahren kann das Kieselgel gemeinsam mit der Kieselgur im Dosiergefäß eingerührt und dosiert werden (2. Grundanschwemmung und laufende Dosierung). Positiv ist eine längere Verweilzeit zwischen Dosiergefäß und Anschwemmfilter, um die Kontaktzeit zu verlängern. Dies kann außer durch eine „lange Rohrleitung" entsprechender Nennweite auch durch die Vorschaltung eines separaten Kieselgeldosiergefäßes und eines Stabilisierungstanks, der gleichzeitig als Puffertank wirkt, vor dem eigentlichen Kieselgurdosiergefäß erreicht werden.

Die anzustrebenden Kontaktzeiten sind abhängig von der Kieselgelmodifikation. Sie liegen beim Xerogel bei mindestens 3…5 Minuten und beim Hydrogel bei mindestens 15 Minuten, optimal in Verbindung mit einem Puffertank bei ca. 20 min. Weiterhin wird vor der Dosage eine Hydratationszeit für das eingeteigte Kieselgel (10…20 % Suspension im kalten, entgasten Wasser) von 10 Minuten empfohlen.

Tabelle 129 Wirkungsweise eines Kieselgels (Xerogel) auf die Bierinhaltsstoffe

Bier		1	2	3
Dosage Stabifix Super	g/hL	0	50	100
Extrakt (scheinbar)	%	2,20	2,18	2,19
pH-Wert	-	4,43	4,44	4,46
Farbe	EBC	11,8	11,5	11,0
Gesamtstickstoff	ppm	788	768	744
Koagulierbarer Stickstoff	ppm	14	13	12
MgSO$_4$-fällbarer Stickstoff	ppm	143	127	120
Bitterstoffe (nach *Klopper*)	ppm	32	32	31
Schaumhaltbarkeit (*R & C*)	sec	125	123	122
Asche	ppm	0,017	0,017	0,018
Siliciumdioxid	ppm	1,4	1,4	1,4

Folgende Vorteile hat das Durchlaufkontaktverfahren:
- Es ist einfacher als das Absetzverfahren zu handhaben und kann wie die Kieselgurdosierung staubfrei automatisiert werden.
- In der Filterschicht wirkt das Kieselgel wie Kieselgur im Aufbau filtrationsunterstützend.

- Kieselgel ersetzt bei der laufenden Dosierung Kieselgur in der Höhe von ca. 20...50 % der dosierten Kieselgelmenge. So können z. B. bei einer Dosage von 50 kg Kieselgel zur laufenden Dosierung ca. 25 kg Kieselgur eingespart werden.
- Einfache Entsorgung des Kieselgelschlammes mit dem Kieselgurschlamm;
- Keine Verunreinigung der Gelägerhefe mit Kieselgelschlamm.

Tabelle 130 Einsatzempfehlungen des Herstellers für BECOSORB®-Produkte [425]

In der Praxis bewährte Richtwerte für die Haltbarkeit von	Einsatzmenge von BECOSORB® in g/hL bei		
	Typ 1000	Typ 2500	Typ 6000
3...4 Monate	15...20	25...30	40...60
4...6 Monate	20...40	30...60	60...80
6...12 Monate	40...80	60...120	80...140
Qualitätskriterien der drei Kieselgele:			
Kieselgelsorte	Xerogel	Gesättigtes Kieselgel	Kieselsäurehydrogel
Wassergehalt in %	(8)...≤ 10	(34)...40...(41)	(50)...60
Permeabilität in mDarcy	>12...(16)	>15...(23)	>80...(150)
Permeabilität entspricht einer	Sehr feinen Kieselgur	Feinen Kieselgur	Mittelfeinen Kieselgur
Stäubungscharakter	Stäubend	Staubarm	Staubfrei
Nassdichte in g/L	370	580	690
Körnung d_{50} in µm	11...17	11...17	17...22

15.4.2.9 Einsatz von Kieselgel bei der Crossflow-Filtration

Es wurde schon in Kapitel 8 darauf hingewiesen, dass der Einsatz von Kieselgel unmittelbar vor dem Crossflow-Filter dazu führen kann, dass die Membranen sehr schnell verblocken. Versuche der Fa. *Stabifix Brautechnik,* München, und auch von der Fa. *PQ Corporation (Europe)* ergaben, dass ein Absieben der feindispersen Bestandteile aus einem Xerogel diese Verblockungsgefahr vermeidet, jedoch wird das Produkt dadurch so verteuert, dass die Herstellung nicht mehr wirtschaftlich ist.

Nach [426] können zur Membranregenerierung bestimmte Kieselgele, wie z. B. das Hydrogel Britesorb® BK75, bei Einhaltung der in Abbildung 346 dargestellten Konzentrationsverhältnisse in ca. 40 min mit einer NaOH-Lauge bei 75 °C aus der Membran herausgelöst werden. Folgende Hinweise sind noch zu beachten:
- 80 kg Britesorb® BK75 sind in ca. 1 m³ 1,5 %iger Lauge löslich. Höhere Kieselgelkonzentrationen erfordern höhere Laugekonzentrationen.
- Die Löslichkeit von Kieselgel in NaOH-Lauge ist auch von der Zusammensetzung des Kieselgels selbst abhängig. Eine maximale Löslichkeit wird bei einem Masseverhältnis in dem Kieselgel von SiO_2/Na_2O von ca. 2 erreicht.
- Es sollte im Prozess (Reinigung, Dosage) möglichst weiches Wasser verwendet werden, da Calcium-Ionen mit Silicaten reagieren und durch die Bildung von Ca-Silicathydraten die Membranporen verblockt werden können.

15.4.2.10 Einsatzrichtwerte unter Berücksichtigung der gewünschten kolloidalen Stabilität

Da sich die Kieselgele je nach Variation ihrer Herstellung zwischen den einzelnen Herstellern unterscheiden können, sind die Hinweise der Hersteller für die spezifischen Einsatzmengen zu beachten (siehe z. B. Tabelle 130).

Die Versuchsergebnisse in Tabelle 129 zeigen, dass die mit $MgSO_4$ fällbare, höhermolekulare Stickstofffraktion durch den Kieselgeleinsatz deutlich reduziert wird, die Schaumhaltbarkeit des Bieres dagegen wird nicht wesentlich verändert.

Wenn der Kieselgeleinsatz mit anderen Stabilisierungsmitteln kombiniert wird, wie z. B. mit PVPP, reduziert sich natürlich die erforderliche Einsatzmenge.

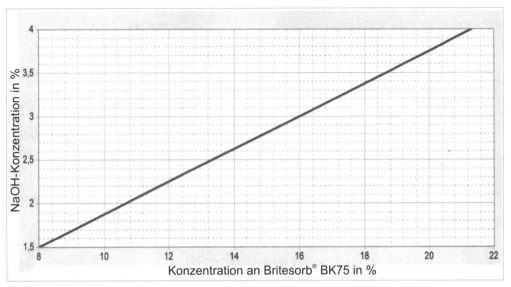

Abbildung 346 Löslichkeitskurve von Britesorb® BK75 in NaOH-Lösungen (nach [426])

15.4.3 Der Einsatz von Bentoniten

Bei diesem Verfahren wird zunächst eine Aufschlämmung des Bentonits in einer geringen Menge Bier hergestellt und diese dann in möglichst gleichmäßiger Verteilung dem lagernden Bier zugegeben. Damit die Adsorptionskraft voll zur Wirkung kommen kann, soll das Bier vor dem Bentonitzusatz schon weitgehend geklärt sein.

15.4.3.1 Kurzcharakteristik von Bentoniten

Bentonite sind stark quellende Tone, deren Hauptbestandteil Montmorillonit ist, ein Dreischichtmineral.

Es ist ein Aluminiumsilicat mit der Summenformel $Al_2O_3 \cdot 4\ SiO_2 \cdot H_2O$ (Bentonitstruktur s.a. Abbildung 347). Bentonite sollten frei von Eisen sein.
Seine Quellfähigkeit beruht auf der Einlagerung von Wasser zwischen den Gitterschichten bei gleichzeitiger Aufweitung der Schichtabstände. Es gibt:

Klärung und Stabilisierung des Bieres

- Alkalibentonite (hohes Quellvermögen, höhere Adsorptionsfähigkeit, mehr Schwand, größerer Schlammanfall) und
- Calciumbentonite (weniger quellend, schwächere Stabilisierungswirkung, geringerer Schwand und geringerer Schlammanfall).

Handelsnamen in Deutschland sind u.a. *Deglutan* und *Stabiton*.

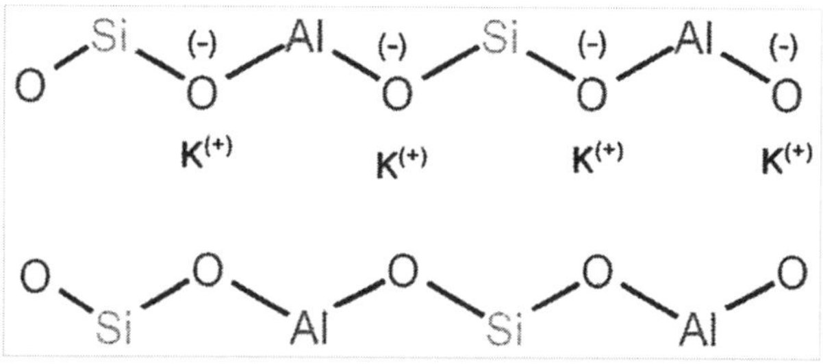

Abbildung 347 Bentonitstruktur vor der Adsorption

15.4.3.2 Zur Wirksamkeit von Bentoniten als Adsorptionsmittel zur Bierstabilisierung

Die Aufweitung der Schichtabstände ermöglicht die Adsorption von proteinischen Substanzen in diesen Schichten an den Bindungsstellen der Alkali- oder Erdkaliionen (s..a. Abbildung 348).

Die Eiweißadsorption ist unspezifisch, es werden auch kleinere Eiweißabbauprodukte bis zu einer Molmasse < 2500 adsorbiert, dies führt zur feststellbaren Schaumschädigung.

Ein Quellen der Bentonite in Bier verursacht 3 bis maximal 10 % Volumenschwand. Ein Vorquellen der Bentonite in Wasser und eine Bierklärdauer bis zu 7 Tagen bei 0...-2 °C verringert die Bierverluste auf durchschnittlich 3 %.

Eine längere Lagerdauer auf Bentonitschlamm kann einen erdigen Geschmack verursachen, deshalb muss der Schlamm rechtzeitig entfernt werden oder der Tank ist umzudrücken.

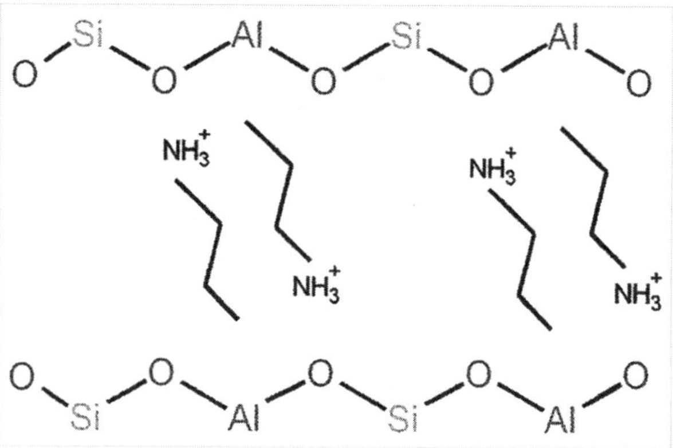

Abbildung 348 Bentonitstruktur nach der Eiweißadsorption (die Kationen wurden ausgetauscht)

Ein Zusatz zum Schlauchen (5...100 g/hL) ist nicht so effektiv wie ein Zusatz zum Ende der Kaltlagerphase mit 30...40 g/hL.

Mit einer Dosage von 70...80 g/hL sind Haltbarkeiten von 3...4 Monaten (7 Warmtage beim 0/40/0-Test) erreichbar.

Für Überseeexporte sind 120...200 g/hL erforderlich (= 40 Warmtage beim 0/40/0-Test).

Eine Bierstabilisierung mit Bentonit führt zur Abnahme wichtiger Bierinhaltsstoffe und Qualitätsparameter (Tabelle 131).

Tabelle 131 Abnahme der Bierinhaltsstoffe und Qualitätsparameter bei Bentonit-Anwendung

Bitterstoffe	1...5 mg/L
Anthocyanogene	3...20 mg/L
Gesamtpolyphenole	10...60 mg/L
Farbe	0,5...2 EBC-Einheiten
Schaumhaltbarkeit nach Ross & Clark	4...20 s
koagulierbarer N	5...15 mg/L

15.4.3.3 Anwendungsergebnisse

Die Ergebnisse in Tabelle 132 zeigen, dass Bentonite nicht nur reine Eiweißpartikel adsorbieren, sondern auch Eiweiß-Gerbstoff-Trübungskomplexe. Problematisch ist bei der Stabilisierung mit Bentonit die Schädigung der Schaumhaltbarkeit der stabilisierten Biere und der erhöhte Bierschwand. Bentonite haben auch eine stark verblockende Wirkung im Filter.

Tabelle 132 Einfluss der Bentonitdosage auf die Trubstofffraktionen und die Schaumhaltbarkeit des Bieres (nach Versuchen der VLB)

Dosage Bentonit	g/hL	0	50	150
Stammwürze	%	12,9	12,8	12,5
Farbe	EBC	9,7	8,8	6,8
Schaumhaltbarkeit (R & C)	sec	120	116	104
Warmtage bei 60 °C	Tage	0,4	1,7	5,3
Gesamt-Stickstoff	ppm	922	855	810
Koagulierbarer Stickstoff	ppm	11	6	4
$MgSO_4$-fällbarer Stickstoff	ppm	169	136	95
Dimere Proanthocyanidine	ppm	28	25	24
Catechine	ppm	44	42	41
Phenolcarbonsäuren	ppm	-	24	12
Anthocyanogene	ppm	48	42	38
Gesamtpolyphenole	ppm	173	159	139

15.4.4 Der Einsatz von Tannin

Die in früheren Jahrzehnten bekannten Tanninprodukte waren ein uneinheitliches Gemisch von Glucoseestern der Gallussäure und der m-Digallussäure. Sie wurden als Eiweiß fällende Gerbstoffe auch für die Bierstabilisierung verwendet. An die jetzt auf dem Markt befindlichen Gerbstoffpräparate, wie z. B. Brewtan®, können höhere Qualitätsanforderungen gestellt werden.

15.4.4.1 Kurzcharakteristik von Tannin als Eiweißfällungsmittel und Hinweise zur Dosage

Im Handel waren die älteren Tanninprodukte als gelbliches, amorphes Pulver von herbem Geschmack zu erwerben. Meist enthielten diese Tanninpräparate Verunreinigungen. An der Luft färbt sie sich schnell dunkel. In Wasser und Ethanol waren sie gut löslich. Die wässrige Lösung reagierte schwach sauer.

Tannin besteht aus Glucose, die mit Gallussäure oder Polygallussäure verestert ist. Hydrolysierbare Tannine bestehen aus 1 Mol Glucose und Gallussäure oder Polygallussäure, wobei 6 bis 9 Gallussäurereste auf ein Mol Glucose entfallen (s. a. Abbildung 349).

Tanninprodukte werden aus Galläpfeln bzw. Gallen, Nussschalen und Blättern verschiedener Pflanzen gewonnen, besonders von chinesischen, japanischen und türkischen Sumacharten (Gerberstrauch). Die Gallen werden als Abwehrreaktion gegen Insekten gebildet.

Tannin wirkt wie andere höhermolekulare Gerbstoffe Eiweiß fällend. Tannine sind bei wärmeren Temperaturen hydrolysierbar und bleiben in Lösung.

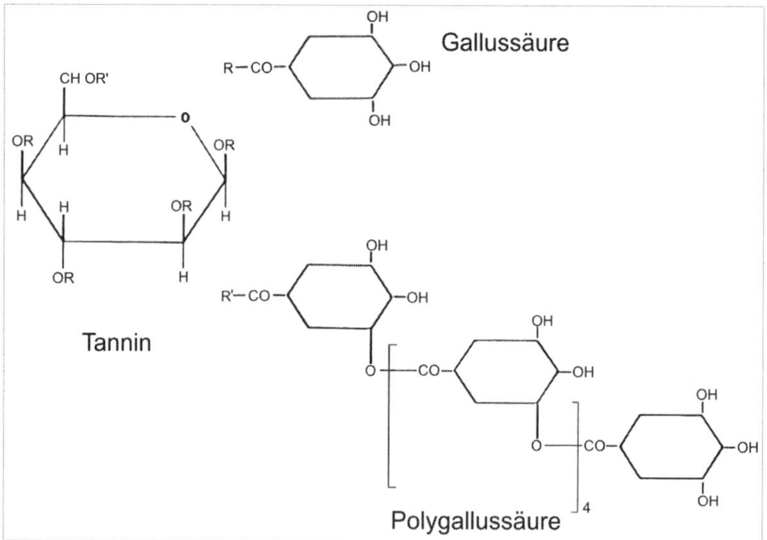

Abbildung 349 Die Bestandteile der hydrolysierbaren Tannine: 1 Mol Glucose + Gallussäure oder Polygallussäure

Auch bei einem ungenügenden Eiweiß-Gerbstoffverhältnis werden sie nicht ausgefällt. Deshalb entspricht der Tanninzusatz zur Bierstabilisierung nicht dem Deutschen Reinheitsgebot.

International werden jetzt jedoch hochreine, hochmolekulare Gerbstoffpräparate erfolgreich zur Bierstabilisierung eingesetzt (siehe Kapitel 15.4.4.3):

- Ein Zusatz von maximal 3,5...6 g Tannin/hl Würze beim Würzekochen unterstützt die Eiweißkoagulation. Es ist hier mit einer Teilhydrolyse zu rechnen.
- Tannin wird normal in Mengen von 6...8 g/hL dem Bier oder der Würze zugesetzt.
- Es werden in der Kaltlagerphase durchschnittlich 7 g Tannin/hL Bier mit einem Schwankungsbereich von 3...10 g/hL zugesetzt.
- Ein Zusatz zum Schlauchen ist weniger wirksam als ein Zusatz am Ende der Kaltlagerphase.
- Beim Schlauchen sind deshalb 30 % mehr Tannin zu dosieren als bei einem Zusatz in der Kaltlagerphase (siehe auch neue Anwendungsergebnisse mit Brewtan® in Kapitel 15.4.4.3).

15.4.4.2 Anwendungsergebnisse

Am wirkungsvollsten ist der Zusatz von Tannin am Ende der Kaltlagerphase, da hier am wenigsten Tannin hydrolysiert und die Hefeklärung normalerweise schon stattgefunden hat (s.a. Tabelle 133).

Das Bier sollte nach dem Tanninzusatz einige Tage später umgelagert werden bzw. das Sediment sollte durch Abschlämmen aus dem ZKT entfernt werden.

Bei zu geringen Gaben kommt es zu einer ungenügenden Fällung und damit zur Verschlechterung der Klärung und Filtrierbarkeit der behandelten Biere.

Eine zu große Tanningabe verursacht eine deutliche Verschlechterung der Bierschaumhaltbarkeit.

Geschmackliche Störungen sind nur bei reinen Präparaten nicht zu befürchten. Die Schnellkontrolle der Wirksamkeit kann u.a. mit der *Esbach*-Reaktion erfolgen.

Tabelle 133 Der Einfluss der Tannindosage auf die Fällung der Trübungsfraktionen

Dosage Tannin	g/hL	0	6	10
Stammwürze	%	10,7	11,9	11,1
Farbe	EBC	7,8	9,6	9,3
Schaumhaltbarkeit (R & C)	sec	127	124	122
Warmtage bei 60 °C	Tage	0,7	2,6	2,2
Gesamt-Stickstoff	ppm	715	747	645
Koagulierbarer Stickstoff	ppm	22	14	15
$MgSO_4$-fällbarer Stickstoff	ppm	171	130	120
Dimere Proanthocyanidine	ppm	64	47	46
Catechine	ppm	49	37	50
Phenolcarbonsäuren	ppm	19	18	25
Anthocyanogene	ppm	53	76	56
Gesamtpolyphenole	ppm	172	-	147

15.4.4.3 Brewtan®-Produkte

Mit Hilfe neuerer Extraktions- und Aufbereitungsverfahren (kontinuierliche Flüssig-Flüssigextraktion, Ionenaustauscher, Aktivkohlefiltration u.a. Filtrationsverfahren) können aus den o.g. Rohstoffen hochreine, hochmolekulare Gallotanninpräparate speziell für die Bierstabilisierung hergestellt werden, wie sie die Fa. Ajinomoto OmniChem N. V. (B) als Brewtan® B, Brewtan® C and Brewtan® F anbietet [427].

Folgende Eigenschaften dieser Präparate werden besonders hervorgehoben:
- Für den Einsatz bei der Bierherstellung besitzen diese Gallotanninpräparate ein ausreichend hohes Molekulargewicht und bestehen nur aus Polygallussäure, die mit Glucose verestert ist.
- Es ist ein vollständig und schnell reagierendes Produkt, das mit sensitiven Bierproteinen große Flocken bildet, die durch Filtration und Zentrifugation entfernt werden können.
- Die Gallotannine sind von anionischer Natur und reagieren selektiv mit kationischen Bierproteinen, die als typische Trübungsbildner ein mittleres Molekulargewicht von 40.000 besitzen.
  Ihr Hauptreaktionspartner sind Abbauprodukte des Hordeins, die vorwiegend schwefelhaltige Gruppen vom Cystein und aromatische Baugruppen des Hordeins enthalten. Auf molekularer Ebene reagieren die Carboxylgruppen in den Gallotanninen selektiv mit den nucleophilen Gruppen (z. B. -SH, -NH_2) in den Proteinen und Polypeptiden.
  Dies führt zur Ausbildung von Tannin-Protein-Komplexen mit diesen trübungsbildenden Proteinen.
- Der Verunreinigungsgrad an monomeren Gallussäuren und Digallussäuren ist sehr niedrig und entspricht den Anforderungen der internationalen Brauindustrie sowie den EU-Lebensmittelgesetzen und den WHO-Forderungen.
- Das schwach-gelbe, staubfreie Pulver ist in Wasser bis zu einer Konzentration von 160 ppm geschmacklos.
- Die Brewtan®-Produkte sind in Wasser in einer Konzentration von 5...10 % löslich und sollten nur in dieser gelösten Form dosiert werden, z. B. in das Einmaischwasser.
- Es werden unterschiedliche Brewtan®-Produkte für die einzelnen Prozessstufen der Bierherstellung angeboten und dabei die in Tabelle 134 aufgeführten Wirkungen erzielt. Auch eine kombinierte Anwendung wird empfohlen.
- Ein Zusatz von Brewtan® B in der Maische und Würze erhöht das antioxidative Potenzial (reduzierend wirkende Polyphenole), inhibiert oxidierend wirkende LOX-Enzyme, reduziert damit die Aldehydbildung (verantwortlich für den Alterungsgeschmack) und wirkt auf Metallionen der Maische (Fe, Al, Zn, Pb) sehr gut als Chelatbildner (reduziert damit die katalytische Oxidationswirkung dieser Metallionen). Weiterhin soll die Läuter- und Sudhausausbeute erhöht werden. Gleiche Wirkungen auf die Verbesserung der Geschmackstabilität haben auch die anderen Brewtan-Produkte [428].
- Interessant ist auch, dass ein Zusatz von Brewtan® C in der Kaltlagerphase die Hefesedimentation sehr beschleunigt und die Biertrübung schnell reduziert [428].

Kolloidale Bierstabilisierung

Tabelle 134 Empfehlungen für den Einsatz der Brewtan®-Produkte (nach [427])

Brewtan®-Produkt	Prozessstufe	Dosageempfehlung	Technologische Effekte
Brewtan® B	Maischen	2...6 g/hL [1]) 2...4 g/hL [2])	Erhöhung der organoleptischen Stabilität
	Würzekochen (Zusatz kurz vor dem Ausschlagen)	2...6 g/hL [1]) 2...5 g/hL [2])	Erhöhung der kolloidalen und organoleptischen Stabilität, Verbesserung Trubausscheidung und Filtrierbarkeit, Verkürzung der Bierreifung
Brewtan® C	Bierreifung (Zusatz beim Schlauchen, optimal bei 0 °C)	2...8 g/hL [1])	Erhöhung der kolloidalen und organoleptischen Stabilität, Beschleunigung der Klärung
Brewtan® F	Vor der Endfiltration (mind. 10 min vor der Zentrifuge oder 1 min vor dem Klärfilter)	2 g/hL [1])	Erhöhung der kolloidalen und organoleptischen Stabilität (z. B. Haltbarkeit > 6 Monate)

[1]) Bezogen auf das Fertigbiervolumen des Sudes und bei 100 % Malzschüttung
[2]) Veränderte Dosage beim kombinierten Einsatz von Brewtan® B sowohl beim Maischen und Würzekochen

15.4.5 Der Einsatz proteolytischer Enzyme bei der Eiweißstabilisierung

Die international hauptsächlich verwendeten proteolytischen Enzyme zur Eiweißstabilisierung von Bier sind die pflanzliche Protease *Papain* und die tierische Protease *Pepsin*. Der Einsatz von proteolytischen Enzymen zur eiweißseitigen Stabilisierung entspricht *nicht* dem Deutschen Reinheitsgebot, sie werden deshalb in Deutschland nicht verwendet.

Proteolytische Enzyme werden international schon seit vielen Jahrzehnten zur Bierstabilisierung angewendet (1911 Patent von *Wallerstein* [429] zum Papaineinsatz bei der Bierstabilisierung). Proteolytische Enzyme spalten höhermolekulare Eiweißfraktionen, die bevorzugt Trübungsbildner sind, in nicht mehr koagulierbare mittel- und niedermolekulare Bausteine. Die Spaltung kann bis zu den Aminosäuren erfolgen. Es besteht grundsätzlich die Gefahr, dass auch die schaumpositiven Bierproteine zu intensiv abgebaut werden. Da die Proteasen unspezifisch auch schaumpositive Eiweißabbauprodukte spalten, ganz besonders bei kaltsteriler Abfüllung, verschlechtern Proteasen die Schaumhaltbarkeit.

15.4.5.1 Zum Zeitpunkt der Dosage proteolytischer Enzyme

Ein Zusatz der Proteasen während der Kaltlagerphase in das Unfiltrat ist nicht sinnvoll. Die unspezifische Wirkung der beim Bier-pH-Wert wirkenden Proteasen führt auch zur Hydrolyse bereits gebildeter, grobdisperser Eiweiß-Trübungskomplexe, die normal bei der Bierfiltration problemlos abgetrennt werden können. Die enzymatische Spaltung der grobdispersen Trübungskomplexe führt wieder zur Bildung feindisperser Trübungen, die wesentlich schwieriger bei der Bierfiltration herausgenommen werden können und die nachfolgende Stabilisierung sogar erschweren.

Der Zusatz der proteolytischen Enzyme darf auch *nicht* in Verbindung mit Bentoniten oder gemeinsam mit Kieselgelpräparaten in das Kieselgurdosiergefäß erfolgen. Die Enzyme sind hochmolekulare Eiweißsubstanzen, die wie instabiles Protein des Malzes von Bentoniten oder Kieselgel adsorbiert und damit unwirksam werden. Einen Überblick über mögliche Kombinationsmöglichkeiten von Proteasepräparaten und anderen Stabilisierungsmittel gibt Tabelle 135.

Die proteolytischen Enzyme sollten gut in Leitungswasser aufgelöst nach der Filtration unmittelbar vor der Abfüllung, z. B. durch Vorlegen in den Filtratdrucktank, dosiert werden.

Die Einsatzmengen richten sich nach dem erwünschten Stabilisierungseffekt. Durch Kombinationen von mehreren Stabilisierungsmitteln erhöht sich die Wirkung der einzelnen Komponenten, so dass ihre Einsatzmengen geringer sein können als bei Einzelanwendung.

15.4.5.2 Papain
15.4.5.2.1 Allgemeine Charakterisierung des Papain

Papain (EC 3.4.22.2) ist eine Protease, die aus dem Milchsaft (Latex) der Papaya-Melonen *Carica papaya* gewonnen wird. Von anerkannten Herstellern werden in einem Raffinationsprozess die proteolytisch wirksamen Komponenten aus dem Rohlatex extrahiert, entkeimt und sprühgetrocknet oder in flüssiger Form stabilisiert und standardisiert. Reines Papain ist ein weißes bis grauweißes Pulver. Es ist leicht hygroskopisch, im Wasser aber nicht vollständig löslich.

Seine Molmasse beträgt etwa 23.350 Dalton. Papain ist ein basisches, kohlenhydratfreies Einkettenprotein (I. P. 8,75) mit 4 Disulfidbrücken und katalytischem Cysteinrest (SH-Gruppe). Es besteht aus 212 Aminosäuren. Das pH-Wert-Optimum liegt zwischen 4 und 7. Die proteolytische Aktivität des Papains ist bei der Flaschenpasteurisation am wirksamsten und bleibt hier zum größten Teil erhalten. Papain ist das weltweit am häufigsten zur Stabilisierung eingesetzte Proteasepräparat.

Tabelle 135 Kombinationsmöglichkeiten der anderen Stabilisierungsmittel mit Proteasen (nach [430])

Kombinationspartner der Proteasen	Beurteilung der Kombinationseffekte	Anwendung der beiden Stabilisierungsmittel
PVPP	sehr gut	neben- oder nacheinander
Antioxidantien	sehr gut	nebeneinander
andere Enzyme	gut	nebeneinander
Kieselgel	befriedigend	unbedingt nacheinander
Bentonit	befriedigend	unbedingt nacheinander
Tannin	befriedigend	unbedingt nacheinander

15.4.5.2.2 Hinweise zum Papaineinsatz bei der Bierstabilisierung

Beim Papaineinsatz zur Bierstabilisierung ist folgendes zu beachten:
- Die Dosage von gereinigtem und konzentrierten Papain erfolgt normal in einer Höhe von bis zu 0,8 g/hL Bier.

Kolloidale Bierstabilisierung

- Für lange haltbare Exportbiere kann die Einsatzmenge erhöht werden. International werden bis zu 10 g/hL eingesetzt.
- Vorzugsweise sollte die Dosage ins filtrierte Bier in den Drucktank erfolgen.
- Der Papaineinsatz erfordert eine thermische Inaktivierung der Protease, um einen zu weit gehenden Eiweißabbau und eine damit verbundene Schaumschädigung zu stoppen.
- Das pH-Wert-Optimum von Papain liegt beim pH-Wert 4,7 (bezogen auf Casein, entspricht den Bierproteinen am besten), es ist wirkungsvoll zwischen pH-Wert 4...6 (s.a. Abbildung 350).
- Das Temperaturoptimum des Papains liegt bei Hämoglobin um 70 °C und ist auch auf Bier übertragbar! Dies bedeutet, dass das Papain im Prozess der Flaschenpasteurisation oder Kurzzeiterhitzung am wirkungsvollsten ist (s.a. Abbildung 350).
- Bei einer thermischen Inaktivierung durch eine Flaschenpasteurisation bei 60 °C wären nach 5 h erst ca. 85 % inaktiviert (s.a. Abbildung 351)! Aus diesem Grunde ist eine Kurzzeiterhitzung mit Heißhaltetemperaturen über 78 °C sicherer als eine Flaschenpasteurisation im Tunnelpasteur mit Temperaturen nur bis zu 65 °C, um eine Schaumschädigung zu vermeiden.
- Bei 10facher Überdosierung besteht die Möglichkeit, dass das Papainprotein mit den Gerbstoffen des Bieres selbst Trübungskomplexe bildet.
- Da Papain im aktiven proteolytischen Zentrum eine SH-Gruppe hat, ist es gegen Schwermetalle und Oxidationsmittel sehr empfindlich und es wird von diesen Stoffen meist reversibel inaktiviert.
- Umgekehrt wird Papain durch Reduktionsmittel, wie Ascorbinsäure oder Sulfit, aktiviert bzw. reaktiviert.

Die temperaturabhängige Papain-Inaktivierung kann näherungsweise durch folgende logarithmische Funktion beschrieben werden:

$$A_t = A_0 \cdot e^{-k \cdot t} \qquad \text{Gleichung 95}$$

A_t = Enzymaktivität nach t Stunden
A_0 = Enzymaktivität zum Zeitpunkt Null
e = Basis des natürlichen Logarithmus
t = Zeit in Stunden
k = Inaktivierungskoeffizient (nach Abbildung 351)
  für den Bereich von 0...60 °C

Klärung und Stabilisierung des Bieres

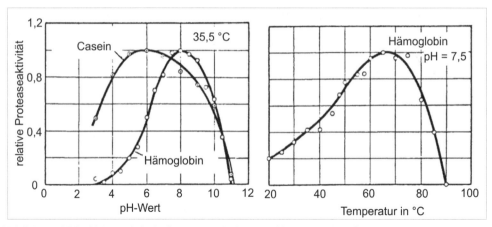

Abbildung 350 Abhängigkeit der proteolytischen Wirkung von Papain (Beorozym-P) vom pH-Wert und der Temperatur (nach [430])

15.4.5.2.3 Anwendungsergebnisse für den Papaineinsatz

In Tabelle 136 werden einige Anwendungsergebnisse beim Papaineinsatz, zum Teil in Verbindung mit einem kombinierten Einsatz mit PVPP, ausgewiesen. Sie lassen folgende Wirkungen erkennen:

- Durch die beiden Stabilisierungsmittel kommt es zu einer deutlichen Steigerung der kolloidalen Stabilität, nachgewiesen durch die erhöhten Warmtage der behandelten Biere.
- Je früher die Dosage des Papain erfolgt, umso größer sind die nachgewiesenen Warmtage, aber umso schlechter wird auch die Schaumhaltbarkeit der Biere.
- Die Verschlechterung der Schaumhaltbarkeit korreliert eindeutig mit der Abnahme des mit $MgSO_4$ fällbaren Stickstoffs und des noch koagulierbaren Stickstoffs.
- Papain scheint durch die Proteolyse auch an die Trübungskomplexe gebundene Anthocyanogene und Gesamtpolyphenole freizusetzen, die aber nur das PVPP adsorbiert und deren Gehalt im Bier reduziert.
- Um die Schaumhaltbarkeit des Bieres zu erhalten, ist nur eine definierte kurze Einwirkungszeit des Papains anzustreben.

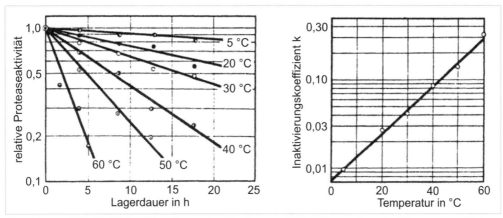

Abbildung 351 Zeitliche Abnahme der Protease-Aktivität von Papain (Beorozym-P) in Bier und daraus abgeleiteter Inaktivierungskoeffizient als Funktion der Temperatur (nach [430])

Tabelle 136 Beispiel für die Wirkungsweise des Papain

Dosage	ME	Vergleich	Dosage beim Schlauchen		Dosage nach der Filtration
Papain	g/hL	0	2	2	2
PVPP	g/hL	0	0	30	0
Stammwürze	%	10,7	11,4	10,5	11,9
Farbe	EBC	7,8	9,7	8,9	9,9
Schaumhaltbarkeit (R & C)	s	127	103	100	115
Warmtage (60 °C)	Tage	0,7	3,1	4,8	2,8
Gesamt Stickstoff	ppm	715	746	761	704
Koagulierbarer N	ppm	22	14	13	15
MgSO$_4$-fällbarer N	ppm	171	58	66	66
Anthocyanogene	ppm	53	75	63	61
Gesamt-Polyphenole	ppm	172	205	148	184

15.4.5.3 Pepsin
15.4.5.3.1 Allgemeine Charakteristik des Pepsins
Pepsin ist eine tierische Protease, die bei allen Wirbeltieren vorkommt, die einen Magen zur Verdauung besitzen. Pepsin ist im Magensaft von Mensch und Tier bis zu etwa 0,5 % enthalten. Es wurde als erstes tierisches Enzym im Jahre 1836 vom deutschen Physiologen *Theodor Schwann* entdeckt und wurde 1930 vom US-amerikanischen Chemiker *J. H. Northrop* erstmalig in reiner kristalliner Form dargestellt.

Pepsin ist eine saure Endopeptidase (I.P. 1) mit einer Molekülmasse von etwa 34.500...36.000 Dalton (EC 3.4.23.1). Es ist ein stark saures, einkettiges Phosphoprotein mit einer Länge von 327 Aminosäuren. Pepsin wird normalerweise aus der Schleimhaut des Schweinemagens gewonnen. Pepsin wird aus einer inaktiven Vorstufe (Zymogen), dem Pepsinogen, unter Einwirkung von Salzsäure durch Autokatalyse gebildet. In den Filtraten werden die Schleimstoffe durch Ethanol ausgefällt und entfernt und das Pepsin anschließend im Vakuum konzentriert. Pepsin ist als weißlich-gelbes bis hellbraunes Pulver im Handel.

Das Wirkungsoptimum von Pepsin liegt bei pH-Werten von 1,5...3, im Magen bei pH-Werten von 2...4. Oberhalb vom pH-Wert 6 wird Pepsin durch Denaturierung inaktiviert. Pepsin wirkt im Temperaturbereich bis 60 °C.

Im aktiven Zentrum befindet sich als funktionelle Aminosäure Asparaginsäure, durch die die Proteine in hochmolekulare, wasserlösliche Polypeptide (Peptidgemische mit einer Molekülmasse von 300...3000 Dalton) hydrolysiert werden. Bevorzugt für die Hydrolyse wird die Peptidbindung zwischen zwei hydrophoben Aminosäuren (z. B.: Phenylalanin - Leucin; Phenylalanin - Phenylalanin; Phenylalanin - Tyrosin) gespalten.

15.4.5.3.2 Hinweise zum Pepsineinsatz bei der eiweißseitigen Stabilisierung

Bei der eiweißseitigen Bierstabilisierung mit Pepsin gibt es folgende Hinweise:
- Die Dosage erfolgt bei gereinigtem und konzentriertem Pepsin in einer Höhe von bis 0,1 g/hL Bier.
- Da das Temperaturoptimum im Bier bei 37 °C liegt, sollte bei der Pasteurisation eine Zwischenrast bei 35...40 °C einhalten werden. Diese Zwischenrast ist bei der Flaschenpasteurisation relativ einfach zu realisieren.
- Während Papain keine besonderen Wirkungsbedingungen erfordert, sollte beim Pepsineinsatz das Temperaturoptimum von 37 °C beachtet werden, d. h., die Pasteurisation und die Rastdauer bei 37 °C sind in die Stabilisierungsmaßnahmen mit einzubeziehen und zu beachten.
- Pepsin wird bevorzugt in Kombination mit anderen Stabilisierungsmitteln verwendet. Dadurch erhöht sich die Wirkung der einzelnen Komponenten, so dass die Einsatzmengen geringer sein können als bei Einzelanwendung.
- Pepsin schädigt im Vergleich zu Papain deutlich weniger die Schaumhaltbarkeit! Eine thermische Inaktivierung ist aber auch hier erforderlich! Normal reichen Pasteurisationstemperaturen von 64...66 °C, um das Pepsin weitgehend zu inaktivieren.

15.4.5.4 Brewers Clarex™

Die Fa. DSM (NL) hat auf der Forschungsgrundlage u.a. von *Siebert* [431] eine prolinspezifische Endoprotease (PSEP), das sogenannte „Brewers ClarexTM" entwickelt. Dieses Präparat wird in Konzentrationen bis 2,5 g/hL dem zu stabilisierenden Bier in der Kaltlagerphase zugesetzt. Da bekannterweise die Intensität der Wechselwirkungen zwischen Proteinen und Polyphenolen sehr stark vom vorhandenen Prolingehalt der Proteinfraktion abhängt (s.a. Kapitel 15.3.1), wird durch dieses Enzym in der Kaltlagerphase das Angriffspotential für die Polyphenole schnell verringert und die Kältestabilität erhöht. Diese Endoprotease hydrolysiert vom Carboxylende her die Bindung des Prolins innerhalb der Proteinkette, reduziert damit die Bildung von kälteinstabilen Eiweiß-Gerbstoffverbindungen, verkürzt die erforderliche Kaltlagerphase und erhöht damit deutlich die kolloidale Stabilität (nach [432] bei 1 Tag Kaltlagerung bei 0 °C ergaben sich 2 Warmtage beim 0/60/0 °C-Forciertest, bei 7 Kaltlagertagen ergab dieser Forciertest ca. 6 Warmtage). Das Bier wurde anschließend thermisch behandelt (15...20 PE). Die Schaumhaltbarkeit war mit dem PVPP-behandelten Vergleichsbier identisch.

15.4.5.5 Weitere Proteasepräparate für die Stabilisierung

Folgende Proteasepräparate wurden international im geringen Umfang zur Bierstabilisierung eingesetzt:

- Die pflanzliche Protease Bromelin, die aus Ananassaft gewonnen wird.
- Die pflanzliche Protease Ficin, die aus Feigen gewonnen werden kann.
- Die tierischen Proteasen Trypsin und Chymotrypsin, die aus tierischem Bauchspeicheldrüsengewebe gewonnen werden können.
- Die mikrobielle Protease Subtilisin, die aus mikrobiellen Kulturen von *Bacillus subtilis* gewonnen werden kann.

Alle diese Proteasen sind wenig im Einsatz, sie sind in der Gewinnung teurer als Papain und damit nicht so wirtschaftlich anzuwenden.

15.5 Die gerbstoffseitige Stabilisierung

Zur gerbstoffseitigen Stabilisierung werden hauptsächlich Adsorptionsmittel eingesetzt. Unter Ausnutzung der chemischen Wechselwirkungen über Wasserstoffbrückenbindungen können Polyamide (Nylontyp) und Polyvinyllactame (PVPP) Gerbstofffraktionen des Bieres adsorbieren.

Weltweit wird jetzt hauptsächlich Polyvinylpolypyrrolidon (PVPP) verwendet. Des Weiteren wurden auch Fällungsverfahren unter Verwendung von Methanal (Formaldehyd) zur Reduzierung der Gerbstoffe erprobt (s.a. Kapitel 15.5.4).

15.5.1 Stabilisierung mit PVPP
15.5.1.1 Zur Geschichte des PVPP

- 1939 entwickelte *Reppe* (BASF) das PVP (Polyvinylpyrrolidon),
- 1957 entwickelte *Breitenbach* durch Polymerisation von PVP das PVPP,
- 1974 gab es ein 2. Patent zur gleichmäßigeren Vernetzung des PVPP, damit es stabiler gegenüber mechanischer Belastung wurde,
- Das PVPP der Fa. BASF ist *Divergan*;
- PVPP ist als Lebensmittelzusatzstoff E1202 für die Bierproduktion zugelassen.
- Divergan F (durchschnittliche Partikelgröße 35 µm), wird als Einweg-PVPP eingesetzt.
- Divergan RS (durchschnittliche Partikelgröße 80…100 µm) wird als regenerierbares PVPP verwendet.
- Der durchschnittliche Aschegehalt (Sollwert < 0,4 %) sagt etwas über die Kieselgurverfälschung von PVPP aus.
- Ab ≥ 500.000 hL/a zu stabilisierendem Bier lohnt sich in Abhängigkeit von den Rohstoff- und Energiepreisen eine Recyclinganlage.
- PVPP quillt in Wasser, der Raumbedarf für den Dosierbehälter bzw. den Trubraum im Filter beträgt jetzt 5,2…5,5 L/kg (früher 6 L/kg).
- Vorläufer des PVPP bei der gerbstoffseitigen Stabilisierung war Nylonpulver.

Klärung und Stabilisierung des Bieres

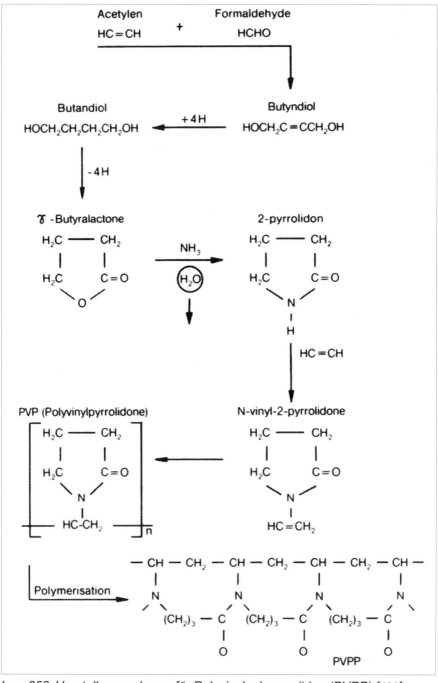

Abbildung 352 Herstellungsschema für Polyvinylpolypyrrolidon (PVPP) [433]

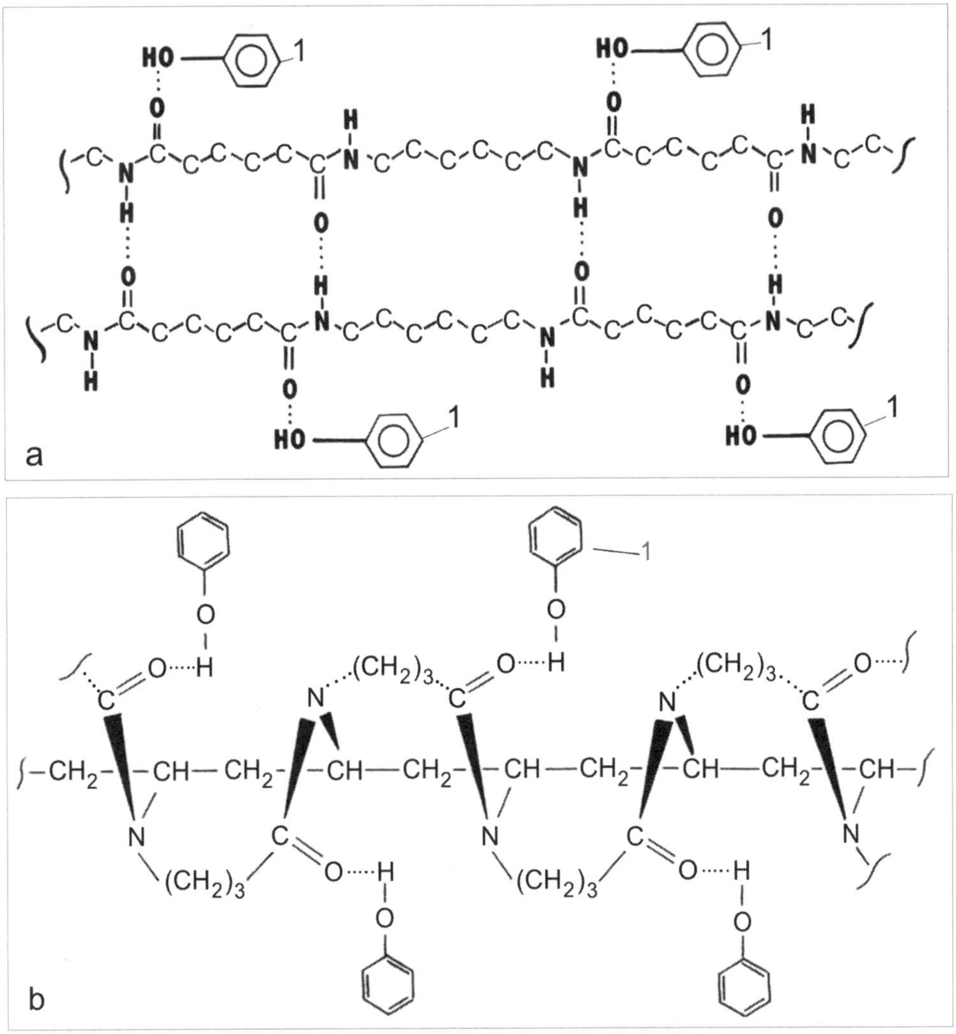

Abbildung 353 Aufbau von Nylon als Vorläufer des Polyvinylpolypyrrolidon (PVPP) und ihre Wirkung auf phenolische Verbindungen
a Nylon 66   **b** PVPP   **1** adsorbierte phenolische Verbindung

15.5.1.2 Herstellungs- und Einsatzvorschrift von Polyvinylpolypyrrolidon für die Bierstabilisierung in Deutschland

Für die Bierstabilisierung in der BRD wurde vom Bundesminister für Wirtschaft und Finanzen seit 04.12.1972 die Verwendung von PVPP unter folgenden Bedingungen erlaubt:

- PVPP ist unter Ausschluss jeglicher organischer Hilfsstoffe durch Polymerisation von Vinylpyrrolidon herzustellen (siehe Herstellungsschema in Abbildung 352).

Klärung und Stabilisierung des Bieres

- 1,0 g PVPP darf im Verlauf von 15 Stunden bei Raumtemperatur an 500 mL Lösungsmittelgemisch (3%ige Essigsäure + Ethanol + Picolin im Verhältnis 95 : 5 : 0,24) nicht mehr als 15 mg lösliche Bestandteile abgeben.
- Der Veraschungsrückstand des löslichen Anteils darf 5 % nicht übersteigen.
- Für die Behandlung von 100 L Bier dürfen nicht mehr als 50 g PVPP verwendet werden.

15.5.1.3 Zur Wirkungsweise des PVPP

PVPP hat eine proteinähnliche Struktur, es ist eine „Proteinatrappe", an der sich polyphenolische Substanzen über Wasserstoff-Brückenbindungen anlagern können (s.a. Abbildung 353).

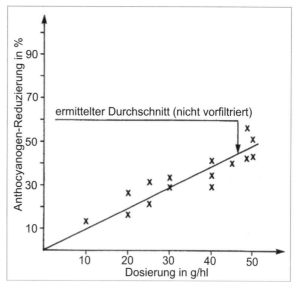

Abbildung 354
Adsorptionsvermögen von verlorenem PVPP bei einer Einwirkungszeit von 6 Minuten (nach [434])

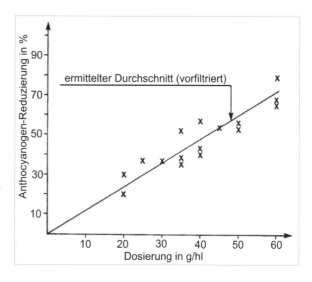

Abbildung 355 Adsorptionsvermögen von PVPP im Recycling-Verfahren bei einer Einwirkungszeit von 6 Minuten (nach [434])

Die Stabilität der Wasserstoff-Brückenbindung hängt im hohen Maße vom pH-Wert sowie von der Temperatur und der Struktur des Substrates ab.

In leicht alkalischem Medium werden die adsorbierten Polyphenole in Phenolatanionen überführt und werden so vom PVPP wieder abgetrennt. Dies nutzt man bei der Regenerierung des PVPP aus.

Tabelle 137 Von der Partikelgröße abhängige Parameter der zwei für die Bierstabilisierung von der Fa. BASF hergestellten PVPP-Sorten

Produkt	Divergan RS	Divergan F
Permeabilität	groß	klein
Wirksamkeit	geringer	hoch
Spezifische Oberfläche	klein	groß
Verwendungsmöglichkeit	Regenerierungstechnologie mit separatem PVPP-Filter u. Regenerierungsanlage	Einmalige Verwendung im ZKT, Stabilisierungstank oder Kieselgurfilter
Äquivalentes Produkt der Fa. ISP (USA)	Polyclar Super R	Polyclar 10

Die Adsorptionswirkung ist umso größer, je besser das Bier vorgeklärt ist, wie der Vergleich der Versuchsergebnisse in Abbildung 354 und Abbildung 355 zeigt.

Je nach Anwendungsfall werden von der Fa. BASF zwei verschiedene Modifikationen des Produktes angeboten (siehe Tabelle 137). Für die Behandlung des Bieres mit PVPP in der Kaltlagerphase eignet sich Divergan F als so genannte „verlorene" Dosage.

15.5.1.4 Dosageempfehlungen

Zulässig sind bei der PVPP-Stabilisierung eine maximale Dosage von 50 g PVPP/hL Bier. In Tabelle 138, Tabelle 139 und Tabelle 140 sind einige Empfehlungen zur Dosage aufgeführt.

Mit Divergan RS wird im Regenerierungsverfahren bei einer Dosage zwischen 30...50 g/hL und einer ausreichenden Kontaktzeit von 4...5 Minuten eine Haltbarkeit zwischen 6...12 Monaten eingestellt.

Tabelle 138 Dosageempfehlung der Fa. ISP für das Produkt Polyclar

Polyclar Dosierung in g/hL	Haltbarkeit in Monaten	Abnahme der Anthocyanogene in %
5...15	3...6	40...50
10...20	6...9	50...60
20...40	12...18	60...80

Klärung und Stabilisierung des Bieres

Tabelle 139 Dosageempfehlung 1 der Fa. BASF AG für Divergan F

Dosage in g/hL	Dosage in g/hL	Bier mit 20…35 % Rohfrucht
Nur Divergan F in g/hL	20…40	15…30
In Kombination mit Kieselgel Divergan F in g/hL	15…30	8…20

Erforderliche Kontaktzeit: generell > 3 Minuten

Tabelle 140 Dosageempfehlung 2 der Fa. BASF AG für Divergan F

Divergan F Dosierung in g/hL	Haltbarkeit unter mitteleuropäischem Lagerklima in Monaten
10	2…3
20	4…5
50	> 12

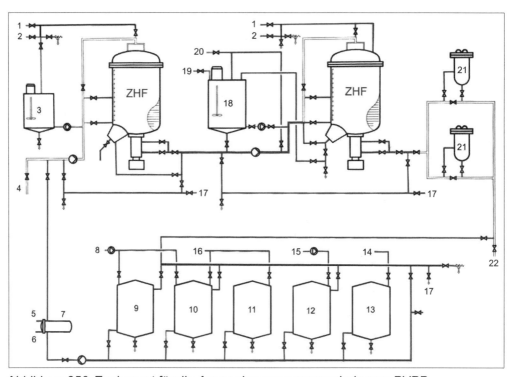

Abbildung 356 Equipment für die Anwendung von regenerierbarem PVPP
1 Wasser **2** CO_2 **3** FHM-Dosierbehälter **4** Unfiltrat **5** Dampf **6** Kondensat **7** RWÜ **8** Laugedosierung **9** Kaltlauge **10** Heißlauge **11** Heißwasser **12** Säure **13** Frischwasser **14** Frischwasser **15** Säure **16** Heißwasser **17** Kanal **18** PVPP-Dosiergefäß **19** Lauge/Säure **20** Heißwasser **21** Trapfilter **22** Filtrat, stabilisiert

15.5.1.5 Die Stabilisierungstechnologie mit regenerierbarem PVPP im PVPP-Filter

Die Regenerierungstechnologie für PVPP erfordert eine separate Filtereinheit mit nachgeschaltetem Trap-Filter und separatem Aufbewahrungstank für das regenerierte PVPP.

Als Aufbewahrungstank wird meist ein entsprechend groß ausgelegtes Dosiergefäß verwendet. In den meisten Fällen ist dem PVPP-Filter eine spezielle CIP-Einheit zugeordnet. Als PVPP-Filter sind Anschwemmfilter im Einsatz, besonders geeignet sind A.-Zentrifugalscheibenfilter. Diese Filter werden dem klassischen Anschwemmfilter nachgeschaltet (s.a. Abbildung 356).

In neuerer Zeit werden für diesen Zweck aber auch Anschwemm-Kerzenfilter erfolgreich eingesetzt, die an die PVPP-Filtration konstruktiv angepasst wurden. Da das PVPP im Vergleich zu Kieselgur spezifisch leichter ist und einen deutlich höheren Auftrieb besitzt, mussten die Strömungsverhältnisse im Filter durch einen neuen Einlaufverteiler so verändert werden, dass eine gleichmäßige PVPP-Anschwemmschicht auf die Kerzen aufgebracht werden konnte [435] (allgemeine Vorteile des Kerzenfilters gegenüber dem Zentrifugal-Scheibenfilter siehe Kapitel 7.3.3.5).

Folgende Hinweise sind bei der regenerativen PVPP-Filtration zu beachten:
- Neues PVPP muss mindestens 3 Stunden in Wasser vorquellen.
- Mit der Entfernung des Überstandes werden die feindispersen Bestandteile (< 3 %) entfernt.
- Die Verluste an PVPP betragen pro normaler Regeneration durchschnittlich 0,3...0,8 % (gesamt 1,2...1,5 % Verlust).
- Ein neuer Filter muss mit 200 g PVPP/m^2 mit Wasser vorangeschwemmt werden.
- Das Wasser wird dann mit CO_2 herausgedrückt.
- Nach der Umstellung auf Bier erfolgt die laufende Dosierung des PVPP mit einer 10%igen wässrigen PVPP-Suspension.
- Normal werden zwischen 25...40 g PVPP/hL Bier dosiert (maximal 50 g/hL).
- Von der Voranschwemmung sind in 4...5 Minuten 80...90 % der Adsorptionskapazität des PVPP abgesättigt, deshalb ist eine laufende Dosierung erforderlich. Dies bedeutet aber auch, dass beim Abfahren der Anlage die PVPP-Dosage vorher eingestellt werden kann, da eine ausreichende Restadsorptionsfähigkeit im PVPP-Filterkuchen vorhanden ist.
- In Abhängigkeit vom Volumenstrom des vorfiltrierten Biers ist das Volumen des PVPP-Filters so groß zu wählen, dass eine Kontaktzeit mindestens > 1 Minute, optimal 4...5 Minuten, gesichert wird (z. B. bei einem Volumenstrom von 300 hL Bier/h am Kieselgurfilter-Auslauf ist ein Behältervolumen von mindestens 25 hL für den PVPP-Filter erforderlich).
- Der spezifische Volumenstrom sollte zwischen 10...15 hL/($m^2 \cdot h$) betragen, in neueren Anlagen kann er sogar noch deutlich höher liegen.
- Die Druckdifferenz liegt am Ende der Filtration normal bei Δp = 0,2...0,6 bar.
- Der Filterscheibenabstand muss normal eine laufende Anschwemmung bis 45 mm Höhe gewährleisten.

Klärung und Stabilisierung des Bieres

- Der PVPP-Aufbewahrungsbehälter mit dem Dosiergerät muss die gesamte im System vorhandene PVPP-Menge aufnehmen können.
- Die erforderliche PVPP-Menge sollte mindestens für eine komplette Kieselgurfiltrationscharge (optimal für zwei Chargen) reichen
  (z. B.: Anlagengröße $\dot{V}$ = 500 hL/h, erforderliche PVPP-Kapazität 350 kg PVPP).
  Die Menge des damit zu stabilisierenden Bieres bei der Dosage von 35 g/hL beträgt 10.000 hL).
- Bereits regeneriertes PVPP muss im PVPP-Behälter mit 9 L Wasser/kg PVPP angesetzt werden.
- PVPP quillt in 2 Minuten vollständig, nach 1 Stunde Hydrationszeit ist die Luft aus den Poren verdrängt.
  Das Quellvolumen ($\hat{=}$ dem Nassvolumen) beträgt ca. < 6 L/kg PVPP.
- Da PVPP in weiten Grenzen in seiner Korngrößenverteilung schwanken kann (1...450 µm), ist zur Sicherheit ein Schichtenfilter oder Trap-Filter (0,6...0,8 µm) nach dem PVPP-Filter zur Entfernung dieser feindispersen Bestandteile aus dem Filtrat erforderlich!

Hinweise zur Durchführung der PVPP-Regenerierung
- Am Ende der Stabilisierung und nach dem Leerdrücken des PVPP-Filters mit CO_2 wird 1%ige NaOH (85 °C) durch den PVPP-Kuchen im PVPP-Filter gepumpt;
- Die desorbierten Polyphenole werden mit der heißen Lauge aus dem PVPP-Kuchen herausgespült;
  Diese tiefschwarze Regenerationslauge 1 wird verworfen, die Dauer der ersten Regenerierungsstufe beträgt ca. 8 min;
- Es folgt eine Zwischenspülung mit Heißwasser (80 °C), Dauer ca. 5 min;
- Es wird der im Dosiergefäß noch befindliche PVPP-Rest in den PVPP-Filter gepumpt;
- Es folgt die zweite Spülung des PVPP mit frischer heißer 1%iger NaOH (= Lauge 2; 85 °C); sie wird im Kreislauf gepumpt und dann im Laugebehälter als Lauge 1 für den nächsten Reinigungszyklus zwischengestapelt, Dauer ca. 12 min;
- Heißwasserspülung (85 °C) zur Laugefreispülung aus dem PVPP und Sterilisation; Dauer ca. 10...20 min;
- Dann folgt die Kaltwasserspülung und Einleitung von CO_2 oder alternativ von ca. 0,5%iger Salpetersäure zur Neutralisation des Filterinhaltes, Ziel pH-Wert 7,0;
- Das neutralisierte Wasser wird mit CO_2 verdrängt;
- Das regenerierte PVPP wird in das Dosiergefäß zur Aufbewahrung ausgetragen (Stapelung unter CO_2-Atmosphäre);
- Die Reinigung des PVPP-Filters erfolgt wie beim Anschwemmfilter mit dem installierten Filterreinigungssystem.
- Danach ist die Anlage und das PVPP für die nächste Grundanschwemmung bereit.
- Nach neueren Erfahrungen [436] der Fa. *KHS* hat sich auch das Einlaugeverfahren bei der PVPP-Regenerierung mit dem weiter unten beschriebenen Ablauf bewährt.

Das Ein-Lauge-Verfahren zur PVPP Regeneration

Im Interesse der Energie- und Zeiteinsparung wird jetzt vielfach das nachfolgend aufgeführte, verkürzte Ein-Lauge-Verfahren zur Regenerierung des PVPP angewendet siehe Tabelle 141.

Die Anlage steht nun unter CO_2-Atmosphäre und keimfrei zur nächsten Stabilisierung zur Verfügung. Die Anschwemmung erfolgt mit Filtrat. Somit fällt kein Vorlauf an und die Rüstzeiten können kurz gehalten werden.

Tabelle 141 Ein-Lauge-Verfahren zur Regenerierung des PVPP (nach [437])

lfd. Nr.	Teilschritt	Zeit in min
1	Anschwemmen des restlichen PVPP aus Stapeltank, Filter ist im Kreislauf.	5
2	PVPP Spülen mit Kaltwasser; Produktreste werden aus dem Filter gespült.	5
3	Kaltwasser ausschieben mit Heißlauge (80 °C, 1 % NaOH).	10
4	Die erste Lauge, welche aus dem Filter austritt, ist tiefdunkel bis rot und wird entsorgt. Sobald die Lauge etwas aufhellt ist sie nicht mehr mit Polyphenolen gesättigt, und die Anlage wird im Kreislauf gefahren. Die benötigte Laugemenge ist ca. das 1,5fache des Kesselvolumens.	15
5	Kreislauf Heißlauge zur Sterilisation und Sicherstellung der vollständigen Regeneration. Während des Kreislauffahrens werden alle Anlagenteile (Stapeltank) mit Heißlauge gespült.	10
6	Ausschieben der Heißlauge mit Heißwasser. Die Heißlauge wird ca. bis Leitwert < 2 mS aus der Anlage mit Heißwasser in den Kanal ausgeschoben. Die Lauge ist derart mit Polyphenolen gesättigt und verschmutzt, so dass sie nicht wieder verwendet werden kann. Während des Ausschiebens werden alle Anlagenteile (Stapeltank) mit Heißwasser gespült.	10
7	Ausschieben des Heißwassers mit entgastem Wasser. Das Heißwasser wird mit entgastem/sterilen Wasser auf den Regenerationslaugetank ausgeschoben. Dieses Heißwasser kann zur Vorbereitung der nächsten Regenerationslauge verwendet werden. Während des Ausschiebens werden alle Anlagenteile (Stapeltank) mit entgastem Wasser gespült und abgekühlt.	10
8	Filter leer drücken. KHS Kerzenfilter können zu einem gewissen Maße „leer filtriert" werden, d.h. zur Konzentrationserhöhung wird unterhalb der Zwischenplatte CO_2 eingelassen und auf der Filtratseite ein Gullyventil geöffnet. Somit sinkt der Flüssigkeitsstand im Kessel und die auszutragende Menge wird reduziert (kleinerer Stapeltank, höhere PVPP Suspension, das geht beim System Getra ECO).	5
9	Austragen des PVPP: Das PVPP wird mittels CO_2-Druckstoß und Rückspülen mit Wasser von den Kerzen abgesprengt und in den Stapelbehälter befördert.	2,5
10	Spülen der Filterkerzen und des Kessels: Die Kerzen werden erneut rückgespült (Druckstoß). Auch die Kesselwandung wird über den Düsenring gereinigt (Getra ECO). Das Spülwasser wird in den Stapeltank gedrückt.	2,5
11	Gesamtdauer	75

Klärung und Stabilisierung des Bieres

Verbrauchsmaterial für die PVPP-Regenerierung
Es werden bei einer Anlagengröße von 500 hL/h
- mit einer PVPP-Kapazität von 350 kg,
- einer Dosage von 35 g PVPP/hL Bier und
- einer stabilisierten Biermenge von 10.000 hL/Charge

pro Regenerierungscyclus benötigt:
- Heißwasser: 20 m³;
- Kaltwasser 20 m³;
- konzentrierte Lauge (50%ig): 150 L;
- CO_2: 70 kg;
- Dampf: $6,3 \cdot 10^6$ kJ;
- Elektroenergie: 3 kWh;
- PVPP-Verlust: ca. 4,5 kg (1,5 %).

15.5.1.6 Einfluss der PVPP-Stabilisierung auf die Bierqualität
Bei der PVPP-Stabilisierung kommt es zu folgenden Qualitätsveränderungen im Bier:
- Die Farbe des Bieres wird je nach Stärke der Stabilisierung heller, bei 50 g PVPP/hL Bier um ca. 0,8 EBC-Einheiten (Ø um 0,5 EBC-Einheiten).
- Der pH-Wert ändert sich nicht, setzt aber voraus, dass der erste PVPP-Ansatz vor dem Gebrauch im Filter neutralisiert wird, denn eine frisch angesetzte 10%ige PVPP-Suspension verschiebt den pH-Wert des Wassers von 5,5 auf 9,1.
- Die Schaumhaltbarkeit verändert sich nicht.
- Die Bitterstoffgehalte verändern sich nicht.
- Der Gehalt an löslichem Gesamtstickstoff verändert sich nicht.
- Der Gehalt an koagulierbarem Stickstoff wird nur unwesentlich verringert.
- Der Indikator-Time-Test (ITT) nimmt mit steigender Stabilisierung zu, d.h., es werden auch reduzierende Gerbstoffkomponenten entfernt.
- Die Gesamtpolyphenolkonzentration nimmt bei der PVPP-Stabilisierung um Ø 50 % ab!
- Für ein lange haltbares Bier wird eine Reduzierung der Anthocyanogene von etwa 60 % angestrebt, wie Tabelle 138 zeigt.
- Der Gehalt an Anthocyanogenen nimmt mit zunehmender Stabilisierung ab, auch die anderen hochmolekularen Gerbstofffraktionen werden in Abhängigkeit von der Dosage reduziert (s.a. Tabelle 142).

15.5.1.7 Die erforderliche Kontaktzeit von PVPP
Die Versuchsergebnisse in Abbildung 357 zeigen, dass das Divergan F nach ca. 4 Minuten Kontaktzeit ca. 60 % und Divergan RS ca. 35…40 % der Catechine reduziert haben.

Bei Divergan F ist nach 10 Minuten Kontaktzeit das Maximum der Reduktion erreicht. Bei einer laufenden Dosage Divergan F während des Umpumpens eines ZKT wird die erforderliche Kontaktzeit unter Berücksichtigung der Sedimentationszeit sicher gewährleistet.

Bei einer regenerativ arbeitenden PVPP-Filteranlage mit Divergan RS kann man normal mit einer Catechin-Reduktionsrate von rund 40 % rechnen.

Tabelle 142 Die Selektivität des PVPP vom Typ „Divergan" der Fa. BASF

PVPP-Dosage	(+)-Catechine		Proanthocyanidine	
g/hL	ppm	Adsorption in %	ppm	Adsorption in %
0	8,9	0	5,4	0
30	3,4	61,8	1,3	75,9
50	3,0	66,3	1,0	81,5
80	2,3	74,2	0,5	90,7

15.5.1.8 Anwendungsergebnisse und Wirksamkeit in Abhängigkeit von der Dosage von PVPP

Die Ergebnisse in Tabelle 143 und Tabelle 144 zeigen, dass PVPP nur spezifisch auf die hochmolekularen Gerbstoffe adsorbierend wirkt. Die niedermolekularen Phenolcarbonsäuren werden nicht entfernt, auch nicht die hochmolekularen Eiweißverbindungen im Bier. Die kolloidale Stabilität steigt mit der Dosagemenge, die Schaumhaltbarkeit bleibt weitgehend konstant.

Tabelle 143 Einfluss der PVPP-Dosage auf die Gerbstoff- und Eiweißverbindungen

Dosage (Einmalige Verwendung)	g/L	0	10	20	30	50	(80)
Polyphenole	mg/L	190,9	168,2	149,3	140,5	113,5	93,9
Anthocyanogene	mg/L	51,4	46,8	39,8	35,8	24,8	17,5
Gesamt-N	mg/L	818	812	818	815	804	808
Amino-N	mg/L	130	128	132	128	128	127
Schaumstabilität nach Ross & Clark	s	125	125	128	130	129	124
Schaumstabilität nach NIBEM (30 mm)	s	273	278	265	311	281	265

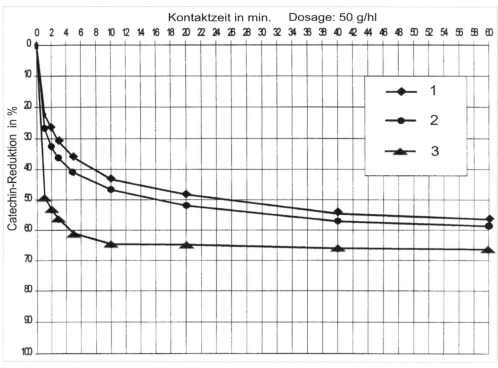

Abbildung 357 Adsorptionskapazität der BASF-Produkte (nach Informationsmaterial der Fa. BASF AG) Stabilisierungsergebnisse mit Divergan F und Divergan RS [438]
1 Divergan RS (Wind gesichtet) **2** Divergan RD **3** Divergan F

Tabelle 144 Wirkung der PVPP-Stabilisierung auf die Stickstoff- und Polyphenolfraktionen im Bier

Dosage PVPP	g/hL	0	30	50	(80)
Stammwürze	%	12,9	12,9	12,8	12,8
Farbe	EBC	10,1	9,6	9,5	9,3
Schaumhaltbarkeit (R & C)	sec	125	124	124	122
Warmtage bei 60 °C	Tage	0,5	2,7	3,1	5,0
Gesamt-Stickstoff	ppm	941	939	919	937
Koagulierbarer Stickstoff	ppm	11	12	9	11
$MgSO_4$-fällbarer Stickstoff	ppm	177	175	177	172
Dimere Proanthocyanidine	ppm	34	8	6	3
Catechine	ppm	55	21	19	14
Phenolcarbonsäuren	ppm	22	21	19	20
Anthocyanogene	ppm	46	28	27	21
Gesamtpolyphenole	ppm	169	144	136	118

15.5.2 Quasikontinuierliche, gerbstoffseitige Stabilisierung

Um die Crossflow-Filtration auch von der Seite der Stabilisierung prozesstechnisch abzusichern, wurde 2010 von der Fa. Pall das kontinuierlich arbeitende Stabilisierungssystem für Bier, das *CBS*-System (**C**ontinuous **B**eer **S**tabilization) vorgestellt (s.a. *Lassak* [439], *Ziehl* u.a. [440]). Das CBS-System ist das fehlende Bindeglied zwischen der kontinuierliche Membranfiltration, dem PROFI-Verfahren (s.a. Kapitel 8), und der Endfiltration mittels Membrankerzenfiltern in Clusterausführung (CFS, Cold Final Filtration; s.a. Kapitel 9.7.2).

Von *KHS* wurde ein System für die gleiche Aufgabe entwickelt [442].

15.5.2.1 Das CBS System
Zielstellungen der Fa. *Pall:*
- Das innovative CBS-System von *Pall* wurde für Brauereien entwickelt, die den Vorteil eines kontinuierlichen Bierstabilisierungsprozesses nutzen wollen, um ihre Produktion effizienter zu gestalten und den betrieblichen Durchsatz zu steigern. Das CBS-System bildet dabei die ideale Verbindung im Produktionsprozess zwischen Klärung und Endfiltration zur Verbesserung der Produktionskontinuität und um Kosten, Arbeitsaufwand und Abfallmengen zu minimieren.
- Aufgrund der flexiblen Programmierung kann das System auf alle Biersorten eingestellt werden und ist einfach und leicht zu bedienen.
- Das System und alle Komponenten entsprechen den spezifischen gesetzlichen Normen für Produkte, die mit Lebensmitteln in Kontakt kommen.

Die gerbstoffseitige Stabilisierung beruht auf der bekannten und bewährten Verwendung von PVPP, das allerdings in einem „Festbett" angeordnet ist und bei der Reinigung und Regenerierung des PVPP (s.a. Kapitel 15.5.1.5) in der Anlage verbleibt. Das System entspricht allen Vorschriften für die Lebensmittelproduktion.

Das automatisch arbeitende System besteht aus 3…6 Stabilisierungssäulen (siehe Abbildung 358), die alternierend für die Bierstabilisierung im Einsatz sind oder regeneriert werden bzw. sich im Standby-Stadium befinden.

Durch die wechselnde Umschaltung der drei Säulen eines Systems, sowie in Ausnahmefällen durch eine kleine Teilmenge an unstabilisiertem Bier im Bypass, wird ein kontinuierlicher Bierfluss gewährleistet und gleichzeitig damit auch die Intensität der Stabilisierung geregelt (siehe Zeitpunkt der Parallelschaltung von zwei Säulen bei der Stabilisierung in Abbildung 359).

Es werden Anlagen für einen Durchsatz von 100…600 hL/h angeboten, wobei die Stabilisierungsintensität je nach Art der Biersorte programmiert werden kann. Es werden standardmäßig bis zu 20 Programme hinterlegt.

Jede der drei Säulen enthält 26 Adsorberkassetten, gefüllt mit PVPP (siehe Abbildung 360). Bei einer Kundenanlage mit drei Säulen betrug die durchschnittliche Durchflussrate 250…300 hL/h, nach 168 Regerationszyklen waren über 150.000 hL Bier stabilisiert worden. Die analytischen Untersuchungen der stabilisierten, unterschiedlichen Betriebsbiere ergaben im Verlauf von 8 Stunden eine Schwankungsbreite bei der Reduzierung der Gesamtpolyphenole von ca. 44…54 % und bei den Anthocyanogenen von 40…54 %.

Die erzielten Warmtage als Maß für den Stabilisierungseffekt waren über die gesamte Filtrationszeit konstant.

Klärung und Stabilisierung des Bieres

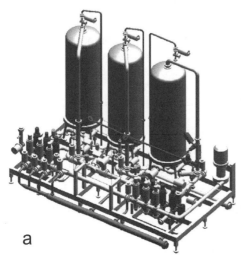

Abbildung 358 CBS-Anlage (nach [439])
a Modell einer CBS-Anlage b CBS-Anlage; die vordere Säule ist mit abgenommenem Kessel dargestellt. Abmessungen: l = 3700 mm b = 1810 mm h = 2800 mm

3	Stabilisierung	CIP/Regen./Standby	Stabilisierung	CIP/Regen./Standby	Stabilisier.
2	Stabilis.	CIP/Regen./Standby	Stabilisierung	CIP/Regen./Standby	Stabilisierung	CIP/Re Stan
1	Standby	Stabilisierung	CIP/Regen./Standby	Stabilisierung	CIP/Regen./Standby	Sta.

Abbildung 359 Ablaufschema für die Einbindung der drei Stabilisierungssäulen 1…3 in die einzelnen Prozessstufen (nach [439]):
CIP/Regen./Standby = Reinigung + Regenerierung des PVPP + Entkeimung + Standby

Auf folgende Vorteile des Systems wird u.a. hingewiesen (nach [439], [441]):
- ❏ Säulen-Bauweise:
   - Kontinuierlicher Betrieb;
   - Geringer Platzbedarf für das System;
   - Ermöglicht Kombination von kontinuierlicher Bierfiltration und kontinuierlicher Bierstabilisierung.
- ❏ Festbett-Technologie:
   - Keine Handhabung von pulverförmigen Stoffen (Lagerung, Dosierung, Staubbelastung);
   - Geringer Medienverbrauch (Wasser, Lauge);
   - Umweltfreundliche Arbeitsweise;
   - Stop and Go–Betrieb, unabhängig von vor- und nachgeschalteten Prozessen;
   - Verminderte mechanische Belastung des Adsorber-Materials.

- PVPP als Stabilisierungsmittel:
  - Bekanntes Mittel mit langjähriger Erfahrung in der Bierstabilisierung;
  - Hochspezifisch für Polyphenole;
  - Geeignet für den Kontakt mit Lebensmitteln;
  - Ausgezeichnete Verfügbarkeit des Rohstoffs.
- Automatisiertes Verfahren:
  - Einfache Bedienung;
  - Zuverlässiger Stabilisierungs- und Regenerations-Prozess;
  - Geringe Personalkosten;
  - Dynamische Anpassung an den Stabilisierungsbedarf der Biere;
  - Bis zu 20 Standard-Programme für die Stabilisierung verschiedener Biersorten im System speicherbar;
  - Schneller Biersorten-Wechsel.
- Geringe Restflüssigkeitsmenge im System:
  - Sehr niedrige Bier- und Bierextrakt-Verluste;
  - Geringer Wasserverbrauch für Reinigung und Regeneration;
  - Keine separaten CIP-Behälter erforderlich.
- Integriertes Modem:
  - Online Service;
  - Ferneinstellung und Bedienerhilfe;
  - Schnelle Fehlerdiagnose.
- Geringere Stabilisierungskosten im Vergleich zu klassischen Stabilisierungsmethoden.
- Die Anlage ist kompakt und durch die Vormontage schnell einsetzbar.
- Es werden keine speziellen CIP-Tanks für das PVPP benötigt.

Folgende Aufwendungen werden für die kontinuierliche Stabilisierung zur Orientierung genannt:
- Typische Investitionskosten (Dreisäulenanlage ohne Adsorber): ca. 300.000…350.000 €.
- Typische Investitionskosten (Sechssäulenanlage ohne Adsorber): ca. 500.000…540.000 €.
- Stabilisierungsaufwand für die Adsorberkassette: ca. 5…10 € ct/hL.
- Regenerierungskosten: ca. 1…3 € ct/hL.
- Gesamtaufwand (OPEX) durchschnittlich: 6…13 € ct/hL.
- Verbrauchsdaten pro Regeneration (Mittelwerte):
  - Kaltwasser   1,62 m^3
  - Entgastes Wasser   0,90 m^3
  - Heißwasser   1,42 m^3
  - Lauge (1%ig)   1,30 m^3
  - Säure (0,5%ig)   0,90 m^3

Klärung und Stabilisierung des Bieres

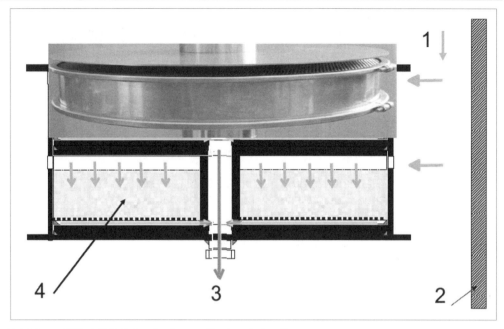

Abbildung 360 CBS Adsorberkassette (nach [439])
Oben: Festbettkassette   Unten: Schnittdarstellung der Festbettkassette
1 Biereinlauf   **2** Wand der Stabilisierungssäule   **3** Auslauf des stabilisierten Bieres
4 PVPP-Partikel im fixierten Festbett

15.5.2.2 Das System Innopro ECOSTAB

Die Firma *KHS* GmbH hat eine kontinuierlich arbeitende Filteranlage zur polyphenolseitigen Bierstabilisierung entwickelt [442].

Das sogenannte System Innopro ECOSTAB besteht aus 3 miteinander verknüpften Stabilisierungsmodulen, jedes Modul besteht aus 1 bis 3 Elementen (in Abhängigkeit vom benötigten Durchsatz). Dabei sind stets 2 Module für die Bierstabilisation in Funktion, das 3. Modul regeneriert das PVPP bzw. befindet sich im Standby-Betrieb.

In dem autark arbeitenden System ist das Regenerationsmodul (CIP-Pumpe, CIP-Stapeltank, Wärmeübertrager) bereits integriert (Aufbau und Funktionsweise sind aus Abbildung 361 und Abbildung 362 sowie Tabelle 145 ersichtlich.

Nach erfolgter Regeneration wird die PVPP-Suspension in den PVPP-Stapelbehälter transferiert, von wo aus sie erneut dem Bierstrom mengenproportional zudosiert wird. Entscheidend für eine zuverlässige Adsorption der Polyphenole aus dem Produkt Bier ist nicht wie bis dato angenommen die Kontaktzeit allein (d. h. die Verweildauer des PVPP im Bier), sondern vielmehr die Häufigkeit, mit der Polyphenole aus dem Bier auf PVPP-Partikel treffen. Die eigentliche Adsorption erfolgt dann innerhalb von Sekundenbruchteilen. Durch die patentierte Verfahrensweise und Filtermodulgeometrie wird beim System diese Adsorptionskinetik sichergestellt und je nach Polyphenolmatrix des zu stabilisierenden Bieres können dem Bier 40...50 % der Gesamtpolyphenole entzogen werden.

Die Ausnutzung des PVPP ist bei diesem System höher als bei konventionell arbeitenden Anlagen. Ist ein PVPP-Kerzenfilter auf beispielsweise 10 h Produktion ausgelegt, so ist z. B. ein zu Beginn des Zyklus dosiertes PVPP-Partikel nach erfolgter Polyphenol-Adsorption weitere 10 h „unproduktiv" im Prozess gebunden, bevor es regeneriert wird und erneut für seine eigentliche Aufgabe verwendet werden kann.

Im System ECOSTAB beträgt die Standzeit zwischen 2 Regenerationen nur ca. 2... 4 h, d.h., es werden nur 20...40 % der PVPP-Menge im System benötigt. Durch die höhere Ausnutzung des Stabilisierungsmittels wird also die Kapitalbindung durch PVPP im Prozess deutlich reduziert.

Tabelle 145 Technische Daten des Systems Innopro ECOSTAB

Parameter	
Spezifischer Durchsatz	40...60 hL/(m$^2 \cdot$h)
übliche Dosagemenge	10...50 g/hL
PVPP-Aufnahme pro Modul	10...30 kg
Gesamt-PVPP-Menge im Einsatz	30...90 kg
Durchsatzbereich	100...800 hL/h
PVPP-Verluste	< 0,3 %
Polyphenoladsorption	> 40 %

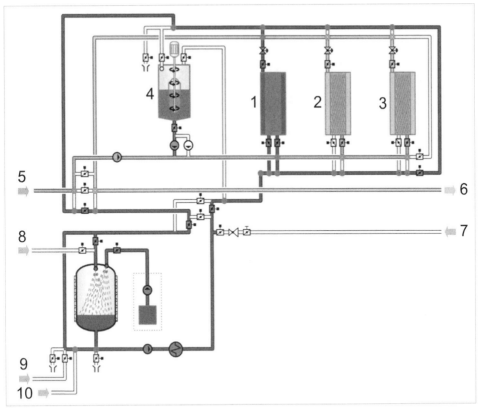

Abbildung 361 System Innopro ECOSTAB, Fließschema (nach [442])
Modul **1** wird regeneriert   Module **2** + **3** stabilisieren
1 Modul 1   **2** Modul 2   **3** Modul 3   **4** PVPP-Stapelbehälter   **5** Bier-Zulauf   **6** Ablauf Stabilisiertes Bier   **7** CO_2 **8** Heißwasser   **9** Kaltwasser   **10** O_2-freies Wasser

Klärung und Stabilisierung des Bieres

Eine weitere Besonderheit sind die in den Filtersäulen installierten Zielstrahlreiniger, durch deren Einsatz einem Verblocken der Filterfläche zuverlässig begegnet wird.

Die Anlage arbeitet quasikontinuierlich und ist 24 Stunden/d in der Lage zu produzieren, 7 Tage die Woche. Lediglich für die wöchentliche Reinigung der Versorgungsleitung ist der Prozess zu unterbrechen. Damit ist die Anlage prädestiniert für den Einsatz hinter kontinuierlich arbeitenden CMF-Anlagen.

Die konstruktiven Vorteile gegenüber klassischen PVPP-Filtern liegen in der modularen Bauweise und den kleineren Behältergrößen, bedingt durch den höheren spezifischen Durchsatz (in $hL/(m^2 \cdot h)$). Die daraus resultierenden reduzierten Anschaffungskosten senken die Kosten-Nutzengrenze für die regenerative Bierstabilisierung mittels PVPP merklich, so dass diese mit dem System ECOSTAB auch für Betriebe mit Ausstoßmengen <100.000 hL/a kostendeckend eingesetzt werden kann (im Vergleich zur Einweg-Stabilisierung).

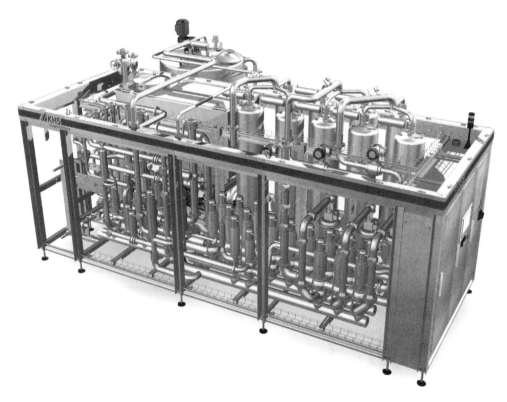

Abbildung 362 Anlage Innopro ECOSTAB (nach KHS [443])
Im rechten Bildteil sind 3 Module, bestehend aus je 3 Stabilisierungselementen, zu sehen.

Anzahl der Stabilierungselemente	Durchsatz in hL/h
1	≤ 200
2	≤ 400
3	≤ 600

Zur Verfügung steht das System in drei Varianten. Gewählt werden kann zwischen einem Stabilisierungsdurchsatz von 200, 400 und 600 hL/h. Während für die 200-Hektoliter-Leistungsstufe drei Stabilisier-Module zum Einsatz gelangen, von denen jedes über ein Stabilisierungselement verfügt, sind es bei der 400-Hektoliter-Leistung drei Stabilisier-Module mit jeweils zwei Säulen und bei der 600-Hektoliter-Leistung drei Stabilisier-Module mit jeweils drei Stabilisierungselementen.

Neben genannten Modulen enthält jedes Innopro ECOStab-System ein PVPP-Dosagegefäß sowie die Regenerationseinheit.

Als Vorteile werden noch genannt [443]:
- Die Investitionskosten sind beim Innopro ECOStab gegenüber klassischen PVPP-Filtersystemen entscheidend reduziert.
- Der Innopro ECOStab verfügt über eine überschaubare Filterfläche, die sich einfach und zuverlässig reinigen lässt.
- Eine manuelle Reinigung ist nicht mehr nötig.
- Der Innopro ECOStab hat Containermaße und lässt sich einfach als eine Einheit transportieren. Das bedingt die zügige Inbetriebnahme in der Brauerei gemäß dem Prinzip „Anschließen und Produzieren".

15.5.3 Der Einsatz von Nylonpulver zur gerbstoffseitigen Stabilisierung

Polyamid- bzw. Nylonpulver wurde vor dem PVPP-Einsatz mit Erfolg zur gerbstoffseitigen Stabilisierung eingesetzt, allerdings war es nicht so wirksam wie PVPP (siehe Tabelle 146). Die Wirkungsweise ist mit dem PVPP vergleichbar (siehe Abbildung 353). Die Gehalte an gesamtlöslichem und koagulierbarem Stickstoff sowie die Schaumhaltbarkeiten wurden nicht beeinflusst.

Tabelle 146 Die Wirksamkeit von Nylonpulver zur gerbstoffseitigen Stabilisierung

Dosage	g/hL	0	20	40	60	80
Anthocyanogene	ppm	48	46	38	37	34
Warmtage 0/40/0 °C	d	0,2	< 1	ca. 1	ca. 1,5	ca. 2

15.5.4 Der Einsatz von Methanal (Formaldehyd) zur gerbstoffseitigen Stabilisierung

Formaldehyd fällt die Phenolkomponenten unter Einbeziehung von Eiweiß. Es wird beim Maischen in Mengen von 100...250 mg/kg Schüttung zugesetzt. Die stabilisierende Wirkung dieser Dosis soll in etwa der Wirkung von 200 g Bentonit oder Kieselgel/hL-Bier entsprechen. Die Wirkung von Methanal wird in Kombination mit anderen Mitteln noch verstärkt.

Bei eigenen Versuchen wurden mit 150 mg/kg Schüttung die besten Ergebnisse erzielt. Der Gehalt an Gesamtpolyphenolen im Bier konnte auf etwa 48 % und der an Anthocyanogenen auf etwa 33 % gesenkt werden (weitere Ergebnisse siehe Tabelle 147). Methanalrückstände im Bier sind nicht zu befürchten. *Pfenninger* und Mitarbeiter [444] fanden weniger als 0,05 mg/L. Trotzdem ist Methanal als Stabilisierungsmittel in Deutschland wie auch in anderen Ländern aus gesundheitlichen Gründen (Verdacht auf krebserregende Wirkung im Nasen-Rachenraum) nicht zugelassen.

Tabelle 147 Stabilisierungseffekte mit Formaldehyd [445]

Dosage	mg/kg Malz	0	250
Stammwürze	%	12,9	12,4
Farbe	EBC-Einheiten	10,1	9,9
Schaumhaltbarkeit (R & C)	s	125	122
Warmtage 0/60/0 °C	d	0,5	3,1
Gesamt-Stickstoff	ppm	941	822
Dimere Proanthocyanidine	ppm	34	7
Catechine	ppm	55	2
Phenolcarbonsäuren	ppm	22	24
Anthocyanogene	ppm	46	11
Gesamtpolyphenole	ppm	169	73

15.5.5 Polyphenolfällende Wirkung der Gelatine

Eine polyphenolfällende Wirkung hat auch Gelatine. Sie wird als Bierklär- und -stabilisierungsmittel in Deutschland jetzt kaum noch eingesetzt (historische Bedeutung s.a. Kapitel 2).

Relativ häufig werden gelatinehaltige Mittel noch in Großbritannien, Afrika und Indien verwendet. Hier vor allem wegen der guten Klärwirkung, nicht unbedingt wegen des Stabilisierungseffektes.

Am gebräuchlichsten war der Fischleim (Hausenblase), der aus der Schwimmblase der Störe gewonnen wird. Man dosierte 0,2...0,3 L gelösten Leim/hL Bier, was 6,5...8 g trockenem Leim entspricht.

15.5.6 An Kieselgel fixiertes PVP

Da PVP als monomeres Produkt auf Grund seiner Löslichkeit für die Bierstabilisierung nicht verwendet werden kann, wurde es von der Fa. *PQ Corporation* an Kieselgel fixiert und wird als Stabilisierungsmittel zur Gerbstoffadsorption unter den Namen Britesorb® TR angeboten. Folgende Hinweise gibt es zu diesem Produkt (nach [394]):
- Es ist ein unlösliches Stabilisierungsmittel.
- Es adsorbiert sehr schnell trübungsbildende Polyphenole.
- Es kann mit allen Filterhilfsmitteln und Kieselgelen gemischt werden.
- Die Suspendierung in entgastem Wasser soll in einer Konzentration von 10 % erfolgen.
- Die erforderliche Hydrationszeit der Dispersion beträgt 5...10 min.
- Die erforderliche Kontaktzeit mit dem Produkt beträgt weniger als 5 min.
- Für die laufende Dosierung wird eine Dosage von 10...30 g/hL empfohlen.
- Es kann durch die Filtration oder durch ein Absetzverfahren aus dem Bier entfernt werden.

15.6 Komplex wirkende Stabilisierungsverfahren

Komplex wirkende Stabilisierungsverfahren reduzieren sowohl die proteinische als auch die polyphenolische Komponente der potenziellen Trübungspartikel. In diesem Zusammenhang wurde auf die prinzipielle Verwendbarkeit von Ionenaustauschern zur Bierstabilisierung 1998 von *Katzke, Nendza* und *Oechsle* [446] hingewiesen. Es wurden folgende Anforderungen an einen Ionenaustauscher für die Bierstabilisierung gestellt:

- Adsorptive Wirkungsweise für trübungsbildende Stoffgruppen;
- Unlöslichkeit und absolute Inertheit (insbesondere keine Beeinträchtigung von Qualitätsmerkmalen des Bieres, wie Farbe Schaum und sensorische Eigenschaften);
- Hohe Adsorptionskapazität (gute Wirksamkeit);
- Volle Regenerierbarkeit;
- Reinigung und Entkeimung muss möglich sein;
- Gute Durchlässigkeit des Stabilisierungsmittels (auch im Filterbett);
- Einfache, in bestehende Systeme integrierbare Verfahrenstechnik;
- Problemlose Verfügbarkeit;
- Hohe Wirtschaftlichkeit;
- Erfüllung aller lebensmittelrechtlichen Forderungen.
- Bei den Untersuchungen von [446] wurde die Verwendung von vernetzter Agarose als die erfolgversprechendste Variante herausgefunden. Sie wurde im CSS-System großtechnisch realisiert (s.a. Kapitel 15.6.1).

15.6.1 Das CSS-System

Das kombinierte Stabilisierungssystem CSS (Combined Stabilization System) der Fa. *Handtmann* adsorbiert sowohl Gerbstoffe als auch höhermolekulare Proteine.

Der verwendete Adsorber besteht aus dem Polysaccharid *Agarose*, einem natürlichen Bestandteil von Agar, und ist aus den Disaccharidresten Galactose und 3,6-Anhydrogalactose aufgebaut. Es ist hochgradig vernetzt und ergibt dadurch eine extrem stabile, unlösliche aber poröse Matrix mit einer Partikelgröße von 100...300 µm [447] (s.a. Abbildung 363).

Der Adsorber entspricht den Anforderungen der Gesetzgebung für Ernährung (FDA) und dem § 9, Abs. 6, Vorläufiges Biersteuergesetz, dem Deutschen Reinheitsgebot. Es enthält keine löslichen Stoffe, die an das Bier abgegeben werden. Die Adsorbersubstanz ist seit 1976 bekannt und für unterschiedliche Zwecke in Anwendung, u. a. auch für analytische Trennprozesse.

Die Protein- und Polyphenoladsorption ist reversibel, die adsorbierten Proteine und Polyphenole können durch eine Regeneration vom Adsorber wieder abgelöst werden. Der Adsorber kann mehrere hundert Male verlustfrei verwendet werden.

Proteinadsorption

Nach [447] werden hauptsächlich Proteine mit einer Molekülmasse von 40.000 Dalton von dem Adsorber adsorbiert, die eine bedeutende Rolle bei der Bildung von Biertrübungen spielen. Schaumpositive Proteine sollen nicht herausgenommen werden. Die Adsorption der Proteine erfolgt an einer funktionellen Gruppe des Adsorbers über eine Ionenbindung (Abbildung 363, Rechts). Die adsorbierten Proteine können nach der Regeneration im konzentrierten Regenerat als desorbierte Proteine nachgewiesen werden.

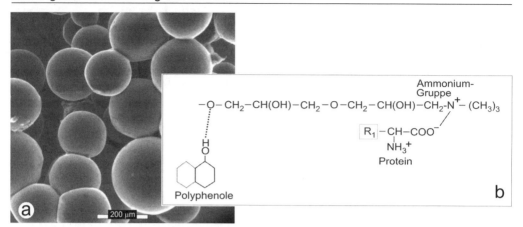

Abbildung 363 Stabilisierung mit Agarose (CSS nach Handtmann [447])
a Agarosematrix   b Modell der Anbindung der Polyphenole über eine Wasserstoffbrückenbindung an die Agarose und der Proteine über eine Ionenbindung an die funktionelle Ammoniumgruppe der Agarose

Polyphenoladsorption
Der Adsorber wirkt selektiv auf hochmolekulare Polyphenole, unabhängig von der Proteinadsorption über eine Wasserstoffbrückenbindung. Die adsorbierten Gerbstofffraktionen und die damit verbundene gerbstoffseitige Stabilisierung sind durch eine Anthocyanogen- und Tannoidbestimmung analytisch überprüfbar. Da die niedermolekularen Gerbstofffraktionen kaum adsorbiert werden, ist der Stabilisierungseffekt über die Bestimmung der Gesamtpolyphenole nicht möglich.

Das CSS ist kein Breitbandadsorber, es soll nur gezielt auf die Trübungsbildner wirken. Dadurch entfernt der Adsorber bei mindestens gleicher Bierstabilität weniger Proteine und Polyphenole als die vorher beschriebenen Adsorptions- und Fällungsmittel (siehe Ergebnisse von Betriebsversuchen in Tabelle 148).

Tabelle 148 Vergleich der Stabilisierungsverfahren und Analysenergebnisse der stabilisierten Biere (nach [447])

Analysenmethode	Stabilisierungsverfahren		
	40 g Kieselgel/hL	50 g Kieselgel/hL + 50 g PVPP/hL [1])	CSS-Adsorber
Anthocyanogene	60 mg/L	40 mg/L	48 mg/L
Gesamtpolyphenole	190 mg/L	135 mg/L	180 mg/L
pH-Wert	4,53	4,57	4,55
Farbe	31 EBC-E.	30 EBC-E.	29 EBC-E.
Bittereinheiten	30 EBC	30 EBC	30 EBC
Schaum *Ross & Clark*	123	123	124
$MgSO_4$-N	157 mg/L	150 mg/L	156 mg/L
Koagulierbarer N	26 mg/L	17 mg/L	23 mg/L
Forciertest 0/60/0 °C	7 Warmtage	> 10 Warmtage	> 10 Warmtage

[1]) Verlorene Dosage

Im Allgemeinen beträgt die Reduzierung der Anthocyanogene 15...20 %, die Bierstabilität bei untergärigen Bieren ca. 6 Warmtage (0/60/0 °C) bzw. bei obergärigen Bieren 6 Warmtage (0/40/0 °C).

Für extrem lange Haltbarkeiten (> 12 Monate) wird eine Anthocyanogenreduzierung von ca. 30 % gewählt. Der magnesiumsulfatfällbare Stickstoff wird dann um ca. 10 % reduziert.

Erste Betriebserfahrungen
Erste betriebliche Erfahrungen mit dem CSS-System bestätigen nach [448], dass die Teilstromregulierung individuell für jede Biersorte durch Versuche eingestellt werden muss. Der Wegfall der klassischen Stabilisierung mit Kieselgel erforderte eine schärfere Kieselgurfiltration, um die erwünschte Glanzfeinheit des Bieres zu erhalten. Bei der Zwei-Adsorberanlage war bei dem Pilsner Bier aus 100 % Malz eine Regenerierung bereits nach 3000 hL erforderlich. Besonders auffällig war bei den ersten 20...40 hL des stabilisierten Bieres ein deutlicher Anstieg des pH-Wertes am Adsorberauslauf. Am Ende des Stabilisierungsprozesses wies die gesamte Biercharge den normalen pH-Wert auf. Als mögliche Ursache vermuten *Folz* und *Tyrell* [449] die nachgewiesene Herausnahme von Anionen von organischen Säuren aus dem Bier.

Anlage und Verfahrensablauf
Filtriertes, unstabilisiertes Bier fließt durch das mit dem CSS-Adsorbermaterial gefüllte CSS-Modul. Die Kontaktzeit beträgt nur wenige Sekunden. Das Adsorbermaterial ist im CSS-Modul dauerhaft fixiert, eine weitere Dosage erfolgt nicht und dieses Material soll über mehrere Jahre verlustfrei in der Anlage bleiben können. In Abbildung 364 ist ein neueres CSS-Anlagenmodul dargestellt. Das Verdrängungsrohr gewährleistet eine große Adsorptionsfläche und reduziert gleichzeitig das erforderliche CSS-Volumen pro Modul auf 2...4 hL sowie die Volumina der Vor- und Nachläufe.

Das Gesamtvolumen eines Adsorbermoduls liegt in Abhängigkeit von der Anlagengröße zwischen 3...5 hL. Der Durchfluss pro Modul beträgt 150...220 hL/h. Zur Durchsatzsteigerung können mehrere Module parallel geschaltet werden. Die Druckdifferenz zwischen Adsorber-Ein- und Auslauf ist über die gesamte Charge weitgehend konstant ($\Delta p \approx 0,9...1,1$ bar).

Da die CSS-Module vor Kieselgurpartikeln und Partikeln aus der CIP-Anlage geschützt werden müssen, sollte vor der CSS-Anlage ein Trap-Filter geschaltet sein. Das Bier sollte grundsätzlich partikelfrei sein, um das Adsorbermaterial nicht zu belasten.

Bei einer gleich bleibenden Gesamtflussrate wird die Höhe der Stabilisierung durch die Mischungsanteile des im Bypass fließenden unstabilisierten Bieres und dem Anteil des durch das CSS-Adsorbermodul geflossenen, stabilisierten Bieres eingestellt (s.a. Abbildung 365).

Durch eine sortenspezifische Bypassreglung wird der Sättigungsgrad des Adsorbermaterials im täglichen Stabilisierungslauf berücksichtigt (siehe Schema in Abbildung 366). Anhand der in der Steuerung hinterlegten Daten können unterschiedliche Zielhaltbarkeiten und sich ändernde technologische Bedingungen sehr einfach korrigiert und eingestellt werden. Der Stabilisierungsgrad, d. h. die gewünschte Stabilität, ist durch das Mengenverhältnis CSS-Adsorberbier zum Bypassbier frei wählbar.

Klärung und Stabilisierung des Bieres

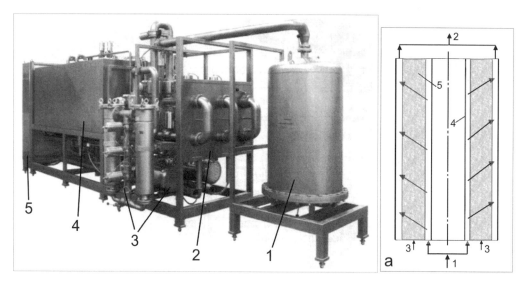

Abbildung 364 CSS-Anlagenmodul der Fa. Handtmann [447] mit einem Durchsatz von
ca. 200 hL/h und einer Chargengröße von ca. 2500 hL
1 Adsorbermodul **2** Panel oder Ventilblock **3** Armaturen und Pumpen **4** CIP-Anlage
5 Schaltschrank mit Steuerung
a Adsorbermodul im Schnitt (schematisch): **1** Einlauf **2** Auslauf **3** Einfüllstelle für Adsorber **4** Verdrängungsrohr **5** Adsorbermasse

Regeneration des CSS-Adsorbers und Wirtschaftlichkeit
Nach der Stabilisierung der Tagescharge wird das CSS-Adsorbermaterial mit einer
- 12%igen NaCl-Lösung zum Ausspülen der gebundenen Proteine
  (die erforderliche Salzwassermenge entspricht dem doppelten Modulvolumen, z. B. bei einer CSS-Anlage für 300 hL/h = 2 x 4 hL) und danach
- mit einer 4%igen NaOH zum Ablösen der phenolischen Verbindungen regeneriert. Das erforderliche NaOH-Volumen beträgt auch hier ca. das Zweifache des Modulvolumens.
- Anschließend wird der Adsorber sterilisiert und mit entgastem Wasser gespült. Der gesamte Regenerationszyklus dauert ca. 120 min.

Nach neueren Erfahrungen [450], [451] wird bei der Regenerierung auf die NaCl-Lösung verzichtet und nur mit 4%iger NaOH regeneriert. Die ersten Hektoliter der Lauge gehen auf Grund der hohen Schmutzbelastung ins Abwasser, dann wird im Kreislauf regeneriert. Nach der Wasserspülung wird die Adsorbersubstanz mit karbonisiertem Wasser neutralisiert.

Es werden pro CSS-Modul mit einem Durchsatz von ca. 200 hL/h folgende CIP-Medien zur Regenerierung benötigt:
- 4%ige NaOH ca. 10 hL;
- Erste Wasserspülung ca. 10 hL;
- Neutralisierung mit karbonisiertem Wasser ca. 20 hL;

- Zweite Wasserspülung 5 hL;
- Sterilisation mit Heißwasser 7 hL;
- Dritte Wasserspülung vor der Inbetriebnahme mit entgastem Wasser 7 hL.

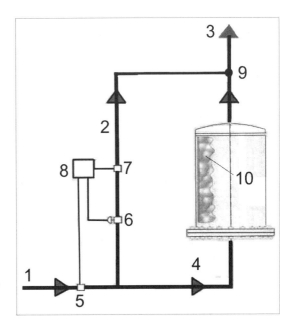

1 Bier vom Filter
2 definierter Biermengenstrom
3 gleichmäßig stabilisiertes Bier
4 Biermenge durch den Adsorber
5 Durchflusssensor
6 Regelventil
7 Durchflusssensor
8 Steuerung
9 Mischstelle
10 Adsorberschicht im CSS-Modul

Abbildung 365 Durchflussregelung des CSS-Moduls

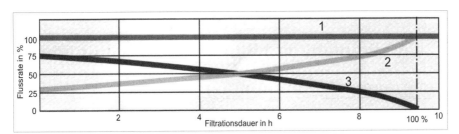

Abbildung 366 Bypassregelung zur Einstellung einer gleichmäßigen Stabilisierung
1 Gesamtflussrate 2 Flussrate durch den Adsorber 3 Flussrate durch den Bypass

Die erforderliche Gesamtzeit beträgt 2,5 h, die CIP-Kosten werden mit 0,02…0,03 €/hL angegeben.

Das Stabilisierungsmaterial soll nach 500 Regenerationen ersetzt werden und kann über den normalen Hausmüll entsorgt werden.
 Abhängig vom Biertyp und der erforderlichen Stabilität liegen die Stabilisierungskosten nach [447] zwischen 0,060…0,095 Euro/hL.
Im wechselseitigen Betrieb zweier CSS-Module kann eine derartige Anlage auch eine kontinuierliche Stabilisierung gewährleisten, beispielsweise in Verbindung mit einer Crossflow-Filtrationsanlage.

Die bisher realisierten großtechnischen Anlagen bestätigen die schonende Stabilisierung. Die gewünschte Stabilität ist einstellbar, ohne dass die Schaumqualität, Farbe und Sensorik negativ beeinflusst werden.

15.6.2 Kombiniertes Filterhilfs- und Stabilisierungsmittel Crosspure®

Crosspure® ist ein Produkt der Fa. BASF, das durch Kompoundierung aus Polystyrol und quervernetztem PVP hergestellt wird. Es soll als regenerierbares Filterhilfsmittel mit einer deutlichen adsorptiven Wirkung gegenüber löslichen Polyphenolen auch zur Erhöhung der kolloidalen Stabilität beitragen. Zum gegenwärtigen Zeitpunkt liegen noch keine großtechnischen Ergebnisse vor (s.a. Kapitel 13.7.3.2).

Erste großtechnische Anwendungsergebnisse wurden von *Schmid* [452] vorgestellt. Sie lassen sich wie folgt zusammenfassen:

- Das verwendete Kompoundpolymer Crosspure® besitzt die erforderliche hohe mechanische und chemische Stabilität.
- Das Polymer ist wie PVPP sehr ähnlich regenerierbar, die dabei festgestellten Verluste sind < 1 %.
- Die Grundanschwemmung betrug normal < 2000 g/m^2, die laufende Dosierung variierte zwischen 50...167 g/hL, ähnlich wie bei der Kieselgurfiltration in jeder Brauerei.
- Der stabilisierende Effekt wird durch die Adsorption von Tannoiden, Flavanoiden und anderen trübungsbildenden Polyphenolen in einer Größenordnung von > 20 % erreicht.
- In der Versuchsbrauerei sollten durch die Einführung von Crosspure® die laufenden Kosten im Vergleich zur vorhandenen Kieselgurfiltration mit einer regenerierbaren PVPP-Filtration um ca. 30 % eingespart werden bei einem Gesamtinvestitionsaufwand von < 120.000 €.
- Weiterhin sollte mit dieser Maßnahme der Schwermetalleintrag durch die Kieselgur ins Bier vermieden und die Umwelt entlastet werden.
- Für die Umrüstung auf Crosspure® waren u.a. die Anschaffung eines beheizbaren und CIP-fähigen Rührkessels mit Füllstandsanzeige sowie eine Dosierpumpe und ein Inline-Photometer (90°- u. 25°-Trübungsmessung) erforderlich.
  Der ehemalige PVPP-Filter wurde zur Regenerierung des Polymers verwendet (erforderliches Zubehör: Enzymdosagepumpe, pH-Wert-Messinstrument, PT100, CIP-System inklusive Laugenlager). Die alte Kieselgurdosieranlage wurde nur noch für die Kieselgeldosierung verwendet.
- Bei der Regeneration wurden ca. 90 % der Trubstoffe (Hefen, Proteine, Polyphenole, Polysaccharide, Phospholipide, Hopfenharze, Mineralstoffe, Bakterien) mit heißer Lauge entfernt. Die restlichen 10 % verursachen Probleme bei der nachfolgenden Filtration, wenn sie nicht entfernt wurden.
- Die Intensität der Regenerierung war abhängig von der Unfiltrattrübe:
  - Bei einer Einlauftrübung < 25 EBC (zentrifugiertes Bier) erfolgte die Regeneration bis zur Stufe 3 wie beim PVPP (Dauer ca. 2...3 h). Es wird empfohlen, nach 10 Filtrationszyklen eine komplette Regenerierung mit Enzympräparaten durchzuführen.
  - Bei nicht zentrifugiertem Bier mit einer Eingangstrübung von > 120 EBC muss die Regeneration mit Enzymen nach jeder

Filtration erfolgen.
- Bei Eingangstrübungen von 80...120 EBC-Einheiten sollte die Regeneration mit Enzymen nach zwei Filtrationen und bei Trübungen < 80 EBC nach drei Filtrationen erfolgen.
❑ Es wurden 5 % der Voranschwemmung und der laufenden Dosierung durch Kieselgel ersetzt. Die Filtrattrübungen waren vergleichbar zur Kieselgurfiltration bei einer Steigerung des Durchsatzes von 100 hL/h auf 120 hL/h.
❑ Gegenüber PVPP wurden die Gesamtpolyphenole mit Crosspure® stärker gesenkt. Es wurde eine höhere kolloidale Alterungsstabilität und eine deutlich höhere Geschmacksstabilität erreicht.

15.6.3 Einsatz einer stabilisierend wirkenden, modifizierten Kieselgur

Die Fa. *Lehmann & Voss* & Co. KG, Hamburg hat in Betriebsversuchen [453] nachgewiesen, dass mit einer modifizierten Kieselgur mit dem Handelsnamen Celite® Cynergy™ herkömmliches Hydrogel mit derselben Beigabemasse ersetzt und die Stabilität des Bieres verbessern kann. Dieses Filterhilfsmittel sieht aus wie normale Kieselgur und hat im Hinblick auf seine Filtereigenschaften auch die gleiche Wirkung, so dass auch bis zu 30 % Kieselgur eingespart werden konnte (siehe Abbildung 367).

Es bietet jedoch durch eine relativ große Kontaktfläche die Voraussetzung zur Absorption der Proteine, die für die kolloidale Trübung verantwortlich sind. Die durchgeführten Trübungstests ergaben, dass das hergestellte Bier besser stabilisiert war.

Abbildung 367 **Links:** *Mikroskopische Aufnahme von Kieselgur;* **Rechts:** *Mikroskopische Aufnahme von Cynergy^{TM} (nach [453])*

15.7 Zusammenfassung zu den Varianten der Bierstabilisierung

In Tabelle 149 wird ein zusammenfassender Überblick über die wichtigsten Stabilisierungsvarianten gegeben. Für deutsche Brauereien kommen nur die Anwendung von PVPP, Kieselgel und die im Kapitel 15.6 beschriebenen Verfahren in Frage.

Tabelle 149 Überblick über die wichtigsten Stabilisierungsmittel für Bier und ihr Einfluss auf das Bier

Produkt	Art der Reaktion	Kolloidale Stabilität	Bier-farbe	Bierschaum	Reste im Bier	Ver-wendung
PVPP	Bindet trübungs-relevante Poly-phenole	Ist entschei-dend für das Anwachsen der Haltbarkeit auf 9…12 Monate	Kaum Einfluss	Keinen Einfluss	Komplette Entfernung durch Filtration	Weltweit
Kieselgel	Bindet Proteine mit mittlerem Molekular-gewicht	Erhöht die Haltbarkeit auf > 6 Monate	Kaum Einfluss	Geringe Reduktion der Schaum-stabilität	Komplette Entfernung durch Filtration	Weltweit
Proteo-lytische Enzyme	Baut Proteine durch Hydrolyse ab	Erhöht die Haltbarkeit	Kaum Einfluss	Ergeben instabilen Schaum	Verbleiben im Bier, Pasteuri-sation erforderlich!	Regionale Einschrän-kungen
Tannin	Bildet unlösliche Komplexe mit Proteinen	Erhöht die Haltbarkeit	Kaum Einfluss	Reduzierte Schaum-stabilität	Keine 100%ige Entfernung aus dem Bier	Regionale Einschrän-kungen

Mit den aufgeführten Mitteln und ihren Modifikationen können sehr gut alle erforderlichen kolloidalen Stabilitäten eingestellt werden, ohne andere Qualitätskriterien des Bieres (vor allem die Schaumhaltbarkeit) negativ zu beeinflussen. Beschriebene Modifikationen von PVPP und Kieselgel können auch zur Vorstabilisierung, am besten in der Kaltlagerphase, eingesetzt werden. Diese Stabilisierung reicht im Normalfall jedoch nur für eine Stabilität von 3…4 Monaten. Diese Vorstabilisierung ist insgesamt jedoch nicht so wirkungsvoll wie die Stabilisierungsmaßnahmen bei der Filtration und im vorfiltrierten Bier.

15.8 Überblick über die wichtigsten technologischen Maßnahmen zur Vermeidung von kolloidalen Trübungen im Bier

Um den Umfang und Aufwand für die Stabilisierung festzulegen, muss von der erforderlichen kolloidalen Stabilität ausgegangen werden, einen Überblick dazu gibt Tabelle 150.

Um weiterhin den Umfang und Aufwand für die Stabilisierung richtig einschätzen zu können, sind alle Einflussfaktoren, die auf die kolloidale Stabilität eines Bieres im gesamten Herstellungsprozess wirken, zu berücksichtigen. Folgende Faktoren erhöhen u.a. die Bierstabilität (s.a. Tabelle 123):
- Die Verarbeitung von Gerste bei der Malzherstellung mit einem niedrigen Eiweißgehalt (ca. 10 %) und einer feinen Spelze (8…9 % Spelzengehalt);

Kolloidale Bierstabilisierung

- Die Verwendung von speziellen proanthocyanidinfreien Gerstenzüchtungen (bekannt ist u.a. die Gerstensorte Galant) erhöhte zwar die kolloidale Stabilität der Biere, verursachte aber andere qualitative Mängel und konnte sich bis jetzt nicht in die Praxis einführen;
- Die Verarbeitung von gut gelöstem Malz (*Kolbach*-Zahl > 38 %) mit einem geringem Rohproteingehalt (< 10,5 %) und hoch abgedarrt (80…90 °C);
- Der Einsatz eiweiß- und gerbstoffarmer Rohstoffe wie Zucker, Mais, Reis und anderen anstelle von Malz (keine Maßnahme in Deutschland);
- Die Betonung der 50-°C-Rast beim Maischen und ein weitgehender Stärke- und β-Glucanabbau fördern die Klärung;
- Eine Absenkung des Maische-pH-Wertes von 5,8 auf 5,5 begünstigt den Eiweißabbau und bringt bessere Stabilitätswerte als bei intensiven Maischverfahren;
- Ein intensives Würzekochen mit Würze-pH-Werten von 5,2…5,0 und gerbstoffreichen Hopfenprodukten führt zu einer kräftigen Ausscheidung von instabilem Eiweiß und damit zur Verringerung des Gehaltes an koagulierbarem Stickstoff und begünstigt die Bildung reduzierender Substanzen;
- Eine 100%ige Ausscheidung des Heißtrubes ist erforderlich!
- Eine Kaltwürzefiltration wäre positiv für die kolloidale Stabilität;
- Eine intensive Hauptgärung fördert die Ausscheidung trübungsaktiver Substanzen (Eiweiß-Gerbstoffverbindungen, Polypeptide, Polyphenole, α- und β-Glucane).
  Z. B. können Gärungen bei höheren Temperaturen (vergleiche 10 °C und 18 °C) zu stabileren Bieren führen (mögliche Ursache: schnelle und größere pH-Wert-Abnahme und damit intensive Ausfällung dieser Substanzen);
- Bier-pH-Werte von < 4,5 fördern die Bildung und die Ausscheidung von instabilen Eiweiß-Gerbstoffverbindungen;
- Eine zügige Nachgärung und kalte Lagerung von 1…2 Wochen bei -2 °C, bzw. nach einer Warmreifung bei 12…18 °C eine schnelle Abkühlung innerhalb von 24…48 h auf -1…-2 °C und eine Kaltlagerphase von ca. 5…7 Tagen führt zur Ausscheidung kältetrüber und dauertrüber Substanzen;
- Alle Maßnahmen zur Erhaltung der Hefevitalität mit Totzellengehalten der Erntehefen von < 2 % vermeiden die Ausscheidung von Hefeinhaltsstoffen bei der Gärung und Reifung (Proteasen, Glykogen, Proteine), die die Filtrierbarkeit und die kolloidale Stabilität negativ beeinflussen;
- Eine Abkühlung vor der Filtration erfordert mindestens eine Einwirkungszeit der tieferen Biertemperatur vor der Filtration von > 6 h, optimal > 24 h;
- Eine Sauerstoffaufnahme während der Filtration und Abfüllung und der Eintrag von Schwermetallen durch Filterhilfsmittel (z. B. Eisen durch Kieselguren) und durch korrodierte Rohrleitungen und Gefäße ist zu vermeiden!
- Eine scharfe Feinfiltration bei 0…-2°C erhöht die kolloidale Stabilität.

Eine zusammenfassenden Überblick über die Thematik gibt auch *Pöschl* [454].

Klärung und Stabilisierung des Bieres

Tabelle 150 Stabilisierungsanforderungen in Abhängigkeit von der erforderlichen kolloidalen Stabilität

Erforderliche kolloidale Stabilität	Erforderliche Warmtage 0 °C/40 °C/0 °C	Erreichbar durch
Bis zu 6 Wochen	ca. 2 Tage	die aufgeführten normalen technologischen Maßnahmen, evtl. kombiniert mit einer eiweiß- oder einer gerbstoffseitigen Vorstabilisierung
3...4 Monate	ca. 5 Tage	Korrektur der jahrgangsbedingten Unterschiede in der Beschaffenheit der Rohstoffe und durch eine mäßige Stabilisierungsmaßnahme, z. B. eine eiweiß- oder eine gerbstoffseitige Stabilisierung, oder eine intensivere Vorstabilisierung
6...12 Monate (bei Export- bieren, Dosen und Einweg- flaschen, pasteurisierten Bieren)	10...>15 Tage	eine stärkere Stabilisierung, z. B. durch eine zweistufige Stabilisierung, meist eine eiweiß- seitige Stabilisierung in Verbindung mit der Kieselgurfiltration und mit einer nachgeschal- teten gerbstoffseitigen Stabilisierung mittels PVPP-Filters oder eine gerbstoffseitige Vorstabi- lisierung kombiniert mit einer eiweißseitigen Stabilisierung bei der Kieselgurfiltration

15.9 Vermeidung von Oxidation im Prozess der Bierherstellung

Mit der Zielstellung lange haltbare (trübungsfreie) und geschmacksstabile Biere zu produzieren hat der Kampf gegen den ungewollten Sauerstoffeintrag bei der Bierherstellung und die damit verbundenen Oxidationsprozesse zu minimieren sehr an Bedeutung zugenommen.

15.9.1 Technologische Bedeutung der Oxidationsprozesse

Im Prozess der Bierherstellung können durch Sauerstoffeintrag u.a. folgende Stoff- gruppen in der Maische, in der Würze und im Bier oxidiert und damit qualitätswirksam verändert werden:
- Die Oxidation von Fettsäuren zu höheren Aldehyden, die entscheidend die Geschmacksstabilität negativ beeinflussen können.
- Die Oxidation von niedermolekularen Gerbstoffen, die ihre Sauerstoff- pufferung verlieren und auch an Gerbvermögen zunehmen, d. h. ihre eiweißfällende und damit trübungsbildende Wirkungen steigen.
- Die Oxidation von komplexen polyphenolischen Verbindungen, die dadurch aktiviert werden und mit höhermolekularen proteinischen Verbindungen dauerhafte Trübungen bilden und damit die kolloidale Stabilität abgefüllter Biere reduzieren.
- Durch die Oxidation zum Beispiel von SH-Gruppen enthaltenden Aminosäuren in Peptidketten kann es zur Ausbildung von Disulfid- brückenverbindungen kommen, die eine Vergrößerung der Molekülgröße der Peptide zur Folge hat, wie nachfolgende Formel schematisch zeigt:

Kolloidale Bierstabilisierung

$$2 \times HS - CH_2CHNH_3^+ - COO^- + 0{,}5 \times O_2 \rightarrow$$
$$\text{2 Mol Cystein} \qquad + 0{,}5 \text{ Mol } O_2 \rightarrow$$
$$COO^- - CHNH_3^+ - CH_2 - S - S - CH_2 - CHNH_3^+ - COO^- + H_2O$$
$$\text{1 Mol Disulfidcystein} \qquad\qquad + \text{1 Mol Wasser}$$

❏ Höhermolekulare proteinische Verbindungen sind bei den pH-Wert-Verhältnissen des Bieres weniger kolloidal löslich, können Trübungsaggregate bilden und leichter mit Gerbstoffen reagieren.

Nach dem Anstellen der Würze ist ein Sauerstoffeintrag in das gärende, reifende und geklärte Bier bis einschließlich der Abfüllung grundsätzlich zu vermeiden. Im Interesse der Erhaltung der kolloidalen und vor allem der Geschmacksstabilität sind im Fertigprodukt Gesamtsauerstoffgehalte von < 0,2 ppm anzustreben, wie auch die Untersuchungsergebnisse in Abbildung 368 (hier: Einfluss auf die kolloidale Stabilität) zeigen. Um den Sauerstoffeintrag durch eine technologische Maßnahme zu überprüfen, muss die Bestimmung des Sauerstoffgehaltes im betreffenden Bier unbedingt unmittelbar nach der technologischen Maßnahme erfolgen. Der Sauerstoff wird auch im hefefreien Produkt durch die im Bier enthaltenen reduzierenden Stoffgruppen schnell verbraucht und der Oxidationsumfang kann dann bei einer verzögerten Messung nicht mehr abgeschätzt werden.

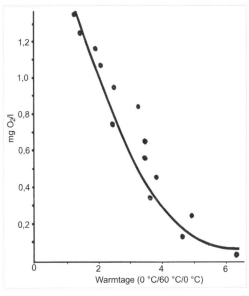

Es wurden 600 Biere untersucht, die Sauerstoffkonzentrationen in Klassen eingeteilt und den Forciertest- Mittelwerten zugeordnet.
Die Beziehung war mit B = 44,9 %*** hoch signifikant.

Abbildung 368 Der Einfluss des gelösten Sauerstoffs auf die kolloidale Stabilität im abgefüllten Bier (nach Ergebnissen von Hoeren [455])

15.9.2 Technologische Maßnahmen zur Reduzierung des Sauerstoffeintrages

Folgende technologische Maßnahmen leisten einen Beitrag zur Reduzierung oder Vermeidung des Sauerstoffeintrages und der Oxidation im Prozess der Bierherstellung:

- Sauerstoffarme Maischebereitung (geschlossene Maischefertiger, sauerstoffarmes Einmaischwasser, Einmaischen von ‚Unten', trombenfreie Rührsysteme u.a.);
- Die Umstellung des Gärverfahrens von einer offenen Gärung auf eine geschlossene Gärung unter einem geringen oder auch höheren CO_2-Überdruck;
- Die Umstellung des ZKT-Gärverfahrens vom Zweitank- zum Eintankverfahren oder Schlauchen in einen mit CO_2 vorgespannten ZKT;
- Die Verwendung des Inhalts eines Propagationstanks zum Anstellen einer größeren Würzecharge, der in seiner Herführphase nicht maximal, sondern nur optimal belüftet wurde, und noch einen SO_2-Gehalt von mindestens 4...5 mg/L aufweist;
- Die Verwendung eines Hefestammes, der bei einem normalen Anstellverfahren in der Lage ist, im fertigen Unfiltrat einen SO_2-Gehalt von 6...10 mg/L zu gewährleisten;
- Die Verwendung von sauerstofffreiem Wasser zum Entlüften von Rohrleitungen und Schläuchen sowie beim Verdünnen des Bieres sowie bei der Bierfiltration;
- Die Verwendung von Inertgas (CO_2, N_2) beim Umdrücken und Ziehen eines Tankinhaltes;
- Sauerstofffreie Filtration;
- Die Herstellung einer sauerstofffreien Atmosphäre in einem mit Bier zu befüllendem Gefäß (Reifungstank, Lagertank, Puffertank vor der Filtration, Drucktank u.a.) durch das Befüllen dieses Gefäßes mit Wasser und anschließendem Leerdrücken mit Inertgas oder alternativ die messtechnisch überwachte Spülung mit reinem CO_2;
- Die Verwendung von völlig sauerstofffreiem CO_2 zur Nachcarbonisierung ($O_2 \leq 0{,}05$ ppm);
- Die ständige Überprüfung der Dichtheit der Wellendichtungen der Bierpumpen und der Rohrleitungsverschraubungen;
- Die Anwendung einer sauren Reinigung unter Erhaltung der CO_2-Atmosphäre in den dafür geeigneten ZKT und Drucktanks;
- Eine nahezu sauerstofffreie Abfüllung.

15.9.3 Verwendung von Antioxidantien zur Reduzierung der Oxidationsgefahr

Durch die Anwendung von Antioxidantien versucht man den Einfluss des Sauerstoffs auf die Oxidation der Bierinhaltsstoffe auszuschließen. Man kann folgende zwei Gruppen unterscheiden:

- Die echten Antioxidantien, die die Oxidation verzögern bzw. den Oxidationseffekt reduzieren und
- die Sauerstoffentferner, die den Sauerstoff binden oder die Bildung von harmlosen Produkten durch Oxidation katalysieren.

Zur ersten Gruppe gehören das SO_2, z. B. in Form von Natriumpyrosulfit ($Na_2S_2O_5$), Disulfiten oder als Natriumdithionit ($Na_2S_2O_4$) sowie Reduktone.
Zur zweiten Gruppe gehören Antioxidantien wie Ascorbinsäure und Glucoseoxidase.

International werden außerhalb des Deutschen Reinheitsgebotes bei oder nach der Filtration (Drucktank) oft reduzierende Substanzen dem filtrierten Bier zugesetzt. Es dominieren als Zusätze Ascorbinsäure und auf SO_2 beruhende sulfithaltige Salze. Die Antioxidantien werden am besten dem filtrierten Bier vor der Abfüllung zugesetzt.

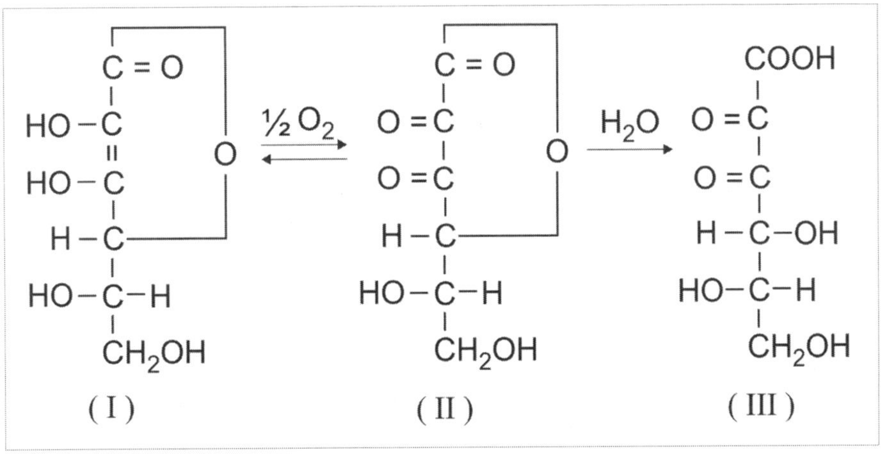

$$
\begin{array}{ccc}
\text{C=O} & \text{C=O} & \text{COOH} \\
\text{HO-C} & \text{O=C} & \text{O=C} \\
\text{HO-C} \quad \xrightleftharpoons{\tfrac{1}{2}O_2} & \text{O=C} \quad \xrightarrow{H_2O} & \text{O=C} \\
\text{H-C} & \text{H-C} & \text{H-C-OH} \\
\text{HO-C-H} & \text{HO-C-H} & \text{HO-C-H} \\
\text{CH}_2\text{OH} & \text{CH}_2\text{OH} & \text{CH}_2\text{OH} \\
(\text{I}) & (\text{II}) & (\text{III})
\end{array}
$$

Abbildung 369 Reaktionsschema der Ascorbinsäureoxidation
I Ascorbinsäure   II Dehydroascorbinsäure (besitzt noch Vitamincharakter)
III 2,3-Diketogulonsäure
Der Übergang von I → II ist reversibel, von II → III ist irreversibel.

Ascorbinsäure (Vitamin C)
Die reduzierende Wirkung der Ascorbinsäure beruht darauf, dass sie selbst oxidiert wird (Reaktionsschema siehe Abbildung 369).

Weitere Reaktionen und Abbauprodukte sind bei Anwesenheit von Ascorbinsäure je nach den Reaktionsbedingungen möglich. Es können auch partiell Oxidationsprozesse stattfinden (siehe vereinfachte Darstellung in Abbildung 370).

$$
\begin{aligned}
AH_2 + O_2 &\rightarrow A + H_2O_2 \\
RH_2 + H_2O_2 &\rightarrow R + 2\,H_2O \\
AH_2 + RH_2 + O_2 &\rightarrow A + R + 2\,H_2O
\end{aligned}
$$

AH_2 = Ascorbinsäure
A = Dehydroascorbinsäure
RH_2 = zu oxidierende Verbindung, z. B. Ethanol
R = oxidierte Verbindung, z. B. Acetaldehyd

Abbildung 370 Weitere mögliche Reaktionen bei Anwesenheit von Ascorbinsäure (vereinfachte Darstellung)

Folgendes ist bei der Verwendung von Ascorbinsäure zu beachten:
- Ascorbinsäure findet am häufigsten als Antioxidant Anwendung, sie wird in Mengen zwischen 1…10 g/hL Bier dosiert.
- Ascorbinsäure enthält wie andere Reduktone eine Dienolgruppe, sie wird bei Einwirkung von Sauerstoff unter Entzug von 1 Mol H_2 in die Substanzen II und III überführt (siehe Abbildung 369). Die Ascorbinsäure geht dabei unter Abgabe von 2 Wasserstoffatomen in die Dehydroascorbinsäure über. Diese Reaktion wird von Schwermetallionen und von Oxidationsenzymen katalysiert.
- Bei Anwesenheit von Katalysatoren (Schwermetallionen) oxidiert in reinen Ascorbinsäurelösungen 1 Mol O_2 2 Moleküle Ascorbinsäure unter Bildung von Wasser.
- Im Bier mit seiner großen Anzahl von oxidierbaren Inhaltsstoffen und katalytisch wirkenden Substanzen (Enzyme Phenolasen und Peroxidasen; Schwermetalle Eisen und Kupfer sowie Riboflavin) kann 1 Atom O des mit Ascorbinsäure reagierenden O_2-Moleküls über intermediär gebildeten H_2O_2 zur Oxidation anderer Substanzen verbraucht werden.
- Der Einsatz von Ascorbinsäure im Bier ist deshalb nur bei geringen Restsauerstoffgehalten (< 1,0 mg O_2/L) zur Vermeidung von Oxidation sinnvoll.
- Die üblichen Dosagen liegen kurz vor dem Abfüllen in das filtrierte Bier zwischen 2…10 g Ascorbinsäure/hL.
- Zur Entfernung von 1 mg O_2 benötigt man rechnerisch 11 mg Ascorbinsäure!

Schweflige Säure

Zur Verwendung von SO_2 in Form der schwefligen Säure oder als sulfithaltige Salze (Na_2SO_3, K_2SO_3, $NaHSO_3$, $KHSO_3$):
- Partielle Oxidationsprozesse finden hier nicht statt. Das Sulfition SO_3^{-2} wird durch den im Bier befindlichen Sauerstoff zum Sulfation SO_4^{-2} oxidiert.
- In Deutschland ist der SO_2-Gehalt des Bieres auf maximal 10 mg/L begrenzt. Dies ist die maximale SO_2-Menge, die normale untergärige Hefen bilden (weitere Aussagen zum Schwefelstoffwechsel der Hefe siehe [114]).
  Höhere Konzentrationen sind in Deutschland deklarationspflichtig.
- International sind als Obergrenzen für den SO_2-Gehalt festgelegt: In Holland 25 mg/L, Frankreich 100 mg/L, Italien 20 mg/L, Großbritannien 70 mg/L, USA 70 mg/L [456].
- Um 1,5 mg O_2 je Liter Bier zu binden, werden 6 mg SO_2 oder 16,5 mg Ascorbinsäure oder 250 mg Reduktone aus Zuckern benötigt [457].
- Natriumpyrosulfit ($Na_2S_2O_5$) oder andere Salze der schwefligen Säure bzw. das gasförmige SO_2 werden in verschiedenen Zweigen der Lebensmittelindustrie als Antioxidantien genutzt.
- Der Zusatz von Natriumpyrosulfit (in gelöster Form) zum Bier hat mindestens die gleiche sauerstoffverringernde Wirkung wie

Ascorbinsäure. Im Unterschied zu Ascorbinsäure erfolgt die Verringerung des Sauerstoffgehaltes jedoch wesentlich rascher.
- Im Forciertest (1 Tag bei 40 °C, 1 Tag bei 0 °C) unterscheiden sich Ascorbinsäure und Natriumpyrosulfit bei vergleichbarer Dosis nicht. In Verkostungen unterscheiden sich pyrosulfithaltige Biere nicht von unbehandelten Bieren. Zu beachten ist allerdings, dass aus sensorischen und gesundheitlichen Gründen der SO_2-Gehalt im Bier 20 mg/L nicht übersteigen sollte.

Glucoseoxidase
Es wurde auch die Verwendung von Glucoseoxidase sowohl in freier Form als auch an Trägern fixiert getestet (setzt auch das Vorhandensein von Glucose voraus). Wegen der entstehenden hohen Kosten ist diese Variante gegenwärtig nicht zu empfehlen. Durch Glucoseoxidase wird die Oxidation von Glucose zu Gluconsäure katalysiert und dadurch der Sauerstoff aus dem Bier verbraucht. Neben Glucose werden auch, allerdings viel langsamer, Xylose, Galactose und Mannose oxidiert. Glucoseoxidase kann aus Schimmelpilzen gewonnen werden.

15.10 Prozesskontrolle zur Charakterisierung der kolloidalen Stabilität

Zur Vorausbestimmung der kolloidalen Stabilität des Bieres können folgende Schlussfolgerungen gezogen werden:
- Die klassischen Analysenmethoden zur Differenzierung der Eiweißbestandteile und zur Erfassung der Gerbstoffkonzentration charakterisieren recht gut den Gehalt der Biere an diesen wesentlich die kolloidale Stabilität beeinflussenden Stoffgruppen.
  Sie dienen vorrangig zur Einschätzung der Zusammensetzung des Bieres, zur Auffindung von Ursachen für Qualitätsschäden und zur Überprüfung der spezifischen Wirksamkeit der angewandten Stabilisierungsverfahren.
- Eine Vorausbestimmung der kolloidalen Haltbarkeit ist mit ihnen nicht möglich.
- Für die annähernde Vorhersage der zu erwartenden kolloidalen Stabilität ist bei stabilisierten Bieren der arbeitsorganisatorisch günstigere 6/1-Tage-Forciertest bei 60 °C oder der schärfere 1/1-Tagetest bei 60 °C zu empfehlen.
  Bei nicht stabilisierten Bieren kann dieser Test durch den 6/1- oder 1/1-Tage-Forciertest bei 40 °C ersetzt werden.
  Die Regressionsbeziehungen zwischen der tatsächlichen Haltbarkeit und den Ergebnissen des Forciertests sind in jedem Betrieb und für jede Biersorte gesondert zu ermitteln.
  Folgende Werte sollen als erste Orientierung dienen:

1 Warmtag beim 1/1-Test entspricht bei	einer voraussichtlichen Haltbarkeit von	oder
0 °C/40 °C/0 °C	18...20 Tagen	ca. 3 Wochen
0 °C/60 °C/0 °C	28...35 Tagen	ca. 1 Monat

- Zur Gewährleistung einer ständigen Mindesthaltbarkeit ist oft eine kurzfristige Aussage noch vor dem Abfüllen (Probenahme Filtriertank)

Klärung und Stabilisierung des Bieres

erforderlich.
Für diese Grenzwertbestimmung sollte der Alkohol-Kälte-Test nach *Chapon* benutzt werden. Er ist auf Grund des kurzen Untersuchungszeitraumes für die Überprüfung sowohl des Fertigproduktes als auch des unabgefüllten Bieres sowie beim Einfahren einer neuen Technologie geeignet
(Richtwerte siehe in Kapitel 4.2.3, Tabelle 29).

❐ Als weitere Schnellbestimmungen für die Abschätzung der kolloidalen Stabilität bzw. zum Einfahren einer neuen Stabilisierungstechnologie haben sich die von *Schneider* et al. [458], [459], [460] entwickelten automatisierten nephelometrischen Titrationsmethoden zur Erfassung der trübungsbildenden Eiweiß-Gerbstoffverhältnisse eingeführt.
Eine äquivalente Methode wurde in die EBC-Analytica [392] zur Bestimmung der sensitiven Proteine übernommen. Erste Richtwerte für ein typisches Bier sind aus Tabelle 151 ersichtlich.
In Abbildung 371 sind drei Biere mit diesen Methoden charakterisiert worden. Die Richtungspfeile sollen anzeigen, in welche Richtung die kolloidale Stabilisierung erfolgen muss, um ein stabiles Bier zu erhalten.

❐ Der *Esbach*- und der Ammoniumsulfat-Test sind als Schnelltests nur bei Anwendung einer neuen Stabilisierungsmethode oder zur Absicherung der Resultate anderer Schnelltests einzusetzen.

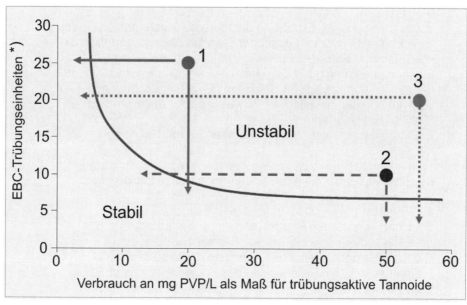

Abbildung 371 Beispiele für den Zusammenhang zwischen sensitiven Proteinen und trübungsaktiven Polyphenolen und den möglichen Richtungen für die erforderlichen Konzentrationsveränderungen dieser Stoffgruppen zur Erreichung kolloidal stabiler Biere (nach [394])
1 Lagerbier A   **2** Lagerbier B   **3** Lagerbier C
*) EBC-Trübungseinheiten als Maß für die sensitiven Proteine

Tabelle 151 Einige Richtwerte für die nephelometrischen Schnellmethoden
(nach [393], [394])

Zielgruppe	Titrationsmittel	Trübungsmessung der	Richtwert für ein stabiles Bier
Tannoide	PVP K90	ausgefallenen Polyphenole	Verbrauch < 20 mg PVP/L
Sensitives Protein	Tanninsäure	ausgefallenen Proteine	Bei Verbrauch von 10 mg Tanninsäure/L Trübung < 5 EBC

Eine Ursachenforschung zu den die trübungsverursachenden Stoffgruppen im filtrierten Bier ist u.a. auch mikroskopisch mit Hilfe verschiedener Färbemethoden möglich (Tabelle 152).
Calciumoxalatmonohydrat konnte mittels Polarisationslicht nachgewiesen werden.

Tabelle 152 Färbemittel zum Färben von Trübungen und Partikeln im Bier [399]

Farbindikator	Lieferfirma	Angefärbte Substanz	Farbe der Partikel
Eosin-Gelb	ICN, Aurora	proteinisches Material	rosa
Thionin	ICN, Aurora	geliertes und präzipitiertes Material aus Polysacchariden (PS) - pH-abhängige Färbung	Neutrale PS: violett Saure PS: rosa
Methylenblau	Merck Darmstadt	Fasern, Tannine und Polyphenole	dunkelblau
Jodlösung; 1 N	J. T. Backer, Deventer	stärkehaltige Partikel	blau-violett
		PVPP-Partikel	orangebraun

16. Anlagen zur Stammwürzeeinstellung und Carbonisierung

16.1 Allgemeine Hinweise

Die endgültige Einstellung der Stammwürze durch den Verschnitt mit aufbereitetem Verschnittwasser, Vor- oder Nachlauf der Filtration sowie die CO_2-Einstellung durch die Nachcarbonisierung wird im englischen Sprachraum als „Blending" bezeichnet.

Zur wirtschaftlichen Bedeutung und zu verfahrenstechnischen Hinweisen des High-gravity-brewing (HGB) wird auf Kapitel 13 im Lehrbuch „Gärung und Reifung" [114] verwiesen.

Weltweit werden zurzeit etwa 80 % der Biere mit dem HGB-Verfahren hergestellt.

16.2 Rückverdünnung und Konditionierung

16.2.1 Zeitpunkt der Rückverdünnung

Das fertige Lagerbier sollte möglichst vor der letzten Filtrationsstufe mit tiefgekühltem, karbonisierten Verschnittwasser auf den gewünschten Stammwürzegehalt verdünnt werden, da Wasserzusätze das Kolloidgefüge des Biers verändern und auch zu Trübungen im Bier führen können. Weiterhin kann es durch den höheren Alkoholgehalt der Biere zu einer verstärkten Ausfällung von hochmolekularen Polymeren kommen, die die Filtrierbarkeit dieser Biere dadurch weiter verschlechtern.

Stand der Technik ist es jedoch, die Rückverdünnung erst nach der Filtration des Bieres vorzunehmen. Sie erfordert ein qualitativ hochwertiges Verschnittwasser (einen sehr niedrigen Ca^{2+}-Gehalt) und eine gewissenhafte Qualitätskontrolle. Außerdem wird die Filtration durch die höhere Dichte und höhere Viskosität erschwert.

Als Vorteile für ein Blending nach der Filtration werden für das HGB nach [461] genannt:

- Es werden kleinere Filter benötigt (setzt aber gleich gut filtrierbare Biere voraus).
- Es fallen dadurch kleinere Vor- und Nachlaufvolumina an (Wasser- und Abwasserkosten sinken).
- Es werden kleinere Leitungsdurchmesser und kleinere Leitungskomponenten benötigt (= Kostenvorteile).
- Die bei der Filtration auftretenden Extraktverluste sinken auf Grund des besseren Auswaschungsgrades bedingt durch das höhere Extraktgefälle.

Weiterhin ist festzustellen, dass auf Basis der HGB-Technologie in zunehmendem Masse die finalen Biersorten aus einer begrenzten Anzahl an Mutterbieren im Gär-/Lagerkeller „inline" nach der Filtration verdünnt, carbonisiert und evtl. mit diversen Additiven eingestellt werden.

16.2.2 Allgemeine Anforderungen an das Verschnittwasser

An das Verschnittwasser müssen gegenüber einem normalen Trinkwasser folgende erhöhte Güteanforderungen gestellt werden: Es muss:

Stammwürzeeinstellung und Carbonisierung

- Unbedingt Trinkwasserqualität besitzen, geruchs- und geschmacksneutral sein;
- Mikrobiologisch unbedenklich sein, allgemein wird Keimfreiheit gefordert;
- Einen Sauerstoffgehalt von ≤ 0,05 ppm O_2 besitzen;
- Frei von analytisch nachweisbarem freiem Chlor und Chlorphenolen sein;
- Eine niedrige Alkalität besitzen;
- Karbonisiert einen pH-Wert von höchstens 4,5 ausweisen;
- Einen Mangangehalt von ≤ 0,05 mg Mn/L haben;
- Einen Eisengehalt von ≤ 0,1 mg Fe/L haben;
- Frei sein von Blei-, Kupfer-, Zink- und Zinn-Ionen;
- Einen niedrigen Calciumgehalt mit einer Gesamthärte von ≤ 5 °dH ausweisen, um die Gushinggefahr zu reduzieren;
- Auf eine Temperatur von annähernd 0 °C gekühlt sein.

Die Anwendung des Verfahrens des HGB setzt die wirtschaftliche und sichere Herstellung eines tiefgekühlten und carbonisierten Verschnittwassers mit deutlich über dem Trinkwasser liegenden Güteanforderungen voraus (siehe oben).

Ganz besonders kommt es auf ein weitgehend sauerstofffreies Blendingwasser an, da bereits geringfügig höhere O_2-Gehalte als 0,02 ppm im Verdünnungswasser den Sauerstoffgehalt im Bier auf Werte über 0,1 ppm ansteigen lassen (siehe Abbildung 372 und Tabelle 171).

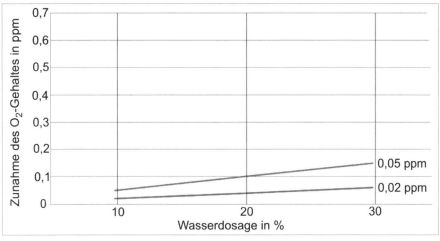

Abbildung 372 Die Sauerstoffzunahme beim Blenden in Abhängigkeit des Sauerstoffrestwertes im dosierten Wasser (nach [462])

16.2.3 Zur Abschätzung der Gushing-Gefahr durch Calciumoxalat

Calciumionen aus dem Wasser, zum Beispiel Calciumhydrogencarbonat (**1**), und aus dem Malz stammende Oxalsäure (**2**) können in Abhängigkeit von ihren Konzentrationsverhältnissen zu Oxalatausfällungen (**3**) im Bier führen (siehe nachfolgende Gleichung 96), die auch zeitverzögert im filtrierten Bier stattfinden können (besonders beim Wasserzusatz unmittelbar vor und nach dem Filter) und beim Öffnen der Flasche das plötzliche Überschäumen bzw. das sogenannte Gushing verursachen:

Klärung und Stabilisierung des Bieres

$$Ca(HCO_3)_2 + (COOH)_2 \rightarrow Ca(COO)_2 \downarrow + 2\ CO_2 + 2\ H_2O \qquad \text{Gleichung 96}$$
   (1)   (2)   (3)

In Tabelle 153 werden die Richtwerte für die Löslichkeit von Calciumoxalat und in Tabelle 154 die durch die Calciumoxalatkonzentration mögliche Gushing-Gefahr im Bier ausgewiesen (weitere Informationen zum Calciumoxalat im Bier siehe [114]).

Tabelle 153 Löslichkeiten von Calciumoxalat

Wasser (20 °C)	7 mg/L	= 2,2 mg Ca^{2+}/L + 4,8 mg Oxalat/L
Würze	60 mg/L	Bindung der Oxalsäure auch an andere
Bier	20…30 mg/L	Inhaltsstoffe

Tabelle 154 Richtwerte für die Bewertung der Gushing-Gefahr im Bier durch Calciumoxalat (nach [463])

$CaSO_4 : Ca(COO)_2$	$Ca(COO)_2$-Gehalt in mg/L	Bewertung der Verhältnisse und der Gushing-Gefahr
< 0,25	< 50	ziemlich stabil, wenn keine weiteren Ca^{+2}-Ionen ins Bier kommen!
0,25…5	> 20	labil
5…13	15…20	stabil
> 13	< 15	sehr stabil

Um den labilen Bereich zu vermeiden, sind folgende zwei Maßnahmen anwendbar:
- Entfernung der Kalkhärte im Verschnitt- und Produktwasser, das nach der Gärung und Reifung ins Bier kommen kann (z. B. bei der Bierfiltration als Anschwemmwasser, Vor- und Nachlauf) und
- Zusatz von $CaCl_2$ oder $CaSO_4$ ins Einmaischwasser, um das Calciumoxalat bei der Würzeherstellung und bei der Gärung und Reifung schon weitgehend auszufällen.

16.2.4 Varianten der Verschnittwasserentkeimung

Folgende Verfahren für die Desinfektion von Trinkwasser sind anwendbar:
- Ozonbehandlung;
- Bestrahlung mit UV-Licht (z. B. mit λ = 254 nm);
- Chlorung mit Chlorgas oder Natrium- bzw. Calciumhypochlorit;
- Chlordioxid;
- Kochen bzw. Erhitzen;
- Ultrafiltration.

Die dominierenden ersten vier Verfahren sind unterschiedlich zu bewerten (siehe *Dyer-Smith* [464] und Tabelle 155). Ihre Anwendung erfordert die Beachtung der rechtlichen Anforderungen (siehe *Ahrens* [465]) und der technologischen Aspekte (siehe *Kunzmann* [466]).

Zu beachten ist:
- Mit Chlorprodukten desinfiziertes Verschnittwasser erfordert vor seiner Verwendung unbedingt eine nachfolgende Aktivkohlefiltration zur Entfernung der restlichen Chlorprodukte.
- Bei einer hohen Trinkwasserqualität reicht vielfach die bei der nachfolgenden thermischen Entgasung angewendete Erhitzung für die Erhaltung der Keimfreiheit aus.

Die thermische Variante und die Ultrafiltration sind aus Sicht der Bierqualität die zu bevorzugenden Verfahren.

Tabelle 155 Bewertung der möglichen Desinfektionsprozesse beim Trinkwasser (nach [464])

	Chlor	ClO$_2$	Ozon	UV
Desinfektionskapazität	mittel	stark	am stärksten	mittel
Nachwirkungen	Stunden	Tage	Minuten	keine
pH-Wert-Abhängigkeit	extrem	keine	mittel	keine
Nebenprodukte	Trihalomethan (THM) absorbierbare organische Halogenverbindungen (AOX)	Chlorit	möglicherweise Bromat	möglicherweise Nitrit
Investitionen	niedrig - hoch	mittel	mittel - hoch	mittel
Wartung	mittel	mittel	niedrig	niedrig

16.3 Anlagen für die Rückverdünnung

In der Vergangenheit wurde die Rückverdünnung chargenweise vorgenommen: Bier mit bekannter Konzentration wurde mit der entsprechenden Menge Verschnittwasser versehen und anschließend gemischt. Die Dosierung erfolgte nach Volumen oder nach Masse (der Mischtank wurde als Wägebehälter gestaltet). Auch die Nachcarbonisierung konnte damit realisiert werden. Auch die Volumendosierung mittels Verdrängerpumpen wurde praktiziert.

In der Abbildung 373 ist der Aufbau eines aktuellen, kontinuierlich arbeitenden Blendingsystems mit den zugehörigen Messeinrichtungen und der technologischen Anbindung schematisch dargestellt. Die Dosierung der Komponenten kann nach Volumen (z. B. mittels MID) oder besser nach Masse (Massedurchflussmessgeräte nach dem *Coriolis*-Prinzip) erfolgen. Zur Messtechnik wird auf Kapitel 17 verwiesen.

Klärung und Stabilisierung des Bieres

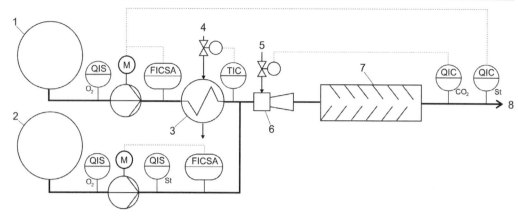

Abbildung 373 Allgemeiner Aufbau eines Bier-Blendingsystems zur Stammwürzeeinstellung und zum Carbonisieren
1 O_2-freies Wasser **2** Stabilisiertes, filtriertes Bier mit höherer Stammwürze (High-gravity-Bier) **3** Wärmeübertrager **4** Kälte **5** CO_2 **6** Mischvorrichtung (Mischdüse)
7 Statischer Mischer **8** Abfüllfertiges Bier

Die einzustellende Endproduktqualität kann durch folgende Messverfahren und Operationen gewährleistet werden:
- Bei einem Chargenmischsystem:
  - Messung der Stammwürze im Labor,
  - Berechnung des Verdünnungsfaktors,
  - Dosierung des Verschnittwassers,
  - Mischen,
  - Messung der Stammwürze des verdünnten Bieres,
  - Eine Nachjustierung des Verdünnungsfaktors ist meist notwendig,
  - Kontrolle des CO_2-Gehaltes und Nachcarbonisierung.
- Bei einer kontinuierlichen Mischanlage:
  - Rechnergestützte Berechnung der Stammwürze des Bieres aus Online-Messung des Alkohols, der Stammwürze und des Refraktometerwertes des Bieres oder
  - Rechnergestützte Berechnung der Stammwürze des Bieres aus einer Online-Dichtemessung und einer Ultraschallmessung;
  - Automatische Dosierung des Verschnittwassers,
  - Messung des CO_2-Gehaltes und ggf. Dosierung von CO_2.

Der O_2-Gehalt des Verschnittwassers muss messtechnisch überwacht werden.

Bei Bedarf kann das Bier vor dem Einlauf in den Drucktank weiteren Kontrollmessungen unterworfen werden.
Aus prinzipiellen Gründen sollte das Bier auch vor dem Einlauf in die Füllmaschine in den wichtigen Parametern Stammwürzegehalt, CO_2-Gehalt und O_2-Gehalt mittels Online-Messung kontrolliert werden.

16.3.1 Hinweise zur überschlägigen Verdünnungsrechnung ohne Berücksichtigung der Bierdichte

1. Beispiel:
Verdünnung des High-gravity-Bieres von St = 14,0 % auf St = 11,4 %
Frage: Wie viele Liter Wasser (x) sind je Hektoliter Bier erforderlich?
Ansatz:

$$100 \text{ L} \cdot 14{,}0\ \% + x \text{ L} \cdot 0\ \% = (100 + x) \text{ L} \cdot 11{,}4\ \% \qquad \text{Gleichung 97}$$

$$x = \frac{100 \cdot 14 - 100 \cdot 11{,}4}{11{,}4} = \underline{22{,}8 \text{ L Wasser/hL-Bier}}$$

2. Beispiel:
Veränderung der Bierinhaltsstoffe durch die Verdünnung nach Beispiel 1 und unter Berücksichtigung der Analysen- und Messtoleranzen

Tabelle 156 Messwerte für die 2. Beispielrechnung einer Bierrückverdünnung

	Maßeinheit	Vorher	Nachher	Spannbreite
Stammwürze	°Plato	14,0 ± 0,3	11,4 ± 0,2	11,2…11,6
pH-Wert	-	4,1	4,1	Bei guter Wasserqualität ± 0
Farbe	EBC-Einh.	7,0	5,7 ± 0,2	5,5…5,9
Bittereinheiten	BE (EBC)	25 ± 3	20 ± 3	17…23/24

Zu den technisch bedingten Schwankungen bei der Rückverdünnung kommen unhabhängig dazu die Mess- und Probenahmeungenauigkeiten bei den einzelnen Inhaltsstoffanalysen, so dass sich diese Fehler addieren. Um den Schwankungsbereich der Inhaltsstoffe nach der Rückverdünnung abzuschätzen, kann man anhand der Schwankungsbereiche der Stammwürzen vor und nach der Rückverdünnung (siehe Tabelle 156) mit den oben genannten Formeln die voraussichtlichen Schwankungen der Wasserzusätze berechnen und mit nachfolgender Gleichung die Konzentration der Inhaltsstoffe nach der Verdünnung abschätzen:

$$Q_2 = \frac{100 \cdot Q_1}{100 + x} \qquad \text{Gleichung 98}$$

Q_1 = Konzentration eines Inhaltsstoffes des Bieres vor der Verdünnung (hier: EBC-Farbeinheiten, EBC-BE)
Q_2 = Konzentration eines Inhaltsstoffes des Bieres nach der Verdünnung (hier: EBC-Farbeinheiten, EBC-BE)
x = Berechneter Wasserzusatz für die jeweilige Verdünnung in L/100 L- Ausgangsbier

Die Tabelle 157 weist die so berechneten möglichen Schwankungen aus. Hier wurde davon ausgegangen, dass die Bierfarbe im konzentrierten Bier konstant bleibt und die Bitterstoffbestimmung in diesem Bier doch die bekannten Probenahme- und Analysenschwankungen ausweist, so dass sich die Tabelle 156 ausgewiesenen Spannbreiten ergeben.

Diese messtechnisch und analytisch bedingte Streuung der ermittelten Ergebnisse um den realen Wert ist bei der Festlegung des spezifischen Wasserzusatzes unbedingt zu beachten, um ein gleichmäßiges Qualitätsniveau zu gewährleisten.

Tabelle 157 Schwankungen der Bierfarbe und des Bitterstoffgehaltes nach der Verdünnung (Q_2) in Abhängigkeit vom spezifischen Wasserzusatz (x) und den möglichen Schwankungen der Bierinhaltsstoffe im noch unverdünnten Bier (Q_1)

Stammwürze des Bieres °P		Wasserzusatz x	Bierfarbe $Q_1 = 7$ EBC	Bitterstoffgehalt EBC-BE		
Vorher	Nachher	L W/100 L Bier	EBC-Einh.	$Q_1 = 22$	$Q_1 = 25$	$Q_1 = 28$
13,7	11,2	22,3	5,7	18,0	20,4	22,9
	11,4	20,2	5,8	18,3	20,8	23,3
	11,6	18,1	5,9	18,6	21,2	23,7
14,0	11,2	25,0	5,6	17,6	20,0	22,4
	11,4	22,8	5,7	17,9	20,4	22,8
	11,6	20,7	5,8	18,2	20,7	23,2
14,3	11,2	27,7	5,5	17,2	19,6	21,9
	11,4	25,4	5,6	17,5	19,9	22,3
	11,6	23,3	5,7	17,8	20,3	22,7

16.3.2 Anlagentechnik zum Mischen

Die zu mischenden Komponenten besitzen in der Regel eine unterschiedliche Dichte. Deshalb muss nach der Dosierung der Komponenten eine Mischung erfolgen.

Bei der kontinuierlichen Rückverdünnung bzw. Blending werden die Komponenten in der Regel mittels statischen Mischern gemischt. Dazu werden entsprechende Mischelemente in der Rohrleitung installiert. Beispiele dafür sind:
- Kenics®-Mischer
- Mischer nach Sulzer.

Die kontinuierliche Mischung wird gegenwärtig bevorzugt, da aufwendige Mischbehälter nicht benötigt werden. Diese Mischtechnik setzt jedoch an die entsprechende Messtechnik (Kosten, Genauigkeit, Zuverlässigkeit, aseptische Gestaltung) höhere Anforderungen voraus. Die Messtechnik ist Dank der Fortschritte der Mikroelektronik in der benötigten Qualität verfügbar.

Ein wesentlicher Vorteil der direkten Mischung in den Rohrleitungen ist auch der vergleichsweise geringe energetische Aufwand für das Mischen, der vor allem vom Wirkungsgrad der Pumpen, dem Druckverlust der statischen Mischer und den Druckverlusten des Rohrleitungssystems bestimmt wird.
Bei der chargenweisen Mischung, beispielsweise in einem Mischtank, können eingesetzt werden:
- Rührwerke (z. B. Propellerrührer, Schrägblattrührer),
- Pumpen in Kombination mit Strahlmischern oder anderen Mischelementen.

Stammwürzeeinstellung und Carbonisierung

Kenics®-Elemente
(nach [467])

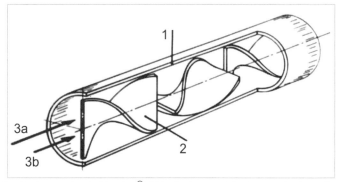

Abbildung 374 Statisches Mischelement mit Kenics®-Mischelement (schematisch, ref. nach [468])
1 Rohr **2** Kenics-Element **3a** und **3b** zu mischende Komponenten

Abbildung 375 Statischer Mischer nach Sulzer (Typ SMX^{TM} plus)

Die chargenweise Mischung wird vor allem in kleineren Betrieben praktiziert, indem vorhandene Tanks nach- oder umgerüstet werden.

Rührwerke werden oft „von oben" angetrieben. Damit entfällt eine Flüssigkeits-Wellendichtung.

Beachtet werden muss, dass Strahlmischer und andere Düsen basierte Mischelemente nur einen geringen hydraulischen Wirkungsgrad besitzen mit der Folge eines relativ großen spezifischen Energiebedarfs.

16.4 Anlagen für die Wasserentgasung
16.4.1 Allgemeine Hinweise

Die Imprägnierung mit CO_2 und die problemlose, ungekühlte Füllung der Getränke erfordern die vollständige Entgasung der Getränkekomponenten, also die quantitative Entfernung der Luft, da selbst mikroskopisch kleine Luftbläschen als Entbindungskeime für das CO_2 wirken. Das CO_2 diffundiert infolge des Partialdruckgefälles in die Luftbläschen, die Blase wächst und steigt auf mit der Folge von Schaumbildung.

Für viele Getränke ist außerdem die Entfernung des Sauerstoffs eine Voraussetzung für die Vermeidung von Oxidationen und damit die Alterung bzw. negative sensorische Beeinflussung. Eine wesentliche Voraussetzung für das High-gravity-brewing ist die Verfügbarkeit von sauerstofffreiem Wasser ($c_{O2} \leq 0,02$ mg/L).

Die aktuelle Löslichkeit eines Gases ergibt sich aus dem Druck und dem temperaturabhängigen Löslichkeitskoeffizienten (auch als Absorptionskoeffizient bezeichnet), s.a. Tabelle 158. Bei Sättigung der Flüssigkeit mit einem Gas befindet sich dessen Partialdruck im Gleichgewicht mit dem Partialdruck des Gases in der umgebenden Gasphase. Daraus folgt, dass die Reduzierung des Druckes, genauer des Partialdrucks des betreffenden Gases, die mögliche Lösungsmenge verringert. Dabei muss außerdem der Stoffaustauschgrad mit berücksichtigt werden (s.a. [469]).

Der Gesamtdruck der Gase entspricht der Summe der einzelnen Partialdrücke (Gesetz von *Dalton*). Als Beispiel wird die atmosphärische Luft genannt: der Anteil des Sauerstoffs beträgt 20,9 Vol.-%. Deshalb beträgt der Partialdruck des O_2 in der Luft bei einem Druck von 1 bar nur 0,209 bar. Dabei ist zu beachten, dass nicht nur die Drücke der beteiligten gelösten Gase den Gesamtdruck bestimmen, sondern auch die Dampfdrücke der beteiligten Flüssigkeiten. Im Falle der Getränke sind das vor allem die Partialdrücke des Wasserdampfes und des Ethanols (die genauen temperaturabhängigen Werte können aus den entsprechenden Dampftafeln entnommen werden).

Tabelle 158 Technischer Löslichkeitskoeffizient λ (nach [470])

Gas	Dichte in mg/mL	Mol- masse in g	Technischer Löslichkeitskoeffizient λ in mL Gas/(1000 g Wasser ·1 bar) bei einer Temperatur in °C						
			0	5	10	15	20	25	30
Sauerstoff	1,429	32	48,4	42,3	37,5	33,6	30,6	28,0	26,0
Stickstoff	1,250	28	22,9	20,4	18,5	16,8	15,5	14,4	13,4
CO_2	1,964	44	1691	1405	1182	1006	868	753	659
Luft	1,293	28,96	28,6	25,5	22,4	20,4	18,3	16,3	15,3

Das Gasvolumen ist auf den Normzustand (0 °C und 1,013 bar) bezogen.
Zwischenwerte lassen sich z. B. grafisch interpolieren.

Beispiel: Löslichkeit von O_2 in Wasser bei 20 °C:

$$\lambda_{O_2} \cdot \rho_{O_2} \cdot p_{O_2} = \frac{30,6 \text{ mL}}{1000 \text{ g Wasser} \cdot 1 \text{ bar}} \cdot \frac{1,429 \text{ mg}}{\text{mL}} \cdot 0,209 \text{ bar} = \underline{9,14 \text{ mg } O_2 /\text{kg}}$$

Die Entgasung (Synonyme: Entlösung, Desorption), d.h. vor allem die Entfernung des Sauerstoffs, beruht also auf der Reduzierung des Sauerstoff-Partialdruckes. Damit wird der mögliche O_2-Gehalt einer Lösung verringert und das Gas freigesetzt.

Die Desorption der Gase wird durch eine große Oberfläche der zu entgasenden Flüssigkeit gefördert, d.h., die Flüssigkeit wird beispielsweise versprüht.

Auf den entgegengesetzten Prozess, die Anreicherung einer Flüssigkeit mit einem Gas (Absorption), wird im Kapitel 16.5 eingegangen.

16.4.2 Varianten der Entgasung

Möglichkeiten zur Entgasung des Wassers bestehen in folgenden Varianten:
- Druckreduzierung (Vakuum-Entgasung);
- Druck-Entgasung mit CO_2;
- Thermische Entgasung;
- Entgasung mittels Membranen;
- Katalytische Entfernung des Sauerstoffs;
- Chemische Sauerstoffentfernung.

Stumpf et al. [471] geben eine Bewertung der Vor- und Nachteilen verschiedener Systeme zur Entgasung, siehe auch die auszugsweise Zusammenstellung in Tabelle 159.

16.4.2.1 Vakuum-Entgasung

Durch Senkung des Systemdruckes wird die lösbare Gasmenge gesenkt, weil auch der Partialdruck der beteiligten Gase im gleichen Verhältnis gesenkt wird.

Das Wasser wird in der Regel in einen unter Vakuum stehenden Behälter gesprüht. Ziel ist eine große Oberfläche. Das Vakuum ($p \approx \leq 0{,}1$ bar) wird mittels Wasserringpumpe erzeugt. Zur Verbesserung des Effektes kann die Entgasung zwei- oder mehrstufig erfolgen. Außerdem kann zum Wasser eine kleine Menge CO_2 dosiert werden. Das CO_2 wirkt als „Schleppgas" durch örtliche Partialdruckerniedrigung und verbessert den Entgasungseffekt.

Mit einer einstufigen Vakuumentgasung (Vakuum etwa 90 %) lassen sich bei Wassertemperaturen von 12…15 °C etwa ≥ 1 mg O_2/L erreichen, bei CO_2-Dosierung ca. 0,8 mg O_2/L.

Bei zweistufigen Anlagen (Abbildung 376 und Abbildung 377) sollen sich bei 15 °C, einem Druck von $p = 0{,}05$ bar und einer CO_2-Dosierung von 0,5 g/L etwa 0,04 mg O_2/L erzielen lassen ([473]; bei einem Druck von $p = 0{,}05$ bar lösen sich noch ca. 0,1 g CO_2/L, sodass etwa 0,4 g CO_2/L für die Partialdruckerniedrigung verfügbar bleiben).

Die Anlage muss kontinuierlich betrieben werden, bei Bedarf (geringe Abnahme) lassen sich der Durchsatz reduzieren und die Parameter anpassen.

Als alleinige Entgasungsvariante für Verschnittwasser ist die Vakuumentgasung nicht ausreichend.

16.4.2.2 Druck-Entgasung

Wenn reines CO_2 im Gegenstrom zum fein verdüsten Wasser geführt wird, kann der O_2-Partialdruck in einem Behälter bei einem Gesamtdruck von > 1 bar sehr stark erniedrigt werden, sodass der Sauerstoff „ausgewaschen" wird (Abbildung 378). Dabei reichert sich das Wasser mit ca. > 2 g CO_2/L an. Bei höheren CO_2-Drücken wird die Imprägnierung verbessert.

Die Stoffaustauschsäule sollte möglichst hoch sein, um die Rückvermischung zu verringern und um das Gegenstromprinzip gut zu nutzen (praktisch ausgeführt ≤ 8 m). Eine weitere Verbesserung ermöglicht die mehrstufige Anlagengestaltung.

Klärung und Stabilisierung des Bieres

Nachteilig ist bei diesem Verfahren, dass das am Ende des Prozesses aus dem Behälter entweichende CO_2-/Luft-Gemisch nicht weiter verwendet werden kann. Der relative Verlust, bezogen auf die Carbonisierung, beträgt etwa 3...5 % [472].

Es werden bei einstufiger Entgasung Restkonzentrationen von ≤ 0,05 ppm O_2 erreicht. Die alleinige Verwendung dieses entgasten Wassers für den Verschnitt ist vom Anwendungsfall abhängig.

Tabelle 159 Vergleich verschiedener Wasserentgasungsverfahren, nach Stumpf et al. [471]

Verfahren	Entgasung durch	Rest-O_2-Gehalt	CO_2-Gehalt	Vor- u. Nachteile
Membranentgasung	Strippgas CO_2 im Gegenstromprozess an Membranfläche	< 0,02 ppm	bis ca. 0,2 g/L	+ niedrige Verbräuche + einfache Reglung - CIP aufwendig - hohe Investitionskosten - teurer Membranersatz
Einstufige Sprühentgasung	Verdüsung mit Strippgas CO_2 im Gegenstrom und Vakuum	0,3...0,5 ppm	-	+ geringer Platzbedarf - hoher Elektroenergiebedarf - hohe Wartungskosten - hoher CO_2-Verbrauch
Zwei- u. mehrstufige Sprühentgasung	Verdüsung mit Strippgas CO_2 im Gegenstrom und Vakuum	0,05 ppm	-	+ geringer Platzbedarf - hoher Elektroenergiebedarf - hohe Wartungskosten - hoher CO_2-Verbrauch
Kalte Kolonnenentgasung	Strippgas CO_2 im Gegenstromprozess in Säulen mit Hochleistungspackung	< 0,05 ppm	bis ca. 2,0 g/L	+ geringer Flächenbedarf + niedrige CO_2-Abluftmenge + Wassercarbonisierung + geringer Wartungsaufwand - große Bauhöhe
Heiße Kolonnenentgasung	Strippgas CO_2 im Gegenstromprozess in Säulen mit Hochleistungspackung u. durch Temperaturerhöhung	≤ 0,02 ppm	bis 0,5 g/L	+ geringer Flächenbedarf + niedriger Verbrauch + geringer Wartungsaufwand + kombinierte Entkeimung - große Bauhöhe
Kolonnenentgasung mit Vakuum	Strippgas CO_2 im Gegenstromprozess in Säulen mit Hochleistungspackung u. unter Vakuum	< 0,02 ppm	ca. 0,2 g/L	+ geringer Flächenbedarf + niedrigster Verbrauch + niedrigste Restsauerstoffwerte + geringer Wartungsaufwand - große Bauhöhe

Stammwürzeeinstellung und Carbonisierung

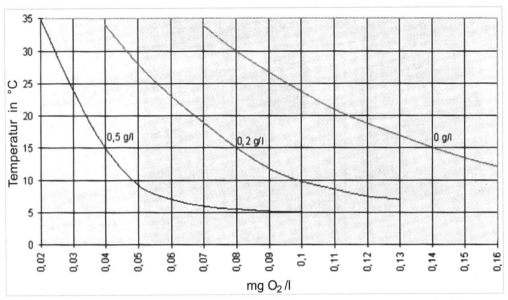

Abbildung 376 Restsauerstoff-Konzentration als Funktion der CO_2-Zugabe bei der zweistufigen Vakuumentlüftung (Druck p = 0,05 bar) nach [473]

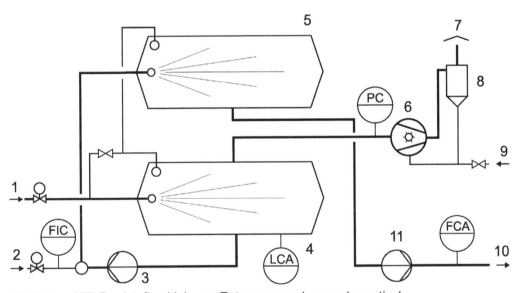

Abbildung 377 Zweistufige Vakuum-Entgasungsanlage, schematisch
1 Wasser-Zulauf/CIP-VL **2** CO_2 **3** Pumpe nach erster Stufe **4** erster Entgasungsbehälter **5** zweiter Entgasungsbehälter **6** Vakuumpumpe **7** Gasableitung **8** Gas-Abscheider **9** Sperrwasser **10** entgastes Wasser zur Imprägnierung **11** Pumpe für entgastes Wasser

Klärung und Stabilisierung des Bieres

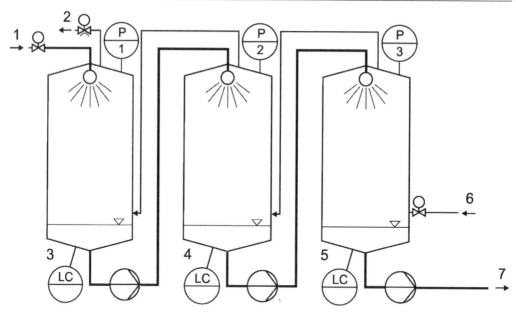

Abbildung 378 Dreistufige Druckentgasung von Wasser mit CO_2 (nach [472])
1 Wasser zur Entgasung **2** Gasableitung **3, 4, 5** Entgasungsbehälter (Reaktoren)
6 CO_2 **7** entgastes Wasser zur Imprägnierung
Es gilt für die Drücke in den Reaktoren: P 1 = P 2 > 1,1 bar; P 3 > P 2

Nach *Mette* [472] lassen sich mit einer dreistufigen Gegenstrom-Druckentgasung bei 15 °C und einem Druck von p > 1,1 bar sowie bei 3 % relativem CO_2-Verlust etwa 0,04 mg O_2/L und bei 5,5 % relativem CO_2-Verlust 0,02 mg O_2/L erreichen.

Die Druck-Entgasung lässt sich nicht nur für zu carbonisierende Getränke bzw. Wasser benutzen. Damit kann also auch Sirup entgast werden.

Vorteilhaft ist bei der Druckentgasung, dass keine Vakuumpumpen benötigt werden.

16.4.2.3 Thermische Entgasung

Bei der thermischen Entgasung wird das mit steigender Temperatur verringerte Lösungsvermögen der Gase genutzt. Eine vollständige Entgasung bei atmosphärischem Druck ist jedoch erst bei ≥ 100 °C möglich (Tabelle 160; Anwendung beispielsweise beim Kesselspeisewasser). Es muss also eine geringe Wassermenge verdampft werden. Dazu kann auf wenige Grade über Siedetemperatur erhitzt werden (Abbildung 379).

Die Entgasung kann natürlich außer bei atmosphärischem Druck auch durch Anwendung von Vakuum auch bei niedrigeren Temperaturen erfolgen: z. B. bei p = 0,5 bar, ϑ = 81,35 °C oder p = 0,7 bar, ϑ = 90 °C. Bei Normaldruck wird die Vakuumpumpe eingespart.

Das Wasser wird rekuperativ erwärmt, beispielsweise mit einem PWÜ. Der Wärmerückgewinnungsgrad kann sinnvoll bei ≥ 92 % liegen, so dass der Wärmeaufwand relativ gering bleibt. Eine Zusatzkühlung des entgasten Wassers ist in der Regel nicht erforderlich, ist aber möglich.

Eine geringe CO_2-Zusatzmenge verbessert die Entgasung durch den Stripping-Effekt.

Die thermische Entgasung kann auch für die Pasteurisation des Wassers oder eines Getränks benutzt werden, wenn die Komponenten vorher gemischt werden, zumindest Wasser und Zuckerlösung.

Die Heißentgasung unter Vakuum kann auch für Fruchtsäfte bzw. safthaltige Getränke angewandt werden. In die Abgasleitung wird dann ein zusätzlicher Kühler eingefügt, um die Aromastoffe wieder zu kondensieren und zurückzuführen.

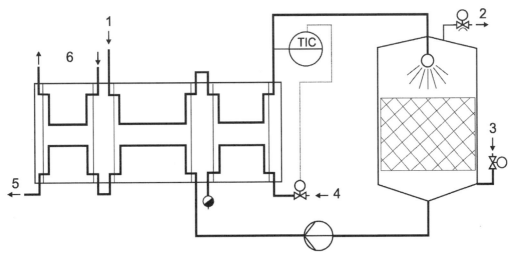

Abbildung 379 Thermische Wasserentgasung, schematisch
1 Wasserzulauf **2** Gasableitung, ggf. Anschluss für eine Vakuumpumpe **3** Strippgas CO_2 **4** Dampf **5** entgastes Wasser **6** Kälteträger

16.4.2.4 Entgasung mittels Membranen

Das Wasser kann durch hydrophobe Membranen entgast werden. Eingesetzt werden Hohlfaser-Membranen (z. B. aus PP; Ø ca. 0,3 mm). Das Wasser wird außerhalb der Hohlfasern geführt. Innerhalb der Hohlfasern wird durch Vakuum der Gesamtdruck erniedrigt und zusätzlich wird reines CO_2 im Gegenstrom eingeleitet, sodass der O_2-Partialdruck gegen Null geht (Abbildung 380). Der Sauerstoff diffundiert (permeiert) durch die Membrane und wird durch das CO_2 oder den Stickstoff als Schleppgas entfernt. Wenn nicht carbonisiert werden soll, kann auch Stickstoff als Schleppgas eingesetzt werden. Die hydrophobe Membran lässt kein Wasser passieren.

Der erreichbare Wert wird außer von den Membraneigenschaften von der Höhe des Vakuums, vom realen CO_2-Volumenstrom (proportional zum Durchsatz), von der Diffusionsfläche, von dem Durchsatz (verfügbare Kontaktzeit) und der Wassertemperatur bestimmt.

Mit einer Anlage von vier in Reihe geschalteten Membranmodulen (Typ CENTEC DGS 10 Zoll) lassen sich die in Tabelle 161 bis Tabelle 163 ausgewiesenen Werte erzielen (nach [474]). Nach Herstellerangaben lassen sich mit 6 Modulen bis zu 60 m^3/h entgasen.

Vor den Membranmodulen sollte ein Partikelfilter mit einem Rückhaltevermögen ≥ 3 µm installiert werden.

Klärung und Stabilisierung des Bieres

Tabelle 160 Sauerstoffgehalt in luftgesättigtem Wasser bei atmosphärischem Druck als Funktion der Temperatur

Gerechnet wurde mit dem *Bunsen*'schen Löslichkeitskoeffizienten α (nach [475]); der Wasserdampfpartialdruck wurde [476] entnommen;
Partialdruck des Sauerstoffs p = 0,2096 bar bei 1 bar; 0,2128 bei 1,013 bar
Spalte 6 ergibt sich aus: $\alpha \cdot 1000$ mL/L $\cdot$ 1,429 mg O_2/mL $\cdot$ 0,2096 bar $\cdot$ Spalte 5

Temperatur in °C	*Bunsen*'scher Löslichkeits-Koeffizient für Sauerstoff α in mL/(mL H_2O · 1,013 bar)	Partialdruck des Wasserdampfes in kPa	Δ(Luftdruck – Wasserdampfpartialdruck): 101,3 kPa – p_{H2O} in kPa	resul. Gesamtdruck in bar	max. Sauerstoffgehalt in mg/L
1	2	3	4	5	6
10	0,03802	1,25	100,05	1,0005	11,39
20	0,03103	2,35	98,95	0,9895	9,20
30	0,02608	4,25	97,05	0,9705	7,58
40	0,02306	7,39	93,91	0,9391	6,49
50	0,02090	12,36	88,94	0,8894	5,57
60	0,01946	19,93	81,37	0,8137	4,74
70	0,01833	31,30	70,00	0,7000	3,84
80	0,01761	47,50	53,80	0,5380	2,84
90	0,01723	70,10	31,20	0,3120	1,61
95	0,01710	84,63	16,67	0,1667	0,85
97	0,01706	91,00	10,30	0,1030	0,53
98	0,01704	94,40	6,90	0,0690	0,35
99	0,01702	97,84	3,46	0,0346	0,18
100	0,01700	101,30	0,00	0,0000	0,00

Tabelle 161 Erzielbare Restsauerstoffwerte bei einem Durchsatz von 40 m^3/h und 4 in Reihe geschalteten Modulen (nach [474])

Rest-O_2-Gehalt in mg/L	Wassertemperatur in °C	ca. CO_2-Verbrauch in m^3 i.N./h
0,025	12	10
0,020	14	9,3
0,016	16	8,7
0,012	18	8,1
0,009	20	7,5

Der Druckverlust bei einem Durchsatz von 40 m^3/h beträgt etwa 1,5 bar/Modul. Die Reinigung der Module erfolgt nach dem CIP-Verfahren bei ≤ 85 °C (Reinigungsmedien NaOH, H_3PO_4, jeweils 1…3%ig). Die Reinigungsmedien sollten keine Additive/Tenside enthalten. Die Lebensdauer der Module wird mit 5…10 Jahren angegeben (abhängig von der Zahl der CIP-Zyklen) [474].

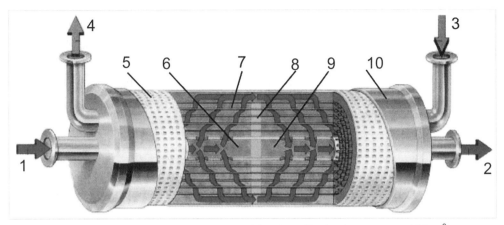

*Abbildung 380 Membranmodul 10 Zoll, die Membranfläche beträgt ca. 120 m^2
(nach Centec GmbH)*
1 Wassereinlauf **2** Wasserauslauf, entgast **3** Strippgas-Zufuhr **4** zur Vakuumpumpe
5 Membranhülle **6** Verteilerrohr **7** Hohlfaser **8** Trennwand **9** Sammelrohr
10 Gehäuse

*Tabelle 162 Erzielbare Restsauerstoffgehalte bei einem Durchsatz von 40 m^3/h
und einer Wassertemperatur von 14 °C (nach [474])*

Rest-O_2-Gehalt in mg/L	Druck in den Hohlfasern in mbar
0,020	80
0,023	90
0,026	100
0,033	120
0,048	150

*Tabelle 163 Restsauerstoffgehalt als Funktion des Durchsatzes bei einer Anlage mit
vier in Reihe geschalteten Modulen (nach [474])
(14 °C, Druck p = 0,1 bar, CO_2-Verbrauch 9,3 m^3 i.N./h)*

Durchsatz in m^3/h	Rest-O_2-Gehalt in mg/L	ca. CO_2-Verbrauch in m^3 i.N./h	Zahl der betriebenen Vakuumpumpen
10	0,002	2,3	2
20	0,003	4,6	2
30	0,007	7,0	3
40	0,020	9,3	4

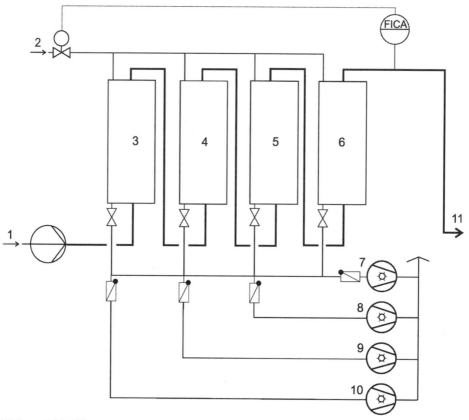

Abbildung 381 Wasserentgasung mittels Membranen, schematisch
1 Wasserzulauf **2** CO_2 **3, 4, 5, 6** Hohlfaser-Module **7, 8, 9, 10** Vakuumpumpen, schaltbar in Abhängigkeit vom Durchsatz **11** entgastes Wasser

16.4.2.5 Katalytische Entgasung

Diese Variante wurde zur Entfernung des Sauerstoffes aus Wasser entwickelt, das besonders niedrige O_2-Restgehalte aufweisen sollte, beispielsweise als Verdünnungswasser für das HGB.

Zu dem vorentlüfteten Wasser, z. B. durch Vakuumentgasung, wird Wasserstoff dosiert. Der Wasserstoff reagiert bei Anwesenheit eines Palladium-Katalysators mit dem Sauerstoff quantitativ zu Wasser (s.a. Abbildung 382).

Die zugehörige Anlage ist relativ kostenintensiv, insbesondere der Katalysator ist teuer. Das Problem liegt in der relativ schnellen Inaktivierung des Katalysators bei Anwesenheit von Huminsäuren im Wasser. Der Katalysator kann zwar mit Salzsäure regeneriert werden, muss dazu aber aus der Anlage entfernt werden (Korrosionsgefahr). Der Katalysatorwechsel ist zeitaufwendig und erfordert einen zweiten Katalysator-Satz zur Verringerung der Stillstandszeiten.

Diese Variante konnte sich nicht durchsetzen.

Stammwürzeeinstellung und Carbonisierung

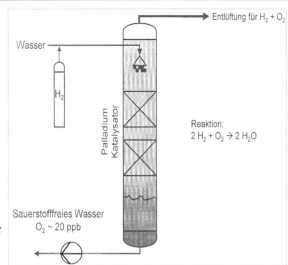

Abbildung 382 Sauerstoffentfernung: Katalytische Reduktion des Sauerstoffs zu Wasser (System Kat-O-ex)

16.4.2.6 Chemische Sauerstoffentfernung
Diese Variante ist für Trinkwasser nicht geeignet, wird aber beispielsweise bei Kesselspeisewasser genutzt. Geeignete Chemikalien sind z. B. Hydrazin oder Natriumsulfit, die den Sauerstoff chemisch binden.

16.4.2.7 Stapelung des entgasten Wassers
Das entgaste Wasser muss unter Luftabschluss aufbewahrt werden. Deshalb werden die Stapelbehälter mit einem O_2-freien Gas (N_2, CO_2) beaufschlagt. Der Gasdruck sollte geringfügig höher als der atmosphärische Druck sein.

16.5 Nachcarbonisierung des Bieres

Das Carbonisieren der Biere wird in vielen Brauereien, die über eine eigene CO_2-Rückgewinnungsanlage verfügen, grundsätzlich vorgenommen. Es kann in Verbindung mit Warmreifungsphasen eine wesentliche Voraussetzung zur Verkürzung der Reifungsphase und grundsätzlich beim *High-gravity-brewing* erforderlich sein.

Den Aufbau einer Carbonisieranlage zeigt Abbildung 384. Die Anforderungen an die Reinheit des zur Nachcarbonisierung vorgesehenen CO_2 werden in Kapitel 16.5.3 beschrieben. Abbildung 383 zeigt die Löslichkeit von CO_2 im Bier.

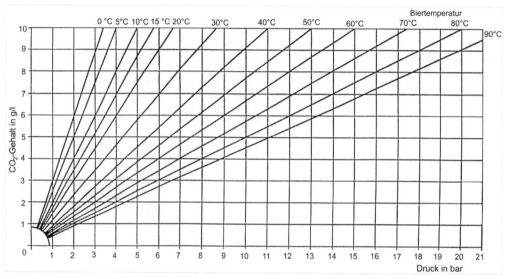

Abbildung 383 Löslichkeit von CO_2 im Bier

Ziel der Carbonisierung ist es, die gewünschte CO_2-Menge so schnell wie möglich vollständig zu lösen. Visuell dürfen am Kontrollschauglas am Bieraustritt an der Carbonisieranlage keine sichtbaren Bläschen mehr vorhanden sein. Die erforderliche Länge der Lösungsstrecke mit ihren in bestimmten Abständen eingebauten statischen Mischern (s.a. Kapitel 16.3.2), die einer Phasentrennung der Gas-Flüssigkeitsphase entgegen wirken und für eine feine Verteilung der CO_2-Blasen sorgen, wird durch die Geschwindigkeit der CO_2-Absorption bestimmt.

Der Zusatz von CO_2 erfolgt in der Regel mittels einer Mischdüse (Strahlmischer, Prinzip der Wasserstrahlpumpe). Das unter Druck stehende CO_2 wird im Mischer durch Scherkräfte fein verteilt und löst sich relativ schnell.

Die vollständige Gaslösung, also auch der Mikrobläschen, ist zeitabhängig. Nach *Rammert* [469] kann die vollständige Lösung ≥ 1 min betragen.

Stammwürzeeinstellung und Carbonisierung

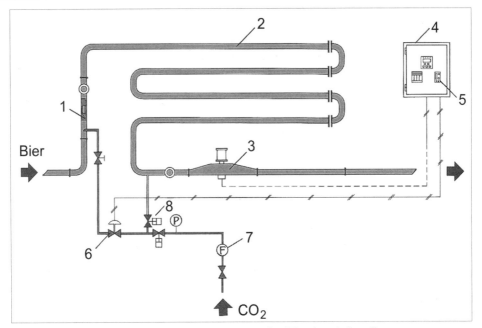

Abbildung 384 Aufbau einer Carbonisieranlage für Bier (nach [477])
1 Carbonisiergerät **2** Lösungsstrecke **3** CO_2-Sensor **4** Schaltschrank **5** CO_2-Regler
6 CO_2-Dosierventil **7** CO_2-Durchflussanzeige **8** CIP-Bypass-Ventil

16.5.1 Einflussfaktoren auf die Geschwindigkeit der CO_2-Lösung

Die Geschwindigkeit der Gasaufnahme und -abgabe wird durch die Gesetzmäßigkeiten der Absorption/Desorption erklärt. Ein durch die Bierinhaltsstoffe bedingtes, gegenüber Wasser besseres CO_2-Bindungsvermögen im Bier wird grundsätzlich verneint, allerdings beeinflussen eine Reihe physikalischer Stoffeigenschaften der zu carbonisierenden Getränke die Geschwindigkeit der Gasabsorption und damit die erforderliche Dimensionierung der CO_2-Lösungsstrecke. Die Höhe des Stoffübergangs wird u.a. als HTU-Wert (Height of Transfer Unit) wie folgt definiert:

$$HTU = \frac{v_L}{k_L \cdot a} \qquad \text{Gleichung 99}$$

v_L = Fließgeschwindigkeit des Bieres in m/s
k_L = Stoffübergangskoeffizient (-)
a = volumenbezogene Stoffaustauschfläche in m^2/m^3

Nach Untersuchungen von *Haffmans* [478] beeinflussen folgende Eigenschaften den Stoffübergang des CO_2 bzw. die theoretische Länge der Carbonisierstrecke:
- Biertemperatur: Eine höhere Temperatur verringert die Löslichkeit des CO_2 und verschiebt die Sättigungslinie (siehe Abbildung 385) geringfügig nach unten.
Obwohl der Diffusionskoeffizient ($k_L a$-Wert) durch die Temperaturerhöhung bedingte Verringerung der Viskosität und der Oberflächen-

Klärung und Stabilisierung des Bieres

spannung angehoben wird, verschlechtert sich insgesamt die CO_2-Absorption.
- Druck: Eine Druckerhöhung verschiebt die Sättigungslinie nach oben und der Carbonisierungsprozess wird günstiger.

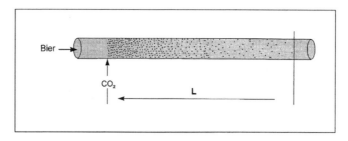

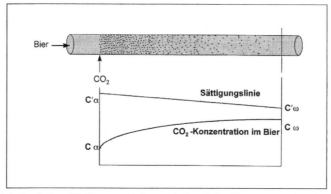

Abbildung 385 Verlauf der Sättigungslinie und der CO_2-Konzentration in einer idealisierten Carbonisierstrecke
c_α zufließendes Bier c_ω abfließendes, carbonisiertes Bier

- Fließgeschwindigkeit des Bieres: Obwohl mit einer größeren Fließgeschwindigkeit sich die Verweilzeit des Bieres in der Carbonisieranlage verkürzt, wird durch eine höhere Reynolds- und Weber-Zahl eine starke Erhöhung des Stoffübergangskoeffizienten und der Stoffaustauschfläche erreicht. Je höher die Fließgeschwindigkeit, um so kürzer kann die Carbonisierstrecke sein.
- Oberflächenspannung des Bieres: Die Länge der theoretischen Carbonisierstrecke verringert sich im Vergleich zum reinen Wasser durch die niedrigere Oberflächenspannung des Bieres, s.a. Tabelle 164:
- Dichte des Bieres: Eine Dichteerhöhung führt zu kürzeren erforderlichen Reaktorlängen, wie Tabelle 165 zeigt (der Einfluss ist allerdings gering):
- Dynamische Viskosität: Die Viskosität hat von allen Stoffeigenschaften den größten Einfluss auf die Carbonisierung. Eine Streuung der Bierviskositätswerte zwischen 1,30...2,00 mPa·s ist bei europäischen Brauereien möglich und kann zur Verdopplung der erforderlichen Reaktorlänge (= Anzahl der statischen Mischelemente) führen (s.a. Tabelle 166).

Tabelle 164 Einfluss der Oberflächenspannung auf die theoretisch erforderliche Länge einer Carbonisierstrecke

Flüssigkeit	Oberflächenspannung in mN/m	Erforderliche Länge der Carbonisierstrecke
Wasser	72,7	100 %
Alkoholfreies Bier	49,5	82,5 %
Bockbier	45,1	78,7 %
Pils	41,5	75,5 %

Tabelle 165 Einfluss der Dichte auf die theoretisch erforderliche Reaktorlänge einer Carbonisieranlage

Flüssigkeit	Dichte in kg/l	Erforderliche Länge der Carbonisierstrecke
Wasser	1,000	100 %
Vollbier	1,005	99,4 %
Bockbier	1,020	97,6 %
Malzbier	1,043	94,9 %

Tabelle 166 Einfluss der dynamischen Viskosität auf die theoretisch erforderliche Reaktorlänge einer Carbonisieranlage

Flüssigkeit	Dynam. Viskosität in mPa·s	Erforderliche Länge der Carbonisierstrecke
Wasser	1,00	100 %
Alkoholfreies Bier	1,30	144 %
Pils (12 % St.)	1,60	193 %
Bockbier	2,00	264 %

16.5.2 Kriterien für die Auslegung einer Carbonisieranlage

Unter Beachtung der aufgeführten Einflussfaktoren auf die Carbonisierung sind bei der Auslegung einer Carbonisieranlage folgende Kriterien zu berücksichtigen:

Auslegungskriterien für Carbonisieranlagen (nach [478])
- Bierdurchfluss: minimal / maximal;
- Biertemperatur maximal;
- Druckverhältnisse;
- CO_2-Konzentration: Istwert minimal / Sollwert maximal;
- Bierviskosität maximal.

Eine entscheidende Rolle für die Auslegung spielt dabei das Verhältnis zwischen minimalem und maximalem Bierdurchfluss.

Aufstellungsort der Carbonisieranlage
Es gibt die in Tabelle 167 aufgeführten drei unterschiedlichen Varianten der Einbindung einer Carbonisieranlage in den technologischen Prozess mit ihren Vor- und Nachteilen.

Klärung und Stabilisierung des Bieres

In nahezu allen Fällen von Neuinstallationen erfolgt die Carbonisierung nach der Filtration.

Tabelle 167 Standort der Carbonisieranlage - Vor- und Nachteile (nach [478])

Aufstellungsort	Vorteile	Nachteile
Vor dem Bierfilter	Die zudosierte CO_2 wird mit dem Bier filtriert	Das Bier wird kurz vor der Filtration einer großen Turbulenz ausgesetzt
	Der für die Carbonisierung erforderliche höhere Druck ist vorhanden	Nicht gelöstes CO_2 kann in den Filter gelangen, evtl. Filtrationsstörungen
Zwischen Bierfilter und Drucktank	Keine Beeinträchtigung der Filtration durch die Carbonisierung	Es ist meist eine Druckerhöhungspumpe zusätzlich erforderlich;
	Beim Einsatz einer Druckerhöhungspumpe bleibt der Filterauslaufdruck immer konstant	Im Falle einer Kontamination der CO_2 fehlt die „Polizeiwirkung" des Bierfilters
Zwischen Drucktank und Abfüllung	Keine Differenzierung zwischen Keg- und Flaschenbier im Drucktankkeller erforderlich;	Trotz höherem Regelaufwand sind Abweichungen im CO_2-Gehalt auf Grund stark schwankender Durchflussverhältnisse nicht auszuschließen; zusätzlicher Puffertank erforderlich
		Bei Störungen in der Carbonisieranlage ist keine Abfüllung möglich

Weiterhin sind zu beachten:
- Bei einer Bierverdünnung mit Wasser oder Vor- und Nachlauf sollte die Carbonisierung nach dem Filter stattfinden. Die Stammwürzemessung erfordert eine konstante CO_2-Konzentration.
- Um CO_2-Entbindungen auch nach der Carbonisierung zu vermeiden, ist das carbonisierte Bier ≥ 0,2 bar über dem neuen Sättigungsdruck zu halten.
- Um eine Infektion des Bieres über die CO_2-Leitung zu vermeiden, z. B. durch ein Eindringen von Bier bei Druckspitzen in der Bierleitung, ist das CO_2-Verteilungsnetz gegenüber dem Bierdruck unter einem Überdruck zu halten.
  Funktionssichere Rückschlagventile in der CO_2-Leitung sind selbstverständlich.
- Auch das CO_2-Leitungssystem ist in das CIP-Progamm mit einzubeziehen, alle Armaturen im Verteilernetz sind sanitär und dämpfbar auszuführen.
- Es ergeben sich keine qualitativen Unterschiede im CO_2-Verhalten zwischen Bieren mit natürlicher CO_2-Anreicherung und künstlicher Carbonisierung. Als einziger Unterschied wird genannt, dass ein carbonisiertes Bier nach beendeter Anreicherung eine bestimmte Zeit benötigt, um sämtliche Reste

der am Anfang vorhandenen größeren CO_2-Bläschen vollständig zu absorbieren (wichtig zur Vermeidung von Abfüllschwierigkeiten) [479].

16.5.3 Qualitätsanforderungen an die Kohlensäure

Die Anforderungen an die Qualität der Kohlensäure (CO_2) zur Verwendung in der Gärungs- und Getränkeindustrie sind bisher nicht einheitlich festgelegt. Einige Anwender von Handels-Kohlensäure haben firmenspezifische Anforderungen erstellt und machen diese zur Grundlage ihrer Lieferverträge mit den Herstellern bzw. Lieferanten des CO_2 (z. B. Coca Cola, VDM). Kohlendioxid für die Brauerei und die Softdrinkindustrie wird zurzeit nicht nach einheitlicher Spezifikation beschafft.

In Tabelle 168 sind aktuelle Anforderungen zusammengestellt. Sie basieren auf den Ergebnissen von [480]

Da die Herkunft der Handels-Kohlensäure in der Regel nicht bekannt ist, müssen die in Tabelle 168 genannten Qualitätsparameter vom Lieferanten gesichert werden. Sinngemäß müssen diese Anforderungen auch für die Gewinnung von Gärungs-CO_2 und die Applikation von Handels-CO_2 in der Brauindustrie gelten.

Hier sind es vor allem die Parameter O_2-Gehalt, Drucktaupunkt und Ölgehalt, während einige andere Parameter herkunftsbedingt in der Regel keine Rolle spielen.

Dabei wird bewusst nicht auf die deutsche Problematik des Reinheitsgebotes von 1516 eingegangen, nach dem zur Carbonisierung des Bieres nur betriebliches Gärungs-CO_2 verwendet werden darf (s.a. [481]).

16.5.3.1 Diskussion der Qualitätsforderungen aus der Sicht der Anwender in der Brauindustrie

Die in Tabelle 168 genannten Qualitätsparameter und die dazu erforderlichen Analysenvorschriften bzw. Analysenverfahren sollen nach Abschluss der Diskussion Bestandteil der Lieferverträge der Brau- und Getränkeindustrie werden.

Individuelle Anforderungen können zwischen dem Käufer/Anwender und dem CO_2-Lieferanten erarbeitet und vereinbart werden.

Da eine vollständige CO_2-Analyse relativ arbeits- und kostenaufwendig ist, muss die Wareneingangskontrolle bei Handels-Kohlensäure auf wesentliche Parameter beschränkt werden. Gleiches gilt für die CO_2-Eigengewinnung. In Tabelle 172 sind Parameter der empfohlenen Eingangskontrolle zusammengestellt.

Die Parameter O_2-Gehalt (wichtig für die Alterung und Alterungsbeständigkeit des Bieres) und Ölgehalt (Schaumstabilität) sind neben der Sensorik (Geschmack und Geruch) für den Gebrauch des CO_2 in der Brauerei sehr bedeutungsvoll. Fehler bei diesen Kriterien sind irreversibel.

Tabelle 168 Qualitätsanforderungen an Handels-Kohlensäure zur Verwendung in der Brau- und Getränkeindustrie; - Entwurf - (zitiert aus [4])

	Merkmal	Größeneinheit	Spezifikation der Deutschen Brauindustrie bzw. EIGA-Spezifikation *)	
1	Herkunft der Kohlensäure		Festlegungen zur Herkunft der Kohlensäure erfolgen zwischen Lieferanten und Käufer	
2	Reinheit des CO_2	% v/v	$\geq 99{,}9$	1)
3	Feuchtigkeit (Drucktaupunkt)	ppm v/v (°C)	$\leq 50\ (\leq -48)$	
4	Geruch und Geschmack		rein + typisch	
5	Sauerstoff	ppm v/v	≤ 30	2)
6	Schwefelwasserstoff	ppm v/v	$\leq 0{,}1$	3)
7	Schwefeldioxid	ppm v/v	$\leq 1{,}0$	3)
8	Carbonylsulfid (COS)	ppm v/v	$\leq 0{,}1$	3)
9	Gesamtschwefel	ppm v/v	$\leq 0{,}1$	
10	Aromatische Kohlenwasserstoffe	ppm v/v	$\leq 0{,}02$	
11	nichtflüchtige organische Bestandteile (Öl)	ppm m/m	$\leq 1{,}0$	4)
12	Säure	ppm v/v	n.n.	
13	Ammoniak	ppm v/v	$\leq 2{,}5$	
14	Stickoxide NO, NO_2	ppm v/v	je $\leq 2{,}5$	
15	Kohlenwasserstoffe (als Methan)	ppm v/v	≤ 50	
16	KW, davon nicht Methan	ppm v/v	≤ 20	
17	Kohlenmonoxid	ppm v/v	≤ 10	
18	Acetaldehyd	ppm v/v	$\leq 0{,}2$	
19	Methanol	ppm v/v	≤ 10	
20	Phosphine	ppm v/v	$\leq 0{,}3$	5)
21	Cyanwasserstoff	ppm v/v	$\leq 0{,}5$	6)
22	Nichtflüchtige Bestandteile	ppm m/m	≤ 10	

*) European Industrial Gases Association
1) Der Zahlenwert wird durch die Analysenmesstechnik limitiert, genauere Angaben erfordern relativ großen analytischen Aufwand.
2) dieser Zahlenwert wird gesondert diskutiert, s.u.
3) bei Einhaltung des Gesamt-Schwefelgehaltes sind die Anforderungen erfüllt. Überschreitet der Gesamt-Schwefelgehalt 0,1 ppm v/v, müssen die Schwefelkomponenten einzeln überprüft werden.
4) dieser Sollwert weicht von der EIGA-Spezifikation ab.
5) Analyse nur bei CO_2 aus Phosphatherstellung.
6) Analyse nur bei CO_2 aus Kohlevergasung.

Die analytischen Methoden zur Feststellung der Übereinstimmung mit der Spezifikation sind von der Internationalen Gesellschaft der Getränke-Technologen (ISBT) erarbeitet worden und im Anhang C der EIGA-Spezifikation aufgeführt.

Jeder Lieferung muss ein Zertifikat beigefügt sein über die Einhaltung:

- der EIGA-Spezifikation (DOC 70/99D) einschließlich der Änderungen bzw. Ergänzungen;
- der EIGA-Empfehlungen zur Verhinderung von CO_2-Rückflussverunreinigung;
- der EIGA-Empfehlungen für das Betreiben der CO_2-Tankwagen.

Stammwürzeeinstellung und Carbonisierung

16.5.3.2 Sauerstoffgehalt
Insbesondere in der Brauindustrie ist der O_2-Gehalt der Kohlensäure ein relevanter Qualitätsparameter, vor allem dann, wenn mit der Kohlensäure Bier carbonisiert werden soll. Aber auch bei der Nutzung als Spanngas sind die Folgen eines zu hohen O_2-Gehaltes zu beachten.

In Tabelle 171 und Abbildung 386 ist der Zusammenhang zwischen „Reinheit" des CO_2 und dem möglichen O_2-Gehalt und den Folgen für die Bier-Carbonisierung dargestellt.
Danach ist eine „Reinheit" des CO_2:
- von 99,995 % die Mindestforderung, wenn der CO_2-Gehalt um 1 g/L und
- von 99,999 %, wenn um 5 g/L erhöht werden soll bei einer Annahme eines maximalen O_2-Gehaltes des Bieres von 0,01 mg/l.

Durch das Nutzen des Strippings bei CO_2-Rückgewinnungsanlagen kann der O_2-Gehalt des CO_2 reduziert und an die Forderungen des Blendings angepasst werden (s.a. [4]).

Dabei ist die Angabe der „Reinheit" des CO_2 nur eine theoretische Größe, da dieser Parameter mit üblichen Messgeräten nicht ermittelt werden kann. Dazu ist eine aufwendige Analysentechnik erforderlich. Deshalb muss der O_2-Gehalt in der Kohlensäure messtechnisch bestimmt werden, wenn eine äquivalente Aussage getroffen werden muss (s.a. [4] und [6]).

Der in Tabelle 168 ausgewiesene Grenzwert für Sauerstoff von $\leq$ 30 ppm v/v ist zu hoch. Er muss für Brauereibetriebe entsprechend den betriebsspezifischen Anforderungen ggf. mit $\leq$ 5 ppm v/v festgelegt werden, wenn bewusst sauerstoffarm gearbeitet werden soll.

Die Angaben zum O_2-Gehalt erfolgen in Milligramm O_2/Kilogramm CO_2 oder oft in „ppm (v/v)" oder „ppm (m/m)". Mit Tabelle 169 können die Umrechnungen entnommen werden.

16.5.3.3 Ölgehalt
Der nach der EIGA-Spezifikation zulässige Wert von 5 ppm m/m ist deutlich zu hoch, s.a. Tabelle 170.

Für in der Brauerei eingesetztes Kohlendioxid muss ein Grenzwert von $\leq$ 1 ppm m/m gefordert werden.

Tabelle 169 Umrechnung der O_2-Konzentrationsangaben

Angabe in	entspricht einem O_2-Gehalt von			
1 mg O_2/kg CO_2	1 ppm O_2 (m/m)			
1 ppm O_2 (v/v)	1 mL O_2/m³ CO_2	1,43 mg O_2/m³ CO_2	0,725 mg O_2/kg CO_2	
		1,43 µg O_2/L CO_2	0,725 µg O_2/g CO_2	
1 ppm O_2 (m/m)	1 mg O_2/kg CO_2			

Tabelle 170 Beeinflussung des Schaums durch Öl; Dosierung von 1 g CO_2/L (nach [482])

Ölgehalt des CO_2	Vergleichsbier	1 ppm m/m	5 ppm m/m	10 ppm m/m
Öldosage	0	1 ppb	5 ppb	10 ppb
Schaum nach NIBEM in s	285	283	276	229

Tabelle 171 Zusammenhang zwischen CO_2-Reinheit, Fremdgasgehalt, O_2-Gehalt und die Auswirkung bei der Carbonisierung

CO_2-Reinheit in %	Fremdgasgehalt in ppm v/v	O_2-Gehalt in ppm v/v [1] (mL O_2/m^3)	O_2-Gehalt in ppm m/m (mg O_2/kg)	O_2-Zunahme bei einer Erhöhung des CO_2-Gehaltes des Bieres um 1 g/L in ppm m/m
99,50	5000	1500	1088	1,0880
99,90	1000	300	218	0,2180
99,95	500	150	109	0,1090
99,97	300	90	65,2	0,0650
99,99	100	30	22	0,0220
99,995	50	15	10,9	0,0109
99,997	30	9	6,5	0,0065
99,999	10	3	2,2	0,0022
99,9995	5	1,5	1,1	0,0011

1) bei einem O_2-Gehalt von 30 % im Fremdgas

Der O_2-Gehalt der Luft beträgt etwa 209 000 ppm O_2/m^3 Luft. Mit diesem Wert lassen sich beispielsweise O_2-Messgeräte kalibrieren.

Tabelle 172 Parameter der CO_2-Eingangskontrolle

Probenahmestelle	Parameter	Verfahren/Analytik	Häufigkeit
Tankwagen	Öl	Kampfertest	regelmäßig
	nicht verdampfbare Bestandteile	„Schneeprobe"	regelmäßig
	Geruch und Geschmack	Sensorik	regelmäßig
	Sauerstoff	Online Messung	regelmäßig [1]
CO_2 nach dem Verdampfer	Geruch und Geschmack	Sensorik	täglich
	Öl	Kampfertest	täglich
	Sauerstoff	Online Messung	online
CO_2-Analyse, extern	Schwefelverbindungen, Aromaten, nichtflüchtige Kohlenwasserstoffe		1 bis 4 mal/a
CO_2-Analyse	Komplettanalyse		bei Bedarf
CO_2 am Produkteingang	Keimgehalt	biologische Probenahme	bei Bedarf

1) diese Messung ist anzustreben

Stammwürzeeinstellung und Carbonisierung

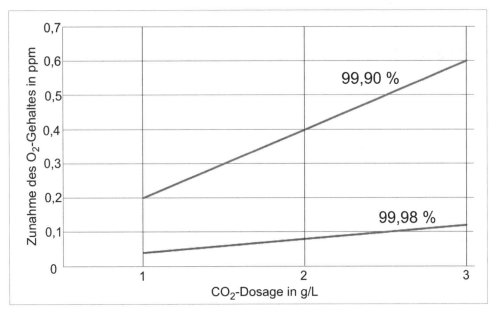

Abbildung 386 Sauerstoffzunahme beim Carbonisieren in Abhängigkeit von der CO_2-Reinheit (nach [462])

16.5.3.4 Keimgehalt des CO_2

In der Regel kann davon ausgegangen werden, dass gekaufte Kohlensäure keimarm bzw. keimfrei ist. Bei der Eigengewinnung gilt diese Aussage im Prinzip auch.

Trotzdem sollte es grundsätzlich üblich sein, direkt bei jedem „Verbraucher" einen Sterilfilter (Membranfilter, Porenweite ≤ 0,2 µm) zu installieren, der regelmäßig gewartet wird.

Das CO_2-Leitungssystem muss für eine CIP-Reinigung eingerichtet und sterilisierbar sein.

16.5.3.5 Sonstige Beimengungen in der Gärungskohlensäure

Die nahezu quantitative Entfernung von H_2S ist u.a. wichtig, um die Bildung von Carbonylsulfid (COS) zu verhindern (beispielsweise im Verdichter). Deshalb ist die H_2S-Entfernung aus dem Rohgas vor der Verdichtung prinzipiell günstig. Dem stehen aber apparative Gründe entgegen. Aus dem COS entsteht bei der Hydrolyse wieder H_2S.

Niedrige Grenzwerte für H_2S und COS sind vor allem für die Verwendung des CO_2 zur Carbonisierung von Mineralwasser Voraussetzung.

16.5.3.6 CO_2-Versorgung und CO_2-Gewinnungsanlagen

Zu Hinweisen zur CO_2-Gewinnung und CO_2-Rückgewinnungsanlagen wird auf die Literatur verwiesen, beispielsweise [4] und [483].

Zur CO_2-Konzentrationsmessung s.a. Kapitel 17

16.6 Minimierung des Sauerstoffeintrages im Prozess der Bierfiltration

Hierzu wird auf Kapitel 6 und die speziellen Hinweise bei der Anschwemmfiltration (s.a. Kapitel 7.4.8) sowie den einzelnen Varianten der Polierfiltration (Kapitel 9) verwiesen.

17. Die Mess- und Automatisierungstechnik im Prozess der Bierfiltration

17.1 Allgemeine Hinweise

Wichtige Messgrößen bei Anlagen für die Filtration und Stabilisierung sind u.a.:
- Temperatur,
- Druck und Druckdifferenz,
- Füllstand,
- Durchfluss,
- Sauerstoffgehalt,
- CO_2-Gehalt,
- Trübungsmessung,
- Grenzwertsonden;
- Stammwürze und Ethanolgehalt
  (bei High-gravity-Anlagen).

Zur Einführung in die Probleme der Messung physikalischer Größen und deren Auswertung muss auf die Fachliteratur verwiesen werden. Detaillierte Hinweise müssen den Datenblättern der einschlägigen Hersteller entnommen werden (eine wichtige Quelle sind die Internetseiten der Hersteller). Eine Einführung gibt [6].

17.2 Allgemeine Messgrößen

Nachfolgend werden nur einige Hinweise zur Temperatur-, Druck-, Füllstands- und Durchflussmengenmessung gegeben. Weitere Hinweise siehe [6].

Temperaturmessung

Widerstandsthermometer nutzen die Proportionalität zwischen elektrischem Widerstand und Temperatur, die Widerstandsmessung wird also für die indirekte Temperaturmessung genutzt. Nichtlinearitäten lassen sich kompensieren. Als Messwiderstand wird überwiegend Platin (Pt) auf einem keramischen Träger benutzt, da bei diesem Metall die Reproduzierbarkeit des Widerstandes besonders gut ist. Die Messwiderstände werden so gefertigt, dass ihr Widerstand bei 0 °C genau 100 Ω beträgt, und einzeln oder doppelt in einem Edelstahl-Schutzrohr angeordnet. Deshalb werden diese Messwiderstände auch als Pt 100-Widerstände bezeichnet. Auch Pt 1000-Widerstände werden eingesetzt (neben Platin werden auch andere Metalle benutzt).

Für sehr preiswerte tragbare Thermometer werden auch andere Messwiderstände als Platin eingesetzt, zum Beispiel NTC-Widerstände, bzw. es werden Thermoelemente oder Silicium-Halbleiterbauelemente benutzt. Die Genauigkeit wird etwas geringer, trotzdem lassen sich diese Geräte für viele Zwecke sinnvoll verwenden. Die flexiblen Messfühler sind wasserdicht verklebt.

Mit einem *Strahlungspyrometer* lassen sich auch sehr hohe Temperaturen berührungslos messen. Die thermische Strahlung des Objektes wird erfasst und ausgewertet.

Druckmessung

Bei Druckaufnehmern werden als Messglieder Dehnmessstreifen, Piezoeffekte eines Widerstandes, induktive und kapazitive Messverfahren genutzt. Sie können für die Absolutdruckmessung als auch für die Relativ- bzw. Differenzdruckmessung gestaltet werden.

Vor allem keramische Membranen mit kapazitivem Messprinzip finden breite Anwendung.

Durchfluss

Magnetisch-induktive Durchflussmessgeräte (MID) haben sich zu universell einsetzbaren Geräten mit günstigem Preis-Leistungs-Verhältnis entwickelt. Gemessen wird nach dem Faradayschen Induktionsgesetz. Die Flüssigkeit durchströmt ein Magnetfeld, das senkrecht zur Fließrichtung wirkt. Dabei wird in der Flüssigkeit eine der mittleren Fließgeschwindigkeit proportionale Spannung induziert, die ausgewertet wird. Bedingung für die Anwendung dieses Messprinzips ist eine Mindestleitfähigkeit der Flüssigkeit von ≥ 5 µS/cm, zum Teil auch $\geq 0,05$ µS/cm.

Funktionsbedingt wird die Messunsicherheit mit steigender Fließgeschwindigkeit kleiner. Deshalb muss die Nennweite so ausgewählt werden, dass Mindestfließgeschwindigkeiten erreicht werden (w $\geq 0,3$ m/s), die Maximalgeschwindigkeit soll bei etwa 10 m/s liegen. Gegebenenfalls müssen die Rohrleitungen auf die Nennweite des MID eingezogen werden.

Füllstand

Die Füllstandsmessung wird als Übersichtsmessung oder kontinuierlich vorgenommen, um zum Beispiel den Füllstand eines Behälters zu regeln. Aus der Vielzahl der möglichen Messverfahren werden vor allem benutzt:
- die Standglas-Messung,
- die hydrostatische Füllstandsmessung als Differenzdruckmessung des Druckes am Behälterboden und in der Gasphase,
- die kapazitive Füllstandsmessung,
- die indirekte Messung durch Erfassung der Ein- und Auslaufmenge,
- die Echolot-Messung mittels Ultraschallwellen.

Die indirekte Messung durch Erfassung der Ein- und Auslaufmenge ist eine sehr zu empfehlende Variante, da die MID im Auslauf der Filteranlage und am Auslauf zu den Füllanlagen in der Regel ohnehin vorhanden sind.

Weitere technisch allgemein genutzte Messverfahren, wie die radiometrische Messung, die elektromechanische Abtastung der Oberfläche oder die Schwimmer gesteuerte Abtastung, haben sich in der Brauindustrie bis jetzt nicht einführen können oder sind ungeeignet.

17.3 Sauerstoffmessung

17.3.1 Bedeutung des Sauerstoffgehaltes und der Sauerstoffmessung

So wichtig der Sauerstoff für das Leben auf unserem Planeten ist, so schädlich und unerwünscht kann er bei der Produktion, Verpackung und Lagerung von Lebensmitteln sein.

Klärung und Stabilisierung des Bieres

Unerwünschte Veränderungen der Lebens- und Genussmittel lassen sich durch möglichst vollständigen Sauerstoffausschluss verhindern oder zumindestens verringern. Beispielsweise werden Lebensmittel unter Schutzgas (Inertgas) verpackt.

Ab etwa dem beginnenden Hochkräusenstadium muss Sauerstoff im Bier bzw. die Möglichkeit der Sauerstoffaufnahme grundsätzlich ausgeschlossen werden. Deshalb müssen Suspensionswasser für Filterhilfsmittel, Wasser für die Auffüllung der Rohrleitungen, der Filteranlage und für die Bierverdrängung bei Filtrationsende, Verdünnungswasser für das High-Gravity-Brewing und Wasser für die Hochdruckeinspritz-Anlage möglichst quantitativ entgast werden. Ebenso muss Sauerstoff im Spanngas für Puffertanks bei Filteranlagen und Kurzzeiterhitzer-Anlagen, Drucktanks und für den Betrieb der Füllanlagen ausgeschlossen werden. Diese Forderung gilt natürlich ganz besonders für Kohlendioxid, das zur Carbonisierung des Bieres verwendet werden soll.

Bei der Abfüllung werden im modernen Braubetrieb Sauerstoffgehalte vor der Füllmaschine von $\leq 0{,}02$ mg/L angestrebt.

Die Wasserentgasung kann thermisch, katalytisch mit Wasserstoff, durch eine Gegenstrom-Gaswäsche oder kombiniert erfolgen, zum Teil wird die Entlüftung des Wassers durch Vakuumanwendung unterstützt. Zur Gaswäsche sind sauerstofffreie Gase (CO_2, N_2) geeignet (siehe Kapitel 16).

Zur Sicherung der vorstehend genannten Forderung nach sauerstofffreier Arbeitsweise bzw. einem gewünschten definierten O_2-Gehalt muss der aktuelle Sauerstoffgehalt messtechnisch erfasst werden. Die Messung kann vor Ort mittels eines tragbaren Messgerätes mobil vorgenommen werden, das an einer Probeentnahmestelle angeschlossen wird (bei Würze, Bier und Getränken sind dabei stets die Regeln der kontaminationsvermeidenden Probenahme zu beachten), oder es werden CIP-fähige O_2-Sensoren fest installiert, deren Messwert angezeigt wird und/oder von einer Steuerung ausgewertet werden kann (Online-Messung).

In vielen Betrieben ist die Sauerstoffmessung bereits eine unverzichtbare, qualitätsrelevante Betriebsmessung geworden, beispielsweise vor und nach der Filteranlage oder am Füllmaschineneinlauf. Die Messung erfolgt sowohl mit mobilen Messgeräten als auch mit stationären. Der Trend geht zum fest installierten Sauerstoffsensor, dessen Messsignal ständig durch eine Steuerung ausgewertet wird.

Bei der Sauerstoffmessung muss beachtet werden, dass sich der Sauerstoffgehalt in einer Würze-, Bier- oder Getränkeprobe ständig verringert, da der Sauerstoff von eventuell vorhandenen Mikroorganismen verstoffwechselt wird, mit den Inhaltsstoffen temperaturabhängig reagieren kann bzw. bei gefüllten Gebinden ein Austausch mit dem Gasraum erfolgt. Die Messwerterfassung muss also so schnell wie möglich mit konstanter Zeitspanne zwischen Probenahme und Messung erfolgen, um auswertbare und vergleichbare Resultate zu erhalten.

Dabei wird bei gefüllten Flaschen oder Dosen vorzugsweise der Gesamtsauerstoffgehalt gemessen, der sich nach dem Druckausgleich der definiert reproduzierbar „geschüttelten" Probe ergibt [484]. Aus diesem Wert kann der Partialdruck bestimmt werden und daraus bei bekanntem Kopfraumvolumen der Sauerstoffgehalt in diesem berechnet werden [485]. Diese indirekte Bestimmung des O_2-Gehaltes im Kopfraum ist einfacher als die in der Vergangenheit übliche volumetrische Bestimmung, zum Beispiel mit der „Unter-Wasser-Trichtermethode".

Zwischenzeitlich sind auch Messgeräte verfügbar, die das Kopfraumvolumen direkt erfassen und die Gaszusammensetzung auswerten können, z. B. der „Package Analyzer 3625" [486]. Mit diesem Gerät lassen sich O_2, CO_2 und N_2 erfassen. Die

Kopfraumanalyse mit dem Modell 2740 kann O_2, das Kopfraumvolumen und den Kopfraumdruck ermitteln [487].

17.3.2 Messung des Sauerstoffs in Flüssigkeiten und Gasen

Die Bestimmung des gelösten Sauerstoffs in Flüssigkeiten kann erfolgen mit:
- membranbedeckten elektrochemischen Sensoren nach dem polarografisch-amperometrischen Prinzip, so genannten *Clark*-Sensoren;
- membranlosen potenziostatischen Sensoren;
- optischen Sauerstoffsensoren.

Zu Einzelheiten der Messung mit dem polarografisch-amperometrischen Verfahren, den potenziostatischen Sensoren und die optischen Sensoren wird auf die Literatur verwiesen, z. B. [6] und [488].

17.3.3 Allgemeine Funktionsweise amperometrischer O_2-Sensoren

Bei den amperometrischen O_2-Elektroden basiert die Messung, wie der Name schon vermuten lässt, auf einer Strommessung. Wird von außen eine Polarisationsspannung zwischen Kathode und Anode angelegt, spricht man auch von einem „polarographisch-amperometrischen" Sensor. Je nach Wahl des Kathoden- und Anodenmaterials wird diese Polarisationsspannung unterschiedlich hoch gewählt, um die sonst energetisch gehemmte elektrochemische Sensor-Reaktion zu ermöglichen. Gebräuchlich sind Platin- oder Gold-Kathoden in Verbindung mit einer Silber/Silberchlorid-Anode.

Bei den „galvanisch-amperometrischen" Sensoren muss keine äußere Polarisationsspannung angelegt werden. Die Galvanispannung zwischen den Elektroden reicht hier bereits aus, um den Sensor funktionsfähig zu machen.

Der Nachteil dieser Variante: Die Sensoren sind nicht beliebig lagerfähig, besitzen eine größere Signal-Drift und sind vor allem nicht regenerierbar.

Üblicherweise bestehen „polarographisch-amperometrischen" O_2-Elektroden aus einer Kathode und einer Anode, die über einen Elektrolyten miteinander leitend verbunden sind. Eine geeignete Polarisationsspannung zwischen Anode und Kathode reduziert den Sauerstoff an der Kathode:

Reaktion an der Kathode:
$$O_2 + 2 H_2O + 4e^- \rightarrow 4 OH^- \qquad \text{Gleichung 100}$$

Reaktion an der Anode:
$$4 Ag + 4 Cl^- \rightarrow 4 AgCl + 4 e^- \qquad \text{Gleichung 101}$$

Aus diesen chemischen Reaktionen resultiert ein Strom, dessen Größe proportional zur Sauerstoffkonzentration ist. Dies gilt streng genommen nur, wenn der verbrauchte Sauerstoff ausreichend schnell durch Diffusion zur Kathode nachgeliefert wird. Wie gerade festgestellt, verbraucht die Sauerstoffelektrode laufend Sauerstoff, der aus der Messlösung herausgelöst wird. Deshalb sind die Temperatur, die Viskosität und der Durchsatz der Messlösung ebenfalls wichtige Einflussgrößen. Der Elektrodenstrom einer Sauerstoffelektrode ist nicht nur durch die vorhandene Sauerstoffmenge, sondern durch weitere Elektrodenparameter bestimmt. Die Elektrodenströme unterschiedlicher Sensoren können sehr deutlich voneinander abweichen, u.a. spielt dabei die Kathodenfläche eine besondere Rolle. Aus diesem Grund können Sauerstoffelektroden und Messwandler (Synonym: Transmitter) verschiedener Hersteller nicht frei ausgetauscht werden.

17.3.3.1 Prinzipieller Aufbau von O_2-Elektroden nach dem *Clark*-Prinzip

Die Membranelektrode nach *Clark* ist die heute am meisten verwendete Elektrode. Sie wurde bereits 1952 von *Leland C. Clark* entwickelt [489]. *Clark* machte sich hierbei das bereits 1925 von *Heyrovski* benutzte polarographische Messprinzip zu Nutze. Im Vergleich zu den Elektroden ohne Membran weisen die *Clark*-Messzellen folgende Vorteile auf:
- geeignet für die Sauerstoffmessung in Gasen und Lösungen;
- keine gegenseitige Verunreinigung von Elektrode und Messmedium;
- keine oder sehr geringe Abhängigkeit von den Strömungsbedingungen im Medium.

Im Unterschied zu einem membranlosen O_2-Sensor ist bei einer *Clark*-Messzelle der aus Kathoden- und Anoden-Reaktion (siehe Gleichung 12 und 13) resultierende Strom nicht proportional zur Sauerstoffkonzentration, sondern zum Sauerstoffpartialdruck (p_{O2}).

Ursache hierfür ist, dass der eigentliche Reaktionsraum durch eine sauerstoffpermeable Membran vom Messmedium getrennt ist und die Nachlieferung von Sauerstoff durch die Membran den die Geschwindigkeit bestimmenden Schritt der Reaktion darstellt.

Bei den *Clark*-Elektroden ist die konstruktive Auslegung sehr wichtig. Speziell die Dicke des Elektrolytfilms zwischen der Kathode und der Membran muss in sehr engen Grenzen gehalten werden, um eine gute Linearität und einen tiefen Nullstrom (Strom in reinem Stickstoff) zu gewährleisten. Die Abbildung 387 zeigt den prinzipiellen Aufbau von *Clark*-Sauerstoffelektroden.

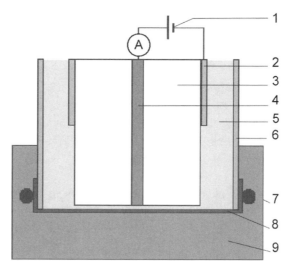

Abbildung 387 Aufbau einer Clark-Messzelle, schematisch
1 Polarisationsspannung **2** Anode **3** Isolator (Glas) **4** Kathode **5** Elektrolyt **6** Elektrodengehäuse **7** Messgefäß **8** Membrane **9** Messgut

17.3.3.2 Aufbau von O$_2$-Sensoren mit Schutzkathode

Ein Beispiel dafür ist der „InPro® 6900 Sensor" (Fa. *Mettler Toledo*), s.a. Abbildung 389. Er basiert auf der *Clark*-Elektrode. Diese Art von Sensoren besitzt einen zusätzlichen Kathodenring, der an einer separaten Polarisationsspannung angeschlossen ist.

Abbildung 388 Beispiel eines ausgeführten Clark-Sensors
(Typ InPro® 6800 - Serie von Mettler Toledo, Durchmesser der Sonde 12 mm)

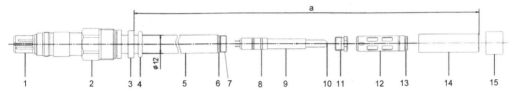

Abbildung 388 a Sensor nach Abbildung 388, schematisch
1 Steckkopf für Anschlusskabel **2** Gewindehülse Pg 13,5 **3** Gleitscheibe **4** O-Ring **5** Sensorschaft **6** O-Ring **7** Gewinde für Pos. 12 **8** O-Ring **9** Anode (unter der Pos. 12) **10** Kathode **11** Verschraubung für Elektrodenkörper **12** Membrankörper **13** O-Ring **14** Überwurfhülse **15** Schutzkappe **a** Elektrodenlänge

Abbildung 388 b Sensoreinzelteile nach Abbildung 388 a; linkes Teil: Pos. 1 bis 7; rechtes Teil: Pos. 8 bis 11

Abbildung 388 c Sensoreinzelteile nach Abbildung 388 a; linkes Teil: Pos. 1 bis 11; Mitte: Pos. 12 + 13; rechtes Teil: Pos. 14

Diese zusätzliche Kathode, auch als Schutzring („Guard-Ring") bezeichnet, verbraucht den Sauerstoff, der sich vom Elektrolyten zur Messkathode hin ausbreitet. Zusammen mit einem speziell entwickelten Elektrolyten gewährleistet dies eine außergewöhnliche Signalstabilität und eine sehr schnelle Ansprechzeit des Sensors.

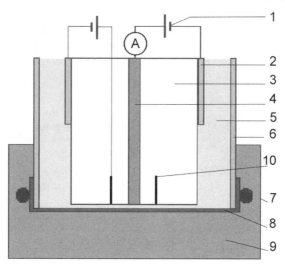

Abbildung 389 Aufbau einer Clark-Messzelle mit Schutzkathode („Guard-Ring") (nach Fa. Mettler Toledo)
1 Polarisationsspannung **2** Anode **3** Isolator (Glas) **4** Kathode **5** Elektrolyt
6 Elektrodengehäuse **7** Messgefäß **8** Membrane **9** Messgut **10** Schutzkathode

17.3.3.3 Einflussgrößen auf den Elektrodenstrom
Die Menge des diffundierten Sauerstoffs und die Größe des Elektrodenstroms werden von folgenden Einflussgrößen bestimmt:
- dem Sauerstoffpartialdruck im Messmedium;
- dem Membranmaterial und -dicke;
- der Größe der Kathodenfläche;
- der Polarisationsspannung;
- der Temperatur,
und
- den Strömungsbedingungen im Messmedium

Das Gesetz nach *Fick* zeigt den mathematischen Zusammenhang dieser Einflussgrößen auf:

$$I = \frac{n \cdot F \cdot D \cdot a \cdot A \cdot p_{O_2}}{s} \qquad \text{Gleichung 102}$$

I = Elektrodenstrom (Sensorstrom) in A
n = Anzahl der transferierten Elektronen (n = 4)
F = FARADAY-Konstante = $9{,}6485 \cdot 10^4$ A·s/mol ($9{,}6485 \cdot 10^4$ C/mol)
D = O_2-Diffusionskoeffizient der Membran in cm^3 O_2·cm/(cm^2·s·bar)
a = Sauerstofflöslichkeit des Membranmaterials in mol/cm^3
A = Kathodenfläche in cm^2
p_{O2} = Sauerstoffpartialdruck im Messmedium in bar
s = Dicke der gasdurchlässigen Membran in cm

Polarisationsspannung

Die Spannung zwischen Anode und Kathode ist so festgelegt, dass der Sauerstoff an der Kathode voll reduziert wird (> A, siehe Polarogramm Abbildung 390), während die anderen Gase nicht angegriffen werden (< D, Abbildung 390). Im alkalischen, chloridhaltigen Elektrolyten liegt die ideale Polarisationsspannung für Pt/Ag/AgCl-Systeme zwischen -500 und -750 mV. Die Polarisationsspannung sollte so konstant wie möglich sein. Neben einer konstanten Spannungsquelle müssen folgende Voraussetzungen erfüllt werden:

- der elektrische Widerstand des Elektrolytfilms darf einen spezifischen Wert nicht überschreiten, damit ein Spannungsabfall verhindert wird, und
- die Anode muss eine große Oberfläche aufweisen, damit sie nicht vom Elektrodenstrom polarisiert wird.

Bei Sauerstoffmessungen in Bier herrschen besondere Verhältnisse vor: eine niedrige Sauerstoffkonzentrationen gepaart mit einem sehr hohem CO_2-Gehalt. Hier kann es bei Polarisationsspannungen von < -600 mV zu unerwünschten Nebenreaktionen mit CO_2 kommen. Die Folge ist ein im Spurenbereich ungenauer Messwert. Mettler Toledo empfiehlt deshalb, speziell bei Messungen in Bier, eine Polarisationsspannung von -500 mV.

Neue oder gewartete Elektroden müssen vor dem Gebrauch polarisiert werden.

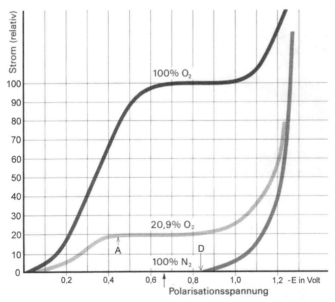

Abbildung 390 Polarogramm: Typische Strom-Spannungskurve in bewegter KCl-Lösung (0,1 mol/L) für Stickstoff, 20,9 % Sauerstoff und 100 % Sauerstoff

Klärung und Stabilisierung des Bieres

Temperatur

Zwei verschiedene Temperatureinflüsse bei der Sauerstoffmessung mittels *Clark*-Sensoren sind zu beachten:

- Die Löslichkeit von Sauerstoff im Messmedium ändert sich mit der Temperatur. Dies hat aber zunächst keinen direkten Einfluss auf den Sensorstrom, sondern nur auf die Umrechnung in Konzentration. Dieser Zusammenhang wird weiter unten noch erläutert.
- Die Sauerstoff-Permeabilität der Membran ist ebenfalls temperaturabhängig. Dieser Effekt ist bekannt und wird rechnerisch kompensiert.

Ein Temperaturfühler als Bestandteil der Sensoren ist deshalb unverzichtbar. Bei Mettler Toledo verwendet man beispielsweise einen Widerstand NTC 22 kΩ (NTC-Widerstände: Synonym Heißleiter; diese besitzen eine negativen Temperaturkoeffizienten). Auch Pt 100-Fühler können eingesetzt werden.

Strömungsabhängigkeit und Aufbau der Membrane

Bei den meisten Sauerstoffelektroden ist der Elektrodenstrom in ruhigen, nicht bewegten Messmedien kleiner als in bewegten Medien. Durch den Sauerstoffverbrauch der Elektrode wird außerhalb der Membran in unmittelbarer Nähe der Kathode Sauerstoff aus dem Messmedium herausgelöst. Der herausgelöste Sauerstoff wird durch Diffusion innerhalb des Messmediums wieder ersetzt. Ist der Sauerstoffverbrauch sehr hoch (z. B. bei sehr großer Kathodenoberfläche), kann der herausgelöste Sauerstoff durch die Diffusion nicht ausreichend schnell ersetzt werden. Daraus resultiert ein Elektrodenstrom, der tiefer ist als der, der tatsächlich dem Messmedium entsprechen würde. In bewegten Messmedien wird der verbrauchte Sauerstoff nicht nur durch Diffusion innerhalb der Flüssigkeit zugeführt, sondern zusätzlich durch die vorbeiströmende Flüssigkeit (Konvektion). Dadurch wird eine Abnahme des Sauerstoffgehalts an der Membranoberfläche verhindert.

Stärker abhängig von den Strömungsbedingungen sind Elektroden mit großer Kathode und dünnen hochdurchlässigen Membranen (Elektroden mit hohem Elektrodenstrom). Deshalb sind kleine Kathodenoberflächen günstig, weil dem Problem der Strömungsabhängigkeit schon durch eine minimale Bewegung des Messmediums sehr erfolgreich begegnet werden kann. Zum Beispiel besitzen die InPro 6800[®]-Sensoren eine Kathode von nur ca. 0,3 mm Durchmesser.

Bei Mettler Toledo InPro[®] 6800/6900-Sensoren hat die Membran einen ganz speziellen Aufbau (Abbildung 391): Zwischen einer inneren und einer äußeren Teflon-Schicht (PTFE-Schicht) befindet sich eine relativ dicke Siliconmembran. Die innere Teflon-Schicht bestimmt letztlich das Sensorsignal. Die davor liegende Siliconmembran ist für Sauerstoffmoleküle hochdurchlässig, dient als Sauerstoffreservoir und puffert somit gegen hydrodynamische Schwankungen. Außerdem sorgt diese Siliconschicht für den schnellen Transport der Sauerstoffmoleküle nach Innen. Um die mechanische Stabilität zu optimieren, ist in der Siliconschicht ein feines Edelstahlnetz eingearbeitet. Als weiterer Schutz vor Verschmutzungen und vor aggressiven Chemikalien (CIP-Reinigung) ist außen noch eine Teflon-Schicht aufgebracht. Die Membrandicke beträgt trotzdem nur etwa 0,6 mm, die Teflon-Schichten haben eine Dicke von wenigen Mikrometern.

Mess- und Automatisierungstechnik

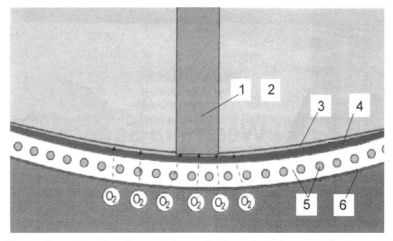

Abbildung 391 Aufbau der Membran, schematisch und stark vergrößert (nach Fa. Mettler Toledo)
1 Kathode **2** Glaskörper **3** Elektrolytfilm **4** PTFE-Mess-Membran **5** Silicon mit Stahlgewebearmierung **6** PTFE-Schutz-Membran

Sauerstoffpartialdruck - Sauerstoffkonzentration

Der Elektrodenstrom ist abhängig vom Sauerstoffpartialdruck und der Sauerstoffdurchlässigkeit der Membran, nicht aber von der Sauerstofflöslichkeit des Messmediums. Die Sauerstoffkonzentration c kann deshalb nicht direkt mit einer Elektrode bestimmt werden. Gemäß dem Gesetz von *Henry* ist die Sauerstoffkonzentration proportional zum Sauerstoffpartialdruck p_{O2} (Gleichung 103):

$$c = p_{O_2} \cdot l \qquad \text{Gleichung 103}$$

c = Sauerstoffkonzentration in mg/L
l = Löslichkeitsfaktor in mg/(L·bar)
p_{O2} = Sauerstoffpartialdruck in bar

Da der Löslichkeitsfaktor l für jedes homogene Medium eine Konstante ist, kann die Sauerstoffkonzentration leicht errechnet werden. Dieser Zusammenhang von p_{O2} und Löslichkeit stimmt genau genommen jedoch nur bei konstanter Temperatur (s.a. Tabelle 173). Eine Temperaturänderung hat direkt eine Änderung der Löslichkeit zur Folge. Die Löslichkeiten bei unterschiedlichen Temperaturen sind deshalb im Transmitter gespeichert, so dass für wässrige Lösungen die richtige Sauerstoffkonzentration errechnet werden kann.

Die Werte für Würze, Bier und andere Getränke lassen sich angenähert unter Beachtung des wasserfreien Extraktes mittels der Mischungsrechnung aus den Tabellenwerten für Wasser hinreichend genau abschätzen.

Tabelle 173 Durchschnittliche Sättigungslöslichkeit c von Sauerstoff in mg/L bei verschiedenen Temperaturen und Medien

Medium	0 °C	5 °C	10 °C	20 °C	30 °C
Wasser *)	14,64	12,75	10,99	9,08	7,55
Würze	12,9	11,2	9,7	8	7
Bier	14	12,2	11,5	8,6	7,3

*) die Werte für Wasser sind auf das Gleichgewicht mit Luft bei einem Gesamtdruck der wasserdampfgesättigten Atmosphäre von 1,013 bar bezogen [490].

17.3.3.4 Messbereiche und Einsatzgrenzen

Die Sauerstoffsensoren nach *Clark* besitzen einen sehr weiten und über den gesamten angegebenen Messbereich linearen Signalverlauf. So beträgt je nach Transmitter bei *Mettler Toledo* der theoretisch mögliche Messbereich bis zu 90 mg O_2/L (dieser Wert kann praktisch kaum erreicht werden).

Der Messbereich ist frei wählbar und wird am Verstärker eingestellt. Eine für Messungen im Bier übliche Parametrierung ist beispielsweise ein Messbereich von 0…1 mg O_2/L mit einstellbaren Grenzwerten (Alarm) zwischen 0,1 und 0,2 mg O_2/L.

Die Nachweisgrenze (kleinster erfassbarer Messwert) liegt bei einer Messung mit den Sensoren des Typs InPro® 6800 bei 6 µg O_2/L.

Bei der Variante InPro® 6900 (mit Schutzkathode) kann sogar noch 1 µg O_2/L nachgewiesen werden.

Die Einstellzeit der Sonden auf einen geänderten Messwert ist abhängig vom Membranaufbau. Sie liegt bei einer Membran gemäß Abbildung 391 für 98 % des Endwertes bei ca. 90 s (gemessen von Luft nach reinem N_2 bei 25°C).

Einsatzgrenzen ergeben sich nur bezüglich rein physikalischer Größen wie Druck und Temperatur. So gibt *Mettler Toledo* z. B. Werte von ≤ 12 bar für die mechanische Beständigkeit und ≤ 140 °C für die Temperaturbeständigkeit der Sensoren an (s.a. [491]).

17.3.3.5 Elektrolyt- und Membranwechsel

Um den Sensor trotz Beanspruchung durch CIP-Reinigung, Druckschwankungen und allgemeinen Gebrauch dauerhaft funktionsfähig zu halten, sind hin und wieder ein Elektrolyt- und Membranwechsel erforderlich. Empfohlen wird zunächst eine optische Kontrolle der Membran. Ist diese erkennbar faltig verformt oder die Oberfläche beschädigt, muss sie zwingend getauscht werden. Ist die Membran in neuwertigem Zustand, kann sie in der Regel weiter verwendet werden. Ein Elektrolytwechsel ist dann erforderlich, wenn das Sensorsignal träge wird oder wenn in Luft deutlich niedrigere Werte als bei der letzten Kalibrierung angezeigt werden.

Dank eines optimierten Membranmodulkonzeptes dauert ein kompletter Service heute kaum mehr als 2…3 Minuten. Während der Membranwechsel früher schon mal zur kniffligen Angelegenheit wurde, ist er bei den InPro® 6000er-Sensoren dank vorgefertigter Membrankörper (s.a. Pos. 12 in Abbildung 388a) denkbar einfach:

Überwurfhülse vom Sensorschaft abschrauben und vom Sensor entfernen, den Membrankörper vom Innenkörper abziehen, Kathode und Anode kurz mit destilliertem Wasser abspülen, einen neuen Membrankörper mit Elektrolyt befüllen und ihn sogleich wieder auf den Innenkörper schieben. Schaft und Überwurfhülse werden zusammen geschraubt, der komplette Service ist damit beendet.

17.3.3.6 Kalibrierung eines O₂-Sensors

Der Nullpunkt des Sensors kann mit einem absolut O₂-freien Inertgas, beispielsweise Stickstoff oder Argon geprüft werden. Bei einer Nullpunkt-Kalibrierung genügen bereits Spuren von Sauerstoff, um den wahren Nullpunkt zu verfälschen, deshalb wird von einer Nullpunkt-Kalibrierung abgeraten. Glücklicherweise ist der Nullpunkt dieser Sensoren sehr genau und sehr stabil, so dass eine regelmäßige Hochpunkt-Kalibrierung völlig ausreicht.

Für die Hochpunkt-Kalibrierung eignen sich Medien mit definiertem O₂-Gehalt. In erster Linie bietet sich die atmosphärische Luft an. In dieser beträgt der Sauerstoffgehalt relativ konstant 20,9 %, d.h., dass der Partialdruck des Sauerstoffes sich durch Multiplikation der Differenz: gemessener Gesamtdruck der Luft minus dem Wasserdampfpartialdruck mit dem Faktor 0,209 ergibt (Gleichung 104):

$$p_{O_2} = (p_{Luft} - p_{Wasserdampf}) \cdot 0,209 \qquad \text{Gleichung 104}$$

Aus diesem Grund wird bei der Kalibrierung in Luft, die relative Luftfeuchtigkeit abgefragt und nach Dateneingabe in den Transmitter rechnerisch berücksichtigt.
Der Wasserdampfpartialdruck ist stark temperaturabhängig, wie Tabelle 174 zeigt:

Tabelle 174 Wasserdampfpartialdruck in kPa als Funktion der Temperatur

Temperatur	0 °C	5 °C	10 °C	15 °C	20 °C	25 °C	30 °C	40 °C	50 °C
p (H₂O) in kPa	0,611	0,872	1,227	1,704	2,337	3,166	4,241	7,375	12,33

Als weitere Variante der Kalibrierung kann sauerstoffgesättigtes Wasser unter Beachtung der Temperatur und des Luftdrucks benutzt werden.
Von verschiedenen Herstellern werden technische Möglichkeiten für die Sensorprüfung vorgesehen, die entweder im Messwandler integriert oder als Zubehör verfügbar sind.

17.3.3.7 Handhabung, Einbauvarianten und Zubehör für Sauerstoffsensoren und Messwertauswertung

Ein O₂-Sensor kann in folgenden Varianten genutzt werden:
- manuelles Eintauchen und Bewegen in der Messflüssigkeit. Der Sensor kann dabei auch in eine Haltevorrichtung eingesetzt werden (diese Variante ist nicht für genaue Messungen im Low-Level-Bereich tauglich und somit für Brauereien nicht zu empfehlen!);
- Einbau in eine Durchflussmesszelle, die mit dem Messwandler kombiniert wird; das Messgut wird diskontinuierlich oder auch kontinuierlich durch die Zelle geleitet (das wird bei tragbaren Geräten im Allgemeinen so realisiert!), s.a. Abbildung 395 und Abbildung 396.
Treibende Kraft für das Durchströmen ist in der Regel ein Differenzdruck, beispielsweise durch Nutzung eines inerten Druckgases;
- Einbau in einen Behälter oder eine Rohrleitung. Damit sind Online-Messungen im Prozess möglich.

Manuell betätigte bzw. bediente Durchflussmesszellen sind herstellerspezifisch.

Klärung und Stabilisierung des Bieres

Für die Online-Messung werden Einbauarmaturen gefertigt, die die firmenspezifischen Sensoren aufnehmen und die in standardisierte, aber firmenspezifische Anschlusssysteme (Synonym: Adapter) eingesetzt werden. Damit wird der Sensorwechsel vereinfacht.

Der Prozessanschluss kann zum Beispiel wahlweise sein:
- eine Armatur für das VARINLINE®-Gehäuse der Fa. *GEA-Tuchenhagen* (s.a. Abbildung 392);
- eine Armatur für das APV®-Gehäuse der Fa. *APV/Invensys*;
- eine Armatur mit Tri-Clamp-Anschluss 1 1/2" oder 2";
- ein Anschlusssystem BioConnect®/Biocontrol® [492];
- ein Einschweißstutzen Ø 25 mm der Fa. *Ingold/Mettler Toledo*.

Teilweise werden die Prozessanschlüsse so gestaltet, dass die Messsonde während des Betriebes gewechselt oder gewartet werden kann (s.a. Abbildung 393 und Abbildung 394).

Sensoren und moderne Anschlusssysteme werden nach den Richtlinien der EHEDG (European Hygienic Equipment Design Group) gefertigt, sie entsprechen auch den Forderungen des US 3-A-Standards 74-00.

Die Messgeräte sind für den Feldeinsatz konzipiert, der Schutzgrad des Gehäuses beträgt IP 65 oder höher. Korrosionsschutz ist selbstverständlich.

Die Energieversorgung übernehmen bei tragbaren Geräten Batterien, zum Teil aufladbar. Stationäre Geräte werden für Netzanschluss vorgesehen.

Die Signalanschlussleitungen an den Sensor werden mit einer Kabelbuchse mit dem Sensorstecker verbunden. Die Steckverbindung ist gemäß Schutzklasse IP 68 absolut wasserdicht.

Bei Bedarf können die Sensoren auch autoklaviert oder sterilisiert werden.

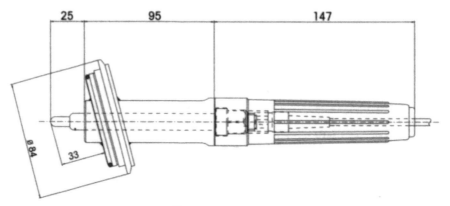

Abbildung 392 Einbauarmatur InFit® 761-CIP/TS (Fa. Mettler Toledo) für das VARINLINE®-Gehäuse der Fa. Tuchenhagen.
Die Einbaulänge der Sonde nach Abbildung 388a beträgt 120 mm, der Einbau der Sonde erfolgt schräg.

Die automatische Temperaturkompensation legt die jeweils gemessene Temperatur zu Grunde (im Bereich 0…80°C).

Mess- und Automatisierungstechnik

Der Signalausgang der Messwandler beträgt wahlweise 0...20 mA oder 4...20 mA. Auch der Feldbus-Anschluss ist möglich. In der Regel sind auch Schnittstellen RS-485 oder RS-232 vorhanden. Damit ist die einfache Übertragung der Messwerte auf einen PC möglich.

Beim tragbaren Messgerät InTap™ 4000 (s.a. Abbildung 395 und Abbildung 396) gibt es anstelle eines direkten Messwertausganges einen Datenlogger mit Messwertspeicher (200 Datensätzen). Neben dem Messwert werden Datum und Uhrzeit, die Temperatur und eine Probenahme-Nummer dokumentiert. Mittels Schnittstellenkabel und mitgelieferter Software können die Daten einfach auf einen PC übertragen oder direkt mit einem Drucker ausgedruckt werden.

Anstich- und Schüttelvorrichtungen für die O_2-Messung in Flaschen und Dosen komplettieren mobil einsetzbare Messsysteme.

Abbildung 393 Wechselsonde Typ InTrac® 797 (Fa. Mettler Toledo).
Die Einbaulänge der Sonde nach Abbildung 388a beträgt 320 mm.
Die Sonde wird in einen Einschweißstutzen Ø 25 mm eingesetzt.

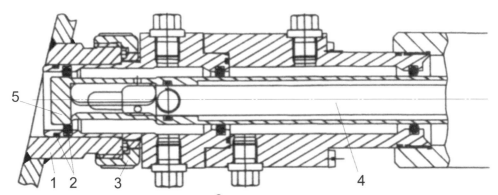

Abbildung 394 Wechselsonde InTrac® 797 in Wartungsposition schematisch im Schnitt (Fa. Mettler Toledo)
1 Einschweißstutzen **2** O-Ring **3** Überwurfmutter **4** Elektrode (im Bild ist eine pH-Elektrode eingesetzt) **5** Wechselsondengehäuse

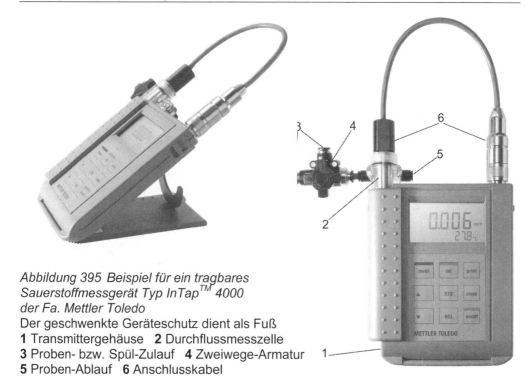

Abbildung 395 Beispiel für ein tragbares
Sauerstoffmessgerät Typ InTap^{TM} 4000
der Fa. Mettler Toledo
Der geschwenkte Geräteschutz dient als Fuß
1 Transmittergehäuse **2** Durchflussmesszelle
3 Proben- bzw. Spül-Zulauf **4** Zweiwege-Armatur
5 Proben-Ablauf **6** Anschlusskabel

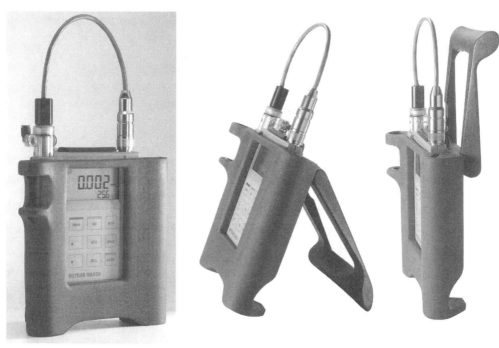

Abbildung 396 Sauerstoffmessgerät InTap^{TM} 4000 im Schutzgehäuse
(nach Fa. Mettler Toledo)
Dargestellt sind verschiedene Aufstellungs- bzw. Tragevarianten

Tabelle 175 Messbereiche und Membranwerkstoffe des O_2-Sensor-Modells 311xx (nach Orbisphere [493])

Membran	2935 A	2952 A	2956 A	2958 A	29521 A	29552 A	2995 A
Werkstoff	Halar®	Tefzel®	PFA	Tefzel®	Tefzel®	PTFE	Tefzel®
Dicke in µm	25	25	25	12,5	125	50	12,5
Messbereich O_2 gelöst	10 ppb... 400 ppm	1 ppb... 80 ppm	0,1 ppb... 20 ppm	1 ppb... 40 ppm	10 ppb... 400 ppm	2 ppb... 80 ppm	50 ppb... 2000 ppm
Messbereich O_2 gasförmig	20 Pa... 1000 kPa	5 Pa... 200 kPa	0,25 Pa... 50 kPa	2 Pa... 100 kPa	20 Pa... 1000 kPa	5 Pa... 200 kPa	100 Pa... 5000 kPa
erforderl. Volumenstrom in mL/min	25	50	180	120	25	50	5

PFA: Perfluor-Alkoxyalkan
Tefzel®: Ethylen-Tetrafluorethylen-Coplymer (ETFE)
Halar®: Ethylen-Chlortrifluorethylen-Coplymer (E-CTFE)

17.3.3.8 Sauerstoff-Sensoren von Orbisphere

Von Orbisphere werden amperometrische Sensoren für die O_2-Messung angeboten. Zur Wirkungsweise gelten sinngemäß die Ausführungen in den Kapiteln 17.3.1 bis 17.3.4.

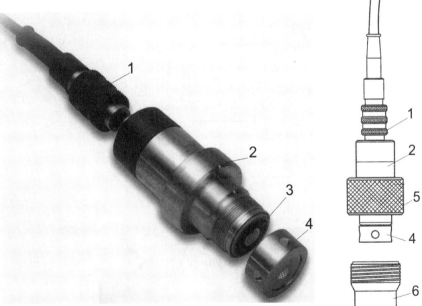

Abbildung 397 O_2-Sensor Modell 311xx (nach [493])
1 Anschlusskabel **2** Sensorgehäuse **3** Membran **4** Schutzkappe **5** Überwurfmutter
6 Verschlusskappe (für Transport/Lagerung)
Der Sensor Modell 311xx (Abbildung 397) wird in verschiedenen Werkstoffkombinationen angeboten, u.a. in Titan, Edelstahl und PEEK. Die Messbereiche und Membranwerkstoffe sind in Tabelle 175 dargestellt.

Der Sensor wird sowohl für tragbare Geräte (O$_2$-Logger 3650 bzw. 3655; Abbildung 401) benutzt als auch für die Onlinemessung. Hierfür stehen verschiedene Einbauvarianten zur Verfügung, beispielsweise als Einschweißstutzen, als Durchflussmesszelle (Abbildung 398) und eine Anschlussplatte für das VARINLINE®-System (Abbildung 399).

Die Auswertung des Messsignals kann auch mit fest installierten Messverstärkern erfolgen (Wand- und Rohrmontage, Schaltschrankeinbau, Abbildung 402).

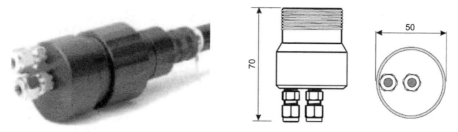

Abbildung 398 Durchflussmesszelle für den O$_2$-Sensor Modell 311xx

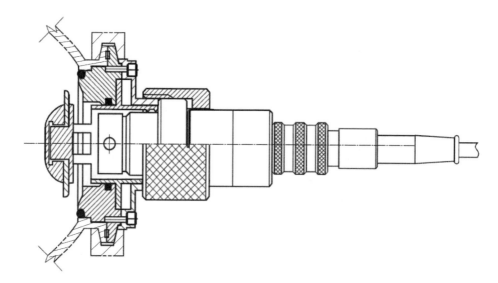

Abbildung 399 Anschlussplatte für die Sensor-Modelle 311xx und MDWL für das VARINLINE®-System (nach Orbisphere [494])

Der Sensor lässt sich bei laufendem Betrieb entfernen, das System schließt sich selbsttätig.

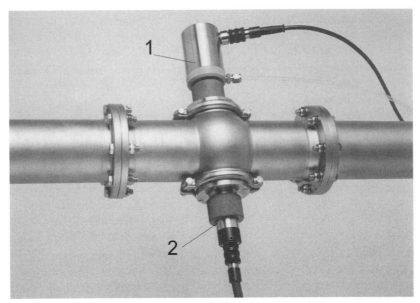

Abbildung 400 Einbau der Sensor-Modelle 311xx (2) und MDWL (1) für die O_2- und CO_2-Messung im VARINLINE®-System (MDLW: Membrangeschützter dynamischer Wärmeleitfähigkeits-Sensor)

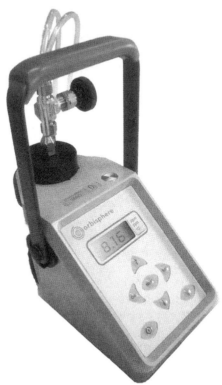

Abbildung 401 O_2-Logger (Orbisphere)

Abbildung 402 Messverstärker und Auswertegerät Serie 410 (Orbisphere)
a Wandmontage b Schaltschrankeinbau

17.3.3.9 Werkstoffe

Dominierender Werkstoff ist Edelstahl, Rostfrei®. Vor allem die Werkstoffnummern 1.4435, 1.4404 und 1.4571 werden eingesetzt.

Die produktberührten Oberflächen der Sensoren werden in der Regel mit einer Rautiefe $R_a \leq 0,4$ µm gefertigt.

Darüber hinaus werden für die Elektroden Glas und Kunststoffe verwendet. Geeignet sind u.a. PTFE (Polytetrafluorethylen; Teflon®), PP (Polypropylen), PEEK (Poly-Ether-Ether-Keton), PVC (Polyvinylchlorid), PES (Polyethersulfon).

Als Dichtungswerkstoffe kommen EPDM (Ethylen-Propylen-Dien-Mischpolymerisat), Silicongummi in Lebensmittelqualität (rot gefärbt, FDA-konform), PTFE und andere fluorhaltige Polymerisate (z. B. Viton®) mit FDA-Zulassung (Food- and Drug-Administration, USA) zur Anwendung.

Dichtungen werden vorzugsweise als O-Ringe (gesprochen Rundringe) gestaltet. Der Einbauort der Dichtung muss so gestaltet werden, dass sie nur definiert gepresst oder gespannt und nicht gequetscht werden kann.

17.3.3.10 Elektrodenreinigung und Wartung

Festinstallierte Sonden können nach dem CIP-Verfahren behandelt werden. Das Gleiche gilt für die Desinfektion/Sterilisation.

Ausführliche firmenspezifische Hinweise zu Installation, Wartung, Kalibrierung, Messung und dem Zubehör der Messeinrichtungen müssen den jeweiligen Handbüchern der Hersteller entnommen werden, die zum Teil im Internet verfügbar sind.

17.3.4 Potenziostatische Sensoren

17.3.4.1 Messprinzip der potenziostatischen Sauerstoffmessung

Die elektrochemische Sauerstoffmessung beruht auf der Reduktion von Sauerstoffmolekülen an einer polarisierten Elektrode gemäß folgenden Beziehungen:

Reaktion an der Kathode:
$$O_2 + 2\,H_2O + 4e^- \rightarrow 4\,OH^- \qquad \text{Gleichung 105}$$
Reaktion an der Anode:
$$4\,OH^- \rightarrow O_2 + 2\,H_2O + 4\,e^- \qquad \text{Gleichung 106}$$

Aus diesen chemischen Reaktionen resultiert ein Strom, dessen Größe proportional zur Sauerstoffkonzentration bzw. dem O_2-Partialdruck ist.

Dies gilt streng genommen nur, wenn der verbrauchte Sauerstoff ausreichend schnell zur Kathode nachgeliefert wird. Die Sauerstoffelektrode verbraucht also laufend Sauerstoff aus der Messlösung. Deshalb sind die Temperatur, die Elektrodenfläche, die Dicke der Grenzfläche, der O_2-Partialdruck und der Durchsatz der Messlösung ebenfalls wichtige Einflussgrößen.

Der Elektrodenstrom I einer Sauerstoffelektrode wird wie folgt bestimmt:

$$I = k \cdot c_{O_2} \qquad \text{Gleichung 107}$$

I = Messstrom in A
c_{O_2} = Sauerstoffkonzentration in g/cm^3
k = Proportionalitätsfaktor in (A · cm^3)/g

$$k = \frac{n \cdot F \cdot D \cdot p_{O_2} \cdot A}{d \cdot M_{O_2}} \qquad \text{Gleichung 108}$$

n = Anzahl der transferierten Elektronen (n = 4)
F = FARADAY-Konstante = $9{,}6485 \cdot 10^4$ A·s/mol ($9{,}6485 \cdot 10^4$ C/mol)
D = O_2-Diffusionskoeffizient der Grenzschicht in cm^3 O_2 · cm/(cm^2·s·bar)
d = Dicke der Diffusionsschicht an der Elektrode in cm
p_{O_2} = O_2-Partialdruck in bar
A = Elektrodenfläche in cm^2
M_{O_2} = molare Konzentration des Sauerstoffs in g/mol

Die Abbildung 403 zeigt das Prinzipschaltbild der elektrochemisch-potenziostatischen Konzentrationsmessung, einem offenen Elektrodensystem ohne Membran.

Messzelle
Die Messzelle beinhaltet die Kathode, die Anode und, durch ein Diaphragma getrennt, die Bezugselektrode.

Ein Temperatursensor (NTC-Widerstand) kompensiert die Temperaturabweichungen des Messgutes.

Die Kathode wird aus einem Edelmetall gefertigt, vorzugsweise aus Silber. Die Anode ist ein korrosionsbeständiger Edelstahl (Edelstahl, Rostfrei®), vorzugsweise die Stahlmarke 1.4571 mit den wesentlichen Legierungselementen Cr, Ni und Mo.

Die Bezugselektrode ist eine Silber/Silberchlorid-Elektrode mit einer konstanten Sollspannung von -600 mV.

Als Elektrolyt dient 15 %ige KCl-Lösung. Der Elektrolyt bzw. die Bezugselektrode wird durch ein Diaphragma vom Messgut getrennt. Als Diaphragma wird ein poröser Keramik-Sinterkörper verwendet, der nur für Ionen bzw. Elektronen durchlässig ist.

Klärung und Stabilisierung des Bieres

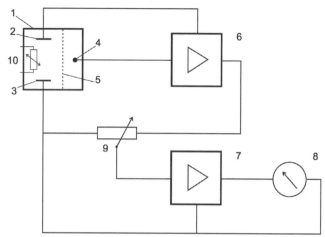

Abbildung 403 Prinzipschaltbild der elektrochemisch-potenziostatischen Konzentrationsmessung
1 Messzelle **2** Kathode **3** Anode **4** Bezugselektrode **5** Diaphragma **6** Potenziostat
7 Messverstärker **8** Messwertanzeige **9** Messbereichsumschaltung und Justierung
10 Temperaturkompensation (NTC-Widerstand)

Potenziostat
Dieser Regelverstärker hält die Sollspannung zwischen Kathode und Anode unabhängig vom Strom durch Vergleich mit der Bezugselektrode konstant, sodass der Strom zwischen den Messelektroden dem Sauerstoffgehalt direkt proportional ist.

17.3.4.2 Messgerät zur potenziostatischen Sauerstoffmessung
In Abbildung 404 ist das Messgerät zur potenziostatischen Sauerstoffmessung schematisch dargestellt. Das modulare Messgerät wird aus einzelnen Blöcken zusammengesetzt, sodass sich kurze Fließwege ergeben. Die Blöcke sind aus transparentem Kunststoff, die Abdichtung übernehmen O-Ringe.

Die Getränkeprobe wird über die Kalibriereinrichtung zur Messzelle geleitet. Der Durchsatz wird mit einem Feinregulierventil eingestellt (der Sollwert wird auf $\dot{V}$ = 10 L/h eingestellt), Abweichungen vom Sollwert werden durch einen Durchflusssensor erfasst und kompensiert. Abweichungen von der Messtemperatur werden mittels eines NTC-Widerstandes ausgeglichen.

Die Messbereiche sind: 0...20 µg/L, 0...200 µg/L, 0...2 mg/L und 0...20 mg/L, die Messungenauigkeit liegt bei ± 1 % vom Messbereichsendwert.

Der maximale Messgutdruck kann 12 bar betragen, die (kompensierte) Messguttemperatur 0...50 °C.

Der Messwert wird kann über Schnittstellen (RS 232, RS 485) oder als Signal 4...20 mA einer SPS bereitgestellt werden.

Mess- und Automatisierungstechnik

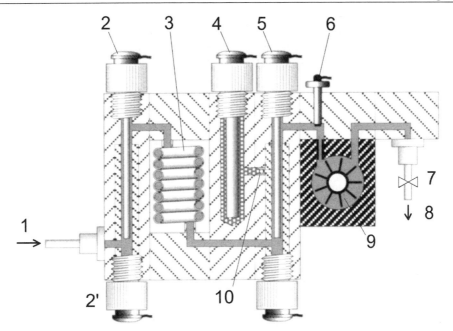

Abbildung 404 Messgerät „DIGOX" schematisch (nach Fa. Dr. Thiedig)
1 Probeeinlauf **2, 2'** Kalibrierelektroden **3** Ausgleichsstrecke **4** Bezugselektrode
5 Messzelle mit Kathode und Anode **6** Temperaturkompensationswiderstand
7 Drosselarmatur **8** Probeauslauf **9** Durchflusssensor **10** Diaphragma

Für den stationären Einsatz (Onlinemessung) kann der erforderliche ständige Durchfluss durch den Sensor mittels einer Staudüse (Abbildung 405) realisiert werden, die für einen Differenzdruck von ca. 0,3 bar ausgelegt ist (die Anpassung an den erforderlichen Differenzdruck kann durch Variation der Durchmesser der Staudüse erfolgen).

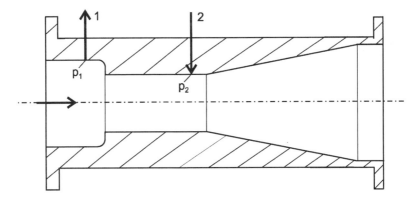

Abbildung 405 Staudüse, schematisch
1 Zulauf zum Sensor **2** Rücklauf vom Sensor; es gilt $p_1 > p_2$

Klärung und Stabilisierung des Bieres

17.3.4.3 Kalibrieren des Sensors

Die Kalibrierung des Messgerätes erfolgt durch eine Elektrolysezelle (s.a. Abbildung 404), die sich im Messgutstrom befindet. Ein definierter Strom wird für die Elektrolyse des Wassers eingesetzt und die freigesetzte Sauerstoffmenge wird für die Kalibrierung genutzt.

Nach dem 1. *Faraday*'schen Gesetz ist die entstehende Sauerstoffmenge proportional zum Strom:

$$I = k \cdot c_{O_2} = n \cdot F \cdot c_{O_2} \qquad \text{Gleichung 109}$$

$$c_{O_2} = \frac{I}{n \cdot F} \qquad \text{Gleichung 110}$$

I = Strom in A
c_{O_2} = Sauerstoffmenge in mol
n = Zahl der beteiligten Elektronen
F = *Faraday*-Konstante = 96485 A · s/mol

Aus Gleichung 110 folgt die abgeschiedene Sauerstoffmenge bei einem Strom von 1 A zu:

$$c_{O_2} = \frac{1\,A \cdot mol}{4 \cdot 96485\,A \cdot s} = 2{,}591 \cdot 10^{-6}\,mol/s = 9{,}328 \cdot 10^{-3}\,mol/h$$

$$= \underline{0{,}2985\,g\,O_2/h}$$

Beträgt im Beispiel der Durchfluss 10 L/h, dann wird das durchlaufende Fluid um 29,85 mg O_2/L angereichert. Durch die Variation des Stromes kann für die Kalibrierung jede gewünschte Sauerstoffmenge/L eingestellt werden.

Der übliche Kalibrierstrom wird auf 16,85 mA eingestellt. Damit wird die O_2-Konzentration um 0,5 mg/L erhöht.

17.3.5 Sensor mit Festelektrolyt

ZrO_2-Zellen nutzen die Eigenschaft speziell dotierter Zirkondioxid-Materialien, als „Festelektrolyte" zu reagieren. Diese Festkörper können bei hohen Temperaturen Ionen leiten; wie man es von wässrigen Lösungen kennt. Ein wichtiger Unterschied ist jedoch, dass nur Sauerstoffionen transportiert werden können.

Von der Wirkungsweise her sind zwei unterschiedliche Typen zu unterscheiden: die potenziometrische Zelle (auch λ-Sonde genannt) und amperometrische Zelle (auch Stromzelle genannt). Abbildung 407 zeigt eine potenziometrische Zelle (nach [495]).

Bezugs- und Messelektrode befinden sich in zwei unterschiedlichen Gasräumen mit unterschiedlichem Sauerstoffpartialdruck. Die beiden Räume werden durch das gasdichte Festelektrolytrohr getrennt.

Mess- und Automatisierungstechnik

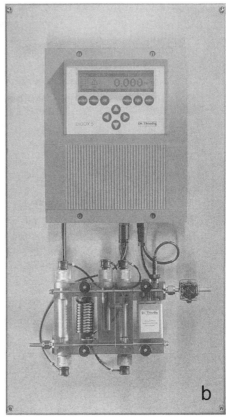

Abbildung 406 Sauerstoffmessgerät Digox 5
(nach Fa. Dr. Thiedig, Berlin)
a tragbares Gerät für den mobilen Einsatz
b stationäre Ausführung

An den Elektroden entsteht eine Spannung, die der Sauerstoffpartialdruckdifferenz proportional ist. Es gilt die *Nernst*-Gleichung:

$$U_{eq} = \frac{R \cdot T}{4F} \ln \frac{p_{(O_2)'}}{p_{(O_2)''}} \qquad \text{Gleichung 111}$$

U_{eq} = EMK in Volt
R = allgemeine Gaskonstante
T = Temperatur in K
F = *Faraday*-Konstante
$p_{O2'}$ = Sauerstoffpartialdruck innerhalb des Rohres
    (z. B. Luft)
$p_{O2''}$ = Sauerstoffpartialdruck außerhalb des Rohres
    (Messgas)

Charakteristische Merkmale der verschiedenen Zellen

- *Potenziometrische* ZrO_2-Zellen zeichnen sich besonders durch drei grundsätzliche Merkmale aus:
  - Da für die Zellen thermodynamische Gesetze gelten, sind sie kalibrierfrei (Berechnung der Sauerstoffkonzentration oder des Sauerstoffpartialdrucks nach eindeutigen Gleichungen der Thermodynamik);
  - Hohe Messdynamik sowohl bezüglich des Messbereichs (0,01 ppm bis 100 Vol.-%) als auch der Ansprechzeit (t_{90} kleiner 1 s);
  - Hohe Langzeitstabilität.

Die Zelle misst in Inertgasen den freien Sauerstoff und in reduzierenden Gasen den „gebundenen" Sauerstoff (s.u.).
Als Anwendungseinschränkungen sind zu nennen:
  - Brennbare Gasbestandteile werden an der heißen Messelektrode katalytisch umgesetzt, es wird der Gleichgewichtssauerstoff gemessen. Freier Sauerstoff in reduzierenden Gasen kann nicht gemessen werden.
  - eine Referenz ist erforderlich

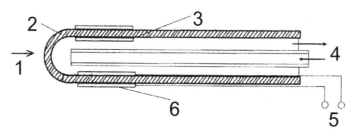

Abbildung 407 Potenziometrische Messzelle (nach Fa. Zirox [495])
1 Messgas **2** ZrO_2-Rohr **3** Bezugselektrode aus Pt **4** Luft **5** Spannung **6** Messelektrode aus Pt

- *Amperometrische* Zellen bieten folgende Vorteile:
  - Keine Referenz erforderlich;
  - Lineares Signal zur Sauerstoffkonzentration.

Als Anwendungseinschränkungen sind zu nennen:
  - Eingeschränkter Messbereich (abhängig von der Dimensionierung der Diffusionsbarriere);
  - Jeder Sensor muss kalibriert werden;
  - In reduzierenden Gasen verbrennen die reduzierenden Gasbestandteile an der heißen Diffusionsbarriere und stören das Messprinzip. Es wird weder der freie noch der Gleichgewichtssauerstoff gemessen.

Es ist zwischen zwei verschiedenen Zuständen des Sauerstoffs im Messgas zu unterscheiden:

Freier Sauerstoff: Die Sauerstoff-Moleküle im Gas liegen unabhängig ohne jede Bindungsbeziehung zu den anderen Gasbestandteilen (Inertgase wie z. B. N_2 oder Ar) vor. Im Verbrennungsmotor spricht man in dem Falle von einem „magerem Gemisch".

Gebundener Sauerstoff: Im Gas gibt es keine freien Sauerstoff-Moleküle, sondern nur in gebundener Form, z. B. als Wasserdampf. Bei höheren Temperaturen erfolgt eine Dissoziation und es sind dann Sauerstoff-Moleküle vorhanden. Da der Dissoziationsgrad mit der Temperatur steigt, ist auch das Messergebnis von der Temperatur abhängig. Im Verbrennungsmotor liegt ein „fettes Gemisch" vor.

Für die Messung geringer Sauerstoffkonzentrationen wird in der Regel die potenziometrische Messzelle eingesetzt, beispielsweise um die Reinheit des CO_2 der CO_2-Rückgewinnungsanlage zu überwachen.

17.3.6 Optische Sensoren

Die optische Sauerstoffmessung ist eine nicht invasive Methode. Während der Messung findet keine elektrochemische Reaktion statt. Die Funktionsweise des optischen Sauerstoffsensors beruht auf einer Methode der optischen Erkennung, der so genannten Fluoreszenzlöschung. Geeignete Farbstoffe werden am Ende einer Glasfaser immobilisiert. Der molekulare Sauerstoff verändert beispielsweise die Fluoreszenz des Farbstoffes proportional zu seiner Konzentration. Hierzu siehe auch Abbildung 408 bis Abbildung 411.

Der Sensor ist für die Onlinemessung geeignet, kann aber auch für Offlinemessungen im Laboratorium eingesetzt werden.

Eine Einführung in die Thematik der faseroptischen Sauerstoffsensoren gibt [496]. Mikro- und nicht invasive Sensoren, die dieses Messprinzip nutzen, werden beispielsweise von [497] gefertigt. Der Sensor PSt 3 ist z. B. für einen Messbereich von 0... 22 mg O_2/L einsetzbar. Die Auflösung beträgt $(0,09 \pm 0,005)$ ppm; $(2,72 \pm 0,01)$ ppm; $(9,1 \pm 0,05)$ ppm; $(22,6 \pm 0,15)$ ppm. Die Sensoren sind CIP- und SIP-fähig.

Die Luminiszenz-Intensität des Sensors wird durch die Gleichung nach *Stern-Volmer* beschrieben [497].

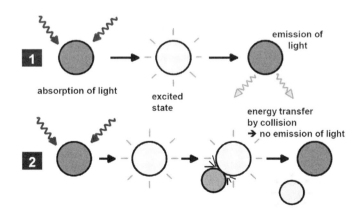

Abbildung 408 Prinzip der Wirkung molekularen Sauerstoffes (nach [497])
1 Luminiszenzprozess bei Abwesenheit von Sauerstoff
2 Deaktivierung des Luminiszenzindikators durch molekularen Sauerstoff

Klärung und Stabilisierung des Bieres

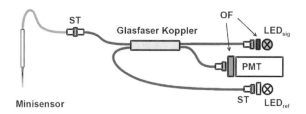

Abbildung 409 Messanordnung schematisch (nach [497])
LED_{sig} Lichtemitterdiode LED_{ref} Referenz-LED OF optische Filter ST Glasfaserverbinder PMT Photomultiplier

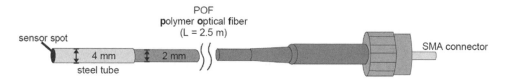

Abbildung 410 Minisensor, schematisch (nach [497])

Abbildung 411 Sensor an einem Schauglas (nach [497])

Mess- und Automatisierungstechnik

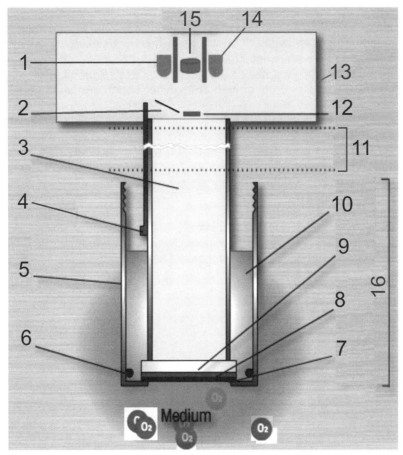

Abbildung 412 Messprinzip der Sauerstoff-Messung mit einem optischen Sensor
(nach Mettler Toledo)
1 Referenz-LED 2 Spiegel 3 Fiberoptik 4 Temperatursensor 5 Überwurfhülse
6 O-Ring 7 Optische Isolierung (schwarzes Silikon) 8 Optische Schicht mit Chromophor 9 Glas 10 Metallkörper 11 Verbindung OptoCap und Sensorkopf 12 Optisches Filter 13 Sensorkopf 14 Anregungs-LED 15 Detektor 16 OptoCap

Grundprinzip
Im Gegensatz zur amperometrischen und potenziometrischen Methode basiert die optische Messung nicht auf einer chemischen Reaktion und Strommessung, sondern auf der dynamischen Fluoreszenzlöschung. Ein Chromophor (s.a. Abbildung 412, Pos. 8) in der Sensorspitze wird mit blauem Licht angestrahlt (Pos. 14; s.a. Abbildung 413). Dieses Chromophor nimmt die Energie auf und emittiert, wenn kein Sauerstoff präsent ist, nach einer bestimmten Zeitverzögerung und für eine bestimmte Dauer rotes Fluoreszenzlicht. Das emittierte Licht wird vom Detektor im Sensorkopf erkannt. Wenn Sauerstoff vorhanden ist, überträgt das Chromophor die Energie auf das Sauerstoffmolekül (dynamische Löschung). Das Sauerstoffmolekül gibt diese Energie dann als Wärme an die Umgebung ab und es findet keine Fluoreszenz statt.

Die Gesamtintensität und Dauer der Fluoreszenz sind vom Sauerstoffpartialdruck im Medium abhängig. Zur Analyse der Fluoreszenzdauer wird das Anregungslicht mit einer konstanten Frequenz getaktet, das emittierte Licht weist denselben Verlauf, jedoch mit einer zeitlichen Verzögerung im Vergleich zum Anregungslicht auf. Diese Zeitverzögerung (s.a. Abbildung 413) wird als Phasenverschiebung oder Phasenwinkel (φ) bezeichnet. Die Phasenverschiebung zwischen Anregung und Fluoreszenz nimmt mit abnehmender Sauerstoffkonzentration zu. Die Sauerstoffkonzentration wird berechnet und in digitaler Form an den Transmitter übertragen und in der gewünschten Messgröße angezeigt.

Die Phasenverschiebung (Verzögerung der Fluoreszenz) steht in direkter Beziehung zur Sauerstoffkonzentration (Quencher, d.h. Fluoreszenzlöscher). Es liegt jedoch keine Linearität vor, wie bei den amperometrischen Sensoren. Die Grundlage der Berechnung des Kurvenverlaufs basiert auf der *Stern-Volmer*-Gleichung. Deshalb muss eine sensorspezifische Kalibrierung erfolgen (s.a. Abbildung 414). Empfohlen wird eine 2-Punkt-Kalibrierung und -Justierung, durch die eine hohe Messgenauigkeit des Sensors erreicht wird.

Die *Stern-Volmer*-Gleichung beschreibt die Abhängigkeit der Quantenausbeute bzw. der Intensität der Fluoreszenz eines fluoreszierenden Farbstoffes von der Konzentration von Stoffen, die die Fluoreszenz löschen (sogenannte Quencher) [498].

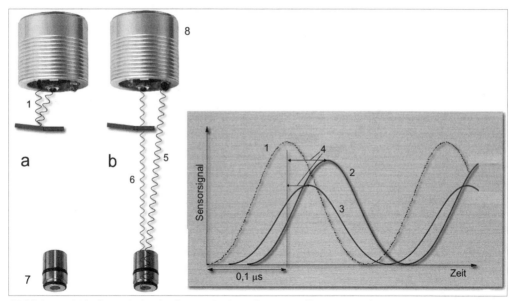

Abbildung 413 Grundprinzip der optischen Sauerstoffmessung (nach Mettler Toledo)
a Gewinnung des Referenzsignals **b** Messung des Sauerstoffgehaltes
1 Referenzsignal/Anregungslicht **2** Signal bei geringem O_2-Gehalt **3** Signal bei höherem O_2-Gehalt **4** Verzögerungszeit **5** Blaues Anregungslicht **6** Rotes Fluoreszenzlicht **7** OptoCap **8** Sensorkopf

Mess- und Automatisierungstechnik

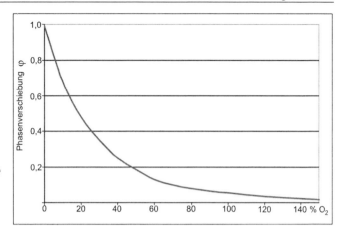

Abbildung 414 Kalibrierkurve nach Stern-Volmer (nach Mettler Toledo)

Aufbau des Sensors
Sensorkopf und -schaft können nicht getrennt werden. Die OptoCap ist im optischen System integriert (Abbildung 415). Der Sensor wird mit einer sehr genauen Werkskalibrierung geliefert und kann auch als vorkalibrierter Sensor vorrätig gehalten und bei Bedarf eingesetzt werden. Tabelle 176 zeigt die technischen Daten des Sensorsystems.

Im Sensorkopf werden alle relevanten Daten (z. B. Seriennummer, Artikelnummer, Software-Version, Kalibrierdaten) gespeichert und automatisch an den Messverstärker (Transmitter) übermittelt.

Als Transmitter wird der Typ M400 eingesetzt. Dieser Messverstärker unterstützt die intelligente Sensor-Management-Technologie („ISM") des Sensors, sodass alle relevanten Daten, die im Sensorkopf gespeichert sind (Kalibrierhistorie des Sensors, Zähler der CIP-/SIP-Prozesse) abgerufen werden können.
Der optische Sauerstoffsensor zeichnet sich durch folgende Eigenschaften aus:
- Kein Elektrolyt oder Polarisation;
- Lange Standzeiten;
- Wechsel vor Ort ist in wenigen Sekunden möglich;
- Vorkalibriert lagerfähig, sofort einsetzbar;
- Wartungsaufwand sehr gering und selbsterklärend;
- Robuste Ausführung;
- Kein Undichtigkeitsrisiko.

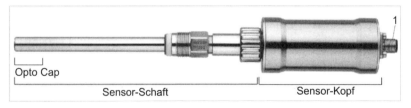

Abbildung 415 Sauerstoffsensor InPro 6970i (Mettler Toledo), rechts wird die Opto Cap gezeigt.
1 Anschluss für Transmitter

663

Der Prozessanschluss des Sensors kann zum Beispiel wahlweise sein:
- eine Armatur für das VARINLINE®-Gehäuse von GEA *Tuchenhagen*;
- eine Armatur für das APV®-Gehäuse von *APV/Invensys*;
- eine Armatur mit Tri-Clamp-Anschluss 1 1/2" oder 2";
- ein Anschlusssystem BioConnect®/Biocontrol® [492];
- ein Einschweißstutzen Ø 25 mm der Fa. *Ingold/Mettler Toledo*.

Der Sensor kann natürlich auch in einer Wechselarmatur eingesetzt werden, wie z. B. InTrac 777e.

Tabelle 176 Technische Daten des Sensors InPro 6970i (nach Mettler Toledo)

Messprinzip	optisch
Messbereich	2 ppb ... 2 ppm
Messgenauigkeit	± (2 ppb + 1 % vom Messwert)
Ansprechzeit T 98 Luft →N_2	< 20 s
Prozesstemperatur	-5 ... 60 °C
Sterilisiertemperatur	≤ 121 °C
Prozessdruck	≤ 12 bar
Werkstoffe	Edelstahl 1. 4404 (316 L) Membrane: Silicon Dichtungen: EPDM (FDA gelistet)

Wartung
Die Wartung des Sensors erfolgt nach den Vorgaben des Herstellers. Zur Überprüfung der korrekten Sensorfunktion ist eine periodische 2-Punkt-Kalibrierung empfehlenswert. Oft reicht auch eine Nullpunktüberprüfung aus. Der Nullpunkt wird mit Hilfe von Stickstoff- oder Kohlendioxid-Kalibriergasen (Reinheit von mindestens 99,995 %) oder in einem mit diesen Gasen gesättigten Messmedium überprüft. Nach 2 Minuten in einem sauerstofffreien Messmedium sollte der Sensor weniger als 10 % und nach 10 Minuten weniger als 1 % des Luftmesswertes liefern.

Kalibrierung
Die hohe Genauigkeit des Sensors erfordert eine genaue Kalibrierung und Justierung. Daher sollte immer eine 2-Punkt-Kalibrierung bevorzugt werden. Diese ist eine Kombination aus Ein-Punkt-Kalibrierung an Luft und Nullpunktüberprüfung.

Nach Erreichen eines stabilen Signals wird der Sensor mit dem jeweiligen Transmitter auf den 100-%-Wert der gewünschten Messgröße kalibriert (z. B. 100 % Luft: 20,95 % O_2 oder 8,26 ppm bei 25 °C und Normaldruck; siehe Anleitung zum Transmitter). Bei der Nullpunktbestimmung wird zusätzlich das gesamte System auf eine 0-%-Wert der gewählten Messgröße kalibriert und justiert.

17.4 Messung des CO_2-Gehaltes

Die Menge des in einem Getränk gelösten Kohlendioxides ist ein wichtiges Qualitätsmerkmal, das deshalb regelmäßig überprüft werden muss. Dabei kommt es bei der Messung in einer Anlage oder in einem Unternehmen weniger auf den absoluten CO_2-Gehalt im Getränk an, als vielmehr auf die Konstanz und die Reproduzierbarkeit des gewünschten Wertes, vor allem, wenn der Messwert als Regelgröße für Carbonisieranlagen genutzt wird.

Bei der CO_2-Gehaltsmessung interessiert vor allem der CO_2-Gehalt des Getränks nach der Imprägnierung bzw. vor der Abfüllung oder in dem gefüllten Gebinde unmittelbar nach der Füllung, aber auch die Verluste, die durch den Druckausgleich mit dem Kopfraum entstehen, sind interessant.

Grundsätzlich muss zwischen der *Onlinemessung* und der *Offlinemessung* unterschieden werden.

Die *Offlinemessung* dient der regelmäßigen Kontrolle der laufenden Produktion. Die Messung wird im Allgemeinen intervallmäßig nach Bedarf oder nach festgelegten Prüfplänen vorgenommen. Die Messwerte dienen der Qualitätsstatistik, sie werden aber bei erkannten Abweichungen vom Sollwert auch für die Korrektur der Anlagenbetriebsparameter genutzt. Die Offlinemessung erfolgt entweder vor Ort mit tragbaren Messgeräten aus der Produktleitung bzw. einem Behälter oder die gesammelten Proben/gefüllten Gebinde werden zentral im Laboratorium einzeln untersucht. Die Proben werden mindestens als Doppelprobe oder als Messreihe mit mehreren Proben, ggf. nach Stichprobenplänen, geprüft und dokumentiert.

Bei der Messung in abgefüllten Gebinden muss beachtet werden, dass bei der Messung in der flüssigen Phase nur die aktuell gelöste Kohlensäure erfasst wird. Dieser Wert ist in der Regel etwas kleiner als der Wert der Gesamtkohlensäure, weil ein Teil bis zum Erreichen des Gleichgewichtes in den Gasraum des Gebindes diffundiert. Dieser Anteil muss bei einer genauen Bilanzmessung mit erfasst werden. Er ist vor allem vom Volumen des Gas- bzw. Messraumes abhängig.

Die *Onlinemessung* erfolgt vorzugsweise direkt im Produktstrom („inline") als kontinuierliche Messung oder als diskontinuierliche Einzelmessung, bei der sich bei einer genügend hohen Probenahmefrequenz dann auch eine quasikontinuierliche Messung ergibt. Unter Umständen wird im Bypass gemessen. In diesem Fall muss dafür gesorgt werden, dass der Messwert mit möglichst geringer zeitlicher Verzögerung verfügbar ist, um ihn bei Bedarf als Stell- oder Regelgröße verwenden zu können. Geringe zeitliche Verzögerungen lassen sich durch kurze Verbindungsleitungen, große Fließgeschwindigkeiten und kleine Nennweiten erzielen. Der Online-Messwert wird in der Regel als Stell- oder Regelgröße für die Imprägnierung benutzt.

Eine Übersicht über die eingesetzte Messtechnik gibt Tabelle 177.

Die üblichen CO_2-Gehalte liegen bei untergärigen Flaschenbieren bei etwa 5...6 g/L, bei obergärigen bei 6...9 g/L. Untergärige Fass- bzw. Kegbiere werden in der Regel auf Werte $\leq 5{,}2$ g/L eingestellt. Dosenbiere dürfen nur CO_2-Gehalte von $\leq 5{,}2$ g/L haben, wenn sie in einem Tunnelpasteur pasteurisiert werden sollen (Gefahr des Ausbeulens der Dosen). Bei alkoholfreien Erfrischungsgetränken sind Werte von 5...10 g/L üblich, bei „stillen" Getränken sind es in der Regel nur ≤ 4 g/L.

Tabelle 177 *Übersicht über die CO_2-Messtechnik in der Getränkeindustrie*

	Messverfahren	Messprinzip	Methode nach	Lit. z. B.
Offlinemessung	\multicolumn{3}{} Referenzmessung im Labor: siehe auch MEBAK [499].		
Offlinemessung	Chemische Bestimmung	Titration des CO_2	Blom und Lund; Postel und Drawert	[499] [500]
Offlinemessung	Messung in einer Probemenge (Flasche, Dose, abgetrenntes Probevolumen)	Messung des Partialdruckes der Kohlensäure bei bekannter Temperatur in der Gasphase	„Schüttelmethode"	[505]
Offlinemessung	Messung in einer Probemenge (Flasche, Dose, abgetrenntes Probevolumen)	Messung des Partialdruckes der Kohlensäure bei bekannter Temperatur in der flüssigen Phase	direkte Messung des Partialdruckes in einer abgetrennten Probemenge	[501] [507] [508]
Offlinemessung	Messung in einer Probemenge (Flasche, Dose, abgetrenntes Probevolumen)	Messung des Partialdruckes der Kohlensäure bei bekannter Temperatur in der flüssigen Phase	indirekte Messung des Partialdruckes durch Membransensor	[503]
Onlinemessung	Messung in einer abgetrennten Probemenge; quasikontinuierliche Messung	Messung des Partialdruckes der Kohlensäure in der flüssigen Phase bei bekannter Temperatur	direkte Messung des Partialdruckes in einer abgetrennten Probemenge	[501] [508]
Onlinemessung	Membransensor	Messung des Partialdruckes/der Kohlensäurekonzentration in der flüssigen Phase bei bekannter Temperatur in einem Membranraum	indirekte Messung des Partialdruckes durch Membransensor	[502] [503] [504]

17.4.1 Bestimmung des CO_2-Gehaltes durch Titration

Die Kohlensäure des Getränks wird durch Zugabe einer Laugemenge chemisch gebunden. Durch Zugabe einer Säure zur aliquoten Getränkemenge wird das CO_2 wieder freigesetzt, mit CO_2-freier Luft oder Stickstoff in Bariumhydroxid ($Ba(OH)_2$) übergeleitet und gebunden. Das nicht verbrauchte Bariumhydroxid wird zurücktitriert, aus der Differenz zur ursprünglichen Menge wird der CO_2-Gehalt des Getränks errechnet. Neben diesem Analysenverfahren nach *Blom & Lund* ([499]; Referenzmethode der EBC) werden auch ähnliche Verfahren praktiziert. Beachtet werden muss, dass der Gasraum über der Untersuchungsflüssigkeit ebenfalls CO_2 enthält, das bei exakten Messungen mit erfasst werden muss. Solange sich nur CO_2 in der Gasphase befindet, kann die CO_2-Menge bei bekanntem Gasvolumen aus dem Gleichgewichtsdruck berechnet werden. Sind weitere Gase wie Sauerstoff oder Stickstoff vorhanden, müssen diese quantitativ ermittelt und bei der Berechnung beachtet werden. Gleiches gilt auch für die Berücksichtigung des Wasserdampf- und ggf. des Ethanol-Partialdruckes.

Diese Labor-Methode ist relativ zeitaufwendig, aber genau. CO_2-Sensoren können damit kalibriert werden.

17.4.2 Bestimmung des CO_2-Gehaltes durch Messung des CO_2-Partialdruckes in der Gasphase

Bei dieser Variante wird das Gesetz von *Henry* genutzt. Es besagt, dass sich im Gleichgewichtszustand bei gegebener Temperatur der Partialdruck eines (idealen) Gases in der Gasphase proportional zur gelösten Gasmenge in der Flüssigkeit verhält (s.a. Gleichung 113).

Bedingung für die direkte Auswertung ist, dass nur eine Gasart vorhanden ist. Ggf. müssen Fremdgase (O_2, N_2) getrennt bestimmt und bei der Berechnung beachtet werden. Dabei gilt das Gesetz von *Dalton*, nachdem die Summe der Partialdrücke der beteiligten Gase dem Gesamtdruck der Gasmischung entspricht (s.a. Gleichung 115).

Zum Teil werden die Fremdgase vor der eigentlichen Messung durch Druckentlastung des Kopfraumes oder durch Spülung mit CO_2 definiert entfernt (s.u.) und bei der Auswertung berücksichtigt.

Der Gleichgewichtszustand kann zum Beispiel durch Schütteln oder Drehen des Gebindes (Flasche oder Dose) mit einer Vorrichtung erreicht werden (z. B. [505]).

Die Temperatur und der Gleichgewichtsdruck müssen möglichst genau bestimmt werden, da die gesuchte Messgröße CO_2-Gehalt von diesen Parametern bestimmt wird. Infolge der Wärmeleitung müssen zur Vermeidung von Messfehlern die Getränketemperatur und die Raumtemperatur möglichst übereinstimmen. Außerdem muss der Löslichkeitskoeffizient (Synonym: Absorptionskoeffizient) für Kohlendioxid in der zu untersuchenden Flüssigkeit/dem Getränk bekannt sein. Dieser wird u.a. von der Temperatur, dem Druck und den Inhaltsstoffen bestimmt (s.u.).

Im einfachsten Fall werden spezielle Tabellen, Rechenschieber oder -scheiben benutzt oder der CO_2-Gehalt wird nach speziellen Gleichungen berechnet (s.u.), für deren Lösung programmierbare Rechner bzw. Tabellenkalkulationsprogramme sehr hilfreich sind.

Bei Verwendung von Sensoren für Druck und Temperatur kann der CO_2-Gehalt automatisch durch einen integrierten Prozessor berechnet, bei Bedarf gespeichert oder für die Regelung des CO_2-Gehaltes genutzt werden.

Ein Vorteil der CO_2-Bestimmung durch Messung des Kopfraumdruckes ist die relativ einfache Messapparatur, die für Routinebestimmungen bei sachgerechter Ausführung durchaus ihre Berechtigung hat.

Druckmessung

Die Druckmessung kann mit einem Feinmessmanometer (Nenngröße 160 [NG 160], Klasse 1 oder noch besser Klasse 0,6; die Klasse 1,6 ist nicht gut geeignet) erfolgen (Feinmessmanometer sind empfindliche Messgeräte und es muss mit ihnen sorgfältig umgegangen werden; sie sind genau senkrecht zu befestigen). Wesentlich günstiger ist die Nutzung eines Druckmessumformers (Drucksensors) mit entsprechender Auflösung des Messwertes und dessen automatischer Auswertung. Damit werden Ablesefehler vermieden und die Messgenauigkeit ist größer. Ein wesentlicher Vorteil des Drucksensors ist, dass er unmittelbar an das Probevolumen angeschlossen werden kann. Damit wird ein unnötiger, störender Gasraum ausgeschlossen, der sich beim Einsatz eines Manometers nicht verhindern lässt. Der unvermeidliche Gasraum setzt sich bei einem Manometer aus der Messleitung und dem inneren Volumen des Messwerkes (*Bourdon*-Feder) zusammen.

Es muss immer mit dem Absolutdruck gerechnet werden, d.h., dass zum am Manometer abgelesenen Wert des Überdruckes der aktuelle Luftdruck addiert werden muss.

Temperaturmessung

Die Temperaturmessung kann im einfachsten Fall durch ein geeichtes oder zu mindestens kalibriertes Flüssigkeitsthermometer (z. B. Hg-Thermometer) erfolgen. Günstiger ist die Verwendung eines Temperatursensors (z. B. Pt 100-Widerstandsthermometer), der die automatische Berechnung des Messwertes ermöglicht und Ablesefehler vermeidet. Die Temperatur sollte auf ± 0,1 K genau gemessen werden können.

Wichtig ist es, die Sensoren bzw. Messgeräte für Temperatur und Druck regelmäßig zu prüfen und ggf. zu justieren (Kalibrierung). Die Prüfung sollte aktenkundig erfolgen.

Das „Schütteln" der Probe wird vorteilhaft mechanisiert bzw. bei Onlinemessgeräten automatisiert. Dadurch steigt die Reproduzierbarkeit der Messungen und Einflüsse durch das „Personal" (Schüttelintensität, Schüttelzeitunterschiede, Erwärmung durch die Körpertemperatur u.a.) werden ausgeschlossen. Ein Beispiel für diese Bestimmungsvariante ist die Messeinrichtung der Fa. Steinfurth, bei der die Flasche oder Dose in eine Drehvorrichtung eingespannt und reproduzierbar gedreht wird (s.a. [505]).

Mögliche Fehlerquellen bei der Bestimmung des CO_2-Partialdruckes in der Gasphase

Neben den bereits genannten Messfehlern bei der Temperatur- und Druckmessung, die sich nach den Gesetzen der Fehlerfortpflanzung auswirken, sind es vor allem die möglichen Fremdgase (beispielsweise Stickstoff oder Sauerstoff, aber auch als Funktion der Messtemperatur der Wasser- und ggf. Ethanol-Dampf), die einen Messfehler verursachen. Die Fremdgase können im Getränk gelöst sein, sie können sich auch nur im Kopfraum des Gebindes befinden.

Neben der separaten Erfassung der Fremdgase aus dem Kopfraum ist auch die „Spülung" des Kopfraumes und des angeschlossenen Sensorkopfes mit CO_2 bei atmosphärischem Druck vor dem Druckausgleich möglich. Beispielsweise kann mehrfach mit reinem CO_2 vorgespannt werden (z. B. auf 5 bar) und danach wird auf atmosphärischen Druck entspannt. Damit wird der Partialdruck der Fremdgase nach jeder Druckentlastung auf 1/5 gesenkt. Bedingung ist ein ruhendes Gebinde, weil damit die CO_2-Diffusion in das Getränk vernachlässigt werden kann.

Selbstverständlich muss der aktuelle Luftdruck bei der Messung berücksichtigt werden, da immer mit dem Absolutdruck gerechnet wird.

Die manometrische Bestimmung des CO_2-Gehaltes in Getränken und die Auswertung der Messergebnisse wurde ausführlich in der Fachliteratur [506] behandelt, auf diesen Beitrag muss deshalb an dieser Stelle verwiesen werden.

Die Messgenauigkeit der Temperatur- und Druckmessung ist eine wesentliche Voraussetzung für eine hinreichend genaue Messung. Beispielsweise beträgt bei einem Manometer der Klasse 1,6 bei einem Messbereichsendwert von 10 bar die Messunsicherheit bereits ± 0,16 bar. Dieser Fehler wird dann bei einem Messwert von 4 bar bereits zu einem relativen Fehler von 4 % $\hat{=}$ ± 0,24 bar, zu viel für eine verlässliche Messung (bei einem Manometer der Klasse 0,6 verringert sich im vorliegenden Beispiel die Messunsicherheit auf ± 0,06 bar bzw. auf einen relativen Fehler von 1,5 % $\hat{=}$ ± 0,09 bar).

Vorteilhaft ist es deshalb wegen der genannten Gründe, nicht in der Gasphase nach Erreichen des Druckausgleiches zu messen, sondern in der Flüssigphase und möglichst unmittelbar nach der Füllung der Gebinde, ehe die Fremdgase aus dem Kopfraum in das Getränk diffundieren können (s.a. den folgenden Abschnitt).

17.4.3 Bestimmung des CO_2-Gehaltes durch Messung des CO_2-Partialdruckes in der flüssigen Phase

Die Messung des CO_2-Partialdruckes zur CO_2-Bestimmung kann vorteilhaft in der flüssigen Phase, also im Getränk, erfolgen. Dabei stören die Fremdgase im Kopfraum des Gebindes nicht, zu mindestens nicht in frisch gefüllten Flaschen oder Dosen. Eventuell im Getränk vorhandene Fremdgase müssen natürlich bei der Auswertung der Messergebnisse berücksichtigt werden.

Die Messung kann in zwei Varianten erfolgen:
- durch die direkte Messung des Partialdruckes in der flüssigen Phase und
- durch die indirekte Messung mittels eines Membransensors.

Dazu muss die Getränkeprobe dem Messgerät zugeführt werden, zum Beispiel mit einem Spanngas, oder der Sensor wird „inline" in dem Produktstrom installiert (Onlinemessung).

Direkte Messung des Partialdruckes in der flüssigen Phase
Die Messung beruht darauf, dass die zu untersuchende Probe in einem Messraum von der übrigen Flüssigkeit abgetrennt wird. Die Messung wird dann entweder bei
- konstantem Messraumvolumen durchgeführt oder
- das Messraumvolumen wird nach der Probenentnahme vergrößert.

Wird der Messraum vom Messgut umströmt oder ist er ausreichend groß und verfügt über eine geringe Wärmeleitung, kann bei kurzen Messzeiten auf eine gesonderte Thermostatierung verzichtet werden.

Direkte Messung des Partialdruckes in der flüssigen Phase bei konstantem Messraumvolumen
Dieses Messprinzip wird zum Beispiel beim CO_2-Gehaltemeter der Fa. Haffmans genutzt [501]. Das Messgerät wird für den Einbau in Anlagen und als transportables Gerät gefertigt (s.a. Abbildung 416).

Die Probe wird in eine Messkammer eingebracht (Einlauf unten, Auslauf oben; „selbstentlüftend") und der Messraum wird geschlossen.

Durch Zufuhr von elektrischer Energie (ein kurzer elektrischer Impuls elektrolysiert eine kleine Wassermenge; die entstehenden Gasblasen [H_2, O_2] setzen CO_2 frei) wird der Gleichgewichtszustand der Drücke in der Flüssig- und sehr kleinen Gasphase nach kurzer Zeit erreicht. Druck und Temperatur werden möglichst genau gemessen.

Diese Messvariante ist also eine diskontinuierliche Messung. Die Zeit für einen Messzyklus kann bei Automation des Verfahrens auf etwa 12…15 s reduziert werden, sodass ein quasikontinuierliches Messsignal verfügbar ist. Bei tragbaren Geräten (siehe Abbildung 416) dauert eine Messung etwa eine Minute (ohne die Zeit für die Herstellung der Verbindung des Messgerätes mit der Probestelle).

Eine Kompensation eventuell vorhandener und störender Fremdgase (Fremdgase wie O_2 oder N_2 sollten in Getränken ohnehin nicht vorhanden sein) ist nicht möglich, d.h., dass das Messergebnis nur realistisch ist, wenn keine Fremdgase gelöst sind.

Klärung und Stabilisierung des Bieres

Abbildung 416 CO₂-Gehaltemeter
der Fa. Haffmans/NL

Direkte Messung des Partialdruckes in der flüssigen Phase bei variablem Messraumvolumen

Dieses Messprinzip wird bei den CO_2-Messgeräten der Fa. Anton Paar genutzt [507]. Geräte dieses Prinzips werden in drei Varianten gefertigt:
- als Inline-Messgerät CarboInline (Abbildung 417 bis Abbildung 419);
- als Bypass-Messgerät Carbo 2100 (Abbildung 420 und
-
- Abbildung 421) und
- als transportables Messgerät CarboQC (Abbildung 423).

Die Probe wird in eine Messkammer eingebracht und die Messkammer wird verschlossen. Anschließend wird das Volumen der Messkammer um einen definierten Betrag (z. B. 10 %) vergrößert und durch mechanische Energiezufuhr (z. B. Schwingkörper beim CarboInline bzw. Impellerrührer beim Carbo 2100) wird der Partialdruckausgleich/das Druckgleichgewicht in der Probe sehr schnell erreicht.

Den zeitlichen Verlauf eines Messzyklus zeigt Abbildung 422. Die Messzeit je Zyklus dauert nur 10...12 s. Die Messzeit beim CarboQC beträgt etwa 2 min je Probe und es werden ca. 100 mL Probevolumen je Messung benötigt.

Durch die Volumenvergrößerung kann der Einfluss von eventuell vorhandenen Fremdgasen deutlich verringert werden, weil deren Partialdruck abgesenkt wird, sodass der Messfehler kleiner wird.

Die vereinfachte Modellrechnung in Tabelle 178 soll den Einfluss der Volumenvergrößerung der Messzelle auf das Messergebnis bei lufthaltigem Wasser zeigen:

Dabei wurde das allgemeine Gasgesetz benutzt mit $T_1 = T_2$:
$(p_1 \cdot V_1)/T_1 = (p_2 \cdot V_2)/T_2$ Gleichung 112
p = Druck
V = Volumen
T = Absolute Temperatur

Der aus dem Luftgehalt resultierende Messfehler wird durch die Volumenvergrößerung der Messzelle deutlich verringert.
Gemäß Tabelle 178 würde ohne Messraumvergrößerung
- bei einer 10 %igen Luftsättigung ein Messfehler von 0,17 g CO_2/(L·1 bar) resultieren,
- bei einer Vergrößerung um 10 % sind es nur noch 0,03 g CO_2/(L·1 bar) und
- bei 30 % sind es 0,01 g CO_2/(L·1 bar).

Tabelle 178 Einfluss einer Volumenvergrößerung der Messzelle (Volumen 1 L) auf das Messergebnis:
- CO_2-Sättigung von Wasser bei 20 °C und 1 bar = 0,867 L CO_2/(1 kg H_2O·1 bar)
- Luft-Sättigung von Wasser bei 20 °C und 1 bar = 0,01835 L Luft/(1 kg H_2O·1 bar) [1])
(zur Vereinfachung werden 1 kg H_2O = 1 L H_2O gesetzt; der Partialdruck des Wasserdampfes wurde nicht berücksichtigt)

Gas	gelöstes Gasvolumen V_1 in L	Partialdruck p_1 des Gases in bar	Messkammervergröß. in %	Messgasvolumen V_2 in L	Partialdruck p_2 des Gases in bar	resultierender CO_2-Messfehler in g CO_2/(L·bar) [2])
CO_2	0,867	1	10	0,967	0,897	-
			20	1,067	0,812	-
Luft	0,01835	1	10	0,11835	0,155	0,26
			20	0,21835	0,084	0,14
			30	0,31835	0,058	0,098
Luftgehalt 10 %	0,001835	0,1	0	0,001835	0,1	0,17
			10	0,101835	0,018	0,03
			20	0,201835	0,0091	0,016
			30	0,301835	0,0061	0,010

[1]) Werte nach [511]; [2]) Dichte des CO_2 = 1,97 kg/m³

Klärung und Stabilisierung des Bieres

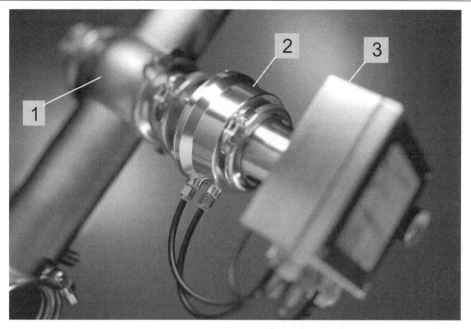

Abbildung 417 CO_2-Messgerät CarboInline (nach Fa. Anton Paar/A)
1 VARINLINE®-Gehäuse **2** Sensor **3** Auswerte- und Steuereinheit

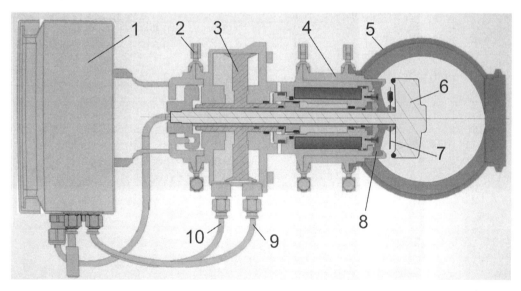

Abbildung 418 CarboInline, schematisch (nach Fa. Anton Paar/A)
1 Sensorsteuerung **2** Spannring **3** Antriebskolben **4** VARINLINE®-Anschlusskörper
5 VARINLINE®-Gehäuse **6** Messkammerverschluss mit integrierten Sensoren für Temperatur und Druck sowie Magnetspule als Antrieb für Pos. 7. **7** Schwingkörper
8 Membrane **9** Druckluft für das Schließen der Messkammer **10** Druckluft für Öffnung der Messkammer

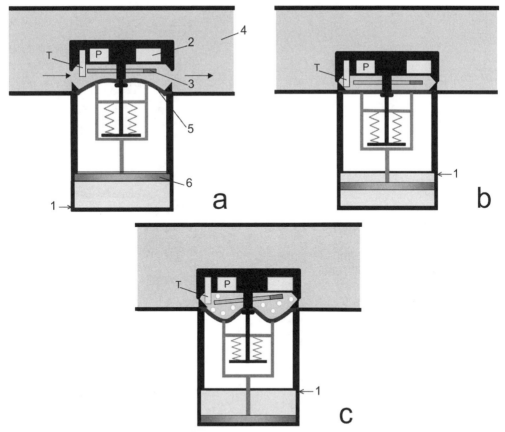

Abbildung 419 CO_2-Sensor CarboInline, schematisch (nach Fa. Anton Paar/A)
a Sensor geöffnet **b** Messkammer geschlossen **c** Messkammer vergrößert
1 Druckluft **2** Schwingkörper **3** Spule für Schwingkörperantrieb **4** Getränk
5 Membrane **6** Membranantriebskolben **T** Temperatursensor **P** Drucksensor

Bei einer zweistufigen Volumenvergrößerung (CarboQC) auf 10 % und 30 % können die Einflüsse von Fremdgasen durch Berechnung nahezu vollständig kompensiert werden [508].

Eine ausführliche Beschreibung der zweistufigen Volumenvergrößerung einschließlich Berechnungsbeispielen enthält die Deutsche Offenlegungsschrift DE 102 13 076 A 1 [509].

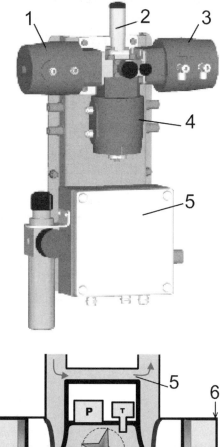

Abbildung 420 CO_2-Sensor Carbo 2100 (nach Fa. Anton Paar/A)
1 Probeneinlassventil **2** Impellereinheit
3 Probenauslassventil **4** Ventil für Messzellenvergrößerung
5 Steuerung des Sensors

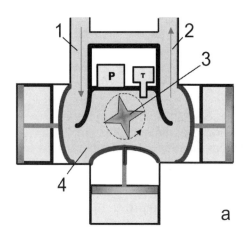

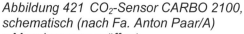

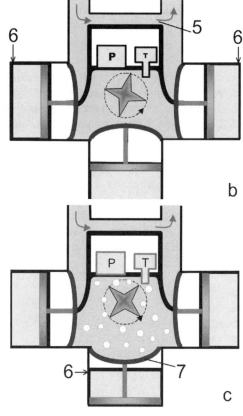

Abbildung 421 CO_2-Sensor CARBO 2100, schematisch (nach Fa. Anton Paar/A)
a Messkammer geöffnet
b Messkammer geschlossen
c Messkammer expandiert und Messung
1 Zulauf der Probe **2** Rücklauf der Probe
3 Impeller **4** Messkammer **5** Bypass
6 Druckluft zur Zylinderbestätigung
7 Membran für Messkammervergrößerung
P Drucksensor **T** Temperatursensor

Mess- und Automatisierungstechnik

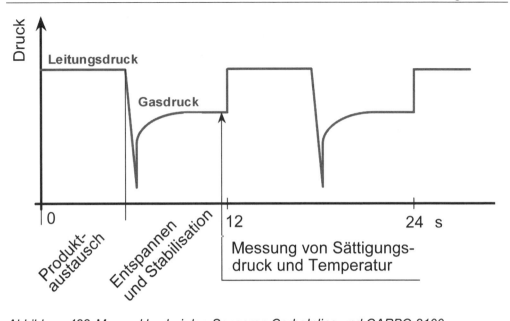

Abbildung 422 Messzyklus bei den Sensoren CarboInline und CARBO 2100 (nach Fa. Anton Paar/A)

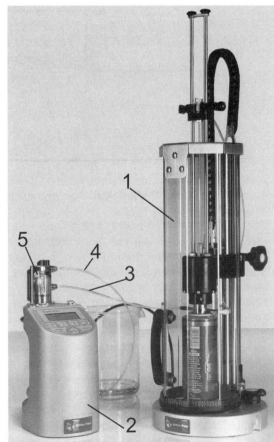

Abbildung 423 CO_2-Messgerät CarboQC (nach Fa. Anton Paar/A)
1 Halterung für das Gebinde
2 Messgerät 3 Probezulauf
4 Probeablauf 5 Messzelle

17.4.4 Bestimmung des CO_2-Gehaltes mittels Membransensoren

Durch eine Membran wird ein Messraum vom Messgut getrennt (s.a. Abbildung 424). Durch den Partialdruckunterschied der Kohlensäure diffundiert diese in den Messraum und kann in diesem bestimmt werden, s.a. Abbildung 425 und Abbildung 426.
Die Messung erfolgt entweder durch:
- die direkte Erfassung des Partialdruckes (z. B. [502]);
- eine selektive IR-Absorptionsmessung. Die IR-Absorption ist proportional zur CO_2-Konzentration in der Gasphase und damit auch zum Getränk (z. B. [503]);
- die Messung der Änderung der Wärmeleitfähigkeit. Diese verändert sich in Abhängigkeit der CO_2-Konzentration (z. B. [504]).

Als Membran wird beispielsweise Silicongummi benutzt (Polydimethylsiloxan) oder PFA [504]. Diese Werkstoffe sind für CO_2 sehr gut durchlässig, während andere Gase einen hohen Permeationswiderstand haben. Durch regelmäßige „Lüftung" des Messraumes können eventuell vorhandene Fremdgase entfernt werden. Zur Spülung wird beispielsweise Stickstoff [504] oder eine Vakuumpumpe benutzt.

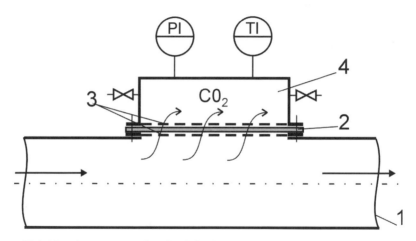

Abbildung 424 Membransensor für die CO_2-Bestimmung, schematisch
1 Getränkeleitung **2** Membran **3** Stützprofil für die Membran **4** Membrankammer

Membransensoren, die die IR-Absorptions- oder Wärmeleitfähigkeitsmessung nutzen, benutzen in der Regel ein Trägergas, meist Stickstoff aus einer Stahlflasche, in dem das CO_2 gemessen wird. Der Vorteil dieser Sensoren liegt darin, dass sich der CO_2-Partialdruck im Trägergas nicht quantitativ einstellen muss. Die zum CO_2-Gehalt im Getränk proportionale CO_2-Diffusionsmenge wird messtechnisch ausgewertet. Deshalb kann das CO_2-Konzentrationsgefälle bei der Diffusion durch den Membranwerkstoff voll genutzt werden und es ergeben sich kurze Ansprechzeiten des Sensors. Fremdgase stören im Allgemeinen nicht, da in selektiven IR-Bereichen gemessen werden kann.

Bei konstanten Membranparametern kann durch Variation des Trägergasvolumenstromes der Messbereich verändert werden. Der Volumenstrom muss allerdings konstant gehalten werden [503], [510].

Abbildung 427 zeigt einen Membransensor, der die Veränderung der Wärmeleitfähigkeit des Gases in der Messkammer erfasst (s.a. Abbildung 400). Nach der

Messung wird mit Stickstoff gespült. Die Daten dieses Sensors sind aus Tabelle 179 ersichtlich.

Die Auswertung des Messsignals kann mit fest installierten Messverstärkern erfolgen (Wand- und Rohrmontage, Schaltschrankeinbau), z. B. mit der Serie 3610.

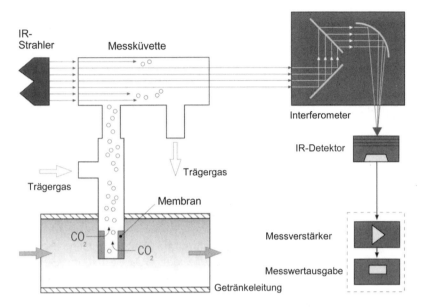

Abbildung 425 CO_2-Membransensor, schematisch (nach Fa. Dr. Thiedig)

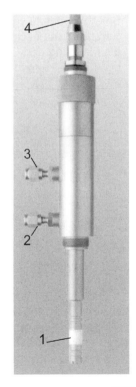

Abbildung 426 CO_2-Membransensor nach Fa. Dr. Thiedig
1 Membran **2** Trägergaseintritt **3** Trägergasaustritt
4 Anschluss an Messverstärker

Klärung und Stabilisierung des Bieres

Tabelle 179 Sensor 31450 (Orbisphere) für die CO_2-Bestimmung

Messbereich bei 25 °C	0...15 g/kg	Messzyklus	22 s
Messgenauigkeit im Bereich 20...50 °C	± 1 % der Anzeige oder ± 0,012 g/kg	Druckbereich	≤ 20 bar
Membran	29561 A	minimaler Durchfluss	100 mL/min
Werkstoff	PFA, 25 µm dick		

Auch die direkte Messung des Partialdruckes mittels eines Drucksensors ist möglich und wird praktiziert [502]. Nachteilig ist dabei, dass sich der Partialdruck-Endwert relativ langsam einstellt und bei sinkendem CO_2-Gehalt muss das CO_2 erst wieder aus der Messkammer in das Getränk diffundieren (oder es wird mit einem Spülgas gearbeitet bzw. es wird abgesaugt). Es sind relativ lange Messzeiten erforderlich.

Membransensoren sind für den Einbau in die Produktleitung geeignet, sie können aber auch für die Messung des CO_2-Gehaltes in abgefüllten Gebinden im Laboratorium eingesetzt werden. In diesem Fall wird die Getränkeprobe mit einem Spanngas durch die Messzelle gefördert. Ein Beispiel zeigt Abbildung 428, die Daten des Sensors sind aus Tabelle 180 ersichtlich.

Da bei der Messung des CO_2-Gehaltes ein Teil des CO_2 durch die Membran diffundiert, verringert sich an dieser Stelle der CO_2-Gehalt im Getränk geringfügig. Deshalb muss eine Mindestgeschwindigkeit des Getränkes an der Messstelle gesichert werden.

Für den Fall, dass die Fließgeschwindigkeit gegen Null geht, beispielsweise in der Getränkeleitung einer Füllmaschine beim Stopp, kann die Auswertung der Messung für die Zeit der Unterbrechung blockiert werden, um ein die CO_2-Regelung irreführendes Sensorsignal zu vermeiden. Der letzte aktuelle Messwert wird gespeichert und die CO_2-Regelung abgeschaltet. Erst wenn die Füllmaschine wieder Getränk abnimmt, werden die Messung und CO_2-Regelung aktiviert.

Abbildung 427 CO_2-Membransensor (Typ 31450, Orbisphere)
1 Membran **2** Spülgasanschluss
3 Anschluss für Messverstärker

Mess- und Automatisierungstechnik

Tabelle 180 Sensor 31470 (Orbisphere) für die CO_2-Bestimmung

Messbereich	0...10 g/kg	minimaler Durchfluss	100 mL/min
Messgenauigkeit	± 1 % der Anzeige oder ± 0,025 g/kg	Spülgasbetriebszeit im Logger	≤ 40 Stunden
Druckbereich	0... 6 bar		

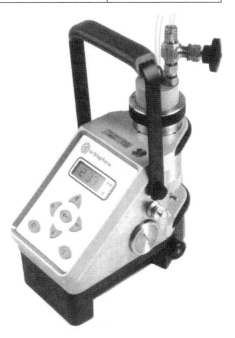

Abbildung 428 CO_2-Logger Modell 3654 (Orbisphere) mit Sensor 31470

17.4.5 Berechnung des CO_2-Gehaltes aus den Parametern Druck und Temperatur

Nach dem Gesetz von *Henry* gilt für Kohlendioxid:

$$c_{CO_2} = \lambda_{CO_2} \cdot p_{CO_2} \qquad \text{Gleichung 113}$$

c_{CO_2} = gelöst-CO_2-Konzentration im Messgut in cm³/g H_2O ≙ L/kg H_2O

λ_{CO_2} = CO_2-Löslichkeitskoeffizient, zum Beispiel der Techn. Löslichkeitskoeffizient, in cm³ i.N./(1 g H_2O · bar), s.a. Tabelle 181

p_{CO_2} = Partialdruck des CO_2 in der Gasphase in bar (Absolutdruck)

Der Löslichkeits- bzw. Absorptionskoeffizient ist vor allem eine Funktion der Temperatur, sodass die Gleichung 113 nur für die Messtemperatur gilt, aber auch des Druckes (siehe Gleichung 114). Für beliebige Temperaturen muss umgerechnet werden (siehe Tabelle 181).

Beachtet werden muss, das sich der Löslichkeitskoeffizient auf das Lösungsmittel Wasser bezieht. Für alle anderen Medien müssen Korrekturen berücksichtigt werden.
In einer ersten Näherung kann der „Wassergehalt" berücksichtigt werden, da die festen Extraktstoffe im Prinzip kein CO_2 lösen können (zum Beispiel Limonade mit 10 % wasserfreiem Extrakt: $\lambda_{CO_2} \approx \lambda$ [aus Tabelle 181] · 0,9).

Klärung und Stabilisierung des Bieres

Tabelle 181 Löslichkeitskoeffizienten λ in mL i.N./(g-H_2O · bar) für CO_2, O_2, N_2 und Luft in Wasser als Funktion der Temperatur (nach [511])

Temperatur in °C	CO_2	Luft	Stickstoff	Sauerstoff
0	1,6907	0,0285	0,02294	0,04823
5	1,4052	0,02549	0,02039	0,04232
10	1,1818	0,02243	0,01846	0,03725
15	1,0065	0,02039	0,01682	0,03365
20	0,8678	0,01835	0,01550	0,03059
25	0,7525	0,01682	0,01438	0,02804
30	0,6587	0,01529	0,01356	0,02600
40	0,5262		0,01213	0,02294
50	0,4313		0,01122	0,02080

Für genaue Messungen muss der Absorptions- oder Löslichkeitskoeffizient unter Beachtung der Inhaltsstoffe berechnet werden.

Die Berechnung des Absorptionskoeffizienten für Getränke beliebiger Zusammensetzung kann mit der folgenden Gleichung 114 erfolgen (nach [512]; Hinweis: die mit Gleichung 114 berechneten Werte für Wasser differieren geringfügig mit den nach Tabelle 181 berechneten, da verschiedene Literaturquellen benutzt wurden und die Bezugsgröße einmal die Masse ist, zum anderen das Volumen):

$$\lambda_{CO_2} = 3{,}36764 + 0{,}07(1 - \frac{c_{O_2}}{9}) - (0{,}014 - 0{,}00044\, c_{O_2})p_{CO_2}$$

$$- 0{,}12723 \cdot \vartheta + 2{,}8256 \cdot 10^{-3} \cdot \vartheta^2 - 3{,}3597 \cdot 10^{-5} \cdot \vartheta^3 + 1{,}5933 \cdot 10^{-7} \cdot \vartheta^4$$

$$- (0{,}47231 - 0{,}02988 \cdot \vartheta + 1{,}1605 \cdot 10^{-3} \cdot \vartheta^2 - 2{,}251 \cdot 10^{-5} \cdot \vartheta^3$$

$$+ 1{,}5933 \cdot 10^{-7} \cdot \vartheta^4) \cdot (\frac{c_{Extr}}{128} + \frac{c_{EtOH}}{43} + \frac{c_{Sa,Sä}}{27} + \frac{c_{FS}}{50}) \quad \text{Gleichung 114}$$

In Gleichung 114 bedeuten:

λ_{CO_2} = Absorptionskoeffizient für CO_2 in g/(L·bar), gültig für 0,7 g/(L·bar) $\leq \lambda_{CO_2} \leq$ 3,4 g/(L·bar); (der Unterschied zu Tabelle 181 ist zu beachten)

c_{O_2} = O_2-Gleichgewichtskonzentration in mg/L, gültig für $0 \leq c_{O_2} \leq$ 10 mg/L sowie $c_{N_2} \approx 1{,}6 \cdot c_{O_2}$ bei einem Leerraum des Gebindes von 4…6 %

p_{CO_2} = CO_2-Gleichgewichtsdruck in bar, gültig für: 0 bar $\leq p_{CO_2} \leq$ 10 bar (es wird immer mit dem Absolutdruck gerechnet)

ϑ = Getränketemperatur in °C, gültig für: 0 °C $\leq \vartheta \leq$ 60 °C

c_{Extr} = Extrakt- bzw. Zuckergehalt in g/L, gültig für: 0 g/L $\leq c_{Extr} \leq$ 300 g/L

c_{EtOH} = Ethanolgehalt in Vol.-%, gültig für: 0 Vol.-% $\leq c_{EtOH} \leq$ 20 Vol.-%

$c_{Sa,Sä}$ = Salz-, Grundstoff- oder Gesamtsäurekonzentration in g/L, gültig für: 0 g/L $\leq c_{Sa,Sä} \leq$ 50 g/L

c_{FS} = Fruchtsaftgehalt in Ma.-%, gültig für: 10 Ma.-% $\leq c_{FS} \leq$ 20 Ma.-%

Bei Bier und anderen alkoholischen Getränken müssen der wirkliche Extraktgehalt und der Ethanolgehalt bestimmt werden.

Für die Bestimmung des CO_2-Gleichgewichtsdruckes muss beachtet werden, dass die Messung des Gleichgewichtsdruckes allein nicht ausreicht. Nach dem Gesetz von *Dalton* ist der Gesamtdruck einer Gasmischung gleich der Summe seiner Partialdrücke. Bei einem Getränk gilt Gleichung 115:

$$p_{ges} = \sum_{i=1}^{i=n} p_i = p_{CO_2} + p_{H_2O} + p_{EtOH} + p_{O_2} + p_{N_2}$$ Gleichung 115

p_{ges} = mit dem Manometer gemessener Gesamtdruck in bar
p_{CO_2} = Partialdruck des CO_2 in bar
p_{H_2O} = Partialdruck des Wasserdampfes in bar
p_{EtOH} = Partialdruck des Ethanols in bar
p_{O_2} = Partialdruck des Sauerstoffes in bar
p_{N_2} = Partialdruck des Stickstoffs in bar

beziehungsweise:

$$p_{CO_2} = p_{ges} - p_{H_2O} - p_{EtOH} - p_{O_2} - p_{N_2}$$ Gleichung 115a

Die temperaturabhängigen Partialdrücke für den Wasserdampf bzw. eine wässrige Ethanollösung lassen sich nach folgenden Beziehungen errechnen (nach [506]):

$$p_{H_2O} = (643{,}5 + 18{,}47 \cdot \vartheta + 3{,}572 \cdot \vartheta^2 - 0{,}03372 \cdot \vartheta^3 + 0{,}0009681 \cdot \vartheta^4) \cdot 10^{-5}$$
Gleichung 116

$$p_{5\%ig-EtOH} = (801{,}3 + 33{,}86 \cdot \vartheta + 3{,}714 \cdot \vartheta^2 - 0{,}02603 \cdot \vartheta^3 + 0{,}001051 \cdot \vartheta^4) \cdot 10^{-5}$$
Gleichung 117

$$p_{11\%ig-EtOH} = (940{,}1 + 45{,}62 \cdot \vartheta + 3{,}942 \cdot \vartheta^2 - 0{,}02122 \cdot \vartheta^3 + 0{,}001149 \cdot \vartheta^4) \cdot 10^{-5}$$
Gleichung 118

p = Partialdruck in bar;
ϑ = Temperatur in °C

Die Partialdrücke eventuell vorhandener Fremdgase lassen sich aus der Gleichung nach *Henry* (analog zu Gleichung 113) berechnen, wenn der Fremdgasgehalt des Getränkes bekannt ist und die entsprechenden Parameter eingesetzt werden.
Die Absorptionskoeffizienten lassen sich für Sauerstoff und Stickstoff mit Gleichung 119 und Gleichung 120 berechnen (nach [506]):

$$\lambda_{O_2} = 68{,}37 - 1{,}749 \cdot \vartheta + 0{,}02833 \cdot \vartheta^2 - 1{,}757 \cdot 10^{-4} \cdot \vartheta^3$$ Gleichung 119

$$\lambda_{N_2} = 28{,}3 - 0{,}6342 \cdot \vartheta + 0{,}01019 \cdot \vartheta^2 - 6{,}671 \cdot 10^{-5} \cdot \vartheta^3$$ Gleichung 120

λ = Absorptionskoeffizient in mg/(L · bar); ϑ in °C

In gegorenen Getränken ist der Sauerstoffgehalt in der Regel sehr gering und im Bereich von Spuren, gleiches gilt für den Stickstoff. Ein Teil des Sauerstoffes wird verstoffwechselt, der Rest wird ebenso wie der Stickstoff durch das Kohlendioxid „ausgewaschen".

Bei AfG können aber, je nach Entgasungsvariante, größere Mengen O_2 und N_2 vorhanden sein.

Die Berechnung der Gasmenge in der Gasphase
Bei bekannter Gasmenge m_i eines beliebigen Gases in der flüssigen Phase lässt sich der Partialdruck p_i dieses Gases bestimmen:

$$p_i = \frac{m_i}{\lambda_i \cdot V} \qquad \text{Gleichung 121}$$

p_i = Partialdruck in bar (Absolutdruck)
m_i = Gasmasse in der flüssigen Phase in g
λ_i = Absorptionskoeffizient in g/(L·bar)
V = Flüssigkeitsvolumen in Litern

Die Gasmasse eines Gases in der Gasphase/im Kopfraum folgt dann aus der allgemeinen Gasgleichung:

$$m_{iGas} = \frac{M_i \cdot V_{Gas}}{R \cdot T} p_i \qquad \text{Gleichung 122}$$

m_{iGas} = Masse des Gases in der Gasphase/Kopfraum in g
M_i = molare Masse des Gases in g/mol
V_{Gas} = Volumen des Gases im Kopfraum in m³
R = allgemeine Gaskonstante: R = 8,314 J/(mol·K)
T = Temperatur in K
p_i = Partialdruck des Gases in N/m² bzw. Pa (gemäß Gleichung 121)

Wenn die Fremdgaskonzentrationen im Getränk gering sind ($c_{O_2} \leq 0,5$ mg/L; $c_{N_2} \leq 0,8$ mg/L), so kann in der Regel auf eine Korrektur ($p_{O_2} + p_{N_2} \leq 0,04$ bar) des Gleichgewichtsdruckes in Gleichung 115a verzichtet werden.

17.4.6 Berechnungsgleichungen für verschiedene Getränke

Aus Gleichung 114 lassen sich folgende Gleichungen für die Bestimmung des Absorptionskoeffizienten ableiten (nach [512]):
 □ für **Voll-Bier**, gültig für (0 °C $\leq \vartheta \leq$ 20 °C):

$$\lambda_{CO_2} = 10 \cdot e^{\left(-10,738 + \frac{2618}{\vartheta + 273,15 \text{ K}}\right)} \qquad \text{Gleichung 123}$$

Die Gleichung 123 führt im Prinzip zu nahezu identischen Ergebnissen wie die von der Fa. *Haffmans* für ihre Messgeräte veröffentlichte Gleichung für Bier (nach [512] und [513]):

c_{CO2} = 10 ($p_ü$ + 1,013 bar) exp (-10,738 + 2617/ T)
c_{CO2} = CO_2-Gehalt in g CO_2/L,
$p_ü$ = Druck in bar,
T = Temperatur in Kelvin

17.4.7 Kalibrierung

Bedingt durch die Messung zweier physikalischer Größen (Druck und Temperatur) und der großen Abhängigkeit des CO_2-Gehaltes von diesen Größen ist die exakte Messung eine Grundvoraussetzung für auswertbare Ergebnisse. Deshalb müssen die Sensoren regelmäßig geprüft und ggf. justiert werden.

Die gesamte Messeinrichtung muss mit den Ergebnissen der Standardmessung nach EBC kalibriert werden, um verlässliche Resultate zu erzielen.

Trotzdem muss beachtet werden, dass die CO_2-Messmethoden einer grundsätzlichen Messunsicherheit unterliegen, bedingt durch Fehler der Einzelmessung der beteiligten Parameter, der Unsicherheit bei der Bestimmung des Absorptionskoeffizienten und den Regeln der Fehlerfortpflanzung.

Die Resultate der CO_2-Messung sollten deshalb nur mit einer Stelle nach dem Komma angegeben werden, auch wenn einzelne Sensoren bzw. Messgeräte mit Standardabweichungen von ± 0,01…0,05 g CO_2/L aufwarten können.

17.4.8 Zusammenfassung

Die Bestimmung des CO_2-Gehaltes in Getränken ist durch die Bestimmung des Gleichgewichtsdruckes im Kopfraum oder der Flüssigkeit oder bei Membransensoren in der Gasphase möglich.

Wichtig ist es, dass die erforderlichen Temperatur- und Druckmessungen mit der nötigen Genauigkeit erfolgen und das die störenden Einflüsse eventuell vorhandener Fremdgase (O_2, N_2) und, in Abhängigkeit von der Messtemperatur, die Partialdrücke des Wasserdampfes und ggf. des Ethanols kompensiert werden.

Für aussagefähige Messergebnisse muss immer die Getränkezusammensetzung beachtet werden, von der der CO_2-Absorptionskoeffizient des Getränkes beeinflusst wird.

Die Messungen müssen sorgfältig und unter genauer Beachtung der Bedienungsanleitung erfolgen. Die Messgeräte müssen regelmäßig nach einem Kontrollplan geprüft und ggf. kalibriert werden.

Aktuelle Informationen zu ausgeführten Messgeräten verschiedener Hersteller können im Internet gefunden werden, z. B.: www.thiedig.de, www.anton-paar.com, www.haffmans.nl, www.steinfurth.de, www.hachultra.com, www.kempe-sensors.de.

17.5 Optische Messverfahren

17.5.1 Überblick zu optischen Sensoren und Messverfahren

Optische Sensoren lassen sich sehr vielseitig einsetzen. Der Einsatz optischer Sensoren wird teilweise auch unter dem Begriff Prozessphotometrie zusammengefasst. Dabei wird unter Photometrie die Messung der Veränderung von Lichtintensitäten verstanden.

Ihre Verbreitung und Praxistauglichkeit wurde erst durch die Fortschritte der Mikroelektronik ermöglicht.

Beispiele für den Einsatz optischer Sensoren sind:
- die Messung der optischen Dichte bzw. die Konzentrationsmessung;
- die Trübungsmessung;
- die Farbmessung;
- die Fluoreszenzmessung;

- die Messung der Refraktionszahl (Refraktometerie);
- die Messung der Drehebene bei polarisiertem Licht (Polarimetrie)
- die Partikelmessung;
- die NIR-Messung.

Aus der Sicht der Messsignalgewinnung lassen sich unterscheiden:
- die Messung der Lichtabsorption beim Durchtritt des Lichtes durch die Probe;
- die Messung des Streulichtes, dass von Partikeln infolge Reflexion ausgesandt wird;
- die Messung des reflektierten Lichtes;
- die Messung der Strahlung, die von fluoreszierenden Substanzen ausgesandt wird;
- die Messung der Licht-Brechung bzw. -Drehung;
- die Messung der Unterbrechung eines Lichtstrahles (Lichtschrankenprinzip).

Die vorstehend genannten Effekte sind in der Regel an in Fluiden gelöste Stoffe oder suspendierte Teilchen (Synonym: Partikel) gebunden. Die Teilchen sind dreidimensional und haben einen anderen Brechungsindex als das umgebende Medium.
Einige der Effekte lassen sich auch in Gasen nutzen, zum Teil auch an Festkörpern.
Beispiele für in der Brau- und Getränkeindustrie eingesetzte optische Sensoren sind in Tabelle 182 aufgeführt.

17.5.2 Einsatzorte für optische Sensoren und Anforderungen

Optische Sensoren werden verwendet:
- als Onlinemessgeräte und
- als Offlinemessgeräte.

Als Onlinemessgerät liefert der Sensor das Messergebnis unmittelbar aus dem Prozess. Deshalb muss er in eine Rohrleitung oder einen Behälter integriert werden; er wird „inline" im Hauptstrom des Messmediums eingesetzt. Eine Inlinemessung ist also immer eine Onlinemessung (deshalb ist der Begriff Inlinemessung entbehrlich).
Die mögliche Signalgewinnung im Bypass liefert das Signal etwas zeitverzögert. Vorzugsweise wird deshalb auf die direkte Messung im Hauptstrom orientiert.
Bei der Offlinemessung wird dem Prozess eine Probe entnommen und unmittelbar anschließend oder zeitverzögert in einem Messgerät untersucht, beispielsweise in einem Laboratorium. Das Messergebnis steht also erst nach einer mehr oder weniger langen Zeitspanne zur Verfügung.
Onlinemessgeräte bzw. -sensoren müssen als Prozessmessgeräte (Synonym: Feldmessgeräte) für den dauerhaften, robusten Betrieb ausgelegt sein und ein von verfälschenden Einflüssen (zum Beispiel der Alterung von Lichtquellen, der Belagbildung auf optischen Fenstern, von Trübungspartikeln u.a.) unabhängiges Signal liefern. Günstig ist es, wenn die Sensoren über Möglichkeiten des Selbstabgleiches bzw. der Selbstkalibrierung verfügen und möglichst wartungsfrei bzw. -arm sind.

Tabelle 182 Anwendungsfälle für optische Sensoren in der Brau- und Malzindustrie sowie Getränkeindustrie

lfd. Nr.	Messaufgabe	Messgut	Messprinzip
1	Phasentrennung von mischbaren flüssigen Phasen	Bier/Wasser Getränk/Wasser CIP-Lösung/Wasser Getränk 1/Getränk 2	Lichtabsorption
2	Phasentrennung flüssig/fest	Hefe/Bier Würze/Trübstoffe Hefe/Wasser Filterhilfsmittelsuspension/ Wasser	Lichtabsorption
3	Phasentrennung von 2 nicht mischbaren Phasen	Öl/Wasser Brüdenkondensat/Wasser	Lichtabsorption
4	Trübung	Würze Bier beliebige Getränke Wasser Abwasser	Streulichtmessung, Lichtabsorption
5	Staubgehalt in Gasen	Luft	Streulichtmessung, Lichtabsorption
6	Hefedosierung	Hefe in Würze Hefe in Bier	Lichtabsorption
7	Zellzahlbestimmung	Würze, Bier Fermentationsmedien	Lichtabsorption, Unterbrechung eines Lichtstrahles
8	Farbbestimmung	Würze/Bier Wasser Abwasser	Lichtabsorption
8	Regelung der Bier- oder Würzefarbe durch Röstmalzbierdosierung	Würze Bier	Differenzmessung der Lichtabsorption
9	Lichtschranke	Luft	Lichtabsorption, Unterbrechung eines Lichtstrahles
10	Konzentrationsbestimmung	Würze Bier AfG	Refraktion Polarisation
11	Zusammensetzung	Gerste, Weizen Malz	NIR-Reflexionsmessung
12	Chemische Analytik	Brauereilaboratorium, eine Übersicht gibt [514]	Lichtabsorption
13	Mikrobiologischer Schnellnachweis	Brauereilaboratorium	Fluoreszenzmessung

17.5.3 Prinzipieller Aufbau eines optischen Sensors

Der schematische Aufbau eines optischen Sensors ist aus Abbildung 429 ersichtlich.

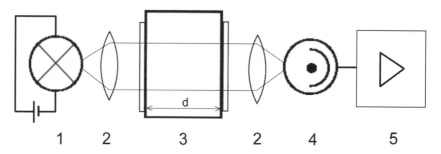

Abbildung 429 Schematischer Aufbau eines optischen Sensors
1 Lichtquelle 2 optisches System 3 Küvette/optisches Fensterpaar mit der Probe
4 Lichtempfänger 5 Messwandler mit Anzeige/Messwertausgabe
d = Schichtdicke der Küvette = Länge der Messstrecke (des „optischen Pfades")

Die zu untersuchende Probe wird in einer transparenten Messzelle bereitgestellt. Diese kann durch eine Küvette gebildet werden, in die die Probe manuell eingefüllt wird, oder es wird eine Durchflussmesszelle eingesetzt oder der Sensor wird in die Probe eingetaucht oder von dieser umspült.

Die Messung mit einer Küvette wird beispielsweise im Laboratorium vorgenommen. Im Laboratorium werden im Allgemeinen Spektralphotometer eingesetzt (λ = 190... 1100 nm) [514]. Mit diesen Geräten lassen sich auch Spektrogramme für beliebige zu untersuchende Lösungen oder Suspensionen aufnehmen. Eine Küvette nimmt die Probe auf und verfügt über zwei oder 4 parallele Fenster, die einen genau definierten Abstand zueinander haben. Dieser Abstand entspricht der Länge des optischen Pfades bzw. der Schichtdicke der zu untersuchenden Probe.

Der Gebrauch einer Durchflussmesszelle liefert unmittelbar das Messergebnis. Diese Variante wird deshalb auch als Onlinemessung bezeichnet (s.o.).

Durchflussmesszellen werden in der Regel durch planparallele optische Fenster gebildet, die in die Rohrleitung oder einen Behälter integriert sind oder die als Teil des Sensors vom Messgut umströmt werden. Der Abstand der Fenster entspricht auch hier der optischen Pfadlänge.

Als optische Fenster werden Spezialgläser (Quarzglas, Borsilicatglas) oder Saphir-Scheiben eingesetzt. Saphir als Werkstoff ist auch im alkalischen Milieu korrosionsbeständig, widersteht abrasiven Einflüssen (z. B. Kieselgur, Perlite) und neigt wenig oder gar nicht zur Belagbildung. Diese Eigenschaft ist sehr wichtig für Sensoren mit driftfreiem Messsignalausgang.

Die Außenseite der optischen Fenster muss auch bei niedrigen Temperaturen beschlagfrei bleiben. Der Sensorinnenraum muss deshalb hermetisch abgeschlossen oder mit Druckluft mit einem niedrigen Drucktaupunkt („Instrumentenluft" mit einem Drucktaupunkt $\leq$ -30 °C) gespült werden.

Günstig ist dabei der Einsatz von speziellen Messgehäusen, die mit austauschbaren Anschlüssen die Messzelle bilden (Beispiele sind das VARINLINE®-System der Fa. GEA-*Tuchenhagen*, das APV®-Gehäuse der Fa. *APV/Invensys*, der sogenannte Ingold®-Stutzen [Ø = 25 mm], das Anschlusssystem BioConnect®/Biocontrol® [492] oder ein Tri-Clamp®-Anschluss 1 1/2" oder 2"). Diese Sensorträger werden in die Rohrleitung eingeschweißt oder mit Flanschen oder äquivalenten Rohrverbindungen verbunden. In die Abschlussscheiben des Messgehäuses werden die/der Sensor(en) eingesetzt, s.a. Abbildung 430. Der Sensor kann auch direkt als einbaufertiges Bauelement für Rohrleitungen gefertigt sein.

Die Lichtquelle muss einen konstanten Lichtstrom mit einer definierten Wellenlänge λ liefern. Je nach Messaufgabe kann sichtbares („weißes") Licht (λ = 380...780 nm), selektives sichtbares Licht mit einer definierten Wellenlänge, ultraviolettes Licht (UV-Licht; λ = < 380...100 nm, in der Regel mit einer spezifischen Wellenlänge) oder infrarotes Licht (IR-Licht; λ = > 780 nm) verwendet werden.

Als Lichtquellen werden Glühlampen, Spektrallampen (Na-Dampflampe, Hg-Dampflampe, Wasserstoff-Strahler) und vorzugsweise Leuchtdioden oder Laserdioden benutzt. Die Alterung der Lichtquelle kann durch Betrieb mit geregelter Unterspannung (Glühlampen) bzw. durch selbsttätige Kalibrierung kompensiert werden. Die Lichtquelle muss natürlich unter sehr konstanten Bedingungen betrieben werden, um Einflüsse auf das Messergebnis auszuschalten. Die Funktion der Lichtquelle bzw. ein Lichtquellenausfall sollte selbsttätig überwacht werden.

Der Lichtempfänger ist ein optoelektronischer Empfänger, beispielsweise eine lichtempfindliche Diode.

Das optische System enthält Bauelemente zur Fokussierung des Lichtstrahles (beispielsweise Linsen), zur Auswahl der Wellenlänge (optische Filter) und zur Beeinflussung der Intensität (einstellbare Blenden).

Abbildung 430 Optischer Sensor der Fa. optek-Danulat (Zweiwinkel-Trübungssensor), eingesetzt in ein VARINLINE®-Gehäuse (nach Fa. GEA Tuchenhagen)
1 Spannring-Verbindung **2** VARINLINE®-Gehäuse mit Flanschanschlüssen **3** Lichtquelle **4** Auswerteeinheit **5** Sensor-Anschluss

Der Messwandler wandelt das Messsignal des Lichtempfängers in ein normiertes Signal um, das mit Anzeigegeräten (z. B. Ziffernanzeige, Zeigerinstrument) ausgegeben oder einer Steuerung zur Auswertung zugeführt werden kann (beispielsweise als proportionaler Strom 4...20 mA). Günstig ist die Ausgabe des Signals an eine Steuerung (z. B. SPS) über einen Feldbus, um den Installationsaufwand zu reduzieren.

Das normierte Signal ist zu dem gesuchten Messwert proportional. Im Allgemeinen müssen optische Sensoren mit einem Standardmedium kalibriert werden. Das Standardmedium kann eine definierte Vergleichslösung oder -suspension sein oder es werden Fixwerte aus einer elektronischen Medien-Bibliothek übernommen.

17.5.4 Messprinzipien bei optischen Sensoren

Optische Messsysteme nutzen die Wechselwirkung des Lichtes, das eine elektromagnetische Welle ist, mit dem zu messenden Medium. Der auf einen Körper treffende Lichtstrom kann zum Teil reflektiert (*Reflexion*) und zum Teil absorbiert werden (*Absorption*) und zum Teil durch den Körper hindurch gehen (*Transmission*).

Wie bereits o.g. werden vor allem folgende Messprinzipien genutzt:
- die Absorption des Lichtes durch die Probe;
- die Messung des Streulichtes, das von den Partikeln der Probe ausgeht.

Der Einfluss der Medieneigenschaften auf das Messergebnis kann in der Regel durch eine Differenzmessung mit zwei Sensoren oder eine Zweikanalmessung ausgeschaltet werden.

Bei dem „Lichtschranken"-Sensor wird die Unterbrechung eines Lichtstrahles erfasst, es resultiert also nur eine ja/nein-Aussage.

17.6 Grundlagen der optischen Messtechnik
17.6.1 Lichtabsorption

Wird eine transparente, trübstofffreie Probe von Licht einer geeigneten Wellenlänge durchstrahlt, so wird ein Teil der Lichtenergie vom Medium absorbiert, s.a. Abbildung 431 und Abbildung 438.

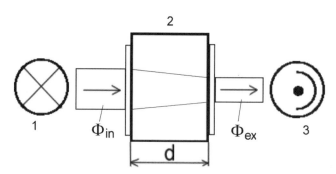

Abbildung 431 Lichtabsorption, schematisch
1 Lichtquelle **2** Messzelle **3** Lichtempfänger
d Schichtdicke der Probe Φ_{in}= Strahlungsfluss am Eintritt der Messzelle
Φ_{ex} = Strahlungsfluss am Austritt der Messzelle

Das Maß der Absorption ist proportional zur Anzahl der absorbierenden Moleküle und zur Schichtdicke d. Die Gesetzmäßigkeit wird durch das Gesetz von *Lambert-Beer* ausgedrückt (Gleichung 124):

$$\Phi_{ex} = \Phi_{in} \cdot 10^{-\kappa \cdot c \cdot d}$$ Gleichung 124

Φ_{ex} = Strahlungsfluss (Lichtmenge) am Austritt der Messzelle
Φ_{in} = Strahlungsfluss (Lichtmenge) am Eintritt der Messzelle
κ = bezogener Absorptionskoeffizient
    der bezogene Absorptionskoeffizient wurde in der Vergangenheit als Extinktionskoeffizient bezeichnet
c = Konzentration in mol/L
d = Schichtdicke in cm

Es gelten weiter folgende Beziehungen:

$$A = \lg \frac{\Phi_{in}}{\Phi_{ex}} = \lg \frac{1}{\tau} = \kappa \cdot c \cdot d$$ Gleichung 125

A = Absorptionsmaß (in der Vergangenheit war dafür der Begriff Extinktion E üblich)
κ = bezogener Absorptionskoeffizient
c = Konzentration in mol/L
d = Schichtdicke in cm bzw. m
τ = Transmissionsgrad (Gleichung 126)

$$\tau = \frac{\Phi_{ex}}{\Phi_{in}}$$ Gleichung 126

$$k = \frac{A}{d} = \kappa \cdot c$$ Gleichung 127

k = Absorptionskoeffizient

Der Absorptionskoeffizient k, das Absorptionsmaß A und der bezogene Absorptionskoeffizient κ sind eine Funktion der Wellenlänge des Lichtes. Sie werden deshalb auch als spektrale Koeffizienten bzw. als spektrales Maß bezeichnet. Die Messwellenlänge muss also genau eingehalten werden.

Gemessen wird im Prinzip immer der Transmissionsgrad τ. Bei der Umrechnung in das Absorptionsmaß A durch Logarithmierung muss die unterschiedliche Auflösung beachtet werden, s.a. Abbildung 432.

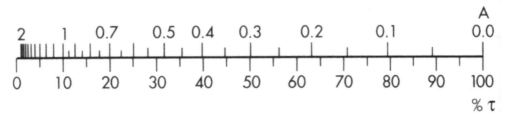

Abbildung 432 Absorptionsmaß und prozentualer Transmissionsgrad

Klärung und Stabilisierung des Bieres

Im Bereich hoher Transmissionswerte ist die Auflösung besonders gut. Deshalb werden Werte zwischen 100 ...25 % τ, entsprechend 0,0...0,6 A, bevorzugt, indem die Schichtdicke d der Messzelle so festgelegt wird, dass der Messwert im Vorzugsbereich liegt.

Die Umrechnung zwischen der Absorptionseinheit A (Synonyme: CU [Concentration Unit], AU [Absorption Unit], OD [Optical Density], Ext. [Extinktion]) und der prozentualen Transmission (% τ) kann nach Tabellen erfolgen, beispielsweise nach [515].

Beispiele für die Umrechnung:
Aus Gleichung 125 folgt (s.a. Abbildung 432):

$A = -\lg \tau$ bzw. $\tau = 10^{-A}$

$50\ \%\tau \mathrel{\hat=} \tau = 0{,}5$: $-\lg 0{,}5 = 0{,}301 \rightarrow A = 0{,}301$

$A = 0{,}8$: $\tau = 10^{-0{,}8} = 0{,}158 \mathrel{\hat=} \%\tau = 15{,}8\ \%$

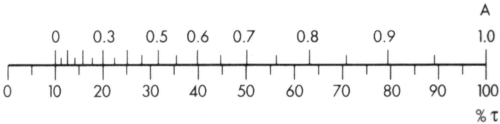

Abbildung 433 Substitutionsskala (nach Fa. Sigrist)

Bei höheren Konzentrationen bietet es sich an, durch die Substitutionsmethode die Auflösung zu verbessern, indem auf optischem Wege die bessere Auflösung in den Bereich höherer Konzentration verschoben wird (Abbildung 433). Dazu wird ein Zweistrahlverfahren angewandt, s.a. Abbildung 435. Bei dieser Variante wird der Messstrahl durch einen Kompensator geschickt. Der Vergleichstrahl geht durch das Messgut. Der Messwert entsteht aus dem Verhältnis der Transmissionen der Probe und des Kompensators.

Aus Gleichung 125 kann also die Konzentration einer Lösung bestimmt werden bzw. kann die Konzentrationsdifferenz zweier Medien für die messtechnische Unterscheidung benutzt werden, beispielsweise für die Medientrennung.

Durch ein Zweistrahlmessverfahren lassen sich Störeinflüsse, z. B. durch die Messzelle (Fensterverschmutzung), das Medium (Farbe) oder Streulicht, durch Kompensation eliminieren, s.a. Abbildung 434.

Dazu wird der Lichtstrahl abwechselnd durch eine Kompensationsmesszelle, die genau identisch mit der Messzelle und mit demselben Lösungsmittel gefüllt ist, und die eigentliche Messzelle geschickt.

Eine weitere Variante ist die Differenzmessung, bei der das Messgut die Mess- und die Kompensationszelle durchströmt. Die Schichtdicke von Mess- und Kompensationszelle ist unterschiedlich, sodass nur die Differenzlänge der Messzellen das Ergebnis bestimmt.

Die Differenzmessung wird zum Beispiel genutzt, wenn die Messflüssigkeit die Messzellenfenster verschmutzt.

Mess- und Automatisierungstechnik

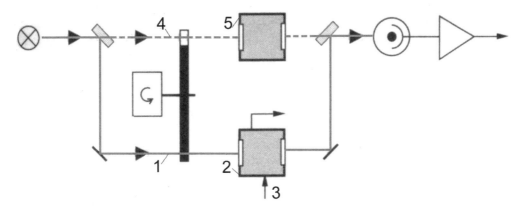

Abbildung 434 Zweistrahlmessverfahren mit Kompensationsmesszelle im Vergleichsstrahl (nach Fa. Sigrist)
1 Messstrahl **2** Messzelle **3** Messgut **4** Vergleichsstrahl **5** Kompensationszelle

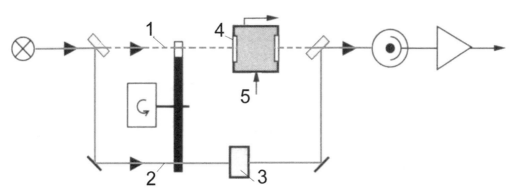

Abbildung 435 Zweistrahlmessverfahren nach der Substitutionsmethode (nach Fa. Sigrist)
1 Vergleichsstrahl **2** Messstrahl **3** Kompensator (Grauglas) **4** Messzelle **5** Messgut

Beim Zweikanalmessverfahren (Abbildung 444) wird nur ein Lichtstrahl durch die Probe geschickt. Erst nach dem Passieren der Messzelle wird der Lichtstrahl differenziert bei zwei Wellenlängen gemessen.

17.6.2 Streulichtmessung

Die Intensität des Streulichtes, hervorgerufen von einem kugelförmigen Teilchen, ist eine Funktion der Teilchengröße, des Streuwinkels, der Wellenlänge und der optischen Eigenschaften des Teilchens, s.a. Abbildung 436.

Die Messung des Streulichtes wird unter einem bestimmten Winkel, dem Streuwinkel, vorgenommen. Der benutzte Streuwinkel wird vom Messgerät vorgegeben, üblich sind Streuwinkel von 11°, 12°, 25°, 30° und 90° (die benutzten Streuwinkel werden herstellerspezifisch festgelegt). Da das Streulicht bei kleinen

Winkeln in Strömungsrichtung erfasst wird, wird auch von Vorwärtsstreuung bzw. Vorwärtsstreulicht gesprochen.

Zum Teil werden Trübungsmessgeräte als Zweiwinkelmessgeräte ausgeführt, z. B. für 11°/90° oder 25°/90°. Abbildung 437 zeigt schematisch ein Zweiwinkelgerät.

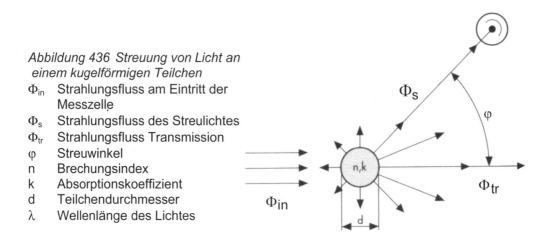

Abbildung 436 Streuung von Licht an einem kugelförmigen Teilchen

- Φ_{in} Strahlungsfluss am Eintritt der Messzelle
- Φ_s Strahlungsfluss des Streulichtes
- Φ_{tr} Strahlungsfluss Transmission
- φ Streuwinkel
- n Brechungsindex
- k Absorptionskoeffizient
- d Teilchendurchmesser
- λ Wellenlänge des Lichtes

Die Auswahl des Streuwinkels richtet sich nach der Messaufgabe. Beispielsweise lassen sich bei 90° vor allem durch Eiweiß-Gerbstoff-Kolloide verursachte Trübungen (< 1 μm) erfassen, während sich bei 11° bzw. 12° und 25° vor allem Hefen und Filterhilfsmittelpartikel detektieren lassen.

Das 90°-Signal ist weitgehend unabhängig von der Partikelgröße und wird im Wesentlichen von der Anzahl der Partikel bestimmt.

Demgegenüber ist das Vorwärts-Streulichtsignal von der Anzahl und der Größe der Partikel abhängig, d.h., es wird das Gesamtvolumen der Partikel erfasst. Aus der Größe „Gesamtvolumen" kann dann ggf. der Gesamtfeststoffgehalt abgeleitet werden (daher wird auch von Seiten der *MEBAK* der Einsatz der Vorwärts-Streulichtmessung im Sudhaus zur Erfassung der Würzetrübung empfohlen).

Zusammenfassend kann daher gesagt werden, dass 90°- und Vorwärts-Streulicht keine *alternativen*, sondern sich *ergänzende* Messverfahren sind, die unterschiedliche Informationen liefern.

Die auf der Lichtstreuung trüber Medien beruhende Erscheinung wird nach dem irischen Forscher *John Tyndall* auch als *Tyndall*-Effekt bezeichnet.

17.6.3 Messwellenlänge

Entweder wird für die optischen Messungen monochromatisches Licht eingesetzt oder es wird ein Wellenspektrum genutzt. Monochromatisches Licht wird von Spektrallampen, Leuchtdioden oder Laserdioden emittiert oder/und es werden optische Filter benutzt.

Die o.g. spektralen Koeffizienten sind eine Funktion der Wellenlänge des Messstrahles. In der Regel wird mit definierten und eng tolerierten Wellenlängen gemessen. Die Lichtfrequenz und -intensität müssen möglichst konstant sein.

Mess- und Automatisierungstechnik

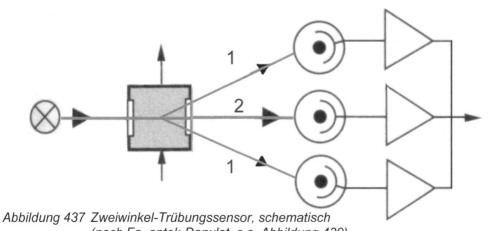

*Abbildung 437 Zweiwinkel-Trübungssensor, schematisch
(nach Fa. optek-Danulat, s.a. Abbildung 430)*
1 Streulicht unter 11° **2** Messung des ungestreuten Lichtes zur Farbkompensation

17.6.4 Einheiten der optischen Strahlung

Eine Zusammenstellung gibt Tabelle 183:

Tabelle 183 Einheiten der optischen Strahlung

Messgröße	Kurz-zeichen	Einheit	Abkür-zung	Definition
Lichtstärke	I_v	Candela	cd	1 cd = 1 lm/sr [1])
Leuchtdichte	L	Candela/m²	cd/m²	$L = I_v/A$
Lichtstrom	Φ_v	Lumen	lm	1 lm = 1 cd·sr
Beleuchtungs-stärke	E	Lux	lx	$E = \Phi_v / A$; 1 lx = 1 lm/m²
Lichtmenge (Lichtarbeit)	Q	Lumensekunde	lm·s	$Q = \Phi_v \cdot t$; 1 lm·s = 1 s·cd·sr

[1]) Eine Lichtquelle hat in einer gegebenen Raumrichtung 1 cd Lichtstärke, wenn sie auf einem Sensor mit der genormten spektralen Empfindlichkeitsverteilung des menschlichen Auges dasselbe Signal erzeugt wie monochromatisches Licht der Frequenz 540 · 1012 Hz und der Strahlungsstärke von 1/683 W/sr. (sr = Raumwinkel)

17.6.5 Werkstoffe für optische Sensoren

Dominierender Werkstoff ist Edelstahl, Rostfrei®. Vor allem die Werkstoffnummern 1.4435, 1.4404 und 1.4571 (nach DIN EN 10088 [572]) werden eingesetzt.

Die produktberührten Oberflächen der Sensoren werden in der Regel mit einer Rautiefe $R_a \leq 0{,}4$ µm gefertigt.

Als Dichtungswerkstoffe kommen EPDM (Ethylen-Propylen-Dien-Mischpolymerisat), Silicongummi in Lebensmittelqualität (rot gefärbt, FDA-konform), PTFE und andere fluorhaltige Polymerisate (z. B. Kalrez®, Viton®) mit FDA-Zulassung (Food- and Drug-Administration, USA) zur Anwendung.

Dichtungen werden vorzugsweise als O-Ringe (gesprochen: Rundringe) gestaltet. Der Einbauort einer Dichtung muss so gestaltet werden, dass sie nur definiert gepresst oder gespannt und nicht gequetscht werden kann.

Sensoren und moderne Anschlusssysteme werden nach den Richtlinien der EHEDG (European Hygienic Equipment Design Group) gefertigt, sie entsprechen in der Regel auch den Forderungen des US 3-A-Standards 74-00.

Die Messgeräte sind für den Feldeinsatz konzipiert, der Schutzgrad des Gehäuses beträgt IP 65 oder höher. Korrosionsschutz ist selbstverständlich.
Bei Bedarf können die Sensoren auch autoklaviert oder sterilisiert werden.

Die automatische Temperaturkompensation legt die jeweils gemessene Temperatur zu Grunde (im Bereich 0-80°C).

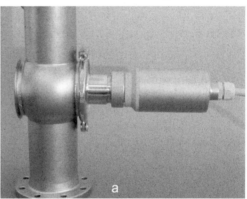

Abbildung 438 Sensor für die Absorptionsmessung (nach Fa. optek-Danulat)
a Sensor eingebaut in ein VARINLINE®-Gehäuse
b Sensor für VARINLINE®-Anschluss
1 Dichtring **2** Messstrecke

17.6.6 Vorteile optischer Sensoren

Optische Sensoren sind in der Lage, bereits sehr geringe Konzentrationsänderungen zu erfassen, s.a. Gleichung 125 Kapitel 17.6.1), die nach c umgestellt werden kann:

$$c = \frac{A}{\kappa \cdot d}$$

c = Konzentration in mol/L
A = Absorptionsmaß (in der Vergangenheit war dafür der Begriff Extinktion E üblich)
d = Schichtdicke in cm bzw. m
κ = bezogener Absorptionskoeffizient

Die Signaländerung erfolgt bei photometrischen Messungen sehr schnell und eindeutig, sodass beispielsweise die Trennung von verschiedenen Medien in sehr kurzen Zeiten möglich wird (Vermeidung von Produktverlusten, s.a. [6]).

Der Investitionsaufwand für optische Sensoren ist relativ gering, ebenso die Instandhaltungskosten und der Aufwand für die Kalibrierung. Letztere ist in der Regel in die Messanordnung integriert bzw. in der Programmbibliothek des Messwandlers hinterlegt.

17.7 Anwendungsbeispiele für den Einsatz optischer Sensoren

Einige Beispiele sind in Tabelle 182 im Kapitel 17.5.1 aufgeführt.

17.7.1 Transmissionsmessung

Die Bestimmung der Transmission bzw. der prozentualen Transmission nach dem Prinzip der Abbildung 431, Abbildung 434 bzw. Abbildung 435 wird in der Regel mit monochromatischem Licht vorgenommen. Es wird also eine selektive Wellenlänge genutzt.

Gemäß Gleichung 124 und Gleichung 125 kann bei gegebener Geometrie der Messzelle auf die Konzentration der Messlösung geschlossen werden. Die Messeinrichtung wird dazu mit entsprechenden Vergleichslösungen bekannter Konzentration kalibriert. Dieses Prinzip ist die Grundlage sehr vieler quantitativer Analysenverfahren im chemischen Laboratorium.

In vielen Fällen kommt es gar nicht auf den exakten Messwert an. Es interessiert nur das Erreichen eines vorgegebenen Schwellenwertes, um damit dann eine Schalthandlung vorzunehmen, zum Beispiel die Trennung von Wasser und Bier oder Wasser und CIP-Lösung.

Ein weiteres Anwendungsgebiet der Transmissionsmessung ist die Bestimmung des Feststoffgehaltes von Suspensionen: je mehr Teilchen annähernd gleicher Größe vorhanden sind, desto größer wird die Lichtabsorption (soweit nicht auf die Vorwärtsstreulicht-Messung orientiert wird).

Beispiele für diese Messung sind u.a. die Anstellhefedosierung in die Würze, die Überwachung der Hefeernte aus ZKT, die Steuerung des Hefeaustrages bei Separatoren, die Steuerung/Regelung der Unfiltratkonzentration im Separatorenzulauf, die Erfassung von „Hefestößen" im Unfiltrat vor dem Filter, die Überwachung des Trübstoffgehaltes in der geläuterten Würze im Sudhaus und die Schmutzfrachtüberwachung, zum Beispiel die Trennung von Spülwassersuspensionen (Hefe, Filterhilfsmittel) und Wasser.

Genutzt wird dabei die lineare oder exponentielle Abhängigkeit der Lichtabsorption von der Teilchenkonzentration, z. B. der Hefezellkonzentration in Zellen/mL. Durch Festlegung der Schichtdicke der Messzelle kann die Messaufgabe an unterschiedliche Konzentrationen angepasst werden.

Die Einflüsse von Trübungspartikeln der Würze und der Würzefarbe können durch eine Differenzmessung der Lichtabsorption vor und nach der Hefedosierung kompensiert werden.

17.7.2 Trübungsmessung

Beispiele für den Einsatz von Online-Trübungsmessgeräten auf der Grundlage einer Streulichtmessung sind die Überwachung von Filteranlagen für Bier, Getränke und Wasser. Ein einstellbarer Grenzwert signalisiert einen ungenügenden Filtrationseffekt und kann zum Beispiel für die Kreislaufschaltung der Filteranlage genutzt werden. Auch die Überwachung der geläuterten Würze im Sudhaus kann mit einem Trübungsmessgerät erfolgen.

Dabei ist zu unterscheiden, ob größere Trübungspartikel wie Kieselgur, PVPP, Hefen oder Würzetrub erfasst werden sollen oder die Glanzfeinheit des Filtrates (kolloidale Trübungspartikel). Beide Gruppen müssen unterschiedlich gemessen werden, s.a. Tabelle 187.

Die Angabe der Trübung erfolgt in Trübungseinheiten. Diese beziehen sich immer auf einen reproduzierbaren Standard, der auch zur Kalibrierung der Messeinrichtung

verwendet wird. Standards für die Gärungs- und Getränkeindustrie sind in Tabelle 184 zusammengestellt. Für die europäische Brauindustrie ist vor allem der EBC-Trübungswert relevant.
Die Umrechnung kann nach Tabelle 185 vorgenommen werden.

Tabelle 184 Trübungsstandards für die Gärungs- und Getränkeindustrie

Standard	Name	Anwendung	Bemerkungen
ASBC	American Society of Brewing Chemists	Brauerei	
EBC	European Brewery Convention	Brauerei	90°-Messung/ 11°-/12°- oder 25°-Messung
FNU	Formazine Nephelometric Units	Wasseraufbereitung	
FTU	Formazine Turbidity Unit	Wasseraufbereitung	meist 90°-Messung, Messwinkel ist nicht festgelegt
NTU	Nephelometric Turbidity Unit	Wasseraufbereitung	90°-Messung

Tabelle 185 Umrechnung von Trübungseinheiten (nach [516])

	1 EBC	1 FNU 1 NTU 1 FTU	1 ASBC
1 EBC	1	0,25	0,014
1 FNU, NTU, FTU	4	1	0,057
1 ASBC	70	17,5	1

Definitionen der Trübungseinheiten (Tabelle 186):

Tabelle 186 Definitionen des Trübungsstandards

Standard	Definition bzw. Herstellung
Formazin	nach ISO 7027 ($\hat{=}$ DIN 38404 T2) beschrieben auch in [516], S. 37-39; die nach dieser Vorschrift bereitete Stammlösung entspricht einer Trübung von 400 FNU

Aus Tabelle 187 folgt, dass die Auswahl und Positionierung des Trübungssensors mit Bedacht erfolgen muss. Es kann vorteilhaft sein, statt eines Zweiwinkel-Messgerätes zwei Einwinkel-Sensoren an unterschiedlichen Stellen einzusetzen. Die Vor- und Nachteile der verschiedenen Messwinkel für Streulicht sind in Tabelle 188 aufgeführt.
In Abbildung 439 wird der Trübungssignalverlauf für die Messung bei 90°-Streulicht und bei Vorwärtsstreulicht gezeigt. Es ist deutlich sichtbar, dass der FHM-Durchbruch durch das Vorwärtsstreulicht wesentlich besser angezeigt wird als mit 90°-Streulicht.

Mess- und Automatisierungstechnik

Tabelle 187 Trübungsüberwachung bei unfiltriertem und filtriertem Bier

Partikelart	Messprinzip	Messort	Maßnahme, zum Beispiel:
Unfiltrat/"Hefestoß"	Absorptions-messung	vor Puffertank	Durchsatz drosseln
		vor Filter	FHM-Dosierung erhöhen
Hefe	Vorwärtsstreuung *)	nach Anschwemm-Filter	automatische Kreislaufschaltung
Filterhilfsmittel (FHM)	Vorwärtsstreuung *)		
PVPP	Vorwärtsstreuung *)	nach PVPP-Filter	
Hefe, FHM, PVPP	Vorwärtsstreuung *)	nach Trapp-Filter	
kolloidale Trübstoffe	90°-Streulicht	nach Schichtenfilter/ nach Filteranlage	automatische Kreislauf-schaltung und/oder Veränderung der FHM-Zusammensetzung
kolloidale Trübstoffe	90°-Streulicht	vor Membranfilter	automatische Kreislauf-schaltung oder Abbruch

*) Vorwärtsstreuung s.a. Kapitel 17.6.2

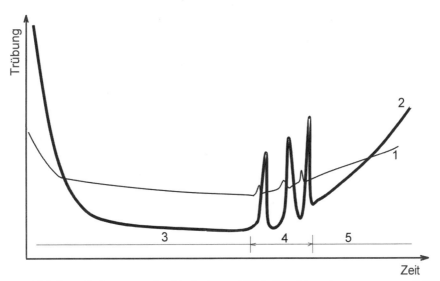

Abbildung 439 Der Trübungsverlauf bei einem FHM-Durchbruch gemessen mit 90°- und Vorwärtsstreulicht (nach Fa. optek-Danulat)
1 90°-Streulichtmessung **2** Vorwärtsstreulichtmessung **3** Bereich der normalen Filtration (der Trübungswert sinkt asymptotisch) **4** Bereich mit FHM-Durchbrüchen
5 Bereich mit steigenden Partikelgehalten

Klärung und Stabilisierung des Bieres

Tabelle 188 Vor- und Nachteile von Vorwärts- und 90°-Streulicht

Partikelart	Vorwärts-Streulicht *)	90°-Streulicht
Gur, Hefe	- Zuverlässige Anzeige jeder Konzentrationsänderung in jeder Phase der Filtration	- Wiedergabe des allgemeinen Trends - geringe Konzentrationsänderungen, z. B. beim beginnenden Durchbruch werden nicht erfasst - der Durchbruch selbst wird tendenziell angezeigt
Kolloide	- Zuverlässige Anzeige während der Filtration - in Anwesenheit von Partikeln wird die kolloidale Trübung überdeckt	- Zuverlässige Anzeige während der Filtration - Fehlmessung beim beginnenden Durchbruch möglich

*) s.a. Kapitel 17.6.2

17.7.2.1 Der Trübungsmessungssensor InPro 8600 von Mettler Toledo

Dieser moderne Sensor wird in drei Varianten hergestellt:
1. Messung der 25°-Vorwärtsstreuung: 1-Kanal-Version;
2. Messung von 25°/90°-Streuung: 2-Kanal-Version;
3. Messung von 25°/90°-Streuung + Farbmessung: 2-Kanal-Version + Farbe.

Die einzelnen Versionen werden gemäß Tabelle 189 gekennzeichnet.

Tabelle 189 Sensorversionen des Sensors InPro 8600 (nach Mettler Toledo)

InPro 8600 /D/ *:	Ausführung mit digitaler Schnittstelle
InPro 8600 /W/ *:	Ausführung mit drahtloser Schnittstelle
InPro 8600 / * / 1:	1-Kanal-Version
InPro 8600 / * / 2:	2-Kanal-Version
InPro 8600 / * / 3:	2-Kanal- und Farbe-Version

D: Sensor wird mit digitaler Schnittstelle mit einem Transmitter betrieben (Ausgang RS 485).
W: Sensor kann mit drahtlosem Anzeige- und Konfigurationsgerät (PC, PDA) bedient werden (drahtlos: Bluetooth® V 1.2).
Die Ausgabe des Messwertes erfolgt bei beiden Versionen durch 1 bis 3 Stück 0/4...20 mA Ausgänge.

Der Sensor wird in ein VARINLINE®-Gehäuse (DN 40...150) eingesetzt. Die Fließrichtung ist vorgegeben. Die Spezifikationen des Sensors sind aus Tabelle 190 ersichtlich.

Der Sensor wird aus Edelstahl Rostfrei® (1.4404 bzw. 316L) gefertigt, Dichtungswerkstoff ist EPDM.

Die optischen Fenster sind aus Saphir und werden O-Ring-frei eingelötet. Der Sensor ist thermisch entkoppelt; Trockenmittel muss nicht verwendet werden.

Mess- und Automatisierungstechnik

Abbildung 440 Sensor InPro 8600 und zugehöriger Transmitter Trb 8300 D (Mettler Toledo) Abmessungen:
Sensor: Länge über alles 214 mm, Ø 111 mm; Transmitter etwa 114 mm x 125 mm.

17.7.2.2 Zur Funktion des Sensors InPro 8600

1-Kanal-Version: 25°-Streulichtmessung
In Abbildung 441 wird die 25°-Streulichtmessung schematisch gezeigt. Das von der LED ausgesandte rote Licht (Pos. 1) wird von einem Trübungsteilchen abgelenkt. Das unter 25° abgelenkte Licht (Pos. 2) und der Referenzstrahl (Pos. 3) werden mittels Fotozellen (Pos. 7) gemessen.

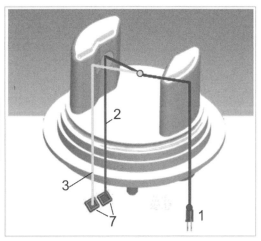

$$25°\text{-Trübung} \sim \frac{\text{Vorwärtsstreulicht}}{\text{Referenzstrahl}}$$

Abbildung 441 25°-Streulichtmessung, schematisch (nach Mettler Toledo)
1 LED, rot **2** 25°-Streulicht (Vorwärtsstreuung) **3** Referenzstrahl (direktes Licht)
7 Fotozellen

Tabelle 190 Spezifikationen des Trübungsmess-Sensors InPro 8600 (nach Mettler Toledo)

Messprinzip	Streulichtmessung, rotes Licht: 25° (1-Kanal-Version) 25° / 90° (2-Kanal-Version)
Wellenlänge	650 nm (LED, Licht emittierende Diode)
Messbereich	0 ... 400 FTU
Messgenauigkeit	0,01 FTU (Messwert < 1 FTU) 1 % des Messwerts (Messwert > 1 FTU)
Wiederholbarkeit	0,01 FTU
Auflösung	0,01 FTU
Ansprechzeit (T90)	<2 s
Einheiten	FTU, NTU, EBC, ASBC, ppm SiO_2, mg/L SiO_2
Werkskalibration	12-Punkte-Kalibration über den gesamten Messbereich, basierend auf Formazin-Standards
Farbe (nur InPro 8600/W/3)	
Messprinzip	Absorptionsmessung, blaues Licht
Wellenlänge	460 nm (LED, Licht emittierende Diode)
Messbereich	0 ... 30 EBC
Messgenauigkeit	± 2% vom Messwert
Wiederholbarkeit	0,01 EBC
Auflösung	0,01 EBC
Ansprechzeit (T90)	3 sec bei EBC Änderung >10
Einheiten	EBC
Werkskalibration	6-Punkte-Kalibration
Prozessbedingungen	
Zulässiger Druckbereich	max. 16 bar
InPro 8600/*/1 Zulässiger Temperaturbereich (Medium)	0...100 °C max. 120 °C (kurzzeitig, 1 h)
InPro 8600/*/2 und InPro 8600/W/3 Zulässiger Temperaturbereich (Medium)	0...80 °C (bei 25 °C Umgebungstemperatur mit Luftkühlung), 0...70 °C (bei 25 °C Umgebungstemperatur ohne Luftkühlung), max. 120 °C (kurzzeitig, 1 h)
Zulässiger Temperaturbereich (Umgebung)	0...60°C

2-Kanal-Version: 25°- und 90°-Streuung

In Abbildung 442 wird die 25°- und 90°-Streulichtmessung gezeigt. Das von der LED ausgesandte rote Licht (Pos. 1) wird von einem Trübungsteilchen abgelenkt. Das unter 25° abgelenkte Licht (Pos. 2), das unter 90° abgelenkte Licht (Pos. 4) und der Referenzstrahl (Pos. 3) werden mittels Fotozellen (Pos. 7) gemessen.

$$25°\text{-Trübung} \sim \frac{\text{Vorwärtsstreulicht}}{\text{Referenzstrahl}}$$

$$90°\text{-Trübung} \sim \frac{90°-\text{Streulicht}}{\text{Referenzstrahl}}$$

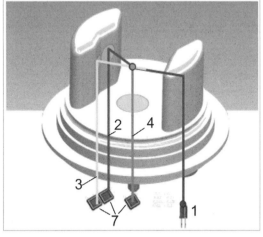

Abbildung 442 25°- und 90°-Streulichtmessung, schematisch (nach Mettler Toledo)
1 LED, rot **2** 25°-Streulicht (Vorwärtsstreuung) **3** Referenzstrahl (direktes Licht)
4 90°-Streulicht **7** Fotozellen

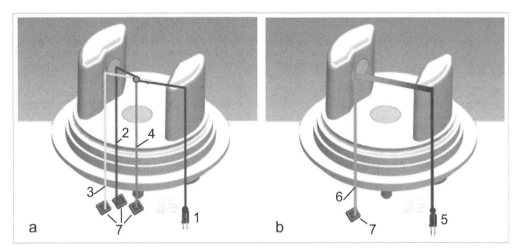

Abbildung 443 25°- und 90°-Streulicht- und Farbmessung, schematisch (nach Mettler Toledo)
a Messung der Trübung mit rotem Licht   **b** Messung der Farbe
1 LED, rot **2** 25°-Streulicht (Vorwärtsstreuung) **3** Referenzstrahl (direktes Licht)
4 90°-Streulicht **5** LED, blau **6** Blaues Licht nach der Absorption **7** Fotozellen

2-Kanal- und Farbe-Version

In Abbildung 443 ist die kombinierte Messung von 25°- und 90°-Trübung und Farbbestimmung schematisch dargestellt. Das von der LED ausgesandte rote Licht (Pos. 1) wird von einem Trübungsteilchen abgelenkt. Das unter 25° abgelenkte Licht (Pos. 2), das unter 90° abgelenkte Licht (Pos. 4) und der Referenzstrahl (Pos. 3) werden mittels Fotozellen (Pos. 7) gemessen. Das von der blau leuchtenden LED ausgesandte Licht wird je nach Farbe absorbiert, die Resthelligkeit des blauen Lichtes (Pos. 6) wird von einer Fotozelle gemessen.

Es gilt also für die Messung:

$$25°\text{-Trübung} \sim \frac{\text{Vorwärtsstreulicht}}{\text{Referenzstrahl}}$$

$$90°\text{-Trübung} \sim \frac{90°-\text{Streulicht}}{\text{Referenzstrahl}}$$

Farbe (EBC) ~ Absorption des blauen Lichtes

Kompensation der Bierfarbe bei der Trübungsmessung

Um den Effekt der Bierfarbe auf die Trübungsmessung zu kompensieren, wird die Trübung mit rotem Licht gemessen. Mit dem blauen Licht werden die Farbe und die Trübung gemessen.

Zur Veranschaulichung könnten im Prinzip Abbildung 443a und Abbildung 443b übereinander gelegt werden.

Es gilt dann für die Auswertung:
- Absorption blaues Licht = Trübung + Farbe
- Absorption rotes Licht = Trübung
- Farbe = Absorption blaues Licht - Absorption rotes Licht

17.7.3 Farbmessung

Zu unterscheiden ist die Farbmessung im Laboratorium und als Prozessmessung.

Im Labor wird in der Regel die Adsorption einer trübstofffreien Würze bzw. Bieres (reine Lösung) gemessen (nach der *MEBAK*-Richtlinie; definiert ist die Bierfarbe bis zu 15 EBC-Einheiten).

Bei der Farb-Prozessmessung muss im Allgemeinen die Farbe einer Suspension (partikelhaltige Lösung) bestimmt werden. Dabei muss der Einfluss der Trübungspartikel auf die Farbmessung kompensiert werden.

Die Labormessung erfasst nur die Farbe der Lösung, während die Prozessmessung die Farbe der Lösung *und* der Partikel erfasst. Deshalb können die beiden Messungen auch nicht übereinstimmen; die Differenz entspricht der Farbe der Partikel.

Die Bestimmung der Bierfarbe wird durch Absorptionsmessung bei einer Messwellenlänge von 430 nm vorgenommen. Dabei werden die Farbe und die Trübung erfasst. Bei 700 nm wird nur die Trübung ermittelt. Die Differenz der beiden Messungen ergibt die Farbe der Probe (Zweikanalmessung, s.a. Abbildung 444; nach [515]).

Bei der Farbmessung in Würze und Bier muss beachtet werden, dass sich die Farbe zwischen zwei zeitlich unterschiedlichen Messungen durch oxidative Einflüsse ändern kann.

Die Farbmessung in Würze und Bier ist beispielsweise für die geregelte Einstellung eines gewünschten Farbwertes mit Röstmalzbier bedeutungsvoll.

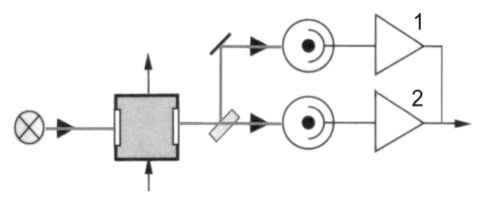

Abbildung 444 Zweikanalmessverfahren, schematisch (nach Fa. optek-Danulat)
1 Messkanal 430 nm Farbe und Trübung **2** Messkanal 700 nm Trübung
Die Differenz der beiden Messkanäle ergibt den Messwert für die Farbe der Lösung.

17.7.4 Faseroptik

Faseroptische Sensoren benutzen Lichtleitfasern, an deren Grenzfläche unterschiedliche Brechungszahlen der Medien und die Fluoreszenz bei Totalreflexion für eine Signalgewinnung genutzt werden. Einen Überblick zu dieser Thematik gibt zum Beispiel [517].

17.7.5 Fluoreszenzmessung

Einige organische Substanzen (z. B. Fluoresceindiacetat [FDA], Fluorescein, Nilrot) senden bei Bestrahlung mit einer charakteristischen Wellenlänge (Fluorescein bei λ = 490 nm) eine Sekundärstrahlung (z. B. λ = 515 nm oder 580 nm) aus. Diese Eigenschaft wird als Photoluminiszenz bezeichnet, sie „fluoreszieren" (die Fluoreszenz ist nicht nachleuchtend; die Phosphoreszenz ist nachleuchtend).

Vorteilhaft ist bei der Fluoreszenzstrahlung, dass auch sehr geringe Konzentrationen durch Streulichtmessung erfasst werden können (Nachweisgrenze im ppb-Bereich). Damit lassen sich schwer nachweisbare gelöste Stoffe detektieren, indem ihnen ein Indikator („Tracer") zugesetzt wird, der Fluoreszenz hervorruft.

Ein Beispiel ist die Überwachung von Glycol-Kühlkreisläufen auf Undichtigkeiten, um Produktvermischungen auszuschließen.

Die Fluoreszenzspektroskopie wird u.a. beim Monitoring von Bioprozessen benutzt, u.a. auch zur Charakterisierung der Hefevitalität [518], [519] sowie beim Schnellnachweis von bierschädlichen Bakterien [520], [521].

In jüngerer Zeit berichtete *Häck* über ein optisches Sauerstoff-Messverfahren für Wasser/Abwasser, das auf der Luminiszenzstrahlungsmessung beruht [522], eine Produktinformation erfolgt unter [523]. Die Sonde hat einen Durchmesser von 60 mm und eine Länge von 290 mm. Der Messbereich beträgt 0,01...20 mg O_2/L, die Genauigkeit ± 0,01 mg/L, die Messtemperatur kann im Bereich 0...50 °C liegen. Die Messung wird durch die Anwesenheit von Chlordioxid gestört.

Zur Sauerstoffmessung auf Basis Luminiszenz siehe auch Kapitel 17.3.6.

17.7.6 Trennung mischbarer Medien

Die Trennung zweier mischbarer Medien ist durch eine Transmissionsmessung möglich, beispielsweise bei Wasser und Bier oder CIP-Lösungen und Wasser. Es wird die unterschiedliche spektrale Absorption der beteiligten Medien genutzt.

Der Grenzwert für die Umschaltung von einem auf das andere Medium ist einstellbar. Damit lassen sich Mischphasenübergänge optimal bestimmen und Produktverluste minimieren, da die erforderlichen Schaltzeiten sehr kurz gehalten werden können (s.a. [524]).

Die Zeiten für die Erfassung unterschiedlicher Eigenschaften (Farbe, Konzentration) liegen im Bereich weniger Zehntelsekunden. Zum Vergleich: das menschliche Auge benötigt für die Erfassung von Unterschieden der strömenden Medien (zum Beispiel durch Farbänderung) etwa 8...12 s.

17.7.7 Partikelzählgeräte

Allgemeine Hinweise

Partikelzählgeräte arbeiten zum Teil nach dem Lichtschrankenprinzip. Das Problem besteht darin, dass beim Einsatz für die Hefezellzählung im Bereich geringer Hefekonzentrationen Trübstoffe stören und als „Hefe" mit erfasst werden [525] (Partikelzählgeräte, die nur lebende Zellen erfassen, nutzen ein anderes Messprinzip: z. B. HF-Strahlung im elektrischen Feld [526]).

Zu weiteren Informationen zur Partikelmesstechnik wird auf die Fachliteratur verwiesen, beispielsweise auf [527].

Sensoren für geringe Partikelkonzentrationen

Ziel ist es, einzelne Partikel in sehr geringer Konzentration in einer im Wesentlichen trübstofffreien Flüssigkeit online nachzuweisen, die mit der normalen Trübungsstreulichtmessung nicht erfasst werden können. Mit dem Partikel-Messsystem CONSENSOR-PM [528] können zum Beispiel Filteranlagen im Sinne einer Integritätsmessung in Echtzeit überwacht werden mit den Aussagen:
- Ist die Membrane noch in Ordnung?
- Ist die Rückhalterate des Filters in Ordnung?
- Gibt es Filterdurchbrüche?

Diese Beispiele lassen sich fortsetzen.

Die Technologie des Partikelsensors basiert auf der Laser-*Speckle*-Interferometrie. Werden streuende Oberflächen von Partikeln mit kohärentem Licht bestrahlt, führen die Interferenzen des gestreuten Lichts zu unregelmäßigen Helligkeitsmustern. Ein *Speckle*-Interferometer verarbeitet diese *Speckle*-Muster. Verändern Partikel Form oder Lage - dabei können Partikel als Feststoff-, Emulsions- oder Kolloidpartikel in Erscheinung treten - korreliert das *Speckle*-Interferometer die aufgetretenen Speckle-Muster durch elektronische Verarbeitung und macht auf diese Weise die Veränderungen sichtbar. Die Messgenauigkeit liegt deutlich unter der Wellenlänge des eingesetzten Laserlichts, es können deshalb Partikel bis in den Nanometerbereich aufgelöst werden.

Kern des Messprinzips ist ein Photo-Detektor-Array (Abbildung 445). Ein Laserstrahl durchdringt das Messfluid. Sobald ein Partikel diesen Laserstrahl passiert, wird das entstehende Streulicht vom Photo-Detektor-Array erfasst, selektiv verstärkt und von einem Messverstärker ausgewertet.

Mess- und Automatisierungstechnik

1 Messflüssigkeit
2 Laser
3 Streulicht
4 Korrelation-Photo-Detektor-Array in low-angle-Anordnung
5 Selektivverstärker
6 Schauglas-Inlinegehäuse

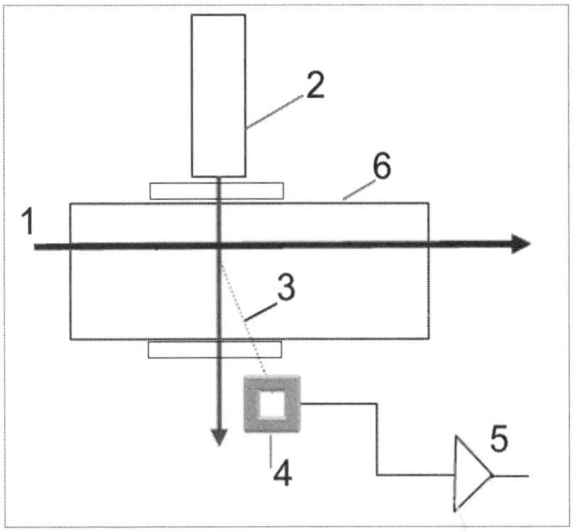

Abbildung 445 Messprinzip ConsensoR - PM (nach [529])

Die Montage des Sensors erfolgt vollständig produktberührungsfrei auf einem Schauglas-Inlinegehäuse, zum Beispiel auf einem VARINLINE®-Gehäuse (siehe Abbildung 446). Der Sensor befindet sich also nicht im Medium, sondern beiderseits der Schaugläser. Das Messsignal wird einem PC zur Auswertung und von dort einer Steuerung zur Prozessüberwachung zugeführt.

Abbildung 446 Mediquant®-Partikelsensor im VARINLINE®-Gehäuse (nach [530])
1 VARINLINE®-Gehäuse 2 Laser
3 Auswertungseinheit

In Abbildung 447 ist die Onlinemessungen im Filtrat einer defekten Tiefenfilterkerze (0,7 µm) dargestellt. Pos. 1 zeigt nur das Grundrauschen des Sensors. Im Messzeitraum von 1,26 s wurden insgesamt 8 Partikel detektiert. Die mögliche zeitliche Auflösung des Sensors beträgt ≥ 0,1 ms.

Klärung und Stabilisierung des Bieres

In einem Beispiel werden in einer Rohrleitung (DN 80) bei einer Strömungsgeschwindigkeit von 2 m/s V̇ = 10 L/s transportiert. Vom Sensor werden etwa 4,8 % des Volumenstromes stetig auf Partikel untersucht, also 480 mL/s.

Bei der o.g. Auflösung von ≥ 0,1 ms können ≥ 1 Partikel/0,048 mL, entsprechend ≥ 10.000 Partikel/480 mL gefunden werden.

Ein sinnvoller Einsatz für die typischen Applikationen liegt allerdings bei Einstellungen, die maximal wenige hundert Partikel/Liter Filtrat ergeben, da nur damit feinste Veränderungen erkannt werden können.

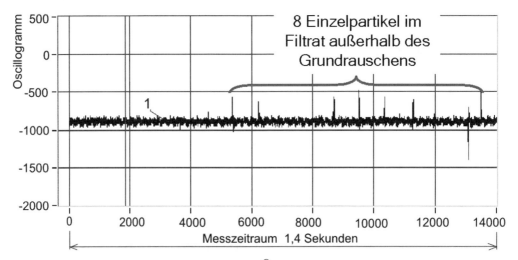

Abbildung 447 Messsignal eines Mediquant® Partikelsensors (nach [530])
1 Sensorsignal Grundrauschen ohne Partikel

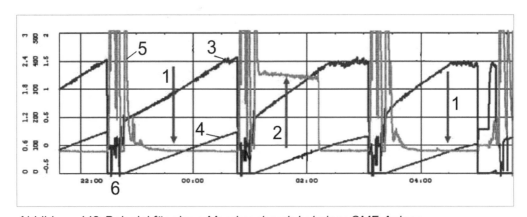

Abbildung 448 Beispiel für einen Membranbruch bei einer CMF-Anlage
1 Messsignal normal   **2** Messsignal Membranbruch   **3** Transmembrandruck   **4** Filtratmenge   **5** Messsignal des Sensors   **6** Rückspülung

Messsignal bei einem Membranbruch

Abbildung 448 zeigt den Verlauf des Messsignal eines Mediquant® Partikelsensors, eingebaut bei einem Membranfilter. Der Transmembran-Druckverlauf als auch die filtrierte Menge sind zu erkennen. Nach dem Erreichen eines definierten Transmembrandrucks wird eine Rückspülung eingeleitet. Das Messsignal (5) zeigt die Ergebnisse der Partikelmessung. Im mittleren Bereich kann man erkennen, dass nach der Rückspülung die Anzeige (2) auf einem hohen Wert verbleibt. Offensichtlich kam es beim Rückspülen der Membran zu einem Membranbruch. Nachdem das entsprechende Modul erkannt und abgeschaltet wurde, zeigten die Messwerte wieder einen normalen Verlauf.

Membranverhalten bei steigendem Transmembrandruck

Abbildung 449 illustriert den Fall einer Membranveränderung bei Druckerhöhung. Sind die Membranen einige Zeit im Einsatz, scheint sich bei steigendem Transmembrandruck das Risiko zu erhöhen, Teilchen durch die Membran zu lassen. Die Partikelmessung (6) detektiert dies zuverlässig. Über diese Messung könnte die Rückspülung entsprechend früher eingeleitet werden und die mikrobiologische Fracht auf den Nachfilter verringert werden.

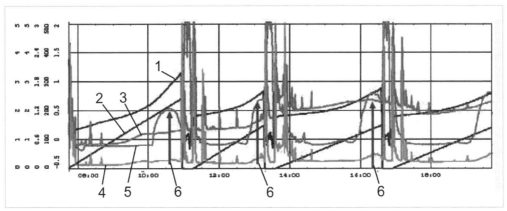

Abbildung 449 Membranverhalten bei steigendem Transmembrandruck
1 Transmembrandruck **2** Filtratmenge **3** Trübung 90° **4** Trübung 25° **5** Messsignal des Sensors **6** Erhöhte Partikeldurchlässigkeit

Partikelmessgerät PCS 2000

Von *Kolczyk* und *Oechsle* [242] wurde ein Partikelmesssystem vorgestellt. Ein Laserstrahl durchdringt die Probe, jedes Teilchen gibt auf einem Sensor ein Signal, das gezählt wird. Dazu wird eine Probe im Bypass kontinuierlich mit konstantem Volumenstrom gefördert.

Das Messsystem kann Partikel in der Größenordnung ≥ 1 µm bis 160 µm detektieren. Die maximale Konzentration beträgt 150.000 Partikel/mL.
Über Messergebnisse mit diesem Messsystem berichteten Annemüller et al. [241]
Betriebliche Messergebnisse [242] mit diesem Messsystem wurden auszugsweise in Kapitel 9.4.2.3 dargestellt.

17.7.8 Staubgehaltsmessung/Streulicht

Staub in einem Gas (Luft) kann mit einer Streulichtmessung erfasst werden. Gemessen wird herstellerspezifisch unter einem Streuwinkel von 11°, 15° oder 30° bei λ =880 nm [531].

Der Messbereich kann von 0...0,1 mg/m^3 bis 0...1000 mg/m^3 betragen bzw. 0...0,1 PLA bis 0...100 PLA; die Teilchengröße $\geq$ 0,05 µm. Als Vergleich werden Testaerosole verwendet, meist Polystyrol-Latex-Aerosol (PLA).

Diese Messverfahren haben große Bedeutung in der Reinraumtechnik der Mikroelektronik [532], aber auch bei der Prüfung von FHM-Stationen.

17.7.9 Lichtschranken

Lichtschranken werden in der Automatisierungstechnik als Sensoren für erreichte Positionen bei translatorischen und rotatorischen Bewegungen eingesetzt.

In der Sicherheitstechnik werden optische Sicherheitsschalter, Lichtgitter und Lichtvorhänge (zahlreiche parallele Lichtschranken) benutzt, um die menschliche Arbeitskraft vor Körperschaden zu bewahren (Gefahrstellenabsicherung, beispielsweise bei automatisierten Schichtenfiltern beim hydraulischen Spannen des Filters) und um Produktionsabläufe vor unbefugten Eingriffen (Zugangsabsicherung) zu schützen.

Optische Schutzeinrichtungen lassen sich so installieren, dass die freie Zugänglichkeit zu der Anlage erhalten bleibt.

Optische Sensoren lassen sich im Gegensatz zu elektromechanischen Endschaltern nicht überbrücken. Damit steigt die Sicherheit.

Lichtschranken werden in der Regel mit IR-Licht betrieben, um Tageslichteinflüsse auszuschalten.

Bei Lichtschranken können Sender und Empfänger in einem Gehäuse angeordnet werden, sie messen in Verbindung mit einem Reflektor, oder Sender und Empfänger werden räumlich getrennt installiert (gemessen wird nach optischer Sicht, ggf. unter Nutzung von Spiegeln).

17.7.10 Reflexionsmessung

Der Oberflächenzustand von Werkstoffen lässt sich durch eine Reflexionsmessung erfassen, beispielsweise mit faseroptischen Messsystemen. Anwendungsbeispiele sind die Onlineerfassung des Wachstums von Biofilmen auf der Werkstoffoberfläche von Produkt führenden Rohrleitungen [533] oder die Belagbildung auf Wärmeübertragerflächen.

Damit lassen sich die Zeitpunkte für eine erforderliche Reinigung und ggf. Desinfektion exakt messtechnisch festlegen. Die Reinigung wird dann nicht mehr nach festgelegten, starren Zeitabschnitten durchgeführt, sondern nach dem objektiv ermittelten Befund des Sensors.

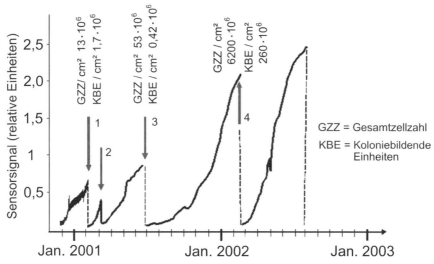

Abbildung 450 Sensorsignal aus einer Brauwasserleitung (nach ONVIDA [533])
Die Pos. 1 bis 4 zeigen die durchgeführten R/D-Abschnitte

Das Messsignal wird durch die optischen Eigenschaften verschiedener Anteile des Biofilms (Mikroorganismen, Partikel) moduliert. Aus dem detektierten Signal werden auf der Basis eines patentierten mathematischen Algorithmus diese Anteile quantitativ und qualitativ hinsichtlich verschiedener morphologischer Merkmale ausgewertet.

Die Information über die Biofilm-Entwicklung wird in Form einer kontinuierlichen Messkurve geliefert. Abbildung 450 zeigt das Signal eines Sensors, der in der Brauwasserleitung seit dem Jahr 2000 eingesetzt ist. Deutlich zu sehen ist der Anstieg der Kurve im Zeitablauf sowie durchgeführten Reinigungen, die zu einer Verringerung des Biofilms führten. Abbildung 451 zeigt den Sensor.

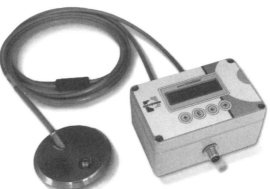

Abbildung 451 Sensor onvi-CONTROL
mit Auswerteelektronik
(nach ONVIDA [533])
Der faseroptische Sensor ist in einen
VARINLINE®-Anschluss eingesetzt

17.8 Stammwürze- und Ethanolmessung

17.8.1 Stammwürze-Messung

Während für die Extraktermittlung der Würze eine Dichtebestimmung ausreichend ist, muss die Stammwürzebestimmung von Bier auf die folgenden Messgrößen zurückgreifen:
- Dichte und Refraktion oder
- Dichte und Ultraschallmessung oder
- Dichte und NIR-Spektrum.

Aus diesen Messgrößen lassen sich dann Stammwürzegehalt, Extraktgehalt und Ethanolgehalt berechnen, ggf. auch der Vergärungsgrad.

Bei der Variante Dichte- und Ultraschall-Messung muss sortenspezifisch kalibriert werden, die Variante Dichte- und Refraktionsmessung besitzt keine weiteren Einflussfaktoren und liefert innerhalb der Gültigkeit der Berechnungsgleichungen (zum Beispiel nach *Weyh* und *Hagen* [534] und nach MEBAK [535]) die gesuchten Werte.

Die Variante Dichte- und Ultraschall-Messung ist relativ kostengünstig und wird als Betriebsmessung praktiziert.

Die Messung von Dichte und Refraktion war im Allgemeinen auf das Labor beschränkt (Analysenautomaten), wird aber auch als Betriebsmessung praktiziert [536]. Dieser Messung unter Verwendung eines Laserrefraktometers wird eine größere Genauigkeit bei weniger Störgrößen bestätigt.

17.8.1.1 Dichte-Messung

Die Betriebs-Dichte-Messung wird erst seit wenigen Jahren praktiziert. Voraussetzung war die Entwicklung der sogenannten Biegeschwinger-Messtechnik. Die Resonanzfrequenz eines Biegeschwingers ist zur Dichte des Messrohrinhaltes proportional und wird gemessen. Die Dichtemessung wird also auf eine Frequenzmessung zurückgeführt. Die Messguttemperatur muss kompensiert werden.

Eine weiteres Messverfahren ist die Ultraschall-Messung (es werden bei konstanter Wegstrecke Laufzeitunterschiede eines Ultraschall-Signals gemessen), die bei definierten Flüssigkeiten auch für die Dichteberechnung genutzt werden kann, da die Schallgeschwindigkeit der Konzentration bei konstanter Temperatur proportional ist. Ggf. müssen Temperaturunterschiede kompensiert werden.

Die Ultraschall-Messung kann auch durch dünne Wandungen hindurch erfolgen, erfordert also keine Einbauten. In vielen Fällen wird der Messaufnehmer mittels Flanschverbindung oder mittels Verschraubung nach DIN 11851 oder Tri-Clamp®-Verbindung oder Adapter für das VARINLINE®-System und andere Systeme eingesetzt (DN 65 und größer).

Die Messgröße Dichte kann in andere Konzentrationsmaße umgerechnet werden.

In den meisten Fällen wird sie jedoch mit weiteren Messgrößen für die Berechnung anderer Zusammenhänge benötigt, zum Beispiel für die Berechnung der Stammwürze, oder des Ethanolgehaltes.

Die Messgenauigkeit erreicht bei Ultraschall-Systemen Werte von $\leq 0{,}2$ Masse-%. Sie werden beispielsweise für die Extraktanzeige in Würzepfannen, für die Abtrennung von Vor- und Nachlauf bei der Filtration, für die Dosierung von Vor- und Nachläufen während der Filtration genutzt oder bei der Rückverdünnung von High-Gravity-Bieren.

Für genauere Messungen sind die Biegeschwinger-Systeme geeignet, mit denen sich Empfindlichkeiten von bis zu $5 \cdot 10^{-5}$ g/cm^3 erreichen lassen. Sie werden wie die

Ultraschall-Systeme eingesetzt, außerdem bei Analysenautomaten für die Bieranalyse im Labor, aber auch zur Erfassung der Konzentrationsverläufe während der Läuterung.

Beide Systeme lassen sich mit Flüssigkeiten bekannter Dichte kalibrieren bzw. justieren.

17.8.1.2 Refraktionsmessung (Refraktometrie)

Eine wichtige optische Stoffkenngröße ist die Brechungszahl n. Sie entspricht der Lichtgeschwindigkeit im Vakuum/Lichtgeschwindigkeit im Medium. Beim Durchtritt eines Lichtstrahls durch die Grenzfläche zweier optisch transparenter (homogener und isotroper) Stoffe der Brechungszahlen n_1 und n_2 tritt eine Richtungsänderung des Lichtstrahls (Lichtbrechung oder Refraktion) ein, beschrieben durch das Brechungsgesetz:

$$n_1 \cdot \sin \alpha_1 = n_2 \cdot \sin \alpha_2 \qquad \text{Gleichung 128}$$

α_1 und α_2 sind die Eintritts- bzw. Austrittswinkel, bezogen auf die Grenzflächennormale.

Die Brechungszahl n ist außer vom Stoff auch von der Dichte und der Wellenlänge λ des Lichts abhängig (Dispersion); n nimmt mit abnehmender Wellenlänge zu.

Refraktometer

Sie dienen zur Bestimmung der Brechungszahl von (flüssigen) Substanzen. Die Messprobe wird auf ein Messprisma gegeben, das Gerät thermostatiert und die Grenzfläche mit monochromatischem Licht bestrahlt.

Grundlage der Messung ist das Brechungsgesetz: n_1 (Messprisma) ist bekannt, Einfalls- und Ausfallswinkel werden gemessen und daraus n_2 (Messsubstanz) bestimmt. Das *Abbe*-Refraktometer arbeitet nach dem Prinzip der Totalreflektion mit einem zur Grenzfläche Messprisma/Messsubstanz streifend einfallendem Lichtbündel.

Messbereich n_1 = 1,2...1,8; die Messwert-Auflösung liegt bei 10^{-4} bis $5 \cdot 10^{-6}$.

Refraktometer werden im Laboratorium zur Bieranalyse eingesetzt (s.a. [534]), sowohl *Offline* (Eintauch-Refraktometer, Refraktometer mit heizbarem Durchflussprisma) als auch *Online* in Analysenautomaten, aber in Verbindung mit einem Dichtemessgerät.

Refraktometer lassen sich alleine nur einsetzten, wenn die Lösung nur eine definierte Verbindung enthält, die die Brechung beeinflusst. Das Refraktometer muss kalibriert werden.

Online-Prozessrefraktometer lassen sich für die Zuckergehaltbestimmung bei AfG verwenden. Die Anwendung moderner Prozessrefraktometer wird gegenwärtig wieder verstärkt propagiert, nachdem die Nutzung etwas zurück gegangen war, seit es Alternativen für die Messung brauereispezifischer analytischer Größen gibt wie Ultraschall-Sensoren, NIR-Sensoren oder Dichtemessgeräte.

Moderne Refraktometer
Prozessrefraktometer

Das Refraktometer wird nach dem Prinzip des Grenzwinkelrefraktometers betrieben. Als Prismenwerkstoff werden Saphir oder YAG (Yttrium-Aluminium-Granat, ein Y-Al-

Oxid) verwendet. Das reflektierte Licht wird von einem hochauflösenden Photodiodenarray ausgewertet. Das Prinzip ist aus Abbildung 452 ersichtlich

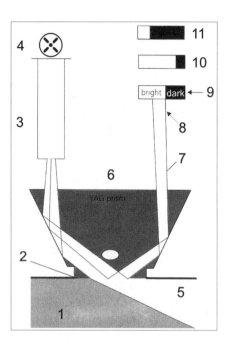

Abbildung 452 Grenzwinkelrefraktometer, schematisch (nach [537])
1 Untersuchungsflüssigkeit **2** Grenzfläche Prisma/Flüssigkeit **3** Optik **4** Lichtquelle **5** gebrochenes Licht **6** YAG-Prisma **7** total reflektiertes Licht **8** Winkel der Totalreflexion **9** Photodiodenarray **10** kleiner Refraktionsindex **11** großer Refraktionsindex

Laser-Refraktometer
Die in den letzten Jahren entwickelten Halbleiterlaser ermöglichen den Einsatz in der Messtechnik, insbesondere für die genaue Ermittlung des Zuckergehaltes in Getränken (Brix-Wert: löslicher Trockensubstanzgehalt einer Flüssigkeit). ACM entwickelte ein Messverfahren [538], in dem ein geregelter Halbleiterlaser in Verbindung mit einem speziellen, WSOC-beschichteten Prisma eine hochgenaue Ablenkung, hervorgerufen durch Zucker oder Süßstoff bewirkt. Diese Ablenkung wird über ein neuartiges optisches Zoomverfahren an eine CCD-Kamera geführt und in ein proportionales Messsignal umgeformt. Ein schnell arbeitender Temperaturfühler misst die Getränketemperatur und kompensiert den ermittelten BRIX-Wert auf 20°C Bezugstemperatur. Alle Messsignale werden von einem Kleincomputersystem erfasst, berechnet und übertragen. Der Messbereich beträgt 1...30 °Brix; 10...80 °Brix; 0... 2 °Brix; die Genauigkeit wird mit ± 0,01 °Brix angegeben, zum Teil mit ± 0,005 °Brix.

Durchlicht-Refraktometer
Für die Konzentrationsmessungen in Würze oder AfG können auch Durchlicht-Prozessrefraktometer eingesetzt werden, beispielsweise das Durchlicht-Refraktometer Piox® [539] (Abbildung 453).

Mess- und Automatisierungstechnik

Abbildung 453 Durchlicht-Refraktometer Piox® mit VARINLINE® Anschluss [539]

17.8.2 Ethanol-Messung

Bei der Chemosorption wird das Sensorelement in einer Brückenschaltung integriert. Das Sensorelement hat die Eigenschaft, seinen elektrischen Widerstand in Abhängigkeit von der anliegenden Gaskonzentration zu verändern.

Das Sensorelement wird mit einer Heizwendel auf etwa 300 °C aufgeheizt. Bei der Adsorption reduzierender, also brennbarer, und mancher toxischer Gase auf der Sensoroberfläche verringert sich der Innenwiderstand des Sensors. Diese Widerstandsänderung wird elektrisch ausgewertet.

Zur Überwachung von brennbaren, explosiblen und toxischen Gas- und/oder Dampf-Luftgemischen werden unterschiedliche Gas-Sensoren mit dem Prinzip der Chemosorption eingesetzt. Als Sensorelement wird z. B. ein mit Zinndioxid (SnO_2) gesintertes N-Substrat verwendet.

Dieses Messprinzip wird auch beim Ethanol-Sensor für den Messbereich < 6 Vol.-% Ethanol verwendet [540]. Der Sensor besitzt eine Membrane. Das Ethanol permeiert durch die Membrane und wird von einem inerten Trägergas dem Sensor zugeführt. Das Signal ist proportional zum Ethanolgehalt und wird ausgewertet.

Bei höheren Ethanolgehalten (2...20 Vol.-%) wird die Auswertung im Trägergas mit einem IR-Messsystem vorgenommen [540].

Die Ethanolgehaltsmessung ist auch mittels NIR-Messtechnik realisierbar.

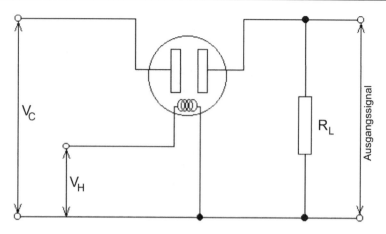

Abbildung 454 Ethanol-Sensor, schematisch (nach [540])
V_C = Versorgungsspannung V_H = Heizspannung R_L = Lastwiderstand

17.9 Grenzwertsonden

Grenzwertsonden werden eingesetzt, um bestimmte Füllhöhen anzuzeigen oder zu signalisieren. Damit sollen also minimale oder maximale Füllstände, aber bei Bedarf auch Zwischenwerte, gemessen werden. Dabei wird im Allgemeinen nur eine Ja/Nein-Aussage benötigt.

Der maximal zulässige Füllstand wird auch unter Sicherheitsaspekten als Überfüllsicherung genutzt, teilweise müssen dafür bauartgeprüfte oder speziell zugelassene Messgeräte eingesetzt werden. Eine Überfüllsicherung muss den Füllvorgang rechtzeitig und zuverlässig unterbrechen. Wichtig sind sie bei Wasser gefährdenden Stoffen (z. B. Chemikalien, Kälteträgerflüssigkeiten) und brennbaren Flüssigkeiten, aber auch um Produktverluste zu vermeiden, beispielsweise bei der Tankwagenbefüllung.

Der Minimalwert kann als Leermeldung in Behältern und Rohrleitungen oder als Trockenlaufschutz für Pumpen verwendet werden. Auch die Anwesenheit von Flüssigkeit kann erfasst werden, zum Beispiel für die Leckage-Meldung in Abwasserkanälen, Armaturen oder Rohrleitungen.

Für die Grenzwerterfassung werden u.a. verwendet:
- die Grenzwertbildung bei Durchfluss-Mengenmessungen,
- Vibrationssonden für Flüssigkeiten und Schüttgüter,
- konduktive Sonden (Leitfähigkeit) für Flüssigkeiten,
- kapazitive Sonden,
- Ultraschallsonden für Flüssigkeiten,
- Drehmelder für Schüttgüter.

Grenzwertbildung aus Durchflussmessungen

Die Grenzwertbildung aus gemessenen, voreinstellbaren Mengen ist als Zubehör bei MID und Masse-Durchflussmessgeräten realisierbar. Mit dem Signal können zum Beispiel Pumpen geschaltet oder Armaturen geschlossen werden.

Vibrationssonden

Vibrationssonden in Stab- oder Stimmgabelform schwingen mit ihrer Resonanzfrequenz von etwa 330 bzw. 380 Hz. Der Antrieb erfolgt piezoelektrisch. Sobald das umgebende Medium wechselt, ändert sich das Schwingverhalten, das ausgewertet wird.

Änderungen der Eintauchtiefe von wenigen Millimetern führen zur Schaltung, die Schalthysterese beträgt 4 mm. Die Einbauform muss CIP-gerecht ausgeführt werden. Muffengewinde sind ungeeignet.

Konduktive Sonden

Konduktive Sonden verfügen über zwei oder mehrere Elektroden. Sobald eine leitfähige Flüssigkeit zwei Elektroden bedeckt, wird der Messstromkreis geschlossen und ein Signal wird ausgelöst. Da mit einer Wechselspannung gemessen wird, sind Elektrolyse und Korrosion ausgeschlossen.

Ringförmige Elektroden eignen sich vor allem für den Einbau in Rohrleitungen, die Messaufnehmer und die Anschlussstücke lassen sich CIP-gerecht gestalten, nicht alle angebotenen Bauformen sind geeignet.

Induktive Sonden

Die induktive Messung der Leitfähigkeit kann ebenfalls für die Grenzwerterfassung benutzt werden.

Kapazitive Sonden

Die Messung kapazitiver Unterschiede ist für die Füllstandsmessung und die Grenzwerterfassung möglich

Ultraschallsonden

Ultraschallsonden senden und empfangen ein Ultraschallsignal. Die Messaufnehmer können außerhalb von Behältern oder Rohrleitungen durch Kleben, Rohrschellen oder durch Spannbänder befestigt werden. Befindet sich dem Messaufnehmer gegenüber eine Flüssigkeit, so wird das Signal mehr gedämpft als bei Luft, dies wird ausgewertet.

Die Einsatzfähigkeit dieser Grenzwertsonden ist sehr universell, zumal keine CIP-Probleme bestehen.

Drehmelder

Drehmelder sind für Schüttgüter (z. B. FHM) geeignet. Solange der Drehflügel nicht bedeckt ist, rotiert er, sobald er von Schüttgütern bedeckt wird, bleibt er, ohne Schaden zu nehmen und beliebig lange, stehen. Die Rotation wird ausgewertet. Nachteilig ist, dass der Messaufnehmer einem Verschleiß unterliegt. In neueren Anlagen werden diese Sonden kaum noch eingesetzt, es werden dafür Vibrationssonden verwendet.

Schwimmer-Schalter

Für die Grenzwerterfassung wurden in der Vergangenheit Schwimmer-Schalter eingesetzt. Abtastung direkt oder indirekt, z. B. mittels Magnetkupplung.

Optische Sensoren

Vor allem die Transmissionsmessung ist für die Grenzwerterfassung geeignet.

18. Schwand bei der Bierfiltration
18.1 Allgemeine Hinweise
Bei der Bierfiltration können in Abhängigkeit vom Filtertyp, vom Filtrationsverfahren und von der verwendeten Wasserqualität unterschiedlich hohe Bierverluste auftreten. Folgende Details sind dazu zu beachten:
- Normal fällt bei der Klärfiltration ein Schwand von < 0,5...1 % an.
- Beim Anfahren des Filters muss das Gesamtsystem völlig sauerstofffrei gemacht werden. Dies geschieht meist durch das Auffüllen mit sauerstofffreiem Wasser. Beim Verdrängen des Wassers durch das zu filtrierende Bier entsteht dann beim Anlauf eine Mischphase aus Wasser und Bier, der so genannte Vorlauf. Dabei läuft meist der erste Teil des Vorlaufes mit einer relativen Stammwürzekonzentrationen von ca. < 10...15 % der Originalstammwürze (beim 12 %igen Vollbier also ca. < 1,5 %) in das Abwasser (siehe Beispiel in Abbildung 455). Ähnlich sind die Extraktverhältnisse beim Abfahren des Filters. Hier entsteht als Verschnitt der so genannte Nachlauf.
Diese Aussagen und Richtwerte gelten für die Filtersysteme A.-Kerzenfilter und A.-Schichtenfilter sowie nur bedingt für einen A.-Scheibenfilter (kein Vorlauf, oft auch keinen Nachlauf). Sie gelten generell nicht für die kieselgurfreie Membranfiltration
- Je nach Filtergröße und Filtertyp fällt beim Anlaufen und beim Leerdrücken für jeweils ca. 5...15 min ein Verschnitt an. Eine sinnvolle und qualitätsgerechte Verwendung dieses Vor- und Nachlaufes ist sowohl aus der Sicht einer Extraktschwandreduzierung als auch aus der Senkung des Wasserverbrauches und der Abwasserlast erforderlich.
- Vor- und Nachlauf werden in der Regel in einem „Vorlauftank" gestapelt und während der Filtration wieder beigedrückt. Die Dosierung muss unter Beachtung der Stammwürzekonzentration erfolgen und deshalb sollte die Dosierung messtechnisch überwacht bzw. geregelt werden (s.a. Kapitel 18.2).
- Beim Anschwemm-Horizontalscheibenfilter kann beim Anfahren vor dem Umstellen auf Bier das Wasser durch CO_2 verdrängt werden.
Auch beim Abfahren kann das Bier in gleicher Weise durch CO_2 verdrängt werden, so dass kein Vor- und Nachlauf anfällt.
Bei einer vor- und nachlauffreien Filtration verringert sich der Schwand um ca. 0,4 %.
- Die möglichen Varianten für eine vor- und nachlauffreie Filtration sind abhängig vom Filtertyp. Die spezifischen Arbeitsabläufe dazu wurden für die einzelnen Filtertypen in den Kapiteln 7.2.9.4 und 7.4.9 beschrieben.

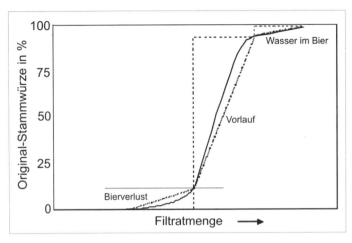

Abbildung 455 Die Bier-Wasser-Verdrängung beim Anlaufen eines Kerzenfilters, schematisch

18.2 Vor- und Nachlaufverwendung

Auch für die komplette Verwendung des Vor- und Nachlaufes gibt es mehrere Alternativen, wie z. B.:

- Bei der Verwendung eines völlig aufbereiteten Verschnittwassers zum Entlüften und Entleeren des Filters (Anforderungen siehe Kapitel 16.2.2) kann der gesamte Vor- und Nachlauf gesammelt werden (s.o.).
  Er kann entweder während der laufenden Filtration wieder beigedrückt werden (s.o.) oder als Verschnittwasser zur Einstellung der Stammwürze bei High-gravity-Bieren vor dem Filter beigedrückt werden.
- Bei *nicht* völlig aufbereitetem Verschnittwasser, das biologisch in Ordnung ist, aber höhere Restsauerstoffwerte enthält, sollte der Vor- und Nachlauf beim Anstellen der kalten Würze zugesetzt werden.
- Wenn das Verschnittwasser ggf. biologisch belastet ist, können der Vor- und Nachlauf unter Einhaltung der gewünschten Stammwürze der heißen Würze zwischen Whirlpool und Würzekühler Mengen proportional ($\leq 2\,\%$) so zugesetzt werden, dass die Würzetemperatur nach dem Zusatz nicht unter eine Temperatur von 95...96 °C absinkt (siehe z. B. den Dosagevorschlag in [541]).
  Hier wird der bereits gebildete Alkohol noch weitgehend erhalten.
- Aus der Sicht der Gesamtextraktbilanz ist die Verwendung von Vor- und Nachlauf im Sudhaus als Einmaischwasser oder Zusatz beim Würzekochen die schlechteste Variante.
  Hier geht der bereits gebildete Alkohol und der dafür verwendete Extrakt verloren.

18.3 Probleme bei vor- und nachlauffreier Arbeitsweise

Wenn beim Leerdrücken mit CO_2 vor- und nachlauffrei gearbeitet wird, sollte aber berücksichtigt werden, dass beim Abfahren des Filters das Kieselgur-Trub-Sediment noch bis zu 70 % Bier enthält, die durch eine Verdrängung mit Wasser noch gewonnen werden können.

Folgende Orientierungszahlen können dazu angenommen werden:
- Bei 70 % Restfeuchte hat 1 kg Kieselgurtrub ein Volumen von ca. 3 L;
- Bei durchschnittlich 9,5 kg Kieselgurtrub/m^2-Filterfläche können durch eine Wasserverdrängung maximal 20 L Bier/m^2-Filterfläche zurück gewonnen werden.
- 1 kg Kieselgur hat als Schlamm ein Volumen von ca. 3,7 L, davon sind ca. 25 % Trockensubstanz, d.h., der Schlamm enthält ca. 2,7…2,8 L Bier.
  Dies entspricht einem Volumenschwand von ca. 0,4 %.
- Es lohnt sich also, bei einer qualitativ hochwertigen Verschnittwasserqualität beim Abfahren des Filters mit Wasserverdrängung zu arbeiten.

18.4 Schwand bei der Crossflow-Membranfiltration

Auf Grund der geringen Leerraumvolumina in den Filtern fallen hier faktisch keine Vor- und Nachläufe an. Die Bierverluste sind abhängig von der Art der Vorklärung der Biere und der damit zusammenhängenden erforderlichen Häufigkeit der Rückspülungen.

Vorklärung und Anwendung der Rückspülung sind hier je nach Systemlieferant unterschiedlich (s.a. Kapitel 8).

Folgende Orientierungswerte sind für den Filtrationsschwand aus Betriebsversuchen bekannt:
- Crossflow-Membranfiltration ohne Separatorvorklärung   ≤ 1,0 %.
- Crossflow-Membranfiltration mit Separatorvorklärung   ≤ 0,2 %.

Das in der Anlage enthaltene Unfiltrat kann in der Regel in Fließrichtung mit Spanngas entfernt werden oder es wird mit entgastem Wasser ausgeschoben. Die geringen Nachlaufmengen können verschnitten werden.

19. CIP-Anlagen für den Bereich Filtration und Drucktank

19.1 Allgemeiner Hinweis

Dieser Gliederungspunkt CIP-Anlagen wird in dieser Publikation nur kurz angesprochen, weil in dem Fachbuch „Gärung und Reifung des Bieres" [114] dieser Punkt im Kapitel 20 ausführlich behandelt wurde. Nachfolgend werden nur einige zusammenfassende Hinweise gegeben.

Zur Reinigung und Desinfektion/Sterilisation der Filteranlagen siehe die Kapitel 7, 8 und 9.

19.2 Stapelreinigung oder verlorene Reinigung

In der Regel wird die „Stapelreinigung" bei der Reinigung von Rohrleitungen eingesetzt, während die sogenannte „verlorene Reinigung" vorteilhaft bei der Behälterreinigung genutzt wird.
Für die Reinigung von Drucktanks (DT) folgt:
- Im Prinzip ist die „verlorene Reinigung" zweckmäßig.

Die Vorteile der Stapelreinigung kommen umso mehr zum Tragen, je länger die Rohrleitungen sind und je größer ihre Nennweite ist.

19.3 Besonderheiten der Reinigung von Drucktanks

Bei der Reinigung von Drucktanks (DT) ist zu beachten:
- Der Verbrauch der Reinigungsmedien ist relativ gering ist und deshalb bietet sich die Stapelung der Medien anbietet. Allenfalls die Vorspüllösung sollte verworfen werden.
- Die Rückstände in einem entleerten DT sind keine Verschmutzung im eigentlichen Sinne. Die Getränkereste, sie sind bei zweckmäßiger DT-Gestaltung ohnehin sehr gering, lassen sich durch eine Vorspülung entfernen, so dass die Belastung des Reinigungsmediums sehr gering ist.
- Die sich im Laufe der Zeit auf der Tankwandung ausscheidenden Beläge aus „Bierstein" und anderen Ablagerungen sollten jedoch in regelmäßigen Zeitabständen, z. B. alle 3…6 Monate, durch eine alkalische Grundreinigung des CO_2-freien Behälters entfernt werden.
Der Einsatz konfektionierter, alkalischer Reiniger mit Zusatz einer Chlorkomponente ist hier sehr effektiv (nur in größeren Abständen anzuwenden).
- Da im Drucktankbereich vorzugsweise mit sauren Reinigungsmedien gearbeitet wird, kann die Reinigung der Drucktanks unter CO_2-Atmosphäre erfolgen. Damit erübrigt sich das Vorspannen der Drucktanks mit CO_2 vor der Füllung mit Filtrat.

Das Ergebnis der regelmäßigen Reinigungen muss natürlich bezüglich seines erreichten mikrobiologischen Zustandes ständig kontrolliert werden. Das Gleiche gilt für die eingesetzten Reinigungsmedien und das Spülwasser.

> Wichtig ist es, den Eintrag von Luft/Sauerstoff bei der Reinigung der DT zu verhindern.
> Insbesondere die Verbindungsleitungen des DT mit dem Vor- und Rücklauf der CIP-Station und die CIP-Station selbst müssen O_2-frei gehalten werden. Ggf. müssen die Rohrleitungen mit Inertgas gespült werden!

19.4 Reinigung der Unfiltratleitungen

Die Verbindungsleitungen von den Lagerbehältern zur Filteranlage können sowohl von der CIP-Station der Gärung/Reifung aus behandelt werden oder von der CIP-Station der Filteranlage aus.

Nach einer Vorspülung erfolgt die Reinigung in der Reihenfolge: Lauge (heiß) - Säure - Desinfektionsmittel, jeweils mit einer Zwischenspülung. Die Medien werden gestapelt.

In bestimmten Fällen kann die Gestaltung der Unfiltratleitungen als Parallelleitung günstig sein. Bei der Unfiltratförderung werden die beiden Stränge parallel betrieben, bei der CIP-Reinigung in Reihe geschaltet. Vorteile sind die mögliche geringere Nennweite.

Beachtet werden muss bei der Rohrleitungsplanung, dass sich die Rohrleitungen bei den auftretenden Temperaturunterschieden frei ausdehnen können.

Die kalte Reinigung der Unfiltratleitungen kann nicht befürwortet werden.

19.5 Reinigung der Filtratleitungen

Die Filtratleitung von der Filteranlage zum Drucktankbereich muss als doppelte Leitung ausgeführt werden, um den Kreislauf bei der CIP-Reinigung zu ermöglichen.

Diese Leitung kann sowohl von der CIP-Station der Filteranlage aus gereinigt werden als auch von der CIP-Anlage der DT-Abteilung.

Der in der Regel im Drucktankbereich vorhandene Ventilknoten kann bzw. muss in die Rohrleitungsreinigung mit integriert werden, ebenso die Verteilerleitungen zu den Füllanlagen. Letztere werden aber meistens in die Füllmaschinenreinigung mit einbezogen.

Wichtig ist nur, dass alle Rohrleitungsabschnitte mit erfasst werden und dass die jeweiligen Ventilsitze der im Allgemeinen vorhandenen Doppelsitzventile auch während der Reinigung angelüftet werden. Ventile mit Ventilsitz-Liftantrieb sind zu bevorzugen.

Nach einer Vorspülung erfolgt die Reinigung in der Reihenfolge: Lauge (heiß) - Säure - Desinfektionsmittel, jeweils mit einer Zwischenspülung. Die Medien werden gestapelt, da der Verbrauch der Reinigungsmittel sehr gering ist.

Beachtet werden muss bei der Rohrleitungsplanung, dass sich die Rohrleitungen bei den auftretenden Temperaturunterschieden frei ausdehnen können. Das gilt vor allem auch für den Ventilknoten.

Die kalte Reinigung der Filtratleitungen kann nicht befürwortet werden.

20. Planung einer Filteranlage, CIP-Anlagen, Betriebsabnahmen
20.1 Allgemeine Hinweise

Die Planung einer Brauereianlage bzw. einer Brauereiabteilung ist eine relativ aufwendige Arbeit. Das ist zum Teil begründet durch die Verantwortung bezüglich der erreichbaren Betriebsparameter und der dafür benötigten Investitionsmittel, aber auch durch die in der Regel zu erwartende langjährige Nutzung der Anlagen. Die prophylaktischen Festlegungen haben unter Umständen erhebliche materielle Konsequenzen.

Deshalb müssen auch die mögliche Erweiterungs- bzw. Anpassungsfähigkeit der Anlage bei geringstmöglichem Aufwand berücksichtigt werden.

Die Erarbeitung einer allumfassenden Aufgabenstellung für die geplante Anlage, deren Prüfung, die Einholung vergleichbarer Angebote und deren kritische Auswertung sind die Voraussetzung für eine erfolgreiche Auftragsvergabe.

Allgemeine Hinweise zur Anlagenplanung können der Literatur entnommen werden, z. B. [542]. Wichtige Informationen sind durch das gründliche Studium ausgeführter Anlagen und den persönlichen Erfahrungsaustausch erzielbar.

Die Planung, Gestaltung und Ausführung von Anlagen muss immer unter Beachtung der gültigen gesetzlichen Grundlagen, UVV, Normen und den *anerkannten Regeln der Technik* erfolgen. Eine wichtige Informationsquelle hierfür stellt der „DIN-Katalog für technische Regeln" [592] dar.

Die Umsetzung des *Standes der Technik* und des *Standes von Wissenschaft und Technik* sollte bei der Anlagenplanung ständig auf Realisierbarkeit geprüft werden.

Beim „Stand der Technik" ist das Fachwissen noch nicht Allgemeingut und nur wenigen Fachleuten bekannt. Unter dem „Stand von Wissenschaft und Technik" wird das wissenschaftlich gesicherte, technisch Machbare verstanden, das aber noch nicht in die Praxis umgesetzt worden sein muss.

Die „anerkannten Regeln der Technik" stellen das *allgemein* gültige, eingeführte und bewährte Fachwissen dar.

Nachfolgend werden einige Hinweise für die zweckmäßige Gestaltung von Anlagenelementen und Anlagen gegeben und Anforderungen an Anlagen speziell für die Lebensmittelindustrie sowie die Gärungs- und Getränkeindustrie genannt.

Ziel dieser Hinweise ist es auch, auf Schwerpunkte aufmerksam zu machen, die teilweise vergessen oder wenig beachtet werden.

Die Schwerpunkte liegen im Bereich:
- der zweckmäßigen Anlagengestaltung,
- der kontaminationsfreien Arbeitsweise,
- der sauerstofffreien Arbeitsweise,
- der Verfahrens-, Anlagen- und Betriebssicherheit.

Eine Vollständigkeit dieser Ausführungen ist naturgemäß nicht möglich!

Die kritische verfahrenstechnische und betriebswirtschaftliche Analyse ausgeführter Anlagen ist eine gute Basis für die Anlagenplanung.

20.2 Gestaltung der Gesamtanlage und räumliche Anordnung

Die Festlegung der Anlagentechnik ist eine wichtige Aufgabe mit erheblichen Konsequenzen für den Betriebsablauf, die Betriebskosten und nicht zuletzt die Bierqualität.

Aktuell muss die Entscheidung getroffen werden zwischen einer:
- Anschwemmfiltrationsanlage oder einer
- Crossflow-Membranfiltrationsanlage.

Außerdem steht die Frage des Separatoreneinsatzes für die Vorklärung an. Auch die Entscheidung zur Stabilisierungsvariante muss erfolgen.

Im Kapitel 20.6 sind mögliche Anlagenkonfigurationen zusammengestellt, die je nach betriebsspezifischer Aufgabenstellung genutzt werden können.

20.2.1 Fragestellungen zum Einsatz der Anlagentechnik

Ausgangspunkt der Planung einer Filteranlage müssen die Festlegungen zur Anlagenkapazität sein. Dazu zählen insbesondere:
- Die benötigte tägliche Filtratmenge, auch unter Beachtung der möglichen Absatzentwicklung;
- Der beabsichtigte Arbeitszeitfonds;
- Das Sortiment.

Nachfolgend werden einige Gesichtspunkte aufgeführt, die bei der Planung einer Filteranlage wichtig sind und einer Festlegung bedürfen (die Ausführungen können natürlich nur eine Auswahl sein, ohne den Anspruch auf Vollständigkeit).

- Soll eine Filteranlage neu errichtet werden oder soll eine vorhandene Filteranlage erweitert oder erneuert werden?
  Welche Forderungen bestehen bezüglich der Erweiterungsfähigkeit der Anlage?
- Welche Grundfläche ist verfügbar? Welche Raumgeometrie ist gegeben?
  Diese Fragestellungen sind vor allem bei vorhandenen Anlagen bzw. Räumen von Bedeutung.
- Welches Budget ist verfügbar?
- Soll High-Gravity-Bier filtriert werden oder Bier normaler Stammwürze?
- Soll eine Anschwemmfiltration installiert werden?
  Welcher Filtertyp?
- Soll eine Crossflow-Membranfiltration installiert werden?
  Welches System?
- Soll ein Separator zur Vorklärung genutzt werden?
- Sollen Nachfilter installiert werden? Welche mikrobiologische Haltbarkeit wird vom Filtrat gefordert? Welcher Trübungsgrad ist maximal zulässig?
- Soll die Möglichkeit der thermischen Behandlung des Unfiltrates vorgesehen werden (β-Glucanproblematik)?
- Welche kolloidale Haltbarkeit wird gefordert?
  Welche Stabilisierungsvariante soll genutzt werden?
  Welcher Stabilisierungsgrad soll gesichert werden?
- Sollen Puffertanks installiert werden? An welchen Stellen?
  (s.o.: verfügbare Flächen bzw. Räume):

Anlagenplanung

- Welche Menge sauerstofffreies Wasser wird benötigt?
  Nach welcher Variante soll es bereitgestellt werden?
- Nach welcher Variante soll der Sauerstoff aus der Anlage entfernt werden?
- Welcher Automationsgrad wird angestrebt? Welche Arbeitskräftezahl darf maximal erforderlich sein?
- Welche Messtechnik soll installiert werden?
- Welche Drucktankbauform wird bevorzugt?
- Welche Aufstellungsvariante soll für die Drucktanks festgelegt werden
- Welche Forderungen bestehen bezüglich der verfügbaren Filterkapazität?
- Welche Forderungen bestehen bezüglich der effektiven Filtrationszeit?
- Bei Anschwemmfiltration: Welche Variante der FHM-Bereitstellung soll installiert werden?
  Wie sollen die FHM bevorratet werden?
- Wie sollen die Filterrückstände entsorgt werden?

Die Kapazitätsfestlegungen ergeben sich nach Kapitel 20.2.3.

Tabelle 191 Spezifische Filterkennwerte (im Durchschnitt)

lfd. Nr.	Filtertyp	spezif. Filtratdurchsatz in $hL/(m^2 \cdot h)$	spezif. Filtratmenge in hL/m^2
1	A.-Schichtenfilter	3...3,5	65...80 [1])
2	A.-Kerzenfilter klassisch optimiert	4...5 5...8	70...80 [1])
3	A.-Twin-flow-Kerzenfilter	6,5...7,5	70...80 [1])
4	A.-Scheibenfilter	5	70...80 [1])
5	A.-Zentrifugal-Scheibenfilter	6...7	70...80 [1])
6	Schichtenfilter Klärfiltration	1,5...2	30...90
7	Schichtenfilter EK-Filtration	≤ 1	10...20

8	Crossflow-Membranfilter
	  Norit
	  Pall
	  Laval
		
		0,6...0,8
		0,5...0,8
		0,4...0,45
			
			10...25 [2])
			3...16 [2])
			2,5...3,5 [2])

9	PVPP-Anschwemmfilter	10	[4])
10	Membrantiefenfilter 0,7 µm [3])	4 hL/h u. 40"-Element	900 hL/40"-Element
11	Membrantiefenfilter 0,45 µm [3])	3 hL/h u. 30"-Element	400 hL/30"-Element
12	Trapfilter [3])	≥ 20 hL/h u. 40"-Element	3500 hL/40"-Element

[1]) Beachtet werden muss bei Anschwemmfiltern, dass die maximale Filtratmenge von der FHM-Dosierung und dem aufnehmbaren Filterkuchenvolumen begrenzt wird.
[2]) Je Zyklus bis zur Reinigung (in Abhängigkeit von der Filtrierbarkeit)
[3]) Die Angaben beziehen sich jeweils auf *eine* Kerze, sowie bis zum Austausch.
[4]) Abhängig von Filterbauform und verfügbarem Trubraum

20.2.2 Spezifische Kennwerte für die Auswahl eines Filter- und Stabilisierungssystems

In Tabelle 191 werden die spezifischen Filterkennwerte zusammengestellt (diese wurden bereits in den Kapiteln 7, 8 und 9 genannt).

Ein Vorklärseparator kann bei Anschwemmfiltern die erzielbare Filtratmenge auf das 1,5- bis 2fache steigern, vorausgesetzt der benötigte Trubraum im Filter und die Drucktankkapazität sind verfügbar.

20.2.3 Zur Kapazitätsauslegung einer Filteranlage

Erforderliche Filtratmenge

In der Regel ergibt sich die erforderliche Filteranlagengröße aus der täglich maximal benötigten Filtratmenge in der Zeit des maximalen Ausstoßes. Die Bezugsgröße kann natürlich auch eine Produktionswoche oder eine andere Zeitbasis sein. Dabei muss natürlich auch der tägliche Zeitfonds bzw. das Schichtregime beachtet werden.

Die Zeit des maximalen Ausstoßes muss betriebsspezifisch ermittelt bzw. festgelegt werden.

Erforderliche Filterfläche

Unter Beachtung der verfügbaren Nettofiltrationszeit eines Tages resultiert die durchschnittlich stündlich benötigte Filtratmenge. Aus dieser Menge ergibt sich mit dem spezifischen Filtratdurchsatz der gewünschten Filteranlage die erforderliche Filterfläche.

Sind mehrere Filteranlagen in Reihe geschaltet, müssen diese natürlich in ihrem Durchsatz aufeinander abgestimmt sein und sie sollten durch Puffertanks entkoppelt werden.

Bei Stabilisierungsanlagen (mit regenerierbarem Material) kann ggf. die Kapazität auch größer gewählt werden, so dass eine Regeneration nur nach jedem zweiten Filterzyklus erforderlich wird.

Alternativ können Stabilisierungsanlagen auch in Module aufgeteilt und quasikontinuierlich betrieben werden (s.u.).

Nettofiltrationszeit

Die täglich tatsächlich verfügbare Filtrationszeit einer Filteranlage resultiert aus den zu berücksichtigenden Nebenzeiten. Dazu zählen vor allem:
- Die Rüstzeit der Filteranlage (Inbetriebnahme, Sterilisation, Vorspannen, Auffüllen mit O_2-freiem Wasser, ggf. Einbringen der Voranschwemmung usw.);
- Die Zeitdauer für das Abfahren der Anlage;
- Die Zeitdauer für die Regeneration der Filteranlage (Austrag der Filterrückstände, CIP, Sterilisation der Anlage usw.);
- Umstellzeiten für Sortenwechsel;
- Eventuelle Wartezeiten für den Drucktankwechsel;
- Eventuelle Wartezeiten bei der Unfiltratbereitstellung;
- Eventuelle Filtrationspausen infolge unzureichender Filtratqualität, Trübung, Kreislaufschaltung der Anlage;

Die Nettofiltrationszeit ist natürlich bei einer dreischichtigen Auslastung viel größer als bei einer nur ein- oder zweischichtigen Arbeitsweise. Ggf. können die Vor- und Nachbereitungsarbeiten in die freie Arbeitszeit vor oder nach einer regulären Schicht gelegt werden.

Ziel sollte es aber immer sein, eine Filteranlage bis zur Erschöpfung des Trubraumes zu betreiben bzw. bis zur maximal möglichen Druckdifferenz.

Verfügbarer Zeitfonds
Bei der Festlegung der erforderlichen Filterfläche und der Ermittlung der Nettofiltrationszeit muss natürlich auch an mögliche Ausfallzeiten gedacht werden. Diese können apparatebedingt sein, aber auch außerhalb des Betriebes zu suchen sein (Unterbrechungen der Stromversorgung o.ä.).

Der wichtigste Unsicherheitsfaktor ist aber immer noch, zumindestens im Bereich des Deutschen Reinheitsgebotes, die rohstoffbedingte Abhängigkeit der Unfiltrateigenschaften/Filtrierbarkeit. Glucanprobleme können die Filterkapazität erheblich beeinflussen. In diesem Zusammenhang muss auf die Einflussmöglichkeiten bei der Sudhausarbeit verwiesen werden.

Glucan bedingte Filtrationsprobleme können beispielsweise prophylaktisch gemindert oder ausgeglichen werden durch:
- Eine thermische Behandlung;
- Eine verfügbare Reservekapazität des Filters (Filterfläche);
- Eine Erhöhung der FHM-Dosierung;
- Den Einsatz von Filtrationsenzymen (nicht im Bereich des Deutschen Reinheitsgebotes).

Die Brauerei, vor allem die Großbrauerei, ist also gut beraten, wenn die Auslegung der Filtrationskapazität unter Beachtung von Reserven erfolgt. Die möglichst hohe Auslastung der vorhandenen Filteranlage ist aber immer anzustreben, um die Betriebskosten zu minimieren

Mögliche Steigerungen des Bierabsatzes können durch Berücksichtigung der späteren Erweiterungsfähigkeit der Anlage, vor allem der Raumkapazität, gesichert werden.

20.2.4 Betriebsweise der Anlage

Anschwemmfilteranlagen werden im Allgemeinen diskontinuierlich betrieben. Bei sehr großen geforderten Filtratmengen kann es aber sinnvoll sein, die Kapazität auf zwei oder mehrere Anlagen aufzuteilen, die dann quasikontinuierlich betrieben werden können: eine Anlage filtriert, die andere wird regeneriert.

Damit werden auch für den Betrieb eines Vorklärseparators günstige Bedingungen geschaffen, indem Anfahr- und Abfahrvorgänge minimiert werden.

Crossflow-Membranfilteranlagen können quasikontinuierlich betrieben werden, wenn ihre Kapazität auf mehrere Module aufgeteilt wird. Beispielsweise können zwei oder drei Module filtrieren, während ein weiteres Modul regeneriert wird.

Stabilisierungsanlagen können an die quasikontinuierliche Arbeitsweise ebenfalls angepasst werden, indem die Anlagenkapazität in mehrere Module aufgeteilt wird, von denen jeweils ein Modul regeneriert wird.

Diese Betriebsweise kommt vor allem Crossflow-Membranfilteranlagen entgegen, die quasikontinuierlich arbeiten.

20.2.5 Festlegungen zum Drucktankvolumen

Bei der Festlegung des erforderlichen Drucktankvolumens und der Drucktankanzahl müssen beachtet werden:
- Das Sortiment;
- Die Größe der Lagerbehälter;
- Die mögliche Filtratmenge der Filteranlage je Filterzyklus.

Ziel muss es sein, dass ein Lagerbehälter so schnell als möglich geleert werden kann, damit er nach der CIP-Reinigung für die Wiederbefüllung verfügbar wird. Eine schnelle, unterbrechungsfreie Entleerung ist auch deshalb anzustreben, weil bei ZKT die Entleerung mit Sterilluft statt CO_2 möglich ist, ohne dass dabei die Gefahr der O_2-Aufnahme besteht (s.a. Kapitel 6).

Eine ausreichende Drucktankkapazität ist die Voraussetzung dafür, die Filtratkapazität einer Filteranlage vollständig zu nutzen und einen vorzeitigen Abbruch einer Filtration zu vermeiden.

Das Drucktankvolumen muss auch auf die Füllanlagenkapazität und auf das bereitzuhaltende Biersortiment abgestimmt sein, um einen zu häufigen Behälterwechsel zu vermeiden.

Erforderliches Drucktankvolumen

Wie bereits ausgeführt, muss die Aufnahme einer Filtercharge gesichert sein. Das verfügbare Drucktankvolumen muss also darauf abgestimmt werden (s.a. Kapitel 12).

Günstig ist es, einen Drucktank vollständig zu entleeren, ehe er nach einer Reinigung wieder befüllt wird. Die Verteilung von Restvolumina auf Drucktanks sollte unterbleiben, um eindeutige Bedingungen für die lückenlose Chargenverfolgung zu sichern.

Die Drucktanks sollten aber auch nicht mit kleinen Teilmengen gefüllt werden, weil sie damit blockiert werden. Das gilt vor allem für größere Drucktankvolumina.

Das Drucktankvolumen muss nach Möglichkeit auf größere und kleinere Einheiten aufgeteilt werden.

Die Drucktankabteilung sollte in der Regel mindestens eine Tagesproduktion fassen, günstig und anzustreben sind aber größere Drucktankkapazitäten (z. B. für 1,5 bis 2 Tage). Je mehr Drucktankkapazität verfügbar ist, desto bessere Bedingungen bestehen, auch kleinere Sortimente zu filtrieren und die Lagerbehälter wieder für eine Neubefüllung bereitzustellen.

In den Fällen, bei denen das Filtrat aus dem Drucktank direkt einer Füllanlage ohne thermische Behandlung oder „Entkeimungsfiltration" zugeführt werden soll, muss die Drucktankkapazität so groß sein, dass eine Abfüllung erst nach dem Vorliegen des mikrobiologischen Befundes erfolgt. Hier sind also ggf. mehrtägige Verweilzeiten erforderlich.

Anzahl der Drucktanks
Die zu installierende Drucktankanzahl ergibt sich aus dem insgesamt benötigten Drucktankvolumen und den Forderungen an die verfügbaren Chargengrößen.

Günstig ist in jedem Fall die Aufteilung auf 2 oder 3 Behältergrößen. Bei Bedarf können dann immer auch zwei oder mehrere Drucktanks bei sehr großen Chargen parallel gefüllt werden.

20.2.6 Verknüpfung von Filteranlagenkomponenten
Die Filteranlage muss mit dem Unfiltratbereich und dem Drucktankbereich/Füllanlagenbereich verknüpft werden. In vielen Fällen besteht die Filter- und Stabilisierungsanlage aus mehreren Modulen. Diese Anlagen werden durch Rohrleitungen (zum Teil auch Schläuche) und Armaturen verknüpft. Die Rohrleitungs- und Apparatedruckverluste müssen durch Pumpen überwunden werden. Die Pumpen haben in der Regel auf der Saug- und Druckseite stetig sich verändernde Druckverhältnisse. Deshalb ist es grundsätzlich anzustreben, die Pumpen hydraulisch zu entkoppeln. Eine günstige Variante dafür ist die Installation kleiner Pufferbehälter. Das Puffertankvolumen kann sehr gering gehalten werden. Es genügen Volumina von 1 bis 1,5 hL, die Bauform ist bevorzugt stehend zylindrisch.

Die Pufferbehälter werden mit konstantem CO_2-Überdruck beaufschlagt und der Pufferbehälterfüllstand wird durch drehzahlgeregelte Pumpen konstant gehalten (hierzu s.a. Kapitel 7.3.2). Diese Pufferbehälter sind nicht mit den Pufferbehältern für Unfiltrat bei den Filteranlagen zu verwechseln.

Damit ergeben sich konstante Betriebsbedingungen und auch die sich laufend verändernden Füllstande der Unfiltrat - und Filtratbehälter können kompensiert werden.

Die Pufferbehälter müssen lückenlos in die CIP-Kreisläufe integriert werden.

20.2.7 Arbeitskräftebedarf
Der Bedarf an Arbeitskräften der Filteranlage kann nicht pauschal angegeben werden. Er ist vor allem von der eingesetzten Anlagentechnik und den Bedingungen des Anlagenumfeldes abhängig. Die Fragen der Bereitstellung der FHM, der Entsorgungsvariante der verbrauchten Filtermittel und nicht zuletzt der Automationsgrad sind zu berücksichtigen.

Der Durchsatz bzw. die Kapazität einer Filteranlage haben nur einen relativ geringen Einfluss auf die benötigten Arbeitskräfte.

20.2.8 Automation
Voraussetzungen für die Automation moderner Anlagen
Um Anlagen in der Gärungs- und Getränkeindustrie zu automatisieren, müssen nachfolgende allgemeine Voraussetzungen erfüllt sein:
- Für die Realisierung des geplanten Verfahrensablaufes bzw. des Prozesses muss ein Algorithmus vorhanden sein, nach dem ein Prozessablaufplan erarbeitet werden kann;
- Alle Anlagenkomponenten müssen fern bedienbar sein;
- Die Anlagenkomponenten müssen durch fest installierte Rohrleitungen und Armaturen verbunden sein;

- Die Anlagen müssen sich für die CIP-Reinigung und -Desinfektion eignen;
- Die Anlagen müssen über Sensoren für alle relevanten Messgrößen verfügen, mit denen sich Zeitplansteuerungen für die Prozessführung realisieren lassen bzw. die die Regelung der Prozessgrößen ermöglichen und den Prozess optimal ablaufen lassen;
- Die Werkstoffe der Anlage müssen korrosionsbeständig sein.

Die vorstehend genannten Bedingungen sind mit den zurzeit gegebenen Voraussetzungen im Bereich der Filtration und Stabilisierung des Bieres erfüllbar (die Entwicklung der dafür benötigten Ausrüstungselemente hat etwa in der Zeit ab 1965/1970 begonnen).

Bedingt durch die resultierenden Kosten für die Anlagentechnik werden auch moderne Anlagen nicht immer vollständig für die automatische Arbeitsweise vorgesehen. Es werden insbesondere die Teile der Anlagen halbautomatisch oder von Hand bedient betrieben, die eine Einflussnahme nur in relativ großen zeitlichen Abständen erfordern (z. B. die Füllung oder die Entleerung eines ZKT oder Drucktanks).

In der Vergangenheit wurden Filteranlagen oft „von Hand" gesteuert. Die Vorbereitung der Filteranlage, die Überwachung des Trübungsgrades und die Dosierung der FHM und die Regenerierung der Anlage erfolgten manuell.

Bei modernen Anlagen in größeren Betrieben ist der Einsatz von automatischen Steuerungen selbstverständlich (aber auch vom verfügbaren Budget abhängig). Fast alle Arbeiten der Vorbereitung, der Filtration und der Regeneration der Anlage lassen sich von einem Steuerungsprogramm realisieren. Selbst die Optimierung einzelner Schritte ist möglich. Voraussetzung dafür ist aber die Installation geeigneter Sensoren.

Die Verfügbarkeit einer Trübungsmessung ist die Mindestforderung für eine Filteranlage. Diese sollte auch bei Sollwertüberschreitungen automatisch auf Kreislauf umschalten und die Störung signalisieren.

Zu weiteren Ausführungen zur Automation von Anschwemmfilteranlagen siehe Kapitel 7.3.7.

20.3 Raumgestaltung der Filteranlage

20.3.1 Allgemeine Hinweise

Die Filteranlage sollte räumlich in der Brauerei so platziert werden, dass sich zum Lagerbehälter-/Unfiltratbereich und zum Drucktankbereich für Filtrat möglichst kurze Wege ergeben.

Die Zugänglichkeit zur Filteranlage sollte ohne großen Aufwand gegeben sein, Montagearbeiten, Demontagen, Reparaturen und Wartungsarbeiten müssen sich schnell realisieren lassen. Das gilt vor allem für Anschwemmfilteranlagen.

Die Bereitstellung der FHM und sonstigen Materialien sollte ohne großen Aufwand möglich sein. Deshalb muss der Gabelstaplerverkehr uneingeschränkt gewährleistet sein.

Die Filteranlage sollte sich auch an Ausstoßerhöhungen anpassen lassen, die Erweiterungsfähigkeit sollte gegeben sein. Dieser Punkt ist deshalb so wichtig, weil die Produktionsanlagen einer Brauerei im Allgemeinen längerfristig genutzt werden.

Vorhandene Produktionsgebäude sollten deshalb eine Modernisierung oder Erweiterung bei geringstmöglichem Aufwand ermöglichen.

Natürlich müssen die gesamten Aufwendungen für die erforderlichen Räumlichkeiten einer Filteranlage bei der Ermittlung der Investitions- und Betriebskosten mit in den Variantenvergleich einbezogen bzw. bei der Bewertung der Angebote berücksichtigt werden.

20.3.2 Allgemeine Raumgestaltung

Filteranlagen sind Feuchtraumanlagen. Deshalb muss die Anlage so errichtet werden, dass:
- Schwitzwasserbildung vermieden wird;
- Unzulässige CO_2-Konzentrationen vermieden werden;
- Reinigungsflüssigkeit und Spülwasser vollständig und ohne Probleme abgeleitet werden kann; Die Wassereinläufe müssen für große Volumenströme ausgelegt werden;
- Austrittsleitungen für Wasser etc. sollten nach Möglichkeit in die Abwasserleitungen eingebunden werden. Wo dies nicht möglich ist, müssen die Rohrleitungen mit einem Pralltopf abgeschlossen werden, der den Flüssigkeitsstrahl bricht;
- Die Anlagenbedienung ohne Gefahren möglich ist;

Filteranlagen werden in der Regel mit kaltem Unfiltrat beschickt. Die Zu- und Ablaufleitungen erhalten eine Wärmedämmung, ebenso Puffertanks.

Die Wärmedämmung der Filterkomponenten ist zwar prinzipiell möglich, wird aber in den meisten Fällen nicht realisiert. Deshalb ist es wichtig, den Raum der Filteranlage mit einer Wärmedämmung auszurüsten. Damit wird die Schwitzwasserbildung wesentlich eingeschränkt und die Erwärmung des Bieres wird deutlich vermindert.

Raumhöhe
Die Druckbehälter müssen sich öffnen lassen, die Filterelemente müssen ohne große Probleme entnehmbar sein bzw. sich montieren lassen. Die dazu erforderliche Raumhöhe muss verfügbar sein, ggf. müssen Hebemittel installiert sein oder sich installieren lassen.

Beleuchtung
Die üblichen Beleuchtungsstärken sind zu sichern. Gleiches gilt für die Sicherheitsbeleuchtung. Hierzu siehe auch die Informationsschriften und Unterlagen der BGN, z. B. ASI 9.11, BGR 131, ASR A3.4/3, .ASR 7, ASI 3.50.

Fußböden, Lüftung, Türen, Treppen usw.
Hierzu wird vor allem auf die ASI 9.11 verwiesen [543]. Ein sehr wichtiger Punkt ist die Rutschfestigkeit der Fußböden und Verkehrswege, s.a. BGR 181 „Fußböden in Arbeitsräumen und Arbeitsbereichen mit Rutschgefahr".

Klärung und Stabilisierung des Bieres

Die Fußböden müssen korrosionsbeständig gegenüber den üblichen Reinigungs- und Desinfektionsmitteln sein, die mechanische Beanspruchbarkeit muss gegeben sein, insbesondere Temperatur bedingte Ausdehnungen müssen möglich sein.
Wände müssen pflegeleicht sein, Fliesen sind zu bevorzugen.

Medienbereitstellung
Die Ver- und Entsorgung muss sichergestellt sein, Das gilt für Wasser, Abwasser, Sterilluft, CO_2, Chemikalien für die CIP-Station, Elektroenergie usw.
Wichtig ist auch die Verfügbarkeit von Datenleitungen (Bussysteme, Ethernet usw.).

20.3.3 FHM-Lagerung und -Bereitstellung

Die Lagerung der FHM wird, soweit nicht die Silolagerung genutzt werden kann, auf Paletten erfolgen. Dafür müssen geeignete Lagerflächen geschaffen werden, die mit Flurfördergeräten/Gabelstaplern befahrbar und vom Filterkeller getrennt sind. Der Lagerraum muss selbstverständlich sauber und trocken sein. Er muss ggf. über eine Staubabsaugung verfügen.

Günstig ist es, das FHM-Lager oberhalb der Anrührstation der FHM einzurichten, um die Schwerkraftförderung zu nutzen. Suspendierte FHM lassen sich relativ problemlos mittels geeigneter Pumpen fördern, der mechanische Verschleiß infolge der abrasiv wirkenden Suspensionen muss beachtet werden (s.a. Kapitel 7.3.4 ff).

20.3.4 CIP-Anlage der Filteranlage

Für die Filter- und Stabilisierungsanlage wird im Allgemeinen eine separate CIP-Anlage installiert. Diese kann sowohl nach dem Prinzip der Stapelreinigung als auch als „verlorene Reinigung" als auch kombiniert betrieben werden (s.a. Kapitel 19).
Die Entscheidung für eine der genannten Varianten kann nur bei Kenntnis der betriebsspezifischen Gegebenheiten getroffen werden.

Die anlagenspezifische CIP-Anlage muss verfügbar sein, um die ständige Einsatzbereitschaft für die Filterregenerierung zu sichern.
Dieser Anlage kann auch die CIP-Reinigung der Unfiltratleitungen und der Filtratleitungen bis zum Drucktankbereich übertragen werden.

Die verfügbaren Medien der Filter-CIP-Station sind im Allgemeinen:
- Heiße Lauge;
- Heißwasser;
- Kaltwasser;
- Säure;
- Desinfektionsmittel.

Statt der Desinfektionsmittellösung wird oft angesäuertes Heißwasser ($\leq$ 95 °C) eingesetzt. Bei der Festlegung der Chemikalien und Temperaturen müssen die Beständigkeiten der benutzen Werkstoffe (z. B. bei Membranfiltern) berücksichtigt werden.
Die Stapelbehältergröße richtet sich nach den betriebsspezifisch geforderten Stapelmengen. Die Behälter müssen über eine Innenreinigung verfügen.

Die Vor- und Rücklaufpumpen der CIP-Station sollten über einen frequenzgeregelten Antrieb verfügen. Im CIP-Vorlauf wird ein Wärmeübertrager integriert.

Die Chemikalien werden mittels Dosierpumpen gefördert, die Konzentration kann beispielsweise mittels Leitfähigkeitsmessgeräten überwacht werden.

Die CIP-Anlagen für die CFM-Anlagen werden im Allgemeinen als Teil der Filteranlage betrachtet und deshalb in die Anlage integriert. Gleiches gilt für die quasikontinuierlich betriebenen Stabilisierungsanlagen.

MSR der CIP-Station
Folgende Sensoren bzw. Anzeigen sollten verfügbar sein:
- CIP-Behälter: Füllstandsanzeige, Temperatur, Leermeldesonde;
- Vor- und Rücklaufleitung: Leitfähigkeit, Durchfluss (MID), Temperatur, Trennsensoren (z. B. optische), ggf. Leermeldesonden.

20.4 Entsorgung von Filtermitteln

Zur Entsorgung von FHM wird auf Kapitel 7.7 verwiesen. Filterschichten, Filterkerzen und andere Filtermittel werden auf die Deponie entsorgt, soweit sie nicht thermisch verwertet werden bzw. die Kunststoffe zumindestens teilweise recycelt werden können. Wesentliche Bestandteile der Filtermittel sind die Werkstoffe PE und PP sowie Polysulfon.

Bei Anschwemmfilteranlagen muss die Entsorgung der Filterrückstände („Filterkuchen") gesichert werden. Flüssig bzw. pastös ausgetragene Rückstände sind entweder in die Transportbehälter für die Rückstände zu entsorgen oder sie müssen zwischen gestapelt werden. Hierbei ist es in der Regel gleichzeitig Ziel, den Flüssigkeitsgehalt durch Sedimentation zu reduzieren. Hierzu s.a. Kapitel 7.7.

20.5 Abnahme von Filteranlagen

Eine Anlage für die Filtration und Stabilisierung des Bieres wird in der Regel:
- auf der Grundlage einer sorgfältig erarbeiteten Aufgabenstellung,
- der daraus abgeleiteten Ausschreibung der Anlage,
- dem aus den Angeboten ausgewählten und geprüften verbindlichen Angebot und
- dem darauf basierenden Vertrag zum Liefer- und Leistungsumfang

durch den Anlagenbaubetrieb errichtet. Nach Fertigstellung des Objektes beginnt der Probebetrieb, der mit einer Abnahme der Anlage endet (s.a. [542]).

Diese Abnahme der Anlage bestätigt dem Lieferanten die Funktionsfähigkeit der Anlage und das Erreichen der vereinbarten Parameter einschließlich der Einhaltung des Zeit- und Kostenrahmens. Ggf. müssen erforderliche Nachbesserungen und verbindliche Termine für die Realisierung dieser Ergänzungen vereinbart werden.

Die Abnahme der Anlage erfolgt zu den im Liefer- und Leistungsvertrag vereinbarten Konditionen (u.a. Zeitdauer, zu erreichende technologische Parameter). In diesem Vertrag müssen auch die Übernahme der Kosten für die Abnahme und eine eventuell zu wiederholende Abnahme und die zu beteiligenden Prüfer fixiert sein. Die Abnahme kann mit dem Personal des Auftragnehmers (AN) und Auftraggebers (AG) erfolgen oder unter Hinzuziehung eines oder mehrerer externer Gutachter.

Projektabschluss
Der Projektabschluss ist unter anderem erreicht:
- Nach erfolgreicher und protokollierter Leistungsfahrt;
- Nach Erfüllung aller vertraglich vereinbarten Leistungen einschließlich der protokollierten Restarbeiten und Nachbesserungen sowie der Einhaltung der Auflagen des Genehmigungsverfahrens/BImSchG und des Arbeitsschutzes;
- Nach Abstellung aller Mängel;
- Nach Übergabe aller vereinbarten Sachleistungen (Anlage, Ersatz- und Verschleißteile), die betriebsbereite Übergabe wird protokolliert;
- Nach Übergabe aller vereinbarten Dokumentationen zur Anlage, insbesondere der revidierten Zeichnungen, Pläne und Listen, Werkstoffatteste, Prüfzertifikate, insbesondere zur Sicherheitstechnik, der verschiedenen Handbücher und Anweisungen;
- Nach erfolgreicher Schulung und Unterweisung der Mitarbeiter, auch bezüglich des Unfallschutzes. Es ist sinnvoll, die Unterweisungen der Mitarbeiter durch Unterschrift bestätigen zu lassen;
- Nach Abrechnung aller Leistungen.

Nach dem Projektabschluss kann dem AN die erfolgreiche Abnahme der Anlage und deren Übergabe an den AG bzw. Nutzer bestätigt werden (Übernahmeprotokoll). Damit gilt die Anlage bzw. der Vertragsgegenstand als abgenommen.

Sicher wird jeder AN gegenüber dem AG auf eine baldmöglichste Abnahme einer Anlage drängen. Ein AG ist aber gut beraten, einem Projektabschluss erst dann zuzustimmen, wenn tatsächlich *alle* vertraglich *vereinbarten Leistungen mängelfrei* und belegbar erbracht wurden, also *nach* protokollierter Feststellung der *„unbeanstandeten Abnahme"*.

Erkenntnisse und Rückläufe aus errichteten Anlagen
Eine erfolgreiche Leistungsfahrt einer Anlage und die Abstellung der protokollierten Mängel sollte nicht das Ende eines Projektes sein.

Vielmehr sollten der oder die Anlagenplaner die errichtete Anlage ausführlich analysieren und ihre erzielten Parameter kritisch bewerten.

Das gilt unter anderem für die erreichten Durchsätze, die spezifischen Verbrauchswerte für Filtermittel, FHM, Wärme, Kälte, Elektroenergie, Wasser und Abwasser, Reinigungsmittel usw., aber auch für die Einschätzung der Gebrauchsfähigkeit, den Aufwand für die Bedienung, die Verfahrenssicherheit und die Anlagensicherheit.

Die Übergabe einer Anlage mit dem Nachweis der vertraglich garantierten Parameter an den AG ist sicher das primäre Ziel eines AN. Die Ermittlung der tatsächlich erreichbaren Parameter und übrigen Gebrauchswerte sollte aber trotzdem vorgenommen werden.

Der Vorteil einer solchen post-Projektphase liegt darin, dass mögliche Reserven aufgedeckt und ggf. nutzbar gemacht werden können. Ein weiterer wesentlicher Vorteil liegt in der Qualifizierung der Anlagenplanung, insbesondere der Detailplanungen, d.h., ein Planer oder Projektant, aber auch ein Projektleiter oder Projekt-Controler, können aus den Fehlern der Vergangenheit und den aktuellen Ergebnissen und Erkenntnissen einer neuen Anlage lernen und entsprechende Schlussfolgerungen für künftige Projekte ziehen.

Der Satz: „Nichts ist so gut, als das es nicht verbessert werden kann!" ist gerade im Bereich der Anlagenplanung sehr aktuell.

Bei AG-gebundenen Planern, Projektanten, Projektleitern usw. werden die mit einem Projekt erworbenen Kenntnisse und Fertigkeiten meist nur einmal genutzt und selten weitergegeben, da die Kenntnisträger im Unternehmen verbleiben.

Die Verallgemeinerung, Mehrfachnutzung und Weitergabe erworbener Kenntnisse und des Detailwissens ist naturgemäß bei einem externen oder bei einem AN-gebundenen Projektmanagement wahrscheinlicher.

Die systematische Projekt-Auswertung sollte eine wichtige Führungsaufgabe sein [542].

20.6 Hinweise zur Auswahl der Filteranlagen und ihrer Zusatzaggregate

Die Wahl der Filteranlagen und ihrer Zusatzgeräte ist abhängig von der technologischen Zielstellung über den zulässigen Partikel- und Keimgehalt des Filtrates. Hier gibt es die drei folgenden Grundvarianten gemäß Kapitel 20.6.1.

20.6.1 Technologische Zielstellungen der Filtration und Nachfiltration

- *Variante 1*: Freiheit des Filtrates von Kieselgur- und PVPP-Partikeln,
  Trübung < 0,5 EBC-Einheiten (90°-Messwinkel), < 5 KBE/mL,
  erforderliche MHD: > 3 Monate.
- *Variante 2*: Freiheit des Filtrates von Hefen, Kieselgur- und PVPP-Partikeln,
  Trübung ≤ 0,3 EBC-Einheiten (90°-Messwinkel),
  erforderliche MHD: > 6 Monate.
- *Variante 3*: Freiheit des Filtrates von bierschädigenden Bakterien,
  Hefen, Kieselgur- und PVPP-Partikeln,
  Trübung ≤ 0,3 EBC-Einheiten (90°-Messwinkel),
  erforderliche MHD: > 12 Monate.

20.6.2 Ausrüstungsvorschläge für die Variante 1

In Tabelle 192 werden die Ausrüstungsvorschläge, ergänzt durch Alternativvorschläge, für die technologische Zielstellung von Variante 1 aufgeführt.

20.6.3 Ausrüstungsvorschläge für die Variante 2

In Tabelle 193 werden einige Ausrüstungs- und Technologievorschläge für die Anforderungen der Variante 2 aufgeführt.

20.6.4 Ausrüstungsvorschläge für die Variante 3

In Tabelle 194 sind Ausrüstungsvorschläge für die erforderliche Bierqualität nach Variante 3 zusammen gestellt. Hier ist grundsätzlich auch die Alternativlösung nach Variante 2 (Spalte C) anwendbar. Zusätzlich wird als eine weitere Alternativlösung die „kalt-sterile" Filtration aufgeführt (Tabelle 194, Spalte C).

Klärung und Stabilisierung des Bieres

Tabelle 192 Ausrüstungsvorschläge für die Variante 1

Pos.	A Standardtechnologie	B Mögliche Zusatzgeräte o. -technologien zu A	C Alternativtechnologie: CMF-Filtration
1	ZKT		Eiweiß- u./o. gerbstoffseitige Vorstabilisierung im ZKT
2	Unfiltratpuffertank		Klärtank + Tiefkühler
3	KG-Filtration incl. Eiweißstabilisierung	PVPP-Stabilisierung	Zentrifugation u./o. CMF-Filtration
4	Polierfilter (Schichten, Tiefenfilter mit Schichten, Modulen o. Kerzen)	Filtratpuffertank	Filtratpuffertank
5	VL/NL-Tank	Stammwürze-Einstellung, Carbonisierung	Stammwürze-Einstellung + Carbonisierung
6	Drucktank	Thermische Inaktivierung	Drucktank
7			(Dead-End-Membranfilter)

Tabelle 193 Ausrüstungsvorschläge für die Variante 2

Pos.	A Standardtechnologie	B Mögliche Zusatzgeräte o. -technologien zu A	C Alternativtechnologie: CMF-Filtration
1	ZKT		Evtl. eiweiß- u./o. gerbstoffseitige Vorstabilisierung im ZKT
2	Unfiltratpuffertank		Klärtank + Tiefkühler
3	KG-Filtration incl. Eiweißstabilisierung		Zentrifugation u./o. CMF-Filtration
4	PVPP-Stabilisierung		Nachstabilisierung mit CBS o. CSS-System
5	Trap-Filter		
6	Polierfilter (Schichten, Tiefenfilter mit Schichten, Modulen o. Kerzen)		Filtratpuffertank
7	VL/NL-Tank	Stammwürze-Einstellung Carbonisierung	Stammwürze-Einstellung + Carbonisierung
8	Filtratpuffertank		Drucktank
9	Drucktank	Thermische Inaktivierung	Dead-End-Membranfilter oder Tiefenfilter (1…1,5 µm)

Tabelle 194 Ausrüstungsvorschläge für die Variante 3

Pos.	A Standardtechnologie	B Mögliche Zusatzgeräte o. -technologien zu A	C Alternativtechnologie: CMF-Filtration
1	ZKT		Evtl. eiweiß- u./o. gerbstoffseitige Vorstabilisierung im ZKT
2	Unfiltratpuffertank		Klärtank/Unfiltratpuffertank event. Tiefkühler
3	KG-Filtration incl. Eiweißstabilisierung		Zentrifugation u./o. CMF-Filtration
4	PVPP-Stabilisierung		Nachstabilisierung mit CBS o. CSS-System oder separater PVPP-Filter
5	Trap-Filter		Trap-Filter
6	Polierfilter (Schichten, Tiefenfilter mit Schichten, Modulen o. Kerzen)		Filtratpuffertank
7	VL/NL-Tank	Stammwürze-Einstellung, Carbonisierung	Stammwürze-Einstellung + Carbonisierung
8	Filtratpuffertank		Mehrstufige Polierfiltration mit 2 Tiefenfiltersystemen
9	Drucktank		Drucktank
10	Thermische Inaktivierung	Dead-End-Membranfilter	Dead-End-Membranfilter

20.6.5 Auswahl von Filtersystemen unter Beachtung der evtl. häufig im Betrieb vorkommenden Problemfälle

Die sehr unterschiedlich angebotenen Filtersysteme sollten bei Neuinvestitionen auch unter Berücksichtigung der evtl. im eigenen Betrieb vorkommenden technischen Problemfälle und zusätzlichen Aufwendungen kritisch betrachtet und ausgewählt werden.

Die in Tabelle 195 aufgeführten Problemfälle und Beurteilungen sollen nur als ein mögliches Beispiel gelten. Es wurden dazu die beiden bekannten klassischen Kesselfiltertypen ausgewählt.

Klärung und Stabilisierung des Bieres

Tabelle 195 Bewertung von Problemfällen bei den beiden klassischen Kesselfiltertypen

Problemfälle	A.-Zentrifugal-Scheibenfilter	A.-Kerzenfilter
Stromausfall	unempfindlich	empfindlich, Neuanschwemmung erforderlich
Filtrationsunterbrechung	jeder Zeit möglich	nicht möglich
Kieselgurtrockenaustrag	mit 35 % Trockensubstanz möglich	hoher Feuchtegehalt bzw. zusätzliches Sedimentationsgefäß erforderlich
Vor-/Nachläufe	bei Verdrängung mit CO_2 keine Verschnittphasen von Wasser und Bier	Anfall von Vor- u. Nachlauf, benötigt einen Vor-/Nachlauftank, wirtschaftlich bei einer Mindestchargengröße
Sortenumstellung	keine Verschnittphasen	nur mit Mischphasen
Voranschwemmung	kann am Vortag erfolgen, kann mit nicht entgastem Wasser erfolgen	kann nur unmittelbar vor dem Filtrationsbeginn erfolgen, erfordert völlig entgastes Wasser
Verhältnis Kesselvolumen zu Trubraumvolumen	1 : 0,5	1 : 0,3
Wichtige Einbauten	rotierendes System mit beweglichen FHM-Trägern zur FHM-Entfernung, erfordert Antriebssystem und sichere Verankerung im Fundament/Bauwerk (Momentenübertragung), teuer und größerer Verschleiß	keine beweglichen Teile, kein Antriebssystem erforderlich, einfacher Einbau der FHM-Träger, geringer Verschleiß

20.7 Einige Richtwerte zu den Kosten der Bierklärung, -stabilisierung und -haltbarmachung und zur Bewertung der Bierfiltration aus betriebswirtschaftlicher Sicht

20.7.1 Allgemeine Hinweise

Um die verwendete Technologie der Bierfiltration wirtschaftlich richtig zu bewerten, müssten alle anfallenden Kosten über die gesamte Nutzungszeit der Filteranlage in Bezug auf die gesamt produzierte Produktmenge bezogen werden. Man bezeichnet diese vollständig und unter einheitlicher Betrachtungsweise ermittelten Kosten als „Total Cost of Ownership" bzw. TCO. Weiterhin unterscheidet man in Kapitalkosten (CAPEX) und Verbrauchskosten (OPEX).

In der Fachliteratur sind relativ wenige Beiträge erschienen, die eine Aussage zu den resultierenden Kosten gestatten. Auch die Angabe von spezifischen Verbrauchswerten wird nur sporadisch vorgenommen.

Weiterhin fehlen oft Hinweise, auf welcher Basis diese Angaben ermittelt wurden. So hat *Gaub* [544] für die vier Grundvarianten der Bierfiltration die in Tabelle 196 ausgewiesenen Filtrationskosten (nur für die Bierklärung) aus der Literatur zitiert.

Bedingt durch das unterschiedliche Alter der Zahlenangaben ist die Auswertbarkeit stark eingeschränkt (Tabelle 197).

Anlagenplanung

Tabelle 196 In der Literatur veröffentlichte Schwankungsbreite der Filtrationskosten (nur für die Bierklärung; nach Gaub [544])

Filtrationsverfahren	Min €/hL	Max €/hL
Anschwemmfiltration mit Kieselgur	0,03	1,15
Anschwemmfiltration mit Kieselgur und Kieselgurregeneration	0,11	0,36
Anschwemmfiltration mit Kieselgursubstituten	0,06	0,75
Crossflow-Mikrofiltration	0,13	2,60

Tabelle 197 Angaben aus der Literatur zu Filteranlagen

Autor		Filteranlage	Gesamtkosten [1])	Kosten optimal
Meyer, J.	[545]	Anschwemm-Kerzenfilter Anschwemm-Kerzenfilter, guter Ø CMF	0,66…0,94 €/hL 0,50…0,70 €/hL 0,65…0,92 €/hL	0,26 €/hL
Kwast, J.	[546]	Alfa Laval CMF, davon Membrankosten 48 % Hardwarekosten 30 % Runningkosten 22 %	0,45…0,60 €/hL	
Rust, U. et al.	[547]	Norit-CMF	≤ 0,77 €/hL	
Ziehl, J.	[548]	Profi®-System	0,22…0,47 €/hL	

[1]) abhängig von Filtrierbarkeit

20.7.2 Einige Hinweise zum Umfang der Kostenermittlung

Bei der TCO-Darstellung müssen alle anfallenden Kosten unter Berücksichtigung der produzierten und perspektivisch geplanten Gesamtproduktion (Einfluss des Trends in der Kostenentwicklung, der Produktsortenentwicklung und der normativen Nutzungsdauer der Anlagen) betrachtet werden(u.a. nach [544]).

Die Kapitalkosten werden entscheidend von der Kapazitätsauslegung der Filteranlage bestimmt. Hier sind neben der Gesamtproduktionsmenge im Jahr zu berücksichtigen:
- Die Wochen mit den Produktionsspitzen im Jahr.
- Die Schwankungen in der Filtrierbarkeit der Betriebsbiere; *Gaub* [544] schlägt für die Durchsatzauslegung der Filteranlage vor, einen Variabilitätsfaktor zu berücksichtigen, der aus den 10 % schlechtesten Filtrationsergebnissen der letzten drei Jahre ermittelt wurde und danach die Anlagengröße festzulegen.
- Alle erforderlichen Veränderungen der mit der Filtration zusammenhängende Bereiche;
  - Bei der Anschwemmfiltration: Filtergerät mit Dosierung, vor und nachgeschaltete Installationen, Lagerung und Transport der FHM, Entstaubungsanlagen, Entsorgung der FHM, Vor- und Nachlaufbereich;
  - Bei regenerativen Verfahren: Investitionen für das Regenerieren und für das Lagern der regenerierten FHM;

Klärung und Stabilisierung des Bieres

- Bei der Crossflow-Filtration: Zentrifugen, spezielle CIP-Anlagen, Installationen zur Retentatverwertung und die zusätzlichen Aufwendungen zur kolloidalen Stabilisierung.
▫ Alle Kosten, die für Herrichtung der erforderlichen umbauten Räume der neuen Filteranlage mit allen baulichen Veränderungen erforderlich sind (Gebäude mit Wärmedämmung, Belüftung, Heizung, Medienzu- und -abführung, Abwasserableitung, Sicherheitsbestimmung für CIP-Anlagen, Aufbau der Anlage).

Die Verbrauchskosten werden je nach angewendetem Filtrationsverfahren von einer Vielzahl von einzelnen Kostenfaktoren bestimmt, u.a.:
▫ Bei Filterhilfsmitteln: Beschaffungskosten, Annahme-, Transport- und Lagerkosten, Aufwendungen für die Qualitätssicherung, Aufwendungen für die Staubminimierung und den behördlichen Nachweis, Einwiegen, Herstellung der Suspension und Dosage, CO_2-Verbrauch bei der Dosiergefäßbegasung, Verluste durch Restmengen im Dosiergefäß (15 % der Filtrationen werden nicht ausgefahren), Entwässerung und Entsorgung der Gebrauchtkieselgur, Deponiekosten;
▫ Bei der Filtration: Personalkosten für die Voranschwemmung und laufende Dosage, erforderliche Hilfsstoffe, CO_2-Verbrauch im Filtergerät, Verluste durch nicht ausgefahrene Filtrationen, Kosten für die nachgeschaltete Partikel- und Feinfiltration.
▫ Bei der Filterhilfsmittelregeneration: Filterhilfsmittelverluste, Regenerationskosten, Aufbewahrungskosten bei längeren Filtrationspausen.
▫ Durch Bierverluste (Schwand): Einfluss des Sortenwechsels, Anteil der Vor- und Nachlaufverwertung (Anteil, der ins Abwasser läuft), Restmengen in Leitungen, Puffertanks und Filterkuchen.
▫ Durch die Vor- und Nachlaufbehandlung und den Tankbereich: Behandlungskosten (KZE), Prozesskosten ab Zugabepunkt, CO_2-Verbrauch bei der Drucktankbefüllung und -entleerung sowie für die Puffertanks, Kosten der mikrobiologischen Qualitätskontrolle.
▫ Durch die Reinigung und Keimfreimachung der installierten Anlagen vom ZKT-Auslauf bis Drucktank-Auslauf.
▫ Durch den Stromverbrauch für alle installierten Transporteinrichtungen der FHM, Pumpen, Rührwerken, Separatoren u.a.
▫ Durch den Wasserverbrauch beim Herstellen der FHM-Suspensionen und dem Anschwemmen, Reinigen und Desinfizieren der Anlagen, beim Vor- und Nachlauf, beim Herstellen von entgastem Wasser sowie die dazugehörigen Abwasserkosten.
▫ Servicekosten für alle Spezialanlagen (Jahresdurchschnitt von drei Jahren).
▫ Personalkosten von der FHM-Annahme, der Filtration bis zum Service und der Instandhaltung.
▫ Kosten für die Qualitätssicherung (Mikrobiologie, chemisch-technische Analyse, Sauerstoff, Trübung).

Gaub [544] schätzte den Anteil der fünf Hauptkostenfaktoren an den gesamten Verbrauchskosten (siehe z. B. Tabelle 196) wie folgt ein:
- Bei der Kieselguranschwemmfiltration:
▫ 28 % Kieselgur, Einsatz und Handhabung

Anlagenplanung

- 22 % Personalkosten
- 12 % Instandhaltungskosten
- 9 % Wasser- und Abwasserkosten
- 7 % Reinigungsmittel

- Bei der Crossflow-Mikrofiltration:
  - 40 % Membraneinsatz und Handhabung
  - 22 % Reinigungsmittel
  - 14 % Instandhaltung
  - 6 % Energiekosten
  - 6 % Personalkosten

Die Investitionsentscheidungen sind unter Beachtung der betrieblichen Gegebenheiten und wirtschaftlichen Ziele sowie unter Beachtung einer Risikobewertung über die Entwicklung der verschiedenen Kostenarten zu treffen.

20.7.3 Verbrauchswerte

Einige Hinweise über Verbrauchswerte bei der Crossflow-Filtration sind aus Tabelle 197 und Tabelle 198 ersichtlich, weitere Werte siehe Kapitel 7 und 8.

Tabelle 198 Verbrauchswerte nach Literaturangaben

Quelle	Elektroenergie	Wärme	Wasser/ Abwasser	Chemikalien	Membrankosten *)
[545]		0,65 ... 0,92 €/hL			0,39 €/hL
[547]	≤ 1,22 kWh/hL	≤ 0,22 kWh/hL	≤ 0,44 hL/hL		0,12 €/hL
Ist-Wert	0,65...0,7 kWh/hL		0,55 hL/hL		
[548]	0,8 kWh/hL		≤ 0,19 €/hL		≤ 0,25 €/hL

*) Die Haltbarkeit der Membranen wird von den Herstellern der CMF-Anlagen unterschiedlich angegeben. Sie wird wesentlich von den Unfiltrateigenschaften und den Reinigungsbedingungen bestimmt. Beispielsweise werden von *Pall* bis zu 1000 Zyklen genannt.

Die genannten Zahlenangaben sind natürlich von den jährlich schwankenden Betriebskosten und von den jeweiligen Betriebsbedingungen abhängig, insbesondere von der Filtrierbarkeit. Dabei muss auch beachtet werden, dass die Verbrauchszahlen von der Anlagengröße degressiv beeinflusst werden.

Die Zahlenwerte können nur eine Orientierung sein und müssen durch aktuelle Angaben aus den verbindlichen Angeboten der Anlagenhersteller und durch Anlagenvergleiche ausgeführter Anlagen überprüft werden.

Folz und Mitarbeiter [549] haben den Flächenbedarf für drei verschiedene Filteranlagen zu Vergleichszwecken ermittelt (siehe Tabelle 199).

Klärung und Stabilisierung des Bieres

Tabelle 199   Flächenbedarf für Filteraggregate für eine mittelständige Brauerei (150.000 hL/a; nach [549])

Filtersystem	Durchsatzangaben	Gesamtflächenbedarf
A.-Kerzenfilter	250 hL/h	108 m^2
A.-Schichtenfilter	250 hL/h	105 m^2
CMF	2 Skids, 60 hL/h, 5000 hL in 4 Tagen	89 m^2

20.7.4 Kosten für die biologische Haltbarmachung

In einem auf industrieller Basis angestellten Vergleich kommt *Modrok* [550] zu dem in Tabelle 200 ausgewiesenen Kostenvergleich für die verschiedenen Verfahren der biologischen Haltbarmachung von filtriertem Bier. Es werden dabei auch die Schwankungsbereiche der Kosten und ihre Einflussfaktoren beschrieben.

Tabelle 200   Kostenvergleich für die biologische Haltbarmachung von Bier mittels KZE, Tunnelpasteur und Membranfilter (nach [550])

	Minimale Kosten	Maximale Kosten
Kurzzeiterhitzung (KZE)	0,16 Euro/hL [1])	0,45 Euro/hL [2])
Tunnelpasteurisation	0,75 Euro/hL [1])	2,25 Euro/hL [3])
„Kaltsterile" Filtration	0,15 Euro/hL [4])	0,55 Euro/hL [5])

Hinweise zu den definierten Einflussfaktoren:
[1]) abhängig von neuer Anlage, guter Energierückgewinnung und den PE-Einheiten;
[2]) abhängig von alter Anlage, schlechter Energierückgewinnung und den angewendeten PE-Einheiten;
[3]) abhängig von neuer Anlage, schlechter Energierückgewinnung und den angewendeten PE-Einheiten;
[4]) abhängig von guter Filtrierbarkeit des Bieres;
[5]) abhängig von schlechter Filtrierbarkeit des Bieres.

20.7.5 Hinweise zur Abwasserbelastung durch die Bierfiltration

Bei der Anlagenplanung ist auch die biologische Belastung des Abwassers aus der Bierfiltration zu beachten. Sie ist vor allem abhängig vom angewandten Filtrationsverfahren. Bei der Investitions- und Kostenplanung ist zu entscheiden, ob die Brauerei ein Direkt- oder Indirekteinleiter des Abwassers werden soll. Die örtlichen Gebühren der Kommunen für das anfallende Abwasser können sich deutlich unterscheiden und das Betriebsergebnis entscheidend beeinflussen. Folgende allgemeine Richtwerte sind bekannt:

Die bei den Reinigungsprozessen in der Filtrationsabteilung anfallenden Abwässer entsprechen in ihrer biologischen Belastung den normalen Brauereiabwässern. Die Brauereiabwässer haben in ihrem Sammelablauf zur Aufbereitung durchschnittlich:
- einen biologischen Sauerstoffbedarf von BSB_5 = ca. 1000 mg O_2/L und
- einen chemischen Sauerstoffbedarf von CSB = ca. 1500 mg O_2/L.

Je niedriger der Gesamtwasserverbrauch bei der Bierherstellung ist, umso niedriger ist auch der Abwasseranfall. Optimal arbeitende, neu gebaute Brauereien erreichen schon einen Gesamtwasserverbrauch von deutlich unter 4 hL/hL-Bier [551], [552].

Vom Gesamtwasserverbrauch gehen im klassischen Brauereibetrieb ca. 2,1…2,5 hL Wasser/hL Bier nicht ins Abwasser (Wassergehalt der Produkte, Verdunstung, Haftwasser, Wassergehalt der Abprodukte), die Differenz zum Gesamtwasserverbrauch ist die anfallende Abwassermenge.

In deutschen Großbrauereien schwankte der Abwasseranfall 2007 zwischen 2,2…3,3 hL Abwasser/hL-Verkaufsbier, in der Oettinger Brauerei lag 2007 der Abwasseranfall bereits bei 1,6 hL Abwasser/hL-Verkaufsbier [553].

Jede ins Abwasser fließende Biermenge belastet den Sauerstoffbedarf. Man kann für 1 L Vollbier hell einen Sauerstoffbedarf für die Aufbereitung annehmen von:
- BSB_5 = ca. 86 g O_2/L und
- CSB = ca. 121 g O_2/L.

Eine vor- und nachlauffreie Arbeitsweise reduziert den ins Abwasser laufenden Bierverschnitt und damit entscheidend die Abwasserbelastung. Eine Wiederverwendung des Vor- und Nachlaufes als Brauwasser oder zur Rückverdünnung von High-Gravity-Bier hat den ähnlichen Kosten senkenden Effekt.

Filterhilfsmittel, insbesondere Kieselgur, sind schnell sedimentierende Feststoffe, sie dürfen nicht ins Abwasser geleitet werden, da sie Kanalverstopfungen verursachen können. Ihre Abscheidung in einem Sedimentationsbehälter bzw. durch Abpressen verursacht natürlich auch stark belastetes Abwasser, wie nachfolgende Beispiele zeigen.

1 kg Kieselgurschlamm hat zur Aufbereitung einen Bedarf an:
- BSB_5 = ca. 11 g O_2/kg Schlamm bzw.
- CSB = ca. 16,5 g O_2/kg Schlamm.

Bei Betriebsversuchen von *Stadler* [554] wurden bei einem Bierausstoß von 1.000.000 Hektoliter 60 g/hL Perlit und 250 g/hL Kieselgur für die Würze- und Bierfiltration verbraucht. Dabei fielen 1.887,6 t Filtrationsschlamm/a mit einem Feststoffgehalt von ca. 15 % Trockensubstanz an. Durch das Abpressen wurde eine Pressmasse von 629,2 t/a mit einer Trockensubstanz von ca. 45 % sowie eine Presswassermenge von 1258 m^3/a gewonnen. Das Presswasser hatte zur Aufbereitung einen Bedarf von:
- BSB_5 = ca. 15 g O_2/L bzw.
- CSB = ca. 25 g O_2/L.

Das Presswassers hatte noch folgende Inhaltsstoffe:
- Gesamtstickstoffgehalt 270 mg/L,
- Alkoholgehalt A 0,5…1 %,
- Stammwürze St 0,5…3 % und einen
- scheinbaren Restextrakt Es 0,1…0,6 %.

Bei Brauerei-Neubauten wird das in den Vorfluter abgegebene Abwasser (Direkteinleiter) mehrstufig aufbereitet (Bioreaktor anaerob - Bioreaktor aerob - Crossflow-Filteranlage mit Schlammrückführung - Ultrafiltrat-Permeattank mit teilweiser Wasserrückführung in die Brauerei für Spül- und CIP-Reinigung - Überschussabwasser-Aufbereitung für den Vorfluter mittels Umkehrosmose, Nanofiltration, Aktivkohlebehandlung und/oder UV-Bestrahlung) und teilweise für Spül- und Reinigungszwecke in die Brauerei zurückgeführt [552].

Vorschläge für differenzierte Abwasseraufbereitungslösungen siehe auch *Ahrens* [555].

21. Prozesskontrolle zur Überwachung der Bierfiltration und Bierstabilisierung, Maßnahmen zur Qualitätssicherung

Die Bierfiltration erfordert eine ständige visuelle als auch chemisch-, physikalisch- und biologisch-analytische Kontrolle, um die geforderte Produktqualität und einen ökonomischen Filtrationsverlauf zu gewährleisten.

21.1 Visuelle Filterkontrollen

Folgende visuelle Kontrollen sind in regelmäßigen Abständen (15...30 min), insbesondere bei der klassischen Klär- bzw. Anschwemmfiltration, erforderlich und in entsprechenden Filtrationsprotokollen festzuhalten:
- Filterein- und -auslaufdruck (Differenzdruckverlauf);
- Volumenstrom des Bieres;
- Filterhilfsmittelansatz und Dosierung;
- Funktionsfähigkeit der Filteranlage mit Entlüftung;
- Aussehen des Filtrates;
- Kuchenaufbau durch die Schaugläser oder nach Beendigung der Filtration beim Anschwemm-Schichtenfilter;
- Konzentration des Bieres bei Vor- und Nachlauf.

Das Aussehen des Filtrats sollte grundsätzlich mit registrierenden Trübungsmessgeräten kontrolliert werden (s.a. Kapitel 17). Die visuelle Beurteilung ist zwar möglich, aber von subjektiven Faktoren abhängig.

Bei der Bewertung der Glanzfeinheit kann von den Trübungsrichtwerten gemäß Tabelle 28 in Kap. 4.2.1 ausgegangen werden.

21.2 Technische Prozesskontrolle in der Filtration

Für ein weitgehend automatisiertes Filtrationsverfahren ist die Installation und die Durchführung der in Tabelle 201 aufgeführten Kontrollen erforderlich.

Die Erfassung des Druckverlaufes am Filterein- und -auslauf ist sowohl am Klärfilter als auch bei den nachgeschalteten Polierfiltern getrennt erforderlich. Diese Messwerte dienen der sicheren Ursachenforschung bei Filtrationsschwierigkeiten bzw. zur Erfassung des Erschöpfungszeitpunktes sowohl des Klärfilters als auch der Polierfilter. Das Gleiche gilt sinngemäß auch für die Crossflow-Filtration, um den Zeitpunkt für den Rückspülprozess bzw. für die Regenerierung der Membranen zu bestimmen.

Zur Sicherung des Prozessablaufs der Bierfiltration sollten auch regelmäßige Kontrollen der Stammwürze (möglichst kontinuierliche Messungen) und des Sauerstoffgehalts erfolgen.

Für eine effektive Filtration ist die Bestimmung der Filtriereigenschaften der Filterhilfsmittel eine wichtige Voraussetzung (s.a. die Hinweise in Kapitel 13).

Um eine nachgeschaltete Dead-End-Membranfiltration wirtschaftlich zu betreiben, werden definierte Anforderungen an die vorgeschaltete Klärfiltration und evtl. durchgeführte Tiefenfiltration gestellt, die u.a. mit dem Membranfilterindex überprüft werden kann (s.a. Kapitel 4.4.3).

21.3 Biologische Filtrationskontrolle

Die biologischen Kontrollen im Verlauf der Filtration konzentrieren sich vorwiegend auf Haltbarkeits- und Keimzahlkontrollen am Filterauslauf. Diese Kontrollen erlauben allerdings nur eine nachträgliche, zeitverzögerte Einschätzung des Filtrationseffekts aus biologischer Sicht.

Eine weitere Kontrollmöglichkeit besteht im Einsatz von Partikelzählgeräten (s.a. Kapitel 17.7.7). Damit lassen sich zumindestens eventuelle Partikeldurchbrüche online detektieren. Mit diesem Signal kann dann auf den weiteren Filtrationsverlauf Einfluss genommen werden.

Tabelle 201 Erforderliche technische Prozesskontrolle bei der Bierfiltration

Mindestausstattung	Registrierung der Temperatur Unfiltrat/Filtrat
	Registrierung Filterein- und Filterauslauf-Druck
	Sensor für Medienwechsel (Wasser/Bier; Bier/Wasser; R/D-Medien)
	Probenahme: kontinuierlich oder intervallmäßig
	Messung des CO_2-Gehalts
	Sensorische Kontrolle bei jedem Umstellen auf einen neuen Lagertank, bei Einsatz eines neuen Filterhilfsmittels, beim Umstellen auf Wasser
	Filtrationsprotokoll
Ausstattung für eine abgesicherte Filtration	Mengenproportionale kontinuierliche Probenahme
	2-Winkel-Trübungsmessung; Bei Sollwertüberschreitung Signalisierung und automatische Umschaltung auf Kreislauf
	Registrierung von Temperaturen und Drücken im Unfiltrat und Filtrat
	Erfassung des Volumenstromes und der Filtratmenge (MID)
	Erfassung des FHM-Verbrauches
	Regelung des CO_2-Gehalts, Nachcarbonisierung
	Registrierung des O_2-Gehaltes im Unfiltrat und Filtrat. Bei Sollwertüberschreitung Signalisierung und automatische Umschaltung auf Resttank
	Messung der Stammwürze; Bei Sollwertüberschreitung Signalisierung und automatische Umschaltung auf Resttank; Bei High-Gravity-Bieren Regelung der Konzentration
	Sensorische Kontrolle bei jedem Umstellen auf einen neuen Lagertank, bei Einsatz eines neuen Filterhilfsmittels, beim Umstellen auf Wasser
	Filtrationsprotokoll; Erfassung, Auswertung und Speicherung der relevanten Prozessdaten, laufende Auswertung

21.4 Kontrolle der Bierfiltrierbarkeit

Bei schwierigen Rohstoffverhältnissen und nach Umstellungen der Technologie der Bierherstellung ist sinnvoller Weise das Unfiltrat hinsichtlich seiner Filtrierbarkeit zu prüfen (s.a. die Prüfvorschläge im Kapitel 3.4). Weiterhin sollte sich bei unbefriedigenden Filtrierbarkeiten eine Ursachenforschung anschließen (s.a. den Vorschlag in Kapitel 3.5).

Schwerpunkte der Ursachenforschung sind die Überprüfung der Hefekonzentration und des Trubstoffgehaltes des Unfiltrates sowie des β-Glucan- und des α-Glucangehaltes (s.a. Analysenvorschriften der MEBAK [391] und der EBC [392]).

21.5 Überprüfung der kolloidalen Bierstabilität

Zur Überprüfung der voraussichtlichen kolloidalen Stabilität werden beim abgefüllten Flaschenbier Forciertests zur Bestimmung der Warmtage angewendet (s.a. Kapitel 4.2.2 und Kapitel 15.10) und danach die betriebsspezifische Haltbarkeit abgeschätzt.

Bei Einführung neuer Filtrations- oder Stabilisierungsverfahren oder deren Änderung ist die Anwendung von Schnelltests sinnvoll, wie z. B. der Alkohol-Kälte-Test nach *Chapon* (s.a. Richtwerte in Kapitel 4.2.3), der innerhalb weniger Minuten eine Aussage liefert. Weitere optische Schnelltests wurden unter Verwendung verschiedener Reaktionslösungen von *Schneider* mit Erfolg in die Praxis eingeführt [458], [459], [460].

Für differenzierte Überprüfungen der unterschiedlichen Stabilisierungsmaßnahmen müssen die Konzentrationsveränderungen der betreffenden Stoffgruppen untersucht und bewertet werden, z. B. bei einer eiweißseitigen Stabilisierung die Konzentration der hochmolekularen Stickstoffbestandteile des Bieres (der koagulierbare und der mit $MgSO_4$-fällbare Stickstoff) sowie die Schaumhaltbarkeit und bei einer gerbstoffseitigen Stabilisierung die Konzentration der Gesamtpolyphenole, der Anthocyanogene und der Catechine.

Die Bestimmung dieser Bierinhaltsstoffe erfolgt nach MEBAK [391] bzw. nach EBC-Analytica [392].

21.6 Ursachenforschung bei unbefriedigendem Filtrationsergebnis

Die Beurteilung des Filtrates kann mittels einer Trübungsmessung erfolgen. Entweder ist das Filtrat im Bereich des erwarteten bzw. festgelegten Trübungswertes oder der Grenzwert wird überschritten. Ursachen dafür können sein:
- Das Filtrat enthält noch zu viele Trübstoffe oder/und
- Die Zahl der Hefezellen ist zu hoch.

Die Ursachensuche muss in folgender Richtung erfolgen:
- Liegen mechanische Probleme vor? oder/und
- sind es verfahrenstechnische Ursachen.

Ursachen können beispielsweise sein:
- Defekte Filtermittelträger;
- Defekte Filtermittel;
- Eventuelle Vermischungsmöglichkeit Filtrat/Unfiltrat;
- ungenügende FHM-Dosierung;
- ungeeignete FHM-Zusammensetzung;

Die möglichen mechanisch bedingten Defekte müssen systematisch eingegrenzt und beseitigt werden.

Ein Schwerpunkt der Prozesskontrolle bei der Verwendung von Membranen und Membranfiltersystemen sind die Integritätstests (Durchführung siehe Kapitel 9.4.3).

Bei Filtrationen, die kein blankes Bier liefern, wird in Anlehnung an einen Vorschlag von *Niemsch* und *Heinrich* die in Tabelle 202 aufgeführte Fehlersuche vorgeschlagen.

Tabelle 202 Vorschlag zur Fehlersuche bei Trübungsproblemen (modifiziert nach [556])

Start	1	2	3
1. Frage und weitere abgeleitete Fragen, wenn die Antwort lautet:	2. Frage, wenn die Antwort aus der 1. Frage lautet:	Möglicher Lösungsweg, wenn die Antwort der 2. Frage lautet:	Möglicher Lösungsweg, wenn die Antwort der 2. Frage lautet:
Nein	**Ja**	**Nein**	**Ja**
Ist der Druckanstieg bei der Filtration zu gering?	Ist der Trub- und Hefegehalt im Unfiltrat zu niedrig?	Zusammensetzung und Dosierung der FHM-Mischung prüfen	Filterhilfsmitteldosierung überprüfen (zu grob, zu hoch?)
Sind partikuläre Substanzen durch Zentrifugation oder Laborfiltration abtrennbar?	Sind Filterhilfsmittel erkennbar?	Die weiteren zwei Teilfragen von Spalte 2 überprüfen!	Filtermittel u. Grundanschwemmung prüfen
	Sind die Partikel Mikroorganismen?		Mikrobiologie u. FHM-Dosage prüfen
	Sind die Partikel Oxalate?		Ca^{+2}-Gehalt von FHM u. Brauwasser prüfen
Ist die Wirkung des Filters und der Filterhilfsmittel in Ordnung?	Ist die Kältetrübung zu hoch?	Die weiteren zwei Teilfragen von Spalte 2 überprüfen!	pH-Wert u. Filtrationstemperatur prüfen
	Ist der Forciertest schlecht?		Stabilisierung u. O_2-Gehalt optimieren
	Ist der Wert für den koagulierb. Stickstoff zu hoch?		Würzekochung u. Stabilisierung optimieren
Wird die Trübung durch polymere Inhaltsstoffe des Bieres verursacht?	Wird die Trübung durch β-Glucanase reduziert?	Die weiteren zwei Teilfragen von Spalte 2 überprüfen!	β-Glucangehalt u. Malzqualität optimieren
	Wird die Trübung durch Amylasen reduziert?		α-Glucangehalt in der Würze optimieren
	Wird die Trübung durch Proteinasen reduziert?		Hefebehandlung (bei High-Gravity-Bier) optimieren

Im Ausland sind trüb laufende Biere bei der Filtration auch auf qualitativ minderwertige Zusätze z. B. an Schaumstabilisatoren (z. B. Propylenglycolalginat, PGA) und Enzyme zu prüfen (PGA-Test, Bestimmung der Enzymaktivität im Bier).

22. Armaturen, Rohrleitungen, Pumpen, MSR-Stellen

22.1 Allgemeine Hinweise

Nachfolgend wird nur auf einige allgemeine Zusammenhänge eingegangen. Ausführliche Hinweise zu:
- Anforderungen an die Gestaltung von Rohrleitungen und Anlagen im Hinblick auf kontaminationsfreies Arbeiten;
- Wärmedämmung;
- Armaturen;
- Rohrleitungen;
- Pumpen

müssen der angegebenen Literatur entnommen werden [114], [542].

22.2 Armaturen für Rohrleitungen und Anlagenelemente

Armaturen für Rohrleitungen in der Gärungs- und Getränkeindustrie müssen insbesondere unter den folgenden Aspekten ausgewählt werden:
- Armaturenfunktion;
- Funktionssicherheit;
- Vermeidung von Kontaminationen;
- Aufwand;
- CIP-Fähigkeit.

Armaturen werden funktionell gestaltet als:
- Absperrarmaturen;
- Behälterauslaufarmaturen;
- Probeentnahmearmaturen;
- Mehrwegearmaturen (Zweiwegeventile/Umschaltventile, Ventile mit 2, 3 und 4 Gehäuseanschlüssen);
- Stell- oder Regelarmaturen (meist als Ventil gestaltet, seltener als Klappe oder Kugelhahn);
- Sicherheitsarmaturen.

Geeignete Bauarten sind im Wesentlichen die Absperrklappe, das Ventil bzw. Doppelsitzventil und mit Einschränkungen der Kugelhahn.

Wenn Anlagen unter sterilen Bedingungen betrieben werden müssen, sind nur Armaturen in Sterilausführung ohne dynamische Dichtflächen einsetzbar.

Die Funktionssicherheit umfasst vor allem die Temperatur- und Korrosionsbeständigkeit bzw. die Chemikalienbeständigkeit der Werkstoffe und Dichtungsmaterialien, die Dichtheit innerhalb des Nenndruckbereiches und die Druckstoßsicherheit. Die Druckstoßsicherheit kann entweder konstruktiv oder durch die Einbaulage der Armatur gesichert werden. Dazu gehört auch das definierte Verhalten der Armatur bei Ausfall der Hilfsenergie des Antriebes. Antriebe werden fast ausschließlich mit pneumatischer Hilfsenergie ($p_{ü} \geq 6$ bar; obwohl auch Antriebe für geringere Drücke verfügbar sind!) betrieben, vereinzelt auch hydraulisch und elektromechanisch. Der Kolben- bzw. Drehwinkel-Antrieb kann mit Druckluft geöffnet und mit Federkraft geschlossen werden oder umgekehrt. Auch die Variante Öffnen und Schließen mittels Druckluft ist möglich.

Die jeweilige Stellung der Armatur muss durch Sensoren der Steuerung gemeldet werden. Anzustreben ist das Signalisieren beider Endstellungen. Vielfach wird aus Gründen der Kostenersparnis nur der angesteuerte Zustand erfasst.

Die Armaturenbauform muss kontaminationsfreies oder zu mindest kontaminationsarmes Arbeiten ermöglichen. Spalten und Toträume sollen nicht vorhanden sein, statische und dynamische Dichtungen müssen funktionsgerecht gestaltet sein.

Der materielle Aufwand bzw. die Armaturenkosten werden erheblich von der benötigten Nennweite, dem Nenndruck, dem Werkstoff und der Bauart beeinflusst. Deshalb muss die Armaturenauswahl und Festlegung der Parameter sorgfältig getroffen werden, insbesondere müssen auch die dynamischen Druckverluste der Armaturen beachtet werden (das gilt vor allem für Doppelsitzventile).

Die CIP-Fähigkeit setzt geeignete Werkstoffe und entsprechende Oberflächengüte (Rauigkeit; Mittenrauwert R_a) sowie ein entsprechendes Design voraus.

Bei der Festlegung des Mittenrauwertes ($R_a \leq 1,6$ µm) als Mindestwert sollten bei der Armaturenauswahl keine übertriebenen Forderungen gestellt werden. Die angestrebten Mittenrauwerte der Armaturen, Rohrleitungen und Maschinen und Apparate sollten aufeinander abgestimmt sein. Die Bewertung der Oberflächenbeschaffenheit aller produktberührten Anlagenkomponenten muss nach einheitlichen Kriterien und Anforderungen vorgenommen werden.

In diesem Zusammenhang ist es relevant, die CIP-Parameter auf die vorhandenen Werkstoffoberflächen abzustimmen, die Heißreinigung ist für Filtrationsanlagen grundsätzlich anzustreben.

Armaturen
Einen ausführlichen Überblick zum Thema „Armaturen in der Gärungs- und Getränkeindustrie" gibt [557]. Außerdem wird auf die Produktionsprogramme der Armaturenhersteller verwiesen, die im Internet aktuell verfügbar sind.

Doppelsitzventile in den verschiedenen Ausführungsvarianten besitzen insbesondere bei Gestaltung der Rohrverbindungen als Matrix in 2 Ebenen („Rohrleitungsknoten") erhebliche Vorteile. Die funktionsgerechte Festlegung der Ventilbauform ist dabei eminent wichtig. Für Produktleitungen (Würze, Bier, Hefe) kommen nur Ausführungen mit separater Ventilsitzanlüftung mittels eines Liftantriebes in Frage. Der Ventilsitz kann druckschlagfest mit Balancer ausgeführt werden. Weiterhin sind leckagefrei schaltende Ventile zu empfehlen.

Die Betriebsstellung der Armaturen muss durch Sensoren erfasst werden. Anzustreben ist, dass beide Endstellungen („auf" und „zu") signalisiert und von der SPS ausgewertet werden.

Die Leckageräume der Armaturen müssen bei CIP-Vorgängen von jedem Medium beaufschlagt werden. Die Ansteuerung bzw. Medienzufuhr kann für mehrere Armaturen parallel erfolgen.

Die raumsparende Zusammenfassung der Armaturen in einem so genannten Ventilknoten besitzt die Vorteile des geringen erforderlichen Bauvolumens, die Möglichkeit der Vorfertigung und Funktionsprüfung der kompletten Armaturenkombination und damit eine vereinfachte und kurzfristige Baustellenmontage und Inbetriebnahme.

Wichtig ist natürlich die gute Zugänglichkeit der Armaturen zu Wartungs- und Reparaturzwecken.

Die Ventilgehäuse werden in der Regel zu einer Matrix verschweißt. Wichtig ist es dabei, die Ausdehnungsmöglichkeit bei temperaturbedingten Längenänderungen (zum Beispiel eine Leitung heiß, eine kalt) der Rohrleitungsstränge durch Einsatz von geeigneten Kompensatoren zu sichern. Diese Forderung begrenzt die Anzahl der in Reihe angeordneten Ventile eines Knotens.

Moderne Ausführungen der Doppelsitzventile ermöglichen durch integrierte Pilotventile und Busansteuerung erhebliche Reduzierungen des Montageaufwandes.

22.3 Rohrleitungen

22.3.1 Rohrleitungsverbindungen

Unlösbare Leitungsverbindungen

Produkt-Rohrleitungen aus Edelstählen sollten soweit als möglich fest verbunden werden. Geeignete Montage-Schweißverfahren sind das WIG-Hand-Schweißverfahren und das automatisierte Orbitalschweißverfahren. Schutzgas ist Argon, die Rohrleitungen müssen mit Schutzgas gewissenhaft gespült („formiert") werden. Dazu werden Argon oder „Formiergase" (beispielsweise Formiergas 90/10 mit 90 % Stickstoff und 10 % Wasserstoff) verwendet.

Nach dem Schweißen müssen die Schweißstellen passiviert werden (durch Bürsten und/oder Beizen). Zum Beizen werden Beizlösungen oder Beizpasten verwendet, die als wesentliche Bestandteile HF, HNO_3 und HCl enthalten, meist im Gemisch.

Die Innenseiten von Rohrleitungsnähten sind in der Regel nicht zugänglich. Deshalb müssen die Rohre vor dem Schweißen gewissenhaft formiert werden. Anlauffarben lassen sich auch mit höherprozentiger HNO_3 *nicht* oder nur bedingt entfernen!

Die Qualität der Schweißausführung und ihre Kontrollen sollten im Leistungsvertrag vereinbart werden, gegebenenfalls sollten Muster angefertigt und hinterlegt werden.

Das Schleifen von WIG-Schutzgas-Schweißnähten bringt meist Nachteile bezüglich der Oberfläche und sollte deshalb unterbleiben, falls nicht R_a-Werte $\leq 1,6$ µm gesichert werden können. Die Oberfläche der Schweißnaht ist im Allgemeinen glatt, da die Schmelze aufgrund der Oberflächenspannung ohne Rauigkeiten erstarrt. Fachgerechte Schweißraupen stören nicht.

Schleifen und elektrolytisches Polieren verbessern die Korrosionsbeständigkeit und *nicht nur* die Optik.

Lösbare Leitungsverbindungen

Lösbare Rohrleitungsverbindungen und Verbindungen zwischen Rohrleitungen und Apparaten oder Maschinen können durch folgende Verbindungsvarianten erfolgen:
- Verschraubungen,
- Flanschverbindung,
- Clamp-Verbindung,
- Spannring-Verbindung.

Die *Verschraubung* besteht aus Kegelstutzen, Gewindestutzen, Dichtring und Überwurfmutter. Die Verbindung der beiden Stutzen erfolgt durch geeignete Schweißverfahren (s.o.).

Klärung und Stabilisierung des Bieres

Bevorzugt sollten nur solche Verschraubungen eingesetzt werden, bei denen die Dichtung definiert vorgespannt wird und Kegel- und Gewindestutzen formschlüssig und zentriert verbunden werden (Verschraubung in Sterilausführung nach DIN 11864-1, s.a. Abbildung 456).

Verschraubungen werden in den Nennweiten DN 10 bis 100 (150) gefertigt.
Nachteilig ist bei Verschraubungen, dass zu ihrer Demontage die Enden um einen geringen Betrag axial verschoben werden müssen. Ist diese Verschiebung nicht möglich, gibt es Probleme. Für unter mechanischen Spannungen stehende Rohrleitungen und solche, die häufigen Temperaturwechseln unterliegen, sollten Verschraubungen nicht verwendet werden. Gleiches gilt für verschraubte Armaturen.

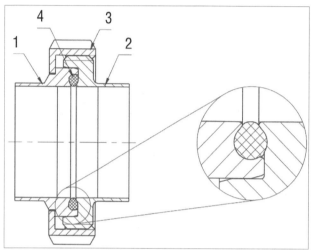 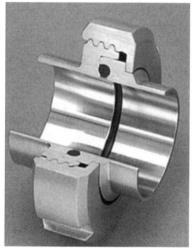

Abbildung 456 Verschraubung in Sterilausführung (nach DIN 11864-1)
1 Rohrstutzen   **2** Gewindestutzen   **3** Mutter   **4** O-Ring-Dichtung
Die Positionen **1** und **2** werden formschlüssig durch die Mutter **3** verbunden; der O-Ring (**4**) ist definiert vorgespannt und dichtet ab. Er wird nicht zusätzlich mechanisch belastet (s.a. Abbildung 488)

Verschraubungen können nur dann ohne Nachteile verwendet werden, wenn die Verschraubungsteile absolut parallel zu einander verschweißt sind. Eventuelle Abweichungen, bedingt durch Montageungenauigkeiten, kann die Dichtung nicht ausgleichen. Bei älteren Verschraubungsausführungen war durch das asymmetrische „Quetschen" der Dichtung *regelwidrig* ein geringer Ausgleich möglich.
Das Anziehen der Überwurfmutter (Nutmutter) wird mittels eines Hakenschlüssels vorgenommen. Dazu darf keine besondere Kraftanwendung erforderlich sein. Ist das jedoch der Fall, dann ist dies ein deutlicher Hinweis auf Montagefehler. Die Folgen von vergrößerter Hebelwirkung des Hakenschlüssels sind erhöhter Dichtungsverschleiß und die Gefahr des „Fressens" des Gewindes. Im Übrigen sollte das Gewinde immer leicht mit einem Siliconfett in Lebensmittelqualität geschmiert sein.
Als Dichtungswerkstoffe sollten nur EPDM (Ethylen-Propylen-Dien-Mischpolymerisat, schwarz gefärbt) oder Silicon (rot gefärbt, teilweise auch transluzent) verwendet werden. Das blau gefärbte NBR (Nitril-Butadien-Kautschuk) ist für Anwendungen, die heiß nach dem CIP-Verfahren gereinigt werden, im Prinzip ungeeignet.

Die *Flanschverbindung* wird im qualifizierten Rohrleitungsbau nach Möglichkeit bevorzugt (Abbildung 457). Flanschverbindungen für die Gärungs- und Getränkeindustrie werden überwiegend als sogenannte Leichtbauflansche für den Nenndruck PN 16 (seltener PN 10) gefertigt. Die Flanschlänge sollte so gewählt werden, dass Orbitalschweißverfahren anwendbar sind. Von dieser Regel muss jedoch teilweise abgewichen werden, wenn es darum geht, minimale Toträume zu sichern, beispielsweise bei Rohrleitungsabzweigen.

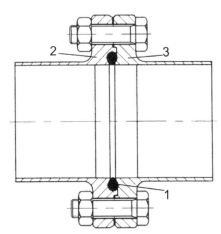

Abbildung 457 Flansch in Sterilausführung (nach DIN 11864-2) 1 O-Ring 2, 3 Flansch

Die Nennweiten der Leichtbau-Flansche liegen im Bereich DN 10...150.

Die Dichtungen werden meist als Rundring (O-Ring; die Bezeichnung „Null-Ring" ist unkorrekt) ausgeführt, teilweise aber auch als Profildichtung. Ein Flansch ist dann ein sogenannter Glattflansch, der andere trägt die Dichtung. Es werden also Flanschpaare verarbeitet. Die Dichtung sollte eine minimale produktberührte Oberfläche besitzen und Totraum frei sein. Sie wird definiert vorgespannt. Die Flansche werden formschlüssig ohne Zwischenraum verschraubt. Sie können mit einer Zentrierung versehen sein, aber auch die Schrauben können die Flansche zentrieren.

Die Abmessungen der Flansche sind nicht genormt, die Ausführungen der einzelnen Hersteller sind bis jetzt nicht austauschbar. Verwendet werden zur Verbindung 4, 6 oder 8 Schrauben.

Aseptik-Flanschverbindungen sind nach DIN 11864-2 genormt (DN 10...150). Sie werden mit O-Ring- und mit Profildichtung gefertigt (Abbildung 457).

Armaturen, insbesondere Absperrklappen, werden oft in sogenannter Zwischenflanschausführung benutzt. Zwischen zwei glatten Flanschen werden die Armaturen geklemmt. Die Abdichtung erfolgt im Allgemeinen mit den der Armatur zugeordneten Dichtungen.

Die wesentlichen Vorteile der Flanschverbindung gegenüber der Verschraubung liegen in der besseren Funktionalität der Flanschverbindung, in der einfacheren Demontage/Montage und in dem günstigeren Preis. Mit der Flanschverbindung können geringe Montagefehler leichter ausgeglichen werden als bei einer Verschraubung.

In allen Fällen von Flanschverbindungen, insbesondere bei nicht formschlüssig montierten Flachdichtungen, ist der Spritzschutz der Flanschverbindung zu sichern, beispielsweise durch entsprechende Verkleidungen oder Manschetten. Diese Aussage gilt für alle gefährlichen Fördermedien (beispielsweise CIP-Leitungen, Chemikalienleitungen), die mit höheren Drücken gefördert werden müssen.

Die Tri-Clamp®-Verbindung (nach Norm ISO 2852) wird zum Teil international eingesetzt, in Deutschland weniger. Sie ist im Prinzip eine Spannring-Verbindung mit Profildichtung (Abbildung 458) und umfasst die Nennweiten DN 10 bis 200. Ähnliche Verbindungsvarianten sind in der DIN-Norm 32676 [558] und der Norm DIN 11864-3 [559] beschrieben (s.a. Abbildung 458).

Die Vorteile liegen in der einfachen Montage und der Preiswürdigkeit begründet, ohne Nachteile bezüglich Reinigungsfähigkeit.

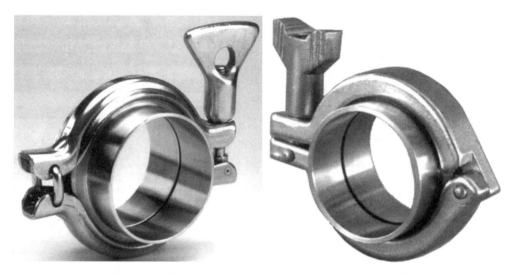

Abbildung 458 Clamp-Verbindungen, Beispiele
links Spannring aus Blech, rechts Spannring als Gussteil

Die *Spannringverbindung* als Verbindungsvariante wird vor allem zur Verbindung von Armaturenkomponenten (beispielsweise für die Montage von Doppelsitzventil-Gehäuseteilen) und Sensoren mit der Ausrüstung, zum Beispiel mit einer Rohrleitung, verwendet. Ein Beispiel hierfür ist das VARINLINE®-System der Firma GEA Tuchenhagen (s.a. Abbildung 463).

Auch für die Befestigung von Pumpengehäusen werden Spannringe eingesetzt.

22.3.2 Verlegung von Rohrleitungen und die Gestaltung von Rohrleitungshalterungen, Wärmedehnungen

Bei der Planung und Verlegung von Rohrleitungen muss als ein wichtiger Punkt die durch Temperaturänderungen bedingte Längenänderung berücksichtigt werden.

Die Verlegung muss so erfolgen, dass die Längenänderungen nicht zu mechanischen Spannungen führen. Das gilt sowohl für die Rohrleitungen selbst, als auch für Verbindungen zwischen den Leitungen und festen Anschlusspunkten der Anlagenelemente.

Rohrleitungen werden üblicherweise mit einem Gefälle von 1 bis 2 % verlegt. In vielen Anwendungsfällen der Gärungs- und Getränkeindustrie ist das nicht möglich, deshalb werden die Leitungen horizontal ausgerichtet.

Bei der Verlegung ist darauf zu achten, dass die Leitung bei Bedarf vollständig entleert werden kann. Eventuelle Querschnittsänderungen sind mit exzentrischen Rohreinziehungen zu gestalten.

Die Abstände für Halterungen bzw. Auflager der Rohrleitungen müssen so gewählt werden, dass die Rohrleitungen nicht „durchhängen".

Anzustreben ist außerdem, dass Rohrleitungen, falls erforderlich, stetig steigend verlegt werden, um die Entlüftung zu erleichtern. Da diese Forderung teilweise nicht realisierbar ist, müssen besondere Maßnahmen für die Entlüftung vorgesehen werden.

Rohrleitungen sollten horizontal abzweigen. Bei dieser Ausführung bleiben keine Produktreste oder Gasblasen zurück.

Rohrleitungshalterungen
Sie werden als feste Lagerung oder als Gleitlagerung gestaltet. Die Stelle des festen Lagers sollte so gewählt werden, dass die thermisch bedingten Längenänderungen symmetrisch verteilt werden. Zwischen zwei Festlagern muss sich die Leitung frei dehnen können.

Als Fest- und Gleitlager eignen sich die 1- oder 2-teilige Rohrschelle und insbesondere der Rohrbügel. Bei der Verwendung als Gleitlager muss sich die Rohrleitung verschieben lassen, ohne das es zu Verkantungen oder Verklemmungen infolge von Reibungskräften und Selbsthemmung kommt. Die Halterung selbst muss fest verschraubt sein und zur Rohrleitung einen kleinen Spalt besitzen. Beispiele zeigt Abbildung 459.

Anzustreben sind vorgefertigte Rohrleitungshalterungen, die eine Justierung der Rohre auch nach der Montage ermöglichen (s.a. Abbildung 459 (Pos. 6)).

In den meisten Fällen werden die Rohrhalterungen vor Ort gefertigt oder es werden vorgefertigte Elemente angepasst.

Die Halterungen sollen einstellbar sein und die Montagearbeit erleichtern. Der Werkstoff für die Halterungen muss mit dem der Rohrleitung möglichst identisch sein, um Korrosion zu vermeiden. Deshalb kommen nur Edelstahlprofile in Frage.

Bei feuerverzinkten Tragkonstruktionen werden CrNi-Stahl-Gleitleisten isoliert aufgeschraubt.

Anzustreben sind aus Gründen der Reinigungsfähigkeit und der allgemeinen Betriebshygiene geschlossene Profile. Die Profilenden werden nach Montageende durch Kunststoffstopfen verschlossen oder verschweißt.

Wand- und Deckendurchführungen
Wand- und Deckendurchführungen sind mit besonderer Aufmerksamkeit zu gestalten. Vor allem bei Deckendurchführungen müssen bauseitig flüssigkeitsdichte Schutzrohre entsprechender Nennweite (Beachtung eventueller Wärmedämmungen) vorgesehen werden. Die durchgeführten Rohre werden dann durch verschweißte Rohrglocken gegen Spritzwasser flexibel gedichtet. Im Trockenbereich genügen teilweise für die Deckendurchführung einfachere Rohrschächte oder Aufkantungen, die auch abgedeckt werden können.

Thermisch bedingte Längenänderungen

Alle Werkstoffe verändern ihre Länge bei Veränderung der Temperatur. Würde diese Ausdehnung behindert, wären erhebliche Spannungen bzw. Biege- oder Torsionsmomente die Folge.

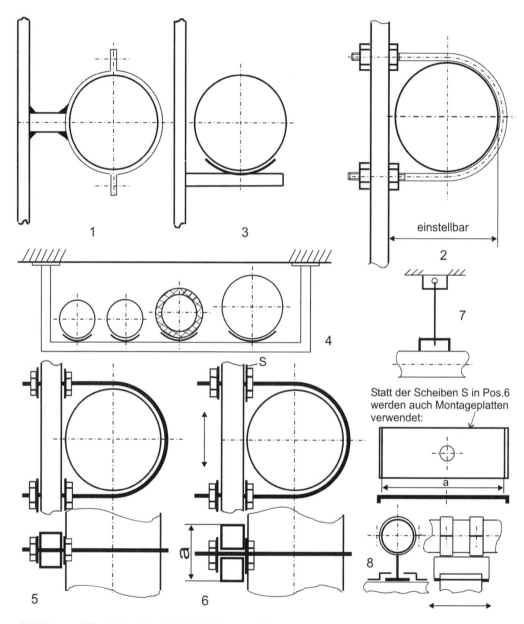

Abbildung 459   Beispiele für Rohrleitungshalterungen
1 2-teilige Rohrschelle   **2** Spannbügel   **3** Halbschale   **4** horizontale Lagerung   **5** vertikale Halterung   **6** vertikale Halterung, verstellbar   **7** hängende Halterung   **8** Loslager mit Gleiter

Armaturen, Rohrleitungen, Pumpen

Deshalb ist es von großer Bedeutung, die freie Ausdehnung einer Rohrleitung zu garantieren. Möglichkeiten hierfür sind:
- die Gleitlagerung und freie Verschiebbarkeit der Rohrleitung (s.o.) (Hierzu zählt auch die hängende Lagerung/Abhängung von Rohren),
- die Verwendung von Kompensatoren,
- die mehrfache Abwinkelung der Rohrleitung und Installation genügend langer Rohr-Schenkel, die durch Biegung die Längenänderung kompensieren.

Die zuletzt genannte Variante ist nur bei genügender Montagefläche bzw. Freizügigkeit bei der Rohrleitungsplanung nutzbar. Die Rohrschenkellänge muss einige Meter betragen, um die auftretenden Biege- bzw. Torsionsspannungen in Grenzen zu halten. Die Gestaltung des Dehnungsausgleiches durch Verlegung der Rohre in U-Form ist nur in wenigen Fällen möglich. Diese Variante wird zum Beispiel bei Fernwärmeleitungen praktiziert. Auch bei der Rohrleitungsführung unterhalb von ZKT oder Drucktanks kann diese Form des Dehnungsausgleiches genutzt werden.

Der Dehnungsausgleich zwischen Rohrleitungen und fixen Anschlusspunkten wird vor allem und vorzugsweise mit Gelenk-Schwenkbogen gesichert, bei kleineren Nennweiten werden auch Schläuche verwendet, die mit 90°-Bögen kombiniert eingesetzt werden, um enge Schlauchradien bzw. das Abknicken der Schläuche zu vermeiden.

Die Verwendung von Dehnungsausgleichern wird bei zahlreichen Medienleitungen praktiziert. Benutzt werden vor allem die Bauformen:
- Elastomer-Faltenbalg-Kompensator (Werkstoffe Gummi, PTFE, PE),
- Metall-Faltenbalg-Kompensator,
- koaxiale Rohrkompensatoren, Dichtung mittels Stopfbuchse oder Dichtungsringen.
- Kompensatoren in Hygieneausführung (Abbildung 460).

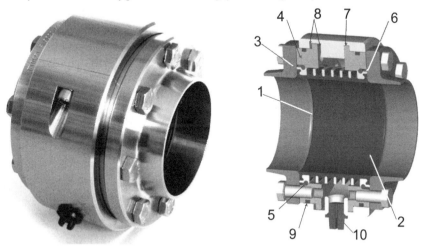

Abbildung 460 Kompensator für Rohrleitungen in Hygieneausführung (nach GEA Tuchenhagen)
1 Spaltfreie Abdichtung   **2** Rohrbündiger, glatter Durchgang   **3** VARINLINE®-Flansch
4 Flansch zur Fixierung des Kompensatorelements   **5** Runddrahtring   **6** Metallischer Anschlag   **7** Fixierung des Kompensationselements   **8** Anschlag zur Wegbegrenzung
9 Rundring   **10** Leckageanzeige

22.3.3 Die Fließgeschwindigkeit in Rohrleitungen, Druckverluste

Die Fließgeschwindigkeit in Rohrleitungen sollte unter Beachtung der Druckverluste (Betriebskosten) und der Investitionskosten festgelegt werden.
Ein weiterer relevanter Gesichtspunkt ist die CIP-Fähigkeit der Leitung.

In jüngster Zeit wird auf die Bedeutung der Scherkräfte hingewiesen und es werden möglichst geringe Fließgeschwindigkeiten für Würze und Bier empfohlen. Die Aussagen bezüglich der Glucanausscheidungen und anderer Qualitätsbeeinflussungen als Folge hoher Scherkräfte sollten nicht überbewertet werden, solange beispielsweise Kreiselpumpen als Fördermaschinen, Doppelsitzventile oder Zentrifugal-Separatoren für die Bierklärung akzeptabel bleiben (beim Betrieb dieser Anlagen treten erhebliche Scherkräfte auf!).

Bei längeren Rohrleitungen, zum Beispiel bei Würzeleitungen, werden die Betriebskosten vor allem vom resultierenden Druckverlust beeinflusst. Deshalb sind der sinnvoll nutzbaren Fließgeschwindigkeit Grenzen gesetzt. Anzustreben sind stets die minimalen Gesamtkosten, die sich aus den Investitions- und Betriebskosten ergeben.

Bei kurzen Rohrlängen können auch wesentlich höhere Fließgeschwindigkeiten toleriert werden. Beispielsweise lassen sich Schwenkbögen in kleinerer Nennweite als die Rohrleitung ausführen, um das Handling zu erleichtern.

In Saugleitungen vor Pumpen müssen dagegen geringe Fließgeschwindigkeiten und damit minimale Druckverluste garantiert werden, um Kavitation auszuschließen.

- *Hinweis*: aus der Nennweite des Saugstutzens einer Pumpe kann in *keinem* Fall auf die benötigte Nennweite der Saugleitung geschlossen werden.

Rohreinziehungen müssen druckverlustarm gestaltet werden ($l \geq 5 \cdot d$).

Diese Aussage gilt insbesondere für die Förderung heißer und gashaltiger Medien mit geringem Vordruck bzw. aus drucklosen Behältern.

In vielen Fällen kann eine bestimmte Zulaufhöhe zur Pumpe erforderlich sein, d.h., die Pumpe muss möglichst tief aufgestellt werden oder die Behälterausläufe müssen angehoben werden.

Eine wichtige Aussage zur erforderlichen Zulaufhöhe gestattet der sogenannte NPSH-Wert (net positive suction head) der Pumpe, der bei der Anlagenplanung eine große Rolle spielt. Der NPSH-Wert kann aus dem Datenblatt der Pumpe entnommen werden, s.a. Kapitel 22.7.

In Rohrleitungen und Armaturen sind nach Literaturangaben die Fließgeschwindigkeiten nach Tabelle 203 unter Beachtung der resultierenden Druckverluste anzustreben:

Bei CO_2-haltigen Medien ist bei der Festlegung der Fließgeschwindigkeit zu beachten, dass der Druck den 1,5-fachen Wert des CO_2-Partialdruckes (er entspricht dem CO_2-Gleichgewichtsdruck und ist eine Funktion von Temperatur und CO_2-Gehalt) an keiner Stelle des Fließweges unterschreiten soll.

Die Fließgeschwindigkeit bei CIP-Prozessen muss in Abhängigkeit von Temperatur und Nennweite so festgelegt werden, dass eine ausreichende mechanische Komponente der CIP-Medien gesichert wird (die Dicke der Grenzschicht ist unter anderem eine Funktion der Re-Zahl.

Tabelle 203 Empfohlene Fließgeschwindigkeiten in der Brauindustrie

Maische für Läuterbottiche	≤ 1,5 m/s
Maische für Maischefilter und in der Brennerei	≤ 2,5 m/s
Würze und Bier	≤ 3,0 m/s
Wasser	≤ 4,0 m/s
Wasser in langen Rohrleitungen	≤ 2,0 m/s
dickbreiige Hefesuspensionen	≤ 1,0 m/s
Saugleitungen von Pumpen, kalte Medien	≤ 1,8 m/s
Saugleitungen von Pumpen heiße Medien ohne Vorlaufdruck	≤ 1,0 m/s
Kälteträger (Glykol, Sole)	≤ 2,0 m/s
Ammoniak, flüssig	≤ 1,6 m/s
Ammoniak, gasförmig	≤ 20 m/s
Druckluft, CO_2	10 - 25 m/s
Steuerluft	≤ 10 m/s
Dampf bei ≤ 3 bar	15 - 25 m/s
Dampf bei 10 bis 40 bar	20 - 40 m/s
Gase in Saugleitungen	6 - 10 m/s
Kondensat	≤ 2 m/s

Die Fließgeschwindigkeit in einer Rohrleitung lässt sich aus dem Volumenstrom und der Nennweite berechnen (Gleichung 129):

$$\dot{V} = w \cdot A = w \cdot \frac{\pi \cdot d^2}{4} \qquad \text{Gleichung 129}$$

$\dot{V}$ = Volumenstrom in m³/s
w = Fließgeschwindigkeit in m/s
A = Querschnittsfläche der Rohrleitung in m²
d = Durchmesser der Rohrleitung in m

Zweckmäßigerweise lassen sich Berechnungen dieser Art unter Verwendung eines Nomogramms durchführen, Zwischenwerte lassen sich leicht interpolieren. In vielen Fällen erlauben diese Nomogramme auch das Abschätzen der zu erwartenden Druckverluste (s.a. Abbildung 461).

Druckverlustabschätzung mittels Nomogramms für Flüssigkeiten
Alternativ zu der Berechnung des dynamisch bedingten Druckverlustes einer Rohrleitungsanlage bietet sich die Abschätzung mit einer für die Gärungs- und Getränkeindustrie hinreichenden Genauigkeit unter Verwendung eines Nomogramms (s.a. Abbildung 461) an.

Mit den Nomogrammen wird eine sogenannte Druckverlusthöhe H_v ermittelt, bezogen auf 100 m Leitungslänge. Der zur Druckverlusthöhe proportionale Druckverlust ergibt sich nach Gleichung 130:

$$\Delta p = \rho \cdot g \cdot H_v \qquad \text{Gleichung 130}$$

Δp = Druckverlust in N/m²
ρ = Dichte in kg/m³

Klärung und Stabilisierung des Bieres

$\quad$ g $\quad$ = Fallbeschleunigung = 9,81 m/s^2
$\quad$ H_v = Druckverlusthöhe als Flüssigkeitssäule in m

In guter Näherung kann für Wasser angenommen werden:
$\quad$ H_v = 10 m $\stackrel{\wedge}{=}$ Δp = 1 bar (genauer 0,981 bar)

Die Druckverlusthöhe wird auf der Ordinate in Metern Wassersäule je 100 m Leitungslänge angegeben, auf der Abszisse wird der Volumenstrom vermerkt.

Das Prinzip der vereinfachten Druckverlustbestimmung besteht aus folgenden Schritten:
1. Ermittlung der tatsächlichen Leitungslänge in Metern,
2. Umrechnung der vorhandenen Rohrleitungskomponenten bzw. Armaturen in eine äquivalente Leitungslänge,
3. Bestimmung der scheinbaren Leitungslänge aus Pos. 1. und 2.,
4. Ermittlung der Druckverlusthöhe der Rohrleitung bei gegebener Nennweite und dem vorgesehenen Volumenstrom in Meter Druckverlust je 100 m Leitungslänge aus dem Nomogramm,
5. Berechnung der Druckverlusthöhe aus Pos. 3. und 4 und Umrechnung in Druckverlust nach Gleichung 130.

Beispiel
Gegeben ist eine Edelstahl-Rohrleitung in DN 80. Länge der Leitung 130 m. In der Leitung sind 15 Stück 90°-Rohrbögen enthalten (die äquivalente Leitungslänge eines Bogens wird mit 6 m angenommen; s.a. in [542]). Der Volumenstrom (Wasser) beträgt 40 m^3/h. Wie groß ist der Druckverlust?

Aus Abbildung 461 folgt für $\dot{V}$ = 40 m^3/h eine Verlusthöhe von 7 m/100 m Leitungslänge. Die Fließgeschwindigkeit beträgt etwa 2,1 m/s.

Zur Leitungslänge von 130 m muss die äquivalente Leitungslänge der 90°-Bögen addiert werden: 15 · 6 m = 90 m. Damit muss der Druckverlust für eine Leitungslänge von 130 m + 90 m = 220 m bestimmt werden. Er beträgt dann 7 m/100 m · 220 m = 15,4 m Flüssigkeitssäule oder umgerechnet 1,54 bar.

Da Edelstahl-Leitungen geringere Rauigkeiten besitzen, kann mit dem Faktor 0,8 multipliziert werden (s.a. Abbildung 461): 1,54 bar · 0,8 = 1,23 bar = Druckverlust

Armaturen, Rohrleitungen, Pumpen

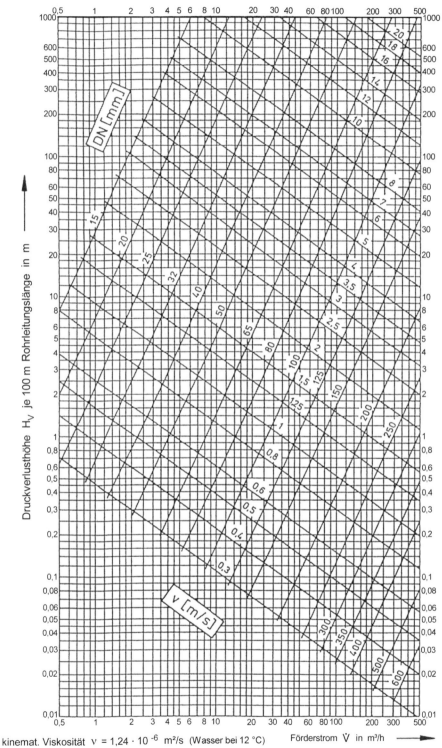

kinemat. Viskosität $\nu = 1{,}24 \cdot 10^{-6}$ m²/s (Wasser bei 12 °C) Förderstrom $\dot{V}$ in m³/h
bei Edelstahlleitungen kann der Wert H_V mit 0,8 multipliziert werden
es besteht der Zusammenhang: $\Delta p = \rho \cdot g \cdot H_V$

Abbildung 461

22.3.4 Maßnahmen gegen Flüssigkeitsschläge und Schwingungen

Flüssigkeitsschläge treten auf, wenn die kinetische Energie eines Flüssigkeitsstromes in einer Rohrleitung in kurzer Zeit in potenzielle Energie umgewandelt wird und umgekehrt, beispielsweise durch abruptes Schließen oder Öffnen von Armaturen bei großen Fließgeschwindigkeiten oder hohen Drücken (Fehlbedienungen!).

Zur Vermeidung von Flüssigkeitsschlägen bzw. unzulässiger Druckspitzen sollte die Fließgeschwindigkeit in der Rohrleitung möglichst gering sein, und die Schaltzeiten der Armaturen sollten nicht zu kurz sein. Die Sicherung der zuletzt genannten Bedingung ist bei Absperrarmaturen mit einem Schließwinkel von 90° (Absperrklappe, Kugelhahn) bei Handbetätigung nur schwer zu sichern und stets von den subjektiven Einflüssen des Personals abhängig.

Aber auch der Einsatz von fernbetätigten Armaturen mit pneumatischen Antrieben ist nicht problemfrei. Bei relativ großem erforderlichen Anfangsdrehmoment ist bei der Öffnung ein Drehmomentüberschuss vorhanden, der zur schnellen Öffnung führt. Beim Schließen ist der größte Teil des Schließwinkels fast ohne Einfluss auf den Flüssigkeitsstrom. Erst im allerletzten Teil wird stark verzögert.

Ein Beitrag zur Lösung der Problematik können einstellbare Drosseln in den Pneumatikleitungen sein.

Bei Doppelsitzventilen kann der Flüssigkeitsstrom die Schließgeschwindigkeit sogar noch erhöhen. Abhilfe kann der strömungsgerechte Einbau der Ventile bringen.

Eine weitere, anzustrebende Betriebsweise ist bei automatisierten Anlagen die Armaturenbetätigung im drucklosen Zustand. Erst nach der Schaltung der Fließwege werden die Pumpen eingeschaltet, zweckmäßigerweise über einen Frequenzumrichter mit einstellbarer Anfahrrampe. Die Abschaltung erfolgt in umgekehrter Reihenfolge.

Der Betrieb von Pumpen mittels Frequenzumrichter oder zumindestens „Sanftanlauf" ist natürlich auch bei Handsteuerung vorteilhaft möglich.

In Fällen, bei denen die Druckspitzen durch das Steuerungskonzept nicht vollständig kompensiert werden können, sind geschaltete oder selbsttätige Überströmventile nutzbar, die allerdings bei CIP-Prozeduren getaktet werden müssen.

Schwingungen oder Pulsationen können von Pumpen, Verdichtern oder Drosseln verursacht werden. Puffertanks bzw. Gaspolster (mit Windkesselfunktion) können Abhilfe schaffen, bedeuten aber in jedem Fall Zusatzaufwand, vor allem bei der Reinigung/Desinfektion (CIP).

Auch die Entkopplung von Rohrleitungen und Pumpen durch Kompensatoren oder Schläuche o.ä. kann die Schwingungen mindern.

Zur Schwingungsdämpfung (Geräuschdämpfung) werden teilweise Rohrhalterungen in Gummi gelagert.

Mechanische Schwingungen sind von Sensoren und MSR-Technik fernzuhalten. Schrauben und Muttern sind zu sichern, beispielsweise durch Verwendung selbsthemmender Muttern.

22.3.5 Entlüftung der Rohrleitungen, Sauerstoffentfernung

Der Idealfall, die stetig steigende Rohrleitung, ist technisch kaum zu realisieren. Höhenunterschiede bedingen, dass die Leitung sich nicht selbsttätig entlüften lässt.

Abhilfe schaffen selbsttätige oder gesteuerte Entlüftungsarmaturen an der jeweils höchsten Stelle der Leitung. Bei Produktleitungen scheidet diese Form aus Gründen der Reinigung/Desinfektion jedoch im Allgemeinen aus.

Die Entgasung/Sauerstoffentfernung ist in vielen Fällen eine wichtige Voraussetzung für die Qualitätssicherung. Sie kann erfolgen durch:
- Verdrängen bzw. Lösung des Sauerstoffes mittels sauerstofffreien Wassers,
- Verdrängen des Sauerstoffes mittels CO_2.

Die Applikation entgasten Wassers setzt ausreichende Vorräte und genügend große Fließgeschwindigkeiten voraus. Soweit sich die Gasblasen nicht durch die Strömung verdrängen lassen, kann Sauerstoff nur durch Lösung im Wasser entfernt werden. Dieser Vorgang ist zeitabhängig und wird durch die Partialdruckdifferenz limitiert.

Aus diesem Grunde kann Sauerstoff auch nicht durch luftgesättigtes Wasser entfernt werden. Nachteilig bei dieser Variante sind die relativ hohen Kosten für die Bereitstellung sauerstofffreien Wassers und des Wassers selbst.

Wesentlich kostengünstiger bei vollständiger Sauerstoff-Entfernung ist die Spülung der Rohrleitung mit Inertgas, vorzugsweise mit CO_2, dass gleichzeitig zum Vorspannen der Leitung verwendet werden kann [155].

Der Druck des Spülgases muss etwa 0,4…1,5 bar größer sein als der maximal mögliche statische Druck der Flüssigkeitssäule. Bei geringerem Überdruck wird relativ viel Spülzeit benötigt.

Das Spülgas kann nur bedingt zum Ausschieben von Flüssigkeitsresten benutzt werden, da in horizontalen Leitungen die Flüssigkeitsreste „überspült" werden. In der Leitung befindliche Flüssigkeitsreste müssen deshalb als Vorlauf abgetrennt werden.

22.3.6 Gestaltung von Wärmedämmungen bei Rohrleitungen

Bei Wärmedämmungen (umgangssprachlich auch als „Isolierung" bezeichnet) wird die Dicke der Dämmschicht nach wirtschaftlichen Gesichtspunkten festgelegt: die Aufwendungen müssen ins Verhältnis zu den einsparbaren Energiekosten gesetzt werden. Dabei müssen künftige Entwicklungen der Kosten beachtet werden.

Wichtige Dämmwerkstoffe sind PUR-Hartschaum, vorzugsweise als Ortschaum verarbeitet, und vorgefertigte Elemente (Halbschalen) aus Schaum-PS oder Schaumglas (Foam-Glas) für kaltgehende Rohrleitungen („Kälteisolierungen"). Für den gleichen Zweck werden auch geschäumte Kunststoffe (Weichschaum, Elastomere) verwendet (z. B. Handelsname „AF/Armaflex"). In jüngster Zeit wird die PUR-Variante PIR (Polyisocyanorat) verwendet, die ein günstigeres Verhalten im Brandfall zeigt [560].

Für Wärmedämmungen bei Temperaturen oberhalb der Raumtemperatur wird vor allem Mineralwolle eingesetzt, seltener Glaswolle.

Bei allen kaltgehenden Rohrleitungen (Produktleitungen, Eiswasser, Kaltwasser, Kälteträger, Kältemittel) muss die Wasserdampfdiffusion zuverlässig ausgeschaltet werden. Diese verschlechtert die Dämmeigenschaften beträchtlich und führt beim Erreichen des Taupunktes zur Kondensation bzw. Durchfeuchtung des Dämmstoffes.

Da es keine diffusionsdichten Kunststoffe gibt, müssen metallische Sperrschichten (eine sogenannte „Dampfbremse") als Abschluss der Dämmschicht verwendet werden.

Die Wasserdampfsperre wird im Allgemeinen mit dem mechanischen Schutz der Dämmung kombiniert. Der mechanische Schutz dient in der Regel auch dem Witterungsschutz.

Verwendet werden vor allem Aluminium-Blech, Stahlblech, verzinkt (teilweise mit zusätzlicher Kunststoff-Beschichtung) und Edelstahlbleche, teilweise mit strukturierter Oberfläche, um die Optik zu verbessern. Glatte oder polierte Oberflächen zeigen sehr deutlich Unrundheiten, Dellen, Kratzer usw.

Die Sicherung gegen Wasserdampfdiffusion kann auch mit Al-/PE-Verbundfolie erfolgen, die verklebt bzw. verschweißt wird und die mit einem geeigneten Hartmantel geschützt wird. Die Verwendung von Bitumenprodukten als Dampfsperre ist veraltet.

Die Dampfbremse muss also diffusionsdicht gefertigt werden (Verwendung von Dichtungsmassen oder Verschweißen der Bleche). Die Endstücken-Gestaltung muss sorgfältig erfolgen. Die geschweißte Stirnscheibe ist zu bevorzugen.

Die Halterungen bzw. Auflager der wärmegedämmten Rohrleitungen müssen so gestaltet werden, dass die Dampfbremse nicht unterbrochen wird. Günstig ist deshalb die Verwendung von Halbschalen, auf denen der Hartmantel flächig aufliegt.

Wärmegedämmte Rohrleitungen sollten so verlegt werden, dass sie bei Wartungs- und Reparaturarbeiten nicht beschädigt werden können (Ausführungen mit PUR-Hartschaum, speziell als Ortschaum verarbeitet, sind diesbezüglich etwas im Vorteil)

> Wärmedämmungen sind keine Lauf- oder Arbeitsflächen!

22.3.7 Gestaltung von Rohrausläufen

Ausblaseleitungen und Überströmleitungen von Sicherheitsventilen, Entlüftungsleitungen, Entleerungsleitungen, Spülleitungen, CIP-Ausschubleitungen usw., die ein Medium unter Druck ableiten müssen, sollten in Behälter oder Rohrleitungen münden, um das Verspritzen der Medien auf dem Fußboden zu verhindern bzw. um diese gefahrlos abzuleiten (Verbrühungsgefahr, Verätzungsgefahr). Günstig ist in jedem Fall die direkte, druckdichte Einbindung in das Abwassersystem.

Müssen diese Leitungen frei oberhalb des Fußbodens enden, sollten sie möglichst weit nach unten geführt und stabil gehalten werden. Das Rohrleitungsende sollte ein sogenannter Pralltopf sein, der den Strahl vor dem Auftreffen auf den Fußboden bricht, um das Verspritzen zu verhindern.

Auch die tangentiale Einleitung in ein Rohr größeren Durchmessers ist geeignet (Zentrifugal-Abscheider).

22.3.8 Sicherung der Rohrleitungen gegen Frost und Verstopfungen

Rohrleitungen können mit einer Begleitheizung ausgerüstet werden, um das Einfrieren zu verhindern. Die Beheizung erfolgt meistens elektrisch und von einem Thermostaten gesteuert. Die Widerstandsheizbänder werden um die Rohrleitung gewickelt und von der ohnehin vorhandenen Wärmedämmung geschützt.

Andere Heizmedien können Dampf, Kondensat und Wasser sein. Die Funktion der Begleitheizsysteme muss natürlich überwacht werden. Im Notfall kann:
- eine Leitung im Kreislauf gepumpt werden,
- ein geringer Volumenstrom eingestellt werden (ständige Umwälzung),
- die Leitung entleert werden. Bei nicht gegebener vollständiger Entleerungsmöglichkeit kann die Leitung mit Spanngas leer geblasen werden oder ein geringer Gas-Volumenstrom wird aufrecht erhalten.

Medien, die bei Unterschreitung einer bestimmten Temperatur auskristallisieren (zum Beispiel Natronlauge oder Zuckerlösungen) oder ihre Viskosität beträchtlich erhöhen, müssen entweder verdünnt werden oder sie müssen thermostatiert werden.

22.3.9 توträume in Rohrleitungen

Grundsätzlich dürfen in Rohrleitungen für Produkt, CIP, Wasser etc. der Gärungs- und Getränkeindustrie keine Toträume vorhanden sein. Für alle anderen Ver- und Entsorgungsmedien wird ebenfalls Totraumfreiheit angestrebt.

Der Idealzustand ist die fortlaufende Rohrleitung ohne Abzweige, also nur ein Strang. Ähnlich wie in der Elektrotechnik werden deshalb Rohrleitungen bei Bedarf „durchgeschleift", um tote Rohrleitungsabschnitte zu vermeiden.

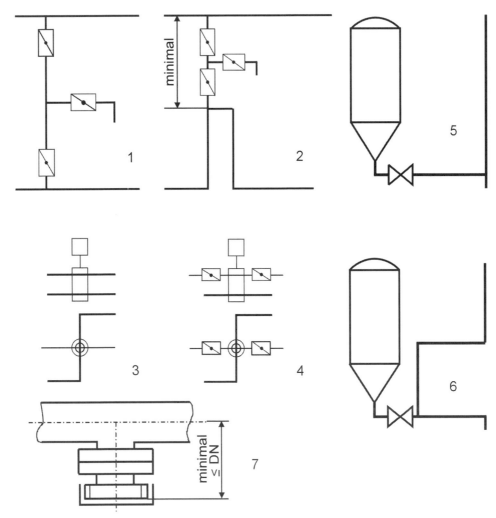

Abbildung 462 Minimierung von Toträumen in Rohrleitungen, Beispiele
1, 5 ungünstige Verlegung **2, 6** günstiger, Leitung „durchgeschleift" **3** günstige Verknüpfung mit Doppelsitzventil **4** wie Pos. 3, zusätzlich kann der obere Fließweg durch eine Armatur geschlossen werden **7** zwischen abzweigender Armatur und Rohrleitung muss der minimal mögliche Abstand angestrebt werden. Anzustreben ist, dass der maximale Abstand des Abzweig-Endes kleiner als der Rohrleitungsdurchmesser ist.

In den Fällen, die Abzweige erfordern, beispielsweise für den Anschluss eines ZKT an eine Produktleitung, wird der Abzweig mit einer Absperrarmatur abgeschlossen.

Wichtig ist es, dass die Armatur so nahe als technisch möglich an der Rohrleitung platziert wird, um den entstehenden Totraum zu minimieren (s.a. Abbildung 462).

Auch bei der Verbindung von Rohrleitungskreisläufen mit CIP-Vor- und Rücklauf sollten die Anschlussstellen so dicht als möglich an die Absperrarmatur herangerückt werden.

Abzweige werden üblicherweise horizontal zur Rohrachse angeordnet. Damit werden Produktreste und Gasblasen vermieden.

Die Rohrleitungsabzweige werden zweckmäßigerweise mit einer Blindkappe verschlossen und die Absperrklappen geöffnet. Sie werden dadurch bei der Rohrleitungsreinigung nach dem CIP-Verfahren ständig mit gereinigt.

Bei CIP muss natürlich der gesamte Rohrquerschnitt mit Flüssigkeit ausgefüllt sein, es dürfen keine Gasblasen vorhanden sein.

22.3.10 Einbau von Sensoren zur Onlinemessung von Prozessgrößen

Für die Onlinemessung der Prozessgrößen (Temperatur, Druck, pH-Wert, O_2-Gehalt, Trübung, Füllstand usw., s.a. Kapitel 17) werden Einbauarmaturen gefertigt, die die firmenspezifischen Sensoren aufnehmen und die in standardisierte, aber firmenspezifische Anschlusssysteme (Synonym: Adapter) eingesetzt werden. Damit wird der Sensorwechsel vereinfacht.

Der Prozessanschluss kann zum Beispiel wahlweise sein:
- eine Armatur für das VARINLINE®-Gehäusesystem der Fa. GEA Tuchenhagen (s.a. Abbildung 463);
- eine Armatur für das APV®-Gehäuse der Fa. APV/Invensys;
- eine Armatur mit Tri-Clamp-Anschluss 1 1/2" oder 2";
- ein Anschlusssystem BioConnect®/Biocontrol® [561];
- ein Einschweißstutzen Ø 25 mm der Fa. Ingold/Mettler Toledo.

Teilweise werden die Prozessanschlüsse so gestaltet, dass die Messsonde während des Betriebes gewechselt oder gewartet werden kann, s.a. [6].

Sensoren und moderne Anschlusssysteme werden nach den Richtlinien der EHEDG (European Hygienic Equipment Design Group) gefertigt, sie entsprechen damit auch den Forderungen des US 3-A-Standards 74-00.

Armaturen, Rohrleitungen, Pumpen

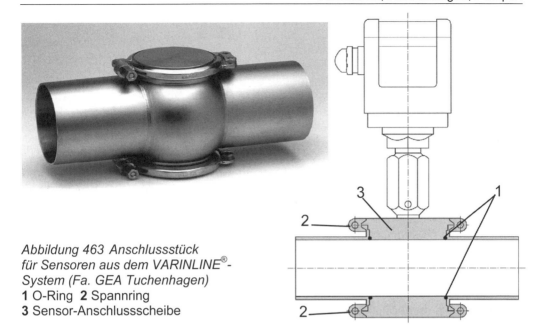

Abbildung 463 Anschlussstück für Sensoren aus dem VARINLINE®-System (Fa. GEA Tuchenhagen)
1 O-Ring 2 Spannring
3 Sensor-Anschlussscheibe

22.3.11 Hinweise zur Rohrleitungsverschaltung und zum Einsatz von Armaturen

22.3.11.1 Allgemeine Hinweise

Die Anzahl der verwendeten Armaturen sollte grundsätzlich minimiert werden, um Kosten zu sparen, Druckverluste zu reduzieren und mögliche Fehlerquellen auszuschalten, insbesondere bezüglich eventueller Kontaminationen.

Es ist zwar prinzipiell möglich, Anlagen der Gärungs- und Getränkeindustrie mit den gleichen Maßstäben bzw. Standards zu errichten, wie sie in der Steriltechnik biotechnologischer Anlagen üblich sind. Das scheidet aber im Allgemeinen aus Kostengründen aus.

In der Gärungs- und Getränkeindustrie sind folgende Basis-Varianten der Verbindungstechnik für Rohrleitungen und Apparate oder Anlagen in Gebrauch:
- die manuelle Verbindung mittels Passstück, Schwenkbogen oder Schlauch und
- die Festverrohrung.

Zwischen diesen beiden Extremen sind natürlich alle Zwischenvarianten denkbar.
Die Entscheidung für eine der beiden Varianten oder eine gemischte Variante muss unter Beachtung der folgenden Kriterien getroffen werden:
- Investitions- und Betriebskosten,
- Bedienbarkeit und Bedienungsaufwand,
- O_2-Aufnahme und
- Betriebssicherheit der Anlage.

Bei geforderter bzw. begründeter Automation der Anlage scheidet die manuelle Verbindungstechnik aus.

Die manuelle Verbindungstechnik bietet sich vor allem in den Fällen an,
- bei denen sich die Manipulations- oder Bedienungshäufigkeit gering ist und sich über längere Zeiträume erstrecken oder
- die terminlich flexibel gestaltet werden können und
- bei denen es auf geringe Installations- und Wartungskosten ankommt.

Beispielsweise bietet eine ZKT-Abteilung für die Gärung und Reifung relativ große zeitliche Spielräume für Füllung, Entleerung, CIP. Gleiches gilt für Hefepropagationsanlagen. Ebenso lassen sich Verteiler für CIP-Vor- und Rückläufe kostengünstig in Paneeltechnik erstellen.

Bedingung ist bei der manuell gestalteten Verbindungstechnik, dass die Regeln der Kontaminationsverhinderung eingehalten werden (s.u.) und dass bei Bedarf der O_2-Eintrag durch Schwenkbögen, Schläuche oder andere Verbindungselemente verhindert wird (das gilt natürlich nicht für Hefepropagationsanlagen), beispielsweise durch Spülung der Verbindungselemente mit CO_2. Diese Aussage gilt natürlich in gleicher Weise für die Festverrohrung.

22.3.11.2 Die manuelle Verbindungstechnik mittels Passstück oder Schwenkbogen

Die manuelle Verbindungstechnik und die manuelle Schaltung der Armaturen/Fließwege setzt eine qualifizierte, sorgfältige Arbeitsweise des Bedienungspersonals voraus. Die Anforderungen an das Personal für eine kontaminationsarme oder -freie Arbeitsweise sind erheblich, aber beherrschbar.

Große Aufmerksamkeit erfordert der Oberflächenzustand der zu verbindenden Elemente. Diese müssen kontaminationsfrei sein. Deshalb müssen sie:
- vor jedem Gebrauch gespült und dekontaminiert werden,
- nach jedem Gebrauch gespült und dekontaminiert werden oder
- sie werden in die CIP-Reinigung/Desinfektion lückenlos einbezogen und
- es muss der kontaminationsfreie Zustand aufrecht erhalten werden, beispielsweise durch aufgeschraubte Blindkappen, Aufbewahrung unter Desinfektionslösung bzw. Einsprühen/Einpinseln mit dieser.

Absperrklappen an Rohrleitungsabzweigen einer Rohrleitung werden zweckmäßigerweise mit einer Blindkappe verschlossen und verbleiben in geöffneter Stellung. Bei CIP-Prozeduren werden dadurch auch die Abzweige mit erfasst (s.o.).

Die Sicherung der Anlage gegen Fehlbedienung kann durch Sensoren an den Absperrarmaturen und den Verbindungselementen erfolgen, die eine bestimmte Stellung der Armaturen oder Verbindungselemente erfassen und deren Signale von einer Steuerung ausgewertet werden können. Diese kann auch die jeweils geschalteten Fließwege auf einem Display visualisieren.

Rohrverschraubungen und Clamp-Verbindungen können keine Achs- und Winkelabweichungen ausgleichen. Die zu verbindenden Teile müssen deshalb absolut parallel zueinander passen.

Für Schwenkbögen in Form des 180°-Bogens trifft diese Aussage auch vollinhaltlich zu. Schwenkbögen mit einem oder mehreren zusätzlichen Gelenken (Verschraubungen) können Achs- und Winkelabweichungen sowie Längenänderungen kompensieren.

Soll mit starren Schwenkbögen gearbeitet werden, müssen die zu verbindenden Rohrenden parallel zueinander und im definierten Abstand fixiert werden, beispielsweise mittels eines Blechpaneels. Zum Verschweißen sind Lehren zu verwenden, die Einflüsse von Schweißspannungen müssen kompensiert werden, ggf. muss nach dem Schweißen gerichtet werden.

Die Paneeltechnik mittels Schwenkbogenverbindung ist nur manuell bedienbar. Vorteilhaft sind aber:
- die geringen Kosten und
- die große Betriebssicherheit bzw. Eindeutigkeit der Verbindung, s.a. die Ausführung mit Stellungssensor nach Abbildung 464.

Nachteilig ist der erforderliche qualifizierte Bedienungsaufwand, vor allem, wenn sauerstofffrei gearbeitet werden muss.

Wenn an einer Rohrleitung mehrere Anschlussstellen geschaffen werden müssen, gibt es für die Paneeltechnik zwei Varianten, die sich in ihrem Armaturenaufwand unterscheiden, siehe Abbildung 464 (anzustreben ist Variante a).

Absperrarmaturen (Abbildung 464b) an den Rohrenden am Paneel sind nicht in jedem Fall notwendig.

Die Schwenkbögen bzw. Schwenkbögen mit Gelenk können in ihrer Nennweite kleiner als die Rohrleitung ausgeführt werden, um die Handlichkeit zu verbessern. Die aus der kleineren Nennweite resultierenden Druckverluste können im Allgemeinen vernachlässigt werden.

22.3.11.3 Schlauchverbindung

Die Schlauchverbindung ist die ursprüngliche Verbindungstechnik im Kellereibereich. Sie ermöglicht auf sehr einfache Weise die Verbindung zwischen Rohrleitungen und dem Behälterauslauf. Es gelten im Prinzip die gleichen Vorteile wie beim Passstück bzw. Schwenkbogen. Die Flexibilität ist sehr groß, weil der Schlauch „immer passt".

Die Nachteile sind vor allem:
- Es wird Personal mit Überblick benötigt;
- Fehlschaltungen sind leicht möglich, es besteht damit ein Produktionsrisiko;
- Sauerstofffrei kann nur mit großem Aufwand gearbeitet werden;
- Hygienische Probleme.

Schlauchverbindungen werden insbesondere in kleineren Brauereien genutzt. Die Nennweiten bis zu DN 65 sind noch relativ einfach zu handhaben. Größere Nennweiten erfordern zum Teil schon viel Kraft. Beim Befüllen/Entleeren von Tankwagen kann auf Schläuche kaum verzichtet werden.

Der Schlaucheinsatz erfordert einen relativ großen Reinigungsaufwand: außen und innen. Die Innenreinigung erfolgt heiß nach dem CIP-Verfahren, außen muss von Hand gereinigt werden. Die Reinigungschemikalien greifen den Schlauchwerkstoff an, Schläuche müssen deshalb prophylaktisch erneuert werden.

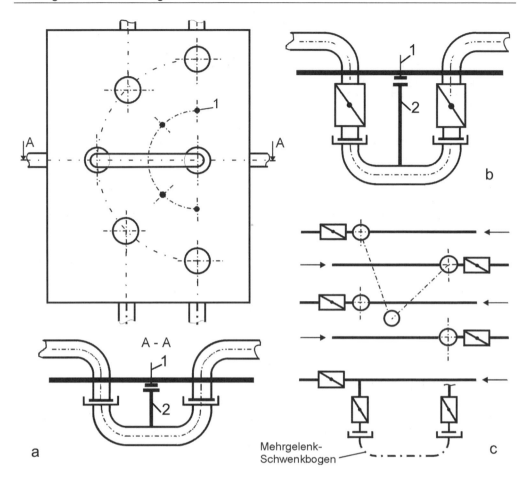

Abbildung 464 Rohrleitungsabzweige und Paneeltechnik in Varianten, schematisch
a Auftrennung der Rohrleitung ohne Armaturen   **b** Auftrennung der Rohrleitung mit Armaturen   **c** Abzweig von einer Rohrleitung mit Armaturen;
1 Sensor für Stellungsmeldung des Schwenkbogens
2 Sensorbetätigung des Schwenkbogens

Schlauchwerkstoffe

Es werden sogenannte Gummischläuche in Lebensmittelqualität eingesetzt. Diese sind bei entsprechender Wanddicke auch nahezu Vakuum fest. Schläuche können mit Gewebe bzw. Draht verstärkt werden. Zum Teil werden Schläuche mit PE ausgekleidet. Alternativ zum Gummischlauch sind Metallschläuche (Wellrohrschlauch aus Edelstahl) verfügbar, die außen mit einem Metallgewebe und einer „Drahtspirale" geschützt werden. Nachteil der Metallschläuche: hoher Preis und relativ große erforderliche Radien.

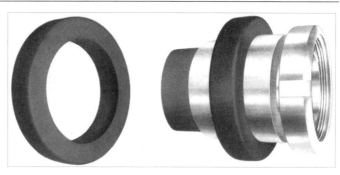

Abbildung 465 Gummi-Schutzring

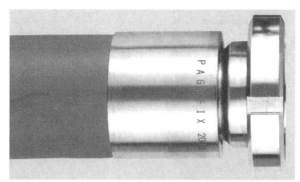

*Abbildung 466 Schlauch-Pressarmatur (nach Paguag-Schlauchtechnik)
Rechts ist eine Pressarmatur im Schnitt dargestellt.*

Abbildung 467 Schlauchleitungen mit Klemmfassung (l.c. [562])

Schlaucharmaturen

Schläuche werden beidseitig mit Verschraubungsteilen (Gewindetülle, Konusstutzen/ Mutter) ausgerüstet. Für die Montage gibt es spezielle Vorrichtungen.

Die Schläuche werden entweder „verpresst" (Abbildung 466) oder mit Klemmschelle (Abbildung 467) auf den Schlauchtüllen befestigt. Problemzone bleibt immer der Spalt beim Übergang vom Schlauch auf die Tülle (vor allem deshalb muss heiß gereinigt werden).

Zur Schonung der Verschraubungsteile sollte stets ein Gummi-Schutzring genutzt werden (Abbildung 465).

Schlauchbefestigungen mittels Schlauchschelle, Spannband, Schlauchbinder oder ähnlichen Hilfsmitteln sind an Schläuchen mit Gefährdungspotenzial nicht zulässig.

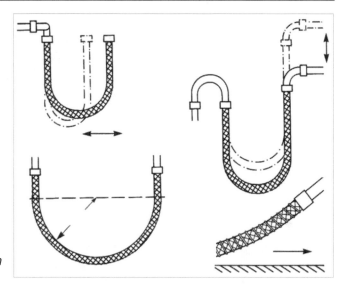

Abbildung 468 Schlauch-Anwendung, "gute" Lösungen

Abbildung 469 Schlauchanschluss mittel eines 45°-Bogens (l. c. [562])

Hinweise zum Umgang mit Schläuchen
Schläuche dürfen nicht geknickt werden. Schläuche sollten nach Möglichkeit senkrecht hängen. Dazu müssen sie mittels eines Bogenstückes (45°- oder 90°-Bogen) angeschlossen werden, s.a. Abbildung 469. Bespiele für den schlauchgerechten Umgang mit Schläuchen zeigt Abbildung 468.

Frei auskragende Rohrstutzen sind zu vermeiden, da das Biegemoment dann durch die Schlauchmasse sehr groß wird (Abbildung 470).

Schläuche sollen übersichtlich genutzt und aufbewahrt werden, Stolperstellen sind zu vermeiden, ggf. sind Schlauchbrücken zu nutzen. Schläuche sollten nicht länger als notwendig sein.

Abbildung 470 Schlauchanschluss, Negativbeispiel (l. c. [562])
Die Belastung der Edelstahlarmaturen durch die Schlauchmasse ist relativ groß. Nach der Absperrklappe bzw. vor dem Schauglas müsste ein 45°- oder 90°-Bogen folgen.

22.3.11.4 Die Festverrohrung
Bei der Festverrohrung einer Anlage werden alle benötigten Fließwege realisiert. Die Aktivierung der Fließwege wird durch Armaturen vorgenommen, die manuell oder fernbetätigt geschaltet werden. Auch in diesem Falle werden die Stellungsmeldungen der Armaturen von einer Steuerung ausgewertet. Bei Fehlern werden diese signalisiert und die Anlage schaltet selbsttätig in einen definierten, festgelegten Zustand.

Festverrohrte Leitungssysteme bieten eine relativ große Sicherheit für den eindeutigen, transparenten und dokumentierten Betriebsablauf. Fehlschaltungen lassen sich bei gegebenem Sensor- und Steuerungsaufwand vermeiden.

Voraussetzungen für einen kompromisslosen Betriebsablauf sind dabei unter anderem:
- ein optimales Anlagen- und Rohrleitungs-Design,
- die Fließweg-Gestaltung ohne tote Zonen,
- die Verhinderung unbeabsichtigter Medienvermischung,
- funktionstüchtige, gewartete Armaturen und Rohrleitungsverbindungen, funktionsfähige Dichtungen,
- die Sicherung der freien Ausdehnung infolge Temperatur bedingter Längenänderungen,
- die automatische Leckageüberwachung der Armaturen,
- sachgerechte Ausführung der Rohrleitungs- und Armatureninstallation,
- regelmäßige CIP-Prozeduren,
- erprobte, betriebssichere Verfahrensabläufe sowie reproduzierbare Verfahrensparameter für alle Produktions- und Reinigungsphasen,
- ein funktionsfähiges Qualitätssicherungssystem.

Die Festverrohrung ist bei automatisierten Anlagen eine Notwendigkeit und sollte immer dann angestrebt werden, wenn:
- eine große Sicherheit gegenüber Kontaminationen gefordert wird,
- eine große Sicherheit gegen Fehlbedienungen notwendig ist und wenn
- die Bedienungshäufigkeit groß ist.

22.4 Rohrleitungszubehör

Hierzu zählen vor allem:
- Rohrleitungshalterungen (s.a. Kapitel 22.3.2);
- Dehnungsausgleicher (s.a. Kapitel 22.3.2);
- Anschlussstücke für Sensoren (s.a. Kapitel 22.3.10)
- Schaugläser;
- Sonstiges Zubehör.

Schaugläser

Für Rohrleitungen können Schaugläser eingesetzt werden. Ziel ist die Beobachtung des strömenden Mediums. In vielen Fällen ist die Beobachtung durch Sensoren abgelöst worden, z. B. für das Erkennen von Farbunterschieden, Trübungen, zur Medientrennung oder zur Erfassung des Strömungszustandes. Schaugläser werden je nach Anforderung an die Druckbeständigkeit eingesetzt als:
- Schauglas in Zylinderform;
- Schauglas mit zwei parallelen Scheiben („Bullaugen").

Die zylindrischen Schaugläser müssen mit einem Splitterschutz ausgerüstet werden, der Nenndruck (PN) ist von der Nennweite (DN) abhängig. Bei höheren Drücken müssen Schaugläser mit parallelen Scheiben genutzt werden. In der Regel sind Schaugläser bis PN 10 einsetzbar, in besonderer Ausführung auch höher.

Schaugläser werden auch im VARINLINE®-System von GEA Tuchenhagen gefertigt. Zubehör des Schauglases kann eine Beleuchtungseinrichtung sein.

Rückschlagarmaturen

Diese Armaturen werden in den Bauformen Rückschlagklappe und Rückschlagventil gefertigt. Sie können Schwerkraft betätigt, federbelastet oder strömungsdynamisch schließend sein.
Sie können anlüftbar sein, um CIP-Prozesse zu ermöglichen.

Entlüftungslaternen

Entlüftungslaternen dienen der Gasabtrennung aus Flüssigkeiten. Sie können in der Bauform wie Schaugläser ausgeführt werden, die Entlüftung kann Sensor oder Schwimmer gesteuert erfolgen. Bei CIP-Prozessen müssen alle Fließwege erfasst werden.

Blindkappen

Armaturen- oder Rohrleitungsabzweige sollten grundsätzlich durch Blindkappen verschlossen werden. Die Ausführung kann als massive Blindmutter oder als Blechformteil in Verbindung mit einer Nut- oder Kronenmutter oder Spannring erfolgen. Blindkappen gehören bei Nichtgebrauch in eine Desinfektionslösung.

Beschriftungselemente/Kennzeichnung
Rohrleitungen sollten nach ihrem Durchflussmedium eindeutig gekennzeichnet werden.
Geeignet dazu sind beispielsweise Schilder oder Klebebänder. Bei der Kennzeichnung sind die bestehenden Normen zu beachten, zum Beispiel:

DIN 2403   Kennzeichnung von Rohrleitungen nach dem Durchflussstoff
DIN 2405   Rohrleitungen in Kälteanlagen, Kennzeichnung

22.5 Probeentnahmearmaturen

Probeentnahmearmaturen an der richtigen Stelle sind für die Belange der Qualitätssicherung in der Gärungs- und Getränkeindustrie unverzichtbar (s.a. [114]).

Die eingesetzten Armaturen müssen die Entnahme einer repräsentativen, unverfälschten Probemenge ermöglichen und dürfen nicht selbst zur Kontaminationsquelle werden.

In vielen Fällen muss die schaumfreie Probeentnahme auch bei CO_2-haltigen Medien möglich sein.

Die Anforderungen an eine Probeentnahmearmatur sind:
- die Entnahme der Probe unter aseptischen Bedingungen muss gewährleistet sein,
- in der Armatur dürfen keine Produktreste zurückbleiben; sie sollte spülbar sein,
- die manuelle oder automatische Reinigung/Desinfektion/Sterilisation der Armatur vor und nach der Probeentnahme muss möglich sein,
- die Armatur sollte CIP-fähig sein; manuell betätigte Armaturen laufen mit geringem Durchsatz während des CIP-Programmes stetig und sollten in Intervallen geöffnet und gedrosselt werden, Armaturen mit Stellantrieb werden getaktet betätigt.

Probeentnahmearmaturen sind in der Regel sowohl für manuelle Bestätigung als auch für die pneumatische Betätigung ausrüstbar. Weitere Hinweise siehe [563].

Automatische Probenehmer erfüllen im Allgemeinen die o.g. Forderungen, die Probe wird in einem sterilen Gefäß gesammelt. Damit lassen sich Durchschnittsproben über einen vorbestimmten Zeitraum relativ einfach gewinnen.

Die Probenehmer werden nach dem CIP-Verfahren gereinigt bzw. nach dem SIP-Verfahren sterilisiert. Die Sterilisation ist durch geeignete Messgrößen zu kontrollieren, beispielsweise durch die Kontrolle des Temperatur-Zeit-Verlaufes.

Bei erhöhten Anforderungen bezüglich kontaminationsfreien Arbeitens müssen Sterilarmaturen mit Faltenbalgdichtung benutzt werden.

Manuell betätigte Armaturen müssen spülbar sein und sollten über zwei verschließbare Anschlüsse verfügen (Gewindestutzen, Schlauchtülle, Stopfen). Nach der Probeentnahme wird gespült und mit einem Desinfektionsmittel aufgefüllt (Peressigsäure-Lösung, Ethanol-Lösung etc.) und/oder mit mobilem Dampfgenerator gedämpft (s.u.).

Die Voraussetzungen für die Spülung nach der Probeentnahme müssen gegeben sein, zum Beispiel müssen Wasseranschlüsse in einer geeigneten Nennweite und keimfreies Wasser verfügbar sein.

Dynamische Dichtungen (O-Ringe, Buchsen) der Ventilstange sind ungünstig, anzustreben sind „Sterilarmaturen" mit spaltfreier Faltenbalg-Dichtung aus Metall oder PTFE.
Die in der Vergangenheit vielfach eingesetzten Probeentnahme-Kükenhähnchen sind aus mikrobiologischer Sicht grundsätzlich *ungeeignet*.

Armaturen mit nur einem Ausgang
Armaturen mit nur einem Auslauf können nach der CIP-Prozedur und der ersten Probeentnahme nur gefüllt stehen bleiben. Der Auslauf wird nach dem Abspülen in einen mit Desinfektionslösung gefüllten Container gesteckt, so dass Kontaminationen ausgeschlossen werden können.

Dafür geeignet sind auch Druckkompensationswendeln. Diese Variante der Probeentnahmearmatur-Nutzung ist zwar ein Kompromiss, aber bei funktionsgerechter Handhabung brauchbar.

Alternativ besteht oft die Möglichkeit der Spülung und Desinfektion, das setzt aber eine qualifizierte, zum Teil unkonventionelle Arbeitsweise und die Bereitschaft zur gewissenhaften Arbeit voraus.

Armaturen mit zwei Ausgängen
Manuell betätigte Armaturen sollten grundsätzlich spülbar sein und sollten deshalb über zwei verschließbare Anschlüsse verfügen (Gewindestutzen, Schlauchtülle, Stopfen). Nach der Probeentnahme wird gespült und mit einem Desinfektionsmittel aufgefüllt (Peressigsäure-Lösung, Ethanol-Lösung etc.). Günstig ist auch das Dämpfen mit einem mobilen Dampfgenerator (s.a. Abbildung 472a).

Gestaltung von Probeentnahmearmaturen
Probeentnahmearmaturen können konstruktiv gestaltet werden als:
- Membranventile;
- Nadelventile;
- Einfache Ventile;
- Probehahn.

Die Nennweite der Probeentnahmearmaturen liegt im Bereich von DN 4 bis etwa DN 10. Größere Nennweiten (DN ≤ 25) werden nur in Ausnahmefällen genutzt, beispielsweise bei ZKT, sind aber nicht zweckmäßig (Produktverlust bei der Probenahme).

Membranventile
Unter diesem Begriff werden verschiedene Bauformen zusammengefasst:
- Ventile mit einer flachen Membranplatte, die linear linienförmig abdichtet;
- Ventile mit einem Faltenbalg, der kreislinienförmig den Durchgang abschließt;
- Ventile mit einer Dichtung, die verformt wird und die kreislinienförmig abdichtet.

Membranventile besitzen keine dynamischen, produktberührten Dichtelemente. Sie sind deshalb prinzipiell auch für Sterilprozesse einsetzbar, soweit ihre Ausführung einschlägig geprüft wurde und den Regeln der EHEDG entspricht [564], [565].
Beispiele für Probeentnahmeventile zeigt Abbildung 471.

Für verschiedene Anwendungen wurden automatisierete Probenahemsysteme entwickelt. Beispiele sind das Probenahmesystem von GEA Brewery Systems (Abbildung 473) und das System von Pentair-Südmo (s.a. Abbildung 474 bis Abbildung 477).

Dekontamination der Probeentnahmearmaturen
Das übliche Flambieren der Probeentnahmearmatur zur Vorbereitung der Probeentnahme kann nur den Oberflächenzustand bezüglich des Kontaminantenbesatzes etwas verbessern. Ein thermischer Effekt ist bei produktbelegten Armaturen/Rohrleitungen aufgrund der Wärmeleitung illusorisch. Bei Kükenhähnen wird außerdem das Schmiermittel beseitigt!
Moderne Probeentnahmearmaturen verfügen über zwei Anschlüsse und lassen sich mittels eines mobilen Dampfgenerators dämpfen. Wenn der Dampf über ein Überströmventil abgeleitet wird, kann bei höheren Temperaturen sterilisiert werden ($p_ü$ = 1 bar $\hat{=}$ 121 °C), s.a. Abbildung 472. Beim Dämpfen muss die Zeitabhängigkeit des Sterilisationseffektes beachtet werden, die Dämpfzeiten und die zu erreichenden Temperaturen müssen vorgegeben und überwacht werden. Bei so genannten aseptischen Probenahmesystemen wird auch der Probenahmeschlauch (Silicongummi) einschließlich des sterilen Probenahmebehälteranschlusses mit gedämpft (Abbildung 472). Mit diesem System wird eine größtmögliche Sicherheit für unverfälschte Proben geboten.
Prophylaktisch sollten die Fließwege durch chemische Dekontamination von Kontaminanten freigehalten werden. Die Probeentnahme-Utensilien sind in Desinfektionsmittellösung aufzubewahren. Diese Verfahrensweise ist auch bei Nutzung der Dampfsterilisation zusätzlich zu empfehlen. Der Auslauf sollte bereits vor der Sterilisation mit einer Druckkompensationswendel verbunden werden (s.o.).

Mikrobiologische Probenahme
Wenn nur kleine, sterile Probemengen benötigt werden, z. B. für mikrobiologische Kontrollen, können diese relativ einfach mit einer „Injektionsspritze" mit Kanüle gezogen werden. Mit der Kanüle wird ein Silicongummistopfen durchstochen, der sich nach dem Herausziehen der Kanüle wieder schließt.
Die Silicongummistopfen sind mehrfach durchstechbar und sind mechanisch vorgespannt.
Bei Einsatz von Einwegkanülen und -spritzen wird eine relativ große biologische Sicherheit erzielt. Um Kontaminationen von außen durch Schmier- und Hafteffekte der Kanüle zu verhindern, müssen die Silicongummistopfen äußerlich dekontaminiert werden.
Die Regeln der sterilen Probeentnahme müssen beachtet werden.

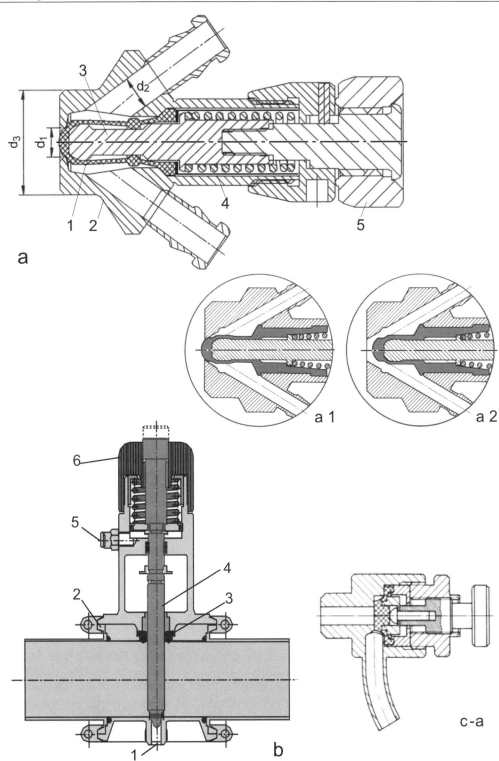

Abbildung 471 Probeentnahmearmaturen, Beispiele, siehe auch folgende Seite

Armaturen, Rohrleitungen, Pumpen

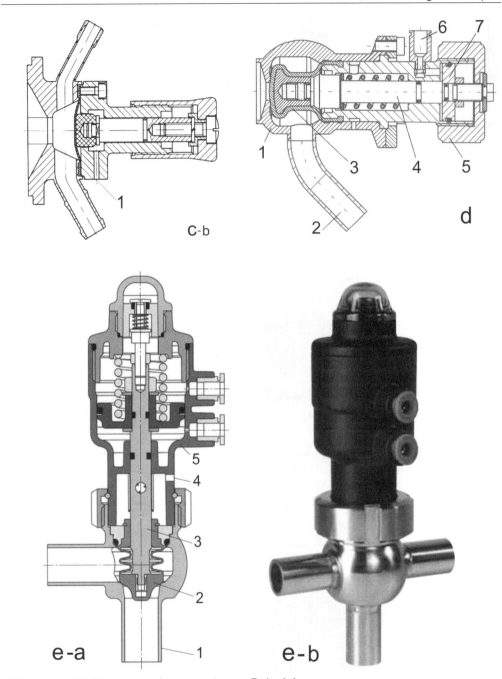

Abbildung 471 Probeentnahmearmaturen, Beispiele
a Probenahmearmatur, Fa. KEOFITT (DK) (d_1 = 5 oder 8 mm, d_2 = 4 oder 9 mm, d_3 = 25 mm; der Ventilkörper ist zum Einschweißen vorgesehen, andere Anschlussvarianten sind möglich).
a 1 Einzelheit Pos. 1 geschlossen (Spülung oder Desinfektion)   **a 2** Einzelheit Pos. 1 geöffnet (Probeentnahme)   **1** Dichtelement (Membran)   **2** Ventilkörper   **3** Ventilstößel   **4** Hülse zum Fixieren der Membran   **5** Handrad

Klärung und Stabilisierung des Bieres

Noch Legende zu Abbildung 471
b *Probeentnahmearmatur, Beispiel VARIVENT®-Probeentnahmesystem, gefertigt für Rohre DN 10...125 (Fa. GEA TUCHENHAGEN)*
Die Armaturen sind für Hand- und pneumatische Betätigung ausgerüstet;
1 Probenauslauf **2** VARINLINE®-Gehäuse **3** Dichtung **4** Ventilstange mit Dichtelement **5** Druckluftanschluss **6** Handrad

c *Membranventile mit verformbaren Dichtelementen und Handbetätigung (nach Fa. Guth)*
a einfache Armatur in DN 6   **b** Armatur mit Spülmöglichkeit in DN 10
1 Leckageanzeige für Membranschaden

d *Probenahme(membran)ventil, Fa. Nocado*
   1 Armaturengehäuse zum Einschweißen **2** Probe **3** Silikonmembran **4** Ventilstange
   5 Handbetätigung (mit Gewinde) **6** Druckluftanschluss für pneumat. Betätigung
   7 Kolben

e *Sterilventil VESTA® in DN 10 bis 25 (nach GEA Tuchenhagen)*
a PTFE-Faltenbalg **b** Ausführung mit 3 Stutzen
1 Ventilgehäuse **2** PTFE-Faltenbalg-Dichtelement **3** Ventilstange **4** Kontrollbohrung für eventuelle Membrandefekte **5** pneumatischer Antriebskopf

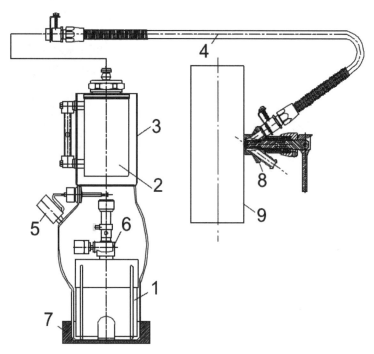

Abbildung 472a Dampfgenerator (nach KEOFITT / DK)
1 Gasbehälter („Kartusche") **2** Wasserkessel mit Standanzeige **3** Gehäuse
4 Dampfschlauch (Teflon) **5** Piezo-Zünder **6** Gasbrenner **7** Fuß **8** Probeentnahmearmatur **9** Rohrleitung oder Behälter

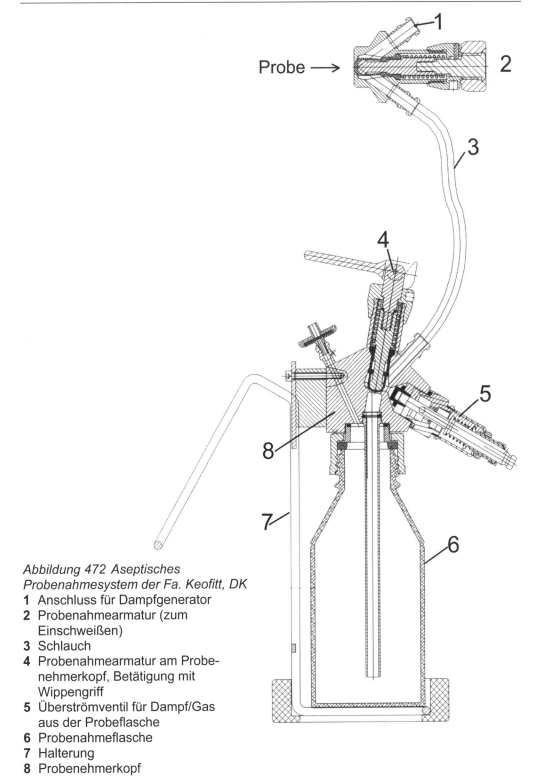

Abbildung 472 Aseptisches Probenahmesystem der Fa. Keofitt, DK
1 Anschluss für Dampfgenerator
2 Probenahmearmatur (zum Einschweißen)
3 Schlauch
4 Probenahmearmatur am Probenehmerkopf, Betätigung mit Wippengriff
5 Überströmventil für Dampf/Gas aus der Probeflasche
6 Probenahmeflasche
7 Halterung
8 Probenehmerkopf

Klärung und Stabilisierung des Bieres

Probeentnahmesystem nach GEA Brewery Systems

In Abbildung 473 wird ein automatisiertes Probenahmesystem gezeigt, bei dem aus einem Behälter (z. B. einem Drucktank) eine Probe entnommen werden kann. Das gesamte System in DN 10 kann einem CIP-Prozess unterworfen werden.

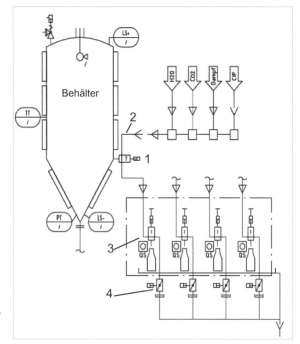

Abbildung 473 Probenahmesystem für Behälter (nach GEA Brewery Systems)
1 Probenahmeventil am Behälter
2 CIP-Anschluss **3** Probeausgabe-Ventil **4** Ablauf in den Kanal

Das Probenahmeprogramm läuft wie folgt ab [566]:
- Ausschub Wasser mit CO_2;
- Sterilisation der Probenahmeleitung mit Dampf;
- Bier vorschießen lassen;
- Probenahme manuell vor Ort. Die Probeentnahme ist erst nach einer Bereitschaftsmeldung möglich;
- Fertigmeldung der Probenahme;
- Ausschub Bier mit Wasser;
- Wasserspülung der Leitung.

Automatisiertes Probeentnahmesystem nach Pentair-Südmo

Von *Pentair-Südmo* wurden die automatisierten Probenentnahmesysteme *ContiPro* bzw. *AsepticPro* entwickelt [567]. Bei diesen Systemen wird die Reinigung/Sterilisation und die Entnahme der Probe von einer SPS gesteuert vorgenommen. Dabei wird der Füllstand in der Probenahmeflasche, der Temperaturverlauf und die Anwesenheit der Probenahmeflasche überwacht.

Die Temperaturerfassung erfolgt auch während des Abkühlens, da dadurch sichergestellt werden kann, dass die gezogene Probe nicht während der Beprobung sterilisiert wird und dadurch ein „falsch-negatives" Ergebnis liefert. Die Freigabe erfolgt erst nach Unterschreiten einer eingestellten Temperatur.

Das System wird als anschlussfertige Baueinheit geliefert und kann in Rohrleitungen und bei Bedarf an Behältern installiert werden (Abbildung 476 und Abbildung 477).

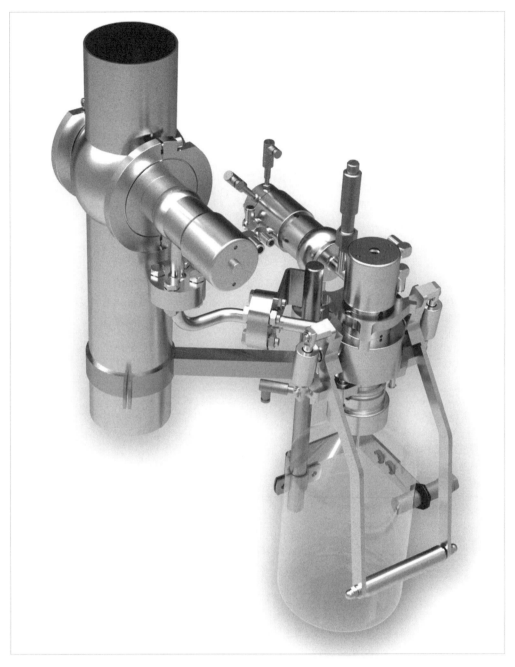

Abbildung 474 Probenahmestation ContiPro zur Entnahme der Probe mit aseptischem Ventileinsatz, Arretierung und mechanischer Sicherung der Flasche (Foto Pentair-Südmo)

Klärung und Stabilisierung des Bieres

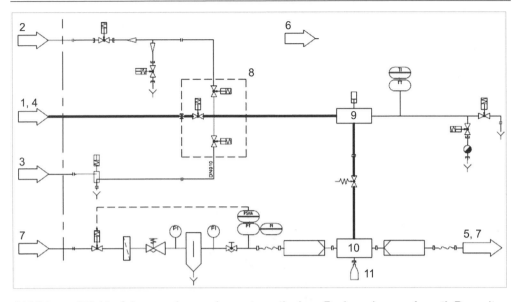

Abbildung 475 Verfahrensschema des automatischen Probenehmers AsepticPro mit CO_2-Überlagerung (nach Pentair-Südmo)
1 Produkt **2** Sattdampf **3** Spülwasser **4** CIP-Vorlauf **5** Luft **6** Steuerluft **7** CO_2
8 Multifunktionsblock **9** Aufnahmevorrichtung **10** Probenahmeflaschenverschluss
11 Probenahmeflasche

Abbildung 476
Das Probenahmesystem ContiPro
(Foto Pentair-Südmo)

Das System zeichnet sich u.a. durch folgende Parameter aus (nach [567]):
- Nennweite: DN 10;
- Anschluss: 2 Schweißenden nach DIN 11850 in DN 40…150;
- Systemdruck $p_{ü}$ ≤ 10 bar;
- Einbaulage: Vertikal und horizontal;
- Einsatz von aseptischen Probenahme-/Eckventilen;
- Werkstoff: 1.4404 (AISI 316L);
- Oberflächen: gebürstet (R_a < 0,8μm);
- Dichtungswerkstoffe sind FDA konform;
- Die Probenahme ist unter Inertgasatmosphäre möglich (z. B. CO_2);
- Es sind Einzelproben und Sammelproben möglich;
- Die Vorrichtung ist vollständig CIP-/SIP-fähig; die Ausführung erfolgt nach den Regeln des Hygienic Design;
- Das Probenahmesystem wird von einer SPS (Siemens S7) gesteuert. Bis zu 5 Rezepte sind hinterlegbar.

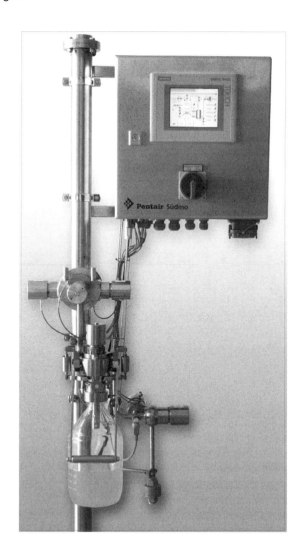

Abbildung 477
Das Probenahmesystem
AsepticPro
(Foto Pentair-Südmo)

Die Probenahmeflasche (V = 0,5 bis 2 Liter) wird zusammen mit dem Flaschenventil autoklaviert. Es werden Standardlaborflaschen mit GL45-Gewinde eingesetzt (Kunststoff oder Glas).

Die Probenahme läuft in folgenden Schritten ab (s.a. das Verfahrensschema in Abbildung 475):
- Autoklavieren der hermetisch abgeschlossenen Probenahmeflasche;
- Einsetzen der Flasche in das Probenahmesystem;
- SIP (je nach System über die Produktleitung oder externe Dampfquelle);
- Probenahme;
- Entnahme der Probeflasche;
- CIP (erfolgt über die Produktleitung und kann erst nach dem Einsetzen eines Reinigungsdummys gestartet werden).

22.6 Hinweise zum Einsatz und zur Gestaltung von MSR-Stellen und von automatischen Steuerungen

22.6.1 Allgemeine Hinweise

Zur Einführung in die Problematik Messtechnik und technische Messgrößen in der Gärungs- und Getränkeindustrie wird auf Kapitel 17 und [6] verwiesen.

Die Auswahl des für die spezielle Messaufgabe optimalen Messgerätes oder Messverfahrens muss sehr sorgfältig erfolgen und immer gesamtbetrieblich gesehen werden.

Obwohl die Anschlussmaße der Messaufnehmer weitestgehend genormt oder standardisiert sind, ist es immer sinnvoll, bereits in der Planungsphase einer Anlage auf eine weitestgehende innerbetriebliche Standardisierung bezüglich der Anschlussmaße, der Messbereiche, der verwendeten Messprinzipien und der Hersteller zu achten, um die Wartung und Instandhaltung zu vereinfachen und um Kosten zu senken.

Generell gilt für alle technischen Messungen: „so genau wie nötig" und „so oft wie nötig", um den Gesamtaufwand so gering als möglich zu halten.

Bei jeder Planung sollte die Notwendigkeit und Aussagefähigkeit jeder Messstelle sorgfältig geprüft werden. In zahlreichen Fällen werden Messergebnisse nur bei der Inbetriebnahme einer Anlage oder für die Justierung von Anlagenelementen benötigt.

22.6.2 Anforderungen an die Messunsicherheit der verwendeten Messtechnik

Die Anforderungen an die Messtechnik sind bezüglich der Messunsicherheit sehr differenziert zu sehen. Eine Einteilung ist zum Beispiel möglich in:
- allgemeine Betriebsmessgeräte,
- die die Produktqualität direkt beeinflussenden Messgeräte oder Messeinrichtungen,
- die betriebswirtschaftlich relevanten Messgeräte und
- die Labormessgeräte und -einrichtungen.

Die *Betriebsmessgeräte* sollen allgemeine Prozessdaten anzeigen. Dabei soll in vielen Fällen nur die „Normalität" der Maschinen- oder Anlagenfunktion angezeigt werden. Die Messwerte sollen sich innerhalb von vereinbarten Bereichsgrenzen befinden. Von sicherheits- oder produktionsrelevanten Messgrößen sollen nicht tolerierbare Abweichungen signalisiert werden oder es werden selbsttätige Eingriffe vorgenommen. Dafür genügen Betriebsmessgeräte mit relativen Fehlergrenzen von 1 bis 2 %.

Es wird immer nur *so genau wie nötig* gemessen, da zwischen der Fehlergrenze eines Messgerätes und seinem Preis meist ein umgekehrt proportionaler Zusammenhang besteht. Auch sind Messgeräte mit größeren Fehlergrenzen oftmals robuster und deshalb weniger störanfällig.

Zu dieser Gruppe gehören die Maschinenthermometer, Manometer, Strömungswächter, Messgeräte für Füllstand und Durchfluss, Leitfähigkeit usw.

Messaufnehmer sind Teile von Messeinrichtungen und stellen im Allgemeinen die Signale für Steuer- oder Regelanlagen bereit. Je größer die Anforderungen an die Genauigkeit der Steuerungen oder Regelungen sind, desto mehr Aufwand muss bei der Messwertermittlung getrieben werden. Bei modernen Messaufnehmern wird das Messsignal meist digital verarbeitet und mögliche unerwünschte Einflüsse werden umfassend kompensiert, sodass die Messgenauigkeit und die Langzeitstabilität der Geräte hinreichend befriedigt wird. Waren in der Vergangenheit die Messsignal-

Aufnehmer das schwächste Glied der Kette, so sind es gegenwärtig meist die Stellorgane.

Qualitätsrelevante Messgeräte oder Messeinrichtungen müssen erhöhte Anforderungen an das Messergebnis und die Messunsicherheit erfüllen. Beispiele sind die Temperatur-Messung der Maische und des Anschwänzwassers (die Malzenzyme haben sehr eng tolerierte Temperatur-Optima und -Maxima, deren Überschreitung sehr schnell zur Inaktivierung führt), die exakte Einhaltung der Pasteurisationstemperatur und -Zeit, die Messung des Spundungsdruckes (in Abhängigkeit von der Temperatur wird dadurch der CO_2-Gehalt des Bieres festgelegt), die Messung des O_2- und des CO_2-Gehaltes des Bieres, die Bieranalyse (Stammwürzebestimmung, Bestimmung des Alkoholgehaltes) oder die Malzanalyse.

Betriebswirtschaftlich relevante Messungen müssen mit möglichst geringen Messunsicherheiten vorgenommen werden, um die Betriebskosten exakt erfassen und auswerten zu können. Dazu zählen vor allem Messgeräte oder Messeinrichtungen für die Erfassung des Energie- und Wasserverbrauches und des Roh- und Hilfsstoffverbrauches.

Wo es möglich ist, sollte die Wägung zum Einsatz kommen, denn die Masseermittlung ergibt nur kleine Messunsicherheiten. Die Wägung eignet sich bei bekannter Dichte auch sehr gut zur Kalibrierung von Volumen-Messgeräten.

Durch Kontrollmessungen und -berechnungen sollten die Funktionsfähigkeit der Messeinrichtung oder des Messgerätes und die Verbrauchswerte/Messwerte ständig auf ihre Aussagefähigkeit geprüft werden (z. B. durch Vergleich der Lieferscheinangaben mit den tatsächlichen Liefermengen und Qualitätsparametern oder Vergleich der Einzel-/Teilmengen-Messungen mit der Gesamtmengen-Messung).

Redundante Messungen können die Auswertesicherheit verbessern.

An Messgeräte/Messeinrichtungen der Qualitätssicherung bzw. des Labors werden höchste Anforderungen gestellt, um die Aussagefähigkeit und Vergleichbarkeit der Messergebnisse zu garantieren. Deshalb müssen diese Messgeräte gegebenenfalls täglich oder vor jedem Gebrauch geprüft oder kalibriert oder justiert werden.

Wichtig ist es, diese Tätigkeiten zu dokumentieren. Die Prüf- und Messmittel-Überwachung ist ein wesentliches Element der Qualitätssicherungssysteme. Hierfür sind PC-gestützte Systeme verfügbar, die täglich auf alle relevanten Kontrollen verweisen.

22.6.3 Messwertauswertung

Die Auswertung der von den Sensoren gewonnenen Messwerte erfolgte in der Vergangenheit vor allem drahtgebunden mit Messleitungen in 2-Leiter- oder 3-Leiter-Technik.

Die Austauschbarkeit von Messaufnehmern wird erleichtert, wenn nicht die Messgröße selbst als proportionales Signal ausgegeben wird, sondern wenn die Messgröße direkt umgewandelt und verstärkt wird und in Form eines normierten Einheitssignals bereitgestellt wird. Die Messeinrichtung umfasst dann Mess-Aufnehmer, -Verstärker, -Umformer und Messwertausgabe in einem kompakten Gehäuse. Diese kann vor Ort und in einer Messwarte vorgenommen werden.

Mit der Zusammenfassung aller wichtigen Elemente zu einer anschlussfertigen und ggf. kalibrierten Messeinrichtung entfallen mehr oder weniger aufwendige Abgleich- und

Justagearbeiten nach Wechsel des Messaufnehmers und der Installationsaufwand wird deutlich geringer.

Das Einheitssignal kann zum Beispiel eine Spannung von 0 bis 10 V oder ein Strom von 0 bis 20 mA oder ein Strom von 4 bis 20 mA sein. Dem untersten Messwert des Messbereichs entspricht im zuletzt genannten Beispiel dann ein Strom von 4 mA, dem obersten Messwert ein Strom von 20 mA. Das letztgenannte Einheitssignal ermöglicht auf einfache Weise die Funktionskontrolle der Übertragungsstrecke. Ein Strom von 0 mA deutet z. B. auf einen Drahtbruch hin. Werte < 4 mA bzw. >20 mA können ebenfalls für die Fehlererkennung automatisch ausgewertet werden. Vorteile bei der Messwertübertragung bringen insbesondere Feldbussysteme, siehe unten und [6].

Feldbussysteme

Zur Verringerung des Installationsaufwandes (Material und Zeit) werden statt der 4... 20-mA-Zweidraht-Technik seit den 1990er Jahren vor allem standardisierte Feldbus-Systeme für die Übertragung der Messwerte an die SPS genutzt. Vorteilhaft ist dabei, dass Geräte verschiedener Hersteller, die das gleiche Datenprotokoll unterstützen, an einem Bussystem betrieben und ggf. ausgetauscht werden können. Beispiele sind das System Profibus® oder das System Foundation Fieldbus™ (FIB).

Die Systeme Profibus PA und FIB sind offene Feldbussysteme. Profibus PA benötigt nur 2 Leiter, die als „Linie" von Sensor zu Sensor geführt werden, oder als „Stern" bzw. „Baum" mit dem Master verbunden werden.

Die Auswertung kann dann an jedem berechtigten Teilnehmer des Bussystems erfolgen. Bei Profibus PA und dem AS-i-Sensorbus erfolgt auch die Netzversorgung über das Datenkabel. Beim Profibus DP werden Daten- und Netzleitung mittels Hybridleitungen getrennt verlegt. In der Regel werden Spezialkabel für unterschiedliche Einsatzfälle mit geschirmten, verdrillten Zweidrahtleitungen eingesetzt. Für die Leitungsverbindungen sind Spezialwerkzeuge verfügbar.

Prinzipiell sind statt drahtgebundener Datenübertragung auch Lichtwellenleiter (z. B. Glasfasern) möglich.

Die Feldbussysteme können mit übergeordneten Bussystemen über Gateways, z. B. High Speed Ethernet (HSE), kommunizieren.

Die Entscheidung für eine der vorstehend genannten Installationsformen (Feldbus oder klassische „Drahtinstallation") kann nur unter Beachtung der objektkonkreten Aufgabe getroffen werden (u.a. die räumlichen Entfernungen der Anlagenkomponenten, die Zahl der Sensoren und Aktoren). Wesentliches Entscheidungskriterium sind dabei die Investitionskosten. Im Vergleich müssen natürlich auch die Installationsvorteile, die Erweiterungsfähigkeit und der Anwendernutzen eines Bussystems gesehen und bewertet werden.

22.6.4 Anforderungen des Einbauortes und der Reinigung/Desinfektion

Die Anforderungen an die Gestaltung der Messtechnik und des Einbauortes für Messgeräte oder Messaufnehmer sind in der Gärungs- und Getränkeindustrie sehr differenziert zu sehen.

Einbauorte können Rohrleitungen, Behälter und Maschinen oder Apparate sein. Wesentliche Anforderungen an die Messgeräte oder Messaufnehmer sind:
- die chemische Beständigkeit,
- die mechanische Belastbarkeit,

◻ einfache Montage und Austauschbarkeit im Reparaturfall; die Zugänglichkeit des Einbauortes ist zu sichern,
◻ die Eignung für die Reinigung/Desinfektion nach dem CIP-Verfahren (s.a. die Publikationen der EHEDG [564]),
◻ keine Schädigung des Produktes,
◻ kurze Ansprechzeit,
◻ keine Verfälschung des Messwertes durch ungünstigen Einbauort: z. B. Verfälschung durch Wärmeleitung, Belagbildung, elektrische Felder.

Die chemische Beständigkeit wird bei metallischen Werkstoffen durch die Verwendung von rost- und säurebeständigen Edelstählen (z. B. Werkstoff-Nummern 1.4301, 1.4401, 1.4541, 1.4571) gewährleistet. Diese Werkstoffe sind gegenüber fast allen Medien beständig, die in der Brauerei verwendet werden (s.a. Kapitel 23).

Als Dichtungswerkstoffe eignen sich insbesondere PTFE (Polytetrafluorethylen, Handelsname z. B. „Teflon"), *Silicon*-Gummi (meist rot gefärbt) und das Elastomer EPDM (Ethylen-Propylen-Dien-Mischpolymerisat, meist schwarz gefärbt). Andere Elastomere (z. B. NBR Acrylnitril-Butadien-Kautschuk, blau gefärbt) sind nur eingeschränkt einsatzfähig, da ihre thermische und chemische Beständigkeit begrenzt ist, oder sie sind nicht für Lebensmittel zugelassen (zum Beispiel einige Fluor-Elastomere), s.a. Kapitel 23.

Die mechanische Belastbarkeit ist in der Regel bei Verwendung der vorstehend genannten Werkstoffe gesichert. Grenzen setzt allenfalls die Wanddicke, die im Interesse kurzer Ansprechzeiten bei Temperaturaufnehmern oder großer Empfindlichkeit bei Druckaufnehmern relativ dünn ausgeführt werden muss. Mechanische Beanspruchungen, die über die betriebsbedingten hinausgehen, können beispielsweise bei Flüssigkeitsschlägen infolge von Bedienungsfehlern, durch Vakuumbildung oder bei Montagefehlern auftreten.

Anschlussstücke werden mittels Verschraubung, Clamp-Verbindung oder Spannring-Verbindung (z. B. in der Variante des VARINLINE®-Systems), seltener als Flanschverbindung, befestigt (s.a. Kapitel 22.3.11).

Die Anschlussmaße entsprechen den üblichen Rohrleitungs-Nennweiten (vorzugsweise DN 50, aber auch DN 25, 32, 40, 65, 80, 100).

Die Anschlussstücke werden mit den jeweiligen Messaufnehmern ausgerüstet, beispielsweise werden Thermometer-Schutzrohre eingeschweißt, oder die Anschlussstücke werden als Druckmittler gestaltet, in die Manometer oder Druckaufnehmer beliebiger Bauform eingeschraubt werden können. Abbildung 463 zeigt Ausführungsbeispiele für die Befestigung von Anschlussstücken.

Für Rohrleitungen werden oft spezielle Aufnahmegehäuse mit 2 Anschlüssen angeboten, deren Querschnittsfläche sich vergrößert, um die Druckverluste durch den Messaufnehmereinbau gering zu halten. Diese Gehäuse entstammen den Ventil-Baukasten-Systemen der Armaturenhersteller und sind herstellerspezifisch. Ein Beispiel zeigt Abbildung 463. Die Gehäuse werden eingeschweißt oder mittels Flanschen verbunden.

Die Eignung für das CIP-Reinigungs- und Desinfektionsverfahren bedingt neben der bereits erwähnten Chemikalienbeständigkeit, Totraum- und Spaltfreiheit die Forderungen nach:
◻ vollständiger Benetzbarkeit,
◻ selbsttätiger Entlüftung und Entleerung,

☐ möglichst glatten Werkstoffoberflächen (möglichst geringe Mittenrauwerte, günstig ist Elektropolitur),
☐ Temperaturbeständigkeit bis 100 °C (bzw. 130 °C, wenn gedämpft werden soll).

Bei einigen Druck-Messaufnehmern werden Fluide als Druckmittler eingesetzt. In der Lebensmittelindustrie werden dafür Speiseöl und Silikonöl benutzt. In der Brauerei sollte bei Produkt-Messungen (Würze, Bier, Hefe, Wasser) *Silikonöl* verwendet werden, das im Havariefall keine Schaumbeeinträchtigung nach sich zieht.

22.6.5 Anforderungen der Betriebssicherheit und Anlagensicherheit

Der sichere Prozessablauf und die Sicherheit der Betriebsführung setzen eine funktionsfähige Messtechnik voraus. Neben einer hohen Zuverlässigkeit der Messtechnik wird eine möglichst große Langzeitstabilität der Signale erwartet bei minimalem Wartungsaufwand.

Neuere Messgeräte oder Messeinrichtungen sind oftmals bereits selbstprüfend oder -abgleichend und werden automatisch kalibriert bzw. justiert. Eventuelle Störungen werden automatisch ausgewertet, und gegebenenfalls wird die Anlage stillgelegt.

Bei sehr großen Anforderungen an die Betriebssicherheit oder bei Automatikbetrieb müssen Messaufnehmer bzw. Messeinrichtungen doppelt installiert werden, die Störungserkennung und die Umschaltung müssen natürlich selbsttätig erfolgen, die Störungen müssen protokolliert, Störungsmeldungen müssen quittiert werden.

Bei Nutzung von Qualitätssicherungssystemen bzw. -managementsystemen ist die *Mess-* und *Prüfmittelüberwachung* ein wichtiges Element, das entsprechend dokumentiert werden muss.

Dazu eignen sich *Plaketten, Kontrollmarken* oder Aufkleber, von denen der nächste Prüftermin ablesbar ist, oder die eine Messstelle als funktionsuntüchtig oder gesperrt ausweisen, *Gerätebegleitkarten* und andere Aufzeichnungen.

Es sollte selbstverständlich sein, dass alle Messgeräte und Messeinrichtungen in einer Kartei oder Datenbank erfasst sind und entsprechend PC-gestützt verwaltet werden.

Grundlage dafür kann die Kennzeichnung der Messstellen im RI-Fließbild sein.

22.6.6 Anforderungen der Wartung und Instandhaltung

Zur Gewährleistung der Funktionsfähigkeit der Messtechnik gehört die regelmäßige Wartung und gegebenenfalls die Instandsetzung. Der personelle und materielle Aufwand dafür soll natürlich minimal bleiben.

Wichtig ist es deshalb bereits in der Planungs- bzw. Projektierungsphase darauf zu achten, dass die Funktionskontrollen oder das Kalibrieren der Messtechnik mit möglichst geringem Aufwand durchgeführt werden können.

Als mögliche Anschlusspunkte für die Vergleichsmessgeräte bieten sich in vielen Fällen Absperrarmaturen oder Probenahmearmaturen der Anlage an, oder die Messaufnehmer lassen sich leicht ausbauen und prüfen. Es ist günstig, wenn für den universellen Anschluss von vorhandenen Messgeräten oder Messnormalen an die vorstehend genannten Armaturen entsprechende Anschlussstücke verfügbar sind.

In vielen Fällen lassen sich die in anderen Betriebsabteilungen vorhandenen Messeinrichtungen für die Prüfung oder Kalibrierung nutzen, beispielsweise können

Durchflussmessgeräte mittels einer Kaltwürzemesseinrichtung geprüft werden oder eine Durchflussmenge wird erfasst (z. B. in einem Tankwagen) und mittels Wägung geprüft. Auch die beispielsweise in CIP-Anlagen oftmals vorhandene Messtechnik (z. B. MID, Temperatur- und Leitfähigkeitssensoren) lässt sich für die Prüfung anderer Messgeräte nutzen, zum Teil können die CIP-Medien gleich mit für die Prüfung genutzt werden.

Die Instandhaltungskosten lassen sich minimieren, wenn konsequent auf eine innerbetriebliche Standardisierung geachtet wird, bei der die Anzahl der erforderlichen Messgeräte, Gerätetypen, Messbereiche und Anschlussmaße schon in der Planungsphase oder bei der Anlagenbeschaffung auf das unbedingt notwendige Maß reduziert wird.

Zunehmend werden PC-gestützte Instandhaltungs-Planungssysteme genutzt. Mit diesen Systemen ist eine umfassende Planung der Instandhaltung, Überwachung aller Maßnahmen bis zur Erstellung der Aufträge für externe Unternehmen möglich. Die betrieblichen Instandhaltungsmaßnahmen können detailliert geplant und ausgewertet werden (Störzeiten, Störursachen, Historie der Schadensfälle usw.), ebenso erfolgt die Verwaltung der Ersatz- und Verschleißteile. Die Kosten können den einzelnen Kostenstellen zugeordnet werden. Die Zugangsberechtigten können jederzeit die betriebliche Situation abrufen und ggf. steuern. Über ein erfolgreich installiertes Instandhaltungs-Planungssystem informierte *Stiebeling* [568].

22.6.7 Anforderungen an automatische Steuerungen

Dank der teilweise beträchtlichen Kostensenkungen der Hardware für industrielle Steuerungen, die als sogenannte speicherprogrammierbare Steuerungen (SPS) gefertigt werden, aber auch der Software und vor allem der Verbesserung und Vereinfachungen der Bedienbarkeit der SPS, konnten sich diese ein breites Einsatzgebiet „erobern". Das Ende dieser sehr erfreulichen Entwicklung ist noch nicht abzusehen.

Die Anforderungen an eine Steuerung müssen besonders sorgfältig zusammengestellt werden. Insbesondere der Aufgabenumfang muss gewissenhaft formuliert werden, auch unter dem Gesichtspunkt möglicher Erweiterungen und künftiger Entwicklungen.

Die Fragestellungen hierfür müssen unter folgenden Blickpunkten gesehen werden:
- Gibt es bereits automatische Steuerungen (SPS) im Unternehmen?
- Sollen die einzelnen SPS vernetzt werden (können)? Welche Vorstellungen bestehen hinsichtlich der gewünschten Hierarchie bezüglich der Zugriffsebenen, der Endausbaustufe, der Betriebsdatenerfassung, der Verwendung der Daten?
- Gibt es bereits einen betrieblichen Standard für das Bussystem; drahtgebunden oder Lichtwellenleiter?
- Zentrale SPS oder dezentrale SPS im Unternehmen, in der Abteilung, in der Anlage?
- Sollen automatische Regelungen von Prozessgrößen oder Anlagenkomponenten durch Hardware- oder Software-Regler erfolgen, oder kombiniert?
- Welcher Maximalumfang ist für die SPS zu erwarten? Welche Optionen sollen für nachträgliche Erweiterungen bestehen?
- Welcher Aufwand wird bei der Prozess- oder Betriebsdatenerfassung (BDE) gewünscht und welcher Umfang soll bezüglich der Archivierung dieser Daten betrieben werden? Ist die Kompatibilität zur Bürosoftware gegeben?

- Sollen die erfassten Daten für betriebliche Optimierungen genutzt werden, zum Beispiel für die Steuerung des automatischen Lastabwurfes oder für die Ermittlung vermeidbarer Stör- oder Ausfallzeiten?
- Welcher Aufwand soll bezüglich der automatischen betriebswirtschaftlichen Auswertung dieser Daten getrieben werden? Wie kann die Übernahme der Daten durch die betriebliche kaufmännische Software erfolgen?
- Sollen die Labor- und Analysendaten mit in die Protokollierung einbezogen werden (vom Rohstoff bis zum Fertigprodukt, incl. Produktverfolgung bis zum Händler)? In welcher Weise soll die Eingabe dieser Daten erfolgen?
- Welchen Umfang soll die Prozessprotokollierung besitzen, insbesondere die Störfallprotokollierung? Welche Ansprüche sollen hinsichtlich der Beweiskraft im Sinne der Störfallverordnung, des Produkthaftungsgesetzes usw. erfüllt werden?
- Ist eine Handsteuer-Ebene erforderlich? Welcher Aufgabenumfang soll der Handsteuerung zugeordnet werden? Welche Sicherheits-Verriegelungsbedingungen sollen auch bei der Handsteuerung erhalten bleiben?
- In welcher Weise soll die Vor-Ort-Schaltung von elektrischen Antrieben (Reparatur-Schaltung) realisiert werden?
- In welcher Weise soll die Vor-Ort-Betätigung von pneumatischen und elektrischen Antrieben im Reparatur- oder Havariefall erfolgen?

Die Handsteuerung bzw. die Nutzung der Handsteuerebene bei einer SPS sollte grundsätzlich die Ausnahme bleiben und auf die Not- oder Havariesituationen beschränkt werden. Die Nutzung muss einem berechtigten Personenkreis vorbehalten bleiben (Password-Schutz), der über die notwendige Qualifikation verfügt, und sie muss protokolliert werden.

Zum anderen ist die Handsteuerebene aber auch für bestimmte Situationen eine beträchtliche Vereinfachung, beispielsweise bei den Funktionstests von Anlagenkomponenten, bei der Inbetriebnahme einer Anlage, zur Lösung von Havariesituationen oder bei der Erprobung neuer Verfahrensabläufe.

Diese Belange müssen bei der Festlegung der auch in der Handsteuerebene wirksamen Sicherheits-Verriegelungen berücksichtigt werden. Ggf. müssen differenzierte Verriegelungsniveaus festgelegt werden.

Der erfolgreiche Einsatz einer SPS setzt die Bereitstellung der erforderlichen Informationen zum Zustand der Anlage voraus:
- durch Sensoren für die benötigten Mess- und Stellgrößen,
- Signale zur Verfügbarkeit der beteiligten Medien (zum Beispiel Wasser, Druckluft, CO_2, Dampf, R/D-Mittel); „Produktmangelsicherung",
- Angaben zur Stellung der Armaturen: „auf", „zu" bzw. der Stellorgane,
- Angaben zur Stellung oder zum Vorhandensein handbetätigter Verbindungselemente, wie Schwenkbögen,
- Angaben zum Schaltzustand von Antrieben.

Anforderungen an die Visualisierung der Verfahrensabläufe:
Die Darstellung der prozessrelevanten Daten auf einem Monitor oder einem Display („Bedienerterminal") sollte auf der Basis des RI-Fließbildes vorgenommen werden, dass zu diesem Zweck vereinfacht werden kann.

Die Bedienung der SPS erfolgt überwiegend mit der „Maus" oder ähnlichen Eingabegeräten (Trackball, Touchpad) oder per Touch-Screen.

Die grafische Gestaltung und die Farbgebung sollten unter den Gesichtspunkten Übersichtlichkeit, Transparenz der Abläufe und Anschaulichkeit vorgenommen werden. Die Verwendung von DIN-Symbolen für Anlagenelemente wie Armaturen, Pumpen, Wärmeübertrager und MSR-Stellen sollte bevorzugt werden.
Angezeigt werden sollten auf der Visualisierungsebene:
- die aktuellen Prozessdaten in einer maschinen- und apparatebezogenen Form, bei geregelten Prozessgrößen auch die eingestellten Sollwerte. Bei Bedarf auch die Parameter des Reglers,
- gewählte Programme, ablaufende Programmschritte und deren Zeitbedarf bzw. die noch erforderliche Restzeit eines Schrittes. Sinnvoll sind auch Angaben zu Laufzeitüberwachungen und Überwachungszeiten,
- die Schaltzustände von Armaturen und Antrieben durch unterschiedliche Signalfarben,
- die geschalteten Fließwege durch Farbumschlag,
- die Bezeichnungen der Armaturen, Messstellen und Pumpen und sonstigen Ausrüstungselemente gemäß RI-Fließbild; diese Angaben sollten ausgeblendet bzw. bei Bedarf eingeblendet werden können; das gleiche gilt für die Parametrierungsebene der Software-Regler.
- die Signalisierung von Störungen (optisch, akustisch, wo?, was?, wann?)

Bei der Visualisierung besitzen großformatige Monitore natürlich Vorteile gegenüber kleineren Displays, auch aus der Sicht der Erkennbarkeit aus unterschiedlichen Blickwinkeln. Der Trend geht jedoch zum großformatigen Display.

Die Anzahl der aufgestellten Monitore sollte sich nach der Anzahl der parallel zu betreuenden Prozesse richten bzw. nach der Zahl der simultan erforderlichen Bilder. Die Umschaltung der Prozessbilder ist zwar möglich, erfordert aber Zeitaufwand, der nicht immer ohne Störung der Abläufe verfügbar ist.

Die Zahl der Bedienungsplätze bzw. der Monitore sollte aus falsch verstandener Sparsamkeit nicht zu klein festgelegt werden. Zumindestens sollte die Zahl der verfügbaren Bedienplätze so festgelegt werden, dass bei Bedarf zusätzliche Plätze, ggf. temporär, eingerichtet werden können (zum Beispiel in der Inbetriebnahmephase einer Anlage oder während erforderlicher Optimierungsarbeiten).

Im Übrigen soll sich eine SPS mit wenig Aufwand programmieren lassen. Betrieblich erforderliche Änderungen oder Ergänzungen der Software und der Prozessbilder sollten durch Mitarbeiter des Unternehmens vorgenommen werden können.

Das gleiche gilt für die Parametrierung der Anlage, für die Eingabe und die Veränderung von Rezepten und anderen Daten.

Anforderungen an die Programme
Für alle gewünschten Verfahrensschritte oder Verfahrensabläufe, die von einer Steuerung abgearbeitet werden sollen, müssen Programme verfügbar sein.

Diese Programme werden im Allgemeinen vom AN der Steuerung mit angeboten und geliefert. Die Programme selbst werden von den Softwareherstellern aus „Programmbausteinen" erstellt. Diese werden dann im Betrieb installiert und während der Inbetriebnahmephase angepasst und optimiert.
Es gibt zwei Varianten der Programmerstellung:
- der AN erstellt die benötigten Programme aus den bei ihm vorhandenen Programmbausteinen nach seinen Erfahrungen auf der Grundlage der AST bzw. Ausschreibung des AG. Dabei legt er auch die Anzahl und den Inhalt der einzelnen Programme nach seinen Vorstellungen fest. Der AG erhält im

Wesentlichen eine Standard-Software.
Diese kann optimal sein, muss es aber nicht sein.
- der AG übergibt dem AN seine detaillierten Vorstellungen zum Inhalt und zum Programmablauf der einzelnen Programme. Der AN entwickelt daraus dann die spezielle Software unter Verwendung seiner Programmbausteine.
Der AG erhält eine optimierte Software, die umso besser ist, je qualifizierter die AST hierfür war.

Die zuletzt genannte Variante ist die anspruchsvollere, da von Beginn an die Programmerstellung die speziellen Wünsche und Forderungen berücksichtigen kann und dem AG eine „Maßanfertigung" geliefert wird. Die betriebliche Optimierung und Anpassung wird relativ schnell vorgenommen werden können.

Bedingung dafür ist jedoch, dass der AG seine detaillierten Vorstellungen der einzelnen Programmschritte und Programmabläufe rechtzeitig dem AN in Form einer Programmbeschreibung, und/oder eines Programmablaufplanes (PAP) oder eines Funktionsplanes übergeben kann.

Bei der Erstellung des Funktionsplanes ist die DIN 40719 [569] zu beachten.

Zweckmäßigerweise sollten die Programme im Team von kompetenten Vertretern des AG und des AN erarbeitet, abgestimmt und getestet werden, natürlich vor Beginn des Probebetriebes.

In gleicher Weise sollten die erforderlichen Rezepte bzw. Verfahrensanweisungen sowie deren Parametrierung erarbeitet und abgestimmt werden. Gleiches gilt auch für die Prozessbilder (Gestaltung, Grafik, Inhalt).

Zur Reduzierung der Datenmengen sollten nach Möglichkeit nur die von den Sollwerten oder den vorgegebenen Toleranzen abweichenden Daten archiviert werden. „Datenfriedhöfe" sind zu vermeiden.

Automatische Steuerungen, Allgemeine Hinweise

Angestrebt werden sollte eine offene Software-Architektur, die möglichst Hardware-Lieferanten unabhängig ist. Es sollten Standard-Betriebssysteme verwendet werden. Die Datenkompatibilität zur betrieblichen Bürosoftware sollte gegeben sein.

Dezentrale, objektbezogene SPS, die in eine hierarchische Struktur eingebunden sind, ermöglichen die Optimierung der Prozessabläufe ohne Beeinträchtigung der vor- und nachgeschalteten Prozessstufen und sind relativ leicht austauschbar. Im Havariefall wird nur ein Teil der Anlage stillgesetzt.

Die SPS kann bereits bei entsprechender Softwarevoraussetzung für einzelne Prozessstufen die Optimierung der Verfahrensabläufe übernehmen (fuzzi logic, fuzzi control).

Der Installationsaufwand im Bereich der Feldebene für die Ansteuerung der Antriebstechnik, der Armaturen und Stellglieder sowie die Informationsgewinnung der MSR-Technik kann durch Feldbussysteme (zum Beispiel *Profibus*) deutlich verringert werden. Die Flexibilität der Anlagentechnik wird außerdem beträchtlich vergrößert, die BDE wird vereinfacht.

Wichtig ist ganz besonders die After Sales-Betreuung durch den gewählten AN/Lieferanten. Anzustreben ist eine bankseitig abgesicherte Betreuungszeit-Garantie für die Lieferbarkeit der Hardware und Pflege der Software.

Hinsichtlich der Verfügbarkeit der Hard- und Software und zur Reaktionszeit des Servicedienstes sollten konkrete Vereinbarungen getroffen werden.

Die Ferndiagnose bzw. Fernbetreuung der Steuerung, insbesondere der Software, per ISDN-Modem o.ä. gewinnt zunehmend an Bedeutung (Kostensenkung).

22.7 Hinweise zum Einsatz von Pumpen

22.7.1 Allgemeine Hinweise

Grundsätzlich sollten Pumpen für ihren Einsatzfall optimal aus der Vielzahl der möglichen Pumpenbauformen ausgewählt werden, s.a. [138].
Wichtige Kriterien für die Pumpenauslegung und -auswahl sind unter anderem:
- die Vermeidung von Kavitation,
- die Sicherung der Voraussetzungen für kontaminationsfreies Arbeiten (hierzu s.a. die Publikationen der EHEDG [564]),
- die Gewährleistung der CIP-Volumenströme,
- der Wirkungsgrad (hydraulisch, elektrisch und mechanisch) sollte vor allem bei der Auswahl größerer Pumpen beachtet werden.

Die Anordnung von Absperr-Armaturen vor und nach einer Pumpe muss im Einzelfall geprüft werden, ebenso die Notwendigkeit einer installierten, ggf. selbsttätigen Entlüftungsarmatur auf der Druckseite einer Pumpe.

Auf der Saugseite sollten Pumpen über einen Trockenlaufschutz verfügen (z. B. eine Leermeldesonde). Die gleiche Signalisierung kann aber in vielen Fällen indirekt durch andere installierte Sensoren bereitgestellt werden, zum Beispiel von Durchflussmessgeräten, Drucksensoren, Füllstandssonden etc.

Bei der Festlegung der Nenndrehzahl einer Pumpe sollte der resultierende Lärmpegel mit in die Überlegungen einbezogen werden.

Die Auswahl der Gehäusebauform bzw. des zulässigen Nenndruckes muss auch extreme Betriebsbedingungen berücksichtigen: Pumpen mit einem verschraubten Gehäuse sind problemloser als solche mit Spannring-Verschluss.

Zu speziellen Hinweisen muss auf die Fachliteratur verwiesen werden, beispielsweise auf [570], und auf die Druckschriften der Hersteller. Eine Kurzübersicht ist aus [138] zu entnehmen.

22.7.2 Verdrängerpumpen

Verdrängerpumpen eignen sich je nach Bauform auch für höherviskose Medien oder für solche mit höheren Feststoffgehalten (zum Beispiel Hefesuspensionen, Chemikalienkonzentrate, Treber, FHM-Suspensionen, Filterrückstände, Trub usw., s.a. Kapitel 7.3.4). Bei ihrem Einsatz muss beachtet werden, dass Flüssigkeiten inkompressibel sind. Unzulässige Drücke müssen deshalb verhindert werden, beispielsweise durch:
- eine unverschließbare Druckleitung (freier Auslauf),
- ein Druckbegrenzungsventil,
- ein Überströmventil in einem Bypass zwischen Druck- und Saugseite.

Druckbegrenzungseinrichtungen sollten grundsätzlich ohne Hilfsenergie arbeiten!
Geeignet sind deshalb kraftschlüssige Armaturen, die durch Feder- oder Massenkraft betätigt werden. Die Federkraft kann durch eine „pneumatische Feder" sehr feinfühlig realisiert werden (ggf. auch als Gegenkraft für eine Schließ-Feder). Berstscheiben oder elektrische Druckschalter sind weniger geeignet.
Pneumatisch angetriebene Membranpumpen lassen sich gegebenenfalls durch Begrenzung des Luftdruckes überlastsicher betreiben.
Druckbegrenzungseinrichtungen müssen natürlich während der CIP-Prozesse angelüftet bzw. getaktet werden.

In den meistens Fällen ist es während der Reinigung erforderlich, die Verdrängerpumpe im Bypass zu betreiben, um den für die Rohrleitung erforderlichen Volumenstrom zu sichern (s.a. Abbildung 478).

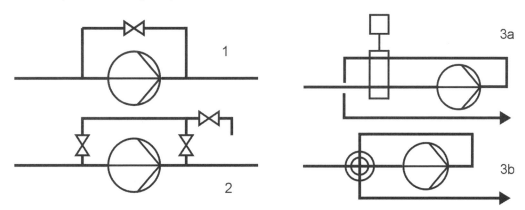

Abbildung 478 Verdrängerpumpe mit Bypass für die CIP-Reinigung, schematisch
1 einfacher Bypass **2** Bypass mit Leckagearmatur **3a**, **3b** Bypass mit Doppelsitzventil (Darstellungsvarianten)

Verdrängerpumpen sind im Allgemeinen selbstansaugend. Beachtet werden muss bei gashaltigen Fluiden jedoch, dass der Partialdruck des betreffenden Gases (z. B. CO_2) in der Saugleitung nicht unterschritten wird, um Entgasung zu vermeiden (wichtig beispielsweise bei der Hefeförderung oder bei der Förderung von Filterhilfsmitteln, die in Bier suspendiert werden). Bei Bedarf muss das Fluid der Pumpe unter Druck zugeführt werden.

Die Druckseite der Pumpen sollte eine Entlüftungsarmatur (handbetätigt oder selbsttätig mit Stellantrieb) besitzen, da beim Ansaugen die Gasförderung bei Gegendruck nicht oder nur bedingt möglich ist bzw. erfordert die Entlüftung der Rohrleitung unnötig viel Zeit.

Ebenso muss an das Problem „Trockenlauf der Pumpe" gedacht werden.

Die Saug- und Druckleitungen der Pumpen sollten über Absperrarmaturen verfügen, um Wartungsarbeiten zu erleichtern. Diese Armaturen sind aber *gegen unbefugtes Schließen zu sichern*.

Verdrängerpumpen können durch Drehzahländerung (Kreiskolbenpumpen, Exzenterschneckenpumpen, Schlauchpumpen, Zahnradpumpen) an den Förderstrom angepasst werden.

Bedingung für die Verwendung von rotierenden Verdrängerpumpen in mikrobiologischen Anlagen ist die Ausführung der Wellendichtung als Gleitringdichtung (GLRD), möglichst als doppelte GLRD mit integrierter CIP-Prozedur, die externe Lagerung der Welle(n) sowie die Trennung der Baugruppen Lagerung und Wellendichtung.

Die Mindestforderung ist die Ausführung der GLRD mit Quench. Der Quenchraum muss mit Sterilwasser oder mit Desinfektionsmittellösung gespült werden.

22.7.3 Zentrifugalpumpen

22.7.3.1 Allgemeine Hinweise

Im Wesentlichen zählen hierzu Kreiselpumpen und selbstansaugende Seitenkanal-Pumpen („Sternradpumpen").

Zentrifugalpumpen sollten vorzugsweise durch Drehzahlverstellung an die Förderaufgabe angepasst werden, die Drosselung sollte nur bei Kreiselpumpen für untergeordnete Aufgaben oder bei kleinen Pumpen praktiziert werden.

Die Anpassung der Pumpe an den erforderlichen Volumenstrom bzw. die benötigte Förderhöhe erfolgt zweckmäßigerweise und nahezu ohne Leistungsverluste durch Frequenzsteuerung.

Moderne Frequenzumrichter gestatten nicht nur die optimale Drehzahlanpassung, sie können auch für den Sanftanlauf und definiertes Abschalten sowie für die Überwachung der Stromaufnahme eingesetzt werden.

Bei Produktpumpen (Würze, Bier, Hefe) steht neben der eigentlichen Förderaufgabe das kontaminationsfreie oder -arme Arbeiten im Vordergrund. Pumpen für diese Aufgabe sollten mit doppelter Gleitringdichtung (GLRD) der Welle ausgerüstet sein. Der Raum zwischen den GLRD kann bei Bedarf mit geeigneten Desinfektionsmitteln aufgefüllt werden und er sollte in das CIP-System einbezogen werden. Alternativ kann die GLRD mit Sterilwasser oder Desinfektionsmittellösung gespült werden.

Die Mindestforderung ist die Ausführung der GLRD mit Quench. Der drucklose Quenchraum muss mit Sterilwasser oder Desinfektionsmittellösung gespült werden.

Die Saug- und Druckleitungen der Pumpen sollten über Absperrarmaturen verfügen, um Wartungsarbeiten zu erleichtern. Diese Armaturen sind aber *gegen unbefugtes Schließen zu sichern*. Pumpen müssen gegen Trockenlauf gesichert werden.

Auch bei selbstansaugenden Pumpen ist es sinnvoll, die Saugleitung gasfrei zu halten (damit wird Zeit für die Entlüftung eingespart und unnötiger Trockenlauf vermieden). Leermeldesonden, an der richtigen Stelle positioniert, können dieses Problem lösen.

Bei der Anlagenplanung muss der kavitationsfreie Betrieb der Pumpen Priorität besitzen. Diese Problematik wird bei der Förderung von CO_2-haltigen oder heißen Fluiden oft unterschätzt.

Zur Lösung dieser Aufgabenstellung können beitragen:
- Berücksichtigung des NPSH-Wertes der Pumpe bei der Planung,
- geringe Fließgeschwindigkeiten in der Saugleitung,
- Sicherung einer genügend großen Zulaufhöhe (bei Bedarf muss die Pumpe tiefer aufgestellt werden mit allen damit verbundenen Problemen) bzw. eines genügend großen Überdruckes in der Saugleitung.

Der NPSH-Wert (Net Positive Suction Head) bzw. der „Haltedruck" der Anlage muss größer als der der Pumpe sein (s.a. [542]).
Es muss gesichert werden: $NPSH_{erf.} \leq NPSH_{vorh.}$.

Der NPSH-Wert der Pumpe ist konstruktiv festgelegt und kann nicht nachträglich verändert werden. Beachtet werden muss, dass der NPSH-Wert der Pumpe in der Regel eine Funktion des Volumenstromes bzw. der Drehzahl ist (wichtig beim Einsatz frequenzgesteuerter Pumpen). Der NPSH-Wert einer Pumpe kann aus dem zugehörigen Datenblatt entnommen werden (s.a. Abbildung 479).

Der NPSH-Wert der Anlage kann wie folgt berechnet werden (Gleichung 131 bis Gleichung 133:

$$\text{NPSH}_{erf} = \frac{\Delta p_{Herf}}{g \cdot \rho} \qquad \text{Gleichung 131}$$

$$\Delta p_{Herf} = \text{NPSH}_{erf} \cdot g \cdot \rho \qquad \text{Gleichung 132}$$

$$\text{NPSH}_{vorh} = \frac{p - \Delta p_{Saug} - p_D}{\rho \cdot g} - H_{geoS\,max} \qquad \text{Gleichung 133}$$

NPSH_{erf} = erforderlicher Haltedruck in m
NPSH_{vorh} = vorhandener Haltedruck der Anlage in m
Δp_{Herf} = erforderlicher Haltedruck in N/m²
p = Druck über der Förderflüssigkeit ≙ bei offenen Behältern dem Luftdruck in N/m² (1 bar ≙ 10^5 N/m²)
Δp_{Saug} = dynamischer Druckverlust in der Saugleitung in N/m²
p_D = Dampfdruck (absolut) des Fördermediums in N/m²
1 N/m² = 1 Pa:

Wasser			
13,0 °C	1,5 kPa	60,1 °C	20 kPa
21,1 °C	2,5 kPa	69,1 °C	30 kPa
31,0 °C	4,5 kPa	81,4 °C	50 kPa
41,5 °C	8,0 kPa	90,0 °C	70 kPa
54,0 °C	15,0 kPa	99,6 °C	100 kPa

$H_{geoSmax}$ = maximale geodätische Saughöhe in m
g = Fallbeschleunigung, g = 9,81 m/s²
ρ = Dichte des Fluides in kg/m³

Der erforderliche Mindestdruck über dem Flüssigkeitsspiegel bzw. in der Rohrleitung beträgt (Gleichung 134):

$$p \geq g \cdot \rho \cdot H_{geoS} + \Delta p_{Saug} + \Delta p_{Herf} + p_D \qquad \text{Gleichung 134}$$

Der Zusammenhang zwischen dem Druckverlust und der „Förderhöhe" besteht nach Gleichung 135:

$$\Delta p = H \cdot g \cdot \rho \qquad \text{Gleichung 135}$$

Δp = Druckverlust in N/m²
H = Förderhöhe in m
g = Fallbeschleunigung, g = 9,81 m/s²
ρ = Dichte in kg/m³

Ist der vorhandene Haltedruck kleiner als der erforderliche Mindestdruck, muss die Flüssigkeit der Pumpe zulaufen (negativer H_{geoS}) oder die Flüssigkeit wird mit einem zusätzlichen Druck beaufschlagt.

Die Unterschreitung des erforderlichen Haltedruckes bzw. NPSH-Wertes oder des Mindestdruckes über der Flüssigkeit bedeutet Kavitation, die sich durch Schwingungen und Geräuschbildung bemerkbar macht und zur Erosion des Pumpenwerkstoffes führen kann. Schwingungen können die Konstruktionsteile der Pumpe (Welle, GLRD) erheblich belasten mit der Folge von Schwingungsbrüchen.

Klärung und Stabilisierung des Bieres

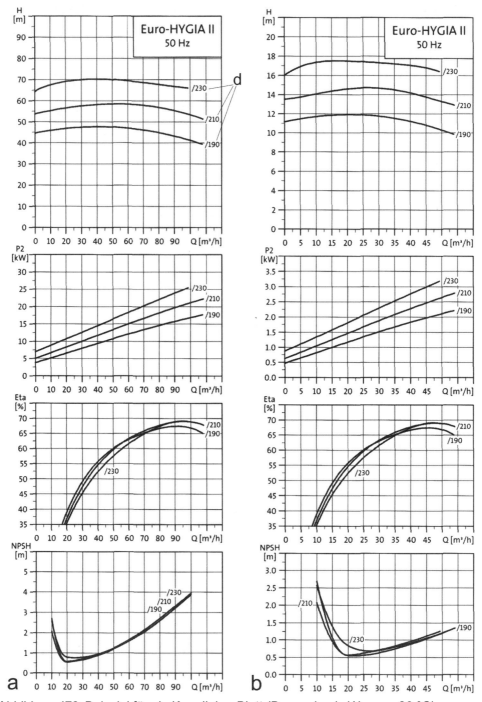

Abbildung 479 Beispiel für ein Kennlinien-Blatt (Bezugsbasis Wasser, 20 °C)
(Typ Euro-Hygia® II, Fa. Hilge, Bodenheim)
a Motor 2-polig (n = 2900 U/min)   **b** Motor 4-polig (n = 1450 U/min); H Förderhöhe,
P2 Motorleistung der Pumpe   Eta Wirkungsgrad   NPSH-Wert s. Seite 797
Q Volumenstrom   d Laufraddurchmesser

Weiterhin wird der Flüssigkeitsstrom in der Saugleitung reduziert, es kann zum Abreißen der Strömung kommen.

Vor dem Saugstutzen der Pumpe sollte stets ein gerades Rohrstück (l = ≥ 5·d) zur Strömungsberuhigung eingesetzt werden.

Die theoretische Saughöhe beträgt ca. 10 m, praktisch kann nur mit etwa 7 m gerechnet werden, in Abhängigkeit von der Temperatur der Flüssigkeit und dem Druckverlust der Saugleitung.

Gashaltige Flüssigkeiten müssen in der Saugleitung zur Verhinderung des Ausgasens unter einem Druck gehalten werden, der über dem Partialdruck der gelösten Gase liegt. Aus Sicherheitsgründen sollte zur Vermeidung von Gasentbindung/Schäumen mindestens mit dem 1,5...2fachen Sättigungsdruck gerechnet werden.

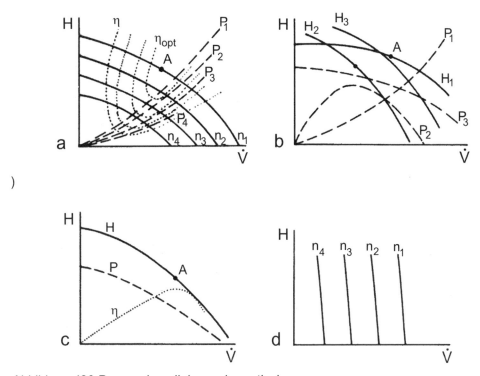

Abbildung 480 Pumpenkennlinien, schematisch
a Radial-Kreiselpumpe **b** Kreiselpumpe mit verschiedenen Laufrädern (Index 1: Radialrad, Index 2: Diagonalrad, Index 3: Axialrad) **c** Seitenkanalpumpe **d** Verdrängerpumpen
H Förderhöhe **P** Leistung $\dot{V}$ Volumenstrom η Wirkungsgrad **n** Drehzahl
A Arbeitspunkt
Es gilt: $n_4 < n_3 < n_2 < n_1$

22.7.3.2. Kennlinien und Möglichkeiten ihrer Beeinflussung

Die Kennlinien geben im Allgemeinen den Zusammenhang zwischen Volumenstrom $\dot{V}$ und Förderhöhe H in linearer oder logarithmischer Darstellung wieder. In diese Darstellung werden auch die erforderliche Antriebsleistung P_{erf} der Pumpe, der

Klärung und Stabilisierung des Bieres

hydraulische Wirkungsgrad η und der erforderliche NPSH-Wert eingetragen (s.a. Abbildung 479). Abbildung 480 zeigt prinzipielle Kennlinien verschiedener Pumpenarten.

Anlaufbedingungen:
Aus Abbildung 480 folgt für den Anlauf bei minimaler Belastung des Motors:
- Kreiselpumpen mit Radial- und Diagonalrad: Anlauf möglichst gegen „geschlossenen Schieber",
- Kreiselpumpen mit Axialrad: Anlauf möglichst mit „offenem Schieber", die Stromaufnahme ist beim Lauf mit $\dot{V}$ = Null maximal (Erwärmung des Fördergutes),
- Seitenkanalpumpen: Anlauf möglichst mit „offenem Schieber".

Verdrängerpumpen und selbst ansaugende Pumpen dürfen nur bei offenem Auslauf eingeschaltet werden. Bei Verdrängerpumpen besteht Bruchgefahr, deshalb muss die Pumpe durch eine Sicherheitsarmatur gesichert werden.

Betriebsbedingungen:
- Kreiselpumpen mit Radialrad: die Anpassung an unterschiedliche Volumenströme
  bzw. Förderhöhen ist am einfachsten durch Drehzahlveränderung möglich (Einsatz
  eines Frequenzumrichters). Eine Drosselung bedeutet höheren Energiebedarf (es
  entsteht Wärme) und unnötige Verringerung des Wirkungsgrades.
- Kreiselpumpen mit Axialrad und Seitenkanalpumpen verhalten sich bezüglich der Leistungsaufnahme ähnlich.
- Am Arbeitspunkt ist der hydraulische Wirkungsgrad am besten, es resultiert daraus
  der geringste spezifische Energiebedarf der Pumpe.
- Verdrängerpumpen: der Volumenstrom ist zur Drehzahl proportional, eine Zunahme
  der Förderhöhe beeinflusst den Volumenstrom nur geringfügig.

Anpassung an den geforderten Volumenstrom:
- Verdrängerpumpen:
  - durch Drehzahlanpassung. Bedingt ist eine Anpassung durch Drosselung im Bypass möglich (energetisch ungünstig, geringer Aufwand);
  - durch Hubveränderung bei Hubkolben- oder Membranpumpen (s.a. Punkt 9.);
- Kreiselpumpen:
  - durch Drosselung: energetisch ungünstig, prinzipiell muss die Drosselung auf der
    Druckseite der Pumpe erfolgen;
  - durch Drehzahlanpassung; diese ist grundsätzlich anzustreben

Drehzahlanpassung:
Eine Drehzahlanpassung kann erfolgen durch:
- mechanische Stellgetriebe (veraltet, mechanisch aufwendig);
- Keil- oder Zahnriemengetriebe: relativ geringer Aufwand, wenn nur eine einmalige Anpassung erforderlich ist;
- Frequenzumrichter: eine feinstufige Anpassung ist möglich, auch eine Erhöhung des Durchsatzes ist gegeben (siehe Punkt 13.2).
  Mit einem Frequenzumrichter ist auch die Regelung des Volumenstromes möglich (das hat z. B. Bedeutung bei der PE-Regelung einer KZE-Anlage). Grenzen setzt nur der Antriebsmotor (maximal zulässige Drehzahl und die Motor-Kühlung bei geringen Drehzahlen). Ggf. muss separat gekühlt werden.

Bei einer Radialrad-Kreiselpumpe gelten folgende Beziehungen zwischen Drehzahl, Volumenstrom, Förderhöhe und Leistungsbedarf:

$$\frac{\dot{V}_1}{\dot{V}_2} \sim \frac{n_1}{n_2} \qquad \frac{H_1}{H_2} \sim \left(\frac{n_1}{n_2}\right)^2 \qquad \frac{P_1}{P_2} \sim \left(\frac{n_1}{n_2}\right)^3$$

Laufraddurchmesser:
Die Verringerung des Laufraddurchmessers ist eine Möglichkeit, eine Pumpe an die Förderaufgabe anzupassen (vor allem einstufige Pumpen. Von dieser Möglichkeit wird von den Pumpenherstellern auch Gebrauch gemacht. Zu einer Pumpengröße sind mehrere Laufräder mit unterschiedlichen Durchmessern erhältlich (Pumpen-Baukasten).
In der Vergangenheit wurde diese Methode auch benutzt, indem das Laufrad abgedreht wurde (ggf. muss neu ausgewuchtet werden).
Bei einer Radialrad-Kreiselpumpe gelten folgende Beziehungen zwischen Laufraddurchmesser, Förderhöhe, Volumenstrom und Leistungsbedarf:

$$\frac{H_1}{H_2} \sim \left(\frac{d_1}{d_2}\right)^2 \qquad \frac{\dot{V}_1}{\dot{V}_2} \sim \left(\frac{d_1}{d_2}\right)^3 \qquad \frac{P_1}{P_2} \sim \left(\frac{d_1}{d_2}\right)^5$$

22.7.4.3 Die Kennlinie einer Zentrifugalpumpe
Die Kennlinie einer Kreiselpumpe lässt sich außer durch die Drehzahlveränderung nur konstruktiv beeinflussen, beispielsweise durch:
- die Laufradform,
- die Laufradbreite,
- den Laufraddurchmesser,
- die Gehäuseform,
- die Gehäuseabmessungen.

In Abbildung 479 ist das Kennlinien-Blatt einer Kreiselradpumpe als Beispiel dargestellt, in Abbildung 481 das einer Seitenkanalpumpe.

Das Kennlinien-Blatt (Abbildung 479) lässt folgende Zusammenhänge erkennen:
- den Zusammenhang zwischen Volumenstrom und Förderhöhe.
  Die Werte sind für drei verschiedene Laufraddurchmesser angegeben, es sind relativ flache Kennlinien;

Klärung und Stabilisierung des Bieres

- der Einfluss der Drehzahl kann nur indirekt angenähert entnommen werden. Bei der halben Drehzahl des 4-poligen Motors resultieren wesentlich geringere Volumenströme und Förderhöhen (siehe den vorstehend genannten Zusammenhang $H \sim n^2$);
- den Leistungsbedarf als Funktion des Volumenstromes;
- den Wirkungsgrad als Funktion des Volumenstromes. Im Bereich des Maximums der Wirkungsgradkurve befindet sich der optimale Arbeitspunkt der Pumpe;
- den NPSH-Wert der Pumpe als Funktion des Volumenstromes.

Das Kennlinien-Blatt (Abbildung 481) zeigt eine Seitenkanalpumpe in drei Baugrößen. Der große Leistungsbedarf bei der Fördermenge Null ist gut erkennbar, der Wirkungsgrad ist an diesem Punkt ebenfalls Null und erreicht im Optimum ca. 35 %, d.h., durch Scherkrafteinflüsse werden erhebliche Energiemengen in Wärme umgewandelt.

In Abbildung 482 sind die Kennlinie einer Pumpe und die von zwei Anlagen dargestellt. Die jeweiligen Schnittpunkte der Kennlinie von Pumpe und Anlage zeigen die daraus resultierenden Arbeitspunkte. Für den Arbeitspunkt lassen sich die zugehörigen Werte für Förderhöhe und Volumenstrom ablesen. Bei konstanter Pumpendrehzahl stellen sich unterschiedliche Volumenströme als Funktion der realen Förderhöhe ein. Die beiden Anlagenkennlinien beginnen nicht bei Null, weil statische Drücke wirksam sind.

Die Abbildung 483 zeigt den Zusammenhang von Förderhöhe, Leistungsbedarf und Volumenstrom als Funktion der Drehzahl, wie er mit einer frequenzgeregelten Pumpe realisierbar ist. Bei reduziertem Volumenstrom können gegenüber einer ungeregelten Pumpe erhebliche Energiemengen eingespart werden (bei 50 % des Volumenstromes werden im Beispiel *ohne* Drehzahlreduzierung ca. 80 % der Leistung benötigt!).

Armaturen, Rohrleitungen, Pumpen

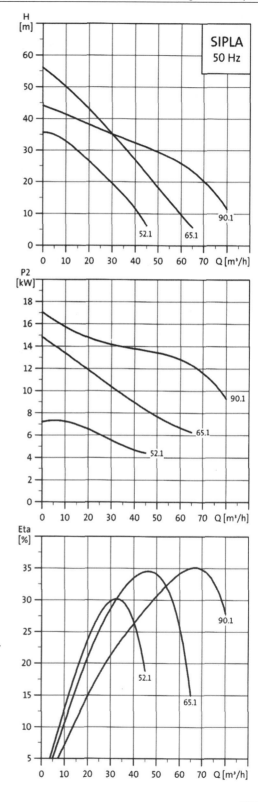

Abbildung 481 Beispiel für ein Kennlinien-Blatt einer Seitenkanalpumpe (Bezugsbasis Wasser, 20 °C)
(Typ SIPLA 52.1, 65.1 und 90.1;
Fa. Hilge, Bodenheim)
H Förderhöhe, **P2** Motorleistung der Pumpe **eta** Wirkungsgrad
Q Volumenstrom

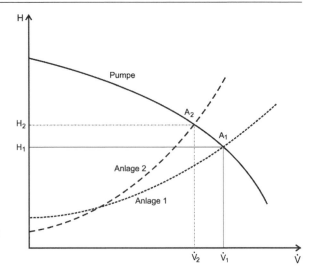

Abbildung 482 Kennlinien einer Kreiselradpumpe und einer Anlage

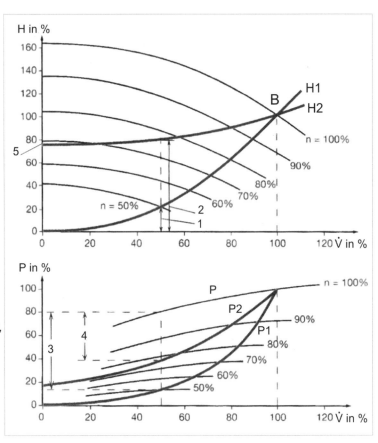

Abbildung 483
Drehzahl, Förderhöhe,
Leistungsbedarf und
Volumenstrom einer
frequenzgeregelten
Pumpe
(nach KSB [571])

H1 Förderhöhenbedarf Fall 1 **H2** Förderhöhenbedarf Fall 2 **P** Leistungsbedarf
1 Förderhöhenbedarf Fall 1 bei 50 % $\dot{V}$ **2** Förderhöhenbedarf Fall 2 bei 50 % $\dot{V}$
3 verringerter Leistungsbedarf Fall 1 **4** verringerter Leistungsbedarf Fall 2 **5** Förderhöhenbedarf statisch ($\dot{V} = 0$)

22.7.4.4 Möglichkeiten der Zusammenschaltung von Pumpen

Verdrängerpumpen:

Verdrängerpumpen können parallel geschaltet betrieben werden, auch wenn die Pumpenparameter verschieden sind. Bei Dosierpumpen muss aber beachtet werden, dass die Dosiergenauigkeit meistens eine Funktion des Druckes ist. Eventuelle Pulsationen müssen durch Windkessel gemindert werden.

Eine Reihenschaltung von Verdrängerpumpen ist nicht möglich, ggf. müssen zur Entkoppelung Pumpenvorlagen zwischengeschaltet werden.

Kreiselradpumpen-Parallelschaltung:

Eine Parallelschaltung (Abbildung 484) ist möglich, sollte jedoch nur mit Pumpen gleicher Kennlinie vorgenommen werden. Die Saugleitungen sind getrennt zu installieren, die Berechnung der Druckleitung muss die Druckverluste bei maximalem Volumenstrom berücksichtigen. Sinnvoll ist eine Parallelschaltung nur bei Kreiselradpumpen mit steiler Kennlinie.

Der Zusammenhang zwischen Volumenstrom und Förderhöhe sowie Rohrleitungskennlinie muss beachtet werden. Zwei Pumpen ergeben nur dann den doppelten Volumenstrom, wenn der Druckverlust in der gemeinsamen Druckleitung nicht größer ist als der Druckverlust bei getrennten Rohrleitungen.

Kreiselradpumpen-Reihenschaltung:

Die Reihenschaltung von Kreiselradpumpen (Abbildung 485) ist möglich bei Pumpen mit gleichem Volumenstrom. Die Förderhöhen addieren sich dann. Beachtet werden muss aber, dass der zulässige Gehäusedruck der zweiten Pumpe nicht überschritten wird. Die Wellendichtung muss für den höheren Zulaufdruck geeignet sein.

Die beiden Pumpen sollten nacheinander eingeschaltet werden, möglichst gegen „geschlossenen Schieber", oder zumindest gedrosselt.

Die Reihenschaltung sollte nur als Alternative zu mehrstufigen Pumpen betrachtet werden. Eine zweistufige Pumpe ist kostengünstiger als zwei einstufige Pumpen in Reihenschaltung.

Vorteile können sich aber aus der Sicht der Ersatzteilhaltung und innerbetrieblichen Standardisierung ergeben.

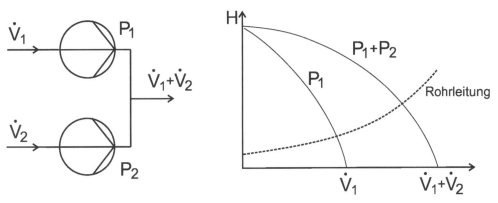

Abbildung 484 Kreiselradpumpen-Parallelschaltung ($H_1 = H_2$), schematisch

Klärung und Stabilisierung des Bieres

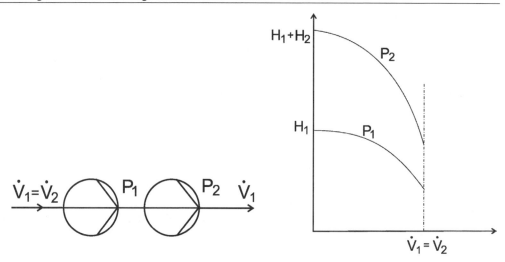

Abbildung 485 Kreiselradpumpen-Reihenschaltung($\dot{V}_1 = \dot{V}_2$), schematisch

22.7.4.5 Hinweise zur Pumpenauswahl
Bei der Auswahl von Kreiselradpumpen sind sowohl die Pumpenkennlinien als auch die Kennlinie der Anlage zu beachten.

Die Pumpenkennlinien folgen aus den Datenblättern der Pumpen. Bei der Anlagenkennlinie interessieren vor allem der Zusammenhang zwischen Volumenstrom und Druckverlust sowie die Veränderungen der geodätischen Förderhöhe während des Prozesses. Die statische Förderhöhe der Pumpe, der Druck in der Saugleitung und der zu überwindende dynamische Druckverlust sind in vielen Anwendungsfällen keine festen Größen, sie können sich laufend ändern (siehe Beispiel).

Der Anlagenplaner muss die während des Betriebes möglichen Extremwerte sorgfältig ermitteln. Erst dann kann eine Pumpe ausgewählt werden, die diese Parameter erfüllen kann. Dabei muss natürlich versucht werden, den optimalen Arbeitspunkt der Pumpe zu treffen, denn hier ist der hydraulische Wirkungsgrad am günstigsten. Diese Zielstellung ist jedoch nicht immer erreichbar.

Ein wichtiger Parameter für die Anpassung an die Anlagenkennlinie ist die Drehzahlanpassung der Pumpe. Damit können der Volumenstrom und die Förderhöhe verändert werden.

Beispiel:
Eine Filterpumpe beschickt einen Anschwemm-Kerzenfilter. Das Unfiltrat kommt aus einem ZKT, das Filtrat wird in einen Drucktank gefördert (s.a. Abbildung 486). Die im Beispiel benötigten Parameter sind aus Tabelle 204 ersichtlich.

Die Filterpumpe P 1 muss zu Beginn der Filtration nicht laufen, da ein geringer „Drucküberschuss" genutzt werden kann. Während der Filtration steigt infolge des steigenden Filterwiderstandes der Förderdruck bis auf 6,2 bar an.

Die von der Pumpe zu erbringende Förderhöhe beträgt also 0…55 m WS bei einem Volumenstrom von $\dot{V} = 50$ m³/h. Diese Anpassung kann sinnvoll nur mit einer Drehzahländerung erreicht werden. Die alternativ bei älteren Filteranlagen betriebene Anpassung durch Drosselregelung ist eine Energievernichtung und belastet dadurch das Bier unnötig durch Scherkräfte.

Die Druckerhöhungspumpe P 2 wird so geregelt, dass der Flüssigkeitsstand im Puffertank konstant bleibt, der Saugdruck beträgt also konstant etwa 1,2 bar. Die Förderhöhe ändert sich während der Füllung des Drucktanks von 3 auf 18 m WS.

Der Betrieb der Filteranlage ohne Pumpe P 2 geht zwar prinzipiell auch, der Druck an PI 5 würde dann aber bei vollem Drucktank 2,7 bar betragen und an PI 4 würden 7,7 bar gemessen. Das Filter müsste über einen Druckbehälter mit $p_{ü} \geq 8$ bar verfügen. Die Pumpe P 2 wird ebenfalls mit einem Frequenzumrichter betrieben, um den konstanten Füllstand im PT zu regeln.

In Abbildung 486 a ist die gleiche Filteranlage dargestellt, aber mit einem zusätzlichen Unfiltrat-Puffertank. Damit kann die Filterpumpe P 1 bei konstantem Vorlaufdruck betrieben werden, unabhängig vom Entleerungsgrad des ZKT. Der Unfiltrat-Puffertank dient außerdem der Vergleichmäßigung des Unfiltrates: eventuelle Hefestöße werden eliminiert (dieser Vorteil ist bei Anlagen ohne Unfiltrat-Separator sehr günstig). Die Pumpe P 3 ist frequenzgeregelt und hält den Füllstand im Unfiltratpuffertank beim eingestellten Niveau konstant.

Tabelle 204 Parameter einer Filteranlage gemäß Abbildung 486 (alle Druckangaben Überdruck in bar)

Messstelle	Anzeigewert bei			
	vollem ZKT	leerem ZKT	leerem DT	vollem DT
PI 1	0,9	0,9	-	-
PI 2	0,9 + 1,8 = 2,7	0,9	-	-
$\Delta p_{Leitung\ 1}$	≤ 0,2		≤ 0,2	≤ 0,2
PI 3	2,7 - 0,2 = 2,5	0,9 - 0,2 = 0,7		
$\Delta p_{Pumpe\ 1}$	(-0,3)...5,5			
PI 4	≥ 2,2	≤ 6,2		
Δp_{Filter}	≈ 1,0	≤ 5,0		
PI 5 = PI 7 = PI 11	1,2	1,2	1,2	1,2
PI 6 ≈ PI 7 ≈ PI 8	1,2	1,2	1,2	1,2
$\Delta p_{Pumpe\ 2}$	-	-	≥ 0,3 ... ≤ 2,1	
PI 9			≤ 0,3 + 1,2 = ≤ 1,5	0,3 + ≤ 3,0 = ≤ 3,3
$\Delta p_{Leitung\ 2}$			≤ 0,3	
PI 10			1,2	1,2 + ≤ 1,8 = ≤ 3,0
PI 11	1,2	1,2	1,2	1,2

Volumenstrom des Filters 500 hL/h; Flüssigkeitssäule ZKT ≤ 18 m; Flüssigkeitssäule Drucktank ≤ 15 m.

Der Dichteunterschied Bier/Wasser bleibt unberücksichtigt (Annahme: bei ZKT leer = Filter erschöpft)

Klärung und Stabilisierung des Bieres

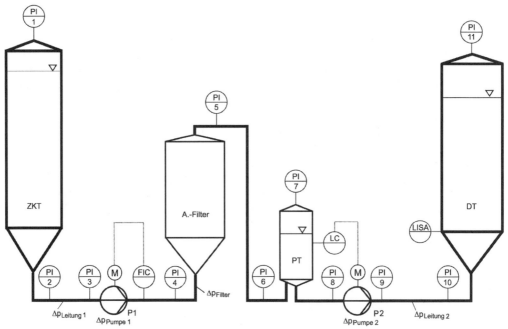

Abbildung 486 Schema einer Anschwemmfilteranlage
ZKT Zylindrokonischer Tank   P 1 Filterpumpe   A.-Filter: Anschwemm-Kerzenfilter   PT Puffertank   P 2 Druckerhöhungspumpe   DT Drucktank

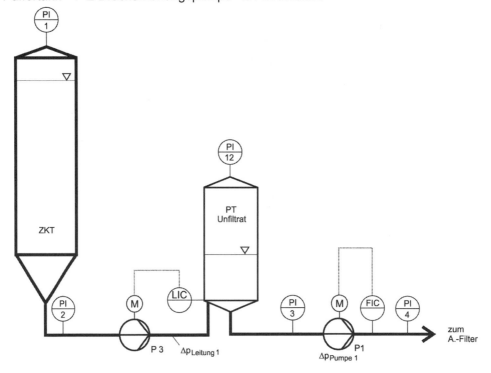

Abbildung 486 a   Schema einer Anschwemmfilteranlage mit Unfiltrat-Puffertank vor Pumpe P 1 (Abbildung 486); Legende siehe Abbildung 486; P 3 Unfiltratpumpe

Armaturen, Rohrleitungen, Pumpen

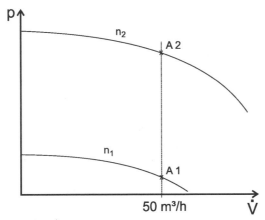

Abbildung 486 b Pumpen-$\dot{V}$-p-Schaubild für die Filteranlage nach Abbildung 486
A1 ist der Arbeitspunkt der Pumpe P1 bei Filtrationsbeginn **A2** ist der Arbeitspunkt der Pumpe P1 bei Filtrationsende

Tabelle 205 Parameter einer Filter-Teilanlage gemäß Abbildung 486a (restliche Werte wie Tabelle 204; alle Druckangaben Überdruck in bar)

Messstelle	Anzeigewert bei	
	vollem ZKT	leerem ZKT
PI 1	≤ 0,9	0,9
PI 2	≤ 0,9 + 1,8 = ≤ 2,7	0,9
$\Delta p_{Leitung\,1}$	≤ 0,6	
PI 3	1,2	
PI 4	2,2 … ≤ 6,2	
PI 12	1,2	

22.7.5 Scherkräfte

In Strömungsmaschinen, insbesondere Kreiselradpumpen, treten zwangsläufig Scherkräfte bzw. Schubspannungen auf. Diese lassen sich nicht verhindern, aber verringern.

Alles was bei einer Pumpe zur Verbesserung des hydraulischen Wirkungsgrades beiträgt, reduziert auch die Scherkräfte. Daraus folgt, dass Pumpen mit einem hohen Wirkungsgrad weniger Scherkräfte verursachen als solche mit einem geringen.

Scherkräfte führen letztendlich zur Umwandlung der zugeführten mechanischen Energie in Wärme. Ziel muss es deshalb sein, Pumpen mit einem möglichst hohen Wirkungsgrad einzusetzen.

Die Verringerung des Volumenstromes durch Drosselung verschlechtert den Wirkungsgrad beträchtlich und führt zu hohen Schubspannungen im Pumpengehäuse und der Drosselarmatur. Auch deshalb ist eine Drosselung zu vermeiden.

23. Werkstoffe und Oberflächen
23.1 Metallische Werkstoffe

Dominierender Werkstoff ist Edelstahl, Rostfrei® (Abbildung 487). Als Synonyme können auch die Begriffe (austenitischer) CrNi-Stahl bzw. CrNiMo-Stahl verwendet werden, die sich von den wesentlichen Legierungselementen ableiten, s.a. Tabelle 206.

Vor allem die austenitischen Stähle der Werkstoffnummern 1.4435, 1.4404 und 1.4571 (nach DIN EN 10088; [572]) werden eingesetzt, s.a. Tabelle 207:

Abbildung 487 Warenzeichen für Edelstahl Rostfrei

Tabelle 206 Die Bedeutung der Werkstoffnummern bei Edelstahl Rostfrei

Werkstoffnummer	Bedeutung	Bemerkungen
1.40..	Cr-Stähle mit < 2,5 % Ni	ohne Mo, Nb oder Ti
1.41..	Cr-Stähle mit < 2,5 % Ni	mit Mo, ohne Nb oder Ti
1.43..	Cr-Stähle mit ≥ 2,5 % Ni	ohne Mo, Nb oder Ti
1.44..	Cr-Stähle mit ≥ 2,5 % Ni	mit Mo, ohne Nb oder Ti
1.45..	Cr-, CrNi- oder CrNiMo-Stähle	mit Sonderzusätzen wie Ti, Nb, Cu usw.
1.46..		

Kennzeichnung mit dem Kurznamen

Der Kurzname gibt eine Information zu den wesentlichen Legierungsbestandteilen.

Er beginnt immer mit X für hoch legierten Stahl (≥ 5 % Legierungsbestandteile). Die folgende Ziffer gibt den C-Gehalt mit dem Faktor 100 an. Darauf folgen die Symbole der wesentlichen Legierungselemente, die folgenden Ziffern geben den durchschnittlichen Gehalt der einzelnen Legierungselemente an (mit dem Faktor 1).

Beispiel Werkstoff 1.4404:	X 2 CrNiMo17-12-2	
	X =	hochlegierter Stahl
	2 =	Kohlenstoffgehalt 0,02 % (≤ 0,03 %)
	Cr =	Chrom-Gehalt 17 % (16,5 - 18,5 %)
	Ni =	Nickel-Gehalt 12 % (10,0 - 13,0 %)
	Mo =	Molybdän-Gehalt 2 % (2,0 - 2,5 %)

In Tabelle 207 sind für einige wichtige austenitische Edelstähle die mechanischen und physikalischen Eigenschaften angegeben.

Tabelle 207 Mechanische und physikalische Eigenschaften einiger Edelstähle

Stahlsorte		Dichte	Zugfestigkeit R_m	0,2 %-Dehngrenze $R_{p0,2\,zul}$	spezif. Wärmekapazität bei 20 °C	Wärmeleitfähigkeit bei 20 °C
Werkstoff-Nr.	Kurzname	in kg/m³	in N/mm²	in N/mm²	J/(kg·K)	in W/(m·K)
1.4301	X5CrNi18-10	7700	540...750	230	500	15
1.4306	X2CrNi19-11		520...670	220		
1.4307	X2CrNi18-9		520...670	220		
1.4401	X5CrNiMo17-12-2	8000	530...680	240	500	15
1.4404	X2CrNiMo17-12-2		530...680	240		
1.4439	X2CrNiMoN17-13-5		580...780	290		
1.4462	X2CrNiMoN22-5-3	7800	660...950	480	500	15
1.4539	X1NiCrMoCuN25-20-5		530...730	240		
1.4541	X6CrNiTi18-10	7900	520...720	220	500	15
1.4565	X2CrNiMnMoNbN25-18-5-4		800...950	420		
1.4571	X6CrNiMoTi17-12-2	8000	540...690	240	500	15

Charakteristisch ist für austenitische Stähle, dass sie nicht magnetisch sind. Durch diese Eigenschaft lassen sie sich von ferritischen oder martensitischen Stählen leicht unterscheiden.

Die Eigenschaften der nichtrostenden Edelstähle sind in der europäischen Norm EN 10088 „Nichtrostende Stähle" festgelegt. In der BR Deutschland gilt die DIN EN 10088, Teil 1 bis 3 [572]. Eine Einführung in die Thematik geben [573] und [574].

Handelt es sich statt eines Walz- oder Schmiedestahles um einen Gusswerkstoff, wird dem X ein G vorangestellt: G-X...

Im englischen Sprachraum ist die Kennzeichnung nach AISI üblich (American Iron and Steel Institute). Wichtige Stähle sind beispielsweise im Vergleich:

AISI 304	1.4301
AISI 304 L	1.4307
AISI 304 Ti	1.4541
AISI 316	1.4401
AISI 316 L	1.4404
AISI 316 Ti	1.4571

Das L steht für *low carbon*.

Ein Überblick zur Thematik Edelstahl Rostfrei® ist in [575] zu finden. Einen „Universalstahl" gibt es nicht. Die Auswahl des geeigneten Werkstoffes muss die geforderte Korrosionsbeständigkeit, die beteiligten Medien (Temperatur, pH-Wert, Gehalt an Halogenionen, insbesondere Chlorionen), die Ansprüche an die Festigkeit, die Montagebedingungen und die Kosten berücksichtigen. Relativ universell lassen sich die Werkstoffe 1.4404 und 1.4571 einsetzen.

> Der jeweilige erforderliche Werkstoff muss immer anhand der gegebenen Einsatzkriterien individuell und sorgfältig ausgewählt werden.

Mit Korrosion muss bereits bei Temperaturen ≥ 25 °C, pH-Werten < 9 und Chlorionenkonzentrationen > 50 mg/L gerechnet werden. Kritische Stellen sind vor allem Phasengrenzflächen Gas/Flüssigkeit und Stellen, an denen es durch Verdunstung zu lokalen Konzentrationserhöhungen kommen kann.

Bei metallischen Werkstoffen sollte immer ein Potenzialausgleich („Erdung") erfolgen. Bereits geringe elektrische Potenziale von wenigen Millivolt können den passiven Bereich der Werkstoffe in den aktiven Bereich verschieben!

Korrosionsarten
Es lassen sich vor allem unterscheiden:
- *Flächenkorrosion*: sie spielt bei Edelstahl Rostfrei kaum eine Rolle;
- *Lochkorrosion*: sie kann auftreten, wenn die Ausbildung der Passivschicht gestört wird. Ursachen hierfür können sein:
  - Chlor-, Brom- oder Jod-Ionen bei pH-Werten ≤ 9 und Temperaturen ≥ 25 °C,
  - Fremdrost,
  - Schweißfehler (Anlauffarben, Zunder, Schlackenreste, falsche Zusatzwerkstoffe, fehlende Formierung, fehlende Nachbehandlung),
  - elektrische Potenzialunterschiede.
- Spaltkorrosion;
- *Spannungsrisskorrosion* (mechanische Spannungen, beispielsweise Zug-, Biege-, Schrumpf-/Schweiß-Spannungen, in Kombination mit Chlorid-Ionen und einem anfälligen Werkstoff);
- *Interkristalline Korrosion* (bei geeigneter Werkstoffwahl und entsprechendem Schweißverfahren nahezu ausgeschlossen);
- *Kontaktkorrosion* (unterschiedliche Werkstoffe);
- *Mikrobielle* Korrosion.

Durch sachgerechte Werkstoffauswahl, die vor allem die Einsatzkriterien (pH-Wert-Bereich, die Temperatur, Halogengehalt, ggf. den Sulfat-Ionengehalt) berücksichtigt, und qualifiziertes Schweißen/Schweißnahtnachbehandlung lassen sich Korrosionsschäden vermeiden oder begrenzen. Weitere Hinweise zur Thematik Korrosion und Korrosionsschutz bei Edelstählen siehe [576].

Beim Einsatz von Gewinden ist zu beachten, das Edelstähle ein ungünstiges Reibverhalten zeigen. Sie neigen bei größerer Belastung zum *Kaltverschweißen* („Fressen") des Gewindes. Deshalb sollte ein Gewinde immer gut geschmiert werden („Lebensmittelfett", Molybdändisulfid MoS_2).

Hochbelastete Gewinde (z. B. Gewindespindeln an Plattenwärmeübertragern) sollten aus einer anderen Werkstoffpaarung gefertigt werden, die ggf. mit einem mechanischen Korrosionsschutz (Kapselung) ausgerüstet wird. Die Reibung zwischen großen Muttern und Unterlegscheiben kann durch Axiallager reduziert werden.

Aus dem gleichen Grunde sollten Verschraubungen an Rohrleitungen regelmäßig geschmiert werden und nur mäßig mit dem zugehörigen Hakenschlüssel **ohne** Verlängerung angezogen werden. Voraussetzung dafür sind parallele Dichtflächen und intakte Dichtungen.

Das Schweißen

Montage-Schweißen: In Frage kommen nur Schutzgasverfahren, z. B. das *WIG*-Verfahren (**W**olfram-**I**nert**g**as-Verfahren). Das Orbital-Schweißverfahren ist ein automatisiertes WIG-Verfahren für Rohre.

In der *Werkstatt-Fertigung* werden neben dem vorstehend genannten Hand-Schweißverfahren automatisierte Verfahren benutzt, beispielsweise das *MIG*-Verfahren (**M**etall-**I**nert**g**as-Verfahren), das *MAG*-Verfahren (**M**etall-**A**ktiv-**G**as-Verfahren), das Plasma-Schweißverfahren und das Laser-Schweißverfahren, sowie das *UP*-Verfahren (**U**nter-**P**ulver-Schweißverfahren).

Der Lichtbogen, der zwischen einer Wolframelektrode oder dem Zusatzwerkstoff und dem Werkstück brennt, wird dabei von einem Edelgas umspült, meist wird Argon (Schweißargon 99,95 %) verwendet. Die Rückseite des Schweißbades (der Wurzelbereich) wird ebenfalls mit Argon gespült, meistens jedoch aus Kostengründen mit einem Formiergas (z. B. Formiergas 90/10: 90 % N_2, 10 % H_2).

Das Plasma- und das Laser-Verfahren lassen sich auch zum Schneiden einsetzen.

Beim Schweißen kommt es darauf an, die Gefügezusammensetzung des Edelstahles zu erhalten. Insbesondere die Bildung von Chrom-Carbiden muss verhindert werden. Das ist einmal möglich durch niedrige C-Gehalte im Stahl, zum anderen durch die Legierung der Elemente Titan oder Niob. Diese beiden Elemente bilden bevorzugt Carbide, so dass die unerwünschte Bildung von Cr-Carbiden, mit der Folge der Verarmung der Legierung an Chrom, unterbunden wird. Edelstähle mit den Legierungselementen Ti und Nb werden deshalb auch als *stabilisierte* Stähle bezeichnet.

Die Ausbildung von Cr-Carbiden wird auch durch eine schnelle Abkühlung verhindert. Deshalb werden die Stähle zur Auflösung eventuell gebildeter Carbide geglüht und anschließend schnell abgekühlt, zum Beispiel mit Wasser. Dieser Vorgang wird als Abschrecken bezeichnet, dieser Lieferzustand wird durch das Kurzzeichen *AS* dokumentiert. Das Lösungsglühen und anschließende Abschrecken ist jedoch nach dem Schweißen in den meisten Fällen auf Grund der Bauteilgeometrie nicht mehr möglich. Deshalb werden stabilisierte Stähle eingesetzt, die ohne Nachbehandlung universell schweißbar sind.

Schweißnaht-Nachbearbeitung:

Je besser es gelingt, den Luft-Sauerstoff von der Schweißstelle fernzuhalten, desto geringer ist die Verschlechterung der Korrosionsbeständigkeit. Die sich bildenden Oxide bzw. Anlauffarben müssen *mechanisch* (durch CrNi-Stahl-Drahtbürsten, durch Schleifen oder durch Strahlen) und/oder chemisch durch *Beizen* vollständig entfernt werden. Das Beizen (s.a. Tabelle 208) wird im Allgemeinen durch mechanische Einflüsse unterstützt, zum Beispiel mittels metallfreien Reinigungspads aus Kunststoff-Vlies.

Anlauffarben *in* den Rohrleitungen lassen sich mechanisch kaum entfernen, da die Zugänglichkeit nicht gegeben ist. In diesen Fällen hilft nur die prophylaktisch vollständige Formierung, die messtechnisch überwacht werden sollte.

Die Qualität der Schweißnähte, der Stichprobenumfang und ggf. eventuelle Sanktionen sollten grundsätzlich mit dem Montage-Unternehmen vertraglich festgelegt werden („Vertrauen ist gut, Kontrolle ist besser" !!). Zur Kontrolle sind beispielsweise Endoskope geeignet.

Mechanische Oberflächenbehandlung

Die Oberfläche von metallischen Werkstoffen kann beeinflusst werden durch:
- Schleifen,
- Bürsten,
- Polieren und
- Strahlen

Das Schleifen kann mit Schleifscheiben (mit Kunstharz- oder Hartgummibindung, Tuchscheiben) oder -bändern erfolgen. Die Schleifkörper sind entweder gebunden oder sie werden als Schleifpaste aufgetragen. Begonnen wird stets mit einer groben Körnung (z. B. 24er oder 36er), danach wird die Körnung immer feiner (80er...240er). Zum Polieren wird 320er und 400er Körnung verwendet.

Geschliffen oder poliert wird trocken oder nass (zur besseren Abführung der Wärme). Eine Hochglanzpolitur lässt sich nur bei nicht stabilisierten Stählen erzielen.

Das Strahlen (mit Glasperlen, Quarzsand oder Edelstahlkorn) erzeugt matte Oberflächen, die neutrale, nicht richtungsorientierte Strukturen ermöglichen.

Geschliffene, polierte oder gestrahlte Oberflächen müssen gegen mechanische Einwirkungen geschützt werden, teilweise werden die Oberflächen durch selbstklebende Kunststofffolien geschützt.

Generell gilt, dass die Edelstahloberflächen bei Montage- und Demontagearbeiten oder Reparaturen nicht durch Funkenflug, wie sie beim Trennschleifen, Brennschneiden oder Schweißen auftreten, beeinträchtigt werden. Die Oberflächen müssen lückenlos durch geeignete, unbrennbare Planen oder Folien abgedeckt werden. Diese Forderung gilt auch für Fußböden.

Chemische Oberflächenbehandlung

Die Elektropolitur ist ein chemisches Verfahren, bei dem die „Werkstoffspitze" elektrisch in einer Elektrolytlösung eingeebnet werden (z. B. die Konusoberfläche von ZKT).

Das *Beizen* und *Passivieren* (s.a. Tabelle 208) wird angewandt, um metallisch reine Oberflächen zu erzeugen, die die Voraussetzung für die Ausbildung einer Passivschicht sind.

Beim *Beizen* werden Zunderschichten und Anlauffarben, die sich beim Schweißen gebildet haben, entfernt. Gebeizt wird in *Beizbädern* oder durch aufgetragene *Beizpasten*. Durch mechanischen Einfluss kann das Beizen unterstützt werden (Bürsten, Schwämme, Kunstfaser-Vlies).

Das *Passivieren* fördert die Ausbildung der Passivschicht, kann aber Zunderschichten und Anlauffarben **nicht** entfernen (das geht nur durch das Beizen).

Wichtig ist es, die Beiz- oder Passivierungschemikalien quantitativ nach der Behandlung zur Vermeidung von Korrosion zu entfernen. Die Chemikalien werden konfektioniert gehandelt und müssen nach Gebrauchsanweisung gehandhabt werden.

Tabelle 208 Zusammensetzung von Beiz- und Passivierungslösungen (nach [574])

Beizlösung	Salpetersäure (50%ig)	10...30 Vol.-%
	Flusssäure	2,5...3 Vol.-%
	Wasser	Rest
	Badtemperatur	20...40 °C
	Beizdauer	etwa 20 min.
Passivierungslösung	Salpetersäure (50%ig)	10...25 Vol.-%
	Wasser	Rest
	Badtemperatur	20...60 °C
	Passivierungsdauer	etwa 60 min.

Reinigung/Desinfektion und Pflege des Edelstahles

Rostfreier Edelstahl besitzt nur im passiven Zustand seine Korrosionsbeständigkeit. Wichtigste Voraussetzung für die Ausbildung der *Passivschicht* ist die metallisch *reine* Oberfläche (die Aussage „rost- und säurebeständig" gilt für Edelstahl Rostfrei *nur* unter bestimmten Voraussetzungen, zu denen u.a. die saubere Oberfläche gehört).

Nach der Montage müssen die Oberflächen einer *Grundreinigung* unterzogen werden. Dazu gehört die Entfettung und ggf. die Entfernung von Klebstoffresten der Schutzfolien mit geeigneten organischen Lösungsmitteln. Die Entfettung kann mit einer alkalischen CIP-Reinigung erfolgen, die Lauge sollte dann nur für diesen Zweck und nicht weiter verwendet werden.

Produktberührte Oberflächen werden üblicherweise nach dem CIP-Verfahren gereinigt und desinfiziert, vor allem in der Form der Niederdruck-Schwallreinigung bei Behältern. Dabei werden vor allem alkalische Medien auf der Basis von Natronlauge und saure Reinigungsmittel auf der Basis von HNO_3 und/oder H_3PO_4 verwendet. Bei der Anwendung von sauren Reinigungs- und Desinfektionsmitteln ist darauf zu achten, dass der Gehalt an Chlorid-Ionen (auch im Ansatzwasser) möglichst gering bleibt, um Lochkorrosion auszuschließen, ebenso sollten die Temperaturen niedrig bleiben.

In der Norm DIN 11483 [577] werden Einsatzkriterien für Reinigungs- und Desinfektionsmittel genannt.

23.2 Kunststoffe

Für Messelektroden werden Glas und Kunststoffe verwendet. Geeignet sind u.a. PTFE (Polytetrafluorethylen; Teflon®), PP (Polypropylen), PEEK (Poly-Ether-Ether-Keton), PVC (Polyvinylchlorid) und PES (Polyethersulfon).

Als Gehäusewerkstoff für Antriebe wird zum Teil PPS (Polyphenylensulfid) eingesetzt.

Für die Membran von Membranventilen werden verwendet:
- EPDM (Ethylen-Propylen-Dien-Mischpolymerisat);
- PTFE (Teflon®) und andere fluorhaltige Polymerisate (z. B. Viton®)
- FPM (Propylen-Tetrafluorethylen-Kautschuk);

Teilweise werden die o.g. Membranwerkstoffe auch kombiniert eingesetzt: eine dünne Membran und eine dicke Membran als Trägerwerkstoff. Die Membran kann faserverstärkt werden.

Klärung und Stabilisierung des Bieres

Werkstoff für den Faltenbalg ist meistens PTFE. Die bisher kleinste Nennweite ist DN 10 (der Faltenbalg setzt Grenzen für die Nennweite). Bei größeren Nennweiten können auch Metall-Faltenbälge zum Einsatz kommen.

Die Kunststoffe müssen die FDA-Zulassung (Food- and Drug-Administration, USA) besitzen.

Dichtungen werden vorzugsweise als O-Ring (gesprochen: Rundring) gestaltet. Der Einbauort der Dichtung muss so gestaltet werden, dass der Dichtring nur definiert gepresst oder gespannt und nicht gequetscht werden kann (das entspricht den Prinzipien der Aseptik-Verschraubung nach DIN 11864-1).

23.3 Oberflächenzustand

Der Lieferzustand der rostfreien Edelstähle wird durch ein Kurzzeichen angegeben. Dieses ist nach DIN EN 10088 genormt. Warmgewalzte Werkstoffe beginnen immer mit der Ziffer 1, kaltgewalzte mit der Ziffer 2, denen ein Großbuchstabe folgt (Beispiele siehe Tabelle 209).

Es empfiehlt sich, in Lieferverträge immer den geforderten Mittenrauwert R_a (nach DIN 4762) für produktberührte Oberflächen mit aufzunehmen. Für Anlagen der Brau- und Getränkeindustrie sind Werte von $R_a \leq 1,6$ µm anzustreben.

Tabelle 209 Ausführungsart und Oberflächenbeschaffenheit von Edelstahl Rostfrei (Auswahl der Beispiele nach DIN EN 10088)

Kurzzeichen *) nach DIN EN 10088	Ausführungsart	ehemalige Kurzzeichen nach DIN 17440
2 D	Kalt weiterverarbeitet, wärmebehandelt, gebeizt	h (III b)
2 B	Kaltgewalzt, wärmebehandelt, gebeizt, kalt nachgewalzt	n (IIIc)
2 R	Kaltgewalzt, blankgeglüht	m (III d)
2 G	geschliffen	o (IV)
2 J	Gebürstet oder mattpoliert	q
2 P	Poliert, blankpoliert	p (V)

*) Ziffer 1: warm gewalzt oder warm geformt,
   Ziffer 2: kalt gewalzt oder weiterverarbeitet

Da der Preis der Werkstoffe und die Verarbeitungskosten vom Mittenrauwert abhängig sind, sollte gelten: „So gering wie nötig" (die Angabe der Rautiefe R_t oder der gemittelten Rautiefe R_z ist nicht sinnvoll).

Beachtet werden sollte auch, dass zum Beispiel geschweißte Rohre nur mit folgenden Mittenrauwerten geliefert werden (nach DIN 11850):

❒ Geschweißte Rohre mit $R_a \leq 1,6$ µm und $R_a \leq 0,8$ µm.

Rohre werden nach DIN 11866 [578] und DIN 11850 [579] eingesetzt. Bei Rohren nach DIN 11866 werden u.a. die Hygieneklassen H1 bis H5 unterschieden. Diese beziehen sich auf die Rautiefe der Rohrinnenfläche und des Schweißnahtbereiches (Tabelle

210). Bei der Auswahl der Rohre müssen natürlich die nicht unwesentlich höheren Kosten der Rohre mit geringer Rauheit beachtet werden.

Tabelle 210 Hygieneklassen bei Rohren nach DIN 11866

Hygieneklasse	R_a Innenfläche	R_a Schweißnahtbereich
H 1	< 1,6 µm	< 3,2 µm
H 2	< 0,8 µm	< 1,6 µm
H 3	< 0,8 µm	< 0,8 µm
H 4	< 0,4 µm	< 0,4 µm
H 5	< 0,25 µm	< 0,25 µm

Es ergibt keinen Sinn, an einzelnen Stellen der Anlage geringere Mittenrauwerte mit höheren Kosten einzusetzen (Prinzip der Kette: das schwächste Glied bestimmt die Eigenschaften!). Ebenso muss gesichert werden, dass an allen Stellen der Anlage nach der Montage die gleichen Mittenrauwerte erreicht werden.

Geringere Mittenrauwerte können in einzelnen Fällen technologisch begründet sein, beispielsweise bei der Konusoberfläche eines Hefezuchtbehälters oder ZKT, um den quantitativen Hefeaustrag zu erleichtern.

Mittenrauwerte $\leq$ 1,6 µm lassen sich im Allgemeinen nur durch Elektropolitur erzielen. Die produktberührten Oberflächen von Armaturen oder Sensoren werden teilweise trotzdem mit einer Rautiefe Ra $\leq$ 0,4 µm gefertigt.

Nach neueren Erkenntnissen verbessert sich die Reinigungsfähigkeit der Oberfläche bei R_a-Werten $\leq$ 0,8 µm nicht mehr [580], im Gegenteil, die Reinigungsfähigkeit verschlechtert sich bei sehr kleinen R_a-Werten [581], [582].
Wichtige Hinweise geben auch die Publikationen der EHEDG [583].

23.4 Dichtungswerkstoffe

Beispiele sind in der Getränkeindustrie die in Tabelle 211 genannten Elastomere:

Die Elastomere sind eine Mischung aus dem eigentlichen Polymer bzw. den beteiligten Polymeren, Füllstoffen, Farbstoffen, Weichmachern, Aktivatoren und Vernetzern, Alterungsschutzmitteln und anderen Verarbeitungshilfsmitteln.

Die Dichtungswerkstoffe werden oft durch die Füllstoffe eingefärbt. Ein sehr wichtiger aktiver Füllstoff ist Ruß. Deshalb sind viele Dichtungen schwarz gefärbt. Anorganische Füllstoffe verbessern die chemische Beständigkeit der Dichtungswerkstoffe im Allgemeinen nicht.

Die Dichtungswerkstoffe müssen die FDA-Zulassung (Food- and Drug-Administration, USA) besitzen. Teilweise werden weitere Zulassungen gefordert, z. B. nach dem 3A Sanitary-Standard (USA).

Tabelle 211 Dichtungswerkstoffe für die Getränkeindustrie

Abkürzung	Bezeichnung	Einsatzgrenzen	Handelsname
NBR	Acrylnitril-Butadien-Kautschuk	-30...100 °C	Perbunan, Nitril-Kautschuk
HNBR	Hydrierter NBR-Kautschuk	-20...140 °C	
VMQ	Polymethylsiloxan-Vinyl-Kautschuk	-40...110 °C	Silicone
EPDM	Ethylen-Propylen-Dien-Mischpolymerisat	-30...160 °C	
PTFE	Polytetrafluorethylen	-200...260 °C	z. B.: Teflon®
FKM	Fluorelastomere; Fluorkautschuk	-15...160 °C	z. B.: Viton®,
FFKM	Perfluorkautschuk	-15...≥ 230 °C	z. B.: Kalrez®, CHEMRAZ® Simriz®
FPM	Propylen-Tetrafluorethylen-Kautschuk		
	Fluoroprene® XP	-15...200 °C	75 Fluoroprene® XP 40

23.4.1 Unterscheidungsmöglichkeiten für Elastomere

Eine eindeutige Zuordnung von Farben zu den einzelnen Dichtungswerkstoffen ist leider nicht möglich.

EPDM, HNBR, FKM und FFKM sind in der Regel schwarz gefärbt (Füllstoff Ruß), Silicon-Kautschuk VMQ kann rot gefärbt sein, NBR ist oft blau aber auch schwarz. Der Werkstoff 75 Fluoroprene® XP 40 ist dunkelblau gefärbt. Die Farben sind zurzeit nicht standardisiert und werden herstellerspezifisch festgelegt.

Eine Unterscheidung ist zum Teil nach der Dichte oder anderen physikalisch messbaren Kriterien möglich, zum Beispiel können die IR-Spektren der Elastomere für die Unterscheidung genutzt werden [584]. Diese Bestimmungen sind im Allgemeinen nur durch die Hersteller möglich, die Dichtung wird dabei meistens zerstört.

Bei FKM kann die Dichte von etwa 2 g/cm³ zur Unterscheidung von anderen Elastomeren benutzt werden. Viele Elastomere unterscheiden sich nur geringfügig in ihrer Dichte (EPDM, VMQ und NBR liegen bei einer Dichte von etwa 1,1 bis 1,2 g/cm³.

Die Unterscheidung der Elastomere durch eine so genannte Brennprobe ist nur bedingt möglich. Die entstehenden Gase können zwar teilweise einem bestimmten Kunststoff zugeordnet werden, aber da dabei auch giftige Gase entstehen können, muss von dieser Unterscheidungsmöglichkeit dringend abgeraten werden.

> Die Lieferspezifikationen müssen im Lager den Dichtungen zur sicheren Unterscheidung deshalb dauerhaft zugeordnet bleiben.

23.4.2 Hinweise zur Beständigkeit der Dichtungswerkstoffe

Hinweise zur Beständigkeit von Elastomeren gegenüber R/D-Medien gibt die DIN 11483-2 [585].

Der zum Teil blau gefärbte Dichtungswerkstoff NBR (Acrylnitril-Butadien-Kautschuk) ist für mit heißer Lauge gereinigte Anlagen unbrauchbar. Für Heißwürze ist auch HNBR nutzbar.

Dichtungen werden vorzugsweise als O-Ring gestaltet. Der Einbauort der Dichtung muss so gestaltet werden, dass der Dichtring nur definiert gepresst oder gespannt und nicht gequetscht werden kann (Prinzip der Sterildichtung in der Aseptikverschraubung nach DIN 11864; s. a. Abbildung 456).

Tabelle 212 Einsatzkriterien für Reinigungs- und Desinfektionsmittel bei dem Dichtungswerkstoff EPDM (nach DIN 11483 [585])

Medium	Konzentration	Temperatur	Einwirkzeit
HNO_3	$\leq 2\%$	$\leq 50\,°C$	$\leq 0,5\,h$
HNO_3	$\leq 1\%$	$\leq 90\,°C$	$\leq 0,5\,h$
H_3PO_4	$\leq 2\%$	$\leq 140\,°C$	$\leq 1,0\,h$
$H_3PO_4 + HNO_3$	$\leq 5\%$	$\leq 90\,°C$ $\leq 140\,°C$	$\leq 1\,h$ $\leq 5\,min$
Peressigsäure	$\leq 1\%$	$\leq 90\,°C$	$\leq 0,5\,h$
Peressigsäure	$\leq 1\%$	$\leq 20\,°C$	$\leq 2,0\,h$
Peressigsäure	$\leq 0,15\%$ $< 0,0075\%$	$\leq 20\,°C$ $< 90\,°C$	$\leq 2\,h$ $\leq 30\,min$
Jodophore	$\leq 0,5\%$	$\leq 30\,°C$	$\leq 24\,h$
NaOH	$\leq 5\%$	$\leq 140\,°C$	Mehrere Stunden
NaOH	$\leq 2\%$	$\leq 80\,°C$	ohne Begrenzung
NaOH + Na-Hypochlorit	$\leq 5\%$	$\leq 70\,°C$	$\leq 1\,h$
Na-Hypochlorit pH ≥ 9, $Cl^- \leq 300\,mg/L$		$20\,°C$ $60\,°C$	$< 2\,h$ $< 30\,min$
Heißwasser		$\leq 140\,°C$	ohne Begrenzung

Gegen Ethanol/Spiritus ist EPDM beständig.

23.4.3 Schmierstoffe für Dichtungen

Dynamisch beanspruchte Dichtungen, beispielsweise an Ventilspindeln oder -stangen oder die Mitteldichtung bei Absperrklappen, müssen zur Minderung des Verschleißes durch Reibung geschmiert werden. Dazu können nur Schmierstoffe (Fette, Öle) eingesetzt werden, die das Produkt nicht schädigen (beispielsweise den Bierschaum) und die aus Sicht der Lebensmittelhygiene unbedenklich sind.

Es werden folgende Schmierstoffgruppen unterschieden:
- NSF H1: Kennzeichnung für Food Grade Lubricants, d.h. Schmierstoffe die dort eingesetzt werden dürfen, wo ein gelegentlicher, technisch unvermeidbarer Kontakt mit Lebensmitteln nicht auszuschließen ist.
- NSF H2: Kennzeichnung für Schmierstoffe zur allgemeinen Anwendung in der Lebensmitteltechnologie, vorausgesetzt ein Lebensmittelkontakt ist ausgeschlossen.

Die vom USDA (United States Department of Agriculture) für Betriebsstoffe in der Lebensmittelindustrie vergebene H1-Freigabe definiert auch präzise Hygienestandards bei Schmierstoffen. Entsprechend lebensmitteltechnisch einwandfreie H1-Schmierstoff-Komponenten nimmt die amerikanische Arzneimittelbehörde „Food and Drug Administration (FDA)" in speziellen Positivlisten auf.

Klärung und Stabilisierung des Bieres

Nachdem die USDA keine Freigaben mehr vornimmt, wird diese Aufgabe heute von der nichtstaatlichen, gemeinnützigen und international ausgerichteten Gesundheitsorganisation National Sanitation Foundation (NSF) wahrgenommen.

23.4.4 Form der Dichtungen

Dichtungen werden vor allem als O-Ring (gesprochen: Rundring), als Profil-Dichtungen (z. B. für Verschraubungen nach DIN 11851 und bei Clamp-Verbindungen) und als Flachdichtungen eingesetzt. Weitere Dichtungsvarianten sind Wellendichtungen (Wellendichtringe (Synonym *Simmering*), Gleitringdichtungen, Stopfbuchspackungen); Einzelheiten hierzu s.a. [138]. Eine weitere wichtige Dichtung ist die Mitteldichtung bei Absperrklappen.

Der Einbauraum wird so bemessen, dass auch die thermisch bedingte Ausdehnung kompensiert werden kann (Abbildung 488).

23.4.4 Haltbarkeit von Dichtungen

Die Standzeit von dynamisch beanspruchten Dichtungen ist begrenzt. Sie ist natürlich vor allem von der Anzahl der Schaltspiele und von der thermischen, chemischen und mechanischen Beanspruchung abhängig, die das Altern der Dichtungswerkstoffe beeinflussen.

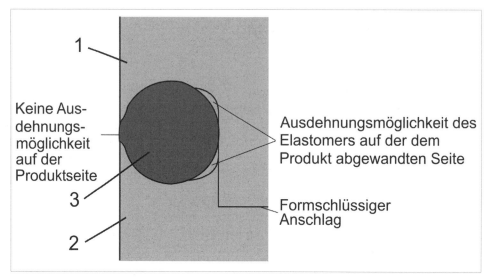

Abbildung 488 Aseptik-Verbindung, Einzelheit des Dichtungsraumes, schematisch (nach GEA Tuchenhagen)
1 Rohrstutzen **2** Gewindestutzen **3** O-Ring-Dichtung

Eine exakte „Lebensdauer" lässt sich nicht vorhersagen. Die Hersteller geben zum Teil die möglichen Schaltspiele als Richtwert an oder sie empfehlen eine bestimmte Betriebszeit, nach deren Ablauf die Dichtungen erneuert werden sollten.

Da die Dichtungssätze für Armaturen, beispielsweise für Doppelsitzventile, relativ hohe Kosten verursachen, geht der Trend zum Dichtungswechsel immer mehr zum Austausch: „erst im Schadensfall". Das heißt aber nicht, dass von den Betrieben nicht auch nach festen Zyklen erneuert wird.

Weiterführende Literatur
Hierzu wird auf die Internetseiten der einschlägigen Hersteller verwiesen, beispielsweise [586], [587], [588]. Diese Seiten vermitteln zahlreiche weiterführende Details, die verfügbaren Produktspezifikationen und Beständigkeitsnachweise.

24. Arbeits- und Gesundheitsschutz, Gefahrenpunkte bei der Filtration und ihre Vermeidung

24.1 Die Stellung der gewerblichen Berufsgenossenschaften

Grundlage der Arbeit der gewerblichen *Berufsgenossenschaften* ist die Reichsversicherungsordnung (von 1911), das Unfallversicherungs-Neuregelungsgesetz (1963) und das Sozialgesetzbuch (seit 1976) in seiner jeweils letzten Fassung.

Aufgaben der Berufsgenossenschaften sind vor allem:
- die *Erarbeitung* von Unfallverhütungsvorschriften (BGV),
- die *Erarbeitung* von BG-Regeln (BGR), Informationen (BGI), Grundsätzen (BGG) und Arbeitssicherheitsinformationen (ASI),
- die *Verhütung* von Arbeitsunfällen,
- der *Versicherungsschutz* der Arbeitnehmer bei Arbeitsunfällen, Wegeunfällen, Berufskrankheiten und
- die *Entschädigung* im Versicherungsfall, ggf. auch für Hinterbliebene.

Die Berufsgenossenschaften (BG) haben berufsgenossenschaftliche *Fachausschüsse* und *Technische Aufsichtsbeamte*. Die Techn. Aufsichtsbeamten sind unter anderem vor Ort in den Betrieben beratend und überwachend tätig. Sie können Auflagen zur Gewährleistung der technischen Sicherheit und der Einhaltung der bestehenden Unfallverhütungsvorschriften (BGV) erteilen. Ggf. hilft Ihnen dabei das „Gesetz über Ordnungswidrigkeiten" (OWiG) [589] bei der Durchsetzung von Auflagen.

Die Arbeit der BG wird von den angeschlossenen Betrieben (jeder Unternehmer ist durch Gesetzeskraft Mitglied einer BG) durch eine Umlage der Kosten finanziert.

Die BGV werden von den BG erarbeitet und erlassen. Sie werden durch den Bundesminister für Arbeit und Soziales bestätigt.

Im Auftrag dieses Ministeriums ist die Bundesanstalt für Arbeitsschutz und Arbeitsmedizin (BAuA) in D-44149 Dortmund, Friedrich-Henkel-Weg 1-25, tätig, die auch Publikationen zum Arbeitsschutz und zur technischen Sicherheit herausgibt (www.baua.de).

Die BGV sind eine Mindestnorm, die in jedem Falle zu gewährleisten ist. Die Einhaltung der Vorschriften obliegt dem verantwortlichen Leiter eines Betriebes. Seine Pflichten können per Formblatt auf Beauftragte übertragen werden.

Der Unternehmer kann bzw. muss Sicherheitsbeauftragte einsetzen, die für die Entwicklung der Sicherheit zuständig sind.

Gegenwärtig gibt es 9 gewerbliche Berufsgenossenschaften in der BR Deutschland. Es bestehen Forschungseinrichtungen bei den gesetzlichen Unfallversicherungsträgern für den Arbeitsschutz.

Für die Gärungs- und Getränkeindustrie ist die *BG Nahrungsmittel und Gastgewerbe* in D-68165 Mannheim, Dynamostraße 7-11, zuständig, die in den verschiedenen Bundesländern Vertretungen hat (*Bezirksverwaltungen* in Berlin, Dortmund, Erfurt, Hannover, Mannheim, Mainz und München). Einzelheiten zur Organisation der BGN (siehe unter: www.bgn.de). Eine umfassende Übersicht zu den Vorschriften des Arbeits- und Gesundheitsschutzes sind der jährlich neu erscheinenden DVD zu entnehmen [591].

Die BG Nahrungsmittel und Gastgewerbe gibt auch die **A**rbeit**S**icherheits-Informationen (ASI) heraus.

Für bestimmte Randgebiete kann es sinnvoll sein, auch die Publikationen der BG der chemischen Industrie in D-69115 Heidelberg mit zu Rate zu ziehen (www.bgchemie.de).
Literatur zum Arbeitsschutz wird vor allem von [590] vertrieben.

24.2 Wichtige Informationsquellen zum Unfallschutz und der technischen Sicherheit

Die wichtigen Unterlagen der BGN (BGV, BGI, BGG, BGR und ASI) können im Internet eingesehen werden und sind auf der jährlich erscheinenden DVD enthalten [591], ebenso die wichtigen gesetzlichen Grundlagen zum nationalen und europäischen Recht.
Die CD-ROM verfügt über eine umfangreiche Suchfunktion.

24.3 Weitere gesetzliche Grundlagen zum Unfallschutz und zur technischen Sicherheit

Weitere wichtige Unterlagen stellen die Regelwerke der Berufsvereinigungen dar, beispielsweise das ATV-Regelwerk, das DVGW-Regelwerk usw., siehe auch [592].

Arbeitsmittel, die nach Prüfung dem Gerätesicherheitsgesetz entsprechen, wurden in der Vergangenheit mit dem Zeichen für geprüfte Sicherheit (*GS*-Zeichen) gekennzeichnet. Das GS-Zeichen kann weiterhin auf freiwilliger Basis durch den Hersteller neben dem *CE*-Kennzeichen vergeben werden, wenn durch eine zugelassene/zertifizierte Stelle eine Baumusterprüfung mit Produktionsüberwachung vorgenommen wurde. Zwischen CE-Kennzeichen und GS-Zeichen darf *keine* Sachidentität bestehen.

Seit 01.01.1995 ist das Kennzeichen **CE** (**C**ommunauté **E**uropéenne ≙ Europäische Gemeinschaft) der Europäischen Union für Maschinen zwingend vorgeschrieben. Damit wird die Konformität der Maschinen mit den europäischen Sicherheits- und Hygieneanforderungen, die in der „EG-Maschinenrichtlinie" (aktuell RL 2006/42/EG), und den daraus abgeleiteten europäischen Normen (*CEN-EN*) festgelegt sind, bestätigt. Aktuell sind gegenwärtig die DIN-EN 1672-2 [593], DIN EN ISO 14159 [594]. Weitere Hinweise zu aktuellen Normen sind in [591] zu finden.

Das Zeichen **CE** wird teilweise auch für „**C**onformité **E**uropéenne" benutzt.

24.4 Wichtige Dokumente zur Anlagenplanung, zum Unfallschutz und zum Gesundheitsschutz

24.4.1 Europäisches Recht

Wichtige Richtlinien der Europäischen Union sind beispielsweise:
- Richtlinie 2008/50/EG: *Luftqualität* und saubere Luft für Europa;
- Richtlinie 2006/95/EG: *Niederspannungsrichtlinie*;
- Richtlinie 2006/42/EG: *Maschinenrichtlinie*;
- Richtlinie 2004/108/EG: *Elektromagnetische Verträglichkeit* umgesetzt durch das Gesetz über die Elektromagnetische Verträglichkeit EMVG;

Klärung und Stabilisierung des Bieres

- Richtlinie 2003/10/EG: Mindestvorschriften zum Schutz von Sicherheit und Gesundheit der Arbeitnehmer vor der Gefährdung durch physikalische Einwirkungen (Lärm) - *Lärmschutzrichtlinie*,
  umgesetzt durch: Verordnung zum Schutz der Beschäftigten vor Gefährdungen durch Lärm und Vibrationen (*Lärm- und Vibrations-Arbeitsschutzverordnung - Lärm-VibrationsArbSchV*;
- Richtlinie 1999/92/EG Schutz der Arbeitnehmer, die durch explosionsfähige Atmosphären gefährdet werden können (ATEX 137);
- Richtlinie 97/23/EG: Druckgeräte (*Druckgeräterichtlinie*);
- Richtlinie 94/9/EG: Geräte und Schutzsysteme zur bestimmungsgemäßen Verwendung in explosionsgefährdeten Bereichen (ATEX 100a);
- Richtlinie 89/391/EWG des Rates vom 12.06.1989 über die Durchführung von Maßnahmen zur Verbesserung der Sicherheit und des Gesundheitsschutzes der Arbeitnehmer bei der Arbeit (*Arbeitsschutz-Rahmenrichtlinie*);
- Richtlinie 89/654/EWG des Rates vom 30.11.1989 über Mindestvorschriften für Sicherheit und Gesundheitsschutz in Arbeitsstätten;
- Richtlinie 89/655/EWG des Rates vom 30.11.1989 über Mindestvorschriften für Sicherheit und Gesundheitsschutz bei Benutzung von Arbeitsmitteln;
- EG-Verordnung 852/2004 über Lebensmittelhygiene
- Verordnung (EG) Nr. 1935/2004 über Materialien und Gegenstände, die dazu bestimmt sind, mit Lebensmitteln in Berührung zu kommen.
- Verordnung (EU) Nr. 10/2011 über Materialien und Gegenstände aus Kunststoff, die dazu bestimmt sind, mit Lebensmitteln in Berührung zu kommen.
  Bisher: Richtlinie 2002/72/EG über Materialien und Gegenstände aus Kunststoff, die dazu bestimmt sind, mit Lebensmitteln in Berührung zu kommen.

24.4.2 Nationale gesetzliche Grundlagen

Nachfolgend wird auf wichtige gesetzliche Grundlagen verwiesen (hierzu s.a. [542]):
- *Bundes-Immissionsschutzgesetz* (BImSchG) und seine Verordnungen insbesondere:
  4. BImSchV: Verordnung über genehmigungsbedürftige Anlagen;
  12. BImSchV: Störfall-Verordnung;
- Das Arbeitsschutzgesetz (ArbSchG);
- Das Energieeinsparungsgesetz (EnEG);
- Das Gesetz zum Schutz vor gefährlichen Stoffen (Chemikaliengesetz - ChemG);
- Die Verordnung über gefährliche Stoffe (Gefahrstoffverordnung – GefStoffV [595]);
- *Betriebsverfassungsgesetz* (BetrVG) in der Fassung vom 25.09.2001, zuletzt geändert 18.05.2004;
- Gesetz über die Durchführung von Maßnahmen des Arbeitsschutzes zur Verbesserung der Sicherheit und des Gesundheitsschutzes der Beschäftigten bei der Arbeit (*Arbeitsschutzgesetz* - ArbSchG;
- Gesetz über Betriebsärzte, Sicherheitsingenieure und andere Fachkräfte für Arbeitssicherheit (*Arbeitssicherheitsgesetz* - ASiG);
- Verordnung über Arbeitsstätten (*Arbeitsstättenverordnung* - ArbStättV);
- Verordnung über Sicherheit und Gesundheitsschutz bei der Bereitstellung von Arbeitsmitteln und deren Benutzung bei der Arbeit, über Sicherheit beim Betrieb überwachungsbedürftiger Anlagen und über die Organisation des

- betrieblichen Arbeitsschutzes (*Betriebssicherheitsverordnung* - BetrSichV), insbesondere der Anhang 5 der BetrSichV;
- Gesetz über technische Arbeitsmittel und Verbraucherprodukte (*Geräte- und Produktsicherheitsgesetz* - GPSG);
- Verordnungen zum GPSG, vor allem interessieren hier:
  1. GPSGV: Elektrische Betriebsmittel. Verordnung über das Inverkehrbringen elektrischer Betriebsmittel zur Verwendung innerhalb bestimmter Spannungsgrenzen,
  3. GPSGV: Maschinenlärm;
  6. GPSGV: einfache Druckbehälter;
  8. GPSGV: Verordnung über das Inverkehrbringen von persönlichen Schutzausrüstungen;
  9. GPSGV: Maschinenverordnung;
  11. GPSGV: Explosionsschutzverordnung,
  12. GPSGV: Aufzüge: Aufzugsverordnung;
  14. GPSGV: Druckgeräteverordnung;
- Gesetz zur Ordnung des Wasserhaushalts (*Wasserhaushaltsgesetz* - WHG);
- Gesetz zum Schutz vor gefährlichen Stoffen (*Chemikaliengesetz* - ChemG);
- Lebensmittel-, Bedarfsgegenstände- und Futtermittelgesetzbuch (*Lebensmittel- und Futtermittelgesetzbuch* - LFGB)
- Verordnung zum Schutz vor gefährlichen Stoffen (*Gefahrstoffverordnung* - GefstoffV);
  TR für Gefahrstoffe TRGS 900, Luftgrenzwerte (MAK-Werte);
- Verordnung über Sicherheits- und Gesundheitsschutz bei der Benutzung persönlicher Schutzausrüstungen bei der Arbeit (*PSA-Benutzungsverordnung* - PSA-BV);
- Gesetz zur Förderung der Kreislaufwirtschaft und Sicherung der umweltverträglichen Beseitigung von Abfällen (Artikel 1 des Gesetzes zur Vermeidung, Verwertung und Beseitigung von Abfällen); *Abfallgesetz* - KrW-/AbfG);
- *Gewerbeordnung* (GewO), in der Fassung vom 01.01.1987, geändert 23.11.1994, zuletzt geändert 29. Juli 2009.

24.4.3 Wichtige Regeln der BGN zum Umgang mit Kieselguren
- ASI 8.02: „Handlungsanleitung für Tätigkeiten mit Kieselgur" [596];
- ASI 10.13 „Gefährdungsbeurteilung für Brauereien"
- TRGS 900 Technische Regeln für Gefahrstoffe; Arbeitsplatzgrenzwerte [597];
- TRBA/TRGS 406: Sensibilisierende Stoffe für die Atemwege

24.4.4 Sonstige Schriften
- Branchenleitfaden für gute Arbeitsgestaltung in Brauereien; Hrsg.: BGN, Deutscher Brauerbund, Private Brauereien Deutschlands e.V.; s.a. [591].

Klärung und Stabilisierung des Bieres

- PEB - Brauereien: Projekt zur Prävention und Effizienz in mittelständischen Brauereien (www.peb-brauereien.de)
  Hier sind u.a. Betriebsanweisungen und Unterweisungshilfen zu finden

Anlage Dissertationen

Name	Vorname	Universität	Jahr	Thema
Anger	Heinz-Michael	TUB	1983	Über die Stabilisierung von Bier unter besonderer Berücksichtigung der Polyphenole
Bauch	Thomas	TUB	2001	Gewinnung und Applikation von Malzenzympräparaten zur Verbesserung der Bierfiltrierbarkeit
Bauer	Berth	HUB	1990	Einsatz von Cellulasepräparaten im Prozess der Bierherstellung u. deren Auswirkungen auf die Qualität des Bieres unter besonderer Berücksichtigung der Filtrierbarkeit u. der Schaumhaltbarkeit
Bellmer	Horst-Gevert	TUM	1975	Studie über die Polyphenole und deren Polymerisationsindex in den Rohstoffen des Bieres und ihre Veränderung während der Bierbereitung
Berndt	Rolf	TUD	1981	Zur Prozessmodellierung der Filtration von Suspensionen unter besonderer Berücksichtigung der Anschwemmfiltration
Cach	Nguyen Van	HUB	1989	Untersuchungen über den Pentosanabbau bei der Cellulaseapplikation im Prozess der Bierherstellung unter Verwendung von Gerstenrohfrucht
Dreier	Werner	ETH Zürich	1957	Beitrag zur Kenntnis der Filtrationsvorgänge
Edney	Michael John	TUM	1988	Die Bedeutung der Größe und Konzentration des β-Glucans in der Malzbereitung und Bierherstellung
Eifler	Klaus-J.	TUB	1974	Untersuchungen zur Bierfiltration
Eiselt	Georg	TUM	1995	Untersuchungen über hochmolekulares ß-Glucan
Eisenring	René	ETH Zürich	1995	Untersuchung der Filtrierbarkeit und kolloidalen Stabilität von Bier und anderen Getränken
Eßlinger	Hans Michael	TUM	1985	Einflussfaktoren auf die Filtrierbarkeit der Biere
Ewers	Hartmut	TUB	1996	Ersatz der Kieselgur bei der Bierfiltration durch ein regenerierbares Filterhilfsmittel
Fischer	Steffen	TUM	2005	Einfluss der hydrostatischen Hochdruckbehandlung auf die Filtrierbarkeit von Bier und das Verhalten von ß-Glucan-Gel
Gans	Ulrich	TUM	1994	Die wirtschaftliche Crossflow-Mikrofiltration von Bier
Gromus	Jörg	TUM	1981	Großtechnische Versuche zur Darstellung von Zusammenhängen zwischen Malz- und Biereigenschaften
Hartmann	Klaus	TUM	2006	Bedeutung rohstoffbedingter Inhaltsstoffe u. produktionstechnologischer Einflüsse auf die Trübungsproblematik im Bier
Hebmüller	Frank	TU Bergak. F.	2002	Einflussfaktoren auf die Kieselgurfiltration von Bier
Heidrich	Günter	HUB	1980	Untersuchungen zur kolloidalen Stabilität des Bieres unter besonderer Berücksichtigung der Kohlenhydratverhältnisse
Ilberg	Vladimir	TUM	1996	Untersuchung des Abscheidemechanismus von Submikronpartikeln an Membranen
Irmscher	Bernd	HUB	1985	Überprüfung von in der DDR gewonnenen Produkten als Stabilisierungsmittel bei der Bierproduktion
Kain	Josef	TUM	2005	Entwicklung und Verfahrenstechnik eines Kerzenfiltersystems (Twin-Flow-System) als Anschwemmfilter
Kreisz	Stefan	TUM	2003	Der Einfluss von Polysacchariden aus Malz, Hefe und Bakterien auf die Filtrierbarkeit von Würze und Bier
Korber	Karin	HUB	1982	Versuche zur Erhöhung der kolloidalen Stabilität des Bieres unter besonderer Berücksichtigung der Eiweißverhältnisse

Anlage Dissertationen

Kumada	Junuchi	TUM	1967	Über die Gummistoffe der Gerste und ihr Verhalten während der Malz- und Bierbereitung
Kühbeck	Florian	TUM	2007	Analytische Erfassung sowie technologische u. technische Beeinflussung der Läutertrübung und des Heißtrubgehaltes der Würze u. deren Auswirkung auf Gärung u. Bierqualität
Kusche	Marc	TUM	2005	Kolloidale Trübungen in untergärigen Bieren – Entstehung, Vorhersage und Stabilisierungsmaßnahmen
Lindemann	Bernd	TUB	1992	Bewertung der Kieselgurfiltration von Bier
Linemann	Anett	TUB	1995	Untersuchungen der Struktureigenschafts-Beziehungen von ß-Glucan bei der Bierherstellung
Liu	Zhongshan	TUB	1997	Untersuchung über das Verhalten zellulosehaltiger Filterhilfsmittel für den Einsatz bei der Bierfiltration
Meier	Jörg	Stuttgart-Hohenheim	2007	Die Ablagerung feinster Partikel bei der Querstromfiltration mit konstantem Filtratfluss
Mitsching	Friedrich-Karl	HUB	1965	Mikrobiologische Studien an Filtermasse-Bierfiltern im Brauereibetrieb unter Berücksichtigung ihrer entkeimenden Wirkung
Peukert	Werner	HUB	1981	Überprüfung verschiedener Substanzen hinsichtlich ihrer Verwendbarkeit als Bierstabilisierungsmittel
Pöschl	Moritz R.	TUM	2009	Die kolloidale Stabilität untergäriger Biere – Einflussmöglichkeiten u. Vorhersagbarkeit
Scheurell	Klaus	HUB	1987	Untersuchungen zum Einsatz der Sandbettfilter zur Filtration von Würze und Bier
Schmid	Nikolaj Andrej	TUM	2002	Verbesserung der filtrationstechnischen Eigenschaften von Filterhilfsmitteln durch ein thermisches Verfahren
Schneider	Jan	TUM	2001	Dynamische Mikrofiltration von Feinstschrotmaische mit oszillierenden Membranen
Schnick	A. Thomas	TUB	2001	Untersuchungen zur Klärwirkung modifizierter Kieselsole und Kieselsolgemische am Beispiel einer Modelltrübungssuspension
Schubert	Günter	HUB	1990	Praxisversuche zur Optimierung der Bierfiltration
Siebert	Manfred	HUB	1985	Überprüfung von in der DDR gewonnenen Produkten als Stabilisierungsmittel bei der Bierproduktion
Strobl	Mark	TUB	1991	Untersuchungen von hochmolekularen α- und β-glycosidisch verknüpften Glucanen und ihrer Begleitstoffe in Malz, Würze und Bier
Tiep	Ho Anh	TUB	2000	Untersuchungen zur Gewinnung und zur Aktivität von filtrationsfördernden Enzymen aus Gerstenmalz nach Behandlung im elektrischen Feld
Tittel	Reiner	TUD	1987	Die Anschwemmfiltration als ein Prozeß zur Klärung von Flüssigkeiten
Wagner	Norbert	TUB	1990	ß-Glucan in Bier und Bedeutung dieser Stoffgruppe für die Bierfiltration
Walla	Günter Erich	TUM	1991	Die Crossflow-Mikrofiltration im Brauereibereich
Wange	Eve	HUB	1986	Studium ausgewählter Würze- und Bierinhaltsstoffe unter dem Gesichtspunkt der Filtrierbarkeit von Bier
Wegner	Karsten	TUD	1986	Hydrodynamische Modellierung der Klärfiltration mit körnigen Stoffen unter besonderer Berücksichtigung der Anschwemmfiltration mit Schichtzunahme
Weigl	Bernhard	TUM	2004	Trennkräfte zwischen Mikroorganismen, Partikeln und Oberflächen
Wunschel	Karsten	HUB	1985	Möglichkeiten der Einflussnahme auf die Trubbildung der Würze unter besonderer Berücksichtigung des Kühltrubes sowie deren Auswirkung auf die Filtrierbarkeit des Bieres

Index

A

A.-Kerzenfilter 172, 186, 240
  Bauform Twin-Flow-System
    (TFS) 150, 200
  Baugruppen 187
  Einschätzung 197
  Einschätzung des TFS-Filters 203
  Filtergrößen 195
  Filterkerzen 190
  Filterkerzen für das TFSystem 203
  Filterkerzenboden 190
  Filterkesselzubehör 189
  Filterkuchenaustrag 243
  Geschwindigkeitsverteilung 224
  klassisch 172
  Prozesszeiten 198
  Schematischer Aufbau 186
  Spaltscheibenkerze 193
  Strömungsgeschwindigkeiten
    im Filterkessel 223
  TFS-Filter, Aufbau und Funktion 201
  TFS-Filter, Sammelrohre 202
  TFS-Filter, schematisch 200
  Trubraumvolumen 195
  Unterbrechungen der Filtration 196
  Vor- und Nachteile 173
  Vorteile 200
A.-Kesselfilter
  Horizontal-Scheibenfilter 150
  Kerzenfilter 150
  Twin-Flow-System 150
  Zentrifugalscheibenfilter 208
A.-Scheibenfilter 204
  Einschätzung 207
  Filterkesselzubehör 206
  Filterkuchenaustrag 207
  Filtermittelträger 206
  Filterscheiben 206
  Schematischer Aufbau 204
  Tressengewebe 207
  Wichtige Baugruppen 205
A.-Schichtenfilter 150, 172, 179, 239
  Anpressvorrichtung 183
  Aufbau und Funktion 180
  Baugruppen 181
  Einschätzung 186
  Filtergrößen 184
  neue Stützschichten 239
  Stützschicht 179
  Stützschicht, *Gore*-Schicht 150
  Vor- und Nachteile 173
  Zubehör 185
A.-Zentrifugalscheibenfilter 207, 250
  Anlage 208
  Antrieb des Filterpakets 215
  Baugruppen 210
  Einlaufverteiler 214
  Einschätzung 215
  Filtergrößen 215
  Filterkessel 210
  Filtermittelträger 210
  Filtermittelträger Durafil® 211
  Filterscheiben 210
  mit individuellem Unfiltrateinlauf 214
  Schematischer Aufbau und
    Funktion 208
  Vor- und Nachteile 173
Abprodukte der Anschwemm-
  filtration 266
Abscheideeffizienz 365
Abscheidemechanismus 34
Absorption/Desorption 625
Absorptionskoeffizient 689
Absorptionskoeffizienten für O_2
  und N_2 681
Absorptionsmaß 689

Abwasserbelastung durch die
    Bierfiltration   740
Adsorption   25, 387
Adsorptionsfähigkeit der
    Filterschicht   156
Adsorptionskraft   404
Agarose   589
Aktivkohle   386, 433
    Eigenschaften   435
Alfa-Glucane
    hochmolekulare   81, 91
Alkohol-Kälte-Test   134, 604
Alkohol-Kälte-Test
    nach Chapon   102, 540, 744
Alternative FHM   432
    Aktivkohle   433
    Crosspure®   435, 436
    Fällungskieselsäure   432
    Kartoffelstärke   438
    Polymere Kunststoffe   435
    PVC-Pulver   435
    Quarzsand   440
Alterung   629
Alterungsbeständigkeit   629
Aminosäurezusammensetzung der
    Proteine   550
Ammoniumsulfat-Test   604
Analysenverfahren   629
Anforderungen
    Fertigbier   30
Anforderungen an das Filtrat der
    Klärfiltration   127
    Bakterienzellzahl   127
    CO_2-Verluste   127
    Erwärmung des Bieres   127
    Hefezellzahl   127
    Sauerstoffaufnahme   127
    Suspendierte Feststoffe   127
    Trübung   127
Anforderungen an die Polier- bzw.
    Endfiltration   128
Anforderungen der Membran-
    filtration   129
    biologische Haltbarmachung   129
    Kaltentkeimung   129
    Membranfiltrierbarkeit   130
    Sterilfiltration   129
Anlagen
    Rückverdünnung   609
Anlagen zur thermischen Behandlung
    von Unfiltrat   145
Anlagenplanung
    Anerkannte Regeln der Technik   721
    Anschwemmfiltrationsanlage   722
    Auswahl eines Filter- und
        Stabilisierungssystems   724
    Automation moderner Anlagen,
        Voraussetzungen   727
    CIP-Anlage   721
    Crossflow-Membranfiltrations-
        anlage   722
    EG-Verordnung   824
    Entsorgung von Filtermitteln   731
    Europäisches Recht   823
    Filteranlage   721
    Fragestellungen   722
    Planung, Gestaltung und
        Ausführung von Anlagen   721
    räumliche Anordnung   722
    Richtlinien der EG   824
    spezifische Filterkennwerte   723
    Stand der Technik   721
    Stand von Wissenschaft und
        Technik   721
Ansatzbereitung   150
    Dimensionierung Dosiergefäß   151
    FHM   150
Anschwemmfilter
    Anschwemm-Kesselfilter   150
    Anschwemm-Schichtenfilter   150
    Filterkuchenrückstand, Austrag   179
    Rüstzeit   179
    Sicherheitsarmatur   179
    Spezifische Kennwerte   251
Anschwemmfilter /Schichtenfilter,
    kombiniert   186
Anschwemmfilteranlagen   174
    Ansatzbehälter   216

Index

Ansatzbereitung	230
Anschwemm-Kerzenfilter	186
Anschwemm-Scheibenfilter	204
Anschwemm-Schichtenfilter	179
Anschwemm-Zentrifugalscheibenfilter	207
Arbeitsabläufe	235
Arbeitsabläufe bei A.-Kerzenfiltern	240
Arbeitsabläufe bei A.-Schichtenfiltern	239
Arbeitsabläufe beim A.-Zentrifugalscheibenfilter	250
Arbeitsabläufe beim TFS-Filtersystem	244
Automation	231
CIP bei Anschwemmfilteranlagen	257
Dosagemenge	179
Dosierpumpen	217
Durafil®-Element	212
Entsorgung der Abprodukte	266
Feststoffgehalt Kieselgurschlamm	266
Filterkerzen	190
Filtermittelträger	206
Filterplatten	182
Filterrahmen	182
Filterschlammentfernung	266
Filtersterilisation	258
Handhabung der FHM	226
Kieselgurschlamm	266, 268
Kieselgurschlammentwässerung	269
Konstantdruckregelung des Unfiltrates	174
MSR-Ausrüstung	221
Reduzierung der Sauerstoffaufnahme	254
Reduzierung der Vor- und Nachlaufmengen	254
Rüstzeiten	253
Sauerstoffentfernung	235
schematisch	175
Spezifische Filtratdurchsätze bei optimierten Anschwemmfilteranlagen	253
Spezifische Kennwerte	251
Spezifischer Filtratdurchsatz	238, 251
Trubraumvolumen	184
Trübungsmessung	233
Twin-Flow-System	200
Umschaltung Ausschub, Filtrat im Kreislauf	235
Unfiltratpuffertank	177
Vor- und Nachlauftank	178
Voranschwemmung	235
Wichtige Teilschritte	235
Zubehör	185, 215
Anschwemmfilterbauformen	171, 173, 178
A.-Kerzenfilter	173
A.-Scheibenfilter	173
A.-Schichtenfilter	173
A.-Zentrifugal-Scheibenfilter	173
Vor- und Nachteile	173
Anschwemmfiltration	36, 76
Anforderungen an das Filtrat der Klärfiltration	127
Checkliste zu differenzierenden Trübungswerten	234
Differenzdruckanstieg	158, 159
Differenzdruckverlauf	161
Druckdifferenz	157
FHM	386
Filterschichtaufbau	156, 159
Fließgeschwindigkeit	160
Kennwerte	172
Richtwerte	127
Strömungsverhältnisse	160
Ungleichmäßiger Filterkuchen	164
Verfahrensführung	163
Vermeidung der Sauerstoffaufnahme	170
Verschnittkurven	170
Vor- und Nachlaufanfall und -verwertung	168

Anschwemmstützschichten	449	Sterilarmaturen	773
Anschwemmstützschichten der Fa. Gore aus Edelstahl und PTFE-Membranen	451	Ventilsitzanlüftung	748
		Verbindungsvarianten	749
		Asbest	387, 403, 418
Antioxidantien	28	Asbestfasern	419
Antioxidantien zur Reduzierung der Oxidationsgefahr	600	Asbestose	419
		Bierasbest	419
echte Antioxidantien	600	cancerogene Wirkung	419
Sauerstoffentferner	600	Chrysotil-Asbest	418
Anwendungsvarianten von Kieselgelen		Filtrationsschärfe	418
Absetzverfahren in der Kaltlagerphase	553	Summenformel	418
		ASI	822
Durchlaufkontaktverfahren	553, 555	AS-i-Sensorbus	787
Umdrückverfahren	554	Aufgaben der Bierstabilisierung	27
Arbeitszeitfonds Filteranlage	722	Aufgaben der Prozessstufe künstliche Bierklärung	27
Armaturen	747		
180°-Bogen	766	Ausrüstungsvorschläge für die Filtration und Nachfiltration	733
Absperrarmaturen	747		
Absperrklappe	766	Automatische Steuerungen	
Aseptik-Verbindung	820	Allgemeine Hinweise	793
Balancer	748	Anforderungen	790
Behälterauslaufarmaturen	747	Visualisierung der Verfahrensabläufe	791
Beispiele Probeentnahmearmaturen	777		
Clamp-Verbindungen	766	**B**	
Doppelsitzventil	748, 749		
Drehwinkel-Antrieb	747	*Bacillariophyceae*	394
druckschlagfeste A.	748	Ordnung Centrales	394
Funktionssicherheit	747	Ordnung Pennales	394
Kugelhahn	747	Backflush	310
Kükenhähnchen	774	Backshock-Verfahren	303
Leckageräume	748	Bakterienkeimzahl im Filtrat	334
Mehrwegearmaturen	747	Bayerisches Reinheitsgebot	45
Probeentnahmearmatur, Flambieren	775	BECOFLOC	156
		Becopad	450
Probeentnahmearmaturen	747, 773	BeFiS (BestFiltrationSystem)	367
Probeentnahmesystem für ZKT	780	Begriffe	335
Probeentnahmesystem, aseptisch	775	Anschwemm-Kerzenfilter	32
		Anschwemm-Kesselfilter	32
Regelarmaturen	747	Anschwemm-Rahmenfilter	32
Rohrleitungen	747	Anschwemm-Scheibenfilter	32
Rohrverschraubung	766	Anschwemm-Schichtenfilter	32
Schwenkbogen	766		
Schwenkbogen mit Gelenk	767		

Index

Anschwemm-Zentrifugal-Scheibenfilter	32
Bier frei von bierschädlichen Bakterien	336
Bierstabilität	28, 529
Crossflow-Membranfilter	32
Dispersionsmittel	35
Dispersum	35
EK-Filter	32
Entkeimungsfilter	335
feste Phase	35
Filterhilfsmittel	31, 33
Filterkuchen	31
Filtermittel	31, 34
Filtermittelträger	31, 32, 34
Filtrat	31
flüssige Phase	35
Geschmacksstabilität	529
Grobe Dispersion	35
Haltbarkeitsdauer	529
Hauptgruppen der Suspensionen	35
Hefefreies Bier	336
Klärfiltration	33
Kolloidale Stabilität	528
Kolloide Dispersion	35
Kuchenfiltration	33
Massefilter	32
Membran	352
Membranfilter	32
MHD	529
Mindesthaltbarkeitsdatum	529
molekulare Dispersion	35
Nachfilter	32
Nichtbiologische Haltbarkeit	529
Oberflächenfiltration	31
Polierfilter	32
Porenweite	36
Schichtenfilter	32
Siebfiltration	33
Stabilisierung	530
Steril	335
steriles Bier	336
Sterilfilter	335
Sterilisieren	336
Stützschicht	32
Suspension	35
Tiefenfiltration	31, 33
Trap-Filter	38
Trennfiltration	33
Unfiltrat	31
Vorfilter	32
Begriffsbestimmungen	25
Adsorptionsmittel	26
Bierstabilisierung	25
Filter	25
Filtrieren	25
Kaltlagerung	26
kolloidale Stabilisierung	25
künstliche Klärung	25, 26
natürliche Bierklärung	26
Polier- oder Entkeimungsfiltration	26
Zwickelbier	26
Bentonite	557
Alkalibentonite	558
Anwendungsergebnisse	559
Bentonitstruktur	558
Calciumbentonite	558
Eiweißadsorption	558
Kurzcharakteristik	557
Wirksamkeit von Bentoniten zur Bierstabilisierung	558
Berufsgenossenschaft	822
Arbeitssicherheitsinformationen	822
Arbeitsunfälle	822
ASI	822
Aufgaben	822
Berufskrankheit	822
Technische Aufsichtsbeamte	822
Unfallverhütungsvorschriften	822
Versicherungsfall	822
Versicherungsschutz	822
Beta-Glucane	
β-Glucangel	89
β-Glucanmolekül	78

833

Klärung und Stabilisierung des Bieres

β-Glucansedimente	87, 89
hochmolekulare	81, 87
Molmasse	88
Beta-Glucangel	143
Betriebsabnahme einer Filteranlage	721
Beurteilung bzw. Validierung von Tiefenfiltern und Membranfiltern	327
BG Nahrungsmittel und Gastgewerbe	822
Biegeschwinger-Messtechnik	710
Bier	
Filtrationsproblemen	78
Filtrierbarkeit	77
Kinematische Viskosität	299
Kolloide	80
Kolloidsystem	79
Kontrollmethoden	124
Qualitätsanforderungen	123
Trübstoffbestandteile	78
Trübungskomplexe	82
Trübungspartikel	78
Bier-Blendingsystem	610
Bierfehler	
Borsäure	47
Fischblase	49
Hausenblase	46, 48
Potasche	48
Sauerwerden	46
verdorbenes Bier	45
Bierhaltbarkeit	335
Bierklärung	26, 40, 59
Aufgaben	27
Geschichte	40
Stufen	26
Verfahrenskombinationen	29
Bierstabilisierung	40, 322, 528
CBS-Anlage	323
CMF-Verfahren mit Vorklärung	322
CMF-Verfahren ohne Vorklärung	323
eiweißseitige Stabilisierung	323
gerbstoffseitige Stabilisierung	323
Geschichte	40
Hydrogel	323
kolloidal	528
proteolytische Enzyme	323
Stabilisierungssystem CSS	323
Unfiltratpuffertank	323
verlorene PVPP-Dosage	323
Verweilzeit	323
Xerogel	323
Bierstabilität	28
Biertrübung	
biologische	84
nichtbiologische	82
Biologische Filtrationskontrolle	743
Biologische Haltbarkeit	334
Blending	606
Blendingsystem	609
Blendingwasser	607
Brewtan®	562
Gallotanninpräparate	562
Brewtan®-Produkte	
Einsatzempfehlungen	563
BRIX-Wert	712
Bubble-Point-Test	341

C

Calciumoxalat	608
Carbonisieranlage	624
Aufstellungsort	627
Auslegungskriterien	627
Bier	625
Carbonisierung	606, 624, 629
Biertemperatur	625
Einfluss der Dichte	627
Einfluss der dynamischen Viskosität	627
Einfluss der Oberflächenspannung	627
Nachcarbonisierung	624
vollständige Gaslösung	624
CBS-Anlage	582
Ablaufschema	582
Adsorberkassette	584

Index

CBS-System	581	Vorteile beim Einsatz	431
CE	823	Wirtschaftliche Bewertung	430
Celite® Cynergy™	595	Zusammensetzung	427
Celite-Kieselguren		Cellulosepulver	428
Klärwirkung	412	Cellulosesuspensionen	430
Partikelgröße	412	Anlagenauslegung	430
Permeabilität	412	Fließverhalten	430
Cellulose	386, 419	Lagerung	430
α-Cellulosen	420	Thixotropie	430
Adsorptionskraft der Fasern	422	Chemische Bindungen	532, 533
Bierfiltration mit reiner Cellulose	430	Hydrophobe Bindung	533
Cellulosefasern	420	Ionenbindung	533
Cellulosemehl	421	Wasserstoffbrückenbindung	533
Celluloseprodukte	422	CIP und Filtersterilisation	257
cellulosische Filterhilfsmittel	422	CIP-Anlagen	719
chemische Resistenz	420	Bereich Drucktank	719
Elementarfibrillen	419	Bereich Filtration	719
fibrillierte, filtrationsaktive Cellulosefasern	422	Besonderheiten Drucktank-Reinigung	719
Filterflocken	422	Reinigung Filtratleitungen	720
Herstellung	420	Reinigung Unfiltratleitungen	720
Mizellarstruktur	420	Stapelreinigung	719
Molmasse	419	verlorene Reinigung	719
Summenformel	419	CIP-Fähigkeit	748
Zellmehl	421	Oberflächengüte	748
Celluloseaufbereitungsprodukte	386	*Clark*-Messzelle	638, 640
Cellulosefasern	420	CMF (Crossflow-Mikrofiltration)	276
Celluloseprodukte	427	CMF-Anlagen	
Bierfiltration	428	backflush	316
Cellulosepulver	428	Beschickungspumpe	276
Eigenschaften	427	Bierstabilisierung	322
Faserlänge	427	CIP-Prozess	318
Filterhilfsmittelqualität	428	CIP-Reinigung	317
für laufende Dosage	429	Deckschichtbildung bei laminarer Strömung	304
für Voranschwemmung	429	Deckschichtbildung bei turbulenter Strömung	305
Handelsprodukte	429	Druckverlust	296
Handelsprodukte Fa. *Begerow*	429	Filtrationsschwand mit Separatorvorklärung	718
Handelsprodukte Fa. *Erbslöh*	429	Filtrationsschwand ohne Separatorvorklärung	718
Handelsprodukte Fa. *Pall*	429	Filtrationsverlauf mit Hohlfasermembranen	317
Nachteile beim Einsatz	432		
Regeneration	430		
Sedimentationsverhalten	432		
Trubraumkapazität	430		

Filtratvolumenstrom	314	Aromatische Kohlenwasserstoffe	630
Fließgeschwindigkeit	309	Carbonylsulfid	630
Kühler	276	Cyanwasserstoff	630
Membranmodul	276	Drucktaupunkt	630
Membranreinigung	316, 318	Geruch	630
mikrobiologische Wirksamkeit	282	Gesamtschwefel	630
Pall-Crossflow-Membranfilteranlage	286	Geschmack	630
Permeat	276	Geschwindigkeit der CO_2-Lösung	625
Permeatvolumenstrom	315	Kohlenwasserstoffe	630
Pinch-Effekt	308	Löslichkeit von CO_2 im Bier	624
PROFI®-System	281	Methan	630
Retentat	276	Methanol	630
Retentatvolumenstrom	276	Nichtflüchtige Bestandteile	630
Rückspülung	287, 310, 316	Öl	630
Sartorius Sartocon®	292	Phosphine	630
Schwand	718	Sauerstoff	630
Separatoreneinsatz	277	Säure	630
spezifischer Massenstrom	316	Schwefeldioxid	630
spezifischer Volumenstrom	316	Schwefelwasserstoff	630
Stabilisierung des Bieres	311	Stickoxide	630
System „PROFI®"	285	CO_2-Analyse	629
System AlfaBright™	292	CO_2-Bindungsvermögen	625
System Norit	287	CO_2-Eigengewinnung	629
Transmembrandruck	306, 308, 310	CO_2-Eingangskontrolle	632
Verfahrensablauf	309	CO_2-Gehalt	
Verfahrensparameter	311	manometrische Bestimmung	668
Vorklärung des Unfiltrates	309	Messung CO_2-Partialdruck in der flüssigen Phase	669
Vorteile	279	Messung CO_2-Partialdruck in der flüssigen Phase bei variablem Messraumvolumen	670
Wandschubspannung	312		
Zirkulationspumpe	276		
CMF-Anlagen bei		Messung mit Membransensoren	676
Brauerei Martens, Bocholt (B)	290	CO_2-Leitungssystem	633
Brauerei Oettingen	287	CO_2-Lösungsstrecke	625
Brauerei Tuborg-Fredericia	281, 283	CO_2-Membransensor	678
Brauerei Warka	289	CO_2-Membransensor, schematisch	677
Haus Kölscher Brautradition Köln	287	CO_2-Messgerät	675
Pott's Brauerei in Oelde	281	CO_2-Reinheit	632
Tucher-Brauerei Nürnberg/Fürth	293	CO_2-Sensor Carbo 2100	674
CO_2		CO_2-Sensor CARBO 2100	674
Acetaldehyd	630	CO_2-Sensor CarboInline	672, 673
Ammoniak	630		

CO_2-Sensor CarboInline schematisch	672
Combined Stabilization System	589
Adsorbersubstanz	589
CSS	589
Polyphenoladsorption	590
Proteinadsorption	589
Continuous Beer Stabilization	581
Cracken des Unfiltrates	147
Cristobalit	390, 413
Krebsrisikoklasse	392
lungengängige Partikelgröße	392
Cristobalitgehalt	387, 393
Crossflow Filtration	718
Crossflow-Filtration	486
Keramikmembranen	492
Membranen	486
Crossflow-Membranfilteranlage	285
Betriebsablauf	285
Crossflow-Mikrofiltration	276, 279
Verfahrenstechnische Aspekte	295
Vorteile	279
Crossflow-Mikrofiltration mit einer Hohlfasermembran, schematisch	295
Crosspure®	436, 594
Crosspure-Typen	437
filtrationstechnische Kennwerte	438
Partikelgrößen	437
Partikelgrößenverteilung	437
Regenerierbarkeit	437
Regenerierung	437
CSS-System	589

D

Dampfdruck des Fördermediums	797
Darcy-Einheit	400
Dauertrübung	538
Dead-End-Filtration	276, 441, 469, 486
Feinfiltration	441
Filterkerzen	469
Finale Filtration	442

Flachmembranen	469
Membranfilter	469
Porenweite	469
Trap-Filtration	442
Debye-Länge	423
Deckschichtbildung	302
bei laminarer Strömung	304
bei turbulenter Strömung	305
Deckschichtbildung, Vermeidung	
Backflush	310
Backshock-Verfahren	303
Desinfektionsmittel	773
Diatomeen	
Gattung *Coscinodiscus*	396, 397
Gattung *Melosira*	397
Gattung *Thalassiosira*	396
Klärwirkung	398
limnische Formen	397
mikroskopische Kontrolle der Struktur	398
Teilchenform	398
Teilchengröße	398
Diatomeenformen	393
Diatomit	388
Dichte-Messung	710
Dichtungen	818
dynamische Dichtungen	747
Gleitringdichtungen	820
O-Ring (Rundring)	818, 820
Sterildichtung	819
Dichtungswerkstoffe	818
Einsatzkriterien	819
FDA-Zulassung	817
Unterscheidungsmöglichkeiten	818
Differenzdruckanstieg	158, 162
β-Glucangel	162
fehlerhafter Anstieg	161
normaler Anstieg	157
Differenzdruckkontrolle	155
Differenzdruckverlauf	163
realer Verlauf	223
Sperrschichten	163
DIN-Katalog	721

Disulfidbindung	533	Drucktaupunkt	629
Dosieranlage für Filterhilfsmittel	216	Druckverlust	296
Dosierpumpe		Durafil®	152, 211
Membrandosierpumpe	217	Durchflussrate	344
Schlauchpumpe	219	Durchlicht-Refraktometer	712
Dosierpumpen	217	Düsenseparator	503
Druckdifferenz bei verschiedenen spezif. Filtratdurchsätzen	238	Dynamischer Mischer	
Druckgasfiltration	484	Düsen basierte Mischelemente	613
Dampfsterilisation	485	hydraulischen Wirkungsgrad	613
Druckstoßfestigkeit	484	Pumpen	612
hydrophobe Membranen	484	Rührwerke	612
Integritätstest	484	Strahlmischer	613
Membranfilterkerzen	484		
Druckgeräterichtlinie	380	**E**	
Druckstoß	160	Echte Antioxidantien	
Ursachen	160, 161	maximale SO_2-Menge	602
Drucktanks	379	Natriumdithionit	601
Armaturen	384	Natriumpyrosulfit	601
Aufstellung	379	Obergrenzen für den SO_2-Gehalt	602
Bauformen	379	Schweflige Säure	602
Betriebsdruck	380	SO_2	601
CO_2-Einsparung	381	SO_2-Gehalt des Bieres	602
CO_2-Verbrauch	381	EIGA-Spezifikation für CO_2	631
Druckbehälter	380	Eigenschaften des FHM	393
Druckgeräterichtlinie	380	Aufbau der Diatomeen	393
Drucktankzubehör	381	Klärgrad	393
DT-Volumina	379	Permeabilität	393
Entleerung	385	Zerstörungsgrad	393
Füllstandsanzeige	382	Einsatz von Silobehältern für FHM	
hydrostatischer Druck	385	Nachteile	499
Konstantdruckregelung	385	Vorteile	499
Mischgas	381	Eiweiß-Gerbstoff-Verbindungen	81, 92
Probeentnahme	383	Endproduktqualität	610
Prüfung	380	Entkeimungsfilter	335
Reinigung	381	durchschnittliche Porengröße	335
Rohrleitungen	384	erforderliches Rückhaltevermögen	335
Spanngas	381	Titerreduktion	335
Spanngasdruck	385	Entkeimungsfiltration	32
Trombenbildung	383	Entkeimungsschichten	449
Wärmedämmung	380	Entsorgung der Filterschichten	274
Drucktankvolumen, erforderliches	726		
Drucktankzubehör	381		

Entsorgung von Filtermitteln	731
Enzinger-Filter	60
Esbach-Test	604
Ethanol	713
Europäisches Recht	823
Extraktschwandreduzierung	716

F

Fällungskieselsäure	432
Eigenschaften	433
Familie *Coscinodiscaceae*	395
Gattung *Coscinodiscus*	395
Gattung *Melosira*	395
Gattung *Thallassiosira*	395
Feinfilterkerzen	
Abscheideraten	458
Clusterbauweise	458
Dimensionierung	458
Feinfiltration	458
Feldbussysteme	787
Foundation Fieldbus™	787
Profibus DP	787
Profibus PA	787
Fertigbier	28
Anforderungen	30
Biologische Stabilität	28
Geschmacksstabilität	28
Kolloidale Stabilität	28
Schaumhaltbarkeit	28
FHM	31, 150
Abgepackte FHM	226
Additive	153
Alternative FHM	432
Ansatz	226
Ansatzbehälter	217
aus Regenerat	150
BECOFLOC	153
Big Bags	226
Celite 512	411
Celite-Kieselguren	412
Cellulosepulver	156
Clarcel	411

Clarcel DICB	411
Cristobalitgehalt	387
Diatomeenformen	388
Differenzdruckverlauf bei optimaler Dosierung	223
Dosagemenge	179
Dosieranlage	216
Dosierbehälter	216
Dosierpumpen	217
Dosierung	216, 222
Durchflusswerte	411
Durchflusswerte von Kieselgurmischungen	154
Einsatz von Silobehältern	499
Fällungskieselsäure	411
FHM-Suspension	230
Filteradditiv	152
Filtercel	411
Fina	411
grobe Mittelgur	152
Grobgur	152, 387
Handhabung	226
Hyflo-Supercel	411
Hyflo-Super-cel	411
Kennwerte	411
Kieselgur	387
Kieselgurgemische	155
Kieselsäure	387
Klärwirkung	412
Kurzcharakteristik Kieselgur	388
lose FHM	226
Nassdichte	152
Nassvolumen	152
Partikelgröße	412
Perfil	411
Perlit	411
Perlite	153
Permeabilität	412
Porosität	387
Regenerierungsverfahren	272
Sackentleerung	228
Schwereanteil zu hoch	166
Sedimentation	222

Klärung und Stabilisierung des Bieres

Sinkgeschwindigkeiten	225
Sinkgeschwindigkeitsverteilungen	225
Speedflow	411
Superaid	411
Tremo-Gur®	158
Volumenverdrängung	230
Wasserverdrängung	230
Wechselcontainer	226
FHM cellulosehaltig	429
Eigenschaften	429
Regeneration	430
FHM im Großbehälter	226
FHM in Papiersäcken	227
FHM-Dosierung	178
Automation	232
laufende Dosierung	157
FHM-Lagerung	730
FHM-Papiersäcke	
Entleerungshilfe	228
FHM-Regenerierung	
Befis-Verfahren	272
Tremonis-Verfahren	269
FHM-Säcke	
staubfreies Entleeren	228
Filter zur Polier- und Entkeimungsfiltration	
Kerzen- und Modulfilter	351
Filteradditiv	152, 156
Filteranlage	
Abnahme der Anlage	731
Anlagenplanung	721
Anschwemmfiltrationsanlage	722
Anzahl der Drucktanks	727
Arbeitskräftebedarf	727
Ausrüstungsvorschläge	733
Auswahl eines Filter- und Stabilisierungssystems	724
Auswahl von Filtersystemen	735
Automation	727
Beleuchtung	729
betriebliche Problemfälle	735
Betriebsweise der Anlage	725
CIP-Anlage	730
Crossflow-Membranfiltrationsanlage	722
Entsorgung von Filtermitteln	731
Erforderliche Filterfläche	724
Erforderliche Filtratmenge	724
Erforderliches Drucktankvolumen	726
Festlegungen zum Drucktankvolumen	726
FHM-Bereitstellung	730
FHM-Lagerung	730
Flächenbedarf	739
Fußböden	729
Hinweise zur Auswahl	733
Kapazitätsauslegung	724
Lüftung	729
Medienbereitstellung	730
Nettofiltrationszeit	724
Projektabschluss	732
Raumgestaltung	728
Raumhöhe	729
räumliche Anordnung	722
spezifische Filterkennwerte	723
Technologische Zielstellungen	733
Türen	729
Verbrauchswerte	739
Verfügbarer Zeitfonds	725
Verknüpfung von Filteranlagenkomponenten	727
Wärmedämmung	729
Filteranlagen	
Membranfilter	130
Partikelfänger	128
PVPP-Filter	128
Tiefenfilterkerzen	129
Tiefenfiltermodule	129
Tiefenfilterschichten	129
Tiefenfiltersysteme	128
Trap-Filter	128
Filterbauart	32
Filterbauform	
Anschwemm-Kerzenfilter	32
Anschwemm-Kesselfilter	32

Index

Anschwemm-Rahmenfilter	32
Anschwemm-Scheibenfilter	32
Anschwemm-Schichtenfilter	32
Anschwemm-Zentrifugal-Scheibenfilter	32
Crossflow-Membranfilter	32
Massefilter	32
Membranfilter	32
Schichtenfilter	32
Filtergleichung nach *Carman-Kozeny*	261
Filtergleichung nach *Darcy*	260
Filtergleichung nach *Hagen-Poisseuille*	260
Filterhilfs- und Stabilisierungsmittel Crosspure®	594
Filterhilfsmittel	31, 150, 386
Aktivkohle	386
Ansatzbereitung	150
Anschwemmfiltration	386
Baumwolllinters	386
Cellulose	386
Celluloseaufbereitungsprodukte	386
Definition	386
Filtermasse	386
Kieselguren	386
Kieselgur-Suspension	151
Klärfiltration	386
Perlite	386
PVPP-haltige Adsorbenzien	386
SiO_2-haltige Adsorbenzien	386
Vermeidung von Sauerstoffeintrag	151
Filterhilfsmittelverbrauch	158
Filterhilfsmittelverbrauch, spezifischer	158
Filterkennwerte, spezifische	723
Filterkerze	
Drahtspiralkerze	192
Filterfläche	194
Kerzengrößen	193
Spaltscheibenkerze	193
Wickeldrahtkerze	191
Filterkerzen	469
Kurzcharakteristik	453
Nachteile	454
Varianten für den Aufbau	474
Vorteile	454
Filterkessel	187
Filterkombination	29, 39
Filterkontrollen, visuell	742
Filterkuchen	31, 163
Gelägerhefestoß	163
Gleichmäßige Dicke	164
Sperrschicht	163
Ungleichmäßigkeiten, Ursachen	165
Filtermasse	386, 387, 404, 418
Adsorptionsvermögen	387
Asbest	387
Baumwollfasern	387
Filterasbest	387
Massefiltration	387
Filtermassepresse	74
Filtermittel	31, 32, 34, 386, 441
Anschwemmschichten	34
Cellulosen	34
Definition	386
Filtergewebe	34
Filterschicht	345
Filterschichten	34
Hohlfasern	34
Kies	34
Kieselguren	34
lose Schüttungen	34
Membranen	34
poröse Massen	34
Sand	34
Filtermittel, regenerierbar	367
Ablauf der Filtration	368
Altenburger Brauerei GmbH	367
Cellulose	372
Cellulosemischungen	373
Einsparungen	371
Einweg-PVPP	371
F&S-Filtration	372
fibrillierte Cellulose	372

Fibrillierung nach *Schopper-Riegler*	372	Steril- oder Entkeimungsschichten	449
Filteranlage	367	Tiefenfilterschichten	450
Filterkuchenwiderstand	373	Vorteile	448
Kieselgurverbrauch	370	Filterwiderstand	179
Regenerierung des FHM	369, 373	Filtratdurchsatz	251, 253
Schopper-Riegler-Wert	373	Filtratdurchsatz, spezifischer	723
System BeFiS	367	Filtration	
System Innopro Kometronic	373	Anschwemmfiltration	36
Verfahren	367	Begriffe	31
Filtermittelentsorgung	731	bei konstantem Filterdruck	263
Filtermittelträger	31, 32, 34, 164, 206	bei konstantem Volumenstrom	264
Reinigung	164	Biologische Haltbarmachung u. Polierfiltration	30
Tressengewebe	206	Crossflow-Membranfiltration	39
Filterplatten	182	Dead-End-Membranfiltration	39
Filterrahmen	182	Druckstoß	31
Filterschicht „Becopad"	450	Entkeimungsfiltration	32
Filterschichtaufbau	159	FHM-Dosierung	31
Filterschichten	346, 427	Filterkombinationen	38
Entkeimungs- oder Sterilschichten	347	Filtrationsverlauf	157
Filterdurchsatz	347	Filtratvolumen, spezifisch	159
Fließgeschwindigkeit	347	Fließgeschwindigkeit	160
Hochleistungsschichten	346	Hefestoß	31
Klärschichten	346	Klärfiltration	30
Oberflächenladung	427	Kolloidale Stabilisierung	30
spezifischer Filterdurchsatz	347	Massefilter	71
spezifisches Filtratvolumen	347	Massefiltration	38
Standzeit	347	Oberflächenfilter	29
Sterilschichten	347	Oberflächenfiltration	31
Zetapotenzial	427	Qualitätsschäden	116
Zulässige Druckdifferenz	348	Tiefbettfiltersysteme	29
Filterschichten, cellulosehaltig	447	Tiefenfiltration	31
Allgemeine Durchsatzangaben	450	Vorklärung	30
Anschwemmstützschichten	449	Filtrationscheck	101, 103
Filterschicht „Becopad"	450	Richtwerte	103
Herstellung	447	Filtrationsenzyme	83
Hochleistungsschichten	449	Filtrationskosten	736
Klärschichten	449	Filtrationsprobleme	78
Kurzcharakteristik	448	Würzecheck	120
MultiMicro-System	452	Filtrationsprobleme, Ursachenforschung	744
Nachteile	448		
Schichtentypen	449	Filtrationstemperatur	103

Filtratmenge, benötigte	722
Filtratmenge, spezifische	723
Filtrierbarkeit	77, 81, 97
alfa-Glucane	81
Anstellwürze	105
beta-Glucane	81
Calciumoxalat	81
Definition	77
Einflussfaktoren auf die Filtrierbarkeit	104
Eiweiß-Gerbstoff-Verbindungen	81
Feststoffverteilung	94
Filtrationscheck	101
Filtrationsenzyme	83
Filtrationstemperatur	103
Filtrierbarkeitsprobleme	110, 112
Gär-, Reifungs- und Klärverfahren	105
Haupttrübungskomponenten	87
Hefekonzentration	85, 86
Membranfiltermethode nach *Esser*	85, 98
Methode von *Raible*	100
pH-Wert	95
Problembier	114
Proteine	81
Resttrubgehalt	93
Unfiltratvorklärung	114
Verbesserungen	106, 111
Verfahrens- und Apparatetechnik	105
wirtschaftlicher Faktor	77
Filtrierbarkeitsbefunde	112
Filtrierbarkeitsprobleme	110
Filtrierbarkeitsrichtwerte	233
Flächenbedarf einer Filteranlage	739
Flachmembranen	469
Fließbild Norit Brauerei Warka	289
Fließbild Profi®-Anlage	284
Fluoreszenz	703
Forciertest	125
Forward-Flow-Test	341, 471
Forward-Flow-Wert	326
Fremdgasgehalt	632
Füllstandsmessung	
Flüssigkeiten	635
Grenzwertsonden	714

G

Gas	
Normzustand	614
Gaslöslichkeit	
Löslichkeitskoeffizient α nach *Bunsen*	620
Technischer Löslichkeitskoeffizient	614
Gerbstoffseitige Stabilisierung	569
Geruch des CO_2	629
Geschichte	40
Anschwemmfiltration	76
Anschwemm-Rahmenfilter	76
Bayerisches Reinheitsgebot	44
Bierfilter nach Stockheim	66
Bierfilter-System nach Klein, Schanzlin und Becker	69
Bierklärung	59
Borsäure	47
Enzinger's Universal-Schnell-Filter	60
Erste Bierfilter	60
Etappen der Bierklärung	40
Fasbender, Franz	58
Filterschale nach Enzinger	71
Hefetrübungen	47
Isinglass	49
Isobarometrische Filtration	62
Kältetrübung	47
Kaltkonservierung	57
Kaltlagertemperatur	57
Keramikfilter	70
Klärhilfen	47
Klärspäne	49
Klärwolle	49
Klärzusätze	54
Konservierungsmittel	47
Lagertemperaturen	47

Klärung und Stabilisierung des Bieres

Massefilter	71
Produktivität der Bierherstellung	43
Salicylsäure	55
Schönungsmittel	49
Späneherstellung	51
Späne-Waschmaschine	52
Statuta thaberna	44
Tannin	48
Trommelfilter	67
Trübungen	47
Geschmack des CO_2	629
Geschwindigkeit	
Gasaufnahme	625
Gesetz nach *Faraday*	656
Gesetz nach *Fick*	640
Gesetz von *Dalton*	667, 681
Gesetz von *Henry*	643, 667
Gesetz von *Lambert-Beer*	689
Gesetze und Verordnungen	
Abfallgesetz	825
Arbeitsschutzgesetz	824
Arbeitssicherheitsgesetz	824
Arbeitstättenverordnung	824
Betriebssicherheitsverordnung	825
Betriebsverfassungsgesetz	824
Bundes-Immissionsschutz-gesetz	824
Chemikaliengesetz	825
Druckgeräterichtlinie	824
Energieeinsparungsgesetz	824
Gefahrstoffverordnung	824, 825
Geräte- und Produktsicherheitsgesetz	825
Gewerbeordnung	825
Lebensmittel- und Futtermittelgesetzbuch	825
Maschinenrichtlinie	823
Wasserhaushaltsgesetz	825
Gewerbliche Berufsgenossen-schaften	822
Glanzfeinheit	125
Gleitringdichtungen	820

Glucane	
alfa-Glucane	78
beta-Glucane	78
Grenzflächenkräfte	423
DLVO-Theorie	425
elektrostatische Abstoßung	425
isoelektrischer Punkt	426
Oberflächeneffekte	426
Oberflächenladung	427
Potenzialfeld	423
Regenerierung von Filterschichten	426
Spülen von Filterschichten	426
Van-der-Waals-Anziehung	425
Zetapotenzial	423, 427
Grenzwert	
Drehmelder	715
Konduktive Sonden	715
Leermeldesonde	714
Schwimmer-Schalter	715
Ultraschallsonden	715
Vibrationssonden	715
Grenzwertsonde	714
Grundfälle der Separation	503
Klarifikation	503
Konzentration	503
Purifikation	503
Grundlagen der CMF	312
Gushing-Gefahr	607

H

Haltbarkeitsstufen	123
Erforderliche Filtrations-verfahren	123
Erforderliche Stabilisierungs-verfahren	123
Exportbiere	123
Hefeweizen	123
Lokale Biere	123
Regionalbiere	123
Überregionalbiere	123
Unfiltrierte Kellerbiere	123

Index

Haltbarmachung	40
Geschichte	40
Handels-Kohlensäure	629, 630
Hausenblase	46
Hefekonzentration	84, 86
Herkunft des CO_2	630
Herstellung von Kieselgel	138
Herstellung von Kieselsol	138
HGB	168
High-Gravity-Bier	311
High-gravity-brewing	
Anforderungen an das Verschnittwasser	606
Gushinggefahr	607
Konditionierung	606
Rückverdünnung	606
Verdünnungsrechnung	611
Zeitpunkt der Rückverdünnung	606
Hochleistungsschichten	447
Hohlfasermembran	294
Beispielrechnungen	296
Druckverlust	295, 296, 299
Einlauflänge	313
Grenzschichtdicke	306
Innendurchmesser	294
laminare Strömung	304
Reynolds-Zahl	295, 313
Stoßverluste	313
Transmembrandruck	306
turbulente Strömung	305
Wandschubspannung	312
Hohlfaserultrafiltrationsmembran	473
Hydrogel	153, 323
Hydrophobe Bindung	533

I

Integrität	471
Integritätstest	341
Bakterienrückhaltevermögen	343
Bubble-Point-Test	341
Diffusionswerte	343
Forward-Flow-Test	341
zulässiger Druckabfall	344
zulässiges Diffusionsvolumen	344
Ionenbindung	533
Isoelektrischer Punkt	426

J

Jungbierseparation	502
Jungbierseparator	502

K

Kältetrübung	538
Größe der Trübungspartikel	540
Zeit für die Ausbildung der Kältetrübung	541
Kaltlagerphase	132
Dauer	132
Temperatur des Unfiltrates	133
Trübungsverlauf	132
Kapazitätsauslegung einer Filteranlage	724
Kapillarmodul	
Beispiel	490
Kapillarmodule	490
spezifischer Filtratvolumenstrom	491
spezifischer Retentatvolumenstrom	491
Transmembrandruck	491
Kartoffelstärke	438
Kenics®-Elemente	613
Kennwerte	
Spezifischer Filtratdurchsatz	172
Spezifischer Filtratvolumenstrom	172
Kennzeichnung	
GS-Zeichen	823
Zeichen CE	823
Keramikmembranen	491
Asymmetrische M.	494
Multikanalelement	493
Nachteile	494

845

Porenweite	492		Beurteilung	398
Vorteile	494		Calciumionengehalt	399
Kieselalgen	387		Chemische Zusammensetzung	409
Kieselgel	137		Cristobalitgehalt	392
Kieselgelanwendung			Darcy-Werte	408
Absetzverfahren	546		Diatomeen	389, 393
bei der Crossflow-Filtration	556		Dichte	399
Einsatzempfehlungen	554		Durchflusswert	400
Einsatzempfehlungen BECOSORB®-Produkte	556		Einteilung der Kieselguren	401
			Eisenionengehalt	399
Gemische von Xerogel und Hydrogel	546		Filtrationstechnische Richtwerte	400
			Floater	403
Hydrogel Britesorb® BK75	556		Flusskalzinierte Kieselgur	392
Kaltlagerphase	553		Flusskalzinierung	390
Kontaktverfahren	546		Fluxkalzinierung	390
Kontaktzeit	546		Gefährdungspotenzial	413
Löslichkeit von Kieselgel in NaOH-Lauge	556		Gewinnung der Rohguren	389
			Glühverlust	399
Stabifix Produkte	553		Handelsguren	410
Vorteile des Durchlaufkontaktverfahrens	555		Kalzinierung	390
			Kieselalgen	389
Kieselgele	544		Kieselgurgewinnung	389
analytische Merkmale	553		Kieselgurlager	389
Anwendungsvarianten	553		Kieselgurtypen	408, 409
Eigenschaften	546, 550		Klärwirkung	398, 403
Herstellung	545		Kompressibilitätskoeffizient	405
Kieselsäurehydrogele	551		Korngröße und Kornform	405
Kieselsäurexerogele	550		Kuchenwiderstand	405
Selektive Wirkungsweise	549		MAK-Werte	413
Sorptionskapazität	548		Mikrobiologische Anforderungen	398
Wirkungsweise eines Xerogels	555		Nachteile	412
Kieselgele der Fa. Stabifix Brauereitechnik	553		Nassdichte	401
			Partikelgrößenverteilung	409
Einsatzempfehlungen	554		Permeabilität	400, 412
Stabifix Extra	553		pH-Wert	399
Stabifix Super	553		Physikalisch-chemische Anforderungen	398
Stabifix W	553			
Stabiquick SEDI	554		Physikalisch-chemische Richtwerte	400
Kieselgur	386, 387			
Absorptionsfähigkeit	388		Porenvolumen	403
Adsorptionskraft	403		Porosität	403
Analysen	398		Qualitätsparameter	398
Anforderungen	398			
Aufbereitungsprozesse	390			

Index

Rechtlichen Vorschriften	413
Schütt- und Rütteldichte	400
Schüttdichte	401
Schwereanteil	402
Sensorische Anforderungen	398
Sichten	391
Siliciumdioxid	389
spezifische Oberfläche	388
spezifischer Kuchenwiderstand	405
Staubentwicklung	412
Struktur	389
Trennschärfe	406
Trocknen	390
Vorteile	412
Wasserdurchlässigkeit	400
Wassergehalt	399
Kieselgurentsorgung	
Cristobalitgehalt	393
Entsorgungskosten	393
Kieselgurschlämme	393
Kieselgurfiltration	
Vorteile	279
Kieselgurmischungen	154
Durchflusswerte	154
Kieselgurregenerat	158
Kieselgurregeneration	367
Anlagen	367
System BeFiS	367
System F&S-Filtration	372
System Innopro Kometronic	373
Kieselgurschlamm	150, 266
BSB$_5$	741
CSB	741
Kieselgurschlammentsorgung	269
Aufbereitung	273
Entwässerung	269
Fa. *Tremonis*	269
Kieselgur-Hefegemisch als Futtermittel	274
Landwirtschaft	273
Sondermüll	268
Thermische Regeneration	269
Varianten	269
Verwertung in der Bauindustrie	274
Kieselgurstaub	
Alveolengängiger Staubanteil	414
Cristobalit	414
Einatembarer Staubanteil	414
MAK-Wert	414
maximale Arbeitsplatzkonzentration	414
Quarz, Tridymit	414
Kieselgurtrub	718
Kieselgurtypen	407
Flusskalzinierte Guren	408
Kalzinierte Guren	407
Partikelgrößenverteilung	409
Unkalzinierte Naturguren	407
Kieselsäuregele	
Herstellung	545
Kieselsäurehydrogel	137
Kieselsäurehydrogele	
Spezifische Eigenschaften	551
Kieselsäuresole	138
Becosol	138
Köstrosol	138
Stabisol	138
Kieselsäurexerogele	550
Kieselsol	86, 137
Kieselsoldosage	
Feststoffgehalt	140
Filtrierbarkeitsverbesserung	140
Kieselsoleinsatz	139
Anwendungsempfehlungen	139
Kinematische Viskosität	299
Klärfiltration	150, 386
Filterhilfsmittel	386
mittels eines Anschwemmfilters	150
Klärhilfen	
Hausenblase	136
Kieselsol	136
Späne	136
Klärschichten	449
Klärseparation	141, 502
Resthefekonzentration	141

847

Klärung und Stabilisierung des Bieres

Klärseparatoren	
Kennwerte	509
Klärung des Bieres	132
Änderung der Filtrierbarkeit bei Lagerung	133
Brown'sche Molekularbewegung	132
Dauer der Kaltlagerphase	132
Dispersitätsgradvergröberung	132
Einfluss der Filtrationstemperatur	133
Einfluss der Inhomogenität des Bieres	134
Einfluss der Lagertemperatur	133
Einfluss der Temperaturschichtung in einem ZKT	135
Einflussfaktoren	136
Einsatz von Kieselsol	136
Hefekonzentration	135
Kaltlagerphase für Biere	133
Kieselgele	137
Klärhilfen	136
Klärseparation von Bier	141
Lager- und Filtrationstemperatur	133
Natürliche Klärung	132
nichtbiologische Stabilität	133
Physikochemische Faktoren	132
Sedimentationsgesetz von Stokes	132
Totzellenanteil	135
Verbesserung der Filtrierbarkeit	143
Vergröberung der Trübungspartikel	132
Vorstabilisierung	133
Klärverhalten	
pH-Wert	95
Kohlenmonoxid	630
Kohlensäure	629
Analysenverfahren	629
Anforderung	629
Brauerei	629
Carbonisierung	629
CO_2-Reinheit	632
Drucktaupunkt	629

EIGA-Spezifikation	631
Geruch	629
Geschmack	629
Handels-Kohlensäure	629
Keimgehalt	633
Konzentrationsangaben	631
Mindestforderung	631
O_2-Gehalt	629, 631
Ölgehalt	629
Qualitätsanforderungen	630
Qualitätsanforderungen	629
Sensorik	629
Softdrinkindustrie	629
Kolloidale Bierstabilität	744
Kolloidale Haltbarkeit	
Alkohol-Kälte-Test	544
Prognose	544
Kolloidale Stabilität	124, 125, 131, 387, 528
Alkohol-Kälte-Test	604
Alkohol-Kälte-Test nach Chapon	126
Ammoniumsulfat-Test	604
Anforderungen	131
Einflüsse auf die Stabilität	528
Esbach-Test	604
Färbemittel zum Färben von Trübungen	605
Forciertest	125, 603
Prozesskontrolle	603
Richtwerte	131
Sauerstoffeinfluss	599
Schnellbestimmung	544
Vorausbestimmung der kolloidalen Stabilität	603
Vorhersage der zu erwartenden kolloidalen Stabilität	603
Warm-Kalt-Forciertest	125
Warmtage	126
Kolloidale Trübungen	
Catechin	537
Dauer- oder Oxidationstrübung	537
Einfluss von Sauerstoff	536
Eiweißbestandteile	535
Größe der Trübungspartikel	540

Kältetrübung 536, 537
Kolloidcharakter der
    Bierinhaltsstoffe 535
Kondensationsstufen der
    Polyphenole 537
Molmassebereich 535
Peptidbindungen 536
Polymerisationsindex 536
polymerisierte Polyphenole 536
Proteinpolyphenolkomplexe 537
Reaktionstypen 537
Ursachen 535
Verursacher 538
Wasserstoffbrückenbindung 537
Kolloidsystem 79
KOMET-Filter 373
Konditionierung des Bieres 606
Konformitätserklärung 472
Kontamination
    Oberflächenzustand 766
Kontrolle der Bierfiltrierbarkeit 744
Kontrollmethoden 124
    Glanzfeinheit 124
    Trübungsmessung 124
Köper-Tresse 206
Kosten der Bierklärung und -
    stabilisierung 736
    CAPEX 736
    Hauptkostenfaktoren 738
    Kapitalkosten 736, 737
    OPEX 736
    Richtwerte 736
    Schwankungsbreite der
    Filtrationskosten 737
    Total Cost of Ownership (TCO) 736
    Verbrauchskosten 736, 738
    Verbrauchswerte 739
Kostenvergleich
    „Kaltsterile" Filtration 740
    Kurzzeiterhitzung 740
    Tunnelpasteurisation 740
Kostenvergleich für die biologische
    Haltbarmachung von Bier 740

L

Lagerung der FHM 498
    Anforderungen an die
    Lagerfläche 498
    Einsatz von Silobehältern 499
    FHM 498
    Filtermittel 498
    Lose transportierte FHM 498
    Metallsilo 498
    Stabilisierungsmittel 498
Lagerung FHM
    Großpackungen 498
Lebensmittelfett 812
Leermeldesonde 714
Logger 650
    CO_2 678
    O_2 650
Löslichkeit
    Calciumoxalat 608
Löslichkeit von CO_2 im Bier 624
LRV-Wert 330, 451, 459, 469, 471, 478

M

Malz
    Malz-Endo-β-Glucanasen 90
    Qualitätseigenschaften 104
    Wintergerstenmalz 120
Massefilter 62, 71, 150
    Druckregler 62
    Filtermassepresse 74
    Filtermassewäsche 62
    Filterrahmen 63
    Heißwassersterilisation 74
    Kuchenpresse 62
    Massekuchen 74
    Trubrahmen 63
Massefilteranlage 72
Massefiltration 387
Massekuchen 74

Membranen	276, 469, 486
Adsorptionsneigung	470
Bubble-Point-Vliese	474
Celluloseacetat	469
Cellulosederivate	469
Crossflow-Filtration	486
Deckschichtausbildung	486
Deckschichtbildung	302
Doppelmembran	475
Einzelschichtmembran	474
Filtermembran in Hybridtechnologie	478
Filtratvolumenstrom	314
Grenzschicht	305
Grenzschichtdicke	305
Herstellung	472
Heterogene Doppelmembran	475
Hohlfasermembranen	294
Integrität	485
mehrschichtige Filtrationsschicht	475
mehrschichtiger Aufbau	474
Membranintegrität	310
Membran-Kassettenmodule	292
Membrankontrolle	310
mittlerer Transmembrandruck	308
Nylon 66	469
Permeatvolumenstrom	315
PES-Hohlfasermembran	281
Polyethersulfon	469
Polymermembranen	469
Polypropylen	469
Polysulfon	469
Polyvinylidenfluorid	469
Porenverteilung	472
Porenweite	281
Proteinadsorption	470
Prüfmöglichkeiten	485
PVDF	469
Reinigungszyklus	284
Rückspülung	307
spezifischer Durchfluss	486
spezifischer Filtratdurchsatz	281
Teflon	469
Tiefenfilterkerze SEITZ PREcart® PPII	474
Titerreduktion	283
Transmembrandruckdifferenz	281
Transmembrandruckverlauf	283
Ultrafiltrationssysteme	473
Werkstoffe	469
Membranen aus Siliciumnitrid	495
Membranen für *Clark*-Sensoren	642
Membranen für die Crossflow-Filtration	487
Deckschichtminimierung	487
Kapillarmembranen	487
Kapillarmodule	490
Keramikmembranen	487
Membrankassette der Fa. Sartorius	487
Membrankassetten	487
Scheibenmembranen aus Siliciumnitrid	487
tangentiale Überströmung	487
Membranfilter	32, 469
Dead-End-Filtration	469
hydrophile Membranfilter	344
hydrophobe Membranfilter	344
Spezifische Durchflussrate	344
Membranfilter zur Polier- und Entkeimungsfiltration	325, 352
„biersteriles" Filtrat	326
Abscheideeffizienz	326
Abscheiderate	326
Anforderungen an die Spülwässer	357
Anlagenauslegung	351
Aufnahmekapazität für Trubstoffe	353
Bakterienrückhaltevermögen	326
Besonderheiten	352
Betriebliche Erfahrungen	358
Clusteranordnung der Filterkerzen	353
Entfernung der Mikroorganismen	329

Index

Entkeimungsfiltration 326, 353
erforderliche durchschnittliche
  Porenweite 335
Filtration mit Tiefenfilter-
  systemen 351
Filtrationskonzepte 328
Forward-Flow-Wert 326
Gesamtporenzahl 326
Geschichte 352
Keimreduktion 330
LRV-Wert 330
Membrankerzenfilter in
  Clusteranordnung 355
mittlerer Porendurchmesser 326
Oberflächenfilter 353
Porengrößen 325
Porenverteilung 325
Porenweiten 353
Proteinase A 353
Regenerierung der Filterkerzen 326
Reinigung der Filterkerzen 326
Reinigung und Sterilisation 351, 356
Silt **D**ensity **I**ndex
  Test (SDI-Test) 357
Spezialreinigung 352, 357
Testorganismen 331
Titerreduktion 353
Validierung von Tiefenfiltern
  und Membranfiltern 327
Verfahrensablauf bei
  Clusterbauweise 359
Vorstabilisierung 326
Vorteile der Clusterbauweise 356
Wahl der Gerätesysteme 327
Membranfilter-Index 130
  Methode *Filtrox* 130
  Methode *Sartorius* 130
Membranfilterkerzen 478
  „Sterilfiltration" 483
  allgemeine Richtwerte 481
  Aufbau 478
  Beständigkeit 479
  Betriebsbedingungen 480
  chemische Beständigkeit 478

Differenzdruckfestigkeit 483
Druckgasfiltration 484
Eigenschaften 478
Filtration von Verschnitt- und
  Prozesswasser 483
Größenrückhaltemechanismus 479
Keimfreimachung von Wasser 484
LRV-Wert 478
mikrobiologische Sicherheit 478
Siebeffekt 479
Spülung 483
Standzeit 484
Sterilisation 483
Stützkörper 478
Membranfiltermethode nach *Esser* 98
Membranfiltersysteme
  Validierung 341
Membranfiltertest nach *Esser* 132
Membranfiltration 276, 352
  Crossflow-Mikrofiltration 276
  Dead-End-Filtration 276
  Filtrat 276
  Grundlagen 312
  Permeat 276
  Retentat 276
  Retentatvolumenstrom 276
  Rückspülung der Membranen 276
  Rückspülung mit Filtrat 293
  Vorteile 281
Membranfunktionstest 320
Membrankassette der Fa. Sartorius 487
  Filteranlage mit Membran-
    kassetten 489
  Technische Daten 488
Membrankontrolle 310
Membranreinigung 310, 316, 318
  Additive 318
  Beseitigung der Deckschicht 319
  CIP-Prozess 318
  Crossflow-Membranen 318
  Einfluss der Reinigungsmittel-
    zusammensetzung 319
  Enzymzusätze 320

851

Klärung und Stabilisierung des Bieres

Garantiewert	319
oxidative Spülung	318
Reinigungszyklen	319
spezielle Membranreiniger	318
Membransensor	
Messprinzip IR-Absorption	676
Messprinzip Wärmeleitfähigkeit	676
Membransensor für die CO_2-Bestimmung	676
Membranventile	774
Membranwerkstoff	294, 649
Hohlfasermembran	295
Keramische Membranen	294
Polyethersulfon	294
Polysulfon	294
Polyvinylidenfluorid	294
Mess- und Prüfmittelüberwachung	789
Messaufnehmer	787
Messeinrichtung	786
amperometrische O_2-Elektroden	637
Biegeschwinger	710
Bierfarbe	702
CO_2-Gehalt in Getränken	665
CO_2-Partialdruckes in der Gasphase	668
Durchlicht-Refraktometer	712
elektrochemisch-potentiostatische Konzentrationsmessung für Sauerstoff	653
Ethanol	713
Farbmessung	702
Fluoreszenzspektroskopie	703
Kalibrierung	656
Laser-Refraktometer	712
Lichtabsorption	695
Lichtschranke	708
Messung des Streulichtes	691
MID	635
Mischphasentrennung	704
NTC-Widerstand	634
Oberflächenzustand von Werkstoffen	708
Optischer Sensor	683
Partikelzählgeräte	704
potentiostatische Sauerstoffmessung	654
Prozessrefraktometer	711
Reflexionsmessung	708
Refraktometer	711
Sauerstoff	703
Sauerstoffkonzentration	635
Silicium-Halbleiter	634
Stammwürzebestimmung	710
Staubpartikel	708
Streulichtmessung	695
Thermoelement	634
Transmissionsmessung	704
Zweistrahlmessverfahren	690
Messgröße	
CO_2-Gehalt	634, 665
Druck	634, 635
Druckdifferenz	634
Durchfluss	634, 635
Ethanol	713
Füllstand	634, 635
Refraktion	711
Sauerstoff	634, 635, 637, 659
Temperatur	634
Trübung	634, 695
Messgrößen	634
Messkathode	639
Messprinzip	
Absorption	688
Dichte-Messung	710
IR-Absorption	676
Lichtschranke	688
Transmission	688
Ultraschall-Messung	710
Wärmeleitfähigkeit	676
Messtechnik	785
Anforderungen des Einbauortes	787
Anforderungen für die Reinigung/Desinfektion	787
Anforderungen, allgemein	785
Betriebsmessgeräte	785
Betriebswirtschaftlich relevante Messungen	786

Index

Mess- und Prüfmittelüberwachung	789
Messaufnehmer	785
Qualitätsrelevante Messgeräte	786
Wartung und Instandhaltung	789
Messung Sauerstoff	
amperometrische O_2-Sensoren	637
mit *Clark*-Sensoren	637
mit membranbedeckten elektrochemischen Sensoren	637
mit optischen Sauerstoffsensoren	637
mit potenziostatischen Sensoren	637
Messwertübertragung	787
Feldbussystem	787
Methode von *Raible*	100
MHD	125
Mikrobiologische Prüfung von Filtern	331
Mikrofiltration	35
Mikroorganismenentfernung	329
Mindesthaltbarkeit	39
Mindesthaltbarkeitsdauer	125
Mischen	
Anlagentechnik	612
chargenweise	612
Kenics®-Elemente	613
kontinuierlich	612
statische Mischer	612
Mittenrauwert	748
Modulfunktionstest (*Pall*)	320
Molmasse der Bierproteine	531
Molybdändisulfid	812
MSR	
Dosieranlage	221
Druckmessung	231
Durchflussmessung	231
Sauerstoffmessung	231
Trübungsmessung	231, 233
Trübungsverlauf	231
MSR-Stellen	747
MultiMicro-System	452

N

Nachcarbonisierung	606, 624
Nachfiltersysteme	441
Dead-End-Filtration	441
Differenzdruckverlauf	444
Erforderliche Filterfläche	445
Feinfilterkerze	442
Filterkerzen	443
Filtermittel	441
Filterschichten	443
Filtrationskosten	445
Membranfilterkerze	442
Modul-Filterscheiben	443
Richtwerte für Klärschärfe	445
Spezifischer Filterdurchsatz	445
Standzeiten	444, 445
Systemvergleich	442
technische Unterschiede	446
technologische Unterschiede	446
Tiefenfiltermodul	442
Tiefenfilterschicht	442
Trapkerze	442
Nachfiltration	386
Nachlauf	168, 256, 257
Nachlaufverwendung	717
Nettofiltrationszeit einer Filteranlage	724
Nichtbiologische Stabilität	
Einfluss von Lagerdauer	134
Einfluss von Temperatur	134
Nomenklatur der polyphenolischen Verbindungen	532
Nylon	571

O

O_2-Gehalt	629, 632
Oberflächenbeschaffenheit	
Mittenrauwert	816
Oberflächenfiltration	386
Ölgehalt	629, 632
Optische Messverfahren	683

Klärung und Stabilisierung des Bieres

Optischer Sensor	683
Anwendungsfälle	685
der Fa. optek-Danulat	687
optische Fenster	686
schematisch	686
Vorteile	694
Optode	659

P

Papain	564
Anwendungsergebnisse	566
Einsatzhinweise	564
Kurzcharakteristik	564
Papain-Inaktivierung	565
proteolytischen Wirkung von Papain	566
Wirkungsweise	567
Partialdruckberechnung	681
Partikelabscheidung	337
β-Ratio	338
β_x-Wert	338
absolute Rückhalterate	338
Rückhalteeffizienz	337, 338
Rückhaltegrenze	338
Rückhalterate	338
Trenngrenze	337
Partikelabscheidung in Filtern	337
Partikelabtrennung	386
Adsorption	387
Mechanismus	386
Oberflächenfiltration	386
Siebeffekt	386
Tiefenfiltration	386
Partikelanzahl	339
Schwankungsbereich	340
Partikelfilter	457
Partikelfiltration	35
Partikelgröße	36, 337, 339
β-Glucanmoleküle	36
Feingur	36
Grobgur	36
Mittelgur	36
Trubgröße	36
Partikelkonzentration	337
Partikelmesssystem PCS 2000	338
Partikelmessung	339
Abscheidegrenze	340
Filtrat Partikelbelastung	339
Rückhalteeffizienz	340
Partikelzähler	337
Pepsin	567
Allgemeine Charakteristik	567
Einsatzhinweise	568
Peptidbindung	533
Perlite	153, 386, 415
Aluminiumsilicat	416
Anforderungen	416
Aufbereitung	415
BECOLITE	418
Celite J	417
Eigenschaften	416
Farbverschiebung	417
Floater	417
Gewinnung	415
Glühverlust	417
handelsübliche Perlite	417
Nachteile	418
Perlite der Fa. Begerow	418
Perlite der Fa. Johns-Manville	417
pH-Wert-Verschiebung	417
Spezifisches Nassvolumen	417
Vorteile	418
Wassergehalt	417
Permeat	276
Permeatvolumenstrom	315
Personen	
Chapon, Louis	102, 126, 538
Dalton, John	36
Darcy, Henry	260
Enzinger, Lorenz Adalbert	60
Esser, Karl Diether	98
Fasbender, Franz	50
Raible, Karl	100, 138, 544
Rammert, M.	624
Windisch, Wilhelm	102

Index

PFA	649
Phosphoreszenz	703
Photoluminiszenz	703
Pinch-Effekt	308
Planung einer CIP-Anlage	721
Planung einer Filteranlage	721
Polier- und Entkeimungsfilter	324
Kerzenfilter	324
Modulfilter	324
Schichtenfilter	324
Polier- und Entkeimungsfiltration	324
Anforderungen	324
Anordnung des Filtersystems	326
Bakterienrückhalterate	324
biologisch haltbares Bier	324
biologische Haltbarmachung	324
effektive Vorklärung	324
Filtermittel	324
Filtermitteleigenschaften	324
kaltsterile Haltbarmachung	326
kaltsteriler Weg	324
Membranfilter	324
Qualifizierung von Filtern	327
Stellung im technologischen Ablauf	324
Tiefenfiltersysteme	324
Validierung von Filtern	328
Wahl des Filtersystems	326
Zusatzfilter	326
Polierfiltration	
Grenzflächenkräfte	423
Polyamidmembranen	329
Polymermembranen	469
Cellulosederivate	469
Nylon 66	469
Polyethersulfon	469
Polypropylen	469
Polysulfon	469
Polyvinylidenfluorid	469
Teflon	469
Polyphenole	
Chemische Bindungsarten	532
hydrophobe Bindung	533
Nomenklatur	532
Trübungsbildner	534
Wasserstoffbrückenbindungen	532
Polyphenolwirkungen	531
Hochmolekulare Polyphenole	531
Niedermolekulare Polyphenole	531
Polysulfonmembranen	329
Porenweite	36, 281
Kieselgurschicht	36
Membranfilter	36
Normale Filterschicht	36
Sterilschicht	36
Potenzialfeld	423
Debye-Länge	423
Reichweite	423
Probeentnahmearmatur	773, 778
Aseptisches System nach Keofitt	779
Beispiel VARIVENT®	778
Dampfgenerator	778
Probeentnahmesystem nach *GEA Brewery Systems*	780
Probeentnahmesystem nach Pentair-Südmo	780
Sterilventil VESTA®	778
System KEOFITT	777
Probenahme mit Kanüle	775
Problembier	114
PROFI®-System	281
Bierstabilisierung	322
Fließbild	284
Membranfunktionstest	320
Membranreinigung	320
Modultest	282
Prozessschritte	282
Regenerierung des Filterblocks	284
Reinigungsempfehlung von *Ecolab*	320
Titerreduktion	283
Verfahrensablauf	281
Verfahrensparameter	311
Vorteile	279
Prognose der kolloidalen Halbarkeit	544
Forciertest	544

Klärung und Stabilisierung des Bieres

Schnellbestimmung		544
Tannometer		544
Warm-Kalt-Forciertest	544,	603
Projektabschluss		
„unbeanstandete Abnahme"		732
Erkenntnisse und Rückläufe		732
Mängelbeseitigung		732
Nachweis der vertraglich garantierten Parameter		732
Projekt-Auswertung		733
Prüfzertifikate		732
Revidierte Zeichnungen		732
Schulung der Mitarbeiter		732
Übergabe der Handbücher		732
Unterweisung der Mitarbeiter		732
Prolin	533, 534,	549
Proteasepräparate für die Stabilisierung		569
Brewers Clarex™		568
Bromelin		569
Chymotrypsin		569
Ficin		569
Papain		564
Pepsin		567
Subtilisin		569
Trypsin		569
Zeitpunkt der Dosage		563
Protein-Polyphenolkomplexe		532
Prozessanschluss		
Sensoren		646
Prozessgrößen, Onlinemessung		764
Prozesskontrolle		742
Alkohol-Kälte-Test nach *Chapon*	604,	744
Ammoniumsulfat-Test		604
Bestimmung der Warmtage		744
Bierfiltration		742
Bierfiltrierbarkeit		744
Bierstabilisierung		742
Biologische Filtrationskontrolle		743
Erforderliche Kontrollen		743
Esbach-Test		604
Farbindikator für Trübungen		605

Forciertest		744
Kolloidale Bierstabilität		744
kolloidalen Stabilität		603
Protex-Verfahren		544
Qualitätssicherung		742
Schnelltests der kolloidalen Stabilität		744
Technische Prozesskontrolle		742
Ursachenforschung		744
Visuelle Filterkontrollen		742
Vorschläge zur Fehlersuche		745
Warm-Kalt-Forciertest	544,	603
Prozessphotometrie		683
Puffertank		174
Puffertankgestaltung		177
Puffertankvolumen		174
Pumpen	747,	794
Drehzahlanpassung		801
Druckbegrenzungsventil		794
Förderhöhe einer Pumpe		797
Frequenzsteuerung		796
Gleitringdichtung		795
Haltedruck		796
Kavitation		794
Kennlinie		801
Kreiselpumpe		796
Laufraddurchmesser		801
Leermeldesonde		794
Membranpumpe		794
NPSH-Wert		796
Parallelschaltung		805
Parameter einer Filteranlage		807
Pumpenauswahl		806
Pumpenbauformen		794
Quench		795
Quenchraumspülung		795
Reihenschaltung		806
Saugleitung		796
Scherkräfte		809
Seitenkanal-Pumpe		796
Sternradpumpe		796
Trockenlaufschutz	794,	795
Überströmventil		794

Verdrängerpumpe	794		Einfluss auf die Bierqualität	578
Zusammenschaltung von Pumpen	805		erforderliche Kontaktzeit	578
PVC-Pulver	406, 435			
PVDF-Membranen	329		**Q**	
PVP	588		Qualität des Endproduktes	
PVPP	569		Polyphenolwirkungen	531
Adsorptionsvermögen	572		Qualitätsanforderungen	630
Adsorptionsvermögen von PVPP im Recycling-Verfahren	572		Bier	123
			Filtriertes Bier	127
CBS-System	581		Haltbarkeitsstufen	123
Dosageeinfluss	579		Qualitätssicherungssystem der Anlage	771
Dosageempfehlung 1 der Fa. BASF AG für Divergan F	574		Quarzsand	440
Dosageempfehlung 2 der Fa. BASF AG für Divergan F	574			
Dosageempfehlung der Fa. ISP für das Produkt Polyclar	573		**R**	
Dosageempfehlungen	573		Raumgestaltung	728
Equipment für die Anwendung von regenerierbarem PVPP	574		Reaktionsisothermen nach *Chapon*	539
			Reduzierung des Sauerstoffeintrages	600
Geschichte	569			
Herstellungs- und Einsatzvorschrift	571		Reduzierung des Sauerstoffeintrages durch	
Herstellungsschema	570		Eintankverfahren	600
Regenerierungstechnologie	575		geschlossene Gärung	600
Selektivität	579		mindest-SO_2-Gehalt	600
Sorten der BASF	573		Sauerstoffarme Maischebereitung	600
Wirkung der PVPP-Stabilisierung	580			
			Sauerstofffreie Abfüllung	600
Wirkungsweise	572		Sauerstofffreie Filtration	600
PVPP-haltige Adsorbenzien	386		Verwendung von Inertgas	600
PVPP-Regenerierung			Verwendung von sauerstofffreiem Wasser	600
Ein-Lauge-Verfahren	577			
Hinweise	576		Verwendung von völlig sauerstofffreiem CO_2	600
PVPP-Sorten	573			
Divergan F	573		Refraktometer	711
Divergan RS	573		Regeln der Technik	
Polyclar 10	573		Anerkannte Regeln der Technik	721
Polyclar Super R	573		Stand der Technik	721
PVPP-Stabilisierung			Stand von Wissenschaft und Technik	721
Adsorptionskapazität	580			
Anwendungsergebnisse	579		Reinheit des CO_2	630
CBS-System	581		Reinheitsgebot	629

857

Restsauerstoff-Konzentration	617		NPSH-Wert	756
Richtlinien der EHEDG	764		Paneeltechnik	766, 767
Richtlinien und Verordnungen der EU	823		Passstück-Verbindung	765
			Rohrleitungshalterungen	752, 772
Rohgur	389		Rohrleitungsknoten	748
Aufbereitung	390		Rohrleitungsverbindungen	749
Cristobalit	390		Rückschlagarmaturen	772
Kalzinierung	390		Sauerstoffentfernung	760
Trocknen	390		Schaugläser	772
Rohguren			Scherkräfte	756
Aufbereitungsprozesse	390		Schlauch	765
Rohkieselgur	389		Schlauchverbindung	767
Rohrleitungen	747		Schweißspannungen	767
Aseptik-Flanschverbindungen	751		Schwenkbogen-Verbindung	765
Beispiele für Rohrleitungshalterungen	754		Spannring-Verbindung	749
Beschriftungselemente/Kennzeichnung	773		Thermisch bedingte Längenänderungen	754
Betriebssicherheit	765		Toträume in Rohrleitungen	763
Blindkappen	772		Totraumminimierung	763
Chemikalienbeständigkeit	747		Tri-Clamp®-Verbindung	752
Clamp-Verbindung	749		Verbindungstechnik	765
Dehnungsausgleicher	772		Verlegung von Rohrleitungen	752
Druckverlust	756		Verschraubung	749
Druckverlustabschätzung mittels Nomogramms	757		Verschraubung in Sterilausführung	750
Einbau von Sensoren	764		Wand- und Deckendurchführungen	753
Entlüftung der Rohrleitungen	760			
Entlüftungslaternen	772		Wärmedämmung bei Rohrleitungen	761
Festverrohrung	765, 771		Wärmedehnung	752
Flansch in Sterilausführung	751		Rückhalteeffizienz	338
Flanschverbindung	749		Rückhalterate	
Fließgeschwindigkeit in Rohrleitungen	756		absolute	128
			nominelle	128
Frostschutz	762		Rückspülung	310
Gestaltung von Rohrausläufen	762		Rückspülzeit	310
Hygieneklassen	817		Rückspülzyklus	310
Kompensator für Längenausgleich	755		Rückverdünnung	
			Anlagen	609
Leckageüberwachung	771		Anlagentechnik	612
Lösbare Leitungsverbindungen	749		Beispielrechnung	611
manuelle Verbindungstechnik	766		Chargenmischsystem	610
Maßnahmen gegen Flüssigkeitsschläge	760		kontinuierliche Mischanlage	610
			Schwankungen der Bierfarbe	612

Index

Schwankungen des Bitterstoffgehaltes	612
Rüstzeiten	253

S

Salicylsäure	55
Sauerstoff	
Durchschnittliche Sättigungslöslichkeit	644
Messgerät „DIGOX" schematisch	655
Optische Sensoren	659
Potentiostatische Sensoren	652
Sensor mit Festelektrolyt	656
Technologische Bedeutung der Oxidationsprozesse	598
Technologische Maßnahmen zur Reduzierung des Sauerstoffeintrages	600
Vermeidung von Oxidationen	598
Sauerstoffaufnahme	170, 254
Sauerstoffentferner	
Ascorbinsäure	601
Ascorbinsäureverwendung	602
Glucoseoxidase	601, 603
Reaktionsschema der Ascorbinsäureoxidation	601
Schweflige Säure	602
Sauerstoffgehalt in luftgesättigtem Wasser	620
Sauerstoffkonzentration	643
Sauerstofflöslichkeit	643
Sauerstoffmessung	659
Festelektrolyt-Sensor	656
Sauerstoff-Sensor	
Nullpunkt-Kalibrierung	645
Sauerstoffzunahme beim Blenden	607
Saugleitungen	756
Schaum	632
Schaumhaltbarkeit	117
Schaumstabilität	629
Scherkräfte	809
Schichtenfilter	32
Schichtenfilter zur Polier- und Enkeimungsfiltration	345
Aufbau und Funktion	346
Auswahl der Filterschichten	346
Filterschichtenwechsel	348
Hochleistungsschichten	347
mit Einzelschichten	346
mit Faltschichten	346
Nachfiltration	345
Nachteile	346
Regenerierung des Filters	349
Spezifischer Filtratdurchsatz	347
Spezifisches Filtratvolumen	347
Standzeit	347
Trubaufnahmevermögen	345
vor- und nachlauffreie Schichtenfiltration	348
Vorbereitung des Schichtenfilters	348
Zulässige Druckdifferenz	348
Schichtentypen, Filterschichten	449
Schlauch	
Umgang mit Schläuchen	770
Schlaucharmaturen	769
Schlauchverbindung	767
Schlauchwerkstoffe	768
Schmierstoffe für Dichtungen	819
Schnellbestimmung der kolloidalen Stabilität	604
Schnelltests der kolloidalen Stabilität	744
Schönungsmittel	49
Schulung der Mitarbeiter	732
Schutzkathode	639
Schwand	716
Abfahren des Filters	716
Anfahren des Filters	716
CMF	718
Extraktschwandreduzierung	716
Mischphase	716
nachlauffreie Filtration	716
Nachlaufverwendung	717
Probleme bei vor- und nachlauffreier Arbeitsweise	718

Klärung und Stabilisierung des Bieres

Verschnitt	716
vorlauffreie Filtration	716
Vorlaufverwendung	717
Schwankungsbereich der $ß_x$-Werte und Rückhalteeffizienzen	
Kieselgurfilter	340
PVPP-Filter	340
Trap-Filter	340
Schweflige Säure	602
Schweißen	749
Anlauffarben	749, 813
Argon	813
Beizen	749, 813
Beizlösung	749
Beizpaste	749
Formiergas	749, 813
Formiergas 90/10	749
Korrosionsbeständigkeit	749
MAG-Verfahren	813
MIG-Verfahren	813
Orbitalschweißverfahren	749
Orbital-Schweißverfahren	813
Passivierung	749
Plasma-Schweißverfahren	813
Schutzgas	749
Schweißverfahren	749
UP-Verfahren	813
WIG-Hand-Schweißverfahren	749
WIG-Verfahren	813
Schweißnaht-Nachbearbeitung	813
Schwingungsüberwachung	
System *WatchMaster*	519
System *WatchMaster plus*	519
Selbstreinigender Tellerseparator	504
Sensitive Proteine	550, 604
Sensor	
Adapter	764
Anschlusssysteme	764
BioConnect®/Biocontrol®	646, 664, 686, 764
CO_2-Gehalt	676, 678
faseroptisch	659, 703
für Ethanol	713

Leermeldesonde	714
O_2-Messung	649
Prozessanschluss	764
Prozessanschluss APV®-Gehäuse	764
Prozessanschluss Varivent®-Gehäusesystem	764
Sauerstoff	659
Sensorik	629
Separation	23, 113, 502
Grundlagen	503
Separation, Gesetzmäßigkeiten	504
Absetzgeschwindigkeit	506
Beschleunigungsfaktor	506
Fallbeschleunigung	506
Radialbeschleunigung	505
Schleuderziffer	506
Trennfaktor	506
Trennkorndurchmesser	506
Zentrifugalbeschleunigung	505
Separator	
Anfahrkupplung	510
Antriebsmotor	509
äquivalente Klärfläche	508
Aufstellungsbedingungen	519
Aufstellungsort	519
Austrag diskontinuierlich	503
Austrag kontinuierlich	503
Austrag von Feststoffen	503
Baugruppen	509
CIP-Reinigung	527
Direktantrieb	513
Feststoffaustrag	519
Feststoffaustrag, diskontinuierlich	515
Fördersysteme für die abgetrennten Feststoffe	519
Gestaltung der Tellereinsätze	507
Getriebe	510
Greifer	517
Halslager	514
Hydrohermetische Abdichtung	517
HydroStop®-System	521
Integrierter Direktantrieb	510

Kläreffekt	278	Stabilisierung mit Agarose	590
Kolbenventil	522	Stabilisierung mit Kieselgelen	545
Kurzspindelantrieb	514	Stabilisierung mit PVPP	569
Messung des Feststoff-Füllungsgrades in der Trommel	525	Stabilisierung, eiweißseitig	544
		Bentonit	544
Motorkühlung	510	eiweißfällende Gerbstoffpräparate	544
Partikelverteilung	278		
Schluckvermögen	507	eiweißseitige *Schönung*	544
Schwingungsüberwachung	519	Kieselgel	544
Separatorenhaube	518	proteolytische Enzyme	544, 563
Spindellagerung	514	Protex-Verfahren	544
Tellereinsätze	516	Tannin	560
Tellertrommel	515	Stabilisierung, gerbstoffseitig	569
Titerreduktion	283	Adsorptionsmittel	569
Trommel	513, 515	Gelatine, polyphenolfällende Wirkung	588
Trommel mit beweglichem Schleuderraumboden	522		
		Methanal	569, 588
Trommel mit einem Ringkolben	523	Nylon, Nylonpulver	587
Trommelwelle	513	Polyamide	569, 587
Volumenstrom	507	Polyvinyllactame	569
Zu- und Ablauf-Armatur	517	Polyvinylpolypyrrolidon	569
Zubehör	519	PVP	588
Separator vom Typ CSA 500 (GEA Westfalia)	523	PVPP	569
		Stabilisierung, quasikontinuierlich, gerbstoffseitig	581
Separator vom Typ HyDRY® GSC (GEA Westfalia)	521		
		CBS-System	581
Separator vom Typ HyVOL® GSE (GEA Westfalia)	521	Stabilisierungsanforderungen	598
		Stabilisierungsmittel	386, 387
Sicherheitsfilter	361	Bentonite	557
Silica Sole	138	Brewtan®-Produkte	562
SiO_2-haltige Adsorbenzien	386	Definition	386
Spanngas	149, 381	Einfluss auf das Bier	596
Spülwasser	357	Einsatz proteolytischer Enzyme	563
Anforderungen	357	Kieselgele	545
SDI-Test	358	kolloidale Stabilität	387
Spülwässer für Membranfilter	484	Komplex wirkende Mittel	589
Stabilisierungsverfahren		Methanal	569, 587
Vergleich der Stabilisierungsverfahren	590	Nylonpulver	587
		Papain	564
Stabilisierung	528	Pepsin	567
durch Sauerstoffreduktion	528	Proteasepräparate	569
eiweißseitig	528	PVPP	569
gerbstoffseitig	528	Tannin	560
Stabilisierung des Bieres	311		

Überblick über die wichtigsten
   Mittel 596
Stabilisierungsmittel proteolytische
   Enzyme
   Dosagezeitpunkt 563
   Kombinationsmöglichkeiten von
     Proteasen 564
Stabilisierungssystem CBS 581
Stabilisierungssystem CSS 323, 589
   Anlage 591
   Betriebserfahrungen 591
   Bypassregelung 593
   CSS-Anlagenmodul der Fa.
     Handtmann 592
   Durchflussreglung des
     CSS-Moduls 593
   Regeneration des
     CSS-Adsorbers 592
   Stabilisierung mit Agarose 590
   Verfahrensablauf 591
   Wirtschaftlichkeit 592
Stabilisierungssystem Innopro
   ECOSTAB 584
Stabilisierungsverfahren, komplex
   wirkend 589
   mit Agarose 589
   Stabilisierungssystem CSS 589
   Verwendbarkeit von
     Ionenaustauschern 589
Stammwürzebestimmung 710
Stammwürzeeinstellung 606
Stapelung von entgastem Wasser 623
Statischer Mischer
   Kenics®-Mischelement 613
   Mischer nach Sulzer 613
Sterilfilter 633
Streulichtmessung 691
Strippgas 616, 619, 621
Strömungsverhältnisse im A.-
   Kerzenfilter 160
Stützschicht 32
System AlfaBright™ 292
   Filterblock 293
   Tucher-Brauerei Nürnberg/Fürth 293

   Verfahrensablauf 292
System BeFiS
   Ablauf der Filtration 368
   Aufbau der Filteranlage 367
   Regeneration der Filterhilfs-
     mittel 369
   Vorteile des Verfahrens 372
   Wirtschaftliche Effekte 370
   Ziele des Verfahrens 367
System F&S-Filtration 373
System Innopro Kometronic
   Aufbau des Systems 374
   Verfahrenablauf 373
   Verfahrensschritte 374
System Norit 287
   Applikationsvariante 289
   Filteranlage BMF 18 291
   Filtrationsablauf 288
   Verfahrensparameter 311

T

Tankwagen für CO_2 632
Tannin 48, 560
   Anwendungsergebnisse 561
Tanninprodukte 560
Tannoide 539, 605
Tannometer 126
Technische Prozesskontrolle 742
Technologische Zielstellungen
   einer Filteranlage 733
Testkeime 329
   Bestimmung des
     Durchbruchpunktes 332
   Brevundimonas diminuta 329
   Durchbruchpunkt 334
   Einflussfaktoren auf die
     Keimreduktion 333
   für entkeimende
     Tiefenfilterschichten 334
   Kloeckera apiculata 332
   Lactobacillus brevis 332
   Lactobacillus lindneri 332

Lactococcus lactis	332	Tiefenfiltersysteme	325, 443
Pediococcus damnosus	332	β_x-Wert	325
Reproduzierbarkeit	333	Bakterienrückhaltevermögen	325
Saccharomyces cerevisiae	332	Beurteilung	327
Serratia marcescens	329	Einflussfaktoren	325
Titerreduktion	330	EK-Filter	325
Validierung von Nachfiltern	332	Filterschichten	325
TFS-Filtersystem	244	Filtrationseffekt	325
Theorie der Anschwemmfiltration	259	Filtrationseffizienz	325
Thermische Entgasung	618	Polierfiltration	325
Tiefenfilterkerzen	129, 443, 453	Prüfverfahren	325
Absolutfilterkerzen	458	Tiefenfilterkerzen	325
BECO PROTECT „TWINStream"	458	Tiefenfiltermodule	325
Clusterbauweise	458	Unterschiede	443
Dickschichtfilterkerzen	458	Validierung	327
Dickschichttiefenfilter	454	Wasserwert	325
Entwicklung	453	Tiefenfiltration	325, 386
Feinfiltration	458	Tiefenfilterkerzen	129
Garn-Wickel-Kerze	454	Tiefenfiltermodule	129
Melt-blown-Kerze	454	Tiefenfilterschichten	129
Partikelfilter	457	Titerreduktion	283, 329, 469
Plissierte Tiefenfilter	454	Testkeime	329
SEITZ PREcart® PPII	474	Total Cost of Ownership	736
Trap-Filter	457	Transmembrandruck	276, 306, 310
Trubaufnahmekapazität	457	Erhöhung	308
Trubaufnahmevermögen	454	Transmembrandruckdifferenz	281
Vlies-Wickel-Kerze	454	Trap-Filter	38, 128, 361, 442, 456, 457
Tiefenfiltermodule	129, 459	Abscheideeffizienz	365
Aufbau	459	Abscheideraten	457
Baugrößen	460	Air Cleaner Fine Test Dust	366
Größen	459	Aufgabe	361
Keimreduzierung	459	Differenzdruck als Funktion der Fließrate	362
Kurzcharakteristik	460, 465	Filterelemente	361
mit zwei integrierten Filtrationsstufen	462	Filtergehäuse	362
Nachteile	464	Gestaltung	361
scheibenförmige Modulfilter	459	Multipass OSU F2 Filter Performance Test	365
SUPRAdisc II -Module	460	Prüfung von Partikelfiltern	365
SUPRApak™-Filtermodule	465	Rückhaltevermögen	362
Trubaufnahmevermögen	459	Trenngrad	366
Vorteile	464	TREMO-GUR®	270
Tiefenfilterschichten	129	*Tremonis* GmbH	269

Klärung und Stabilisierung des Bieres

Trenngrad	366
Trennwirkung der Separatoren	502
Tressengewebe	
Köper-Bindung	207
Trubsack	58
Trübstoffbestandteile	78
Trübung des Bieres	
EBC-Einheiten	124
NTU-Einheiten	124
Richtwerte	124
Trübungen	528, 530
Dauertrübung	539
die Trübungsbildung beschleunigende Faktoren	537
Einflüsse auf die Ausbildung	528
Kälteempfindlichkeit nach Chapon	539
Kältetrübung	539
Modell Trübungsbildung	534
nichtbiologisch	528
Trübungskomponenten	530
Trübungsneigung	540
Trübungsarten im Bier	538
Dauertrübung	538
irreversiblen Dauertrübung	538
Kältetrübung	538
Nichtbiologische Trübungsarten	538
reversible Kältetrübung	538
Trübungsfaktoren	
dimere Catechine	531
hochmolekulare Kohlenhydrate	531
Polyphenole	531
Prolingehalt	535
Schwermetallionen	532
trimeres Catechin	531
Trübungsfreiheit	528
Trübungskomponenten	
alfa-Glucane	91
Anthocyanogengehalt	93
beta-Glucane	87
Eiweiß-Gerbstoffverbindungen	92
Feststoffgehalt	94
Resttrubgehalt der Anstellwürze	94

Trübungsmessung	124, 233, 339, 530, 542, 692
90°-Streulichtmessung	339
90°-Trübungsmessung	124, 542
Vorwärtsstreulicht	339
Vorwärtstrübung	124
Vorwärtstrübungen, gemessen bei 11° bzw. 12°, 25°	542
Zweiwinkelmessgerät	543, 692, 696
Trübungsneigung	530, 531, 540
Hochmolekulare Polyphenole	531
Proteinfraktionen	531
Technologische Varianten zur Reduzierung	540
Vorschau	530
Trübungspartikel	78
Größenordnungen	79
Trübungspotenzial	126
Bewertungsschema	126
Trübungsprobleme	745
Fehlersuche	745
Trübungsverursacher	
Metalltrübungen	538
Oxalattrübungen	538
Stärke- oder Dextrintrübungen	538
Tyndall-Effekt	31, 692

U

Überregionalbiere	123
Ultrafiltrationssysteme	473
Umrechnung von O_2-Konzentrationsangaben	631
Unfiltrat	31
Unfiltratbereitstellung	23, 148
Anforderungen an die Anlagentechnik	23, 148
Leermeldung der Behälter	148
Spanngas	149
Sterilluft	149
Unfiltratleitung	148
Ungleichmäßiger Filterkuchen	
Abschwemmbilder	167
Störungen im Bierfluss	166

Turbulenzen im Filter	165
Unterbrechungen des Bierflusses	166
Unzureichende Filterentlüftung	166
Zu hoher Schwereanteil der Gur	166
Unterbrechungen der Filtration	196
Unterweisung der Mitarbeiter	732
Ursachenforschung zu Filtrationsproblemen	744

V

Vakuum-Entgasung	615
Validierung	327, 341
Integritätstest	341
Membranen	341
Membranfiltersysteme	341
Unversehrtheit der Membranen	341
Van-der-Waals-Anziehung	425
Verbesserung der Filtrierbarkeit	143
Anlage zur thermischen Behandlung	145
Auflösung des β-Glucangels	143
Cracken des Unfiltrates	147
Rückbildung von β-Glucangel	143
Temperatureinflüsse auf β-Glucangel	143
Thermische Verfahren	143
Verbrauchswerte einer Filteranlage	736
Verdünnungsrechnung	611
Verfahrensführung mit FHM	150
Ansatzbereitung	150
Aufbau des Filterkuchens	156
Differenzdruckkontrolle	155
Filteradditiv	156
Gleichmäßigkeit des Filterkuchens	155
Laufende Dosierung	157
Spezifischer Filtratdurchsatz	159
Spezifisches Filtratvolumen	159
Voranschwemmung	151

Vermeidung von kolloidalen Trübungen	
wichtige technologische Maßnahmen	596
Vermeidung von kolloidalen Trübungen durch	
Absenkung des Maische-pH-Wertes	597
Betonung der 50-°C-Rast	597
Einsatz eiweiß- und gerbstoffarmer Rohstoffe	597
gut gelöstes Malz	597
gute Hefevitalität	597
Heißtrubausscheidung	597
intensive Hauptgärung	597
kalte Lagerung	597
kein Eintrag von Schwermetallen	597
keine Sauerstoffaufnahme	597
niedriger Eiweißgehalt	596
proanthocyanidinfreie Gersten	597
scharfe Feinfiltration	597
Würze-pH-Wert	597
Verringerung oder Vermeidung von Vorlauf	
A.-Kerzenfilter	255, 256
A.-Scheibenfilter	255, 257
A.-Schichtenfilter	256, 257
Verschnittkurven	170
Verschnittwasser	606
Aktivkohlefiltration	609
Alkalität	607
Anforderungen	606
Blei-, Kupfer-, Zink-Ionen	607
Calciumgehalt	607
Chlor	607
Chlorphenole	607
Desinfektion	609
Eisengehalt	607
Entkeimung	608
Keimfreiheit	607
Mangangehalt	607
Oxalatausfällungen	607
pH-Wert	607

Sauerstoffgehalt	607	Membranmodul	621
Temperatur	607	mittels Membranen,	
Trinkwasserqualität	607	schematisch	622
Verschnittwasserentkeimung	608	Restsauerstoffgehalt	
Verschnittwasserentkeimung	608	Membranmodul	621
Chlordioxid	608	Sauerstoff-Löslichkeits-	
Chlorung mit Chlorgas	608	koeffizient	614
Erhitzen	608	Stapelung des entgasten	
Kochen	608	Wassers	623
Ozonbehandlung	608	Thermische Entgasung	615, 618
Ultrafiltration	608	Thermische Wasserentgasung,	
UV-Licht	608	schematisch	619
Vor- und Nachlauftank	178	Vakuum-Entgasung	615
Voranschwemmung		Zweistufige Vakuum-	
erste Voranschwemmung	152	Entgasungsanlage	617
mit filtriertem Bier	167	Wasserentgasungsverfahren	
mit Heißwasser	168	Vergleich	616
zweite Voranschwemmung	153	Wasserstoffbrückenbindung	533
Vorlauf	254, 255, 256	Wasserwert	325
Vorlaufverwendung	717	Werkstoffe	
		austenitischer Stahl	810
		Beständigkeit der	
		Dichtungswerkstoffe	818
W		Chemische Oberflächen-	
		behandlung	814
Wandschubspannung	312	Dichtungen	818
Wareneingangskontrolle	629	Edelstahl, Rostfrei®	810
Wärmedämmung	761	Eigenschaften einiger	
Dämmwerkstoffe	761	Edelstähle	811
Rohrleitungen	761	Kennzeichnung nach AISI	811
Sicherung gegen		Korrosion	812
Wasserdampfdiffusion	762	Korrosionsarten	812
Wasserdampfsperre	761	Kunststoffe	815
Wartungskosten	766	Kurznamen	810
Wasserdampfsperre	761	Mechanische	
Wasserentgasung	614	Oberflächenbehandlung	814
Chemische Sauerstoff-		Nichtrostende Stähle	811
entfernung	615, 623	Oberflächenbeschaffenheit	816
Dreistufige Druckentgasung	618	Pflege des Edelstahles	815
Druck-Entgasung	615	Schmierstoffe für Dichtungen	819
Entgasung mittels		Stabilisierte Stähle	813
Membranen	615, 619	Unterscheidungsmöglichkeiten	
Katalytische Entfernung des		für Elastomere	818
Sauerstoffs	615	Werkstoffnummern	810
Katalytische Entgasung	622		

X

Xerogel	153, 323
Xerogele	
Vorteile	552

Z

Zeitpunkt der Rückverdünnung	606
Zentrifugalbeschleunigung	503, 506
Zentrifugalseparator	503, 504
Zentrifuge	504
Zetapotenzial	156, 333, 423, 427
Einfluss	424
Ziele der Bierstabilisierung	27
Ziele der Prozessstufe künstliche Bierklärung	27
Zweistrahlmessverfahren	690

Quellennachweis und Anmerkungen

1 Weinfurtner, F.: Die Technologie der Gärung. Das fertige Bier. (Kap. „Künstliche Kärung" 44 S.)
   Die Bierbrauerei Band 3, 3. Aufl., Stuttgart: F. Enke Verlag, 1963
2 De Clerck, J.: Lehrbuch der Brauerei, Band I, 2. Aufl.; in der Übersetzung von P. Kolbach,
   Berlin: Versuchs- und Lehranstalt für Brauerei, 1964 (Kapitel Filtration 33 S.)
   hierzu erschienen Ergänzungen: 1. + 2. (1967); 3. + 4. (1970)
3 EBC Technology and Engineering Forum: Beer Filtration, Stabilisation and Sterilisation -
   Manual of Good Practice, EBC Zoeterwoude (NL), 1999
4 Manger, H.-J. u. H. Evers: Kohlendioxid und CO_2-Gewinnungsanlagen, 2. Aufl.,
   Berlin: VLB-Berlin, 2006
5 Evers, H. u. H.-J. Manger: Druckluft in der Brauerei
   Berlin: PR- und Verlagsabteilung der VLB Berlin, 2001
6 Manger, H.-J.: Kompendium Messtechnik,
   Berlin: PR- und Verlagsabteilung der VLB Berlin, 2006
7 Autorenkollektiv: Meyers Konservations-Lexikon, 4. Aufl., 6. Band, S. 262
   Verlag des Bibliographischen Instituts Leipzig u. Wien, 1885-1892
8 Annemüller, G. u. H.-J. Manger: Gärung und Reifung des Bieres,
   Berlin: VLB PR- u. Verlagsabteilung, 2009
9 Schroppmeier, W., u. R. Gaub: Erfahrungen mit der Membranfiltration in der Pott's Brauerei
   nach achtmonatigen Praxisbetrieb; Vortrag auf der Brau- u. maschinentechnischen Tagung der VLB am 09./10.03.2004 in Saarbrücken
10 Annemüller, G.: Ein persönlicher Beitrag zur Geschichte der Bierklärung: Bericht vor dem
   TWA der VLB (FA GLA), Berlin, d. 08.10.2007
11 Kirchschlager, M.: „Statuta thaberna" - Altdeutsche Wirtshausregeln & Gesetze über das
   Brauen von Bier nebst dem ältesten deutschen Reinheitsgebot der
   Landgrafenstadt Weißensee in Thüringen 1434; Übersetzt und
   Hrsg.: M. Kirchschlager; Weißensee: Heinrich Hetzbold Verlag 1998
12 Gerlach, W.: Das deutsche Bier; HB Verlag Hamburg, 1984
13 Anonym: Der wohlerfahrne Braumeister, 1759
   Faksimile-Ausgabe der Freisinger Künstlerpresse, Freising 1986
14 Anonym: Der vollkommene Bierbrauer - oder kurzer Unterricht alle Arten Biere zu brauen;
   Frankfurt u. Leipzig zu haben bey Carl Wendlern, 1784
   Reprint der Originalausgabe - Reprint - Verlag Leipzig
15 Hahn, J. G.: Die Hausbrauerei - oder vollständige praktische Anweisung zur Bereitung
   des Malzes und Hausbieres; nebst Beschreibung einer Braumaschine
   mittels der man auf leichte Art ein Hausbier selbst brauen kann; wie auch
   die Bereitung verschiedener Obstweine und Essige.
   Georg Adam Keyser-Verlag, Erfurt 1804
   Reprint des Verlags Die Werkstatt GmbH, Göttingen 2004 mit
   Erläuterungen von K. Kling
16 Kögel: Kögels allgemeine vollst. Anweisung zum Bierbrauen nach richtigen
   Grundsätzen der Chemie; Quedlinburg, 1802, cit. durch [15]
17 Der Brauertag in Weihenstephan bei Freising; ref. in: Der Bierbrauer **3** (1872) 15, S. 233
18 Linhart, W.: Aus der Versuchsbrauerei der Wormser Brauer-Akademie. Bericht über
   das Kühlen der Würze; in :Der Bierbrauer **4** (1873) 1, S. 9-11
19 Borsäure als Konservierungsmittel für Milch und Bier; ref. in Der Bierbrauer **3** (1872)15, S. 241
20 Ueber den durch kohlensaures Kali im Bier erzeugten krystallinischen Niederschlag
   ref. in: Der Bierbrauer **3** (1872) 16, S. 245-248
21 Über Klärmittel: cit. in: Der Bierbrauer **3** (1872) 14, S. 222-223
   Begründet v. G. E. Habich; Verlag O. Spamer, Leipzig 1872

22 Pfauth, H.: Die Behandlung des Winterbieres im Schenkkeller; Neuestes Illustriert.
   Taschenb. d. bayer. Bierbrauerei;
   ref. in Der Bierbrauer **3** (1872) 24, S. 378-380
23 Jäger, B.: Werbung über Brauer-Rezepte; Der Bierbrauer **3** (1872) 13, S. 210
24 Brescius, E.: Über die Verwendung des Tannins zum Klären des Bieres
   cit. aus dem „Pol. Notizbl." 27.342 in: Der Bierbrauer **4** (1873) 6, S. 92
25 Amerikanische Fischblase: cit aus dem „Amerikan. Bierbrauer" in:
   Der Bierbrauer **4** (1873) 12, S. 194
26 Cit. in: Der Bierbrauer **4** (1873) 18, S. 292
27 Jäger, B.: Werbung über Brauer-Rezepte; Der Bierbrauer **3** (1872) 13, S. 209
28 Cit. in: Wochenschrift für Brauerei **2** (1885) 5, S. 63
29 Fasbender, F.: Die Mechanische Technologie der Bierbrauerei und Malzfabrikation, Bd III,
   Leipzig (Wien): J. M. Gebhardt's Verlag, 1885, S. 709-717
30 Chronik der Bitburger Brauerei Th. Simon GmbH; Bitburg, 2003
31 Hayduck, M.: Ueber die Verwendung von Salicylsäure in der Brauerei
   Wochenschrift für Brauerei **2** (1885) 49, S. 710
32 Cit. in: Wochenschrift für Brauerei **2**(1885) 3, S. 39
33 Cit. in: Wochenschrift für Brauerei **2** (1885) 5, S. 63
34 ref. aus Amerik. Bierbrauer 1885, S. 95 durch Wochenschrift für Brauerei **2** (1885) 23, S.355
35 Schwarz, M.: Ueber die Haltbarkeit des Bieres, cit aus der amerikanischen Zeitschrift
   „Der Praktische Bierbrauer" (New York)
   in: Wochenschrift für Brauerei **2** (1885) 30, S. 442-443
36 Werbung der Fa. C. F. Bauerreis & Müller, Nürnberg
   ref. in: Wochenschrift für Brauerei **2** (1885) 2, S. 22
37 Fasbender, F.: Die Mechanische Technologie der Bierbrauerei und Malzfabrikation, Bd III,
   Leipzig, Wien: J. M. Gebhardt's Verlag 1885, S. 611-624
38 Enzinger, L. A.: Apparat mit Filterböden aus Papier zum Filtriren von trüben und
   moussirenden Flüssigkeiten unter Abschluss der Luft
   Patentschrift Nr. 5159, Deutsches Reich v. 04.06.1878
39 Werbung der Fa. L. A. Enzinger's Fabriken, Pfeddersheim
   ref. in: Wochenschrift für Brauerei **2** (1885) 2, S. 24
40 Heyse, K.-U.: 130 Jahre Bierfiltration, Brauwelt **149** (2009) 45, S. 1361-1362
41 Heyse, K.-U.: 130 Jahre Bierfiltration; GGB-Jahrbuch 2010, S. 227-230
42 Enzinger's Universal-Schnell-Filter Modell 1887: Titelseite zur Gebrauchsanweisung für den
   ersten horizontalen Schichtenfilter
   Ref. d. Sonderdruck aus: Die Brauerei **52** (1955) 25/26, S. 145-146
43 Werbung der Fa. L. A. Enzinger's Fabriken, Pfeddersheim
   ref. in: Wochenschrift für Brauerei **2** (1885) 40, S. 598
44 Centrifugen von Conrad Zimmer; ref. in: Wochenschrift für Brauerei **2** (1885) 3, S. 31-32
45 Hayduck, M.: Ueber eine neue Filtermasse; Wochenschrift für Brauerei **2** (1885) 34, S. 507
46 www.wikipedia.org/wiki/Asbest
47 Kunze, W.: Technologie Brauer und Mälzer, Leipzig: VEB Fachbuchverlag, 1962
48 Mitsching, F.-K.: Mikrobiologische Studien an Filtermasse-Bierfiltern im Brauereibetrieb
   unter Berücksichtigung ihrer entkeimenden Wirkung;
   Diss. Humboldt-Universität zu Berlin, 1965
49 Fehrmann, K. u. M. Sonntag: Mechanische Technologie der Brauerei
   Berlin u. Hamburg: P. Parey-Verlag, 1962
50 Pöschl, M., U. Zimmermann u. E. Geiger: Historischer Überblick über die Bierfiltration und
   Bierstabilisierung; Der Weihenstephaner **75** (2007) 4, S. 117-121
51 Kiefer, J.: Filtrationstechnik unter ökologischen Gesichtspunkten
   Brauwelt **133** (1993) 38, S. 1832-1838
52 Annemüller, G.: Ein Beitrag zur Optimierung der Bierwürzequalität
   Dissertation B, Humboldt-Universität zu Berlin, 1986
53 Schur, F.: Bierstabilisierung; Schweizer Brauerei-Rdsch. **90** (1979) 1/2, S. 4-12

54 Bengough, W. u. G. Harris: General Composition of Non-Biologigal Haze of Beers and some Factors in their Formation, Part I; J. Inst. Brewing **61** (1955) 1, S. 134-145
55 Gramshaw, W.: Beer Polyphenols and the Chemical Basis of Haze Formation, Part II: Changes in Polyphenols during the Brewing and Storage of Beer - the Composition of Haze; Techn. Quartely MBAA **7** (1970) 2, S. 122 - 133
56 Clark, A. G.: Non-Biologigal Haze in Bottled Brrts: A Survey of the Literature
J. Inst. Brewing **66** (1960) 4, S. 318-330
57 De Clerck, J.: Lehrbuch der Brauerei, Bd. 1; Berlin: Verlag der VLB, 1964, S. 825
58 Gaeng, F. E.: La Practique de la Stabilite Colloidale
L' Echo de la Brasserie **20** (1964) 5, S. 120-129
59 Whitear, A. L.: Beer stabilisation - past and present
Brewers' Guardian **103** (1974) 3, S. 27-30
60 Morton, B. J. et al.: Some Aspects of Beer Colloidal Instability; ASBC-Proc. 1962, S. 30-39
61 Anderegg, P.: Filtrationshemmende Stoffe und Filtrierbarkeit
Schweizer Brauerei-Rdsch. **90** (1979) 1/2, S. 40-43
62 Stewart, D. C., Hawthorne, D. u. D. E. Evans: Cold Sterile Filtration: A Small Scale Filtration Test and Investigation of Membrane Plugging
J. Inst. Brewing **104** (1998) 6, S. 321-326
63 Annemüller, G.: Neue Erfahrungen bei der beschleunigten Gärung und Reifung von Bier in Großraumtanks und Schlussfolgerungen für alle Anwender
Lebensmittelindustrie **21** (1974) 12, S. 543-549
64 Wange, E.: Studium ausgewählter Würze- und Bierinhaltsstoffe unter dem Gesichtspunkt der Filtrierbarkeit der Biere; Dissertation A, Humboldt-Universität zu Berlin, 1986
65 Schur, F. u. H. Pfenninger: Charakterisierung filtrationshemmender Stoffe;
1. Mitteilung: Informationswert des β-Glucangehaltes
Schweizer Brauerei-Rdsch. **89** (1978) 2, S. 17-23
66 Eyben, D.: Filtrationsbeeinflussung durch Hefe und Kälte
Ref. in Brauwelt **119** (1979) 5, S. 138-139
67 Esser, K.-D.: Zur Messung der Filtrierbarkeit;
Monatsschrift f. Brauerei **25** (1972) 6, S. 145-151
68 Back, W.: Filtrationsprobleme: Neue Erkenntnisse über Ursachen und Gegenmaßnahmen
Vortrag auf dem 28. Technologischen Seminar, TU München-Weihenstephan 1995
69 Annemüller, G., Manger, H.-J. u. P. Lietz: Die Hefe in der Brauerei, 2. Aufl.
Berlin: Verlagsabteilung der VLB Berlin, 2008
70 Firma Becerow: Anwederhinweis B 4.4.4.1-SA zur Verbesserung der Bierklärung mit BECOSOL 30 vom 04/2008
71 Senge, B. u. G. Annemüller: Strukturaufklärung von β-Glucan-Ausscheidungen eines Bieres
Monatsschrift f. Brauwissenschaft **48** (1995) 11/12, S. 356-369
72 Annemüller, G., Nagel, R. u. Th. Bauch: Ein Beitrag zur Charakterisierung von β-Glucanausscheidungen eines Bieres; Brauwelt **138** (1998) 14, S. 597-600
73 Letters, R.: Beta-Glucans in brewing; EBC-Proceedings, Amsterdam 1977, S. 211-224
74 Wagner, N.: Beta-Glucan im Bier und Bedeutung dieser Stoffgruppe für die Bierfiltration
Dissertation TU Berlin, 1990
75 Annemüller, G. u. J. Schöber: Ein Malzenzympräparat zur Verbesserung der Bierfiltrierbarkeit
Erste Praxiserfahrungen beim Einsatz; Bericht vor dem Technisch-Wissenschaftlichen Ausschuss der VLB, FA GLA, Berlin, 07.10.2002
76 Schöber, J. et al.: Forschungsprojekt der Fa. fermtec GmbH im Rahmen des Forschungsprogrammes „Nachhaltige Bioprodukte"
(Projektträger FZ Jülich GmbH, BMBF u. BMWi)
77 Bauch, Th.: Gewinnung und Applikation von Malz-Enzympräparaten zur Verbesserung der Bierfiltrierbarkeit; Dissertation TU Berlin, 2001
78 Schur, F.: Untersuchungen über die Amylolyse beim Maischen unter besonderer Berücksichtigung der Kinetik und Energetik sowie der Glycosyl-Transferasen-Aktivität
Dissertation TU München, 1975

79 Windisch, W.: Das Chemische Laboratorium des Brauers, S. 307
   Berlin: P. Parey-Verlag, 1902
80 Schur, F., Anderegg, A. u. H. Pfenninger: Charakterisierung filtrationshemmender Stoffe;
   2. Mitteilung: Photometrische Jodprobe<
   Schweizer Brauerei-Rdsch. **89** (1978) 8, S. 129-132
81 Heidrich, G.: Untersuchungen zur kolloidalen Stabilität des Bieres unter besonderer Berücksichtigung der Kohlenhydratverhältnisse
   Dissertation A, Humboldt-Universität zu Berlin, 1980
82 Annemüller, G.: Über die Filtrierbarkeit des Bieres - Beurteilung und Einfluss der Inhaltsstoffe
   Monatsschrift f. Brauwissenschaft **44** (1991) 2, S. 64-72
83 Körber, K.: Versuche zur Erhöhung der kolloidalen Stabilität des Bieres unter besonderer
   Berücksichtigung der Eiweißverhältnisse
   Dissertation A, Humboldt-Universität zu Berlin, 1982
84 Nüter, Ch.: Schwachstellen im Umfeld der Filtration - Fokus Filtrierbarkeit und Trübungsbildung; Vortrag auf d. Begerower Filtrationstagung, Bingen 2010
85 Annemüller, G.: Untersuchungen zur Beurteilung der Filtrierbarkeit der Biere
   Lebensmittelindustrie **31** (1984) 1, S. 31-34
86 Raible, K., Heinrich, Th. u. K. Niemsch: Eine einfache, neue Methode zur Bewertung
   der Filtrationseigenschaften von Bier
   Monatsschr. f. Brauwissenschaft **43** (1990) 2, S. 60-65
87 Annemüller, G. u. T. Schnick: Ein Vorschlag für einen Filtrierbarkeits- und Stabilitätscheck im
   unfiltriertem Lagerbier; Brauwelt **138** (1998) 45, S. 2128-2135
88 MEBAK: Photometrische Jodprobe; Brautechnische Analysenmethoden Bd. II, 4. Aufl. 2002,
   Nr. 2.3.2, S. 34-35
89 MEBAK: Fluorimetrische β-Glucanbestimmung; Brautechnische Analysenmethoden Bd. II,
   4. Aufl. 2002, Nr. 2.5.2, S. 42-45
90 Bausch, H. A., Silbereisen, K. u. H.-J. Bielig: Arbeitsvorschriften zur chemisch-brautechnischen Betriebskontrolle; Berlin: Paul Parey-Verlag, 1963
91 Schütz, M. et al.: Analytische Kontrollmöglichkeiten zur Optimierung technologischer Prozesse
   Brauwelt **146** (2006) 11, S. 312-316
92 Annemüller, G., Bauch, Th., Nagel, R. u. W. Böhm: Der Endo-β-Glucanasegehalt - ein Maß für
   die cytolytische Kraft des Malzes? Brauwelt **135** (1995) 5/6, S. 206-210
93 Annemüller, G.: eigene Versuchsergebnisse
94 Back, W.: Farbatlas und Handbuch der Getränkebiologie, Teil I
   Nürnberg: Verlag Hans Carl, 1994
95 Ziehl, J.: Persönliche Mitteilung August 2011
96 Annemüller, G., Marx, R. u. L. Gottkehaskamp: Überprüfung der Filtratqualität mit einem
   Partikel-Messgerät; Brauwelt **140** (2000) 39/40, S. 1573-1578
97 Annemüller, G. u. T. Schnick: Ein Vorschlag für einen Filtierbarkeits- und Stabilitäts-Check im
   unfiltrierten Lagerbier; Brauwelt **138** (1998) 45, S. 2128-2135
98 Chapon, L.: Wissenswertes über die Kältetrübung des Bieres;
   Brauwelt **108** (1968) 96, S. 1769-1775
99 Waiblinger, R.: Technologische und wirtschaftliche Aspekte der klassischen Bierfiltration mit
   Tiefenfilterschichten; Vortrag auf der 94. Brau- u. maschinentechnischen
   Arbeitstagung der VLB, Bad Kreuznach, 2007
100 Kiefer, J.: Sterilfiltration von Bier; Brauindustrie **78** (1993) 11, S. 1150-1158
101 Szarafinski, D.: Bierfiltration und Behandlung von Problembieren als Alternative zur KZE in
    Klein- und Mittelbetrieben; Brauwelt **132** (1992) 51/52, S. 2657-2685
102 Meier, J.: Die Stabilisierung des Bieres mit PVPP ;
    Brauerei-Rundschau **97** (1986) 5, S. 93-97
103 Narziß, L. u. E. Reicheneder: Kolloidale Stabilität von Bier;
    Brauwelt **117** (1977) 96, S. 918-924
104 Esser, K. D.: Zur Messung der Filtrierbarkeit
    Mschr. f. Brauerei **25** (1972) 6, S. 145-151

105 Unveröffentlichte Vorlesungsunterlagen der VLB, Berlin 2005
106 Iler, R. K.: The Chemistry of Silica; New York: Verlag John Wiley & Sons Inc., 1979
107 Raible, K., Mohr U.-H., Bantleon, H. u. Th. Heinrich: Kieselsäuresol - ein Bierstabilisierungsmittel zur Verbesserung der Filtrationseigenschaften von Bier
   Mschr. f. Brauwissenschaft **36** (1983) 2, S. 76-82 u. 3, S. 113-119
108 Raible, K., Heinrich, H., u. W. Birk: Behandlung der heißen Ausschlagwürze mit Kieselsol
   Brauwelt **125** (1985) 13, S. 540-546
109 Niemsch, K.: Einsatz von Kieselsol bei der Bierherstellung
   Brauindustrie **74** (1989) 8, S. 900-902
110 Schnick, T., Annemüller, G., Aßmann, E. u. L. Hippe: Kieselsole als Klär- und Stabilisierungsmittel bei der Bierherstellung;
   Brauwelt **138** (1998) 10/11, S. 390-396
111 Annemüller ‚G., Fischer, W. u. T. Schnick: Die Wahl der „richtigen" Kieselgur und eine Vorklärung mit Kieselsol als Voraussetzung für gute kolloidale Stabilitäten
   GETRÄNKE! Technologie & Marketing **6** (2001) 3, S. 33-37
112 Wagner, N.: β-Glucan in Bier und Bedeutung dieser Stoffgruppe für die Bierfiltration
   Dissertation, TU Berlin, 1990
113 Manger, H.-J.: Füllanlagen für Getränke (Kapitel 24.5)
   Berlin: Verlagsabteilung der VLB, Berlin 2008
114 Annemüller, G. u. H.-J. Manger: Gärung und Reifung des Bieres;
   Berlin: VLB Berlin, PR- und Verlagsabteilung, 2009
115 Fa. Begerow GmbH & Co. Langenlonsheim (D): Hinweise zur optimalen Bierfiltration mit verschiedenen Filtersystemen; Technische Information A2.1.1.5 v. 1/1995
116 Rech, R.: Die optimale Voranschwemmung bei verschiedenen Filtersystemen
   Der Doemensianer **25** (1985) 3, S. 227-240
117 Tesch, H.: Filterflocken mit positivem elektro-kinetischen (Zeta-)Filtrationspotential
   Sonderdruck aus Filtrieren und Separieren **1** (1987) Heft 1
118 Willmar, H.: Erfahrungen mit modernen Filtersystemen;
   Der Weihenstephaner **39** (1971) 4, S. 209-232
119 Schafft, H.: Moderne Filtrations- und Stabilisierungsverfahren - Stand der Technik
   Monatsschr. f. Brauerei **31** (1978) 9, S.312-330
120 Meier, J.: Systemvergleich von Kieselgurfiltern in Bezug auf Anschwemm- und Schwandverhalten; Mitteilungsblatt des Deutschen Braumeister und Malzmeister Bundes
   31 (1983) 6, S. 237-240
121 Betrachtungen zur Kieselgurfiltration und Erfahrungen aus der Praxis des Enzinger Kieselgurfilters; Enzinger Nachrichten **4** (1951) 5, S. 2-9
122 Anwendung und Arbeitsweise der Kieselgur-Dosiergeräte;
   Enzinger Nachrichten **10** (1957) 6, S. 85-87
123 Schafft, H.: Bierfiltration und Bierhaltbarkeit; Der Ulmer Braumeister **9** (1972) 26, S. 1-16
124 Schafft, H.: Die Bierfiltration aus qualitativer, wirtschaftlicher und abwassertechnischer Sicht
   Der Brauer und Mälzer **59** (1974) 20, S. 942-951
125 Brenner, F.: Zur Technologie der Bierfiltration; Brauwelt **114** (1974) 42, S. 879-884
   und 45, S. 974-977
126 Strub, F.: Technische Aspekte verschiedener Filtersysteme; Mitteilungen der Versuchsstation für das Gärungsgewerbe in Wien **35** (1981) 9/10, S. 110-117
127 Prospekt Secujet®-Filter, Fa. Filtrox /CH
128 Prospekt SYNOX®-Filter, Fa. Filtrox / CH
129 Prospekt Innopro Getra Eco, Fa. KHS AG / D
130 KHS AG: Weltrekord in der Ukraine; Brauwelt **147** (2007) 51/52, S. 1506
131 Aus Alt mach Neu; Umrüstung auf das Innopro Getra Eco-System
   Brauwelt **150** (2010) 14, S. 410
132 Kain, J., Floßmann, R. u. A. F. Hahn: Das Kerzenfiltersystem TFS in der Praxis
   Brauwelt **142** (2002) 46/47, S. 1750-1758

133 Kain, J., Hahn, A. F. u. J. Krieger: TFS stellt seine Leistungsfähigkeit unter Beweis
    Brauwelt **143** (2003) 36/37, S. 1133, 1143-1145
134 Kain, J.: Entwicklung und Verfahrenstechnik eines Kerzenfiltersystems
    (Twin-Flow-System) als Anschwemmfilter, Diss. TU Münschen, 2005
135 EP 1243 302 B1: Filterkerze; Erfinder: Banke, F., Flossmann, R., Hahn, A. u. J. Kain
    Anmeldung: 21.12.2001
136 GKD - Gebr. Kufferath AG, Düren: www.gkd.de
137 Ascher, R., Hansen, N. L. u. J. S. Rasmussen: Validierung der neuen Anschwemmunterlage
    Durafil® für Zentrifugal-Horizontalfilter (ZHF)
    Brauwelt **140** (2000) 23/24, S. 953-957
138 Manger, H.-J.: Pumpen in der Gärungs- und Getränkeindustrie
    Brauerei Forum **21** (2006) 9, S. 13-16; 10, S. 14-17; **22** (2007) 1, S. 22-25;
    2, S. 15-22; 3, S. 23-26; 4, S. 16-20; 5, S. 16-19, 6, S. 18-22
139 Litzenburger, K.: Abnahme des Kerzenanschwemmfilters ECOFLUX KF 100/50
    Brauwelt **140** (2000) 16/17, S. 641-643
140 Kiefer, J.: Kieselgurfiltration - Ein Überblick über die theoretischen Grundlagen
    Brauwelt Nr. **130** (1990) 40, S. 1730-1734, 1743-1749
141 Rech, R.: Die optimale Voranschwemmung bei verschiedenen Filtersystemen.
    Der Doemensianer (1985) 3, S. 227-240
142 TRGS 900 Arbeitsplatzgrenzwerte; Liste der AGW; Es bedeuten: A = alveolengängige
    Fraktion und E = einatembare Fraktion
143 www.bigbag-online.nl
144 LAB-Anlagenbau: www.lab-cargotec.com
145 Oswald Metzen GmbH Bitburg (www.oswald-metzen.de)
146 ASI 8.02/94 Kieselgur, Ausgabe 1994
147 Tittel, R.: Die Anschwemmfiltration als ein Prozeß zur Klärung von Flüssigkeiten
    Dissertation B; TU Dresden, 1988
148 Wegner, K.: Hydrodynamische Modellierung der Klärfiltration mit körnigen Stoffen unter
    besonderer Berücksichtigung der Anschwemmfiltration mit Schicht-
    zunahme; Dissertation A, TU Dresden, 1986
149 Wagner, N.: Vollautomatische bedarfsorientierte Kieselgurdosage während der Filtration
    Bericht vor dem TWA (FA GLA) der VLB Berlin, Salzburg, 08.03.1999
150 Fa. Begerow: Filtrierbarkeit und Trübungswerte des Bieres – Anwenderhinweis
    A2.1.1.8 SH v. 04/2008
151 Kunze, W.: Technologie Brauer & Mälzer; 9. Aufl., S. 549-ff., Berlin: VLB Berlin, 2007
152 Westner, H.: Kerzenfilter im Praxistest; Brauwelt **141** (2001) 15/16, S. 576-578
153 Schimon, H., Hahn, A. u. J. Kain: Eine neue Filtertechnik im Focus der Brauerei
    Brauwelt **143** (2003) 3, S. 69-73
154 Kiefer, J.: Kieselgurfiltration - Anwendungsgrundlagen für den Kesselfilter
    Brauwelt **130** (1990) 44, S. 1964-1970
155 Manger, H.-J.: Technische Möglichkeiten zur sauerstoffarmen Arbeitsweise bei der
    Bierherstellung, Brauwelt **137** (1997) 18, S. 696-701
156 Eßlinger, M.: Einflussfaktoren auf die Filtrierbarkeit des Bieres.
    Dissertation ,TU München, 1985
157 Tittel, R.: Die Anschwemmfiltration als ein Prozeß zur Klärung von Flüssigkeiten,
    Dissertation A, TU Dresden, 1987
158 Blobel, H.-J.: Theoretische und experimentelle Untersuchungen zur Trennwirkung bei der
    Anschwemmfiltration mit Schichtzunahme; Dissertation TU Dresden, 1985
159 Hebmüller, F.: Einflussfaktoren auf die Kieselgurfiltration von Bier;
    Diss., Technischen Universität Bergakademie Freiberg, 2003
160 Husemann, K., Hebmüller, F. u. M. Eßlinger: Bedeutung der Tiefenfiltration bei der Kieselgur-
    filtration von Bier, Teil 1 und 2; Monatsschrift für Brauwissenschaft
    55 (2002) 3/4, S. 44-50 und **56** (2003) 9/10, S. 152-160

161 Drost, M. A. u. E. J. Windhab: Nicht-*Newton*'sches Fließverhalten von Bier beim Durchströmen von porösen Medien als mögliche Erklärung für einen plötzlichen Anstieg der Druckdifferenz bei der Kieselgurfiltration
Monatsschrift für Brauwissenschaft **54** (2001) 3/4, S. 44-47
162 Robel, H.: Filter für die fest-flüssig Trennung; Lehrbrief 7, Hrsg.: Zentralstelle für das Hochschulfernstudium; Berlin: VEB Verlag Technik 1975
163 Arlt, Chr.: „Filtration" in „Ullmanns Enzyklopädie der techn. Chemie",
Bd. 2, S. 154-198; Weinheim: Verlag Chemie, 1972
164 Orlicek, A. F.: „Die physikalischen Grundlagen der Filtration"; DECHEMA-Monographie
Band 26, S. 199-218; Weinheim: Verlag Chemie, 1956
165 Autorenkollektiv: Lehrbuch der chemischen Verfahrenstechnik, 2. Aufl., S. 235-268
Leipzig: VEB Deutscher Verlag für Grundstoffindustrie, 1969
166 Evers, H.: Die Kieselgurfiltration - Darstellung moderner Filtrationstheorien
Brauwelt **144** (2004) 3, S. 53-57
167 Hackeschmidt, M.: Grundlagen der Strömungstechnik; Bd. 1;
Leipzig: Deutscher Verlag für Grundstoffindustrie, 1969
168 Loncin, M.: Die Grundlagen der Verfahrenstechnik in der Lebensmittelindustrie;
Aarau und Frankfurt /M.: Verlag Sauerländer, 1969
169 Schubert, H.: Handbuch der Mechanischen Verfahrenstechnik, Bd. 1 + 2;
Weinheim: Wiley-VCH Verlag, 2002
170 Blümelhuber, G.: Kieselgurfilter-Schlämme? Entsorgungsprobleme?
Brauwelt **147** (2007) 28, S. 757-760
171 Verordnung über das Europäische Abfallverzeichnis; i. d. Fassung v. 10.12.2001, Stand 15.07.2006
172 Verordnung über die umweltverträgliche Ablagerung von Siedlungsabfällen;
i. d. Fassung v. 27.02.2001
173 v. Süßkind-Schwendi, A.: Wege und Möglichkeiten der Entsorgung von Brauerei Abfallstoffen; Bericht vor dem TWA/GLA der VLB, März 2003
174 Finis, P. u. H. Galaske : Recycling von Brauerei-Filterhilfsmitteln
Brauwelt **128** (1988) 49, S. 2332-2336, 2345-2347
175 Galaske, H.: Zur Deponierung von Kieselgur; Brauwelt **133** (1993) 9, S. 388
176 Folz, R., Nüter, Ch., Schmitt et al.: Thermisch regenerierte Kieselgur - eine Alternative zu Frisch-Gur?; Vortrag in Vorbereitung zur 98. VLB-Oktobertagung 2011
177 Schmid, N.: Verbesserung der filtrationstechnischen Eigenschaften von Filterhilfsmitteln durch ein thermisches Verfahren;
Dissertation, Technische Universität München, 2002
178 Maiwald, R. et al.: Neues Verfahren zur thermischen Regenerierung von Kieselgur
Brauwelt **139** (1999) 44, S. 2044-2051
179 Regenerierung von Kieselgur; Offenlegungsschrift DE 3623484
180 Schmid, N. et al.: Praxisergebnisse mit der Befis-Technologie
Brauwelt **145** (2005) 25/26, S. 747-754
181 Verordnung über die Verwertung von Bioabfällen auf landwirtschaftlich, forstwirtschaftlich und gärtnerisch genutzten Böden v. 21. September 1998, Stand 20.10.2006
182 Verordnung über die Anwendung von Düngemitteln, Bodenhilfsstoffen, Kultursubstraten und Pflanzenhilfsmitteln nach den Grundsätzen der guten fachlichen Praxis
beim Düngen; Fassung v. 10.01.2006, Stand 27.09.2006
183 Nieroda, A.: Als Düngemittel geeignet? Die Zukunft der landwirtschaftlichen Verwertung von verbrauchter Kieselgur; Brauindustrie **96** (2011) 8, S. 25-27
184 Krause, P.: Abfallentsorgung in der Brauerei; Brauindustrie **75** (1990) 4, S. 412-420
185 Behmel, U.: Kieselgurentsorgung; Ref. d. Brauwelt **135** (1995) 22/23, S. 1132-1133
186 Infoschrift: Systeme und Verfahren in Brauereien (B_BE-10-10-0003 DE), S. 21; GEA Westfalia Separator Group,
187 Hambach, H.: Erfahrungen mit dem Filtrationssystem PROFI (Tuborg-Fredericia Bryggeri A/S, Fredericia, DK); Vortrag 93. Oktobertagung der VLB, Berlin, 09./10.10.2006

188 Bakowski, S.: Langzeiterfahrungen mit der Membranfiltration in einer internationalen Großbrauerei (Warka Brauerei Warszawa, Grupa Zywiec S.A., Heinecken Poland, PL); Vortrag 93. Oktobertagung der VLB, Berlin, 09./10.10.2006
189 Gaub, R., Denninger, H., Schnieder, G., Ziehl, J. u. W. Schoppmeier : Qualitative Aspekte der kieselgurfreien Bierfiltration; Teil 1: Untersuchung der chemisch-technischen Parameter; Brauwelt **146** (2006) 12/13, S. 340-343; Teil 2: Untersuchung der mikrobiologischen Abscheideleistung; Brauwelt **146** (2006) 22/23, S. 658-660
190 Rassmusen, P.: Erfahrungen mit dem Filtrationssystem PROFI in einer Großbrauerei
Vortrag 93. Oktobertagung der VLB Berlin, 09. Okt. 2006 und
Results of kieselguhr-free filtration at Tuborg Fredericia - Denmark
Scandinavian Brewers' Review; Vol. 63 No. 4, 2006, p. 26-31
191 Pall Referenzliste, Crossflow Filteranlagen Typ PROFi, 01-2011
192 Folz, R. u. R. Pahl: Persönliche Mitteilung, Berlin 07/2011
193 Kusche, M. u. H. Denniger: Stabilisierung bei kieselgurfreier Filtration mit Membranen; Vortrag 92. Frühjahrstagung der VLB Berlin, Enschede, 2005
194 Pall Infoschrift zur Brau Beviale 2011
195 Ziehl, J.: persönliche Mitteilung vom 07.09.2011
196 Ziehl, J.: Pall Profi-Membrane Filtration, 2011
197 Schwarz, C., Schneeberger, M., Kreisz, S. u. T. Schneller: Verbrauchsanalyse des Crossflow-Membranfilters BMF-200; Brauwelt **145** (2005) 34/35, S. 1107-1110
198 Liebl, K.: Strategische Erfolgspositionen für Brauereitechnologen; Vortrag 97. Frühjahrstagung der VLB Berlin, Eindhoven, 2010
199 Norit Infomaterial „Knowhow du 2010-3", S. 4
200 Rust, U., Peschmann, P. u. D. Maiwald: Neueste Erkenntnisse bei der Cross-Flow-Membran-Bierfiltration; Brauwelt **145** (2005) 42/43, S. 1408-1413
201 Bergenhenegouwen, St.: Zehn Jahre Erfahrung in der Biermembranfiltration
Brauwelt **150** (2010) 14, S. 408-409
202 Müller, O. u. D. Meijer: „Norit's nachhaltige Braulösungen" Vortrag 97. Frühjahrstagung der VLB Berlin, Eindhoven, 2010
203 DeWit, B.: AlfaBrightTM Beer Filtration in der Zhuiang Brewery, China; Vortrag 94. Frühjahrstagung der VLB Berlin, Bad Kreuznach, 2007
204 Kwast, J.: Neueste Crossflow Technologie im Hause Tucher; Vortrag 96. Frühjahrstagung der VLB Berlin, Nürnberg, 2009
205 Strathmann, H.: Trennung von molekularen Mischungen mit Hilfe synthetischer Membranen
Darmstadt: Dr. Dietrich Steinkopff Verlag, 1979
206 Ripperger, S.: Mikrofiltration mit Membranen: Grundlagen, Verfahren, Anlagen
Weinheim, New York, Basel, Cambridge: VCH, 1992
207 Starbard, N.: Beverage Industry Microfiltration,
Iowa (USA): Wiley-Blackwell Verlag, 2008
208 Luckert, K.: Handbuch der mechanischen Fest-Flüssig-Trennung,
Essen:Vulkan-Verlag GmbH, 2004
209 Tonn, H. u. J. Mollenhauer: Zähigkeiten, Oberflächenspannungen und weitere Stoffwerte von Würze und Bier; Monatsschr. f. Brauerei **14** (1961) 7, S. 108-114
210 Kraume, M.: Einsatzgebiete der Cross Flow Filtration - Mit welchen Innovationen ist zu rechnen?; Vortrag 94. Frühjahrstagung der VLB Berlin, Bad Kreuznach, 2007
211 Kiefer, J.: Crossflow-Membranfiltation - eine verfahrenstechnische Betrachtung
Getränkeindustrie **60** (2006) 11, S. 40-47
212 Angaben von Norit NV / Pentair Process Technology: persönliche Mitteilung von Mark Mol vom 06.09.2011
213 Cheryan, M.: Handbuch Ultrafiltration; Hamburg: Behr's Verlag, 1990
214 Melin, Th. u. R. Rauschenbach: Membranverfahren - Grundlagen der Modul- und Anlagenauslegung, 3. Aufl., Berlin-Heidelberg-NY: Springer Verlag, 2007
215 Ohlrogge, K. u. Ebert, K. (Hrsg.): Membranen - Grundlagen, Verfahren und industrielle Anwendungen; Weinheim: Wiley-VCH, 2006

216 Walla, G. E.: Die Crossflow-Mikrofiltration im Brauereibereich; Diss. TU Müncchen, 1991
217 Gans, U.: Die wirtschaftliche Crossflow-Mikrofiltration von Bier; Fortschritts-Ber. VDI Reihe 3, Nr. 385; Düsseldorf: VDI-Verlag, 1995 (Diss., TU München, 1994)
218 Brauer, H.: Grundlagen der Einphasen- und Mehrphasenströmungen; S. 57
Aarau und : Verlag Sauerländer, 1971
219 Ripperger, S. [206]: Seite 162-181
220 Kessler, H. G.: Lebensmittel und Bioverfahrenstechnik; 4. Aufl., S. 594ff.
München: Verlag A. Kessler, 1996
221 Reinigungsmittel RIMACIP®-OXI: flüssiges Laugenadditiv, Tensid-Chemie GmbH, D 76461 Muggenturm
222 Fa. Ecolab GmbH & Co. OHG: Produktdatenblatt P3-ultrasil® CMF, Düsseldorf 08/2007
223 Fa. Ecolab GmbH & Co. OHG: Sicherheitsdatenblatt P3-ultrasil® CMF gemäß 91/155/EWG - 2001/58/EG - Deutschland, 03/2007
224 Schuurman, R.: Praxiserfahrungen mit der Membranfiltration; Vortrag im Rahmen der VLB-Frühjahrstagung in Bonn-Bad Godesberg, 14.-16. März 2011
225 Fa. Ecolab GmbH & Co. OHG: „Cleaning Recommendation", Membrane cleaning recommendation, Profi Systems, Version 2, 04/2007
226 Niemsch, K.: Bierstabilisierung bei der Membranfiltration; Bericht vor dem TWA der VLB (AG GLA) am 10.03.2008
227 Brendel-Thimmel, U.: Validierung und Qualifizierung von Membranfiltern,
Teil 1: Begriffsdefinitionen und herstellerseitige Validierung
Brauindustrie **94** (2009) 4, S. 34-37
Teil 2: Anwenderseitige Validierung, Qualifizierung und Risikobetrachtung
Brauindustrie **94** (2009) 5, S. 20-23
228 Heusslein, R. u. U. Brendel-Thimmel: Linking filter performance and product safety;
Filtration + Separation (2010) November/December, Sonderdruck
229 FDA: Code of Federal Regulation (cit. durch [227])
230 Szarafinski, D.: Bierfiltration und Behandlung von Problembieren als Alternative zur KZE in Klein- und Mittelbetrieben; Brauwelt **132** (1992) 51/52, S. 2657-2685
231 DIN 58355-3: Membranfilter - Teil 3: Bakterienrückhaltevermögen für Flachfilter, Anforderungen und Prüfung, Juli 2005; Berlin: Beuth-Verlag
232 DIN 58356-1: Membranfilterelemente - Teil 1: Anforderungen und Prüfung des Bakterienrückhaltevermögens, Januar 2005; Berlin: Beuth-Verlag
233 Fa. Pall: Technical Report Microbial Performance of Pall Ultipor® N66 0,45 µm Filter Cartridges for Beer Final Filtration, FBTPD 1001, rev4 v. 11/2009
234 Zeiler, M., Oechsle, D. u. W. P. Hammes : Das Rückhaltevermögen von Tiefenfilterschichten gegenüber lebensmittelrelevanten Keimen;
F&S Filtrieren und Separieren **8** (1994) 5, S. 212-216
235 Waiblinger, R.: Technische, technologische und wirtschaftliche Betrachtungen verschiedener Nachfiltersysteme; Vortrag auf dem Filtertechnischen Symposium vom 13. bis 14.09.2004 in Weihenstephan
236 Kunte, J.: Methoden und Verfahrensschritte zur Erfassung und Beseitigung von Rekontaminationen im technologischen Prozeß zur Herstellung von Faßbier;
Diss. Humboldt-Universität zu Berlin, 1990
237 Jährig, A. u. W. Schade: Mikrobiologie der Gärungs- und Getränkeindustrie
Meckenheim: CENA-Verlag, 1993
238 DIN 58900: Sterilitätsbegriffe, Teil 1 von 04/1986, zurückgezogen
239 DIN 58355-4: Membranfilter, Teil 4: Prüfung der Partikelabgabe, Januar 2005;
Berlin: Beuth-Verlag
240 DIN 58355-4: Filterelemente zur Partikelfiltration in Flüssigkeiten - Charakterisierung der Partikelrückhaltung, Ausgabe 06-1991, zurückgezogen und ersetzt durch Ausgabe 01-2005
241 Annemüller, G, Marx, R. und L. Gottkehaskamp: Überprüfung der Filtrationsqualität mit einem Partikelmeßgerät; Brauwelt **140** (2000) 39/40, S. 1573-1578

242 Kolczyk, M. u. D. Oechsle: Ein neues Partikelmeßsystem zur Beurteilung von Filtraten und zur Qualitätssicherung; Brauwelt **138** (1998) 28/29, S. 1288-1292
243 DIN 58355-2: Membranfilter, Teil 2: Prüfung des Blasendrucks, Januar 2005
Berlin: Beuth-Verlag
244 DIN 58356-2: Membranfilterelemente, Teil 2: Druckhalteprüfung, August 2000
Berlin: Beuth-Verlag
245 Lotz, M. u. H. Weiser: Verfahrenstechnische Qualitätskriterien moderner Filtrationssysteme zur Endfiltration von Bier; Vortrag auf dem 28. Technologischen Seminar der TU München/Weihenstephan 1995
246 Dickmann, H. u. F. Neradt: Kaltsterile Bierfiltration; Informationsschrift SFW S7382 1195 Ho der Fa. SEITZ-FILTER-WERKE GmbH, Bad Kreuznach (D), 1995
247 DIN 58356-3: Membranfilterelemente, Teil 3: Prüfung der spezifischen Durchflussrate von Flüssigkeiten, Januar 2005; Berlin: Beuth-Verlag
248 DIN 58355-1: Membranfilter, Teil 1: Prüfung der spezifischen Durchflussrate von Flüssigkeiten für Flachfilter, Januar 2005; Berlin: Beuth-Verlag
249 Willmar, H.: Dosage-Versuche bei doppelter Kieselgurfiltration Brauwelt **117** (1977) 35, S. 1266-1271
250 Fa. E. Begerow GmbH & Co.: Tiefenfiltration von Bier, Rückspülung von BECO-Tiefenfilterschichten bei der Bierfiltration; Technische Information A 2.2.2.4 v. 09/1999
251 Fa. E. Begerow GmbH &Co.: Tiefenfiltration von Getränken und flüssigen Lebensmitteln, Rückspülempfehlung von BECOPAD; Anwenderhinweis A 2.7.1.1 MMe v. 11/2009
252 Walter, D.: Bierfiltration mittels Tiefenfilterkerzen; GETRÄNKE! Technologie & Marketing **7** (2002) 3, S. 12-13
253 Sartorius AG Göttingen: Leistungsbeschreibung des Filtersystems „Membranfiltration von Bier" 05/93
254 Zettl, R.: Persönliche Mitteilung, August 2011
255 Fa. E. Begerow GmbH &Co.: Spezialreinigung von Tiefenfilterkerzen BECO PROTECT TS und BECO PROTECT PG; Anwenderhinweis A 4.7 EB v. 06/2005
256 Fa. Pall Corporation: Cluster Filter System for Cold Sterile Filtration; Firmeninformationsschrift CS 912/IM/9.2005
257 Weber, D., Ziehl, J. u. Th. Gerber: Sichere Abtrennung - Kaltaseptische Bierfiltration zur mikrobiologischen Stabilisierung; Brauindustrie **95** (2010) 8, S. 12-14
258 Fa. E. Begerow GmbH &Co.: Regenerationsanleitung für Filterkerzen BECO MEMBRAN PFplus; Anwenderhinweis A 4.3.1.6 EB v. 06/2006
259 Fa. Pall Food and Beverage: Silt Density Index Test (SDI) – Technical Guidance Document Reference FBSDITGEN, June 2010
260 Fordemann, K.: Ein neues Anlagenkonzept zur Membranfiltration von Bier in der Praxis Brauwelt **133** (1993) 39, S. 1964-1968
261 Schenzer, D.: Einsatz von Pall-Filtern; Bericht Nr. 11.23.26 vor dem TWA der VLB, FA GLA, Berlin, d. 09.10.2000
262 Datenblatt Polygard® Trap-Filter,; Druckschrift (Lit.-Nr. DS1010DE00) der Millipore Corporation, Billerica, MA 01821, U.S.A., 2003
263 Luckert, K.: Handbuch der mechanischen Fest-Flüssig-Trennung; Vulkan-Verlag GmbH, 2004
264 DIN 58920 Filterelemente - Partikelfiltration in Flüssigkeiten - Charakterisierung der Partikelrückhaltung v. 09/2000
265 Dathe, A.: Erfahrungen mit dem BestFiltrationsSystem in der Altenburger Brauerei; Vortrag auf dem 16. Dresdner Brauertag, Dresden am 24.04.2009
266 Schmid, L., Gottkehaskamp, L., Zeiler, M., Ziehl, J., Haase, P., Dathe, A., Austel, S., Roth, U. u. W. Rommel: Neue Filtrationstechnologie mit regenerierbaren Filterhilfsmitteln Brauwelt **145** (2005) 12/13, S. 386-388
267 Schmid, L., Gottkehaskamp, L., Zeiler, M., Ziehl, J., Haase, P., Dathe, A., Austel, S., Roth, U. u. Rommel, W., Schopp, S. u. L. Fischer: Praxisergebnisse mit der BeFiS-Technologie; Brauwelt **145** (2005) 25/26, S. 747-754

268 Kieselgursparende Technologie bei der Altenburger Brauerei,
Brauwelt **145** (2005) 31/32, S. 931-934
269 Schafft, H. U: N. Hums: Patentanmeldung F&S-System; Int. Aktenzeichen PCT/DE 86/00117
270 Speckner, J. u. H. Kieninger: Zellulose als Filterhilfsmittel. Praxisversuche und -erfahrungen
bei der Bierfiltration; Brauwelt **124** (1984) 46, S. 2058-2066
271 Wackerbauer, K. u. R. Gaub: F&S Filtration in der praktischen Erprobung
Brauwelt **129** (1989) 35, S. 1680-1689, 2534
272 Donhauser, S., Wagner, D. u. G. Walla: Praktische Erfahrung mit modernen Filtersystemen
Brauwelt **128** (1988) 4, S. 108-116
273 Liu, Z.: Untersuchungen über das Verhalten zellulosehaltiger Filterhilfsmittel für den Einsatz
bei der Bierfiltration; Dissertation TU Berlin, 1997
274 Schopper-Riegler: Ref. in Ullmann - Enzyklopädie der technischen Chemie
Bd. 17 (1979) S. 571
275 Donhauser, S., Wagner, D. u. C. Waubke: Bierfiltration ohne Kieselgur
Brauwelt **128** (1988) 42, S. 1838-1841, 1844,1846
276 Wackerbauer, K., u. H. Evers: Kieselguhr-free filtration by means of the F&S-System
Brauwelt International (1993) II, S. 128-132
277 Grund, H., Neukirchner, G. u. H. Becker: Entkeimungsfiltration mit regenerierbarem
Filterhilfsmittel; Brauwelt **130** (1990) 46, S. 2164-2168
278 Evers, H.: Konzeption und erste Erfahrungen mit dem neuen KHS-Filter KOMETRONIC zur
kieselgurfreien Bierfiltration; Vortrag zur 91. Oktobertagung der VLB, Berlin 2004
279 AD 2000-Regelwerk; Enthält alle Vorschriften und Regeln, die sich aus der Umsetzung der
Richtlinie 97/23/EG ergeben
280 Richtlinie 97/23/EG des Europäischen Parlamentes und des Rates vom 29.05.1997 zur
Angleichung der Rechtsvorschriften der Mitgliedstaaten über Druckgeräte
(Druckgeräterichtlinie) umgesetzt durch die 14. GPSGV "Druckgeräteverordnung");
s.a. Richtlinie 87/404/EWG des Rates vom 25.06.1987 zur Angleichung der
Rechtsvorschriften der Mitgliedstaaten für einfache Druckbehälter;
281 Verordnung über Sicherheit und Gesundheitsschutz bei der Bereitstellung von Arbeitsmitteln
und deren Benutzung bei der Arbeit, über Sicherheit beim Betrieb überwachungsbedürftiger Anlagen und über die Organisation des betrieblichen Arbeitsschutzes
(Betriebssicherheitsverordnung - BetrSichV)
282 Fischer, S.: Der Einsatz von Mischgas in Getränkeschankanlagen; Teil 1 und Teil 2
Brauwelt **139** (1999) 5, S. 191-193 und **140** (2000) 9/10, S. 361-363
283 Burkhardt, L., Blochwitz, R. u. G. Annemüller: Gasmischventile für den Einsatz in
Schankanlagen; Brauindustrie **79** (1994) 10, S. 853-860
284 Kühtreiber; F.: Schwimmkugeln im Einsatz z. B. bei Gärtanks;
Brauwelt **119** (1979) S. 708-710
285 Diatomeenformen; Vorlesungsunterlagen der VLB, Berlin 2005
286 Schienke, J.: Cristobalitfreie Kieselgur - Einsatz für die Bierfiltration begrenzt sich
auf Feingur; Brauwelt **142** (2002) 44, S. 1590-1592
287 Begerow GmbH & Co.: Filterhilfsmittel Kieselgur, Produktübersicht
BECOGUR A 1.3.1.1 SH v. 04/2007
288 www.wikipedia.org/wiki/Cristobalit
289 Ruß, W. u. R. Meyer-Pittroff: Rechtliche Vorschriften für Kieselgur
Brauwelt **141** (2001) 9/10, S. 343-346
290 International Agency for Research on Cancer: Silica, Some Silicates, Coal Dust and
para-Aramid Fibrils; IARC monographs on the evaluation of carcinogenic
risks to humans, Vol. 68, IARC Lyon, 1997
291 Schleicher, T. et al.: Influences of the Type of Fluxing Agent during Fluxcalcination of
Kieselguhr on Formation of Crystalline Phases, Permeability and Colour
Brauwissenschaft **62** (2009) 3, S. 67-82

292 Fischer, W., Schnick, T. u. B. Baier: Cristobalitfreie Kieselgur auf dem Markt - Innovation oder heiße Luft; Der Kieselguru Nr. 9, Januar 2007; Ein Informationsblatt rund um Klärung, Stabilisierung u. Filtration der Fa. GERCID GmbH Berlin (www.gercid.de)

293 Schnick, T. u. W. Fischer: Kieselgur als Filterhilfsmittel in der Brauerei - wesentliche Qualitätsparameter und deren Auswirkungen auf Handling und Filtrationsergebnis; Vortrag auf dem Filtrationssymposium 2004; Weihenstephan 13.-14.09.2004

294 Donhauser, S., Wagner, D. u. C. Waubke: Bierfiltration ohne Kieselgur
Brauwelt **128** (1988) 42, S. 1838-1846

295 Blümelhuber, G., Bleier, B. u. R. Meyer-Pittroff: Untersuchungen an einem alternativen Filterhilfsmittel auf Zellulosebasis; Brauwelt **143** (2003) 9/10, S. 244-246

296 BioAbfV: Bioabfallverordnung vom 21.09.1998 (BGBl. I S. 2955), zuletzt geändert durch Artikel 5 der Verordnung vom 20.10.2006 (BGBl. I S. 2298)

297 DüV: Düngeverordnung vom 10.01.2006 (BGBl. I S. 20)

298 FuttMV: Futtermittelverordnung in der Fassung der Bekanntmachung vom 24.05.2007 (BGBl. I S. 770), zuletzt geändert durch die Verordnung vom 15.12.2008 (BGBl. I S. 2483)

299 AbfAblV: Abfallablagerungsverordnung vom 20.02.2001 (BGBl. I S. 305), zuletzt geändert durch Artikel 1 der Verordnung vom 13.12.2006 (BGBl. I S. 2860)

300 Fischer, W., Schnick, T. u. V. Lipfert: Kieselgur; Der Kieselguru Nr. 3, Mai/Juni 2004 Ein Informationsblatt rund um Klärung, Stabilisierung u. Filtration der Fa. GERCID GmbH Berlin (www.gercid.de)

301 Brenner, F. u. D. Oechsle: Tendenzen in der Bierfiltration; Brauwelt **127** (1987) 4, S. 118-125

302 Pfenninger, H. et al.: Brautechnische Analysenmethoden Band IV – Methodensammlung der Mitteleuropäischen Brautechnischen Analysenkommission (MEBAK), 2. Aufl., Technische Hilfsstoffe; Freising-Weihenstephan, 1998
Kap. 1.1.1 Filterschichten
Kap. 1.1.2 Filterhilfsmittel (Kieselgur, Perlite)
Kap. 1.1.3 Cellulosefasern
Kap. 1.2.1 Kieselsäurepräparate, Bentonite, Kieselgele u. Kieselsole zur eiweißseitigen Stabilisierung
Kap. 1.2.2 PVPP zur gerbstoffseitigen Stabilisierung
Kap. 1.3 Enzyme
Kap. 1.4 Tannin
Kap. 1.5 Aktivkohle

303 Analytica EBC: Section 10: Process Aids, Method 10.1-10.11; Nürnberg: Brauwelt-Verlag, 2007 (Reprint 2010)

304 Fütterer, R.: Filterhilfsmittel - Wirkungsweise, spezifische Eigenschaften und Möglichkeiten zur Qualitätskontrolle, Chemische Technik **28** (1976) 11, S. 662-665; **29** (1977) 1, S. 18-24 und **29** (1977) 3, S. 135-138

305 Jakob, F.: Kieselgurinhaltsstoffe, Transport und -dosage
Ref. in „Brautechnik"; Brauwelt **144** (2004) 33/34, S. 1024

306 Informationsbroschüre der Fa. Johns-Manville Int. Corporation New York u. Fa. Lehmann & Voss & Co. Hamburg: Filterhilfsmittel - Richtige Auswahl und Anwendung

307 Schnick, T., Fischer, W., Annemüller, G. u. S. Kleine: Untersuchungen zur Einschätzung der Klär- und Filtrationswirkung unterschiedlicher Kieselguren; Brauwelt **138** (1998) 31/32, S. 1436-1438, **138** (1998) 36, S. 1638-1640 u. **138** (1998) 40, S. 1839-1842

308 Willmar, H.: Erfahrungen mit modernen Filtersystemen
Der Weihenstephaner **39** (1971) 4, S. 209-232

309 Blümelhuber, G.: Filtration in der Getränkeindustrie;
Getränke! Technologie & Marketing **7** (2002) 3, S. 6-10

310 Ullmann, F.: Filterhilfsmittel; Brauerei-Rundschau **90** (1979) 1/2, S. 48-51

311 Rech, R.: Die optimale Voranschwemmung bei verschiedenen Filtersystemen
Der Doemensianer **25** (1985) 3, S. 227-240

312 Fütterer, R.: Forschungsbericht des VEB Chemieanlagenbau Staßfurt, unveröffentlicht

313 Ruß, W. u. R. Meyer-Pittroff: Rechtliche Vorschriften für Kieselgur
Brauwelt **141** (2001) 9/10, S. 343-346
314 Kieselgur - Information der Europäischen Fachvereinigung Tiefenfiltration e.V. (EFT);
Brauwelt **141** (2001) 9/10, S. 356-357
315 Hagemann, S.: Problemstoff Kieselgur; Brauindustrie **87** (2002) 12, S. 34-35
316 Blümelhuber, G.: Da wird viel Staub aufgewirbelt! - Von Kieselgur und Arbeitsplatzkonzentrationen, Brauindustrie **91** (2006) 4, S. 12-14
317 Echtermann, K.-W. u. A. Nieroda. Hoch explosiv - Die Neufassung der Gefahrstoffverordn. u. ihre Auswirkungen auf die Brauindustrie, Brauindustrie **91** (2006) 10, S. 68-72
318 Rossmann, A.: Staubarme Dosage - Gute Arbeitspraxis bei der Verwendung von Kieselgur
Brauindustrie **95** (2010) 7, S. 38-39
319 Begerow GmbH & Co.: Filterhilfsmittel Perlit, Produktübersicht
BECOLITE A 1.3.2.1 SH v. 06/2008
320 www.wikipedia.org/wiki/Asbest
321 Speckner, J. u. H. Kieninger : Cellulose als Filterhilfsmittel;
Brauwelt **124** (1984) 46, S. 2058-2066
322 Oechsle, D. u. H.-P. Feuerpeil: Struktur und Wirkungsweise verschiedener Filtermedien bei der Flüssigkeitsfiltration; confructa **29** (1985) 1, S. 8-15
323 Gösele, W.: Grenzflächenkräfte und Fest-Flüssig-Trennung
F&S Filtrieren und Separieren **9** (1995) 1, S. 14-22
324 Nitzsche, R.: Malvern Short Course – Zetapotential
Informationsschrift der Fa. MALVERN Instruments GmbH, Herrenberg
325 Ribitsch, V.: Physikalisch-Chemische Eigenschaften von Dispersionen
Informationsschrift der Fa. MÜTEK Analytic GmbH, Herrsching (D)
326 N.N.: Grundlagen und Definitionen zu PCD- und ZetaSizer-Messungen
Informationsschrift der Fa. MÜTEK Analytic GmbH , Herrsching (D)
327 http://de.wikipedia.org/wiki/Zetapotential
328 http://www.lenntech.de/zetapotential-de.htm#ixzz0t0k2y92k
329 Seitz-Filter-Werke (D): „Seitz-Tiefenfilter", Prospekt SFW P302 5292 Oe, S. 6
330 Braun, F., Becker,Th., Back, W. u. M. Krottenthaler: Bierfiltration mit Zellulosefasern im Überblick; Brauwelt **150** (2010) 14, S. 392-395
331 Liu, Z.: Untersuchungen über das Verhalten zellulosehaltiger Filterhilfsmittel für den Einsatz bei der Bierfiltration; Dissertation TU Berlin, 1997
332 Evers, H.: Ersatz der Kieselgur bei der Bierfiltration durch ein regenerierbares Filterhilfsmittel
Dissertation TU Berlin, 1996
333 Wackerbauer, K. u. R. Gaub: F&S-Filtration in der praktischen Erprobung
Brauwelt **129** (1989) 35, S. 1680-1689
334 Schandelmaier, B.: Cellulose - Kieselgur - Perlite - Filterhilfsmittel im Vergleich
ATW Bericht Nr. 128, 2004
335 Braun, F.: Positive Fasern - Stand der Anschwemmfiltration mit Zellulosefasern
Brauindustrie **95** (2010) 4, S. 34-37
336 Grund, H., Neukirchner, G. u. H. Becker: Entkeimungsfiltration mit regenerierbarem Filterhilfsmittel; Brauwelt **130** (1990) 46,S. 2164-2168
337 Baur, G.: Quantitative und qualitative Evaluierung und Optimierung der Medienströme bei Praxis-Systemen und -Verfahren zur Bierfiltration und kolloidalen Stabilisierung
Dissertation TU München, 2003
338 Braun, F., Pöllinger, J., Krottenthaler, M., Back, W. u. Th. Becker: Die Filtration mit regenerierbaren Zellulosefasern - eine normnative und ökologische Standortbestimmung; Brauwelt **151** (2011) 3, S. 68-72
339 Carbofil® - Modules with activated carbon; Prospekt der Fa. Filtrox St. Gallen (CH), 09/2009
340 Ullmanns Encyklopädie der technischen Chemie, 3. Aufl., Bd. 9, S. 801-803
München: Verlag Urban u. Schwarzenberg, 1964

341 Libouton, M. et al.: Industrial trials of simultaneous beer filtration and stabilisation with a regenerable filter aid (Peox);
Postervortrag auf dem 33. EBC-Congress, Glasgow Mai 2011
342 Crosspure® - Die Lösung für kieselgurfreie Filtration und Stabilisierung
Prospekt der Fa. BASF Ludwigsburg (D)
343 Reed, R., Grimmet, C. M. u. C. J. Leeder: Beer filterability - evaluation and alternative approaches to processing; Proceed. EBC-Congr. London, 1983, S. 225-232
344 Scheurell, K.: Untersuchungen zum Einsatz der Sandbettfilter zur Filtration von Würze und Bier; Dissertation A, Humboldt-Universität zu Berlin, 1987
345 Ziehl, J.: Feinfiltration von Bier; Vortrag auf dem Brauseminar der VLB in Moskau, vom 25. - 28.10.2010
346 Waiblinger, R.: Technische, technologische und wirtschaftliche Betrachtungen verschiedener Nachfiltersysteme; Vortrag auf dem Filtertechnischen Symposium 13.-14.09.2004 in Weihenstephan
347 Bauer, F.: Anwendung von Filterkerzen in der Brauindustrie - Überblick über Einsatzmöglichkeiten und Filtermedien; Vortrag auf dem Filtertechnischen Symposium 13.-14.09.2004 in Weihenstephan
348 Olbrich, R.: Filterschichten in der Brauerei; Brauerei-Rundschau **90** (1979) 1/2, S. 51-54
349 Begerow GmbH & Co.: Informationsblatt über BECO-Tiefenfilterschichten
Pospekt A 2.2.9.3 v. 04/2008
350 Witte, A.: Safety first; Brauwelt **150** (2010) 14, S. 396-399
351 Witte, A. Greenomic - (R)evolution bewährter Technologien
Brauwelt **150** (2010) 41, S. 1225-1228
352 Hoeren, P.: 1. und 2. Erfahrungsbericht über den Einsatz von Gore-Stützschichten
Bericht vor dem Fachausschuss Gärung, Lagerung und Abfüllung des Technisch-Wissenschaftlichen Ausschusses der VLB, 18.03.1996 und 17.09.1996
353 Gaub, R.: Fein- u. Entkeimungsfiltration in der Brauerei; Vortrag auf dem Behr's - Seminar „Filtration, Kaltsterilisation oder Kurzzeiterhitzung in der Brauerei"
Bad Honnef 1./2.04.1993
354 Fa. Pall Corporation: Melt Blown Filter Technology; Informationsschrift 10/2006
355 Fa. Lehmann & Voss & Co.: Alles klar. Systemlösungen für die Getränkeindustrie, Informationskatalog, Hamburg, Nov. 2010
356 Begerow GmbH & Co. (D): Becodisc®-Tiefenfilter; Produktinformation A 2.5.5 v. 12/2006
357 Filtrox AG (CH): Fibrafix® Module, Tiefenfiltermodule; Produktinformation 2009
358 Filtrox AG (CH): Discstar® ST, Depth Filter Module Housing Produktinformation 2009
359 Nißen, C.: The design makes the difference – Ein neues Filtermoduldesign revolutioniert die Filtration mit Tiefenfiltermodulen; Informationsschrift der Fa. Pall, erhalten 08.09.2011
360 Zeiler, M. et al.: Nicht mehr flach - SUPRApak™-Filtermodule für die Feinfiltration von Bier
Brauindustrie **95** (2010) 4, S. 28-32
361 Modrok, A.: Mikrobiologische Haltbarmachung von Bier mittels Membranfiltration
Getränke! Technologie & Marketing **7** (2002) 3, S. 14-17
362 Szarafinski, D.: Bierfiltration und Behandlung von Problembieren als Alternative zur KZE in Klein- und Mittelbetrieben; Brauwelt **132** (1992) 51/52, S. 2657-2664, 2685
363 Seitz-Filter-Werke GmbH u. Co. KG. (jetzt Pall Corporation): SEITZ-PREcart® PP II - die Tiefenfilterkerze aus Propylen; Produktinformation
364 Begerow GmbH & Co.: Informationsblatt über BECO-Tiefenfilterkerzen
Prospekt A 4.5 v. 10/2009
365 Begerow GmbH & Co.: Informationsblatt über BECO-Membranfilterkerzen für die Getränkeindustrie, BECO Membran PF plus; Prospekt A 4.3.1.7 v. 04/2007
366 Duchek, P.: Membranen zur Bier- und Getränkefiltration; Vortrag auf dem Behr's - Seminar „Filtration, Kaltsterilisation oder Kurzzeiterhitzung in der Brauerei"
Bad Honnef 1./2.04.1993
367 Pall Filtrationstechnik GmbH: Filtration in der Brauerei; Prospekt Nr. SD 964b G

368 Melin, Th. u. R. Rautenbach: Membranverfahren, 3. Aufl.,
Berlin Heidelberg: Springer-Verlag, 2007
369 Ohlrogge, K. u. K. Ebert: Membranen; Weinheim: Wiley-VCH-Verlag, 2006
370 Cheryan, M.: Handbuch Ultrafiltration; Hamburg: Behr's Verlag, 1990
371 Voigt, R. u. B. De Witt: Kopparbergs Bryggeri AB mit neuer Filtrationslinie
Brauwelt **147** (2007) 50, S. 1454-1457
372 Ziehl, J.: Präsentation Pall Profi-Membrane Filtration, 2011
373 Produktunterlagen Fa. Tami, D - 07629 Hermsdorf
374 Isoflux® - die neue Generation Keramikmembranen für die Mikrofiltration
ref. in GETRÄNKE! Technologie & Marketing **7** (2002) 3, S. 10
375 Novy, R.: Entwicklung eines zuverlässigen, mikrobiologischen Schnellnachweistests mit Hilfe von Siliziumnitrid-Membranfiltern; Vortrag auf dem 44. Technologischen Seminar Weihenstephan 15.02.2011 (Handbuch S. 60-63)
376 http://www.fluxxion.com: Informationsschrift der Fa. fluxxion b. v. (NL), Stand 03.03.11
377 ASI 8.02_10: Handlungsanleitung für Tätigkeiten mit Kieselgur; Hrsg.: BGN
378 Technische Regeln für Gefahrstoffe TRGS 900 Arbeitsplatzgrenzwerte (Ausgabe Januar 2006)
379 Gefahrstoffverordnung - GefStoffV vom 23.12.2004
380 Sokolow, W. J.: Moderne Industriezentrifugen, 2. Aufl., Berlin: VEB Verlag Technik, 1971
381 Stahl, W. H.:Industrie-Zentrifugen;
Band 1: Fest-Flüssig-Trennung
Band 2: Maschinen- und Verfahrenstechnik, 2004
Band 3: Betriebstechnik Und Prozessintegration, 2008
Männedorf: DRM Press, 2004
382 Janoske, U.: Untersuchung der Strömungszustände und des Trennverhaltens von Suspensionen im Spalt eines Tellerseparators; Fortschrittberichte VDI: Reihe 3, Verfahrenstechnik; Nr. 591 (Diss. Univ. Stuttgart)
Düsseldorf: VDI-Verlag; 1999
383 GEA Westfalia Separator: www.westfalia-separator.com
Alfa Laval: www.alfalaval.de
Flottweg GmbH & Co. KGaA: www.flottweg.com
Kyffhäuser Maschinenfabrik Artern GmbH: www.kma-artern.de
384 Infomaterial GEA Westfalia: Goodbye Kieselgur, Welcome Profi®
385 Druckschrift: „Separatoren und Dekanter in Brauereien - Kontinuierlich. Effizient. Ressourcen schonend." Hrsg.: GEA Westfalia Westfalia Separator Food Tec GmbH; 59302 Oelde; www.westfalia-separator.com
386 AK: Grundlagen des Separierprozesses und Separatorenbauarten des VEB Kyffhäuserhütte Artern;
Techn. Information; Heft 2, 1970; VEB Kyffhäuserhütte Artern
387 Trawinski, H.: Die äquivalente Klärfläche von Zentrifugen
Chemiker-Zeitung **83** (1959) 18, S. 602-612
388 Fritsche, E.: Berechnung der Durchsatzleistung von Zentrifugalseparatoren
Chem. Techn. **20** (1968) 1, S. 19-23
389 Pfenninger, H. et al.: Brautechnische Analysenmethoden Band IV – Methodensammlung der Mitteleuropäischen Brautechnischen Analysenkommission (MEBAK), 2. Aufl., Technische Hilfsstoffe; Freising-Weihenstephan, 1998
Kap. 1.1.1 Filterschichten
Kap. 1.1.2 Filterhilfsmittel (Kieselgur, Perlite)
Kap. 1.1.3 Cellulosefasern
Kap. 1.2.1 Kieselsäurepräparate, Bentonite, Kieselgele u. Kieselsole zur eiweißseitigen Stabilisierung
Kap. 1.2.2 PVPP zur gerbstoffseitigen Stabilisierung
Kap. 1.3 Enzyme
Kap. 1.4 Tannin

Kap. 1.5 Aktivkohle
390 Analytica EBC: Section 10: Process Aids, Method 10.1-10.11;
   Nürnberg: Brauwelt-Verlag, Reprint 2010
391 MEBAK: Brautechnische Analysenmethoden Band II, 4. Aufl. 2002:
   Kap. 2.3 Jodnormalität
   Kap. 2.5 Hochmolekulares Betaglucan
   Kap. 2.8 Stickstoffverbindungen
   Kap. 2.9 Vergärungsgrad
   Kap. 2.10 Stammwürze und Alkohol
   Kap. 2.14 pH
   Kap. 2.15 Trübungsneigung (Eiweißstabilität)
   Kap. 2.16 Reduktionsvermögen
   Kap. 2.17 Phenolische Verbindungen
   Kap. 2.18 Bitterstoffe
   Kap. 2.19 Schaum
   Kap. 2.32 Sauerstoff
392 EBC: Analytica EBC: Reprint Oct. 2010
   Kap. 9.29 Haze in Beer: Calibration of Haze Meters
   Kap. 9.30 Prediction of Shelf-Life of Beer
   Kap. 9.37 Dissolved Oxygen in Beer by Electrochemical Sensors
   Kap. 9.40 Sensitive Proteins in Beer by Nephelometry
   Kap. 9.41 Alcohol Chill Haze in Beer (Test Chapon)
393 Oppermann, A. : Important Parameters for the Correct Selection of Beer Stabilisers;
   ppt-Präsentation der Fa. PQ Corporation, Moskau 26.10.2010
394 Earl, G. J.: Use of Silica Gels for Colloidal Stabilisation; ppt-Präsentation der
   Fa. PQ Corporation, University of Nottingham 15.01.2009
395 Mussche, R. A. u. Ch. De Pauw: Total Stabilisation of Beer in a Single Operation
   J. Inst. Brewing **105** (1999) 6, S. 386-397
402 Nguyen, M.-T., Roon, J. v. u. L. Edens: Kostensparen durch Verzicht auf Kaltstabilisierung
   Brauwelt **148** (2008) 18/19, S. 512-515
397 Asano, K., Shinagawa, K. u. N. Hashimoto: Characterization of haze-forming proteins of beer and their roles in chill haze formation
   J. of the American Society of Brewing Chemists **40** (1982) 4, S. 147-154
398 Gardner, R. J. und J. D. McGuiness: Complex phenols in brewing - a critical survey.
   MBAA Technical Quarterly **14** (1977) 4, S. 250-261
399 Steiner, E., Gastl, M. u. Th. Becker: Die Identifizierung von Trübungen im Bier
   Brauwelt **151** (2011) Teil I: 5/6, S. 161-166; Teil II: 7, S. 193-205
400 Grabar, P., Daussant, J., Enari, T.-M. u. M. Nummi: Der Ursprung der Kältetrübung (französ.)
   EBC-Proc. Congr. Madrid 1967, S. 379-387
401 Bishop, L. R.: Haze- and foam-forming substances in beer
   J. Inst. Brewing **81** (1975) S. 444-449
402 Claesson, S. u. E. Sandegren: Physico-chemical aspects of haze problems
   EBC-Proc. Congr. Interlaken 1969, S. 339-347
403 Hartong, B. D.: Properties and composition of chill haze
   EBC-Proc. Cong. Lucerne 1949, S. 56-61
404 De Jong, H. G. B.: Rec. trav. chem. **42** (1923) , S. 437, 43 (1924) ,S. 35; **48** (1929), S. 494
   Ref. d. Hartong [403]
405 Chollot, B., Chapon, L. u. E. Urion: Polyphenolische und proteinische Vorläufer der
   Oxidationstrübung; Brauwissenschaft **15** (1962) 10, S. 321-329
406 Meilgaard, M. (moderator): Session 3: Flavor chemistry of beer staling
   Techn. Quartely MBAA **11** (1974) 2, S. 118-120
407 Dadic, M.: Phenolics and beer staling
   Techn. Quarterly MBAA **11** (1974) 2, S. 140-145

408 Steiner, K. u. H. R. Stocker: Polyphenole und Kältestabilität des Bieres
   EBC-Proc.-Congr. Interlaken 1969, S. 327-337
409 Bellmer, H.-G.: Polyphenole und Alterung des Bieres
   Brauwelt **117** (1977) 20, S. 660-669
410 Narziß, L. u. H.-G. Bellmer: Veränderungen der Polyphenole während des Maischens und Abläuterns; Brauwissenschaft **29** (1976) 5, S. 144-152
411 Batchvarov, V. u. L. Chapon: Vorausbestimmung der kolloidalen Bierhaltbarkeit,
   1. Teil: Die verschiedenen Methoden und deren Nützlichkeit
      Mschr. f. Brauwissenschaft **38** (1985) 8, S. 331-342
   2. Teil: Einfluß der Bieralterung auf die Ergebnisse der analytischen Schnellmethode; Mschr. f. Brauwissenschaft **39** (1986) 3, S. 143-150
   3. Teil: Einfluß von Stabilisierungsmaßnahmen auf das Ergebnis schneller Analysenmethoden;
      Mschr. f. Brauwissenschaft **39** (1986) 5, S. 188-192
412 Siebert, K. J. u. P. Lynn: www.contex2.com/ift/99annual/abstracts/4146.htm (1999)
413 Annemüller, G., Fischer, W. u. T. Schnick: Die Wahl der „richtigen" Kieselgur und eine Vorklärung mit Kieselsol als Voraussetzungen für gute kolloidale Stabilitäten; GETRÄNKE! Technologie & Marketing **6** (2001) 3, S. 33-37
414 Miedl, M. u. Ch. W. Bamforth: Der Einfluss von Zeit und Temperatur auf das Trübungsverhalten von Bier während der Kaltlagerung; Vortrag auf dem Filtertechnischen Symposium, TU München-Weihenstephan 2004
415 Chapon, L.: Wissenswertes über die Kältetrübung des Bieres
   Brauwelt **108** (1968) 96, S. 1769-1775
416 Protex-Gesellschaft Müller & Co.: Behandlung von Würze und Bier
   Deutsches Reichspatentamt Nr. 682 788, ausgegeben am 21. Oktober 1939
417 Bundesgesetzblatt Jahrgang 1993 Teil I, Nr. 42, Tag der Ausgabe 7. August 1993: Bekanntmachung der Neufassung des Vorläufigen Biergesetzes v. 29. Juli 1993
418 Raible, K.: Über die Eiweißstabilisierung von Bier mit Kieselgel
   Brauwelt **101** (1961) 82, S. 1944-1945
419 Raible, K.: Untersuchungen über die Wirkung verschiedener Adsorptionsmittel auf die Eiweißstoffe von Bier; Brauwissenschaft **14** (1961) 5/6, S. 263-271
420 Raible, K.: Über die Eiweißstabilisierung von Bier mit Kieselgelpräparat "Stabifix" in Kombination mit Ascorbinsäure; Brauwelt **102** (1962) 21, S. 384-390
421 CWK Chemiewerk GmbH Bad Köstritz: Herstellung von Kieselgel als Bierstabilisierungsmittel, Informationsblatt der Fa. CWK
422 Nock, A.: Effect of pore diameter on sensitive protein removal;
   MBAA Tech. Quart. **34** (1997) 3, S. 179-184
423 Oppermann, A.: BRITESORB® SILICA GELS - Production and Product Properties - Technical Service Resources and Capabilities; Produktpräsentation der Fa. PQ Corporation Europe
424 Niemsch, K.: Qualitätsaspekte von Kieselsol und Kieselgel; Vortrag auf dem Filtertechnischen Symposium, TU München-Weihenstephan, 2004
425 Fa. E. Begerow GmbH & Co.: BECOSORB® Informationsblatt B 5.4.5, Langenlonsheim v. 07/2005
426 Van der Erden, J. u. A. Oppermann: Silica Gel Stabilisation fort the PROFI Membran Filtration; Präsentation der Fa. PQ Europe v. 31.08.2005
427 Ricquier, P., Degroote, B. u. O. Tavernier: Brewtan®: Gallotannins, the stabilisation method of the future; Informationsschrift der Fa. S. A. Ajinomoto OmniChem N.V.
   B - 1348 Louvain-la-Neuve (Belgien)
428 Degroote, B.:   Brewtan - Your Intelligent Processing Aid: Yeast precipitation with Brewtan C Informationsschrift der Fa. S.A. Ajinomoto OmniChem N.V.
   B - 1348 Louvain-la-Neuve (Belgien)
429 Wallerstein, L.: US-Patent Nr. 995820 und 995823-6 (1911)

430 Hartmeier, W.: Bierstabilisierung mit Papain;
   Brauerei-Rundschau **90** (1979) 1/2, S. 31-34
431 Siebert, K. J.: Agric. Food. Chem. Vol. **47** (1999) Nr 2, loc. cit. [432]
432 Craig, H.: Capacity increase and energy saving with a proline-specific endo-protease
   (Brewers Clarex); Vortrag auf der Brewers Conference der VLB,
   Bangkok 17.-19.6.2009
433 Prospekt Stabilisierung von Bier mit PVPP und der Recycling-Prozess des
   Stabilisierungsmittels; Fa. Schenk, Waldstetten
434 Meier, J.: Die Stabilisierung des Bieres mit PVPP; Brauerei-Rundschau **97** (1986) 5, S. 93-97
435 Weigand, Th.: Bierstabilisierung mit PVPP - Einsatz von Kerzenfiltern;
   Brauindustrie **89** (2004) 7, S. 36-39
436 Sander, U.: Persönliche Information vom 20.07.2011
437 Sander, U.: Persönliche Information, August 2011
438 BASF AG, Bereich Feinchemikalien: Anwendungsempfehlungen für Divergan,
   Ludwigshafen 1995
439 Lassak, R.: Pall's System for Continuous Beer Stabilization - The CBS System
   Informationsschrift der Fa. Pall Food and Beverage, November 2010
440 Ziehl, J., Zeiler, M. u. R. Ascher: Continuous Beer Stabilization – For improved Process
   Economics and Environmental Protection
   Postervortrag auf dem 33. EBC Congress, Glasgow Mai 2011
441 Ziehl, J.: Persönliche Information, August 2011
442 Fa. KHS GmbH: System Innopro ECOSTAB, Bild- und Textmaterial, zusammengestellt von
   U. Sander (TAP-V), 25.08.2011
443 Fa. KHS GmbH: Innopro ECOStab läutet neue Ära der Bierstabilisierung ein;
   Pressemitteilung der Fa. KHS GmbH, September 2011
444 Pfenninger, H.: Eine neue Möglichkeit zur Verbesserung der Kältestabilität von Bier
   Schweizer Brauerei-Rundschau **75** (1964) 11, S. 250-251
445 Unveröffentlicht: Versuchsergebnisse der VLB (Vorlesungsunterlagen)
446 Katzke, M., Nendza, R. u. D. Oechsle: Die Bierstabilisierung mit Ionenaustauschern;
   Brauwelt **138** (1998) Teil I: 22/23, S. 991-994; Teil II: 36, S. 1628-1632
447 Fa. A. Handtmann Armaturenfabrik GmbH & Co. KG: Combined Stabilization System CSS –
   Regenerierbare Protein- und Polyphenol-Bierstabilisation in einem Schritt
   Informationsschriften; Stand September 2004 und Stand Februar 2008
448 Wörthmann, B.: Neue Bierstabilisierung mit Handtmann CSS; Bericht im Technisch-Wissenschaftlichen Ausschuss der VLB;
   FA Produktion/Brautechnik, Bonn/Bad Godesberg 14.03.2011
449 Folz, R. u. Th. Tyrell: Verfolgung aktueller Entwicklungen im Bereich der Filtration und
   Stabilisierung; Vortrag auf der 98. Brau- u. maschinentechnischen Arbeitstagung
   der VLB, Bonn/Bad Godesberg 14.-16.03.2011
450 Feische, M.: Bierstabilisierung mittels CSS; Vortrag auf dem 16. Dresdner Brauertag,
   Dresden 24.04.2009
451 Feische, M.: Eine Gruppe stellt um; Brauwelt **150** (2010) 33, S. 1002-1004
452 Schmid, N.: 1st global switch from an industrial kieselguhr filter to a sustainable kieselguhr
   free precoat filtration; Vortrag auf dem 33. EBC Congress, Glasgow 25.05.2011
453 Coote, N.: Neue Filterhilfsmittel mit Kieselgeleigenschaften reduzieren Kosten;
   Brauwelt **150** (2010) 14, S. 405-407
454 Pöschl, M. R.: Die kolloidale Stabilität untergäriger Biere - Einflussmöglichkeiten und
   Vorhersagbarkeit; Dissertation, TU München/Weihenstephan, 2009
455 Hoeren, P.: Die Entfernung des Sauerstoffs oder der Luft beim Abfüllen von Bier
   in Flaschen und Dosen; Mschr. f. Brauerei **30** (1977) 1, S. 36-44
456 Piendl, A.: Schwefeldioxid im Bier; Brauwelt **120** (1980) 47, S. 1746-1762
457 De Clerck, J.: Lehrbuch der Brauerei, Bd. 1, 2. Aufl., Berlin: Verlag der VLB, 1964
458 Schneider, J. u. W. Raske: Nephelometrische Schnellbestimmung der trübungsbildenden
   Eiweiß-Gerbstoffverhältnisse; Brauwelt **138** (1998) 36, S. 1645-1646

459 Schneider, J.: Online-Kontrolle der Wirkung von Bierstabilisierungs-Verfahren;
Brauwelt **135** (1995) 42, S. 2089-2091
460 Schneider, J. u. W. Raske: Neue Schnellbestimmung der Trübung;
Brauwelt **140** (2000) 42/43, S. 1694-1695
461 Menger, H.-J. u. C. Thüsing: High Gravity Verfahren für nachhaltige Würzeherstellung
Vortrag auf der 97. Internat. Brau- u. maschinentechnischen Arbeitstagung der
VLB, 08.-10.03.2010, Veldhoven bei Eindhoven (NL)
462 Wünsche, Th. u. M. Schmidt: Blending und Mischtechnik von High Gravity Bieren und
Mischgetränken; Vortrag auf der 97. Internat. Brau- u. maschinentechnischen
Arbeitstagung der VLB, 08.-10.03.2010, Veldhoven bei Eindhoven (NL)
463 Schur, F., Anderegg, P., Senften, H. u. Pfenninger, H.: Brautechnologische Bedeutung von
Oxalat; Schweizer Brauerei Rdsch. **91** (1980) 12, S. 201-207
464 Dyer-Smith, P.: Ozon- und UV-Einsatz bei der Trinkwasserdesinfektion; Vortrag auf
der 94. Brau- u. maschinentechnische Arbeitstagung der VLB,
Bad Kreuznach, 12. - 14.03.2007
465 Ahrens, A.: Trinkwasser: Rechtliche Anforderungen an Aufbereitungsstoffe und
Desinfektionsverfahren; Vortrag auf der 94. Brau- u. maschinentechnischen Arbeitstagung der VLB, Bad Kreuznach, 12./14.03.2007
466 Kunzmann, Ch.: Chlordioxideinsatz in der Praxis - technologische und analytische
Aspekte; Vortrag auf der 94. Brau- u. maschinentechnischen
Arbeitstagung der VLB, Bad Kreuznach, 12./14.03.2007
467 Schumacher Verfahrenstechnik GmbH, Nümbrecht (www.schumacher-vt.de)
468 ref. d. Rautenbach, R. u. R. Albrecht: Membrantrennverfahren, S. 88;
Aarau: Verlag Sauerländer, 1981
469 Rammert, M.: Zur Optimierung von Hochleistungsfüllanlagen für CO_2-haltige Getränke
Diss., Universität-Gesamthochschule Paderborn, 1993
470 D'Ans/Lax: Taschenbuch für Chemiker und Physiker, 3. Aufl., Band 1, S. 1203;
Heidelberg-Berlin-New York: Springer-Verlag, 1967
471 Stumpf, M. et al.: Wasserentgasung in der Brauerei; Brauindustrie **89** (2004) 11, S. 46-52
472 Mette, M.: Druckentgasung, Getränkeindustrie **54** (2000) 9, S. 526-531
473 Bohne, G.: Da geht dem Sauerstoff die Puste aus; Getränkeindustrie **58** (2004) 10, S. 62-64
474 Daebel, U., Koukol, R. u. B. Brauner: Energieoptimierter Betrieb - Wasserentgasung
mittels hydrophober Membranen; Brauindustrie **90** (2005) 9, S. 82-86
475 Freier, R. K.: Kesselspeisewasser, 2. Aufl.; Berlin: Walter deGruyter & Co., 1963
476 Autorenkollektiv: Grundwissen des Ingenieurs, 10. Aufl., S. 628
Leipzig: Fachbuchverlag, 1981
477 Fa. Haffmans: Prospekt über Haffmans CO_2-Meß- und Regelanlage Typ AGM-05, Venlo/NL
478 Haffmans, B.: Nachkarbonisierung, Physikalische Grundlagen, Verfahrenstechnische
Lösungsmöglichkeiten, Auslegungskriterien;
Brauwelt **137** (1997) 27, S. 1084-1088; 33/34 S. 1327-1328
479 Zangrando, T. et al.: Neue Untersuchungen über die Absorption von Kohlensäure im Bier
EBC-Proceedings, Estoril 1971, S. 355-377
480 Arbeitsgruppe des Techn.-wiss. Ausschusses der VLB Berlin, Arbeitskreis Qualitätsanforderungen an Handels-CO_2, Leitung: Rüdiger Gruß, ref. in [4]
481 Verordnung über die Zulassung von Zusatzstoffen zu Lebensmitteln zu technologischen
Zwecken (Zusatzstoff-Zulassungsverordnung - ZZulV) vom 29.01.1998;
Zuletzt geändert 28.3.2011
482 Gruss, R. Qualitätsanforderungen an Kohlensäure
Vortrag zum 20. Kölner Brauertag, Mai 2001
483 Manger, H.-J.: Füllanlagen für Getränke; Berlin: VLB Berlin, PR- und Verlagsabteilung, 2008
484 Manger, H.-J.:CO_2 als Messobjekt in der Getränkeindustrie
Brauerei-Forum **18** (2003) 12, S. 337-339; **19** (2004) 1, S. 10-12;
2, S. 38-40; 3, S. 70-71

485 Vilachá, C. und K. Uhlig: Die Messung niedriger Gesamtsauerstoffgehalte im abgefüllten Bier; Brauwelt **124** (1984) 18, S. 754-758
486 Package Analyzer 3625: Fa. orbisphere laboratories/Hach Ultra Analytics
487 Messgerät für Kopfraumanalyse Modell 2740, Fa. orbisphere laboratories/ Hach Ultra Analytics
488 Manger, H.-J.: Die Sauerstoffmessung mit optischen Sensoren in der Brau- und Getränkeindustrie; Brauerei Forum **24** (2009) 10, S. 13-15
489 ref. durch Krebs, W. M.: Dissolved Oxygen Measurements in Brewery Systems MBAA Technical Quarterly, Vol. 12, No. 3, 1975, S. 176-185
490 DIN 38 408 Teil 22: Deutsche Einheitsverfahren zur Wasser-, Abwasser- und Schlammuntersuchung; Sauerstoffsättigungskonzentration
491 Mettler Toledo: www.mt.com
492 Anschlusssystem BioConnect®/BioControl® Fa. NEUMO GmbH & Co. KG (www.neumo.de)
493 Prospekt O_2-Sensor Modell 311xx: Orbisphere GmbH/Hach Ultra Analytics GmbH (www.hachultra.com)
494 Prospekt MDWL-Sensoren für CO_2, N_2 und H_2: Orbisphere GmbH/Hach Ultra Analytics GmbH (www.hachultra.com)
495 Infomaterial der Fa. Zirox Sensoren & Elektronik GmbH Greifswald (www.zirox.de)
496 Köneke, R., Comte, A., Jürgens, H., Kohls, O., Hung Lam und T. Scheper: Faseroptische Sauerstoffsensoren für Biotechnologie, Umwelt- und Lebensmitteltechnik; Chem.-Ing.-Technik **70** (1998) 12, S. 1611-1617
497 Produkt-Katalog und Info-Material der Fa. PreSens Precision Sensing GmbH; www.presens.de
498 Wikipedia: siehe unter *Stern-Volmer*-Gleichung
499 MEBAK: Brautechnische Analysenmethoden Band II, 4. Aufl., 2002, Selbstverlag der MEBAK, Kap. 2.30 Kohlendioxid
500 Krüger, E. und H.-J. Bielig: Betriebs- und Qualitätskontrolle in Brauerei und alkoholfreier Getränkeindustrie, S. 220; Berlin: Paul Parey, 1976
501 Druckschrift CO_2-Gehaltemeter, Fa. Haffmans, Venlo (NL)
502 Druckschrift Embra Carbocheck System 2000, Fa. Canongate Technology Ltd., Edingburgh, Scotland
503 Druckschrift DIGOX 5 CO_2 der Fa. Dr. Thiedig, Berlin
504 Druckschrift MDWL-Sensoren für CO_2, N_2 und H_2 der Fa. ORBISPHERE GmbH (www.hachultra.com)
505 Anger, H.-M. und R. Steinfurt: Neues CO_2-Messgerät für das Brauereilabor Brauwelt **134** (1994) 10/11, S. 420-423
506 Pahl, M. H. und M. Rammert: Die manometrische Bestimmung des CO_2-Gehaltes in Getränken, Teil 1 und 2; Brauwelt **131** (1991) 50, S. 2402-2413 und **132** (1992) 1/2, S. 15-30
507 Will, T., J. Bloder und K. Kalkbrenner: Neue Inline CO_2-Messung vor dem Füller („Inline Carbo" der Fa. Anton Paar, Graz (A)) Brauwelt **142** (2002) 42/43, S. 1450-1453
508 Murer, G. und J. Gautsch: Selektive CO_2-Messung für Getränke mit dem Mehrfach-Volumen-Expansionsverfahren; Brauwelt **143** (2003) 39/40, S. 1225-1230
509 DE 102 12 076 A1: Verfahren und Vorrichtung zur Bestimmung der Gehalte von in Flüssigkeiten gelösten Gasen; Anmelder: Anton Paar GmbH, Graz; Erfinder: Bloder, J., Gautsch, J., Germann, K. und G. Murer; (die Patentschrift kann zum Beispiel eingesehen werden bei www.dpma.de/suche)
510 Böttger, D., Kunert, S. und E. Kempe: Dampfsterilisierbares Meßsystem zur On-line-Bestimmung der Gelöst-CO_2-Konzentration in flüssigen Medien nach dem Tubingverfahren; Chem.-Ing.-Techn. **69** (1997) 6, S. 840-843
511 D'Ans/Lax: Taschenbuch für Chemiker und Physiker, 3. Aufl., Band 1; Berlin-Göttingen-Heidelberg: Springer-Verlag, 1967

Quellennachweis

512 Rammert, M. und M. H. Pahl: Die Löslichkeit von Kohlendioxid in Getränken
    Brauwelt **131** (1991) 12, S. 488-499
513 Firma HAFFMANS, Venlo/NL: Berechnung des CO_2-Gehaltes, Unterlagen zum
    CO_2- Messgerät
514 Funk, W. und H.-M. Anger: Eignung des frei programmierbaren UV-VIS Spektral-
    photometers CADAS 200; Brauwelt **138** (1998) 48, (Sonderdruck)
515 optek-Danulat GmbH: „Inline-Messtechnik in der Brauerei 1.2", S. 48 (1997)
516 Sigrist-Photometer AG: „ABC der Prozessphotometrie", S. 56 (1996)
517 Dremel, B. A. A. und R. D. Schmid: Optische Sensoren für die Bioprozess-Kontrolle
    Chem.-Ing.-Techn. **64** (1992) 6, S. 510-517
518 Hutter, K.-J. et al.: Biomonitoring der Betriebshefen in praxi mit fluoreszenzoptischen
    Verfahren, Teile I bis VIII; Monatsschrift für Brauwissenschaft **48** (1995) 5/6,
    S.184-190; **49** (1996) 3/4, S. 104-110; 5/6, S. 164-170; 7/8, S. 234-239; 11/12,
    S. 320-324; **50** (1997) 1/2, S. 4-11; **53** (2000)5/6, S. 68-76 und
    54 (2001) 7/8, S. 165-173
519 Hutter, K.-J.: Flusszytometrische Prozesskontrolle untergäriger Bierhefen;
    Monatsschrift für Brauwissenschaft **54** (2001) 1/2, S. 13-27 und
    Flusszytometrische Prozesskontrolle obergäriger Betriebshefen;
    Monatsschrift für Brauwissenschaft **54** (2001) 3/4, S. 48-54
520 Homann, F., Bremer, Z. und G. Möller-Hergt: Etablierung der LigtCycler^{TM}-PCR
    als Schnellnachweismethode; Brauwelt **142** (2002) 23/24, S. 798-804
521 Thelen, K., Beimfohr, C., Bohak, I. und W. Back: Spezifischer Schnellnachweis von
    bierschädlichen Bakterien mittels fluoreszenzmarkierter Gensonden
    Brauwelt **141** (2001) 38, S. 1596
522 Häck, M.: Ein neuartiges optisches Verfahren zur Messung der Sauerstoffkonzentration im
    Wasser (Lumineszenz; Dissolved Oxygen (LDO); Firmenschrift Dr. Bruno
    Lange GmbH & Co. KG, Düsseldorf;
    www.hach-lange.com (10142_LDO_Fachbeitrag.pdf)
523 Produkt-Information, Laboranalytik, LDO; www.hach-lange.com
    (10218_DE_ProduktInfo_LDO_040301web.pdf)
524 Potreck, K. und H. Zoellmer: Dem Schwand eine Absage erteilt
    Brauwelt **141** (2001) 43/44, S. 1889-1893
525 Manger, H.-J.: Probleme der Bestimmung der Hefezellzahlen im Braubetrieb;
    Brauwelt **138** (1998) 18, S. 804-806
526 Infomaterial zum Hefemonitor 720 und 710 der Fa. ABER Instruments Ltd./UK;
    Vertrieb durch IUL Instruments GmbH Königswinter;
    s.a. Carvell, J.: Verbesserte Kontrolle der Hefeanstellrate und deren finanzielle
    Auswirkungen; Brauwelt **146** (2006) 7, S. 184-188
527 Stieß, M.: Mechanische Verfahrenstechnik - Partikeltechnologie 1; 3. Aufl.; Hier vor allem
    Kapitel 5 Partikelmesstechnik; Berlin Heidelberg: Springer-Verlag, 2009
528 Wilhelm, M.: Permanente Integritätsüberwachung für Membranfilteranlagen
    Brauwelt **148** (2008) 45, S. 1349-1352
529 www.mediquant.de: Messprinzip Consensor PM
530 Infomaterial zum Mediquant®-Sensor der Fa. Imecon AG, Abtwil/CH (www.imecon.ch)
531 Prospekt Fa. Sigrist-Photometer AG Staubkonzentrationsmessgerät „Visguard"
532 Gail, L. und H.-P. Hortig (Hrsg.): Reinraumtechnik, Kap. 4: Partikelmesstechnik, S. 57-82;
    Berlin-Heidelberg: Springer-Verlag, 2002
533 Sensor onvi-CONTROL: Infomaterial der Firma ONVIDA GmbH, Duisburg (www.onvida.com)
534 Hagen, W., u. H. Weyh: Refraktometrische Stammwürzebestimmung mit Nomogrammen und
    Formeln; Brauwelt **135** (1995) 17, S. 816 - 822
535 MEBAK: Brautechnische Analysenmethoden; Band 2: Sudwerkkontrolle, Würze und Bier,
    2002
536 Harrauer, E.: Brauerei Sopron: High-Gravity-Brewing; Brauwelt **144** (2004) 30/31, S. 930-933

537 Infomaterial zum Prozessrefraktometer iPR 2, Fa. Schmidt+Haensch GmbH & Co. Berlin (www.schmidt-haensch.de)
538 Produktinformation Laserrefraktometer LR.10, ACM Ingenieurgemeinschaft für MSRT GmbH, Purkersdorf (A); (www.acm.co.at)
539 Sacher, J.: Auf die Würze konzentriert - Prozessrefraktometrie im Sudhaus; Brauindustrie **90** (2005) 11, S. 30-32
540 Alcoline-Sensor; Infomaterial der Fa. Biotechnologie Kempe GmbH, Kleinmachnow, (www.biotechnologie-kempe.de)
541 Annemüller, G. u. H.-J. Manger: Gärung und Reifung des Bieres, Kapitel 19.7
542 Manger, H.-J.: Planung von Anlagen für die Gärungs- und Getränkeindustrie, 2. Aufl., Berlin: Verlagsabteilung der VLB, 2010
543 ASI 9.11 Sicherheit und Gesundheitsschutz in Brauereien
544 Gaub, R.: Filtrationskosten - was wirklich zählt, Vortrag 97. Oktobertagung der VLB Berlin, 2010
545 Meyer, J.: Technologischer Wandel in der Filtration; Vortrag 91. Oktobertagung der VLB Berlin, 2004
546 Kwast, J.: Neueste Crossflow-Technologie im Hause Tucher; Vortrag 96. Frühjahrstagung der VLB Berlin, Nürnberg, 2009
547 Rust, U., Peschmann, P. u. D. Maiwald: Neueste Erkenntnisse bei der Cross-Flow-Membran-Bierfiltration; Brauwelt **145** (2005) 42/43, S. 1408-1413
548 Ziehl, J.: Dokumentation PROFI®-Membran Filtration, 03-2011
549 Folz, R. et al.: Persönliche Information, Berlin 2011
550 Modrok, A.: Mikrobiologische Haltbarmachung von Bier mittels Membranfiltration Getränke! Technologie & Marketing **7** (2002) 3, S. 14-17
551 Vandenbussche, J.: Kontinuierliche Bierherstellung: Mythos oder Realität; Vortrag auf der 97. Internat. Brau- u. maschinentechnischen Arbeitstagung der VLB, 08.-10.03.2010, Veldhoven bei Eindhoven (NL)
552 Müller, O. u. D. Meijer: Nachhaltige Brauereikonzepte von Norit: Kosten reduzieren, Umweltschutz maximieren; Vortrag auf der 97. Internat. Brau- u. maschinentechnischen Arbeitstagung der VLB, 08.-10.03.2010, Veldhoven bei Eindhoven (NL)
553 Liebl, K.: Strategische Erfolgspositionen für Brauereitechnologen; Vortrag auf der 97. Internat. Brau- u. maschinentechnischen Arbeitstagung der VLB, 08.-10.03.2010, Veldhoven bei Eindhoven (NL)
554 Stadler, J.: Zentrale Entsorgung von Perliten und Kieselgur mit Hilfe einer Preßvorrichtung Brauwelt **130** (1990) 29, S. 1190-1196
555 Ahrens, A.: Zukunftsstrategien in der Brauerei: Optionen und Grenzen beim Einsatz von Wasser, Energie und Hilfsstoffen; Vortrag auf der 97. Internat. Brau- u. maschinentechnischen Arbeitstagung der VLB, 08.-10.03.2010, Veldhoven (NL)
556 Niemsch, K. u. Th. Heinrich: Biertrübung aktuell; Brauwelt **145** (2005) 37, S. 1247-1250
557 Manger, H.-J.: Armaturen in der Gärungs- und Getränkeindustrie Brauerei-Forum **20** (2005) 11, S. 286-289; 12, S. 310-313
558 DIN 32676 Armaturen für Lebensmittel, Chemie und Pharmazie - Klemmverbindungen für Rohre aus nichtrostendem Stahl - Ausführung zum Anschweißen (02/2001)
559 E DIN 11864-3: Armaturen aus nichtrostendem Stahl für Aseptik, Chemie und Pharmazie (06/2004) Teil 3: Aseptik-Klemmverbindung, Normalausführung
560 Druckschrift: Wärmedämmstoffe aus Polyurethan-Hartschaum; Herausgeber: IVPU - Industrieverband Polyurethan-Hartschaum e.V.; 2. Aufl., 2008; (www.daemmt-besser.de)
561 Anschlusssystem BioConnect®/BioControl® Fa. NEUMO GmbH & Co. KG (www.neumo.de)
562 Hertlein, W.: Flexible Leitungen; Brauindustrie **90** (2005) 12, S. 26-29
563 Manger, H.-J.: Armaturen für die Probeentnahme in der Gärungs- und Getränkeindustrie; Brauerei-Forum **23** (2008) 4, S. 10-13; 5, S. 13-17
564 EHEDG European Hygienic Equipment Design Group, Prüfzeichen QHD (Qualified Hygienic Design), s.a. www.ehedg.org und www.hygienic-design.de

565 N.N.: QHD - Ein Prüfsystem für die Reinigbarkeit von Anlagenkomponenten
Brauwelt **138** (1998) 31/32, S. 1412-1413
566 Murach, M.: Das Tucher-Projekt; Vortrag zur 96. Frühjahrstagung der VLB in Nürnberg, 2009
567 Kontinuierliches Probenahmesysteme ContiPro und AsepticPro sowie Informations-
unterlagen von der Pentair-Südmo GmbH, Riesbürg, September 2011
568 Stiebeling, U.: Instandhaltungsplanungssystem der Krombacher Brauerei:
INPLAST (INstandhaltungsPLANung und STeuerung) der Firma SLT GmbH aus
Wettenberg; Vortrag zur Frühjahrstagung der VLB, Nürnberg, 2009
569 DIN 40719, Teil 6 Schaltungsunterlagen, Regeln für Funktionspläne (02/92)
DIN 40719, Teil 11 Schaltungsunterlagen, Zeitablaufdiagramme, Schaltfolgediagramme
(08/78)
570 Wagner, W.: Kreiselpumpen und Kreiselpumpenanlagen, 2. Aufl.,
Würzburg: Vogel-Verlag, 2004
571 KSB-Information: Auf das Tuning kommt es an; Brauindustrie **92** (2007) 2, S. 46-47
572 DIN EN 10088: Nichtrostende Stähle (z.Z. gilt Ausgabe 06/93)
Teil 1 Verzeichnis der nichtrostenden Stähle
Teil 2 Technische Lieferbedingungen für Blech und
Band für allgemeine Verwendung
Teil 3 Technische Lieferbedingungen für Halbzeug,
Stäbe, Walzdraht und Profile für allgemeine Verwendung
573 Informationsstelle Edelstahl Rostfrei®: Edelstahl Rostfrei – Eigenschaften
Druckschrift MB 821, 2. Aufl., Ausgabe 1997 (Anschrift s. [574])
574 Informationsstelle Edelstahl Rostfrei®: Die Verarbeitung von Edelstahl Rostfrei
Druckschrift MB 822, 3. Aufl., Ausgabe 1994
Informationsstelle Edelstahl Rostfrei, Sohnstr. 65 in 40237 Düsseldorf
575 Manger. H.-J.: Edelstahl Rostfrei® in der Gärungs- und Getränkeindustrie
Brauerei Forum **14** (1999) 10, S. 283-285; 11, S. 315-317
576 Manger, H.-J.: Korrosion und Korrosionsschutz an Edelstählen in der Getränkeindustrie;
Brauerei Forum **15** (2000) 3, S. 77-79; 4, S. 109-111
577 DIN 11483: Milchwirtschaftliche Anlagen; Reinigung und Desinfektion;
Teil 1 Berücksichtigung der Einflüsse auf nicht rostenden Stahl
(Ausgabe 01/83)
Teil 1 A1, dito; Änderung 1 (Ausgabe 01/91)
Teil 2 Berücksichtigung der Einflüsse auf Dichtungsstoffe
(Ausgabe 02/84)
578 DIN 11866 Rohre aus nichtrostenden Stählen für Aseptik, Chemie und Pharmazie -
Maße, Werkstoffe (2003-01)
579 DIN 11850 Rohre für Lebensmittel, Chemie und Pharmazie - Rohre aus
nichtrostenden Stählen - Maße, Werkstoffe (1999-10)
580 Bobe, U. und K. Sommer: Untersuchungen zur Verbesserung der CIP-Fähigkeit
von Oberflächen Brauwelt **147** (2007) 31/32, S. 844-847
581 Lehrstuhl Maschinen und Apparatekunde der TU München Werkstoffoberflächen,
Haftung, Reinigung; Brautechnik; Brauwelt **143** (2003) 20/21, S. 632-635
582 Schmidt, R., Beck, U., Weigl, B., Gamer, N., Reiners, G. und K. Sommer:
Topographische Charakterisierung von Oberflächen im steriltechnischen
Anlagenbau; Chem.-Ing.-Techn. **75** (2003)4, S. 428-431
583 www.ehedg.org
584 Probst, R.: Einwirkungen von Reinigungs- und Desinfektionsmitteln auf elastomere
Dichtungsmaterialien; Brauindustrie **93** (2008) 2, S. 12-17
585 DIN 11483-2: Milchwirtschaftliche Anlagen; Reinigung und Desinfektion;
Berücksichtigung der Einflüsse auf Dichtungsstoffe
586 www.freudenberg-process-seals.com
587 www.simrit.de
588 www.dichtung.net

589 OWiG Gesetz über Ordnungswidrigkeiten, vom 19.02.1987,
 zuletzt geändert 29.7.2009
590 Informationen und Schriften für Sicherheit und Gesundheit
 Heidelberg: Jedermann-Verlag Dr. Otto Pfeffer oHG (www.jedermann.de)
591 Die BGN-DVD 2011: Das Standardwerk für alle Betriebe - Alles zum Arbeitsschutz;
 Hrsg.: BGN (www.bgn.de). Die DVD erscheint jährlich neu.
 Vertrieb: BC GmbH Verlags- und Mediengesellschaft
 Kaiser-Friedrich-Ring 53, 65185 Wiesbaden
 info@bc-verlag.de
592 Deutsches Informationszentrum für technische Regeln im DIN, Deutsches Institut
 für Normungen e.V. (Hrsg.):
 „DIN-Katalog für technische Regeln" (jährliche Neuausgabe):
 als Printausgabe (ISBN 3-410-17187-8 / 978-3-410-17187-4);
 als CD-ROM oder als Online-Ausgabe (www.din-katalog.de);
 Berlin: Beuth-Verlag GmbH
593 E-DIN-EN 1672-2: Nahrungsmittelmaschinen, Sicherheits- und Hygieneanforderungen,
 Allgemeine Gestaltungsleitsätze,
 Teil 2 Hygieneanforderungen (07/2009)
594 DIN EN ISO 14159: Sicherheit von Maschinen - Hygieneanforderungen an die
 Gestaltung von Maschinen (07/2008) + Berichtigung 01/2009
595 Bundesanstalt für Arbeitsschutz und Arbeitsmedizin: Verordnung zum Schutz vor
 Gefahrstoffen Gefahrstoffverordnung (GefStoffV), pdf-Datei
 Dortmund, 2004 (www.baua.de)
596 ASI 8.02_10: Handlungsanleitung für Tätigkeiten mit Kieselgur; Hrsg.: BGN
597 Technische Regeln für Gefahrstoffe TRGS 900 Arbeitsplatzgrenzwerte
 (Ausgabe Januar 2006)
598 Infoschrift der Fa. Pall: SFG 7 - Filtergehäuse (Ausgabe 2011 - 08)